한국방송통신전파진흥원 (www.cq.or.kr) 의 출제 기준에 따른

통신선로 기능사 필기

최신판
최신기출문제수록

저자 선로기술자격연구회

Craftsman Communication Cable

핵심내용 요약 · 최신 출제경향 대비

머·리·말

　21세기 정보화 산업사회의 기본을 이루는 통신의 발전은 정보화 사회의 실현이 더욱더 가깝게 다가오고 있으며, 통신의 발전 기술에 따라 많은 정보 통신 문화 서비스의 제공으로 공공의 복리 증진을 위하여 많은 발전이 이루어고 있으며, 앞으로도 사람으로서 상상할 수 있는 그 이상의 발전이 이루어지게 될 것입니다.

　통신선로 분야의 자격증은 광통신 등을 이용한 LAN, WAN, MAN 시스템 등의 초고속 정보통신 네트워크업체, CATV 전송망사업체, 정보통신공사업체에 인력수요는 증가하고 있습니다.

　이 책은 한국산업인력공단의 2007년도 국가기술자격 시험출제 기준안 개편에 따라 본서의 내용을 정리하였습니다. 기존에 나왔던 통신선로와 관련된 도서의 내용은 이런 점이 반영이 안 되어 필기부분에서 많은 이론적 기초를 쌓기가 힘이 들었을 것입니다. 약간의 미력한 부분이 있다면 그 부분에 대해선 이 책을 갖고 공부하는 독자들의 격려와 질책을 바라며, 수정과 보완을 통해 완벽한 수험서가 되도록 노력하겠습니다.

　이 책은 수험생들의 국가기술자격 취득을 위하여 아래와 같은 부분에 역점을 두었습니다.

1. 이론 전반에 관해 체계적으로 요약·정리하여 이론을 좀 더 쉽게 이해하도록 체계적으로 편집하였습니다.
2. 최단 시일 내에 수험 준비에 만전을 기할 수 있도록 각 단원별 요점을 정리하여 실전에 대비할 수 있도록 역점을 두었습니다.
3. 최신 과년도 출제문제를 편집 추록하여 실전에 철저히 대비하도록 하였습니다.

이 책을 이용하여 통신선로기능사 국가기술 자격 취득의 영예와 21세기의 통신분야의 기능인으로서 활동할 수 있게 되기를 기원합니다.

끝으로 이 책을 출간할 수 있도록 옆에서 응원해 준 사랑하는 나의 가족과 도서출판 엔플북스의 김주성 사장님과 편집 및 제작에 참여하신 모든 분들에게 감사의 마음을 전합니다.

2010년 2월

선로기술자격연구회

출·제·기·준

직무분야	정보통신(21)-통신(213)	자격종목	통신선로기능사	적용기간	2023. 01. 01~2024. 12. 31
○직무내용 : 통신선로설비에 관한 제반지식과 기술을 바탕으로 시공, 운용 및 유지보수 등의 보조업무를 수행하는 직무					
필기검정방법	객관식	문제수	60	시험시간	1시간

필 기 과목명	문제수	주요항목	세부항목	세세항목
전기전자공학, 전자계산기일반, 통신선로일반, 선로설비기준	60	1. 직류 회로	1. 전기회로의 기초	1. 전압 2. 전류 3. 저항 4. 옴의 법칙 5. 키르히호프의 법칙 등
			2. 전력과 열작용	1. 전력량과 전력 2. 열작용
			3. 축전지 및 전지의 접속	1. 축전지의 원리 2. 전지의 접속
		2. 교류 회로	1. 교류회로 기초	1. 교류의 표시 2. 파형, 주기, 주파수, 위상
			2. R.L.C 기본회로	1. R ,L, C 특성 2. R, L, C직병렬회로
		3. 자기현상	1. 자석에 의한 자기현상 2. 전류에 의한 자기현상	1. 자석에 의한 자기현상 1. 전류에 의한 자기현상
		4. 반도체	1. 반도체의 개요	1. 반도체의 종류 2. 반도체의 성질 3. 반도체의 재료 4. 전자의 개념
			2. 반도체소자	1. 다이오드 2. TR 3. FET 4. 특수반도체소자
			3. 집적회로	1. 집적회로의 개념 2. 집적회로의 종류
		5. 전원회로	1. 전원회로의 기초	1. 정류회로 2. 평활회로 3. 정전압전원회로
		6. 증폭 회로	1. 소신호 증폭회로	1. 증폭회로의 개요 2. 증폭회로의 동작 3. 증폭회로의 특성

필기 과목명	출제 문제수	주요항목	세부항목	세세항목
전기전자공학, 전자계산기일반, 통신선로일반, 선로설비기준			2. 궤환증폭회로	1. 궤환증폭회로의 개요 2. 부궤환증폭기의 특징 3. 궤환증폭회로의 종류
			3. 연산증폭 회로	1. 연산증폭회로의 구성 2. 연산증폭회로의 특성 3. 연산증폭회로의 종류 4. 연산증폭회로의 응용
			4. 전력증폭 회로	1. 전력증폭회로의 개요 2. 전력증폭회로의 종류
			5. FET증폭 회로	1. FET증폭회로의 특성 2. FET증폭회로의 원리 3. FET증폭회로의 종류
		7. 발진 회로	1. 발진의 기초	1. 발진의 개념 2. 발진의 조건
			2. 발진회로의 종류 및 원리	1. LC발진회로 2. RC발진회로 3. 수정발진회로 4. PLL발진회로 5. 발진의 안정조건 6. 파형발생기
		8. 변복조 회로	1. 변복조의 기초	1. 변복조의 개념 2. 변복조의 종류
			2. 아날로그 변복조회로	1. 진폭변복조회로 2. 주파수 변복조회로
			3. 디지털 변복조회로	1. 디지털변복조방식의 개념 2. 디지털변복조회로의 종류 및 원리
			4. 펄스변복 조회로	1. 펄스변조의 개요 2. 펄스변조회로 3. 펄스복조회로
		9. 디지털회로	1. 펄스회로	1. 펄스의 기초 2. 과도응답 3. 시정수
			2. 플립플롭 회로	1. 플립플롭회로의 원리 2. 플립플롭회로의 종류 및 특성
		10. 컴퓨터의 개요	1. 컴퓨터의 개념	1. 컴퓨터의 정의 2. 컴퓨터의 기능 3. 컴퓨터의 특징

필 기 과목명	출제 문제수	주요항목	세부항목	세세항목
전기전자공학, 전자계산기일반, 통신선로일반, 선로설비기준			2. 컴퓨터의 발달과정	1. 컴퓨터의 역사 2. 컴퓨터의 세대별 구분
			3. 컴퓨터의 분류 및 응용	1. 데이터 취급형태에 의한 분류 2. 용도에 의한 분류 3. 처리능력에 의한 분류
		11. 컴퓨터의 구성	1. 중앙처리장치	1. 중앙처리장치의 구성 2. 제어장치 3. 연산장치 4. 명령과 주소지정방식
			2. 기억장치	1. 기억장치의 기능 2. 기억장치의 종류 3. 기억장치의 계층
			3. 입·출력장치	1. 입출력장치의 개요 2. 입출력장치의 종류 3. 입출력제어방식 4. 입출력채널의 개념 및 종류 5. 인터럽트의 개념과 체제
		12. 자료의 표현	1. 수의 변환과 연산	1. 수의 표현 2. 수의 변환 3. 수의 연산
			2. 자료의 구성과 표현방식	1. 자료의 구성 2. 자료 구조 3. 자료의 표현방식
		13. 논리회로	1. 기본논리회로	1. 불 대수 2. 기본논리게이트 3. 불함수
			2. 응용논리회로	1. 조합논리회로 2. 순서논리회로 3. 디지털IC논리회로
		14. 기본 프로그래밍	1. 프로그램	1. 프로그램의 개념 2. 프로그램의 설계와 구현
			2. 순서도	1. 순서도의 개념 2. 순서도의 작성방법 3. 순서도의 기호 4. 순서도의 종류
			3. 프로그래밍언어	1. 프로그래밍언어의 개념 2. 프로그래밍언어의 절차 3. 프로그래밍언어의 구분 및 특징

필기 과목명	출제 문제수	주요항목	세부항목	세세항목
전기전자공학, 전자계산기일반, 통신선로일반, 선로설비기준		15. 운영체제와 기본 소프트웨어	1. 운영체제(O.S)	1. 운영체제의 개념 2. 운영체제의 목적 3. 운영체제의 구성 4. 운영체제의 기법 등
			2. 소프트웨어 패키지의 기본	1. 워드프로세서 2. 엑셀 3. 파워포인트 4. 기타 소프트웨어 패키지의 기본
		16. 선로전송 이론	1. 선로정수	1. 통신선로의 기초
			2. 선로전송 현상	1. 선로전송이론
		17. 선로전송 방식	1. 전송부호	1. 전송부호
			2. 전송방식	1. 전송방식
			3. 아날로그/디지털 전송기술	1. 아날로그 전송기술 2. 디지털전송기술
			4. 광 전송기술	1. 광 전송기술
		18. 동케이블 선로	1. 동선케이블 선로의 종류, 구조 및 특성	1. 동선케이블 선로의 종류 2. 동선케이블의 구조 및 특성
		19. 광케이블 선로	1. 광케이블의 종류, 구조 및 특성	1. 광케이블의 종류 2. 광케이블의 구조 및 특성
			2. 광통신시스템	1. 광통신시스템
		20. 통신선로 시설	1. 통신선로시설분류 및 구조, 특성	1. 건축물 구내통신 선로시설 2. 지중선로시설 3. 가공선로시설 4. 가입자선로시설 　(xDSL, FTTx, HFC 등) 5. 구내통합배선 시스템
		21. 통신선로의 보전시험 및 측정	1. 통신선로기초측정	1. 통신선로의 측정
			2. 전송레벨측정	1. 전송레벨의 측정
			3. 선로시설의 보전 대책	1. 선로시설의 보전대책
		22. 통신선로 관련 법령	1. 방송통신발전기본법 중 통신선로에 관한 사항	1. 용어 정의 2. 통신기술의 진흥과 시책
			2. 정보통신공사업법 중 통신선로에 관한 사항	1. 용어 정의 2. 정보통신공사의 종류

필 기 과목명	출 제 문제수	주요항목	세부항목	세세항목
전기전자공학, 전자계산기일반, 통신선로일반, 선로설비기준		23. 통신선로 관련 기술 기준	3. 전기통신사업법 중 통신선로에 관한 사항 1. 통신선로 관련 기술 기준	1. 용어 정의 2. 통신역무의 종류 1. 접지설비·구내통신설비· 선로설비 및 통신공동구 등에 대한 기술기준 2. 지능형 홈 네트워크 설치 및 기술기준 3. 방송통신설비의 안전성 및 신뢰성에 대한 기술 기준

CONTENTS
목·차

제1장 전기·전자공학 1

제1절 직류회로 / 2
    1. 전압 ···2
    2. 전류 ···2
    3. 저항 ···6

제2절 전력과 열작용 / 10
    1. 전력 ···10
    2. 열작용 ···10

제3절 축전지 및 전지의 접속 / 12

제4절 교류회로 / 13
    1. 교류회로의 해석(파형, 주기, 주파수, 위상) ·······································13
    2. RLC 기본 회로 ··17

제5절 자기 현상 / 30
    1. 자석에 의한 자기 현상 ··30
    2. 전류에 의한 자기현상 ···31

제6절 반도체(Semiconductor) / 36
    1. 전자의 개념 ···36
    2. PN 접합 이론 ··38
    3. 트랜지스터(Transistor) ··42
    4. FET(전계 효과 트랜지스터 : Field Effect Transistor) ···············45

5. IC(Integrated Circuit : 집적 회로) ································· 50
　　　6. 특수 반도체 ·· 51

제7절 증폭회로 / 55
　　　1. 소신호 증폭회로 ·· 55
　　　2. 궤환 증폭회로(Feedback Amplifier Circuits) ············ 59
　　　3. 연산증폭기(Operational Amplifier : OP AMP) ········· 64
　　　4. 연산증폭기회로 ·· 67
　　　5. 전력증폭기(Power Amplifier) ······································· 74

제8절 발진 회로(Oscillator) / 82
　　　1. 발진 조건 ·· 82
　　　2. 발진회로의 종류와 기본 회로 ····································· 83
　　　3. 발진 안정 조건 ·· 92

제9절 변·복조회로 / 93
　　　1. 변조(modulation) ·· 93
　　　2. 진폭 변·복조 ·· 93
　　　3. 주파수 변조와 복조 ·· 96
　　　4. 디지털 변·복조회로 ·· 98
　　　5. 펄스 변·복조 ·· 103

제10절 디지털회로(Digital Circuit) / 107
　　　1. 펄스회로(Pulse Circuit) ··· 107
　　　2. 플립플롭(Flip-Flop) ··· 115

제2장　전자계산기 일반　　　117

제1절 컴퓨터 일반 / 118
　　　1. 컴퓨터의 기본적 내부 구조 ······································· 118

　　　　2. 중앙처리장치의 구성 ··123
　　　　3. 기억장치 ··125
　　　　4. 입·출력장치 ··128
　　　　5. 전자계산기의 논리회로 ··133
　　　　6. 전자계산기 구성망 ··144

　　제2절 자료의 표현과 연산 / 154
　　　　1. 자료의 구조 ··154
　　　　2. 자료의 표현 형식 ··157
　　　　3. 수학적 연산 ··160
　　　　4. 논리적 연산(비수치적 연산) ··164

　　제3절 소프트웨어의 개념과 종류 / 167
　　　　1. 프로그래밍 개념 ··167
　　　　2. 순서도 작성법 ··172
　　　　3. 프로그래밍 언어 ··176

　　제4절 마이크로프로세서의 구조와 기능 / 187
　　　　1. 마이크로컴퓨터의 구조와 특징 ··187
　　　　2. 중앙처리장치의 내부 구성 ··191
　　　　3. 마이크로프로세서의 특징 ··193

　　제5절 명령 형식 / 195

　　제6절 DATA 형식 / 197

　　제7절 주소 지정 방식(addressing mode) / 199

　　제8절 서브루틴(subroutine)과 스택(stack) / 201

　　제9절 운영체제와 기본 소프트웨어 / 203
　　　　1. 운영체제(O.S) ··203
　　　　2. 소프트웨어 패키지의 기본 ··206

제3장 통신선로일반   217

제1절 선로전송 이론 / 218
   1. 선로정수 ···218

제2절 선로전송 방식 / 223
   1. 전송부호 ···223
   2. 전송방식 ···227
   3. 데이터 신호의 변조방식 ··235
   4. 광 전송기술 ··239

제3절 동선케이블 선로 / 244
   1. 동선케이블 선로의 종류, 구조 및 특성 ·······················244

제4절 광케이블 선로 / 251
   1. 광케이블의 종류, 구조 및 특성 ····································251
   2. 광통신시스템 ··260

제5절 통신선로 시설 / 264
   1. 통신선로 시설 분류 및 구조, 특성 ·······························264

제6절 통신선로의 보전시험 및 측정 / 300
   1. 통신선로 기초 측정 ···300

제4장 선로설비기준 321

[chapter 01] 선로설비기준 322

제1절 방송통신발전기본법 중 통신선로에 관한 사항 / 322
1. 총칙 ··322
2. 방송통신의 발전 및 공공복리의 증진 ··323
3. 방송통신의 진흥 ··326
4. 방송통신발전기금 ··328
5. 방송통신 기술기준 등 ··331
6. 방송통신재난의 관리 ··334
7. 보칙 ··340
8. 벌칙 ··341

제2절 정보통신공사업법 중 통신선로에 관한 사항 / 343
1. 총칙 ··343
2. 공사의 설계감리 ··346
3. 공사의 시공 및 유지보수 등 ··348

제3절 전기통신공사업법 중 통신선로에 관한 사항 / 368
1. 총칙 ··368
2. 전기통신사업 ··371
3. 기간통신사업 ··372
4. 부가통신사업 ··381
5. 전기통신업무 ··386
6. 전기통신사업의 경쟁 촉진 등 ··414
7. 사업용 전기통신설비 ··417
8. 자가전기통신설비 ··416
9. 전기통신설비의 통합운영 등 ··418
10. 전기통신설비의 설치 및 보전 ··420
11. 보칙 ··424

12. 벌칙 ···432

[chapter 02] 통신선로관련기술 기준 440

제1절 접지설비, 구내통신설비, 선로설비 및 통신공동구 등에 대한 기술 기준 / 440
    1. 총칙 ···440
    2. 보호기 성능 및 접지설비 설치방법 ···442
    3. 선로설비 설치방법 ···444
    4. 구내통신설비 설치방법 ··459
    5. 통신공동구, 관로 및 맨홀 등의 설치방법 ··469

제2절 (국토교통부) 지능형 홈네트워크 설비 설치 및 기술기준 / 471
    1. 총칙 ···471
    2. 홈네트워크 설비의 설치 기준 ···473
    3. 홈네트워크 설비의 기술 기준 및 홈네트워크 보안 ··477

제3절 방송통신설비의 안전성 및 신뢰성에 대한 기술기준 / 479

부 록   과년도 출제문제   2

전기·전자공학 01

Chapter 01 전기·전자공학

제1절 직류회로

1 전압

[1] 전기회로의 구성

① 전기회로 : 전원과 부하 및 전류가 흐르는 통로인 도선
② 전원 : 기전력을 가지고 있어 전류를 흘리는 원동력이 되는 것
③ 부하 : 전원에서 전기를 공급받아 어떤 일을 하는 기기나 기구

[2] 전기회로의 전압

① 전압 : 회로 내에 전류가 흐르기 위해서 필요한 전기적인 압력
② 기전력 : 전류를 연속해서 흘리기 위해 전압을 연속적으로 만들어 주는 힘
③ 전위 : 전기통로의 임의의 점에서 전압의 값
④ 전위차 : 전기통로에서 임의의 두 점간의 전위의 차
⑤ 접지 : 회로의 일부분을 대지에 도선으로 접속하여 영 전위가 되도록 하는 것

2 전류

[1] 전기회로의 전류

① 전류 : 전자의 이동(흐름). 기호는 I, 단위는 [A]

② 전류의 세기 : 단위 시간당 이동한 전기의 양

$$Q = It\ [\text{C}], \quad I = \frac{Q}{t}[\text{A}]$$

[2] 키르히호프의 법칙

(1) 키르히호프의 제1법칙

① 키르히호프의 제1법칙(전류법칙) : 회로의 한 접속점에서 접속점에 흘러들어 오는 유입전류(I_i)의 합과 흘러나가는 유출전류(I_o)의 합은 같다. 즉 유입전류와 유출전류의 합은 0이다.

$$\Sigma I_i = \Sigma I_o \quad (I_i : 유입전류,\ I_o : 유출전류)$$
$$I_1 + I_4 = I_2 + I_3 + I_5$$
$$\Sigma I = 0$$
$$I_1 - I_2 - I_3 + I_4 - I_5 = 0$$

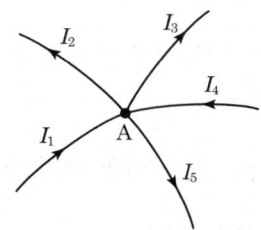

그림 1-1 키르히호프의 제1법칙

(2) 키르히호프의 제2법칙

① 키르히호프의 제2법칙(전압법칙) : 회로망 중의 임의의 폐회로 내에서의 전압강하의 합은 그 회로의 기전력의 합과 같다.

$$\Sigma E = \Sigma IR$$
$$E_1 - E_2 + E_3 - E_4 = IR_1 - IR_2 + IR_3 - IR_4$$
$$= I(R_1 - R_2 + R_3 - R_4)$$

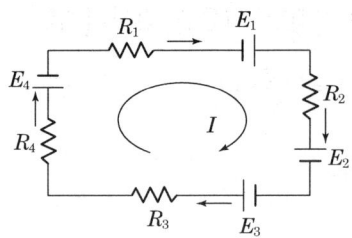

그림 1-2 키르히호프의 제2법칙

[3] 회로망 정리

(1) 중첩의 원리(principle of superposition)

① 중첩의 원리 : 여러 개의 전압 전원 또는 전류 전원이 포함된 선형 회로망에 있어서 회로 내의 임의의 점의 전류 또는 임의의 두 점 사이의 전압은 각각의 전원이 개별적으로 작용할 때 그 점을 흐르는 전류 또는 그 2점 사이의 전압을 합한 것과 같다. (2개 이상의 기전력을 포함한 회로망 중의 어떤 점의 전위 또는 전류는 각 기전력이 각각 단독으로 존재한다고 할 때, 그 점 위의 전위 또는 전류의 합과 같다.)

② 전압원과 전류원 : 전원이 작동하지 않도록 할 때, 전압원은 단락 회로, 전류원은 개방 회로로 대치

③ 중첩의 원리 적용 : R, L, C 등 선형 소자에만 적용

(2) 테브냉의 정리(Thevenin's theorem)

① 테브냉의 정리 : 전압 또는 전류 전원과 임피던스를 포함하는 2단자 회로망은 단일 전압원과 임피던스가 직렬로 연결된 회로로 대치할 수 있다. 전압원의 기전력은 회로단자를 개방할 때 나타나는 기전력이며, 직렬 임피던스는 회로 내의 모든 전압원은 단락하고 전류원을 개방할 때 두 단자 사이의 임피던스이다.
(2개의 독립된 회로망을 접속하였을 때 전원회로를 하나의 전압원과 직렬저항으로 대치한다.)

② R_{TH} : 전압원을 단락하고 출력단에서 구한 합성저항

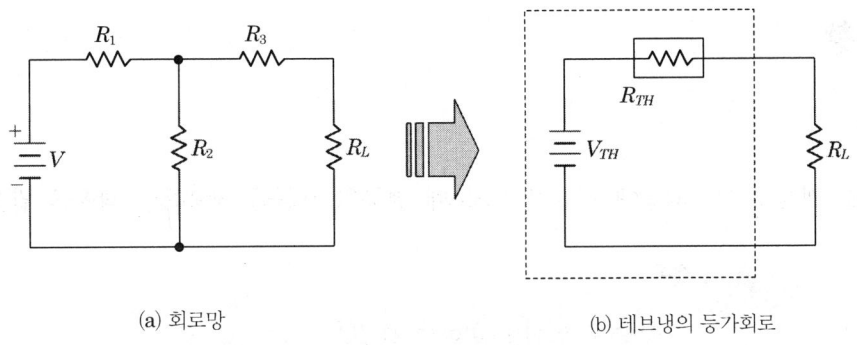

(a) 회로망   (b) 테브냉의 등가회로

그림 1-3 테브냉의 정리

(3) 노튼의 정리(Norton's theorem)

① 노튼의 정리 : 2개의 독립된 회로망을 접속하였을 때 전원회로를 하나의 전류원과 병렬저항으로 대치한다.

전압원 또는 전류원과 임피던스가 포함된 임의의 2단자 회로망은 한 개의 전류 전원과 어드미턴스(또는 임피던스)가 병렬로 연결된 등가회로로 고칠 수 있다. 이때 전류 전원의 크기는 2단자를 단락할 때 흐르는 전류이고, 병렬 어드미턴스(또는 임피던스)는 회로 내의 전압 전원은 단락하고, 전류 전원은 개방한 다음 구한 합성 어드미턴스(또는 임피던스)이다.

② R_N : 전류원을 개방하고 출력단에서 구한 합성저항

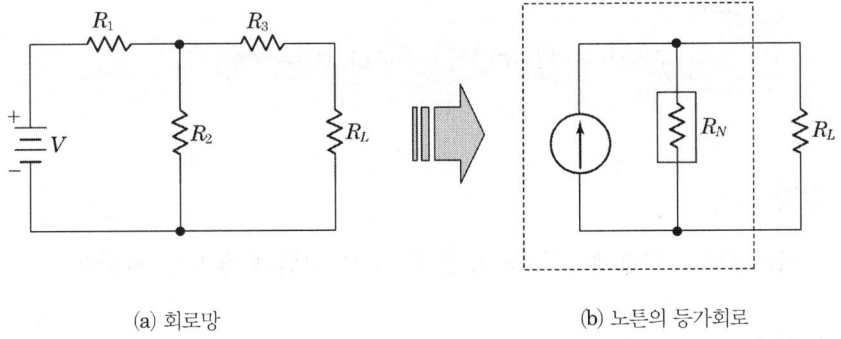

(a) 회로망   (b) 노튼의 등가회로

그림 1-4 노튼의 정리

3 저항

[1] 저항

① 저항 : 전기회로에 전류가 흐를 때 전류의 흐름을 방해하는 작용을 말한다.

> 참고
> 기호는 R, 단위는 옴(ohm, [Ω])

② 1[Ω] : 도체의 양단에 1[V]의 전압을 가할 때, 1[A]의 전류가 흐르는 경우의 저항값

[2] 옴의 법칙(Ohm's law)

① 옴의 법칙 : 전기회로에 흐르는 전류는 전압에 비례하고, 저항에 반비례한다.

$$I = \frac{V}{R}[\text{A}], \quad V = IR\ [\text{V}], \quad R = \frac{V}{I}[\Omega]$$

② 컨덕턴스 : 저항의 역수로서 전류의 흐르는 정도를 나타내는 것이다.

$$G = \frac{1}{R}[\mho]$$

> 참고
> 기호는 G, 단위는 모(℧ : mho), S(siemens), Ω⁻¹

[3] 전압 강하

① 전압 강하 : 저항에 전류가 흐를 때 저항 양단에 생기는 전위차

[4] 저항의 접속

(1) 직렬 접속

① 직렬 접속 : 각각의 저항을 일렬로 접속하는 것

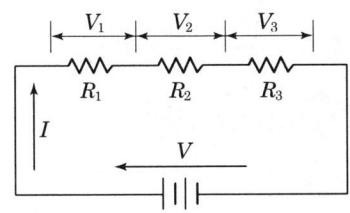

그림 1-5 저항의 직렬접속

② 직렬회로의 합성 저항($R[\Omega]$인 저항 n개의 직렬합성저항 R)

$$R = nR = R_1 + R_2 + R_3 + \ldots + R_n [\Omega]$$

③ 직렬회로의 전압 분배

$$V_1 = IR_1 [\text{V}], \quad V_2 = IR_2 [\text{V}], \quad V_3 = IR_3 [\text{V}]$$
$$V = V_1 + V_2 + V_3 = IR_1 + IR_2 + IR_3 = I(R_1 + R_2 + R_3)[\text{V}]$$

(2) 병렬 접속

① 병렬 접속 : 2개 이상의 저항을 병렬로 접속하는 접속법

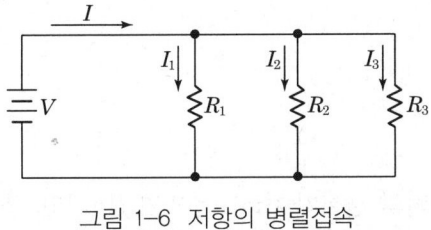

그림 1-6 저항의 병렬접속

② 병렬회로의 합성 저항($R[\Omega]$인 저항 n개의 병렬합성저항 R)

$$R = \frac{1}{\left(\dfrac{1}{R_1} + \dfrac{1}{R_2} + \dfrac{1}{R_3} + \ldots + \dfrac{1}{R_n}\right)}[\Omega]$$

③ 병렬회로의 전류 분배

$$I_1 = \frac{V}{R_1} [\text{A}], \quad I_2 = \frac{V}{R_2} [\text{A}], \quad I_3 = \frac{V}{R_3} [\text{A}]$$

$$I = I_1 + I_2 + I_3 = \frac{V}{R_1} + \frac{V}{R_2} + \frac{V}{R_3}$$
$$= V\left(\frac{1}{R_1} + \frac{1}{R_2} + \frac{1}{R_3}\right)[A]$$

(3) 직·병렬 접속

① 직·병렬 접속 : 직렬접속과 병렬접속을 조합한 것

② 직·병렬회로의 합성저항

$$R = R_1 + \left(\frac{1}{\frac{1}{R_2} + \frac{1}{R_3}}\right) = R_1 + \frac{R_2 R_3}{R_2 + R_3}[\Omega]$$

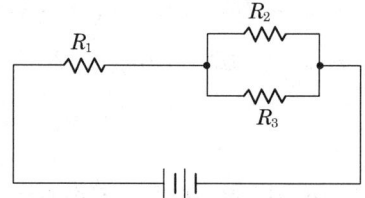

그림 1-7 저항의 직·병렬접속

[5] 고유 저항

(1) 고유 저항

① 고유 저항은 각 변의 길이가 1[m], 부피가 1[m³]인 정육면체의 맞선 두 면 사이의 도체저항을 말한다.

기호는 ρ(rho), 단위는 [Ω·m]이다.

② 도체의 저항은 도체의 종류에 따라 다르며, 도체의 길이에 비례하고, 단면적(굵기)에 반비례한다.

③ 길이가 l[m], 단면적 S[m²]의 도체 저항 R은

$$R = \rho \frac{l}{S} [\Omega]$$

④ 전도율(conductivity)이란 도체에 전기가 잘 통하는 정도를 말한다. 기호는 σ (sigma), 단위는 [A/V·m], [℧/m]

$$\sigma = \frac{1}{\sigma} = \frac{1}{\frac{RA}{l}} = \frac{l}{RA} [A/V \cdot m]$$

(2) 저항의 온도 계수

① 금속도체의 저항은 온도 상승과 함께 보통 직선적으로 증가하지만, 반도체는 반대로 급격한 저항 감소를 보인다.

② 0[℃]에서 어떤 물질의 저항을 $R_0[\Omega]$, $t[℃]$에서의 저항을 $R_t[\Omega]$이라 할 때

$$R_t = R_0(1 + \alpha_0 t)[\Omega]$$

참고

α_0는 물체에 따라 정해지는 상수로서, 0[℃]에서의 저항의 온도계수이다.

③ $t_1[℃]$에서의 저항을 $R_1[\Omega]$, 온도계수를 α_1이라 하고, $t_2[℃]$에서의 저항을 R_2라 하면

$$R_2 = R_1(1 + \alpha_1(t_2 - t_1))[\Omega]$$

④ 전해액, 반도체, 절연체 등은 부(−)의 온도계수를 갖는다.

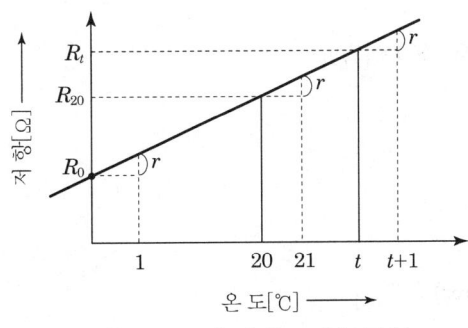

그림 1-8 금속의 온도계수 특성

제2절 ▶ 전력과 열작용

1 전력

[1] 전력

① 전력 : 단위 시간(1초) 동안에 전기가 하는 일의 양. 기호는 P, 단위는 [W]를 사용하나 대전력이 요구되는 전동기나 기계엔진 등에는 마력(horse power : HP)을 사용

$1[\text{HP}] = 746[\text{W}]$

② 1[W] : 1[V]의 전압을 가하여 1[A]의 전류가 흘러 1[sec] 동안에 1[J]의 일을 하는 전력을 1[W]라 한다.

③ 전력 P는

$$P = VI = I^2 R = \frac{V^2}{R} [\text{W}]$$

[2] 전력량

① 전력량 : 일정 시간 동안 전기가 하는 일의 양. 즉 일정 시간 동안 공급되는 전기 에너지. 기호는 W, 단위는 [J]을 사용하나, 일반적으로 시간 단위로는 와트시[Wh] 또는 [kWh]를 사용

② 전력량 W는

$$W = Pt = VIt \, [\text{Wh}]$$

2 열작용

[1] 줄의 법칙(Joule's law)

① 도체에 일정 기간 동안 전류를 흘리면 도체에는 열이 발생되는데, 이때 발생하는

열량은 도선의 저항과 전류의 제곱 및 흐른 시간에 비례한다.

$$1[J] = 0.24\,[cal]$$

② 열량 H는

$$H = Pt = I^2Rt\ [J]$$

$$\fallingdotseq 0.24 I^2 Rt\ [cal]$$

[2] 열전현상

① 제베크 효과(Seebeck effect)
  ㉠ 열전쌍(thermocouple) : 서로 다른 금속을 조합하여 열기전력을 얻는 장치

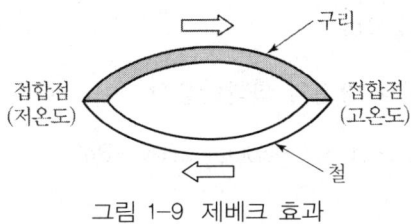

그림 1-9 제베크 효과

  ㉡ 두 종류의 금속을 접합하여 두 접합점에 온도차를 주면 열기전력이 발생하는데 이를 제베크 효과라 하며, 열기전력은 두 금속의 접합부의 온도차에 비례한다.

② 펠티에 효과(Peltier effect)
  서로 다른 두 금속(안티몬과 비스무트)을 접속하고 전류를 흘리면, 전류의 방향에 따라 접합면에서 발열하거나 흡열하는 현상을 말한다.

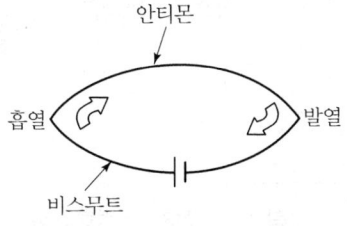

그림 1-10 펠티에 효과

제3절 축전지 및 전지의 접속

[1] 전지

① 전지 : 화학 에너지(물리적인 에너지)를 전기 에너지로 변환하는 장치

㉠ 1차 전지 : 일반 건전지로서 한 번 방전하면 다시 사용할 수 없는 전지로서 탄소 막대를 (+)극, 아연통을 (-)극으로 하여 그 사이에 이산화망간(MnO_2)과 염화암모늄(NH_4Cl) 등을 넣는다.

㉡ 2차 전지 : 자동차 등에 쓰이는 축전지를 말하며, 충전하여 몇 번이고 계속 사용할 수 있는 전지로서 납 축전지가 가장 많이 사용된다. 납 축전지는 (+)극에 이산화납(PbO_2), (-)극에는 납(Pb)을 전극으로 하여 전해액으로는 묽은 황산(H_2SO_4)을 이용한다.

② 납 축전지의 충전과 방전의 화학반응식

$$PbO_2 + 2H_2SO_4 + Pb \rightleftarrows PbSO_4 + 2H_2O + PbSO_4$$

[2] 전지의 접속

① 전지의 직렬접속

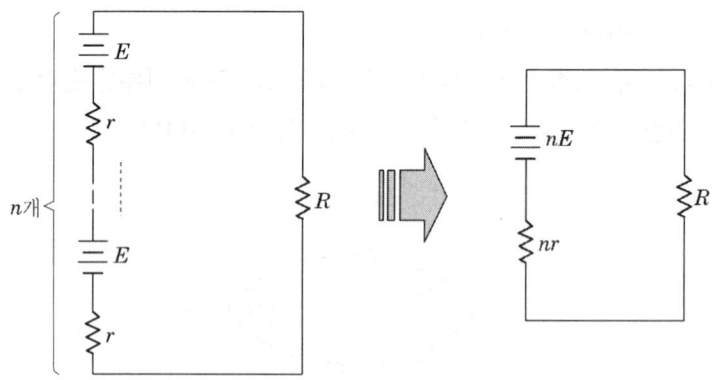

그림 1-11 전지의 직렬접속

$$I(R+nr) = nE$$

$$I = \frac{nE}{R+nr}$$

② 전지의 병렬접속

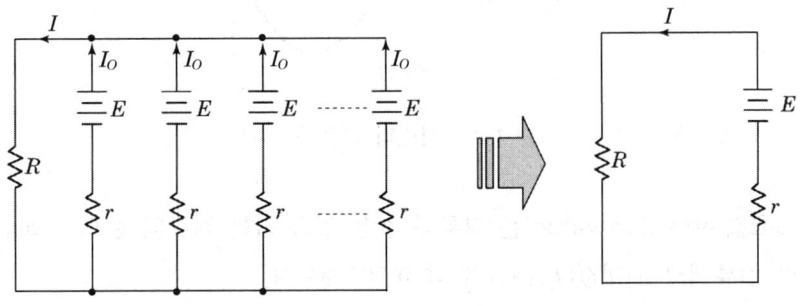

그림 1-12 전지의 병렬접속

$$E = I_o r + IR = I\left(\frac{r}{n} + R\right) [\text{A}]$$

$$I = \frac{E}{\frac{r}{n}} + R = \frac{nE}{r + nR}[\text{A}]$$

제4절 교류회로

1 교류회로의 해석(파형, 주기, 주파수, 위상)

[1] 사인파의 교류

① 교류는 크기와 방향이 시간의 흐름에 따라 변하며 사인파 교류가 기본 파형이고, 실제 사용되는 교류에 많이 쓰인다.

② 순시값 $v = V_m \sin\theta [\text{V}] = V_m \sin\omega t [\text{V}]$

$\qquad v$: 코일에 발생하는 전압[V]

θ : 자기 중심축과 코일이 이루는 각도 θ = ωt [rad]

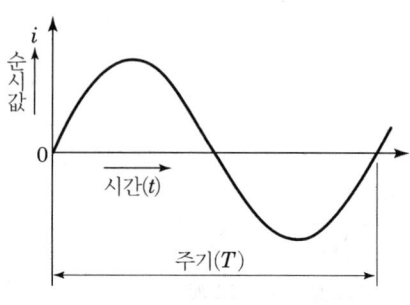

그림 1-13 사인파 교류의 주기

③ 실효값(effective value)은 교류와 같은 일을 하는 직류의 값으로 표현한다. 사인파 전류에서 최댓값(I_m[A])의 약 0.707배이다.

$$I^2 R = \frac{I_m}{2} R, \quad I = \frac{I_m}{\sqrt{2}} \fallingdotseq 0.707 I_m \,[\text{A}], \quad v = V_m \sin \omega t = \sqrt{2} \, V \sin \omega t \,[\text{V}]$$

④ 평균값은 1주기 동안의 평균으로 사인파의 경우 대칭으로 1주기의 평균은 0이다.

⑤ 사인파의 $\frac{1}{2}$ 주기의 평균으로 평균값을 구한다.(한 주기의 평균은 0이므로)

$$\text{평균값} \quad V_a = \frac{2}{\pi} V_m \fallingdotseq 0.637 V_m \,[\text{V}]$$

⑥ 사인파 교류의 실효값은 평균값의 1.11배이다.

⑦ 최댓값 : 순시값 중에서 가장 큰 값(V_m, I_m)

⑧ 피크-피크값(peak-to-peak value) : 양(+)의 최댓값과 음(-)의 최댓값 사이의 값(V_{pp}, I_{pp})

[2] 주파수, 주기, 위상차

① 주파수(frequency) : 1초 동안 발생하는 진동의 수(사이클)를 뜻하며, 단위로는 헤르츠[Hz]를 사용한다.

$$f = \frac{1}{T} \,[\text{Hz}] \quad T : \text{주기[sec]}$$

② 주기(period) : 1[Hz] 진동하는 동안 걸리는 시간을 주기라 한다.

$$T = \frac{1}{f} \text{ [sec]}$$

③ 위상각(θ) : $v = V_m \sin(\omega t + \theta)$[V]에서 θ를 위상 또는 위상각이라 한다.

④ 위상차(ϕ) : 앞선 위상(ϕ_1)에서 뒤진 위상(ϕ_2)의 상대적인 위치의 차이이다.

⑤ 각속도(ω) : 1초 동안에 회전한 각도로 $\omega = 2\pi f$ [rad/sec]

[3] 최댓값, 평균값, 실효값의 관계

① 평균값(V_a, I_a) : 교류의 (+) 또는 (-)의 반주기 순시값의 평균값

$$V_a = \frac{2}{\pi} V_m \fallingdotseq 0.637 V_m$$

② 실효값(V, I) : 저항에 직류를 가했을 때와 교류를 가했을 때의 전력량이 같았을 때

$$\text{실효값} = \sqrt{\frac{1}{T} \int_0^T (\text{순시값})^2 dt}, \quad V = \frac{V_m}{\sqrt{2}} \fallingdotseq 0.707 V_m$$

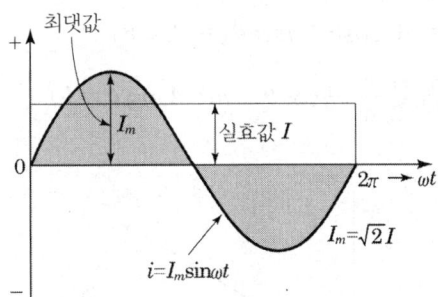

그림 1-14 사인파 교류의 실효값과 최댓값

[4] 파형률과 파고율

① 파형률 $= \dfrac{\text{실효값}}{\text{평균값}} = \dfrac{0.707 V_m}{0.637 V_m} \fallingdotseq 1.11$

② 파고율 $= \dfrac{\text{최댓값}}{\text{실효값}} = \dfrac{V_m}{0.707 V_m} \fallingdotseq 1.414$

[5] 역률(power factor)

① 교류 전력에서의 유효 전력(소비 전력) : $P = VI\cos\theta = I^2R\ [\text{W}]$

② 교류 전력에서의 무효 전력 : $P_r = VI\cos\theta = I^2X\ [\text{Var}]$

③ 교류 전력에서의 피상 전력 : $P_a = VI = I^2Z = \sqrt{P^2 + P_r^2}\ [\text{VA}]$

④ 역률(유효 역률) : $\cos\theta = \dfrac{P}{VI} = \dfrac{\text{소비전력}}{\text{피상전력}}$

⑤ 무효율(무효 역률) : $\sin\theta = \dfrac{P_r}{VI} = \sqrt{1-\cos^2\theta} = \dfrac{\text{무효전력}}{\text{피상전력}}$

[6] 벡터 기호법에 의한 계산

① 벡터는 방향과 크기를 가진 값으로 화살표로 표시한다. 화살표와 기준선 사이의 각도가 벡터의 방향이고 화살표의 길이는 벡터의 크기이다.

② 복소수 $\dot{A} = a + jb$ 식에서 a는 실수부, b는 허수부, 절댓값 $A = \sqrt{a^2 + b^2}$ 이다.

③ 허수의 단위는 $\sqrt{-1}$ (j는 벡터 연산자 90°)이고, $j^2 = -1$이다.

$$\dot{A} = a + jb = A(\cos\theta + j\sin\theta) = A\angle\theta$$

편각 $\theta = \tan^{-1}\dfrac{b}{a}$ ($A\cos\theta = a,\ A\sin\theta = b$)

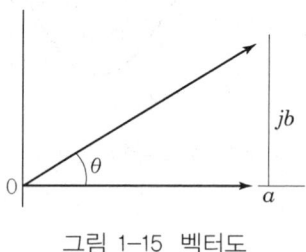

그림 1-15 벡터도

④ 극좌표 표시

$a = A\cos\theta,\ b = A\sin\theta$ 이므로

$$\dot{A} = a + jb = A\cos\theta + jA\sin\theta = A(\cos\theta + j\sin\theta) = A\angle\theta$$

⑤ 지수, 함수 표시

$$\varepsilon j\theta = \cos\theta + j\sin\theta$$

$$\dot{A} = A\varepsilon^{j\theta} \text{ (단, } \varepsilon : \text{자연로그의 밑수로서 } \varepsilon ≒ 2.71828 \text{이다.)}$$

⑥ 3상 교류 : 각 기전력의 크기가 같고, 서로 $\frac{2}{3}\pi[\text{rad}](120°)$만큼씩 위상차가 있는 교류를 대칭 3상 교류라 하며, 3상 교류의 각 순시값의 합은 0이다.

2 RLC 기본 회로

[1] RLC 회로

(1) 저항회로

① 저항만을 갖는 회로에 실효값이 $V[\text{V}]$인 사인파 교류전압을 가할 때, 전류는

$$v = \sqrt{2}\sin\omega t \ [\text{V}]$$

$$i = \frac{v}{R} = \frac{\sqrt{2}\sin\omega t}{R} = \sqrt{2}I\sin\omega t \ [\text{A}]$$

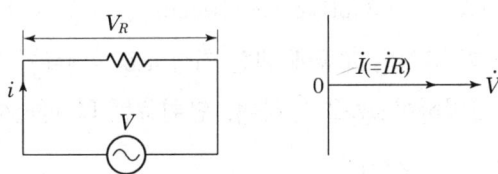

그림 1-16 저항회로와 벡터도

② 전압과 전류의 위상은 동위상이다.
③ 전압과 전류의 관계는 사인파 교류에서의 실효값은 옴의 법칙이 성립되므로

$$I = \frac{V}{R} \ [\text{A}], \quad V = IR \ [\text{V}]$$

(2) 인덕턴스 회로

① 인덕턴스(코일 : L)만을 갖는 회로에 $i = I_m\sin\omega t \ [\text{A}]$의 교류 전류가 흐를 때 인

덕턴스 양단의 전압은

$$v = L\frac{di}{dt} = L\frac{d}{dt}(I_m \sin\omega t)$$

$$= LI_m \frac{d\sin\omega t}{dt} = \omega LI_m \cos\omega t$$

$$= I_m \omega L \sin\left(\omega t + \frac{\pi}{2}\right) = V_m \sin\left(\omega t + \frac{\pi}{2}\right) [\text{V}]$$

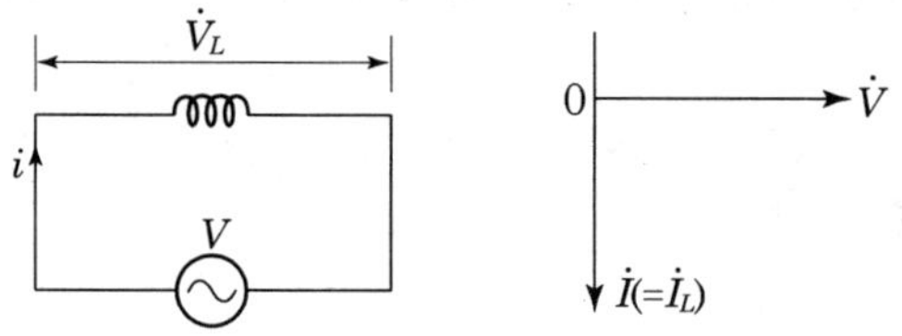

그림 1-17 인덕턴스 회로와 벡터도

② 전압은 전류보다 $\frac{\pi}{2}$ [rad] ($= 90°$) 만큼 위상이 앞선다.

③ 전압과 전류의 관계

$$\dot{V} = \omega L \dot{I} \ [\text{V}], \ \dot{I} = \frac{\dot{V}}{\omega L} \ [\text{A}]$$

④ 유도 리액턴스(X_L : inductive reactance)

순수한 저항(R)과 코일의 교류에 대한 저항(ωL : 전류가 전압보다 위상이 90° 뒤지는 현상)을 구별하여 ωL을 말하며, 단위로는 [Ω]을 사용한다.

$$X_L = \omega L = 2\pi f L [\Omega]$$

> **참고**
> 유도 리액턴스는 인덕턴스(L)와 주파수(f)에 정비례한다.

(3) 정전용량 회로

① 정전용량이 $C[\text{F}]$인 회로에 $v = V_m \sin\omega t \,[\text{V}]$의 정현파 전압을 인가할 때, 흐르는 전류를 $i\,[\text{A}]$, 콘덴서에 축적되는 전하를 q라 하면

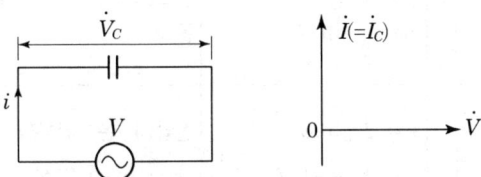

그림 1-18 정정용량회로와 벡터도

$$\begin{aligned}
i &= \frac{dq}{dt} = \frac{d(CV)}{dt} = \frac{d(CV_m \sin\omega t)}{dt}\\
&= CV_m \frac{d}{dt}\sin\omega t = \omega CV_m \cos\omega t\\
&= \omega CV_m \sin\left(\omega t + \frac{\pi}{2}\right)\\
&= I_m \sin\left(\omega t + \frac{\pi}{2}\right)\,[\text{A}]
\end{aligned}$$

② 전류는 전압보다 $\frac{\pi}{2}[\text{rad}]\,(=90°)$만큼 위상이 앞선다.

③ 전압과 전류의 관계

$$\dot{I} = \omega C \dot{V}\,[\text{A}],\ \dot{V} = \frac{1}{\omega C}\dot{I}\,[\text{V}]$$

④ 용량 리액턴스(X_C : capacitive reactance)

$\frac{1}{\omega C}$(전류의 위상이 전압보다 90° 앞선다)을 말하며, 단위는 [Ω]을 사용한다.

$$X_C = \frac{1}{\omega C} = \frac{1}{2\pi f C}\,[\Omega]$$

참고

용량 리액턴스는 정전용량(C)과 주파수(f)에 반비례한다.

(4) R, L, C 회로에서의 전압과 전류의 관계 요약

회로 방식	회로도	식	위상	벡터도
저항 회로		$v = V_m \sin \omega t$ $i = I_m \sin \omega t$	전압(V)과 전류(I)는 동상	
유도 회로		$i = I_m \sin \omega t$ $v = V_m \sin\left(\omega t + \dfrac{\pi}{2}\right)$	전압(V)은 전류(I)보다 $\dfrac{\pi}{2}$[rad] 앞선다.	
정전 용량 회로		$v = V_m \sin \omega t$ $i = I_m \sin\left(\omega t + \dfrac{\pi}{2}\right)$	전압(V)은 전류(I)보다 $\dfrac{\pi}{2}$[rad] 뒤진다.	

[2] RLC 직렬회로

(1) RL 직렬회로

① 저항 $R[\Omega]$과 $L[\mathrm{H}]$를 직렬로 연결하고 $i = I_m \sin \omega t$ 의 전류가 흐를 때, 전류(I)에 의하여 저항(R)과 인덕턴스(L)에 생기는 전압강하를 $\dot{V}_R$, $\dot{V}_L$이라 하면

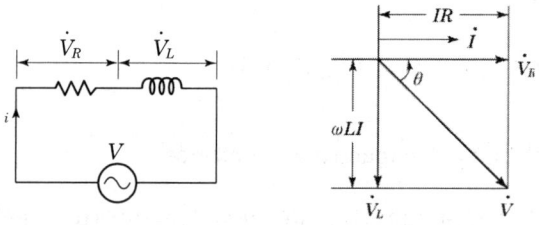

그림 1-19 RL 직렬회로와 벡터도

$$\dot{V}_R = \dot{I}R, \quad \dot{V}_L = j\omega L \dot{I}$$

② 전전압 $\dot{V}$ 는

$$\dot{V} = \dot{V}_R + \dot{V}_L = \dot{I}(R + j\omega L\dot{I}) = IZ$$

③ 임피던스는 Z, 단위는 옴[Ω]이다.

$$\tan\theta = \frac{j\omega LI}{IR} = \frac{j\omega L}{R}$$

$$\therefore \theta = \frac{1}{\tan}\frac{\omega L}{R} = \tan^{-1}\frac{\omega L}{R}$$

$$= \tan^{-1}\frac{2\pi f L}{R}$$

(2) RC 직렬회로

① 저항 $R[\Omega]$과 정전용량 $C[F]$의 콘덴서가 직렬로 연결된 회로에 $i = I_m \sin\omega t$ [A]의 교류 전류가 흐를 때, 전류 I에 의하여 저항(R)과 콘덴서(C)에서의 전압 강하를 $\dot{V}_R$, $\dot{V}_C$라 하면

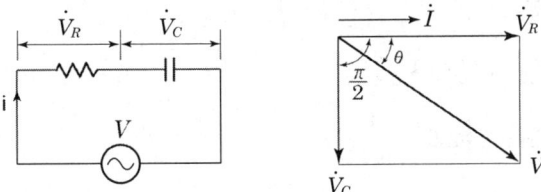

그림 1-20 RC 직렬회로와 벡터도

$$\dot{V}_R = IR, \quad \dot{V}_C = -j\frac{1}{\omega C}\dot{I}$$

② 전전압 $\dot{V}$는

$$\dot{V} = \dot{V}_R + \dot{V}_C = \dot{I}\left(R - j\frac{1}{\omega C}\right)$$

③ 임피던스는 Z로, 단위는 옴[Ω]이다.

$$\dot{Z} = \frac{\dot{V}}{\dot{I}} = R - j\frac{1}{\omega C}$$

$$\tan\theta\frac{\dot{V}_C}{\dot{V}_R} = \frac{\frac{1}{\omega C}\dot{I}}{\dot{I}R} = \frac{1}{R\omega C}$$

$$\therefore \theta = \frac{1}{\tan}\frac{1}{R\omega C} = \tan^{-1}\frac{1}{R\omega C} = \tan^{-1}\frac{1}{2\pi f RC}$$

(3) RLC 직렬회로

① RLC 직렬회로에 $i = I_m \sin\omega t$ [A]의 전류가 흐를 때, 각 소자 양단의 전압강하를 $\dot{V}_R$, $\dot{V}_L$, $\dot{V}_C$ 라 하면

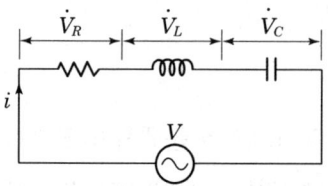

그림 1-21 RLC 직렬회로

② 전전압 $\dot{V}$ 는

$$\dot{V} = \dot{V}_R + (\dot{V}_L - \dot{V}_C)$$
$$= \dot{I}R + j\left(\omega L - \frac{1}{\omega C}\right)\dot{I}$$
$$= \dot{I}\left\{R + j\left(\omega L - \frac{1}{\omega C}\right)\right\}$$

③ 임피던스는 Z로, 단위는 옴[Ω]이다.

$$\dot{Z} = \frac{\dot{V}}{\dot{I}} = R + j\left(\omega L - \frac{1}{\omega C}\right)$$

$$\therefore \tan\theta = \frac{\dot{V}_L - \dot{V}_C}{\dot{V}_R} - \frac{\dot{I}\left(\omega L - \frac{1}{\omega C}\right)}{\dot{I}R} = \frac{\omega L - \frac{1}{\omega C}}{R}$$

$$\theta = \frac{1}{\tan}\frac{\omega L - \frac{1}{\omega C}}{R} = \tan^{-1}\frac{\omega L - \frac{1}{\omega C}}{R}$$

$$\dot{I} = \left(\frac{1}{R} - j\frac{1}{\omega L}\right)\dot{V} = \frac{\dot{V}}{\frac{1}{\frac{1}{R} - j\frac{1}{\omega L}}}$$

여기서 $\dot{Y}$ 를 어드미턴스라 한다.

$$\therefore \frac{1}{Z} = \frac{1}{R} - j\frac{1}{\omega L}$$

$\frac{1}{R} = g$, $\frac{1}{\omega L} = b$ 라 하면

$$\dot{Y} = g - jb$$

g를 컨덕턴스(저항의 역수), b를 서셉턴스(리액턴스의 역수)라 한다.

④ 전압(V)과 위상차(θ)는

$$\dot{Y} = \frac{1}{Z} = \frac{1}{\frac{1}{R} - j\frac{1}{\omega L}}$$

㉠ $X_L > X_C$ 일 때, 즉 유도성으로 동작될 때

$X_L > X_C$ 일 때는 유도성 회로가 되어 전류는 전압보다 θ만큼 뒤진다.

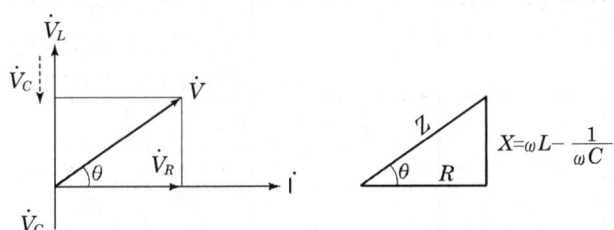

그림 1-22 유도성 RLC 직렬회로의 벡터도

㉡ $X_L < X_C$ 일 때, 즉 용량성으로 동작될 때

$X_L < X_C$ 일 때는 용량성 회로가 되어 전류는 전압보다 θ만큼 앞선다.

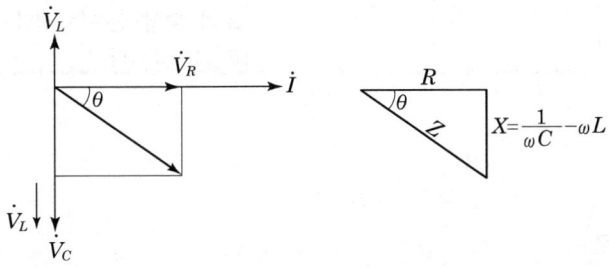

그림 1-23 용량성 RLC 직렬회로의 벡터도

ⓒ $X_L = X_C$일 때, 즉 직렬 공진회로로 동작될 때

$X_L = X_C$일 때는 직렬 공진회로가 되어 전압과 전류의 위상이 동상이다.

[3] RL, RC, RLC 직렬회로에서의 임피던스, 전압 및 위상의 관계

회로방식	회로도	임피던스	전압	위상	벡터도
RL 직렬회로		$\dot{Z} = \sqrt{R^2 + X_L^2}$	$V = V_m \sin(\omega t + \theta)$	$\theta = \tan^{-1}\dfrac{X_L}{R}$ [rad] 즉 전류보다 전압의 위상이 θ[rad]만큼 앞선다.	
RC 직렬회로		$\dot{Z} = \sqrt{R^2 + X_C^2}$	$V = V_m \sin(\omega t - \theta)$	$\theta = \tan^{-1}\dfrac{X_C}{R}$ $= \tan^{-1}\dfrac{1}{\omega RC}$ [rad] 즉 전류보다 전압의 위상이 θ[rad]만큼 뒤진다.	
RLC 직렬회로		$\dot{Z} = \sqrt{R^2 + X^2}$	$V = V_m \sin(\omega t + \theta)$	$\theta = \tan^{-1}\dfrac{X}{R}$ $= \tan^{-1}\dfrac{X_L - X_C}{R}$ $= \tan^{-1}\dfrac{\omega L - \dfrac{1}{\omega C}}{R}$ [rad] $X_L > X_C$일 때는 유도성 회로가 되어 전류는 전압보다 θ만큼 뒤진다. $X_L < X_C$일 때는 용량성 회로가 되어 전류는 전압보다 θ만큼 앞선다.	유도성 회로 용량성 회로

[4] RLC 병렬회로

(1) RL 병렬회로

① 저항(R)과 인덕턴스(L)가 병렬로 연결된 회로에 전압(V)을 가했을 때, 각 소자에 흐르는 전류를 각각 I_R, I_L이라 하면

$$I_R = \frac{V}{R}$$
$$I_L = \frac{V}{jX_L} = \frac{V}{j\omega L} = -j\frac{V}{\omega L}$$
$$\therefore I = I_R + I_L = \left(\frac{1}{R} - j\frac{1}{\omega L}\right)V \,[\text{A}]$$

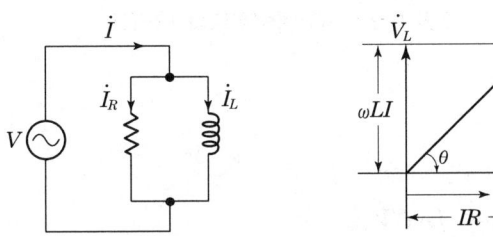

그림 1-24 RL 병렬회로와 벡터도

② 전류(I)와 위상차(θ)는

$$|I| = I = \sqrt{\left(\frac{1}{R}\right)^2 + \left(\frac{1}{\omega L}\right)^2}\, V\,[\text{A}]$$

$$\theta = \tan^{-1}\frac{-\frac{1}{\omega L}}{\frac{1}{R}} = \tan^{-1}\frac{R}{\omega L}\,[\text{rad}]$$

③ 전 전류(I)는 전압(V)의 $\sqrt{\left(\frac{1}{R}\right)^2 + \left(\frac{1}{\omega L}\right)^2}$ 배와 같고, 위상은 전압보다 $\tan^{-1}\frac{R}{\omega L}$ (즉=θ)만큼 뒤진다.

④ 합성 임피던스를 Z라 하며, 단위는 [Ω]이다.

$$Z = \frac{1}{\sqrt{\left(\frac{1}{R}\right)^2 + \left(\frac{1}{\omega L}\right)^2}}\,[\Omega]$$

(2) RC 병렬회로

① 저항(R)과 콘덴서(C)가 병렬 연결된 회로에 전압(V)을 가했을 때, 각 소자에 흐르는 전류를 I_R, I_C라 하면

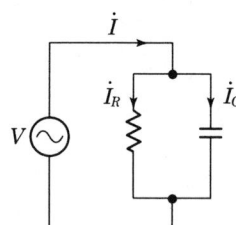 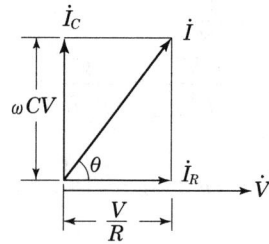

그림 1-25 RC 병렬회로와 벡터도

$$\dot{I}_R = \frac{\dot{V}}{R}$$

$$\dot{I}_C = \frac{\dot{V}}{-jX_C} = j\omega C\dot{V}$$

$$\dot{I} = \dot{I}_R + \dot{I}_C = \frac{\dot{V}}{R} + j\omega C\dot{V} = \dot{V}\left(\frac{1}{R} + j\omega C\right)[A]$$

② 전 전류($\dot{I}$)와 위상차(θ)는

$$|\dot{I}| = \dot{I} = \dot{V}\sqrt{\left(\frac{1}{R}\right)^2 + (\omega C)^2}\,[A]$$

$$\theta = \tan^{-1}\frac{\omega C}{\frac{1}{R}} = \tan^{-1}\omega RC\,[\text{rad}]$$

③ 합성 임피던스를 Z라 하며, 단위는 [Ω]이다.

$$\dot{Z} = \frac{1}{\sqrt{\left(\frac{1}{R}\right)^2 + \left(\frac{1}{\omega C}\right)^2}}\,[\Omega]$$

 참고

전류는 전압보다 위상이 앞선다.

(3) RLC 병렬회로

① R, L, C 소자를 병렬 연결한 회로에 교류전압(V)을 가했을 때, 각 소자에 흐르는 전류는

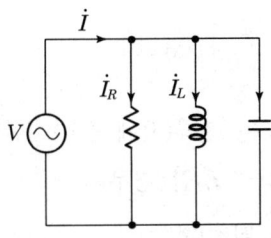

그림 1-26 RLC 병렬회로

$$\dot{I}_R = \frac{\dot{V}}{R}$$

$$\dot{I}_L = \frac{\dot{V}}{-j\omega X_C} = -j\omega C\dot{V}$$

$$\dot{I}_C = \frac{\dot{V}}{-jX_C} = \frac{\dot{V}}{-j\frac{1}{\omega C}} = -j\omega C\dot{V}$$

전 전류 $\dot{I}$ 는

$$\dot{I} = \dot{I}_R + \dot{I}_L + \dot{I}_C = \frac{\dot{V}}{R} - j\frac{\dot{V}}{\omega L} + j\omega C\dot{V}$$

$$= \left\{ \frac{1}{R} + j\left(\omega C - \frac{1}{\omega L}\right) \right\} [A]$$

$$\therefore \dot{I} = \sqrt{I_R^2 + I_X^2} = \sqrt{I_R^2 + (I_C - I_L)^2}$$

$$= V\sqrt{\left(\frac{1}{R}\right)^2 + \left(\omega C - \frac{1}{\omega L}\right)^2} \, [A]$$

② 임피던스 $\dot{Z}$ 는

$$\dot{Z} = \frac{1}{\frac{1}{R} + j\left(\omega C - \frac{1}{\omega L}\right)} = \frac{1}{\frac{1}{R} + j\left(\frac{1}{X_C} - \frac{1}{X_L}\right)}$$

$$\therefore Z = \frac{1}{\sqrt{\left(\frac{1}{R}\right)^2 + \left(\omega C - \frac{1}{\omega L}\right)^2}} [\Omega]$$

③ 위상차 θ 는

$$\theta = \tan^{-1}\left(\omega C - \frac{1}{\omega L}\right) R \, [\text{rad}]$$

④ 리액턴스(reactance) X는 전류(I)에 반비례한다.

㉠ $X_L < X_C$인 경우($I_L < I_C$인 경우)

$\dot{I}$ 는 $\dot{V}$ 보다 θ만큼 뒤진다.

$$\dot{I} = \dot{I}_L - \dot{I}_C = \frac{\dot{V}}{X_L} - \frac{\dot{V}}{X_C} = \dot{V}\left(\frac{1}{X_L} - \frac{1}{X_C}\right) [A]$$

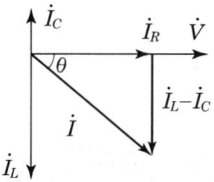

그림 1-27 RLC 병렬회로의 용량성 벡터도

㉡ $X_L > X_C$인 경우($I_L > I_C$인 경우)

$\dot{I}$ 는 $\dot{V}$ 보다 θ만큼 앞선다.

$$\dot{I} = \dot{I}_C - \dot{I}_L = \frac{\dot{V}}{X_C} - \frac{\dot{V}}{X_L} = \dot{V}\left(\frac{1}{X_C} - \frac{1}{X_L}\right) [A]$$

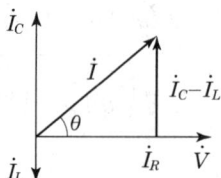

그림 1-28 RLC 병렬회로의 유도성 벡터도

㉢ $X_L = X_C$인 경우($I_L = I_C$인 경우)

$\dot{I}$ 와 $\dot{V}$ 는 동상으로 병렬공진이 된다.

$$\dot{I} = \dot{I}_C - \dot{I}_L = 0[A], \; 즉, \; I_C = I_L$$

(4) RL, RC, RLC 병렬회로의 어드미턴스, 전류 및 위상관계 요약

회로방식	회로도	어드미턴스	전류	위상	벡터도
RL 병렬회로		$\dot{Y} = \sqrt{G^2 + B^2}$ $= \dfrac{\sqrt{R^2 + (\omega L)^2}}{\omega RL}$	$\dot{I} = \sqrt{\left(\dfrac{1}{R}\right)^2 + \left(\dfrac{1}{\omega L}\right)^2} V$	$\theta = \tan^{-1} \dfrac{\frac{1}{\omega L}}{\frac{1}{R}}$ $= \tan^{-1} \dfrac{R}{\omega L}[\text{rad}]$	
RC 병렬회로		$\dot{Y} = \sqrt{\left(\dfrac{1}{R}\right)^2 + \left(\dfrac{1}{X_C}\right)^2}$	$\dot{I} = \sqrt{\left(\dfrac{1}{R}\right)^2 + (\omega C)^2} V$	$\theta = \tan^{-1} \dfrac{\omega C}{\frac{1}{R}}$ $= \tan^{-1} \omega RC[\text{rad}]$	
RLC 병렬회로		$\dot{Y} = \sqrt{\left(\dfrac{1}{R}\right)^2 + \left(\omega C - \dfrac{1}{\omega L}\right)^2}$	$\dot{I} = \sqrt{\left(\dfrac{1}{R}\right)^2 + \left(\omega C - \dfrac{1}{\omega L}\right)^2} V$	$X_L < X_C$인 경우, 용량성 회로로 전압보다 전류가 $\theta[\text{rad}]$만큼 뒤진다.	
				$X_L < X_C$인 경우, 유도성 회로로 전압보다 전류가 $\theta[\text{rad}]$만큼 앞선다.	

제5절 자기 현상

1 자석에 의한 자기 현상

[1] 자석에 의한 자기 현상

① 자기력(magnetic force) : 같은 자극끼리는 서로 밀고, 다른 자극끼리는 서로 끌어당기는 성질

② 자기장(magnetic field) : 자기력이 미치는 공간

③ 자극의 세기는 그 자극이 가지는 자기량의 대소에 따라 결정된다.
단위는 웨버(weber), [Wb]

④ 1[Wb]는 자기량이 같은 두 개의 자극을 1[m]의 거리에 놓았을 경우, 두 자극 사이에 작용하는 힘이 6.33×10^4[N]일 때의 각 자극의 세기

[2] 쿨롱의 법칙(Coulomb's law)

① 두 자극 사이에 작용하는 힘은 그 거리의 제곱에 반비례하고, 두 자극의 세기의 곱에 비례하며, 힘의 방향은 두 자극을 잇는 직선상에 위치한다.

② m_1[Wb], m_2[Wb]의 세기를 가진 두 개의 자극을 진공 중에서 r[m]의 거리에 놓았을 때 서로 작용하는 자기력 F는

$$F = \frac{1}{4\pi\mu_0} \cdot \frac{m_1 m_2}{r^2} = 6.33 \times 10^4 \frac{m_1 m_2}{r^2} [N]$$

μ_0는 진공의 투자율(magnetic permeability)로서

$$\mu_0 = 4\pi \times 10^{-7} [H/m]$$

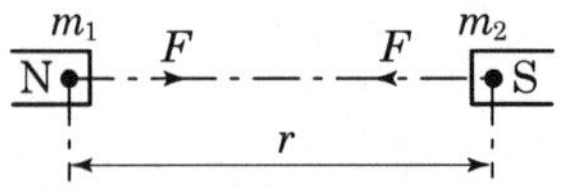

그림 1-29 쿨롱의 법칙

[3] 자기유도

① 자기유도(magnetic induction) : 물체가 자화되어 자기를 띠는 현상

② 강자성체 : 가해 준 자기장과 같은 방향으로 강하게 자화되는 물질

　　예) 철, 니켈, 코발트, 망간, 퍼멀로이, 페라이트 등

③ 반자성체 : 가해 준 자기장과 반대 방향으로 자화되는 물질

　　예) 은, 구리, 안티몬, 비스무트, 수소, 질소, 물, 아연, 납, 게르마늄 등

④ 상자성체 : 가해 준 자기장과 같은 방향으로 약하게 자화되는 물질

　　예) 알루미늄, 산소, 공기, 주석, 백금 등

[4] 자기장의 세기

① 자기장(또는 자계) : 자기력이 미치는 공간

② 자기장 안의 임의의 점에 1[Wb]의 자극에 작용하는 자기력이 1[N]이 되는 것을 1[AT/m]라 한다.

③ 진공 중에 있는 m[Wb]의 자극에서 r[m]의 거리에 있는 점의 자기장의 세기 H는

$$H = \frac{1}{4\pi\mu_0} \cdot \frac{m}{r^2} = 6.33 \times 10^4 \frac{m}{r^2} [\text{AT/m}]$$

④ 자기장의 세기가 H[AT/m]인 자기장 중에 m[Wb]의 자극을 놓았을 때 자기력 F는

$$F = mH [\text{N}]$$

2 전류에 의한 자기현상

[1] 직선 전에 의한 자기장

① 직선 도선에 전류가 흐르면 그 주위에 자기장이 생기고, 자력선은 도선을 중심으로 원을 그리는 방향으로 발생한다.

② 직선 도선에 I[A]의 전류가 흐를 때 도선에서 r[m] 떨어진 점 P에서 자기장의 세기

H는

$$H = \frac{I}{2\pi r}\,[\text{AT/m}]$$

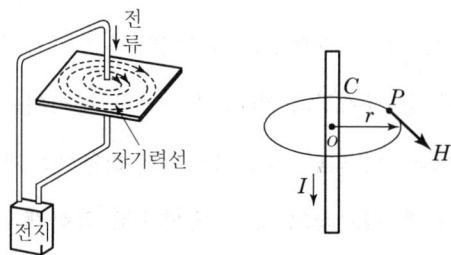

그림 1-30 직선 전류에 의한 자기장

[2] 원형 코일에 의한 자기장

① 도선을 원형으로 감은 코일에 전류를 흘리면 도선을 쇄교하는 자기력선은 코일의 내부에서 서로 합해지므로 강한 자기장이 발생한다.

② 코일의 감은 횟수가 많을수록 강한 자기장이 만들어진다.

③ 반지름 $r[\text{m}]$, 감은 횟수가 1회인 코일에 전류를 흘릴 때, 코일 중심에서의 자기장의 세기 H는

$$H = \frac{I}{2r}\,[\text{AT/m}]$$

④ 코일의 감은 횟수가 N회이면 코일 중심에서의 자기장의 세기 H는

$$H = \frac{NI}{2r}\,[\text{AT/m}]$$

[3] 전자력과 전자유도

(1) 자기장 속에서 전류가 받는 힘

전자력(electromagnetic force) : 자기장과 전류 사이에 작용하는 힘

(2) 플레밍의 왼손법칙(Fleming's left hend rule)

자기장 안에 놓여 있는 도선에 전류가 흐를 때 도선이 받는 전자력의 방향은 왼손의 세 손가락을 서로 직각 방향으로 펼치고, 집게손가락은 자기장의 방향, 가운뎃손가락은 전류의 방향으로 하면 엄지손가락의 방향이 전자력의 방향이다.

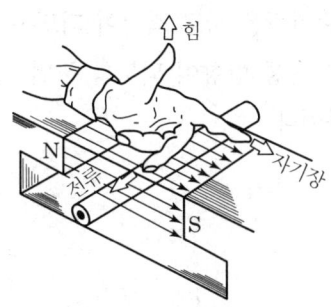

그림 1-31 플레밍의 왼손법칙

(3) 전자력의 크기

① 자속밀도(magnetic field density) : 직각으로 단위 면적을 통과하는 자속의 수

② 자속 밀도가 B인 자기장 내에서 자기장과 직각으로 도체를 놓고 전류 I[A]를 흘리면 길이 l [m]의 도체가 받는 힘 F는

$F = IBl$[N]

③ 자기장과 도선이 θ의 각을 이룰 경우의 힘 F는

$F = IBl \sin\theta$[N]

[4] 전자 유도

(1) 패러데이의 법칙(Faraday's law)

① 전자유도 : 코일을 지나는 자속이 시간에 따라 변화하면 코일에 기전력이 유도되는 현상

② 전자유도에 의하여 회로에 유기되는 기전력은 이 회로와 쇄교하는 자속의 증감에 비례한다.

(2) 렌츠의 법칙(Lenz's law)

① 유도 기전력과 유도 전류의 방향은 자속의 증감을 방해하는 방향이다.

(3) 플레밍의 오른손법칙(Fleming's right hand rule)

자기장 안에서 도체가 운동하여 자속을 끊었을 때 기전력의 방향을 아는 데 편리한 법칙으로, 오른손의 세 손가락을 서로 직각이 되도록 펼치고, 집게손가락은 자속의 방향, 엄지손가락은 도체의 운동 방향이 되도록 하면 가운뎃손가락의 방향이 도체에 생기는 유도기전력의 방향이다.

(4) 유도기전력의 크기

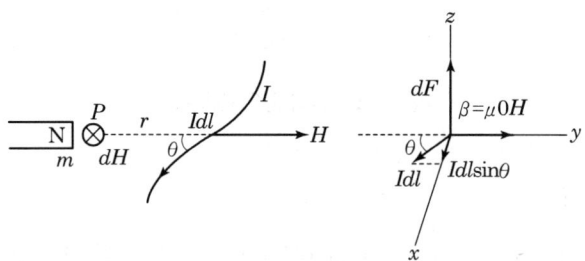

그림 1-32 유도기전력의 크기

① 코일에 유도되는 기전력은 단위 시간에 쇄교하는 자속 수에 비례한다.

② N회의 코일마다 Δt[sec] 동안에 Δ[Wb] 만큼의 자속이 증가하였다면 유도 기전력의 크기 e 는

$$e = -N \frac{\Delta \phi}{\Delta t} [\text{V}]$$

(−)의 부호는 유도기전력 e 의 방향과 자속 ϕ의 방향이 서로 반대임을 뜻함

(5) 발전기의 원리

① 전기자 코일을 축으로 하여 자기장과 직각으로 놓고 반시계 방향으로 돌리면 전기자 코일에 기전력이 유도된다.

② 전기자 코일을 같은 속도로 회전시키면 연속적으로 동일한 기전력을 얻는 것이 발전기의 원리이다.

(6) 변압기의 원리

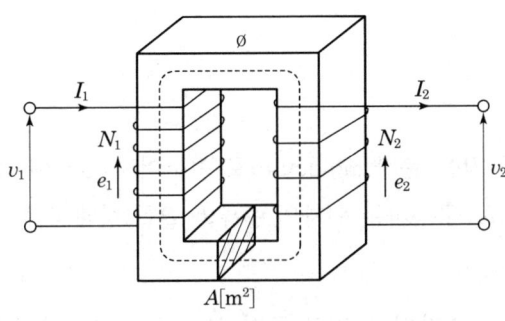

그림 1-33 변압기의 구조

① 전기에너지를 자기적 에너지로 변환한 후에 자기적 에너지를 전기에너지로 변환하는 장치

② 유도 전압과 전류의 크기는 1차 코일과 2차 코일의 권선 수에 따라 변화

$$\frac{e_1}{e_2} = \frac{I_2}{I_1} = \frac{N_1}{N_2} = a \ (N_1 : 1차측의\ 권선\ 수,\ N_2 : 2차측의\ 권선\ 수)$$

 참고

a는 권선 수의 비 또는 전압비

제6절 반도체(Semiconductor)

1 전자의 개념

[1] 원자와 전자

모든 물질은 매우 작은 분자(molecule)로 이루어져 있으며, 분자는 여러 종류의 원자(atom)의 집합으로, 구성하는 원자의 종류와 결합 형태의 종류에 따라 그 물질의 고유한 성질을 갖는다.

① 양자(proton) : 원자의 구조의 중심 부분에서 (+) 전기를 갖는 것
  양자의 전기량 : 1.602×10^{-19} [C]
  양자의 질량 : 1.673×10^{-27} [kg] (전자 질량의 1,840배)

② 중성자(neutron) : 원자의 구조의 중심 부분에서 전기를 갖지 않는 것

③ 원자핵(atomic nucleus) : 양자와 중성자 모두를 말한다.

④ 전자(electron) : 원자핵의 주위를 돌고 있는 (-) 전기를 갖는 것

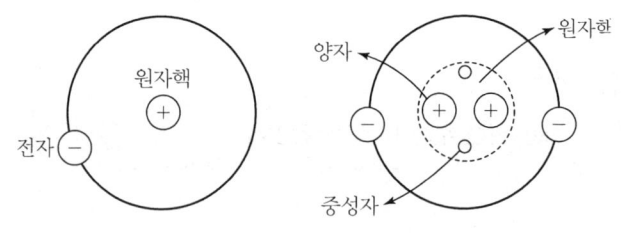

그림 1-34 양자와 전자

[2] 자유전자

① 전기적으로 안정된 원자에 외부에너지(빛이나 열 등)를 가하면 멀리 떨어진 궤도에 있는 전자는 원자핵의 구속력에서 벗어나 자유로이 움직일 수 있는데 이를 자유전자라 한다.

② 온도가 상승하면 물질 중의 자유전자의 운동이 활발해진다.

전자의 전기량 : $-1.602189 \times 10^{-19}$[C]

전자의 질량 : 9.109534×10^{-31}[kg]

[3] 전기의 발생

① 물질은 정상 상태에서는 양자의 수와 전자의 수가 서로 같으므로 전기적으로 중성 상태에 있다.

② 대전 : 자유전자의 들어오고 나감에 의해 음전기 또는 양전기를 갖게 되는 현상

③ 전기량 : 대전된 물질이 갖는 전기의 양으로 단위는 쿨롬(coulomb : C)을 사용

$$1[C] = \frac{1}{1.602 \times 10^{-19}} ≒ 0.624 \times 10^{19} \, [개]$$

[4] 반도체의 종류

반 도 체		
진성 반도체	불순물 반도체	
	N형 반도체	P형 반도체

① 진성 반도체 : 불순물이 첨가되지 않은 순수한 반도체로 실리콘(Si), 게르마늄(Ge)이 이에 속한다.

② 불순물 반도체 : 진성 반도체의 전기 전도성을 향상시키기 위하여 불순물을 첨가한 반도체로 N형과 P형의 반도체가 있다.

㉠ N형 반도체 : 4개의 전자를 갖는 진성 반도체에 원자가 5가인 불순물 원자(비소 [As], 인[P], 안티몬[Sb])를 혼입하면 공유 결합을 이루고 1개의 전자가 남는다. 이를 과잉전자 또는 도너(donor)라 한다.

다수 반송자 : 전자, 소수 반송자 : 정공

㉡ P형 반도체 : 4개의 전자를 갖는 진성 반도체에 원자가 3가인 불순물 원자(인듐

[In], 붕소[B], 알루미늄[Al], 갈륨[Ga])의 억셉터(Accepter)를 혼입하면 1개의 전자가 부족하게 되며, 이는 1개의 정공이 남는 상태이다.

> 참고
> 다수 반송자 : 정공, 소수 반송자 : 전자

2 PN 접합 이론

[1] PN 접합

P형 반도체와 N형 반도체를 접합하고 전압을 가하면 N형 반도체의 전자는 P형 반도체 쪽으로, P형 반도체의 정공은 N형 반도체 쪽으로 이동하게 되어 N형 반도체의 에너지 준위는 P형 반도체 에너지 준위 eV만큼 높아지므로, 에너지 장벽이 낮아져 N형 반도체의 전자는 이를 뛰어넘어 확산한다.

P형에 −전압을 N형에 +전압을 가하면 페르미 준위는 P형 반도체보다 N형 반도체가 eV만큼 낮아져, 에너지 장벽은 더욱 높아져 캐리어 이동은 거의 없어 전류가 흐르지 않게 된다.

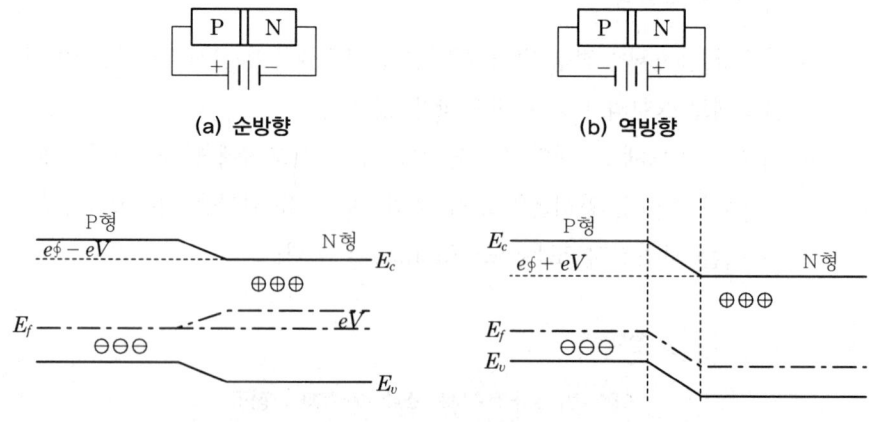

그림 1-35 PN 접합의 에너지 준위

[2] 다이오드(Diode)

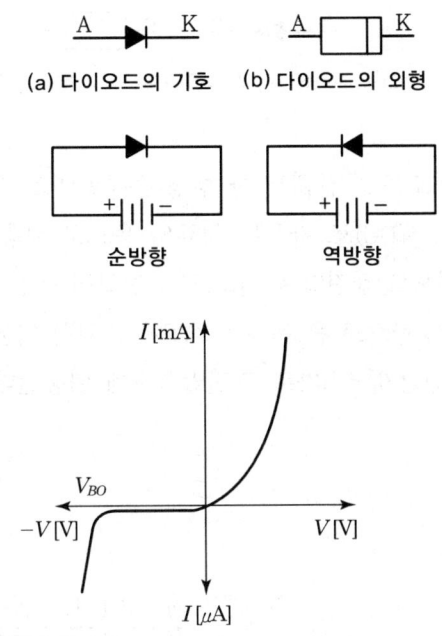

그림 1-36 다이오드의 기호와 외형 및 전류곡선

① 다이오드는 전압을 가하는 방법에 따라 어느 한 방향(순방향)으로는 전류가 많이 흐르고, 반대방향(역방향)으로는 전류가 흐르지 않는다.

② 항복전압(breakdown voltage)
역방향 전압을 점점 크게 가하면 급격히 전류가 흐르는데 이때의 전압을 항복전압이라 한다.

③ 다이오드의 용도는 정류, 검파, 발진, 증폭, 전압안정용 등이다.

④ 다이오드의 분류
  ㉠ 검파 다이오드(점 접촉형 다이오드) : N형 게르마늄(Ge)의 작은 조각에 텅스텐선 또는 백금합선의 탐침을 점 접촉시켜 만든 소자로서, 고주파를 차단하고 저주파를 통과시키는 검파용에 주로 사용된다.

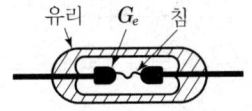

그림 1-37 검파 다이오드의 외형

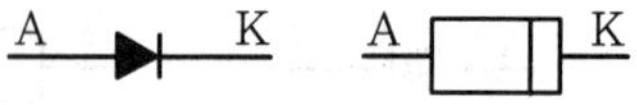

A ▶|— K   A ▭ K

그림 1-38 검파 다이오드의 기호 및 외형

ⓛ 정류 다이오드 : 전류가 한 방향(순방향)으로 흐르는 성질을 이용하여, 교류(AC)를 직류(DC)로 바꾸는 정류의 용도로 사용된다.

ⓒ 제너 다이오드(정전압 다이오드) : 전압이 어떤 값에 도달했을 때 캐리어가 급증하여 역방향으로 큰 전류가 흐르는 효과를 이용하여, 전압을 일정하게 유지하기 위한 전압제어소자로 정전압회로에 이용된다.

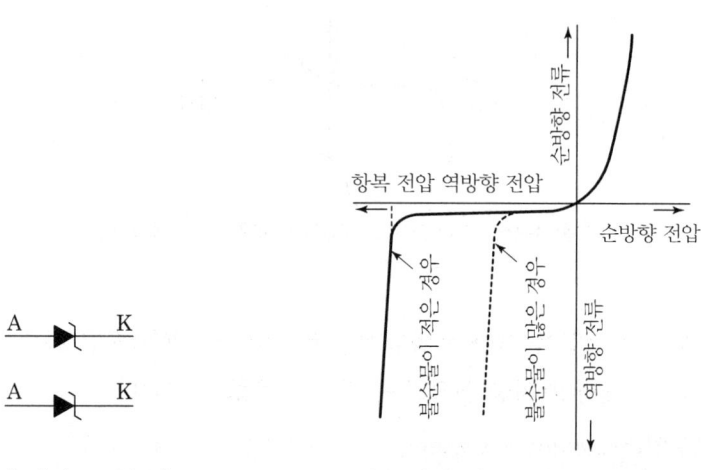

(a) 제너 다이오드의 기호   (b) 제너 다이오드의 특성곡선

그림 1-39 제너 다이오드의 기호 및 특성 곡선

ⓔ 터널 다이오드(에사키 다이오드) : 불순물의 농도를 매우 크게 하여 전압이 낮은 범위에서는 전류가 증가하고, 어떤 전압 이상이 되면 전류가 감소하는 부성저항 특성을 갖도록 한 소자로서, 마이크로파대의 발진이나 전자계산기 등의 고속 스위칭 회로에 사용된다.

그림 1-40 터널 다이오드의 기호

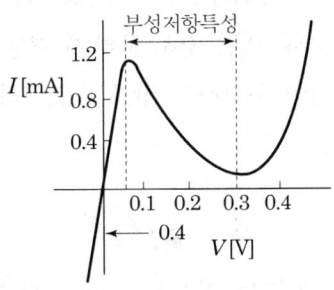

그림 1-41 부성 저항 특성곡선

ⓐ 가변용량 다이오드(바리캡) : PN 접합 다이오드에 역방향 전압을 걸면 전자와 정공은 각기 접합부에서 멀어지고, 접합부에는 전자와 정공의 작은 절연영역 (즉 공핍층)을 경계로 하는 정전용량이 생성되며, 이 정전용량을 이용하는 소자로, 가해지는 전압에 따라 정전용량이 변하는 다이오드이다. 가변용량 다이오드는 자동주파수제어(AFC)회로나 TV 수상기의 무접점 튜너의 동조회로 등에 사용된다.

A ▶|+ K

그림 1-42 가변용량 다이오드의 기호

ⓑ 발광 다이오드(Light Emitting Diode : LED) : 순방향 전압이 인가되면 PN 접합의 N형 반도체 내의 전자가 PN 접합층으로 이동하고 P형 반도체 내의 정공이 PN 접합층으로 이동하여 전자와 정공이 재결합을 하면서 빛을 발산하도록 하는 소자이며, LED의 빛은 결정과 반도체 불순물에 따라 결정되고 적색, 녹색, 황색, 백색이 이용되고 있다.

그림 1-43 발광 다이오드의 기호

ⓢ 포토 다이오드(Photo Diode) : 규소의 PN 접합을 이용하여 빛의 입사를 광전류로 검출하는 소자로서, 빛을 강하게 하면 저항값이 감소하고 전류는 증가하며, 빛이 약하면 저항값이 증가하고 전류는 감소하는 동작을 하는 소자로, 계수회로 등에 사용한다.

그림 1-44 포토 다이오드의 기호

3 트랜지스터(Transistor)

[1] 트랜지스터의 구조

① 트랜지스터는 3층으로 된 반도체 소자로 npn형과 pnp형으로 구분한다.
② 2층의 n형 층과 1층의 p형 층으로 구성된 것을 npn형이라 하고, 2층의 p형 층과 1층의 n형 층으로 구성된 것을 pnp형이라 한다.

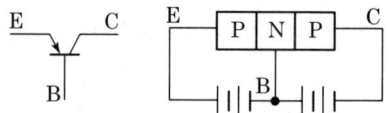

그림 1-45 PNP형 TR의 기호 및 구조

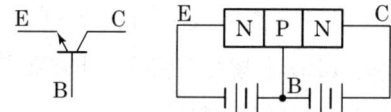

그림 1-46 NPN형 TR의 기호 및 구조

[2] 트랜지스터의 동작

① npn형 트랜지스터의 동작
㉠ 이미터(E)와 베이스(B) 사이의 순방향 전압 V_{be}에 의해 이미터(E)의 전자가 베이스(B)로 이동한다.
㉡ 컬렉터(C)와 베이스(B) 사이의 역방향 전압 V_{cb}에 의해 이미터(E)에서 베이스(B) 쪽으로 이동하던 전자의 대부분이 컬렉터(C) 쪽의 높은 전압에 끌려서 전류

가 흐르게 된다.

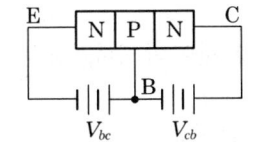

그림 1-47 NPN TR의 동작

② pnp형 트랜지스터의 동작
　㉠ 이미터(E)와 베이스(B) 사이의 순방향 전압 V_{be}에 의해 이미터(E)의 정공이 베이스(B)로 이동한다.
　㉡ 컬렉터(C)와 베이스(B) 사이의 역방향 전압 V_{ce}에 의해 이미터(E)에서 베이스(B) 쪽으로 이동하던 정공의 대부분이 컬렉터(C) 쪽의 높은 전압에 끌려서 전류가 흐르게 된다.

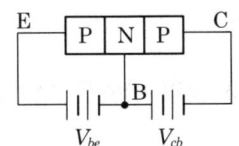

그림 1-48 PNP TR의 동작

③ 트랜지스터 동작의 전원관계

	이미터(E)-베이스(B)	이미터(E)-컬렉터(C)
npn형	순방향 전원	역방향 전원
pnp형		

④ 트랜지스터의 전류 증폭률
　㉠ 트랜지스터에서의 전류관계(키르히호프의 법칙에 의해)
　　$I_e = I_c + I_b$
　㉡ 이미터(E)와 컬렉터(C) 사이의 전류 증폭률(베이스 접지 전류 증폭률)

$$\alpha = \left| \frac{\Delta I_C}{\Delta I_E} \right| \ (V_{CB} \text{ 일정})$$

ⓒ 베이스(B)와 컬렉터(C) 사이의 전류 증폭률(이미터 접지 전류 증폭률)

$$\beta = \left| \frac{\Delta I_C}{\Delta I_B} \right| \ (V_{CE} \text{ 일정})$$

ⓔ α 와 β 사이의 관계

$$\alpha = \frac{\beta}{1+\beta}$$
$$\beta = \frac{\alpha}{1-\alpha}$$

ⓜ $0 \leq \alpha \leq 1$로서 α의 값이 되도록 1에 가까운 것이 이상적이다. 실제 α의 값은 0.98~0.997 정도이고, β는 20~100 정도이다.

⑤ 트랜지스터의 등가 회로

㉠ h 파라미터(parameter)

ⓐ $h_i = \frac{v_1}{i_1} \ | \ (v_o = 0)$ 출력 단자를 단락했을 때의 입력 임피던스

ⓑ $h_r = \frac{v_1}{v_o} \ | \ (i_i = 0) \ h_i = \frac{i_o}{i_i} \ | \ (v_o = 0)$ 입력 단자를 개방했을 때의 전압 되먹임률, 출력 단자를 단락했을 때의 전류 증폭률

ⓒ $h_i = \frac{i_o}{v_o} \ | \ (i_i = 0)$ 입력 단자를 개방했을 때의 출력 어드미턴스

⑥ 접지 방식에 따른 증폭회로의 종류와 특징

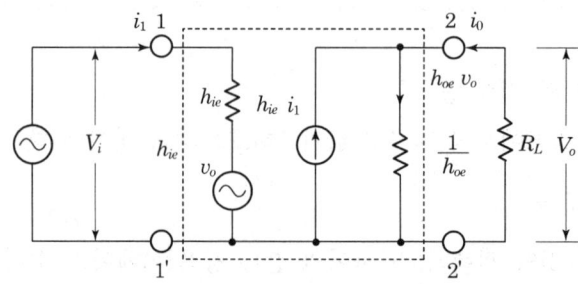

그림 1-49 트랜지스터의 h 파라미터

㉠ 증폭회로의 종류와 특성

회로	베이스 접지	이미터 접지	컬렉터 접지
입력 저항	수[Ω]~수십[Ω]	수백[Ω]~수십[kΩ]	수십[kΩ] 이상
출력 저항	수십[kΩ] 이상	수[kΩ]~수십[kΩ]	수[Ω]~수십[Ω]
입·출력 위상	동위상	위상반전	동위상
전압증폭도	높다	높다	낮다
전류증폭도	≒1	높다	높다
전력증폭도	낮다	높다	낮다
용 도	전압증폭용	전압증폭용	임피던스변환용

㉡ 이미터 폴로어
ⓐ 컬렉터 접지 방식으로 전압 증폭이 필요 없고 큰 전류 이득이 필요한 회로에 사용된다.
ⓑ 입력 임피던스가 매우 높고 출력 임피던스는 매우 낮으므로 저항 변환을 위한 버퍼단(buffer stage)으로 사용된다.
ⓒ 전압 이득은 1 또는 그 이하이다.

4 FET(전계 효과 트랜지스터 : Field Effect Transistor)

게이트에 역전압을 걸어주어 출력인 드레인 전류를 제어하는 전압제어 소자로서, 다수 캐리어인 자유전자나 정공 중 어느 하나에 의해서 전류의 흐름이 결정되므로 극성이 1개만 존재하는 단극성 트랜지스터(unipolar transistor)이다.
5극 진공관과 같은 특성을 지니며, 입력 임피던스가 매우 높다.

[1] FET의 분류

제조방법에 따른 분류	접합형 전계효과 트랜지스터 (Junction-FET)		n채널 J-FET
			p채널 J-FET
	금속산화물 전계효과 트랜지스터 (metal oxide semiconductor FET)	증가형 (enhancement)	n채널 증가형 MOS-FET
			p채널 증가형 MOS-FET
		공핍형 (depletion)	n채널 공핍형 MOS-FET
			p채널 공핍형 MOS-FET

[2] FET의 특징

① 전자나 정공 중 하나의 반송자에 의해서만 동작하는 단극성 소자이다.

② 전압제어소자로 다수 캐리어에 의해 동작하며, 게이트의 역전압에 의해 드레인 전류가 제어된다.

③ 트랜지스터(BJT)에 비하여 입력임피던스가 높아 전압 증폭기로 사용한다.

④ 전력소비가 적고, 소형화에 유리하여 대규모 IC에 적합하다.

[3] 접합형 전계효과 트랜지스터(J-FET)

다수캐리어는 채널을 통하여 흐르며, 이 전류는 게이트에 인가되는 전압에 의해 제어된다.

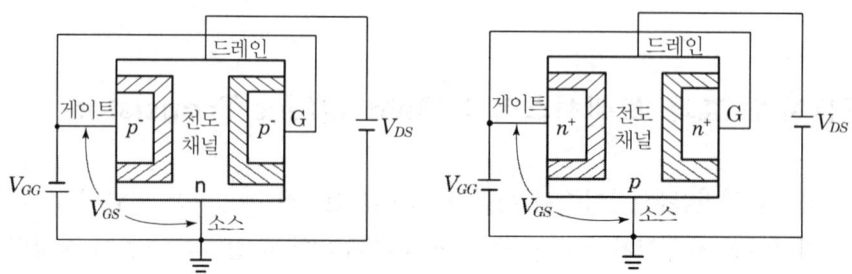

그림 1-50 접합형 FET의 구조

(a) P채널 JFET의 기호   (b) N채널 JFET의 기호

그림 1-51 접합형 FET의 기호

[4] 금속산화물 전계효과 트랜지스터(MOS-FET)

① 증가형 금속산화물 전계효과 트랜지스터(Enhancement MOS FET) : 게이트 전압이 0일 때 전도채널이 없음

(a) P채널 EMOS FET의 기호   (b) N채널 EMOS FET의 기호

그림 1-52 EMOS FET의 기호

㉠ N채널 EMOS FET의 구조 및 특성

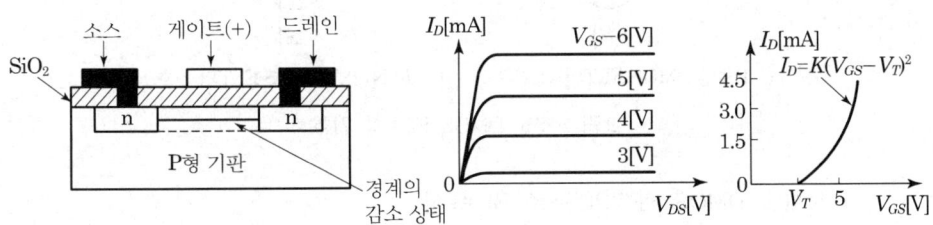

(a) N채널 EMOS FET의 구조   (b) N채널 EMOS FET의 특성곡선

그림 1-53 N채널 EMOS FET의 구조 및 특성곡선

㉡ N채널 EMOS FET의 동작
　　ⓐ 게이트의 역전압이 0[V]이면 전도채널이 없다.
　　ⓑ 게이트에 +전압을 가하면 P형 기판에 −전하에 의해 전도채널이 형성된다.
　　ⓒ 드레인에서 소스로 전도채널을 따라 전류가 흐른다.

ⓒ P채널 EMOS FET의 구조 및 특성

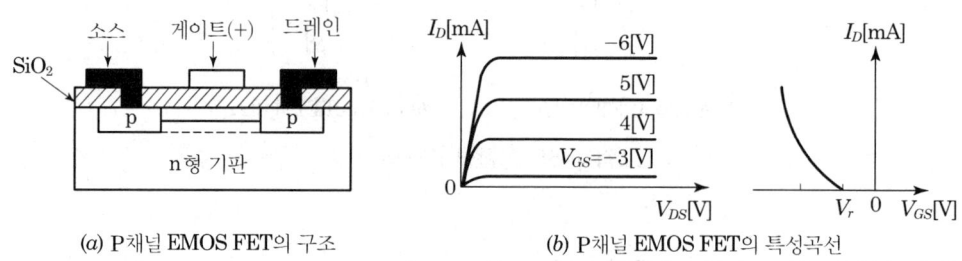

(a) P채널 EMOS FET의 구조   (b) P채널 EMOS FET의 특성곡선

그림 1-54 P채널 EMOS FET의 구조 및 특성곡선

ⓛ P채널 EMOS FET의 동작

ⓐ 게이트의 역전압이 0[V]이면 전도채널이 없다.

ⓑ 게이트에 - 전압을 가하면 N형 기판에 + 전하에 의해 전도채널이 형성된다.

ⓒ 드레인에서 소스로 전도채널을 따라 전류가 흐른다.

② 공핍형 금속 산화물 전계효과 트랜지스터(Depletion MOS FET) : 게이트 전압이 0일 때 전도채널이 있다.

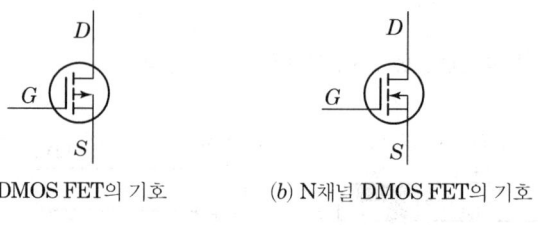

(a) P채널 DMOS FET의 기호   (b) N채널 DMOS FET의 기호

그림 1-55 DMOS FET의 기호

㉠ N채널 DMOS FET의 구조 및 특성

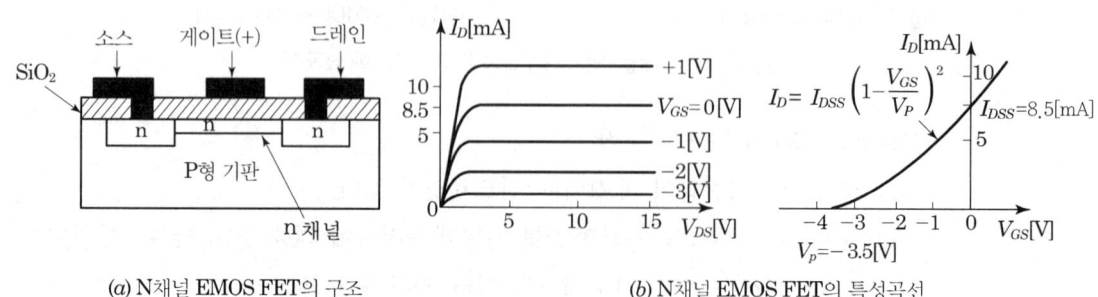

(a) N채널 EMOS FET의 구조   (b) N채널 EMOS FET의 특성곡선

그림 1-56 N채널 DMOS FET의 구조 및 특성 곡선

ⓛ N채널 DMOS FET의 동작
  ⓐ 게이트 전압이 0[V]일 때 전도채널이 형성되어 있다.
  ⓑ V_{GS}(게이트-소스전압)가 0[V]일 때 V_{DS}(드레인-소스전압)가 증가하면 전자가 채널을 통해 흐른다.
  ⓒ 전류를 줄이기 위해서는 게이트 전압을 -로 증가시켜야 한다.
ⓒ P채널 DMOS FET의 구조 및 특성

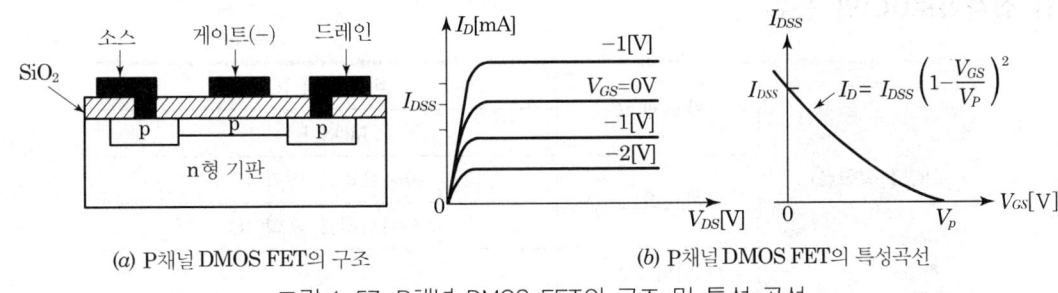

(a) P채널 DMOS FET의 구조   (b) P채널 DMOS FET의 특성곡선

그림 1-57 P채널 DMOS FET의 구조 및 특성 곡선

ⓔ P채널 DMOS FET의 동작
  ⓐ 게이트 전압이 0[V]일 때 전도채널이 형성되어 있다.
  ⓑ V_{GS}(게이트-소스전압)가 0[V]일 때 V_{DS}(드레인-소스전압)가 증가하면 정공이 채널을 통해 흐른다.
  ⓒ 전류를 줄이기 위해서는 게이트 전압을 +로 증가시켜야 한다.

③ FET의 전달 컨덕턴스 : 드레인 전류의 변화량에 대한 게이트 전압의 비

$$g_m = \frac{\Delta I_D}{\Delta V_{GS}} [\mho]$$

④ 증폭정수 : 드레인과 소스 사이의 전압 변화량에 대한 게이트와 소스 사이의 전압 변화량의 비

$$\mu = \frac{\Delta V_{DS}}{\Delta V_{GS}}$$

⑤ 드레인 저항(rd)

$$rd = \frac{\Delta V_{DS}}{\Delta I_D}$$

⑥ 세 정수(컨덕턴스, 증폭정수, 드레인 저항)와의 관계

$$\mu = g_m \cdot rd$$

5 IC(Integrated Circuit : 집적회로)

[1] 집적회로(IC)의 분류

IC(집적회로)	반도체 IC	바이폴러 IC
		MOS IC
	하이브리드 IC	하이브리드 박막 IC
		하이브리드 후막 IC
	박막 IC	

① 반도체 집적회로(IC : Intergrated Circuit) : 실리콘 단결정 기판 속에 여러 개의 능동 및 수동 소자를 만들고, 이들을 금속막으로 결선하여 구성시킨 IC를 말한다. 모놀리식(monolithic) 집적회로라고도 한다.

② 하이브리드 집적회로(IC) : 반도체 제조 기술과 박막 IC 제조 기술을 혼용하여 구성한 IC를 말한다.

③ 박막 집적회로(IC) : 회로를 구성하는 능동 및 수동 소자를 박막 기술로 구성한 IC를 말한다.

④ 집적도에 의한 IC의 분류

㉠ SSI(Small Scale Integration) : 반도체를 100개 정도의 집적도를 갖도록 한 소규모 집적회로

㉡ MSI(Medium Scale Integration) : 반도체를 300~500개 정도의 집적도를 갖도록 한 중규모 집적회로

㉢ LSI(Large Scale Integration) : 반도체를 1000개 이상의 집적도를 갖도록 한 대규모 집적회로

㉣ VLSI(Very Large Scale Integration) : 반도체를 수십~수백만개의 집적도를

갖도록 한 초대규모 집적회로

⑤ 집적회로(IC)를 만들기 위한 조건
　㉠ L 및 C가 거의 필요 없고, 저항값이 작은 회로
　㉡ 전력 출력이 작아도 되는 회로
　㉢ 신뢰성이 중요시되어 소형 경량을 필요로 하는 회로

⑥ 집적회로(IC)의 장점
　㉠ 대량생산이 가능하여, 저렴하다.
　㉡ 크기가 작다.
　㉢ 신뢰도가 높다.
　㉣ 향상된 성능을 가질 수 있다.
　㉤ 접합된 장치를 만들 수 있다.

6 특수 반도체

[1] 사이리스터

전력 제어용으로 사용되는 소자로, 하나의 스위칭 작용을 하도록 PN 접합을 여러 개 결합하고 있다.

① 실리콘 제어 정류기(SCR : Silicon controlled rectifier)

SCR은 역저지 3극 사이리스터의 단방향 전력제어 소자로서, 다이오드와 같이 역 바이어스 때는 차단상태가 되며, 순방향 바이어스가 애노드(A)와 캐소드(K) 양단에 걸렸을 때 게이트에 전류가 흘러야만 도통된다.

게이트에 전류를 흐르게 해서 ON 상태가 되면 게이트 전류를 0으로 하여도 도통 상태가 유지되며, 차단상태로 변환하려면 애노드(A) 전압을 유지전압 이하 또는 역 방향으로 전압을 가해야 한다. SCR은 전류제어 능력을 갖는 소자로, 모터의 속도 제어, 전력제어 등에 사용된다.

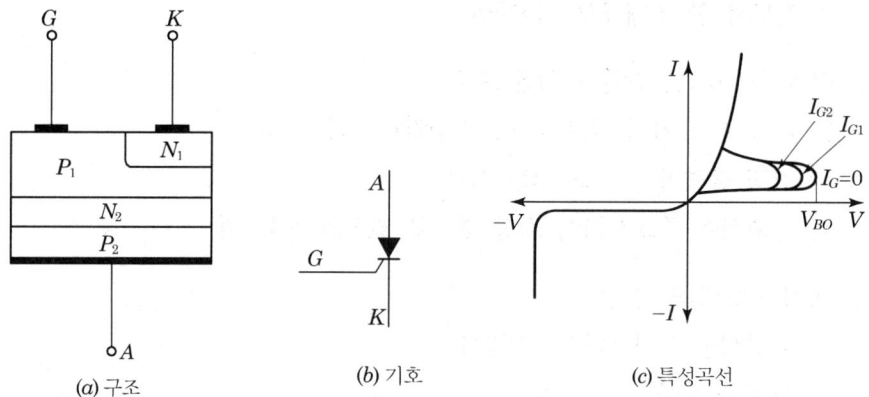

그림 1-58 SCR의 구조와 기호 및 특성 곡선

② 다이액(DIAC)

3극의 다이오드 교류 스위치로서, 과전압 보호회로에 사용되기도 하며 트라이액 등의 트리거 소자로 이용된다. 트리거 펄스 전압은 약 6~10[V] 정도가 된다.

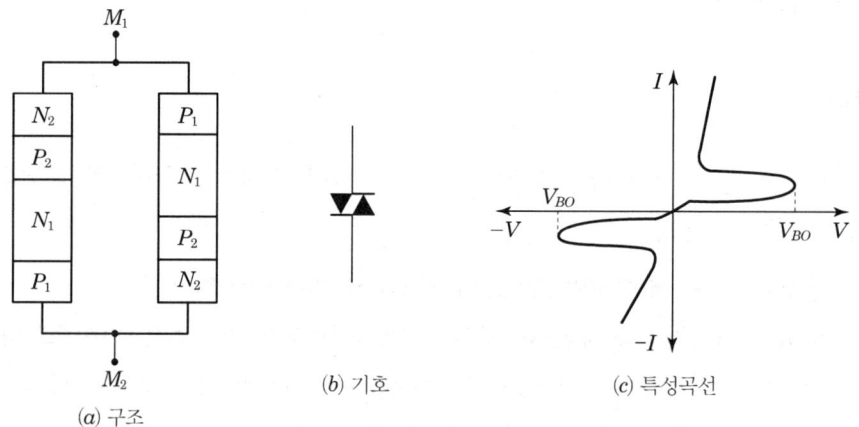

그림 1-59 다이액(DIAC)의 구조와 기호 및 특성 곡선

③ 트라이액(TRAIC)

2개의 SCR을 역병렬로 접속한 형태의 3단자 교류 스위치로서 양방향 전력제어에 다이액과 함께 사용한다. SCR은 단방향 제어를 하는 데 반하여, 트라이액은 양방향 제어를 하는 소자로 전력제어와 모터제어 등에 사용한다.

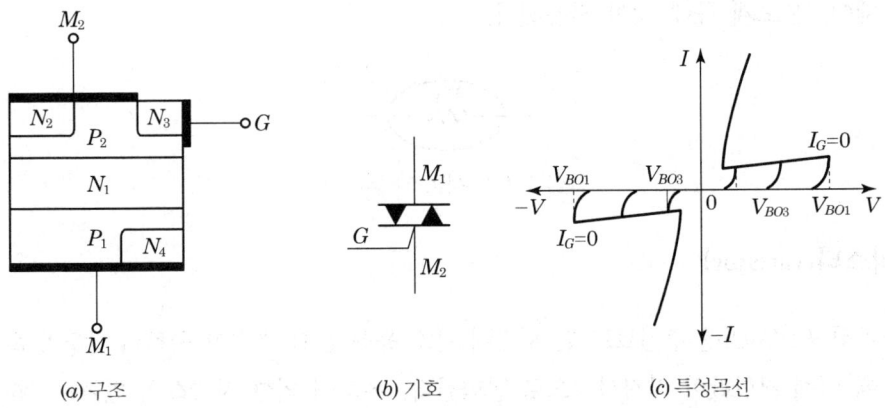

그림 1-60 트라이액(TRIAC)의 구조와 기호 및 특성 곡선

[2] 단접합 트랜지스터(UJT : Unijunction Transistor)

접합부가 1개뿐인 트랜지스터로 2개의 베이스와 1개의 이미터로 구성되고, PN 접합부가 순방향 전압이 되어야 동작하며, 부성저항 특성을 이용하여 펄스를 발생하는 회로에 사용된다. 온도가 변하면 PN 접합부의 순방향 전압의 크기가 변동하므로 B_2(베이스2)에 안정저항을 연결하여야 한다.

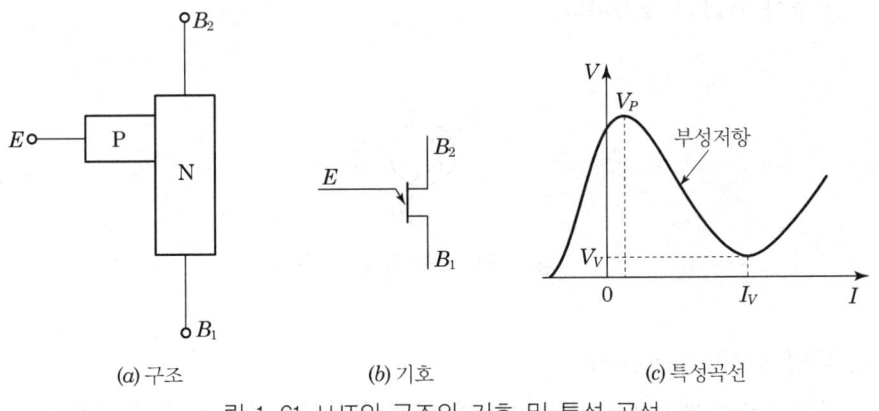

림 1-61 UJT의 구조와 기호 및 특성 곡선

[3] 서미스터(thermistor)

부(-)의 온도계수를 갖고 있으며 저항값이 변하는 소자로서, 온도 변화의 보상, 자동

제어, 온도계 등에 많이 사용된다.

그림 1-62 서미스터의 기호

[4] 배리스터(varistor)

탄화규소(SiC)를 주원료로 한 분말에 탄소 등을 혼합 소결한 구조의 반도체로서, 전압에 의해 저항값이 비직선적으로 변화한다. 온도에 의한 저항값의 변화는 서미스터보다는 작지만 과부하에 강하다.

일정한 전압 이상에서 갑자기 전류가 증가하고 저항은 감소되므로 계전기 등의 불꽃, 잡음의 흡수 조정, 전화 교환기나 전화기, 피뢰기, 네온 등의 보호장치로 사용된다.

[5] 광전 변환 소자

① 포토 트랜지스터(photo transistor)

트랜지스터와 같지만 이미터와 컬렉터의 2단자만이 있고, 베이스는 없는 구조로, 이미터와 컬렉터 사이에 전원을 가하고 베이스에 빛을 비추면 그 빛의 세기에 따라 전류가 흐르는 소자이다.

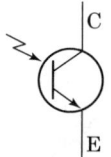

그림 1-63 포토 TR의 기호

② 태양 전지(solar cell)

N형 실리콘에 P형 불순물(비소)을 얇게 확산시킨 소자로서, 태양전지의 PN 접합면에 빛을 비추면 그 에너지에 의하여 전자와 정공의 영역이 생기고, 전자는 N형 영역에, 정공은 P형 영역에 모이기 때문에 N형이 −로 P형이 +로 되는 기전력이 발생된다.

태양전지는 광의 검출기, 인공위성의 전원, 무인 중계소나 등대 등의 전원으로 사용된다.

③ CDS(황화카드뮴)

광전도 물질에 빛을 비추면, 그 빛의 양에 따라 물질의 전기저항이 변화하는 특성을 이용한 소자로서, CDS는 카메라의 노출계, 가로등의 자동 점멸기, 가정용 기기, 산업용 기기 등에 사용된다.

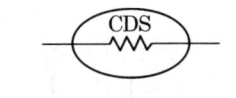

그림 1-64 CDS의 기호

제7절 증폭회로

1 소신호 증폭회로

[1] 고정 바이어스

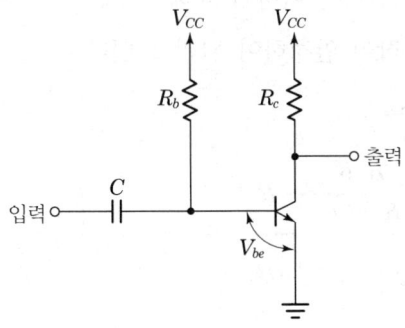

그림 1-65 고정 바이어스

① 동작점이 온도에 따라 변동되고 안정도가 나쁜 결점이 있고, 회로의 구성은 간단하지만 현재는 거의 사용되지 않는다.

② 컬렉터 전류 : $I_c = \beta I_b + (1+\beta)I$

③ 베이스 전류 : $I_b = \dfrac{V_{cc} - V_{be}}{R_b}$ (단, $V_{be} \simeq 0.3\,V(\mathrm{Ge}),\ 0.7\mathrm{V}\,(\mathrm{Si}))$

④ 안정 계수 : $S = \dfrac{\Delta I_c}{\Delta I_{co}} = (1 + \beta)$

⑤ 안정 계수(S) : 바이어스 회로의 안정화 정도로 S가 작을수록 안정도가 좋다.

[2] 전류 궤환 바이어스

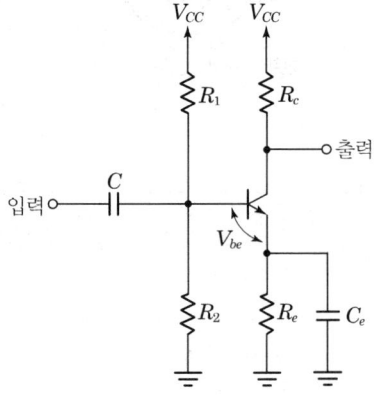

그림 1-66 전류 궤환 바이어스

① 온도 변화에 따른 안정을 기하기 위해 R_e에 의한 전류 궤환(되먹임)이 되도록 한 것으로 증폭기 동작이 안정하여 널리 쓰인다.

② 회로의 안정 계수

$$S = \dfrac{(1+\beta)(\dfrac{R_1 R_2}{R_1 + R_2} + R_e)}{\dfrac{R_1 R_2}{R_1 + R_2} + (1+\beta)R_e} = (1+\beta)\dfrac{1-\alpha}{1+\beta+\alpha}$$

③ α가 작아지면 S가 거의 β에 관계없이 되며, R_e가 클수록, $\dfrac{R_1 R_2}{R_1 + R_2}$가 작을수록 동작점은 안정된다.

[3] 전압 궤환 바이어스

① 컬렉터-베이스 바이어스라고도 하며 온도 상승으로 인한 컬렉터의 전류증가를 상쇄시키기 위하여 컬렉터와 베이스 사이에 R_f를 접속하여 전압 궤환(되먹임)이 되도록 하였다.

② $V_{cc} = (I_c + I_b)R_c + R_f I_b + V_{be} + R_e(I_c + I_b)$

$$S = \frac{\Delta I_c}{\Delta I_{co}} = \frac{(1+\beta)(R_c + R_f + R_e)}{R_f + (1+\beta)R_c + (1+\beta)R_e}$$

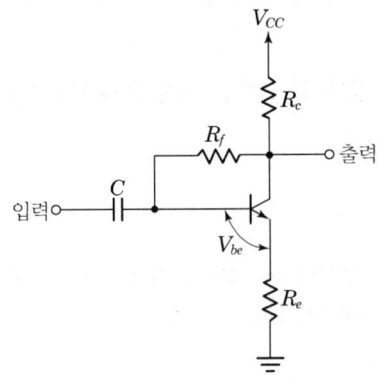

그림 1-67 전압 궤환 바이어스

[4] 진폭 일그러짐

① 트랜지스터에서 입력 전압의 과대, 동작점의 부적당에 의해 동작 범위가 특성 곡선의 비직선 부분을 포함하기 때문에 발생하는 일그러짐이다.

② 일그러짐률 $K = \dfrac{\sqrt{V_2^2 + V_3^2 + \cdots\cdots}}{V_1} \times 100[\%]$

(V_1 : 기본파의 실효값, V_2, V_3 : 제2, 제3의 고조파의 실효값)

[5] 주파수 일그러짐

주파수에 따른 증폭도가 달라 발생되는 일그러짐으로 증폭 회로 내에 포함된 L, C 소자의 리액턴스가 주파수에 따라 달라진다.

[6] 위상 일그러짐

입력 전압에 포함된 다른 주파수 사이의 위상 관계가 출력에서 다르게 나타나서 발생하는 일그러짐이다.

[7] 잡음 특성

① 내부 잡음
  ㉠ 진공관 잡음 : 산탄 잡음과 플리커 잡음이 있다.
  ㉡ 트랜지스터 잡음 : 진공관 잡음보다 크며, 주파수가 높아지면 감소하는 경향이 있다.
  ㉢ 열 잡음 : 증폭회로를 구성하는 저항체 내부의 자유 전자의 열 진동에 의한 잡음

② 잡음 전압의 실효값

$$e = 2\sqrt{KTBR} \text{ [V]}$$

K : 볼츠만 상수(1.38×10^{23}[j/°K]), T : 절대 온도[°K]($273+t$[℃])
B : 주파수 대역폭[Hz], R : 저항[Ω]

③ 잡음 지수(F)

$$F = \frac{\text{입력에서의 신호전압}(S_i)\text{과 잡음전압}(N_i)\text{의 비}}{\text{출력에서의 신호전압}(S_o)\text{과 잡음전압}(N_o)\text{의 비}} = \frac{S_i/N_i}{S_o/N_o}$$

[8] 증폭도

① 트랜지스터 증폭회로의 증폭도는 출력 신호에 대한 입력신호의 비로 [dB]로 표시하며, 이를 대수화한 것이 이득이다.

$$G = 20\log_{10}A \text{ [dB]}$$

② 증폭도 : $A_p = \dfrac{\text{출력신호전력}(P_o)}{\text{입력신호전력}(P_i)}$

다단 직렬 증폭기의 종합 증폭도 : $A_o = A_1 \cdot A_2 \cdot A_3 \ldots A_n$[배]

③ 이득 : $G = 10\log_{10} A_p$ [dB], A_p : 전력증폭도

$$G = 20\log_{10} A_v \text{ [dB]}, \quad A_v : \text{전압증폭도}$$

$$G = 20\log_{10} A_i \text{ [dB]}, \quad A_i : \text{전류증폭도}$$

다단 직렬 증폭기의 종합 이득 : $G_o = G_1 + G_2 + G_3 + \cdots + G_n \text{[dB]}$

④ 증폭기 효율

$$\eta = \frac{\text{교류출력}(P_o)}{\text{교류입력}(P_i)} \times 100 [\%]$$

증폭기의 효율	A급	50[%]
	B급	78.5[%] 이하
	AB급	78.5[%] 이상
	C급	78.5[%] 이상

2 궤환 증폭회로(Feedback Amplifier Circuits)

[1] 궤환증폭기의 동작 원리

(1) 궤환증폭기의 블록도

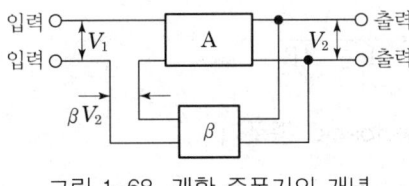

그림 1-68 궤환 증폭기의 개념

① 되먹임(궤환) 증폭도

$$A_f = \frac{V_2}{V_1} = \frac{A}{1 - A\beta}$$

A : 되먹임이 없을 때의 증폭도
β : 되먹임(궤환) 계수

② β 가 양수이면 $A_f > A$ 로 정궤환(동위상), 음수이면 $A_f < A$ 가 되어 부궤환(역위상)

③ $|1 - A\beta| > 1$ 일 때 $A_f < A$: 부궤환(역위상)

　$|1 - A\beta| < 1$ 일 때 $A_f > A$: 정궤환(동위상)

　$|A\beta| = 1$ 일 때 $A_f = \infty$: 발진한다.

④ 증폭도와 내부 잡음, 파형 일그러짐이 감소한다.

⑤ 주파수 특성이 개선되며, 대역폭이 넓어진다.

⑥ 회로 동작이 안정되며, 임피던스가 변화한다.

(2) 정궤환(Positive Feedback) 증폭기

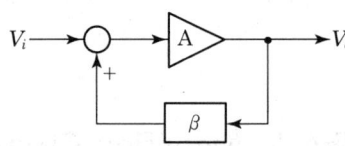

그림 1-69 정궤환 증폭기의 개념

궤환되는 신호가 입력신호와 같은 위상을 갖는 궤환회로

① 정궤환회로의 증폭도

$$A_V = \frac{V_o}{V_i} = \frac{A}{1 - A\beta}$$

(3) 부궤환(Negative Feedback) 증폭기

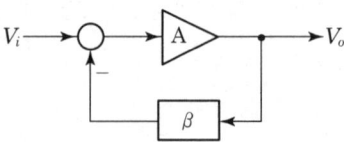

그림 1-70 부궤환증폭기의 개념

궤환되는 신호가 입력신호와 반대인 위상을 갖는 회로

① 부궤환회로의 증폭도

$$A_V = \frac{V_o}{V_i} = \frac{A}{1+A\beta}$$

② 부궤환증폭기의 특성

　㉠ 증폭기의 이득이 감소한다.

　㉡ 주파수 특성이 개선(주파수 대역폭의 증가)된다.

　㉢ 비선형 일그러짐이 감소한다. 특히 출력단의 잡음이 감소한다.

　㉣ 입력 임피던스는 증가하고, 출력 임피던스는 감소한다.

　㉤ 부하의 변동이나 전원 전압의 변동에도 증폭도가 안정된다.

(4) 궤환증폭기의 종류

① 전압 직렬 궤환회로

$$\beta = \frac{V_f}{V_o} = \frac{-V_o}{V_o} = -1$$

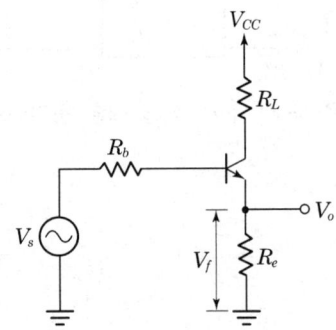

그림 1-71 전압 직렬 궤환회로

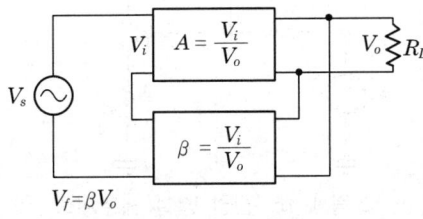

그림 1-72 전압 직렬 궤환 등가회로

② 전류 직렬 궤환회로

$$\beta = \frac{V_f}{I_o} = \frac{-I_o \cdot R_e}{I_o} = -R_e$$

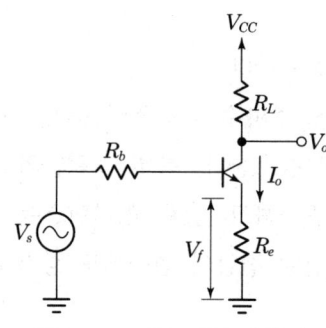

그림 1-73 전류 직렬 궤환회로

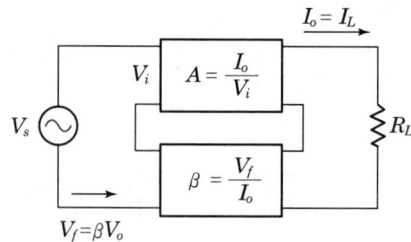

그림 1-74 전류 직렬 궤환 등가회로

③ 전압 병렬 궤환회로

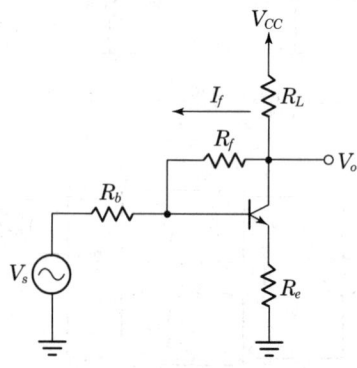

그림 1-75 전압 병렬 궤환회로

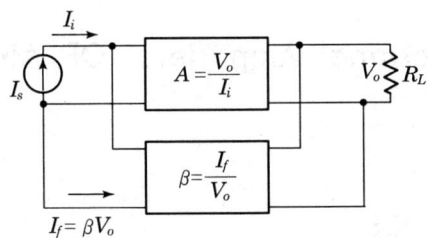

그림 1-76 전압 병렬 궤환 등가회로

$$\beta = \frac{I_f}{V_o} = -\frac{\frac{V_o}{R_f}}{V_o} = -\frac{1}{R_f}$$

④ 전류 병렬 궤환회로

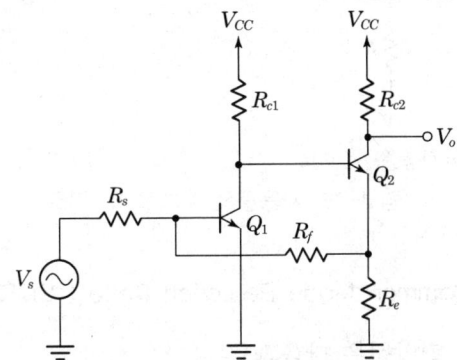

그림 1-77 전류 병렬 궤환회로

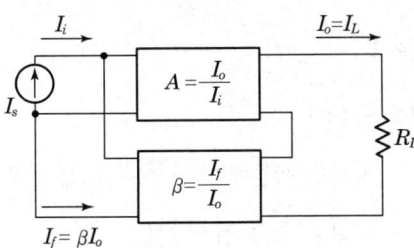

그림 1-78 전류 병렬 궤환 등가회로

$$\beta = \frac{I_f}{I_o} = \frac{R_e}{R_f - R_e} = -\frac{R_e}{R_f}$$

3 연산증폭기(Operational Amplifier : OP AMP)

[1] 차동증폭기

(1) 차동증폭기 회로 및 기호

차동증폭기는 연산증폭기의 입력단에 사용되며 두 신호의 차를 증폭한다.

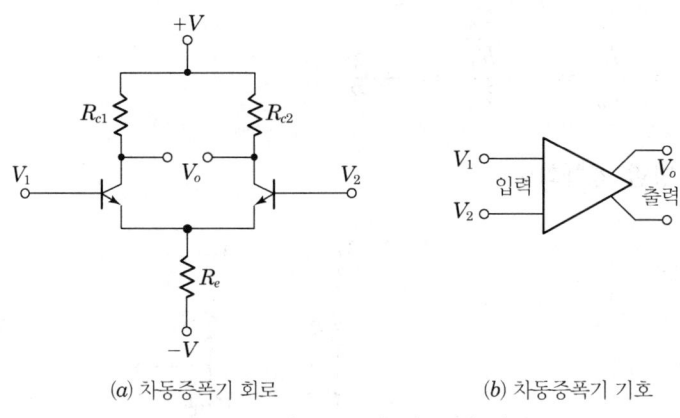

(a) 차동증폭기 회로　　　　　　(b) 차동증폭기 기호

그림 1-79 차동증폭기 회로 및 기호

(2) 동상신호 제거비(Common Mode Rejection Ratio : CMRR)

차동증폭기의 출력 전압식은 다음과 같다.

$$V_d = V_1 - V_2$$

$$V_c = \frac{1}{2} V_1 + V_2$$

$$V_0 = A_d (V_1 - V_2)$$

여기서 A_d : 차신호 성분에 대한 이득,　A_c : 공통신호 성분에 대한 이득

$$CMRR = \rho = \left| \frac{A_d \,(\text{차동이득})}{A_c \,(\text{동상이득})} \right|$$

이상적인 차동증폭기의 조건은 CMRR이 클수록 좋다. 즉 차동이득(A_d)은 크면 클수록, 동상이득(A_c)은 작을수록 좋다.

[2] 연산증폭기의 개요

(1) 연산증폭기 기호

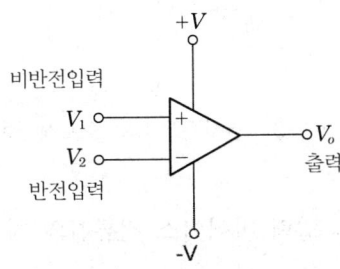

그림 1-80 연산증폭기의 기호

(2) 연산증폭기의 특성

① 이상적인 연산증폭기의 특성은 다음과 같다.
  ㉠ 전압이득이 무한대(∞)
  ㉡ 입력임피던스가 무한대(∞)
  ㉢ 출력임피던스가 영(0)
  ㉣ 통과 주파수 대역폭이 무한대(∞)

② 연산증폭기의 응용분야
  아날로그 계산기, 아날로그 소신호 증폭, 전력증폭 등

(3) 연산증폭기의 특성을 나타내는 파라미터

① 입력 오프셋(offset) 전압
  이상적인 연산증폭기는 두 입력전압이 모두 0[V]일 때, 출력전압은 0[V]이다. 그러나 실제의 연산증폭기는 입력이 0[V]일 때, 수[mV] 정도의 출력이 나타난다.
  입력 오프셋 전압이란 차동 출력을 0[V]로 만들기 위해 두 입력 단자 사이에 요구되는 차동 직류전압을 말한다.

$$V_{io} = V_{B1} + V_{B2}$$

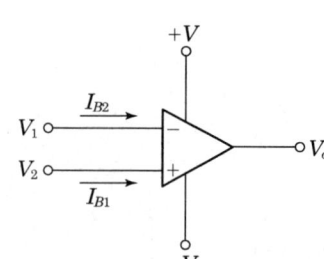

그림 1-81 연산증폭기의 오프셋 전압

② 입력 오프셋 전류 : 입력 바이어스 전류간의 차

$$I_{io} = I_{B1} - I_{B2}$$

③ 입력 바이어스(Bias) 전류 : $V_o = 0[V]$일 때, 두 입력전류의 평균값

$$I_B = \frac{(I_{B1} + I_{B2})}{2}$$

④ 동상제거비(CMRR) : 동상신호를 제거하는 척도를 말하며 연산증폭기 성능척도의 중요한 요소이다.

$$CMRR = \rho = \left| \frac{A_d (차동이득)}{A_c (동상이득)} \right|$$

참고

이상적인 연산증폭기의 CMRR은 무한대(∞)값을 갖는다.

⑤ 슬루 레이트(Slew Rate)

연산증폭기의 입력에 계단파 신호를 인가하였을 때, 출력전압이 시간에 따라 변화하는 속도를 슬루 레이트라 한다.

$$SR = \frac{전압의\ 변화량}{시간의\ 변화량} = \frac{\Delta V}{\Delta t}\ [V/\mu sec]$$

⑥ 입력 임피던스 : 반전 입력단자와 비반전 입력단자 사이의 저항

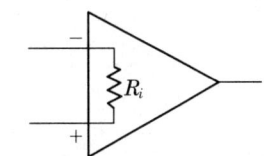

그림 1-82 OP AMP의 입력 임피던스

⑦ 출력 임피던스

출력단자와 접지 사이의 저항성분(R_L은 출력 임피던스)

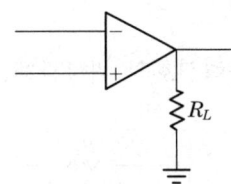

그림 1-83 OP AMP의 출력 임피던스

4 연산증폭기회로

[1] 반전증폭기(Inverting Amp)

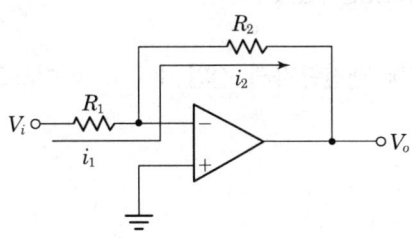

그림 1-84 반전증폭기

① 연산증폭기에 흘러 들어가는 전류 I_1은 모두 저항 R_2로 흐른다. 즉, 연산증폭기의 반전 또는 비반전 단자 내부로 유입되는 전류는 0[A]이다.

$$I_1 = I_2$$

② 반전단자 입력의 전압 V^+와 비반전 단자 입력의 전압 V^-는 같다.

$$V^+ = V^-$$

$$I_1 = I_2$$

$$I_1 = \frac{V_i}{R_1}$$

$$I_2 = -\frac{V_o}{R_2}$$

전압 이득은

$$A_V = \frac{V_o}{V_i} = -\frac{R_2}{R_1}$$

입력신호 파형에 대한 출력신호의 위상관계는 역위상이 된다.

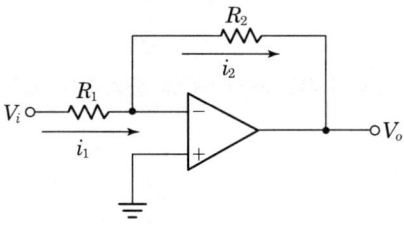

그림 1-85 반전증폭기

[2] 비반전증폭기(Noninverting Amp)

가상접지 개념에 의해 반전단자의 전압 $V^- = V_i$ 이므로

$$I_1 = I_2$$

$$I_1 = \frac{V_i}{R_1}$$

$$I_2 = \frac{V_o - V_i}{R_2}$$

전압 이득은

$$A_V = \frac{V_o}{V_i} = \left(1 + \frac{R_1}{R_2}\right)$$

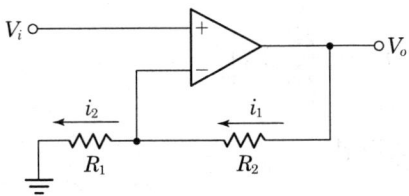

그림 1-86 비반전증폭기

[3] 전압 폴로어(Voltage Follower)

전압 폴로어의 특징은 높은 입력 임피던스와 낮은 출력임피던스를 갖는다. 완충증폭기(Buffer Amp.)에 응용

$$V_i = V_o$$

전압 이득은

$$A_V = \frac{V_o}{V_i} = 1$$

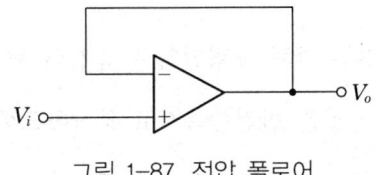

그림 1-87 전압 폴로어

[4] 가산기(Adder)

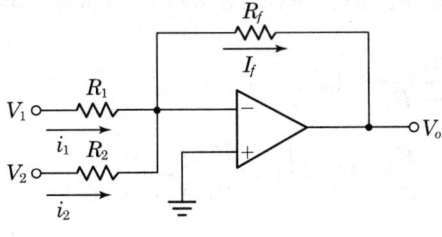

그림 1-88 가산기

$$I_1 = \frac{V_1}{R_1}, \quad I_2 = \frac{V_2}{R_2}$$

출력 전압(V_o)은

$$V_o = -\left(\frac{R_f}{R_1} \cdot V_1 + \frac{R_f}{R_2} \cdot V_2\right)$$

이때 $R_1 = R_2 = R_f$ 라면

$$V_o = -(V_1 + V_2)$$

[5] 차동증폭기

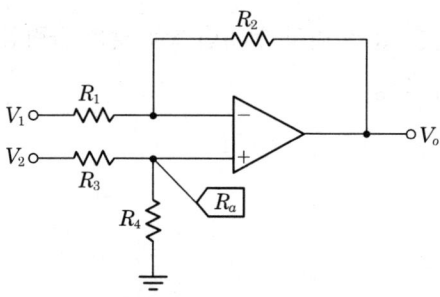

그림 1-89 차동증폭기

입력전원이 두 개인 경우 전체 출력전압은 중첩의 원리에 의해 계산하기로 한다.

V_1 입력에 의한 출력전압은 반전증폭기로 동작하므로

$$V_{o1} = -\frac{R_2}{R_1} \cdot V_1$$

V_2 입력에 의한 출력전압은 비반전증폭기로 동작하므로

$$V_a = \frac{R_4}{R_3 + R_4} \cdot V_2$$

$$V_{o2} = \left(1 + \frac{R_2}{R_1}\right)V_a = \left(1 + \frac{R_2}{R_1}\right)\left(\frac{R_4}{R_3 + R_4}\right) \cdot V_2$$

전체 출력전압은(중첩의 원리에 의해)

$$V_o = V_{o1} + V_{o2} = -\frac{R_2}{R_1} \cdot V_1 + \left(1 + \frac{R_2}{R_1}\right)\left(\frac{R_4}{R_3 + R_4}\right) \cdot V_2$$

만약 $R_1 = R_2 = R_3 = R_4$ 라면 $V_o = (V_2 - V_1)$ 이 된다.

[6] 미분기(Differentiator)

출력전압은 입력전압의 미분값으로 나타나며 이득은 $-RC$이다

콘덴서 C에 흐르는 전류는 $i = C\dfrac{dV_i}{dt}$

출력전압(V_o)은 $V_o = -iR = -RC\dfrac{dV_i}{dt}$

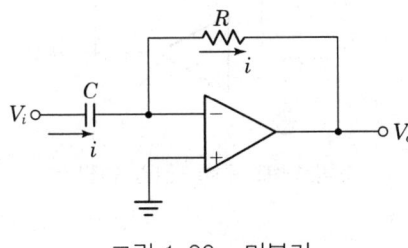

그림 1-90 미분기

[7] 적분기(Integrator)

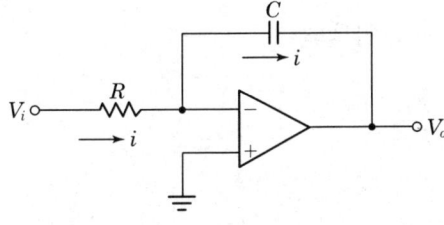

그림 1-91 적분기

회로에서 저항에 흐르는 전류는 $i = \dfrac{V_i}{R}$

출력전압(V_o)은 $V_o = -\dfrac{1}{C}\int i\, dt = -\dfrac{1}{RC}\int V_i\, dt$

[8] 전류-전압 변환기

입력전류를 출력전압에 비례하도록 변환하는 회로

출력전압은

$$V_o = -iR_f$$

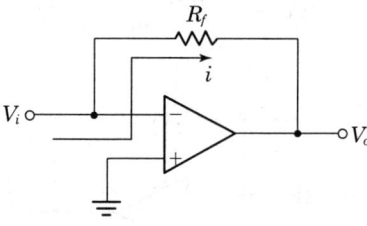

그림 1-92 전류-전압 변환기

[9] 전압-전류 변환기

입력전압에 따라 출력전류가 변환되는 회로

$I_1 = \dfrac{V_i}{R_1}$ 이고, $I_1 = I_L$ 이므로

$$I_L = I_1 = \dfrac{V_i}{R_1}$$

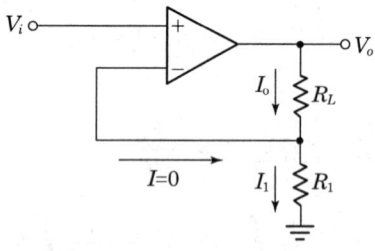

그림 1-93 전압-전류 변환기

[10] 출력제한회로

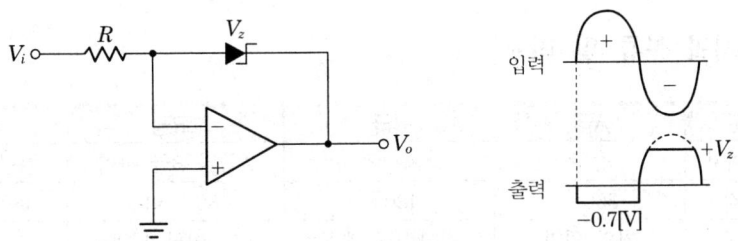

그림 1-94 출력제한회로와 동작파형

입력전압의 어느 기준 레벨 이상의 전압을 제한시키는 회로로 제한값은 제너 전압에 의해 결정된다.
양의 입력신호에 대해 제너 다이오드는 순방향으로 도통되어 0.7[V]로 바이어스 된다.
음의 입력신호에 대해 역방향 제너전압 V_z 만큼 바이어스 된다.

[11] 이중제한 비교기

다음은 이중제한 비교기회로이다.

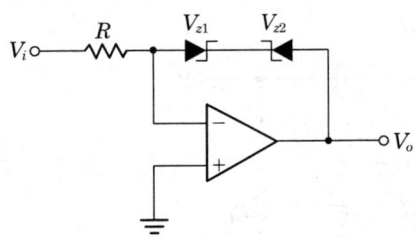

그림 1-95 이중제한 비교기

5 전력증폭기(Power Amplifier)

[1] 전력증폭기의 분류 및 비교

구 분	A급	B급	AB급	C급
동작점 위치	중앙	차단점	A급과 B급 사이	차단점 이하
유 통 각	360°	180°	180° 이상	180° 이하
왜곡정도	거의 없다	반파정도 왜곡	반파 이하의 왜곡	많다
최대효율	50%	78.5%	78.5% 이상	100%
용 도	저주파증폭기, 완충증폭기	고주파전력증폭기, 푸시풀증폭기	고주파전력증폭기	무선주파 및 주파수체배기

[2] 직결합 A급 전력증폭기

바이어스점(Q)을 부하선상의 중앙에 설정하여 입력 정현파의 전 주기에 걸쳐 컬렉터 전류가 흐르도록 하는 바이어스 설정 방법이다.

입력직류 전원에 대해 전달된 전력의 25[%]만이 교류부하에서 소모된다.

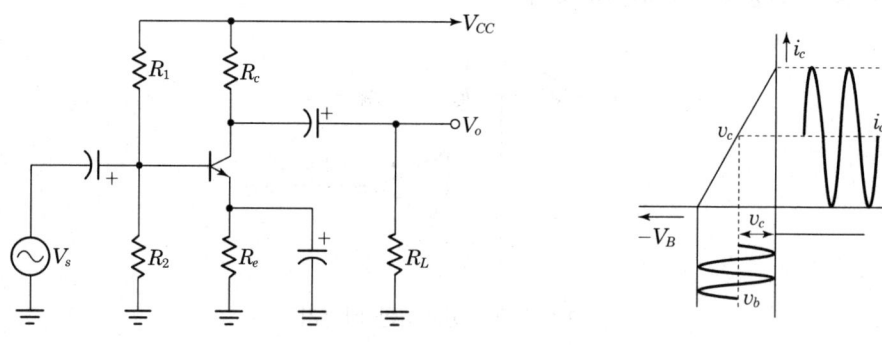

그림 1-96 A급 증폭기의 동작 곡선

① 최대 입력 직류전력

$$P_i = V_{CC} \cdot I_{CQ} = V_{CC} \cdot \frac{V_{CQ}}{R_L}$$

$$= V_{CC} \cdot \frac{\left(\frac{V_{CC}}{2}\right)}{R_L} = \frac{V_{CC}^2}{2R_L} [W]$$

② 최대 출력 교류전력

$$P_o = \frac{V_{rms}^2}{R_L} = \left(\frac{V_{CC}}{2\sqrt{s}}\right)^2 \cdot \frac{1}{R_L}$$

$$= \frac{V_{CC}^2}{8R_L}[\text{W}]$$

③ 효율

$$\eta = \frac{P_o \,(\text{출력전력})}{P_i \,(\text{입력전력})} = 25[\%]$$

[3] 트랜스 결합 A급 증폭기

① 부하(R_L)의 교류저항(임피던스)

$$R_C = \left(\frac{n_1}{n_2}\right)^2 \cdot R_L$$

② 직류 최대 입력전력

$$P_i = V_{CC} \cdot I_{CQ} = \frac{V_{CC}^2}{R_C}$$

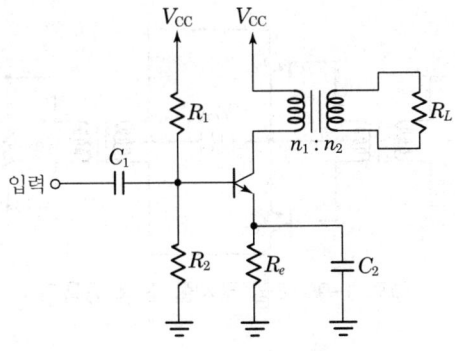

그림 1-97 트랜스 결합 A급 증폭기

③ 직류 최대 출력전력

$$P_o = \frac{V_{CC}^2}{2R_C}$$

④ 효율

$$\eta = \frac{P_o\,(출력전력)}{P_i\,(입력전력)} = 50[\%]$$

> **참고**
>
> A급 전력증폭기의 특징
> ① 회로가 비교적 간단하다.
> ② B급 푸시풀 회로와 같이 온도의 영향을 적게 받는다.
> ③ 수[W] 이하의 소전력 증폭기에 사용한다.
> ④ B급 증폭기의 드라이브단으로 많이 사용된다.

[4] B급 푸시풀 전력증폭기

B급 및 AB급은 싱글로 사용할 수는 없고, 푸시풀 증폭으로 대출력을 요하는 전력 증폭회로에 사용된다.

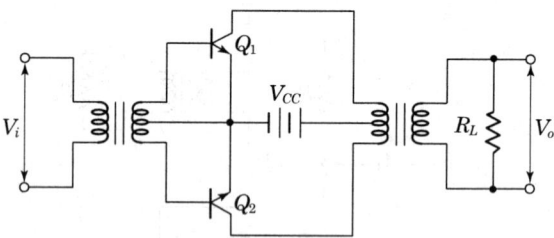

그림 1-98 B급 푸시풀 전력 증폭기

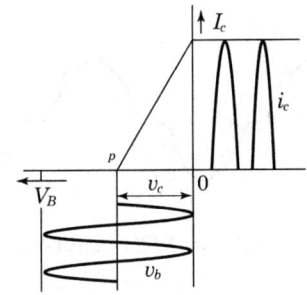

그림 1-99 B급 증폭기의 특성곡선

(1) 동작 원리

정의 반주기 동안 TR Q_1이 ON되어 반주기(+)의 파형이 나타나고, 부(-)의 반주기 동안 TR Q_2가 ON되어 반주기(-)의 파형이 나타나게 되어 출력은 완전한 정현파가 나타나게 된다.

(2) 효율

① 부하에서 소모되는 교류전력

$$P_L = V_L \cdot I_L = \frac{V_{CEQ}}{\sqrt{2}} \cdot \frac{I_C}{\sqrt{2}}$$

$$= \frac{V_{CEQ} \cdot I_C}{2} = \frac{V_{CC} \cdot I_C}{4} \text{ [W]}$$

② 전원에서 공급되는 직류전력

$$P_{DC} = V_{CC} \cdot I_{CC} = V_{CC} \cdot \frac{I_C}{\pi} = \frac{V_{CC} \cdot I_C}{\pi} \text{ [W]}$$

③ 효율

$$\eta(효율) = \frac{교류출력}{직류입력전력} = \frac{P_o}{P_{DC}} = 78.5 \, [\%]$$

(3) 크로스오버(Crossover) 왜곡

차단점 근처의 입력 특성이 비선형으로 되어 출력 파형의 일그러짐 현상

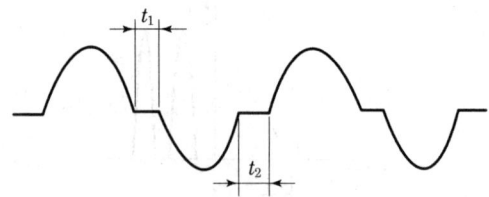

그림 1-100 크로스오버 왜곡(찌그러짐)

(4) B급 푸시풀 증폭회로의 특징

① B급 동작이므로 직류 바이어스 전류가 매우 작아도 된다.

② 입력이 없을 때의 컬렉터 손실이 작으며 큰 출력을 낼 수 있다.

③ 짝수(우수차) 고조파 성분은 서로 상쇄되어 일그러짐이 없는 출력단에 적합하다.

④ B급 증폭기의 특징인 크로스오버 왜곡이 있다.

[5] AB급 증폭기

AB급 증폭기는 A급과 B급 사이에 동작점을 취한 것으로, 입력 파형과 출력 파형이 비례하지 않으므로 저주파 전력 증폭에 B급과 함께 사용된다.

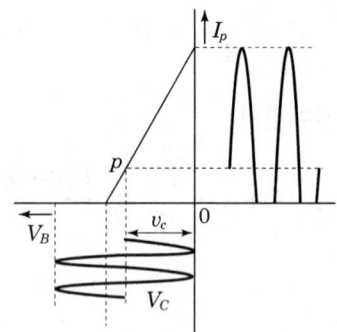

그림 1-101 AB급 증폭기의 특성 곡선

[6] C급 증폭기

C급 증폭기는 B급 증폭기보다 동작점을 음(-)으로 잡아 출력 전류는 반주기 미만의 사이에서만 흐르도록 한 것으로, B급과 함께 부하에 동조 회로를 접속하여 그 공진성을 이용해 출력 파형도 입력 파형과 같은 정현파를 얻을 수 있어 고주파 전력 증폭에 쓰인다.

(1) 동조된 C급 증폭기

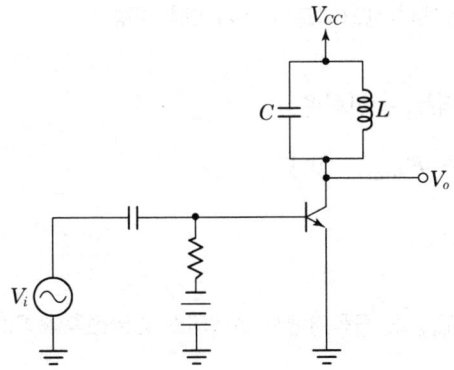

그림 1-102 동조된 C급 증폭기

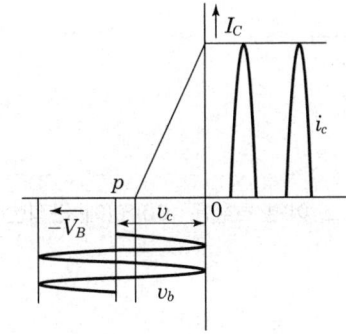

그림 1-103 C급 증폭기의 동작 곡선

컬렉터 단자의 L과 C는 공진회로(탱크회로)를 형성

① 공진 주파수는

$$f = \frac{1}{2\pi\sqrt{LC}} \, [\text{Hz}]$$

② 출력 전력은

$$P_o = \frac{\left(\frac{V_{CC}}{\sqrt{2}}\right)^2}{R_C} = \frac{0.5 \cdot V_{CC}^2}{R_C} \, [\text{W}]$$

R_C : 컬렉터 탱크회로의 등가병렬 저항

증폭기에 공급되는 총전력은

$$P_T = P_o + P_{D(avg)} \, [\text{W}]$$

참고

$P_{D(avg)}$는 증폭기에서 손실되는 평균전력을 의미

③ 효율

$$\eta = \frac{P_o}{P_o + P_{D(avg)}}$$

참고

$P_o \gg P_{D(avg)}$이면 효율은 100[%]에 근접한다.

[7] OTL(Output Transformer-Less) 회로

전력증폭기에서 변성기에 의한 주파수 특성 저하를 방지하기 위하여 출력 트랜스를 사용하지 않고 부하를 직접회로에 결합하는 방식

(1) DEPP(Double-Ended Push-pull) 회로

트랜지스터(TR)가 부하에 대해서는 직렬로 연결되고, 전원에 대해서는 병렬로 연결된다.

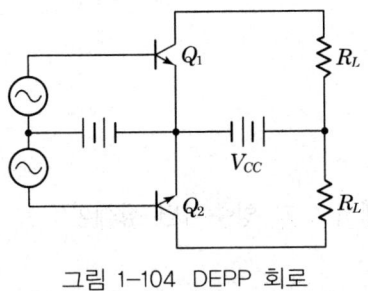

그림 1-104 DEPP 회로

(2) SEPP(Single-Ended Push-Pull) 회로

트랜지스터(TR)가 부하에 대해서는 병렬로 연결되고, 전원에 대해서는 직렬로 연결된다.

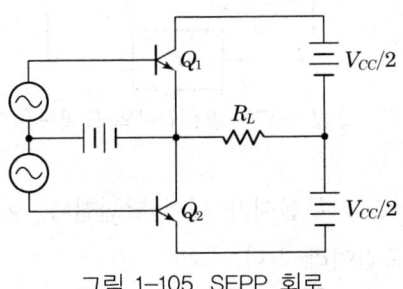

그림 1-105 SEPP 회로

(3) 상보대칭형 SEPP 회로

특성이 같은 NPN 및 PNP TR을 상보대칭으로 하여 입력을 병렬로 접속한 회로

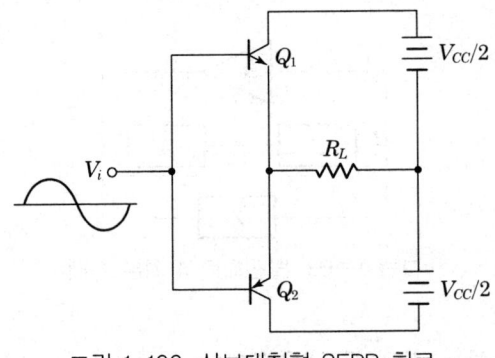

그림 1-106 상보대칭형 SEPP 회로

제8절 발진회로(Oscillator)

1 발진 조건

[1] 발진회로 개요

궤환(Feedback)회로에서 β가 양수이면 정궤환(+), 음수이면 부궤환(−)이 된다.

$$A_{vf} = \frac{V_o}{V_i} = \frac{A}{1 - A \cdot \beta}$$

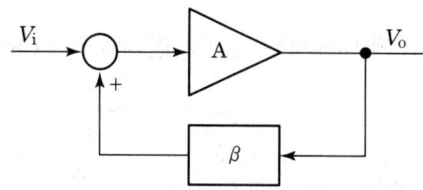

그림 1-107 발진회로의 블록도

여기서 $A\beta=1$이면 A_{vf}가 무한대가 되어 발진한다. 이러한 발진조건을 바크하우젠(Barkhausen) 발진조건이라 한다.

즉 $|1-A\beta| > 1$일 때는 부궤환(증폭회로에 적용)
$|1-A\beta| \leq 1$일 때는 정궤환(발진회로에 적용)

[2] 발진회로의 기본형태

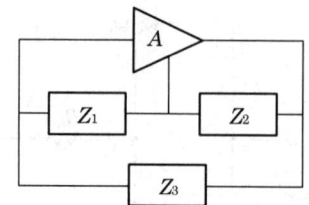

그림 1-108 발진회로의 기본 형태

발진회로로 동작하는 것은 두 경우뿐이다.

① $Z_1 < 0$(용량성), $Z_2 < 0$(용량성), $Z_3 > 0$(유도성)

② $Z_1 > 0$(유도성), $Z_2 > 0$(유도성), $Z_3 < 0$(용량성)

2 발진회로의 종류와 기본회로

발진회로는 크게 정현파 발진기와 비정현파 발진기로 나눈다.

[1] 정현파 발진기의 종류

① LC 발진회로
  ㉠ 하틀리(Hartley) 발진회로
  ㉡ 콜피츠(Colpitts) 발진회로
  ㉢ 동조형 반결합회로(컬렉터 동조, 이미터 동조, 베이스 동조)

② RC 발진회로
  ㉠ 이상형(Phase shift) 발진회로
  ㉡ 빈 브리지(Wien bridge) 발진회로

③ 수정발진회로
  ㉠ 피어스(Pierce) B-E 발진회로
  ㉡ 피어스 B-C 발진회로
  ㉢ 무조정 발진회로

④ 부성 저항 발진회로
  ㉠ 터널 다이오드 발진회로
  ㉡ 단일접합 트랜지스터 발진회로

[2] 비정현파 발진기의 종류

① 멀티바이브레이터
② 블로킹 발진기
③ 톱날파 발진기

[3] LC 발진회로

① 하틀리 발진회로

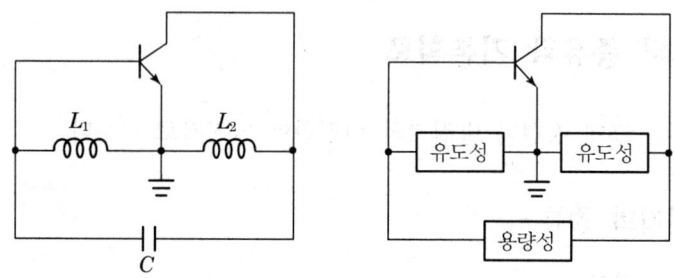

그림 1-109 하틀리 발진회로

㉠ 발진주파수

$$f = \frac{1}{2\pi\sqrt{(L_1 + L_2 + 2M)C}} [\text{Hz}]$$

② 콜피츠 발진회로

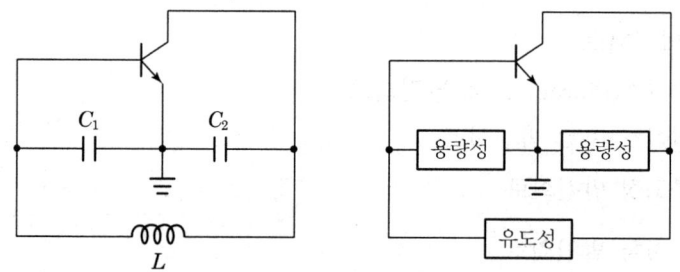

그림 1-110 콜피츠 발진회로

㉠ 발진주파수

$$f = \frac{1}{2\pi\sqrt{L\left(\dfrac{C_1 \cdot C_2}{C_1 + C_2}\right)}} [\text{Hz}]$$

③ 컬렉터 동조형 발진회로

　　TR의 컬렉터 부분에 LC 동조회로를 결합하여 구성한 발진회로

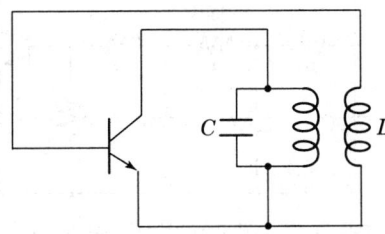

그림 1-111 컬렉터 동조형 발진회로

　㉠ 발진주파수

$$f = \frac{1}{2\pi\sqrt{LC}} \,[\text{Hz}]$$

[4] RC 발진회로

① 이상형(Phase shift) 병렬 R형 발진기

　㉠ 발진주파수

$$f = \frac{1}{2\pi RC\sqrt{6}} \,[\text{Hz}]$$

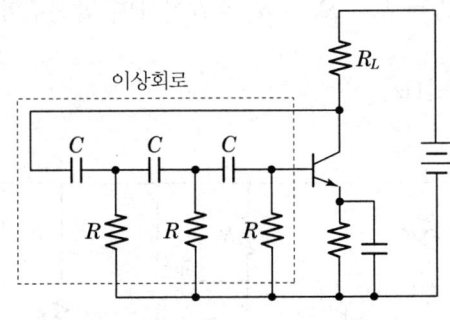

그림 1-112 이상형 병렬 R형 발진기

　㉡ 발진을 위한 최소 전류증폭률

　　$\beta \geq 29$, 즉 증폭도가 29 이상 되어야 발진한다.

② 이상형(Phase shift) 병렬 C형 발진기

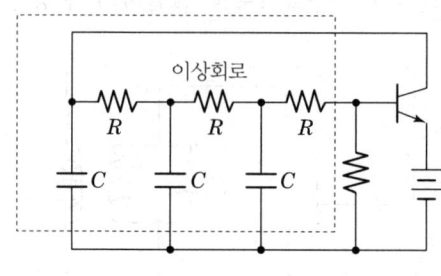

그림 1-113 이상형 병렬 C형 발진기

㉠ 발진주파수

$$f = \frac{\sqrt{6}}{2\pi RC}[\text{Hz}]$$

㉡ 발진을 위한 최소 전류증폭률

$\beta \geq 29$, 즉 증폭도가 29 이상 되어야 발진한다.

③ 빈 브리지(Wien bridge)형 발진기

㉠ 발진주파수

$$f = \frac{1}{2\pi\sqrt{C_1 C_2 R_1 R_2}}[\text{Hz}]$$

만약 $C_1 = C_2 = C$, $R_1 = R_2 = R$이라면 발진주파수는

$$f = \frac{1}{2\pi RC}[\text{Hz}]$$

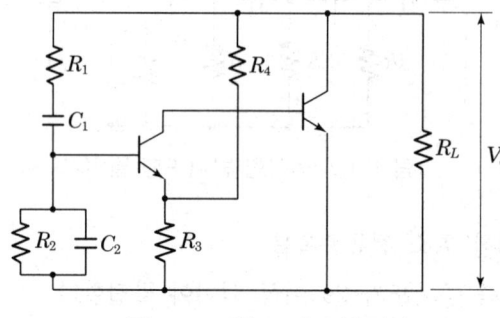

그림 1-114 빈 브리지 발진기

[5] 수정 발진회로

① 수정발진자의 구조

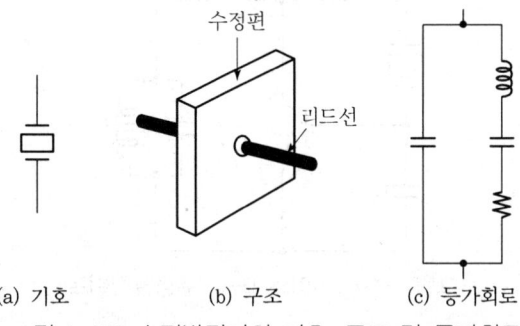

(a) 기호　　　(b) 구조　　　(c) 등가회로

그림 1-115 수정발진기의 기호, 구조 및 등가회로

㉠ 압전효과 : 수정편에 압력을 가하면 수정편의 양면에 전하가 발생하며, 장력을 가하면 반대의 전하가 발생하는 압전효과(Piezo effect)가 나타난다.

㉡ 직렬공진주파수

$$f_s = \frac{1}{2\pi\sqrt{L_0 \, C_0}} [\text{Hz}]$$

㉢ 병렬공진주파수

$$f_p = \frac{1}{2\pi\sqrt{L_0 \cdot \left(\dfrac{C_0 C_1}{C_0 + C_1}\right)}} [\text{Hz}]$$

② 수정발진회로의 종류

㉠ 피어스(Pierce) B-E 수정발진회로

TR의 베이스와 이미터에 수정진동자를 삽입한 회로

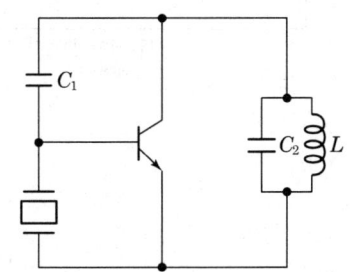

그림 1-116 피어스 B-E 수정발진회로

ⓒ 피어스(Pierce) B-C형 수정발진회로
　TR의 베이스와 컬렉터에 수정진동자를 삽입한 회로

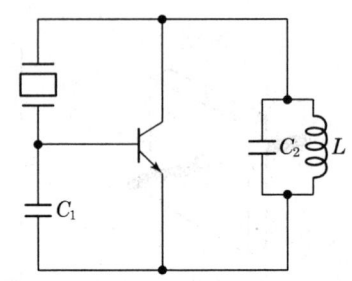

그림 1-117 피어스 B-C 수정발진회로

[6] PLL 발진회로

① Phase-Locked Loop(위상 동기(位相同期) 루프)는 전압제어발진기의 출력 신호를 주파수 분주기를 통하여 분주한 다음 위상검출기에서 기준 주파수와 비교하여 두 신호가 동일한 주파수가 되도록 전압제어 발진기의 조정전압을 조절한다.

② VCO에서 나온 출력은 루프의 여러 단계를 거치면서 VCO를 동작시키기에 적당한 형태로 변환되며, 전압제어 발진기는 입력 제어전압(루프필터 출력)에 비례하는 주파수를 출력한다.

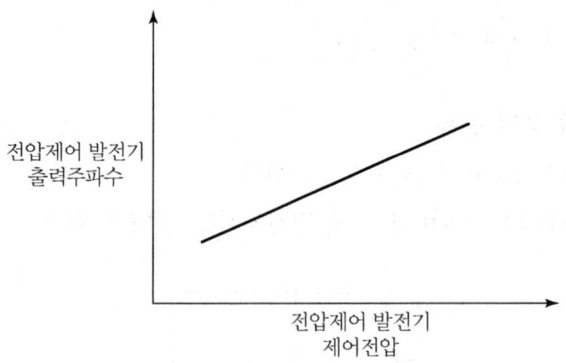

(1) PLL의 구조

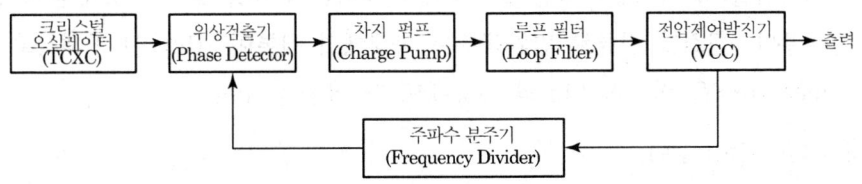

① 크리스털 오실레이터(TCXO : Temperature Compensated X-tal Oscillator)
온도변화에 대하여 안정적인 주파수를 얻을 수 있는 크리스털 오실레이터로서 발진 주파수를 기준주파수로 하여 출력주파수와 비교한다.

② 위상검출기(Phase Detector : Phase Frequency Detector)
크리스털 오실레이터(TCXO)의 기준주파수와 주파수 분주기를 통해 들어온 출력주파수를 비교하여 그 차이에 해당하는 펄스열을 내보낸다.

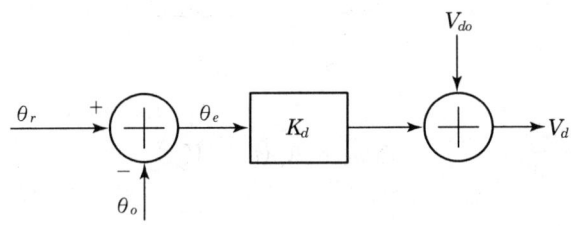

$$\theta_e = \theta_d - \theta_{do} \qquad v_d = K_d \theta_e - V_{do}$$

θ_e : 위성오차

θ_d : 기준 신호의 위성과 발전기 출력신호의 위상차

θ_{do} : V_{do}(기준신호가 없을 경우의 출력)에 대응하는 위상

$v_d = V_{do}$: 위상오차가 없을 때

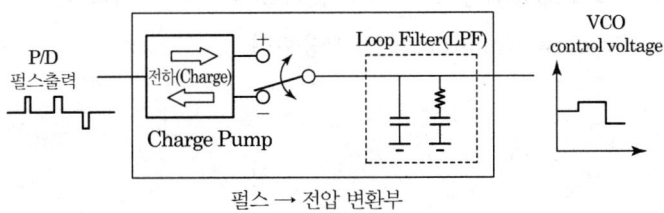

펄스 → 전압 변환부

③ 차지 펌프(C/P)

위상검출기(P/D)에서 나온 펄스폭에 비례하는 전류를 펄스 부호에 따라 밀거나 댕겨준다. 펄스를 전류로 변환해주는 과정에서 전류이득(Icp)이 존재하고, 이 양은 lock time을 비롯한 PLL의 성능에도 큰 영향을 준다.

④ 루프 필터(LPF)

저역통과여파기(LPF) 구조로 루프 동작 중에 발생하는 불필요한 주파수들을 차단하고, 커패시터를 이용하여 축적된 전하량 변화를 통해 VCO 조절단자의 전압을 가변하는 역할을 한다.

⑤ VCO(Voltage Controlled Oscillator) : 입력신호의 전압에 비례하는 주파수를 출력

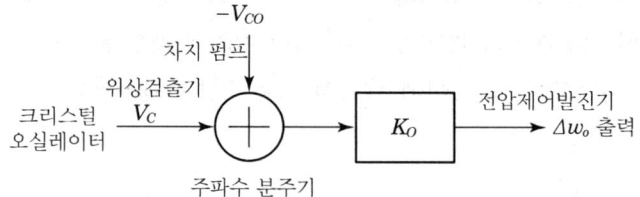

$$K_o = \frac{d\omega_0}{d\omega_c} \qquad \triangle\omega_0 = K_o(v_c - V_{co})$$

⑥ 주파수 분주기(Frequency Divider)

VCO의 출력주파수를 가져와서 비교시켜야 하는데, 주파수가 너무 높아서 비교하기 힘드니까 적절한 비율로 나누어 비교하기 좋은 주파수로 만든다. 디지털 카운터 같은 구조로 되어 있으며, 이 분주비를 복잡하게 살짝 비틀어서 PLL 구조의 출력 주파수 가변을 할 수 있게 하는 역할도 한다.

분주기가 없을 경우 lock 상태의 출력 주파수와 기준 주파수가 동일하고, 기준 주파수보다 크고 해상도 높은 주파수 출력을 구현하기 위하여 주파수 분주기, 프리스케일러, Swallow Counter 등을 사용한다.

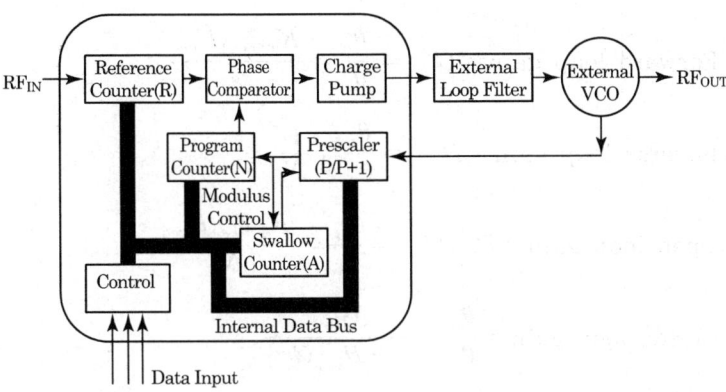

(2) PLL의 위상 잡음

위상 잡음(Phase Noise)은 중심 주파수에서의 power와 일정 offset 주파수에서 1[Hz]의 band폭을 가진 부분에서의 power의 차이로서, PLL 잡음은 기준 발진기, 위상 검출기, 주파수 분주기, 루프 필터, 전원, 열잡음 등의 복합 잡음원이다.

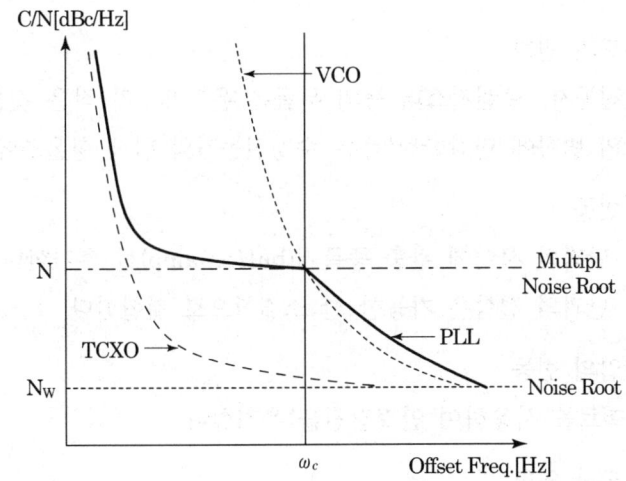

(3) PLL 위상 전송 기능(Phase Transfer Functions)

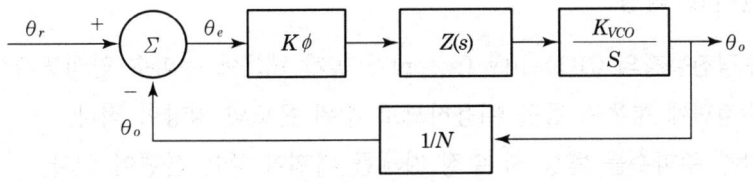

$$\text{Forward loop gain} = G_{(s)} = \frac{\theta_o}{\theta_e} = \frac{K_\Phi Z_{(s)} K_{vco}}{s}$$

$$\text{Reverse loop gain} = H_{(s)} = \frac{\theta_i}{\theta_o} = \frac{1}{N}$$

$$\text{Open loop gain} = H_{(s)} G_{(s)} = \frac{\theta_i}{\theta_e} = \frac{K_\Phi Z_{(s)} K_{vco}}{Ns}$$

$$\text{Closde loop gain} = \frac{\theta_o}{\theta_r} = \frac{G_{(s)}}{1 + H_{(s)} G_{(s)}}$$

3 발진 안정 조건

발진기의 안정조건 중에서도 특별히 중요한 것은 주파수의 안정도가 높아야 한다.

[1] 발진 주파수 변동의 원인과 대책

① 주위 온도의 변화
  ㉠ 수정진동자, 트랜지스터 등의 부품은 온도계수가 작은 것을 사용한다.
  ㉡ 온도의 변화에 민감한 부품은 수정진동자와 함께 항온조에 넣는다.

② 부하의 변동
  ㉠ 다음 단과의 사이에 완충 증폭기(buffer amp)를 추가한다.
  ㉡ 다음 단과의 결합은 가능한 한 소결합으로 결합한다.

③ 전원 전압의 변동
  정전압 회로를 사용하여 안정전원을 유지한다.

④ 습도에 의한 영향
  방습을 위하여 타 회로와 차단하여, 습기와 멀리한다.

[2] 수정발진기의 특징

① 수정진동자의 Q(Quality factor)가 높기 때문에 주파수 안정도가 높다.
② 수정편에 항온조 등을 이용하므로 주위 온도의 영향이 적다.
③ 발진 주파수를 변경 시 수정 자체를 바꿔야 하는 불편이 있다.

④ 초단파 이상의 발진은 곤란하다.

⑤ 수정발진주파수 변동의 원인을 제거하는 조건하에서 동작시켜야 한다.

제9절 변·복조회로

1 변조(modulation)

송신에서 신호의 전송을 위해 고주파에 저주파 신호를 포함시키는 과정이며, 변조된 반송파(carrier wave)를 피변조파(modulated wave)라 한다.

[1] 변조 방식의 분류

① 진폭 변조(Amplitude Modulation : AM) : 방송파의 진폭을 신호파에 따라서 변화시키는 변조방법

② 주파수 변조(Frequency Modulation : FM) : 신호파에 따라서 반송파의 진폭은 일정한 상태에서 주파수만을 변조시키는 방법

③ 위상 변조(Phase Modulation) : 반송파의 각속도를 신호파에 따라서 변화시키는 변조방법

④ 펄스 변조(Pulse Modulation : PM) : 펄스파가 신호파에 의해 변화되는 변조방법

2 진폭 변·복조

[1] 진폭변조

① 진폭 변조 : 반송파의 진폭을 신호파의 진폭에 따라 변화하게 하는 방법

② 변조도 : 신호파의 진폭과 반송파의 진폭의 비

$$m_a = \frac{I_{sm}}{I_{cm}} = \frac{\text{신호파의 진폭}}{\text{반송파의 진폭}}$$

> 참고
>
> $m=1$인 때 100[%] 변조, $m>1$이면 과변조

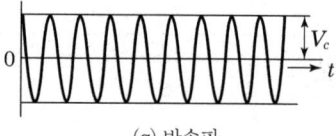
(a) 반송파

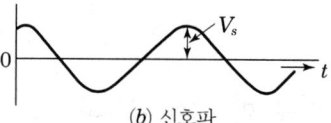
(b) 신호파

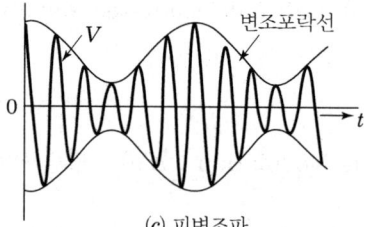
(c) 피변조파

그림 1-118 진폭변조의 원리

③ 피변조파의 전력

$$P = \frac{1}{2}I_c m^2 R + \frac{1}{8}m^2 I_c m^2 R$$
$$= P_C + P_L + P_U + P_C\left(1 + \frac{m^2}{2}\right)[\text{W}]$$

> 참고
>
> $m=1$(100[%] 변조)일 때 반송파의 점유 전력은 전 전력의 $\frac{2}{3}$이며, 나머지 $\frac{1}{3}$의 전력이 상·하 양측파가 점유하는 전력이 된다.

구 분	진 폭	각 속 도	주 파 수
반송파	V_c	ω_c	f_c
상측파대	$\dfrac{m_a V_c}{2}$	$\omega_c + \omega_s$	$f_c + f_s$
하측파대	$\dfrac{m_a V_c}{2}$	$\omega_c - \omega_s$	$f_c - f_s$

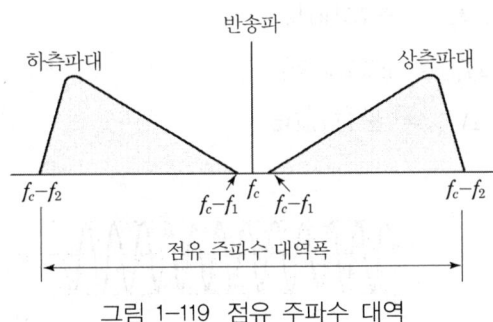

그림 1-119 점유 주파수 대역

④ 링(ring) 변조회로 : 피변조파에 포함된 반송파를 제거하고 양측파대만을 빼내는 평형 변조의 일종으로, 출력에 한쪽 측파대만을 선택하는 필터를 부착시켜 단측파대(SSB) 통신에 이용된다.

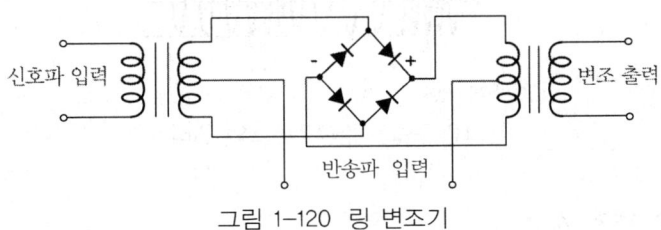

그림 1-120 링 변조기

[2] 진폭 복조회로

① 직선 복조회로 : 다이오드의 전압 전류 특성의 직선 부분이 이용되도록 입력 전압을 충분히 크게 하여 복조하는 방식

② 제곱 복조회로 : 비직선 소자의 제곱 특성을 이용한 방식으로 진폭이 작은 진폭 변조파의 복조에 사용된다.

3 주파수 변조와 복조

[1] 주파수 변조의 원리

① 주파수 변조 : 반송파의 주파수 변화를 신호파의 진폭에 비례시키는 변조 방식

② 최대 주파수 편이 : 반송 주파수 f_c를 중심으로 변조에 의한 최대 주파수 변화분
  ㉠ FM 방송 $\Delta f_c = \pm 75 [kHz]$
  ㉡ TV 음성 $\Delta f_c = \pm 25 [kHz]$
  ㉢ 일반 통신 $\Delta f_c = \pm 15 [kHz]$

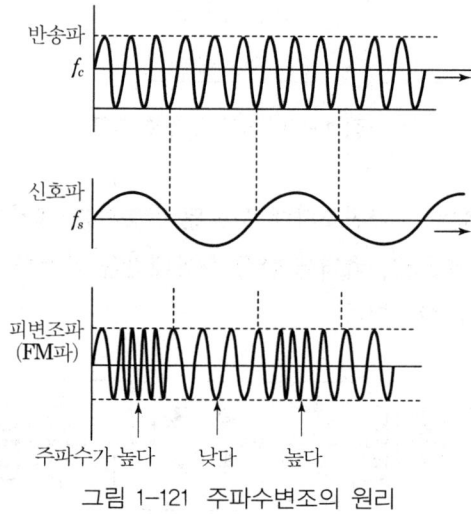

그림 1-121 주파수변조의 원리

③ 주파수 변조 지수

최대 주파수 편이 Δf_c와 신호 주파수 f_s의 비

$$m_f = \frac{\Delta f_c (\text{최대주파수편이})}{f_s (\text{신호 주파수})}$$

④ 실용적 주파수 대역폭
$$B = 2f_s(m_f + 1) = 2(\Delta f_c + f_s)$$

[2] 주파수 복조회로

① 포스터 실리(Foster-Seeley) 판별회로

입력 진폭 변화에 의한 복조 감도가 변화되므로, 반드시 진폭 변화를 억제하는 진폭 제한회로를 삽입해야 한다.

② 비검파(ratio detector)회로

포스터 실리회로의 일부를 개량한 것으로 복조감도는 1/2로 낮으나, 큰 용량의 C_6 및 R_1, R_2가 진폭 제한 작용을 하므로 별도의 진폭 제한회로가 필요하지 않다.

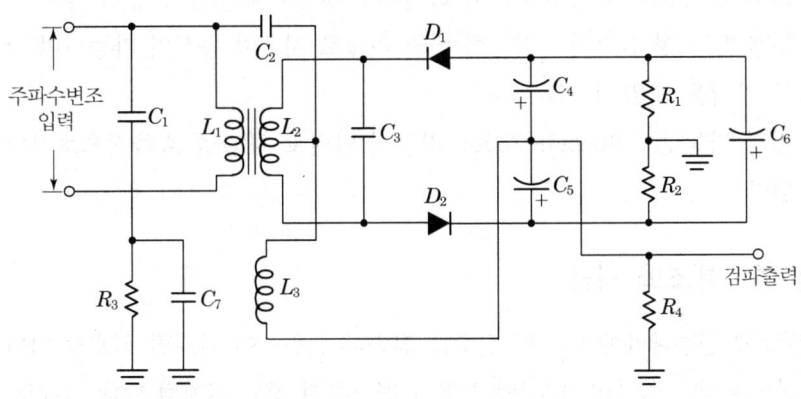

그림 1-122 비검파(ratio detector) 회로

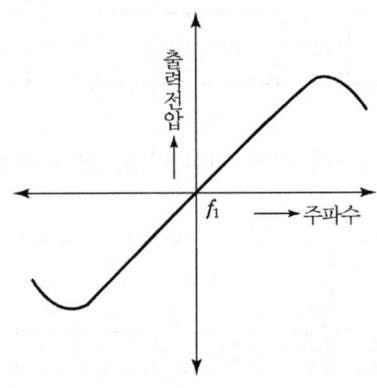

그림 1-123 FM 검파 특성

4 디지털 변·복조회로

[1] 디지털 통신의 장점

① 채널의 효율적 이용 : 다수의 음성, 데이터 신호가 하나의 회선을 통해 동시에 전송 가능하다.
② Integration의 용이성
③ 우수한 품질 : 디지털 신호의 특성상 장거리 전송에서도 우수한 품질을 유지한다.
④ 보안성 : 신호가 디지털로 Encrypt되므로 Decoding이 쉽지 않다.
⑤ 저전력, 소형 단말기 : 디지털 변조 기술로 저출력 송신이 가능하며 단말기의 크기와 가격을 줄일 수 있다.
⑥ 성장 가능성 : Speech Coder 기술의 발달로 채널을 효율적으로 사용할 수 있게 된다.

[2] 디지털 변·복조의 개념

아날로그 전송매체에 디지털 신호를 전송하기 위하여 디지털 신호를 아날로그 신호로 변환하는 것을 말하며, 디지털 신호를 변조하지 않고 디지털 형태 그대로 보내는 기저 대역 전송도 있다.

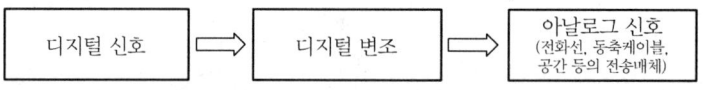

① 아날로그 신호의 디지털 신호 변환(변조) 과정(PCM 방식)

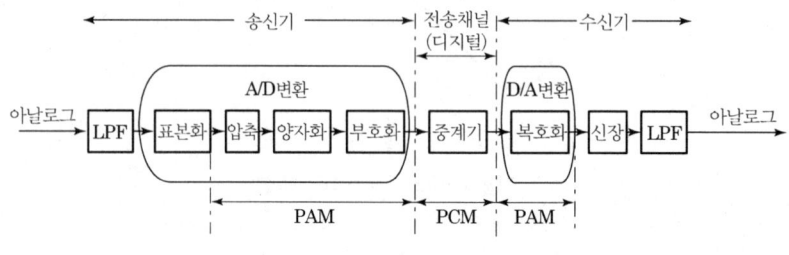

그림 1-124 PCM 방식의 변·복조

펄스부호변조(PCM) 방식은 아날로그 형태의 정보(신호)를 디지털 형태의 정보(신호)로 변경하는 방식으로, 변조회로의 기본 구성은 표본화, 양자화, 부호화의 부분으로 구성된다.

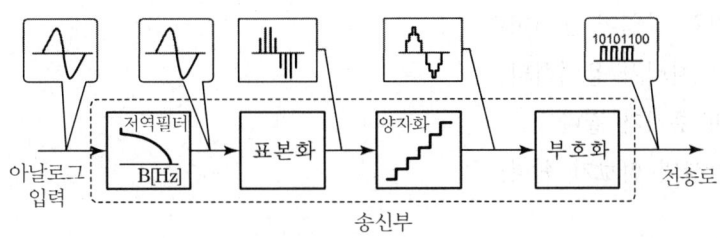

그림 1-125 PCM 방식의 변조

㉠ 표본화

음성신호와 같은 연속 파형을 일정한 간격으로 나누어 이 값만 취하고 나머지는 삭제하는 것, 즉 PAM 변조하는 과정을 표본화라 한다.

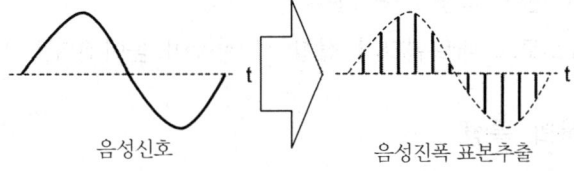

㉡ 양자화

표본화한 값을 갖는 PAM 신호를 디지털 신호로 변화하기 위하여 PAM파를 각각의 대푯값으로 표현하는 것을 말한다.

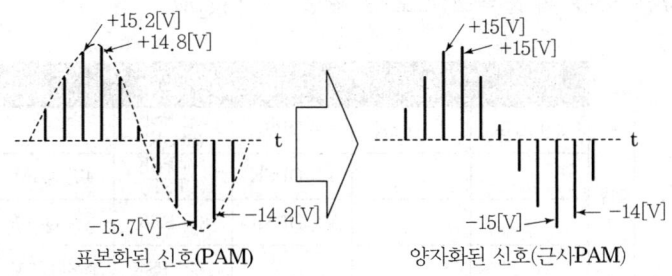

㉢ 부호화

양자화된 샘플을 양자화 레벨의 수 n에 따라 $2n$ 비트로 부호화한다.

[3] PCM의 장점

① 잡음에 강하다.
② 고밀도화(LSI)에 적합하다.
③ 분기와 삽입이 용이하다.
④ 가공 처리가 용이하다.
⑤ 정비 주기가 길다.
⑥ 보안성의 확보가 쉽다.

[4] PCM의 단점

① 채널당 소요 대역폭이 증가된다.
② 양자화 잡음이 발생한다.
③ 동기가 유지되어야 한다.
④ 지리적으로 분산된 신호의 다중화가 어렵다.
⑤ A/D, D/A 변환 과정이 증가된다.
⑥ 기존의 아날로그 네트워크와 접합 시 비용이 높아진다.

[5] 디지털 변조방식의 특성

① 오류 확률

변조방식에 따라 전송과정에서 오류가 발생할 확률로 같은 진수의 경우에는 ASK 보다는 FSK가, FSK보다는 DPSK가, DPSK보다는 QAM의 오류 확률이 낮다.
같은 변조방식을 사용하는 경우에는 진수가 증가할수록 오류 발생이 증가한다.

M진 오류 확률 = 2진 오류 확률 × $\log_2 M$

	진폭편이변조 (ASK)	주파수편이변조 (FSK)	DPSK	위상편이변조 (PSK)	진교위상변조 (QAM)
감소 ↑ 오류확률 ↓ 증가	2진 ASK	2진 FSK	2진 DPSK	2진 PSK (8PSK)	
			4진 DPSK	4진 PSK (QPSK)	4진 QAM
			8진 DPSK	8진 PSK	8진 QAM
				16진 PSK	16진 QAM
	M진 ASK	M진 FSK		M진 PSK	M진 QAM
	증가 ←──────── 오류확률 ────────→ 감소				

그림 1-126 각 변조방식에 따른 오류확률의 증가와 감소

② 비트율

시스템의 비트 흐름의 빈도 수

③ 부호율

비트율을 각 부호전송 시 전송할 수 있는 비트의 수로 나눈 값으로 통신채널용 신호대역폭은 부호율에 따라 달라진다.

$$부호율 = \frac{비트율}{각\ 부호가\ 전송될\ 때\ 전송되는\ 비트\ 수}$$

[6] 디지털 변·복조회로의 종류 및 원리

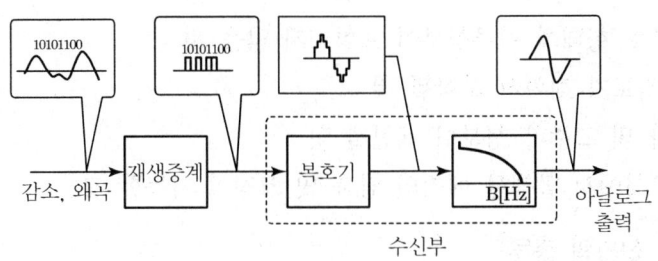

그림 1-127 PCM 방식의 복조

(1) 디지털 2진 변조와 다원 변조

① 2진 변조

하나의 데이터 비트를 전송하기 위하여 이산적인 상태의 진폭, 주파수, 위상 등을 데이터 비트(1,0)를 사용하는 방식으로 2진 ASK, 2진 FSK, 2진 PSK 등이 있다.

㉠ ASK(진폭편이변조 : Amplitude shift keying) : 디지털 부호에 대응하여 사인 반송파의 주파수나 위상을 그대로 두고 진폭만 변화시키는 변조방식

㉡ FSK(주파수편이변조 : Frequency shift keying) : 디지털 부호에 대응하여 사인반송파의 진폭과 위상을 그대로 두고 주파수만 변화시키는 변조 방식

㉢ PSK(위상편이변조 : Phase shift keying) : 진폭과 주파수가 모두 일정한 반송파를 이용하여 그 위상을 2진 전송 부호에 대응시켜 변화시키는 방식

㉣ APK(진폭위상변조 : Amplitude Phase keying) : ASK와 PSK의 조합으로 QAM이라고도 한다.

(2) 다원 변조(Multi-Level Modulation)

다수의 비트를 동시에 전송하기 위해 많은 이산적 상태를 사용하는 변조로 다수 레벨의 파형이 만들어지며, QPSK, 8PSK 등이 있다.

[7] 기저대역 전송과 반송대역 전송

(1) 기저대역 전송

디지털 파형을 특별히 변조시키지 않고 디지털 형태로 전송하는 펄스파형으로 PCM 방식이 해당된다.

(2) 기저대역 전송의 조건

① 전송부호 형태에 직류성분이 포함되지 않을 것
② 시간 정보가 정확히 포함될 것
③ 저주파 및 고주파 성분이 제한될 것
④ 전송로상에서 발생한 에러의 검출 및 교정이 가능할 것

(3) 기저대역 전송의 종류

① 2원 전송방식 : 변조되기 이전의 디지털 신호 파형을 2진 펄스 모양 그대로 전송하는 방식
② 다원전송방식 : 전송로 특성에 맞게 2진 부호를 변형시킨 펄스파형으로 전송하는 방식
③ 다원전송방식의 특징
  ㉠ 다수의 비트를 이용하여 한 개의 비트를 표시하는 방식
  ㉡ 주파수 대역의 효율적 이용
  ㉢ 전송 용량이 높아 고속 정보전송에 사용
  ㉣ 정보의 전송속도(R_b : 전송속도, M : 다원레벨 수, B : 대역 폭)

  $$R_b = 2B\log_2 M$$

  ㉤ 다원 레벨 수가 높을수록 전송속도가 증가한다.

(4) 반송대역 전송(Bandpass Transmission)

디지털 신호에 따라 반송파의 진폭, 주파수, 위상의 어느 하나 또는 조합을 전송하는

방식으로, ASK, FSK, PSK, QAM 등의 방식이 있다.

5 펄스 변·복조

[1] 펄스 변조

펄스 변조는 표본화 신호(펄스파)를 신호파에 따라 조작하는 변조 방식을 말하며, 연속 레벨 변조와 불연속 레벨로 구분 분류한다.

펄스 변조	연속 레벨 변조	펄스 진폭변조(PAM)
		펄스폭 변조(PWM)
		펄스 위상변조(PPM)
		펄스 주파수변조(PFM)
	불연속 레벨 변조	펄스 수 변조(PNM)
		펄스 부호변조(PCM)
		델타 변조(ΔM)

① 펄스 진폭 변조(PAM : Pulse Amplifier Modulation)
신호 레벨(높낮이)에 따라 펄스의 진폭을 변화시킨다.

② 펄스 폭 변조(PWM : Pulse Width Modulation)
신호 레벨(높낮이)에 따라 펄스의 폭을 변화시킨다.

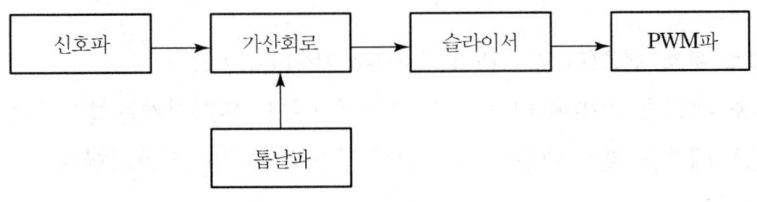

그림 1-128 펄스 폭 변조회로의 구성

③ 펄스 위상 변조(PPM : Pulse Phase Modulation)
신호 레벨(높낮이)에 따라 펄스의 위상을 변화시키는 방법으로, 신호 레벨이 크면 펄스의 주기가 짧아지고 주파수가 높아진다.

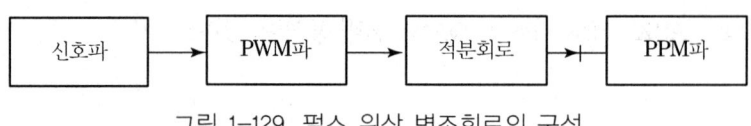

그림 1-129 펄스 위상 변조회로의 구성

④ 펄스 주파수 변조(PFM : Pulse Frequency Modulation)
　신호 레벨(높낮이)에 따라 펄스의 주파수가 변화되는 방법으로, 신호 레벨이 크면 펄스의 주기가 짧아지고 주파수가 높아진다.

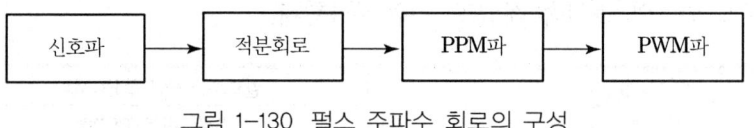

그림 1-130 펄스 주파수 회로의 구성

⑤ 펄스 수 변조(PNM : Pulse Number Modulation)
　신호 레벨(높낮이)에 따라 펄스 수를 변화시키는 방법으로, 신호 레벨이 크면 펄스의 수가 많아진다.

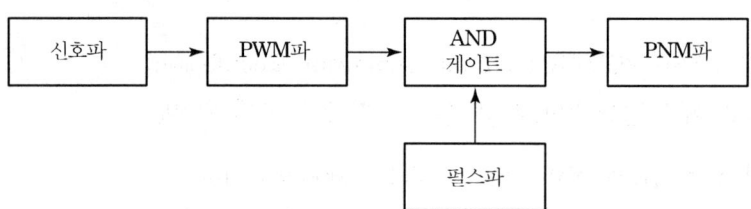

그림 1-131 펄스 수 변조회로의 구성

⑥ 펄스 부호 변조(PCM : Pulse Coded Modulation)
　신호 레벨(높낮이)에 따라 펄스 열의 유·무를 변화시키는 방법으로, 각 샘플별로 신호 레벨을 일정 비트를 갖는 2진 부호로 바꾸어 부호화한다.

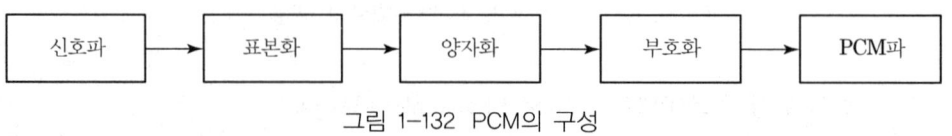

그림 1-132 PCM의 구성

⑦ 델타 변조(ΔM : Delta Modulation)
　신호 레벨(높낮이)을 일정한 계단파에 근사화시켜서, 레벨이 커져 갈 때는 양의 펄

스로, 작아져 갈 때는 음의 펄스로 바꾼다.

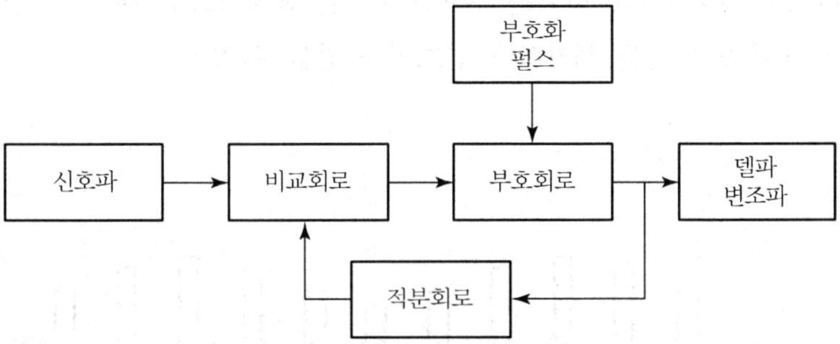

그림 1-133 델파(delta) 변조(ΔM)의 구성

[2] 펄스 복조회로

① 펄스 진폭 변조파(PAM)의 복조

PAM파는 적분회로(저역필터)를 이용하여 복조하며, 직류분을 함유한 신호파는 콘덴서를 이용하여 직류분을 제거한다.

② 펄스 폭 변조파(PWM)의 복조

PWM의 복조도 적분회로를 이용하며, 펄스 폭이 넓으면 충전 시간이 길어 콘덴서의 단자 전압이 높아지고, 펄스 폭이 좁아지면 충전 시간이 짧고 방전이 길어 단자 전압이 낮아지는 원리를 이용하여 신호파를 얻어낼 수 있다.

③ 펄스 위상 변조파(PPM)의 복조 회로

PPM파를 PAM파로 변환하여 PAM 복조회로를 이용하여 복조를 한다. PPM파를 톱날파와 합성하여 일정한 레벨로 자르면 PAM파가 만들어지고, 이를 적분회로를 이용하면 복조가 이루어진다.

④ 펄스 주파수 변조(PFM)파의 복조회로

PPM 복조와 같은 방법으로 신호파를 꺼낼 수 있다.

⑤ 펄스 수 변조(PNM)파의 복조회로

펄스 수가 많으면 콘덴서의 충전 전압이 높아지고, 펄스 수가 적으면 충전전압이 낮아지는 PAM파와 같은 적분회로로서 신호파를 꺼낼 수 있다.

⑥ 델타 변조(ΔM)파의 복조회로

델타 변조회로에 적분회로를 통하면 출력은 단계적으로 되므로, 저역 필터를 접속하여 고주파 성분을 제거하여 신호파를 얻을 수 있다

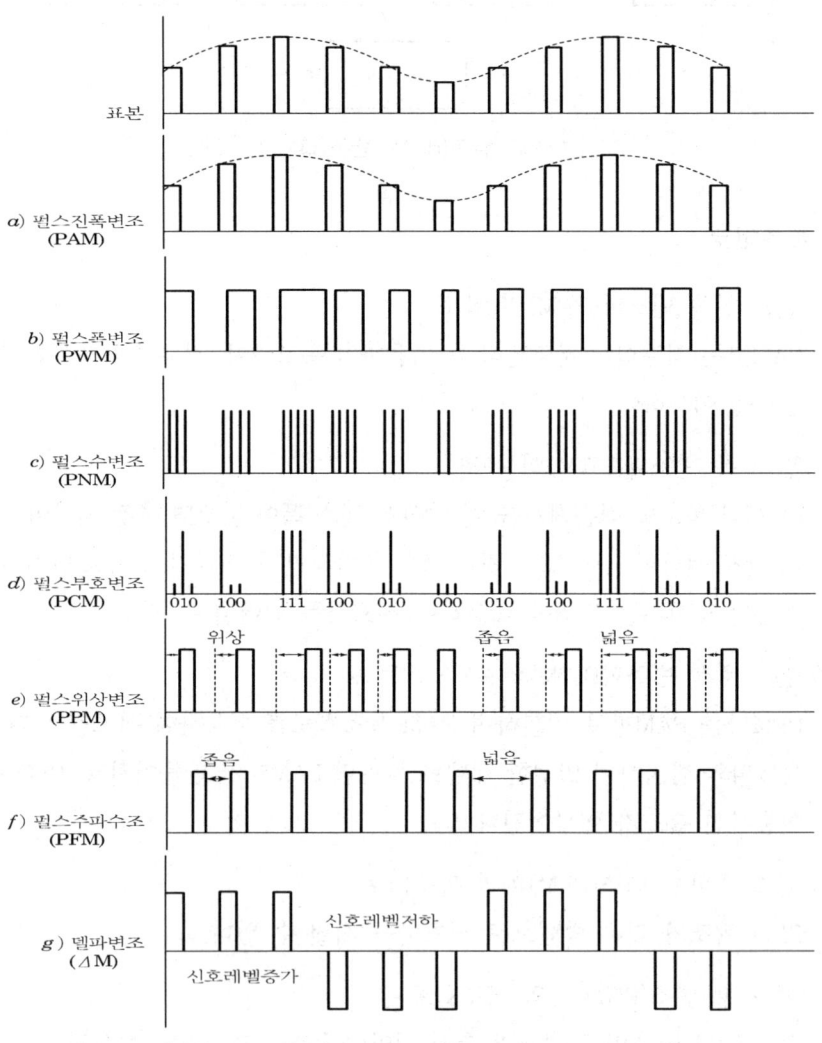

그림 1-134 펄스변조방식의 종류

제10절 디지털회로(Digital Circuit)

1 펄스회로(Pulse Circuit)

짧은 시간에 전압 또는 전류의 진폭이 불연속적으로 변화하는 파형을 펄스(pulse)라 한다.

[1] 펄스 파형의 구성

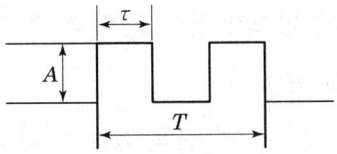

그림 1-135 펄스 파형의 구성

$$f \ (\text{주파수 : frequenc}) = \frac{1}{T} \ \{Hz\}$$

A : 진폭(Amplitude), T : 주기(Period), τ : 펄스 폭(Pulse Width)

주파수는 1초 동안 진동한 진동(펄스)의 수를 말한다.

$$\text{듀티 사이클}(D) = \frac{\tau}{T}$$

[2] 펄스 파형의 성질(응답 특성)

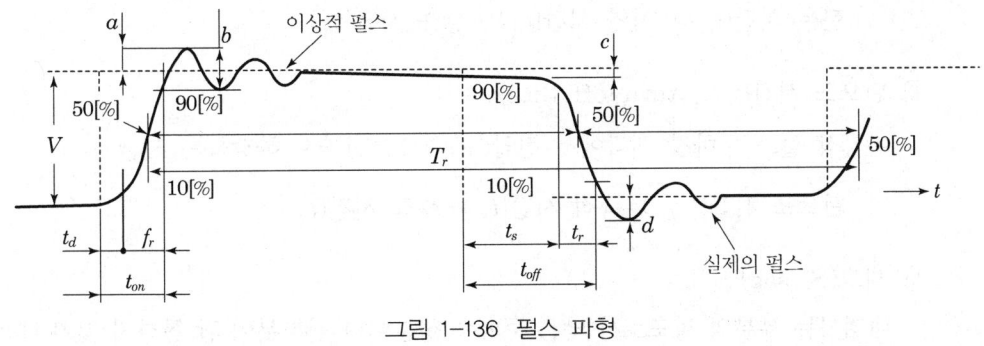

그림 1-136 펄스 파형

① 상승 시간(t_r, rise time)
진폭 전압(V)의 10[%]에서 90[%]까지 상승하는 데 걸리는 시간

② 지연 시간(t_d, delay time)
상승 시각으로부터 진폭의 10[%]까지 이르는 실제의 펄스 시간

③ 하강 시간(t_r, fall time)
펄스가 이상적 펄스의 진폭 전압(V)의 90[%]에서 10[%]까지 내려가는 데 걸리는 시간

④ 축적 시간(t_s, storage time)
하강 시간에서 실제의 펄스가 전압(V)의 90[%]가 되기까지의 시간

⑤ 펄스 폭(τ_w, pulse width)
펄스의 파형이 상승 및 하강의 진폭 전압(V)의 50[%]가 되는 구간의 시간

⑥ 오버슈트(overshoot)
상승 파형에서 이상적 펄스파의 진폭 전압(V)보다 높은 부분의 높이 a를 말하며, 이 양은 $\left(\dfrac{a}{V}\right)\times 100[\%]$로 나타낸다.

⑦ 언더슈트(undershoot)
하강 파형에서 이상적 펄스파의 기준 레벨보다 아래 부분의 높이 d를 말하며 이 양은 $\left(\dfrac{d}{V}\right)\times 100[\%]$로 나타낸다.

⑧ 턴온 시간(t_{on}, turn-on time)
이상적 펄스의 상승 시각에서 전압(V)의 90[%]까지 상승하는 시간

　　턴온 시간(t_{on})=지연 시간(t_d)+상승 시간(t_r)

⑨ 턴오프 시간(t_{off}, turn-off time)
이상적 펄스의 하강 시각에서 전압(V)의 10[%]까지 하강하는 시간

　　턴오프 시간(t_{off})=축적 시간(t_s)+하강 시간(t_f)

⑩ 새그(S, sag)
내려가는 부분의 정도로서 낮은 주파수 성분이나 직류분이 잘 통하지 않기 때문에

생기는 것이다.

$$새그\ S = \frac{c}{V} \times 100[\%]$$

⑪ 링깅(b, ringing)

펄스의 상승 부분에서 진동의 정도를 말하며, 높은 주파수 성분에 공진하기 때문에 생기는 것이다.

⑫ 시상수

$t = \tau = RC$에서 C의 전압 v_c는

$$v_c = V(1 - \frac{1}{\varepsilon}) \fallingdotseq V(1 - 0.368) \fallingdotseq 0.632[\text{V}]$$

전원 전압의 약 63.2[%]에 도달하는 데 걸리는 시간 $\tau = RC[\sec]$가 시상수이다. 방전의 경우는 전원 전압의 약 36.8[%]로 된다.

상승 시간 : $t_r = t_2 - t_1 = (2.3 - 0.1)RC = 2.2RC[\sec]$

[3] 미분회로

구형파(직사각형파)로부터 폭이 좁은 트리거(trigger) 펄스를 얻는 데 쓰인다.

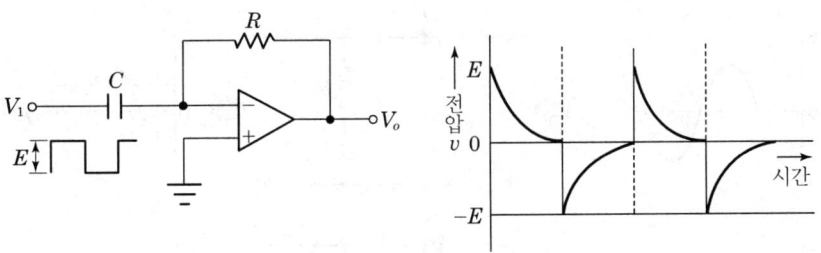

그림 1-137 미분회로와 출력 파형

[4] 적분회로

시간에 비례하는 전압(또는 전류) 파형, 즉 톱니파 신호를 발생하거나 신호를 지연시키는 회로에 쓰인다.

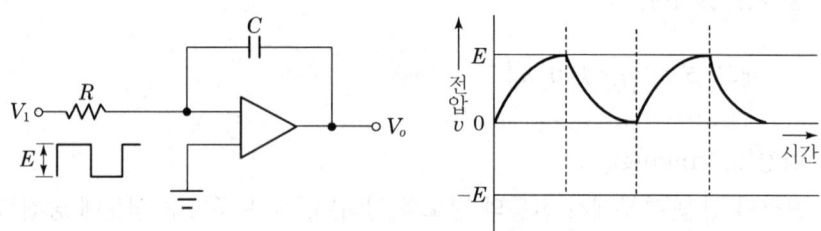

그림 1-138 적분회로와 출력파형

[5] 펄스응용회로의 기본

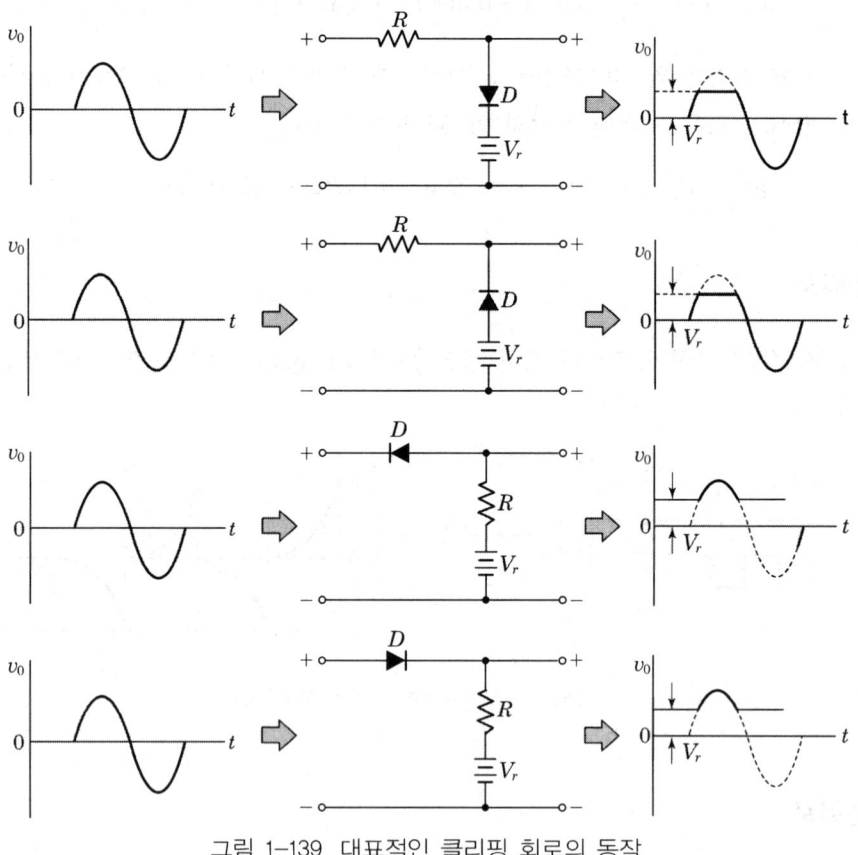

그림 1-139 대표적인 클리핑 회로의 동작

① 클램핑회로 : 입력 신호의 (+) 또는 (−)의 피크를 어느 기준 레벨로 바꾸어 고정시키는 회로를 클램핑 회로, 또는 클램퍼(clamper)라 한다. 이 회로가 직류분을 재생하는 목적에 쓰일 때에는 직류분 재생회로라고도 한다.

② 클리핑회로 : 입력 파형 중에서 어떤 일정 진폭 이상 또는 이하를 잘라낸 출력 파형을 얻는 회로를 클리퍼(clipper)라 하고, 이 작용을 클리핑이라 한다.

③ 피크 클리퍼(peak clipper) : 정(+) 방향으로 어떤 레벨이 되지 않도록 하기 위하여 입력 파형의 윗부분을 잘라내어 버리는 회로

④ 베이스 클리퍼(base clipper) : 부(−) 방향으로 어떤 레벨 이하가 되지 않도록 하기 위하여 입력 파형의 아래 부분을 잘라내어 버리는 회로

⑤ 리미터(limiter) 회로 : 진폭을 제한하는 진폭 제한 회로로서 피크 클리퍼와 베이스 클리퍼를 결합하여 입력 파형의 위아래를 잘라 버린 회로

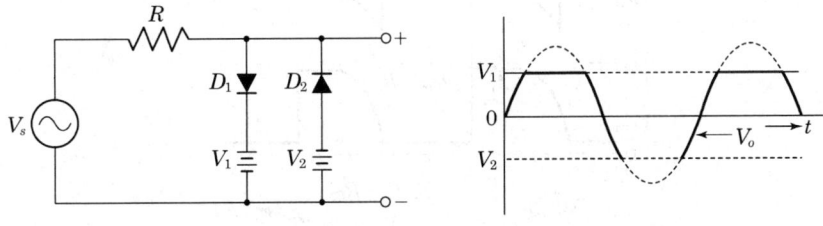

그림 1-140 리미터 회로와 출력파형

⑥ 슬라이서(slicer) : 클리핑 레벨의 위 레벨과 아래 레벨 사이의 간격을 좁게 하여 입력 파형의 어느 부분을 잘라내는 회로

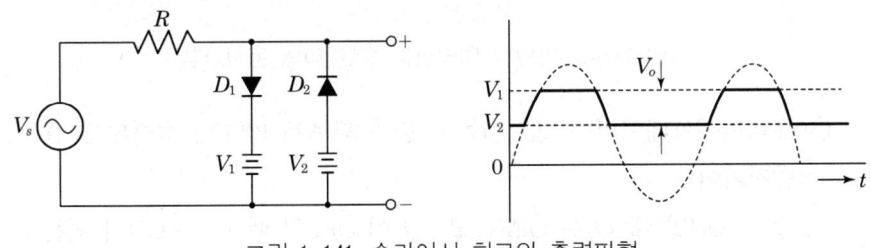

그림 1-141 슬라이서 회로와 출력파형

⑦ 비안정 멀티바이브레이터(astable multivibrator)

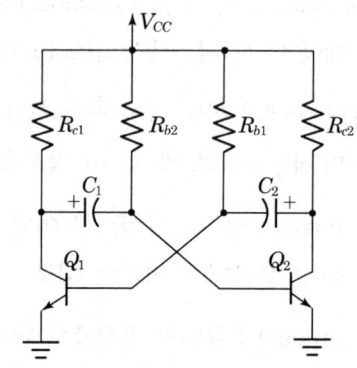

그림 1-142 비안정 멀티바이브레이터

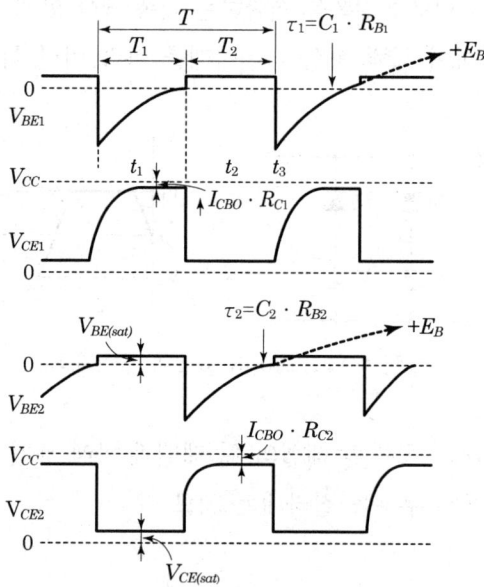

그림 1-143 비안정 멀티바이브레이터의 동작파형

㉠ 멀티바이브레이터는 2단 비동조 증폭 회로에 100[%] 정궤환을 걸어준 구형파 발진기이다.
㉡ Q_1이 ON일 때 Q_2는 OFF이고, Q_1이 OFF일 때 Q_2는 ON이 되는 2개의 비안정 상태(일시적 안정 상태)가 있어, 이것이 일정한 주기로 되풀이된다.
㉢ 2개의 AC 결합 상태로 되어 있다.
㉣ 주기(T)와 주파수(f)는

주기 : $T \fallingdotseq 0.7(C_1 R_{b2} + C_2 R_{b1})$ [sec]

주파수 : $f = \dfrac{1}{T_r} = \dfrac{1}{0.7(C_1 R_{b2} + C_2 R_{b1})}$ [Hz]

⑧ 단안정 멀티바이브레이터(monostable multivibrator)

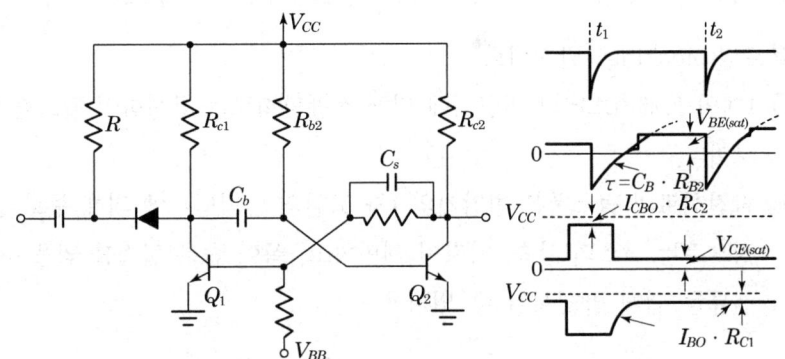

그림 1-144 단안정 멀티바이브레이터와 동작파형

㉠ 하나의 안정 상태와 하나의 준안정 상태를 가지며, 외부로부터 부(-)의 트리거 펄스를 가하면 안정 상태에서 준안정 상태로 되었다가 어느 일정 시간 경과 후 다시 안정 상태로 돌아오는 동작을 한다.

㉡ 반복 주기 : $T \fallingdotseq 0.7 R_{b2} C_b$ [sec]

㉢ 콘덴서 C_s의 역할 : C_s는 가속(speed-up) 콘덴서로서 스위칭 속도를 빠르게 하며, 동작을 정확하게 하는 동작을 한다.

㉣ AC 결합과 DC 결합 상태로 되어 있다.

⑨ 쌍안정 멀티바이브레이터(bistable multivibrator)

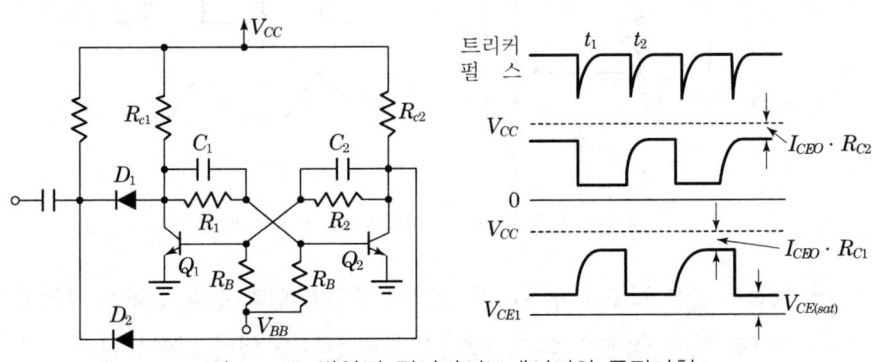

그림 1-145 쌍안정 멀티바이브레이터와 동작파형

㉠ 처음 어느 한쪽의 트랜지스터가 ON이면 다른 쪽의 트랜지스터는 OFF의 안정 상태로 되었다가, 트리거 펄스를 가하면 다른 안정 상태로 반전되는 동작을 한다.

㉡ 입력 트리거 펄스 2개마다 1개의 출력 펄스를 얻어낼 수 있으므로, 분주회로나 계산기, 계수 기억회로, 2진 계수회로 등에 사용된다.

㉢ 가속(speed-up) 콘덴서는 2개이고, 2개의 DC 결합으로 되어 있다.

⑩ 블로킹(blocking) 발진회로

㉠ 1개의 트랜지스터와 변압기에 의해 정궤환회로를 구성하여 펄스를 발생하는 회로이다.

㉡ 발진회로의 펄스폭은 변압기의 1차 코일의 인덕턴스에 의해 주로 결정되며, 특징으로는 펄스의 상승, 하강이 예민하고, 폭이 좁은 펄스를 얻을 수 있으며, 큰 전류를 쉽게 발생시킬 수 있다.

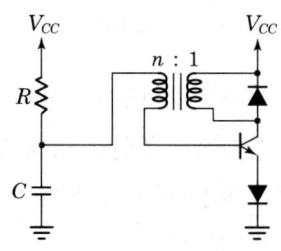

그림 1-146 블로킹 발진회로

⑪ 부트스트랩(boot-strap) 회로(톱니파 발생회로)

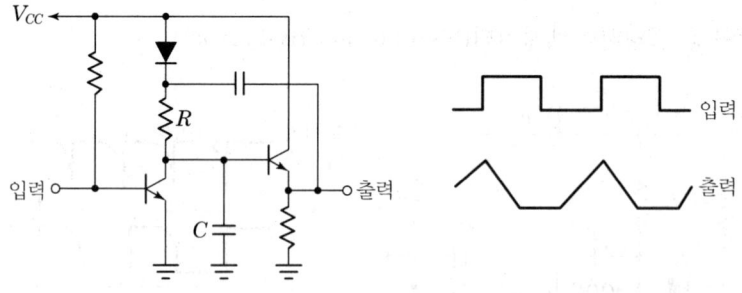

그림 1-147 부트스트랩 회로와 입·출력 파형

㉠ 그림과 같은 회로를 구성하여 그림의 구형파 입력 신호 전압을 가하면 베이스가 (+)로 되어 OFF가 되고, 베이스가 0 전위가 되면 ON이 된다.

ⓒ C는 TR이 OFF일 때 R을 통하여 전원으로부터 충전되며, TR이 ON이 될 때 전하를 방전하여 그림과 같은 톱니파의 파형을 얻을 수 있다.

2 플립플롭(Flip-Flop)

[1] RS 플립플롭

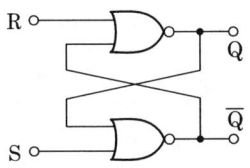

그림 1-148 RS 플립플롭의 회로

R	S	Q_{n+1}
0	0	Q_n
0	1	1
1	0	0
1	1	부정

RS F/F의 진리치표

[2] T 플립플롭

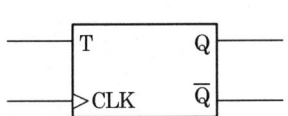

그림 1-149 T F/F의 도형

CLK	T	Q_{n+1}
0	0	Q_n
0	1	Q_n
1	0	0
1	1	$\overline{Q}_n$(toggle)

T F/F의 진리치표

[3] D 플립플롭

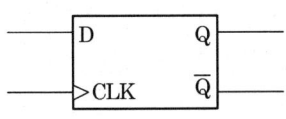

그림 1-150 D F/F의 도형

CLK	D	Q_{n+1}
0	0	Q_n
0	1	Q_n
1	0	0
1	1	1

D F/F의 진리치표

[4] JK 플립플롭(MS-JK 플립플롭)

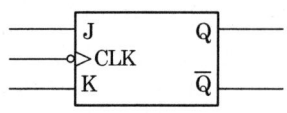

J	K	Q_{n+1}
0	0	Q_n(불변)
0	1	0
1	0	1
1	1	$\overline{Q}_n$(toggle)

그림 1-151 JK F/F의 도형   JK F/F의 진리치표

전자계산기일반 02

Chapter 02 전자계산기 일반

제1절 전자계산기 일반

1 컴퓨터의 기본적 내부 구조

[1] 컴퓨터의 개요

(1) 전자계산기(EDPS : Electronic Data Processing System)

주어진 데이터(Data)를 전기적으로 처리하는 시스템을 지칭하며, 프로그램(Program)이라는 정해진 순서에 의해 산술 및 논리 연산, 비교, 판단, 기억 등을 수행함으로써 원하는 결과를 출력해내는 시스템을 말한다.

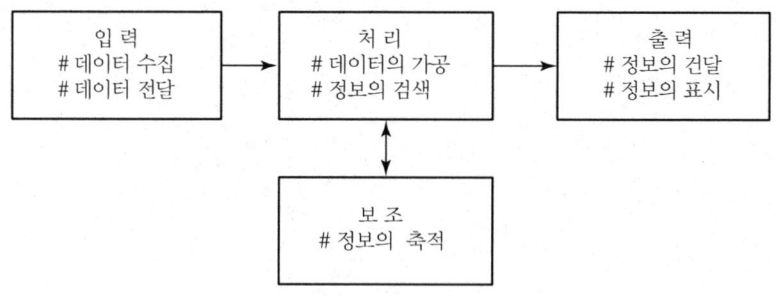

그림 2-1 전자계산기의 정보 흐름

(2) 전자계산기의 특성

① 자동성 : 주어진 프로그램의 조건에 따라 자동으로 데이터를 처리해 준다.
② 기억성 : 메모리에 대량의 데이터를 기억한다.

③ 신속성 : 데이터의 처리가 빠르다
④ 범용성 : 다른 컴퓨터와도 쉽게 호환(인터페이스가 용이)된다.
⑤ 정확성 : 데이터의 처리가 정확하여 신뢰도가 높다.
⑥ 동시성 : 다수 사용자가 동시에 사용 가능하다.

(3) 전자계산기 발달

① 전자계산기의 역사
  ㉠ 주판
  ㉡ 파스칼의 계산기 : 덧셈, 뺄셈
  ㉢ 라이프니츠 계산기 : 덧셈, 뺄셈, 곱셈, 나눗셈
  ㉣ 베비지 계산기 : 차분기관, 해석기관
  ㉤ MARK-I : 에이켄, 전기 기계식 계산기
  ㉥ ENIAC : 세계 최초의 전자계산기
  ㉦ EDSAC : 최초의 프로그램 내장방식 도입

참고

프로그램 내장 방식 : 컴퓨터에 기억 장치를 갖추고 프로그램과 데이터를 기억시켜 둔 후 계산의 순서를 부호화하여 순서적으로 꺼내어 해독하고 실행하는 원리. 폰 노이만이 제창함.

  ㉧ EDVAC : 프로그램 내장방식, 2진수 개념 도입
  ㉨ UNIVAC-I : 세계 최초의 상용 전자계산기

② 전자계산기의 세대별 구분

전자계산기의 세대별 비교

세대 내용	제1세대 (1951년-1959년)	제2세대 (1959년-1963년)	제3세대 (1963년-1975년)	제4세대 (1975년 이후)
기억소자	진공관(tube)	트랜지스터(TR)	집적회로(IC)	집적회로 (LSI, VLSI)
주기억장치	자기드럼	자기코어	집적회로(IC)	집적회로 (LSI, VLSI)

세대 내용	제1세대 (1951년-1959년)	제2세대 (1959년-1963년)	제3세대 (1963년-1975년)	제4세대 (1975년 이후)
처리속도	$ms(10^{-3})$	$\mu s(10^{-6})$	$ns(10^{-9})$	$ps(10^{-12})$
특 징	• 하드웨어 중심 • 전력소모가 크다. • 신뢰성이 낮다. • 대형화 • 과학 및 통계 처리 중심	• 소프트웨어 중심 • OS(운영체제) 개발 • 전력소모 감소 • 신뢰도 향상 • 소형화 • 온라인 방식 도입	• 기억용량의 증가 • 시분할 처리 • 다중처리 방식 • MIS 도입 • 마이크로프로세서의 개발 • OCR, OMR, MICR을 사용	• 전문가 시스템 • 인공지능 • 종합정보 통신망 • 마이크로컴퓨터
사용언어	저급언어(기계어, 어셈블리어)	고급언어 탄생 (FORTRAN, COBOL, ALGOL 등)	고급언어(LISP, PASCAL, BASIC, PL/1 등)	문제 지향적 언어

[2] 컴퓨터의 분류

(1) 데이터 처리 방식에 따른 분류

① 디지털(Digital) 컴퓨터 : 숫자나 수치적으로 코드화된 데이터들을 대상으로 사칙연산이나 논리 연산을 하여 결과를 나타내는 컴퓨터

② 아날로그(Analog) 컴퓨터 : 길이나 각도, 온도, 전압 등과 같은 연속적인 물리량을 이용하여 자료를 처리하는 컴퓨터

③ 하이브리드(Hybrid) 컴퓨터 : 디지털 컴퓨터와 아날로그 컴퓨터의 장점을 혼합하여, 특수 목적용 컴퓨터로 사용된다.

디지털 컴퓨터와 아날로그 컴퓨터의 비교

구분 \ 분류	디지털 컴퓨터	아날로그 컴퓨터
입 력	이산 데이터(문자, 숫자)	물리적인 데이터(전압, 전류, 온도 등)
출 력	숫자, 문자	곡선, 그래프
연산형식	사칙연산, 논리연산 등	미·적분연산
회 로	논리회로	증폭회로

분류 구분	디지털 컴퓨터	아날로그 컴퓨터
처리대상	이산 데이터	연속 데이터
연산속도	고속이다	저속이다
기억기능	있다	없다
정밀도	높다	낮다
프로그램	필요	불필요
가격	고가	저가

(2) 사용 목적에 따른 분류

① 특수용 컴퓨터 : 자동제어, 항공 기술, 항해 기술

② 범용 컴퓨터 : 사무 처리용, 과학 기술용, 교육용

③ 개인용 컴퓨터 : 간단한 구조, 저가, 사무 자동화

(3) 처리 능력에 따른 분류

① 슈퍼컴퓨터 : 대용량의 컴퓨터로 자원탐사, 에너지 관리, 핵분열, 암호해독 등에 사용

② 대형 컴퓨터 : 용량이 큰 컴퓨터로 대기업, 은행 등에서 사용

③ 소형 컴퓨터 : 일반 사무용 컴퓨터

④ 마이크로컴퓨터 : 마이크로프로세서를 사용하여 만든 컴퓨터로 개인용 컴퓨터(PC)

참고

> 슈퍼컴퓨터 - 대형 컴퓨터 - 중형 컴퓨터 - 미니컴퓨터 - 워크스테이션 - 마이크로컴퓨터

[3] 컴퓨터의 기본 구조

전자계산기 (하드웨어)	중앙처리장치	주변장치
	제어장치, 연산장치, 주기억장치	입력장치, 출력장치, 보조기억장치

중앙처리장치(CPU)	넓은 의미	좁은 의미
	제어장치, 연산장치, 주기억장치	제어장치, 연산장치

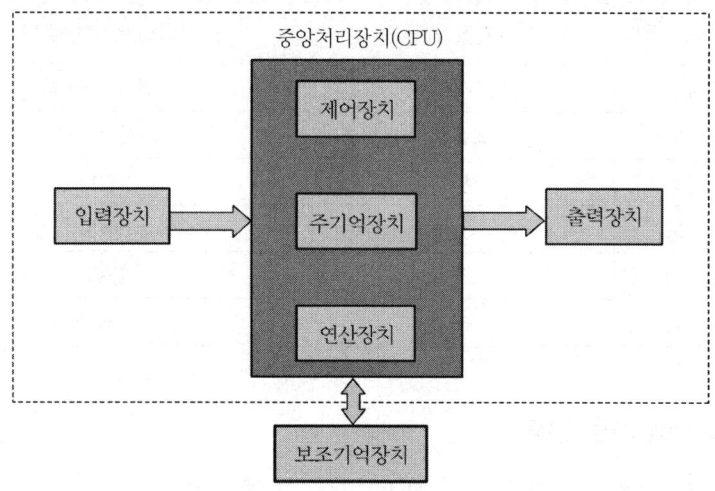

그림 2-2 컴퓨터의 구성도

① 입력장치(Input Unit)

프로그램이나 데이터를 외부장치로부터 전자계산기(컴퓨터)로 읽어들여 주기억장치에 기억시키는 장치이다.(키보드, 마우스, 스캐너, 카드 리더, OCR, OMR, MICR, 천공카드, 종이 테이프, 자기테이프, 자기디스크, 광학문자 판독기 등)

② 중앙처리장치(CPU : Central Process Unit)

제어장치와 연산장치, 주기억장치를 총괄하여 중앙처리장치(CPU)라고 하며, 인간의 두뇌에 해당하는 역할을 수행하는 장치로 각종 프로그램을 해독한 내용에 따라 명령(연산)을 수행하고 컴퓨터 내의 각 장치들을 삭제, 지시, 감독하는 기능을 수행한다.

③ 출력장치(Output Unit)

컴퓨터에 의해 처리된 정보의 결과를 사용자가 이해할 수 있는 형태로 변환하여 외부로 출력하는 기능을 갖는 장치를 말한다.(모니터, 프린터, 플로터, 카드천공기, 테이프천공기, 마이크로필름 출력장치 등)

2 중앙처리장치의 구성

[1] 중앙처리장치(CPU : Central Process Unit)

제어장치와 연산장치, 주기억장치를 총괄하여 중앙처리장치(CPU)라고 하며, 인간의 두뇌에 해당하는 역할을 수행하는 장치로 각종 프로그램을 해독한 내용에 따라 명령 (연산)을 수행하고 컴퓨터 내의 각 장치들을 삭제, 지시, 감독하는 기능을 수행한다.

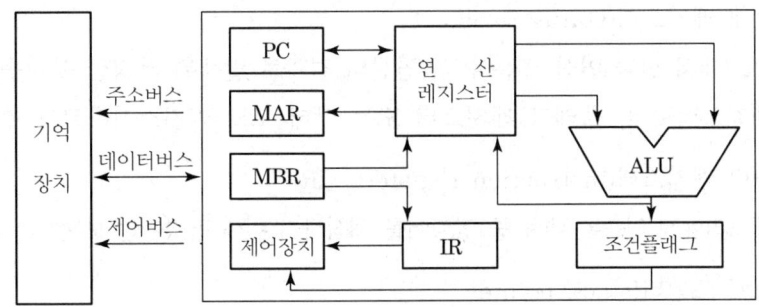

그림 2-3 중앙처리장치의 구성

(1) 제어장치(Control Unit)

주기억장치에 기억되어 있는 프로그램을 하나씩 꺼내어 명령을 해독하고 그에 따라 필요한 장치에 신호를 보내어 동작시켜 그 결과를 검사, 제어하는 역할로서 연산장치, 입력장치, 출력장치를 동작하게 한다.(어드레스 레지스터, 명령해독기, 기억 레지스터, 명령계수기)

(2) 연산장치(ALU : Arithmetic Logical Unit)

주기억장치로부터 보내져 온 데이터에 대하여 대소의 판별, 산술연산 및 비교, 논리적 판단을 실시하는 장치로서 연산의 결과는 주기억장치에 기억된다.(데이터 레지스터, 누산기, 가산기, 상태 레지스터)

① 프로그램 카운터(program counter : PC)

16비트의 길이를 가지고 있으며 CPU가 다음에 처리해야 할 명령이나 데이터의 메모리 주소를 지시한다.

② 메모리 어드레스 레지스터(memory address register : MAR)
어드레스를 가진 기억 장치를 중앙 처리 장치가 이용할 때 원하는 정보의 어드레스를 넣어 두는 레지스터이다.

③ 메모리 버퍼 레지스터(memory buffer register : MBR)
기억 장치로부터 불러낸 정보나 또는 저장할 정보를 넣어 두는 레지스터이다.

④ 산술 논리 연산 장치(ALU)
CPU가 해야 할 처리를 실제적으로 수행하는 장치로 가산기를 주축으로 구성되어 있다.

⑤ 상태 레지스터(status register)
ALU에서 산술 연산 또는 논리 연산의 결과로 발생된 특정한 상태를 표시해 주는 레지스터로서, 플래그 레지스터 또는 상태 코드 레지스터라고도 부른다.

⑥ 명령 레지스터(instruction register : IR)
메모리에서 인출된 내용 중 명령어를 해석하기 위해 명령어만 보관하는 레지스터이다.

⑦ 스택 포인터(stack pointer : SP)
레지스터의 내용이나 프로그램 카운터의 내용을 일시 기억시키는 곳을 스택이라 하며 이 영역의 최상위 번지를 지정하는 것을 스택 포인터라 한다.

⑧ 누산기(accumulator : ACC)
ALU에서 처리한 결과를 저장하며, 또한 처리하고자 하는 데이터를 일시적으로 기억하는 레지스터이다.

⑨ 범용 레지스터(general purpose register)
CPU에 필요한 데이터를 일시적으로 기억시키는 데 사용되는 레지스터이다.

⑩ 동작 레지스터(working register)
CPU가 일을 처리하기 위해 CPU만이 사용 가능한 레지스터이다.

(3) 주기억장치(Main Memory Unit)

수행되고 있는 프로그램과 이의 수행에 필요한 데이터를 기억하는 장치로, 데이터를 저장하고 인출하는 데 드는 시간이 빨라야 하며, 보조기억장치보다 기억용량 대비 비용이 비싸다. ROM(read only memory)과 RAM(random access memory)이 주기억 장치에 속한다.

3 기억장치

[1] 주기억장치

실행되고 있는 프로그램과 이의 실행에 필요한 데이터를 기억하고 있는 장치

(1) ROM(Read Only Memory)

읽어내기 전용으로, 사용자가 기억된 내용을 바꾸어 넣을 수 없는 기억소자로서 전원을 차단하여도 기억 내용을 보존한다.

① Mask ROM : 제조과정에서 프로그램 등을 기억시킨 것으로 전용 자동제어에 사용한다.

② PROM : 사용자가 프로그램 등을 1회에 한하여 써넣을 수 있는 기억소자이다.

③ EPROM : 사용자가 프로그램 등을 여러 번 지우고 써넣을 수 있는 기억소자로서, 자외선이나 특정전압 전류로써 내용을 지우고 다시 기록할 수 있다.

④ EEPROM(Electrical Erasable Programmable ROM) : 기록 내용을 전기신호에 의하여 삭제할 수 있으며, 롬 라이터로 새로운 내용을 써넣을 수도 있는 기억소자이다.

(2) RAM(Random Access Memory)

기억내용을 임의로 읽거나 변경할 수 있는 기억소자로서 전원을 차단하면 기억내용이 사라지므로 휘발성 기억소자라 한다.

① SRAM(Static Random Memory : 정적 RAM) : 전원공급을 계속하는 한 저장된 내용을 기억하는 메모리로서 플립플롭으로 구성된다.

② DRAM(Dynamic Random Access Memory : 동적 RAM) 전원공급이 계속되더라도 주기적으로 재기억(reflesh)을 해야 기억되는 메모리로서 반도체의 극간 정전 용량에 의해 메모리가 구성된다.

[2] 보조 기억 장치

보조기억장치	순차접근 기억장치	자기테이프, 카세트테이프, 카트리지 테이프 등
	직접접근 기억장치	자기디스크, 하드디스크, 플로피디스크, CD-ROM 등

(1) 순차접근 기억장치

기록 매체의 앞부분에서부터 뒤쪽으로 차례차례 접근하여 찾으려는 위치까지 접근해 가는 장치로서, 데이터가 기억된 위치에 따라 접근되는 시간이 달라지게 된다.

① 자기 테이프(magnetic tape)

순차적 접근 기억장치 중에서 가장 많이 사용되는 매체로, 간편하며 용량이 크기 때문에 데이터나 프로그램을 장기간 보관시키는 데에 많이 사용된다.

BPI(bit per inch)	자기 테이프에 데이터를 기록하는 밀도
BOT(beginning of tape)	자기 테이프의 시작점
EOT(end of tape)	자기 테이프의 끝나는 점
IBG(Inter Block Gap)	자기 테이프의 블록간의 공간

| BOT | Block | IBG | Block | IBG | Block | IBG | Block | IBG | Block | EOT |

그림 2-4 자기테이프의 구조

② 카세트 테이프(cassette tape)

카세트는 녹음기에 사용하는 카세트 테이프를 직접 사용하고, 데이터를 기록하거나 테이프에 기록된 것을 읽을 때에도 녹음기를 직접 연결하여 사용한다.

③ 카트리지 테이프

자기 테이프를 소형으로 만들어 카세트 테이프와 같이 고정된 집에 넣어서 만든 것으로, 소형으로 간편하면서도 기억 용량이 크므로 주기억장치나 다른 기억 장치에 기억된 내용을 보관할 때 많이 사용한다.

(2) 직접 접근 기억장치

물리적인 위치에 영향을 받지 않으므로 순차적 접근 장치보다 빨리 데이터를 처리한다.

① 자기 디스크(magnetic disk)

시스템 프로그램을 기억시키는 대표적인 보조기억 장치로서 여러 장을 하나의 축에 고정시켜 함께 회전하도록 하는 디스크 팩으로 사용하며, 디스크 팩에 있는 데이터를 읽거나 기록하는 헤드는 하나의 축에 고정되어서 같이 움직이는데 이것을 액세스 암이라 한다.

디스크 팩에서 데이터의 처리 순서는 항상 실린더 단위로 이루어진다.

② 하드 디스크(hard disk)
개인용 컴퓨터와 같이 소형인 컴퓨터 본체 내에 부착하여 사용할 수 있으므로 소형 컴퓨터에서는 대표적인 직접 접근 기억 장치로 기억 용량은 비교적 크고 간편하지만, 디스크 팩을 교환할 수 없어 해당 디스크의 기억 용량 범위에서만 사용해야 한다.

③ 플로피 디스크(floppy disk)
개인용 컴퓨터의 가장 대표적인 보조기억 장치로 적은 비용과 휴대가 간편하여 널리 사용된다.

④ CD-ROM(compact disk read only memory)
알루미늄이나 동판으로 만든 원판에 레이저 광선을 사용하여 데이터를 기록하거나 기억된 내용을 읽어내는 것으로, 알루미늄 디스크에 레이저 광선으로 구멍을 뚫어서 비트를 기록하고, 그것을 레이저 광선이 구멍을 통과하는 것을 읽으면 변질되지 않으면서 고밀도로 사용할 수 있다.

⑤ 자기 드럼(magnetic drum)
드럼이 한 바퀴 회전하는 동안에 원하는 데이터를 찾을 수 있는 속도가 매우 빠른 기억장치로 제1세대 컴퓨터의 주기억장치로 사용하였으나, 기억 용량이 적은 것이 단점이다.

(3) 메모리의 구조

① 캐시 기억장치(cache Memory)
프로그램 실행속도를 중앙처리장치의 속도에 가깝도록 하기 위하여 개발된 고속 버퍼 기억장치로서, 주기억장치보다 속도가 빠르고, 중앙처리장치 내에 위치하고 있으므로 레지스터 기능과 유사하다.

② 가상 기억장치(virtual memory)
제한된 주기억장치의 용량을 초과하여 사용하기 위하여 보조기억장치의 기억공간을 사용자의 주기억장치가 확장된 것과 같이 사용하는 방법이다.

③ 연관 기억장치(associative Memory)
검색된 자료의 내용 일부를 이용하여 자료에 직접 접근할 수 있는 기억장치이다.

4 입·출력장치

[1] 입·출력장치

(1) 입력장치

① 화면이용 입력장치 – 키보드, 마우스, 라이트 펜, 터치 스크린 등

㉠ 키보드(Keyboard) : 문자 숫자, 특수문자 등의 키를 눌러 컴퓨터에 데이터를 입력하는 가장 대표적인 장치로 자판의 배치는 영문표준자판과 한글 2벌식으로 구성되어 있으며, 103키와 106키의 키보드로 구분하나 요즈음 대부분의 제품은 PS/2용 106키 키보드와 인체 공학적으로 손목을 보호하기 위한 구조로 내추럴 키보드도 선보이고 있다.

㉡ 마우스(Mouse) : GUI(Graphic user interface) 환경에서 사용되는 응용 프로그램에서의 기본 입력장치로 화면상의 커서나 문서나 그림의 일부 또는 전부를 복사 및 이동시킬 때 사용하는 장치로 연결 방식에 따라 시리얼 마우스와 PS/2 마우스로 나뉘어지며, 최근에는 PS/2 마우스가 주로 사용되고 있다.

㉢ 라이트 펜(Light Pen) : 펜에 달린 센서에 의해 좌표의 선을 그리거나, 점을 찍거나 그림을 그리는 등의 컴퓨터를 이용한 그래픽 작업에 주로 이용하는 입력장치로서 컴퓨터 스크린과 직접 대화할 수 있도록 하는 방법을 제공하며 스크린 상의 그래픽을 수정하기가 쉽고 메뉴 선택이 용이하다.

㉣ 터치 스크린(touch screen) : 터치 스크린은 사람이 만지는 데 따라 반응하는 컴퓨터 디스플레이 화면으로서, 화면에 나타난 그림이나 글자에 사용자가 손가락으로 접촉(touch)함으로써 데이터를 입력받도록 하는 특수한 입력장치이다. 정보 제공기구, 컴퓨터 기반의 교육훈련 장치, 마우스나 키보드를 조작하기 어려워하는 사람들을 돕기 위해 설계된 시스템 등에 주로 사용된다.

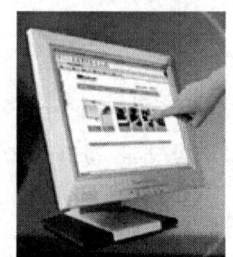

그림 2-5 터치 스크린

② 광학적 입력장치 - 카드 판독기, OMR, OCR, 디지타이저, 바코드 판독기 등
  ㉠ 카드 판독기(Card Reader) : 카드 천공기로 천공된 카드는 입력시킬 카드를 쌓아 놓는 곳(호퍼 : hopper)에서 판독기를 거쳐 판독이 끝난 카드가 보내지는 곳(스태커 : staker)에 모여지면서 천공된 숫자나 문자를 판독하는 장치이다.
  ㉡ 광학 마크 판독기(OMR : Optical Mark Reader) : 특수한 재료가 포함된 잉크나 연필로 표시한 데이터를 광학적으로 판독하는 장치이다.
  ㉢ 광학 문자 판독기(OCR : Optical Character Reader) : 특정한 모양의 글자를 종이에 인쇄하여, 그 인쇄된 글자를 광학적으로 판독하는 장치이다. 즉 특정한 모습으로 인쇄된 용지에 광선을 비춰 반사되는 빛의 강약으로 문자나 마크를 읽어들이는 장치이다.
  ㉣ 디지타이저(Digitizer) : 그림, 도표, 설계도면 등의 작업에 주로 사용되는 장치로 아날로그 형태의 2차원상의 좌표 데이터를 디지털 형태의 평면상의 임의의 점을 좌표 데이터로 변환하여 주는 입력장치이다.
  ㉤ 바코드 판독기(Bar Code Reader) : 슈퍼마켓이나 서적 등 일반 상점에서 흔히 볼 수 있는 입력장치로 POS 단말기(Point Of Sales Terminal)를 사용하며, 상품에 인쇄된 바코드를 광학적으로 읽어들여, 신뢰성 높은 자료의 입력을 가능하게 하며 바코드 하부의 숫자는 사람이 읽을 수 있게 인쇄된 것이고, 바코드 판독기는 상부 선들의 패턴을 인식하여 구분한다.

③ 자기 입력장치 - 자기 디스크, 자기 테이프, 자기 잉크 문자 판독기 등
  ㉠ 자기 디스크(Magnetic disk) : 레코드판과 같이 얇고 둥근 플라스틱 원판에 자성 물질을 입혀 만들었으며, 자료를 기록하고 판독하는 장치이다. 자기 디스크는 처리속도가 빠르고, 기억 용량도 크며, 순차 또는 직접 처리가 가능하므로, 은행의 온라인 업무 등과 같은 자료 처리 업무에 없어서는 안 될 매우 중요한 보조 기억 장치이다.
  ㉡ 자기 테이프(Magnetic tape) : 얇고 좁은 플라스틱 테이프 표면에 자성체를 도포하여, 정보를 저장할 수 있게 한 매체로서 방대한 양의 데이터를 수록할 수 있고, 보관이 편리하며 가격이 저렴하나, 액세스 시간이 길고, 자료의 추가, 삭제, 변경이 어려운 단점이 있다.
  ㉢ 자기 잉크 문자 판독기(MICR : Magnetic Ink Character) : 자성을 띤 특수한

잉크로 기록된 숫자나 기호를 판독하는 장치로 위조나 변조가 어렵고 정밀하게 판독할 수 있으므로 은행의 수표 등에 사용한다.

④ A/D 컨버터 : 연속적으로 변화하는 아날로그 데이터량을 일정시간 간격으로 이산적인 디지털 데이터량으로 변화시키는 장치를 말한다.

(2) 출력장치

① 카드 천공장치 : 천공 카드를 입출력 매체나 기억 매체로 하여 데이터의 분류·조회·계산·표 작성 등 일련의 처리를 조직적으로 수행하는 방식의 출력장치로 사용하였으나 현재는 거의 사용되지 않는다.

② 프린터 : 사용자가 작업 중인 내용이나 작업의 결과를 리본, 잉크, 레이저, 열 등을 이용하여 컴퓨터에서 처리된 그래픽 및 문자 등의 데이터를 종이와 같은 물리적인 매체 등에 인쇄하는 장치이다.

③ 음극선관(CRT : Cathode Ray Tube) : 대표적인 출력장치인 CRT의 구조와 원리를 살펴보면 전자빔의 작용에 의해 문자, 영상, 도형 등을 광학적 상으로 변환하여 표시하는 진공관으로 적색(R), 녹색(G), 청색(B)으로 발광하는 발광체가 모자이크형으로 규칙적으로 배열된 형광면과 3개의 전자빔을 발생하는 전자총으로 구성된 섀도우 마스크 형태의 브라운관을 일컬으며, 가장 널리 사용되고 있는 표시장치로서 표시품질과 가격성능비가 우수하다는 장점을 가지고 있어 일반용의 화상표시장치로 널리 사용되고 있다.

④ 플로터 : 설계분야에서 제일 많이 사용되는 출력장치로 중요한 설계도면이나 그래프 등의 데이터를 출력하고자 하는 용지의 크기에 제한받지 않고 처리결과를 그래프나 도형으로 출력하는 장치이다. 매우 정밀한 해상도의 출력이 가능하여, 광고업계, 설계 사무실 및 CAD 분야 등에서 많이 사용되고 있다.

⑤ D/A 컨버터 : 디지털 신호를 아날로그 신호로 바꾸는 일을 맡고 있는 기기이다.

(3) 입·출력 병용장치

① 콘솔(consol) : 모니터(영상표시장치 : CRT)와 키보드로 이루어져 있으며, 대형 컴퓨터에서 업무의 시작이나 일의 일시 중단 및 컴퓨터의 모든 상황을 조정 통제하는 제어 터미널을 말한다.

② 단말장치(terminal) : 디지털 데이터 전송시스템의 끝부분에서 데이터를 보내거나 받는 역할을 하는 장치로 인간과 가장 친숙하게 통신을 하는 장치이다.

[2] 입·출력 인터페이스

(1) 인터페이스

데이터 처리 시스템이나 시스템의 부분들 사이의 공통부분으로 코드, 형식, 속도 등을 변환하는 기능

(2) 입·출력 인터페이스

중앙처리 장치 또는 기억장치와 같은 내부저장 장치와 외부 입·출력장치간의 데이터를 전송하기 위한 회로로 구성되어 있다.

(3) 중앙처리장치 또는 기억장치와 입·출력장치의 인터페이스에서의 차이점
① 동작속도 : 버퍼(레지스터), 플래그로 해결
② 정보단위 : 결합/분해 레지스터로 보완
③ 동작의 자율성 : 기억장치 1개이고 입·출력장치는 여러 대로 문제를 동시처리
④ 오류의 발생 : 패리티 비트로 해결

[3] 데이터 전송 방식

입·출력장치와 중앙처리장치 및 기억장치간의 데이터를 전송하기 위한 인터페이스 방식

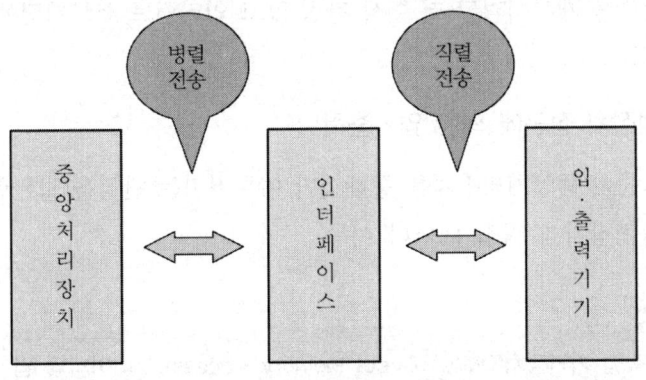

그림 2-6 데이터의 전송 형태

(1) 핸드 셰이킹 제어 방법

　① 데이터 전송 : 송신장치에서 DV(data valid) 신호를 보냄으로써 전송을 시작하고 수신장치가 데이터를 받은 다음 DA(data accepted) 신호를 보냄으로써 전송이 완료된다.

　② 데이터 수신 : 수신장치가 RD(ready for data) 신호를 보냄으로써 송신장치는 RD 신호를 받고 데이터를 전송한다.

(2) 비동기 직렬 전송(Asynchronous Serial Transmission)

시작 비트	데이터 비트	패리티 비트	정지 비트

(3) 선입선출(FIFO)

　가장 먼저 들어온 데이터를 가장 먼저 보내는 기억장치로 큐(Queue)나 데큐(Deque) 기억방식에서 사용한다.

[4] 입·출력 제어방식

(1) 중앙처리장치에 의한 입·출력

　중앙처리장치가 입·출력 과정을 명령하여 수행하게 한다.

　① 프로그램 방식 : 프로그램에 입·출력장치의 인터페이스를 감시하는 형태

　② 인터럽트 처리방식 : 프로그램 방식의 비효율성을 개선한 것으로 중앙처리장치가 입·출력을 개시시키고 더 이상 간섭 않고 인터럽트 서브루틴에 의해 자동 이동하는 방식

(2) 직접 기억장치 접근에 의한 입·출력

　데이터 전송이 중앙처리장치를 통해서만 이루어지는 단점을 보완한 것으로 기억장치와 입·출력장치에 직접 데이터 이동

 참고

> 직접 기억장치(DMA : Direct Memory Access) : 데이터의 입·출력 전송이 중앙처리장치(CPU)를 거치지 않고 직접 기억장치와 입·출력장치 사이에서 이루어진다.

(3) 입·출력 처리기에 의한 입·출력

 참고
> 입·출력 처리기(IOP : Input Output Processor) : 입·출력장치와 직접 데이터의 전송을 담당하는 처리기로 입·출력 수행에 대한 완전한 제어를 가하는 입·출력 명령어를 수행하는 처리기이다.

5 전자계산기의 논리회로

[1] 소규모 집적회로(SSI : Small Scale Integrated Circuit)

하나의 칩 위에 1~12개의 논리 회로를 가진 집적회로로 소수의 AND, NAND, OR, NOR, NOT, Exclusive-OR, 플립플롭 등의 기본 논리소자를 한 개의 칩에 내장시킨 것을 말한다.

(1) 불 대수(Boolean algebra)

0 또는 1의 값을 갖는 변수와 논리적인 동작을 행하는 대수로, 논리적인 성질을 수학적으로 해석하기 위해 사용한다.

① 기본정리
  ㉠ $X + 0 = X,\ X \cdot 0 = 0$
  ㉡ $X + 1 = 1,\ X \cdot 1 = X$
  ㉢ $X + X = X,\ X \cdot X = X$
  ㉣ $X + \overline{X} = 1,\ X \cdot \overline{X} = 0$
  ㉤ $\overline{\overline{X}} = X$

② 불 대수의 법칙
  ㉠ $X + Y = Y + X,\ X \cdot Y = Y \cdot X$ (교환법칙)
  ㉡ $X + (Y + Z) = (X + Y) + Z$
     $X \cdot (Y \cdot Z) = (X \cdot Y) \cdot Z$ (결합법칙)
  ㉢ $X \cdot (Y + Z) = X \cdot Y + X \cdot Z$
     $X + Y \cdot Z = (X + Y)(X + Z)$ (배분법칙)

③ 드모르간(De Morgan)의 법칙

$$\overline{(X + Y)} = \overline{X} \cdot \overline{Y}$$

$$\overline{(X \cdot Y)} = \overline{X} + \overline{Y}$$

④ 불 대수의 응용

㉠ $A + A \cdot B = A$

$$\therefore \ A + A \cdot B = A \cdot 1 + A \cdot B$$
$$= A(1 + B)$$
$$= A$$

㉡ $A \cdot (A + B) = A$

$$\therefore \ A \cdot (A + B) = AA + AB$$
$$= A + AB$$
$$= A \cdot 1 + A \cdot B$$
$$= A(1 + B)$$
$$= A$$

㉢ $A + \overline{A} \cdot B = A + B$

$$\therefore A + \overline{A} \cdot B = (A + \overline{A})(A + B)$$
$$= 1(A + B)$$
$$= A + B$$

㉣ $A \cdot (\overline{A} + A \cdot B) = AB$

$$\therefore \ A \cdot (\overline{A} + A \cdot B) = A \cdot (\overline{A} + A) \cdot (\overline{A} + B)$$
$$= A(\overline{A} + B)$$
$$= A\overline{A} + AB$$
$$= AB$$

(2) 카르노 맵에 의한 논리식의 간략화

주어진 논리식을 간략화하기 위해서는 불 대수의 간략화를 이용하지만 변수가 많은 항을 간략화하는 방법으로는 카르노 맵을 이용하는 것이 효율적이다.

카르노 맵은 사각형의 맵 안에 주어진 항의 수를 1로 표시하고, 인접한 칸의 1을 묶어 간략화하는 방법을 말하며, 간략화하는 방법은 다음과 같다.

- 카르노 맵 안에 주어진 논리식의 항을 1로 표시한다.
- 인접한 칸의 1을 2^n(1, 2, 4, 8)개로 묶는다.
- 완전 중복되지 않는 범위에서 1의 수를 중복하여 묶는다.
- 인접되지 않는 1은 더 이상 간략화할 수 없다.

• 간략화된 항은 논리합으로 처리하면 간략화된 결과를 얻는다.

① 2변수의 간략화

㉠ 주어진 논리식의 항에 1로 채운다.

㉡ 인접한 1을 묶는다.

㉢ 주어진 항의 0과 1을 삭제하면 간략화된다.

예 $AB + \overline{A}B$ 를 간략화하면

$$\begin{aligned} AB+\overline{A}B &= B(A+\overline{A}) \\ &= B\cdot 1 \\ &= B \end{aligned}$$

B \ A	$0(\overline{A})$	$1(A)$
$0(\overline{B})$		
$1(B)$	1	1

B

그림 2-7 2변수의 간략화

② 3변수의 간략화 $\overline{A}B\overline{C}+AB\overline{C}+\overline{A}BC+ABC+A\overline{B}C$

예 $\overline{A}B\overline{C}+AB\overline{C}+\overline{A}BC+ABC+A\overline{B}C$ 를 간략화하면

$$\begin{aligned} &\overline{A}B\overline{C}+AB\overline{C}+\overline{A}BC+ABC+A\overline{B}C \\ &=B\overline{C}(\overline{A}+A)+BC(\overline{A}+A)+AC(B+\overline{B}) \\ &=B\overline{C}+BC+AC \\ &=B(\overline{C}+C)+AC \\ &=B+AC \end{aligned}$$

C \ AB	00 $(\overline{AB})$	01 $(\overline{A}B)$	11 (AB)	10 $(A\overline{B})$
$0(\overline{C})$		1	1	
$1(C)$		1	1	1

B　AC

그림 2-8 3변수의 간략화

③ 4변수의 간략화

예) $\overline{A}\overline{B}\overline{C}D + AB\overline{C}D + \overline{A}\overline{B}CD + AB\overline{C}D + \overline{A}BCD$
$+ ABCD + \overline{A}\overline{B}C\overline{D} + \overline{A}BC\overline{D} + ABC\overline{D} + \overline{A}B\overline{C}\overline{D}$ 를 간략화하면

$= B(\overline{A}\overline{C}D + A\overline{C}D + \overline{A}\overline{C}D + A\overline{C}D + \overline{A}CD + ACD + \overline{A}C\overline{D} + AC\overline{D}) + C\overline{D}$
$(\overline{A}\overline{B} + \overline{A}B + AB + A\overline{B})$

$= B\overline{A}\overline{C}(D + \overline{D}) + A\overline{C}(D + \overline{D}) + \overline{A}C(D + \overline{D}) + AC(D + \overline{D}) + C\overline{D}(\overline{A}(B + \overline{B}) + A(B + \overline{B}))$

$= B(\overline{A}\overline{C} + A\overline{C} + \overline{A}C + AC) + C\overline{D}(\overline{A} + A)$

$= B(\overline{C}(\overline{A} + A) + C(\overline{A} + A)) + C\overline{D}$

$= B(\overline{C} + C) + C\overline{D}$

$= B + C\overline{D}$

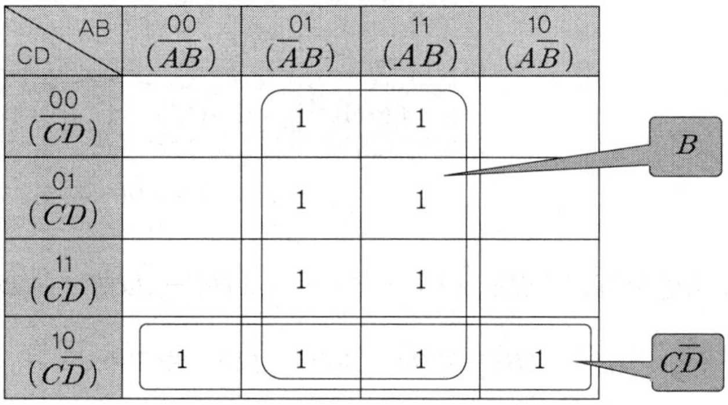

CD \ AB	00 ($\overline{A}\overline{B}$)	01 ($\overline{A}B$)	11 (AB)	10 ($A\overline{B}$)
00 ($\overline{C}\overline{D}$)		1	1	
01 ($\overline{C}D$)		1	1	
11 (CD)		1	1	
10 ($C\overline{D}$)	1	1	1	1

→ B, $C\overline{D}$

그림 2-9 4변수의 간략화

(3) 논리게이트의 종류

① OR(논리합) : $F = A + B$

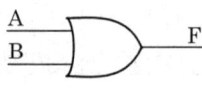

A	B	F
0	0	0
0	1	1
1	0	1
1	1	1

그림 2-10 OR 게이트의 도형   AND 게이트의 진리치표

② AND(논리곱) : $F = A \cdot B$

그림 2-11 AND 게이트의 도형

A	B	F
0	0	0
0	1	0
1	0	0
1	1	1

AND 게이트의 진리치표

③ NOT(논리부정) : $F = \overline{F}$

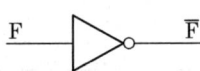

그림 2-12 NOT 게이트의 도형

F	$\overline{F}$
0	1
1	0

NOT 게이트의 진리치표

④ NOR(부정 논리합) : $F = \overline{A + B}$

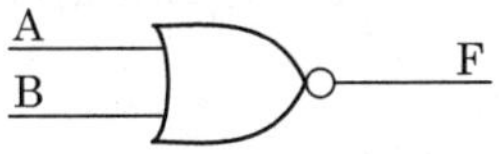

그림 2-13 NOR 게이트의 도형

A	B	F
0	0	1
0	1	0
1	0	0
1	1	0

NOR 게이트의 진리치표

⑤ NAND(부정 논리)곱 $F = \overline{A \cdot B}$

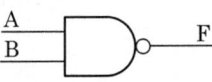

그림 2-14 NAND 게이트의 도형

A	B	F
0	0	1
0	1	1
1	0	1
1	1	0

NAND 게이트의 진리치표

⑥ EXCLUSIVE-OR(배타적 논리합) : $F = A \oplus B = A\overline{B} + \overline{A}B$

A	B	F
0	0	0
0	1	1
1	0	1
1	1	0

그림 2-15 EX-OR 게이트의 도형   EX-OR 게이트의 진리치표

(4) 플립플롭(Flip-Flop)

① RS 플립플롭

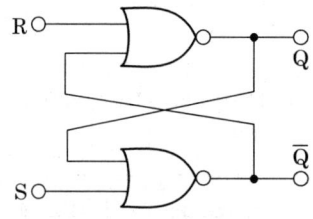

R	S	Q_{n+1}
0	0	Q_n
0	1	1
1	0	0
1	1	불확정

그림 2-16 RS 플립플롭의 회로   RS F/F의 진리치표

② T 플립플롭

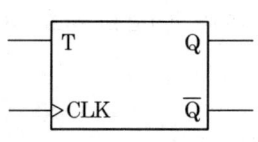

CLK	T	Q_{n+1}
0	0	Q_n
0	1	Q_n
1	0	0
1	1	$\overline{Q}_n$(toggle)

그림 2-17 T F/F의 도형   T F/F의 진리치표

③ D 플립플롭

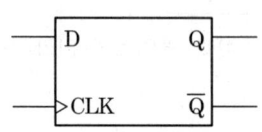

CLK	D	Q_{n+1}
0	0	Q_n
0	1	Q_n
1	0	0
1	1	1

그림 2-18 D F/F의 도형   D F/F의 진리치표

④ JK 플립플롭(MS-JK 플립플롭)

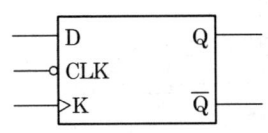

J	K	Q_{n+1}
0	0	Q_n(불변)
0	1	0
1	0	1
1	1	$\overline{Q}_n$(toggle)

그림 2-19 JK F/F의 도형 JK F/F의 진리치표

(5) 중규모(Middle Scale Integration)와 대규모 집적회로(Large Scale Integrated circuit)

① 중규모 집적회로(MSI : Middle Scale Integrated circuit)

하나의 칩 위에 10~100개의 등가 게이트 회로를 가진 집적회로로, 디코더, 인코더, 카운터, 레지스터, 멀티플렉서, 디멀티플렉서, 소형 기억장치 등의 복잡한 논리 기능에 사용된다.

㉠ 가산기(Adder)와 감산기(Subtracter)

ⓐ 반가산기(HA : Half Adder) : 두 개의 2진수를 더하여 합계 S(Sum)와 자리올림수 C(Carry)를 구하는 논리회로

$$S = A \oplus B = A\overline{B} + \overline{A}B, \quad C = A \cdot B$$

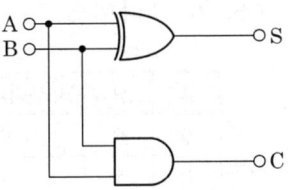

A	B	S	C
0	0	0	0
0	1	1	0
1	0	1	0
1	1	0	1

그림 2-20 반가산기 회로도 반가산기의 진리치표

ⓑ 전가산기(FA : Full Adder) : 두 개의 2진수와 전단으로부터의 자리올림수 C(Carry)를 더하여 합계 S(Sum)와 자리올림수 C(Carry)를 구하는 논리회로

$$C_o = \overline{A}BC_i + A\overline{B}C_i + AB\overline{C_i} + ABC_i$$
$$= \overline{A}BC_i + A\overline{B}C_i + AB$$
$$S = \overline{A}\,\overline{B}C_i + \overline{A}B\overline{C_i} + A\overline{B}\,\overline{C_i} + ABC$$
$$= C \oplus (A \oplus B)$$

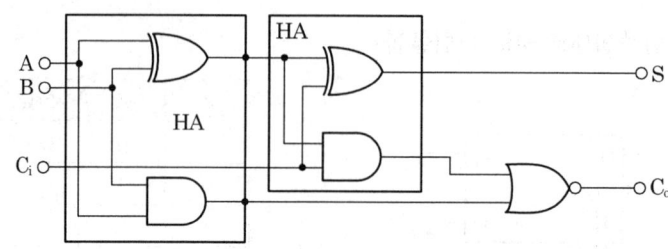

그림 2-21 전가산기의 회로도

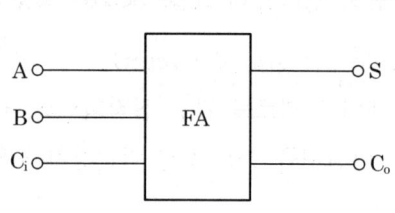

A	B	C_i	C_o	S
0	0	0	0	0
0	0	1	0	1
0	1	0	0	1
0	1	1	1	0
1	0	0	0	1
1	0	1	1	0
1	1	0	1	0
1	1	1	1	1

그림 2-22 전가산기의 블록도 전가산기의 진리치표

ⓒ 반감산기(HS : Half Subtracter) : 두 개의 2진수를 감산하여 자리내림수 B(Borrow)와 차 D(Difference)를 나타내는 논리회로

$$D(차) = A \oplus B = A\overline{B} + \overline{A}B, \; B(자리내림수) = \overline{A}B$$

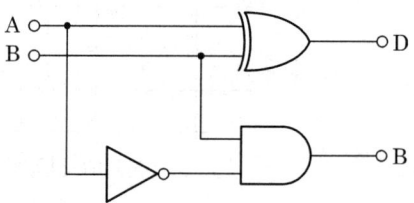

A	B	B(자리내림수)	D(차)
0	0	0	0
0	1	1	1
1	0	0	1
1	1	0	0

그림 2-23 반감산기의 회로도 반감산기의 진리치표

ⓓ 전감산기(FS : Full Subtracter) : 두 개의 2진수와 전단으로부터의 자리내림수 B(Borrow)를 감산하여 자리내림수 B와 차 D(Difference)를 나타내는 논리회로

$$D = \overline{A}\,\overline{B_i}\,C + \overline{A}B_i\,\overline{C} + A\overline{B_i}\,\overline{C} + AB_i\,C$$

$$B_o = \overline{A}\,\overline{B_i}\,C + \overline{A}B_i\overline{C} + \overline{A}B_iC + AB_iC$$
$$= \overline{A}B_i + \overline{A}C + B_iC$$

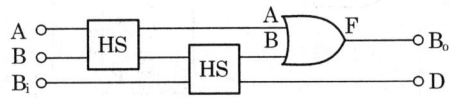

그림 2-24 전감산기의 회로도

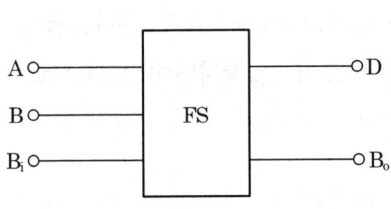

A	B	B_i	B_o	D
0	0	0	0	0
0	0	1	1	1
0	1	0	1	1
0	1	1	1	0
1	0	0	0	1
1	0	1	0	0
1	1	0	0	0
1	1	1	1	1

그림 2-25 전감산기의 블록도   전감산기의 진리치표

 ⓒ 디코더(Decoder : 복호기)

 n비트의 2진 코드를 최대 2^n개의 서로 다른 정보로 바꾸어 주는 논리 조합회로로 출력은 AND 게이트로 구성된다. 즉 2진 코드를 그에 해당하는 10진수로 변환하여 해독하는 회로이다.

 ⓒ 인코더(Encoder : 부호기)

 2^n개 이하의 입력신호를 2진 코드로 바꾸어 주는 조합논리회로로 출력은 OR 게이트로 구성된다. 즉 입력신호를 2진수로 바꾸어 부호화하는 회로이다.

 ⓔ 카운터(Counter)

 입력 신호에 따라 미리 정해진 순서대로 출력의 상태가 변하는 순서논리회로로서, 펄스의 트리거(trigger) 방법에 따라 동기형 카운터와 비동기형 카운터로 분류된다.

  ⓐ 동기형 카운터(synchronous counter) : 모든 플립플롭의 클록이 병렬로 연결되어 한 번의 클록 펄스에 대하여 모든 플립플롭이 동시에 동작(트리거)되는 카운터를 말하며, 비동기형 카운터보다 동작 속도가 빠르므로 고속회로에 이용한다.

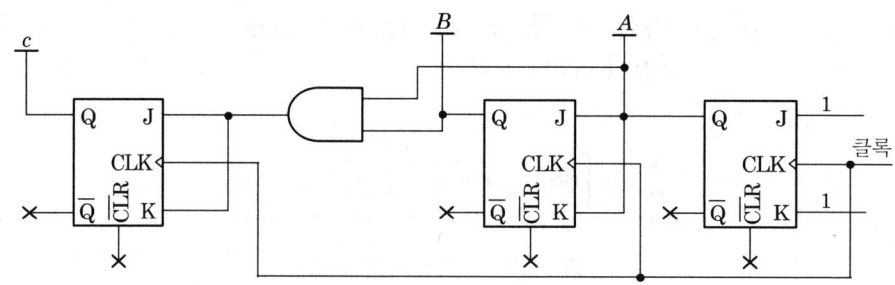

그림 2-26 동기형 8진 카운터 회로

ⓑ 비동기형 카운터(asynchronous counter) : 모든 플립플롭이 전단의 출력 변화를 클록으로 이용하는 카운터로서, 동작지연이 발생하므로 동기형보다 느리나 회로의 구성이 간단하다.

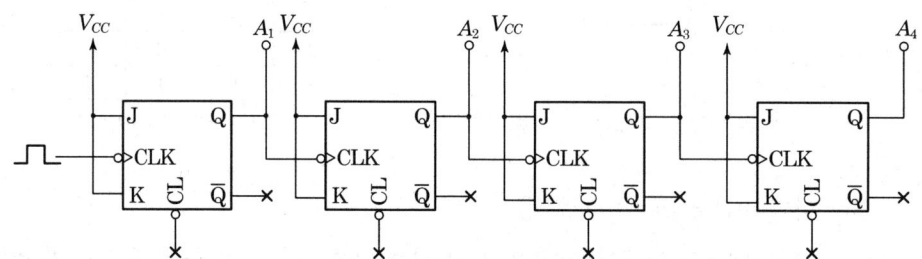

그림 2-27 비동기형 16진 카운터

ⓜ 레지스터(Resiser)

중앙처리장치가 적은 양의 데이터나 처리 과정에 필요한 데이터를 일시적으로 저장하기 위해 사용되는 고속의 기억회로이며, 명령 레지스터, 주소 레지스터, 색인 레지스터 등 보통 플립플롭으로 구성한다.

ⓗ 멀티플렉서(Multiplexer : MUX)

여러 개의 입력선 중에서 하나의 입력선을 선택하여, 입력선의 데이터를 출력하는 조합 논리회로이며, 입력선을 선택하여 출력으로 연결시키기 위한 n개의 선택선을 갖게 되며, 멀티플렉서의 크기가 입력선의 개수로 정해지는 $(2^n \times 1)$의 장치로 나타낸다.

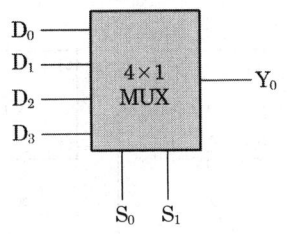

그림 2-28 4×1 멀티플렉서   4×1 멀티플렉서의 진리치표

ⓐ 디멀티플렉서(Demultiplexer : DEMUX)

하나의 입력선으로 데이터를 입력받아 다수의 출력선 중에서 선택된 출력선으로 데이터를 출력하는 조합논리회로로 멀티플렉서의 반대의 동작을 한다.

입력을 출력으로 연결시키기 위한 선택선을 갖게 되며, 디멀티플렉서의 크기가 출력선의 개수로 정해지는 $(1 \times 2n)$의 장치로 나타낸다.

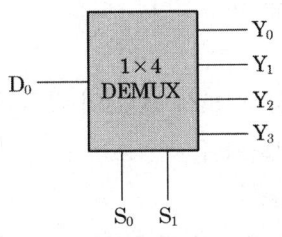

그림 2-29 1×4 디멀티플렉서   1×4 디멀티플렉서의 진리치표

② 대규모 집적회로(LSI : Large Scale Integrated circuit)

하나의 칩에 부품수가 1,000개 이상 되는 집적회로를 대규모 집적회로(LSI)라 하고, 10,000개 이상의 부품을 집적화한 것을 초대규모 집적회로(VLSI)라고 하며, 시프트 레지스터, PLA, RAM, ROM, 마이크로프로세서 등이 이에 속한다.

㉠ 시프트 레지스터(Shift Resister)

기억되어 있는 데이터를 좌, 우로 순차 이동할 수 있는 시프트 회로로, 시프트 명령에 의하여 지정된 비트만큼 시프트되거나, 승제 연산에 의하여 자동으로 시프트되든지 하는 집적회로이다.

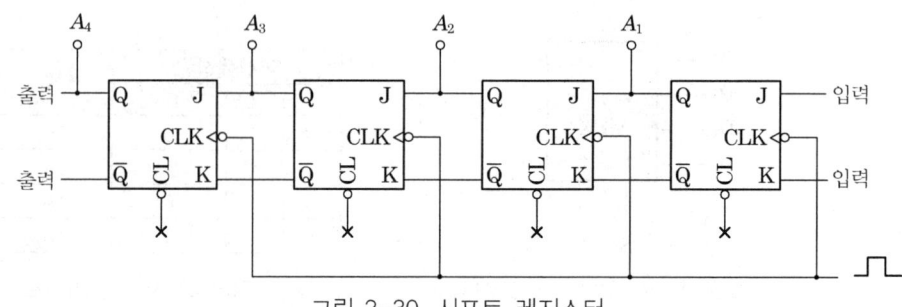

그림 2-30 시프트 레지스터

    ⓒ PLA(Programmable Logic Array)

    프로그램 가능한 논리 배열로 복잡한 논리함수 실현을 위해 만든 집적회로로 많은 데이터 입력을 다룰 수 있어 경제적이다.

    ⓒ RAM(Random Access Memory)

    읽고, 쓰기를 함께 할 수 있는 메모리로서, 동적 RAM과 정적 RAM으로 구분되며 전원이 끊기면 기억된 데이터는 소멸된다.

    ⓔ ROM(Read Only Memory)

    읽기 전용의 데이터를 기억하는 메모리로서, 전원이 끊겨도 데이터는 지워지지 않도록 프로그램이 기억된 집적회로이다.

    ⓜ 마이크로프로세서(Microprocessor)

    제어 및 연산, 산술 및 논리회로를 하나의 집적회로로 구성한 것으로 일반적으로 시스템의 중앙처리장치(CPU)를 말한다.

6 전자계산기 구성망

[1] 전산기망의 구성

(1) 전산기망의 분류

  ① 응용형태에 따른 분류

    ㉠ 특수 목적 통신망 : 단일 목적에 사용되며 비행기 좌석예약, 은행 온라인 업무, 철도 승차권 발매

    ㉡ 일반 목적 통신망 : 여러 개 조직체에 의해 사용되는 컴퓨터 집합체의 상호연결

    ㉢ 자원공유형 통신망 : 컴퓨터 집합의 자원을 부분적 또는 전체적으로 공동사용

할 수 있는 초대형 통신망이다.
② 구성형태에 따른 분류
ㄱ) 중앙 집중형 통신망 : 성형
ㄴ) 분산형 통신망 : 트리형, 링형, 그물형

(2) 전산기망의 기본 유형
① 성형 통신망(Star network) : 중앙집중 통신망으로서 중앙에 중앙 컴퓨터가 있고 이를 중심으로 터미널이 연결된 네트워크 형태이다.

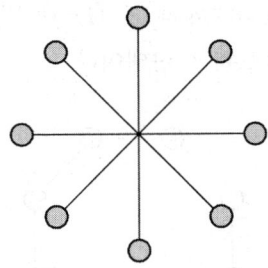

그림 2-31 성형 통신망

ㄱ) 컴퓨터와 터미널간에 별도의 통신선로 필요
ㄴ) 통신 경로가 길다.
ㄷ) 전산기 구성망의 가장 기본(온라인 시스템의 전형적인 방법)
ㄹ) 모든 제어는 중앙 집중형이다.

② 트리형 통신망(Tree network) : 중앙에 컴퓨터가 위치하고, 통신신호는 각 지역으로 가까운 터미널까지 시설되고, 이웃하는 터미널은 다시 가까운 터미널까지 연결된 네트워크 형태이다.
ㄱ) 성형보다 통신 회선이 많이 필요하지 않다.
ㄴ) 분산형 통신망의 기본이다.
ㄷ) 통신선로의 총 경로는 가장 짧다.

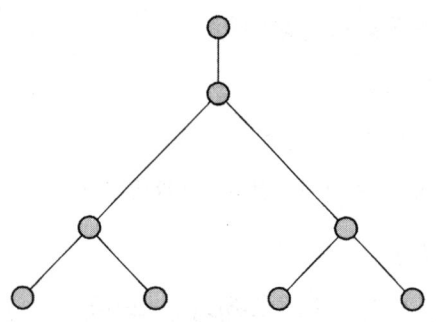

그림 2-32 트리형 통신망

③ 환형(링형) 통신망(Ring network) : 컴퓨터 및 단말기들이 수평으로 서로 이웃하는 것끼리만 연결된 네트워크 형태이다.

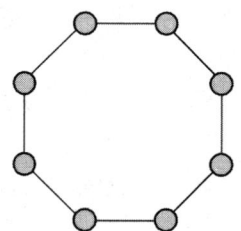

그림 2-33 환형 통신망

㉠ 양방향 데이터 전송이 가능
㉡ 통신선로의 총 길이는 성형보다 짧고 트리형보다 길다.
㉢ 통신회선 장애 시 융통성이 있다.
㉣ LAN 등과 같이 국부적인 통신에 주로 사용한다.

④ 그물형 통신망(mash network) : 컴퓨터 및 단말기들이 중계에 의하지 않고 직통회선으로 직접 연결되는 네트워크 형태이다.

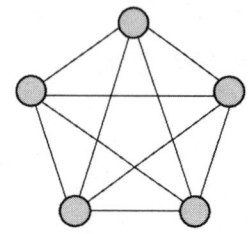

그림 2-34 그물형 통신망

㉠ 통신의 신뢰도가 높다.
㉡ 완전히 분산된 형태의 통신망
㉢ 통신선로의 총 길이가 가장 길다.
㉣ 통신 회선의 장애 시에도 데이터 전송 가능

⑤ 버스형 통신망(Bus network) : 하나의 통신회선상에 여러 대의 터미널을 설치하여, 중앙 컴퓨터와 터미널간의 데이터 통신은 물론, 터미널과 터미널간의 데이터 통신이 가능하도록 연결하는 네트워크 형태이다.

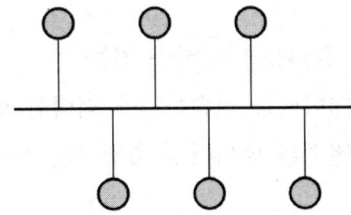

그림 2-35 버스형 통신망

㉠ LAN을 구성할 때 많이 사용한다.
㉡ 단일 터미널의 장애가 전체 통신망에 영향을 미치지 않는다.
㉢ 다수의 터미널 접속이 가능하다.

(3) 데이터의 교환방식

컴퓨터와 컴퓨터, 컴퓨터와 단말기 사이의 통신 데이터를 발생지에서 목적지까지 중계하는 방식

① 직접교환방식 : 가입자가 직접 상대를 호출하여 데이터를 전송하는 방식으로 전송 회선을 완전히 확보한 다음 전송한다.
  ㉠ 일반공중전화, 텔렉스, DDD 방식
  ㉡ 짧은 시간에 정보량이 집중될 때 유리
  ㉢ 경제적인 통신회선 구성

② 축적교환방식 : 직접교환방식에 데이터를 축적하는 기능을 추가한 교환방식
  ㉠ 전문교환 : 기억장치에 데이터를 기억시켜 하나의 단위로서 일괄적으로 중계하는 방식으로 전송 시간이 일정하지 않다.
  ㉡ 패킷교환 : 기억장치에 데이터를 기억시켰다가 일정한 길이로 구분하여 각 부

분을 독립적으로 중계하는 방식으로 수신측에서는 원래의 데이터 형태로 재결합한다.

[2] 데이터 통신 시스템

(1) 데이터 통신 시스템의 구성

데이터의 이동을 담당하는 데이터 전송계와 정보의 가공, 처리, 보관 등의 기능을 수행하는 데이터 처리계로 구분한다.

① 단말기(terminal)
   ㉠ 데이터의 입력과 출력을 담당하는 기능
   ㉡ 단말입력장치 : 데이터를 전송하기에 적합한 형태로 전환
   ㉢ 단말출력장치 : 전송된 데이터를 출력하는 장치

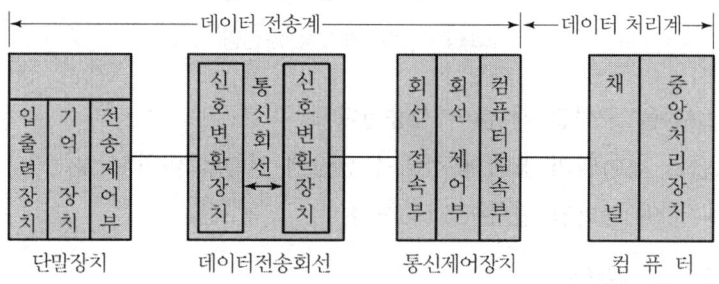

그림 2-36 데이터 통신 시스템의 구성

② 데이터 전송회선 : 전송로측과 단말 입·출력장치측으로 데이터를 전송한다. 부호화된 정보의 타이밍 유지, 에러 검출, 정정하는 전송제어장치와 다중화 장치, 모뎀으로 구성되어 있다.

③ 통신제어장치 : 수신 시에는 데이터 전송장치로부터 온 데이터를 CPU에서 처리하기 편리한 형식으로 변환하고 송신 시에는 CPU에서 처리된 정보를 데이터 전송장치에서 전송하는 데 적합한 형식으로 변환

④ 중앙처리장치(CPU) : 단말기에서 전송되어 온 데이터를 처리하며, 데이터의 축적, 검색, 변경, 처리 및 시스템 전체 제어

⑤ 통신회선 : 데이터를 전송하는 통로. 전화선, 동축케이블, 마이크로웨이브, 광케이블

⑥ 신호변환장치 : 데이터 전송장비로서 아날로그 전송 선로를 이용하는 경우는 변·복조기(모뎀)이며, 디지털 전송선로를 이용하는 경우는 DSU(Digital Service Unit)이다.

(2) 데이터 전송방식

① 전송방식에 따른 분류

㉠ 직렬전송방식 : 한 글자를 이루는 각 비트들이 한 개의 전송선을 통해 순서적으로 전송되는 방식으로 터미널에서 다시 병렬로 변환해야 하므로 전체 비용이 증가한다.

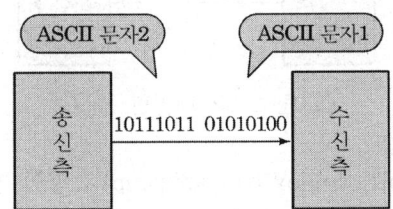

그림 2-37 직렬전송(serial transmission)

㉡ 병렬전송방식 : 한 글자를 이루는 각 비트들이 여러 개의 전송로를 통해 동시에 전송되는 방식으로 데이터의 전송거리가 짧은 경우 사용되며 전송속도가 빠르고 터미널 구성이 간단하다.

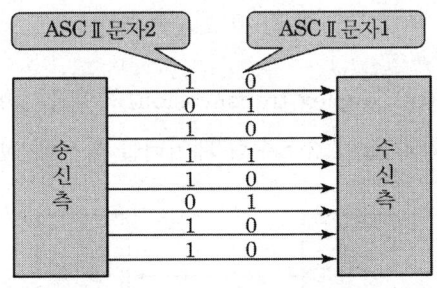

그림 2-38 병렬전송(parallel transmission)

② 동기에 따른 분류

㉠ 동기식 전송방식(synchronous transmission) : 데이터의 전 블록을 한꺼번에 전송하는 데 사용되며, 일반적으로 모든 비트의 시간적 길이가 같으며, 한 글자

의 마지막 비트와 다음 글자의 시작 비트 사이의 시간간격은 아주 없거나 한 글자 전송시간의 배수에 해당하는 길이이다.

  ⓒ 비동기식 전송방식(asynchronous transmission) : 한 글자씩 전송되고 글자와 글자 사이에 특별한 시간적 관계가 없는 경우에 사용된다.

③ 데이터 통신회선에 따른 분류

  ㉠ 단방향 통신(simplex transmission) : 한 방향으로만 전송이 가능하도록 한 방식으로 라디오나 TV 같이 일방적으로 데이터를 전송하는 방식이다.

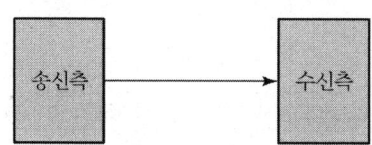

그림 2-39 단방향 통신

  ⓒ 반이중 통신(half-duplex transmission) : 양쪽 방향으로 신호전송이 가능하나 동시에는 불가능한 방식으로, 팩시밀리나 무전기와 같이 송·수신 데이터를 교대로 전송하는 방식이다.

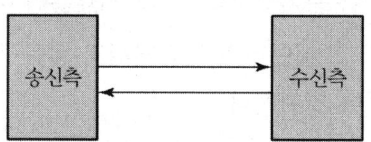

그림 2-40 반이중 통신

  ⓒ 전이중 통신(full-duplex transmission) : 양쪽 방향으로 동시에 전송이 가능한 방식으로 전화와 같이 송·수신 데이터를 동시에 전송이 가능한 방식을 말한다.

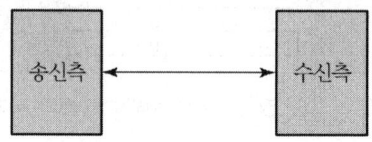

그림 2-41 전이중 통신

[3] 프로토콜과 회선제어 절차

(1) 프로토콜(protocol)

두 컴퓨터간, 컴퓨터와 터미널간에 데이터를 전송할 수 있도록 규정된 법칙 또는 규칙을 한다.

① 문자방식 : 특수문자(SOH, STX, EXT, EOT...)를 사용하여 데이터 전송의 처음과 끝, 실제 데이터의 처음과 끝을 나타내도록 하여 전송하는 방식

② 바이트 방식 : 처음을 나타내는 특수문자, 데이터를 구성하는 문자 개수, 데이터 수신상태를 나타내는 제어정보와 블록 체크를 포함시켜 전송하는 방식

③ 비트 방식 : 특수한 플래그 문자를 데이터의 처음과 끝부분에 삽입시켜 비트 데이터를 구성하여 전송하는 방식

(2) 회선제어 절차

① 제1단계 : 회선 접속
  ㉠ 일반 교환망을 통해 상대방과의 회로 연결
  ㉡ 상대방이 호출되면 모뎀(또는 DSU) 등은 데이터 전송이 가능한 상태로 동작되도록 하는 단계

② 제2단계 : 데이터 링크 확립
  ㉠ 상대방 호출
  ㉡ 상대방 확인
  ㉢ 송수신 준비 상태 확인
  ㉣ 송수신 입장 확인
  ㉤ 상대방 입·출력 기기 지정

③ 제3단계 : 데이터의 전송. 데이터는 전송로에서 발생하는 에러를 검출, 교정하는 제어를 받으며 전송된다.

④ 제4단계 : 링크(link)의 종료
  ㉠ 전송 완료되면 그 사실을 수신측에 알려준다.
  ㉡ EOT(end of transmission) 문자를 보내고 스테이션간의 논리적 연결을 절단시키며 송신 DTE는 RST를 OFF로 내린다.

⑤ 제5단계 : 회로절단. 일반 교환망에서 호출을 잡는다.

[4] 근거리 통신

근거리통신망(LAN) : 공중망을 이용하지 않는 전산망으로 좁은 지역 내에 설치되어 운용하는 네트워크를 말한다.

(1) LAN의 특징

① 광대역 전송매체의 사용으로 고속통신이 가능하다.
② 비교적 가까운 거리이거나 단일 조직체 내에서 사용한다.
③ 광대역 전송매체를 근거리에 사용하므로 에러가 적다.
④ 고신뢰성 및 완전한 연결성을 갖는다.
⑤ 디지털, 비디오, 음성 등의 전송신호의 다양성을 갖는다.
⑥ 음성, 화상, 데이터 등의 종합적 처리 능력을 갖는다.
⑦ 데이터 처리기기의 확장성 및 재배치가 뛰어나다.

(2) 근거리 통신망의 구성형태

① 성형(star) : 모든 스테이션이 중앙의 제어장치에 각각 접속되어 있는 형태
  ㉠ 처리능력, 신뢰성을 중앙 제어장치에 의존
  ㉡ 제어장치의 지능화가 요구된다.
  ㉢ 통신망이 능동적이고 기능의 추가가 쉽다.

② 링형(루프형 : loop) : 중계기를 통하여 스테이션 접속한 형태
  ㉠ 구조가 간단하다.
  ㉡ 이중 역순환 기능, 우회기능이 필수적으로 요구된다.
  ㉢ 분산제어, 집중제어의 방식도 가능하다.

③ 버스형(분기형 : branch) : 버스선에 있는 송수신기를 통하여 스테이션 접속하는 형태
  ㉠ 분산제어형에서 중앙제어장치 불필요
  ㉡ 거리상 제한 있다.
  ㉢ 다수 스테이션 접속이 가능
  ㉣ 장애 발생 시 전체망에 영향을 미치지 않는다.

(3) 근거리 통신망의 데이터 처리 방식

① 접근 방식에 따른 분류

회선망 구성형태	접근 방식
성 형	중앙 제어 방식
루프형	토큰 링크 방식
	슬롯 링크 방식
	버퍼/레지스터 삽입방식
분기형	CSMA 방식
	CSMA/CD방식
	토큰 버스 방식

② 전송 제어 방식에 따른 분류

충돌형	임의선택방식, CSMA방식, CSMA/CD방식	
비충돌형	토큰 패싱 방식	토큰 링크 방식
		토큰 버스 방식
	시분할 다중방식	고정 할당 방식
		요구 할당 방식
		임의 선택 방식
	주파수 다중 방식	

㉠ 임의 선택 방식 : 각 노드가 통신회선의 상태와는 무관하게 데이터의 송신을 개시하는 방식

㉡ CSMA(Carrier Sense Multiple Access) 방식 : 각 노드는 송신 개시하기 전에 통신회선이 사용 중인지 조사하여 송신하는 방식

㉢ CSMA/CD(Carrier Sense Multiple Access/Carrier Detection) 방식 : 데이터 충돌을 검출하는 기능이 있으며 충돌 시점에서 송신을 정지하는 방식

㉣ 토큰 패싱(Token Passing) 방식 : 제어신호(토큰)를 각 노드 사이에 순차적으로 이동하면서 수행하는 방식. 루프형에서 토큰 링크, 분리형에서 토큰 버스라 부른다.

ⓜ 시분할 다중 방식 : 하나의 통신 회선을 시간적으로 분할하여 여러 개의 통신회선을 형성하는 방식

ⓗ 주파수 다중 방식 : 주파수를 일정대역 단위로 분할하여 사용하는 방식

(4) 데이터 처리

① 배치 처리(Batch Processing) : 데이터를 일정기간, 일정량을 저장하였다가 한꺼번에 처리하는 방식

② 시분할 처리 : 시간을 분할하여 여러 이용자의 자료를 병행 처리하는 방식

③ 실시간 처리 : 데이터 발생 즉시 처리하는 방식

④ 온라인 실시간 처리 : 데이터 발생 즉시 처리하여 결과까지 완료하는 시스템

⑤ 오프라인 시스템 : 전송된 데이터를 일단 카드, 자기테이프에 기록한 다음 일괄 처리하는 방식

⑥ 지연시간처리 : 어느 정도 시간을 지연시킨 후 처리하는 방식

⑦ 멀티플렉싱

㉠ 다중 프로그램 : 하나의 컴퓨터에서 2개 이상의 프로그램을 실행하는 방식

㉡ 멀티스태킹 : 하나 이상의 프로그램을 동시에 처리할 수 있는 체계

㉢ 다중처리 : 여러 개의 CPU에 의해서 동시에 여러 개 프로그램을 실행하는 방식

제2절 자료의 표현과 연산

1 자료의 구조

[1] 자료의 종류

(1) 자료

컴퓨터에서 취급하는 정보 및 데이터를 의미하며 모든 자료는 2진 코드로 표현한다.

(2) 자료의 구성

① 비트(Bit) : 0과 1로 표현되는 데이터(정보)의 최소 단위이다.

② 바이트(Byte) : 8bit로 구성되며 1개의 문자나 수를 기억하는 데이터 단위
③ 워드(Word) : 몇 개의 데이터가 모인 데이터 단위
    ㉠ 하프 워드(Half Word) : 2바이트로 구성
    ㉡ 풀 워드(Full Word) : 4바이트로 구성
    ㉢ 더블 워드(Double Word) : 8바이트로 구성
④ 필드(Field) : 특정문자의 의미를 나타내는 논리적 데이터의 최소단위
⑤ 레코드(Record) : 필드의 집합(하나의 작업처리 단위)
    ㉠ 논리레코드 : 데이터 처리의 기본단위
    ㉡ 물리레코드 : 보조기억장치와의 입출력을 위한 데이터 처리 단위로, 하나 이상의 논리레코드가 모여 물리레코드를 이룬다.
⑥ 파일(File) : 레코드의 집합
⑦ 데이터베이스(Database) : 파일들의 집합

> **정보의 단위 비교**
> 비트 < 바이트 < 워드 < 필드 < 레코드 < 파일 < 데이터베이스

(3) 코드

① 코드(code) : 자료를 사용 목적에 따라 분류, 배열하기 위하여 숫자, 문자, 기호로 표시한 것

② 코드의 종류
    ㉠ 순서코드 : 자료를 가나다순, 발생순, 크기순으로 정렬하여 순차적으로 일련번호를 부여하는 가장 보편적인 방식
    ㉡ 블록코드 : 순서코드를 보완하기 위하여 전체 데이터를 공통 특성별로 블록화한 다음 각 블록 내에서 다시 일련번호를 부여하는 방식
    ㉢ 그룹코드 : 각각의 숫자에 의미를 부여하여 대상 항목을 정해진 기준에 따라 대분류, 중분류, 소분류로 나누고 각 그룹 내에서는 일련번호를 붙여 코드화하는 방법(주민등록번호)
    ㉣ 표의 숫자 코드 : 특성, 형식, 기능 등을 그대로 숫자화하여 사용하는 방법
    ㉤ 10진 코드 : 코드화 대상을 10진법에 따라 0~9까지 분할하고, 다시 각각에 대하여 종류별로 0~9까지 재차 분류하며, 필요하면 계속하여 10진 분류를 반복

해 나가는 방법으로 코드가 길어지는 단점이 있다.
- ⓑ 연상 기호코드 : 코드화하려는 데이터의 명칭과 관계 있는 문자, 숫자 등을 조합하여 만든 기호
- ⓢ 문자 코드 : 제도적이나 관습적으로 사용되고 있는 문자를 코드화한 것(도량형 단위, 지명 등)

(4) 자료의 구조

자료	선형 리스트	스택(Stack)
		큐(Queue)
		데큐(Deque)
	비선형 리스트	트리(Tree)
		그래프(Graph)

① 선형 리스트 : 데이터 구조 중 가장 간단한 형태로 데이터가 연속하여 순서적인 선형으로 구성
- ㉠ 스택(stack) : 기억장치에 데이터를 일시적으로 겹쳐 쌓아 두었다가 필요시에 꺼내서 사용할 수 있게 주기억장치나 레지스터의 일부를 할당하여 사용하는 임시기억 장치로, 데이터는 위(top)라고 불리는 한쪽 끝에서만 새로운 항목이 삽입(push)될 수 있고 삭제(pop)되는 후입선출(LIFO : last in first out)의 자료구조이다.
- ㉡ 큐(queue) : 뒷부분(rear)에 해당되는 한쪽 끝에서는 항목이 삽입되고 다른 한쪽 끝(front)에서는 삭제가 가능토록 제한된 구조로, 먼저 입력된 데이터가 먼저 삭제되는 선입선출(FIFO : first-in first-out)의 자료구조이다.
- ㉢ 데큐(deque) : 선형 리스트의 가장 일반적인 형태로 스택과 큐의 동작을 복합한 방식으로 수행되는 자료구조이다.

② 비선형 리스트
- ㉠ 트리(tree) : 계층적으로 구성된 데이터의 논리적 구조를 표시하고, 항목들이 가지(branch)로 연관되어서 데이터를 구성하는 자료구조이다.
- ㉡ 그래프(graph) : 원으로 표시되는 정점과 정점을 잇는 선분으로 표시되는 간선으로 구성되며, 정점과 정점을 연결해 놓은 것을 말한다.

ⓐ 방향성 그래프(directed graph) : 방향간선(directed edge : 간선 사이에 진행방향이 정해져 있는 간선)으로만 이루어진 그래프

ⓑ 무방향성 그래프(undirected graph) : 무방향간선(undirected edge : 간선 사이에 진행방향이 정해져 있지 않는 간선)으로만 이루어진 그래프

ⓒ 혼합 그래프(mixed graph) : 방향간선(directed edge)과 무방향간선(undirected edge) 모두를 포함하고 있는 그래프

2 자료의 표현 형식

[1] 자료의 외부적 표현(비수치 표현)

(1) 숫자의 코드화(Numeric Code)

① 2진화 10진수(BCD : Binary Coded Decimal)

10진수 1자리의 수를 2진수로 변환하여 4비트로 표시하는 것으로, 각 비트는 고유한 값 8, 4, 2, 1의 고정값을 갖는다. 그래서 8421코드라고도 한다.

② 3초과 코드(Excess-3Code)

BCD 코드에 $3(11_{(2)})$을 더하여 만든 코드로, 자기보수 코드(self complement code)라고도 한다. 3초과 코드는 비트마다 일정한 값을 갖지 않으며, 연산동작이 쉽게 이루어지는 특징이 있는 코드이다.

③ 그레이 코드(Gray Code)

1비트의 변화를 주어 아날로그 데이터를 디지털 데이터로 변환하는 데 사용하는 코드로, 연산에는 부적합한 코드로 A/D 변환기, 입·출력장치의 인터페이스 코드로 널리 사용된다.

예 $1001_{(2)}$를 그레이 코드로 변환하면

```
                    +   +   +
                   ─── ─── ───
        BCD 코드    1   0   0   1
                   ↓   ↓   ↓   ↓
        그레이 코드  1   1   0   1
```

예 그레이 코드 1101을 2진수로 변환하면

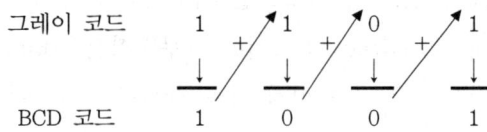

(2) 영·숫자 코드(Alphanumeric Code)

① ASCII 코드(American Standard Code for Information Interchange Code)
문자를 표시하기 위한 7비트 코드로서 영어 대문자, 소문자로 구별할 수 있으며, 가장 왼쪽의 한 비트는 코드의 오류 검출용 패리티 비트를 부가하여 8비트로 표시하고 데이터 통신에서 표준코드로 사용하며 개인용 컴퓨터에 사용한다.
$2^7=128$개의 문자까지 표시가 가능하다.

D	C	B	A	8	4	2	1
패리티비트(1비트)	존 비트(3비트)			숫자 비트(4비트)			

② EBCDIC 코드(Extended Binary Code Decimal Interchange Code : 확장형 2진화 10진 코드)
문자를 표시하기 위한 8비트 코드로서 영어 대문자, 소문자로 구별할 수 있으며, 중대형 IBM 컴퓨터에 사용하고, $2^8=256$개의 문자까지 표현이 가능하다.

D	C	B	A	8	4	2	1
존 비트(4비트)				숫자 비트(4비트)			

(3) 에러 검출 및 정정 코드

① 패리티 체크(Parity Check)
디지털 데이터의 전송 시 전송 선로 및 외부적인 요인에 의한 에러가 생길 때 이를 검출하기 위하여 패리티 비트를 사용하는데, 주어진 데이터에 1비트를 추가하여 만든다.
㉠ 우수 패리티 체크(even parity check : 짝수 패리티)
패리티 비트를 포함하여 하나의 데이터 안의 1의 비트 수가 짝수가 되도록 하

며, 패리티 비트가 0인 경우에는 데이터 내의 1의 수가 짝수이고, 패리티 비트가 1인 경우에는 데이터 내의 1의 수가 홀수개이다. 위의 조건에 위배된 데이터는 에러가 발생한 것으로 인식되나, 짝수개 비트의 에러가 발생하면 검출할 수 없는 단점이 있다.

ⓒ 기수 패리티 체크(odd parity check : 홀수 패리티)

패리티 비트를 포함하여 하나의 데이터 안의 1의 비트 수가 홀수가 되도록 하며, 패리티 비트가 0인 경우에는 데이터 내의 1의 수가 홀수이고, 패리티 비트가 1인 경우에는 데이터 내의 1의 수가 짝수개이다. 위의 조건에 위배된 데이터는 에러가 발생한 것으로 인식되나, 짝수개 비트의 에러가 발생하면 검출할 수 없는 단점이 있다.

② 해밍 코드(Hamming Code)

1비트의 오류를 자동적으로 정정해 주는 코드로, 1비트의 단일 오류를 정정하기 위해서는 3비트의 여유 비트가 필요하고, 2개 이상의 중복 오류를 수정하려면 더 많은 여유 비트가 필요하다.

③ 순환 잉여 검사 코드(CRC : Cyclic Redundancy check Code)

블록 또는 프레임마다 여유 부호를 붙여 전송하면, 전송 내용의 정확 여부를 확인하여 정정하도록 하는 코드이다.

[2] 자료의 내부적 표현(수치의 표현)

(1) 고정 소수점 데이터 형식

전자계산기 내부에서 정수를 나타내는 데이터 형식으로 2바이트 정수형과 4바이트 정수형이 있다.

부호 비트와 정수 비트로 구성된다. 그리고 정수부가 양수(+)이면 0으로, 음수(-)이면 1로 표시한다.

(2) 부동 소수점 데이터 형식

전자계산기 내부에서 실수를 나타내는 데이터 형식으로 4바이트 실수형, 8바이트 실수형이 있다.

부호 비트	지수부	가수부

부호 비트는 실수가 양수(+)이면 0, 음수(-)이면 1로 표시하고, 지수부는 2진수로, 가수부는 10진 유효숫자를 2진수로 변환하여 표시한다.

3 수학적 연산

[1] 분류

(1) 데이터 성질에 따른 분류

① 수치적 연산(수학적 연산) : 산술적인 계산에서 주로 사용되는 것으로 고정소수점 연산방식, 부동소수점 연산방식에 따른 수치들의 사칙연산을 하는 회로

② 비수치적 연산(논리적 연산) : 문장의 표현, 문헌의 정보 검색, 고급 프로그램 언어 번역 등 문자처리에서 주로 사용되는 것으로 MOVE, AND, OR 회로, 보수기, 시프터, 로테이터 등이 있다.

(2) 연산의 진행 방식에 따른 분류

① 동기식 : 각 동작을 클록 펄스에 동기시켜 정해진 시간마다 동작을 진행시키는 방식

② 비동기식 : 앞선 동작이 완료됨과 동시에 다음 동작을 진행시키는 방식

(3) 데이터 전송방식에 따른 분류

① 직렬식 : 2진수가 한 자리씩 직렬로 전송되어 한 비트씩 연산이 이루어진다.

② 병렬식 : 2진수 전부가 동시에 전송되어 연산이 이루어진다.

[2] 수학적 연산(수치적 연산)

① 기수 : 수의 체계에서 사용하는 모든 종류의 계수는 2자리수의 기준이 되는 수
② 10진수 : 사용하는 부호가 0~9까지 10가지이므로 기수는 10이다.
③ 2진수 : 사용하는 부호가 0과 1의 2가지이므로 기수는 2이다.
④ 8진수 : 사용하는 부호가 0~7까지 8가지이므로 기수는 8이다.
⑤ 16진수 : 사용하는 부호가 0~10, A~F까지 16가지이므로 기수는 16이다.

진수의 비교

10진수	2진수	8진수	16진수
0	0000	0	0
1	0001	1	1
2	0010	2	2
3	0011	3	3
4	0100	4	4
5	0101	5	5
6	0110	6	6
7	0111	7	7
8	1000	10	8
9	1001	11	9
10	1010	12	A
11	1011	13	B
12	1100	14	C
13	1101	15	D
14	1110	16	E
15	1111	17	F

㉠ 진수 변환

ⓐ 10진수를 2진수로 변환

예) 10진수 41을 2진수로 변환하면

$$\begin{array}{r|l} 2 & 41 \rightarrow 1 \\ 2 & 20 \rightarrow 0 \\ 2 & 10 \rightarrow 0 \\ 2 & 5 \rightarrow 1 \\ 2 & 2 \rightarrow 0 \\ & 1 \end{array}$$

$(41)_{10} = (101001)_2$

항상 맨 마지막(최상위 비트)은 1이 되어야 한다.

ⓑ $(0.1875)_{10}$를 2진수로 변환하면

$$
\begin{array}{cccc}
0.1875 & 0.3750 & 0.7500 & 0.5000 \\
\times\ \ 2 & \times\ \ 2 & \times\ \ 2 & \times\ \ 2 \\
\hline
0.3750 & 0.7500 & 1.5000 & 1.0000 \\
\downarrow & \downarrow & \downarrow & \downarrow \\
0 & 0 & 1 & 1
\end{array}
$$

$(0.1875)_{10} = (0.0011)_2$이 된다.

> 소수점의 자리를 2로 곱하여 소수점의 자리가 0이 될 때까지 곱하면 된다.

ⓒ 2진수를 10진수로 변환하면

> **예** $101001_{(2)}$을 10진수로 변환하면
> $1 \times 2^5 + 0 \times 2^4 + 1 \times 2^3 + 0 \times 2^2 + 0 \times 2^1 + 1 \times 2^0 = 32 + 8 + 1 = 41_{(10)}$

ⓓ 10진수를 8진수로 변환

> **예** $(49)_{10}$를 8진수로 변환하면
>
> $$
> \begin{array}{r|l}
> 8 & 49 \\
> 8 & 6 \rightarrow 1 \\
> & 0 \rightarrow 6
> \end{array}
> $$
>
> $(49)_{10} = (61)_8$

> **예** $(0.21875)_{10}$를 8진수로 변환하면
>
> $$
> \begin{array}{cc}
> 0.21875 & 0.75 \\
> \times\ \ 8 & \times\ \ 8 \\
> \hline
> 1.75000 & 6.00 \\
> \downarrow & \downarrow \\
> 1 & 6
> \end{array}
> $$
>
> $(0.21875)_{10} = (0.16)_8$이 된다.

ⓔ 10진수를 16진수로 변환

예 (248)₁₀을 16진수로 변환하면

$$16\underline{|248} \rightarrow 8 \uparrow$$
$$\quad\quad 15 \rightarrow F$$

15는 16진수에서 F이므로 (248)₁₀ = (F8)₁₆이 된다.

ⓕ 2진수를 8진수와 16진수로 변환
- 8진수로 변환

  2진수 3비트를 8진수의 1비트로 변환하면 된다.

  예 (100110.110101)₂를 8진수로 변환하면

  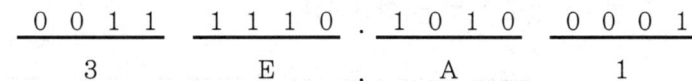

  (100110.110101)₂ = (46.65)₈이 된다.

- 16진수로 변환

  2진수 4비트를 16진수의 1비트로 변환하면 된다.

  예 (00111110.10100001)₂를 16진수로 변환하면

  ```
  0 0 1 1    1 1 1 0 . 1 0 1 0    0 0 0 1
     3          E    .    A          1
  ```

  (00111110.10100001)₂ = (3E.A1)이 된다.

⑥ 2진수의 덧셈

0+0=0	1+0=1
0+1=1	1+1=10(자리올림)

⑦ 2진수의 뺄셈

0-0=0	1-0=1
1-1=0	10-1=1(자리빌림)

⑧ 2진수의 곱셈

0×0=0	1×0=0
0×1=0	1×1=1

⑨ 2진수의 나눗셈

0÷0=0	1÷0=∞
0÷1=불능	1÷1=1

4 논리적 연산(비수치적 연산)

[1] 논리적 연산

① MOVE : 데이터의 이동

단항 연산자로서 연산 입력 데이터를 그대로 출력하므로, 레지스터에 기억된 데이터를 다른 레지스터로 옮길 때 사용하는 연산이다.

② complement : 보수형태 연산

전자계산기에서는 나눗셈을 할 수 없으므로, 보수를 이용한 가산을 통하여 나눗셈을 할 수 있도록 하는 연산이다.

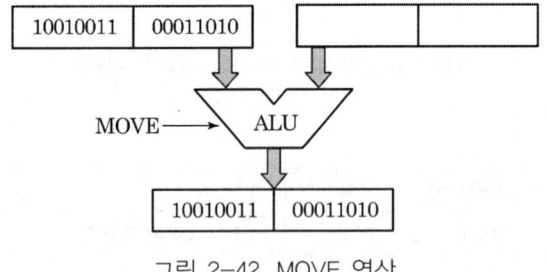

그림 2-42 MOVE 연산

㉠ 1의 보수

어떤 수의 1의 보수는 주어진 2진수를 모두 부정을 취하면 된다. 즉 1은 0으로, 0은 1로 바꾸면 된다.

예) 1001을 1의 보수로 바꾸면

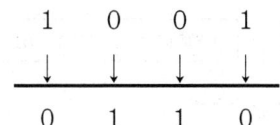

1001의 1의 보수는 01100이 된다.

㉡ 2의 보수

2의 보수는 주어진 2진수를 모두 부정을 취하여 1의 보수로 바꾼다. 1의 보수에 1을 더하면 2의 보수가 된다. 즉 2의 보수는 1의 보수보다 1이 크다.

예 001을 2의 보수로 바꾸면

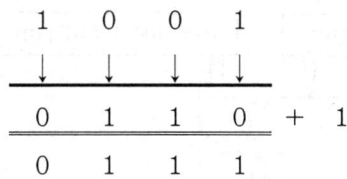

1001의 2의 보수는 01110이 된다.

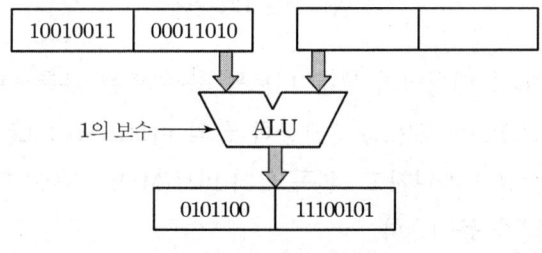

그림 2-43 1의 보수 연산

③ AND(논리곱) : 비트, 문자 삭제

데이터 중 일부의 불필요 비트 및 문자를 삭제하고, 나머지 비트를 데이터로 사용하기 위해 사용되는 연산이다.

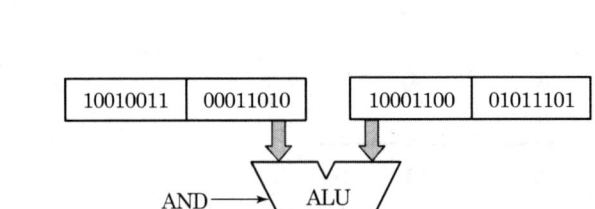

그림 2-44 AND 연산

④ OR(논리합) : 비트, 문자 삽입

2개의 데이터를 논리합하여 비트나 문자의 삽입에 사용하는 연산이다.

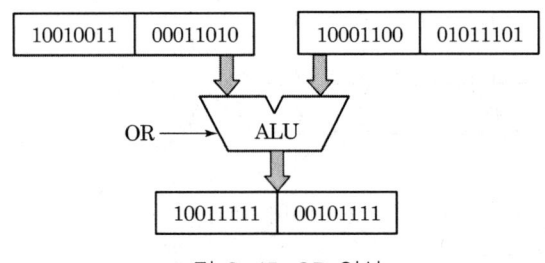

그림 2-45 OR 연산

⑤ 시프트(Shift) : 데이터의 모든 비트를 좌측 또는 우측으로 자리를 이동
  ㉠ 우 시프트(Right Shift) : 오른쪽 끝의 비트(LSB : Least Significant Bit)의 데이터는 밀려서 나가고, 왼쪽 끝의 비트(MSB : Most Significant Bit)에 새로운 데이터가 들어온다.
  ㉡ 좌 시프트(Left Shift) : 왼쪽 끝의 비트(MSB : Most Significant Bit)의 데이터는 밀려서 나가고, 오른쪽 끝의 비트(LSB : Least Significant Bit)에 새로운 데이터가 들어온다.

⑥ 로테이트(Rotate) : 데이터의 위치 변환에 사용되는 것으로, 한쪽 끝에서 밀려서 나가는 데이터가 반대편의 데이터로 들어오는 것을 말한다.

제3절 소프트웨어의 개념과 종류

1 프로그래밍 개념

[1] 프로그래밍 개념

① 프로그램(program)
어떤 일을 수행하기 위하여 기본적인 동작으로 세분하여 이들의 순서를 정해 놓는 것을 말하는데, 컴퓨터가 어떤 일을 수행하도록 지시하기 위한 명령들을 말하며, 이는 데이터와는 별도로 작성되고, 미리 작성된 프로그램을 컴퓨터에 입력시켜 그 프로그램에 데이터가 입력되고 처리되도록 한다.

② 프로그래밍(programming) : 프로그램을 작성하기 위한 일련의 작업을 말한다.

[2] 프로그램 작성절차

① 문제분석 → ② 시스템설계(입·출력 설계) → ③ 순서도 작성 → ④ 프로그램 코딩 및 입력 → ⑤ 디버깅 → ⑥ 실행 → ⑦ 문서화

① 문제분석 : 프로그램을 작성할 때 발생되는 제안 문제를 분석

② 시스템 설계 : 시스템 분석 단계에서 얻어진 데이터와 정해진 방법에 따라 입·출력, 각종 파일의 형식, 시스템의 개발을 위한 전체 과정의 설계, 데이터베이스의 설계, 운영을 위한 관리도를 설계한다.

③ 순서도 작성 : 프로그램의 설계도와 같으므로 모든 사람이 알기 쉽도록 작성하며, 모든 논리적 검토가 이루어져야 한다.

④ 프로그램 코딩 및 입력 : 순서도에 나타난 논리에 따라 프로그래밍 언어를 사용하여 원시 프로그램을 작성하고, 컴퓨터가 읽을 수 있는 기억 매체에 기록한다. 이때 프로그램 코딩은 정해진 논리에 대하여 각 언어별로 정해진 문법에 맞도록 하여야 한다.

⑤ 디버깅(debugging) : 원시 프로그램을 기계어로 번역해서 문법오류(syntax error)를 검사하여 오류를 수정하고, 논리적 오류를 검사하기 위하여 테스트 런(test run)을 통하여 모의 데이터를 입력해서 결과를 검사하여 오류를 올바르게 수정한다.

⑥ 실행 : 문법적 오류와 논리적 오류가 없는 프로그램이 완료되면 실제의 데이터를 이용하여 동작시켜, 결과를 이용한다.

⑦ 문서화 : 작성된 프로그램은 분석 단계에서부터 작성된 데이터와 코드표, 각종 설계도, 순서도와 원시 프로그램 등의 관련된 내용을 문서로 작성하여 보관토록 한다. 문서화가 이루어지면 시스템의 유지 보수와 관리가 용이하고 담당자가 바뀌어도 업무의 파악이 용이하여, 업무의 연속성이 유지된다.

[3] 프로그래밍 언어의 개념

컴퓨터를 이용하여 특정한 작업을 수행하는 각종 프로그램을 작성하기 위한 프로그램을 프로그래밍 언어라 하며, 컴퓨터 중심의 저급 언어와 인간 중심의 고급 언어로 구분한다.

(1) 저급언어(Low Level Language)

사용자가 이해하고 사용하기에는 불편하지만 컴퓨터가 처리하기 용이한 컴퓨터 중심의 언어이다.

① 기계어(Machine Language)

컴퓨터가 직접 이해할 수 있는 2진 코드(0과 1)로 기종마다 다르고, 프로그램의 작성 및 수정, 해독이 매우 어려워 거의 사용되지 않으나, 컴퓨터에서의 수행 속도는 가장 빠른 장점을 지닌다.

② 어셈블리어(Assembly Language)

사람이 기억하고 이해하기 쉬운 연상코드(문자, 숫자, 특수 문자 등으로 기호화 : 니모닉)를 사용함으로써 프로그램의 작성이 기계어보다 용이하고, 프로그램의 수정이 편리하다는 장점이 있으나, 어셈블러(assembler)에 의한 번역 과정이 필요하므로 처리 속도가 느리고 컴퓨터마다 어셈블러가 다르므로 호환성이 적다.

(2) 고급언어(High Level Language)

자연어에 가까워 그 의미를 쉽게 이해할 수 있는 사용자 중심의 언어로, 기종에 관계없이 공통적으로 사용할 수 있는 언어로, 기계어로 변환하기 위한 컴파일러가 필요하다.

① 베이직(BASIC : Beginner's All-purpose Symbolic Instruction Code)

1965년 개발된 언어로, 언어구조가 쉽고 간단해서 초보자들이 배우기 쉬운 대화형의 인터프리터 중심의 언어이다. 그러나 기존의 프로그래밍 언어와 달리 미래의 바람직한 언어 개념에 관련시킬 만할 주요 개념을 거의 찾아볼 수 없는 단점이 있으나, 현재는 운영체제의 발전과 더불어 가장 쉬운 윈도우즈용 프로그램 개발도구로 비쥬얼 베이직(Visual Basic)이 각광받고 있다.

② FORTRAN(Formula Translation)

고급언어 중 가장 먼저(1957년) 개발된 과학 기술용 프로그램 언어로, 과학자·공학자 및 수학을 하는 사람들의 편리성을 위하여 설계되어, 복잡한 수학계산에 연산자를 사용하여 쉽게 나타낼 수 있는 언어로, 과학기술 분야에 널리 사용되었다.

③ COBOL(Common Business Oriented Language)

1960년 개발된 언어로 인사, 자재, 판매, 회계, 생산관리 등에 주로 사용되는 상업용 사무처리를 위하여 일상에서 사용하는 영어와 같은 표현으로 기술하도록 설계된 프로그래밍 언어로, 기계와 독립적으로 설계되어, 메이커와 기종이 상이하더라도 큰 변화없이 프로그램의 작성 및 실행을 할 수 있도록 한 사무처리용 언어이다.

④ PASCAL

1971년 개발된 언어로 구조화 프로그래밍 개념에 따라 개발된 언어로서, 여러 가지 다양한 자료의 정의 방법 등을 포함한 풍부한 자료형들을 갖춘 언어로서, 일반성에 배제되지 않는 한 단순성과 효율성, 그리고 신뢰성을 가지도록 설계되었다. 이 언어는 쉽게 프로그래밍 언어를 가르치기 위한 교육용으로 많이 사용되었다. 특히 구조화 프로그래밍을 가능하게 하는 언어로 교육용 언어로 많이 쓰였다.

⑤ C 언어

1974년 개발된 언어로 UNIX 시스템을 구축하기 위한 시스템 프로그래밍 언어로서 수식이나 제어 및 데이터 구조를 가장 간편하게 제공하고 있다. C 언어는 원래 시스템 프로그램으로 개발되었으나 기종에 관계없이 수치 해석, 텍스트 처리, 데이터베이스 처리를 위한 프로그램에도 많이 활용되고 있으며, UNIX 운영체제를 위해 개발한 시스템 프로그램 언어로 저급언어와 고급언어의 특징을 모두 갖춘 언어이다.

⑥ LIPS(List Processing)

1960년에 개발이 시작된 언어로, 리스트(list) 및 원자(atom)라고 부르는 두 종류의 개체를 중심으로 데이터가 다루어지는데 실제 자료(데이터)와 프로그램이 동일한 형태로 표현되는 새로운 개념을 도입하였다. 기본 자료 구조로 연결 리스트(Linked list)를 사용하며, 이 리스트에 대한 일반적인 연산이 가능하다. 게임 이론, 정리 증명, 로봇 문제 및 자연어 처리 등의 인공지능과 관련된 분야에 사용되는 언어이다.

⑦ PL/1(Programming Language One)

FORTRAN, COBOL, ALGOL 등의 장점을 포함하려고 시도한 범용언어로서, APL 배열을 기본요소로 하여 배열 자체의 연산을 지원하며 어떤 기계에도 종속되지 않는 매크로 언어를 가진 인터프리터형 언어이다.

⑧ ALGOL 60(Algorithmic Language 60)

최초의 블록 중심 언어로 수치 자료와 동질의 배열을 강조한 과학 계산용 언어로서, COBOL과 같은 인사, 자재, 판매, 회계, 생산관리 등에 주로 사용되는 상업용 자료처리에 영어 문장 형태로 프로그램을 작성하므로 프로그램 작성이 간편한 장점을 지닌 언어이다.

⑨ C++

1980년대 초에 C언어를 기반으로 개발된 언어로 C++는 컴퓨터 프로그래밍의 객체지향 프로그래밍을 지원하기 위해 C언어에 객체지향 프로그래밍에 편리한 기능을 추가하여 사용의 편리성을 향상시킨 언어이다.

⑩ 자바(JAVA)

썬마이크로시스템사에서 개발한 새로운 객체지향 프로그래밍 언어로, 메모리 관리를 언어 차원에서 관리함으로써 보다 안정적인 프로그램을 작성할 수 있고, 선행처리 및 링크과정을 제거하여 개발속도와 편의성을 향상시켜 네트워크 분산환경에서 이식성이 높고, 인터프리터 방식으로 동작하는 사용자와의 대화성이 높은 프로그래밍 언어이다.

[4] 프로그래밍 언어의 번역과 번역기

(1) 프로그램 언어의 번역 과정

① 원시 프로그램(Source Program) : 사용자가 각종 프로그램 언어로 작성한 프로그램
② 목적 프로그램(Object Program) : 번역기에 의해 기계어로 번역된 상태의 프로그램
③ 로드 모듈(Load Module) : Linkage Editor에 의해 실행 가능한 상태로 된 모듈

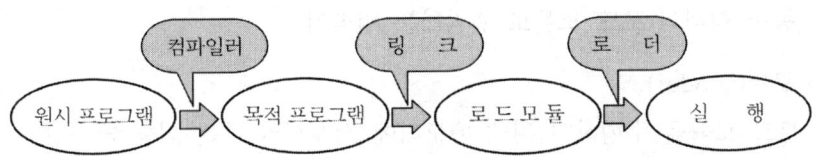

그림 2-46 프로그래밍 언어의 번역과정

(2) 번역기의 종류

① 어셈블러(Assembler)

어셈블리 언어로 작성된 원시 프로그램을 기계어로 번역하는 프로그램이다.

② 컴파일러(Compiler)

전체 프로그램을 한 번에 처리하여 목적 프로그램을 생성하는 번역기로, 기억 장소를 차지하지만 실행 속도가 빠르다. 한번 번역해 두면 목적 프로그램이 생성되므로 재차 실행 시에 다시 번역할 필요가 없다.

 참고

> 컴파일러를 사용하는 언어는 ALGOL, PASCAL, FORTRAN, COBOL, C 등이 있다.

③ 인터프리터(Interpreter)

작성된 원시 프로그램을 한 줄씩 읽어 번역 및 실행하는 작업을 반복하는 프로그램이다. 목적 프로그램이 남지 않으며, 일괄 처리가 아니므로 대화형이라 한다. 실행속도가 느리지만 기억 장소를 적게 차지한다.

참고

인터프리터를 사용하는 언어는 BASIC, LISP, 자바(JAVA), PL/1 등이 있다.

④ 링커(Linker)

기계어로 번역된 목적 프로그램을 실행 프로그램 라이브러리를 이용하여 실행 가능한 형태의 로드 모듈로 번역하는 번역기

⑤ 로더(Loader)

로드 모듈을 수행하기 위해 메모리에 적재시켜 주는 기능을 수행

⑥ 크로스 컴파일러(Cross Compiler)

원시 프로그램을 다른 컴퓨터의 기계어로 번역하는 프로그램

⑦ 전처리기(Preprocessor)

원시 프로그램을 번역하기 전에 미리 언어의 기능을 확장한 원시 프로그램을 생성시켜 주는 시스템 프로그램

2 순서도 작성법

[1] 알고리즘과 순서도

(1) 알고리즘

어떤 문제를 해결하기 위하여 수행할 작업을 기본적인 단계로 세분하여 정하고, 이들 단계를 조합하여 정의된 조건의 실행에 의해 결론에 도달하는 순서를 말한다.

(2) 순서도

처리방법, 작업의 흐름, 순서 등을 정해진 기호를 사용하여 그림으로 나타내는 방법을 말한다.

(3) 순서도 작성 시 고려사항

① 처리되는 과정은 모두 표현한다.
② 간단하고 명료하게 표현한다.

③ 전체의 흐름을 명확히 알 수 있도록 작성한다.
④ 과정이 길거나 복잡하면 나누어 작성하고, 연결자로 연결한다.
⑤ 통일된 기호를 사용한다.

[2] 순서도 기호

순서도의 분류	기본 기호(basic symbol)
	프로그래밍 관계기호(symbols related to programming)
	시스템 관계기호(symbols related to system)

① 기본기호(basic symbol)
순서도의 가장 기본적인 동작을 표현하는 기호로 데이터의 일반적인 처리와 입·출력 행위, 흐름선, 연결자, 주해, 페이지 연결자 등으로 구성된다.

기 호	이 름	사용하는 곳
□	처 리	지정된 작동, 각종 연산, 값이나 기억 장소의 변화, 데이터의 이동 등의 모든 처리를 나타냄
⌐┘	주 해	이미 표현된 기호를 보다 구체적으로 설명하며, 점선은 해당 기호까지 연결한다.
▱	입·출력	일반적인 입력과 출력의 처리를 나타냄
↔↕	화살표	흐름의 진행 방향을 표시
○	연결자	흐름이 다른 곳으로의 연결과 다른 곳에서의 연결을 나타내며, 화살표와 기호 내에 쓰여진 이름이 동일한 경우에만 연결관계를 나타냄
⌂	페이지 연결자	흐름이 다른 페이지로 연결됨과 다른 페이지에서의 연결되는 입력을 나타내며, 기호 내에 쓰여진 이름이 동일한 경우에만 연결관계를 나타냄
+×	흐름선	상호 논리적인 관계가 없음을 나타냄
↓⊥↑	흐름선	오른쪽에서 왼쪽으로, 아래에서 위로 화살표를 하여야 하고, 처리의 흐름을 나타내며 선이 연결되는 순서대로 진행된다.
╪→	흐름선	여러 개의 흐름이 한 곳으로 모여 하나가 됨을 나타냄

② 프로그래밍 관계기호(symbols related to programming)

프로그램의 논리표현을 위한 기호로서, 기본기호와 함께 사용하여 프로그램 전체의 논리를 표현할 수 있도록 하며, 준비, 의사결정, 정의된 처리, 단자 등으로 구성된다.

기 호	이 름	사용하는 곳
	준비	기억장소의 할당, 초기값 설정, 설정된 스위치의 변화, 인덱스 레지스터의 변화, 순환 처리를 위한 준비 등의 표현
	의사 결정	변수의 조건에 따라서 변경될 수 있는 흐름을 나타내는 데 사용하는 판단기능
	정의된 처리	흐름도의 특수한 집합에서 수행할 그룹의 운용기호
	터미널/단자	프로그램 순서도의 시작과 끝의 표현
	병렬 형태	2개 이상의 동작이 동시에 이루어질 때의 표현

③ 시스템 관계기호(symbols related to system)

시스템의 분석 및 설계 시에 데이터가 어느 매체에서 처리되어 어느 매체로 변환하여 이동하는지를 나타내기 위한 기호로, 기본기호를 함께 사용하여 순서도를 작성한다. 기호는 데이터에 변화를 가하는 기호와 어떤 작업을 나타내는 기호, 매체를 나타내는 기호들로 구성된다.

기 호	이 름	사용하는 곳
	펀치 카드	펀치 카드 매체를 통한 입·출력을 나타냄
	카드 뭉치	펀치 카드가 모여 있음을 표시
	카드 파일	펀치카드에 레코드가 모여서 파일을 구성하고 있음을 표시
	서 류	각종 원시 데이터가 기록된 서류나 종이 매체에 출력되는 결과 및 문서화된 각종 서류를 표시
	자기 테이프	자기 테이프 매체를 통한 입·출력을 나타냄
	종이 테이프	종이 테이프 매체를 통한 입·출력을 나타냄
	키 작업	자판을 통한 키 펀칭이나 검사 등의 작동을 표시

기 호	이 름	사용하는 곳
	온라인 기억장치	온라인 상태의 각종 보조기억장치 매체를 통한 입·출력을 나타냄
	자기 드럼	자기 드럼 매체를 통한 입·출력을 나타냄
	자기 코어	자기코어 매체를 통한 입·출력을 나타냄
	디스켓	디스켓 매체를 통한 입·출력을 나타냄
	카세트테이프	카세트테이프를 통한 입·출력을 나타냄
	오프라인 기억장치	오프라인 상태의 기억 매체에 레코드들이 기록됨을 나타냄
	병합	정렬된 2개 이상의 파일을 합쳐서 하나의 파일을 생성
	대합	2개 이상의 파일을 합쳐서 다른 2개 이상의 파일을 생성
	정렬	조건에 관계없이 배열된 데이터를 조건에 따라 순서대로 배열하는 작업
	추출	파일에서 필요한 부분만 분리하여 새로운 파일을 생성
	화면 표시	온라인 상태에서 CRT, 콘솔 등에 메시지나 결과를 출력
	수동입력	온라인으로 연결된 자판 스위치 등을 통하여 각종 정보를 수동으로 입력
	수동조작	오프라인 상태에서 데이터 처리 작업을 수동으로 조작
	보조 조작	오프라인 상태에서 직접 중앙처리장치의 통제를 받지 않는 장치에서 행해지는 작업을 나타냄
	통신 연결	전화선이나 무선 등의 각종 통신회선과 연결을 나타냄

[3] 순서도의 종류

① 시스템 순서도(system flowchart)
주로 시스템 분석가가 시스템 설계나 분석을 할 때에 작성되며, 자료의 흐름을 중심으로 시스템 전체의 작업 내용을 총괄적으로 나타낸 순서도로서, 각 부분별 처리는 처리 단계와 순서 및 입·출력 매체의 종류 등만을 표시한다.

② 프로그램 순서도
시스템 전체의 작업 중에서 전산 처리를 하는 부분을 중심으로 자료 처리에 필요한 모든 조작의 순서를 나타낸 순서도
  ㉠ 개략 순서도(general flowchart) : 프로그램 전체의 내용을 개괄적으로 표시하는 순서도로서, 전체적인 처리 방법과 순서를 큰 부분으로 나누어, 하나의 순서도로 일괄하여 나타내는 것이 좋다.
  ㉡ 상세 순서도(detail flowchart) : 개략 순서도의 처리 단계마다 전자계산기가 수행할 수 있도록 모든 조작과 자료의 이동 순서를 하나도 빠짐없이 표시하고, 코딩하면 바로 프로그램이 작성될 수 있을 정도로 가장 세밀하게 그려진 순서도이다.

3 프로그래밍 언어

[1] BASIC(Beginner's All-purpose Symbolic Instruction Code)

1965년 개발된 언어로, 언어구조가 쉽고 간단해서 초보자들이 배우기 쉬운 대화형의 인터프리터 중심의 언어이다. 그러나 기존의 프로그래밍 언어와 달리 미래의 바람직한 언어 개념에 관련시킬 만할 주요 개념을 거의 찾아볼 수 없는 단점이 있으나, 현재는 운영체제의 발전과 더불어 가장 쉬운 윈도즈용 프로그램 개발도구로 비쥬얼 베이직(Visual Basic)이 각광받고 있다.

(1) Basic의 특징
① 문법의 규칙이 간단하여, 초보자가 배우기 용이하다.
② 프로그램의 작성이 용이하다.
③ 인터프리터 언어이므로 프로그램을 즉시 시험하기 때문에 작업시간이 단축된다.

④ 문장 앞에 행 번호를 부여하여야 하며, 행 번호순으로 실행된다.
⑤ 수치 계산이나 행렬 계산이 간단하다.

(2) 연산자

① 산술 연산자

	연산 순위	연산자	연산 의미
산술 연산자	1	^	거듭제곱
	2	-	음수(부호)
	3	*	곱셈
	3	/	나눗셈
	4	+	덧셈
	4	-	뺄셈

② 관계 연산자

	연산자	연산 의미	관계식
관계 연산자	>	크다	X > Y
	<	작다	X < Y
	>=	크거나 같다	X >= Y
	<=	작거나 같다	X <= Y
	=	같다	X = Y
	<> 또는 ><	다르다	X <> Y

③ 논리 연산자

	연산 순위	연산자	연산 의미
논리 연산자	1	NOT	부정
	2	AND	두 식 모두 참일 경우
	3	OR	둘 중 하나만 참일 경우
	4	XOR	서로 다른 경우에만 참인 경우
	5	IMP	
	6	EQV	

④ 산술 연산의 실행

　㉠ 괄호 → -(음수) → 거듭제곱 → 곱셈, 나눗셈 → 덧셈, 뺄셈 순으로 산술 연산을 한다.

　㉡ NOT → AND → OR → XOR → IMP → EQV 순으로 논리 연산을 한다.

　㉢ []와 {} → ()로 바꾸어 사용한다.

　㉣ 같은 우선순위일 때는 좌측에서 우측으로 실행된다.

(3) 명령문

명　령	내　용
DIM	배열의 선언문
FOR~NEXT	FOR문 안의 내용을 FOR문에서 지정한 횟수만큼 반복 수행한다.
GO SUB~RETURN	GO SUB문에 의해 부프로그램으로 분기하여 실행하다가 RETURN문을 만나면 주프로그램으로 복귀한다.
IF~THEN~ELSE	IF문 다음의 조건식이 맞으면 THEN 이후의 문장을 수행하고, 아니면 다음 문장을 수행한다.
INPUT	키보드를 통해 데이터를 입력한다.
ON~GO TO	ON 다음의 변수값에 따라 GO TO문 다음의 번호로 분기
ON~GO SUB	ON 다음의 변수값에 따라 GO SUB문 다음의 번호로 분기하여 실행하다가 RETURN문에 의해 복귀한다.
READ~DATA	READ문에 의해 DATA문의 자료를 입력받는다.
RESTORE	READ~DATA문으로 데이터를 반복해서 읽고자 할 경우에 사용한다.

[2] FORTRAN(Formula Translation)

고급언어 중 가장 먼저(1957년) 개발된 과학 기술용 프로그램 언어로, 과학자·공학자 및 수학을 하는 사람들의 편리성을 위하여 설계되어, 복잡한 수학계산에 연산자를 사용하여 쉽게 나타낼 수 있는 언어로, 과학기술 분야에 널리 사용되었다.

(1) 연산자

① 산술 연산자

산술연산자	연산자	연산 의미
	+	덧셈
	−	뺄셈
	*	곱셈
	/	나눗셈
	**	거듭제곱

② 관계 연산자

관계연산자	연산자	연산의미
	GT	Greater Than (~보다 크다)
	LT	Less Than (~보다 작다)
	EQ	EQual to (~과 같다)
	GE	Greater than or Equal to (~보다 크거나 같다)
	LE	Less Than or Equal to (~보다 작거나 같다)
	NE	Not Equal to (~과 서로 다르다)

③ 논리 연산자

논리연산자	연산자	연산의미
	AND	조건식이 모두 참이어야 결과가 참이 됨(논리곱)
	OR	조건식이 하나 이상 참이면 결과가 참이 됨(논리합)
	NOT	조건식을 부정하는 결과가 된다.(논리부정)

(2) 명령문

명령	내용
COMMON	비실행문으로 2개 이상의 프로그램 사이에서 공동영역을 지정한다.
DIMENSION	비실행문으로 배열을 선언한다.
DO~CONTINUE	일정한 수를 증감시키면서 그 값이 원하는 범위의 값이 될 때까지 DO~CONTINUE 범위 안에 있는 문장들을 반복 수행하는 실행문

명 령	내 용
EQUIVALENCE	한 프로그램 내에서 공동영역을 지정하는 비실행문
FORMAT	비실행문으로 READ문이나 WRITE문과 함께 사용되는 명령으로 입·출력되는 자료의 크기나 형태를 지정한다.
GO TO	무조건 분기명령의 실행문
IF	조건문으로 크기(대소)를 비교, 판단하는 실행문
READ	READ문에서 지정한 입력장치로부터 자료를 입력받아 해당변수에 기억시키는 실행문
WRITE	컴퓨터 내에서 처리된 결과를 출력장치를 통하여 인쇄하고자 할 경우에 사용하는 실행문

[3] COBOL(Common Business Oriented Language)

1960년 개발된 언어로 인사, 자재, 판매, 회계, 생산관리 등에 주로 사용되는 상업용 사무처리를 위하여 일상에서 사용하는 영어와 같은 표현으로 기술하도록 설계된 프로그래밍 언어로, 기계와 독립적으로 설계되어, 메이커와 기종이 상이하더라도 큰 변화 없이 프로그램의 작성 및 실행을 할 수 있도록 한 사무처리용 언어이다.

(1) COBOL PROGRAM의 체계

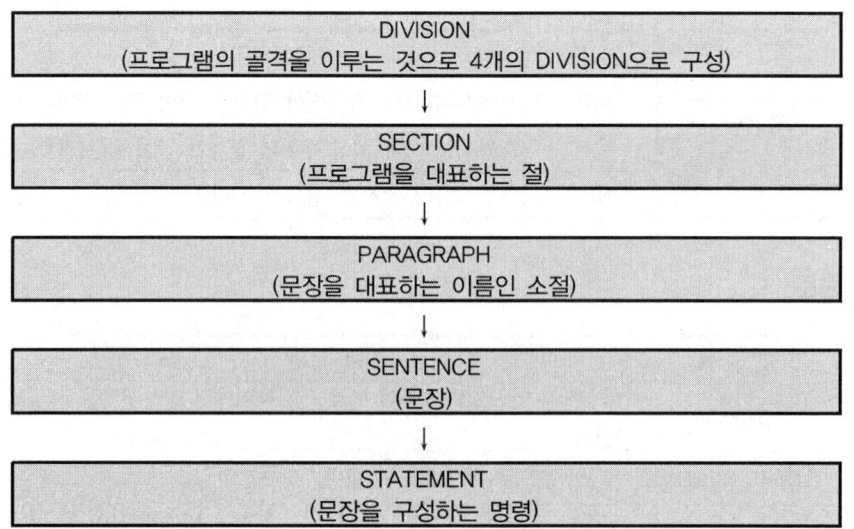

① INENTIFICATION DIVISION(표제부분)

　　PROGRAM의 설명부로 7개의 PARAGRAPH와 그에 따른 STATEMENT가 있으며, 프로그램의 명칭, 작성자, 작성일, 설치장소, 기타 사항 등을 표시하는 DIVISION. 4개의 DIVISION 중 가장 선두에 위치

② ENVIRONMENT DIVISION(환경부분)

　　2개의 SECTION과 PARAGRAPH로 구성되어 있으며 사용하는 컴퓨터 및 입출력되는 정보와 입출력장치와의 연결사항을 기술함

③ DATA DIVISION(자료부분)

　　4개의 SECTION으로 구성되어 있으며 데이터의 크기, 형태, 내용 등에 대하여 상세히 기술함

④ PROCEDURE DIVISION(절차부분)

　　컴퓨터가 실행, 처리해야 할 데이터의 처리순서를 기술하는 부분으로, 실제 컴퓨터에 의해 작업이 실행된다. 좁은 의미의 프로그램이라고 할 수 있다.

(2) 픽처(PICTURE)

　　DATA DIVISION에서 자료가 기억되는 기억장소의 크기, 성격을 표시

기억형 기호	9	0~9 사이의 숫자를 지정
	A	A~Z 사이의 문자를 지정
	X	혼합형으로 COBOL에서 사용되는 모든 문자를 지정
편집형 기호	Z, ,, $, CR, DB, *, +, -, / 등	

(3) 표의 상수(FIGURATIVE CONSTANT)

지정상수	의 미
ALL "상수"	기억장소에 특정 문자로 채우려고 할 때 사용한다.
HIGH-VALUE, HIGH-VALUES	최대치를 나타낸다.
LOW-VALUE, LOW-VALUES	최소치를 나타낸다.
QUOTE, QUOTES	" "(따옴표)
SPACE, SPACES	공백을 나타낸다.
ZERO, ZEROS, ZEROES	숫자(0)을 나타낸다.

(4) 명령문

명 령	내 용
ACCEPT	적은 양의 데이터를 콘솔을 통해 직접 입력한다.
ADD	덧셈
CLOSE	열려 있는 파일을 닫아 준다.
COMPUTE	복합 연산 명령 사용
DISPLAY	데이터를 출력한다.
DIVIDE	나눗셈
EXAMINE	항목에 기억되어 있는 문자의 수를 세거나 특정 문자를 다른 문자로 바꾸거나 찾고자 하는 문자가 어느 위치에 있는가를 살펴 값을 기억한다.
GO TO	제어의 분기
MOVE	기억장소의 내용이나 값을 다른 기억장치로 이동한다.
MULTIPLY	곱셈
OPEN	입출력 파일을 사용하기 전에 열어준다.
PERFORM	반복문
READ	명령에 의해 연 입력파일을 주기억장치로 읽어 들인다.
SUBTRACT	뺄셈
WRITE	OPEN 명령에 의해 열린 입력파일을 주기억장치로 읽어 들인다.

[4] C언어

1974년 개발된 언어로 UNIX 시스템을 구축하기 위한 시스템 프로그래밍 언어로서 수식이나 제어 및 데이터 구조를 가장 간편하게 제공하고 있다. C언어는 원래 시스템 프로그램으로 개발되었으나 기종에 관계없이 수치 해석, 텍스트 처리, 데이터베이스 처리를 위한 프로그램에도 많이 활용되고 있으며, UNIX 운영체제를 위해 개발한 시스템 프로그램 언어로 저급언어와 고급언어의 특징을 모두 갖춘 언어이다.

(1) C언어의 특징

① 저급언어인 어셈블리어의 기능과 고급언어의 특징이 결합된 중급언어의 특징을 갖는다.

② 표현이 간략하고, 구조화 프로그램에서 요구되는 기본적인 제어구조를 제공한다.
③ 이식성이 높은 언어로 특정한 하드웨어에 국한되지 않고, 융통성이 풍부하다.
④ 많은 데이터형과 연산자를 갖는다.
⑤ 영문 소문자를 기본으로 설계
⑥ 컴파일하여 작성된 로드 모듈(load module)은 운영체제에서 곧 명령어로 실행될 수 있다.
⑦ 자료의 주소를 자유롭게 조절할 수 있다.

(2) C언어의 체계

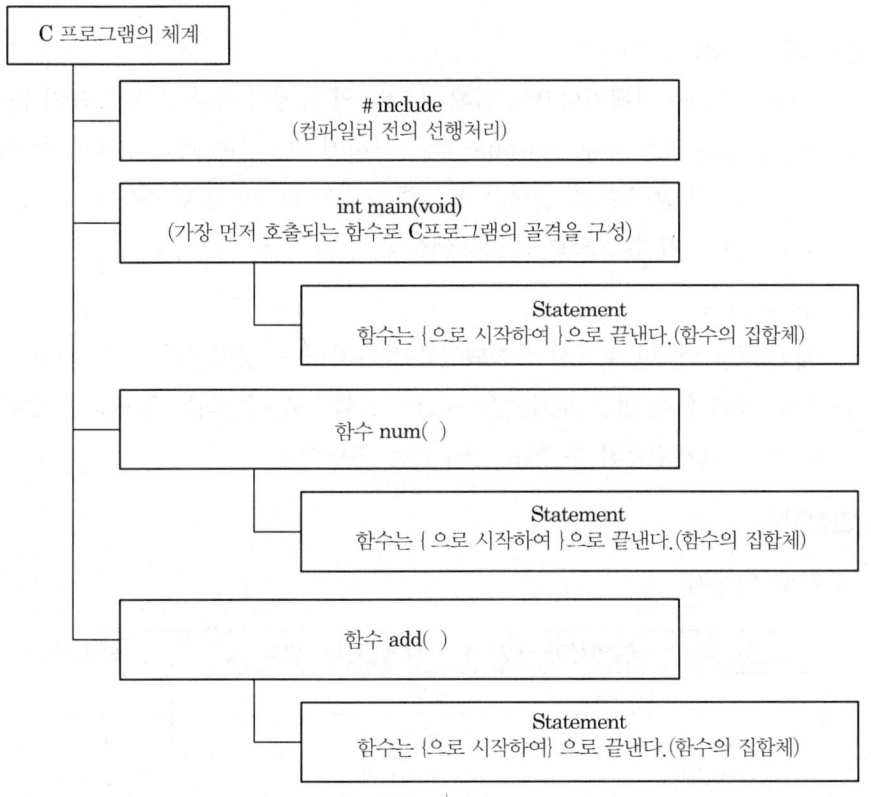

① #include

프리프로세서 부분으로 컴파일러가 되기 전에 컴퓨터가 작업을 수행하는 부분으로, include 파일들은 많은 프로그램에서 공통으로 사용되는 정보를 공유할 수 있도록 컴파일 전에 stdio.h의 내용과 연결시켜준다.

② int main(void)

C언어에 대한 프로그램은 main( ) 함수를 기준으로 처음 실행되며, 컴파일러는 main( ) 함수를 기준으로 컴파일하고 main( ) 함수를 이루는 형태는 리턴되는 값의 형 main(함수 내부로 전달되는 정보)으로 구성된다.

③ 변수 num

항상 함수는 중괄호를 열고 함수가 차지하는 메모리의 어느 영역에 num이라는 변수를 할당하게 되며, int는 데이터형을 나타내고 그 할당된 메모리의 공간에 2라는 수를 넣는다.

④ 함수 printf

printf 함수는 선행처리기에 의해 stdio.h의 설명에 따라 소괄호 속의 문자를 출력하며, %d는 괄호 뒷부분의 num 값이 어디에 위치하며 어떤 형태로 출력할 것인지를 컴퓨터에 알려주고, 출력으로 인해 호출된 main( ) 함수가 호출시킨 컴퓨터로 리턴되는 값이 없으므로 0으로 되돌려 주고 중괄호를 닫는다.

⑤ statement

세미콜론(;)은 한 문장이 종결되었음을 나타내며, 컴파일러는 한 문장씩 수행하고, 괄호 속에 들어 있는 문자들은 main( ) 함수로 전달되는 정보로 함수전달인자라 하며, \n(개행문자)은 행을 바꾸라는 명령어이다.

(3) 연산자

① 산술 연산자

종류	연산자(기호)	연산의 의미	관계식
산술연산자	*	곱셈	X*Y
	/	나눗셈	X/Y
	%	나머지 계산	X%Y
	+	덧셈	X+Y
	-	뺄셈	X-Y

② 관계 연산자

종류	연산자(기호)	연산의 의미	관계식
관계연산자	>	~보다 크다.	a>b
	>=	~보다 크거나 같다.	a>=b
	<	~보다 작다.	a<b
	<=	~보다 작거나 같다.	a<=b
	==	같다.	a==b
	!=	다르다.	a!=b

③ 논리 연산자

종류	기호	연산의 의미
논리연산자	! (단항)	부정(NOT)
	&& (이항)	그리고(AND)
	|| (이항)	또는(OR)

④ 증가·감소 연산자

		기호	내용
증가 연산자	++	++a	a 값에 먼저 1 증가시킨 후 계산
		a++	a 값을 먼저 계산한 후 1 증가
		기호	내용
감소 연산자	--	--a	a 값에 먼저 1 감소시킨 후 계산
		a--	a 값을 먼저 계산한 후 1 감소

⑤ 3항 연산자

3항 연산자	((조건식)? a:b);	a : 조건식이 참일 때 수행할 내용
		b : 조건식이 거짓일 때 수행할 내용

(4) 입출력 함수

종 류	의 미
getchar( )	한 문자 입력한다.
gets( )	문자열 입력한다.
printf( )	표준 출력함수이다.
putchar( )	한 문자 출력함수로, 출력 후 개행하지 않음
puts( )	문자열 출력함수로, 출력 후 자동개행
scanf( )	표준입력함수로 키보드를 통해 입력한다. 숫자 또는 단일 문자 변수에 값을 읽어들이려면 변수 앞에 '&'를 붙임

(5) 명령어

명 령	내 용
break	for, while, do~while, switch문과 같은 반복문이나 조건문 수행 중 범위를 완전히 벗어나고자 할 경우 사용한다.
continue	반복문에서 continue문을 만나면 continue문 이후 문장을 무시하고, 반복 조건식으로 제어권을 이동한다.
do~while	일단은 한 번 수행한 후 조건식이 만족하는 동안 while문 안의 내용을 반복 수행한다.
for	조건식이 만족하지 않을 때까지 for문 안의 내용을 반복한다.
goto	무조건 분기
if~else	if문의 조건식이 맞으면 if문 다음 문장을 수행하고, 틀리면 else 다음 문장을 수행한다.
switch~case	각각의 조건(case)에 따른 처리를 하고자 할 경우 사용한다.
while	조건식이 만족하는 동안 while문 안의 내용을 반복 수행한다. (조건이 만족하지 않으면 한 번도 수행하지 않을 수도 있음)

제4절 마이크로프로세서의 구조와 기능

1 마이크로컴퓨터의 구조와 특징

[1] 마이크로프로세서의 기본구조

마이크로컴퓨터는 중앙처리장치(CPU), 기억장치, 입·출력장치의 3가지 기본 장치로 구성된 작은 규모의 컴퓨터 시스템이며 중앙처리장치(CPU)만을 의미하는 것은 마이크로프로세서이다.

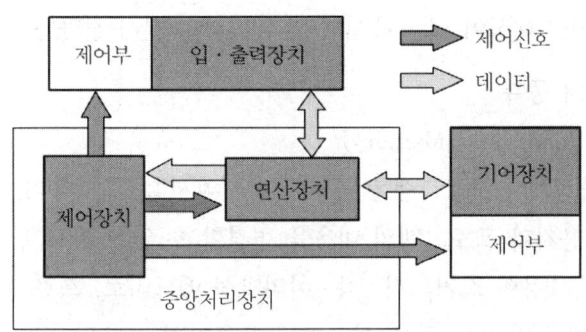

그림 2-47 마이크로프로세서의 구조

(1) 중앙처리장치(CPU : Central Process Unit)

산술 논리 연산 기능과 제어 기능을 가지고 있다.

① 연산 기능 : 덧셈과 뺄셈 같은 산술 연산과 AND, OR, NOT과 같은 논리 연산이 있다.

② 제어 기능 : 중앙처리장치, 입·출력장치 그리고 기억장치 사이의 자료 및 제어 신호의 교환이 이루어지도록 하며, 명령이 수행되도록 한다.

(2) 기억장치

메모리	RAM (Random Access Memory)	DRAM(Dynamic RAM)
		SRAM(Static RAM)
	ROM (Read Only Memory)	EPROM(Erasable Programmable ROM)
		EEPROM(Electrically EPROM)
		PROM(Programmable ROM)
		Mask ROM

마이크로컴퓨터의 주기억장치는 RAM과 ROM을 사용하며, 주기억장치는 마이크로프로세서와 직접 데이터를 주고받기 때문에 동작 속도가 매우 빠른 메모리를 사용하며, 프로그램의 처리 대상이 되는 데이터 및 데이터의 처리 결과를 일시적으로 기억시킨다.

① 기억장치의 종류
　㉠ ROM(Read Only Memory)
　　제조과정에서 프로그램을 입력하여 기억시킬 수 있으나, 읽기(Read)만 가능하고, 사용자가 프로그램의 내용을 변경할 수 있는 반도체 메모리 전원이 꺼져도 기억된 내용이 소거되지 않는 비휘발성 메모리로, 프로그램의 내용을 변화시키지 않고 사용하는 전용 시스템에 유용하게 사용된다.
　　ⓐ EPROM(Erasable Programmable ROM) : 자외선을 이용하여 기억내용을 소거하고, 몇 번이고 소거와 기록이 가능한 ROM이다.
　　ⓑ EEPROM(Electrically EPROM) : 저장된 데이터를 전기적으로 전압을 걸어서 소거하고, 쓰기(기억)가 가능한 ROM이다.
　　ⓒ PROM(Programmable ROM) : 전기적인 신호(펄스)를 이용하여 데이터를 저장하는 장치로, 데이터가 기록된 후에는 읽기 전용으로 변하는 ROM이다.
　　ⓓ 마스크 ROM(Mask ROM) : 제조 시에 프로그램이나 데이터를 영구적으로 기록한 것으로, 데이터는 변경이 불가능하여 대량생산에 유리하며, PROM과 같은 동작을 하는 ROM이다.
　㉡ RAM(Random Access Memory)
　　빠른 동작 속도로 컴퓨터의 주기억장치로 사용되는 메모리로, 읽기(Read)와 쓰기(Write)가 가능하며, 메모리 내의 위치에 관계없이 읽기와 쓰기에 걸리는 시간(access time)이 같다.

ⓐ DRAM(Dynamic RAM) : 커패시터(capacitor)를 기본 기억소자로 구성되며, 충전된 전하의 자연 방전에 따른 주기적인 재충전(refresh)이 필요하다. 소비전력이 낮고, 집적도가 높아 가격이 저렴하여 주기억장치로 널리 사용된다.

ⓑ SRAM(Static RAM) : 플립플롭(flip-flop)을 기본 기억소자로 구성되며, 전원이 공급되는 동안에는 기억된 정보는 소실되지 않는 반도체 메모리이다.

ⓒ DRAM과 SRAM의 비교

구 분	DRAM	SRAM
리프레시(재충전)	주기적 필요	불필요
속 도	느리다	빠르다
회로구조	커패시터로 단순	플립플롭으로 복잡
칩의 크기	작다	크다
가 격	저렴하다	비싸다
용 도	일반 메모리	캐시 메모리

ⓓ 메모리의 용량 계산

전체 메모리의 용량 = 총 주소 수 × 데이터선의 수

주소선이 A 개이고, 데이터선이 D 개인 메모리의 용량은?

$$메모리\ 용량 = 2^A \times D$$

(3) 입·출력장치

① 입력장치 : 10진수나 문자 및 기호 등을 컴퓨터가 이해할 수 있는 2진 코드로 변환한다.

② 출력장치 : 컴퓨터로부터 출력되는 2진 코드를 사람이 이해할 수 있는 문자나 10진 숫자로 변환한다.

(4) 컴퓨터의 동작

컴퓨터의 동작은 메모리를 주체로 한 시분할 동작이며 메모리에서 명령을 읽어오는 페치 사이클(Fetch cycle)과 그 명령을 수행하는 엑스큐트 사이클(Execute cycle)의 반복으로 수행된다.

① 페치 사이클(Fetch cycle)
CPU가 명령을 수행하기 위하여 주기억장치에서 명령을 꺼내는 단계로서, 계산에 의한 주소를 가진 경우의 유효 주소를 계산하고, 다음의 인스트럭션을 가져온다.

② 엑스큐트 사이클(Execute cycle)
명령을 해석하여 해독된 명령어에 의해 처리할 자료를 읽어들여 수행하고 그 결과를 저장하는 시간으로 실제의 연산을 수행하는 단계이다.

③ 머신 사이클(Machine cycle)
하나의 기계적인 작동을 수행하는 단계이다.

④ 인스트럭션 사이클(Instruction cycle)
기억장치에서 명령을 읽어들여 해독하고, 제어 계수기가 1씩 증가하는 데 걸리는 시간으로 한 개의 명령을 수행하는 시간을 말한다.

(5) 버스의 종류

CPU와 기억장치, 입·출력 인터페이스간에 제어신호나 데이터를 주고받는 전송로를 말하며, 버스는 주소 버스(address bus), 제어 버스(control bus), 데이터 버스(data bus)의 세 종류로 이루어진다.

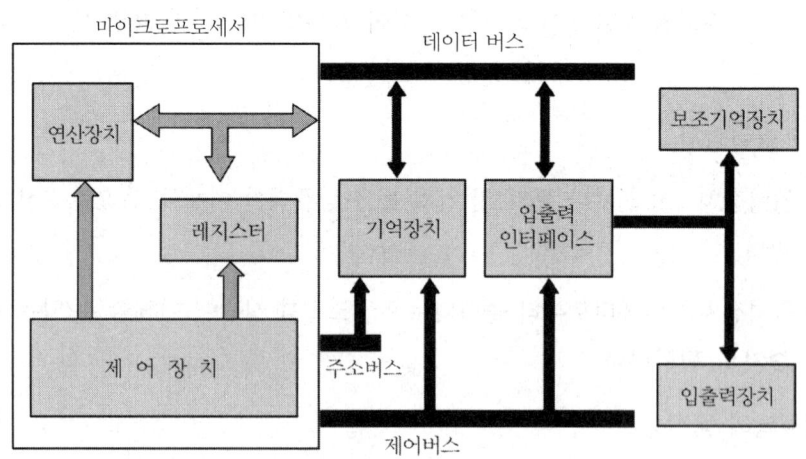

그림 2-48 버스의 종류

① 주소 버스(address bus) : CPU가 메모리 중의 기억 장소를 지정하는 신호의 전송

통로로서, 주소 버스 수에 따라 시스템의 전체 메모리 공간이 결정된다.
주소 버스는 CPU에서 메모리나 입·출력장치 쪽의 단일 방향으로 정보를 보내는 단방향 버스로 주소 버스에서 발생하는 각 주소는 하나의 메모리 위치나 입·출력 장치 하나하나와 일 대 일 대응한다.

② 데이터 버스(data bus) : 입·출력시키는 데이터 및 기억장치에 써넣고 읽어내는 데이터의 전송 통로로서, 데이터 버스 수는 CPU가 동시에 처리할 수 있는 데이터의 양을 나타내며, CPU가 몇 비트인가를 결정하는 기준이 된다.
데이터 버스는 CPU로 들어오는 데이터나 CPU에서 나가는 데이터가 양방향으로 전송되는 양방향 버스이다.

③ 제어 버스(control bus) : 중앙처리장치와의 데이터 교환을 제어하는 신호의 전송 통로로서, CPU가 현재 무엇을 원하는지를 메모리나 입·출력장치에 알려주거나, 역으로 CPU가 어떤 동작을 하도록 주변장치가 요청할 때 사용하는 신호이다. 제어 버스는 단일 방향으로 동작하는 단방향 버스이다.

2 중앙처리장치의 내부 구성

중앙처리장치의 내부는 레지스터와 산술 논리 연산장치로 되어 있고 기억장치와의 사이에 어드레스, 데이터, 제어 신호가 연결되어 있다.

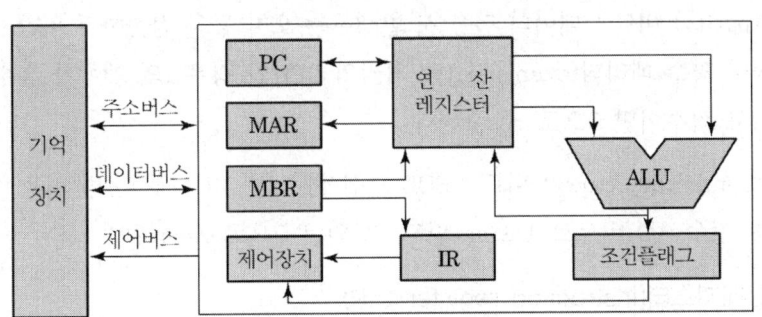

그림 2-49 중앙처리장치의 구성

(1) 프로그램 카운터(program counter : PC)

16비트의 길이를 가지고 있으며 CPU가 다음에 처리해야 할 명령이나 데이터의 메모리상의 번지를 지시한다.

(2) 메모리 어드레스 레지스터(memory address register : MAR)

어드레스를 가진 기억장치를 중앙처리장치가 이용할 때 원하는 정보의 어드레스를 넣어 두는 레지스터이다.

(3) 메모리 버퍼 레지스터(memory buffer register : MBR)

기억장치로부터 불러낸 정보나 또는 저장할 정보를 넣어 두는 레지스터이다.

(4) 산술 논리 연산 장치(ALU)

CPU가 해야 할 처리를 실제적으로 수행하는 장치로 가산기를 주축으로 구성되어 있다.

(5) 상태 레지스터(status register)

ALU에서 산술 연산 또는 논리 연산의 결과로 발생된 특정한 상태를 표시해 주며 플래그 레지스터 또는 상태 코드 레지스터라고도 부른다.

① Z(zero) 비트 : 연산 결과 값이 0이면 Z비트는 1 상태, 그렇지 않으면 0이 된다.

② C(carry) 비트 : 2진 연산 중 최상위 비트에서 자리올림(carry)이나 빌려옴(borrow)이 발생하였을 때 1로 set된다.

③ S(sign) 비트 : 2진수에서 연산 결과가 양이면 최상위 비트가 0으로, 음이면 1로 set된다.

④ P(parity) 비트 : 데이터 전송 시 발생하는 오차 등을 검출하기 위한 목적으로 사용되며 짝수 패리티(even parity) 처리의 CPU인 경우 1의 개수가 홀수이면 1로 set되고 짝수이면 0으로 reset된다.

⑤ AC(auxiliary carry) 비트 : BCD 연산에서 3번 비트에서 4번 비트로 캐리가 발생할 경우 AC 비트로 1로 set되고 그 외는 0으로 reset된다.

(6) 명령 레지스터(instruction register : IR)

메모리에서 인출된 내용 중 명령어를 해석하기 위해 명령어만 보관하는 레지스터이다.

(7) 스택 포인터(stack pointer : SP)

레지스터의 내용이나 프로그램 카운터의 내용을 일시 기억시키는 곳을 스택이라 하며 이 영역의 선두 번지를 지정하는 것을 스택 포인터라 한다.

(8) 누산기(accumulator : ACC)

ALU에서 처리한 결과를 항상 저장하며 또한 처리하고자 하는 데이터를 일시적으로 기억하는 레지스터이다.

(9) 범용 레지스터(general purpose register)

CPU에 필요한 데이터를 일시적으로 기억시키는 데 사용되는 레지스터이다.

(10) 동작 레지스터(working register)

CPU가 일을 처리하기 위해 CPU만이 사용 가능한 레지스터이다.

3 마이크로프로세서의 특징

마이크로프로세서는 MPU(microprocessing unit)라고도 불리며, 컴퓨터의 CPU 기능을 가지는 것으로 1개의 LSI로 되어 있다.

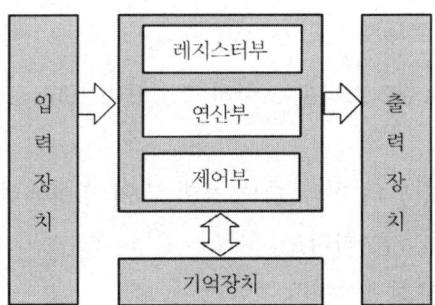

그림 2-50 마이크로프로세서의 기본 구성

(1) 마이크로프로세서의 데이터 처리부

① 연산장치(arithmetic logic unit : ALU)

4칙 연산과 시프트, 비교 및 판단 등을 수행하며, 누산기(Accumulator), 가산기(Adder), 카운터(Counter), 레지스터(Resister)로 구성

② 시스템 레지스터(누산기, 프로그램 계수기 등)

③ 범용 레지스터 : CPU에 필요한 데이터를 일시적으로 기억하는 레지스터

(2) 기억장치의 어드레스

HL 레지스터, 스택 포인터(stack pointer), 프로그램 카운터(program counter), 범용레지스터, 또는 오퍼랜드로서 어드레스 지정이 된다.

(3) 8080계 마이크로프로세서의 특징(8080, 8085, Z-80, F8)

① 사용자 범용 레지스터를 갖추고 있다.
② 연산의 기본은 누산기와 레지스터간에 수행된다.
③ 기억장치에 대한 어드레스 명령과 입·출력 기기를 제어하기 위한 입·출력 명령이 구분되어 있다.

(4) 6800계 마이크로프로세서의 특징(6800, 6809, 6502, PPS-4, PPS-8)

① 사용자 범용 레지스터를 가지고 있지 않다.
② 연산의 기본은 누산기와 기억장치간에 수행된다.
③ 기억장치에 대한 어드레스 명령과 입·출력 기기를 제어하기 위한 입·출력장치에 대한 액세스를 행한다.
④ 8bit 마이크로프로세서이다.

(5) 8086 마이크로 프로세서

① 29,000여개의 트랜지스터를 포함하고 있으며 16bit로 이루어진 마이크로프로세서이다.
② 8080계열보다 정보의 처리 속도 등이 많이 향상되었다.
③ 다중 프로그램이 가능하다.
④ 16bit 마이크로프로세서이다.

(6) 8080 IOP 마이크로프로세서

① 8086 마이크로프로세서가 중앙처리장치(CPU)로 쓰이는 마이크로컴퓨터에서 IOP 기능을 갖도록 설계된 것이다.
② 50개의 명령 set를 가지고 있다.
③ 8086은 CPU 기능을 담당하고 8089는 IOP 기능을 담당한다.

(7) 마이크로프로세서의 응용분야

① 사무자동화 기기의 제어분야
  ㉠ 복사기 및 문서작성용 기기의 제어
  ㉡ 회계 및 인사관리용의 사무자동화 기기의 제어

② 가정용 제품 및 기기의 제어분야
  ㉠ 선풍기, 음향 기기, 세탁기, 에어컨, TV 등의 제어
  ㉡ 보일러, 홈 오토메이션 기기의 제어

③ 산업용 기기의 제어분야
  ㉠ 컴퓨터 이용 설계(CAD : computer aided design)
  ㉡ 컴퓨터 이용 생산(CAM : computer aided manufacture)
  ㉢ 컴퓨터 수치 제어(CNC : computer numerical control) 공작기계 : CNC 공작기계, 머시닝센터, NC 선반, NC 밀링
  ㉣ 공장자동화(FA : Factory Automation)
  ㉤ 교통신호 제어 및 차량제어 등

제5절 명령 형식

명령어(instruction)는 컴퓨터가 이해할 수 있는 2진수 체계로 된 기계어(machine language)로서 주기억장치에 저장된다.

(1) 프로그램

프로그램은 각각 특정한 동작을 지정하는 명령으로 구성되며 보통 연산자(Op code)와 하나 이상의 오퍼랜드(operand)로 구성된다.

① Op code(operation code) : 연산자, 명령의 형식, 자료의 종류를 지정한다.
② 오퍼랜드(operand) : 자료, 자료의 주소, 주소를 구하는 데 필요한 정보, 명령의 순서를 지정한다.

(2) 명령 집합

① 조작 명령 : 데이터의 변형, 중앙 처리 장치 내의 데이터 이동 등을 다루는 명령
② 순서 제어 명령 : 명령의 수행 순서를 제어하는 명령
③ 외부 명령 : 중앙 처리 장치의 외부 장치와 데이터를 교환하는 명령

(3) 인스트럭션(instruction)의 종류

① 3-주소 형식(3-address instruction)

여러 개의 범용 레지스터를 가진 컴퓨터에서 사용할 수 있는 형식

OP코드	주소1	주소2	주소3

㉮ 수행 시간이 길어서 특수한 목적 이외에는 사용하지 않는다.
㉯ 연산 수행 후 피연산자가 변하지 않고 보존되는 장점이 있다.

② 2-주소 형식(2-address instruction)

두 개의 주소 중에 한 곳에 연산결과를 기록하므로, 연산결과를 기억시킬 곳의 주소를 인스트럭션 내에 표시할 필요가 없는 형식으로 계산 결과를 시험하고자 할 때 CPU 내에서 직접 시험이 가능하여 시간을 절약할 수 있다.

OP코드	주소1	주소2

③ 1-주소 형식(1-address instruction)

AC에 기억되어 있는 자료를 모든 인스트럭션에서 사용하며, 연산 결과를 항상 AC에 기억하도록 하면 연산 결과의 주소를 지정해 줄 필요가 없으므로 인스트럭션에서는 하나의 입력자료의 주소만을 지정해주면 되는 형식

OP코드	주소1

④ 0-주소 형식(0-address instruction)

인스트럭션에 나타난 연산자의 수행에 있어서 피연산자들의 출처와 연산의 결과를 기억시킬 장소가 고정되어 있거나 특수한 그 주소들을 항상 알 수 있으면 인스트럭션 내에서는 피연산자의 주소를 지정할 필요가 없으며 연산자만을 나타내 주면 되는데 이러한 형식의 인스트럭션을 0주소 방식이라 한다.

연산을 위하여 스택을 갖고 있으며, 모든 연산은 스택에 있는 피연산자를 이용하여

수행하고 그 결과를 스택에 보존한다.

OP코드

제6절 DATA 형식

인스트럭션(instruction : 명령)은 연산자(operation code : OP code)와 주소(address)로 이루어져 있다.

OP code	address(Operand)

(1) 함수 연산 기능(functional operation)

논리적 연산과 산술적 연산, 그리고 그 외의 많은 함수 연산자들은 응용 분야를 불문하고 사용하기가 편리하다.

(2) 전달 기능(transfer operation)

CPU와 기억장치 사이의 정보 교환을 행하는 것으로, 기억장치에서 중앙처리장치로 정보를 옮겨오는 것을 load, 또는 fetch라고 하며 그 반대로 중앙처리장치의 정보를 기억장치에 기억시키는 것을 store라고 한다.

기 능	인스트럭션	의 미
함수연산	ADD X	(AC) ← (AC)+M(X)
	AND X	(AC) ← (AC)×M(X)
	CPA	(AC) ← $\overline{(AC)}$
	CPC	(C) ← $\overline{(C)}$, C는 올림수
	CLA	(AC) ← 0
	CLC	(C) ← 0
	ROL	C와 AC를 1비트 좌측으로 회전
	ROR	C와 AC를 1비트 우측으로 회전

기 능	인스트럭션	의 미
전 달	LSA X STA X	(AC) ← (X) M(X) ← (AC)
제 어	JMP X SMA SZA SZC	PC ← (X) (AC)<0이면 PC ← PC+2 (AC)=0이면 PC ← PC+2 (C)=0이면 PC ← PC+2
입·출력	INP X OUT X	입력 장치 X에서 1바이트를 읽어서 AC에 기억된 자료의 1바이트를 출력장치 X에 보냄

(3) 제어 기능(control operation)

프로그램의 인스트럭션의 수행 순서를 결정하며, 제어 인스트럭션에 의해서 프로그램의 수행 순서를 정한다.

(4) 입·출력 기능(I/O operation)

프로그램으로 입력이 가능한 기능이 있어야 하며, 기억된 계산 결과를 프로그래머에 알리기 위해서 출력장치를 이용한다.

마이크로컴퓨터 시스템과 주변장치와의 데이터 전달 방법은 여러 가지가 있으나, 대개 다음과 같은 세 가지 방법으로 집약될 수 있다.

① 프로그램 입·출력 : 프로그램 입·출력(programmed I/O)은 마이크로컴퓨터와 주변장치들 사이의 데이터 전달이 전적으로 마이크로컴퓨터, 더 정확히 말하면 중앙처리장치에 의해서 실행되는 프로그램이 제어하는 경우를 말한다. 그러므로 외부장치가 데이터를 기억장치에 넣거나 꺼내어 갈 때까지 마이크로컴퓨터가 기다리도록 하는 방법을 사용한다.

② 인터럽트 입·출력 : 이 방법은 현재 마이크로컴퓨터가 어떤 일의 처리에 무관하게 외부장치의 요구에 응하도록 하여 하던 일을 미루고 외부장치와의 데이터를 전달하는 방법이다.

③ 직접 메모리 접근 : 이 방법은 데이터 전달에 있어서 중앙처리장치의 간섭을 받지 않고 메모리와 외부장치가 데이터를 전달하는 방법이다.

(5) 직렬 입·출력 프로토콜(serial I/O protocol)

직렬 방식의 데이터 통신 프로토콜은 크게 나누면 동기식과 비동기식이 있다.

① 동기식
   ㉠ 데이터가 클록 신호에 정확히 맞아야 한다.
   ㉡ 전화선을 이용한 동기식 데이터 전송은 송신장치와 수신장치의 교신에 있어서 명령을 보내고 응답을 받을 수 있어야 데이터를 틀림없이 보낼 수 있게 되고, 또한 데이터를 받을 준비를 할 수 있게 된다.
   ㉢ 이렇게 하기 위해서 상호 확인이 필요한데, 이런 교신 방법을 핸드셰이킹 프로토콜(handshaking protocol)이라 한다.

② 비동기식
   ㉠ 전송장치는 전송할 문자가 있을 때에만 정보를 보내면 된다.
   ㉡ 비동기식으로 전달되는 모든 데이터는 그 자신이 동기 정보를 가지고 있어야 한다.
   ㉢ 비동기 데이터는 1비트의 시작 비트와 2비트로 된 정지 비트로 구분된다.

제7절 주소지정방식(addressing mode)

명령문은 비트들의 모임으로 볼 수 있고, 명령어는 컴퓨터가 수행할 일을 지정하는 오퍼레이션 코드와 이 일을 수행하는 데 필요한 정보를 지정하는 피연산자로 나눌 수 있다. 주소지정방법(addressing mode)은 피연산자를 표시하는 방법이며, 프로세서마다 또는 컴퓨터마다 다양하다.

(1) 내포(암시) 주소지정방식(implied addressing mode)

오퍼랜드를 사용하지 않는 방식으로 명령어 자체 내에 오퍼랜드가 포함되어 있는 방식이다.

(2) 레지스터 간접 주소지정방식(register indirect addressing mode)

오퍼랜드로 레지스터를 지정하고 다시 그 레지스터값이 실제 데이터가 기억된 기억

장소의 주소를 지정한다.

(3) 레지스터 주소지정방식(register addressing mode)

오퍼랜드가 CPU 내에 있는 레지스터가 되는 주소 방식이다.

(4) 즉각 주소지정방식(immediate addressing mode)

명령문 속에 데이터가 존재하는 주소지정방식이다.

(5) 직접 주소지정방식(direct addressing mode)

명령어의 오퍼랜드에 실제 데이터가 들어 있는 주소를 직접 갖고 있는 방식이다.

(6) 페이지 주소지정방식(page addressing mode)

전체 메모리 용량을 일정한 단위, 즉 페이지별로 구분하는 것으로 기억장치를 일정 크기에 페이지로 나누어서 명령 속에 페이지 내에서의 주소를 지정하는 방식이다.

(7) 상대 주소지정방식(relative addressing mode)

상태 레지스터 등의 내용을 점검하여 조건에 따라 프로그램의 처리를 변경하고자 하는 명령에만 사용되는 주소지정방식이다.

(8) 인덱스 주소지정방식(indexed addressing mode)

인덱스 레지스터에 데이터가 스토어되어 있는 어드레스를 로드해 놓고 각 명령에서 이 어드레스 방식을 사용하면 인덱스 레지스터에 로드되어 있는 어드레스가 대상이 되는 주소지정방식이다.

(9) 간접 주소지정방식(indirect addressing mode)

오퍼랜드가 존재하는 기억장치 주소를 내용으로 가지고 있는 기억 장소의 주소를 명령 속에 포함시켜 지정하는 주소지정방식이다.

제8절 ▶ 서브루틴(subroutine)과 스택(stack)

(1) 서브루틴(subroutine)

어떤 특정한 작업을 수행하도록 자체가 일련의 명령들로 구성되어 있는 프로그램을 말하며, 프로그램이 수행되는 도중 주프로그램의 여러 위치에서 서브프로그램을 부를 수 있고 서브루틴이 호출될 때마다 매번 그 시작 위치로 분기가 일어나며, 서브루틴이 수행된 후에는 주프로그램으로 분기가 일어난다.

① 메인 프로그램 메모리가 감소된다.
② 프로그램을 쓰는 잔손이 줄어 효율적이다.

(2) 스택(stack)

메인 프로그램의 수행 중 서브루틴으로의 점프나 인터럽트 발생으로 인한 인터럽트 서비스 루틴으로의 점프 시 레지스터 내용이나 메인 프로그램으로의 복귀 등을 보관하는 메모리로서 기억장치에 접근할 때마다 자동적으로 주소가 증가 또는 감소되도록 한 기억장치의 일부분이다.

① 스택 포인터(stack pointer) : 스택에 대한 주소를 갖는 레지스터를 말하며, 그 값은 항상 스택 맨 위의 항목을 가리킨다.
② 후입선출(LIFO : Last In First Out) : 마지막에 삽입된 데이터가 먼저 출력되는 메모리 구조를 말한다.
③ 푸시(push) : 스택의 연산 중에서 삽입 연산으로, 스택의 맨 위에 새 데이터를 밀어 넣는 연산을 말한다.
④ 팝(pop) : 스택에서의 삭제 연산으로, 스택의 맨 위의 데이터를 뽑아서 내보내는 연산을 말한다.
⑤ 스택의 응용분야
  서브루틴 호출(subroutine call), 순환(recursive), 인터럽트(interrupt), 수식의 계산(evaluation of expression) 등에 사용

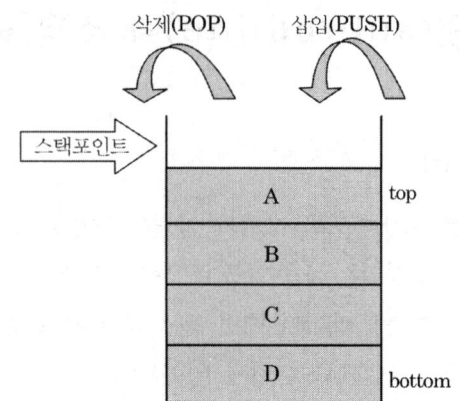

그림 2-51 스택(STACK)의 구조

(3) 큐(Queue)

메모리에 먼저 삽입된 데이터가 먼저 삭제되는 자료구조로서, 한쪽 끝에서 삽입이 이루어지고, 다른 한쪽 끝에서 삭제가 이루어진다.

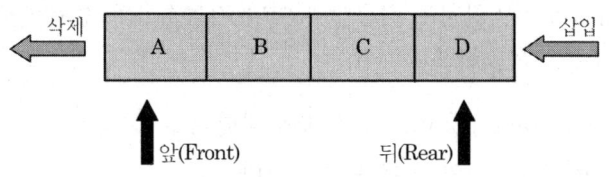

그림 2-52 큐(queue)의 구조

① 선입선출(FIFO : First In First Out) : 먼저 삽입된 데이터가 먼저 삭제되는 메모리 구조
② front(앞) : 큐에서 삭제가 일어나는 한쪽 끝
③ rear(뒤) : 큐에서 삽입이 일어나는 한쪽 끝
④ 큐의 응용분야 : 컴퓨터에서의 작업 스케줄링(job scheduling)

제9절 운영체제와 기본 소프트웨어

1 운영체제(O.S)

[1] 운영체제

(1) 운영체제의 개념

컴퓨터시스템은 크게 하드웨어(hardware)와 운영체제(operating system), 응용 프로그램(application program)으로 구성되며, 운영체제는 컴퓨터가 응용 프로그램을 불러들여 처리할 수 있도록 해 주는 프로그램의 집합체로서 사용자는 운영체제를 수행시켜 모든 작업을 컴퓨터에서 처리하도록 운영체제가 담당하며, 운영체제가 관리하는 자원에는 주기억장치, 처리기(cpu, processor), 주변장치(입·출력장치, 보조기억장치) 등이 있다.

(2) 운영체제의 목적

① 처리 능력(through-put)의 향상
   일정시간 내에 시스템이 처리한 일의 양으로 시스템의 각 자원을 최대한 활용하는 것을 의미한다.

② 변환 시간(turn-around time)의 최소화
   변환 시간(turn-around time)의 단축으로 이 시간은 일의 처리를 컴퓨터에 명령하고 나서 결과가 나올 때까지의 시간이다.

③ 사용 가능도(availability)
   컴퓨터 시스템을 사용하고자 할 때 어느 정도 빨리 이용할 수 있느냐 하는 것을 뜻한다. 또 시스템 자체에 이상이 발생했을 경우 그 즉시 회복하여 사용할 수 있어야 한다.

④ 신뢰도(reliability) 향상
   신뢰성(reliability)의 향상으로 컴퓨터 시스템 자체가 착오를 일으키지 않아야 한다.

(3) 운영체제의 구성

운영체제는 컴퓨터 시스템의 자원 관리 계층에 따라 제어(control) 프로그램과 처리(processing) 프로그램의 두 가지로 구성된다.

① 제어 프로그램은 주기억장치에 상주하고 있는 핵심 프로그램
  ㉠ 감시 프로그램(Supervisor program)
  ㉡ 데이터 관리 프로그램(Data management program)
  ㉢ 작업 제어 프로그램(Job control program)

② 처리 프로그램은 보조기억장치에 있으면서 필요시 주기억장치로 적재되어 사용되는 모든 프로그램이다.
  ㉠ 언어 번역 프로그램(Language translator program)
  ㉡ 서비스 프로그램(Service program)
  ㉢ 문제 프로그램(Problem program) - 응용 프로그램(Application program)

(4) 운영체제의 기법

① 멀티 프로그래밍(multi programming)
  ㉠ 실제로는 프로그램을 하나씩 실행하는 것이지만 CPU 속도가 빠르기 때문에 여러 개의 프로그램을 실행하는 것처럼 느낀다.
  ㉡ 입·출력장치와 CPU 사용 시간을 최대화하며, 실제로 수행 중인 프로그램은 하나, 나머지 프로그램들은 입·출력을 수행하거나 대기상태에 있다.

② 멀티 프로세싱(multi processing)
  두 개 이상의 CPU가 한 개의 시스템을 구성하여, 한 개의 프로그램을 여러 개의 CPU가 나누어서 처리하므로 처리속도가 빠르다.

③ 분산 처리(Distribute processing)
  통신으로 연결된 여러 개의 컴퓨터 시스템에서 여러 개의 작업이 처리되는 방식으로 다중처리(Multiprocessing)에서는 1개의 작업에 대해 여러 개의 CPU가 동작을 했지만, 분산 처리에서는 여러 개의 작업이 처리된다는 것이 다른 점으로, 자원의 공유와 연산 속도와 신뢰성이 향상되는 장점이 있는 반면에 보안 문제와 설계가 복잡한 단점이 있다.

④ 일괄 처리(Batch Processing)

사건을 일정시간 또는 일정량 모아서 한꺼번에 처리하는 방식으로 작업과 작업 사이의 유효시간(idle time)이 없어진다.

⑤ 실시간 처리(Real Time Processing)

사건이 발생 즉시 처리하는 방식으로 시스템에 장애가 발생할 경우는 입력 데이터의 재생성이 불가능하므로 백업장치가 요구된다.

⑥ 버퍼링(Buffering)

주기억장치의 일부를 큐 방식(FIFO)으로 동작하는 버퍼를 이용하여 하나의 프로그램에서 CPU 연산과 I/O 연산을 중첩시켜 처리할 수 있게 하는 방식이다.

⑦ 스풀링(Spooling)

보조기억장치를 이용하여 여러 개의 프로그램에 대하여 입력과 CPU 작업을 중첩시켜 처리할 수 있게 하는 방식이다.

(5) 운영체제의 종류

MS-DOS, Windows, OS/2, 유닉스, 리눅스, 맥OS 등이 있다.

① MS-DOS

윈도즈 전 시대를 풍미했던 텍스트 모드의 운영체제. 안정되고 다양한 응용 프로그램으로 인해 아직도 많은 사용자들이 이용하고 있다. 윈도즈 3.1과 윈도즈 95/98의 기반으로 그 중요성은 아직도 남아 있다고 볼 수 있다.

② Window 3.1

도스와 윈도즈 95를 잇는 과도기에 생겨난 그래픽 환경의 운영체제이다.

③ Window 95

세계 제일 거대 소프트웨어 제작 업체인 '마이크로소프트'사가 95년에 발표한 그래픽 환경의 운영체제

④ Window 98

98년 8월에 발표된 것으로 윈도즈 95의 차기 버전. 윈도즈 95보다 안정성이 강화되었고 실행속도가 향상 되었다.

⑤ Windows XP

윈도즈 운영체제의 서버와 클라이언트의 통합 형태로 개발된 운영체제이다.

⑥ Window NT

둘 이상의 CPU를 사용할 수 있고, 시스템 안정과 보안이 장점인 32비트 운영체제이다.

⑦ 유닉스(UNIX)

69년에 AT&T의 벨 연구소에서 개발한 운영체제. 처음에는 중형 컴퓨터에 사용하도록 고안되었으나 여러 가지 유틸리티가 공개되면서 일반 사용자들에게까지 확산되었다. 다중 사용자가 다중 작업을 처리할 수 있고, 프로그램 개발이 용이한 운영체제이다.

⑧ 리눅스(LINUX)

최초 개발자인 스웨덴의 '리누스 토발즈'(Linus B. Tovalds)의 이름을 딴 유닉스와 비슷한 운영체제로, 유닉스가 유료로 판매하는 데 반대하는 GNU 그룹에 의해 만들어져 계속해서 무료로 공개되는 운영체제이다.

⑨ OS/2

IBM에서 개발한 다중 작업이 가능한 그래픽 환경의 운영체제. MS-DOS의 몇가지 치명적인 한계를 극복한 32비트 운영체제로 메모리 제어방식과 주변장치 입·출력 제어에서 탁월한 성능을 발휘한다.

⑩ 맥 OS

그래픽과 전자출판 분야에서 뛰어난 성능을 보이는 매킨토시용 운영체제이다.

2 소프트웨어 패키지의 기본

[1] 워드 프로세서

워드 프로세서(Word Processor : WP)는 문서의 작성에 관련된 일련의 작업 즉 입력, 저장, 수정, 편집, 출력을 할 수 있는 장치나 소프트웨어. 전용기와 PC용 워드 프로세서로 구분할 수 있다.

(1) 워드 프로세서 전용기

① 문서 편집을 위해 사용되는 기계. 내부에는 마이크로 프로세서와 기억장치 등을 장착하여 간단하게 문서작업을 수행할 수 있다.

② 특징
  ㉠ 소형이라 휴대가 간편하며, 전원을 넣으면 바로 시작하므로 편리하다.
  ㉡ 프린터의 내장으로 바로 출력할 수 있으며, LCD 화면을 사용하므로 소비전력이 적다.
  ㉢ 워드 프로세싱 이외의 작업은 할 수 없으며, 인쇄 속도가 느리다.
  ㉣ LCD 화면을 사용하기 때문에 처리 속도가 늦고, 화면을 보는 각도에 따라 선명도가 떨어진다.

(2) PC용 워드 프로세서

① 컴퓨터 시스템에서 사용자들이 문서를 쉽게 작성하고 편집할 수 있도록 도와주는 응용 프로그램들을 총칭하여 부르는 이름으로 아래아 한글, 훈민정음, MS Word 등이 있다.

② 특징
  ㉠ LCD 또는 CRT 화면을 사용하므로 처리 속도가 빠르고 가격이 저렴하다.
  ㉡ 프린터 등의 주변장치가 있어야 인쇄물을 볼 수 있다.
  ㉢ 기본적으로 컴퓨터 운영체제에 대해 기본적인 사용법을 알아야 한다.

(3) 워드 프로세서의 형태별 분류

① 독립형(Stand Alone)
  중앙처리장치와 입·출력장치가 하나로 되어 있는 형태로, 설치와 사용방법은 간단하지만 문서 작성만 할 수 있으며, 다른 사무기기와 연결할 수 없다.
  타자기와 같이 한 번에 한 사람만 사용 가능하며, 워드 전용기가 대표적이다.

② 논리 공유형(Shared Logic)
  하나의 CPU에 여러 개의 단말기를 이용하여 작업하는 형태로, 여러 사람이 동시에 문서 작성이 가능하며 운영체제와 입·출력장치의 의존도가 크므로 기종 간의 호환성이 결여되어 있다.

③ 하이브리드(Hybrid)형
일반적인 범용 컴퓨터의 기능을 수행하며, 여러 사람이 동시에 사용할 수도 있고 혼자서도 사용 가능한 형태로 다른 사무기기와 연동하여 사용이 가능하다.

④ 컴퓨터(Computer)
자료(문자·숫자·소리·사진)를 처리하는 시스템이다.

⑤ 사무자동화(Office Automation : OA)
생산성 향상과 비용절감, 사무의 합리화, 정보의 효율화, 정보의 시스템화, 사무 작업의 기계화의 특징을 갖는다.

[2] 엑셀

엑셀은 미국 MS사의 IBM PC 및 매킨토시 컴퓨터용 스프레드시트 프로그램으로 많은 스프레드시트를 연결하고 통합하여 다양한 도형과 차트 등의 설명 자료를 작성하는 기능을 제공한다.

(1) 엑셀(Excel)의 특징

① 3차원 구조의 워크시트(Work Sheet)를 갖는다.
② 윈도즈의 특징인 WYSIWYG(What You See Is What You Get) 형태
③ 마우스 중심의 편리한 작업을 갖는다.
④ 편리한 수식 계산 및 다양한 차트를 지원한다.
⑤ 다양한 개체 삽입 기능(그림, 클립아트 등)
⑥ 독자적인 Application 작성 기능(Visual Basic, 매크로)
⑦ 인터넷 데이터베이스 연결 기능

(2) 엑셀(Excel)의 화면 구성

엑셀의 화면은 일반 워드 프로그램과는 다른 구성 요소로 되어 있으며, 편집 용지가 나타나는 것이 아니라 행과 열로 구분된 셀로 이루어진 화면이 나타난다.

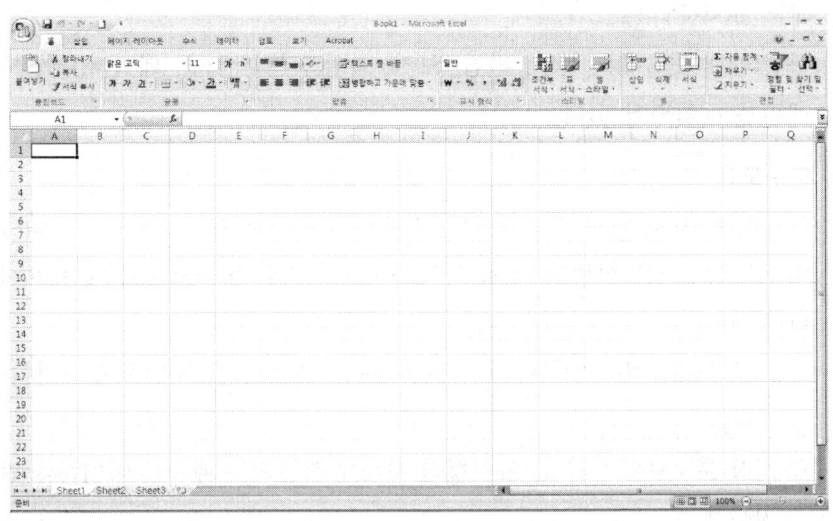

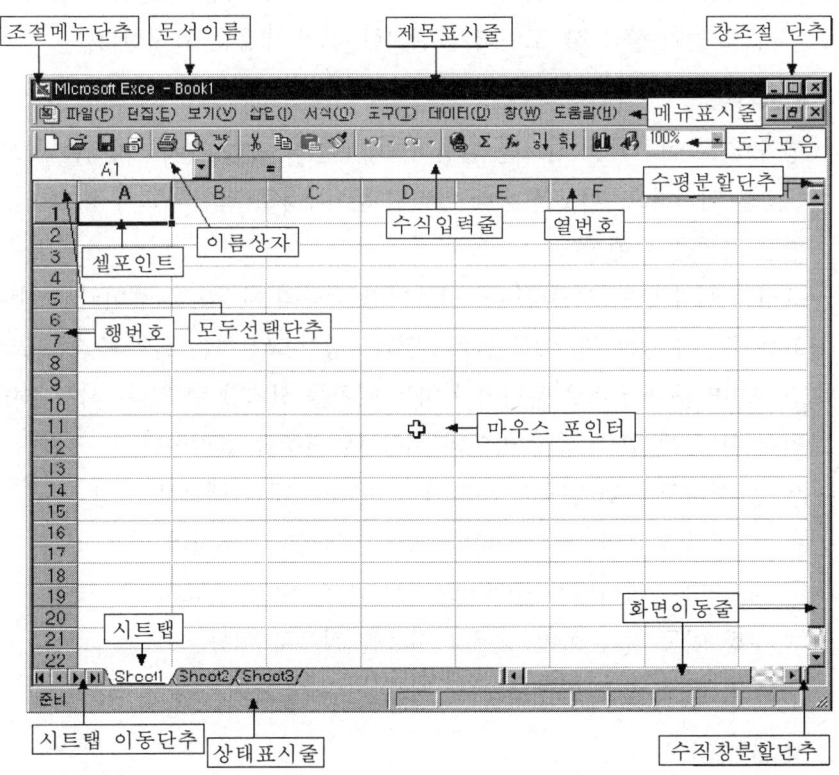

① 메뉴 표시줄

화면의 맨 윗줄에는 파일, 편집, 보기, 삽입, 서식, 도구, 데이터, 창, 도움말 등의 메뉴가 나열되어 있다.

② 도구모음

엑셀에는 좀 더 빠르고 쉽게 작업을 수행할 수 있도록 도구 모음이 준비되어 있으며, 엑셀을 처음 실행할 때 표준 도구모음과 서식 도구모음이 메뉴 표시줄 아래에 나타난다.

㉠ 표준 도구모음 : 엑셀에서 자주 사용하는 메뉴만을 아이콘으로 만들어 놓은 것이다.

㉡ 서식 도구모음 : 글꼴, 표시형식 서식에 사용되는 메뉴를 아이콘을 만들어 놓은 것이다.

㉢ 이름상자 : 선택된 셀의 주소가 나타나거나, 사용 가능한 이름이 나타난다.

㉣ 수식 입력 줄 : 셀 포인터가 위치한 셀의 내용을 표시한다.

③ 워크시트

행과 열로 이루어진 시트를 말한다. 대부분의 작업이 이루어지는 곳으로 문자나 문장을 입력하고, 이곳을 통해 입력된 문서내용을 확인하고 수정, 삽입, 삭제 등의 편집 작업을 수행한다.

그리고 행과 열이 교차하면서 만들어진 각각의 사각형을 셀이라고 한다. 각 셀은 고유 주소가 있는 데, 예를 들어 B열과 5행이 교차하는 셀의 주소는 B5이다. 마우스 포인터를 마우스로 움직여 원하는 위치를 선택할 수 있다. 시트 사이를 이동하려면 화면 맨 밑의 상태 라인의 이동 탭 단추를 클릭한다.

㉠ 행 머리글 : 행 번호가 나타나며, 65,536개의 행으로 구성

㉡ 열 머리글 : 열 번호가 나타나며, IV열까지 256개의 열로 구성

㉢ 시트 탭 : 데이터가 들어있는 각 시트의 이름이 표시되는 곳

㉣ 수평 이동 줄 : 화면 상에서 시트를 좌우로 이동

㉤ 수직 이동 줄 : 화면 상에서 시트를 위 아래로 이동

④ 상태라인

상태라인에는 현재 작업 중인 상황, 특수 키들이 눌러져 있는 상태 등을 표시한다.

(3) 데이터의 종류

데이터의 종류는 크게 6가지로 구분한다.

① 수치 데이터 : 수치 연산의 대상이 되는 자료
   ㉠ 숫자 0~9에 + - ( ) , / $ % . E e와 같은 특수문자만을 포함할 수 있다.
   ㉡ 분수를 표시하려면 "0 2/3"과 같이 반드시 앞에 "0"을 먼저 입력해야 한다. 그렇지 않으면 날짜로 인식하여 "02월 03일"로 표시 된다.
   ㉢ 셀의 오른쪽에 정렬되어 표시된다.

② 문자 데이터 : 수치연산의 대상에서 제외되는 자료
   ㉠ 영문자, 한글, 한자, 숫자, 특수문자를 사용할 수 있다.
   ㉡ 한 개의 셀에는 최대 32,767자(영문기준)까지 입력이 가능하다.
   ㉢ 셀 안에 입력된 문자 중 숫자, 수식, 시간, 논리값, 오류값 등으로 인식할 수 없는 모든 데이터들은 문자열로 취급한다.
   ㉣ Alt + Enter를 이용하여 한 셀 내에 여러 줄을 삽입할 수 있다.

③ 수식 데이터 : 수치 데이터를 대상으로 연산을 수행하는 자료로서 산술, 비교, 문자열, 참조 등의 4가지 연산자가 있다. 연산자의 우선 순위는 참조, 산술(음수→%→^→* 와 /→+와 -), 문자열, 비교연산자 순이며, 순위가 같은 연산자인 경우 왼쪽부터 차례대로 연산하면 된다.
   ㉠ 산술 연산자(사칙연산과 같은 기본적인 연산 수행)

연산자	이름	설 명
+	더하기	두 수의 덧셈 실행
-	빼기	두 수의 뺄셈 실행
*	곱하기	두 수의 곱셈 실행
/	나누기	두 수의 나눗셈 실행
%	백분율	숫자 뒤에서 백분율 표시
^	지수	숫자에 대한 지수 표시

ⓒ 비교 연산자(두 개의 값을 비교하여 참/거짓의 논리연산 수행)

연산자	이름	설 명
=	같다.	두 데이터가 서로 같다.
>	크다.	왼쪽의 데이터가 크다.
<	작다.	왼쪽의 데이터가 작다.
>=	크거나 같다.	왼쪽의 데이터가 크거나 같다.
<=	작거나 같다.	왼쪽의 데이터가 작거나 같다.
<>	같지 않다.	두 데이터가 서로 다르다.

ⓒ 문자 연산자(문자열 결합 연산 수행)

연산자	이름	설 명
&	앰퍼샌드	- 다수의 문자열을 연결하여 하나의 문자열을 생성한다. - 머리글과 바닥글에 사용한다.

ⓔ 참조 연산자(수식이나 함수에 필요한 연산 대상 셀 참조 연산 수행)

연산자	이름	설 명
:	콜론(범위)	두 영역 사이의 모든 부분을 참조
,	콤마(합집합)	모든 지정된 영역만을 참조
공백	교집합	두 영역 사이에서 공통되는 부분만을 참조

④ 날짜/시간 데이터 : 날짜와 시간을 표시하는 자료
  ㉠ 날짜와 시간은 숫자로 취급되어 수식 연산에 사용할 수 있으며, 수식에 사용하기 위해서는 문자열처럼 따옴표(" ")로 묶어야 한다.
  ㉡ 대소문자의 구별이 없으며 am과 pm의 지정이 없으면 24시간제를 기준으로 표시한다.
  ㉢ AM은 a나 A로, PM은 p나 P로 사용 가능하며, 대신 시간과는 공백을 한 칸 둔다.
  ㉣ 날짜 입력 시는 하이픈(-)이나 슬래시(/)를 사용한다.
  ㉤ 현재시간 입력은 Ctrl+:(콜론), 현재 날짜 입력은 Ctrl+;(세미콜론)으로 쉽게 표시할 수 있다.

⑤ 논리 데이터 : True와 False와 같은 참/거짓을 판별하는 자료

⑥ 메모 데이터 : 셀에 참고용으로 지정하는 자료로서 Shift+F2를 이용해 손쉽게 셀에 간단한 메모를 입력할 수 있다.

(4) 엑셀 내장 함수

① 사용자의 편의를 위하여 자주 사용되는 함수를 기본적으로 내장하여 사용자가 필요할 때마다 불러서 사용할 수 있다.

② 엑셀 함수를 기능별로 분류하면 재무, 날짜/시간, 수학/삼각, 통계, 찾기/참조 영역, 데이터베이스, 텍스트, 논리값, 정보로 나눈다.

순	함수	함수의 용도
1	ABS(x)	x의 절대값을 나타낸다.
2	INT(x)	x의 정수값을 나타낸다.
3	MOD(a,b)	a를 b로 나누었을 때의 나머지를 계산한다.
4	POWER(a,n)	a의 n제곱을 계산한다.
5	SQRT(a)	a의 양의 제곱근을 계산한다.
6	SUM(A1, A2, ⋯)	A1, A2, ⋯의 평균을 계산한다.
7	GCD(A1, A2, ⋯)	A1, A2, ⋯의 최대공약수를 계산한다.
8	LCM(A1, A2, ⋯)	A1, A2, ⋯의 최소공배수를 계산한다.
9	AVERAGE(A1, A2, ⋯)	A1, A2, ⋯의 평균을 계산한다.
10	SIN(x), COS(x), TAN(x)	삼각함수의 값을 계산한다.

[3] 파워포인트

(1) 파워포인트의 개요

파워포인트는 회사의 목표와 실적을 설명하거나 우리의 아이디어를 더 호소력 있게 발표할 수 있도록 하는 프로그램으로 표 그리기 도구와 차트 및 동영상 파일, 음악 클립들을 사용하여 보다 효과적이고 전문적인 프레젠테이션을 만들 수 있다.

(2) 파워포인트의 화면 구성

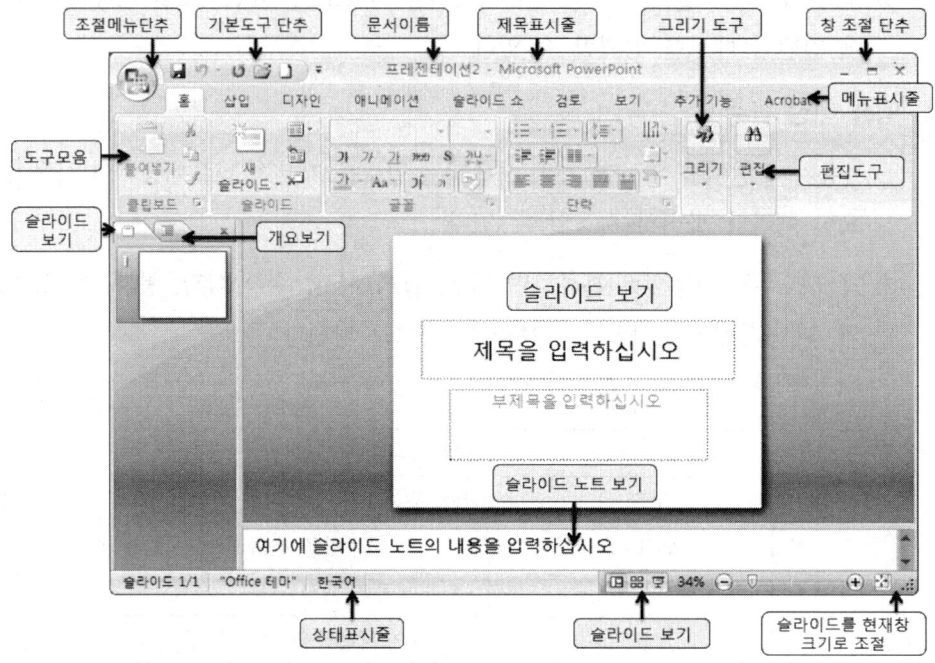

① 제목 표시줄 : 파워포인트 프로그램명과 파일명을 표시해 준다. 파워포인트의 기본 파일명으로 [프레젠테이션1]이라 표시되고, 사용자가 문서를 저장하게 되면 지정된 파일명이 나타난다.

② 메뉴 표시줄 : 파워포인트에서 사용할 수 있는 명령을 기능에 따라 분류하여 표시한다. 메뉴 선택시 [Alt]를 누르거나 선택하고자 하는 메뉴에 마우스를 클릭해도 된다.

③ 각종 도구모음 : 파워포인트의 기능을 단추로 만들어 메뉴를 사용하지 않고도 사용할 수 있게 화면에 표시한다.

④ 보기 아이콘
  ㉠ 기본 보기 : 파워포인트 한 화면에 개요 보기, 슬라이드 보기, 슬라이드 노트 보기를 동시에 보여주는 화면이다. 세 가지 보기를 한 화면에 보여줌으로써 사용자가 다른 보기 상태로 이동하는 시간을 단축할 수 있으며 편집 시에도 손쉽게 수정할 수 있다.

ⓛ 개요 보기 : 슬라이드의 흐름에 따라 주제가 어떻게 전개되는지 한 눈에 알 수 있으며 [개요 보기] 도구를 사용해서 내용을 편집한다.

ⓒ 슬라이드 보기 : 각 슬라이드에 문자열과 그림 개체를 넣을 수 있다. [슬라이드 보기] 단추를 눌러 슬라이드 보기로 바꾸면 부분적으로 확대하여 세밀한 작업을 할 수도 있다.

[4] 기타 소프트웨어 패키지의 기본

MS Office는 사무실의 업무 효율을 최대한 높일 수 있도록 빌게이츠의 마이크로 소프트사가 만든 통합 프로그램이다.

① 엑셀(excel) : 단순한 표 계산부터 회계, 재무관리를 위한 프로그램
② 워드(word) : 문서의 작성과 편집을 위한 프로그램
③ 엑세스(access) : 대량의 정보를 정리하여 그 정보를 검색하고 추출하는 데이터베이스 프로그램
④ 파워포인트(power point) : 프레젠테이션을 위한 프로그램
⑤ 아웃룩(outlook) : 전자우편 기능과 개인정보 관리 프로그램이 통합된 프로그램

memo

통신선로일반 03

Chapter 03 통신선로 일반

제1절 선로전송 이론

1 선로정수

[1] 통신선로의 기초

전기적 신호를 전송하기 위해 전기 도체로 만들어진 선로를 전송선로라 하며, 광신호 전송을 위한 광케이블, 전자파 신호의 전송을 위한 공간전파 등은 별도 취급된다.

(1) 전송선로의 분류
  ① 주파수에 따른 분류
    ㉠ 저주파용 선로 : 가공나선, 평형케이블 등
    ㉡ 초고주파용 선로 : 동축케이블, 도파관, 평판형 전송선로(마이크로스트립, 슬롯선로, 동일평면도파관[CPW : Coplanar waveguide] 등) 등
  ② 선로 정수에 따른 분류
    ㉠ 집중정수회로 : 일반적으로 취급하고 있는 선로의 전기 저항(R), 자체 인덕턴스(L), 정전용량(C) 등의 회로정수가 전선(선로)의 어느 한 부분에 집중되어 있는 것으로 회로를 구성하는 저항, 인덕턴스, 정전용량 등의 전기적 특성치를 의미한다.
    ㉡ 분포정수회로(평행 2선이나 동축케이블 등) : 선로의 길이가 전송신호의 파장에 비하여 무시할 수 없게 되면, 회로 내의 전압이나 전류는 각 부분에 균일하고 동시적인 변화가 없어질 때의 전압, 전류 및 회로정수 등은 전송선로 위치에 따

라 분포가 변화되는 회로를 의미하며, 단위길이 단위(당)의 저항, 인덕턴스, 정전용량의 값을 말한다.

③ 회로 내외부 또는 단거리/장거리에 따른 분류
- 회로 내부 결선(Circuit line)
- 장거리 전송선로(Telecommunication transmission line)

(2) 전송선로의 요구사항
① 신호의 손실이 작아야 한다.
② 반사, 누화의 방지(신호의 원형 유지)
③ 전파 지연의 감소 등

[2] 선로전송 현상

(1) 선로전송이론

① 전송선로에서의 전압과 전류

일반 회로에서는 회로의 물리적 크기가 전기적 파장에 비해 작고, 전송 선로에서는 회로의 물리적 크기가 전기적 파장에 비해 크거나 같다.

㉠ 1차 정수

도체저항(R), 자기인덕턴스(L), 정전용량(C), 누설 컨덕턴스(G) 4개의 정수를 회로의 1차 정수라고 하며, R과 G는 회로 손실을 의미한다.

㉡ 2차 정수는 1차 정수로부터 유도된 양으로, 감쇠정수(α), 위상정수(β), 특성임피던스(Z_0) 등으로 어떤 전파속도와 통신 상태로 전송되는가를 구체적으로 취급할 때에 이용한다.

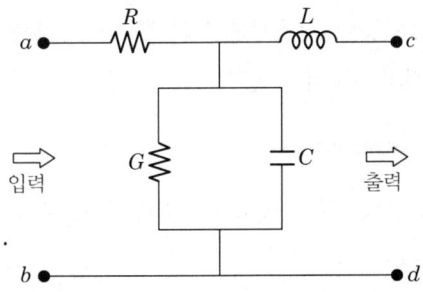

ⓐ 감쇠정수(α) [dB/km] [Nep/km]

선로에서 사용하는 감쇠정수의 기호는 α 이고, 감쇠량(전송손실)의 단위에는 상용대수를 사용하는 데시벨(dB)과 자연대수를 사용하는 네퍼(Nep)가 있으나, 전기통신기본법의 "전기통신설비에 관한 기술 기준"에서 데시벨[dB/km]만을 사용하도록 규정하고 있다.

$$\alpha = \sqrt{\frac{1}{2}\sqrt{(R^2+\omega^2L^2)(G^2+\omega^2C^2)} - (\omega^2LC - RG)}$$

음성주파수 : 300[Hz]에서 3,400[Hz]까지의 범위 내의 주파수
낮은 주파수 : 300[Hz] 미만의 주파수
높은 주파수 : 3,400[Hz]를 초과하는 주파수

ⓑ 위상 정수(β) [rad/km]

통화전류의 신호파가 선로 1[km]를 전파하는 동안에 신호파의 위상이 얼마나 지연되는가를 표시하는 것으로서 기호는 β 이고 단위로는 [rad/km]를 사용한다.

$$\beta = \sqrt{\frac{1}{2}\sqrt{(R^2+\omega^2L^2)(G^2+\omega^2C^2)} - (\omega^2LC - RG)}$$

위상정수는 통화전류의 신호파가 전화케이블선로에서 전파하는 속도를 직접 표현하는 것이 아니고 진공 중의 전자파속도(광속도)보다 얼마나 지연되는가를 라디안[rad/km]으로 표시함으로써 전파하는 속도를 간접적으로 표시한 정수로서 위상정수 β의 값이 작을수록 통화전류의 전파속도가 빠르다.

• 파장(λ)은

$\lambda = \dfrac{2\pi}{\beta}$[km]

(단, λ : 통화전류용 신호파의 파장, β : 통화전류용 신호파의 위상정수)

• 전파속도(v)는

파장이 1초 동안 사용주파수의 횟수로 송출할 경우 이것을 통화전류용 신호파의 전파속도라고 한다.

$v = \dfrac{2\pi f}{\beta}$[km/sec]

(단, v : 통화전류용 신호파의 전파 속도, f : 사용주파수)

ⓒ 전파 정수(γ)

$\gamma = \sqrt{(R+j\omega L)(G+j\omega C)} = \alpha + j\beta$

(단, γ : 전파정수, α : 감쇠정수, β : 위상정수)

ⓓ 특성 임피던스(Z_0) [Ω]

$$Z_0 = \sqrt{\frac{R+j\omega L}{G+j\omega L}}$$

ⓒ 전파정수의 특성 임피던스의 관계

ⓐ 전파 정수(γ)

$$\gamma = \sqrt{Y \cdot Z} = \sqrt{(R+j\omega L)(G+j\omega C)} = \alpha + j\beta$$

ⓑ 감쇠 정수(α)

$$\alpha = \sqrt{RG} = R\sqrt{\frac{C}{L}} = G\sqrt{\frac{L}{C}} \text{ [dB/km] (주파수에 무관하다.)}$$

ⓒ 위상 정수(β)

$$\beta = \omega\sqrt{LC} \text{ [rad/km] (주파수에 비례한다.)}$$

ⓓ 전파 속도(v)

$$v = \frac{\omega}{\beta} = \frac{1}{\sqrt{LC}} \text{ [m/s] (주파수에 무관하다.)}$$

ⓔ 파장(λ)

$$\lambda = \frac{v}{f} = \frac{2\pi}{\beta} = \frac{1}{f\sqrt{LC}} \text{ [m]}$$

ⓕ 특성 임피던스

$$Z_0 = \sqrt{\frac{Z}{Y}} = \sqrt{\frac{R+j\omega L}{G+j\omega C}} = \sqrt{\frac{R}{G}} = \sqrt{\frac{L}{C}} \text{ [Ω]}$$

ⓖ 선로의 특성 임피던스

$$Z_0 = \sqrt{Z_f \cdot Z_s} \text{ [Ω]}$$

(Z_f : 수단 개방 시 송단 임피던스, Z_s : 수단 단락 시 송단 임피던스)

ⓗ 특성 임피던스의 위상각 측정 방법

$$Z_0 = \sqrt{Z_f \cdot Z_s} \left| \frac{\theta_f + \theta_s}{2} \right. \text{ [Ω]}$$

ⓔ 전압반사계수(voltage reflection coefficient)

두 개의 서로 다른 매질의 경계면에 파동이 수직으로 입사하면 일부는 반사하고 나머지는 투과한다. 반사계수는 입사파의 진폭과 반사파의 진폭과의 비이다.

$$\Gamma = \frac{Z_L - Z_O}{Z_L + Z_O}$$

ⓐ $\Gamma = 0$: 반사전력이 없다. 입사전력이 모두 부하에 전달된다.
ⓑ $\Gamma = 1$: 부하에 전력전달이 되지 않는다.
반사손실(RL : Return Loss) : RL=$-20\log_{10}|\Gamma|$[dB]
ⓒ $\Gamma = 0$: RL=∞[dB]
ⓓ $\Gamma = 1$: RL=∞[dB]

㉤ 정재파비(SWR : Standing Wave Ratio)
정재파를 갖는 선로 또는 도파관 내의 인접한 파절(波節) 및 파복(波腹)에서 측정한 전류 또는 전압의 비. 또는 전자계의 최대 진폭과 최소 진폭의 비. 정재파의 최대 진폭 부분과 최소 진폭 부분의 비로 나타낸다.

$$SWR = \frac{V_{\max}}{V_{\min}} = \frac{1 + |\Gamma|}{1 - |\Gamma|}$$

② 선로전송의 구분
㉠ 전송형태에 따른 분류
ⓐ 아날로그 전송
- 전송 매체를 통해 전압, 전류, 사람의 목소리 등 계속적으로 변하는 데이터를 전송하는 방식으로 모뎀(MODEM)이 사용된다.
- 일정한 거리를 초과하면 신호의 세기가 감쇠하기 때문에 증폭기(Amplifier)를 사용해서 신호의 세기를 증폭하여 전송한다.
- 증폭기는 잡음까지도 증폭하기 때문에 정확한 데이터 전송이 어렵다.
- 전송 속도가 저속이다.

ⓑ 디지털 전송
- 데이터를 2진 코드 형태(0 또는 1)로 전송하는 방식이다.
- 전송 가능한 거리는 신호의 감쇠 현상이 발생하지 않을 정도의 짧은 거리로 제한된다.
- 장거리 전송을 위해서는 리피터(Repeater : 재생 중계기)를 사용한다.
- 리피터는 디지털 신호를 수신하여 이들로부터 0과 1을 구별한 후에 새로운 신호를 생성, 전송하기 때문에 감쇠 현상을 없앨 수 있다.

>  **참고**
> - 장·단점
>   - 신호의 재생이 가능하여 양질의 전송 품질을 제공한다.
>   - 정보 신호의 형태에 관계없이 모든 신호를 디지털 정보 형태로 변환하여 정보의 통합이 가능하다.
>   - 원거리 전송을 위해서 많은 리피터가 필요하다.

    ⓒ 전송매체에 따른 분류
      ⓐ 유선전송
- 2선식 케이블 : 전화
- 동축케이블 : 전화, CATV
- 광섬유케이블 : CATV, 국간전송

      ⓑ 무선전송
- 자유공간 : 이동통신

제2절 선로전송 방식

1 전송부호

[1] 전송부호

부호(code)라는 것은 각 데이터 정보 하나하나에 할당되는 2진 표현을 가리키며, 부호 체계란 모든 문자 집합에 대한 부호집합을 의미한다.

(1) 전송부호의 종류

  ① 보도 코드(Baudot Code)
    ㉠ 5개 비트로 구성
    ㉡ ITU-T(CCIT)에서 제정한 표준 코드로 Alphabet NO.20으로 지정된다.

ⓒ 텔렉스 통신에서 주로 사용된다.
ⓔ 에러 검출 기능이 없어 불편하다.

② BCD 코드(Binary Coded Decimal Code)
㉠ 모든 코드의 기본(디지털에 사용되는 코드는 4비트로 구성 : 8421코드)
㉡ 6bit로 구성되며 2^6가지(64가지)의 각기 다른 문자 표현이 가능하다.
㉢ 6bit는 2bit의 Zone과 4bit의 자릿수(Digit)로 구성된다.
㉣ 영문자 대문자와 소문자를 구별하지 못한다.

예) A 표현

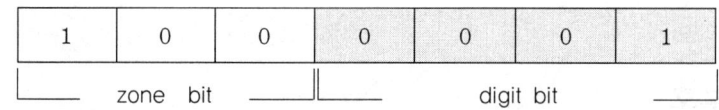

③ ASCII코드(American Standard Code for Information Interchange Code)
㉠ ISO(International Standards Organization)에서 개발되어 ANSI(American National Standards Institute)에 의해서 제정된 데이터 통신용 코드이다.
㉡ 개인용 컴퓨터 데이터 통신용이나 마이크로컴퓨터에서 사용한다.
㉢ 7bit로 구성 2^7가지(128가지)의 문자 표현이 가능하다.
㉣ 7bit는 3bit의 Zone과 4bit의 자릿수로 구성된다.

예) A 표현(10진수로 65)

1	0	0	0	0	0	1
zone bit			digit bit			

④ EBCDIC(Extended Binary Coded Decimal Interchange Code)
㉠ 확장된 BCD(8421 코드)코드로 범용 컴퓨터에 이용한다.
㉡ 8bit로 구성되며, 2^8가지(256가지)의 문자 표현이 가능하다.
㉢ 8bit는 4bit의 Zone과 4bit의 자릿수로 구성된다.
㉣ 16진수 2자리로 표현 가능하다.

예) A 표현(16진수로 C1)

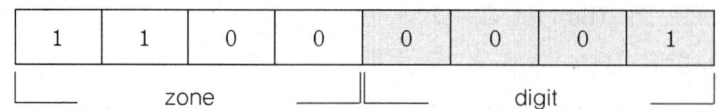

◎ Zone 4bit의 구성

1　2 bit	구성	3　4 bit	구성
0　0	undefined	0　0	A ~ I
0　1	특수문자	0　1	J ~ R
1　0	소문자	1　0	S ~ Z
1　1	대문자, 숫자	1　1	숫자

(2) 부호효율과 전송효율

① 부호비율 = $\dfrac{\text{정보 비트의 수}}{\text{전체 비트의 수}}$

② 전송효율 = $\dfrac{\text{정보 펄스의 수}}{\text{전체 펄스의 수}}$

③ 전송 시스템의 전체 효율 = 부호효율 × 전송효율

④ 비트율 : 시스템의 비트 흐름의 빈도 수

⑤ 부호율 : 비트율을 각 부호 전송 시 전송할 수 있는 비트의 수로 나눈 값

$$\text{부호율} = \dfrac{\text{비트율}}{\text{각 부호가 전송될 때 전송되는 비트 수}}$$

[2] 전송속도

① 디지털 정보의 전송속도는 크게 bps(bit per second)와 보(baud)로써 나타낸다.

② bps는 매초당 전송되는 비트의 수를 나타내는 것으로, 어떤 신호가 2400[bps]라 함은 1초에 2400개의 비트가 전송됨을 의미한다.

③ 보는 매 초당 몇 개의 신호 변화가 있었는가 또는 매 초당 몇 개의 다른 상태 변화가 있었는가를 나타내는 신호속도의 단위이다.

(1) 전송 속도의 종류

데이터 신호 속도(bps), 변조 속도(baud), 데이터 전송 속도(문자/분)

① 부호화(Encoding)
  정보 또는 신호를 다른 신호(2진)로 변화시키는 과정

② 변조(Modulation)
부호화된 신호를 반송 신호(Carrier Signal)에 싣는 과정

③ 변조 속도(baud)
㉠ 통신 회선에서 1초에 변조할 수 있는 신호변환 또는 상태 변환 수(단위 : baud)
㉡ 1초 동안에 전송 가능한 최단 펄스(Pulse)의 수
㉢ 변조속도(Baud)=1/T(단, T는 한 단위 펄스의 전송 시간)

④ 데이터 신호 속도
㉠ 1초에 전송할 수 있는 비트 수(bps)
㉡ bps(bit/sec : bit per second)
㉢ BPS=Baud×1회의 변조로 전송 가능한 비트의 수

> 참고
> • BIT와 보의 관계
> 직렬 전송 : 1bit가 한 단위 신호인 경우로 bps=baud
> 병렬 전송 : 여러 bit가 한 단위 신호인 경우로 bps=baud

⑤ 베어러 속도
베이스 밴드 전송 방식에서 데이터 신호 이외에 동기 신호, 상태 신호를 포함하는 전송속도로 단위는 BPS이다.

⑥ 데이터 전송 속도
㉠ 시간은 초, 분, 시를 사용하고 데이터 단위는 비트, 문자, 블록수 등을 사용
㉡ 단위 : 비트 수/초, 문자 수/분, 블록/초

(2) 통신용량(채널용량)
① 단위 시간당 정보가 에러 없이 그 채널을 통해 보내어질 수 있는 최대 통신 정보량
② 단위 : bps
③ 샤논의 정리

$$C = W \log\left(1 + \frac{S}{N}\right)$$

W : 대역폭, N : 잡음전력, S : 신호전력

④ 통신용량을 늘리기 위한 방법
  ㉠ 주파수 대역폭을 늘린다.
  ㉡ 신호세력(신호전력)을 높인다.
  ㉢ 잡음전력을 줄인다.

2 전송방식

[1] 전송방식

(1) 통신방식 : 두 지점 DTE간에 정보전송의 형태

① 단향통신(simplex communication) : 송신기와 수신기가 정해진 통신방식으로 데이터가 한쪽 방향으로만 전송되는 방식으로 단방향 통신의 원격제어시스템, 공중파의 TV 방송과 라디오 방송이 대표적이다.

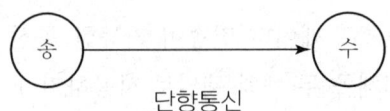
단향통신

  ㉠ 송·수신측이 미리 고정되어 있는 통신 방식
  ㉡ 통신 채널을 통하여 한쪽 방향으로만 데이터를 전송
  ㉢ TV나 라디오 방송에서 사용
  ㉣ 수신된 데이터의 에러 발생 여부를 송신측이 알 수 없다.

② 반이중 방식(half duplex) : 송·수신 기능을 한 개의 시스템에서 동시에 수행할 수 없고, 송·수신을 별도로 하는 방식으로 무전기와 컴퓨터 통신시스템에서 널리 사용한다.

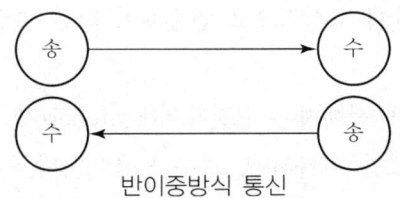
반이중방식 통신

㉠ 양방향 통신이 가능하지만 어느 한쪽이 송신하는 경우 상대편은 수신만이 가능한 통신 방식
㉡ 송·수신측이 고정되어 있지 않다.
㉢ 만일 양측에서 동시에 데이터를 전송하게 도면 충돌이 발생하기 때문에 데이터를 전송하기 전에 전송 매체의 사용 가능 여부를 확인해야 된다.
㉣ 무전기나 모뎀을 이용한 통신에서 사용

③ 전이중 방식(full duplex) : 가장 효율이 높은 방식으로 두 개의 시스템이 동시에 데이터를 송·수신할 수 있는 방식이다. 일반적으로 송·수신 회선이 별도의 4선식으로 구성된다.

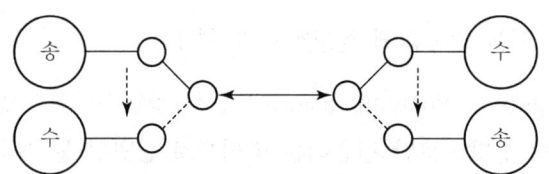

전이중방식 통신

㉠ 동시에 양방향으로 데이터 전송이 가능한 통신 방식
㉡ 하나의 전송 매체를 두 개의 채널로 사용하거나 전송 방향에 따라 별도의 전송 매체를 사용

[2] 회선의 형태

(1) 전용회선 방식

회선이 단말기 상호 간에 고정되어 있어 언제나 통신이 가능
Point to point, Multipoint

① Point to point 방식(전용 회선교환)

중앙의 컴퓨터와 여러 대의 단말기가 각각 독립적인 회선을 이용하여 1 : 1 연결하여, 특정 DTE 간에 고정적으로 연결되어 회선 설정이 불필요하다.

㉠ 특성
  ⓐ 정보 전달에 선행하는 연결제어(protocol)가 불필요하다.
  ⓑ 회선 사용료가 비싸지만, 보수가 용이하다.

ⓒ 두 DTE 간에 정보 전송량이 많은 경우에 적합하다.

② Multi - point 방식(Multi -Drop : 분기 회선방식)

다수의 터미널이 하나의 통신회선에 직접 연결되어 정보의 송·수신을 하는 식으로 데이터의 전송은 polling과 selection에 의해 수행된다.

㉠ 특성

ⓐ 전송 거리가 길고 정보량이 적을 때 유리하다.

ⓑ 단방향 분기 방식과 양방향 분기 방식이 있다.

ⓒ 회선 및 Modem을 절약할 수 있으나, 정보 전달에 선행하는 연결제어가 필요하다.

ⓓ 정보 유통량이 적은 입출력 단말장치들과 처리 장치간의 회선을 다중화 방식으로 사용한다.

ⓔ 회선 고장 시 보수가 복잡하고, 사용하는 회선은 대부분이 전용 회선이다.

(2) 공중(교환)회선 방식

데이터교환방식	직접교환	회선교환	
	축적교환	패킷교환	가상회선
			데이터그램
		메시지교환	

① 교환(Circuit Switching) 방식 : 전화시스템

㉠ 교환기를 통해 통신회선을 설정하여 직접 데이터를 교환한다.

㉡ 전송 중 동일한 경로를 사용한다.

㉢ Point to point 전송구조이다.

㉣ 지연은 거의 없다. 연속적인 데이터 전송에 적합하다.

㉤ 양측이 모두 전송 가능한 형태이다.

② 메시지 교환 : e-mail

㉠ 교환기가 송신측 컴퓨터의 메시지를 받아 축적하였다가 전송한다.

㉡ 전송경로가 다르다.

㉢ 수신측이 준비되지 않더라도 지연 후 전송 가능하다.

㉣ 데이터 전송 지연시간이 가장 길다.

③ 패킷 교환 방식
  ㉠ 메시지를 일정한 크기의 패킷으로 분해해서 전송한다.
  ㉡ 수신측에서 원래의 메시지로 조립한다.
  ㉢ 회선 이용률은 높다.

(3) 매체 접근 방법에 따른 분류

① CSMA/CD
  ㉠ 전송로가 비어 있는지 확인한다.
  ㉡ 전송로가 비어 있으면 전송하며 사용 중이면 대기한다.
  ㉢ 송신 중에는 충돌발생을 감시한다.
  ㉣ 충돌 발생하면 송신 중단 후 임의의 시간 후에 재시도한다.
  ㉤ 버스형의 용도에 적합하다.
  ㉥ 장・단점
    ⓐ 작업량이 적을 때 효과적이며, 가격이 저렴하다.
    ⓑ 토큰과 같은 제어정보가 존재하지 않아 장해처리가 간단한 데이터의 충돌이 발생 시 처리가 용이하다.
    ⓒ 회선 사용률이 많을 경우 충돌발생으로 지연시간이 급속히 증가한다.

② Token Passing
  ㉠ 데이터 송신권을 가지는 토큰을 노드들 사이에 순환
  ㉡ 송신할 데이터가 있는 노드에서 토큰 확보 후 송신
  ㉢ 링형의 용도에 적합하다.
  ㉣ 장・단점
    ⓐ 임의 길이의 데이터를 안전하게 전송한다.
    ⓑ 지연시간을 일정치 이내로 줄일 수 있다.
    ⓒ 토큰 파기의 검출 및 외부처리가 매우 복잡하다.

[3] 직렬(Serial) 전송과 병렬(Parallel) 전송

(1) 직렬(Serial) 전송
  ① 동일한 전송선을 통해서 한 비트씩 전송하는 방식으로, 대부분의 데이터 전송에서

사용한다.

② 장·단점
- ㉠ 전송 에러가 적다.
- ㉡ 원거리 전송에 적합하다.
- ㉢ 통신 회선 설치비용이 저렴하다.
- ㉣ 전송 속도가 느리다.

(2) 병렬(Parallel) 전송

① 송신하고자 하는 비트 블록 각각에 대응되는 전송선이 따로 있어서 비트 블록을 한 번에 전송한다.

② 장·단점
- ㉠ 단위 시간에 다량의 데이터를 빠른 속도로 전송한다.
- ㉡ 전송 길이가 길어지면 에러 발생 가능성이 높아진다.
- ㉢ 통신 회선 설치비용이 커진다.

[4] 비동기 전송(Asynchronous transmission)과 동기 전송(Synchronous transmission)

(1) 비동기 전송(Asynchronous transmission)

① 한 문자를 전송할 때마다 동기화시켜 전송하는 방식
② 전송의 기본 단위 : 문자 단위의 비트 블록
③ 송·수신측의 동기화를 위해서 각 비트 블록의 앞뒤에 시작 비트(Start Bit)와 정지 비트(Stop Bit)를 덧붙여 전송
④ 일반적으로 패리티 비트(Parity Bit)를 추가해서 전송
⑤ 전송 속도 : 1,800[bps] 이하의 저속 전송
⑥ 비동기 전송방법
- ㉠ 송신측에서 유휴(idle) 상태를 나타내는 비트를 전송하다가 데이터 전송 시 시작 비트를 전송한다.
- ㉡ 패리티 비트를 포함한 데이터를 전송한다.
- ㉢ 전송이 완료되었음을 나타내는 정지 비트를 전송한다.
- ㉣ 다시 유휴 상태로 전환한다.

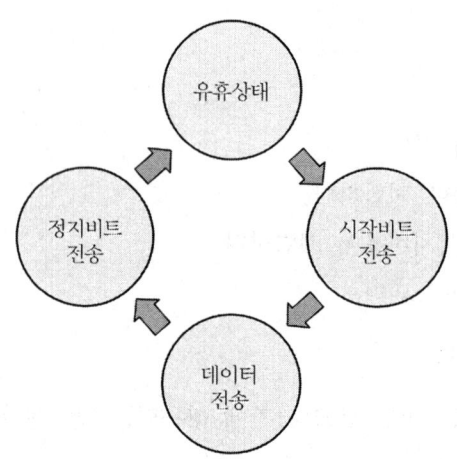

⑦ 장·단점
　㉠ 동기화가 단순하고, 가격이 저렴하다.
　㉡ 문자당 2~3비트를 추가로 전송해야 되므로 전송 효율이 떨어진다.

(2) 동기 전송(Synchronous transmission)
① 비동기 방식의 비효율성을 보완하기 위한 방법이다.
② 전송할 데이터를 여러 블록으로 나누어서 각 블록 단위로 전송하는 방식이다.
③ 데이터와 제어 정보를 포함하는 큰 크기의 프레임을 전송한다.
④ 동기화를 위해서 전송의 시작과 끝을 나타내는 제어 정보를 데이터의 앞뒤에 붙여서 프레임을 구성한다.
⑤ 문자 중심 전송과 비트 중심 전송으로 분류한다.
⑥ 전송 속도 : 2,000[bps] 이상의 고속 전송
⑦ 장·단점
　㉠ 전송 효율이 좋고, 고속 데이터 전송에 적합하다.
　㉡ 별도의 하드웨어 장치가 필요하다.

(3) 혼합형 동기식 전송
① 비동기 전송과 동기 전송의 혼합형태이다.
② 비동기 전송과 같이 스타트 비트와 스톱 비트를 가지며, 동기 전송과 같이 송·수신 측이 동기 상태를 이룬다.
③ 비동기 전송보다 빠르고, 정확한 동기를 갖는다.

[5] 베이스 밴드 전송과 광대역 전송

(1) 베이스 밴드(Base Band) 전송

① 변조되기 전의 디지털 신호를 그대로 전송 신호로 사용하는 방식이다.
② 신호만 전송되기 때문에 전송 신호의 품질이 좋다.
③ 전송 신호는 전송 중에 점차 약해지기 때문에 장거리 전송에 부적합하다.

(2) 광대역 전송

① 원래의 2진 부호를 별도의 신호로 변환시켜서 송신하는 방식이다.
② 직류 신호를 교류 신호로 변환하여 전송하고, 수신측에서는 직류 신호를 역변환하는 방식이다.
③ 직류 신호가 별도의 신호로 변환된 교류 신호를 반송파라고 한다.
④ 송·수신측에서 각각 변복조 기능을 수행하기 위한 모뎀이 필요하다.

[6] 다중화(Multiplexing)

(1) 다중화

여러 단말장치로부터 들어오는 데이터들을 하나의 통신회선을 통하여 전송할 수 있도록 제어하고, 수신측에서는 여러 단말장치의 신호로 분리하여 출력할 수 있도록 하는 장치로 전송 데이터의 효율을 높이기 위해 사용한다.

① 여러 개의 정보들을 용량이 큰 하나의 전송선으로 전송하는 방법이다.
② 다중화장치(Multiplexer : MUX) : 다중화 기능과 다중화된 정보를 원래 상태로 분 배해주는 기능을 담당한다.
③ 회선 비용을 대폭 줄일 수 있는 장점이 있다.
④ 주파수 분할 다중화, 시분할 다중화 등으로 분류한다.

(2) 주파수 분할 다중화(FDM : Frequency Division Multiplexing)

① 좁은 주파수 대역을 사용하는 여러 개의 신호들이 넓은 주파수 대역을 가진 하나의 전송로를 따라서 동시에 전송되는 방식이다.
② 전송 매체의 대역폭이 전송 신호의 대역보다 넓을 때 사용 가능하다.
③ 수신측에서는 필요한 주파수만을 선별하는 여과(Filtering) 과정을 통해서 정보를

얻는다.

(3) 시분할 다중화(TDM : Time Division Multiplexing)

① 시간을 타임 슬롯(Time Slot)이라는 기본 단위로 나누고, 이들을 일정한 크기의 프레임으로 묶어서 채널별로 특정 시간대에 해당하는 슬롯에 배정하는 방식이다.
② 전송 매체의 전송 속도가 정보 소스의 정보 발생률보다 빠를 때 사용 가능하다.

[7] 아날로그/디지털 전송기술

숫자나 문자를 입력해서 2진 코드화시킨 신호를 디지털 신호라 하고, 전압이나 전류와 같은 신호를 아날로그 신호라 한다.

(1) 아날로그 전송기술

① 전송 매체를 통해 전압, 전류, 사람의 목소리 등 계속적으로 변하는 데이터를 전송하는 방식으로 모뎀(MODEM)이 사용된다.
② 일정한 거리를 초과하면 신호의 세기가 감쇠하기 때문에 증폭기(Amplifier)를 사용해서 신호의 세기를 증폭하여 전송하는 방법이다.
③ 증폭기는 잡음까지도 증폭하기 때문에 정확한 데이터 전송이 어렵다.
④ 전송 속도가 저속이다.

(2) 디지털 전송기술

① 데이터를 2진 코드 형태(0 또는 1)로 전송하는 방식이다.
② 전송 가능한 거리는 신호의 감쇠 현상이 발생하지 않을 정도의 짧은 거리로 제한된다.
③ 장거리 전송을 위해서는 리피터(Repeater : 재생 중계기)를 사용한다.
④ 리피터는 디지털 신호를 수신하여 이들로부터 0과 1을 구별한 후에 새로운 신호를 생성, 전송하기 때문에 감쇠 현상을 없앨 수 있다.
⑤ 장·단점
  ㉠ 신호의 재생이 가능하여 양질의 전송 품질을 제공한다.
  ㉡ 정보 신호의 형태에 관계없이 모든 신호를 디지털 정보 형태로 변환하여 정보의 통합이 가능하다.
  ㉢ 원거리 전송을 위해서 많은 리피터가 필요하다.

3 데이터 신호의 변조방식

[1] 데이터 신호의 변조방식

(1) 디지털 데이터를 디지털 신호로 변환

디지털 데이터(0,1)를 불연속적인 전압펄스의 연속으로 신호를 표시한다.
해당 각 비트를 특정 전압펄스에 대응. 0 : low voltage 1 : high voltage

디지털 데이터를 디지털 신호로 변환하는 방법	단극성(Unipolar : 단류)
	양극성(Bipolar : 복류)

① 전송신호의 전압펄스의 위치에 따라 분류

㉠ 단극성(Unipolar : 단류)

모두 양(+)전압, 혹은 음(-)전압으로 나타난다.	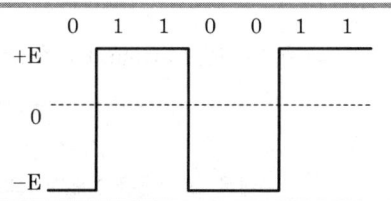

㉡ 양극성(Bipolar : 복류)

한 번은 양전압, 한 번은 음전압으로 서로 교대로 나타난다.	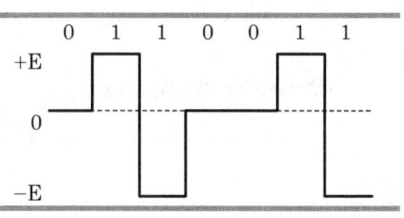

(2) 변조방식의 종류

① 단류 NRZ(Non-Return Zero)

- 0 : 0[V], 1 : + 혹은 - 전압으로 전송한다. - 가장 간단, 전송로 방해(잡음)에 약함	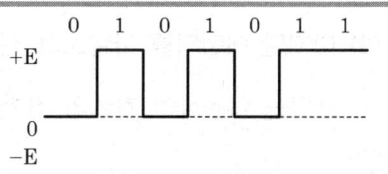

② 복류 NRZ(Non-Return Zero)

- 0, 1 판정의 기준치를 0[V]로 설정한다.
- -E[V], +E[V], 수신 전위변화에 강함

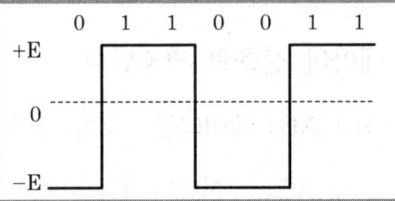

③ 단류 RZ(Return to Zero)

펄스의 길이가 신호의 길이보다 짧고 필히 0[V]로 복귀 후 변화한다.

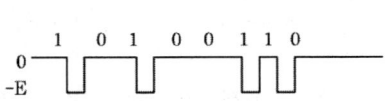

④ 복류 RZ(Return to Zero)

0에서 1로, 혹은 1에서 0으로 비트 변환 시 항상 0[V]를 일정 간격 유지한다.

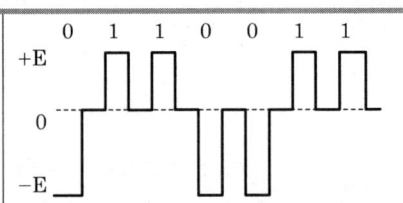

⑤ 바이폴러(Bipolar)

복류 RZ방식과 유사. +, - 교대로 발생한다.

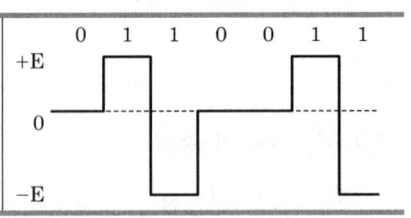

(3) 디지털 데이터를 아날로그 신호로 변환

모뎀을 이용하여 기존의 전화선을 이용하여 데이터 전송

디지털 데이터를 아날로그 신호로 변환하는 방법	진폭편이변조(ASK : Amplitude Shift Keying)
	주파수편이변조(FSK : Frequency Shift Keying)
	위상편이변조(PSK : Phase Shift Keying)
	진폭위상편이변조(APK : Amplitude-Phase Shift Keying) 또는 직교진폭변조방식(QAM : Quadrature Amplitude Modulation)

① 진폭편이변조(ASK : Amplitude Shift Keying)
  ㉠ 0, 1 값을 반송파 진폭에 대응시켜 변조한다.
  ㉡ 비트 0은 그대로, 비트 1은 진폭을 크게 하여 변조한다.
  ㉢ 전송로의 상태에 민감(보통 위상편이변조(PSK)와 혼합사용)하다.
  ㉣ 회로가 간단하고 가격이 저렴하나 잡음이나 신호의 변동에 약하다.

② 주파수편이변조(FSK : Frequency Shift Keying)
  ㉠ 비트 1은 높은 주파수, 0은 낮은 주파수에 대응시켜 변조한다.
  ㉡ 저속의 비동기 전송에 많이 사용, 넓은 대역폭을 차지한다.

③ 위상편이변조(PSK : Phase Shift Keying)
  ㉠ 0, 1비트를 주파수의 위상에 대응시켜 변조한다.
  ㉡ 비트 0은 기준위상(00), 비트 1은 반전위상(1800)에 대응한다.
  ㉢ ASK, FSK보다 성능이 우수하다.
  ㉣ 중·고속의 데이터 전송에 사용한다.

④ 진폭위상편이변조(APK : Amplitude-Phase Shift Keying)
  ㉠ 직교진폭변조방식(QAM : Quadrature Amplitude Modulation)이라도 한다.
  ㉡ PSK방식에서 위상 이동값을 1800 대신에 900 값으로 이동, 즉 하나의 신호 요소에 2개 비트값의 표현이 가능하여 고속전송이 가능하다.

(4) 아날로그 데이터를 디지털 신호로 변환

센서 등에 의해 입력된 데이터(아날로그)를 디지털(컴퓨터)로 처리하여 다시 아날로그로 전송하여 제어하는 곳에 CODEC(Coder/Decoder)을 사용하며, 일반적인 신호변환 방법은 PCM(Pulse Code Modulation)을 사용한다.

① PCM의 특징
  ㉠ 잡음과 간섭에 강하고 고품질의 데이터전송이 가능하다.

ⓒ 반도체 집적회로(IC)로 구현이 용이하다.
　　ⓒ 전송 중 코딩된 신호를 효과적으로 재생할 수 있다.
　　ⓔ SN비를 개선하기 위한 채널대역폭의 증가를 효과적으로 바꿀 수 있다
　　ⓜ 동일한 포맷으로 공통된 네트워크에서 다른 디지털 데이터와 합칠 수 있다.
　　ⓗ TDMA 시스템에서 신호를 빼거나 삽입하기가 쉽다.
　　ⓢ 특수한 변조법이나 암호화를 적용하기가 쉽다.
② PCM의 신호변환과정

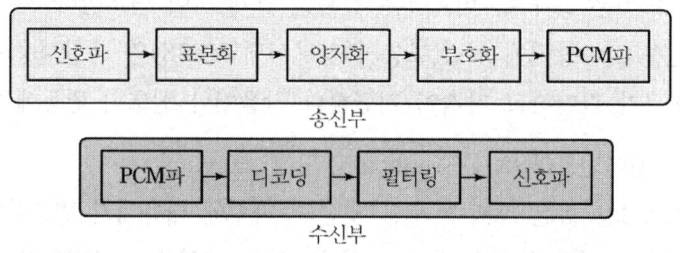

　ⓐ 표본화(PAM : Pulse Amplitude Modulation)
　　ⓐ 아날로그 데이터의 진폭은 일정한 간격의 진폭값을 실수형태로 추출
　　ⓑ 샤논의 샘플링 정리(Shannon's sampling theory) : 입력신호에 대해 2배 이상의 빈도($\frac{1}{2f}$)로 표본화하면 원래의 신호를 재생할 수 있다.
　ⓑ 양자화(Quantization)
　　표본화 과정의 PAM에서 표본화된 펄스의 크기를 정수로 수치화(반올림)하여 이를 부호형태로 표시
　ⓒ 부호화(Encoding) : 양자화된 진폭의 수치값(정수)을 0, 1의 2진수의 디지털 신호로 변환
　ⓓ 송신 : Pluse Stream 형태로 수신지에 전송
　ⓔ 수신
　ⓕ 디코딩(Decoding) : 수신된 Pulse를 이진수 형태로 다시 표현
　ⓖ 필터링(Filtering) : 저역필터(Low pass filter)를 통과시켜 고주파성분의 제거, 잡음 등을 제거하여 원래 신호에 가깝게 변화

(5) 아날로그 데이터를 아날로그 신호로 변환

입력된 아날로그 데이터를 반송파(carrier)에 실어 아날로그 신호(주파수형태)로 변조하여 전송하는 방식으로 라디오, TV 등의 방송매체에 사용한다.

아날로그 데이터를 아날로그 신호로 변환하는 방법	진폭변조(AM : Amplitude Modulation)
	주파수변조(FM : Frequency Modulation)
	위상변조(PM : Phase Modulation)

① 진폭변조(AM : Amplitude Modulation)
　㉠ 반송파의 진폭을 신호파의 진폭에 따라 변화하게 하는 방법
　㉡ 회로가 간단하고 전력소모가 적은 특징을 갖는다.
　㉢ 변조도 : 신호파의 진폭과 반송파의 진폭의 비

$$m_a = \frac{I_{sm}}{I_{cm}} = \frac{신호파의\ 진폭}{반송파의\ 진폭}$$

② 주파수 변조(FM : Frequency Modulation)
　㉠ 반송파에 따라 주파수를 높게 혹은 낮게 변조
　㉡ 많은 양의 정보를 제공

③ 위상변조(PM : Phase Modulation)
　㉠ 반송파의 각속도를 신호파에 따라서 변화시키는 변조방법

4 광 전송기술

[1] 광 전송기술

광통신은 빛을 이용하여 정보를 주고받는 통신방식으로, 반송파 주파수가 마이크로파보다 큰 적외선 영역의 광파를 반송파로 사용함으로써 다른 어떤 통신 방법보다 넓은 대역폭으로 초고속 정보전송을 가능하게 한다.

(1) 광통신의 장점
　① 초당 정보 전달량이 많으므로 고속 전송이 가능하다.

② 에너지의 손실이 적어 장거리 송전에 유리하다.
③ 빛 신호는 전기 신호보다 많은 수의 신호를 동시에 전송할 수 있어 넓은 범위의 신호를 전송한다.
④ 송전선이나 고압기기에 의한 유도 잡음에 강하다.
⑤ 절연성이 우수하여 전기에 의한 스파크 등이 없다.
⑥ 가볍고 부피가 작아 많은 회선이 가능하다.
⑦ 잡음이 없고, 양방향 전송이 가능하다.
⑧ 전자기장애(EMI)가 발생하지 않는다.
⑨ 기존의 전송로보다 전송용량이 매우 크다.
⑩ 보안성이 우수하여 외부에서 도청이 불가능하다.
⑪ 기존의 동축케이블이 약 1.5~4[km]마다 중계기가 필요한 데 반해 무중계 거리를 50[km] 이상으로 연장할 수 있다.
⑫ 유지비용이 적게 되어 저가의 시스템 구성이 가능하다.

(2) 광통신의 단점

① 휨에 약하고 끊어지면 수리가 힘들다.
② 전력전송과 연결 및 확장이 어렵다.
③ 분기 및 결합이 동선보다 어렵다.
④ 광케이블의 고장 시 복구시간이 길다.
⑤ 고도의 접속기술을 필요로 한다.
⑥ 시설비가 많이 든다.

(3) 광섬유의 구조

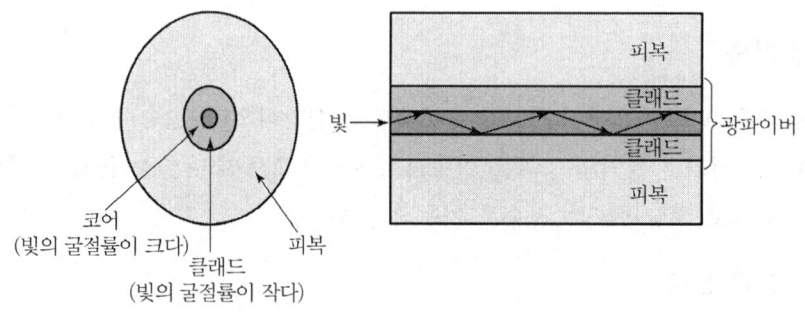

광케이블의 구조 및 단면도

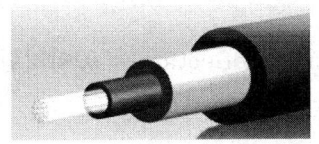

① 코어 : 지름이 대개 0.001[mm]이고, 광파를 전달하는 물질로 클래드보다 굴절계수가 높다.
② 클래드 : 지름이 대개 0.1[mm]이고 굴절률이 작은 부분으로 코어에 강도를 제공하며, 광파를 코어 내로 유지시킨다.
③ 피복 : 광섬유를 수분과 부식 등의 외부 충격에서 보호하기 위한 합성수지 피복부분이다.

(4) 광섬유의 도파 원리

① 빛의 성질

빛은 복사 에너지(Radiation Energy)로서, 파동성 및 입자성 모두를 갖고 있으며, 파동성으로 볼 때는 전자기파(Electromagnetic Wave)라고 하며, 입자성으로 볼 때는 광자(Photon)라고 한다.

㉠ 빛의 직진성 : 광선(Light Ray)이라고 표현
㉡ 빛의 직진성과는 모순되는 반대 현상 : 회절, 산란
㉢ 직진하는 빛이 서로 다른 매질의 경계면에서 : 입사, 반사, 투과, 굴절
㉣ 편광(Polarization) : 빛이 횡으로 진동하는 전자기파
㉤ 빛의 파동성의 대표적 현상 : 빛의 간섭(보강간섭·소멸간섭)
㉥ 빛의 입자성의 대표적 현상 : 광전효과
㉦ 빛의 온도 의존성 : 흑체, 색온도
㉧ 빛의 속도(진공 중) : $c ≒ 3 \times 10^8 [m/s]$

ⓐ 반사(Reflection)

전파되어 나가는 빛·전자기파의 파동이 그 파동의 파장보다 큰 장애물에 부딪칠 경우에 반사된다.

• 프레넬 반사(Fresnel Reflection) : 대부분의 빛이 매질을 통과하지만 일부분이 반사되며, 서로 다른 굴절률을 갖는 매질을 통과할 때 발생한다.
• 거울반사(Specular Reflection) : 마치 거울처럼 대부분의 입사파가 그대

로 반사한다.
- 확산반사(Diffuse Reflection) : 종이처럼 거칠고 불투명한 표면에서 빛이 여러 방향으로 산란 반사한다.

ⓑ 회절(Diffraction)

전파(電波) 또는 빛의 진행방향에 산, 건물 등 물체가 있어 직진방향으로부터 파동이 조금씩 휘어져 심지어 그 뒤편에서도 수신이 가능한 현상

- 회절손실 : 회절손실은 회절에 의한 손실로 주파수가 높을수록 회절에 의한 손실도 커진다.

가시거리 내	산악, 건물, Knife Edge 등에 의한 회절 손실
가시거리 외	지구의 굴곡으로 인한 지구 표면에 의한 회절 손실

ⓒ 산란(Scattering)

장애물이 파동의 파장보다 작은 경우에 입사되는 파동이 여러 갈래의 미약한 신호로 흩어져 버리는 현상

- 선형 산란 : 빛이 광섬유 내를 전파할 때, 빛이 미소한 입자에 부딪쳐 여러 방향으로 방사되는 현상으로 방해물의 크기가 파장보다 작은 경우, 원래의 빛 에너지를 그대로 유지하며 산란한다.
- 비선형 산란 : 일정 주파수의 빛이 입사되었을 때, 분자 고유진동, 결정격자의 진동에너지만큼 벗어나서 산란되는 현상으로 원래의 빛 에너지를 잃거나 얻으면서 산란한다.

ⓓ 굴절(Refraction)

빛이나 전파(電波)는 직진성을 가지고 있으나, 진행하는 파(波)가 매질의 밀도가 다른 매질의 경계면에서 휘어지는 현상

② 스넬의 법칙(Snell's law)

빛의 굴절률이 높은 곳에서 낮은 곳으로 진행할 때 임계각에서 빛은 모두 반사하게 되며, 이를 전반사라 하는데, 전반사를 이용하면 광섬유에서 감쇠가 거의 없는 장거리 전송이 가능하다.

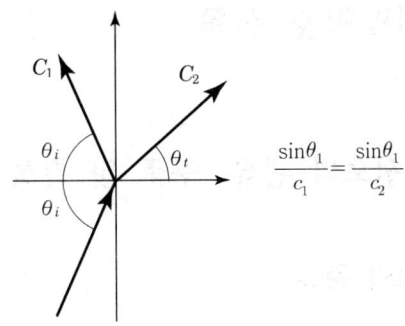

$$\frac{\sin\theta_1}{c_1} = \frac{\sin\theta_1}{c_2}$$

단, c_1, c_2는 각 매질에서의 음파 속도, θ_i는 입사파의 입사각도, θ_t는 투과파의 전파 각도이다.

③ 전파모드 및 굴절률 분포

㉠ 전파모드

단일모드	광섬유측을 지나는 광의 전파모드의 하나로서 하나의 모드만을 허용하며 광대역성을 갖는다.
다중모드	광섬유측을 지나는 광의 전파모드의 하나로서 여러 가지 모드를 허용하며 광대역성을 갖는다.

㉡ 굴절률 분포

계단형	코어와 클래드의 굴절률 관계가 클래드 부분에서 계단적으로 변화하는 현상
언덕형	코어와 클래드의 굴절률 관계가 클래드 부분에서 연속적으로 변화하는 현상

제3절 동선케이블 선로

1 동선케이블 선로의 종류, 구조 및 특성

[1] 동선케이블 선로의 종류

(1) 재질별 구분

① 동선케이블
  ㉠ 가공 나선로
    ⓐ 철에 구리를 입힌 매체로 감쇠 현상이 크다.
    ⓑ 전자 유도에 의한 영향을 받는다.
    ⓒ 가입자에 한해서 연결이 가능하다.
    ⓓ 가장 최초로 사용된 통신회선으로 전신주에 이용하였으나 현재는 사용하지 않는다.
  ㉡ 이중나선
    ⓐ 페어형 케이블
      • 절연된 두 개의 구리선을 나선 모양으로 구성
      • 아날로그, 디지털통신 모두에서 가장 많이 사용된다.
      • 동축케이블, 광섬유 등에 비해 가격이 저렴하고 사용이 쉬우나 전송속도와 거리에 제약이 따른다.
      • 아날로그 신호에서는 5~6[km]마다 증폭기(Amplifier)가 필요하고, 디지털 신호에서는 2~3[km]마다 중계기(리피터 : Repeater)가 필요하다.
    ⓑ 동축 케이블
      • 신호를 전송하기 위한 중심 도체와 이를 동심원으로 둘러싼 외부 실린더 도체로 구성된다.
      • TV 분배, 장거리 전화 전송, LAN, 짧은 시스템 링크 등 가장 용도가 다양한 전송매체로 아날로그, 디지털 신호 모두에 사용된다.
      • 높은 주파수와 빠른 데이터 전송에 효과적으로 사용되며 광대역 전송에 적합

- 이중나선보다 혼선과 방해를 훨씬 덜 받는다.
- 아날로그 신호에서 주파수가 높을수록 증폭기의 간격이 좁아져야 하므로 몇 [km]마다 증폭기가 필요하다.
- 디지털 신호에서 전송속도가 빠를수록 리피터의 간격이 좁아져야 하므로 몇 [km]마다 리피터가 필요하다.

(2) 절연형태별 구분

지절연 케이블, CPEV 케이블, PE 절연케이블(Polyethylen), PEF 케이블(Polyethylen Foamed), F/S 케이블(Foam-Skin), JF F/S 케이블(Jelly Filled Foam-Skin)

(3) 외피종별 구분

연피, ST(Stalpeth Cable : 스탈페스 케이블), WT(Wallmantel Cable : 웰만텔 케이블), PVC(Poly-Vinyle Chloride : 폴리염화비닐), LAP(Laminated Aluminum Polyethylene)

(4) 외장종별 구분

강대외장케이블, 철선외장케이블

(5) 구조별 구분

차폐 케이블, 스크린 케이블(Screen Cable)

(6) 용도별 구분

관로용 케이블, 직매케이블, 가공용 케이블, 수저케이블, 차폐케이블

(7) 구간별 구분

시내케이블(국간 중계, 가입자케이블), 시외케이블, 국내케이블, 해저케이블

(8) 심선 연합법별 구분

쌍, DM 쿼드(Quad), 성형 쿼드, 이중성형 쿼드

[2] 동선케이블의 구조 및 특성

(1) CCP 케이블(CCP : Color Corded Polyethlene Cable)

시내 선로에 주로 사용되는 플라스틱제 케이블류를 말하고, 모든 심선에는 색깔별 착색이 되어 있어 심선 식별이 용이하게 되어 있으며, 피복은 순수 폴리에틸렌 피복과

알페스(Alpeth) 피복형이 있다.

(2) CPEV 케이블, PE 절연 비닐시스 시내 쌍케이블(CPEV : City Pair Polyethylene PVC)

PE(폴리에틸렌) 절연 비닐시스 시내 쌍케이블(Polyethylene insulated Polyvinyl Chloride sheathed pair cable for telephone)로서 적용범위가 비교적 단거리에서의 통신용으로 규정된 시내 쌍케이블이다.

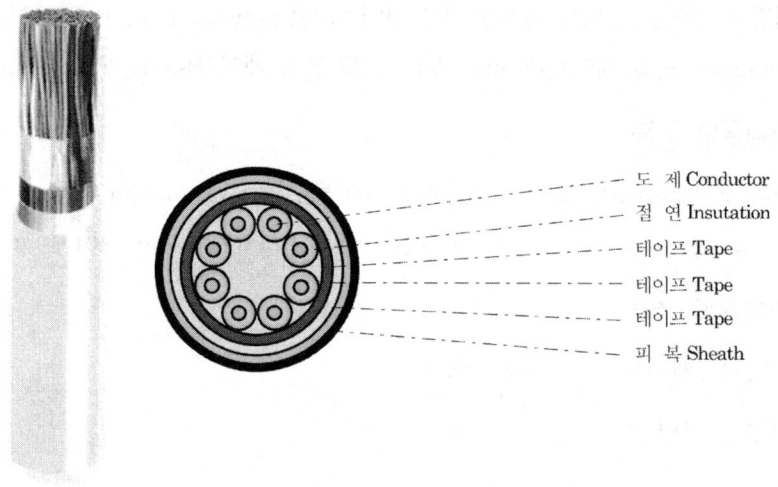

① 특징
  ㉠ 심선경은 0.5[mm], 0.65[mm], 0.9[mm]가 있으며 0.5[mm], 0.65[mm]가 일반적으로 사용
  ㉡ 케이블 쌍수(Pair)는 5, 10, 15, 20, 25, 30, 50, 100, 200쌍으로 구분
  ㉢ 케이블상의 꼬임은 F/S 케이블이나 UTP 케이블에 비하면 꼬임이 적은 편
  ㉣ 주로 업무용 건물이나 아파트와 같이 비교적 대규모 건물의 간선배선에 사용

(3) 폼스킨 케이블, F/S 케이블(F/S Cable : Foam-Skin Cable)

폼스킨 케이블은 일반 시내 케이블로 사용되고, 관로용으로는 공기주입을 필요로 하는 구간에 적용되며, 가공용으로는 SS형 케이블에 사용된다.

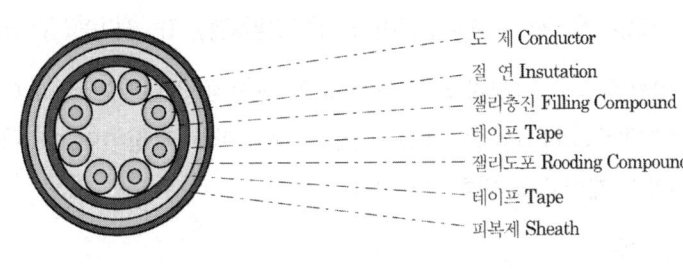

① 특징
    ㉠ 전화국간에 설치되는 시내통신용 케이블로 관로용과 직매용 사용
    ㉡ 전기적 특성 향상을 위해 고밀도 폴리에틸렌(HDPE)으로 폼스킨(Foam-Skin) 2중 절연
    ㉢ 케이블 코어에 물, 습기가 침투하는 것을 방지하기 위해 젤리를 충전
    ㉣ 케이블의 완성을 위해 폴리에스테르 테이프로 1차, 그 위에 플라스틱이 코팅된 알루미늄 테이프로 감싼 후 흑색 폴리에틸렌으로 피복
    ㉤ 일반적으로 전송품질 우수(고속 데이터급 전송)
    ㉥ 심선 식별이 용이

② 외피구조
    외피구조는 이중 절연으로서 PE 또는 PEF 절연에 색깔을 표시하였다.(PE : Polyethlene, PEF : Polyethlene Foamed)

③ 종류
    ㉠ 용도별 : 관로용, 난연용, 직매용, 수저용, 가공용
    ㉡ 심선경별 : 0.4[mm], 0.5[mm], 0.65[mm], 0.9[mm]

(4) TIV 케이블(TIV : PVC Insulated Indoor Cable for Telephone)

옥내전화선으로 사용되는 케이블로 폴리염화비닐(PVC) 절연체의 2심 8자형 구조로

서, 내부 도체 0.8[mm]의 연동선으로, 외부 절연체의 색은 청색이고 건물 내의 각 층 단자함에서 가입자 인출구까지의 수평배선계에 주로 사용된다.

(5) 쌍꼬임 케이블, 이중와선, 이중나선(二重螺線), TP 케이블(TP cable : Twisted-Pair cable)

일반적으로 가입자(Subscriber)와 교환국(CO : Central Office) 사이에서 사용되는 TP(Twisted-Pair) 동선(Copper Wire)을 지칭하며, 또한 구내선로에서 사용되는 UTP 케이블을 말하기도 한다.

① 종류
　㉠ UTP(Unshielded TP : 무차폐 TP)와 STP(Shielded TP : 차폐 TP) 두 가지 종류가 있다.
　㉡ UTP는 가장 일반적으로 사용되는 TP 케이블이고, 미국 EIA/TIA 568로 규격화되었다.

② 누화 방지
한 쌍의 선로에 꼬아진 간격(twisted pitch)은 일정하나, 각 쌍별로 꼬아진 길이를 서로 다르게 함으로써 이웃한 쌍간에 누화를 방지하게 된다.

③ UTP 케이블(Unshielded Twisted-Pair Wire)
UTP 케이블은 LAN의 10BASE-T나 Token-Ring, 구내사설교환, ISDN 등 여러 용도로 쓰이고 있으며, EIA/TIA 568 규격에 의해 구분된 카테고리(category) 중 하나를 사용하여 LAN 용도 또는 구내사설교환에 의한 구내전화 등을 함께 배선하여 케이블 활용도를 높일 수 있다.

④ 기타 참고용 케이블
　㉠ STP : 155[Mbit/sec], 150[Ω]-2pair(2선식)
　㉡ Coaxial Cable : 100[Mbits/sec], 50[Ω]
　㉢ Optical Fiber : 고속, 62.5 또는 125마이크론

(6) UTP 케이블(UTP : Unshielded Twisted-Pair Wire)

무차폐 이중와선으로 된 케이블류를 말하는 것으로, 미국 EIA/TIA 568에 규격화되어 있으며, 여러 가지 종류(카테고리)로 케이블 성능을 정하고 있고, LAN 및 구내사설교환 등 주로 구내배선용으로 많이 사용되고 있다.

① 카테고리로 속도 분류
  ㉠ Cat-1(unspecified bit rate)
  ㉡ Cat-2(1Mbps)
  ㉢ Cat-3(16Mbps)
  ㉣ Cat-4(20Mbps)
  ㉤ Cat-5/5e, Cat-6(100Mbps) 등

② 특징
  ㉠ 선의 굵기는 22 또는 24 AWG(American Wire Gauge)로 규격화되어 있다.
  ㉡ 각 쌍마다 꼬여진 4 페어(Pair)로 구성된다.
  ㉢ 이중와선(Twisted-Pair cable)의 일종이다.
  ㉣ 잡음이나 간섭의 차폐를 위한 보호피복이 없다.
  ㉤ STP에 비해 저가이다.

(7) STP 케이블(STP : Shielded Twisted-Pair cable)

외부 잡음이나 간섭에 취약한 무차폐 케이블(UTP)의 특성을 개선하기 위해 알루미늄 호일을 이용하여 차폐시킨 케이블이다.

① 특징
  ㉠ 차폐를 시킴에 따라 부피가 크다.
  ㉡ 특성임피던스는 120 또는 150[Ω]이다.
  ㉢ 토큰 링(Token Ring) 및 IEEE 1394 네트워크, 전자기파 장해가 예상되는 발전소, 변전소, 공장 등에 많이 사용한다.
  ㉣ UTP에 비해 가격이 비싸다.

(8) FTP 케이블(FTP : Foil Screened Twisted-Pair cable)

쉴드 처리는 되어 있지 않고, UTP와 같은 8가닥의 케이블 외에도 어스선(접지선)이 추가되었으며 외부의 전선 피복 안에 호일로 한번 감싸진 구조로서 절연 특성이 강하여 인접 혼선이 심한 환경이나 건물의 배선 작업 시 사용된다. 다만, 접지와 비차폐 연선(UTP) 연결 시 임피던스 정합에 유의해야 한다. 공장 배선용으로 많이 사용된다.

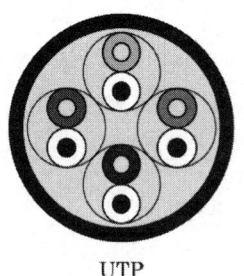
UTP
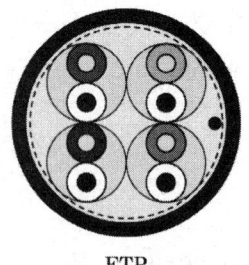
FTP
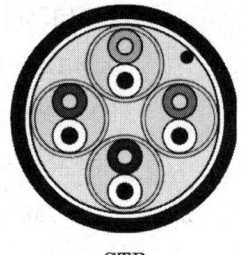
STP

[UTP. FTP. STP 케이블의 구조단면 비교]

[3] 케이블 카테고리(Category of Cable)

국제화된 표준으로서 구내 케이블에 대하여 ANSI/EIA/TIA-568 및 ISO/IEC-11801 등에서 전송 성능별로 카테고리로 나누어 구분하고 있다.

(1) Category 1(CAT-1)

전통적인 전화선으로 음성급 정도에 사용한다.

(2) Category 2(CAT-2)

4[Mbits/sec] 정도의 데이터 전송률을 보장한다.

(3) Category 3(CAT-3)(16[MHz] 100[Ω] UTP)

① 10[Mbits/sec] 정도의 데이터 전송률을 보장하며, 통상적으로 10[Mbits/sec]의 Ethernet 10BASE-T, 4[Mbits/sec]의 Token-Ring 방식에서 사용한다.

② 표준에는 언급이 있으나, 아직 시장에는 없으며 다만 기포설된 케이블은 많다.

(4) Category 4(CAT-4)(20[MHz] 100[Ω] UTP)

16[Mbits/sec] 정도 데이터 전송률을 지원하나 거의 사용하지 않아 표준에서 삭제되었다.

(5) Category 5(CAT-5) 및 Category 5e(CAT-5e)(100[MHz] 100[Ω] UTP)

Cat-5e가 실제 표준이고, Cat-5는 그 이전에 설치된 케이블에 대한 호환성 지원한다.

① 100[Mbits/sec] 이상의 데이터 전송률을 보장한다.

② 100BASE-TX, TP-PMD(FDDI over copper), ATM(155M), 1000BASE-T(Gigabit Ethernet) 등을 지원한다.

(6) Category 6(CAT-6)(250[MHz])

① 1000BASE-T(Gigabit Ethernet) 및 10Gigabit Ethernet 지원
② 카테고리가 높을수록, 더 높은 주파수에서도 적은 유전체 손실, 더 좋은 절연, 더 많은 꼬임(twist)을 가지게 된다.

[4] 곡률 반경(Radius of Curvature)

케이블의 기계적, 전기적 특성을 변형시키지 않고 케이블을 구부릴 수 있는 반경을 말하며, 곡선 또는 곡면의 휨 정도를 나타내는 변화율의 한계 반경을 말한다.

① 일반 동선 케이블의 경우, 보통 케이블 굵기의 6~8배 정도로 하고 있다.
② 광케이블의 경우에는 통상 외경(직경)의 20배 이상으로 하고 있다.

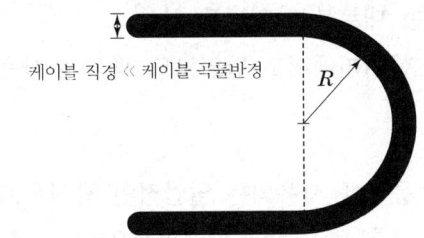

제4절 광케이블 선로

1 광케이블의 종류, 구조 및 특성

[1] 광케이블의 종류

광통신에서 다중 신호를 전송하기 위한 광케이블에는 석영계 유리를 주원료로 만든 광섬유를 사용한다.

구 분	종 류	규 격	비 고
구내 간선계	옥외용	Multi Mode(62.5/125[μm])	M/M : 4Core 이상
		Single Mode(9/125[μm])	S/M : 2Core 이상
건물 간선계	옥내용	Multi Mode(62.5/125[μm])	M/M : 2Core 이상
		Single Mode(9/125[μm])	S/M : 2Core 이상

(1) 모드에 따른 분류

　① 멀티모드 광섬유(Multi Mode Fiber) : 코어의 직경이 50~62.5[μm]
　　　㉠ 계단형 굴절률 광섬유(Step Index Fiber)
　　　㉡ 언덕형 굴절률 광섬유(Graded Index Fiber)

　② 단일모드 광섬유(Single Mode Fiber) : 코어의 직경이 5~10[μm]
　　　㉠ 장거리용으로는 대부분 단일모드 사용
　　　㉡ 최근에는 중·단거리에서도 단일모드 광섬유 사용이 점차 늘어난다.

(2) 재질에 따른 분류

　① 석영계 : 장거리 통신에 사용되는 일반적인 광섬유(GOF, 유리)
　② 비석영계 : 합성유리 광섬유, 플라스틱 광섬유(POF, 플라스틱), 다성분계 광섬유 등

(3) 코팅에 따른 분류

　① 단일코팅 광섬유 : 코어+클래딩+1차 코팅(250[μm])
　② 이중코팅 광섬유 : 코어+클래딩+1차 코팅+2차 코팅(900[μm])

(4) 광섬유에 대한 특성에 따른 분류

　① 단일모드 광섬유(Single Mode Fiber)
　② 멀티모드 계단형 굴절률 광섬유(Multi Mode Step Index Fiber)
　　광섬유 단면의 굴절률 분포가 코어 및 클래드 사이에서 급격하게 변하는 형태의 광섬유를 말하며, 계단형 굴절률의 다중모드 광섬유는 모드 분산 특성이 나빠 전송 대역폭이 수십[MHz]로 비교적 좁다.
　③ 멀티모드 언덕형 굴절률 광섬유(Multi Mode Graded Index Fiber)
　　광섬유의 코어 중심에서 굴절률이 가장 크고 클래드 쪽으로 갈수록 굴절률이 조금씩 줄어들어, 굴절률 분포가 마치 언덕처럼 둥글게 되어 있는 광섬유 형태를 말한다.

광섬유의 종류와 구조

광섬유의 종류	구조	코어의 직경	전송대역 (아래대역에서/1[km] 전송 가능)
단일모드 광섬유 (Single Mode Fiber)		5~15[μm]	10[GHz/km] 이상
멀티모드 계단형 굴절률 광섬유(Multi Mode Step Index Fiber)		40~100 [μm]	10~50[MHz/km]
멀티모드 언덕형 굴절률 광섬유(Multi Mode Graded Index Fiber)		40~100 [μm]	수백[MHz] ~수[GHz/km]

(5) 구조별 분류

① 기하구조별 : 원형 구조, 리본 구조

② 수용형태별 : 튜브형(Tube type), 리본형(Ribon type), 슬롯형(Slot type) 또는 V-Groove형

③ 수용심선별 : 단심케이블, 다심케이블

④ 내부 완충 : tight buffer형(꽉 조임, 광섬유 고정, 단단함), loose-tube buffer형(느슨함, 광섬유 이동 가능)

(6) 용도별 분류

① 관로용 광케이블 : PE 등의 관(Pipe)을 미리 설치 후 그 속에 삽입하는 광케이블

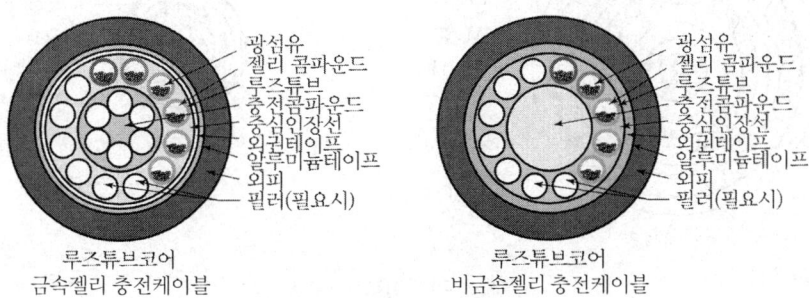

관로용 광섬유 케이블

② 가공용 광케이블 : 전주를 이용하여 공간에 설치하는 광케이블

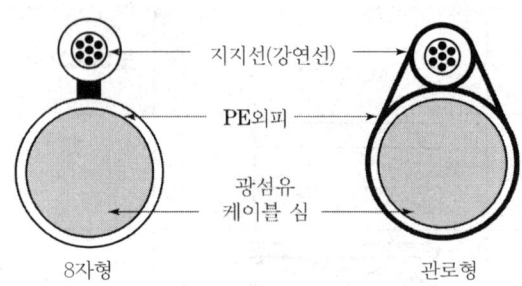

가공용 자기지지형 광섬유 케이블

③ 직매용 광케이블 : PE 등의 관(Pipe)을 사용하지 않고 지중에 설치하는 광케이블

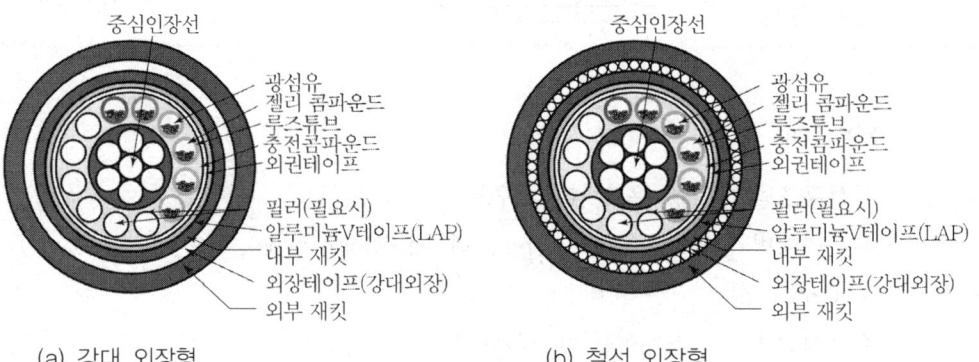

④ 해저용 광케이블 : 해저를 통과하는 지역에 설치하는 광케이블

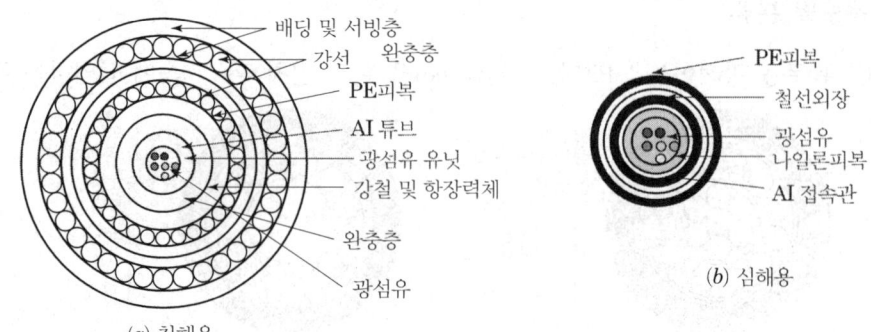

해저 광케이블의 구조

⑤ 수저용 광케이블 : 강 또는 하천 등을 통과하는 지역에 설치하는 광케이블

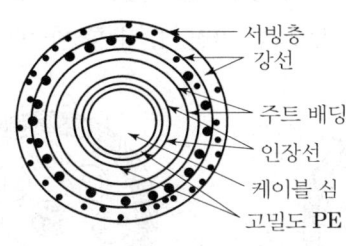

수저 광케이블의 구조

(7) 인장선별 분류

① 인장선 수에 따라 : 단일인장선, 이중인장선
② 인장선 위치에 따라
   ㉠ 중심인장선(ISM : internal strength member, 인장선이 케이블 중앙에 위치)
   ㉡ 외부인장선(ESM : external strength member, 인장선이 케이블 외곽에 위치)

(8) 다심 수용형 광케이블의 종류

① 루즈 튜브형(Loose Tube Type)
   ㉠ 여러 개의 광섬유 심선들이 수용된 튜브들을 중심인장선 중심으로 원형으로 배열하고, 물의 침투를 막기 위해 내부에 젤리(Jelly)를 넣은 케이블
   ㉡ 튜브 내부 공간에서 서로간에 약간의 이동이 가능하여 느슨한(Loose) 완충효과가 있다.
   ㉢ 반대되는 것으로 Tight buffer형 튜브가 있으며, 리본튜브형과는 유사하다.

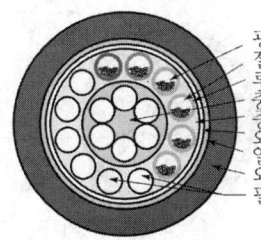

루즈튜브코어
금속젤리 충전케이블

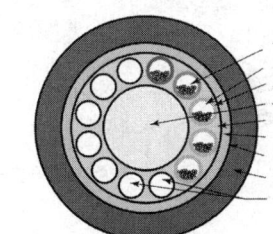

루즈튜브코어
비금속젤리 충전케이블

② 리본 슬롯형(Ribbon Slot Type)
　㉠ 적당한 개수(4~12개)의 광섬유를 리본형태로 접착 후 홈(슬롯) 속에 삽입한 구조
　㉡ 리본형은 여러 광섬유(4심, 8심, 12심)를 한 번에 융착 접속하기에 용이한 구조

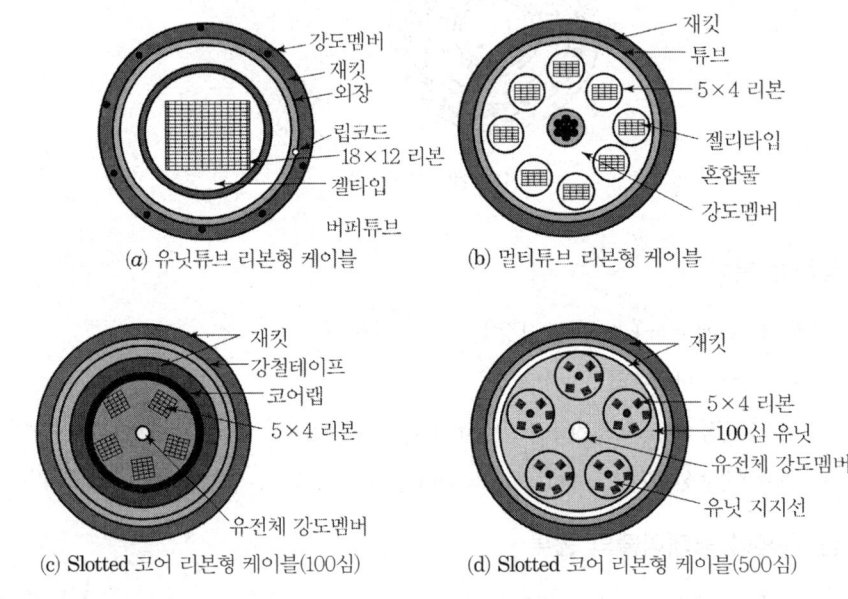

리본형 광케이블의 종류

③ 리본 튜브형(Ribbon Tube Type)
　리본 튜브형 및 리본 슬롯형이 주로 생산 판매되고 있다.

④ 기타 : Tight Round형, Spacer형, Light Pack형, Mini-Bundle형 등

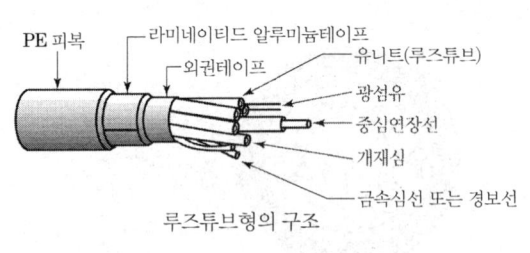

루즈튜브형의 구조

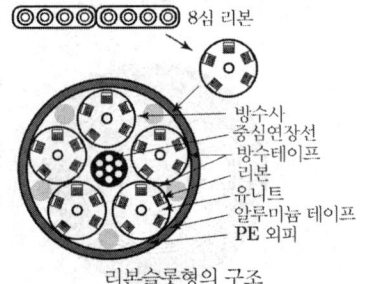

리본슬롯형의 구조

(9) 외피 재질에 의한 분류
　① 비난연 광케이블 : 화재 발생의 염려가 없는 곳에 설치하는 광케이블

② 난연 광케이블 : 화재 발생이 우려되는 통신구 등에 설치하는 광케이블

[2] 광케이블의 구조 및 특성

(1) 단일모드 광섬유

호 칭	약 호	운용파장
단일모드 광섬유	SM	1310[nm]~1550[nm]
분산천이 단일모드 광섬유	DSF	1550[nm]
차단파장천이 단일모드 광섬유	CSF	1550[nm]
논제로 분산천이 단일모드 광섬유	NZDSF	1550[nm]

① 단일모드 광섬유(SMF : Single Mode Fiber)

사용 파장에 있어서 전송 가능한 전파모드의 수가 하나뿐인 광섬유로서 장거리 광통신에서 주 전송매체로 가장 널리 사용되고 있다.

㉠ 특징

ⓐ 광 코어/클래드/코팅 역역으로 구성되며, 코어 직경 : 8~62.5[μm], 클래드까지의 직경 125[μm], 코팅까지의 직경 ~250[μm]

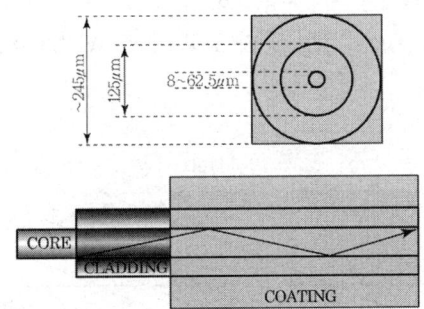

ⓑ MMF(다중모드 광섬유)에 비해,
- 광섬유 코어 직경을 더 줄이고, 코어/클래드간 굴절률 차이(비굴절률차)를 작게 한다.
- 모드간 분산이 없기 때문에 넓은 대역폭을 가진다.
- 코어 반경이 작으며(약 9[μm]), 제조 및 접속은 다소 어렵다.
- 손실 및 분산(Dispersion) 특성이 우수하여 광대역 장거리 전송 가능
- 주로 색분산(=재료분산+구조분산)에 의해서만 제한을 받는다.

ⓒ 1.5[μm] 파장대에서 색분산값이 커져서 10[Gbps] 이상의 경우 색분산 보상이 필요
  • 이 경우에 색분산 보상용 광섬유(DCF) 등을 사용
ⓒ 분산 특성에 따른 단일모드 광섬유 구분
  ⓐ 전통적인 단일모드 광섬유(1310[nm] 파장대역에 최적화시킴)
  ⓑ 분산천이 광섬유(DSF)
  ⓒ 비영분산천이 광섬유(NZ-DSF)
  ⓓ 분산 평탄 광섬유
② 분산천이형 광섬유(DSF : Dispersion Shifted Fiber)
광섬유의 손실이 최소가 되는 1550[nm] 파장대에서 분산(Dispersion) 값이 0 또는 최소가 되도록 설계한 광섬유를 말한다.
  ㉠ 특징
    ⓐ 최저 손실 파장대역인 1550[nm]에서 전송토록 한다.
    ⓑ 최저 손실(1550nm) 파장에서 영(zero) 분산이 발생한다.
    ⓒ 10[Gbps] 이상의 전송속도에서 이상적이다.
    ⓓ DSF는 일반적으로 제작비용이 많이 소요된다.
    ⓔ 비선형적 특징(비선형 광학 효과)으로 WDM(파장분할다중화) 전송에는 불리하다.

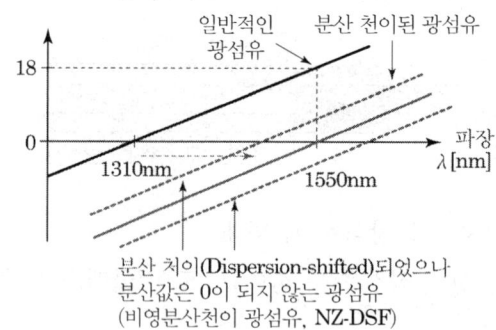

③ 비영(논제로) 분산천이 광섬유(NZ-DSF : Non-Zero Dispersion Shifted Fiber)
주요 파장대역(1550[nm] 부근)에서 나타나는 비선형 효과를 피하기 위해서 해당 파장대에서 분산값이 영(영 분산점)보다 약간 큰 광섬유를 말한다.

㉠ 특징
ⓐ 단일모드 광섬유는 광증폭기 증폭 대역(1550[nm])에서 매우 큰 분산값을 갖기 때문에 일정 구간마다 분산보상소자(분산보상 광섬유)를 사용하여야 하고, 이러한 문제점을 극복하기 위해 사용하는 분산천이 광섬유는 이 증폭 대역에서 분산값이 영이 된다.
ⓑ 파장분할다중(WDM) 전송방식에서 채널간 간섭에 의한 비선형 광학 효과(특히 Four Wave Mixing 등)가 심각하게 나타난다.
ⓒ 분산값은 기존의 단일모드 광섬유보다는 다소 낮으면서도 사용 파장 대역에서는 분산값이 영이 되지 않는 광섬유가 요구되는데, 이러한 특성을 만족시키는 광섬유가 바로 비영분산천이 광섬유이다.
ⓓ NZ-DSF는 특히 DWDM 용도에 매우 알맞다.

(2) 다중모드 광섬유(MMF : Multi Mode Fiber)

최초로 상품화된 광섬유로서 광 코어 내에 수많은 광선(mode, 전파모드)이 진행할 수 있게 광 도파로처럼 제작된 광섬유를 말한다.

① 용도, 기능 및 특징
㉠ 구내통신의 간선계에 주로 적용
ⓐ 빛의 분산이 많이 생겨 원거리의 전송이 어려운 점을 개선하기 위해 언덕형 광섬유(Graded Index Fiber)의 기술을 개발하여 빛의 분산을 최대한 줄임으로써 구내 통신용의 간선계에서 고속 데이터 전송을 위해 적용한다.
ⓑ 단일모드 광섬유(SMF)에 비해 저렴하고 특히 광전변환을 위한 소자 가격이 저렴하다.
ⓒ 멀티모드 광섬유의 주된 기술은 코어의 굴절률을 점차적으로 변화시키는 언덕형 굴절(graded index profile) 분포로 빛 분산에 따른 경로차를 줄이는 기술이 중요하다.
㉡ 광 모드(전파 모드)
코어 직경의 크기, 입사 광원의 파장, 개구수에 따라 도파되는 광신호의 모드 수가 달라진다.
㉢ 다중모드 코어의 직경
ⓐ 코어 직경 : 50~62.5[μm], 클래드 직경 : 125[μm], 코팅 직경 : ~250[μm]

ⓑ 현재 주로 사용하는 멀티모드 광섬유의 코어의 직경은 62.5[μm]이지만 전송거리를 높이기 위해 코어의 직경이 50[μm]인 광섬유도 사용하고 있다.
ⓒ 단일모드 광섬유에 비하면 훨씬 큰 지름을 갖는다.

② 분류
㉠ 계단형 굴절률 다중모드 광섬유(Step Index Fiber : SI형)
계단형은 코어의 굴절률이 균일한 계단형을 의미한다.
㉡ 언덕형 굴절률 다중모드 광섬유(Graded Index Fiber : GI형)
언덕형은 코어의 굴절률이 균일하지 않고, 가운데가 가장 높은 언덕형을 의미한다.

2 광통신 시스템

[1] 광통신 시스템

(1) 빛의 성질

① 빛의 굴절 : 파동이 진행하다가 두 매질의 경계면에서 진행방향과 속도가 변하는 현상. 빛은 파동의 일종이므로 빛 또한 굴절한다.
㉠ 절대 굴절률 : 진공에 대한 물질의 굴절률을 절대 굴절률이라 한다. 두 매질 사이에서 굴절률이 큰 매질을 밀한 매질, 굴절률이 작은 매질을 소한 매질이라 한다.

물 질	굴 절 률	물 질	굴 절 률
진 공	1	유 리	1.5~1.9
공 기	1.00027	다이아몬드	2.4175
물	1.3330	투명합성수지	1.4913
올리브유	1.475	메틸알코올	1.3294

㉡ 상대 굴절률 : 서로 다른 두 매질에 대해서 한 매질에 대한 다른 매질의 굴절률을 말한다.

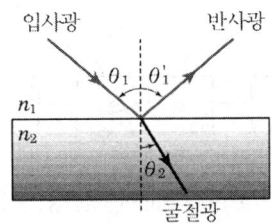

$n_1 < n_2$ (소한 매질→ 밀한 매질)

$n = \dfrac{c}{v}$ (n : 굴절율, c : 빛의 속도, v : 매질에서의 빛의 속도)

$n_1 \sin\theta_1 = n_2 \sin\theta_2$ 스넬의 법칙(굴절의 법칙)

ⓒ 파장에 따른 굴절률 차이
ⓐ 소한 매질에서 밀한 매질로 입사 : 파장이 짧을수록 굴절각이 작다.
ⓑ 밀한 매질에서 소한 매질로 입사 : 짧은 파장일수록 굴절률이 크다.
ⓒ 빛이 매질(기체, 고체, 액체) 등을 통과하면 진공 중의 속도(3×10^8[m/s])보다 늦어진다.

ⓓ 임계각(θ_c) : 굴절각이 90°가 되는 각도

$n_1 \sin\theta_c = n_2 \sin 90°$

$\therefore \theta_c = \sin^{-1}\dfrac{n_2}{n_1}$

② 전반사 : 빛이 밀한 매질에서 소한 매질로 진행할 때 입사각이 어느 각보다 크면 빛은 굴절하지 않고 전부 반사되는 전반사가 일어난다.
㉠ 전반사가 일어날 조건
ⓐ 밀한 매질에서 소한 매질로 빛이 진행할 때
ⓑ 입사각이 임계각보다 커야 한다.
ⓒ 임계각이 작을수록 전반사가 잘 일어난다.

(2) 광통신 시스템의 구성

광통신 시스템의 3대 구성 요소는 발광 소자, 광섬유, 수광 소자이며, 광통신의 구성에서 반도체 레이저는 전기 신호를 빛으로 전환시키고, 광 검출기는 빛 신호를 전기 신호로 전환시킨다.

① 통신 과정

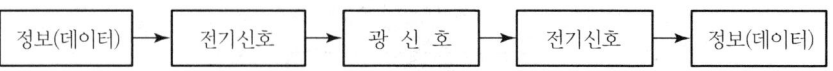

㉠ 메시지원(message source) : 문자, 음성, 화상과 같은 비전기신호를 전기신호로 변환하며, 일반적으로 전자소자로 구성된다. 변조기는 메시지원에서 변환된 전기적 신호를 적절한 포맷(일반적으로 아날로그와 디지털)으로 변조한다.

㉡ 반송원(carrier source) : 신호를 전송하게 될 광선을 발생시키는 광원을 의미하며, 현재 광원으로는 발광 다이오드(LED)와 레이저 다이오드(LD : laser diode)가 주로 사용된다.

㉢ 송신부의 채널 결합기(channel coupler) : 라디오 방송이나 TV 방송의 전송안테나와 같이 변조기에 의해 변조된 광파를 정보채널에 전송하는 역할을 한다.

㉣ 정보채널 : 송·수신부간에 정보를 전송해주는 경로 혹은 물리적 매체를 의미한다.

㉤ 수신부의 채널결합기 : 정보채널의 광 신호를 검파기에 직접적으로 전송하는 역할을 한다.

㉥ 검파 : 전기통신의 복조기(demodulator)와 같이 전송된 신호에서 정보신호를 검출하는 역할을 하며, 광통신에서는 광 검파기(photo detector)가 이를 실행하게 된다.

㉦ 신호처리기(signal processor) : 신호의 증폭과 여파를 담당하게 된다.

㉧ 메시지 출력부(message output) : 신호처리기에서 증폭 또는 여파된 전기신호를 음성이나 영상과 같은 비전기 신호로 변환시킨다.

② 주요 구성 요소 : 광원(발광 다이오드나 레이저), 광섬유(빛을 전달하는 매질), 광검출기(빛을 검출)로 되어 있다.

㉠ 발광 소자(전기 신호 → 광 신호)

ⓐ LED(Light emitting diode) : 위상이 무질서한 인코히어런트 광으로 자연 방출을 이용한 것으로 저속 전송(100[Mbps] 이하)에 사용되며, 값이 싸고 넓은 온도범위에서 동작하며, 수명도 길다.

ⓑ 분사 레이저 다이오드(ILD : Injection laser diode) : 반도체의 유도 방출을 이용한 코히어런트 광으로 LED보다 구조가 복잡하나 더욱 고속 데이터 전송

(Gbps)에 사용된다.

ⓒ 광섬유에서 대부분 근거리인 경우에는 850[nm] LED 광원을 사용하고, 좀 더 먼 거리에서는 1300[nm] LED, 1500[nm] LED 등이 사용된다.

ⓒ 수광소자(광 신호 → 전기 신호)

ⓐ 포토다이오드(Photo diode) : 값이 저렴하고 소용량 및 저속의 간단한 시스템에 적합하며, S/N비가 낮고 출력 전력도 낮으며 증배 작용이 없다.

ⓑ APD(Avalanche Photo diode) : 높은 바이어스 전압이 필요하지만 avalanche 증배에 의해 큰 출력을 얻을 수 있고, S/N비를 향상시킬 수 있어 장거리 및 대용량 고속 광전송에 적합하다.

(3) 광통신 시스템의 종류

① 비동기식 전송장치

㉠ 45[Mbps] 광전송장치

㉡ 90[Mbps] 광전송장치

㉢ 565[Mbps] 광전송장치

② 동기식 전송장치

㉠ 155[Mbps] 광전송장치

㉡ 644[Mbps] 광전송장치

㉢ 2.5[Gbps] 광전송장치

㉣ 10[Gbps] 광전송장치 등

(4) 광통신 시스템의 응용분야

① 통신분야 : 전화 등의 일반 통신망과 케이블, TV의 매체, 자동 기기 데이터 전송, 전자계산기 유닛 사이의 통신

② 영상분야 : 광섬유 다발로 만든 의료용 내시경, 영상 증폭기의 부품

③ 검출기 : 자이로스코프, 고압 전류 측정기, 수중 음파 탐지기

제5절 ▶ 통신선로 시설

1 통신선로 시설 분류 및 구조, 특성

방송통신설비의 기술기준에 관한 규정에서 규정된 방송통신설비의 보호기 및 접지설비, 건축물 구내에 설치하는 통신설비, 사업자가 설치하는 선로설비 및 통신공동구 등에 대한 세부기술기준을 정함으로써 이의 원활한 설치·운영 또는 관리에 기여함을 목적으로 한다. 통신을 목적으로 옥내 외에 설치되는 선로 및 이를 지지, 보호하는 공작물 및 그 부대설비 등의 종합체가 선로시설이다.

[1] 건축물 구내 통신선로 시설

구내통신 선로시설은 국선접속설비를 제외한 구내 상호간 및 구내·외간의 통신을 위하여 구내에 설치하는 케이블, 선조, 이상전압전류에 대한 보호장치 및 전주와 이를 수용하는 관로, 통신터널, 배관, 배선반, 단자 등과 그 부대설비를 말한다.

(1) 구내통신용 기자재 구분

① 케이블류
  ㉠ 동케이블 : SH 케이블, CPEV 케이블, TIV 케이블, UTP 케이블 등 수평계
  ㉡ 광케이블 : SMF, MMF 등 간선계

② 접속자재
  ㉠ 동접속자재 : 배선반, 보호기반, 단자판, 단자함, 패치패널, 패치코드, 110 와이어링 블록 등의 커넥팅 하드웨어, 인출구 등
  ㉡ 광접속자재 : 광커넥터, 광분배반, 광배선반, 광패치코드, 광인출구 등

③ 기타 배관
  레이스웨이, 덕트(수평, 수직 덕트) 등의 배선관 및 통신관로

(2) 구내통신선로의 구성 요소

인입관로, 수직 덕트, 수평 덕트, 구내 배관, 국내 케이블, 실내 단자함, MDF 등

(3) 배선시스템

　① 구내간선배선계 : 구내배선반(CD)~건물배선반(BD)

　② 건물간선배선계 : 건물배선반(BD)~층배선함(FD)

　③ 수평배선계 : 층배선함(FD)~인출구(TO) 또는 변환접속점(TP)

(4) 주요 내용

　① 옥내통신선의 이격거리(제23조)

　　㉠ 300[V] 초과 전선과의 이격거리는 15[cm] 이상

　　㉡ 300[V] 이하 전선과의 이격거리는 6[cm] 이상

　② 국선의 인입배관 요건(제27조)

　　㉠ 배관의 내경은 선로외경의 2배 이상이 되어야 함

　　㉡ 주거용 건축물 중 공동주택의 인입배관의 내경

　　　ⓐ 20세대 이상의 공동주택 : 최소 54[mm] 이상

　　　ⓑ 20세대 미만의 공동주택 : 최소 36[mm] 이상

　　㉢ 국선 인입배관의 공수

　　　ⓐ 주거용 및 기타건축물 : 1공 이상의 예비공 포함 2공 이상

　　　ⓑ 업무용 건축물 : 2공 이상의 예비공 포함 3공 이상

　③ 구내에 설치되는 옥내·외 배관의 요건(제28조제5항)

　　㉠ 배관은 선로를 보호할 수 있는 기계적 강도를 가진 내부식성 금속관 또는 한국산업표준 KS C 8454(지하에 매설되는 배관의 경우에는 KS C 8455) 동등규격 이상의 합성수지제 전선관을 사용해야 함

　　㉡ 배관의 내경 : 케이블 단면적의 총합계가 배관 단면적의 32[%] 이하

　　㉢ 배관의 굴곡 : 배관내경의 6배 이상(엘보우 등 부가장치를 사용 불가)

　　㉣ 배관의 1구간에 있어서 굴곡개소는 3개소 이내(1개소의 굴곡 각도는 90° 이내로 하며 3개소의 합계는 180° 이내)

　④ 국선단자함 설치 요건(제29조제2항)

　　㉠ 광섬유케이블 또는 300회선 미만의 동케이블을 수용하는 경우 : 주단자함 또는 주배선반

ⓛ 300회선 이상의 동케이블을 수용하는 경우 : 주배선반
　　ⓒ 구내 교환기 설치하는 경우 : 주배선반
⑤ 구내 통신선의 설치 기준(제32조)
　　㉠ 옥내에 설치하는 통신선은 100[MHz] 이상의 전송대역을 갖는 꼬임케이블, 광섬유케이블, 동축케이블을 사용하여야 함
⑥ 구내배선 설치요건(제33조)
　　㉠ 주거용 건축물
　　　ⓐ 세대단자함에서 각 인출구까지는 성형배선 방식으로 설치
　　　ⓑ 국선단자함에서 세대 내 인출구까지 꼬임케이블을 배선할 경우 구내배선설비의 링크 성능은 100[MHz] 이상 전송특성 유지
　　㉡ 업무용 및 기타건축물
　　　ⓐ 층단자함에서 각 인출구까지는 성형배선 방식으로 설치
　　　ⓑ 층단자함에서 인출구까지 꼬임케이블을 배선할 경우 구내배선설비의 링크 성능은 100[MHz] 이상 전송특성 유지
⑦ 예비전원 설치(제34조)
　　㉠ 국선 수용 용량이 10회선 이상인 구내교환설비는 상용전원이 정지된 경우 최대부하전류를 공급할 수 있는 축전지 또는 발전기 등의 예비 전원을 갖추어야 함
　　㉡ 재난관리책임기관과 긴급구조기관의 장이 설치 운용하는 국선 수용용량 10회선 이상인 교환설비 및 광전송설비의 경우 최대부하전류를 3시간이상 공급할 수 있는 축전지 또는 발전기 등의 예비전원설비를 갖추어야 함
⑧ 관로 등의 매설기준 : 지면에서 관로상단까지의 거리 기준(제47조제2항)
　　㉠ 도로법 제2조에 의한 도로 등에 설치하는 경우에는 도로법 시행령 별표 2 제1호마목의 기준에 따른다.
　　㉡ 철도·고속도로 횡단구간 등 특수한 구간의 경우에는 1.5[m] 이상으로 한다.
⑨ 맨홀 및 핸드홀의 설치기준(제48조)
　　㉠ 맨홀 또는 핸드홀 간의 거리는 246[m] 이내로 하여야 하며 교량·터널 등 특수구간 및 광케이블 등 특수한 통신케이블을 수용하는 경우에는 예외로 함

[2] 지중선로시설

(1) 시설구분

　① 기본 설비
　　㉠ 동도 : 단독구, 공동구, 통신구 등
　　㉡ 관로(통신관로)
　　㉢ 직매선로

　② 분기설비 : 인공, 수공, 인수공 등

　③ 특수설비 : 교량 첨가, 케이블 전용교, 장애물 하월 등

(2) 지하선로시설 포설방식

　① 직매 방식 : 전력 케이블을 직접 지중에 매설하는 방식으로, 일반적으로 케이블 보호재로서 트러프(trough)를 사용하여 케이블을 보호하며, 모래를 충진한 뒤 뚜껑을 덮고 되메우기한다. 그러나 이 방식은 케이블 교체 시에 도로굴착이 수반되어 현재는 거의 사용되지 않고 있다.
　　㉠ 케이블 회선수가 2회선 이하
　　㉡ 장래 회선증설이 예상되지 않는 경우
　　㉢ 추후 굴착이 용이한 경우
　　㉣ 기타 여건상 부득이한 경우
　　㉤ 장점 : 공사비 저렴, 공사기간 짧음, 굴곡개소의 시공이 용이
　　㉥ 단점 : 외상사고 발생 우려, 보수, 점검 불편, 증설, 철거 곤란

　② 관로 방식 : 합성수지관, 강관, 흄관 등 관재(pipes)를 사용하여 관로를 구성한 후 케이블을 부설(敷設)하는 방식으로써, 일정 거리의 관로 양끝에는 맨홀을 설치하여 케이블을 설치하고 접속한다. 유지 보수의 편이성으로 현재는 주로 이 방식이 사용되고 있다.
　　㉠ 케이블 회선수가 3회선 이상 9회선 미만
　　㉡ 장래 회선증설이 예상되는 경우
　　㉢ 도로예정지역으로 도로포장계획이 있는 경우
　　㉣ 직매식이 불리한 경우

ⓜ 장점 : 증설, 철거가 용이, 보수, 점검이 비교적 용이, 외상사고 발생 우려 감소
　　ⓗ 단점 : 회선량이 많을수록 송전용량 감소, 굴곡개소 시공이 곤란, 케이블 신축 흡수력 저조
③ 전력구(통신구) 방식 : 터널과 같은 상부가 막힌 형태의 지하구조물로써 내부 벽측에 케이블을 부설하고 유지 보수작업을 위한 작업원의 통행이 가능한 크기로 건설비가 많이 소요되고 케이블 화재 시에 큰 피해가 예상되는 방식으로 보통 다음과 같은 경우에 적용한다.
　　㉠ 케이블 회선수 9회선 이상
　　㉡ 도로 양측에 관로의 분할시공(8공 이하)이 불가능할 경우
　　㉢ 발·변전소의 케이블 다회선 인출개소
　　㉣ 직매식, 관로식이 곤란한 경우
　　ⓜ 장점 : 다회선 포설이 용이, 보수, 점검이 편리, 외상사고 발생 우려 적음
　　ⓗ 단점 : 고가의 공사비 소요, 공사기간의 장기간 소요, 케이블 화재 시 파급 확산
④ 지중선로의 특징

구분	지중전선로	가공전선로
공급능력	동일 루트(route)에 다회선 가능하여 도심지역에 적합	동일 루트(route)에 4회선 이상 전력공급 곤란
외부영향	외부 기상여건 등의 영향이 거의 없음	전력선 접촉이나 기상조건에 정전 빈도 높음
유지보수	설비의 단순고도화로 보수 업무가 비교적 적음	설비의 지상노출로 보수업무 많은 편임
건설비	건설비용 고가	지중설비에 비해 저렴
건설기간	장기간 소요	단기간 소요
고장복구	고장점 발견이 어렵고 복구 어려움	고장점 발견과 복구 용이
송전용량	발생열의 구조적 냉각장해로 전선에 비해 낮음	발생열의 냉각이 수월해 송전용량이 높은 편임
고장형태	외상사고, 접속개소 시공 불량에 의한 영구사고 발생	수목접촉 등 순간 및 영구 사고 발생
환경미화	쾌적한 도심환경 조성	도심환경 저해 요인

(3) 지중관로 시설의 설치 등에 관한 기술지침

① 목적 : 이 지침은 지하에 매설된 관로, 맨홀, 핸드홀 등 지중관로 시설의 설치 및 유지관리에 따른 작업자의 안전과 지중관로 등의 설비 보호를 위해 필요한 사항에 대하여 정함을 목적으로 한다.

② 적용 범위 : 이 지침은 지하에 매설된 관로, 맨홀, 핸드홀 등 지중관로 시설의 설치·유지관리와 지중관로에 설치된 전력선, 통신 케이블 및 기타 지하시설물의 이격거리 등에 대하여 적용하며, 세부적인 적용범위는 다음 그림과 같다.

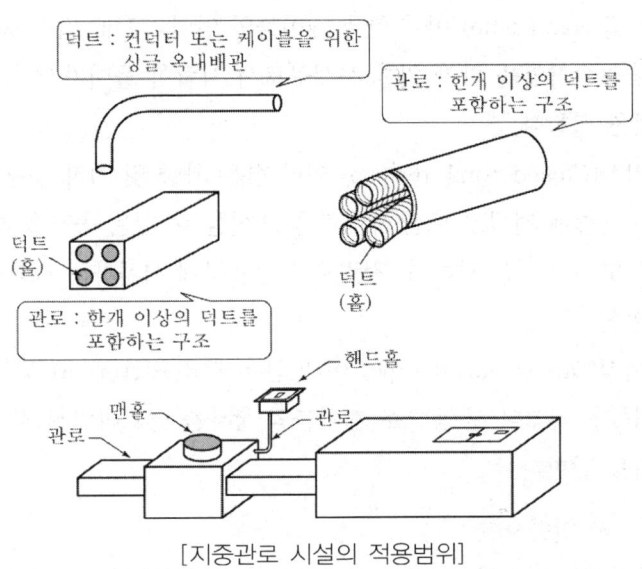

[지중관로 시설의 적용범위]

③ 용어의 정의

1. "지중관로(Underground conduit)"라 함은 전력용 또는 통신용 케이블을 안전하게 보호하기 위해 땅속에 설치하는 관형의 통로, 콘크리트관, 강관, 합성수지관 등을 말한다.

2. "곡률반경(Bending radius)"이라 함은 직선관을 굽힘 가공하여 곡관을 만들 경우, 그 관의 중심선을 지나는 안쪽 반지름을 가리킨다.

3. "구조물(Structure)"이라 함은 하수구, 수도관, 가스관과 가연성 재료, 스팀 라인 등을 운송하는 여러 종류의 지하 매설물을 말한다.

4. "지중선로(Underground line)"라 함은 주관, 주철관 등의 관로와 부대설비인 맨

홀, 핸드홀 및 그 밖의 것을 포함한 지하관로와 그 관로 내에 포설된 지하 케이블을 말한다.

5. "맨홀(Man hole)"이라 함은 케이블의 인입, 교체, 접속 등의 공사와 점검 및 기타 보수작업을 하기 위하여 사람이 들어가서 작업을 할 수 있게 한 노면 밑의 시설을 말한다.

6. "관로식(Draw-in conduit type"이라 함은 차량 및 기타 중량물의 압력에 견디는 관을 사용하여 케이블을 넣는 방식을 말하며, 필요에 따라 관로의 도중이나 말단에 맨홀 및 핸드홀 등을 설치하는 구조물을 말한다.

7. "핸드홀(Hand hole)"이라 함은 케이블의 인입, 교체, 접속 등의 공사와 점검 및 기타 보수작업을 하기 위한 시설물로서 사람이 들어가서 작업할 수 없는 작은 시설을 말한다.

8. "암거식(Closed conduit type)"이라 함은 차량 및 기타 중량물의 압력으로부터 받는 하중에 견디고 또한 케이블을 포설할 수 있는 공간을 갖는 구조물에 케이블을 넣는 방식을 말하며, 전력구나 공동구에 시설하는 지중관로는 암거식에 포함한다.

9. "직매식(Direct burial type)"이라 함은 트러프(trough) 등의 케이블 방호물에 케이블을 넣거나 판 등으로 케이블의 상부를 방호하면서 지중에 직접 매설하는 방식을 말한다.

④ 지중관로의 일반사항
  ㉠ 지중관로는 가능한 한 주변 시설물로부터 방해를 받지 않도록 시설하여야 한다.
  ㉡ 지중관로에 사용하는 관은 외부하중과 토압에 견딜 수 있는 충분한 강도와 내구성을 지녀야 한다.
  ㉢ 케이블 포설 작업 시 케이블이 손상되지 않도록 관로의 곡률반경을 충분히 고려하여야 하며, 위치별 세부적인 곡률반경은 다음 그림을 참조한다.

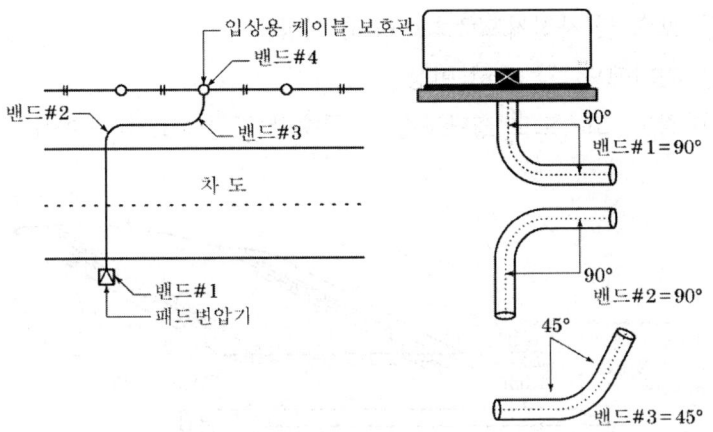

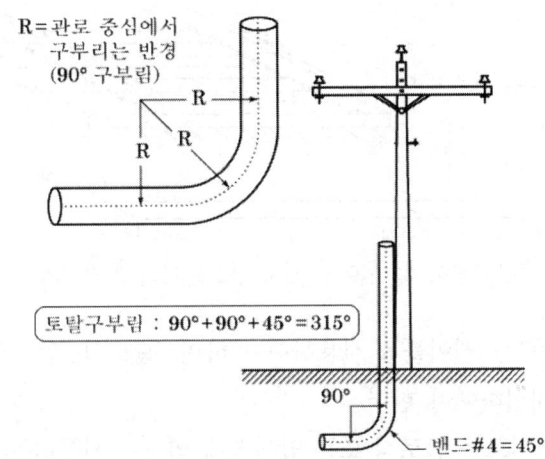

[지중관로의 위치별 곡률반경 예시]

ㄹ) 지중관로 내부에는 케이블의 손상 방지 및 작업에 지장을 주지 않도록 돌기 등이 없도록 하여야 한다.

ㅁ) 지중관로가 수도관 등 다른 구조물과 병행하는 경우에는 당해 구조물이 바로 위 또는 아래에 설치하지 아니한다.

⑤ 지중관로의 매설기준

㉠ 차도, 보도 및 자전거도로 등으로부터 지중관로 상단까지의 매설깊이는 다음과 같다. 다만, 시설관리기관과 상호 협의하여 관로 보호조치를 하는 경우에는 별도의 기준에 따를 수 있다.

ⓐ 차도 : 1.2[m] 이상

ⓑ 보도 및 자전거도로 : 0.6[m] 이상
ⓒ 전기궤도 : 1.0[m] 이상
ⓓ 철도, 고속도로 횡단구간 등 특수한 구간 : 1.5[m] 이상

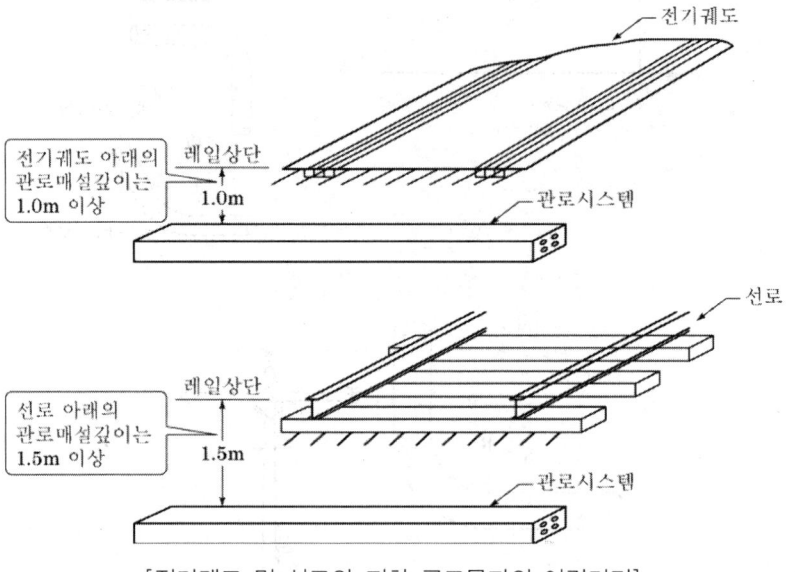

[전기궤도 및 선로와 지하 구조물과의 이격거리]

ⓒ 지중전선로는 케이블을 사용하여야 하며, 관로식, 암거식 또는 직접 매설식에 의하여 시설하여야 한다.
  ⓐ 지중전선로를 관로식 또는 암거식에 의하여 시설하는 경우에는 견고하고 차량 기타 중량물의 압력에 견디는 것을 사용하여야 한다.
  ⓑ 지중전선로를 직접 매설식에 의하여 시설하는 경우, 매설 깊이는 차량 기타 중량물의 압력을 받을 우려가 있는 장소에서는 1.2[m] 이상, 기타 장소에서는 0.6[m] 이상 유지하여야 하며, 또한 케이블은 견고한 트러프(trough) 및 기타 방호물에 넣어 시설하여야 한다.
ⓒ 다리 및 터널(내부와 위)에 설치되는 관로는 통행하는 차량에 의해 손상되지 않도록 설치하여야 한다.
ⓔ 관로는 도로의 차량통행을 방해하지 않도록 도로 밖에 설치하여야 한다.
ⓜ 자동차 도로 하부에 관로를 설치해야 하는 부득이한 경우에는 갓길이나 하나의 차선에서 관로의 설치와 유지관리가 가능하도록 하여야 하며, 세부적인 내용은

다음 그림을 참조한다.

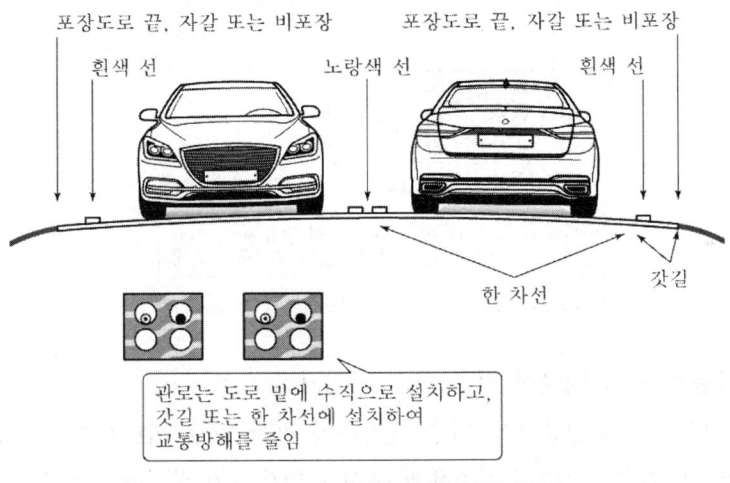

[도로, 고속국도 등의 관로 설치 위치]

 ⓑ 관로 상단부와 지면 사이에는 관로보호용 경고 테이프를 관로 경로를 따라 매설하여야 한다.
 ⓢ 관로는 가스 등 다른 매설물과 0.5[m] 이상 이격시켜 매설하여야 한다. 다만, 부득이한 사유로 인하여 0.5[m] 이상의 간격을 유지할 수 없는 경우에는 보호벽의 설치 등 관로를 보호하기 위한 조치를 하여야 한다.
 ⓞ 조수 또는 물살에 의한 부식으로부터 해저 케이블의 횡단을 보호하는데 사용되는 해저 케이블 관로는 배가 정박하는 곳으로부터 가능한 한 멀리 떨어진 장소에 설치하여야 한다.

⑥ 지중관로 시설과 다른 지하 구조물 간의 이격거리
 지중관로 시설과 수도관 등 다른 지하 구조물 간의 이격거리에 대한 일반적 요구사항은 다음과 같으며 세부적인 내용은 다음 그림을 참조한다.
 ㉠ 다른 구조물과 평행하는 경우, 평행 구조물을 손상시키지 않으면서 정비가 가능하도록 충분한 이격거리(공간)를 유지하여야 한다.
 ㉡ 다른 구조물을 횡단하는 경우, 각각의 구조물이 손상되지 않도록 충분한 이격거리를 유지하여야 한다.
 ㉢ 필요한 경우, 지하구조물의 관기기관 관계자들이 협의하여 현장 여건에 적합하도록 각 구조물 간의 이격거리를 결정할 수 있다.

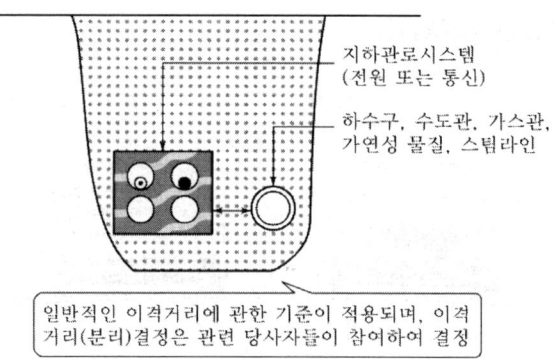

[지중관로와 다른 지하 구조물 간의 이격거리]

⑦ 지중관로 시설 내에서 덕트 간의 이격거리

㉠ 전력용과 통신용 덕트의 이격거리에 관한 일반적인 기준은 다음과 같다.

ⓐ 콘크리트 속에서 전력용과 통신용 덕트의 이격거리는 최소한 0.1[m] 이상으로 하며 세부 내용은 다음 그림을 참조한다.

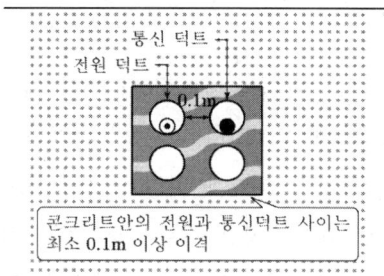

[콘크리트 속에서 전력용과 통신용 덕트의 이격거리]

ⓑ 석조물 내에서 전력용과 통신용 덕트의 이격거리는 최소한 0.15[m] 이상으로 하며 세부 내용은 다음 그림을 참조한다.

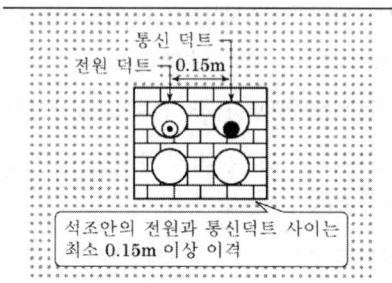

[석조물 내에서 전력용과 통신용 덕트의 이격거리]

ⓒ 잘 다져진 흙속에서 전력용과 통신용 덕트이 이격거리는 최소한 0.3[m] 이상으로 하며 세부 내용은 다음 그림을 참조한다.

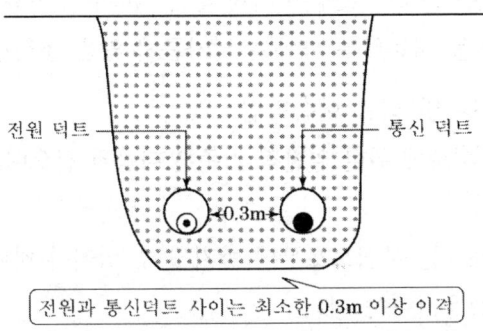

[흙속에서 전력용과 통신용 덕트의 이격거리]

ⓛ 전력용과 통신용 관로가 적정한 이격거리를 두어야 하는 이유는 다음과 같다.
　ⓐ 관로에 있는 전력 케이블의 고장으로 인하여 인접해 있는 통신관로 및 케이블 등의 손상을 방지하기 위함
　ⓑ 전력용과 통신용 관로에 고장이 발생할 경우 원활한 정비를 하기 위함

⑧ 지중관로의 굴착과 되메우기
　지중관로를 설치하기 위한 굴착과 되메우기 방법은 다음과 같으며 세부내용은 다음 그림을 참조한다.

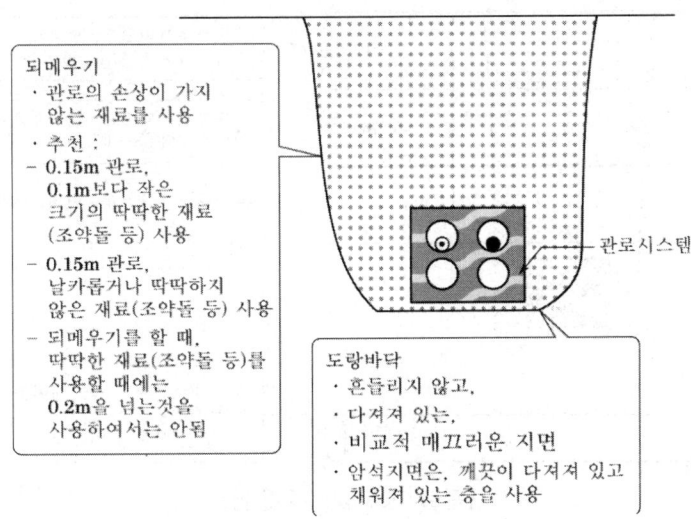

[지중관로의 굴착과 되메우기 방법]

㉠ 굴착한 후에는 관로를 설치할 바닥의 지면을 평편하게 다진다.
㉡ 울퉁불퉁한 암석지면은 흙을 이용하여 평편하게 다진다.
㉢ 되메울 때에는 관로에 손상이 가지 않는 되메우기 재료를 사용하여야 하며, 특히 되메우기 돌을 사용하는 때에는 날카롭지 않은 조약돌 등을 사용하여야 한다.

⑨ 지중관로의 재료 및 덕트 이음방법
㉠ 지중관로의 재료에 관한 일반적 기준은 다음과 같으며, 세부내용은 다음 그림을 참조한다.
ⓐ 관로의 재료는 부식으로부터 방지될 수 있어야 하며, 가능한 한 친환경적인 재료를 사용하여야 한다.
ⓑ 관로 내의 전로에서 누전 등이 발생할 경우 인접한 관로에 손상 등 영향이 미치지 않도록 하여야 한다.

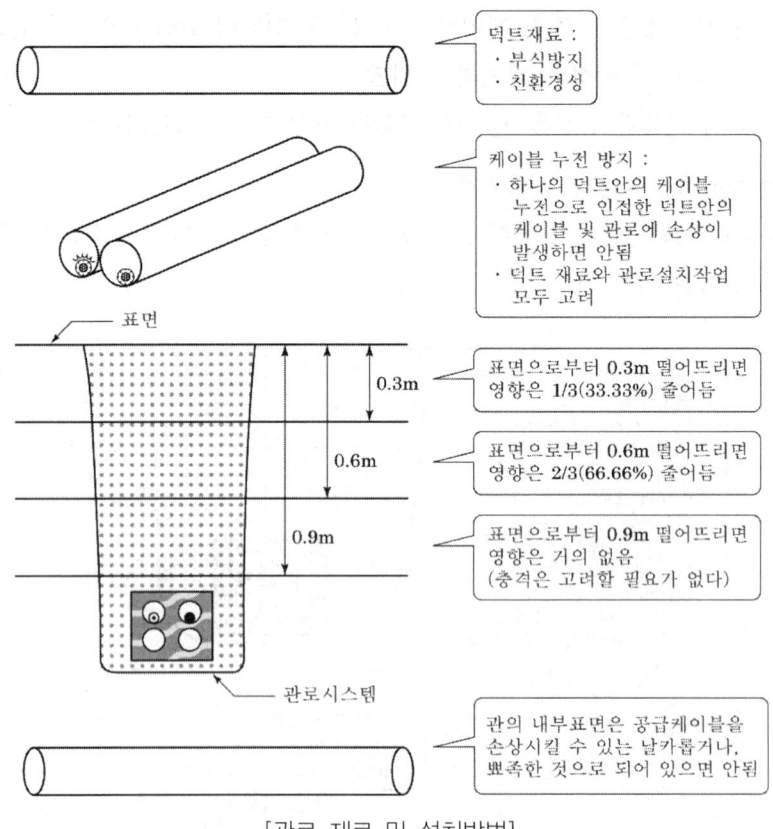

[관로 재료 및 설치방법]

ⓛ 관로의 이음 방법에 관한 일반적 기준은 다음과 같으며, 세부 내용은 다음 그림을 참조한다.
  ⓐ 관로를 되메우기할 때에는 관로의 원형이 유지되도록 하여야 한다.
  ⓑ 관로와 관로를 접속할 때에는 케이블이 손상되지 않도록 관로 내부를 매끄럽게 하여야 한다.
  ⓒ 관로가 건축물 안으로 관통할 경우에는 관로와 건축물 사이로 가스 등이 스며들지 않도록 밀봉을 하여야 한다.
  ⓓ 관로가 교량을 관통하는 때에는 교량의 신축 여부를 고려하여야 하며, 관로 받침대는 변형이 가지 않도록 하여야 한다.

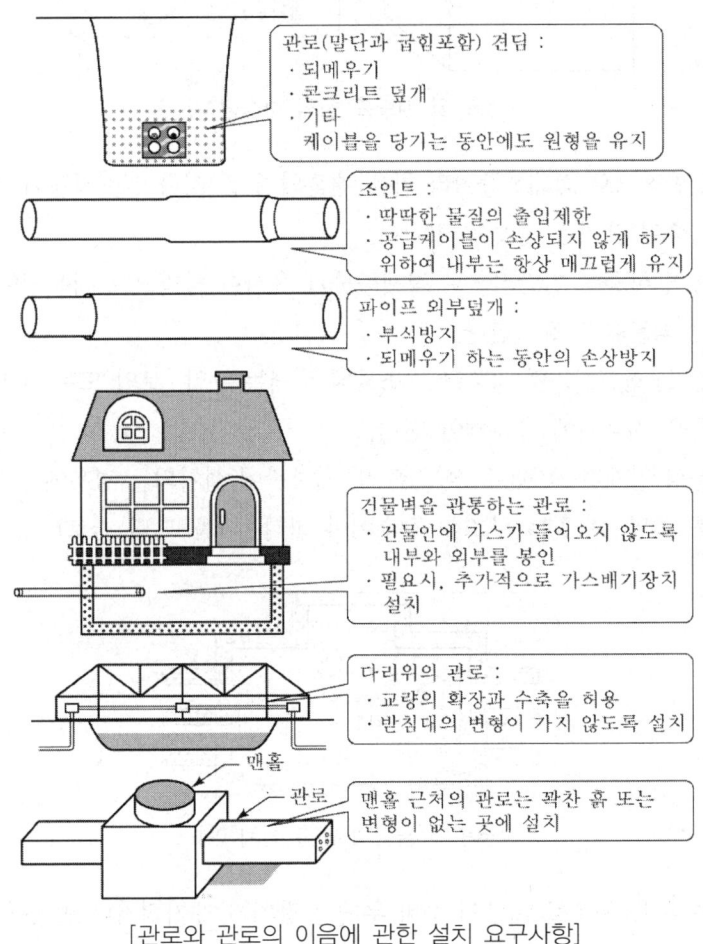

[관로와 관로의 이음에 관한 설치 요구사항]

⑩ 맨홀, 핸드홀 및 지하관
　㉠ 맨홀, 핸드홀 및 지하관은 다음 그림과 같이 수직 및 수평방향 등 여러 방향과 다양한 하중에 견딜 수 있도록 안전하게 설계되어야 한다.

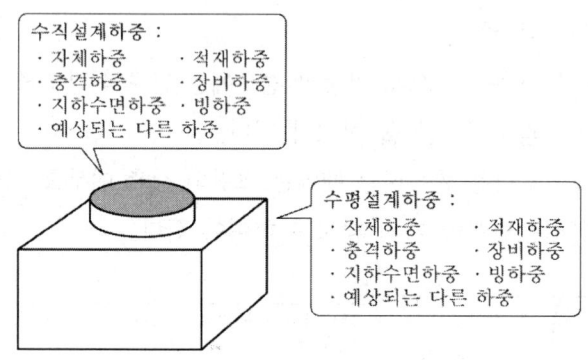

[맨홀 및 핸드홀 등의 하중방향]

　㉡ 일반적으로 적재하중이라 함은 맨홀의 위를 지나가는 차량과 같이 일시적으로 하중이 생기는 경우를 말한다.
　㉢ 충격 하중은 일반적으로 적재하중과 유사한 방법으로 적용되며 적재하중에 대한 백분율로 표시한다.
　㉣ 맨홀, 핸드홀 및 지하관 구조물의 무게는 수압, 토압 또는 그 밖의 증가시키는 힘을 견디기에 충분해야 한다.
　㉤ 풀링 철재기구가 맨홀, 핸드홀 및 지하관에 설치되는 경우에는 예상하중의 두배를 견딜 수 있는 구조를 갖추어야 한다.(다음 그림 참조)

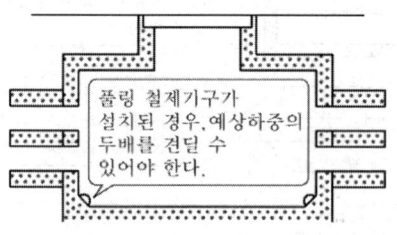

[금속재 풀링의 맨홀 설치 예]

　㉥ 맨홀 등 구조물 내부의 장비 무게는 장비가 제거되거나 변경될 수 있기 때문에 고려할 필요가 없다.

⑪ 맨홀 설치기준
  ㉠ 맨홀의 매설장소
    ⓐ 도로를 따라서 맨홀을 시설하는 경우에는 가능한 한 지중관로의 중심선과 도로의 중심선이 서로 교차하지 않도록 시설한다.
    ⓑ 맨홀은 도로의 중앙을 피하여 시설한다.
    ⓒ 맨홀은 가능한 한 지중시설물의 작은 지역을 선택하여 시설한다.
  ㉡ 맨홀의 접지
    ⓐ 맨홀의 접지는 제1종 접지공사를 하며, 접지저항값은 10[Ω] 이하로 한다.
    ⓑ 접지선은 나연동선을 사용하며 굵기는 38[mm^2] 이상으로 한다.
    ⓒ 접지공사는 맨홀 시공 시 2개소에 접지동봉을 타설하고, 리드선은 구조물 매설용 접지 연결동봉과 연결한다.
    ⓓ 양 접지개소의 리드선은 나연동선 38[mm^2] 이상으로 맨홀벽체 외부에서 상호 연결한다.
  ㉢ 맨홀 뚜껑
    ⓐ 맨홀 덮개는 공구없이 쉽게 열 수 없도록 설계되어야 하며, 덮개는 적정한 무게를 갖추어야 한다.
    ⓑ 맨홀 덮개는 맨홀 안으로 떨어지지 않도록 하며, 또한 케이블 및 장비 등이 맨홀 밖으로 나오지 않도록 적정하게 설계되어야 한다.
    ⓒ 맨홀 덮개는 지면(G.L) 위로 돌출되는 높이는 G.L+0~10[mm] 이내이어야 한다.
    ⓓ 맨홀 덮개의 크기는 직경 0.75[mm] 이상으로 하여야 하며, 맨홀 내부에 기기를 설치하는 경우에는 직경 0.9[mm] 이상으로 할 수 있다.

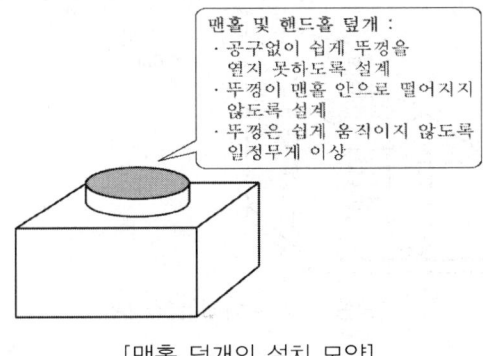

[맨홀 덮개의 설치 모양]

ⓔ 맨홀 출입구
  ⓐ 맨홀 출입구는 보행자 및 차량의 안전운행을 위해 돌출부가 없도록 시설하여야 한다.
  ⓑ 맨홀 출입구는 케이블 또는 장비 바로 위에 설치되지 않도록 한다.
  ⓒ 맨홀 출입구의 구체 목 길이는 맨홀의 매설깊이에 따라 조정되며, 최소 길이는 0.35[m]로 한다.
  ⓓ 맨홀 출입구는 보행자 및 차량의 안전운행을 위해 도로, 교차로 및 횡단보도 이외의 장소에 설치하여야 한다.
  ⓔ 맨홀 출입구는 다음 그림과 같이 출입구 모양에 따라 크기를 다르게 할 수 있다.

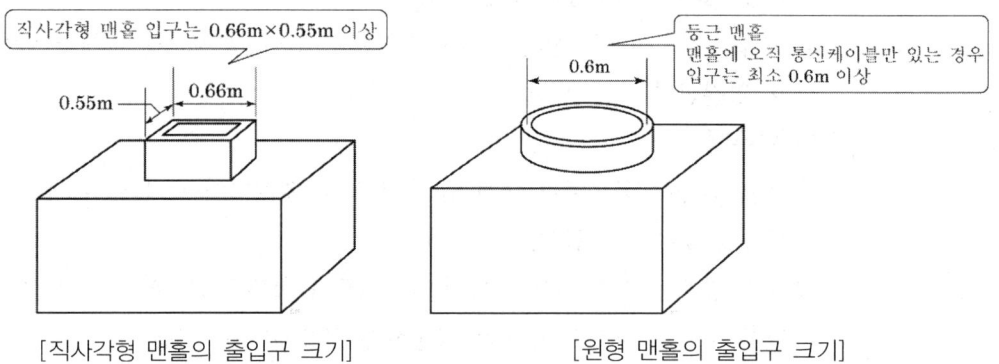

[직사각형 맨홀의 출입구 크기]　　　[원형 맨홀의 출입구 크기]

  ⓕ 맨홀의 깊이가 1.2[m]를 넘는 경우에는 다음 그림과 같이 맨홀 내부에 고정된 사다리 또는 사람이 오르고 내리는데 적합한 시설을 갖추어야 한다.

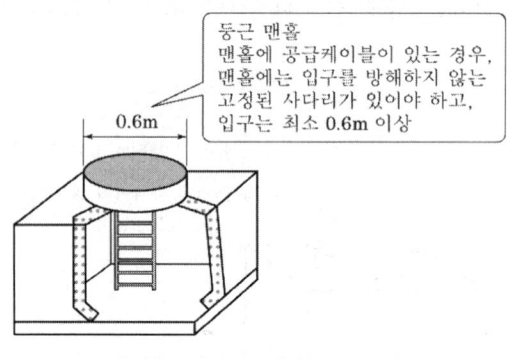

[맨홀 내의 사다리 설치 예]

ⓜ 맨홀 내의 작업 공간
ⓐ 작업자가 맨홀 안에서 원활하게 작업을 할 수 있는 작업 공간의 일반적 설치 기준은 다음과 같으며 세부적인 것은 다음 그림을 참조한다.
- 맨홀 내의 수평 작업공간은 0.9[m] 이상으로 한다.
- 맨홀 내의 수직 작업공간은 1.8[m] 이상으로 한다.

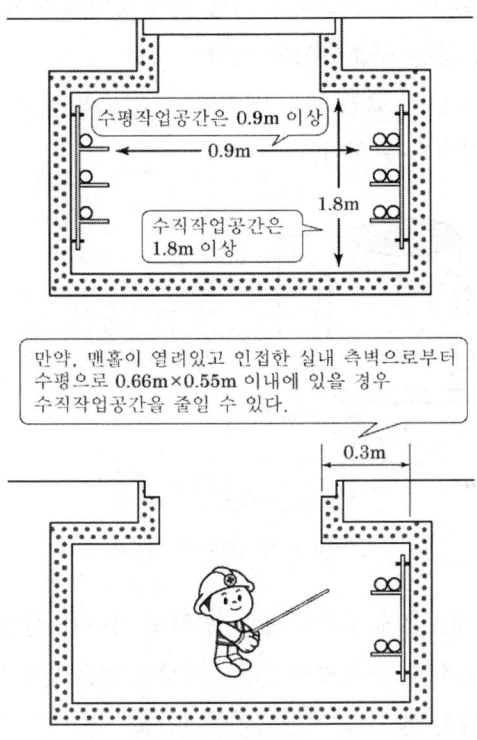

〈그림 18〉 [맨홀 내의 작업 공간 크기]

ⓑ 맨홀에는 케이블과 장비가 배치되었을 것을 가정하여 작업할 수 있는 충분한 공간을 확보하여야 한다.
ⓗ 맨홀 방수
외벽방수 공사를 원칙으로 하되, 외벽방수가 곤란한 현장(교통 혼잡지역, 작업 공간 협소 및 조립식 구조물 등)에서는 내벽방수 공법을 적용할 수 있다.
ⓐ 핸드홀 설치 기준
ⓐ 핸드홀의 일반적 내부치수는 1.5[m]×2.0[m]×1.8[m](내폭×길이×높이)로 한다. 다만, 현장 여건에 따라 적정하게 내부 크기를 조정할 수 있다.

ⓑ 핸드홀의 덮개는 차량이 이동하는 곳은 직경 0.75[m] 원형 뚜껑을, 보도 및 주택가에는 0.88[m]×0.36[m] 사각형을 설치하는 것이 바람직하다.

ⓒ 기타 핸드홀의 접지, 방수, 축조, 부속자재 설치 및 기초 설계 등에 관하여는 맨홀 설치 기준을 적용할 수 있다.

ⓞ 맨홀 및 핸드홀의 시설

ⓐ 맨홀 및 핸드홀은 견고하고 차량 기타 중량물의 압력에 견디며, 물기가 쉽게 스며들지 않는 구조이어야 한다.

ⓑ 맨홀은 그 안에 고인 물을 제거할 수 있도록 하고, 필요시 다음 그림과 같은 구조를 갖추도록 한다.

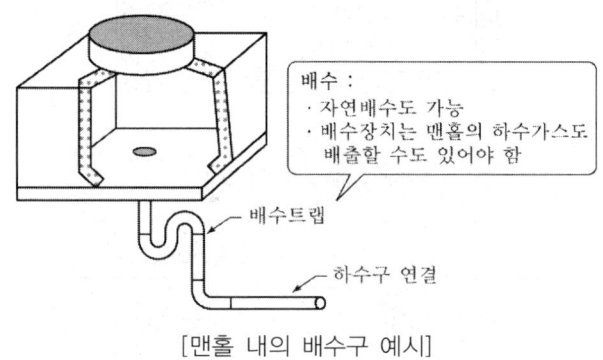

[맨홀 내의 배수구 예시]

ⓒ 맨홀 및 핸드홀에 폭발성 또는 인화성 가스가 침입할 우려가 있는 곳에 시설하는 경우에는 그 크기가 1[m²] 이상인 것은 통풍장치 기타 가스를 방산하기 위한 적당한 장치를 시설하여야 한다.

※ 비고 : 맨홀 및 핸드홀은 연소성 가스가 침입할 우려가 있는 곳에서는 시설하지 않아야 한다.

⑫ 지중관로 시설의 유지·보수

㉠ 맨홀 또는 핸드홀은 케이블의 설치 및 유지·보수 등의 작업 시 필요한 공간을 확보할 수 있는 구조로 설계하여야 한다.

㉡ 맨홀 또는 핸드홀은 케이블의 설치 및 유지·보수 등을 위한 차량출입과 작업이 용이한 위치에 설치하여야 한다.

㉢ 맨홀 또는 핸드홀에는 주변 실수요자용 전력 또는 통신 케이블을 분기할 수 있는 인입관로 및 접지시설 등을 설치하여야 한다.

ⓐ 맨홀 또는 핸드홀 간의 이격거리는 250m 이내로 하여야 한다. 다만 교량·터널 등 특수 구간의 경우와 광케이블 등 특수한 통신 케이블만 수용하는 경우에는 그러하지 아니할 수 있다.

ⓑ 지중관로 시설이 지나가는 위치에 일정 간격으로 표지를 설치하여 작업자가 이를 알 수 있도록 하여야 한다.

ⓒ 지중관로 시설의 설치 시기, 노후화 등을 감안하여 노후화되었다고 판단되는 관로시설에 대하여는 교체 등을 검토하여야 한다.

ⓓ 지중관로 시설의 노출, 파손 및 이상 징후현상 발생 등을 주기적으로 점검하여야 한다.

[3] 가공선로시설

전력이나 통신신호를 보내고 받을 수 있도록 공중에 가로질러 설치한 선로를 말하며 전선과 지지물, 애자 및 금구류(金具類) 등으로 구성되어 있으며 가공 송배전선로와 가공 통신선로가 있다. 일반적으로 전주 등 지지물에 의해 공중에 가설되어 전력을 공급하는 선로를 통칭하며 전력을 전송하기 위하여 지상에 세운 지지물에 가설된 도선을 뜻하는 가공전선(架空電線)과 유사한 개념으로 특별한 구분 없이 사용된다.

(1) 통신 가공 선로 구분

① 도로, 건물, 장해물, 지형에 따라 : 직선로, 곡선로
② 구성 방식에 따라 : 케이블 선로, 옥외 전화선
③ 설치 방법에 따라 : 자기 지지형(Self Supporting), 비자기 지지형

(2) 사용 가능한 통신선의 종류

방송통신설비에 사용하는 통신선은 절연전선 또는 케이블이어야 한다. 다만, 절연전선이나 케이블을 사용하기가 곤란한 경우에 있어서 타인이 설치한 방송통신설비에 방해를 줄 염려가 없고 인체 또는 물건에 손상을 줄 염려가 없는 경우에는 예외로 할 수 있다.

(3) 가공통신선의 지지물과 가공강전류전선간의 이격거리

① 가공통신선의 지지물은 가공강전류전선사이에 끼우거나 통과하여서는 아니 된다. 다만, 인체 또는 물건에 손상을 줄 우려가 없을 경우에는 예외로 할 수 있다.

② 가공통신선의 지지물과 가공강전류전선간의 이격거리는 다음 각 호와 같다.
   1. 가공강전류전선의 사용전압이 저압 또는 고압일 경우의 이격거리는 다음 표와 같다.

가공강전류전선의 사용전압 및 종별		이격거리
저압		30[cm] 이상
고압	강전류 케이블	30[cm] 이상
	기타 강전류전선	60[cm] 이상

   2. 가공강전류전선의 사용전압이 특고압일 경우의 이격거리는 다음 표와 같다.

가공강전류전선의 사용전압 및 종별		이격거리
35,000[V] 이하의 것	강전류 케이블	50[cm] 이상
	특고압 강전류절연전선	1[m] 이상
	기타 강전류전선	2[m] 이상
35,000[V]를 초과하고 60,000[V] 이하의 것		2[m] 이상
60,000[V]를 초과하는 것		2[m]에 사용전압이 60,000[V]를 초과하는 10,000[V]마다 12[cm]를 더한 값 이상

(4) 전주의 안전계수

① 전주의 안전계수는 다음 표와 같다. 다만, 철근콘크리트주 및 철주는 표 제1호, 제2호, 제3호의 경우 1.0 이상으로 하고, 제4호의 경우 1.5 이상으로 할 수 있다.

전주의 구별	안전계수
1. 도로상 또는 도로로부터 전주 높이의 1.2배에 상당하는 거리 내의 장소에 설치하는 전주	1.2

2. 다음에 해당하는 가공통신선을 가설하는 전주
  가. 구조물로부터 그 전주의 높이에 상당하는 거리내에 접근하는 가공통신선
  나. 타인의 가공통신선 또는 가공강전류전선과 교차되거나 그 전주의 높이에 상당하는 거리 내에 접근하는 가공통신선
  다. 철도 또는 궤도로부터 그 전주의 높이에 상당하는 거리 내에 접근하거나 도로, 철도 또는 궤도를 횡단하는 가공통신선
	1.2

3. 가공통신선과 저압 또는 고압의 가공강전류전선을 공가하는 전주	1.5
4. 가공통신선과 특고압의 가공강전류전선을 공가하는 전주	2.0

② 전주에 지선 또는 지주를 설치하는 경우에는 그 전체의 안전계수를 전주의 안전계수로 보고 제1항의 규정을 적용한다.

③ 전주의 안전계수는 그 전주에 개설하는 시설물의 인장하중, 제9조의 규정에 의한 풍압하중 및 그 시설장소에서 통상 예상되는 기상의 변화 등 기타 외부 환경의 영향이 가하여진 것으로 하여 이를 계산한다.

(5) 풍압하중

① 옥외통신설비에 대한 기본풍압하중은 아래의 표와 같다.

풍압을 받는 시설물			시설물의 수직투영면적 1[m²]에 대한 풍압
전주류	목주 또는 철근콘크리트주		80[kg]
	철주	원통주	80[kg]
		삼각주 또는 사각주	190[kg]
		각주(강관에 의하여 구성된 것에 한한다)	150[kg]
		기타의 것	240[kg]
무선시설류	철탑	강관에 의하여 구성된 것	170[kg]
		기타의 것	290[kg]
	철탑에 부착 시설되는 안테나류		200[kg]
	마이크로웨이브안테나		200[kg]
기타	통신선 또는 보조선		100[kg]
	완철류 또는 함류		160[kg]

주) 설계풍속 40[m]/s를 적용한 것임

② 강풍지역 외 시가지에서는 전주 및 기타 시설류에 대하여 제1항에 의한 풍압하중의 1/2배를 적용할 수 있다.

③ 강풍지역에서는 과거 기상자료를 바탕으로 하여 제1항의 풍압하중 이상을 적용한다.

④ 무선시설류는 제1항에 의한 풍압하중의 2배 이상을 적용한다. 다만, 건물 옥상에 시설하는 철탑의 경우 제1항의 풍압하중을 적용하고 철탑 붕괴시 인명 및 재산 피해를 방지할 수 있도록 지선설치 등의 보강조치를 하여야 한다.

⑤ 다설지역에서는 제1항의 풍압하중 또는 통신선 또는 보조선에 비중 0.9의 빙설을 6[mm]의 두께로 부착한 경우에 상기 제1항 규정에 의한 풍압하중의 1/2배를 적용한 하중 중 큰 것을 적용한다.

⑥ 통신선 및 보조선을 고정하는 클램프 등의 자재는 통신선에 대한 제1항의 풍압하중 인가 시 설계 장력을 유지할 수 있어야 한다. 단, 이 기준 이외의 다른 기준에 의한 전주류에 설치되는 통신선의 경우에는 해당 기준에 의한 풍압하중을 적용한다.

(6) 가공통신선 지지물의 등주방지

가공통신선의 지지물에는 취급자가 오르내리는데 사용하는 발디딤쇠 등을 지표상으로부터 1.8[m] 이상의 높이에 부착하여야 한다. 다만, 다음과 같은 경우에는 예외로 할 수 있다.

1. 발디딤쇠 등이 지지물의 내부로 들어가는 구조인 경우
2. 지지물 주위에 취급자 이외의 자가 들어갈 수 없도록 시설하는 경우
3. 지지물을 사람이 쉽게 접근할 수 없는 장소에 설치한 경우

(7) 가공통신선의 높이

① 설치장소 여건에 따른 가공통신선의 높이는 다음 각 호와 같다.
   1. 도로상에 설치되는 경우에는 노면으로부터 4.5[m] 이상으로 한다. 다만, 교통에 지장을 줄 우려가 없고 시공상 불가피할 경우 보도와 차도의 구별이 있는 도로의 보도상에서는 3[m] 이상으로 한다.
   2. 철도 또는 궤도를 횡단하는 경우에는 그 철도 또는 궤조면으로부터 6.5[m] 이상으로 한다. 다만, 차량의 통행에 지장을 줄 우려가 없는 경우에는 그러하지 아니하다.
   3. 7,000[V]를 초과하는 전압의 가공강전류전선용 전주에 가설되는 경우에는 노면으로부터 5[m] 이상으로 한다.
   4. 제1호 내지 제3호 및 제2항 이외의 기타지역은 지표상으로부터 4.5[m] 이상으로 한다. 다만, 교통에 지장을 줄 염려가 없고 시공상 불가피한 경우에는 지표상으로부터 3[m] 이상으로 할 수 있다.

② 가공선로설비가 하천 등을 횡단하는 경우에는 선박 등의 운행에 지장을 줄 우려가 없는 높이로 설치하여야 하며, 헬리콥터 등의 안전운항에 지장이 없도록 안전표지

(항공표지 등)가 설치되어야 한다.

(8) 전주의 안전계수와 가공통신선의 지지물에 대한 예외

비상사태하에 있어서 재해의 예방과 구조, 교통, 통신, 전력의 공급과 확보 또는 질서의 유지에 필요한 통신을 행하기 위하여 설치하는 선로에 관하여는 절연전선 또는 케이블을 사용하는 것에 한하여 그 설치한 날로부터 1월 내에는 제8조의 규정을 적용하지 아니한다.

(9) 보호망

① 가공통신선이 가공강전류전선과 교차하거나 가공강전류전선과의 수평거리가 그 가공통신선 또는 가공강전류전선의 지지물 중 높은 것에 해당하는 거리 이하로 접근할 경우에 설치하는 보호망의 종류 및 구성은 다음과 같다.

1. 제1종 보호망
   가. 특별보안접지공사(접지저항이 10[Ω] 이하가 되도록 하는 접지공사를 말한다. 이하 같다)를 한 금속선을 망상으로 할 것
   나. 보호망의 바깥둘레를 구성하는 금속선은 직경 3.5[mm] 이상의 동복강선 또는 직경 5[mm]의 경동선이나 이와 동등이상의 강도의 것을 사용하고, 기타의 부분을 구성하는 금속선은 직경 3.5[mm] 이상의 동복강선 또는 직경 4[mm]의 경동선이나 이와 동등 이상의 강도의 것을 사용할 것
   다. 병행하는 금속선 상호간의 거리는 각각 1.5[m] 이하로 할 것

2. 제2종 보호망
   가. 보안접지공사(접지저항이 100[Ω] 이하가 되도록 하는 접지공사를 말한다. 이하 같다)를 한 금속선을 망상으로 할 것
   나. 세로선은 직경 3.5[mm] 이상의 동복강선 또는 직경 4[mm]의 경동선이나 이와 동등이상의 강도를 가진 것을 사용할 것
   다. 가로선은 직경 2.6[mm]의 경동선이나 이와 동등 이상의 강도를 가진 것을 사용할 것
   라. 병행하는 금속선 상호간의 거리는 각각 1.5[m] 이하로 할 것

② 제1항의 규정에 의한 보호망의 설치는 다음과 같이 한다.
   1. 보호망과 가공통신선 및 가공강전류전선간의 수직이격거리는 각각 60[cm] 이

상으로 한다. 다만, 제2종 보호망에 있어서 공사상 부득이한 경우에는 그 수직 거리를 30[cm] 이상으로 할 수 있다.
2. 보호망이 가공통신선 및 가공강전류전선의 밖으로 펼쳐지는 폭은 보호망과 가공통신선간의 수직거리의 1/2에 상당하는 길이(그 길이가 30[cm] 미만이 되는 경우는 30[cm]) 이상으로 한다.
3. 제2종 보호망은 제1종 보호망으로 대체할 수 있으나 제1종 보호망은 제2종 보호망으로 대체할 수 없다.

(10) 보호선

① 가공통신선이 가공강전류전선과 교차하거나 가공강전류전선과의 수평거리가 그 가공통신선 또는 가공강전류전선의 지지물 중 높은 것에 해당하는 거리 이하로 접근할 경우에 설치하는 보호선의 종류 및 구성은 다음과 같다.
  1. 제1종 보호선
     가. 직경 3.5[mm] 이상의 동복강선 또는 직경 5[mm]의 경동선이나 이와 동등 이상의 강도를 가진 것을 2조 이상으로 구성하고, 보안접지공사를 할 것
     나. 보호선의 금속선 상호간의 간격은 75[cm] 이하로 할 것
  2. 제2종 보호선
     가. 직경 3.5[mm] 이상의 동복강선 또는 직경 4[mm]의 경동선이나 이와 동등 이상의 강도를 가진 것을 2조 이상으로 구성하고, 보안접지 공사를 할 것

② 제1항의 규정에 의한 보호선의 설치는 다음 각 호와 같이 하여야 한다.
  1. 가공통신선과 45°를 넘는 각도로 교차하여야 한다.
  2. 보호선과 가공통신선간의 수직이격거리는 60[cm] 이상으로 한다.
  3. 보호선이 가공통신선의 밖으로 펼쳐지는 길이는 보호선과 가공통신선간 수직거리의 1/2에 상당하는 길이(그 길이가 30[cm] 미만일 경우에는 30[cm]) 이상으로 한다.
  4. 제2종 보호선은 제1종 보호선으로 대체할 수 있으나, 제1종 보호선은 제2종 보호선으로 대체할 수 없다.

(11) 가공통신선과 저압 또는 고압의 가공강전류전선과의 접근 또는 교차

① 가공통신선이 저압 또는 고압의 가공강전류전선과 교차하거나 가공강전류전선과

의 수평거리가 그 가공통신선 또는 가공강전류전선의 지지물 중 높은 것에 해당하는 거리 이하로 접근할 경우의 이격거리는 다음 표와 같다. 다만, 가공통신선은 가공강전류전선 아래에 설치하여야 한다.

가공강전류전선의 사용전압 및 종별		이격거리
저압	고압 강전류절연전선, 특고압 강전류절연전선 또는 케이블	30[cm] 이상(강전류전선설치자의 승낙을 얻었을 경우에는 15[cm] 이상)
	강전류절연전선	60[cm] 이상(강전류전선설치자의 승낙을 얻었을 경우에는 30[cm] 이상)
고압	강전류케이블	40[cm] 이상
	고압 강전류절연전선, 특고압 강전류절연전선	80[cm] 이상

② 가공통신선이 저압 또는 고압의 가공강전류전선과의 수평거리가 그 가공통신선 또는 가공강전류전선의 지지물 중 높은 것에 해당하는 거리 이하로 접근할 경우, 다음과 같은 규정에 의해 가공통신선을 가공강전류전선 위에 설치할 수 있다.

1. 공사상 부득이 하고, 가공통신선의 지지물이 다음의 규정에 의해 설치될 경우
   가. 가공통신선과 가공강전류전선간의 이격거리가 제1항의 규정에 의할 경우
   나. 목주의 경우에는 말구경이 12[cm] 이상이며 안전계수가 1.3 이상일 경우
   다. 가공통신선이 5° 이하의 수평각도를 이루는 직선부분을 지지하는 지지물 간의 거리차가 크거나 5° 이상의 수평각도를 이루는 개소 또는 전주의 안전계수가 1.2 미만인 경우, 이를 보강할 수 있는 지선 또는 지주를 설치할 경우
2. 가공통신선과 가공강전류전선간의 수평거리가 2.5[m] 이상이고, 가공통신선 지지물이 도괴 시에 가공강전류전선과 접촉할 우려가 없는 경우

※ 이하 내용은 선로설비기준의 2편 제1절 "접지설비·구내통신설비·선로설비 및 통신공동구 등에 대한 기술기준" 내용 중 선로설비 설치방법의 내용을 참고하시기 바랍니다.

[4] 가입자 선로시설(xDSL, FTTx, HFC 등)

(1) 디지털 가입자 회선(xDSL, Digital Subscriber Line[ADSL, VDSL 등])

xDSL은 기존의 전화선(동선)을 가입자 케이블에 증폭기나 중계기 없이 광대역을 전

송하는 일련의 변조 기술의 총칭이며, 비디오, 영상, 고화질 그래픽 및 Mbps급 데이터 속도의 정보를 전송하기 위해 제안된 개념으로, 기존 모뎀과 달리 xDSL은 훨씬 넓은 주파수 영역을 이용함으로써 동선을 통하여 수 Mbps에서 수십 Mbps에 이르는 전송속도를 제공할 수 있다.

사용하려는 응용분야에 따라 HDSL, ADSL, VDSL 등으로 분류되고 있다.

① xDSL의 일반적인 특징
  ㉠ 기술기반 : 동선(Copper Wire) 기술
  ㉡ 전송거리 : ~5[km] 정도
  ㉢ 전송속도 : 160[Kbps]에서 8[Mbps] 정도 또는 그 이상
  ㉣ 변조방식 : QAM 또는 DMT
  ㉤ 국제 표준화 : ITU-T

② xDSL의 종류
  xDSL은 기존의 트위스트 페어 전화선을 사용하는 디지털가입자선로기술 집합을 의미하며, xDSL 기술은 비대칭형 전송방식인 Asymmetric DSL(ADSL), 대칭형 전송방식인 High-data-rate DSL(HDSL) 및 Single-line DSL(SDSL), 전송선로 특성에 따라 전송속도가 가변이 되는 Rate-adaptive DSL(RADSL) 및 단거리에서 초고속 데이터 전송방식인 Very-high-rate DSL(VDSL) 등으로 구별된다.
  에서 굴절률이 큰 매질을 밀한 매질, 굴절률이 작은 매질을 소한 매질이라 한다.

[xDSL의 종류]

기술	상향 속도	하향 속도	거리	음성	동선
SDSL	768[Kbps]	768[Kbps]	~3.5[km]	미제공	2선식
HDSL	T1/E1	T1/E1	~3.5[km]	미제공	4선식
R-ADSL	128[K]~1[Mbps]	128[K]~8[Mbps]	~5.5[km]	제공	2선식
U-ADSL	128[K]~	128[Kbps]	~6.5[km]	제공	2선식
VDSL	640[K]~	13~52[Mbps]	~1.4[km]	제공	2선식

  ㉠ SDSL(Symmetrical Digital Subscriber Line) : 일반적인 동선에서 T1 또는 E1과 유사한 속도를 제공하고 SHDSL(Single pair HDSL)이라고도 불리는 기술이며 화상회의, LAN 연결, SOHO 등의 서비스를 제공하고 있다.

ⓒ HDSL(High data rate Digital Subscriber Line) : 일반적인 동선에서 T1 혹은 E1과 유사한 속도를 제공하는 대화형, 대칭형 기술이다. 이 기술은 상/하향 속도가 동일한 대칭형 데이터 흐름을 제공하는 점을 제외하고는 ADSL과 유사하다. HDSL은 PCM 구간중계기 없이 대체가 가능하나 동일선로 다발 안에 대량으로 공급되는 경우 상호간섭에 의한 문제점 발생이 발생한다.

ⓒ ADSL(Asymmetric Digital Subscriber Line) : 비대칭 디지털 가입자 회선. 가정과 회사 등에 설치된 전화 회선을 통해 높은 주파수 대역(300[KHz]~1[MHz])으로 디지털 정보를 전송하는 기술로 전화선을 이용해 일반 사용자들보다 훨씬 빠른 데이터 통신이 가능하다. 비대칭이라는 이름이 붙은 것은 다운로드 속도는 최고 9[Mbps]가 가능한 반면 업로드의 속도는 640[Kbps]에 그치기 때문이다. 전화가 사용하는 음성대역폭과 떨어져 있으므로 하나의 전화선으로 고속 데이터 교환과 통화가 동시에 가능하다는 장점이 있으나 전송거리가 길수록 데이터의 손실이 커 전화국 교환국간의 거리가 너무 멀면 이용할 수가 없다는 단점이 있다. 보통 최고 속도(9[Mbps])를 내려면 전화국 교환국과 1.5[km] 내에 있어야 한다.

ⓔ UADSL(Universal ADSL) : 댁내 재배선으로 인한 문제점을 해결하기 위해 가입자 측 POTS 스플리터의 저역통과 필터가 삭제된 기술이며 전화기의 오프-후크에 따른 fast retrain 절차가 필요하다.

ⓜ VDSL(Very high data rate Digital Subscriber Line) : 300[m]~1.5[km] 범위의 근거리 구간의 nFTTC/VDSL 구조에 적합하고 VDSL은 nADSL 서비스+HDTV, DTV 서비스 및 nSDSL 서비스+고속 대칭형 서비스(SOHO, Extra/Intra LAN…)가 가능하다.

(2) 광가입자망(FTTx)

FTTx는 Fiber To The x의 약어로, x의 영역(가정, 가입자 주변 특정 노드, Curb 밀집지역, 빌딩)까지 광케이블 전송로를 구축, 초고속 대용량 서비스를 제공하는 것으로 가입자 댁내 접근도에 따라 FTTO, FTTC, FTTH 등 여러 가지 방식이 있다.

① 광가입자망(FTTx)의 구성 형태
   ㉠ 혼합망 : HFC(Hybrid Fiber/Coax), HFR(Hybrid Fiber Radio)
   ㉡ Home Run 방식 : 초창기 방식. 고가의 광소자와 광케이블을 가입자마다 설치

한다.

ⓒ 수동/능동 구분 : PON(수동광가입자망)/AON(능동광가입자망)

② FTTO(Fiber To The Office) : 상업지역의 큰 건물 구내까지 포설된 광케이블을 통하여 일정 속도의 데이터 전송이 항상 가능하도록 구축된 가입자 접속회선이다. 이 경우 기존 교환기에 직접 연결했던 일반 가입자회선 뿐만 아니라 음성급, 아날로그 데이터, 디지털 데이터 등의 전용회선을 수용하는 광가입자 전송장치인 FLC(Fiber Loop Carrier)가 설치, 운용되고 있다.

㉠ 특성
ⓐ 배선구역 단위 : 빌딩 등
ⓑ ONU 수 : 통상 1개
ⓒ ONU 설치 위치 : 빌딩 내 구내통신실
ⓓ 전송거리의 제약이 없다.

㉡ 구성
ⓐ 가입자 빌딩, 전화국 동선에 의한 구내포설 – PABX(PBX) – RT – 광케이블 – COT – 교환기 또는 DCS
ⓑ RT(Remote Terminal), COT(Central Office Terminal) : 다중화전송설비

③ FTTC(Fiber To The Curb) : FTTH의 포설 비용 등의 과다한 부담을 덜기 위해 가입자 댁내 근처까지는 광케이블을 사용하고, ONU로부터 가입자 댁내까지는 기 사용되고 있는 동선을 그대로 활용하는 망 방식이다.

㉠ 특징
ⓐ 광가입자망으로 아파트단지와 같은 가입자 밀집지역 입구까지만 광케이블을 포설한다.
ⓑ FTTC는 ONU까지 광케이블로 포설, ONU부터 가입자까지는 VDSL 등에 의한 동선배선을 활용하도록 하고 있다.

㉡ FTTC의 범위(FSAN 정의)
ⓐ 1개의 ONU가 수용하는 가입자 수 : 32~64
ⓑ ONU부터 가입자 댁내까지의 거리 : 500[m] 이내

④ FTTH(Fiber To The Home) : 초고속정보통신망 구축을 위하여, 전화국에서 가입자 댁내까지 가입자 선로 전부를 광케이블을 포설하여 서비스를 제공하도록 구성

된 인프라이고, 고품질(QoS) 및 대역폭 보장이 요구되는 멀티미디어 서비스를 기술적 제약 없이 제공할 수 있는 가입자 네트워크 구조이다.

ⓐ 특징
 ⓐ 전송속도는 가입자당 100[Mbps](최소) 이상 ~ 수 [Gbps]
 ⓑ 품질 보장형(대역폭 및 QoS 보장) 통신/방송 융합 서비스 제공한다.

ⓒ FTTH의 분류
 ⓐ AON(Active Optical Network) : 현재 랜 방식에 가장 널리 사용되고 있는 이더넷 스위치로 구성된 광네트워크를 의미한다. 가격이 저렴하고, 확장성이 좋은 장점이 있지만, 능동장치인 스위치를 필드에 설치하고 관리해야 하기 때문에 대규모 설치에는 적합하지 않다. IP 멀티캐스팅에 의한 IP-TV 서비스를 다단계 스위치를 거쳐 제공하는데 있어서 QoS를 완벽히 보장하기 위해서는 상당한 추가 비용과 기술 검증이 필요하다.
 ⓑ PON(Passive Optical Network) : 필드에 수동 소자만을 설치하여 네트워크 운용관리가 용이하기 때문에 대규모 설치 및 운용에 적합한 광가입자망 구조다.

 [PON 기술의 분류]
 - 시분할다중 방식을 사용하는 ATM 기반의 ATM-PON, 이더넷 기반의 E-PON, 일반적인 프레임 프로토콜을 사용하는 G-PON, TDMA-PON은 복잡한 프로토콜을 사용하여 상향 트래픽의 효율이 크게 제한받기 때문에 확장성과 양방향성에 있어 약점이 있으며, 하향 트래픽이 모든 가입자에게 전달되므로 보안상의 취약점이 있다. 그리고 현재 개발되어 있는 제품들의 하향 최고 속도가 1[Gb/s] 정도이고, 상향은 이와 같거나 작다. 그래서 32 가입자를 수용하는 경우 HD급의 고화질 방송 서비스를 안정적으로 제공하기에는 대역폭이 부족한 상태다.
 - 파장분할다중 방식의 WDM(A)-PON은 한 가닥의 광섬유를 통해 여러 파장의 광신호를 전송하고 각 가입자가 서로 다른 파장을 사용하므로 양방향 대칭형 서비스를 완벽히 보장할 뿐만 아니라, 서로 다른 파장의 신호를 해당 가입자만 수신하기 때문에 보안성이 우수하다. 파장 별로 서로 다른 프로토콜을 수용할 수 있어 가입자별로 서로 다른 서비스를 제공할 수 있으며, 가입자들이 독립적으로 대역폭을 할당받기 때문에 동시 사용자 수

에 의해 대역폭 변동이 발생하지 않으므로 IP 기반의 멀티미디어 서비스(IP TV/On-demand) 제공에 적합하다.

ⓒ Home-run : 전화국(CO)에서 가입자까지 독립적인 광섬유를 사용하여 연결한 구조를 의미하며, 가장 안정적으로 다양한 서비스를 제공할 수 있는 기술이나 다량의 광섬유가 소요되고, 다수의 송수신장치가 독립적으로 존재하여야 하기 때문에 비경제적인 방법이다.

⑤ ATM-PON(Passive Optical Network) : 회선교환의 실시간성 및 패킷교환의 유연성을 통합시킨 연결지향적 패킷교환 복합기술의 광 수동소자에 의한 가입자구간용 광통신망(즉, 광가입자망)

㉠ PON 전송 구조 : 1대 다수의 형태. 집중 국사에 1개의 OLT(Optical Line Terminal)를 두고 하나의 광섬유에 의해, 그 중간 지점에 광결합점(Optical Splitter, 전원공급이 불필요한 수동소자)을 두어, 하향(광 분배기(1 : N)), 상향(TDMA 등에 의한 광 결합기(N : 1)), 다수의 ONU(Optical Network Unit) 또는 ONT(Optical Network Terminal)들이 연결되는, Point-to-Multipoint (1대多, PTMP, 1 : 32 등) 형태로 구성되는 구조이다.

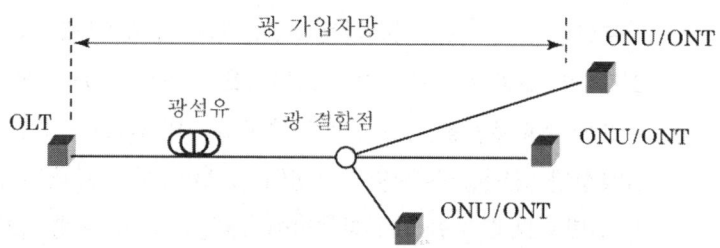

㉡ PON 특징

ⓐ 광선로의 공유에 의하여 설치 비용이 절감된다.

ⓑ 별도의 전원공급이 필요 없는 수동소자 만이 전송로에 사용되어 유지 비용이 낮아진다.

ⓒ 전송거리가 긴 편으로 xDLS은 전송거리가 약 4[km] 이내이나, PON은 10~20[km] 정도도 가능하다.

(3) 광동축혼합망(HFC, Hybrid Fiber-Coaxial network)

HFC는 광케이블과 동축케이블을 함께 사용하는 선로기술로 광섬유가 케이블 헤드엔드로부터 500 내지 2,000 사용자의 근방까지 연결되고, 동축 케이블이 광섬유의 종단과 각 사용자들을 연결하고 양방향 케이블 TV망을 통해 인터넷, 음성, 방송 서비스를 제공한다.

구조는 전송장비부터 댁내 주변(ONU, Optical Network Unit, 광분배기)까지 광케이블로 연결, 광분배기에서 가입자까지는 동축케이블로 연결하였으며, 방송용 주파수 대역 외에는 데이터 전송용 상·하향 주파수 대역을 달리하여 서비스 제공한다.

① HFC의 특징
  ㉠ 광섬유로 구성하는 네트워크보다 비용이 저렴하다.
  ㉡ 광섬유의 안정성 및 전송 속도에서의 이점을 최대한 이용한다.
  ㉢ CATV 망을 통해 데이터, 음성, 영상서비스 동시 제공한다.
  ㉣ Tree, Branch 구조로 가입자 수 증가에 따라 속도 저하된다.
  ㉤ 상향채널 잡음, 가입자 댁내잡음, CATV 망잡음, 접지/차폐 불량에 의한 망잡음 등으로 전체 서비스에 영향을 미칠 수 있다.
  ㉥ 하향채널 27~36[Mbps], 상향채널 0.5~10[Mbps] 속도 제공한다.

② HFC의 망 구성도

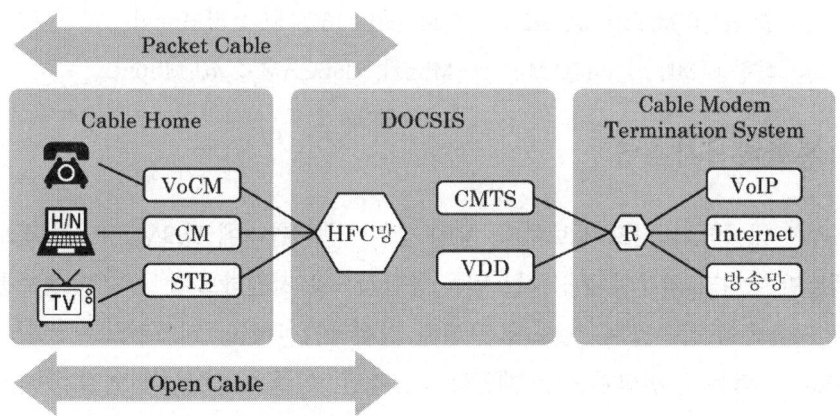

  ㉠ VoCM(Voice over Cable Modem), CM(Cable Modem), STB(Set-Top Box)
  ㉡ CMTS(케이블 모뎀 종단 시스템, Cable Modem Termination System) : 케이블 네트워크의 케이블 모뎀과 디지털 신호를 교환하기 위해 케이블 TV 회사 내에 설치된 장비

ⓒ VoIP(Voice over Internet Protocol) : VoIP는 전송 제어 프로토콜/인터넷 프로토콜(TCP/IP)의 절반인 인터넷 프로토콜(IP)을 이용

ⓔ DOCSIS : HFC 망을 통해 방송국대 장비와 가입자 단말기 간 IP 트래픽을 전송하기 위한 기술규격

ⓜ Packet Cable : HFC 망에서 실시간 멀티미디어 서비스를 제공하기 위한 기술규격. 주로 VoIP 서비스에 중점 이용

ⓗ Open Cable : Digital 유선방송 서비스를 위해 보안모듈이 분리된 셋탑박스를 소비자가 구입 가능하도록 하기 위한 규격

ⓢ Cable home : 케이블 기반 광대역 서비스를 가정 내 네트워크 장비로 확장한 규격

③ HFC의 주파수 대역

5	42	54	450	552	750 MHz
상향신호용	✕	아날로그방송	인터넷	디지털방송, 부가서비스	

㉠ DOCSIS 표준에 의한 전송속도(DOCSIS 3.0, 13-26)
㉡ 상향(1.6[MHz]) QPSK : 2.5[Mbps], 16QAM : 5[Mbps]
㉢ 하향(6[MHz]) 64QAM : 27[Mbps], 256QAM : 40[Mbps]

[5] 구내 통합배선시스템

음성, 데이터, 비디오 정보처리, 통신 장비, 건물 관리에 필요한 다양한 정보관리시스템뿐만 아니라 외부의 통신 시스템을 통합적으로 지원하므로, 어떠한 정보통신기기에도 자유롭게 접속될 수 있도록 구성된 경제적인 배선망 시스템으로 교환기나, 허브(Hub), 컴퓨터, 전화기 등을 제공하지 않지만, 이들을 용이하게 연결, 관리할 수 있는 각종 제품요소(전송매체, 회선관리 장비, 콘넥터, 잭, 플러그, 어댑터, 전송 전자 장비)와 설계 기술로 구성되어진다.

통합배선시스템은 어떤 종류의 컴퓨터나 통신 장비와도 연결되어질 수 있도록 고안되어 있으므로 배선시스템의 변경이나 확장 시 그 관리를 경제적이면서도 신축적으로 대응할 수 있다.

(1) 통합배선시스템의 구성

배선시스템은 전화 및 데이터 터미널, 통신장비들의 연결과 Adapter 및 보조장비로 구성되며, 건물이나 캠퍼스 내에 이러한 구성물들을 일관성 있고 경제적인 형태로 정돈하는 구성물의 집합체(network)이다.

일반적으로 배선시스템의 구성은 성형(star) 방식의 6가지 서브 시스템으로 구성하여야 한다.

① 간선계 서브 시스템(Backbone Riser Subsystem) : 빌딩에 있어 cable의 중추적인 공급원이 되는 group으로 여러 층의 건물에서 이 cable은 MDF로부터 각 층까지 연결되어 있으며 IDF에서 종결된다.

② 지선계 서브 시스템(Horizontal Subsystem) : 각 층에 있는 Backbone이나 IDF로부터 사용자실의 outlet(WALL JACK과 같은)까지 설치된 Cabling 시스템이다.

③ 사용자 영역 서브 시스템(Work Area Subsystem) : 전화, Data 터미널, OA, Workstation과 같은 장비들을 사무실 내에 설치된 각각의 인출구로 연결하는 단말 연결코드 및 전화 연결코드로 구성되어진다.

④ MDF 서브 시스템(Main Distribution Frame) : 각 IDF실에 위치한 음성과 데이터 Cabling 및 교환시설, 호스트 컴퓨터 등이 건물관리나 사무자를 위한 공유시설들을 Cross Connection시켜주는 시스템이다.

⑤ 캠퍼스 백본 서브 시스템(Campus Cackbone Subsystem) : 근거리에 위치한 건물들이나 혹은 Office Park에 있는 집단 전화국과 Sub-MDF(Office Area) 사이에서 통신을 지원하는 Cabling System이다.

⑥ 관리용 서브 시스템(Administration Subsystem) : 각 층의 Work Location으로부터 연결되어진 각각의 Cable(Horizontal 서브 시스템)을 한 장소로 집중시켜 Riser와 접속시키는 일종의 배선반이다. 이 배선반을 통하여 모든 cable은 각각 I/O들로 분기되어지므로 어떠한 통신장비(전화기, 터미널 등) 이동과 관리에 매우 용이하게 대처할 수 있다. 회선관리부는 Cross Connection, Interconnection, IO(Work Location)에 설치된 장비로부터 플러그를 뽑으므로 통신이 단절되도록 하는 3가지 방법이 있다.

(2) 통합배선시스템 요구사항

통합배선시스템은 TIA/EIA 규정에 의거된 Application을 지원할 수 있는 대역폭과 유연성, 신뢰성을 가져야 한다.

음성 및 데이터를 고속으로 10/100[Mbps] 이상으로 전송할 수 있도록 구성하여야 한다. 기가 비트급 데이터 전송은 멀티미디어와 계속 변화하는 LAN 트래픽, 네트워크 컴퓨터의 사용 등 폭넓은 밴드폭을 필요로 하는 Application들이 예상되는 현재, 통신시장에서 채널 성능의 극대화를 위하여 대량의 데이터를 고속으로 전송하는 기반구조가 되어야 한다.

① 접속장비를 모두 수용하는 범용배선(유연성 및 호환성 확보)이어야 한다.
② 기술발전에 따른 장래통신 표준화 동향에 대비한 선행 배선(확장성 확보)이어야 한다.
③ 설치 및 유지보수가 용이한 배선 체계(경제성 확보)로 이루어져야 한다.
④ 단위구조 Modular에 입각한 배선 시스템(분리 및 통합화 확보)이 되어야 한다.
⑤ 신뢰성이 높은 Media 채택(공인된 자재확보)된 제품이어야 한다.
⑥ 사무실 이동, 확장 등의 변경 시 즉시 대응(유연성 확보)하여야 한다.
⑦ 터미널 증설에 즉시 대응(유연성 및 확장성 확보)하여야 한다.
⑧ 각 부품이 EIA/TIA, 규격에 부합한 표준 인터페이스 환경을 제공(표준성 확보)하여야 한다.
⑨ 집중화된 배선반과 경량의 케이블로 공간 활용의 극대화(공간성 확보)가 되어야 한다.

(3) 통합배선시스템의 특징 및 도입 효과

① 통합배선시스템의 도입 효과
  ㉠ 케이블링 및 케이블링 기반 시설을 통합해 음성, 데이터, 방범, 방재, 보안, 냉난방, 공조 등 빌딩 관리 시스템에 필요한 각종 케이블 구축비용을 30[%] 이상 줄일 수 있다.
  ㉡ 사무실의 레이아웃(Lay-Out) 변경과 정보통신시스템의 이동, 확장에 따른 중복 배선, 재배선 등으로 인한 경제적 손실과 인력 낭비를 줄일 수 있다.
  ㉢ 정보통신전문가들은 통합배선시스템을 사용할 경우 새로운 지능형 빌딩 건축이나 기존 빌딩에 대해 최고 60[%] 이상 비용 절감 효과를 예상한다.

② 통합배선시스템의 특징
　㉠ 정보통신의 통합화 실현
　㉡ 고속 데이터 전송 속도 보장
　㉢ 다양한 데이터 전송 매체 및 다기종 단말기 접속
　㉣ 향후 표준화 동향에 대응하는 케이블링 설치로 시스템의 변경 및 확장에 유연하게 대응
　㉤ 정보통신의 발달에 대응하는 기술지원이 용이
　㉥ 설치, 시공에서의 경제성 등으로 요약할 수 있다.

(4) 배선구축을 위한 고려사항

① 통합배선시스템 구축은 해당 건물의 특성을 고려해야 한다.

② 현재 및 향후의 정보통신 발달에 대응하는 기간망의 역할도 검토되어야 한다.

③ 보통 통합배선시스템은 간선배선, 수평배선, 세대단자함, 인출구 등 4개의 구조화된 서브 시스템으로 구성되며, 간선배선(Backbone Cabling)은 아파트 등 공동주택의 경우 주 분배함(MDF)에서 각 세대단자함까지의 배선을 말하며, 각 세대별 최소한 2페어(4페어 이상 권장) 이상의 0.5mm 꼬임선(Coper-Twisted 페어)으로 구축돼야 한다.

④ 구축배선은 최소 16[MHz]의 전송대역폭을 가져야 한다.

⑤ 수평배선(Horizental Cabling)은 세대단자함에서 각 실별로 1회선 이상의 단독배선이며 4페어 이상 UTP 케이블로 성형 배선하도록 한다.

⑥ 수평배선은 실내 케이블로 최소 1회선(2회선 이상 권장) 이상으로 세대 단자함으로부터 성형 배선으로 하되 음성급을 제외하고서는 브리지탭을 만드는 배선은 접속이 허용되지 않는다.

⑦ 세대단자함은 옥외에 분계점이 있거나, 공동 다세대 주택의 경우 이용자 세대별로 전용세대 분전함을 설치한다. 공동주택은 세대별 전용공간에, 단독주택의 경우는 국선용 단자함을 분계점에 설치한다.

⑧ 세대단자함의 위치는 접근이 용이하고(보수성) 배선길이를 최소화(경제성)할 수 있는 위치에 설치한다.

⑨ 전력콘센트와 1.8[m] 이내에 위치시키며 전자기기 간섭원과는 가까이하지 않도록 한다.

⑩ 인출구(Outlet)는 ISDN 서비스에 필요한 8핀 모듈러 잭을 사용하며 잭의 결선방법에는 568A와 568B 형식이 있다.

⑪ 인출구는 최소 3.7[m] 벽면마다 1개씩 설치해 충분히 확보하며 일반적인 경우 바닥에서 30[cm] 높이 이상으로 설치한다.

제6절 통신선로의 보전시험 및 측정

1 통신선로 기초 측정

[1] 통신선로의 측정

(1) 접지저항의 측정

전기통신설비에 대한 불량접지 등으로 인한 인명피해 및 시설파괴 등을 방지

① 기준값

㉠ 교환설비・전송설비 및 통신케이블의 접지저항

구 분	접지저항	비 고
가. 사업용전기통신설비(이동통신구내선로설비를 포함한다.)	10[Ω] 이하	통신회선 이용자의 건축물, 전주 또는 맨홀 등의 시설에 설치된 통신설비로서 통신용 접지 시공이 곤란한 경우에는 그 시설물의 접지를 이용할 수 있으며, 이 경우 접지저항은 해당 시설물의 접지기준에 따름
나. 사업용전기통신설비 이외의 설비	100[Ω] 이하	

㉡ 금속으로 된 단자함(구내통신단자함, 옥외 분배함 등)・장치함 및 지지물

구 분	접지저항	비 고
가. 101회선 이상의 회선을 수용한 경우	10[Ω] 이하	회선수는 수요가 예상되는 국선수를 기준으로 함
나. 100회선 이하의 회선을 수용한 경우	100[Ω] 이하	

② 측정방법

㉠ 측정회로

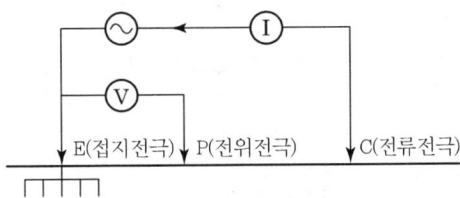

㉡ 측정조건

ⓐ 측정은 상·하수도 등 매설지역을 피해 시행한다.

ⓑ 접지저항 측정기는 최소한 접지전극(E), 전위전극(P), 전류전극(C)의 세 가지 기능을 가져야 한다.

ⓒ 전류전극의 위치는 접지전극에 영향(커플링 등)이 미치지 않도록 충분한 거리를 두어야 한다(최소 50[m] 이상).

ⓓ 전류전극의 저항은 500[Ω] 이하이어야 한다.

ⓔ 시험전류는 측정기가 인지할 수 있는 충분한 양이어야 한다.

ⓕ 교류전원은 상용전원으로 한다.

㉢ 측정절차

ⓐ 전압계에 의한 전압측정을 하는 경우

- 전류전극과 접지전극 사이에 시험전류를 인가한다.
- 이때 접지전극과 전위전극에 나타나는 전압을 측정하여 접지저항(R)을 계산한다.

$$R = \frac{V(측정\ 전압)}{I(시험\ 전류)}[\Omega]$$

ⓑ 접지저항측정기를 사용하는 경우

- 측정에 앞서 전위전극의 위치를 전극 E로부터 단계적으로 이동(예 80[m]씩)하여 각 경우의 접지저항을 측정했을 때 거리에 대하여 평탄한(flat) 형태의 접지저항값이 산출되는지 확인한다.
- 실제 접지저항의 측정을 위해 전위전극의 위치를 토양이 균일한 경우 전류전극과 접지전극간의 거리의 중간지점으로 선정한다. 단, 접지봉이 반구 모양인 경우는 다음 그림에서 $X=0.618d$로 한다.

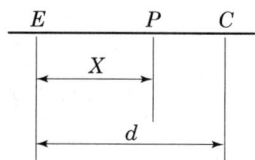

ㄹ 측정장비
ⓐ 전압계　　　ⓑ 전류계　　　ⓒ 접지저항측정기

(2) 전력유도

송·배전설비, 전기철도설비 등의 전력선에 의하여 발생되는 각종 유도잡음성분, 대지전위 상승 등을 방지하여 인명의 안전 및 통신장비 보호 등을 도모

① 기준값
ㄱ 이상시 유도위험전압 : 650[V](다만, 고장 시 전류제거시간이 0.1초 이상인 경우에는 430[V]로 한다)
ㄴ 상시 유도위험종전압 : 60[V]
ㄷ 기기 오동작 유도종전압 : 15[V]
ㄹ 잡음전압 : 1[mV]

② 측정방법
ㄱ 이상시 유도위험전압, 상시 유도위험종전압, 기기 오동작 유도 종전압
ⓐ 측정회로

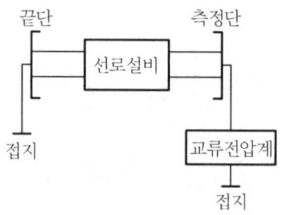

ⓑ 측정조건
- 선로설비의 끝단과 측정단을 각각 접지시킨다.
- 동작상태하에서 무평가(flat) 전압측정법을 이용한다.

ⓒ 측정방법
- 끝단의 두 단자를 묶어 대지에 접지시키고 측정단의 두 단자를 묶은 선을 교류전압계에 접속한다.
- 또한 교류전압계를 대지에 접지시켜 교류전압계에 나타나는 전압을 측정한다.

ⓓ 측정장비
- 교류전압계

ⓛ 잡음전압
ⓐ 측정회로

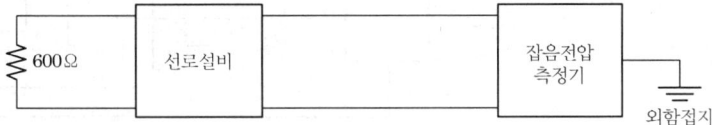

ⓑ 측정조건
- 잡음전압측정기는 평가잡음필터를 포함하여야 한다.
- 잡음전압측정기에 외함접지를 한다.

ⓒ 측정절차
- 타단설비의 끝을 600[Ω]으로 종단한다.
- 선로설비의 회선당 선간 평가잡음전압은 다른 전기통신설비를 접속하지 아니한 상태에서 측정한다.
- 각각의 주파수에 대한 상대레벨 입력에 따른 신호성분의 평가잡음 전압을 측정한다.

ⓓ 측정장비
- 잡음전압측정기

(3) 절연저항

회선 상호간, 회선과 대지간, 회선의 심선 상호간의 절연저항을 기준값 이상으로 유지토록 하여 인명의 안전 및 통신품질 향상 등을 도모

① 기준값

회선 상호간, 회선과 대지간, 회선의 심선 상호간 : 10[mΩ] 이상 (직류 500[V]의 절연저항계 측정)

② 측정방법

㉠ 측정회로

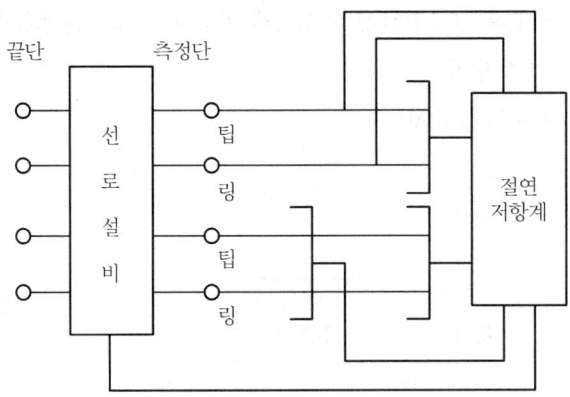

㉡ 측정조건

ⓐ 선로설비의 끝단을 개방상태로 둔다.

ⓑ 절연저항계는 최소한 직류전압 500[V]의 용량을 가져야 한다.

ⓒ 측정은 인접회선 상호간, 회선과 대지간, 회선의 심선 상호간 각각에 대해서 한다.

㉢ 측정절차

ⓐ 인접회선 상호간에 대한 절연저항은 선로설비의 각 회선의 팁, 링 단자를 묶어(끝단은 개방상태) 직류전압 500[V]를 인가하여 절연저항계에 나타나는 저항값을 읽는다.

ⓑ 회선과 대지간에 대한 절연저항은 선로설비의 팁, 링 단자와 접지단자간에 (끝단은 개방상태) 직류전압 500[V]를 인가하여 절연저항계에 나타나는 저항값을 읽는다.

ⓒ 회선의 심선 상호간의 절연저항은 회선의 팁, 링 단자에(끝단은 개방상태) 직류전압 500[V]를 인가하여 절연저항계에 나타나는 저항값을 읽는다.

ⓔ 측정장비
　　ⓐ 절연저항계

(4) 누화 감쇠량

전기통신선로가 두 개 이상의 회선으로 사용할 때 각 회선의 정전결합이나 전자결합에 의해 다른 회선에 유입되어 통신잡음을 발생시키는 현상을 억제한다.

① 기준값
　㉠ 전화급 평형회선 : 68[dB] 이상

② 측정방법
　㉠ 측정회로

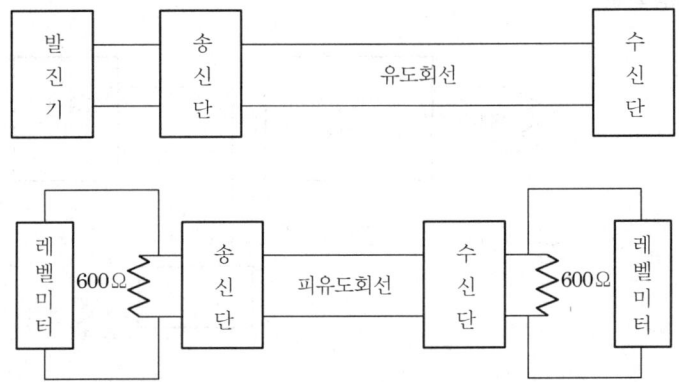

　㉡ 측정조건
　　ⓐ 복수회선을 갖는 동일 케이블 내에 유도회선은 한 회선이어야 하며, 나머지 회선은 피유도회선으로 간주한다
　　ⓑ 유도회선은 통화상태로 두며, 피유도회선은 비통화상태로 둔다.
　㉢ 측정절차
　　ⓐ 발진기로 −10[dBm], 1000[Hz]의 신호를 유도회선으로 송출한다.
　　ⓑ 피유도회선의 송·수신단 쪽을 600[Ω]으로 종단하고 송신단 쪽의 600[Ω] 양단에 레벨미터를 연결하여 나타나는 레벨(근단누화)을 읽는다.
　　ⓒ 피유도회선의 송·수신단 쪽을 600[Ω]으로 종단하고 수신단 쪽의 600[Ω] 양단에 레벨미터를 연결하여 나타나는 레벨(원단누화)을 읽는다.

ⓔ 측정장비
　　ⓐ 레벨미터
　　ⓑ 발진기

(5) 평가 잡음전력 및 평가 잡음전압

전기통신회선설비의 자체에서 발생하는 신호잡음을 억제

① 기준값
　㉠ 평가 잡음전력 : -67dBm0p(무평가 잡음 시)
　㉡ 평가 잡음전압 : 1[mV] 이하(다른 설비 비접속 시)

② 측정방법
　㉠ 측정회로

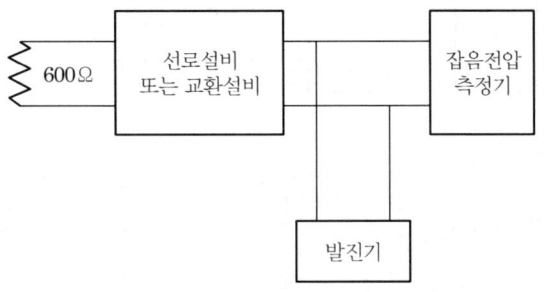

　㉡ 측정조건
　　ⓐ 발진기의 입력임피던스는 50[Hz]에서 5[kHz]의 범위에서 10[kΩ] 이상이어야 한다.
　　ⓑ 회선상의 인가 신호성분이 주파수 50Hz에서 상대레벨 -63[dB], 800[Hz]에서 0[dB], 1[kHz]에서 1[dB], 3[kHz]에서 -5.6[dB], 5[kHz]에서 -36[dB]의 용량을 가져야 한다.
　㉢ 측정절차
　　ⓐ 타단 설비의 끝을 600[Ω]으로 종단한다.
　　ⓑ 발진기로 인가하는 신호성분을 측정조건과 같이 한다.
　　ⓒ 각각의 주파수에 대한 상대레벨 입력에 따른 신호성분의 잡음전압을 측정한다.
　　ⓓ 평가잡음 전력은 다음과 같이 구한다.

$$평가잡음전력 = \frac{(평가잡음전압)^2}{600}[W]$$

ⓔ 측정장비
ⓐ 잡음전압측정기
ⓑ 발진기

(6) 회선평형도

통신잡음으로 통신장애를 발생시키는 선로간 및 선로와 대지간의 불평형현상을 제한하여 통신품질 열화요인을 제거

① 기준값
㉠ 회선평형도 : 46[dB] 이상

② 측정방법
㉠ 회선평형도의 측정
ⓐ 측정회로

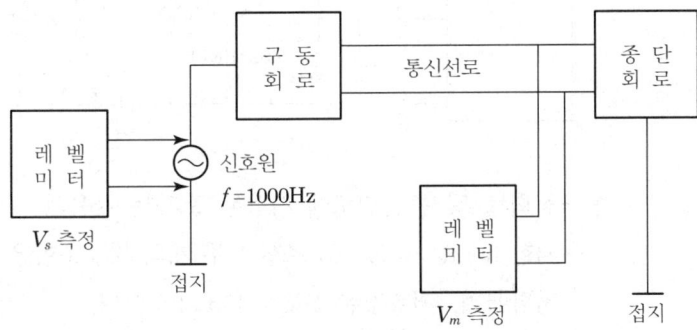

ⓑ 측정조건
• 측정은 교환설비를 포함한다. 다만, 전력유도 관련 측정 시는 교환설비를 포함하지 않는 포설된 통신선로에 한한다.
• 레벨미터는 High 임피던스로 둔다.
• 신호원의 내부임피던스를 특정값으로 설정할 필요는 없으며, 다만 V_s의 측정은 신호원 양단간에 발생하는 레벨을 실제의 레벨미터로 측정해야 하며 신호원에서 발생하는 레벨을 V_s로 읽어서는 안 된다.
• 접지단자는 접지봉이 대지에 묻힌 접지점을 이용해야 한다.

- V_m의 측정은 구동회로 쪽의 회선 양단 전압 또는 종단회로 쪽의 회선양단 전압을 측정한다. 이 경우 전자를 근단 회선평형도라 하며 후자를 원단 회선평형도라 하는데, 두 개의 값 모두 기준값 이상이어야 한다.
- 구동회로는 다음과 같이 구성되어야 한다.

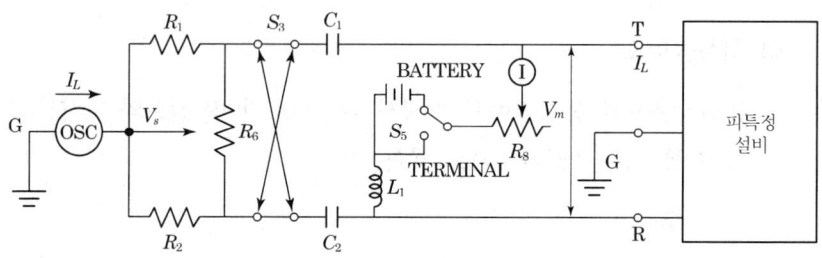

- 종단회로는 다음과 같이 구성되어야 한다.

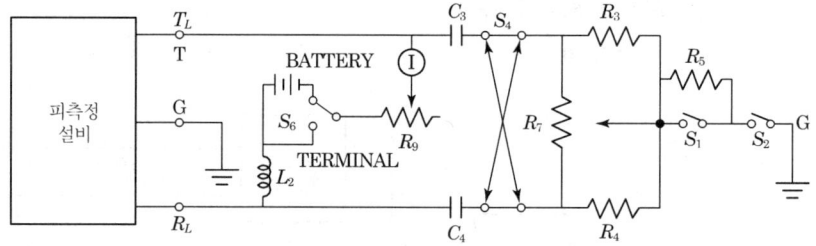

- 구동회로 및 종단회로에 사용된 소자는 다음과 같아야 한다.
  - 저항 R_1-R_2 및 R_3-R_4 조합 : 두 개의 저항조합은 서로 평형을 이룬 표준저항이며, 저항값은 368[Ω] ±5[%]이다.
  - 저항 R_6 및 R_7 : 이 저항은 가변저항기로서 250[kΩ], 0.5[W]로 구성되며, R_1과 R_2 및 R_3와 R_4의 평형을 조절하기 위한 것이다.
  - 커패시터 C_1-C_2 및 C_3-C_4 조합 : 이 커패시터 조합은 DC 전류가 시험회로 쪽으로 흐르는 것을 막기 위한 DC 차단용이며, 100[μF], 0.1[%]로 구성되고, 임피던스 평형을 위해 |C_1-C_2| < 0.2[μF], |C_3-C_4| < 0.2[μF]를 만족하여야 한다.
  - 스위치 S_3 및 S_4 : 이 스위치는 T-R단자를 교환 접속하는 프로깅(frogging) 스위치이다.
  - 스위치 S_1 및 S_2 : 이 스위치는 피측정장치의 직렬(series) 및 병렬

(shunt) 불평형의 영향을 알아보기 위한 것이다.
- 저항 R5 : 이 저항은 2000[Ω]<0.5[W]로 구성된다.
- R_8, R_9는 전압, 전류의 원하는 DC 바이어스 조정을 위한 가변저항으로 일반적으로 3000[Ω], 3[W]로 구성된다.

ⓒ 측정절차
- 신호발생기로 -10[dBm], 1000[Hz]의 신호를 송출한다.
- 이때 신호원 양단간 전압 V_s와 회선 양단간 전압 V_m을 레벨미터로 측정한다.
- 이와 같이 측정된 값으로부터 회선평형도의 값을 산출한다.

  회선평형도 = 20log | V_s / V_m | [dB]

ⓓ 측정장비
- 구동회로 및 종단회로
- 신호발생기
- 주파수 선택레벨미터

ⓛ 잡음평형도의 측정

ⓐ 측정회로

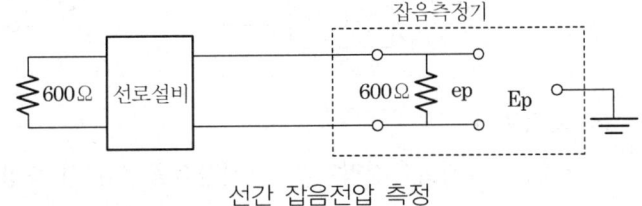

선간 잡음전압 측정

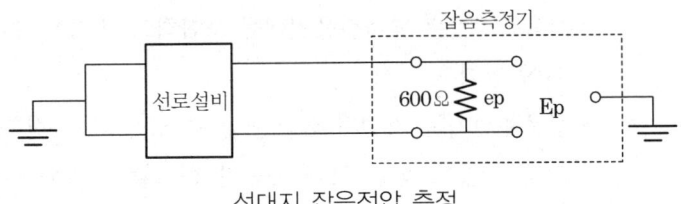

선대지 잡음전압 측정

ⓑ 측정조건
- E_p(선대지잡음전압) 및 e_p(선간잡음전압)의 측정은 교환기를 포함하지 않은 통신선로를 대상으로 측정한다.
- 잡음측정기는 평가잡음필터를 포함하여야 하며 대지에 대해 충분한 평형을

유지하여야 한다.
- E_p의 측정은 측정단에서 선과 대지간 그리고 e_p는 측정단에 600[Ω] 양단 간에서 평가 잡음필터로 측정한다.

ⓒ 측정절차
- 잡음측정기를 이용하여 E_p 및 e_p를 측정한다.
- 측정된 값으로부터 통신회선의 평형도값을 계산한다.

$$평형도 = 20\log\left|\frac{E_p(\mathrm{mV})}{e_p(\mathrm{mV})}\right| [\mathrm{dB}]$$

ⓓ 측정장비
- 잡음측정기
- 600[Ω] 저항

ⓒ 교환기를 포함한 잡음평형도의 측정
ⓐ 측정회로

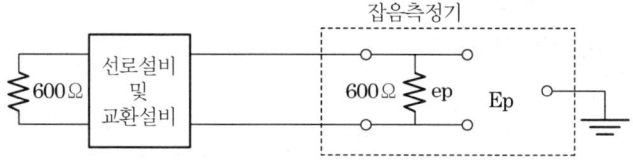

ⓑ 측정조건
- E_p(선대지잡음전압) 및 e_p(선간잡음전압)의 측정은 교환기를 포함한 통신 선로를 대상으로 가입자측에서 측정한다.
- 잡음측정기는 평가잡음필터를 포함하고 대지에 대해 충분한 평형을 유지하여야 한다.
- 잡음측정기는 가입자를 호출할 수 있는 기능(전화기)을 포함하여야 하며, 그렇지 않은 경우 이와 동등한 회로를 구성하여야 한다.
- 통신선로는 통화가 가능하도록 시험전화번호를 부여하고 상대측 단말은 전화 국사측에 수신용 전화를 설치하여 600[Ω] 저항으로 대체할 수 있도록 한다.
- E_p의 측정은 측정단에서 선과 대지간 그리고 e_p는 600[Ω] 양단간에서 평가잡음필터로 측정한다.

ⓒ 측정절차
- 잡음측정기를 이용해 전화국사측의 수신용 전화번호를 호출·접속한다.
- 수신측은 통화로가 구성된 상태에서 600[Ω]으로 종단한다.
- 잡음측정기로 E_p 및 e_p를 측정한다.
- 이로부터 통신회선의 평형도값을 계산한다.

$$평형도 = 20\log\left|\frac{E_p(\text{mV})}{e_p(\text{mV})}\right| [\text{dB}]$$

ⓓ 측정장비
- 잡음측정기(전화기 기능 포함)
- 600[Ω] 저항

(7) 주배선반 및 단자함의 시험

① 통화시험

수급인은 주배선반(MDF) 및 동 주단자함에서 세대 인출구간의 통화시험을 하여야 한다.

② 구내선로의 링크성능 시험

측정 장비를 사용하여 지정된 초고속 정보통신설비 인증제도의 등급에 적정한지 여부를 측정하여야 한다.

㉠ 구내배선 성능시험 측정항목

ⓐ 선번확인시험 : 각 구간의 정확한 배선연결 여부를 확인하는 시험으로서, 배선의 단선이나 뒤바뀜이 없어야 한다.

ⓑ 배선구간의 길이 측정 : 구내배선 구간의 길이를 측정했을 때 패치 코드를 포함한 동선로 구간의 길이는 96[m]를 초과하지 말아야 한다.

ⓒ 전기적 특성시험 : 다음 ㉡항의 채널 성능 시험항목에 적합하여야 한다.

㉡ 전기적 특성 측정항목 및 기준치

ⓐ 특성임피던스(CharacteristicImpedance)

1[MHz]부터 16[MHz]까지의 주파수 영역에서 구내배선 구간에 대한 특성 임피던스의 허용오차는 공칭임피던스의 ±15[Ω]을 초과하지 않아야 한다.

ⓑ 반사손실(Return Loss)

배선구간의 최소 반사손실은 아래 표를 만족하여야 하며, 구내배선 구간의 원단을 배선의 공칭임피던스와 동등한 저항값으로 종단하고 시험한다.

주요 주파수에서의 최소 반사손실

주파수(MHz)	최소 반사손실(dB)	
	Cat.3	Cat.5E
1	–	17
16	–	17
100	–	17

ⓒ 최대 삽입손실

주요 주파수에서의 최대 삽입손실값

주파수(MHz)	최대 감쇠(dB)	
	Cat.3	Cat.5E
1	4.2	2.2
16	14.9	9.2
100	–	24.0

ⓓ 누화손실

주요 주파수에서의 최소 근단누화손실

주파수(MHz)	최소 누화손실(dB)	
	Cat.3	Cat.5E
1	39.1	>60.0
16	19.3	43.6
100	–	30.1

ⓔ 전력합 누화손실

주요 주파수에서의 최소 전력합 근단누화손실

주파수(MHz)	minimum PS NEXT(dB)
	Cat.5E
1	>57.0
16	40.6
100	27.1

ⓕ ELFEXT/PS ELFEXT

주요 주파수에서의 ELFEXT

주파수(MHz)	minimum ELFEXT Cat.3	minimum PS ELFEXT Cat.5E
1	57.4	54.4
16	33.3	30.3
100	17.4	14.4

ⓖ 전파지연(Propagation Delay)

최대 전파지연

주파수(MHz)	maximum Propagation delay/delay skew (μs)	
	Cat.3	Cat.5E
1	-/0.05	-/0.05
10	0.555/0.05	0.555/0.05
16	-/0.05	-/0.05
100	-/0.05	-/0.05

(8) 광케이블 시설공사 시 광케이블의 광학적 특성 시험 및 측정

① 본 시험은 광케이블 시설공사 시 광케이블의 광학적 특성을 시험 및 측정하는 데 적용한다.

② 광섬유를 측정하기 전에는 피측정 광섬유의 종류(굴절률 포함), 시험항목, 측정 환경(피측정구간의 광커넥터, 전송방식별 사용파장, 측정거리, 사용전원 등) 등을 확인하고, 필요한 측정기 및 자재 등을 사전에 준비하여 측정에 오류가 없도록 하여야 한다.

③ 측정자는 사용할 측정기에 대한 운용법 및 측정데이터의 분석에 충분한 지식을 습득하여야 한다.

④ 시험은 초고속정보통신 건물인증업무처리지침에서 요구하는 기준을 충족하여야 한다.

⑤ 시험 점퍼선은 케이블 시스템에서 광 코어 크기와 커넥터 유형이 동일해야 한다.

㉠ 62.5/125[μm] 시스템 : 62.5/125[μm] 점퍼(패치)코드

㉡ 9/125[μm] 시스템 : 9/125[μm] 점퍼(패치)코드

⑥ 전력계와 광원은 동일한 진폭을 가져야 한다.
⑦ 옥내용 케이블의 커넥터 연결 작업(Policing)일 경우는 반드시 육안검사를 원칙으로 한 후 손실 테스트를 한다.
⑧ 모든 커넥터, 어댑터, 점퍼선은 측정 또는 검사하기 전에 깨끗이 하여야 한다.
⑨ 시험 및 검사 후에는 측정기록부를 작성하여야 하며, 다음 사항이 기록되어야 한다.
  ㉠ 측정일, 측정 장비, 측정자, 측정구간 및 거리, 감쇠율(dB)
  ㉡ 육안검사일, 검사자(감독 또는 감리)
  ㉢ 측정대상 : 각 코어별 전량

[2] 전송레벨측정

(1) 전송레벨의 측정

전화선로의 입력과 출력에 있어서 전압, 전류, 전력 등의 비를 말하는 것이다. 즉, 입력측을 기준으로 했을 때 출력이 크면 +, 작으면 -로 표시하여 이득을 나타내며 단위로는 [dB]과 [Nep]를 사용한다.

① 전송량의 단위
  ㉠ dB(Decibel) : 전송량의 이득, 감쇠를 입력과 출력에 대한 상용 대수비로 표현한 단위이다.
  ㉡ Nep(Neper) : 전송량의 이득, 감쇠를 입력과 출력에 대한 자연 대수로 표현한 단위이다.
  ㉢ dB와 Nep의 관계

  $$1[dB] = \frac{1[Nep]}{8.686} = 0.115[Nep]$$

  $$1[Nep] = 20\log_{10} e = 20\log_{10}(2.71828) = 8.686[dB]$$

  ㉣ 전송 레벨 측정

  $$dB = 10\log_{10}\frac{P_2(수단\ 전력)}{P_1(송단\ 전력)} = 20\log_{10}\frac{V_2}{V_1} = \log_{10}\frac{I_2}{I_1}[dB]$$

  $$Nep = \frac{1}{2}\log_e\frac{P_2}{P_1} = \log_e\frac{V_2}{V_1} = 1\log_e\frac{I_2}{I_1}[Nep]$$

② 절대 레벨(absolute level : dBm)

내부 저항 600[Ω]인 회로에 전류가 1.291[mA] 흐르고 600[Ω] 부하 양단에 전압 0.775[V]가 걸리면 이 회로의 전력은 1[mW]가 되어서 0레벨이 된다. 이때의 단위는 [dBm]이다.

$$dB = 10\log_{10}\frac{P[W]}{1[mW]}$$

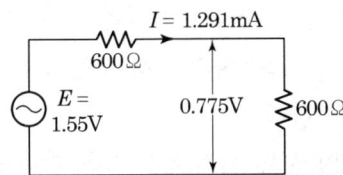

③ 레벨계

　㉠ 600[Ω]계

　　$dBm = 10\log_{10}\dfrac{P[W]}{1[mW]}$ 이므로 0[dBm]이 되려면 $P=1[mW]$이다.

　　그러므로 부하 양단 전압

　　$V = \sqrt{P \cdot R} = \sqrt{10^{-3} \times 600} = 0.775[V]$

　　전류 $I = \sqrt{\dfrac{P}{R}} = \sqrt{\dfrac{10^{-3}}{600}} = 1.291[mA]$

　㉡ 75[Ω]계

　　0[dBm]이 되려면 $P=1[mW]$이다.

　　부하 양단 전압 $V = \sqrt{P \cdot R} = \sqrt{10^{-3} \times 75} = 0.274[V]$

　　전류 $I = \sqrt{\dfrac{P}{R}} = \sqrt{\dfrac{10^{-3}}{75}} = 3.65[mA]$

④ dB의 종류

　㉠ dB : 전송량의 이득(gain), 감쇠를 상대 레벨로 표시한다.

　　ⓐ 전력이득 dB=10log(출력전력/입력전력)

　　ⓑ 전압이득 dB=20log(출력전압/입력전압)

　　ⓒ 전류이득 dB=20log(출력전류/입력전류)

　　역으로 dB를 이득으로 계산하려면,

ⓓ (출력전력/입력전력)=10[dB]/10

ⓔ (출력전압/입력전압)=10[dB]/20

ⓕ (출력전류/입력전류)=10[dB]/20이 된다.

ⓛ dBm : 전력의 단위로서 1[mW]를 기준 0[dBm]으로 한 전력의 표시법으로 임피던스 50[Ω]에서 1[mW]의 전력을 0[dBm]이라고 정의한다.

- dBm은 1[mW](1/1000[W])를 기준으로 하며, 0[dBm]=1[mW]이다.

ⓒ dBr : 전송계의 한 점에 작용하고 있는 전력량의 상태를 나타낸 것으로 전송계 상의 기준점을 정하고 측정하려고 하는 점의 전력이 기준점의 전력의 몇 배인가를 상대레벨로 표시한다.

ⓡ dBm0 : 0상대 레벨점을 기준으로 절대 전력량을 표시한다.

dBm0=dBm−dBr

ⓜ dBW : 1[W]를 기준으로 한 절대 레벨이다.

$$dBW = 10 \log_{10} \frac{P[W]}{1[W]}$$

1 dBm	1.25 mW	11 dBm	12.58 mW	21 dBm	125.8 mW	31 dBm	1.25 W
2 dBm	1.58 mW	12 dBm	15.84 mW	22 dBm	158.4 mW	32 dBm	1.58 W
3 dBm	1.99 mW	13 dBm	19.95 mW	23 dBm	199.5 mW	33 dBm	1.99 W
4 dBm	2.51 mW	14 dBm	25.11 mW	24 dBm	251.1 mW	34 dBm	2.51 W
5 dBm	3.16 mW	15 dBm	31.62 mW	25 dBm	316.2 mW	35 dBm	3.16 W
6 dBm	3.98 mW	16 dBm	39.11 mW	26 dBm	398.1 mW	36 dBm	3.98 W
7 dBm	5.01 mW	17 dBm	50.11 mW	27 dBm	501.1 mW	37 dBm	5.01 W
8 dBm	6.30 mW	18 dBm	63.09 mW	28 dBm	630.9 mW	38 dBm	6.39 W
9 dBm	7.94 mW	19 dBm	79.43 mW	29 dBm	794.3 mW	39 dBm	7.94 W
10 dBm	10.0 mW	20 dBm	100.0 mW	30 dBm	1000.0 W	40 dBm	10.0 W

*dBm → Watt 환산표 (소출력 표시에 주로 사용, 0 dBm은 50Ω, 1.00mW)

ⓗ dBmV : 1[mW]를 기준으로 한 절대 레벨

$$dBmV = 20 \log_{10} \frac{V[mV]}{1[mV]}$$

ⓢ dBa : 잡음의 평가 레벨을 표시

⑤ 누화

한 접속로(채널)의 신호가 다른 접속로(채널)에 전자기적으로 결합되어 영향을 미치는 현상(단위 : dB)을 말한다.

㉠ 누화 원인
  ⓐ 차폐가 안 된 동선가닥이 인접해 있거나, 무선 전파에서는 안테나가 원하는 신호 이외에 반사전파에 의한 신호도 수신할 때 발생한다.
   - 도체 저항 불평형에 의한 것
   - 절연 저항 불평형에 의한 것
   - 인덕턴스 불평형에 의한 것
   - 정전 용량 불평형에 의한 것
  ⓑ 누화 손실
   - 일반적으로 누화를 말할 때는 누화손실을 의미한다.
   - 유도회선에서 송신한 신호 세기에 피유도회선으로 유입된 신호세기의 비이다.
  ⓒ 누화 영향
   - 주파수가 높을수록 누화에 의한 잡음이 증가한다. 고속의 xDSL 구현에 장애가 된다.
㉡ 누화의 종류
  ⓐ 비요해성 누화
  ⓑ 요해성 누화
   - 근단누화(NEXT : Near End Cross-Talk) : 일반 가입자선로 환경에서 주된 환경잡음
   - 근단누화란 유도회선의 송신측에서 피유도 회선의 송신측에 누화를 발생시키는 현상을 말한다.
   - 근단누화는 주파수와 회선(또는 케이블)의 길이에 반비례하며, 그 수치가 크면 클수록 의도하지 않은 유도신호(또는 간섭신호)가 발생되지 않는 것을 의미한다.

    ※ 근단누화비 $= 10 \log_{10} \frac{\text{피유도회선 자체의 송신전력}}{\text{피유도회선 송신단에 전달받은 전력}}$ [dB]

    ※ 근단누화감쇠량 $= 10 \log_{10} \frac{\text{유도회선 송신전력}}{\text{피유도회선 송신단에 전달받은 전력}}$ [dB]

  ⓒ 원단누화(FEXT : Far End Cross-Talk) : 송신된 신호가 수신측에서 다른 회선에 유도되어 영향을 주는 경우를 말한다. 일반적으로 근단누화 특성이 원단누화 특성보다 더 많은 영향을 미친다.

㉱ 누화 감쇠량 측정
ⓐ 근단 누화 감쇠량 측정
- DET 단자에는 검파 증폭기 또는 레벨미터를 연결한다.
- Line 또는 MET측으로 젖히면서 똑같은 DET측 출력을 나타낼 때까지 ATT를 조정한다.

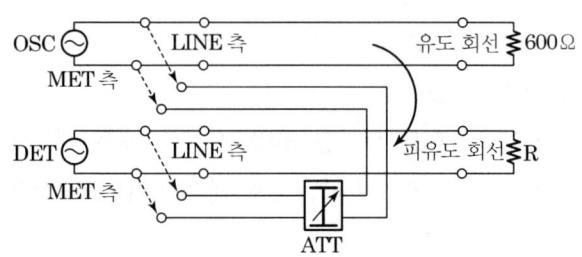

이때의 ATT값이 누화량이다.
ⓑ 원단 누화 감쇠량 측정
- 피유도 회선 원단에 검파 증폭기 또는 Level meter를 DET단에 연결한다.
- DET 출력이 나타날 때까지 ATT를 조정한다. 이때의 ATT값이 누화량이다.

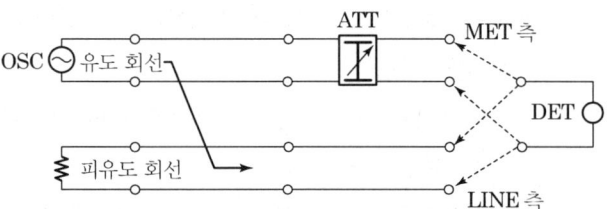

[3] 선로시설의 보전대책

(1) 선로시설의 보전대책

① 위해 등의 방지
㉠ 전기통신설비는 이에 접속되는 다른 전기통신설비를 손상시키거나 손상시킬 우려가 있는 전압 또는 전류가 송출되는 것이어서는 아니 된다.
㉡ 전기통신설비는 이에 접속되는 다른 전기통신설비의 기능에 지장을 주거나 지장을 줄 우려가 있는 전기통신신호가 송출되는 것이어서는 아니 된다.

ⓒ 전력선통신을 행하기 위한 전기통신설비는 다음 각 호의 기능을 갖추어야 한다.
  1. 전력선과의 접속부분을 안전하게 분리하고 이를 연결할 수 있는 기능
  2. 전력선으로부터 이상전압이 유입된 경우 인명·재산 및 설비 자체를 보호할 수 있는 기능
ⓓ ⓒ항의 규정에 의한 전력선통신을 행하기 위한 전기통신설비의 위해방지 등에 대한 세부기술기준은 과학기술정보통신부장관이 이를 정하여 고시한다.

② 보호기 및 접지
  ⓐ 낙뢰 또는 강전류 전선과의 접촉 등에 의하여 이상전류 또는 이상전압이 유입될 우려가 있는 전기통신설비에는 과전류 또는 과전압을 방전시키거나 이를 제한 또는 차단하는 보호기가 설치되어야 한다.
  ⓑ ⓐ항의 규정에 의한 보호기와 금속으로 된 주배선반·지지물·단자함 등이 사람 또는 전기통신설비에 피해를 줄 우려가 있을 때에는 접지되어야 한다.
  ⓒ ⓐ항 및 ⓑ항의 규정에 의한 전기통신설비의 보호기 성능 및 접지에 대한 세부기술기준은 과학기술정보통신부장관이 이를 정하여 고시한다.

③ 전송설비 및 선로설비의 보호
  ⓐ 전송설비 및 선로설비는 다른 사람이 설치한 설비나 사람·차량 또는 선박 등의 통행에 피해를 주거나 이로부터 피해를 받지 아니하도록 하여야 하며, 시공상 불가피한 경우에는 그 주위에 설비에 관한 안전표지를 설치하는 등의 보호대책을 마련하여야 한다.
  ⓑ 전송설비 및 선로설비가 강전류 전선과 교차·접근하거나 동일한 지지물에 설치되는 경우에는 강전류 전선으로부터 피해를 받지 아니하도록 충분한 거리를 두거나 보호망 또는 보호선을 설치하는 등의 보호대책을 마련하여야 한다.
  ⓒ ⓐ항 및 ⓑ항의 규정에 의한 전송설비 및 선로설비 설치방법에 대한 세부기술기준은 과학기술정보통신부장관이 이를 정하여 고시한다.

④ 전력유도의 방지
  ⓐ 전송설비 및 선로설비는 전력유도로 인한 피해가 없도록 건설·보전되어야 한다.
  ⓑ 전력유도의 전압이 다음 각 호의 제한치를 초과하거나 초과할 우려가 있는 경우에는 전력유도 방지조치를 하여야 한다.
    1. 이상시 유도위험전압 : 650볼트. 다만, 고장 시 전류제거시간이 0.1초 이상

인 경우에는 430볼트로 한다.
2. 상시 유도위험종전압 : 60볼트
3. 기기 오동작 유도종전압 : 15볼트
4. 잡음전압 : 1밀리볼트

ⓒ ⓛ항의 규정에 의한 전력유도전압의 구체적 산출방법에 대한 세부기술기준은 과학기술정보통신부장관이 이를 정하여 고시한다.

⑤ 전원설비

㉠ 전기통신설비에 사용되는 전원설비는 그 전기통신설비가 최대로 사용되는 때의 전력을 안정적으로 공급할 수 있는 충분한 용량으로서 동작전압과 전류를 항상 변동 허용범위 내로 유지할 수 있는 것이어야 한다.

㉡ ㉠항의 규정에 의한 전원설비가 상용전원을 사용하는 사업용 전기통신설비인 경우에는 상용전원이 정전된 경우 최대 부하전류를 공급할 수 있는 축전지 또는 발전기 등의 예비전원설비가 설치되어야 한다. 다만, 상용전원의 정전 등에 따른 전기통신 역무 중단의 피해가 경미하고 예비전원설비를 설치하기 곤란한 경우에는 그러하지 아니하다.

㉢ 사업용 전기통신설비 외의 전기통신설비에 대한 전원설비의 설치기준에 관하여 필요한 사항은 과학기술정보통신부장관이 이를 정하여 고시한다.

⑥ 전기안전기준

이 규칙에서 정한 사항 외의 전기통신설비의 전기안전기준은 국제전기기술위원회 규격(IEC-60950)에서 정하는 전기안전기준을 준용한다.

⑦ 절연저항

선로설비의 회선 상호간, 회선과 대지간 및 회선의 심선 상호간의 절연저항은 직류 500볼트 절연저항계로 측정하여 10메가옴 이상이어야 한다.

⑧ 누화

전화급 평형회선은 회선 상호간 전기통신신호의 내용이 혼입되지 아니하도록 두 회선 사이의 근단누화 또는 원단누화의 감쇠량은 68데시벨 이상이어야 한다. 다만, 과학기술정보통신부장관이 별도로 세부기술기준을 고시한 경우에는 이에 의한다.

선로설비기준 04

- 방송통신발전 기본법(2025년 02월 14일 시행)
- 정보통신공사업법(2024년 07월 19일 시행)
- 전기통신사업법(2024년 07월 31일 시행)
- 접지설비·구내통신설비·선로설비 및 통신공동구 등에 대한 기술기준(2024년 07월 19일)
- (국토교통부)지능형 홈네트워크 설비 설치 및 기술기준(2022년 07월 01일 시행)
- 방송통신설비의 안전성·신뢰성 및 통신규약에 대한 기술기준(2024년 06월 28일 시행)

위 법의 시행에 의해 기존 출제되었던 법규관련 문제에 변화가 있을 수 있습니다.
본 수험서에 있는 2022년 이전에 출제된 선로설비기준에 있는 문제는 수험생들의 설비기준에 대한 경향파악에 도움을 드리기 위해 남겨놓기는 했지만, 4장 부분을 검토하여 정답을 체크하시길 부탁드립니다.
수험생들의 많은 양해를 구합니다.

Chapter 01 선로설비기준

제1절 ▶ 방송통신발전기본법 중 통신선로에 관한 사항

1 총칙

[1] 목적

이 법은 방송과 통신이 융합되는 새로운 커뮤니케이션 환경에 대응하여 방송통신의 공익성·공공성을 보장하고, 방송통신의 진흥 및 방송통신의 기술기준·재난관리 등에 관한 사항을 정함으로써 공공복리의 증진과 방송통신 발전에 이바지함을 목적으로 한다.

[2] 용어의 정의

1. "방송통신"이란 유선·무선·광선(光線) 또는 그 밖의 전자적 방식에 의하여 방송통신콘텐츠를 송신(공중에게 송신하는 것을 포함)하거나 수신하는 것과 이에 수반하는 일련의 활동을 말하며, 다음 각 목의 것을 포함한다.
   가. 방송법 제2조에 따른 방송
   나. 인터넷 멀티미디어 방송사업법 제2조에 따른 인터넷 멀티미디어 방송
   다. 전기통신기본법 제2조에 따른 전기통신
2. "방송통신콘텐츠"란 유선·무선·광선 또는 그 밖의 전자적 방식에 의하여 송신되거나 수신되는 부호·문자·음성·음향 및 영상을 말한다.
3. "방송통신설비"란 방송통신을 하기 위한 기계·기구·선로(線路) 또는 그 밖에 방송통신에 필요한 설비를 말한다.
4. "방송통신기자재"란 방송통신설비에 사용하는 장치·기기·부품 또는 선조(線條) 등

을 말한다.
5. "방송통신서비스"란 방송통신설비를 이용하여 직접 방송통신을 하거나 타인이 방송통신을 할 수 있도록 하는 것 또는 이를 위하여 방송통신설비를 타인에게 제공하는 것을 말한다.
6. "방송통신사업자"란 관련 법령에 따라 과학기술정보통신부장관 또는 방송통신위원회에 신고·등록·승인·허가 및 이에 준하는 절차를 거쳐 방송통신서비스를 제공하는 자를 말한다.

2 방송통신의 발전 및 공공복리의 증진

[1] 방송통신의 발전을 위한 시책 수립

① 과학기술정보통신부장관 또는 방송통신위원회는 공공복리의 증진과 방송통신의 발전을 위하여 필요한 기본적이고 종합적인 국가의 시책을 마련하여야 한다.

② 과학기술정보통신부장관 또는 방송통신위원회는 경제적, 지리적, 신체적 차이 등에 따른 소수자 또는 사회적 약자가 방송통신에서 불이익을 받거나 소외되지 아니하도록 구체적인 지원 방안을 수립·시행하여야 한다.

③ 과학기술정보통신부장관 또는 방송통신위원회는 국민이 방송통신에 참여하고, 방송통신을 통하여 다양한 문화를 추구할 수 있도록 필요한 시책을 수립·시행하여야 한다.

④ 과학기술정보통신부장관 또는 방송통신위원회는 국민이 보편적이고 기본적인 방송통신서비스를 제공받을 수 있도록 필요한 시책을 수립·시행하여야 한다.

⑤ 과학기술정보통신부장관 또는 방송통신위원회는 방송통신을 통한 국민의 명예 훼손과 권리 침해를 방지하고 정보보호를 위하여 필요한 시책을 수립·시행하여야 한다.

⑥ 과학기술정보통신부장관 또는 방송통신위원회는 모든 국민이 방송통신서비스를 효율적이고 안전하게 이용할 수 있도록 관련 서비스의 품질 평가, 교육 및 홍보 활동 등에 관한 시책을 수립·시행하여야 한다.

[2] 방송통신기본계획의 수립

① 과학기술정보통신부장관과 방송통신위원회는 방송통신을 통한 국민의 복리 향상과

방송통신의 원활한 발전을 위하여 방송통신기본계획(이하 "기본계획"이라 한다)을 수립하고 이를 공고하여야 한다.

② 기본계획에는 다음 각 호의 사항이 포함되어야 한다.
1. 방송통신서비스에 관한 사항
2. 방송통신콘텐츠에 관한 사항
3. 방송통신설비 및 방송통신에 이용되는 유·무선 망에 관한 사항
4. 방송통신광고에 관한 사항
5. 방송통신기술의 진흥에 관한 사항
6. 방송통신의 보편적 서비스 제공 및 공공성 확보에 관한 사항
7. 방송통신의 남북협력 및 국제협력에 관한 사항
8. 그 밖에 방송통신에 관한 기본적인 사항

③ 제2항제2호 및 제4호의 구체적 범위에 관하여는 과학기술정보통신부장관과 문화체육관광부장관 및 방송통신위원회의 협의를 거쳐 대통령령으로 정한다.

[3] 전담기관의 지정

① 과학기술정보통신부장관과 방송통신위원회는 기본계획의 효율적인 추진·집행을 위하여 필요한 때에는 해당 업무를 전담할 기관(이하 "전담기관"이라 한다)을 분야별로 지정할 수 있으며 이에 소요되는 비용을 지원할 수 있다.

② 전담기관의 지정대상과 지정절차 등에 관한 구체적 사항은 대통령령으로 정한다.

[4] 방송통신 지수·지표 개발

과학기술정보통신부장관 또는 방송통신위원회는 방송통신서비스 등 방송통신 수준의 국제 비교, 방송통신 이용 등과 관련된 종합적 정보 제공, 관련 정책 수립 등을 위하여 방송통신과 관련된 지수(指數) 및 지표(指標)를 개발하여 공표할 수 있다.

[5] 방송통신콘텐츠의 제작·유통 등 지원

① 정부는 방송통신콘텐츠가 다양한 방송통신 매체를 통하여 유통·활용 또는 수출될 수 있도록 지원할 수 있다.

② 정부는 방송통신콘텐츠의 제작 지원, 유통구조 개선 및 건전한 이용 유도 등에 관한

사항이 포함된 방송통신콘텐츠 진흥계획을 수립·시행하여야 한다.

[6] 방송통신에 이용되는 유·무선 망의 고도화

과학기술정보통신부장관은 국민이 원하는 다양한 방송통신서비스가 차질 없이 안정적으로 제공될 수 있도록 방송통신에 이용되는 유·무선 망의 고도화(高度化)를 위하여 노력하여야 하며, 이를 위하여 필요한 시책을 수립·시행하여야 한다.

[7] 방송통신기반시설 조성·지원

① 과학기술정보통신부장관은 방송제작단지 등 방송통신에 필요한 물리적·기술적 기반시설(이하 "방송통신기반시설"이라 한다)을 방송통신사업자가 공동으로 조성하는 때에는 필요한 지원을 할 수 있다.

② 정부는 제1항에 따라 조성된 방송통신기반시설이 다른 산업의 기반시설과 연계 운영되도록 할 수 있다.

[8] 한국정보통신진흥협회

① 정보통신서비스 제공자 및 정보통신망과 관련된 사업을 경영하는 자는 정보통신의 발전을 위하여 대통령령으로 정하는 바에 따라 과학기술정보통신부장관의 인가를 받아 한국정보통신진흥협회(이하 "진흥협회"라 한다)를 설립할 수 있다.

② 진흥협회는 법인으로 한다.

③ 진흥협회에 관하여 이 법에서 정한 것 외에는 민법 중 사단법인에 관한 규정을 준용한다.

④ 정부는 진흥협회의 사업수행을 위하여 필요하면 예산의 범위에서 보조금을 지급할 수 있다.

⑤ 진흥협회의 사업 및 감독 등에 필요한 사항은 대통령령으로 정한다.

3 방송통신의 진흥

[1] 방송통신기술의 진흥 등

과학기술정보통신부장관은 방송통신기술의 진흥을 통한 방송통신서비스 발전을 위하여 다음 각 호의 시책을 수립·시행하여야 한다.

1. 방송통신과 관련된 기술수준의 조사, 기술의 연구개발, 개발기술의 평가 및 활용에 관한 사항
2. 방송통신 기술협력, 기술지도 및 기술이전에 관한 사항
3. 방송통신기술의 표준화 및 새로운 방송통신기술의 도입 등에 관한 사항
4. 방송통신 기술정보의 원활한 유통을 위한 사항
5. 방송통신기술의 국제협력에 관한 사항
6. 그 밖에 방송통신기술의 진흥에 관한 사항

[2] 방송통신에 관한 기술정보의 관리

① 과학기술정보통신부장관은 방송통신기술의 진흥을 위하여 방송통신에 관한 기술정보를 체계적이고 종합적으로 관리·보급하는 방안을 마련하여야 한다.

② 과학기술정보통신부장관은 방송통신의 원활한 발전을 위하여 방송통신에 관한 새로운 기술을 예고할 수 있다.

[3] 연구기관 등의 지원

① 과학기술정보통신부장관과 방송통신위원회는 방송통신의 진흥을 위하여 방송통신을 연구하는 기관 및 단체에 대한 재정적 지원 등 필요한 시책을 수립·시행하여야 한다.

② 제1항에 따른 지원대상 기관 및 단체의 범위와 그 밖에 필요한 사항은 대통령령으로 정한다.

[4] 연구활동의 지원

① 과학기술정보통신부장관과 방송통신위원회는 방송통신기술의 연구·개발을 위하여 필요하면 방송통신기술에 관한 연구과제 선정 등 연구활동을 지원할 수 있다.

② 제1항에 따른 연구활동의 지원 등에 필요한 사항은 대통령령으로 정한다.

[5] 기술지도

① 과학기술정보통신부장관은 방송통신기자재의 방송통신 방식 및 규격 등을 생산단계에서부터 정확하게 적용하고 방송통신서비스의 품질을 확보하기 위하여 필요한 경우에는 방송통신기자재의 생산을 업(業)으로 하는 자 또는 정보통신공사업법에 따른 정보통신공사업자에게 기술의 표준화, 기술훈련, 기술정보의 제공 또는 국제기구와의 협력 등에 관하여 기술지도를 할 수 있다.

② 제1항에 따른 기술지도의 대상과 내용 및 그 밖에 필요한 사항은 대통령령으로 정한다.

[6] 방송통신 전문인력의 양성 등

과학기술정보통신부장관은 방송통신 발전에 필요한 방송통신 전문인력을 양성하기 위하여 다음 각 호의 계획을 수립·시행하여야 한다.

1. 방송통신기술 및 방송통신서비스와 관련된 전문인력(이하 이 조에서 "전문인력"이라 한다) 수요 실태 및 중·장기 수급 전망 파악
2. 전문인력 양성사업의 지원
3. 전문인력 양성기관의 지원
4. 전문인력 양성 교육프로그램의 개발 및 보급 지원
5. 방송통신기술 자격제도의 정착 및 전문인력 수급 지원
6. 각급 학교 및 그 밖의 교육기관에서 시행하는 방송통신기술 및 방송통신서비스 관련 교육의 지원
7. 일반국민에 대한 방송통신기술 및 방송통신서비스 관련 교육의 확대
8. 그 밖에 전문인력 양성에 필요한 사항

[7] 남북 간 방송통신 교류·협력

① 정부는 남북 간 방송통신부문의 상호 교류 및 협력을 증진할 수 있도록 노력하여야 한다.

② 과학기술정보통신부장관 또는 방송통신위원회는 남북 간 방송통신부문의 상호 교류 및 협력 증진을 위하여 북한의 방송통신 정책·제도 및 현황에 관하여 조사·연구하

여야 한다.

③ 과학기술정보통신부장관 또는 방송통신위원회는 대통령령으로 정하는 바에 따라 남북 간 상호 교류 및 협력 사업과 조사·연구 등을 위하여 필요한 경우 방송통신사업자 또는 관련 단체 등에 협조를 요청할 수 있다. 이 경우 과학기술정보통신부장관 또는 방송통신위원회는 대통령령으로 정하는 바에 따라 예산의 범위에서 필요한 경비의 전부 또는 일부를 지원할 수 있다.

④ 남북 간 방송통신 교류 및 협력을 추진하기 위하여 방송통신위원회에 남북방송통신교류 추진위원회를 둔다.

⑤ 제4항에 따른 남북방송통신교류 추진위원회의 구성과 운영에 필요한 사항은 대통령령으로 정한다.

[8] 방송통신 국제협력

① 과학기술정보통신부장관 또는 방송통신위원회는 방송통신 분야에 관한 국제적 동향을 파악하고 국제협력을 추진하여야 한다.

② 정부는 방송통신콘텐츠의 국제적 공동제작 및 유통, 방송통신 관련 기술·인력의 국제교류, 방송통신의 국제표준화 및 국제 공동연구개발 등의 사업을 지원할 수 있다.

③ 과학기술정보통신부장관 또는 방송통신위원회는 방송통신 분야와 관련된 민간부문에서의 국제협력사업을 지원할 수 있다.

4 방송통신발전기금

[1] 방송통신발전기금의 설치

과학기술정보통신부장관과 방송통신위원회는 방송통신의 진흥을 지원하기 위하여 방송통신발전기금(이하 "기금"이라 한다)을 설치한다.

[2] 기금의 조성

① 기금은 다음 각 호의 재원으로 조성한다.
   1. 정부의 출연금 또는 융자금

2. 전파법 제7조제2항에 따른 징수금, 같은 법 제11조제1항(같은 법 제16조제4항에 따라 준용되는 경우를 포함)에 따른 주파수할당 대가 및 같은 법 제11조제5항에 따른 보증금, 같은 법 제17조제2항에 따라 산정된 금액
3. 제2항부터 제4항까지의 규정에 따른 분담금
4. 방송사업자의 출연금
5. 기금 운용에 따른 수익금
6. 그 밖에 대통령령으로 정하는 수입금

② 방송통신위원회는 방송법에 따른 지상파방송사업자 및 종합편성 또는 보도에 관한 전문편성을 행하는 방송채널사용사업자로부터 전년도 방송광고 매출액에 그 100분의 6의 범위에서 방송통신위원회가 정하여 고시하는 징수율을 곱하여 산정한 분담금을 징수할 수 있다.

③ 과학기술정보통신부장관은 방송법에 따른 종합유선방송사업자, 위성방송사업자 및 인터넷 멀티미디어 방송사업법에 따른 인터넷 멀티미디어 방송 제공사업자로부터 전년도 방송서비스 매출액에 그 100분의 6의 범위에서 과학기술정보통신부장관이 정하여 고시하는 징수율을 곱하여 산정한 분담금을 징수할 수 있다.

④ 과학기술정보통신부장관은 상품 소개와 판매에 관한 전문편성을 하는 방송채널사용사업자로부터 전년도 결산상 영업이익에 그 100분의 15의 범위에서 과학기술정보통신부장관이 정하여 고시하는 징수율을 곱하여 산정한 분담금을 징수할 수 있다.

⑤ 과학기술정보통신부장관과 방송통신위원회는 대통령령으로 정하는 바에 따라 사업 규모나 부담 능력이 일정한 기준에 미치지 못한 자에 대하여는 제1항제3호의 분담금을 면제하거나 경감할 수 있으며, 방송통신의 공공성·수익성과 방송통신사업자의 재정상태 등에 따라 방송통신사업자별로 그 징수율을 차등 책정할 수 있다.

⑥ 과학기술정보통신부장관과 방송통신위원회는 제1항제3호에 따른 분담금의 부과금액이 대통령령으로 정하는 기준을 초과하는 경우에는 대통령령으로 정하는 바에 따라 그 금액을 분할하여 내게 할 수 있다.

⑦ 과학기술정보통신부장관과 방송통신위원회는 제2항부터 제4항까지의 규정에 따라 분담금을 납부하여야 할 자가 납부기한까지 이를 납부하지 아니한 때에는 체납된 금액의 100분의 3을 초과하지 아니하는 범위에서 대통령령으로 정하는 바에 따라 가산금을 부과할 수 있다.

⑧ 과학기술정보통신부장관과 방송통신위원회는 제1항제3호의 분담금 및 제7항에 따른 가산금을 납부하여야 할 자가 납부기한까지 이를 납부하지 아니한 때에는 국세 체납처분의 예에 따라 징수한다.

⑨ 제2항부터 제8항까지의 규정에 따른 분담금의 산정 및 징수 등에 필요한 사항은 대통령령으로 정한다.

[3] 기금의 용도

① 기금은 다음 각 호의 어느 하나에 해당하는 사업에 사용된다.
1. 방송통신에 관한 연구개발 사업
2. 방송통신 관련 표준의 개발, 제정 및 보급 사업
3. 방송통신 관련 인력 양성 사업
4. 방송통신서비스 활성화 및 기반 조성을 위한 사업
5. 공익·공공을 목적으로 운영되는 방송통신 지원
5의2. 방송광고판매대행 등에 관한 법률 제22조에 따른 네트워크 지역지상파방송사업자와 중소지상파방송사업자의 공익적 프로그램의 제작 지원
6. 방송통신콘텐츠 제작·유통 지원
7. 시청자가 직접 제작한 방송프로그램 및 미디어 교육 지원
8. 시청자와 이용자의 피해구제 및 권익증진 사업
9. 방송통신광고 발전을 위한 지원
9의2. 방송광고판매대행 등에 관한 법률 제23조제7항에 따른 방송광고균형발전위원회 운영 비용 지원
10. 방송통신 소외계층의 방송통신 접근을 위한 지원
11. 방송통신 관련 국제 교류·협력 및 남북 교류·협력 지원
12. 해외 한국어 방송 지원
13. 전파법 제7조제1항에 따른 손실보상금
14. 전파법 제7조제5항에 따라 반환하는 주파수할당 대가
15. 지역방송발전지원 특별법 제7조의 지역방송발전지원계획의 수행을 위한 지원
16. 그 밖에 방송통신 발전에 필요하다고 인정되는 사업

② 과학기술정보통신부장관과 방송통신위원회는 기금의 일부를 방송통신의 공공성 제고

와 방송통신 진흥 및 시청자 복지를 위하여 융자 및 투자재원으로 활용할 수 있다.
③ 과학기술정보통신부장관과 방송통신위원회는 기금을 사용하는 자가 그 기금을 지원받은 목적 외로 사용한 경우에는 목적 외로 지출된 기금을 환수할 수 있다.
④ 과학기술정보통신부장관과 방송통신위원회는 제3항에 따른 환수 처분을 받은 자가 환수금을 기한 내에 납부하지 아니하면 기한을 정하여 독촉을 하고, 그 지정된 기간에도 납부하지 아니하면 국세 체납처분의 예에 따라 징수할 수 있다.

[4] 기금의 관리·운용

① 기금은 과학기술정보통신부장관과 방송통신위원회가 관리·운용한다.
② 기금의 공정하고 효율적인 관리·운용을 위하여 방송통신발전기금운용심의회를 둔다.
③ 방송통신발전기금운용심의회의 위원은 10명 이내로 하며, 방송통신위원회와 협의를 거쳐 과학기술정보통신부장관이 임명한다.
④ 방송통신발전기금운용심의회의 구성과 운영에 관하여 필요한 사항은 대통령령으로 정한다.
⑤ 제1항에 따라 기금을 관리·운용하는 경우 환경·사회·지배구조 등의 요소를 고려할 수 있다.
⑥ 과학기술정보통신부장관과 방송통신위원회는 대통령령으로 정하는 바에 따라 기금의 징수·운용·관리에 관한 사무의 일부를 방송통신 업무와 관련된 기관 또는 단체에 위탁할 수 있다.
⑥ 기금의 운용 및 관리에 필요한 구체적인 사항은 대통령령으로 정한다.

5 방송통신 기술기준 등

[1] 기술기준

① 방송통신설비를 설치·운영하는 자는 그 설비를 대통령령으로 정하는 기술기준에 적합하게 하여야 한다.
② 방송통신사업자는 과학기술정보통신부장관이 정하여 고시하는 방송통신설비를 설치

하거나 설치한 설비를 확장한 경우에는 방송통신서비스를 제공하기 전에 그 방송통신설비가 제1항에 따른 기술기준에 적합한지를 시험하고 그 결과를 기록·관리하여야 한다. 다만, 방송통신설비를 임차하여 방송통신서비스를 제공하는 등 대통령령으로 정하는 방송통신사업자의 경우에는 그러하지 아니하다.

③ 방송통신설비의 설치 및 보전은 설계도서에 따라 하여야 한다.

④ 제3항에 따른 설계도서의 작성에 필요한 사항은 대통령령으로 정한다.

⑤ 과학기술정보통신부장관은 방송통신설비가 기술기준에 적합하게 설치·운영되는지를 확인하기 위하여 다음 각 호의 어느 하나에 해당하는 경우에는 소속 공무원으로 하여금 방송통신설비를 설치·운영하는 자의 설비를 조사하거나 시험하게 할 수 있다.

1. 방송통신설비 관련 시책을 수립하기 위한 경우
2. 국가비상사태에 대비하기 위한 경우
3. 재해·재난 예방을 위한 경우 및 재해·재난이 발생한 경우
4. 방송통신설비의 이상으로 광범위한 방송통신 장애가 발생할 우려가 있는 경우

⑥ 제5항에 따른 조사 또는 시험을 하는 경우에는 조사 또는 시험 7일 전까지 그 일시, 이유 및 내용 등 조사·시험계획을 방송통신설비를 설치·운용하는 자에게 알려야 한다. 다만, 긴급한 경우이거나 사전에 통지를 하는 경우 증거인멸 등으로 조사·시험 목적을 달성할 수 없다고 인정하는 경우에는 그러하지 아니하다.

⑦ 제6항에 따른 조사 또는 시험을 하는 공무원은 그 권한을 표시하는 증표를 지니고 이를 관계인에게 보여주어야 하며, 출입 시 성명, 출입시간, 출입목적 등이 표시된 문서를 관계인에게 주어야 한다.

⑧ 제1항에 따라 방송통신설비를 설치·운영하는 자는 불법복제 검출시스템에 의하여 복제가 의심되는 것으로 검출된 이동전화(전기통신사업법 제5조제2항에 따른 기간통신역무 중 주파수를 할당받아 제공하는 역무를 이용하기 위한 통신단말장치를 말한다)를 과학기술정보통신부장관에게 신고하여야 한다.

⑨ 과학기술정보통신부장관은 자원 낭비의 방지와 소비자 편익 등을 위하여 필요한 경우 모바일·스마트기기 등 방송통신기자재의 충전 및 데이터 전송 방식에 관한 기술기준을 정하여 고시할 수 있다.

⑩ 방송통신기자재를 생산하는 자는 제9항에 따른 기술기준을 준수하여 방송통신기자재

를 생산하여야 한다.

[2] 기술기준의 적용 예외

방송법 또는 전파법에 별도의 기술기준이나 이에 준하는 사항이 규정되어 있는 방송통신설비에 대하여는 제28조를 적용하지 아니한다.

[3] 관리 규정

방송통신설비 등을 직접 설치·보유하고 방송통신서비스를 제공하는 방송통신사업자 중 대통령령으로 정하는 자는 방송통신서비스를 안정적으로 제공하기 위하여 대통령령으로 정하는 바에 따라 방송통신설비의 관리 규정을 정하고 그 규정에 따라 방송통신설비를 관리하여야 한다.

[4] 기술기준 위반에 대한 시정명령

① 과학기술정보통신부장관은 설치된 방송통신설비가 제28조에 따른 기술기준에 적합하지 아니하게 된 경우에는 이의 시정이나 그 밖에 필요한 조치를 명할 수 있다.

② 과학기술정보통신부장관은 제28조제10항을 위반하여 기술기준에 적합하지 않은 방송통신기자재를 생산한 자에게 그 시정이나 그 밖에 필요한 조치를 명할 수 있다.

[5] 새로운 방송통신 방식 등의 채택

① 과학기술정보통신부장관은 방송통신의 원활한 발전을 위하여 새로운 방송통신 방식 등을 채택할 수 있다.

② 과학기술정보통신부장관은 제1항에 따라 새로운 방송통신 방식 등을 채택한 때에는 이를 고시하여야 한다.

[6] 표준화의 추진

① 과학기술정보통신부장관은 방송통신의 건전한 발전과 시청자 및 이용자의 편의를 도모하기 위하여 방송통신의 표준화를 추진하고 방송통신사업자 또는 방송통신기자재 생산업자에게 그에 따를 것을 권고할 수 있다. 다만, 산업표준화법에 따른 한국산업표준이 제정되어 있는 사항에 대하여는 그 표준에 따른다.

② 과학기술정보통신부장관은 방송통신의 표준을 채택한 때에는 이를 고시하여야 한다.
③ 제1항에 따른 방송통신의 표준화 추진에 필요한 사항은 대통령령으로 정한다.

[7] 한국정보통신기술협회

① 정보통신의 표준 제정, 보급 및 정보통신 기술 지원 등 표준화에 관한 업무를 효율적으로 추진하기 위하여 과학기술정보통신부장관의 인가를 받아 한국정보통신기술협회(이하 "기술협회"라 한다)를 설립할 수 있다.
② 기술협회는 법인으로 한다.
③ 정부는 정보통신의 표준화에 관한 업무를 추진하기 위하여 필요한 경우 예산의 범위에서 기술협회에 출연할 수 있다.
④ 과학기술정보통신부장관은 기술협회의 운영이 이 법 또는 정관에서 정한 사항에 위배되는 경우에는 정관 또는 사업계획의 변경이나 임원의 개임(改任)을 요구할 수 있다.
⑤ 기술협회에 관하여 이 법에서 정한 것을 제외하고는 민법 중 재단법인에 관한 규정을 준용한다.

6 방송통신재난의 관리

[1] 방송통신재난관리기본계획의 수립

① 과학기술정보통신부장관과 방송통신위원회는 다음 각 호의 방송통신사업자(이하 "주요방송통신사업자"라 한다)의 방송통신서비스에 관하여 재난 및 안전관리기본법에 따른 재난이나 자연재해대책법에 따른 재해 및 그 밖에 물리적·기능적 결함 등(이하 "방송통신재난"이라 한다)의 발생을 예방하고, 방송통신재난을 신속히 수습·복구하기 위한 방송통신재난관리기본계획을 수립·시행하여야 한다.
  1. 전기통신사업법 제6조에 따라 기간통신사업의 허가를 받은 자로서 대통령령으로 정하는 요건에 해당하는 자
  2. 방송법 제2조제3호가목에 따른 지상파방송사업자(방송법 제2조제1호가목에 따른 텔레비전방송을 하는 지상파방송사업자로 한정하되, 지역방송발전지원 특별법 제2조제1항제2호에 따른 지역방송사업자는 제외한다)

3. 방송법 제2조제3호라목에 따른 방송채널사용사업자(종합편성 또는 보도에 관한 전문편성을 행하는 방송채널사용사업자에 한정한다)
4. 전기통신사업법 제22조제1항에 따라 부가통신사업의 신고를 한 자로서 이용자 수 또는 트래픽 양 등이 대통령령으로 정하는 기준에 해당하는 자
5. 정보통신망 이용촉진 및 정보보호 등에 관한 법률 제46조제1항에 따른 집적정보통신시설 사업자 등으로서 시설 규모, 매출액 등이 대통령령으로 정하는 기준에 해당하는 자

② 방송통신재난관리기본계획에는 다음 각 호의 사항이 포함되어야 한다.
1. 방송통신재난이 발생할 위험이 높거나 방송통신재난의 예방을 위하여 계속적으로 관리할 필요가 있는 방송통신설비와 그 설치 지역 등의 지정 및 관리에 관한 사항
2. 국민의 생명과 재산 보호를 위한 신속한 재난방송 실시에 관한 사항
3. 방송통신재난에 대비하기 위하여 필요한 다음 각 목에 관한 사항
   가. 우회 방송통신 경로의 확보
   나. 방송통신설비 연계 운용 및 방송통신서비스 긴급복구를 위한 정보체계의 구성
   다. 피해복구 물자의 확보
   라. 서버, 저장장치, 네트워크, 전력공급장치 등의 분산 및 다중화 등 물리적·기술적 보호조치
4. 그 밖에 방송통신재난의 관리에 필요하다고 인정되는 사항

[2] 통신재난관리심의위원회

① 통신재난관리에 관한 다음 각 호의 사항을 심의하기 위하여 과학기술정보통신부에 통신재난관리심의위원회(이하 "심의위원회"라 한다)를 둔다.
1. 제35조에 따른 방송통신재난관리기본계획 중 통신 분야에 관한 사항
2. 제35조의3에 따른 통신시설의 등급 지정에 관한 사항
3. 제35조제1항제1호에 해당하는 사업자(이하 "주요통신사업자"라 한다)의 제36조의2에 따른 방송통신재난관리계획의 이행 여부에 대한 지도·점검에 관한 사항
4. 제37조에 따른 방송통신설비(통신설비로 한정한다)의 통합 운용에 관한 사항
5. 제37조의2에 따른 무선통신시설의 공동이용 등에 관한 사항
6. 그 밖에 통신재난관리를 위하여 필요한 사항

② 심의위원회의 구성 및 운영에 필요한 사항은 대통령령으로 정한다.

[3] 통신시설의 등급 지정

① 주요통신사업자는 통신설비를 안전하게 설치·운영·관리하기 위한 건축물, 통신구 및 기타 구조물(이하 "통신시설"이라 한다)의 기능 및 회선 수 등 통신장애 시 파급효과에 영향을 미치는 요소 등을 고려하여 대통령령으로 정하는 기준에 따라 각 통신시설의 등급을 분류하고 이를 그 근거자료와 함께 과학기술정보통신부장관에게 제출하여야 한다.

② 과학기술정보통신부장관은 제1항에 따라 제출된 등급분류와 근거자료를 바탕으로 심의위원회의 심의를 거쳐 통신시설의 등급을 지정한다.

③ 주요통신사업자는 제2항에 의해 지정된 등급에 따라 우회통신경로의 확보, 통신시설에 대한 출입제한조치, 안정적 전원공급, 재난대응 전담인력의 운용 등의 관리조치를 취하여야 한다. 이 경우 지정된 등급에 따른 구체적인 관리기준은 과학기술정보통신부장관 고시로 정한다.

④ 제1항 및 제2항에서 규정한 사항 외에 등급 지정의 절차 및 방법, 자료제출 시기 등에 관하여 필요한 사항은 대통령령으로 정한다.

[4] 방송통신재난관리기본계획의 수립절차

① 과학기술정보통신부장관과 방송통신위원회는 방송통신재난관리기본계획의 수립지침을 작성하여 주요방송통신사업자에게 통보하여야 한다.

② 주요방송통신사업자는 제1항에 따른 수립지침에 따라 방송통신재난관리계획을 수립하여 과학기술정보통신부장관과 방송통신위원회에 제출하여야 한다. 이 경우 방송통신재난관리계획은 재난 및 안전관리기본법 제23조제3항에 따른 세부집행계획으로 본다.

③ 과학기술정보통신부장관과 방송통신위원회는 주요방송통신사업자가 제1항에 따른 수립지침에 따르지 아니하고 방송통신재난관리계획을 수립한 경우 보완을 명할 수 있다.

④ 과학기술정보통신부장관과 방송통신위원회는 제2항에 따라 주요방송통신사업자가 제출한 방송통신재난관리계획을 종합하여 방송통신재난관리기본계획을 수립하여야 한다.

⑤ 과학기술정보통신부장관과 방송통신위원회는 제4항에 따라 수립한 방송통신재난관리

기본계획 중 주요방송통신사업자와 관련된 사항을 해당 주요방송통신사업자에게 통보하여야 한다.

⑥ 방송통신재난관리기본계획의 수립에 필요한 세부사항은 대통령령으로 정한다.

⑦ 방송통신재난관리기본계획의 변경에 관하여는 제1항부터 제6항까지의 규정을 준용한다.

[5] 방송통신설비의 통합 운용

① 과학기술정보통신부장관과 방송통신위원회는 방송통신재난이 발생하거나 발생할 것이 명백한 경우에 해당 지역의 방송통신 소통과 긴급 복구를 위하여 방송통신사업자로 하여금 그 사업자의 방송통신설비와 다른 방송통신사업자의 방송통신설비 또는 방송통신사업용으로 사용되지 아니한 방송통신설비(이하 "자가방송통신설비"라 한다)를 보유한 자의 방송통신설비를 통합 운용하게 할 수 있다.

② 자가방송통신설비를 보유한 자의 방송통신설비를 통합 운용하기 위하여 사용된 비용은 정부가 부담한다. 다만, 자가방송통신설비가 방송통신서비스에 제공되는 경우에는 그 설비를 제공받는 방송통신사업자가 그 비용을 부담한다.

③ 제1항에 따른 방송통신설비의 통합 운용에 필요한 사항은 대통령령으로 정한다.

[6] 방송통신재난의 보고

① 주요방송통신사업자는 그 소관 방송통신서비스에 관하여 방송통신재난이 발생하였을 때에는 그 현황, 원인, 응급조치 내용 및 복구대책 등을 지체 없이 과학기술정보통신부장관에게 보고하여야 한다.

② 제35조제1항제2호 및 제3호에 따른 주요방송통신사업자는 그 소관 방송통신서비스에 관하여 방송통신재난이 발생하였을 때에는 그 현황, 원인, 응급조치 내용 및 복구대책 등을 지체 없이 방송통신위원회에도 보고하여야 한다.

[7] 방송통신재난 대책본부

① 과학기술정보통신부장관은 방송통신재난의 피해가 광범위하여 정부 차원의 종합적인 대처가 필요한 경우에 방송통신재난 대책본부(이하 "대책본부"라 한다)를 설치·운영할 수 있다.

② 대책본부의 장은 과학기술정보통신부장관이 된다.
③ 대책본부의 구성·운영 등에 필요한 사항은 대통령령으로 정한다.
④ 주요방송통신사업자는 대통령령으로 정하는 바에 따라 방송통신재난의 피해복구 진행 상황 등을 대책본부에 보고하여야 한다.

[8] 재난방송 등

① 다음 각 호의 어느 하나에 해당하는 사업자는 자연재해대책법 제2조에 따른 재해, 재난 및 안전관리 기본법 제3조에 따른 재난 또는 민방위기본법 제2조에 따른 민방위사태가 발생하거나 발생할 우려가 있는 경우에는 그 발생을 예방하거나 대피·구조·복구 등에 필요한 정보를 제공하여 그 피해를 줄일 수 있는 재난방송 또는 민방위경보방송(이하 "재난방송 등"이라 한다)을 하여야 한다. 다만, 제2호, 제3호 및 제5호에 해당하는 방송사업자는 자막의 형태로 재난방송등을 송출할 수 있다.
  1. 방송법 제2조제3호가목에 따른 지상파방송사업자
  2. 방송법 제2조제3호나목에 따른 종합유선방송사업자
  3. 방송법 제2조제3호다목에 따른 위성방송사업자
  4. 방송법 제2조제3호라목에 따른 방송채널사용사업자(종합편성 또는 보도에 관한 전문편성을 행하는 방송채널사용사업자에 한정한다)
  5. 인터넷 멀티미디어 방송사업법 제2조제5호가목에 따른 인터넷 멀티미디어 방송 제공사업자

② 과학기술정보통신부장관 및 방송통신위원회는 재난방송 등이 다음 각 호의 어느 하나에 해당하는 시기까지 이루어지지 아니하는 경우 또는 그 밖에 재해, 재난 또는 민방위사태 발생의 예방·대피·구조·복구 등을 위하여 필요하다고 인정하는 경우에는 대통령령으로 정하는 바에 따라 제1항 각 호에 따른 방송사업자 중 전부 또는 일부에 대하여 지체 없이 재난방송 등을 하도록 요청할 수 있다. 이 경우 방송사업자는 특별한 사유가 없으면 이에 따라야 한다.
  1. 재난 및 안전관리 기본법 제36조에 따른 재난사태의 선포
  2. 재난 및 안전관리 기본법 제38조에 따른 재난 예보·경보의 발령
  3. 민방위기본법 제33조에 따른 민방위 경보의 발령(민방위 훈련을 실시하는 경우는 제외한다)

③ 제1항 각 호에 따른 방송사업자는 재난방송 등을 하는 경우 다음 각 호의 사항을 준수하여야 한다.
 1. 재난상황에 대한 정보를 정확하고 신속하게 제공할 것
 2. 재난지역 거주자와 이재민 등에게 대피·구조·복구 등에 필요한 정보를 제공할 것
 3. 피해자와 그 가족의 명예를 훼손하거나 사생활을 침해하지 아니할 것
 4. 피해자 또는 그 가족에 대하여 질문과 답변, 회견 등(이하 "인터뷰"라 한다)을 강요하지 아니할 것
 5. 피해자 또는 그 가족 중 미성년자에게 인터뷰를 하는 경우에는 법정대리인의 동의를 받을 것
 6. 재난방송 등의 내용이 사실과 다를 경우 지체 없이 정정방송을 할 것

④ 방송통신위원회의 설치 및 운영에 관한 법률 제18조에 따른 방송통신심의위원회는 제1항 각 호에 따른 방송사업자가 실시하는 재난방송 등을 모니터링하고 그 결과를 과학기술정보통신부장관 및 방송통신위원회에 통보하여야 한다.

⑤ 제1항 각 호에 따른 방송사업자는 재난방송 등의 송출 특성 등을 고려하여 제3항의 준수사항을 포함하는 재난방송 등 매뉴얼을 작성하여 비치하여야 한다.

⑥ 제1항 각 호에 따른 방송사업자는 프로그램 제작자, 기술인력, 기자 및 아나운서 등 재난방송 등의 관계자를 대상으로 제5항에 따른 재난방송 등 매뉴얼에 관한 교육을 실시하여야 한다.

⑦ 제1항부터 제6항까지에서 규정한 사항 외에 재난방송 등의 실시 및 운영 등에 필요한 구체적인 사항은 대통령령으로 정한다.

[8]의 2 재난방송 등의 주관방송사

① 과학기술정보통신부장관 및 방송통신위원회는 방송법 제43조에 따른 한국방송공사를 재난방송등의 주관방송사로 지정한다.

② 제1항에 따른 주관방송사는 재난상황에 관한 업무를 소관하는 중앙행정기관의 장 또는 지방자치단체의 장 등에게 재난상황과 관련된 정보를 신속하게 제공하도록 요청할 수 있다.

③ 제1항에 따른 주관방송사는 다음 각 호의 조치를 취하여야 한다.

1. 재난방송 등을 위한 인적·물적·기술적 기반 마련
2. 노약자, 심신장애인 및 외국인 등 재난 취약계층을 고려한 재난 정보전달시스템의 구축
3. 정기적인 재난방송 등의 모의훈련 실시

④ 제2항 및 제3항에서 규정한 사항 외에 재난방송 등의 효과적인 실시를 위하여 필요한 주관방송사의 역할에 대하여는 대통령령으로 정한다.

[8]의 3 재난방송 등 수신시설의 설치

① 도로법 제2조제1호에 따른 도로, 도시철도법 제2조제3호에 따른 도시철도시설 및 철도의 건설 및 철도시설 유지관리에 관한 법률 제2조제6호에 따른 철도시설(마목부터 사목까지의 시설은 제외한다)의 소유자·점유자·관리자는 터널 또는 지하공간 등 방송수신 장애지역에 제40조제1항에 따른 재난방송 등 및 민방위기본법 제33조에 따른 민방위 경보의 원활한 수신을 위하여 필요한 다음 각 호의 방송통신설비를 설치하여야 한다. 이 경우 국가는 예산의 범위에서 설치에 필요한 비용의 전부 또는 일부를 보조할 수 있다.
1. 방송법 제2조제1호 나목에 따른 라디오방송의 수신에 필요한 중계설비
2. 방송법 제2조제1호 라목에 따른 이동멀티미디어방송의 수신에 필요한 중계설비

② 방송통신위원회는 정기적으로 제1항에 따른 방송통신설비의 설치 여부 및 수신 상태에 대한 조사를 실시하고 그 결과를 공표하여야 한다.

7 보칙

[1] 통계의 작성·관리

과학기술정보통신부장관 또는 방송통신위원회는 방송통신 발전 관련 시책을 효율적으로 수립하기 위하여 통계청장과 협의하여 방송통신에 관한 통계를 작성·관리하여야 한다.

[2] 자료 제출

과학기술정보통신부장관 또는 방송통신위원회는 이 법에서 정한 각종 시책의 수립 및 시

행을 위하여 필요하면 대통령령으로 정하는 바에 따라 방송통신사업자에게 통계 등 관련 자료의 제출을 요청할 수 있다. 다만, 방송통신사업자는 영업비밀의 보호 등 정당한 사유가 있는 경우에는 자료의 제출을 거부할 수 있다.

[3] 보고 · 검사 등

① 과학기술정보통신부장관은 다음 각 호의 어느 하나에 해당하는 경우에는 방송통신설비를 설치한 자에게 그 설비에 관한 보고를 하게 하거나 소속 공무원으로 하여금 그 사무소, 영업소, 공장 또는 사업장에 출입하여 설비 상황, 설비 관련 장부 또는 서류 등을 검사하게 할 수 있다.
  1. 방송통신설비 설치·운용의 적정 여부를 확인하기 위하여 필요한 경우
  2. 국가비상사태·재해 및 재난 시의 원활한 방송통신 확보를 위하여 필요한 경우
  3. 통신시설의 등급 지정 및 관리상태의 적정성 확인을 위하여 필요한 경우

② 과학기술정보통신부장관은 이 법을 위반하여 방송통신설비를 설치한 자가 있으면 그 설비의 제거 또는 그 밖에 필요한 조치를 명할 수 있다.

③ 제1항에 따른 검사를 하는 경우에는 검사 7일 전까지 검사일시·이유·내용 등 검사계획을 방송통신설비를 설치한 자에게 알려야 한다. 다만, 긴급한 경우이거나 사전에 통지하는 경우 증거인멸 등으로 검사목적을 달성할 수 없다고 인정하는 경우에는 그러하지 아니하다.

④ 제1항에 따라 검사를 하는 공무원은 그 권한을 표시하는 증표를 지니고 이를 관계인에게 보여주어야 하며, 출입 시 성명, 출입시간, 출입목적 등이 표시된 문서를 관계인에게 주어야 한다.

[4] 권한의 위임 · 위탁

① 이 법에 따른 과학기술정보통신부장관 또는 방송통신위원회의 권한은 그 일부를 대통령령으로 정하는 바에 따라 소속 기관의 장이나 전담기관 또는 그 밖에 대통령령으로 정하는 기관 또는 단체에 위임·위탁할 수 있다.

② 과학기술정보통신부장관은 제33조에 따른 방송통신 표준화에 관한 업무를 대통령령으로 정하는 바에 따라 기술협회에 위탁할 수 있다.

③ 과학기술정보통신부장관 또는 방송통신위원회는 제41조에 따른 통계의 작성·관리

업무를 대통령령으로 정하는 바에 따라 진흥협회에 위탁할 수 있다.

[5] 벌칙 적용 시의 공무원 의제

제44조에 따라 수탁업무를 취급하는 자는 형법 제129조부터 제132조까지의 규정에 따른 벌칙을 적용할 때에는 공무원으로 본다.
1. 제15조에 따른 한국정보통신진흥협회의 임직원
2. 제34조에 따른 한국정보통신기술협회의 임직원
3. 제44조제1항에 따라 수탁업무를 취급하는 사람

8 벌칙

[1] 벌칙

제43조제2항에 따른 방송통신설비의 제거명령을 위반한 자는 1년 이하의 징역 또는 1천만원 이하의 벌금에 처한다.

[2] 양벌규정

법인의 대표자나 법인 또는 개인의 대리인, 사용인, 그 밖의 종업원이 그 법인 또는 개인의 업무에 관하여 제46조의 위반행위를 하면 그 행위자를 벌하는 외에 그 법인 또는 개인에게도 해당 조문의 벌금형을 과(科)한다. 다만, 법인 또는 개인이 그 위반행위를 방지하기 위하여 해당 업무에 관하여 상당한 주의와 감독을 게을리하지 아니한 경우에는 그러하지 아니하다.

[3] 과태료

① 다음 각 호의 어느 하나에 해당하는 자에게는 3천만원 이하의 과태료를 부과한다.
1. 제35조의3제1항에 따른 근거자료를 제출하지 아니하거나 거짓으로 제출한 자
2. 제35조의3제3항의 기준에 따라 통신시설을 관리하지 아니한 자
3. 제36조제3항에 따른 보완명령에 따르지 아니한 자
4. 제37조의2제2항에 따른 명령에 특별한 사유 없이 따르지 아니한 자

5. 제39조의2제2항을 위반하여 통신재난관리 전담부서 또는 전담인력을 운용하지 아니한 자
6. 제40조제2항을 위반하여 특별한 사유 없이 재난방송 등을 하지 아니한 자

② 다음 각 호의 어느 하나에 해당하는 자에게는 1천만원 이하의 과태료를 부과한다.
1. 제28조제2항에 따른 시험을 하지 아니하거나 그 결과를 기록·관리하지 아니한 자
2. 제28조제5항에 따른 조사·시험을 거부 또는 기피하거나 이에 지장을 주는 행위를 한 자
3. 제30조에 따른 관리 규정을 정하지 아니하고 방송통신설비를 관리한 자
4. 제31조제1항 및 제2항에 따른 명령을 위반한 자
5. 제36조제2항에 따른 방송통신재난관리계획을 제출하지 아니하거나 거짓으로 자료를 제출한 자
6. 제38조에 따른 방송통신재난의 보고를 하지 아니하거나 거짓으로 보고한 자
7. 제39조제4항에 따른 피해복구 진행 상황 등의 보고를 하지 아니하거나 거짓으로 보고한 자
7의 2. 제39조의2제1항을 위반하여 방송통신재난관리책임자를 지정하지 아니한 자
8. 제43조제1항에 따른 보고를 하지 아니하거나 거짓으로 보고한 자
9. 제43조제1항에 따른 검사를 거부·방해 또는 기피한 자

③ 제1항과 제2항에 따른 과태료는 대통령령으로 정하는 바에 따라 과학기술정보통신부장관 또는 방송통신위원회가 부과·징수한다.

[4] 부칙 〈2021.6.8.〉

① 이 법은 공포 후 1년이 경과한 날부터 시행한다.
② (방송통신기자재 기술기준에 관한 적용례) 제28조제10항의 개정 규정은 이 법 시행 후 전파법 제58조의2에 따른 적합성평가를 받아 생산되는 방송통신기자재부터 적용한다.

제2절 ▶ 정보통신공사업법 중 통신선로에 관한 사항

1 총칙

[1] 목적

이 법은 정보통신공사의 조사·설계·시공·감리(監理)·유지관리·기술관리 등에 관한 기본적인 사항과 정보통신공사업의 등록 및 정보통신공사의 도급(都給) 등에 필요한 사항을 규정함으로써 정보통신공사의 적절한 시공과 공사업의 건전한 발전을 도모함을 목적으로 한다.

[2] 용어의 정의

1. "정보통신설비"란 유선, 무선, 광선, 그 밖의 전자적 방식으로 부호·문자·음향 또는 영상 등의 정보를 저장·제어·처리하거나 송수신하기 위한 기계·기구(器具)·선로(線路) 및 그 밖에 필요한 설비를 말한다.
2. "정보통신공사"란 정보통신설비의 설치 및 유지·보수에 관한 공사와 이에 따르는 부대공사(附帶工事)로서 대통령령으로 정하는 공사를 말한다.
3. "정보통신공사업"이란 도급이나 그 밖에 명칭이 무엇이든 이 법을 적용받는 정보통신공사(이하 "공사"라 한다)를 업(業)으로 하는 것을 말한다.
4. "정보통신공사업자"란 이 법에 따른 정보통신공사업(이하 "공사업"이라 한다)의 등록을 하고 공사업을 경영하는 자를 말한다.
5. "용역"이란 다른 사람의 위탁을 받아 공사에 관한 조사, 설계, 감리, 사업관리 및 유지관리 등의 역무를 하는 것을 말한다.
6. "용역업"이란 용역을 영업으로 하는 것을 말한다.
7. "용역업자"란 다음 각 목의 어느 하나에 해당하는 자를 말한다.
    가. 엔지니어링산업 진흥법 제21조제1항에 따라 엔지니어링사업자로 신고하거나 기술사법 제6조에 따라 기술사사무소의 개설자로 등록한 자로서 통신·전자·정보처리 등 대통령령으로 정하는 정보통신 관련 분야의 자격을 보유하고 용역업을

경영하는 자

나. 건축사법 제23조제1항에 따라 건축사사무소의 개설신고를 한 건축사. 다만, 건축법 제2조제1항제4호에 따른 전화 설비, 초고속 정보통신 설비, 지능형 홈네트워크 설비, 공동시청 안테나, 유선방송 수신시설에 관한 공사의 설계·감리 업무를 하는 경우로 한정한다.

8. "설계"란 공사에 관한 계획서, 설계도면, 설계설명서, 공사비명세서, 기술계산서 및 이와 관련된 서류(이하 "설계도서"라 한다)를 작성하는 행위를 말한다.

9. "감리"란 공사에 대하여 발주자의 위탁을 받은 용역업자가 설계도서 및 관련 규정의 내용대로 시공되는지를 감독하고, 품질관리·시공관리 및 안전관리에 대한 지도 등에 관한 발주자의 권한을 대행하는 것을 말한다.

10. "감리원(監理員)"이란 공사의 감리에 관한 기술 또는 기능을 가진 사람으로서 제8조에 따라 과학기술정보통신부장관의 인정을 받은 사람을 말한다.

11. "발주자"란 공사(용역을 포함한다. 이하 이 조에서 같다)를 공사업자(용역업자를 포함한다. 이하 이 조에서 같다)에게 도급하는 자를 말한다. 다만, 수급인(受給人)으로서 도급받은 공사를 하도급(下都給)하는 자는 제외한다.

12. "도급"이란 원도급(原都給), 하도급, 위탁, 그 밖에 명칭이 무엇이든 공사를 완공할 것을 약정하고, 발주자가 그 일의 결과에 대하여 대가를 지급할 것을 약정하는 계약을 말한다.

13. "하도급"이란 도급받은 공사의 일부에 대하여 수급인이 제3자와 체결하는 계약을 말한다.

14. "수급인"이란 발주자로부터 공사를 도급받은 공사업자를 말한다.

15. "하수급인"이란 수급인으로부터 공사를 하도급받은 공사업자를 말한다.

16. "정보통신기술자"란 국가기술자격법에 따라 정보통신 관련 분야의 기술자격을 취득한 사람과 정보통신설비에 관한 기술 또는 기능을 가진 사람으로서 제39조에 따라 과학기술정보통신부장관의 인정을 받은 사람을 말한다.

[3] 공사의 제한

공사(工事)는 정보통신공사업자(이하 "공사업자"라 한다)가 아니면 도급받거나 시공할 수 없다. 다만, 다음 각 호의 어느 하나에 해당하면 그러하지 아니하다.

1. 전기통신사업법 제6조에 따라 과학기술정보통신부장관에게 등록한 기간통신사업자가 등록한 역무를 수행하기 위하여 공사를 시공(도급하는 경우는 제외한다)하는 경우
2. 대통령령으로 정하는 경미한 공사를 도급받거나 시공하는 경우
3. 통신구(通信溝) 설비공사 또는 도로공사에 딸려서 그와 동시에 시공되는 정보통신 지하관로(地下管路)의 설비공사를 대통령령으로 정하는 바에 따라 도급받거나 시공하는 경우

[4] 공사업자의 성실의무

공사업자는 정보통신설비의 품질과 안전이 확보되도록 공사 및 용역에 관한 법령을 준수하고 설계도서 등에 따라 성실하게 업무를 수행하여야 한다.

[5] 외국공사업자에 대한 조치

과학기술정보통신부장관은 외국인 또는 외국법인에 대하여 공사업의 등록을 위하여 필요한 경우에는 공사업에 관한 외국에서의 자격·학력·경력 등을 인정할 수 있는 기준을 정할 수 있다.

2 공사의 설계·감리

[1] 기술기준의 준수 등

① 공사를 설계하는 자는 대통령령으로 정하는 기술기준에 적합하게 설계하여야 한다.
② 감리원은 설계도서 및 관련 규정에 적합하게 공사를 감리하여야 한다.
③ 과학기술정보통신부장관은 다음 각 호의 구분에 따라 공사의 설계·시공 기준과 감리업무 수행기준을 마련하여 발주자, 용역업자 및 공사업자가 이용하도록 할 수 있다.
  1. 설계·시공 기준 : 공사의 품질 확보와 적정한 공사 관리를 위한 기준으로서 설계기준, 표준공법 및 표준시방서 등을 포함한다.
  2. 감리업무 수행기준 : 감리업무의 효율적인 수행을 위한 기준으로서 공사별 감리소요인력, 감리비용 산정 기준 등을 포함한다.

[2] 설계 등

① 발주자는 용역업자에게 공사의 설계를 발주하여야 한다.

② 제1항에 따라 설계도서를 작성한 자는 그 설계도서에 서명 또는 기명날인하여야 한다.

③ 제1항 및 제2항에 따른 설계 대상인 공사의 범위, 설계도서의 보관, 그 밖에 필요한 사항은 대통령령으로 정한다.

[3] 감리 등

① 발주자는 용역업자에게 공사의 감리를 발주하여야 한다.

② 제1항에 따라 공사의 감리를 발주받은 용역업자는 감리원에게 그 공사에 대하여 감리를 하게 하여야 한다. 이 경우 감리원의 업무범위와 공사의 규모 및 종류 등을 고려한 배치 기준은 대통령령으로 정한다.

③ 제1항에 따라 공사의 감리를 발주 받은 용역업자가 감리원을 배치(배치된 감리원을 교체하는 경우를 포함한다. 이하 이 조에서 같다)하는 경우에는 발주자의 확인을 받아 그 배치현황을 특별시장·광역시장·특별자치시장·도지사 또는 특별자치도지사(이하 "시·도지사"라 한다)에게 신고하여야 한다.

④ 감리원으로 인정받으려는 사람은 대통령령으로 정하는 바에 따라 과학기술정보통신부장관에게 자격을 신청하여야 한다.

⑤ 과학기술정보통신부장관은 제4항에 따른 신청인이 대통령령으로 정하는 감리원의 자격에 해당하면 감리원으로 인정하여야 한다.

⑥ 과학기술정보통신부장관은 제4항에 따른 신청인을 감리원으로 인정하는 경우에는 감리원 자격증명서(이하 "자격증"이라 한다)를 그 감리원에게 발급하여야 한다.

⑦ 감리원은 자기의 성명을 사용하여 다른 사람에게 감리업무를 하게 하거나 자격증을 빌려 주어서는 아니 된다.

⑧ 제1항에 따른 감리 대상인 공사의 범위, 제3항에 따른 감리원의 배치현황 신고 방법·절차, 그 밖에 감리에 필요한 사항은 대통령령으로 정한다.

[4] 감리원의 공사중지명령 등

① 감리원은 공사업자가 설계도서 및 관련 규정의 내용에 적합하지 아니하게 해당 공사

를 시공하는 경우에는 발주자의 동의를 받아 재시공 또는 공사중지명령이나 그 밖에 필요한 조치를 할 수 있다.
② 제1항에 따라 감리원으로부터 재시공 또는 공사중지명령이나 그 밖에 필요한 조치에 관한 지시를 받은 공사업자는 특별한 사유가 없으면 이에 따라야 한다.

[5] 감리원에 대한 시정조치

발주자는 감리원이 업무를 성실하게 수행하지 아니하여 공사가 부실하게 될 우려가 있을 때에는 대통령령으로 정하는 바에 따라 그 감리원에 대하여 시정지시 등 필요한 조치를 할 수 있다.

[6] 감리 결과의 통보

제8조제1항에 따라 공사의 감리를 발주받은 용역업자는 공사에 대한 감리를 끝냈을 때에는 대통령령으로 정하는 바에 따라 그 감리 결과를 발주자에게 서면으로 알려야 한다.

[7] 공사업자의 감리 제한

공사업자와 용역업자가 동일인이거나 다음 각 호의 어느 하나의 관계에 해당되면 해당공사에 관하여 공사와 감리를 함께 할 수 없다.
1. 대통령령으로 정하는 모회사(母會社)와 자회사(子會社)의 관계인 경우
2. 법인과 그 법인의 임직원의 관계인 경우
3. 민법 제777조에 따른 친족관계인 경우

[8] 공사업자의 감리 제한

공사업자와 용역업자가 동일인이거나 다음 각 호의 어느 하나의 관계에 해당되면 해당공사에 관하여 공사와 감리를 함께 할 수 없다.
1. 대통령령으로 정하는 모회사(母會社)와 자회사(子會社)의 관계인 경우
2. 법인과 그 법인의 임직원의 관계인 경우
3. 민법 제777조에 따른 친족관계인 경우

[9] 용역업의 육성 등

① 과학기술정보통신부장관은 용역에 관한 기술수준의 향상과 용역업의 건전한 발전을 도모하기 위하여 필요하면 관계 중앙행정기관의 장과 협의하여 공사의 특성에 적합한 용역업을 육성·지원하기 위한 시책을 수립·시행할 수 있다.

② 과학기술정보통신부장관은 제1항에 따른 시책을 수립하기 위하여 필요하면 관계 중앙행정기관의 장에게 용역업 등의 현황에 관한 자료를 요청할 수 있다.

3 공사의 시공 및 유지보수 등

[1] 공사업의 등록 등

(1) 공사업의 등록 등

① 공사업을 경영하려는 자는 대통령령으로 정하는 바에 따라 시·도지사에게 등록하여야 한다.

② 시·도지사는 제1항에 따른 등록을 받았을 때에는 등록증과 등록수첩을 발급한다.

(2) 공사업자 표시의 제한

공사업자가 아닌 자는 사업장, 광고물 등에 공사업자임을 표시하거나 공사업자로 오인될 우려가 있는 표시를 하여서는 아니 된다.

(3) 등록기준

제14조제1항에 따른 등록의 신청을 받은 시·도지사는 다음 각 호의 어느 하나에 해당하는 경우를 제외하고는 등록을 해주어야 한다.

1. 대통령령으로 정하는 기술능력·자본금(개인인 경우에는 자산평가액을 말한다. 이하 같다)·사무실을 갖추지 아니한 경우
2. 과학기술정보통신부장관이 지정하는 금융회사 등 또는 제45조에 따른 정보통신공제조합이 대통령령으로 정하는 금액 이상의 현금 예치 또는 출자를 받은 사실을 증명하여 발행하는 확인서를 제출하지 아니한 경우
3. 등록을 신청한 자가 제16조 각 호의 어느 하나에 해당하는 경우
4. 그 밖에 이 법 또는 다른 법령에 따른 제한에 위반되는 경우

(4) 등록의 결격사유

다음 각 호의 어느 하나에 해당하는 자는 공사업의 등록을 할 수 없다.

1. 피성년후견인
2. 파산선고를 받고 복권되지 아니한 사람
3. 이 법을 위반하여 금고 이상의 실형을 선고받고 그 집행이 끝나거나(집행이 끝난 것으로 보는 경우를 포함한다) 집행이 면제된 날부터 3년이 지나지 아니한 사람 또는 그 형의 집행유예를 선고받고 그 유예기간 중에 있는 사람
4. 이 법에 따라 등록이 취소된 후 2년이 지나지 아니한 자. 다만, 다음 각 목의 어느 하나에 해당하는 경우는 제외한다.
    가. 공사업자(공사업자가 법인인 경우에는 그 임원을 말한다)가 제1호 또는 제2호에 해당하여 제66조제1항제5호에 따라 등록이 취소된 경우
    나. 제66조제1항제15호에 따라 등록이 취소된 경우
5. 국가보안법 또는 형법 제2편제1장 또는 제2장에 규정된 죄를 저질러 금고 이상의 실형을 선고받고 그 집행이 끝나거나(집행이 끝난 것으로 보는 경우를 포함한다) 그 집행이 면제된 날부터 3년이 지나지 아니한 사람 또는 그 형의 집행유예를 선고받고 그 유예기간 중에 있는 사람
6. 임원 중에 제1호부터 제5호까지의 어느 하나에 해당하는 사람이 있는 법인

(5) 공사업의 양도 등
① 공사업자는 다음 각 호의 어느 하나에 해당하면 대통령령으로 정하는 바에 따라 시·도지사에게 신고를 하여야 한다. 다만 제3호의 경우에는 공사업자의 상속인이 시·도지사에게 신고를 하여야 한다.
    1. 공사업을 양도하려는(공사업자인 법인이 분할 또는 분할 합병되어 설립되거나 존속하는 법인에 공사업을 양도하는 경우를 포함한다. 이하 같다) 경우
    2. 공사업자인 법인 간에 합병하려는 경우 또는 공사업자인 법인과 공사업자가 아닌 법인이 합병하려는 경우
    3. 공사업자의 사망으로 공사업을 상속받는 경우
② 제1항에 따른 공사업 양도의 신고가 수리된 경우에는 공사업을 양수한 자는 공사업을 양도한 자의 공사업자로서의 지위를 승계하며, 법인의 합병신고가 수리된 경우에는 합병으로 설립되거나 존속하는 법인이 합병으로 소멸되는 법인의 공사업자로서의 지위를 승계하고, 상속 신고가 수리된 경우에는 그 상속인이 사망한 사람의 공사업자로서의 지위를 승계한다.
③ 상속인이 제1항 각 호 외의 부분 단서에 따른 신고를 한 경우에는 피상속인이 사망

한 때부터 신고가 수리될 때까지의 기간 동안은 상속인이 공사업자로 등록된 것으로 본다.

④ 제1항에 따른 신고에 관하여는 제15조 및 제16조를 준용한다.

(6) 공사업 양도의 내용 등

① 공사업을 양도하려는 자는 공사업에 관한 다음 각 호의 권리·의무를 모두 양도하여야 한다.
  1. 시공 중인 공사의 도급에 관한 권리·의무
  2. 완공된 공사로서 그에 관한 하자담보책임기간 중인 경우에는 그 하자보수에 관한 권리·의무

② 제1항의 경우 시공 중인 공사가 있을 때에는 그 공사 발주자의 동의를 받거나 그 공사의 도급을 해지(解止)한 후가 아니면 공사업을 양도할 수 없다.

(7) 등록이 취소된 공사업자 등의 계속공사

① 제66조제1항에 따른 영업정지 또는 등록취소 처분을 받은 공사업자와 그 포괄승계인(包括承繼人)은 그 처분을 받기 전에 도급을 체결하였거나 관계 법령에 따라 허가·인가 등을 받아 착공한 공사는 계속하여 시공할 수 있다.

② 제66조제1항에 따른 영업정지 또는 등록취소의 처분을 받은 공사업자와 그 포괄승계인은 그 처분의 내용을 지체 없이 해당 공사의 발주자에게 알려야 한다.

③ 공사업자가 공사업의 등록이 취소된 후라도 제1항에 따라 공사를 계속하는 경우에는 그 공사를 완공할 때까지는 그를 공사업자로 본다.

④ 발주자는 특별한 사유가 있는 경우를 제외하고는 해당 공사업자로부터 제2항에 따른 통지를 받거나 그 처분 사실을 안 날부터 30일 이내에만 도급을 해지할 수 있다.

(8) 공사업자의 신고의무

① 공사업자는 상호, 명칭 또는 그 밖에 대통령령으로 정하는 사항을 변경한 경우에는 대통령령으로 정하는 바에 따라 이를 시·도지사에게 신고(정보통신망 이용촉진 및 정보보호 등에 관한 법률 제2조제1항제1호에 따른 정보통신망을 이용한 신고를 포함한다. 이하 제2항에서 같다)하여야 한다.

② 다음 각 호의 어느 하나에 해당하는 사람은 시·도지사에게 공사업의 폐업을 신고하여야 한다. 다만, 공사업자가 부가가치세법 제8조제8항에 따라 관할 세무서장에게 폐업신고를 하거나 같은 조 제9항에 따라 관할세무서장이 사업자등록을 말소한

경우에는 그러하지 아니하다.
1. 공사업자가 파산한 경우에는 그 파산관재인(破産管財人)
2. 법인이 합병 또는 파산 외의 사유로 해산(解散)한 경우에는 그 청산인(淸算人)
3. 공사업자가 사망하였으나 상속인이 그 공사업을 상속하지 아니하는 경우에는 그 상속인
4. 제1호부터 제3호까지의 사유 외의 사유로 공사업을 폐업한 경우에는 그 공사업자였던 개인 또는 법인의 대표자

(9) 공사업등록증 등의 대여 금지

공사업자는 타인에게 자기의 성명 또는 상호를 사용하여 공사를 수급 또는 시공하게 하거나 그 등록증 또는 등록수첩을 빌려 주어서는 아니 된다.

(10) 정보통신공사의 공사비 산정기준

① 과학기술정보통신부장관은 적정한 공사비 산정을 위하여 표준시장단가 및 표준품셈 등 공사비 산정기준을 마련하여 발주자가 이용하도록 할 수 있다.

② 과학기술정보통신부장관은 제1항에 따른 공사비 산정기준을 정하기 위하여 공사원가 산정기준 및 공사업 실태 등을 연구·조사할 수 있다.

③ 과학기술정보통신부장관은 제2항에 따른 연구·조사를 수행하기 위하여 필요한 경우 대통령령으로 정하는 요건을 갖춘 기관 또는 단체에 위탁할 수 있다.

④ 과학기술정보통신부장관은 예산의 범위에서 제3항에 따라 연구·조사를 수탁받은 자에게 연구·조사에 소요되는 비용을 지원할 수 있다.

[2] 도급 및 하도급

(1) 도급의 분리

공사는 건설산업기본법에 따른 건설공사 또는 전기공사업법에 따른 전기공사 등 다른 공사와 분리하여 도급하여야 한다. 다만, 공사의 성질상 또는 기술관리상 분리하여 도급하는 것이 곤란한 경우로서 대통령령으로 정하는 경우에는 그러하지 아니하다.

(2) 공사도급의 원칙 등

① 공사도급의 당사자는 각각 대등한 입장에서 합의에 따라 공정하게 계약을 체결하고, 신의에 따라 성실하게 계약을 이행하여야 한다.

② 공사도급의 당사자는 그 계약을 체결할 때 도급금액, 공사기간, 그 밖에 대통령령

으로 정하는 사항을 계약서에 명시하여야 하며, 서명·날인한 계약서를 서로 내주고 보관하여야 한다.

③ 수급인은 하수급인에게 하도급공사의 시공과 관련하여 자재구입처의 지정 등 하수급인에게 불리하다고 인정되는 행위를 강요하여서는 아니 된다.

④ 하도급에 관하여 이 법에서 규정하는 것을 제외하고는 하도급거래 공정화에 관한 법률의 해당 규정을 준용한다.

(3) 공사업에 관한 정보관리 등

① 과학기술정보통신부장관은 공사에 필요한 자재·인력의 수급 상황 등 공사업에 관한 정보와 공사업자의 공사 종류별 실적, 자본금, 기술력 등에 관한 정보를 종합관리하여야 한다.

② 과학기술정보통신부장관은 공사업자의 신청을 받으면 대통령령으로 정하는 바에 따라 그 공사업자의 공사실적·자본금·기술력 및 공사품질의 신뢰도와 품질관리 수준 등에 따라 시공능력을 평가하여 공시(公示)하여야 한다.

③ 제2항에 따른 시공능력평가를 신청하는 공사업자는 대통령령으로 정하는 바에 따라 공사실적, 자본금, 그 밖에 대통령령으로 정하는 사항에 관한 서류를 과학기술정보통신부장관에게 제출하여야 한다.

④ 과학기술정보통신부장관은 발주자 등이 제1항에 따라 종합관리하고 있는 정보의 제공을 요청하면 이에 대한 정보를 제공할 수 있다.

⑤ 제4항에 따라 제공할 수 있는 정보의 내용, 제공방법, 절차, 그 밖에 필요한 사항은 대통령령으로 정한다.

⑥ 과학기술정보통신부장관은 제1항부터 제4항까지에서 규정한 사항을 효과적으로 관리하기 위하여 공사업에 관한 정보관리시스템(이하 "정보관리시스템"이라 한다)을 구축·운영할 수 있다.

(4) 공사의 도급 등

① 발주자는 공사를 공사업자에게 도급하여야 한다. 다만, 제3조제2호 또는 제3호에 해당하는 경우에는 그러하지 아니하다.

② 수급인 또는 하수급인이 공사를 하도급 또는 다시 하도급을 하려는 경우에는 공사업자에게 하도급 또는 다시 하도급을 하여야 한다. 다만, 제3조제2호 또는 제3호에 해당하는 경우에는 그러하지 아니하다.

(5) 수급자격의 추가제한 금지

국가 등은 다른 법률에 특별한 규정이 있는 경우를 제외하고는 공사업자에 대하여 이 법에 규정된 것 외에 수급자격에 관한 등록을 하게 하거나 수급에 관한 제한을 하여서는 아니 된다.

(6) 하도급의 제한 등
　① 공사업자는 도급받은 공사의 100분의 50을 초과하여 다른 공사업자에게 하도급을 하여서는 아니 된다. 다만, 다음 각 호의 어느 하나에 해당하는 경우에는 공사의 전부를 하도급하지 아니하는 범위에서 100분의 50을 초과하여 하도급할 수 있다.
　　1. 발주자가 공사의 품질이나 시공상의 능력을 높이기 위하여 필요하다고 인정하는 경우
　　2. 공사에 사용되는 자재를 납품하는 공사업자가 그 납품한 자재를 설치하기 위하여 공사하는 경우
　② 하수급인은 하도급받은 공사를 다른 공사업자에게 다시 하도급을 하여서는 아니 된다. 다만, 하도급금액의 100분의 50 미만에 해당하는 부분을 대통령령으로 정하는 범위에서 다시 하도급하는 경우에는 그러하지 아니하다.
　③ 공사업자가 도급받은 공사 중 그 일부를 다른 공사업자에게 하도급하거나 하수급인이 하도급받은 공사 중 그 일부를 다른 공사업자에게 다시 하도급하려면 그 공사의 발주자로부터 서면으로 승낙을 받아야 한다.
　④ 제1항에 따라 공사업자가 하도급할 수 있는 공사의 내용 및 범위 등은 대통령령으로 정한다.

(7) 하수급인 등의 지위
　① 하수급인은 하도급받은 공사를 시공할 경우 발주자에 대하여 수급인과 같은 의무를 진다.
　② 제1항은 수급인과 하수급인 간의 법률관계에 영향을 미치지 아니한다.

(8) 하수급인의 의견청취
　수급인은 도급받은 공사를 시공할 때 하수급인이 있으면 하도급한 그 공사의 시공에 관한 공법·공정과 그 밖에 필요하다고 인정되는 사항에 관하여 미리 하수급인의 의견을 들어야 한다.

(9) 하도급대금의 지급 등
　① 수급인은 발주자로부터 도급받은 공사에 대한 준공금(竣工金)을 받은 경우에는 하

도급대금의 전부를, 기성금(旣成金)을 받은 경우에는 하수급인이 시공한 부분에 상당한 금액을 각각 지급받은 날(수급인이 발주자로부터 공사대금을 어음으로 받은 경우에는 그 어음만기일을 말한다)부터 15일 이내에 하수급인에게 하도급대금을 현금으로 지급하여야 한다.

② 수급인은 발주자로부터 선급금을 받은 경우에는 하수급인이 자재의 구입, 현장근로자의 고용, 그 밖에 하도급공사를 시작할 수 있도록 그가 받은 선급금의 내용과 비율에 따라 하수급인에게 선급금을 지급하여야 한다. 이 경우 수급인은 하수급인이 선급금을 반환하여야 할 경우에 대비하여 하수급인에게 보증을 요구할 수 있다.

③ 수급인은 하도급을 한 후 설계변경 또는 물가변동 등의 사정으로 도급금액이 조정되는 경우에는 조정된 공사금액과 비율에 따라 하수급인에게 하도급금액을 증액 또는 감액하여 지급할 수 있다.

(10) 하도급대금의 직접 지급

① 발주자는 다음 각 호의 어느 하나에 해당하는 경우에는 하수급인이 시공한 부분에 해당하는 하도급대금을 하수급인에게 직접 지급할 수 있다. 이 경우 발주자가 수급인에게 대금을 지급할 채무는 하수급인에게 지급한 하도급대금의 한도에서 소멸한 것으로 본다.

  1. 발주자와 수급인 간에 하도급대금을 하수급인에게 직접 지급할 수 있다는 뜻과 그 지급의 방법·절차를 명백히 하여 합의한 경우

  2. 하수급인이 수급인을 상대로 그가 시공한 부분에 대한 하도급대금의 지급을 명하는 확정판결을 받은 경우

  3. 수급인의 지급정지·파산 등으로 인하여 수급인이 하도급대금을 지급할 수 없는 명백한 사유가 있다고 발주자가 인정하는 경우

② 수급인은 제1항제3호에 해당하는 경우로서 하수급인에게 책임이 있는 사유로 자신이 피해를 입을 우려가 있다고 인정되는 경우에는 그 사유를 명시하여 발주자에게 하도급대금의 직접 지급을 중지할 것을 요청할 수 있다.

③ 제1항제3호에 따라 하도급대금을 직접 지급하는 경우의 지급방법과 그 절차는 대통령령으로 정한다.

(11) 하도급계약의 적정성 심사 등

① 발주자는 다음 각 호의 어느 하나에 해당하는 경우에는 하수급인의 시공능력 또는 하도급계약 내용의 적정성을 심사할 수 있다.

1. 공사의 규모와 전문성 등을 고려할 때 하수급인의 시공능력이 현저히 부족하다고 인정되는 경우
2. 하도급계약 금액이 대통령령으로 정하는 비율에 해당하는 금액 미만인 경우

② 발주자는 제1항에 따른 심사 결과 하수급인의 시공능력 또는 하도급계약 내용이 적정하지 아니하다고 인정되는 경우에는 그 사유를 분명하게 밝혀 수급인에게 하수급인 또는 하도급계약 내용의 변경을 요구할 수 있다.

③ 발주자는 수급인이 정당한 이유 없이 제2항의 요구에 따르지 아니하여 공사 결과에 중대한 영향을 미칠 우려가 있는 경우에는 해당 공사의 도급계약을 해지할 수 있다.

④ 제1항부터 제3항까지에 따른 하도급계약의 적정성 심사기준 및 심사방법, 하수급인 또는 하도급계약 내용의 변경요구 절차, 그 밖에 필요한 사항은 대통령령으로 정한다.

(12) 하수급인의 변경요구

① 발주자는 하수급인이 그 공사를 시공하면서 관계 법령을 위반하여 시공하거나 설계도서대로 시공하지 아니한다고 인정될 때에는 대통령령으로 정하는 바에 따라 그 사유를 명시하여 수급인에게 하수급인의 변경을 요구할 수 있다.

② 발주자는 수급인이 정당한 이유 없이 제1항의 요구에 따르지 아니하여 공사 결과에 중대한 영향을 미칠 우려가 있다고 인정하는 경우에는 공사에 관한 도급을 해지할 수 있다.

[3] 공사의 시공관리 및 사용전검사(使用前檢査) 및 유지보수 등

(1) 정보통신기술자의 배치

① 공사업자는 공사의 시공관리와 그 밖의 기술상의 관리를 하기 위하여 대통령령으로 정하는 바에 따라 공사 현장에 정보통신기술자 1명 이상을 배치하고, 이를 그 공사의 발주자에게 알려야 한다.

② 제1항에 따라 배치된 정보통신기술자는 해당 공사의 발주자의 승낙을 받지 아니하고는 정당한 사유 없이 그 공사 현장을 이탈하여서는 아니 된다.

③ 발주자는 제1항에 따라 배치된 정보통신기술자가 업무수행의 능력이 현저히 부족하다고 인정되는 경우에는 수급인에게 정보통신기술자의 교체를 요청할 수 있다. 이 경우 수급인은 정당한 사유가 없으면 이에 따라야 한다.

(2) 공사업자의 손해배상책임
① 공사업자는 고의 또는 과실로 인하여 공사의 시공관리를 부실하게 하여 타인에게 손해를 입힌 경우에는 그 손해를 배상할 책임이 있다.
② 공사업자는 제1항에 따른 손해가 발주자의 고의 또는 중대한 과실에 의하여 발생한 것일 때에는 발주자에 대하여 구상권(求償權)을 행사할 수 있다.
③ 수급인은 하수급인이 고의 또는 과실로 인하여 하도급받은 공사의 시공관리를 부실하게 하여 타인에게 손해를 입힌 경우에는 하수급인과 연대하여 그 손해를 배상할 책임이 있다.
④ 수급인은 제3항에 따라 손해를 배상한 경우에는 배상할 책임이 있는 하수급인에 대하여 구상권을 행사할 수 있다.

(3) 공사의 사용전검사 등
① 대통령령으로 정하는 공사를 발주한 자(자신의 공사를 스스로 시공한 공사업자 및 제3조제2호에 따라 자신의 공사를 스스로 시공한 자를 포함하며, 이하 이 조에서 "발주자등"이라 한다)는 해당 공사를 시작하기 전에 설계도를 특별자치시장·특별자치도지사·시장·군수·구청장(자치구의 구청장을 말한다. 이하 같다)에게 제출하여 제6조에 따른 기술기준에 적합한지를 확인받아야 하며, 그 공사를 끝냈을 때에는 특별자치시장·특별자치도지사·시장·군수·구청장의 사용전검사를 받고 정보통신설비를 사용하여야 한다.
② 특별자치시장·특별자치도지사·시장·군수·구청장은 필요한 경우 발주자등, 용역업자, 그 밖에 정보통신공사 관계 기관에 제1항에 따른 착공 전 확인과 사용전검사에 관한 자료의 제출을 요구할 수 있다.
③ 제1항에 따른 착공 전 확인과 사용전검사의 절차 등은 대통령령으로 정한다.

(4) 공사의 하자담보책임
① 수급인은 발주자에 대하여 공사의 완공일부터 5년 이내의 범위에서 공사의 종류별로 대통령령으로 정하는 기간 내에 발생한 하자(瑕疵)에 대하여 담보책임이 있다.
② 수급인은 다음 각 호의 어느 하나의 사유로 발생한 하자에 대하여는 제1항에도 불구하고 담보책임이 없다. 다만, 수급인이 그 재료 또는 지시의 부적당함을 알고 발주자에게 고지(告知)하지 아니한 경우에는 담보책임이 있다.
  1. 발주자가 제공한 재료의 품질이나 규격 등의 기준미달로 인한 경우
  2. 발주자의 지시에 따라 시공한 경우

③ 공사에 관한 하자담보책임에 관하여 다른 법률(민법 제670조 및 제671조는 제외한다)에 특별한 규정이 있는 경우에는 그 법률에서 정한 바에 따른다.

(5) 정보통신설비의 유지보수·관리기준
① 과학기술정보통신부장관은 건축물·시설물 등(이하 "건축물 등"이라 한다)에 설치된 정보통신설비의 유지보수·관리 및 점검(이하 "유지보수 등"이라 한다)을 위하여 필요한 기준(이하 "유지보수·관리기준"이라 한다)을 정하여 고시하여야 한다.
② 유지보수·관리기준의 내용, 방법, 절차 등에 필요한 사항은 과학기술정보통신부령으로 정한다.

(6) 정보통신설비의 유지보수 등에 대한 점검 및 확인 등
① 대통령령으로 정하는 일정 규모 이상의 건축물 등에 설치된 정보통신설비의 소유자 또는 관리자(이하 "관리주체"라 한다)는 유지보수·관리기준을 준수하여야 한다.
② 관리주체는 유지보수·관리기준에 따라 정보통신설비의 유지보수 등에 필요한 성능을 점검(이하 "성능점검"이라 한다)하고 그 점검기록을 작성하여야 한다. 이 경우 관리주체는 공사업자 등 대통령령으로 정하는 자에게 성능점검 및 점검기록의 작성을 대행하게 할 수 있다.
③ 관리주체는 제2항에 따라 작성한 점검기록을 대통령령으로 정하는 기간 동안 보존하여야 하며, 특별자치시장·특별자치도지사·시장·군수·구청장이 그 점검기록의 제출을 요청하는 경우 이에 따라야 한다.

(7) 유지보수 등의 위탁 및 유지보수·관리자 선임 등
① 관리주체는 공사업자에게 정보통신설비의 유지보수 등의 업무를 위탁할 수 있다.
② 관리주체는 과학기술정보통신부령으로 정하는 바에 따라 정보통신설비 유지보수·관리자를 선임하여야 한다. 다만, 제1항에 따라 정보통신설비 유지보수 등의 업무를 위탁한 경우에는 정보통신설비 유지보수·관리자를 선임한 것으로 본다.
③ 관리주체가 정보통신설비 유지보수·관리자를 선임 또는 해임한 경우 과학기술정보통신부령으로 정하는 바에 따라 지체 없이 그 사실을 특별자치시장·특별자치도지사·시장·군수·구청장에게 신고하여야 한다. 신고된 사항 중 과학기술정보통신부령으로 정하는 사항이 변경된 경우에도 또한 같다.
④ 특별자치시장·특별자치도지사·시장·군수·구청장은 제3항에 따라 정보통신설비 유지보수·관리자의 선임신고를 한 자가 선임신고증명서의 발급을 요구하는 경우에는 과학기술정보통신부령으로 정하는 바에 따라 선임신고증명서를 발급하

여야 한다.
⑤ 제3항에 따라 정보통신설비 유지보수·관리자의 해임신고를 한 자는 해임한 날부터 30일 이내에 정보통신설비 유지보수·관리자를 새로 선임하여야 한다.
⑥ 정보통신설비 유지보수·관리자의 자격기준, 선임절차와 그 밖에 필요한 사항은 대통령령으로 정한다.

[4] 정보통신기술자

(1) 정보통신기술인력의 양성 및 교육 등
① 과학기술정보통신부장관은 정보통신기술자 등 정보통신기술인력의 효율적 활용 및 자질향상을 위하여 정보통신기술인력의 양성 및 인정교육훈련을 실시할 수 있다.
② 과학기술정보통신부장관은 정보통신기술인력을 안정적으로 공급하기 위하여 정보통신기술인력의 양성기관을 지정하고, 이에 드는 비용을 방송통신발전 기본법 제24조에 따른 방송통신발전기금 등에서 지원할 수 있다.
③ 정보통신기술인력의 양성 및 교육 등에 필요한 사항은 대통령령으로 정한다.

(2) 정보통신기술자의 인정 등
① 정보통신기술자로 인정을 받으려는 사람은 대통령령으로 정하는 바에 따라 과학기술정보통신부장관에게 자격 인정을 신청하여야 한다.
② 과학기술정보통신부장관은 제1항에 따른 신청인이 대통령령으로 정하는 정보통신기술자의 자격에 해당하는 경우에는 정보통신기술자로 인정하여야 한다.
③ 과학기술정보통신부장관은 제1항에 따른 신청인을 정보통신기술자로 인정하면 정보통신기술자로서의 등급 및 경력 등에 관한 증명서(이하 "경력수첩"이라 한다)를 그 정보통신기술자에게 발급하여야 한다.
④ 제3항에 따른 경력수첩의 발급 및 관리에 필요한 사항은 대통령령으로 정한다.

(3) 정보통신기술자의 겸직 등의 금지
① 정보통신기술자는 동시에 두 곳 이상의 공사업체에 종사할 수 없다.
② 정보통신기술자는 다른 사람에게 자기의 성명을 사용하여 용역 또는 공사를 하게 하거나 경력수첩을 빌려 주어서는 아니 된다.

[5] 공사 관련 단체

(1) 정보통신공사협회의 설립
   ① 공사업자는 품위 유지, 기술 향상, 공사시공방법 개량, 그 밖에 공사업의 건전한 발전을 위하여 과학기술정보통신부장관의 인가를 받아 정보통신공사협회(이하 "협회"라 한다)를 설립할 수 있다.
   ② 협회는 법인으로 한다.
   ③ 협회의 설립 및 감독 등에 필요한 사항은 대통령령으로 정한다.

(2) 회원의 자격
   제14조제1항에 따라 공사업의 등록을 한 자는 협회에 가입할 수 있다.

(3) 건의
   협회는 공사의 적절한 시공과 공사업의 건전한 발전을 위하여 공사업에 관한 사항을 과학기술정보통신부장관에게 건의할 수 있다.

(4) 민법의 준용
   협회에 관하여 이 법에 규정된 사항을 제외하고는 민법 중 사단법인에 관한 규정을 준용한다.

(5) 정보통신공제조합의 설립
   ① 공사업자는 공사업자 간의 협동조직을 통하여 자율적인 경제활동을 도모하고, 공사업의 경영에 필요한 각종 보증과 자금융자 등을 하기 위하여 과학기술정보통신부장관의 인가를 받아 정보통신공제조합(이하 "조합"이라 한다)을 설립할 수 있다.
   ② 조합은 법인으로 한다.
   ③ 조합의 설립 및 감독 등에 필요한 사항은 대통령령으로 정한다.

(6) 조합의 사업
   조합은 다음 각 호의 사업을 정한다.
      1. 조합원의 입찰, 계약, 하도급 이행, 하자보수, 손해배상 등의 보증
      2. 조합원에 대한 자금의 융자
      3. 그 밖에 대통령령으로 정하는 사업

(7) 대리인의 선임

조합은 임원 또는 직원 중에서 조합의 업무에 관한 재판상 또는 재판 외의 모든 행위를 할 수 있는 대리인을 선임(選任)할 수 있다.

[6] 감독

(1) 공사업자의 지도·감독 등

① 시·도지사는 등록기준에 적합한지, 하도급이 적절한지, 성실하게 시공하는지 등을 판단하기 위하여 필요하다고 인정하면 공사업자에게 그 업무 및 시공 상황에 관하여 보고하게 하거나 자료의 제출을 명할 수 있으며, 소속 공무원으로 하여금 공사업자의 경영실태를 조사하게 하거나 공사자재 또는 시설을 검사하게 할 수 있다.

② 제1항에 따른 조사 또는 검사를 하는 공무원은 그 권한을 표시하는 증표를 지니고 이를 관계인에게 내보여야 한다.

③ 시·도지사는 필요하다고 인정하면 정보통신공사의 발주자, 감리원, 그 밖에 정보통신공사 관계 기관에 정보통신공사의 시공 상황에 관한 자료의 제출을 요구할 수 있다.

(2) 감리원의 업무정지

과학기술정보통신부장관은 감리원이 제8조제7항을 위반하여 다른 사람에게 자기의 성명을 사용하여 감리업무를 수행하게 하거나 자격증을 빌려 준 경우에는 1년 이내의 기간을 정하여 그 업무의 정지를 명할 수 있다.

(3) 감리원의 인정취소

과학기술정보통신부장관은 다음 각 호의 어느 하나에 해당하는 사람에 대하여는 감리원의 인정을 취소하여야 한다.

1. 거짓이나 그 밖의 부정한 방법으로 제8조제5항에 따른 감리원자격을 인정받은 사람
2. 국가기술자격법 제16조제1항에 따라 해당 국가기술자격이 취소된 사람

(4) 시정명령 등

시·도지사는 공사업자가 다음 각 호의 어느 하나에 해당하면 기간을 정하여 그 시정을 명하거나 그 밖에 필요한 지시를 할 수 있다.

1. 제12조를 위반하여 공사를 한 경우

2. 제31조를 위반하여 하도급 또는 다시 하도급을 하거나 거짓이나 부정한 방법으로 발주자로부터 서면 승낙을 받은 경우
3. 제31조의4를 위반하여 하수급인에게 대금을 지급하지 아니한 경우
4. 제33조제1항에 따른 정보통신기술자를 배치하지 아니한 경우
5. 전기통신기본법 등 관계 법령을 위반하여 시공함으로써 공사를 부실하게 할 우려가 있는 경우
6. 정당한 사유 없이 도급받은 공사를 이행하지 아니한 경우

(5) 영업정지와 등록취소

① 시·도지사는 공사업자가 다음 각 호의 어느 하나에 해당하게 되면 1년 이내의 기간을 정하여 영업정지를 명하거나 등록취소를 할 수 있다. 다만, 제1호·제5호·제7호·제13호 또는 제15호에 해당하는 경우에는 등록취소를 하여야 한다.

1. 부정한 방법으로 제14조제1항에 따른 공사업의 등록을 한 경우
2. 제15조에 따른 등록기준에 미달하게 된 경우. 다만, 채무자 회생 및 파산에 관한 법률에 따라 법원이 회생절차개시의 결정을 하고 그 절차가 진행 중이거나 일시적으로 등록기준에 미달하는 등 대통령령으로 정하는 경우는 예외로 한다.
3. 공사업자가 제16조 각 호의 어느 하나에 해당하게 된 경우. 다만, 같은 조 제7호에 해당하는 법인의 경우에는 그 사유가 있음을 안 날부터 3개월 이내에 그 임원을 바꾸어 선임한 경우와 피상속인인 공사업자가 사망한 날부터 3개월 이내에 상속인이 해당 공사업을 타인에게 양도한 경우에는 그러하지 아니하다.
4. 제23조제1항에 따른 신고를 거짓으로 한 경우
5. 제24조를 위반하여 타인에게 등록증이나 등록수첩을 빌려 주거나 타인의 등록증이나 등록수첩을 빌려서 사용한 경우
6. 제27조제3항을 위반하여 공사실적, 자본금, 그 밖에 대통령령으로 정하는 사항에 관한 서류를 거짓으로 제출한 경우
7. 제65조에 따른 시정명령 또는 지시를 위반한 경우
7의2. 제65조제2호·제4호 또는 제5호 중 어느 하나에 해당하는 경우로서 해당 공사가 완료되어 같은 조에 따른 시정명령 또는 지시를 명할 수 없게 된 경우
8. 영업정지처분을 위반하거나 최근 5년간 3회 이상 영업정지처분을 받은 경우
9. 다른 법령에 따라 국가 또는 지방자치단체가 영업정지와 등록취소를 요구한 경우

10. 공사업자가 부가가치세법 제8조제8항에 따라 관할 세무서장에게 폐업신고를 하거나 같은 조 제9항에 따라 관할 세무서장이 사업자등록을 말소한 경우

② 시·도지사는 제1항제15호에 따른 폐업신고 또는 사업자등록 말소(이하 이 조에서 "폐업 등"이라 한다) 사실을 확인하기 위하여 관할 세무서장에게 공사업자의 폐업 등에 관한 정보의 제공을 요청할 수 있다. 이 경우 시·도지사는 폐업 등 사실을 확인하기 위하여 필요하면 전자정부법 제36조제1항에 따라 행정정보를 공동이용할 수 있다.

③ 제1항에 따라 행정처분을 하는 경우 위반행위의 종류 및 위반 정도 등에 따른 행정처분의 기준 등에 필요한 사항은 대통령령으로 정한다.

(6) 과징금 부과

① 시·도지사는 제65조제4호에 따른 시정명령 또는 지시를 위반한 경우 또는 제66조제1항제4호에 따라 영업정지를 하여야 하는 경우로서 그 영업의 정지가 이용자에게 심한 불편을 주거나 그 밖에 공익을 해할 우려가 있는 경우에는 영업정지 처분을 갈음하여 3천만원 이하의 과징금을 부과할 수 있다.

② 제1항에 따라 과징금을 부과하는 위반행위의 종류 및 위반 정도 등에 따른 과징금의 금액과 그 밖에 필요한 사항은 대통령령으로 정한다.

③ 제1항에 따라 과징금을 내야 할 자가 납부기한까지 내지 아니하면 지방행정제재·부과금의 징수 등에 관한 법률에 따라 징수한다.

(7) 이해관계인에 의한 제재의 요구

공사업자에게 제65조 및 제66조제1항에 해당하는 사항이 있을 때 이해관계인은 시·도지사에게 그 사유를 신고하고, 공사업자에 대하여 적절한 조치를 할 것을 요구할 수 있다.

(8) 정보통신기술자의 업무정지

과학기술정보통신부장관은 정보통신기술자가 다음 각 호의 어느 하나에 해당하게 되면 1년 이내의 기간을 정하여 그 업무의 정지를 명할 수 있다.

1. 제40조제1항을 위반하여 동시에 두 곳 이상의 공사업체에 종사한 경우
2. 제40조제2항을 위반하여 다른 사람에게 자기의 성명을 사용하여 용역 또는 공사를 하게 하거나 경력수첩을 빌려준 경우

(9) 정보통신기술자의 인정취소

과학기술정보통신부장관은 다음 각 호의 어느 하나에 해당하는 사람에 대하여는 정보통신기술자의 인정을 취소하여야 한다.

1. 거짓이나 그 밖의 부정한 방법으로 제39조제2항에 따른 정보통신기술자의 자격을 인정받은 사람
2. 국가기술자격법 제16조제1항에 따라 해당 국가기술자격이 취소된 사람

(10) 청문

과학기술정보통신부장관 또는 시·도지사는 다음 각 호의 어느 하나에 해당하는 처분을 하려면 청문을 하여야 한다.

1. 제64조의2에 따른 감리원의 인정취소
2. 제66조제1항(제15호는 제외)에 따른 영업정지와 등록취소
3. 제68조의2에 따른 정보통신기술자의 인정취소

[7] 보칙

(1) 권한의 위임 및 위탁

① 이 법에 따른 과학기술정보통신부장관의 권한은 그 일부를 대통령령으로 정하는 바에 따라 그 소속 기관의 장에게 위임할 수 있다.
② 과학기술정보통신부장관 또는 시·도지사는 이 법에 따른 다음 각 호의 업무를 대통령령으로 정하는 바에 따라 협회에 위탁할 수 있다.

1. 제8조제4항부터 제6항까지의 규정에 따른 감리원의 인정신청접수·인정 및 자격증 발급·관리에 관한 업무

1의2. 제14조제1항에 따른 공사업의 등록 신청 접수에 관한 업무

1의4. 제17조제1항에 따른 공사업의 양도, 합병 또는 상속에 관한 신고의 접수에 관한 업무

2. 제23조제1항에 따른 신고에 관한 업무
3. 제27조에 따른 정보의 종합관리, 시공능력의 평가와 공시, 정보의 제공 및 정보관리시스템의 구축·운영에 관한 업무
4. 제39조제1항부터 제3항까지의 규정에 따른 정보통신기술자의 인정신청접수·인정 및 경력수첩의 발급·관리에 관한 업무
5. 제64조의2에 따른 감리원의 인정취소에 관한 업무
6. 제68조의2에 따른 정보통신기술자의 인정취소에 관한 업무

7. 제68조의3제1호 및 제3호에 따른 청문에 관한 업무

③ 과학기술정보통신부장관은 제38조제1항에 따른 정보통신기술인력의 양성 및 인정 교육훈련에 관한 업무를 협회 또는 과학기술정보통신부장관이 지정·고시하는 정보통신기술인력의 양성기관에 위탁할 수 있다.

(2) 비밀준수의 의무

다음 각 호의 어느 하나에 해당하는 사람은 특별한 사유가 없으면 직무상 알게 된 용역업자 및 공사업자의 재산 및 업무 상황을 누설하여서는 아니 된다.

1. 이 법에 따른 등록·신고 또는 감독사무에 종사하는 공무원 또는 공무원이었던 사람
2. 제69조제2항 및 제3항에 따른 위탁사무에 종사하는 사람 또는 종사하였던 사람

(3) 벌칙 적용에서의 공무원 의제

제69조제2항 및 제3항에 따른 위탁사무에 종사하는 사람은 형법 제129조부터 제132조까지를 적용할 때에는 공무원으로 본다.

(4) 임금에 대한 압류의 금지

① 공사업자가 도급받은 공사의 도급금액 중 그 공사(하도급한 공사를 포함한다)의 근로자에게 지급하여야 할 임금에 상당하는 금액에 대하여는 압류할 수 없다.

② 제1항에 따른 임금에 상당하는 금액의 범위와 산정방법은 대통령령으로 정한다.

(5) 등록 등의 공고

시·도지사는 다음 각 호의 어느 하나에 해당하는 경우에는 대통령령으로 정하는 바에 따라 그 내용을 공고하여야 한다.

1. 공사업의 등록을 한 경우
2. 공사업의 양도 및 법인합병의 신고를 받은 경우
3. 공사업의 상속으로 대표자가 변경된 경우
4. 공사업의 등록을 취소하거나 영업의 정지처분을 한 경우

(6) 공사업 현황 등의 제출

① 과학기술정보통신부장관은 시·도지사에게 제63조에 따른 지도·감독의 결과에 대한 제출을 요구할 수 있다.

② 시·도지사는 대통령령으로 정하는 바에 따라 제14조에 따른 공사업의 등록 현황을 과학기술정보통신부장관에게 제출하여야 한다.

③ 특별자치시장·특별자치도지사·시장·군수·구청장은 대통령령으로 정하는 바에 따라 제36조에 따른 사용전검사의 현황을 과학기술정보통신부장관에게 제출하여야 한다.

[8] 벌칙

(1) 벌칙

다음 각 호의 어느 하나에 해당하는 자는 3년 이하의 징역 또는 2천만원 이하의 벌금에 처한다.

1. 제12조를 위반하여 공사와 감리를 함께 한 자
2. 제14조제1항에 따른 등록을 하지 아니하거나 부정한 방법으로 등록을 하고 공사업을 경영한 자
3. 제17조제1항제1호 및 제2호에 따른 신고를 하지 아니하거나 부정한 방법으로 신고를 하고 공사업을 경영한 자
4. 제24조를 위반하여 타인에게 등록증이나 등록수첩을 빌려 준 자 또는 타인의 등록증이나 등록수첩을 빌려서 사용한 자
5. 제66조제1항에 따른 영업정지처분을 받고 그 영업정지기간 중에 영업을 한 자

(2) 벌칙

다음 각 호의 어느 하나에 해당하는 자는 1년 이하의 징역 또는 1천만원 이하의 벌금에 처한다.

1. 제8조제2항에 따른 감리원이 아닌 사람에게 감리를 하게 한 자
2. 제8조제7항을 위반하여 다른 사람에게 자기의 성명을 사용하여 감리업무를 수행하게 하거나 자격증을 빌려 준 사람 또는 다른 사람의 성명을 사용하여 감리업무를 하거나 다른 사람의 자격증을 빌려서 사용한 사람
3. 제31조제1항 또는 제2항을 위반하여 하도급 또는 다시 하도급을 한 자
4. 제36조제1항에 따른 착공 전 확인을 받지 아니하고 공사를 시작하거나 사용 전 검사를 받지 아니하고 정보통신설비를 사용한 자
5. 제40조제2항을 위반하여 경력수첩을 빌려 준 사람 또는 다른 사람의 경력수첩을 빌려서 사용한 사람

(3) 벌칙

다음 각 호의 어느 하나에 해당하는 자는 500만원 이하의 벌금에 처한다.

1. 제6조에 따른 기술기준을 위반하여 설계 또는 감리를 한 자
2. 제7조제1항을 위반하여 발주한 자
3. 제8조제1항을 위반하여 발주한 자

3의 2. 제8조제2항에 따른 감리원 배치기준을 위반하여 공사의 감리를 발주하거나 감리원을 배치한 자

4. 제25조를 위반하여 분리하여 도급하지 아니한 자
5. 제29조를 위반하여 공사업자가 아닌 자에게 도급, 하도급 또는 다시 하도급을 한 자
6. 제33조제1항에 따른 정보통신기술자를 공사현장에 배치하지 아니한 자

(4) 양벌규정

법인의 대표자나 법인 또는 개인의 대리인, 사용인, 그 밖의 종업원이 그 법인 또는 개인의 업무에 관하여 제74조부터 제76조까지의 어느 하나에 해당하는 위반행위를 하면 그 행위자를 벌하는 외에 그 법인 또는 개인에게도 해당 조문의 벌금형을 과(科)한다. 다만, 법인 또는 개인이 그 위반행위를 방지하기 위하여 해당 업무에 관하여 상당한 주의와 감독을 게을리하지 아니한 경우에는 그러하지 아니하다.

(5) 과태료

① 다음 각 호의 어느 하나에 해당하는 자에게는 300만원 이하의 과태료를 부과한다.
1. 제7조제2항을 위반하여 설계도서에 서명 또는 기명날인하지 아니한 자

1의2. 제8조제3항을 위반하여 감리원 배치현황을 신고하지 아니한 자

2. 거짓이나 그 밖의 부정한 방법으로 제8조제6항에 따른 감리원의 자격증을 발급받은 사람
3. 제11조에 따른 감리 결과의 통보를 하지 아니한 자

3의 2. 제14조의2를 위반하여 공사업자임을 표시하거나 공사업자로 오인될 우려가 있는 표시를 한 자

3의 3. 제17조제1항제3호를 위반하여 공사업 상속의 신고를 하지 아니하고 공사업을 경영한 자

4. 제23조에 따른 신고 또는 폐업신고를 하지 아니하거나 거짓으로 신고한 자
5. 제27조제3항을 위반하여 공사실적, 자본금, 그 밖에 대통령령으로 정하는 사항에 관한 서류를 거짓으로 제출한 자
6. 제33조제2항을 위반하여 정당한 사유 없이 그 공사의 현장을 이탈한 사람

6의2. 제37조의3제1항에 따른 유지보수·관리기준을 준수하지 아니한 자
6의3. 제37조의3제2항에 따른 점검기록을 작성하지 아니하거나 거짓으로 작성한 자
6의4. 제37조의3제3항을 위반하여 점검기록을 보존하지 아니한 자
6의5. 제37조의4제2항을 위반하여 정보통신설비 유지보수·관리자를 선임하지 아니한 자
6의6. 제37조의4제5항을 위반하여 정보통신설비 유지보수·관리자를 해임한 날부터 30일 이내에 정보통신설비 유지보수·관리자를 새로 선임하지 아니한 자
7. 거짓이나 그 밖의 부정한 방법으로 제39조제3항에 따른 정보통신기술자의 경력수첩을 발급받은 사람
8. 제40조제1항을 위반하여 동시에 두 곳 이상의 공사업체에 종사한 사람
9. 제63조제1항에 따른 조사 또는 검사를 거부·방해 또는 기피하거나 자료 제출 또는 보고를 거짓으로 한 자

② 다음 각 호의 어느 하나에 해당하는 자에게는 100만원 이하의 과태료를 부과한다.
1. 제22조제2항에 따른 통지를 하지 아니한 자
1의2. 제37조의3제3항을 위반하여 점검기록을 특별자치시장·특별자치도지사·시장·군수·구청장에게 제출하지 아니한 자
1의3. 제37조의4제3항에 따른 신고를 하지 아니하거나 거짓으로 신고한 자
2. 제63조제1항에 따른 자료를 제출하지 아니하거나 보고를 하지 아니한 자

③ 제1항 및 제2항에 따른 과태료는 대통령령으로 정하는 바에 따라 과학기술정보통신부장관 또는 시·도지사가 부과·징수한다.

제3절 전기통신사업법 중 통신선로에 관한 사항

1 총칙

[1] 목적

이 법은 전기통신사업의 적절한 운영과 전기통신의 효율적 관리를 통하여 전기통신사업

의 건전한 발전과 이용자의 편의를 도모함으로써 공공복리의 증진에 이바지함을 목적으로 한다.

[2] 용어의 정의

1. "전기통신"이란 유선·무선·광선 또는 그 밖의 전자적 방식으로 부호·문언·음향 또는 영상을 송신하거나 수신하는 것을 말한다.
2. "전기통신설비"란 전기통신을 하기 위한 기계·기구·선로 또는 그 밖에 전기통신에 필요한 설비를 말한다.
3. "전기통신회선설비"란 전기통신설비 중 전기통신을 행하기 위한 송신·수신 장소 간의 통신로 구성설비로서 전송설비·선로설비 및 이것과 일체로 설치되는 교환설비와 이들의 부속설비를 말한다.
4. "사업용전기통신설비"란 전기통신사업에 제공하기 위한 전기통신설비를 말한다.
5. "자가전기통신설비"란 사업용전기통신설비 외의 것으로서 특정인이 자신의 전기통신에 이용하기 위하여 설치한 전기통신설비를 말한다.
6. "전기통신역무"란 전기통신설비를 이용하여 타인의 통신을 매개하거나 전기통신설비를 타인의 통신용으로 제공하는 것을 말한다.
7. "전기통신사업"이란 전기통신역무를 제공하는 사업을 말한다.
8. "전기통신사업자"란 이 법에 따른 허가를 받거나 등록 또는 신고(신고가 면제된 경우를 포함한다)를 하고 전기통신역무를 제공하는 자를 말한다.
9. "이용자"란 전기통신역무를 제공받기 위하여 전기통신사업자와 전기통신역무의 이용에 관한 계약을 체결한 자를 말한다.
10. "보편적 역무"란 모든 이용자가 언제 어디서나 적절한 요금으로 제공받을 수 있는 기본적인 전기통신역무를 말한다.
11. "기간통신역무"란 전화·인터넷 접속 등과 같이 음성·데이터·영상 등을 그 내용이나 형태의 변경 없이 송신 또는 수신하게 하는 전기통신역무 및 음성·데이터·영상 등의 송신 또는 수신이 가능하도록 전기통신회선설비를 임대하는 전기통신역무를 말한다. 다만, 과학기술정보통신부장관이 정하여 고시하는 전기통신서비스(제6호의 전기통신역무의 세부적인 개별 서비스를 말한다. 이하 같다)는 제외한다.

12. "부가통신역무"란 기간통신역무 외의 전기통신역무를 말한다.

12의 2. "온라인 동영상 서비스"란 정보통신망을 통하여 「영화 및 비디오물의 진흥에 관한 법률」 제2조제12호에 따른 비디오물 등 동영상 콘텐츠를 제공하는 부가통신역무를 말한다.

13. "앱 마켓사업자"란 부가통신역무를 제공하는 사업 중 모바일콘텐츠 등을 등록·판매하고 이용자가 모바일콘텐츠 등을 구매할 수 있도록 거래를 중개하는 사업을 하는 자를 말한다.

14. "특수한 유형의 부가통신역무"란 다음 각 목의 어느 하나에 해당하는 업무를 말한다.
    가. 저작권법 제104조에 따른 특수한 유형의 온라인서비스제공자의 부가통신역무
    나. 문자메시지 발송시스템을 전기통신사업자의 전기통신설비에 직접 또는 간접적으로 연결하여 문자메시지를 발송하는 부가통신역무

15. "전기통신번호"란 전기통신역무를 제공하거나 이용할 수 있도록 통신망, 전기통신서비스, 지역 또는 이용자 등을 구분하여 식별할 수 있는 번호를 말한다.

16. "와이파이"란 무선 접속 장치가 설치된 곳에서 전파 등을 이용하여 일정 거리 안에서 인터넷을 사용할 수 있는 근거리 통신망을 말한다.

17. "사물인터넷"이란 「지능정보화 기본법」 제2조제8호에 따른 정보통신망을 통하여 사물에 관한 정보를 전자적 방식으로 수집·가공·저장·검색·송신·수신 및 활용하거나 사물을 관리 또는 제어하는 등의 방식으로 사물과 사람을 상호 연결하는 것을 말한다.

[3] 역무의 제공 의무 등

① 전기통신사업자는 정당한 사유 없이 전기통신역무의 제공을 거부하여서는 아니 된다.
② 전기통신사업자는 그 업무를 처리할 때 공평하고 신속하며 정확하게 하여야 한다.
③ 전기통신역무의 요금은 전기통신사업이 원활하게 발전할 수 있고 이용자가 편리하고 다양한 전기통신역무를 공평하고 저렴하게 제공받을 수 있도록 합리적으로 결정되어야 한다.

[4] 보편적 역무의 제공 등

① 모든 전기통신사업자는 보편적 역무를 제공하거나 그 제공에 따른 손실을 보전(補塡)

할 의무가 있다.

② 과학기술정보통신부장관은 제1항에도 불구하고 다음 각 호의 어느 하나에 해당하는 전기통신사업자에 대하여는 그 의무를 면제할 수 있다.
  1. 전기통신역무의 특성상 제1항에 따른 의무 부여가 적절하지 아니하다고 인정되는 전기통신사업자로서 대통령령으로 정하는 전기통신사업자
  2. 전기통신역무의 매출액이 전체 전기통신사업자의 전기통신역무 총매출액의 100분의 1의 범위에서 대통령령으로 정하는 금액 이하인 전기통신사업자

③ 보편적 역무의 구체적 내용은 다음 각 호의 사항을 고려하여 대통령령으로 정한다.
  1. 정보통신기술의 발전 정도   2. 전기통신역무의 보급 정도
  3. 공공의 이익과 안전   4. 사회복지 증진
  5. 정보화 촉진

④ 과학기술정보통신부장관은 보편적 역무를 효율적이고 안정적으로 제공하기 위하여 보편적 역무의 사업규모·품질 및 요금수준과 전기통신사업자의 기술적 능력 등을 고려하여 대통령령으로 정하는 기준과 절차에 따라 보편적 역무를 제공하는 전기통신사업자를 지정할 수 있다.

⑤ 과학기술정보통신부장관은 보편적 역무의 제공에 따른 손실에 대하여 대통령령으로 정하는 방법과 절차에 따라 전기통신사업자에게 그 매출액을 기준으로 분담시킬 수 있다.

⑥ 과학기술정보통신부장관은 보편적 역무와 관련된 정보를 효율적으로 관리하고 활용할 수 있는 전자정보시스템(이하 "전자정보시스템"이라 한다)을 구축·운영할 수 있다.

⑦ 과학기술정보통신부장관은 전자정보시스템의 구축·운영 업무를 대통령령으로 정하는 기관에 위탁할 수 있다.

⑧ 전자정보시스템의 구축·운영 및 정보처리 등에 관하여 필요한 사항은 대통령령으로 정한다.

[5] 장애인 통신중계서비스

① 장애인차별금지 및 권리구제 등에 관한 법률 제21조제4항에 따라 통신설비를 이용한 중계서비스(이하 "통신중계서비스"라 한다)를 제공하여야 하는 자는 통신중계서비스를 직접 제공하거나 과학기술정보통신부장관이 지정하는 운영기관 등에 위탁하여 제

공할 수 있다.

② 통신중계서비스를 제공하여야 하는 자는 통신중계서비스 제공계획을 회계연도마다 회계연도 개시 후 1개월 이내에 과학기술정보통신부장관에게 제출하여야 한다.

③ 통신중계서비스에 종사하는 사람 또는 종사하였던 사람은 직무상 알게 된 타인의 비밀을 누설하여서는 아니 된다.

④ 과학기술정보통신부장관은 다음 각 호의 어느 하나에 해당하는 자에게 재정 및 기술 등 필요한 지원을 제공할 수 있다.
  1. 통신중계서비스를 직접 제공하거나 위탁하여 제공하는 기간통신사업자
  2. 통신중계서비스를 위탁받아 제공하는 자

⑤ 제1항에 따른 운영기관의 지정에 관한 기준, 절차 및 방법 등에 관한 구체적인 사항은 과학기술정보통신부장관이 정하여 고시한다.

2 전기통신사업

[1] 전기통신사업의 구분 등

① 전기통신사업은 기간통신사업 및 부가통신사업으로 구분한다.

② 기간통신사업은 전기통신회선설비를 설치하거나 이용하여 기간통신역무를 제공하는 사업으로 한다.

③ 부가통신사업은 부가통신역무를 제공하는 사업으로 한다.

3 기간통신사업

[1] 기간통신사업의 등록 등

① 기간통신사업을 경영하려는 자는 대통령령으로 정하는 바에 따라 다음 각 호의 사항을 갖추어 과학기술정보통신부장관에게 등록(정보통신망에 의한 등록을 포함한다)하여야 한다. 다만, 자신의 상품 또는 용역을 제공하면서 대통령령으로 정하는 바에 따라 부수적으로 기간통신역무를 이용하고 그 요금을 청구하는 자(이용요금을 상품 또

는 용역의 대가에 포함시키는 경우도 같다)는 기간통신사업을 신고하여야 하며, 신고한 자가 다른 기간통신역무를 제공하고자 하는 경우에는 본문에 따라 등록하여야 한다.
   1. 재정 및 기술적 능력
   2. 이용자 보호계획
   3. 그 밖에 사업계획서 등 대통령령으로 정하는 사항
② 과학기술정보통신부장관은 제1항에 따라 기간통신사업의 등록을 받는 경우에는 공정 경쟁 촉진, 이용자 보호, 서비스 품질 개선, 정보통신자원의 효율적 활용 등에 필요한 조건을 붙일 수 있다. 이 경우 그 조건을 관보와 인터넷 홈페이지에 공고하여야 한다.
③ 제1항에 따른 등록은 법인만 할 수 있다.
④ 제1항 또는 제2항에 따른 등록의 요건, 절차 그 밖에 필요한 사항은 대통령령으로 정한다.

[2] 등록의 결격사유 등

① 전기통신회선설비의 종류와 설치 영역 등이 대통령령으로 정하는 기준에 해당하는 기간통신사업을 경영하려는 자가 다음 각 호의 어느 하나에 해당하는 경우에는 제6조제1항에 따른 기간통신사업의 등록을 할 수 없다.
   1. 국가 또는 지방자치단체
   2. 외국정부 또는 외국법인
   3. 외국정부 또는 외국인이 제8조제1항에 따른 주식소유 제한을 초과하여 주식을 소유하고 있는 법인
② 제1항제1호에도 불구하고 지방자치단체가 공익 목적의 비영리사업으로서 다음 각 호의 어느 하나에 해당하는 사업을 하려는 경우에는 과학기술정보통신부장관에게 기간통신사업의 등록을 할 수 있다. 이 경우 등록 기준 및 절차는 제6조제1항을 준용하되, 같은 항 제1호에 따른 재정 능력은 해당 사업의 수행에 필요한 경비의 조달 계획으로 갈음할 수 있다.
   1. 공공와이파이(국가와 지방자치단체가 공공장소 또는 그 밖에 대통령령으로 정하는 장소에서 공개적으로 제공하는 와이파이를 말한다) 사업
   2. 「지방자치법」 제13조에 따른 지방자치단체의 사무를 처리하기 위한 사물인터넷 사업
③ 과학기술정보통신부장관은 제2항에 따른 기간통신사업 등록을 하려는 경우에는 해당

지방자치단체에 대통령령으로 정하는 바에 따라 사업의 적합성 등에 관한 외부전문기관의 평가를 거치도록 요청할 수 있다. 이 경우 해당 지방자치단체는 특별한 사유가 없으면 그 요청에 따라야 한다.

[3] 외국정부 또는 외국인의 주식소유 제한

① 전기통신회선설비의 종류와 설치 영역 등이 대통령령으로 정하는 기준에 해당하는 기간통신사업자(제6조제1항에 따라 등록을 하거나 같은 항 단서에 따라 신고한 자를 말한다. 이하 같다)의 주식(상법 제344조의3제1항에 따른 의결권 없는 종류주식은 제외하고, 주식예탁증서 등 의결권을 가진 주식의 등가물 및 출자지분은 포함한다. 이하 같다)은 외국정부 또는 외국인 모두가 합하여 그 발행주식 총수의 100분의 49를 초과하여 소유하지 못한다.

② 제1항에도 불구하고 대한민국이 외국과 양자 간 또는 다자 간으로 체결하여 발효된 자유무역협정 중 과학기술정보통신부장관이 정하여 고시하는 자유무역협정의 상대국 외국정부 또는 외국인(「금융회사의 지배구조에 관한 법률」 제2조제6호가목에 따른 특수관계인을 포함한다. 이하 같다)이 최대주주(「금융회사의 지배구조에 관한 법률」 제2조제6호가목에 따른 최대주주를 말한다. 이 경우 "금융회사"는 "법인"으로 본다. 이하 같다)이고, 그 최대주주가 발행주식 총수의 100분의 15 이상을 소유하고 있는 법인은 제10조제1항제4호의 경우에 따른 공익성심사를 받을 때까지 제1항에 따른 기간통신사업자가 발행한 주식의 100분의 49를 초과하여 소유할 수 있으나 초과 소유한 주식에 대하여 의결권을 행사할 수 없다.

③ 외국정부 또는 외국인이 최대주주이고, 그 최대주주가 발행주식 총수의 100분의 15 이상을 소유하고 있는 법인(이하 "외국인의제법인"이라 한다)은 외국인으로 본다.

④ 다음 각 호의 어느 하나에 해당하는 법인은 제3항의 요건을 갖춘 경우에도 외국인으로 보지 아니한다. 다만, 제10조제1항제3호 및 제86조제3항의 외국인은 그러하지 아니하다.
  1. 제1항에 따른 기간통신사업자의 발행주식 총수의 100분의 1 미만을 소유한 법인
  2. 제10조제1항제4호의 경우에 공익성심사 결과 과학기술정보통신부장관이 공공의 이익을 해칠 위험이 없다고 판단한 법인

⑤ 제4항에도 불구하고 같은 항 제2호에 해당하는 법인(「경제협력개발기구에 관한 협약」

의 회원국의 외국정부 또는 외국인이 최대주주인 경우로 한정한다)이 다음 각 호의 어느 하나에 해당하는 기간통신사업자의 발행주식을 소유하거나 소유하게 된 경우에는 외국인으로 본다.

1. 2021년 1월 1일 현재 제10조제6항제1호부터 제3호까지의 규정 중 어느 하나에 해당하는 기간통신사업자
2. 「상법」 제342조의2에 따른 자회사로서 제1호의 기간통신사업자의 권리·의무를 승계한 기간통신사업자
3. 그 밖에 기간통신사업의 양수 및 법인의 합병 등을 통하여 제1호 또는 제2호의 기간통신사업자의 권리·의무를 승계한 자로서 과학기술정보통신부장관이 정하여 고시하는 기간통신사업자

[4] 임원의 결격사유

① 다음 각 호의 어느 하나에 해당하는 사람은 제8조제1항에 따른 기간통신사업자의 임원이 될 수 없다.

1. 미성년자 또는 피성년후견인
2. 파산선고를 받고 복권되지 아니한 사람
3. 이 법, 전기통신기본법, 전파법 또는 정보통신망 이용촉진 및 정보보호 등에 관한 법률(직접 전기통신사업과 관련되지 아니한 사항은 제외한다. 이하 "이 법등"이라 한다)을 위반하여 금고 이상의 실형을 선고받고 그 집행이 끝나거나(집행이 끝난 것으로 보는 경우를 포함한다) 집행이 면제된 날부터 3년이 지나지 아니한 사람
4. 이 법등을 위반하여 금고 이상의 형의 집행유예를 선고받고 그 유예기간 중에 있는 사람
5. 이 법등을 위반하여 벌금형을 선고받고 1년이 지나지 아니한 사람
6. 제20조제1항에 따른 등록의 전부 또는 일부의 취소처분, 제27조제1항에 따른 사업의 전부 또는 일부의 폐지명령을 받은 후 3년이 지나지 아니한 자. 이 경우 취소처분이나 폐지명령을 받은 자가 법인이면 등록취소 또는 사업폐지명령의 원인이 된 행위를 한 자와 그 대표자를 말한다.

② 임원이 제1항 각 호의 어느 하나에 해당하게 되거나 선임 당시 그에 해당하는 사람임이 밝혀진 경우에는 당연히 퇴직한다.

③ 제2항에 따라 퇴직한 임원이 퇴직 전에 관여한 행위는 그 효력을 잃지 아니한다.

[5] 위원회의 구성 및 운영 등

① 위원회는 위원장 1명을 포함한 5명 이상 15명 이하의 위원으로 구성한다.

② 위원회의 위원장은 과학기술정보통신부차관 중 과학기술정보통신부장관이 지명하는 자가 되고, 위원은 대통령령으로 정하는 관계 중앙행정기관의 3급 공무원 또는 고위공무원단에 속하는 일반직공무원과 다음 각 호의 사람 중에서 위원장이 위촉하는 사람이 된다.

　1. 정보통신에 관한 학식과 경험이 풍부한 사람
　2. 국가의 안전보장이나 공공의 안녕, 질서 유지와 관련하여 정부가 출연한 연구기관에서 추천한 사람
　3. 비영리민간단체 지원법 제2조에 따른 비영리민간단체에서 추천한 사람
　4. 그 밖에 위원장이 필요하다고 인정하는 사람

③ 위원회는 공익성심사를 위하여 필요한 조사를 하거나 자료의 제공을 당사자 또는 참고인에게 요청할 수 있다. 이 경우 해당 당사자 또는 참고인은 정당한 사유가 없으면 이에 따라야 한다.

④ 위원회는 필요하다고 인정하면 당사자나 참고인을 위원회에 출석하게 하여 그 의견을 들을 수 있다. 이 경우 해당 당사자 또는 참고인은 정당한 사유가 없으면 위원회에 출석하여야 한다.

⑤ 위원회의 조직·운영 등에 필요한 사항은 대통령령으로 정한다.

[6] 이행강제금

① 과학기술정보통신부장관은 제10조제5항, 제12조제2항 또는 제18조제8항에 따른 명령(이하 이 조에서 "시정명령"이라 한다)을 받은 후 시정명령에서 정한 기간에 이를 이행하지 아니하는 자에 대하여 이행강제금을 부과할 수 있다. 이 경우 하루당 부과할 수 있는 이행강제금은 그 소유한 주식 매입가액의 1천분의 3 이내로 하되, 주식 소유와 관련되지 아니한 사항인 경우에는 1억원 이내의 금액으로 한다.

② 제1항에 따른 이행강제금의 부과대상 기간은 시정명령에서 정한 이행기간의 종료일 다음 날부터 시정명령을 이행하는 날까지로 한다. 이 경우 이행강제금의 부과는 특별

한 사유가 있는 경우를 제외하고는 시정명령에서 정한 이행기간의 종료일 다음 날부터 30일 이내에 하여야 한다.

③ 이행강제금의 가산금에 관하여는 제53조제5항 및 제7항을 준용한다.

④ 이행강제금의 부과·납부·환급 등에 필요한 사항은 대통령령으로 정한다.

[7] 주식의 발행

기간통신사업자가 주식을 발행하는 경우에는 기명식(記名式)으로 하여야 한다.

[8] 사업의 시작 의무

① 기간통신사업자는 등록한 날(전파법 제10조에 따른 주파수할당을 받아 새로 기간통신사업을 경영하려는 경우는 주파수할당을 받는 날을 말한다)부터 1년 이내에 사업을 시작하여야 한다.

② 과학기술정보통신부장관은 기간통신사업자가 천재지변이나 그 밖의 부득이한 사유로 제1항에 따른 기간에 사업을 시작할 수 없다고 인정하는 경우에는 기간통신사업자의 신청에 따라 그 기간을 연장할 수 있다.

[9] 등록 사항의 변경

① 기간통신사업자는 제6조에 따라 등록한 사항 중 대통령령으로 정하는 중요 사항을 변경하려면 대통령령으로 정하는 바에 따라 과학기술정보통신부장관에게 변경등록(정보통신망에 의한 변경등록을 포함한다)을 하여야 한다.

② 제1항에 따른 변경등록에 관하여는 제6조제2항과 제15조를 준용한다.

[10] 사업의 겸업

① 기간통신사업자는 다음 각 호의 어느 하나에 해당하는 사업을 영위하고자 하는 경우에는 과학기술정보통신부장관의 승인을 받아야 한다. 다만, 전년도 매출액이 300억 원 이하인 기간통신사업자는 그러하지 아니하다.

1. 통신기기제조업
2. 정보통신공사업법 제2조제3호에 따른 정보통신공사업(전기통신망의 개선·통합사업은 제외한다)

3. 정보통신공사업법 제2조제6호에 따른 용역업(전기통신망의 개선·통합사업은 제외한다)

② 과학기술정보통신부장관은 기간통신사업자가 제1항에 따른 사업을 경영함으로써 전기통신사업의 운영에 지장을 줄 우려가 없고 전기통신의 발전을 위하여 필요하다고 인정되는 경우에는 제1항에 따른 승인을 하여야 한다.

[11] 사업의 양수 및 법인의 합병 등

① 다음 각 호의 어느 하나에 해당하는 자는 대통령령으로 정하는 바에 따라 과학기술정보통신부장관의 인가를 받아야 한다. 다만, 제1호의 기간통신사업의 전년도 매출액이 대통령령으로 정하는 금액 미만인 경우, 제2호부터 제6호까지의 기간통신사업자의 전년도 전기통신역무 매출액이 대통령령으로 정하는 금액 미만인 경우 또는 제3호에도 불구하고 대통령령으로 정하는 주요한 전기통신회선설비를 제외한 전기통신회선설비를 매각하는 경우에는 대통령령으로 정하는 바에 따라 과학기술정보통신부장관에게 신고하여야 한다.
1. 기간통신사업의 전부 또는 일부를 양수하려는 자
2. 기간통신사업자인 법인을 합병, 분할(분할로 기간통신사업이 이전되는 경우로 한정한다. 이하 이 조 및 제96조제3호에서 같다) 또는 분할합병(분할된 기간통신사업자인 법인을 합병하는 경우로 한정한다. 이하 이 조 및 제96조제3호에서 같다)하려는 자
3. 등록한 기간통신역무의 제공에 필요한 전기통신회선설비를 매각하려는 기간통신사업자
4. 특수관계인과 합하여 기간통신사업자의 발행주식 총수의 100분의 15 이상을 소유하려는 자 또는 기간통신사업자의 최대주주가 되려는 자
5. 기간통신사업자의 경영권을 실질적으로 지배하려는 목적으로 주식을 취득하려는 경우 또는 협정을 체결하려는 경우로서 대통령령으로 정하는 경우에 해당하는 자
6. 등록하여 제공하던 기간통신역무의 일부를 제공하기 위하여 법인을 설립하려는 기간통신사업자

② 과학기술정보통신부장관은 제1항에 따른 인가를 하려면 다음 각 호의 사항을 종합적으로 심사하여야 한다. 다만, 기간통신사업의 양수 및 기간통신사업자인 법인의 합병

등이 기간통신사업의 경쟁에 미치는 영향이 경미한 경우에는 심사의 일부를 생략할 수 있다.
1. 재정 및 기술적 능력과 사업 운용 능력의 적정성
2. 주파수 및 전기통신번호 등 정보통신자원 관리의 적정성
3. 기간통신사업의 경쟁에 미치는 영향
4. 이용자 보호
5. 전기통신설비 및 통신망의 활용, 연구 개발의 효율성, 통신산업의 국제 경쟁력 등 공익에 미치는 영향

③ 제2항에 따른 심사 사항별 세부 심사기준 및 심사절차 등에 관하여 필요한 사항은 과학기술정보통신부장관이 정하여 고시한다.

④ 다음 각 호의 어느 하나에 해당하는 자는 해당 기간통신사업의 허가와 관련된 지위를 승계한다.
1. 제1항제1호에 따라 인가를 받거나 신고하여 기간통신사업을 양수한 법인
2. 제1항제2호에 따라 인가를 받거나 신고하여 합병, 분할 또는 분할합병한 경우 다음 각 목의 법인
   가. 합병 후 존속하는 법인이나 합병으로 설립된 법인
   나. 분할로 설립된 법인
   다. 분할합병 후 존속하는 법인이나 분할합병으로 설립된 법인
3. 제1항제6호에 따라 인가를 받거나 신고하여 기간통신역무의 일부를 제공하기 위하여 설립된 법인

⑤ 과학기술정보통신부장관은 제1항에 따라 인가를 하는 경우에는 제6조제2항에 따른 조건을 붙일 수 있다.

⑥ 과학기술정보통신부장관은 제1항에 따른 인가를 하려면 공정거래위원회와의 협의를 거쳐야 한다.

⑦ 제1항에 따른 인가의 결격사유에 관하여는 제7조를 준용한다.

⑧ 과학기술정보통신부장관은 제1항제4호 또는 제5호에 해당하는 자가 제1항의 인가를 받지 아니한 때에는 의결권 행사의 정지나 해당 주식의 매각을 명할 수 있고, 제5항에 따라 부여된 조건을 이행하지 아니한 때에는 기간을 정하여 조건의 이행을 명할 수 있다.

⑨ 제1항에 따라 인가를 받으려는 자는 인가를 받기 전에 다음 각 호의 행위를 하여서는 아니 된다.

1. 통신망 통합
2. 임원의 임명행위
3. 영업의 양수, 법인의 합병·분할·분할병합이나 설비 매각 협정의 이행행위
4. 회사 설립에 관한 후속조치

⑩ 제1항 각 호의 어느 하나에 해당하는 자가 공익성심사의 대상인 경우에는 제1항에 따른 인가를 신청할 때 공익성심사 요청 서류를 함께 제출할 수 있다.

⑪ 제2항 단서에 따른 기간통신사업의 경쟁에 미치는 영향이 경미한 경우 및 심사 생략의 절차에 필요한 사항은 대통령령으로 정한다.

[12] 사업의 휴업·폐업

① 기간통신사업자는 그가 경영하고 있는 기간통신사업의 전부 또는 일부를 휴업하거나 폐업하려면 대통령령으로 정하는 바에 따라 그 휴업 또는 폐업 예정일 60일 전까지 이용자에게 알리고, 그 휴업 또는 폐업에 대한 과학기술정보통신부장관의 승인을 받아야 한다. 다만, 전년도 전기통신역무 매출액이 대통령령으로 정하는 금액 미만인 기간통신사업자의 경우 대통령령으로 정하는 바에 따라 과학기술정보통신부장관에게 신고(정보통신망에 의한 신고를 포함한다)하여야 한다.

② 과학기술정보통신부장관은 기간통신사업의 휴업·폐업으로 인하여 별도의 이용자 보호가 필요하다고 판단하면 해당 기간통신사업자에게 가입 전환의 대행 및 비용 부담, 가입 해지 등 이용자 보호에 필요한 조치를 명할 수 있다.

③ 과학기술정보통신부장관은 제1항에 따른 승인 신청을 받은 경우 다음 각 호의 어느 하나에 해당하는 경우를 제외하고는 그 승인을 하여야 한다.
1. 휴업·폐업하려는 사업의 내용 및 사업구역의 도면 등 대통령령으로 정하는 구비서류에 흠이 있는 경우
2. 이용자에 대한 휴업·폐업 계획의 통보가 적정하지 못하다고 인정되는 경우
3. 이용자 보호조치계획 및 그 시행이 미흡하여 휴업·폐업에 따라 현저한 이용자 피해 발생이 예상되는 경우
4. 전시·교전 또는 이에 준하는 국가비상상황에 대응하거나 중대한 재난을 방지 또는 수습하기 위하여 해당 기간통신사업의 유지가 긴급하게 필요하다고 인정되는 경우

[13] 등록의 취소 등

① 과학기술정보통신부장관은 기간통신사업자가 다음 각 호의 어느 하나에 해당하면 그 등록의 전부 또는 일부를 취소하거나 1년 이내의 기간을 정하여 사업의 전부 또는 일부의 정지를 명할 수 있다. 다만, 제1호에 해당하는 경우에는 그 등록의 전부 또는 일부를 취소하여야 한다.
  1. 속임수나 그 밖의 부정한 방법으로 등록을 한 경우
  2. 제6조제2항과 제18조제5항에 따른 조건을 이행하지 아니한 경우
  3. 제12조제2항에 따른 명령을 이행하지 아니한 경우
  4. 제15조제1항에 따른 기간(같은 조 제2항에 따른 기간의 연장을 받은 경우에는 연장된 기간을 말한다)에 사업을 시작하지 아니한 경우
  4의2. 제19조제1항에 따른 승인을 받지 아니하고 대통령령으로 정하는 기간 이상 계속하여 기간통신역무를 제공하지 아니한 경우
  5. 제28조제1항에 따라 신고한 이용약관을 지키지 아니한 경우
  6. 제92조제1항에 따른 시정명령을 정당한 사유 없이 이행하지 아니한 경우
② 제1항에 따른 처분의 기준, 절차, 그 밖에 필요한 사항은 대통령령으로 정한다.
③ 제1항에 따라 등록의 전부 또는 일부를 취소하거나 사업의 전부 또는 일부의 정지를 명하는 경우 제19조제2항에 따른 이용자 보호에 필요한 조치를 명할 수 있다.

4 부가통신사업

[1] 부가통신사업의 신고 등

① 부가통신사업을 경영하려는 자는 대통령령으로 정하는 요건 및 절차에 따라 과학기술정보통신부장관에게 신고(정보통신망에 의한 신고를 포함한다)하여야 한다.
② 제1항에도 불구하고 특수한 유형의 부가통신역무를 제공하는 사업을 경영하려는 자는 다음 각 호의 사항을 갖추어 과학기술정보통신부장관에게 등록(정보통신망에 의한 등록을 포함한다)하여야 한다.
  1. 제22조의3제1항 및 저작권법 제104조의 이행을 위한 기술적 조치 실시 계획(제2조제14호가목에 해당하는 자에 한정한다)

1의2. 송신인의 전화번호가 변작 등 거짓으로 표시되는 것을 방지하기 위한 기술적 조치 실시 계획(제2조제14호나목에 해당하는 자에 한정한다)
2. 업무수행에 필요한 인력 및 물적 시설
3. 재무건전성
4. 그 밖에 사업계획서 등 대통령령으로 정하는 사항

③ 과학기술정보통신부장관은 제2항에 따라 부가통신사업의 등록을 받는 경우에는 같은 항 제1호 또는 제1호의2에 따른 계획을 이행하기 위하여 필요한 조건을 붙일 수 있다.

④ 제1항에도 불구하고 다음 각 호의 어느 하나에 해당하는 자는 부가통신사업을 신고한 것으로 본다.
1. 자본금 등이 대통령령으로 정하는 기준에 해당하는 소규모 부가통신사업을 경영하려는 자
2. 부가통신사업을 경영하려는 기간통신사업자

⑤ 제1항에 따라 부가통신사업을 신고한 자 및 제2항에 따라 부가통신사업을 등록한 자는 신고 또는 등록한 날부터 1년 이내에 사업을 시작하여야 한다.

⑥ 과학기술정보통신부장관은 온라인 동영상 서비스를 제공하는 사업을 경영하려는 자로부터 제1항에 따른 부가통신사업 신고를 접수한 경우 3개월 이내에 그 사실을 문화체육관광부장관과 방송통신위원회에 통보하여야 한다. 제23조에 따른 신고 사항의 변경신고 또는 제24조에 따른 사업의 양도·양수 등의 신고를 접수한 경우에도 또한 같다.

⑥ 제1항에 따른 신고 및 제2항에 따른 등록의 요건, 절차, 그 밖에 필요한 사항은 대통령령으로 정한다.

[2] 등록 결격사유

제27조제1항에 따라 등록이 취소된 날부터 3년이 지나지 아니한 개인 또는 법인이나 그 취소 당시 그 법인의 대주주(대통령령으로 정하는 출자자를 말한다)이었던 자는 제22조제2항에 따른 등록을 할 수 없다.

[3] 특수유형부가통신사업자의 기술적 조치 등

① 제22조제2항에 따라 특수한 유형의 부가통신사업을 등록한 자(이하 "특수유형부가통신사업자"라 한다) 중 제2조제14호가목에 해당하는 자는 다음 각 호의 기술적 조치를 하여야 한다.
　1. 정보통신망 이용촉진 및 정보보호 등에 관한 법률 제42조,제42조의2 및 제45조의 이행을 위한 기술적 조치
　2. 정보통신망 이용촉진 및 정보보호 등에 관한 법률 제44조의7제1항제1호에 따른 불법정보의 유통 방지를 위하여 대통령령으로 정하는 기술적 조치

② 누구든지 정당한 권한 없이 고의 또는 과실로 제1항에 따른 기술적 조치를 제거·변경하거나 우회하는 등의 방법으로 무력화하여서는 아니 된다. 다만, 다음 각 호의 어느 하나에 해당하는 경우에는 그러하지 아니하다.
　1. 중앙행정기관 또는 지방자치단체가 법령에 따른 정당한 업무집행을 위하여 필요한 경우
　2. 수사기관, 정보통신망 이용촉진 및 정보보호 등에 관한 법률에 따른 정보보호 최고책임자 및 한국인터넷진흥원 등이 해킹 등 정보통신망 침해사고 발생에 대응하기 위하여 필요한 경우

③ 특수유형부가통신사업자(제2조제14호가목에 해당하는 자에 한정한다)는 제1항에 따른 기술적 조치의 운영·관리 실태를 시스템에 자동으로 기록되도록 하고, 이를 대통령령으로 정하는 기간 동안 보관하여야 한다.

④ 과학기술정보통신부장관 또는 방송통신위원회는 각각 소관 업무에 따라 소속 공무원으로 하여금 제1항에 따른 기술적 조치의 운영·관리 실태를 점검하게 하거나, 특수유형부가통신사업자에게 제3항에 따른 기록 등 필요한 자료의 제출을 명할 수 있다. 이 경우 점검 절차와 방법은 제51조를 준용한다.

⑤ 누구든지 정당한 권한 없이 제3항의 기록을 훼손하거나 위조 또는 변조하여서는 아니 된다.

⑥ 특수유형부가통신사업자(제2조제14호가목에 해당하는 자에 한정한다)는 제1항에 따른 기술적 조치 또는 제22조의5제2항에 따른 기술적·관리적 조치를 제3자에게 위탁하는 경우에는 그 수탁자의 주식 또는 지분을 소유할 수 없다.

[4] 앱 마켓사업자의 의무 및 실태조사

① 앱 마켓사업자는 모바일콘텐츠 등의 결제 및 환불에 관한 사항을 이용약관에 명시하는 등 대통령령으로 정하는 바에 따라 이용자의 피해를 예방하고 이용자의 권익을 보호하여야 한다.

② 과학기술정보통신부장관 또는 방송통신위원회는 모바일콘텐츠 등의 거래를 중개하는 공간(이하 "앱 마켓"이라 한다)에 모바일콘텐츠 등을 등록·판매하기 위하여 제공하는 자(이하 "모바일콘텐츠 등 제공사업자"라 한다)의 보호 등을 위하여 필요한 경우 대통령령으로 정하는 바에 따라 앱 마켓사업자의 앱 마켓 운영에 관한 실태조사를 실시할 수 있다.

[5] 한국수어·폐쇄자막·화면해설 등의 제공

① 온라인 동영상 서비스를 제공하는 부가통신사업자가 해당 서비스의 제공을 위하여 영상 콘텐츠를 자체 제작하는 경우 장애인의 원활한 이용을 돕기 위하여 한국수어·폐쇄자막·화면해설 등을 제공할 수 있도록 노력하여야 한다.

② 정부는 예산의 범위에서 온라인 동영상 서비스를 제공하는 부가통신사업자가 제1항의 한국수어·폐쇄자막·화면해설 등을 제공하는 데 필요한 경비를 지원할 수 있다.

[6] 등록 또는 신고 사항의 변경

제22조제1항에 따라 부가통신사업을 신고한 자 또는 같은 조 제2항에 따라 부가통신사업을 등록한 자는 그 등록 또는 신고한 사항 중 대통령령으로 정하는 사항을 변경하려면 대통령령으로 정하는 바에 따라 과학기술정보통신부장관에게 변경등록 또는 변경신고(정보통신망에 의한 변경등록 또는 변경신고를 포함한다)를 하여야 한다.

[7] 사업의 양도·양수 등

부가통신사업의 전부 또는 일부의 양도·양수가 있거나 부가통신사업자인 법인의 합병·상속이 있으면 다음 각 호의 자는 대통령령으로 정하는 요건과 절차에 따라 과학기술정보통신부장관에게 신고(정보통신망에 의한 신고를 포함한다)하여야 한다. 다만, 부가통신사업의 전부 또는 일부의 양도·양수 또는 부가통신사업자인 법인의 합병·상속으로 제22조제4항에 따라 부가통신사업을 신고한 것으로 보는 자에 해당하게 된 경우는 제외한다.
1. 해당 사업을 양수한 자
2. 합병 후 존속하는 법인이나 합병으로 설립된 법인
3. 해당 사업의 상속인

[8] 사업의 승계

제24조에 따라 부가통신사업의 양도·양수가 있거나 부가통신사업자인 법인의 합병 또는 부가통신사업자의 상속이 있으면 다음 각 호의 자는 종전의 부가통신사업자의 지위를 승계한다.
1. 사업을 양수한 자
2. 합병 후 존속하는 법인이나 합병으로 설립된 법인
3. 해당 사업의 상속인

[9] 사업의 휴업·폐업 등

① 부가통신사업자가 그 사업의 전부 또는 일부를 휴업하거나 폐업하려면 대통령령으로 정하는 바에 따라 그 휴업 또는 폐업 예정일 30일 전까지 그 내용을 해당 전기통신서비스의 이용자에게 알리고 과학기술정보통신부장관에게 신고(정보통신망에 의한 신고를 포함)하여야 한다. 이 경우 1년 이상 계속하여 사업을 휴업하여서는 아니 된다.

② 부가통신사업자인 법인이 합병 외의 사유로 해산한 경우에는 그 청산인(해산이 파산에 의한 경우에는 파산관재인을 말한다)은 지체 없이 과학기술정보통신부장관에게 신고(정보통신망에 의한 신고를 포함)하여야 한다.

[10] 사업의 등록취소 및 폐업명령 등

① 과학기술정보통신부장관은 부가통신사업자가 다음 각 호의 어느 하나에 해당하면 사업의 전부 또는 일부의 폐업(특수유형부가통신사업자의 경우에는 등록의 전부 또는 일부의 취소를 말한다)을 명하거나 1년 이내의 기간을 정하여 사업의 전부 또는 일부의 정지를 명할 수 있다. 다만, 제1호에 해당하는 경우에는 사업의 전부 또는 일부의 폐업을 명하여야 한다.

1. 속임수나 그 밖의 부정한 방법으로 신고 또는 등록을 한 경우
2. 제22조제3항에 따른 조건을 이행하지 아니한 경우
3. 제22조제5항을 위반하여 신고 또는 등록한 날부터 1년 이내에 사업을 시작하지 아니하거나 제26조제1항 후단을 위반하여 1년 이상 계속하여 사업을 휴업한 경우
3의2. 제22조의3제1항에 따른 기술적 조치를 하지 아니하여 방송통신위원회가 요청한 경우
3의3. 제22조의3제6항을 위반하여 주식 또는 지분을 소유하여 방송통신위원회가 요청한 경우
3의4. 제22조의5제1항에 따라 불법촬영물 등의 삭제·접속차단 등 유통방지에 필요한 조치를 하지 아니하여 방송통신위원회가 요청한 경우
3의5. 제22조의5제2항에 따른 기술적·관리적 조치를 하지 아니하여 방송통신위원회가 요청한 경우
4. 제92조제1항에 따른 시정명령을 정당한 사유 없이 이행하지 아니한 경우
5. 정보통신망 이용촉진 및 정보보호 등에 관한 법률 제64조제4항에 따른 시정조치의 명령을 정당한 사유 없이 이행하지 아니한 경우
6. 저작권법 제142조제1항 및 제2항제3호에 따라 3회 이상 과태료 처분을 받은 자가 다시 과태료 처분대상이 된 경우로서 같은 법 제112조에 따른 한국저작권위원회의 심의를 거쳐 문화체육관광부장관이 요청한 경우

② 제1항에 따른 처분의 기준, 절차 및 그 밖에 필요한 사항은 대통령령으로 정한다.

5 전기통신업무

[1] 이용약관의 신고 등

① 전년도 전기통신역무 매출액이 대통령령으로 정하는 금액 이상인 기간통신사업자는 그가 제공하려는 전기통신서비스에 관하여 그 서비스별로 요금 및 이용조건(이하 "이용약관"이라 한다)을 정하여 과학기술정보통신부장관에게 신고(변경신고를 포함한다. 이하 이 조에서 같다)하여야 한다.

② 과학기술정보통신부장관은 제1항에 따른 신고를 접수한 날의 다음 날까지 신고확인

증을 발급하여야 한다. 다만, 다음 각 호의 어느 하나에 해당하는 경우에는 각 호에서 정한 날의 다음 날까지 신고확인증을 발급하여야 한다.
1. 제3항에 따라 보완을 요구한 경우 : 보완이 완료된 날
2. 신고가 접수된 이용약관이 제34조제4항에 따라 지정·고시된 기간통신사업자의 해당 전기통신서비스에 관한 이용약관인 경우 : 신고를 반려하지 아니하기로 결정한 날

③ 과학기술정보통신부장관은 대통령령으로 정하는 이용약관의 포함사항 및 제5항에 따라 제출한 자료의 누락 등으로 제1항에 따른 신고에 보완이 필요하다고 인정하는 경우에는 신고를 접수한 날부터 7일 이내의 기간을 정하여 보완을 요구하여야 한다.

④ 제1항에도 불구하고 과학기술정보통신부장관은 신고가 접수된 이용약관이 제34조제4항에 따라 지정·고시된 기간통신사업자의 해당 전기통신서비스에 관한 이용약관인 경우로서 다음 각 호의 어느 하나에 해당한다고 판단하는 경우에는 신고를 접수한 날(제3항에 따라 보완요구를 한 경우에는 보완이 완료된 날을 말한다)부터 15일 이내에 해당 신고를 반려할 수 있다. 다만, 이미 신고된 이용약관에 포함된 서비스별 요금을 인하하거나 대통령령으로 정하는 경미한 사항을 변경하는 내용인 경우에는 그러하지 아니하다.
1. 전기통신서비스의 요금 및 이용조건 등에 따라 특정 이용자를 부당하게 차별하여 취급하는 등 이용자의 이익을 해칠 우려가 크다고 인정되는 경우
2. 제38조제1항에 따라 다른 전기통신사업자에게 도매제공하는 대가에 비하여 불공정한 요금으로 전기통신서비스를 제공하는 등 공정한 경쟁을 해칠 우려가 크다고 인정되는 경우
3. 정당한 사유 없이 손해배상책임을 제한하는 경우. 이 경우 과학기술정보통신부장관은 방송통신위원회의 의견을 들어야 한다.

⑤ 제1항에 따라 전기통신서비스에 관한 이용약관을 신고하려는 자는 가입비, 기본료, 사용료, 부가서비스료, 실비 등을 포함한 전기통신서비스의 요금 산정 근거 자료(변경할 경우에는 신·구내용 대비표를 포함)를 과학기술정보통신부장관에게 제출하여야 한다.

⑥ 제1항부터 제5항까지에서 규정한 사항 외에 신고의 절차 및 반려의 세부기준 등에 관하여 필요한 사항은 대통령령으로 정한다.

[2] 요금의 감면

기간통신사업자는 국가안전보장, 재난구조, 사회복지 등 공익상 필요하면 대통령령으로 정하는 바에 따라 전기통신서비스의 요금을 감면할 수 있다. 다만, 전년도 전기통신역무 매출액이 대통령령으로 정하는 금액 미만인 기간통신사업자는 그러하지 아니하다.

[3] 타인 사용의 제한

누구든지 전기통신사업자가 제공하는 전기통신역무를 이용하여 타인의 통신을 매개하거나 이를 타인의 통신용으로 제공하여서는 아니 된다. 다만, 다음 각 호의 경우에는 그러하지 아니하다.
1. 국가비상사태에서 재해의 예방·구조, 교통·통신 및 전력공급의 확보, 질서 유지를 위하여 필요한 경우
2. 전기통신사업 외의 사업을 경영할 때 고객에게 부수적으로 전기통신서비스를 이용하도록 제공하는 경우
3. 전기통신역무를 이용할 수 있는 단말장치 등 전기통신설비를 개발·판매하기 위하여 시험적으로 사용하도록 하는 경우
4. 이용자가 제3자에게 반복적이지 아니한 정도로 사용하도록 하는 경우
5. 그 밖에 공공의 이익을 위하여 필요하거나 전기통신사업자의 사업 경영에 지장을 주지 아니하는 경우로서 대통령령으로 정하는 경우

[4] 전송·선로설비 등의 사용

① 방송법에 따른 종합유선방송사업자·전송망사업자 또는 중계유선방송사업자는 대통령령으로 정하는 방법에 따라 보유하고 있는 전송·선로설비 또는 유선방송설비를 기간통신사업자에게 제공할 수 있다.
② 방송법에 따른 종합유선방송사업자·전송망사업자 또는 중계유선방송사업자가 보유하고 있는 전송·선로설비 또는 유선방송설비를 이용하여 부가통신역무를 제공하려면 제22조제1항에 따라 과학기술정보통신부장관에게 신고하여야 한다.
③ 제1항에 따른 전송·선로설비 또는 유선방송설비의 제공에 관하여는 제35조부터 제37조까지, 제39조부터 제55조까지의 규정을 준용한다.

④ 제2항에 따른 역무의 제공에 관하여는 방송통신발전 기본법 제28조제2항부터 제7항까지의 규정을 준용한다.

[5] 이용자 보호

① 전기통신사업자는 전기통신역무에 관하여 이용자 피해를 예방하기 위하여 노력하여야 하며, 이용자로부터 제기되는 정당한 의견이나 불만을 즉시 처리하여야 한다. 이 경우 즉시 처리하기 곤란한 경우에는 이용자에게 그 사유와 처리일정을 알려야 한다.

② 방송통신위원회는 제1항에 따른 이용자 보호 업무에 대하여 평가한 후 그 결과를 공개할 수 있다. 이 경우 방송통신위원회는 전기통신사업자에게 평가에 필요한 자료를 제출하도록 명할 수 있다.

③ 전기통신역무의 종류, 사업규모, 이용자 보호 등을 고려하여 대통령령으로 정하는 전기통신사업자는 이용자와 전기통신역무의 이용에 관한 계약을 체결(체결된 계약 내용을 변경하는 것을 포함한다)하는 경우 대통령령으로 정하는 바에 따라 해당 계약서 사본을 이용자에게 서면 또는 정보통신망을 통하여 송부하여야 한다.

④ 기간통신역무를 제공하는 전기통신사업자가 이용요금을 이용자 등으로부터 미리 받고 그 이후에 전기통신서비스를 제공하는 사업(이하 "선불통화서비스"라 한다)을 하려는 경우에는 그 서비스를 제공할 수 없게 됨으로써 이용자 등이 입게 되는 손해를 배상할 수 있도록 서비스를 제공하기 전에 미리 받으려는 이용요금 총액의 범위에서 대통령령으로 정하는 기준에 따라 산정된 금액에 대하여 과학기술정보통신부장관이 지정하는 자를 피보험자로 하는 보증보험에 가입하여야 한다. 다만, 해당 전기통신사업자의 재정적 능력과 이용요금 등을 고려하여 대통령령으로 정하는 경우에는 보증보험에 가입하지 아니할 수 있다.

⑤ 선불통화서비스를 하려는 전기통신사업자(제4항 단서에 해당하는 전기통신사업자는 제외한다)는 다음 각 호의 기준을 따라야 한다.
   1. 보증보험으로 보장되는 선불통화 이용요금 총액을 넘어 선불통화서비스 이용권을 발행하지 아니할 것
   2. 보증보험의 보험기간 내에서 선불통화서비스를 제공할 것

⑥ 제4항에 따라 피보험자로 지정받은 자는 이용요금을 미리 낸 후 서비스를 제공받지 못한 이용자 등에게 제4항에 따른 보증보험에 따라 지급받은 보험금을 지급하여야

한다.
⑦ 제2항부터 제6항까지에 따른 이용자 보호 업무의 평가 대상·기준·절차, 평가 결과 활용, 계약서 사본 송부 절차, 보증보험의 가입·갱신 및 보험금의 지급절차 등에 관하여 필요한 사항은 대통령령으로 정한다.

[6] 요금한도 초과 등의 고지

① 전파법에 따라 할당받은 주파수를 사용하는 전기통신사업자는 다음 각 호의 어느 하나에 해당하는 경우에 그 사실을 이용자에게 알려야 한다.
   1. 이용자가 처음 약정한 전기통신서비스별 요금한도를 초과한 경우
   2. 국제전화 등 국제전기통신서비스의 이용에 따른 요금이 부과될 경우
② 제1항에 따른 고지의 대상·방법 등에 필요한 사항은 과학기술정보통신부장관이 정하여 고시한다.

[7] 전기통신역무 제공의 제한

① 과학기술정보통신부장관은 관계 행정기관의 장으로부터 다음 각 호의 어느 하나에 해당하는 요청이 있는 경우 1년 이상 3년 이내의 기간을 정하여 전기통신사업자에게 해당 전기통신번호(연결되어 있는 착신회선의 전기통신번호를 포함한다)에 대한 전기통신역무 제공의 중지를 명할 수 있다.
  1. 대부업 등의 등록 및 금융이용자 보호에 관한 법률 제9조의6에 따른 전기통신역무 제공의 중지 요청
  2. 전기통신금융사기 피해 방지 및 피해금 환급에 관한 특별법 제13조의3에 따른 전기통신역무 제공의 중지 요청
  3. 전자금융거래법 제6조의2에 따른 전기통신역무 제공의 중지 요청
  4. 정보통신망 이용촉진 및 정보보호 등에 관한 법률 제49조의3에 따른 전기통신역무 제공의 중지 요청
  5. 제32조의4제1항의 위반에 따른 전기통신역무 제공의 중지 요청(수사기관의 장이 제32조의4제1항의 위반사실을 확인하여 과학기술정보통신부장관에게 해당 전기통신번호에 대한 전기통신역무의 중지를 요청한 경우로 한정한다)
② 제1항에 따른 과학기술정보통신부장관의 명령을 받은 전기통신사업자는 전기통신역

무를 중지하기 전에 해당 전기통신역무 이용자에게 전기통신역무 제공의 중지를 요청한 행정기관, 사유 및 이의신청 절차를 통지하여야 한다.

③ 제2항에 따른 이의신청 절차의 통지 방법 등에 필요한 사항은 대통령령으로 정한다.

[8] 이동통신단말장치 부정이용 방지 등

① 누구든지 다음 각 호의 어느 하나에 해당하는 행위를 하여서는 아니 된다.
  1. 자금을 제공 또는 융통하여 주는 조건으로 다른 사람 명의로 전기통신역무의 제공에 관한 계약을 체결하는 이동통신단말장치(전파법에 따라 할당받은 주파수를 사용하는 기간통신역무를 이용하기 위하여 필요한 단말장치를 말한다. 이하 같다)를 개통하여 그 이동통신단말장치에 제공되는 전기통신역무를 이용하거나 해당 자금의 회수에 이용하는 행위
  2. 자금을 제공 또는 융통하여 주는 조건으로 이동통신단말장치 이용에 필요한 전기통신역무 제공에 관한 계약을 권유·알선·중개하거나 광고하는 행위
  3. 형법 제247조(도박장소 등 개설), 제347조(사기) 및 제347조의2(컴퓨터 등 사용사기)의 죄에 해당하는 행위, 성매매 알선 등 행위의 처벌에 관한 법률 제2조제1항제2호 및 제3호에 따른 성매매 알선 등 행위 및 성매매 목적의 인신매매에 이용할 목적으로 다른 사람 명의의 이동통신단말장치를 개통하여 그 이동통신단말장치에 제공되는 전기통신역무를 이용하는 행위

② 전기통신역무의 종류, 사업규모, 이용자 보호 등을 고려하여 대통령령으로 정하는 전기통신사업자는 전기통신역무 제공에 관한 계약을 체결하는 경우(전기통신사업자를 대리하거나 위탁받아 전기통신역무의 제공을 계약하는 대리점과 위탁점을 통한 계약체결을 포함한다) 계약 상대방의 동의를 받아 제32조의5제1항에 따른 부정가입방지시스템 등을 이용하여 본인 여부를 확인하여야 하고, 본인이 아니거나 본인 여부 확인을 거부하는 경우 계약의 체결을 거부할 수 있다. 전기통신역무 제공의 양도, 그 밖에 이용자의 지위승계 등으로 인하여 이용자 본인의 변경이 있는 경우 해당 변경에 따라 전기통신역무를 제공받으려는 자에 대하여도 또한 같다.

③ 제2항에 따라 본인 확인을 하는 경우 전기통신사업자는 계약 상대방에게 주민등록증(모바일 주민등록증을 포함), 운전면허증 등 본인임을 확인할 수 있는 증서 및 서류의 제시를 요구할 수 있다.

④ 제2항에 따른 본인 확인방법, 제3항에 따른 본인임을 확인할 수 있는 증서 및 서류의 종류 등에 필요한 사항은 대통령령으로 정한다.

[9] 부정가입방지시스템 구축

① 과학기술정보통신부장관은 부정한 방법을 통한 전기통신역무 제공계약 체결을 방지하기 위하여 가입자 본인 확인에 필요한 시스템(이하 "부정가입방지시스템"이라 한다)을 구축하여야 하고, 제32조의4제2항에 따른 전기통신사업자가 해당 시스템을 이용할 수 있도록 하여야 한다.

② 과학기술정보통신부장관은 부정가입방지시스템의 구축·운영을 위하여 본인(법정대리인을 포함한다) 확인에 필요한 다음 각 호의 정보를 보유한 국가기관·공공기관의 장에게 전자정부법 제36조제1항에 따른 행정정보의 공동이용을 통하여 제32조의4제3항에 따라 제시한 증서 등의 진위 여부에 대한 확인을 요청할 수 있다. 이 경우 요청을 받은 국가기관·공공기관의 장은 정당한 사유가 없으면 이에 따라야 한다.
1. 개인의 주민등록 및 가족관계에 관한 정보
2. 법인의 등기 및 사업자등록에 관한 정보
3. 외국인과 재외국민의 등록·거소신고 및 출입국에 관한 정보
4. 그 밖에 제32조의4제3항에 따라 제시한 증서 및 서류에 관한 정보

③ 과학기술정보통신부장관은 부정가입방지시스템의 구축·운영 등의 업무를 대통령령으로 정하는 바에 따라 방송통신발전 기본법 제15조에 따른 한국정보통신진흥협회(이하 "한국정보통신진흥협회"라 한다)에 위탁할 수 있다.

[10] 명의도용방지서비스의 제공 등

① 전기통신역무의 종류, 사업규모, 이용자 보호 등을 고려하여 대통령령으로 정하는 전기통신사업자는 명의도용으로 인한 피해를 방지하기 위하여 다음 각 호에 따른 서비스의 전부 또는 일부를 이용자에게 제공하여야 한다.
1. 이용자의 동의를 받아 이용자의 명의로 전기통신역무의 이용계약이 체결된 사실을 문자메시지 또는 등기우편물로 해당 이용자에게 알려주는 서비스(이하 이 조에서 "명의도용방지서비스"라 한다). 이 경우 본인 명의로 개통된 이동통신단말장치가 없거나 이동통신단말장치 분실신고를 한 이용자 등 문자메시지를 수신할 수 없는

이용자에 대하여는 주민등록법 제7조에 따른 주민등록표상의 주소지로 등기우편물을 방송하는 방법으로 명의도용방지서비스를 제공하여야 한다.
2. 이용자가 본인의 명의로 가입된 전기통신역무가 있는지 여부를 조회할 수 있는 서비스(이하 이 조에서 "가입사실현황조회서비스"라 한다)
3. 다른 사람이 이용자 본인의 명의로 전기통신역무 이용계약을 체결하는 것을 사전에 제한할 수 있는 서비스(이하 이 조에서 "가입제한서비스"라 한다)

② 제1항에 따른 서비스를 제공하는 전기통신사업자는 이용자와 전기통신역무의 이용계약을 체결하는 경우 이용자에게 명의도용방지서비스, 가입사실현황조회서비스 및 가입제한서비스에 관하여 명확하게 알리고, 인터넷 홈페이지에 게시하여야 한다.

③ 과학기술정보통신부장관은 명의도용방지서비스, 가입사실현황조회서비스 및 가입제한서비스의 제공을 지원하기 위하여 한국정보통신진흥협회를 전담기관으로 지정할 수 있다.

④ 제3항의 전담기관은 명의도용방지서비스의 제공을 지원하기 위하여 행정안전부장관에게 주민등록법 제30조제1항에 따른 주민등록전산정보자료의 제공을 요청할 수 있다. 이 경우 요청을 받은 행정안전부장관은 특별한 사유가 없으면 그 요청에 따라야 한다.

⑤ 제4항에 따라 주민등록전산정보자료를 요청하는 경우에는 과학기술정보통신부장관의 심사를 받아야 한다.

⑥ 제5항에 따라 과학기술정보통신부장관의 심사를 받은 경우에는 주민등록법 제30조제1항에 따른 관계 중앙행정기관의 장의 심사를 거친 것으로 본다. 이 경우 주민등록전산정보자료 처리 절차 등에 관한 사항은 주민등록법에 따르고, 사용료 또는 수수료는 면제한다.

⑦ 명의도용방지서비스, 가입사실현황조회서비스 및 가입제한서비스의 제공 방법, 절차 그 밖에 필요한 사항은 과학기술정보통신부장관이 정하여 고시한다.

[11] 청소년유해매체물 등의 차단

① 전파법에 따라 할당받은 주파수를 사용하는 전기통신사업자는 청소년 보호법에 따른 청소년과 전기통신서비스 제공에 관한 계약을 체결하는 경우 청소년 보호법 제2조제3호에 따른 청소년유해매체물 및 정보통신망 이용촉진 및 정보보호 등에 관한 법률

제44조의7제1항제1호에 따른 음란정보에 대한 차단수단을 제공하여야 한다.

② 방송통신위원회는 제1항에 따른 차단수단의 제공 실태를 점검할 수 있다.

③ 제1항에 따른 차단수단 제공 방법 및 절차 등에 필요한 사항은 대통령령으로 정한다.

[12] 착신전환서비스

① 전기통신사업자는 이용자의 전기통신번호로 수신된 전화 등을 이용자가 미리 설정한 전기통신번호로 연결하여 주는 전기통신역무(이하 "착신전환서비스"라 한다)를 제공할 수 있다.

② 제1항에 따른 착신전환서비스를 제공하는 전기통신사업자는 착신전환서비스의 내용 및 가입·설정 절차 등을 과학기술정보통신부장관에게 신고하여야 한다.

③ 제1항에 따른 착신전환서비스를 제공하는 전기통신사업자는 제2항에서 신고한 바와 다르게 착신전환서비스를 제공하여서는 아니 된다.

④ 제1항에 따른 착신전환서비스를 제공하는 전기통신사업자는 이용자의 신청 없이 임의로 착신전환서비스를 설정하여서는 아니 된다.

[13] 손해배상

① 전기통신사업자는 다음 각 호의 경우에는 이용자에게 배상을 하여야 한다. 다만, 그 손해가 불가항력으로 인하여 발생한 경우 또는 그 손해의 발생이 이용자의 고의나 과실로 인한 경우에는 그 배상 책임이 경감되거나 면제된다.
  1. 전기통신역무의 제공이 중단되는 등 전기통신역무의 제공과 관련하여 이용자에게 손해를 입힌 경우
  2. 제32조제1항에 따른 의견이나 불만의 원인이 되는 사유의 발생 및 이의 처리 지연과 관련하여 이용자에게 손해를 입힌 경우

② 전기통신사업자는 전기통신역무의 제공이 중단된 경우 대통령령으로 정하는 바에 따라 이용자에게 전기통신역무의 제공이 중단된 사실과 손해배상의 기준·절차 등을 알려야 한다.

6 전기통신사업의 경쟁 촉진 등

[1] 경쟁의 촉진

① 과학기술정보통신부장관은 전기통신사업의 효율적인 경쟁체제를 구축하고 공정한 경쟁환경을 조성하기 위하여 노력하여야 한다.

② 과학기술정보통신부장관은 제1항에 따라 전기통신사업의 효율적인 경쟁체제의 구축과 공정한 경쟁환경의 조성을 위한 경쟁정책을 수립하기 위하여 매년 기간통신사업에 대한 경쟁상황 평가를 실시하여야 한다.

③ 제2항에 따른 경쟁상황 평가를 위한 구체적인 평가기준, 절차, 방법 등에 관하여 필요한 사항은 대통령령으로 정한다.

④ 과학기술정보통신부장관은 제2항에 따른 경쟁상황 평가의 결과에 따라 전기통신서비스의 요금, 이용조건 및 전기통신설비의 이용 대가 등을 이용자와 다른 전기통신사업자에 대하여 독립적으로 결정·유지할 수 있다고 인정되는 기간통신사업자를 전기통신서비스별로 지정하여 고시할 수 있다.

[1의 2] 부가통신사업 실태조사

① 과학기술정보통신부장관은 부가통신사업의 현황 파악을 위하여 실태조사를 실시할 수 있다.

② 과학기술정보통신부장관은 제1항에 따른 실태조사를 위하여 부가통신사업자에게 필요한 자료의 제출을 요청할 수 있다. 이 경우 요청을 받은 자는 정당한 사유가 없으면 그 요청에 따라야 한다.

③ 제1항에 따른 실태조사를 위한 조사 대상, 조사 내용 등에 관하여 필요한 사항은 대통령령으로 정한다.

[2] 설비 등의 제공

① 기간통신사업자 또는 도로, 철도, 지하철도, 상·하수도, 전기설비, 전기통신회선설비 등을 건설·운용·관리하는 기관(이하 "시설관리기관"이라 한다)은 다른 전기통신사업자가 관로(管路)·공동구(共同溝)·전주(電柱)·케이블이나 국사(局舍) 등의 설

비(전기통신설비를 포함한다. 이하 같다) 또는 시설(이하 "설비 등"이라 한다)의 제공을 요청하면 협정을 체결하여 설비 등을 제공할 수 있다.

② 다음 각 호의 어느 하나에 해당하는 기간통신사업자 또는 시설관리기관은 제1항에도 불구하고 협정을 체결하여 설비 등을 제공하여야 한다. 다만, 시설관리기관의 사용계획 등이 있는 경우에는 그러하지 아니하다.

1. 다른 전기통신사업자가 전기통신역무를 제공하는 데에 필수적인 설비를 보유한 기간통신사업자
2. 관로·공동구·전주 등의 설비 등을 보유한 다음 각 목의 시설관리기관
   가. 한국도로공사법에 따라 설립된 한국도로공사
   나. 한국수자원공사법에 따라 설립된 한국수자원공사
   다. 한국전력공사법에 따라 설립된 한국전력공사
   라. 국가철도공단법에 따라 설립된 국가철도공단
   마. 지방공기업법에 따른 지방공기업
   바. 지방자치법에 따른 지방자치단체
   사. 도로법에 따른 지방국토관리청
3. 기간통신역무의 사업규모 및 시장점유율 등이 대통령령으로 정하는 기준에 해당하는 기간통신사업자 및 시설관리기관

③ 과학기술정보통신부장관은 제1항 및 제2항에 따른 설비 등의 범위와 설비 등의 제공의 조건·절차·방법 및 대가의 산정 등에 관한 기준을 정하여 고시한다. 이 경우 제2항에 따라 제공하여야 하는 설비 등의 범위는 같은 항 각 호의 어느 하나에 해당하는 기간통신사업자 및 시설관리기관의 설비 등의 수요를 고려하여 정하여야 한다.

④ 설비 등을 제공받고자 하는 전기통신사업자는 사전에 제1항에 따른 협정을 체결하여야 하고, 전기통신역무를 제공하기 위하여 필요한 범위에서 그 설비의 효율성을 높이는 장치를 부착할 수 있다. 이 경우 대통령령으로 정하는 바에 따라 사전에 해당 설비 등을 제공하는 기간통신사업자 또는 시설관리기관에 그 사실을 통보하여야 하고, 협정이 해지되거나 이용기간이 종료된 경우에는 그 장치를 제거하여야 한다.

⑤ 과학기술정보통신부장관은 설비 등의 효율적 활용과 관리를 위하여 설비 등의 제공 및 이용 실태에 관하여 현장조사를 할 수 있다. 이 경우 현장조사의 절차와 방법은 제51조제3항부터 제6항까지를 준용한다.

⑥ 과학기술정보통신부장관은 제1항 및 제2항에 따른 설비 등의 제공을 위하여 전문기관

을 지정할 수 있다.
⑦ 제6항에 따른 전문기관의 지정 및 그 업무 처리방법 등에 필요한 사항은 과학기술정보통신부장관이 정하여 고시한다.

[3] 공중케이블 정비 의무

① 전기통신사업자와 시설관리기관은 생활안전 및 도시 미관의 보호를 위하여 전주에 설치되는 케이블(이하 이 조에서 "공중케이블"이라 한다)을 정비하여야 한다.
② 과학기술정보통신부장관은 제1항에 따른 정비가 체계적으로 추진될 수 있도록 다음 각 호의 사항이 포함된 공중케이블 정비계획(이하 이 조에서 "정비계획"이라 한다)을 매년 수립하여야 한다. 이 경우 관계 부처 및 관련 전기통신사업자 등으로 구성된 공중케이블정비협의회의 심의를 거쳐야 한다.
 1. 정비계획의 기본 방향 및 목표
 2. 공중케이블의 설치·철거 및 재활용 기준
 3. 공중케이블 정비 추진상황 점검 및 평가
 4. 그 밖에 공중케이블 정비에 필요한 사항
③ 전기통신사업자와 시설관리기관은 정비계획에 따라야 하며, 정비계획의 시행에 소요되는 비용은 대통령령으로 정하는 바에 따라 해당 설비 등을 제공·이용하는 자가 공동으로 분담한다.
④ 제2항에 따른 공중케이블정비협의회의 구성·운영 등에 필요한 사항은 대통령령으로 정한다.

[4] 가입자선로의 공동 활용

① 기간통신사업자는 이용자와 직접 연결되어 있는 교환설비에서부터 이용자까지의 구간에 설치한 선로(이하 이 조에서 "가입자선로"라 한다)에 대하여 과학기술정보통신부장관이 정하여 고시하는 다른 전기통신사업자가 공동활용에 관한 요청을 하면 이를 허용하여야 한다.
② 과학기술정보통신부장관은 제1항에 따른 가입자선로 공동활용의 범위와 조건·절차·방법 및 대가의 산정 등에 관한 기준을 정하여 고시한다.

[5] 무선통신시설의 공동이용

① 기간통신사업자는 다른 기간통신사업자가 무선통신시설의 공동이용(이하 "공동이용"이라 한다)을 요청하면 협정을 체결하여 이를 허용할 수 있다. 이 경우 과학기술정보통신부장관이 정하여 고시하는 기간통신사업자 간의 공동이용의 대가는 공정하고 타당한 방법으로 산정하여 정산하여야 한다.

② 전기통신사업의 효율성을 높이고 이용자를 보호하기 위하여 과학기술정보통신부장관이 정하여 고시하는 기간통신사업자는 과학기술정보통신부장관이 정하여 고시하는 기간통신사업자가 공동이용을 요청하면 제1항에도 불구하고 협정을 체결하여 이를 허용하여야 한다.

③ 제1항 후단에 따른 공동이용 대가의 산정기준·절차 및 지급방법 등과 제2항에 따른 공동이용의 범위와 조건·절차·방법 및 대가의 산정 등에 관한 기준은 과학기술정보통신부장관이 정하여 고시한다.

[6] 전기통신서비스의 도매제공

① 기간통신사업자는 다른 전기통신사업자가 요청하면 협정을 체결하여 자신이 제공하는 전기통신서비스를 다른 전기통신사업자가 이용자에게 제공(이하 "재판매"라 한다)할 수 있도록 다른 전기통신사업자에게 자신의 전기통신서비스를 제공하거나 전기통신서비스의 제공에 필요한 전기통신설비의 전부 또는 일부를 이용하도록 허용(이하 "도매제공"이라 한다)할 수 있다.

② 기간통신사업자는 다른 전기통신사업자가 <u>도매제공을 요청한 날부터 60일 이내에</u> 협정을 체결하고, 기간통신사업자와 도매제공에 관한 협정을 체결한 다른 전기통신사업자는 협정 체결 후 30일 이내에 대통령령으로 정하는 바에 따라 과학기술정보통신부장관에게 신고하여야 한다. 협정을 변경하거나 폐지한 때에도 또한 같다.

③ 제5항에 따른 협정은 제38조의2제3항에 따라 과학기술정보통신부장관이 고시한 기준에 적합하여야 한다.

[7] 상호접속

① 전기통신사업자는 다른 전기통신사업자가 전기통신설비의 상호접속을 요청하면 협정

을 체결하여 상호접속을 허용할 수 있다.

② 과학기술정보통신부장관은 제1항에 따른 전기통신설비 상호접속의 범위와 조건·절차·방법 및 대가의 산정 등에 관한 기준을 정하여 고시한다.

③ 제1항과 제2항에도 불구하고 다음 각 호의 어느 하나에 해당하는 기간통신사업자는 제1항에 따른 요청을 받으면 협정을 체결하여 상호접속을 허용하여야 한다.

   1. 다른 전기통신사업자가 전기통신역무를 제공하는 데에 필수적인 설비를 보유한 기간통신사업자

   2. 기간통신역무의 사업규모 및 시장점유율 등이 대통령령으로 정하는 기준에 해당하는 기간통신사업자

[8] 상호접속의 대가

① 상호접속의 이용대가는 공정하고 타당한 방법으로 산정하여 상호정산하여야 하며 구체적인 산정기준 및 절차와 지급방법은 제39조제2항의 기준에 따른다.

② 전기통신사업자는 상호접속의 방법, 접속통화의 품질 또는 상호접속에 필요한 정보의 제공 등에서 자신의 책임이 아닌 사유로 불이익을 받은 경우에는 제39조제2항의 기준에 따라 상호접속의 이용 대가를 줄여 상호정산할 수 있다.

[9] 전기통신설비의 공동사용 등

① 기간통신사업자는 다른 전기통신사업자가 전기통신설비의 상호접속에 필요한 설비를 설치하거나 운영하기 위하여 그 기간통신사업자의 관로·케이블·전주 또는 국사 등의 전기통신설비나 시설에 대한 출입 또는 공동사용을 요청하면 협정을 체결하여 전기통신설비나 시설에 대한 출입 또는 공동사용을 허용할 수 있다.

② 과학기술정보통신부장관은 제1항에 따른 전기통신설비 또는 시설에 대한 출입 또는 공동사용의 범위와 조건·절차·방법 및 대가의 산정 등에 관한 기준을 정하여 고시한다.

③ 제1항에도 불구하고 다음 각 호의 어느 하나에 해당하는 기간통신사업자는 제1항에 따른 요청을 받으면 협정을 체결하여 제1항에 따른 전기통신설비나 시설에 대한 출입 또는 공동사용을 허용하여야 한다.

   1. 다른 전기통신사업자가 전기통신역무를 제공하는 데에 필수적인 설비를 보유한 기

간통신사업자

2. 기간통신역무의 사업규모 및 시장점유율 등이 대통령령으로 정하는 기준에 해당하는 기간통신사업자

[10] 정보의 제공

① 기간통신사업자는 다른 전기통신사업자로부터 설비 등의 제공·도매제공·상호접속 또는 공동사용 등이나 요금의 부과·징수 및 전기통신번호 안내를 위하여 필요한 기술적 정보 또는 이용자의 인적사항에 관한 정보의 제공을 요청받으면 협정을 체결하여 요청받은 정보를 제공할 수 있다.

② 과학기술정보통신부장관은 제1항에 따른 정보 제공의 범위와 조건·절차·방법 및 대가의 산정 등에 관한 기준을 정하여 고시한다.

③ 제1항에도 불구하고 다음 각 호의 어느 하나에 해당하는 기간통신사업자는 제1항에 따른 요청을 받으면 협정을 체결하여 요청받은 정보를 제공하여야 한다.

  1. 다른 전기통신사업자가 전기통신역무를 제공하는 데에 필수적인 설비를 보유한 기간통신사업자

  2. 기간통신역무의 사업규모 및 시장점유율 등이 대통령령으로 정하는 기준에 해당하는 기간통신사업자

④ 제3항에 따른 기간통신사업자는 그 전기통신설비에 다른 전기통신사업자나 이용자가 단말기기나 그 밖의 전기통신설비를 접속하여 사용하는 데에 필요한 기술적 기준, 이용 및 공급 기준, 그 밖에 공정한 경쟁환경을 조성하기 위하여 필요한 기준을 정하여 과학기술정보통신부장관의 승인을 받아 공시하여야 한다.

⑤ 전파법에 따라 할당받은 주파수를 사용하여 전기통신역무를 제공하는 기간통신사업자는 이용자가 해당 기간통신사업자를 거치지 아니하고 구입하는 통신단말장치(전파법에 따라 할당받은 주파수를 사용하여 전기통신역무를 이용할 수 있는 단말장치를 말한다. 이하 같다)의 제조, 수입, 유통 또는 판매를 위하여 필요한 범위에서 제조업자, 수입업자 또는 유통업자의 요청이 있을 경우 전기통신서비스 규격에 관한 정보를 제공하여야 한다.

⑥ 제5항에 따른 정보 제공의 범위 및 방법 등에 필요한 사항은 대통령령으로 정한다.

[11] 방송통신위원회의 재정

① 전기통신사업자 상호 간에 발생한 전기통신사업과 관련한 분쟁 중 당사자 간 협의가 이루어지지 아니하거나 협의를 할 수 없는 경우 전기통신사업자는 방송통신위원회에 재정(裁定)을 신청할 수 있다.

② 방송통신위원회는 제1항에 따른 재정신청을 받은 때에는 그 사실을 다른 당사자에게 통지하고 기간을 정하여 의견을 진술할 기회를 주어야 한다. 다만, 당사자가 정당한 사유 없이 이에 따르지 아니하는 때에는 그러하지 아니하다.

③ 방송통신위원회는 재정신청을 접수한 날부터 90일 이내에 재정을 하여야 한다. 다만, 부득이한 사정으로 그 기간 내에 재정을 할 수 없는 경우에는 한 번만 90일의 범위에서 방송통신위원회의 의결로 그 기간을 연장할 수 있다.

④ 방송통신위원회는 제3항 단서에 따라 처리기간을 연장한 경우에는 기간연장의 사유와 기한을 명시하여 당사자에게 통지하여야 한다.

⑤ 방송통신위원회는 재정절차의 진행 중에 한쪽 당사자가 소를 제기한 경우에는 재정절차를 중지하고 그 사실을 다른 당사자에게 통보하여야 한다. 재정신청 전에 이미 소가 제기된 사실이 확인된 경우에도 같다.

⑥ 방송통신위원회는 제1항에 따른 재정신청에 대하여 재정을 한 경우에는 지체 없이 재정문서를 당사자에게 송달하여야 한다.

⑦ 방송통신위원회의 재정문서의 정본(正本)이 당사자에게 송달된 날부터 60일 이내에 해당 재정의 대상인 사업자 간 분쟁을 원인으로 하는 소송이 제기되지 아니하거나 소송이 취하된 경우 또는 양쪽 당사자가 방송통신위원회에 재정의 내용에 대하여 분명한 동의의 의사를 표시한 경우에는 당사자 간에 그 재정의 내용과 동일한 합의가 성립된 것으로 본다.

[11의 2] 통신분쟁조정위원회 설치 및 구성

① 방송통신위원회는 전기통신사업자와 이용자 사이에 발생한 다음 각 호의 어느 하나에 해당하는 분쟁을 효율적으로 조정하기 위하여 통신분쟁조정위원회(이하 "분쟁조정위원회"라 한다)를 둘 수 있다.
   1. 제33조에 따른 손해배상과 관련된 분쟁

2. 이용약관(제28조제1항 및 제2항에 따라 신고하거나 인가받은 이용약관에 한정되지 아니한다)과 다르게 전기통신서비스를 제공하여 발생한 분쟁
3. 전기통신서비스 이용계약의 체결, 이용, 해지 과정에서 발생한 분쟁
4. 전기통신서비스 품질과 관련된 분쟁
5. 전기통신사업자가 이용자에게 이용요금, 약정 조건, 요금할인 등의 중요한 사항을 설명 또는 고지하지 아니하거나 거짓으로 설명 또는 고지하는 행위와 관련된 분쟁
6. 앱 마켓에서의 이용요금 결제, 결제 취소 또는 환급에 관한 분쟁
7. 그 밖에 대통령령으로 정하는 전기통신역무에 관한 분쟁

② 분쟁조정위원회는 방송통신위원회 위원장이 지명하는 <u>위원장 1명을 포함하여 30명</u> 이하의 위원으로 구성한다.

③ 분쟁조정위원회 위원은 다음 각 호의 어느 하나에 해당하는 사람 중에서 방송통신위원회 위원장이 방송통신위원회의 동의를 받아 성별을 고려하여 위촉한다.
 1. 대학이나 공인된 연구기관에서 부교수 이상 또는 이에 상당하는 직에 재직하고 있거나 재직하였던 사람
 2. 판사·검사 또는 변호사로 5년 이상 재직한 사람
 3. 공인회계사로 5년 이상 재직한 사람
 4. 4급 이상의 공무원 또는 이에 상당하는 공공기관의 직에 있거나 있었던 사람으로서 전기통신과 관련된 업무에 실무경험이 있는 자
 5. 그 밖에 전기통신에 관한 지식과 경험이 풍부한 사람

④ 분쟁조정위원회 위원의 임기는 2년으로 하되, 한 차례만 연임할 수 있다.

⑤ <u>방송통신위원회는 분쟁조정위원회의 업무를 지원하기 위하여 필요한 경우에는 방송통신위원회 소속으로 사무국을 둘 수 있다.</u>

⑥ 그 밖에 분쟁조정위원회 및 제5항에 따른 사무국의 구성과 운영 등에 필요한 사항은 대통령령으로 정한다.

[11의 3] 위원의 신분보장

분쟁조정위원회의 위원은 자격정지 이상의 형을 선고받거나 심신상의 장애로 직무를 수행할 수 없는 경우 또는 제45조의4제1항의 사유에 해당함에도 회피하지 아니하는 경우를 제외하고는 그의 의사에 반하여 면직되거나 해촉되지 아니한다.

[11의 4] 위원의 제척・기피・회피

① 분쟁조정위원회의 위원은 다음 각 호의 어느 하나에 해당하는 경우에는 분쟁조정위원회에 신청된 분쟁조정사건(이하 이 조에서 "사건"이라 한다)의 심의・의결에서 제척(除斥)된다.
   1. 위원 또는 그 배우자나 배우자였던 사람이 그 사건의 당사자가 되거나 그 사건에 관하여 공동의 권리자 또는 의무자의 관계에 있는 경우
   2. 위원이 그 사건의 당사자와 친족관계에 있거나 있었던 경우
   3. 위원이 그 사건에 관하여 증언, 감정, 법률자문을 한 경우
   4. 위원이 그 사건에 관하여 당사자의 대리인으로서 관여하거나 관여하였던 경우

② 당사자는 위원에게 공정한 심의・의결을 기대하기 어려운 사정이 있으면 분쟁조정위원회에 기피신청을 할 수 있고, 분쟁조정위원회는 의결로 이를 결정한다. 이 경우 기피 신청의 대상인 위원은 그 의결에 참여하지 못한다.

③ 위원이 제1항의 사유에 해당하는 경우에는 스스로 그 사건의 심의・의결에서 회피하여야 하고, 제2항에 해당하는 경우에는 스스로 심의・의결에서 회피할 수 있다.

[11의 5] 분쟁조정 절차

① 전기통신에 관한 분쟁의 조정을 원하는 자는 대통령령으로 정하는 사항을 기재하여 분쟁조정위원회에 조정을 신청할 수 있다.

② 분쟁조정위원회는 제1항에 따른 분쟁조정 신청을 받은 때에는 그 사실을 다른 당사자에게 통지하여야 한다.

③ 분쟁조정위원회는 당사자 또는 이해관계인이 의견을 진술하려는 경우에는 특별한 사유가 없으면 의견진술의 기회를 주어야 한다. 다만, 당사자가 정당한 사유 없이 이에 따르지 아니하는 때에는 그러하지 아니하다.

④ 분쟁조정위원회는 분쟁의 조정을 위하여 필요하다고 인정하는 경우에는 당사자, 이해관계인 등에 필요한 자료의 제출을 요구할 수 있다.

⑤ 분쟁조정위원회는 제1항에 따라 분쟁조정 신청을 받았을 때에는 당사자에게 그 내용을 제시하고 조정 전 합의를 권고할 수 있다.

⑥ 분쟁조정위원회는 분쟁조정 신청을 접수한 날부터 60일 이내에 이를 심사하여 조정

안을 작성하여야 한다. 다만, 부득이한 사정이 있는 경우에는 한 차례만 30일의 범위에서 분쟁조정위원회의 의결로 처리기간을 연장할 수 있다.

⑦ 분쟁조정위원회는 제6항 단서에 따라 처리기간을 연장한 경우에는 기간연장의 사유와 기한을 명시하여 당사자에게 통지하여야 한다.

⑧ 그 밖에 분쟁조정의 절차와 방법 등에 관하여 필요한 사항은 대통령령으로 정한다.

[11의 6] 분쟁조정의 거부 및 중지

① 분쟁조정위원회는 이중으로 조정을 신청한 경우(조정결정 또는 조정종결 사건에 관하여 다시 조정을 신청한 경우도 포함한다) 또는 신청의 내용이 부적법하거나 부당한 목적으로 신청하였다고 인정되는 경우에는 조정 신청을 거부할 수 있다. 이 경우 조정거부 사유 등을 당사자에게 알려야 한다.

② 분쟁조정위원회는 조정절차 진행 중에 당사자 중 일방이 조정의 대상인 분쟁을 원인으로 하는 소를 제기하거나 조정 개시 전에 이미 소가 제기된 사실이 확인된 경우에는 그 조정절차를 중지하고 이를 당사자에게 통지하여야 한다. 다만, 소가 취하된 경우 분쟁조정위원회는 조정절차를 속개할 수 있다.

[11의 7] 분쟁조정의 효력 등

① 분쟁조정위원회는 분쟁조정을 마친 때에는 조정안을 작성하여 지체 없이 당사자에게 통지하여야 한다.

② 제1항에 따른 통지를 받은 당사자는 그 통지를 받은 날부터 15일 이내에 조정안에 대한 수락 여부를 분쟁조정위원회에 알려야 한다. 이 경우 15일 이내에 당사자가 수락의 의사를 표시하지 아니한 경우에는 조정을 거부한 것으로 본다.

③ 제2항에 따라 당사자 전원이 조정안을 수락하는 경우 조정이 성립되며 분쟁조정위원회 위원장은 지체 없이 조정서를 작성하여 당사자 전원에게 송달하여야 한다.

④ 분쟁조정위원회의 위원장 및 각 당사자는 조정서에 서명 또는 기명·날인하여야 한다.

⑤ 제4항에 따라 당사자가 강제집행을 승낙하는 취지의 내용이 기재된 조정서에 서명 또는 기명·날인한 경우 조정서의 정본은 민사집행법 제56조에도 불구하고 집행력 있는 집행권원과 같은 효력을 가진다. 다만, 청구에 관한 이의의 주장에 대하여는 민사집행법 제44조제2항을 적용하지 아니한다.

[11의 8] 조정의 종결

① 조정은 다음 각 호의 어느 하나에 해당하는 경우에는 종결된다.
   1. 제45조의5제5항에 따른 합의 권고를 통하여 합의가 이루어진 경우
   2. 분쟁조정위원회가 해당 조정사건에 대하여 당사자 간 합의가 이루어질 가능성이 없다고 인정하는 경우
   2의2. 제45조의6에 따라 직권조정결정이 이루어진 경우
   3. 제45조의7에 따라 분쟁조정위원회가 조정을 거부한 경우
   4. 당사자가 제45조의8제2항에 따라 지정 기간 내에 조정안에 대한 수락의 의사를 표시하지 아니하거나 수락 거부의 의사를 표시한 경우
   5. 제45조의8제3항에 따라 조정이 성립된 경우
   6. 조정의 대상인 분쟁을 원인으로 하는 소송의 판결이 확정된 경우

② 분쟁조정위원회는 제1항에 따라 조정이 종결되었을 때에는 종결 사실과 그 이유를 적시하여 당사자에게 통지하여야 한다.

[12] 출석 요구 및 의견 청취 등

① 방송통신위원회는 재정사건의 처리를 위하여 필요하다고 인정하는 경우에는 당사자의 신청 또는 직권으로 다음 각 호의 행위를 할 수 있다.
   1. 당사자 또는 참고인에 대한 출석의 요구 및 의견 청취
   2. 감정인에 대한 감정의 요구
   3. 분쟁사건과 관계있는 문서 또는 물건의 제출 요구 및 제출된 문서나 물건의 영치

② 제1항, 제45조 및 제46조에서 규정한 사항 외에 방송통신위원회의 재정 및 알선의 절차 등에 관하여 필요한 세부사항은 방송통신위원회가 정하여 고시한다.

[13] 전기통신번호자원 관리계획

① 과학기술정보통신부장관은 전기통신역무의 효율적인 제공 및 이용자의 편익과 전기통신사업자 간의 공정한 경쟁환경 조성, 유한한 국가자원인 전기통신번호의 효율적 활용 등을 위하여 전기통신번호체계 및 전기통신번호의 부여·회수·통합 등에 관한 사항을 포함한 전기통신번호자원 관리계획을 수립·시행하여야 한다.

② 과학기술정보통신부장관은 제1항에 따른 계획을 수립하면 이를 고시하여야 한다. 수립된 계획을 변경하였을 때에도 또한 같다.
③ 전기통신사업자는 제2항에 따라 고시한 사항을 지켜야 한다.

[14] 전기통신번호 매매 금지

① 누구든지 유한한 국가자원인 전기통신번호를 매매하여서는 아니 된다.
② 과학기술정보통신부장관은 제1항을 위반하여 전기통신번호를 매매하는 내용의 정보가 정보통신망에 게재된 경우 정보통신망 이용촉진 및 정보보호 등에 관한 법률 제2조제1항제3호에서 정한 정보통신서비스 제공자에게 해당 서비스의 폐쇄 또는 게시제한을 명할 수 있다.

[15] 회계 정리

① 기간통신사업자는 대통령령으로 정하는 바에 따라 회계를 정리하고, 매 회계연도 종료 후 3개월 이내에 전년도 영업보고서를 작성하여 과학기술정보통신부장관에게 제출하고 관련되는 장부와 근거 자료를 갖추어 두어야 한다. 다만, 전년도 전기통신역무 매출액이 대통령령으로 정하는 금액 미만인 기간통신사업자는 그러하지 아니하다.
② 과학기술정보통신부장관은 제1항에 따른 회계 정리에 관한 사항을 정하는 경우에는 미리 기획재정부장관과의 협의를 거쳐야 한다.
③ 과학기술정보통신부장관은 제1항에 따라 제출된 기간통신사업자의 영업보고서 내용을 검증할 수 있다.
④ 과학기술정보통신부장관은 제3항에 따른 검증을 위하여 필요한 경우에 기간통신사업자에게 관련 자료의 제출을 명하거나 사실 확인에 필요한 검사를 할 수 있다.
⑤ 과학기술정보통신부장관은 제4항에 따라 검사를 하려는 경우에는 검사 7일 전까지 검사기간·이유·내용 등에 대한 검사계획을 해당 기간통신사업자에게 알려주어야 한다.
⑥ 제4항에 따라 검사를 하는 자는 그 권한을 표시하는 증표를 관계인에게 보여주어야 하며, 최초 출입 시 성명·출입기간·출입목적 등이 표시된 문서를 관계인에게 주어야 한다.

[16] 금지행위

① 전기통신사업자(제9호부터 제11호까지의 경우에는 앱 마켓사업자로 한정한다)는 공정한 경쟁 또는 이용자의 이익을 해치거나 해칠 우려가 있는 다음 각 호의 어느 하나에 해당하는 행위(이하 "금지행위"라 한다)를 하거나 다른 전기통신사업자 또는 제3자로 하여금 금지행위를 하도록 하여서는 아니 된다.

1. 설비 등의 제공·공동활용·공동이용·상호접속·공동사용·도매제공 또는 정보의 제공 등에 관하여 불합리하거나 차별적인 조건 또는 제한을 부당하게 부과하는 행위
2. 설비 등의 제공·공동활용·공동이용·상호접속·공동사용·도매제공 또는 정보의 제공 등에 관하여 협정 체결을 부당하게 거부하거나 체결된 협정을 정당한 사유 없이 이행하지 아니하는 행위
3. 설비 등의 제공·공동활용·공동이용·상호접속·공동사용·도매제공 또는 정보의 제공 등으로 알게 된 다른 전기통신사업자의 정보 등을 자신의 영업활동에 부당하게 유용하는 행위
4. 비용이나 수익을 부당하게 분류하여 전기통신서비스(전기통신서비스를 다른 전기통신서비스, 방송법 제2조제1호에 따른 방송 또는 인터넷 멀티미디어 방송사업법 제2조제1호에 따른 인터넷 멀티미디어 방송의 전부 또는 일부와 묶어서 판매하는 결합판매서비스를 포함)의 이용요금이나 설비 등의 제공·공동활용·공동이용·상호접속·공동사용·도매제공 또는 정보의 제공 등의 대가 등을 산정하는 행위
5. 이용약관(제28조제1항에 따라 신고한 이용약관만을 말한다)과 다르게 전기통신서비스를 제공하거나 전기통신이용자의 이익을 현저히 해치는 방식으로 전기통신서비스를 제공하는 행위

5의2. 전기통신사업자가 이용자에게 전기통신서비스의 이용요금, 약정 조건, 요금할인 등의 중요한 사항을 설명 또는 고지하지 아니하거나 거짓으로 설명 또는 고지하는 행위

5의3. 집합건물의 소유 및 관리에 관한 법률을 적용받는 건물 등 다수가 공동으로 사용하는 건물의 소유자 등 건물관리주체와 전기통신서비스 이용계약[같은 법 제2조제3호에 따른 전유부분 등을 점유하는 자(이하 이 조에서 "점유자"라 한다)에게 전기통신서비스를 제공하려는 목적으로 체결하는 계약을 말한다]을 체결하면서 점유자에

게 특정 전기통신서비스만 이용하도록 강제하는 행위. 이 경우 건물의 세부유형과 건물관리주체의 범위 등에 대한 기준은 방송통신위원회가 정하여 고시한다.
6. 설비 등의 제공·공동활용·공동이용·상호접속·공동사용·도매제공 또는 정보제공의 대가를 공급비용에 비하여 부당하게 높게 결정·유지하는 행위
7. 전파법에 따라 할당받은 주파수를 사용하는 전기통신역무를 이용하여 디지털콘텐츠를 제공하기 위한 거래에서 적정한 수익배분을 거부하거나 제한하는 행위
8. 통신단말장치의 기능을 구현하는 데 필수적이지 아니한 소프트웨어의 삭제 또는 삭제에 준하는 조치를 부당하게 제한하는 행위 및 다른 소프트웨어의 설치를 부당하게 제한하는 소프트웨어를 설치·운용하거나 이를 제안하는 행위
9. 앱 마켓사업자가 모바일콘텐츠 등의 거래를 중개할 때 자기의 거래상의 지위를 부당하게 이용하여 모바일콘텐츠 등 제공사업자에게 특정한 결제방식을 강제하는 행위
10. 앱 마켓사업자가 모바일콘텐츠 등의 심사를 부당하게 지연하는 행위
11. 앱 마켓사업자가 앱 마켓에서 모바일콘텐츠 등을 부당하게 삭제하는 행위

② 전기통신사업자와의 협정에 따라 전기통신사업자와 이용자 간의 계약 체결(체결된 계약 내용을 변경하는 것을 포함한다) 등을 대리하는 자가 제1항제5호 및 제5호의2의 행위를 한 경우에 그 행위에 대하여 제52조제1항과 제53조를 적용할 때에는 전기통신사업자가 그 행위를 한 것으로 본다. 다만, 전기통신사업자가 그 행위를 방지하기 위하여 상당한 주의를 한 경우에는 그러하지 아니하다.

③ 제1항에 따른 금지행위의 유형 및 기준에 관하여 필요한 사항은 대통령령으로 정한다.

[17] 금지행위에 대한 조치

① 방송통신위원회는 제50조제1항을 위반한 행위가 있다고 인정하면 전기통신사업자에게 다음 각 호의 조치를 명할 수 있다. 다만, 제1호부터 제5호까지, 제8호 및 제9호의 조치를 명하는 경우에는 과학기술정보통신부장관의 의견을 들어야 한다.
1. 전기통신역무 제공조직의 분리
2. 전기통신역무에 대한 내부 회계규정 등의 변경
3. 전기통신역무에 관한 정보의 공개
4. 전기통신사업자 간 협정의 체결·이행 또는 내용의 변경
5. 전기통신사업자의 이용약관 및 정관의 변경

6. 금지행위의 중지
   7. 금지행위로 인하여 시정조치를 명령받은 사실의 공표
   8. 금지행위의 원인이 된 전기통신설비의 수거 등 금지행위로 인한 위법 사항의 원상회복에 필요한 조치
   9. 전기통신역무에 관한 업무 처리절차의 개선
   10. 이용자의 신규 모집 금지(금지기간을 3개월 이내로 하되, 제1호부터 제9호까지의 조치에도 불구하고 같은 위반행위가 3회 이상 반복되거나 그 조치만으로는 이용자의 피해를 방지하기가 현저히 곤란하다고 판단되는 경우로 한정한다)
   11. 제1호부터 제10호까지의 조치를 위하여 필요한 사항으로서 대통령령으로 정하는 사항

② 전기통신사업자는 제1항에 따른 방송통신위원회의 명령을 대통령령으로 정한 기간에 이행하여야 한다. 다만, 방송통신위원회는 천재지변이나 그 밖의 부득이한 사유로 전기통신사업자가 그 기간에 명령을 이행할 수 없다고 인정하는 경우에는 한 번만 그 기간을 연장할 수 있다.

③ 방송통신위원회는 제1항에 따른 조치를 명하기 전에 그 조치의 내용을 당사자에게 알리고 기간을 정하여 의견을 진술할 기회를 주어야 하며, 필요하다고 인정하면 이해관계인 또는 참고인에 대한 출석 요구 및 의견 청취와 감정인에 대한 감정 요구를 할 수 있다. 다만, 당사자가 정당한 사유 없이 이에 응하지 아니하는 경우에는 그러하지 아니하다.

④ 방송통신위원회는 제1항부터 제3항까지의 규정에 따른 조치를 명한 때에는 그 사실을 과학기술정보통신부장관에게 통보하여야 한다.

⑤ 과학기술정보통신부장관은 제1항에 따른 명령을 정당한 사유 없이 제2항에 따라 정해진 기간 내에 이행하지 아니한 전기통신사업자에 대하여 사업의 일부 정지를 명할 수 있다.

⑥ 제5항에 따른 처분의 기준, 절차, 그 밖에 필요한 사항은 대통령령으로 정한다.

⑦ 과학기술정보통신부장관은 제5항에 따라 기간통신사업자에게 사업의 일부 정지를 명하는 경우 제19조제2항에 따른 이용자 보호에 필요한 조치를 명할 수 있다.

⑧ 방송통신위원회는 제50조제1항을 위반한 행위가 끝난 날부터 5년이 지나면 해당 행위에 대하여 제1항에 따른 조치나 제53조에 따른 과징금 부과처분을 하지 아니한다.

다만, 이미 끝난 조치 또는 과징금의 부과가 법원의 판결에 따라 취소된 경우로서 그 판결이유에 따라 새로운 처분을 하는 경우에는 그러하지 아니하다.

[18] 금지행위 관련 조치에 대한 이행강제금

① 과학기술정보통신부장관은 제52조제1항에 따른 명령(이하 이 조에서 "시정조치명령"이라 한다)을 받은 후 시정조치명령에서 정한 기간에 이를 이행하지 아니하는 자에 대하여 매출액의 1천분의 3 이내의 범위에서 하루당 금액을 정하여 이행강제금을 부과할 수 있다. 이 경우 매출액의 산정기준은 위반행위와의 관련성, 위반행위의 기간·횟수 등을 고려하여 대통령령으로 정한다.

② 과학기술정보통신부장관은 제1항에 따른 이행강제금을 부과하기 전에 이행강제금을 부과·징수한다는 사실을 미리 문서로 알려 주어야 한다.

③ 과학기술정보통신부장관은 제1항에 따라 이행강제금을 부과할 때에는 이행강제금의 금액, 이행강제금의 부과 사유, 납부기한, 수납기관, 이의 제기 방법 및 이의 제기 기관 등을 적은 문서로 하여야 한다.

④ 과학기술정보통신부장관은 최초의 시정조치명령을 한 날을 기준으로 90일마다 그 시정조치명령이 이행될 때까지 반복하여 제1항에 따른 이행강제금을 부과·징수할 수 있다.

⑤ 과학기술정보통신부장관은 시정조치명령을 받은 자가 명령을 이행하면 새로운 이행강제금의 부과를 즉시 중지하되, 이미 부과된 이행강제금은 징수하여야 한다.

⑥ 과학기술정보통신부장관은 제1항에 따라 이행강제금 부과처분을 받은 자가 이행강제금을 기한까지 납부하지 아니하면 국세 체납처분의 예에 따라 징수한다.

⑦ 이행강제금의 부과·납부·징수 및 이의 제기 절차 등에 관하여 필요한 사항은 대통령령으로 정한다.

[19] 금지행위 등에 대한 과징금의 부과

① 방송통신위원회는 제50조제1항을 위반한 행위가 있는 경우에는 해당 전기통신사업자에게 대통령령으로 정하는 매출액의 100분의 3 이하에 해당하는 금액을 과징금으로 부과할 수 있다. 이 경우 전기통신사업자가 매출액 산정 자료의 제출을 거부하거나 거짓 자료를 제출하면 해당 전기통신사업자 및 같거나 비슷한 종류의 역무제공사업자

의 재무제표 등 회계 자료와 가입자 수 및 이용요금 등 영업 현황 자료에 근거하여 매출액을 추정할 수 있다. 다만, 매출액이 없거나 매출액을 산정하기 곤란한 경우로서 대통령령으로 정하는 경우에는 10억원 이하의 과징금을 부과할 수 있다.

② 과학기술정보통신부장관은 제49조에 따라 영업보고서를 제출하는 기간통신사업자가 다음 각 호의 어느 하나에 해당하는 경우에는 해당 기간통신사업자에게 대통령령으로 정하는 매출액의 100분의 3 이하에 해당하는 금액을 과징금으로 부과할 수 있다.
 1. 제49조에 따른 영업보고서를 제출하지 아니하거나 관련 자료의 제출에 관한 명령을 이행하지 아니한 때
 2. 제49조에 따른 영업보고서의 중요 사항을 기재하지 아니하거나 거짓으로 기재한 때
 3. 제49조제1항을 위반하여 회계를 정리하거나 장부 또는 근거 자료를 갖추어 두지 아니한 때

③ 과학기술정보통신부장관 또는 방송통신위원회는 제1항 또는 제2항에 따른 과징금을 부과하는 경우에는 다음 각 호의 사항을 고려하여야 한다.
 1. 위반행위의 내용 및 정도
 2. 위반행위의 기간 및 횟수
 3. 위반행위로 인하여 취득한 이익의 규모
 4. 위반행위를 한 전기통신사업자의 금지행위 또는 회계정리 위반과 관련된 매출액
 5. 자율준수 프로그램 운영 등 위반행위 방지를 위한 노력
 6. 제32조제2항에 따른 이용자 보호 업무에 대한 평가 결과

④ 제1항 또는 제2항에 따른 과징금은 제3항을 고려하여 산정하되, 구체적인 산정기준과 절차는 대통령령으로 정한다.

⑤ 과학기술정보통신부장관 또는 방송통신위원회는 제1항 또는 제2항에 따른 과징금을 내야 할 자가 납부기한까지 내지 아니하면 납부기한의 다음 날부터 체납된 과징금에 대하여 연 100분의 6에 해당하는 가산금을 징수한다.

⑥ 과학기술정보통신부장관 또는 방송통신위원회는 제1항 또는 제2항에 따른 과징금을 내야 할 자가 납부기한까지 내지 아니하면 기간을 정하여 독촉하고, 그 지정된 기간에 과징금 및 제5항에 따른 가산금을 내지 아니하면 국세 체납처분의 예에 따라 징수한다.

⑦ 제5항에 따른 가산금을 내야 하는 기간은 60개월을 초과하지 못한다.

⑧ 법원 판결 등의 사유로 제1항 또는 제2항에 따라 부과된 과징금을 환급하는 경우에는 과징금을 낸 날부터 환급하는 날까지의 기간에 대하여 금융회사 등의 예금이자율 등을 고려하여 대통령령으로 정하는 이자율에 따라 계산한 환급가산금을 지급하여야 한다.

⑨ 제8항에도 불구하고 법원의 판결에 의하여 과징금 부과처분이 취소되어 그 판결이유에 따라 새로운 과징금을 부과하는 경우에는 당초 납부한 과징금에서 새로 부과하기로 결정한 과징금을 공제한 나머지 금액에 대해서만 환급가산금을 계산하여 지급한다.

[20] 전기통신역무의 품질 개선 등

① 전기통신사업자는 그가 제공하는 전기통신역무의 품질을 개선하기 위하여 노력하여야 한다.

② 과학기술정보통신부장관은 전기통신역무의 품질을 개선하고 이용자의 편익을 증진하기 위하여 전기통신역무의 품질 평가 등 필요한 시책을 마련하여야 한다.

③ 과학기술정보통신부장관은 전기통신사업자에게 제2항에 따른 전기통신역무의 품질 평가 등에 필요한 자료를 제출하도록 명할 수 있다.

[21] 전기통신역무의 정보 제공

① 전기통신사업자는 이용자들에게 그가 제공하는 전기통신역무의 이용 가능 지역 및 제공 방식 등 전기통신역무를 선택하는 데 필요한 정보를 제공하여야 한다.

② 제1항에 따라 제공하여야 하는 정보의 종류와 정보 제공 방법 및 절차는 과학기술정보통신부장관이 정하여 고시한다.

③ 과학기술정보통신부장관은 제1항에 따른 정보 제공 현황을 정기적으로 점검하고 매년 그 결과를 공표하여야 한다.

[22] 사전선택제

① 과학기술정보통신부장관은 이용자가 전기통신서비스를 제공받으려는 전기통신사업자를 사전에 선택하는 제도(이하 "사전선택제"라 한다)를 시행하여야 한다. 이 경우 전기통신서비스는 복수(複數)의 전기통신사업자가 제공하는 같은 전기통신서비스 중

대통령령으로 정하는 전기통신서비스를 말한다.

② 전기통신사업자는 이용자에게 특정한 전기통신사업자를 사전선택하도록 강요하거나 부당한 방법으로 권유·유도하는 행위를 하여서는 아니 된다.

③ 과학기술정보통신부장관은 사전선택제를 효율적이고 중립적으로 시행하기 위하여 사전선택 등록·변경 업무 등을 수행하는 전문기관(이하 "사전선택등록센터"라 한다)을 지정할 수 있으며, 사전선택등록센터의 지정에 필요한 사항은 과학기술정보통신부장관이 정하여 고시한다.

[23] 전기통신번호이동성

① 과학기술정보통신부장관은 이용자가 전기통신사업자 등의 변경에도 불구하고 종전의 전기통신번호를 유지할 수 있도록 전기통신번호이동성에 관한 계획(이하 이 조에서 "번호이동성계획"이라 한다)을 수립·시행할 수 있다.

② 번호이동성계획에는 다음 각 호의 내용이 포함되어야 한다.
　1. 전기통신번호이동성 대상 서비스의 종류
　2. 전기통신번호이동성 대상 서비스별 도입시기
　3. 전기통신번호이동성 시행에 필요한 비용의 전기통신사업자별 분담에 관한 사항

③ 과학기술정보통신부장관은 번호이동성계획을 시행하기 위하여 관계 전기통신사업자에게 필요한 조치를 하도록 명할 수 있다.

④ 과학기술정보통신부장관은 전기통신번호이동성을 효율적이고 중립적으로 시행하기 위하여 번호이동의 등록·변경 업무 등을 수행하는 전문기관(이하 "번호이동성관리기관"이라 한다)을 지정할 수 있다.

⑤ 전기통신번호이동성의 시행에 관한 사항과 번호이동성관리기관의 지정 및 그 업무 처리 등에 필요한 사항은 과학기술정보통신부장관이 정하여 고시한다.

[24] 주식의 상호소유의 제한 등

① 제39조제3항제1호 또는 제2호에 해당하는 기간통신사업자(특수관계인을 포함한다)는 서로 다른 기간통신사업자의 의결권 있는 발행주식 총수의 100분의 5를 초과하여 소유하는 경우 그 한도를 초과하는 주식에 대하여는 의결권을 행사할 수 없다.

② 제1항은 제39조제3항제1호 또는 제2호에 해당하는 기간통신사업자와 그 기간통신사

업자가 최대주주가 되어 설립한 기간통신사업자 간의 소유관계에 대하여는 적용하지 아니한다.

[25] 번호안내서비스의 제공

① 전기통신사업자는 이용자의 전기통신번호(전파법에 따라 할당받은 주파수를 사용하는 기간통신역무를 이용하기 위하여 필요한 전기통신번호를 제외)를 이용자의 동의를 받아 일반에게 음성·책자·인터넷 등으로 안내하는 서비스(이하 "번호안내서비스"라 한다)를 제공하여야 한다. 다만, 이용자의 수와 매출액 등을 고려하여 과학기술정보통신부장관이 정하여 고시하는 경미한 사업의 경우에는 그러하지 아니하다.

② 과학기술정보통신부장관은 개인정보를 보호하기 위하여 필요하면 번호안내서비스의 제공을 제한할 수 있다.

③ 번호안내서비스의 제공에 필요한 사항은 대통령령으로 정할 수 있다.

[26] 분실 등으로 신고된 통신단말장치의 사용 차단

① 전파법에 따라 할당받은 주파수를 사용하여 전기통신역무를 제공하는 전기통신사업자는 다음 각 호의 어느 하나에 해당하는 통신단말장치의 사용 차단을 위하여 해당 통신단말장치의 고유한 국제 식별번호(이하 "고유식별번호"라 한다)를 전기통신사업자 간에 공유하여야 한다.
  1. 이용자가 분실 또는 도난 등의 사유로 전기통신사업자에게 신고한 통신단말장치
  2. 검사 또는 수사관서의 장(군 수사기관의 장을 포함)이 수사과정에서 전기통신금융사기 피해 방지 및 피해금 환급에 관한 특별법 제2조제2호에 따른 전기통신금융사기에 이용된 것을 확인하여 제4항에 따른 전문기관에 통보한 통신단말장치

② 과학기술정보통신부장관은 중고 통신단말장치를 거래한 자(매도인과 매수인을 모두 포함)에 대하여 거래사실 확인서를 발급할 수 있다.

③ 과학기술정보통신부장관은 제1항 각 호의 어느 하나에 해당하는 통신단말장치의 사용 차단을 위하여 필요한 경우 관계 행정기관 및 공공기관의 장에게 협조를 요청할 수 있다.

④ 과학기술정보통신부장관은 제1항에 따른 고유식별번호의 효율적인 공유 및 제2항에 따른 거래사실 확인서의 효과적인 발급을 위하여 전문기관을 지정할 수 있다.

⑤ 제2항에 따른 거래사실 확인서의 발급 방법, 제4항에 따른 전문기관의 지정 및 그 업무 처리 등에 필요한 사항은 대통령령으로 정한다.

[27] 고유식별번호 훼손 등의 금지

누구든지 제60조의2제1항 각 호의 어느 하나에 해당하는 통신단말장치의 사용 차단을 방해할 목적으로 통신단말장치의 고유식별번호를 훼손하거나 위조 또는 변조하여서는 아니 된다.

6 사업용 전기통신설비

[1] 전기통신설비의 유지·보수

전기통신사업자는 그가 제공하는 전기통신역무의 안정적인 공급을 위하여 해당 전기통신설비를 대통령령으로 정하는 기술기준에 적합하도록 유지·보수하여야 한다.

[2] 전기통신설비 설치의 신고 및 승인

① 기간통신사업자는 중요한 전기통신설비를 설치하거나 변경하려는 경우에는 대통령령으로 정하는 바에 따라 미리 과학기술정보통신부장관에게 신고하여야 한다. 다만, 새로운 전기통신기술방식에 의하여 최초로 설치되는 전기통신설비에 대하여는 대통령령으로 정하는 바에 따라 과학기술정보통신부장관의 승인을 받아야 한다.

② 제1항에 따른 중요한 전기통신설비의 범위는 과학기술정보통신부장관이 정하여 고시한다.

[3] 전기통신설비의 공동구축

① 기간통신사업자는 다른 기간통신사업자와 협의하여 전기통신설비를 공동으로 구축하여 사용할 수 있다.

② 사업규모 등이 대통령령으로 정하는 기준에 해당하는 기간통신사업자는 제1항에 따른 전기통신설비의 공동구축 협의를 위하여 협의회를 구성·운영하여야 한다.

③ 과학기술정보통신부장관은 제2항에 따른 협의회의 구성, 운영 절차 및 협의 대상설비

・대상지역의 범위 등에 관한 기준을 정하여 고시한다.

④ 과학기술정보통신부장관은 제1항에 따른 전기통신설비의 공동구축을 효율적으로 추진하기 위하여 필요한 경우에는 해당 업무를 전담할 기관을 지정할 수 있다.

⑤ 제4항에 따른 전담기관의 지정 및 그 업무 처리방법 등에 필요한 사항은 과학기술정보통신부장관이 정하여 고시한다.

⑥ 과학기술정보통신부장관은 다음 각 호의 어느 하나에 해당하는 경우에는 대통령령으로 정하는 바에 따라 제1항 및 제2항에 따른 기간통신사업자에게 전기통신설비의 공동구축을 권고할 수 있다.
  1. 제1항에 따른 협의가 성립되지 아니한 경우로서 해당 기간통신사업자가 요청한 경우
  2. 공공의 이익을 증진하기 위하여 필요하다고 인정하는 경우

⑦ 기간통신사업자는 전기통신설비의 공동구축을 위하여 국가, 지방자치단체, 공공기관의 운영에 관한 법률에 따른 공공기관(이하 이 조에서 "공공기관"이라 한다) 또는 다른 기간통신사업자 소유의 토지 또는 건축물 등의 사용이 필요한 경우로서 이에 관한 협의가 성립되지 아니하는 경우에는 과학기술정보통신부장관에게 해당 토지 또는 건축물 등의 사용에 관한 협조를 요청할 수 있다.

⑧ 과학기술정보통신부장관은 제7항에 따른 협조 요청을 받은 경우에는 국가기관·지방자치단체 또는 공공기관의 장이나 다른 기간통신사업자에게 제7항에 따라 협조를 요청한 기간통신사업자와 해당 토지 또는 건축물 등의 사용에 관한 협의에 응할 것을 요청할 수 있다. 이 경우 국가기관·지방자치단체 또는 공공기관의 장이나 다른 기간통신사업자는 정당한 사유가 없으면 기간통신사업자와의 협의에 응하여야 한다.

8 자가전기통신설비

[1] 자가전기통신설비의 설치

① 자가전기통신설비를 설치하려는 자는 대통령령으로 정하는 바에 따라 주된 설비가 설치되어 있는 사무소 소재지를 관할하는 특별시장·광역시장·특별자치시장·도지사·특별자치도지사(이하 "시·도지사"라 한다)에게 신고하여야 하며, 신고 사항 중 대통령령으로 정하는 중요한 사항을 변경하려는 경우에는 변경신호를 하여야 한다. 다

만 시·도지사가 자가전기통신설비를 설치하려는 경우에는 과학기술정보통신부장관에게 신고하여야 하며, 신고 사항 중 대통령령으로 정하는 중요한 사항을 변경하려는 경우에는 변경신고를 하여야 한다.

② 제1항에도 불구하고 무선방식의 자가전기통신설비 및 군용전기통신설비 등에 관하여 다른 법률에 특별한 규정이 있는 경우에는 그 법률에 따른다.

③ 제1항에 따라 자가전기통신설비의 설치에 관한 신고 또는 변경신고를 한 자는 그 설치공사 또는 변경공사를 완료한 때에는 그 사용 전에 대통령령으로 정하는 바에 따라 다음 각 호의 구분에 따른 사람의 확인을 받아야 한다.
  1. 제1항 본문에 따라 신고(변경신고를 포함)를 시·도지사에게 한 경우 : 시·도지사
  2. 제1항 단서에 따라 신고(변경신고를 포함)를 과학기술정보통신부장관에게 한 경우 : 과학기술정보통신부장관

④ 제1항에도 불구하고 대통령령으로 정하는 자가전기통신설비는 신고 없이 설치할 수 있다.

[2] 목적 외 사용의 제한 등

① 자가전기통신설비를 설치한 자는 그 설비를 이용하여 타인의 통신을 매개하거나 설치한 목적에 어긋나게 운용하거나 제64조제1항에 따라 신고 또는 변경신고한 사항과 다르게 운용하여서는 아니 된다. 다만, 다른 법률에 특별한 규정이 있거나 그 설치 목적에 어긋나지 아니하는 범위에서 다음 각 호의 어느 하나에 해당하는 용도에 사용하는 경우에는 그러하지 아니하다.
  1. 경찰 또는 재해구조 업무에 종사하는 자로 하여금 치안 유지 또는 긴급한 재해구조를 위하여 사용하게 하는 경우
  2. 자가전기통신설비의 설치자와 업무상 특수한 관계에 있는 자 간에 사용하는 경우로서 과학기술정보통신부장관이 고시하는 경우

② 자가전기통신설비를 설치한 자는 대통령령으로 정하는 바에 따라 관로·선조 등의 전기통신설비를 기간통신사업자에게 제공할 수 있다.

③ 제2항에 따른 설비의 제공에 관하여는 제35조·제44조(같은 조 제6항은 제외)·제45조부터 제47조까지의 규정을 준용한다.

④ 과학기술정보통신부장관은 자가전기통신설비를 설치한 자가 제1항을 위반한 경우에

는 1년 이내의 기간을 정하여 그 사용의 정지를 명할 수 있다. 이 경우 과학기술정보통신부장관은 사용정지를 명한 사실을 해당 소재지를 관할하는 시·도지사에게 통지하여야 한다.

⑤ 과학기술정보통신부장관은 대통령령으로 정하는 바에 따라 자가전기통신설비에 관한 점검을 실시할 수 있다.

[3] 비상 시의 통신의 확보

① 과학기술정보통신부장관은 전시·사변·천재지변이나 그 밖에 이에 준하는 국가비상사태가 발생하거나 발생할 우려가 있는 경우에는 자가전기통신설비를 설치한 자에게 전기통신업무나 그 밖에 중요한 통신업무를 취급하게 하거나 해당 설비를 다른 전기통신설비에 접속할 것을 명할 수 있다. 이 경우 제28조부터 제32조까지 및 제33조부터 제55조까지의 규정을 준용한다.

② 과학기술정보통신부장관은 제1항의 경우에 필요하다고 인정하는 경우에는 기간통신사업자로 하여금 그 업무를 취급하게 할 수 있다.

③ 제1항의 경우에 그 업무의 취급 또는 설비의 접속에 소요되는 비용은 정부가 부담한다. 다만, 자가전기통신설비가 전기통신역무에 제공되는 경우에는 해당 설비를 제공받는 기간통신사업자가 그 비용을 부담한다.

[4] 자가전기통신설비 설치자에 대한 시정명령 등

① 과학기술정보통신부장관 또는 시·도지사는 자가전기통신설비를 설치한 자가 자가전기통신설비의 설치, 변경 및 운용(제65조제1항을 위반하여 운용한 경우를 제외)과 관련하여 이 법 또는 이 법에 따른 명령을 위반하였을 때에는 일정한 기간을 정하여 그 시정을 명할 수 있다.

② 과학기술정보통신부장관 또는 시·도지사는 자가전기통신설비를 설치한 자가 다음 각 호의 어느 하나에 해당하는 경우에는 1년 이내의 기간을 정하여 그 사용의 정지를 명할 수 있다.
  1. 제1항에 따른 시정명령을 이행하지 아니한 경우
  2. 제64조제3항을 위반하여 확인을 받지 아니하고 자가전기통신설비를 사용한 경우

③ 과학기술정보통신부장관 또는 시·도지사는 자가전기통신설비가 타인의 전기통신에

장해가 되거나 타인의 전기통신설비에 위해를 줄 우려가 있다고 인정되는 경우에는 그 설비를 설치한 자에게 해당 설비의 사용정지 또는 개조·수리나 그 밖에 필요한 조치를 명할 수 있다.

9 전기통신설비의 공동구축 등

[1] 공동구 또는 관로 등의 설치 등

① 다음 각 호의 어느 하나에 해당하는 시설 등을 설치하거나 조성하는 자(이하 "시설설치자"라 한다)는 전기통신설비를 수용할 수 있는 공동구 또는 관로 등의 설치에 관한 기간통신사업자의 의견을 들어 그 내용을 반영하여야 한다. 다만, 기간통신사업자의 의견을 반영하기 어려운 특별한 사정이 있는 경우에는 그러하지 아니하다.

  1. 도로법 제2조제1호에 따른 도로
  2. 철도사업법 제2조제1호에 따른 철도
  3. 도시철도법 제2조제2호에 따른 도시철도
  4. 산업입지 및 개발에 관한 법률 제2조제5호에 따른 산업단지
  5. 자유무역지역의 지정 및 운영에 관한 법률 제2조제1호에 따른 자유무역지역
  6. 공항시설법 제2조제4호에 따른 공항구역
  7. 항만법 제2조제4호에 따른 항만구역
  8. 그 밖에 대통령령으로 정하는 시설 또는 부지

② 기간통신사업자가 제1항에 따라 공동구 또는 관로 등의 설치에 관하여 제시하는 의견은 대통령령으로 정하는 관로 설치기준에 적합하여야 한다.

③ 제1항에 따라 설치된 공동구 또는 관로 등의 제공에 관하여는 제35조, 제44조(같은 조 제6항은 제외한다) 및 제45조부터 제47조까지의 규정을 준용한다.

④ 시설설치자가 제1항에 따른 기간통신사업자의 의견을 반영할 수 없는 경우에는 기간통신사업자의 의견을 받은 날부터 30일 이내에 그 사유를 해당 기간통신사업자에게 통보하여야 한다.

⑤ 시설설치자가 제1항에 따른 기간통신사업자의 의견을 반영하지 아니한 경우 해당 기간통신사업자는 과학기술정보통신부장관에게 조정을 요청할 수 있다.

⑥ 과학기술정보통신부장관은 제5항에 따른 조정 요청을 받아 조정을 할 경우 관계 중앙행정기관의 장과 미리 협의하여야 한다.

⑦ 제5항 및 제6항에 따른 조정에 필요한 사항은 대통령령으로 정한다.

[2] 구내용 전기통신선로설비 등의 설치

① 건축법 제2조제1항제2호에 따른 건축물에는 구내용(構內用) 전기통신선로설비 등을 갖추어야 하며, 전기통신회선설비와의 접속을 위한 일정 면적을 확보하여야 한다.

② 제1항에 따른 건축물의 범위, 전기통신선로설비 등의 설치기준 및 전기통신회선설비와의 접속을 위한 면적 확보 등에 관한 사항은 대통령령으로 정한다.

[3] 구내용 이동통신설비의 설치

① 다음 각 호의 시설에는 구내용 이동통신설비(전파법에 따라 할당받은 주파수를 사용하는 기간통신역무를 이용하기 위하여 필요한 전기통신설비를 의미한다)를 설치하여야 한다.
  1. 건축법 제2조제1항제2호에 따른 건축물 중 연면적의 합계가 1,000제곱미터 이상의 범위에서 대통령령으로 정하는 건축물
  2. 주택법 제2조제12호에 따른 주택단지 중 500세대 이상의 범위에서 대통령령으로 정하는 주택단지에 건설된 주택 및 시설
  3. 도시철도법 제2조제3호에 따른 도시철도시설

② 제1항제1호에 따른 시설 중 대통령령으로 정하는 시설에 대하여 기간통신사업자는 화재, 재난 등이 발생한 경우에도 구내용 이동통신설비가 안정적으로 운용될 수 있도록 건축주의 비상전원단자에 연결하여야 하며, 건축주는 정당한 사유가 없는 한 협조하여야 한다.

③ 제1항 및 제2항에 따라 설치하여야 하는 구내용 이동통신설비의 종류, 설치 기준 및 절차에 관한 사항은 대통령령으로 정한다.

10 전기통신설비의 설치 및 보전

[1] 토지 등의 사용

① 기간통신사업자는 전기통신업무에 제공되는 선로 및 안테나와 그 부속설비(이하 "선로 등"이라 한다)를 설치하기 위하여 필요하면 타인의 토지 또는 이에 정착한 건물·인공구조물과 수면·수저(水底)(이하 "토지 등"이라 한다)를 사용할 수 있다. 이 경우 기간통신사업자는 미리 그 토지 등의 소유자나 점유자와 협의하여야 한다.

② 기간통신사업자는 제1항에 따른 협의가 성립되지 아니하거나 협의를 할 수 없으면 공익사업을 위한 토지 등의 취득 및 보상에 관한 법률에서 정하는 바에 따라 타인의 토지 등을 사용할 수 있다.

[2] 토지 등의 일시 사용

① 기간통신사업자는 선로 등에 관한 측량, 전기통신설비의 설치공사 또는 보전공사를 하기 위하여 필요한 경우에는 현재의 사용을 뚜렷하게 방해하지 아니하는 범위에서 사유 또는 국유·공유의 전기통신설비 및 토지 등을 일시 사용할 수 있다.

② 누구든지 제1항에 따른 선로 등의 측량, 전기통신설비의 설치공사 또는 보전공사와 이를 위한 전기통신설비 및 토지 등의 일시 사용을 정당한 사유 없이 방해하여서는 아니 된다.

③ 기간통신사업자는 제1항에 따라 사유 또는 국유·공유 재산을 일시 사용하려면 미리 점유자에게 사용목적과 사용기간을 알려야 한다. 다만, 미리 알리는 것이 곤란한 경우에는 사용을 할 때 또는 사용 후 지체 없이 알리고, 점유자의 주소나 거소를 알 수 없어 사용목적과 사용기간을 알릴 수 없는 경우에는 이를 공고하여야 한다.

④ 제1항에 따른 토지 등의 일시 사용기간은 6개월을 초과할 수 없다.

⑤ 제1항에 따라 사유 또는 국유·공유의 전기통신설비나 토지 등을 일시 사용하는 사람은 그 권한을 표시하는 증표를 지니고 이를 관계인에게 보여주어야 한다.

[3] 토지 등에의 출입

① 기간통신사업자의 전기통신설비를 설치·보전하기 위한 측량·조사 등을 위하여 필

요하면 타인의 토지 등에 출입할 수 있다. 다만, 출입하려는 곳이 주거용 건물인 경우에는 거주자의 승낙을 받아야 한다.

② 누구든지 제1항에 따른 전기통신설비의 설치와 보전을 위한 측량·조사 등과 이를 위하여 토지 등에 출입하는 것을 정당한 사유 없이 방해하여서는 아니 된다.

③ 제1항에 따라 측량이나 조사 등에 종사하는 사람이 사유 또는 국유·공유의 토지 등에 출입하는 경우 그 통지 및 증표 제시에 관하여는 제73조제3항 및 제5항을 준용한다.

[4] 장해물 등의 제거 요구

① 기간통신사업자는 선로 등의 설치 또는 전기통신설비에 장해를 주거나 줄 우려가 있는 가스관·수도관·하수도관·전등선·전력선 또는 자가전기통신설비(이하 "장해물 등"이라 한다)의 소유자나 점유자에게 그 장해물 등의 이전·개조·수리 또는 그 밖의 조치를 요구할 수 있다.

② 기간통신사업자는 식물이 선로 등의 설치·유지 또는 전기통신에 장해를 주거나 줄 우려가 있으면 그 소유자나 점유자에게 식물의 제거를 요구할 수 있다.

③ 기간통신사업자는 식물의 소유자나 점유자가 제2항에 따른 요구에 따르지 아니하거나 그 밖의 부득이한 사유가 있는 경우에는 과학기술정보통신부장관의 허가를 받아 그 식물을 벌채하거나 이식할 수 있다. 이 경우 해당 식물의 소유자나 점유자에게 지체 없이 그 사실을 알려야 한다.

④ 기간통신사업자의 전기통신설비에 장해를 주거나 줄 우려가 있는 장해물 등의 소유자나 점유자는 그 장해물 등을 신설·증설·개선·철거 또는 변경할 필요가 있으면 미리 기간통신사업자와 협의하여야 한다.

[5] 원상회복의 의무

기간통신사업자는 제72조 및 제73조에 따른 토지 등의 사용이 끝나거나 사용하고 있는 토지 등을 전기통신업무에 제공할 필요가 없게 되면 그 토지 등을 원상으로 회복하여야 하며, 원상으로 회복하지 못하는 경우에는 그 소유자나 점유자가 입은 손실에 대하여 정당한 보상을 하여야 한다.

[6] 손실보상

기간통신사업자는 제73조제1항·제74조제1항 또는 제75조의 경우에 타인에게 손실을 끼친 경우에는 손실을 입은 자에게 정당한 보상을 하여야 한다.

[7] 토지 등의 손실보상의 절차

① 기간통신사업자는 다음 각 호의 어느 하나에 해당하는 사유로 제76조 또는 제77조에 따른 손실보상을 할 때에는 그 손실을 입은 자와 협의하여야 한다.
  1. 제73조제1항에 따른 토지 등의 일시 사용
  2. 제74조제1항에 따른 토지 등에의 출입
  3. 제75조에 따른 장해물 등의 이전·개조·수리 또는 식물의 제거 등
  4. 제76조에 따른 원상회복의 불가능

② 제1항에 따른 협의가 성립되지 아니하거나 협의를 할 수 없는 경우에는 공익사업을 위한 토지 등의 취득 및 보상에 관한 법률에 따른 관할 토지수용위원회에 재결(裁決)을 신청하여야 한다.

③ 이 법에서 규정한 것 외에 제1항의 토지 등의 손실보상 등에 관한 기준·방법 및 절차와 제2항의 재결신청 등에 관하여는 공익사업을 위한 토지 등의 취득 및 보상에 관한 법률을 준용한다.

[8] 전기통신설비의 보호

① 누구든지 전기통신설비를 파손하여서는 아니 되며, 전기통신설비에 물건을 접촉하거나 그 밖의 방법으로 그 기능에 장해를 주어 전기통신의 소통을 방해하는 행위를 하여서는 아니 된다.

② 누구든지 전기통신설비에 물건을 던지거나 이에 동물·배 또는 뗏목 따위를 매는 등의 방법으로 전기통신설비를 망가뜨리거나 전기통신설비의 측량표를 훼손하여서는 아니 된다.

③ 기간통신사업자는 해저(海底)에 설치한 통신용 케이블과 그 부속설비(이하 "해저케이블"이라 한다)를 보호하기 위하여 필요하면 해저케이블 경계구역의 지정을 과학기술정보통신부장관에게 신청할 수 있다.

④ 과학기술정보통신부장관은 제3항에 따른 신청을 받으면 지정 필요성 등을 검토하고, 관계 중앙행정기관의 장과의 협의를 거쳐 해저케이블 경계구역을 지정·고시할 수 있다.

⑤ 해저케이블 경계구역의 지정 신청, 지정·고시의 방법과 절차, 경계구역 표시의 방법 등에 관한 사항은 대통령령으로 정한다.

[9] 설비의 이전 등

① 기간통신사업자의 전기통신설비가 설치되어 있는 토지 등이나 이에 인접한 토지 등의 이용목적이나 이용방법이 변경되어 그 설비가 토지 등의 이용에 방해가 되는 경우에는 그 토지 등의 소유자나 점유자는 기간통신사업자에게 전기통신설비의 이전이나 그 밖에 방해 제거에 필요한 조치를 요구할 수 있다.

② 기간통신사업자는 제1항에 따른 요구를 받은 경우 해당 조치를 하는 것이 업무의 수행상 또는 기술상 곤란한 경우가 아니면 필요한 조치를 하여야 한다.

③ 제2항의 조치에 필요한 비용은 해당 설비의 설치 이후에 그 설비의 이전이나 그 밖에 방해 제거에 필요한 조치의 원인을 제공한 자가 부담한다. 다만, 기간통신사업자는 그 비용을 부담하는 자가 해당 토지 등의 소유자나 점유자인 경우로서 다음 각 호의 어느 하나에 해당하는 경우에는 해당 설비를 설치할 때 보상금액, 설비기간 등을 고려하여 그 토지 등의 소유자나 점유자가 부담하는 비용을 감면할 수 있다.

1. 기간통신사업자가 해당 전기통신설비의 이전이나 그 밖에 방해요소를 없애기 위한 계획을 수립하여 시행하는 경우
2. 해당 전기통신설비의 이전이나 그 밖에 방해요소 제거가 다른 전기통신설비에 유익하게 되는 경우
3. 국가나 지방자치단체가 전기통신설비의 이전이나 그 밖에 방해요소 제거를 요구하는 경우
4. 사유지 내의 전기통신설비가 해당 토지 등을 이용하는 데에 크게 지장을 주어 이전하는 경우

[10] 검사·보고 등

① 과학기술정보통신부장관은 전기통신에 관한 정책의 수립을 위하여 필요한 경우 등 대

통령령으로 정하는 경우에는 전기통신설비를 설치한 자의 설비상황·장부 또는 서류 등을 검사하거나 전기통신설비를 설치한 자에 대하여 설비에 관한 보고를 하게 할 수 있다.

② 과학기술정보통신부장관은 이 법을 위반하여 전기통신설비를 설치한 자가 있는 경우에는 해당 설비의 제거 또는 그 밖에 필요한 조치를 명할 수 있다.

11 보칙

[1] 통신비밀의 보호

① 누구든지 전기통신사업자가 취급 중에 있는 통신의 비밀을 침해하거나 누설하여서는 아니 된다.

② 전기통신업무에 종사하는 사람 또는 종사하였던 사람은 그 재직 중에 통신에 관하여 알게 된 타인의 비밀을 누설하여서는 아니 된다.

③ 전기통신사업자는 법원, 검사 또는 수사관서의 장(군 수사기관의 장, 국세청장 및 지방국세청장을 포함한다. 이하 같다), 정보수사기관의 장이 재판, 수사(조세범 처벌법 제10조제1항·제3항·제4항 범죄 중 전화, 인터넷 등을 이용한 범칙사건의 조사를 포함), 형의 집행 또는 국가안전보장에 대한 위해를 방지하기 위한 정보수집을 위하여 다음 각 호의 자료(이하 "통신이용자정보"라 한다)의 열람 또는 제출(이하 "통신이용자정보 제공"이라 한다)을 요청하면 그 요청에 따를 수 있다.

  1. 이용자의 성명
  2. 이용자의 주민등록번호
  3. 이용자의 주소
  4. 이용자의 전화번호
  5. 이용자의 아이디(컴퓨터시스템이나 통신망의 정당한 이용자임을 알아보기 위한 이용자 식별부호를 말한다)
  6. 이용자의 가입일 또는 해지일

④ 제3항에 따른 통신이용자정보 제공 요청은 요청사유, 해당 이용자와의 연관성, 필요한 통신이용자정보의 범위를 기재한 서면(이하 "정보제공요청서"라 한다)으로 하여

야 한다. 다만, 서면으로 요청할 수 없는 긴급한 사유가 있을 때에는 서면에 의하지 아니하는 방법으로 요청할 수 있으며, 그 사유가 없어지면 지체 없이 전기통신사업자에게 정보제공요청서를 제출하여야 한다.

⑤ 전기통신사업자는 제3항과 제4항의 절차에 따라 통신이용자정보 제공을 한 경우에는 해당 통신이용자정보 제공 사실 등 필요한 사항을 기재한 대통령령으로 정하는 대장과 정보제공요청서 등 관련 자료를 갖추어 두어야 한다.

⑥ 전기통신사업자는 대통령령으로 정하는 방법에 따라 통신이용자정보 제공을 한 현황 등을 연 2회 과학기술정보통신부장관에게 보고하여야 하며, 과학기술정보통신부장관은 전기통신사업자가 보고한 내용의 사실 여부 및 제5항에 따른 관련 자료의 관리 상태를 점검할 수 있다.

⑦ 전기통신사업자는 제3항에 따라 통신이용자정보 제공을 요청한 자가 소속된 중앙행정기관의 장에게 제5항에 따른 대장에 기재된 내용을 대통령령으로 정하는 방법에 따라 알려야 한다. 다만, 통신이용자정보 제공을 요청한 자가 법원인 경우에는 법원행정처장에게 알려야 한다.

⑧ 전기통신사업자는 이용자의 통신비밀에 관한 업무를 담당하는 전담기구를 설치·운영하여야 하며, 그 전담기구의 기능 및 구성 등에 관한 사항은 대통령령으로 정한다.

⑨ 정보제공요청서에 대한 결재권자의 범위 등에 관하여 필요한 사항은 대통령령으로 정한다.

[2] 송신인의 전화번호의 고지 등

① 전기통신사업자는 수신인의 요구가 있으면 송신인의 전화번호를 알려줄 수 있다. 다만, 송신인이 전화번호의 송출을 거부하는 의사표시를 하는 경우에는 그러하지 아니하다.

② 전기통신사업자는 제1항 단서에도 불구하고 다음 각 호의 어느 하나에 해당하는 경우에는 송신인의 전화번호 등을 수신인에게 알려줄 수 있다.
  1. 전기통신에 의한 폭언·협박·희롱 등으로부터 수신인을 보호하기 위하여 대통령령으로 정하는 요건과 절차에 따라 수신인이 요구를 하는 경우
  2. 특수번호 전화서비스 중 국가안보·범죄방지·재난구조 등을 위하여 대통령령으로 정하는 경우

[3] 전화번호의 거짓표시 금지 및 이용자 보호

① 누구든지 다른 사람을 속여 재산상 이익을 취하거나 폭언·협박·희롱 등의 위해를 입힐 목적으로 전화(문자메시지를 포함한다. 이하 이 조에서 같다)를 하면서 송신인의 전화번호를 변작하는 등 거짓으로 표시하여서는 아니 된다.

② 누구든지 영리를 목적으로 송신인의 전화번호를 변작하는 등 거짓으로 표시할 수 있는 서비스를 제공하여서는 아니 된다. 다만, 공익을 목적으로 하거나 수신인에게 편의를 제공하는 등 정당한 사유가 있는 경우에는 그러하지 아니하다.

③ 전기통신사업자는 거짓으로 표시된 전화번호로 인한 이용자의 피해를 예방하기 위하여 다음 각 호의 조치를 하여야 한다. 다만, 제2항 단서에 따른 정당한 사유가 있는 경우는 제외한다.

　1. 변작 등 거짓으로 표시된 전화번호의 전화 발신을 차단하거나 송신인의 정상적인 전화번호로 정정하여 수신인에게 송출하기 위한 조치
　2. 국외에서 국내로 발신된 전화에 대한 국외발신 안내를 위한 조치
　3. 변작 등 거짓으로 표시한 전화번호를 송신한 자의 해당 회선에 대한 전기통신역무 제공의 중지를 위한 조치
　4. 그 밖에 이용자 보호를 위하여 과학기술정보통신부장관이 정하는 사항

④ 과학기술정보통신부장관은 제3항에 따른 조치의 이행 여부를 확인하거나 이용자의 피해가 확산되는 것을 방지하기 위하여 전기통신사업자에게 다음 각 호에 해당하는 자료의 열람·제출을 요청하거나 필요한 검사를 할 수 있다.

　1. 변작 등 거짓으로 표시된 전화번호의 전화 발신을 차단한 경우 해당 전화번호, 차단시각, 발신 사업자명
　2. 수신자가 변작 등 거짓으로 표시된 전화번호에 대하여 신고한 경우 발신 사업자명
　3. 그 밖에 제3항 각 호의 조치 이행 여부를 확인할 수 있는 관계 자료

⑤ 과학기술정보통신부장관은 제3항에 따른 조치의 이행 여부를 확인하고 제4항에 따른 조치를 시행하기 위하여 대통령령으로 정하는 바에 따라 정보통신망 이용촉진 및 정보보호 등에 관한 법률 제52조에 따른 한국인터넷진흥원에 업무를 위탁하고 이에 소요되는 비용을 지원할 수 있다.

⑥ 과학기술정보통신부장관은 제2항 단서에 따른 정당한 사유, 제3항 각 호에 따른 조치 및 제4항의 이행을 위한 구체적인 절차·방법을 정하여 고시할 수 있다.

⑦ 제4항에 따른 자료의 열람·제출 및 검사에 대하여는 정보통신망 이용촉진 및 정보보호 등에 관한 법률 제64조, 제64조의2 및 제69조를 준용한다.

[4] 업무의 제한 및 정지

과학기술정보통신부장관은 전시·사변·천재지변 또는 이에 준하는 국가비상사태가 발생하거나 발생할 우려가 있는 경우와 그 밖의 부득이한 사유가 있는 경우에 중요 통신을 확보하기 위하여 필요하면 대통령령으로 정하는 바에 따라 전기통신사업자에게 전기통신업무의 전부 또는 일부를 제한하거나 정지할 것을 명할 수 있다.

[5] 국제전기통신업무에 관한 승인

① 국제전기통신업무에 관하여 정부가 가입한 조약이나 협정에 따로 규정이 있으면 그 규정에 따른다.

② 전기통신사업자는 제87조제1항에 따른 기간통신역무의 국경 간 공급에 관한 협정과 대통령령으로 정하는 국제전기통신업무에 관한 협정을 체결하려는 경우에는 대통령령으로 정하는 요건을 갖추어 과학기술정보통신부장관의 승인을 받아야 하고, 이를 변경하거나 폐지하려는 때에도 또한 같다. 다만, 다음 각 호의 요건을 모두 갖추거나 제6조제1항 단서에 해당하는 경우에는 과학기술정보통신부장관의 승인 없이 협정을 체결할 수 있다.

　1. 기간통신역무를 제공하려는 자가 대한민국이 외국과 양자 간 또는 다자 간으로 체결하여 발효된 자유무역협정 중 과학기술정보통신부장관이 정하여 고시하는 자유무역협정 상대국의 외국인일 것

　2. 방송사업자 간 텔레비전방송 또는 라디오방송 관련 음성·데이터·영상 등을 전송하는 기간통신역무를 위성을 이용하여 제공할 것

　3. 국내에 있는 방송사업자 간 기간통신역무를 제공하는 것이 아닐 것

③ 기간통신역무를 제공하는 전기통신사업자는 외국정부 또는 외국인과 국제전기통신서비스의 취급에 따른 요금 정산에 관한 협정을 체결한 때에는 과학기술정보통신부장관에게 신고하여야 한다. 다만, 전기통신설비의 규모, 자본금, 번호 부여 여부 등이 대통령령으로 정하는 기준에 해당하는 때에는 그러하지 아니하다.

④ 제3항에 따른 신고와 관련된 사항은 과학기술정보통신부장관이 정하여 고시한다.

[6] 경고문구의 표기 등

① 이동통신단말장치를 제조하거나 수입·판매하는 자는 이동 중 이동통신단말장치의 사용은 사고의 위험성이 있다는 내용의 경고문구를 이동통신단말장치에 표기할 수 있다.

② 정부는 제1항에 따라 소요되는 경비 등 필요한 지원을 할 수 있다.

③ 제1항에 따른 경고문구의 표기 내용·방법 등에 필요한 사항은 과학기술정보통신부장관이 정하여 고시한다.

[7] 통계의 보고 등

① 전기통신사업자는 전기통신역무별 시설현황·이용실적 및 이용자 현황과 요금의 부과·징수를 위하여 필요한 통화량 관련 자료 등 대통령령으로 정하는 전기통신역무의 제공에 관한 통계를 대통령령으로 정하는 바에 따라 과학기술정보통신부장관에게 보고하고 관련 자료를 갖추어 두어야 한다.

② 기간통신사업자 및 그 주주는 대통령령으로 정하는 바에 따라 제8조의 사실을 확인하는 데에 필요한 관계 자료를 제출하여야 한다.

③ 과학기술정보통신부장관은 제2항에 따른 사실을 확인하거나 제출된 자료의 진위(眞僞)를 확인하기 위하여 행정기관이나 그 밖의 관계 기관에 대하여 제출된 자료의 심사를 요청하거나 관련 자료의 제출을 요청할 수 있다. 이 경우 요청을 받은 기관은 정당한 사유가 없으면 그 요청에 따라야 한다.

④ 시·도지사는 다음 각 호의 사항을 대통령령으로 정하는 바에 따라 과학기술정보통신부장관에게 보고하고 관련 자료를 갖추어 두어야 한다.

1. 제64조제1항에 따른 자가전기통신설비의 설치 신고 및 변경신고 현황
2. 제67조에 따른 자가전기통신설비의 시정·사용정지·개조·수리나 그 밖의 조치 현황
3. 제90조제2항에 따른 과징금 부과 현황
4. 제104조제5항제10호에 따른 과태료 부과 현황

[8] 과징금의 부과 등

① 과학기술정보통신부장관은 전기통신사업자가 제20조제1항 각 호, 제27조제1항 각 호의 어느 하나(제27조제1항제3호의4에 해당하는 경우는 제외한다) 또는 제52조제5항에 해당하여 사업의 정지를 명하여야 하는 경우로서 그 사업의 정지가 해당 사업의 이용자 등에게 심한 불편을 주거나 그 밖에 공익을 해칠 우려가 있는 경우에는 그 사업정지처분을 갈음하여 대통령령으로 정하는 바에 따라 산출한 매출액의 100분의 3 이하에 해당하는 금액의 과징금을 부과할 수 있다. 이 경우 전기통신사업자가 매출액 산정 자료의 제출을 거부하거나 거짓 자료를 제출하였을 때에는 해당 전기통신사업자 및 같거나 비슷한 종류의 역무제공사업자의 재무제표 등 회계자료와 가입자 수 및 이용요금 등 영업 현황 자료를 근거로 매출액을 추정할 수 있다. 다만, 매출액이 없거나 매출액을 산정하기 곤란한 경우로서 대통령령으로 정하는 경우에는 10억원 이하의 과징금을 부과할 수 있다.

② 과학기술정보통신부장관 및 시·도지사는 제65조제4항 및 제67조제2항에 따라 자가전기통신설비에 대한 사용정지를 명하려는 경우 그 사용정지가 해당 자가전기통신설비를 이용하여 제공되는 전기통신역무의 이용자에게 심한 불편을 주거나 그 밖에 공익을 해칠 우려가 있으면 그 사용정지명령을 갈음하여 10억원 이하의 과징금을 부과할 수 있다.

③ 제1항 및 제2항에 따른 과징금의 구체적인 부과기준은 대통령령으로 정한다.

④ 제1항 및 제2항에 따른 과징금의 가산금, 독촉·징수 및 환급가산금에 관하여는 제53조제5항부터 제9항까지의 규정을 준용한다.

[9] 과징금의 납부기한 연장 및 분할납부

① 과학기술정보통신부장관 또는 방송통신위원회는 제53조와 제90조에 따라 전기통신사업자가 내야 할 과징금이 대통령령으로 정하는 금액을 초과하는 경우로서 다음 각 호의 어느 하나에 해당하는 사유로 과징금을 내야 할 자가 과징금의 전액을 일시에 내기 어렵다고 인정될 때에는 그 납부기한을 연장하거나 분할납부하게 할 수 있다. 이 경우 필요하다고 인정하면 담보를 제공하게 할 수 있다.
  1. 자연재해 또는 화재 등으로 재산에 현저한 손실을 입은 경우
  2. 사업 여건이 악화되어 사업이 중대한 위기에 있는 경우

3. 과징금을 일시 납부하면 자금 사정에 현저한 어려움이 예상되는 경우

② 과징금의 납부기한 연장, 분할납부 및 담보 제공 등에 필요한 사항은 대통령령으로 정한다.

[10] 시정명령 등

① 과학기술정보통신부장관 또는 방송통신위원회는 각각 소관 업무에 따라 전기통신사업자 또는 시설관리기관이 다음 각 호의 어느 하나에 해당할 때에는 그 시정을 명할 수 있다. 이 경우 제22조의5를 위반한 행위에 대하여 방송통신위원회가 시정을 명한 경우에는 방송통신위원회의 설치 및 운영에 관한 법률 제18조에 따른 방송통신심의위원회에 그 사실을 통보한다.

1. 제3조, 제4조, 제4조의2, 제6조, 제9조부터 제11조까지, 제14조부터 제22조까지, 제22조의3부터 제22조의5까지, 제22조의 7, 제22조의 9, 제23조, 제24조, 제26조부터 제28조까지, 제30조부터 제32조까지, 제32조의3과 4, 제32조의6과 7, 8, 제33조부터 제35조까지, 제35조의2, 제36조부터 제44조까지, 제47조부터 제49조까지, 제51조, 제56조부터 제60조까지, 제60조의2와 3, 제61조, 제62조, 제64조부터 제66조까지, 제69조, 제73조부터 제75조까지, 제79조 또는 제82조부터 제84조까지, 제84조의2, 제85조부터 제87조까지 및 제88조를 위반하거나 이들 규정에 따른 명령을 위반한 경우
2. 전기통신사업자의 업무 처리절차가 이용자의 이익을 현저히 해친다고 인정되는 경우
3. 사고 등에 의하여 전기통신역무의 제공에 지장이 발생하였음에도 수리 등 지장을 제거하기 위하여 필요한 조치를 신속하게 실시하지 아니한 경우

② 과학기술정보통신부장관은 전기통신의 발전을 위하여 필요하면 전기통신사업자에게 다음 각 호의 사항을 명할 수 있다.

1. 전기통신설비 등의 통합운영·관리
2. 사회복지를 증진하기 위한 통신시설의 확충
3. 국가 기능의 효율적 수행에 필요한 대통령령으로 정하는 중요 통신을 위한 통신망의 구축·관리
4. 그 밖에 대통령령으로 정하는 사항

③ 과학기술정보통신부장관은 다음 각 호의 어느 하나에 해당하는 자에게 전기통신역무

의 제공행위의 중지 또는 전기통신설비의 철거 등의 조치를 명할 수 있다.
1. 제6조제1항에 따른 허가를 받지 아니하고 기간통신사업을 경영한 자
2. 제22조제1항에 따른 신고를 하지 아니하고 부가통신사업을 경영한 자
3. 제22조제2항에 따른 등록을 하지 아니하고 특수한 유형의 부가통신사업을 경영한 자
④ 과학기술정보통신부장관 또는 방송통신위원회는 천재지변이나 그 밖의 부득이한 사유로 제1항부터 제3항까지의 규정에 따른 명령에서 정한 기간에 전기통신사업자가 명령을 이행할 수 없다고 인정하는 경우에는 한 번만 그 기간을 연장할 수 있다.
⑤ 정부는 제2항제3호의 중요 통신을 확보하기 위하여 중요 통신의 구축·관리에 드는 경비를 보조할 수 있다.

[11] 권한의 위임 및 위탁

① 과학기술정보통신부장관의 권한 중 다음 각 호의 권한은 방송통신위원회에 위탁한다.
1. 제52조제5항에 따른 전기통신사업자에 대한 사업의 일부 정지 명령
2. 제52조의2에 따른 이행강제금의 부과·징수
3. 제90조제1항에 따른 과징금의 부과(제52조제5항에 따른 사업의 일부 정지를 갈음하여 과징금을 부과하는 경우로 한정한다)
② 이 법에 따른 과학기술정보통신부장관의 권한(제1항에 따라 방송통신위원회에 위탁하는 권한은 제외한다) 또는 방송통신위원회의 권한은 그 일부를 대통령령으로 정하는 바에 따라 각각 소속 기관의 장에게 위임할 수 있다.
③ 제83조의4에 따른 수사기관 등의 업무는 그 일부를 대통령령으로 정하는 바에 따라 과학기술정보통신부장관에게 위탁할 수 있다.

[12] 벌칙 적용에서 공무원 의제

① 위원회의 위원 중 공무원이 아닌 사람은 형법 제129조부터 제132조까지의 규정을 적용할 때에는 공무원으로 본다.
② 분쟁조정위원회의 위원 중 공무원이 아닌 사람은 형법 제127조 및 제129조부터 제132조까지의 규정을 적용할 때에는 공무원으로 본다.

12 벌칙

[1] 벌칙

다음 각 호의 어느 하나에 해당하는 자는 5년 이하의 징역 또는 2억원 이하의 벌금에 처한다.

1. 제79조제1항을 위반하여 전기통신설비를 파손하거나 전기통신설비에 물건을 접촉하거나 그 밖의 방법으로 그 기능에 장해를 주어 전기통신의 소통을 방해한 자
2. 제83조제2항을 위반하여 재직 중에 통신에 관하여 알게 된 타인의 비밀을 누설한 자
3. 제83조제3항을 위반하여 통신이용자정보 제공을 한 자 및 그 제공을 받은 자

[2] 벌칙

다음 각 호의 어느 하나에 해당하는 자는 3년 이하의 징역 또는 1억5천만원 이하의 벌금에 처한다.

1. 제3조제1항을 위반하여 정당한 사유 없이 전기통신역무의 제공을 거부한 자
2. 제6조제1항에 따른 등록을 하지 아니하고 기간통신사업을 경영한 자

2의2. 제22조제2항에 따른 등록을 하지 아니하고 부가통신사업을 경영한 자

3. 제20조제1항에 따른 등록의 일부 취소를 위반하여 기간통신사업을 경영한 자
4. 제52조제1항에 따른 명령을 이행하지 아니한 자

4의 2. 제52조제5항에 따른 사업의 일부 정지 명령을 위반한 자

5. 제73조제2항을 위반하여 선로 등의 측량, 전기통신설비의 설치공사 또는 보전공사를 방해한 자
6. 제83조제1항을 위반하여 전기통신사업자가 취급 중에 있는 통신의 비밀을 침해하거나 누설한 자
7. <u>제83조의3제8항을 위반하여 업무상 알게 된 타인의 정보를 누설하거나 업무 목적 외의 용도로 이용한 자</u>

[3] 벌칙

다음 각 호의 어느 하나에 해당하는 자는 3년 이하의 징역 또는 1억원 이하의 벌금에 처

한다.
1. 제4조의2제3항을 위반하여 재직 중에 알게 된 타인의 비밀을 누설한 사람
1의2. 제22조의5제1항에 따른 불법촬영물 등의 삭제·접속차단 등 유통방지에 필요한 조치를 취하지 아니한 자. 다만, 불법촬영물 등을 인식한 경우 지체 없이 해당 정보의 삭제·접속차단 등 유통방지에 필요한 조치를 취하기 위하여 상당한 주의를 게을리하지 아니하였거나 해당 정보의 삭제·접속차단 등 유통방지에 필요한 조치가 기술적으로 현저히 곤란한 경우에는 그러하지 아니하다.
1의3. 제22조의5제2항에 따른 기술적·관리적 조치를 하지 아니한 자. 다만, 제22조의5제2항에 따른 기술적·관리적 조치를 하기 위하여 상당한 주의를 게을리하지 아니하였거나 제22조의5제2항에 따른 기술적·관리적 조치가 기술적으로 현저히 곤란한 경우에는 그러하지 아니하다.
2. 제32조의4제1항제1호를 위반하여 자금을 제공 또는 융통하여 주는 조건으로 다른 사람 명의의 이동통신단말장치를 개통하여 그 이동통신단말장치에 제공되는 전기통신역무를 이용하거나 해당 자금의 회수에 이용하는 행위를 한 자
3. 제32조의4제1항제2호를 위반하여 자금을 제공 또는 융통하여 주는 조건으로 이동통신단말장치 이용에 필요한 전기통신역무 제공에 관한 계약을 권유·알선·중개하거나 광고하는 행위를 한 자
3의2. 제32조의4제1항제3호를 위반하여 형법 제247조(도박장소 등 개설), 제347조(사기) 및 제347조의2(컴퓨터 등 사용 사기)의 죄에 해당하는 행위, 성매매알선 등 행위의 처벌에 관한 법률 제2조제1항제2호 및 제3호에 따른 성매매알선 등 행위 및 성매매 목적의 인신매매에 이용할 목적으로 다른 사람 명의의 이동통신단말장치를 개통하여 그 이동통신단말장치에 제공되는 전기통신역무를 이용하는 행위를 한 자
4. 제84조의2제1항을 위반하여 다른 사람을 속여 재산상 이익을 취하거나 폭언·협박·희롱 등의 위해를 입힐 목적으로 전화(문자메시지를 포함한다)를 하면서 송신인의 전화번호를 변작하는 등 거짓으로 표시한 자
5. 제84조의2제2항을 위반하여 영리를 목적으로 송신인의 전화번호를 변작하는 등 거짓으로 표시하는 서비스를 제공한 자

[4] 벌칙

다음 각 호의 어느 하나에 해당하는 자는 2년 이하의 징역 또는 1억원 이하의 벌금에 처한다.

1. 제17조제1항 및 제42조제4항에 따른 승인을 받지 아니한 자
2. 제18조제1항 각 호 외의 부분 본문에 따른 인가를 받지 아니하거나 제19조제1항에 따른 승인을 받지 아니한 자
3. 제18조제9항을 위반하여 인가를 받기 전에 통신망 통합, 임원의 임명행위, 영업의 양수, 법인의 합병·분할·분할합병이나 설비 매각 협정의 이행행위 또는 회사 설립에 관한 후속조치를 한 자
4. 제19조제2항 또는 제20조제3항에 따른 이용자 보호조치명령을 위반한 자
5. 제22조제1항에 따른 신고를 하지 아니하고 부가통신사업을 경영한 자
6. 제22조의3제2항을 위반하여 정당한 권한 없이 같은 조 제1항에 따른 기술적 조치를 제거·변경하거나 우회하는 등의 방법으로 무력화한 자

6의2. 제22조의5제3항을 위반하여 정당한 권한 없이 같은 조 제2항에 따른 기술적 조치를 제거·변경하거나 우회하는 등의 방법으로 무력화한 자

7. 제20조제1항에 따른 사업정지처분을 위반한 자
8. 제27조제1항에 따른 사업폐업명령을 위반한 자
9. 제32조제4항 본문을 위반하여 보증보험에 가입하지 아니한 자

9의2. 제32조제5항제1호를 위반하여 보증보험으로 보장되는 선불통화 이용요금 총액을 넘어 선불통화서비스 이용권을 발행한 자

9의3. 제32조제5항제2호를 위반하여 보증보험의 보험기간을 넘어 선불통화서비스를 제공한 자

10. 제43조를 위반하여 정보를 사용하거나 제공한 자

10의2. 제60조의3을 위반하여 제60조의2제1항 각 호의 어느 하나에 해당하는 통신단말장치의 사용 차단을 방해할 목적으로 통신단말장치의 고유식별번호를 훼손하거나 위조 또는 변조하는 자

11. 제85조에 따른 업무의 제한 또는 정지 명령을 이행하지 아니한 자
12. 제86조제2항에 따른 승인·변경승인 또는 폐지승인을 받지 아니한 자

[5] 벌칙

다음 각 호의 어느 하나에 해당하는 자는 1년 이하의 징역 또는 5천만원 이하의 벌금에 처한다.

1. 제10조제5항에 따른 명령을 이행하지 아니한 자, 제12조제2항(법률 제5385호 전기통신사업법 중 개정법률 부칙 제4조제4항에 따라 준용되는 경우를 포함) 또는 제18조제8항에 따른 명령을 이행하지 아니한 자
2. 제18조제1항 각 호 외의 부분 단서에 따른 신고를 하지 아니한 자
3. 제16조에 따른 변경등록을 하지 아니한 자
4. 제24조에 따른 신고를 하지 아니한 자
5. 제27조제1항에 따른 사업정지처분을 위반한 자
6. 제28조제1항에 따른 신고 또는 변경신고를 하지 아니하고 전기통신서비스를 제공한 자
7. 제30조 각 호 외의 부분 본문을 위반하여 전기통신사업자가 제공하는 전기통신역무를 이용하여 타인의 통신을 매개하거나 이를 타인의 통신용으로 제공한 자

[6] 벌칙

다음 각 호의 어느 하나에 해당하는 자는 1년 이하의 징역 또는 1천만원 이하의 벌금에 처한다.

1. 제22조의4제1항을 위반하여 요금 신고를 하지 아니하거나 신고한 내용과 다르게 전기통신서비스를 제공한 자
2. 제62조제1항 본문에 따른 신고를 하지 아니하고 중요한 전기통신설비를 설치하거나 변경한 자 또는 같은 항 단서에 따른 승인을 받지 아니하고 전기통신설비를 설치한 자
3. 제64조제1항에 따른 신고 또는 변경신고를 하지 아니하고 자가전기통신설비를 설치한 자
4. 제65조제1항을 위반하여 자가전기통신설비를 이용하여 타인의 통신을 매개하거나 설치한 목적에 어긋나게 이를 운용하거나 신고 또는 변경신고한 사항과 다르게 운용한 자
5. 제66조제1항에 따른 전기통신업무나 그 밖에 중요한 통신업무를 취급하게 하거나

해당 설비를 다른 전기통신설비에 접속하도록 하는 명령을 위반한 자
6. 제67조제2항에 따른 사용정지명령 또는 같은 조 제3항에 따른 명령을 위반한 자
7. 제82조제2항에 따른 전기통신설비의 제거명령 또는 그 밖에 필요한 조치의 명령을 위반한 자

[7] 벌칙

제50조제1항 각 호의 금지행위(제50조제1항제5호의 행위 중 이용약관과 다르게 전기통신서비스를 제공하는 행위 및 같은 항 제5호의2의 행위는 제외)를 한 자는 3억원 이하의 벌금에 처한다.

[8] 벌칙

제79조제2항을 위반하여 전기통신설비를 망가뜨리거나 전기통신설비의 측량표를 훼손한 자는 100만원 이하의 벌금 또는 과료(科料)에 처한다.

[9] 미수범

제94조제1호・제2호 및 제95조제7호의 미수범은 처벌한다.

[10] 양벌규정

법인의 대표자나 법인 또는 개인의 대리인, 사용인, 그 밖의 종업원이 그 법인 또는 개인의 업무에 관하여 제94조, 제95조, 제95조의2, 제96조부터 제99조까지의 어느 하나에 해당하는 위반행위를 하면 그 행위자를 벌하는 외에 그 법인 또는 개인에게도 해당 조문의 벌금형을 과(科)한다. 다만, 법인 또는 개인이 그 위반행위를 방지하기 위하여 해당 업무에 관하여 상당한 주의와 감독을 게을리하지 아니한 경우에는 그러하지 아니하다.

[11] 과태료

① 다음 각 호의 어느 하나에 해당하는 자에게는 5천만원 이하의 과태료를 부과한다.
1. 제22조의3제1항을 위반하여 기술적 조치를 하지 아니한 자
2. 제22조의3제6항을 위반하여 주식 또는 지분을 소유한 자
3. 제22조의5제2항을 위반하여 기술적・관리적 조치를 하지 아니한 자

4. 제51조제2항에 따른 조사를 거부·방해 또는 기피한 자
5. 대·중소기업 상생협력 촉진에 관한 법률 제2조제2호에 따른 대기업 또는 대기업 계열사(독점규제 및 공정거래에 관한 법률 제2조제3호에 따른 계열회사를 말한다. 이하 같다)인 전기통신사업자이거나 그 전기통신사업자에 속하여 업무를 위탁받아 취급하는 자(전기통신사업자로부터 위탁받은 업무가 제50조와 관련된 경우 그 업무를 취급하는 자로 한정한다. 이하 같다)로서 제51조제5항에 따른 자료나 물건의 제출명령 또는 제출된 자료나 물건의 일시 보관을 거부 또는 기피하거나 이에 지장을 주는 행위를 한 자
6. 제84조의2제3항 각 호에 따른 조치를 하지 아니한 자
7. 대·중소기업 상생협력 촉진에 관한 법률 제2조제2호에 따른 대기업 또는 대기업 계열사인 전기통신사업자이거나 그 전기통신사업자에 속하여 업무를 위탁받아 취급하는 자로서 제92조제1항제1호(제51조를 위반하거나 같은 조에 따른 명령을 위반한 경우만 해당한다)에 따른 시정명령을 이행하지 아니한 자

② 다음 각 호의 어느 하나에 해당하는 자에게는 3천만원 이하의 과태료를 부과한다.
1. 제48조의2제1항을 위반하여 전기통신번호를 매매한 자
2. 제73조제2항을 위반하여 사유(私有)의 전기통신설비 또는 토지 등의 일시 사용을 정당한 사유 없이 방해한 자
3. 제74조제2항을 위반하여 토지 등에의 출입을 정당한 사유 없이 방해한 자
4. 제75조제1항에 따른 장해물 등의 이전·개조·수리나 그 밖의 조치 및 같은 조 제2항에 따른 식물의 제거 요구를 정당한 사유 없이 거부한 자
5. 제92조제1항제1호(제32조의4제2항을 위반한 경우만 해당한다)에 따른 시정명령을 이행하지 아니한 자

③ 다음 각 호의 어느 하나에 해당하는 자에게는 2천만원 이하의 과태료를 부과한다.
1. 제22조의3제1항을 위반하여 기술적 조치의 운영·관리 실태를 기록·관리하지 아니한 자
1의2. 제22조의5제4항을 위반하여 기술적 조치의 운영·관리 실태를 기록·관리하지 아니한 자
1의3. 제22조의8제1항을 위반하여 국내대리인을 지정하지 아니하거나 같은 조 제2항을 위반하여 국내대리인을 지정한 자
2. 제32조의3제1항에 따른 명령을 위반하거나 같은 조 제2항을 위반하여 이의신청 절

차를 통지하지 아니한 자
3. 제44조제2항을 위반하여 협정 체결에 대한 인가신청을 하지 아니한 자

④ 다음 각 호의 어느 하나에 해당하는 자에게는 1천500만원 이하의 과태료를 부과한다.
1. 제44조제1항 또는 제3항에 따른 협정 체결에 대한 신고를 하지 아니한 자
2. 제86조제3항 본문에 따른 신고를 하지 아니한 자

⑤ 다음 각 호의 어느 하나에 해당하는 자에게는 1천만원 이하의 과태료를 부과한다. 다만, 제8호 또는 제17호에 해당하는 자가 제1항제5호·제6호 또는 제2항제6호에 해당하는 자인 경우는 제외한다.
1. 제10조제2항에 따른 신고를 하지 아니하거나 제11조제3항 또는 제4항에 따른 자료의 제공 요청이나 출석명령에 따르지 아니한 자
2. 제19조제1항을 위반하여 기간통신사업의 휴업 또는 폐업 예정일 60일 전까지 이용자에게 알리지 아니한 자
2의2. 제22조의3제4항 또는 제22조의5제5항에 따른 방송통신위원회의 자료 제출 명령을 따르지 아니하거나 거짓으로 자료를 제출한 자
2의3. 제22조의7제3항에 따른 자료 제출을 하지 아니하거나 거짓으로 자료 제출을 한 자
2의4. 제22조의7제4항에 따른 자료의 제출 요청에 정당한 사유 없이 따르지 아니하거나 거짓으로 자료 제출을 한 자
3. 제26조에 따른 신고를 하지 아니한 자
4. 제32조제1항에 따른 이용자의 보호에 관한 의무(이용자 피해 예방 노력은 제외한다)를 위반한 자
4의2. 제32조제2항 후단에 따른 자료 제출 명령을 이행하지 아니한 자
4의3. 제32조제3항을 위반하여 계약서 사본을 송부하지 아니한 자
4의4. 제32조의2제1항에 따른 요금한도 초과 등의 고지를 하지 아니한 자
4의5. 제32조의8을 위반하여 신고하지 아니하거나 신고한 내용과 다르게 전기통신역무를 제공한 자
4의6. 제32조의9제2항을 위반하여 이용자에게 경제상의 이익의 적립 현황 등을 알리지 아니한 자
4의7. 제32조의10제4항을 위반하여 보고서를 공개하지 아니한 자
5. 제33조제2항을 위반하여 이용자에게 전기통신역무의 제공이 중단된 사실과 손해

배상의 기준·절차 등을 알리지 아니한 자
6. 제42조제4항을 위반하여 기술적 기준, 이용 및 공급 기준, 그 밖에 공정한 경쟁환경을 조성하기 위하여 필요한 기준을 공시하지 아니한 자
6의2. 제42조제5항을 위반하여 전기통신서비스 규격에 관한 정보를 제공하지 아니한 자
7. 제48조제3항을 위반하여 같은 조 제2항에 따라 고시한 사항을 지키지 아니한 자
7의2. 제48조의2제2항에 따른 과학기술정보통신부장관의 폐쇄 또는 게시제한 명령을 이행하지 아니한 자
8. 제51조제5항에 따른 자료나 물건의 제출명령 또는 제출된 자료나 물건의 일시 보관을 거부 또는 기피하거나 이에 지장을 주는 행위를 한 자
9. 제56조제3항에 따른 자료 제출 명령을 이행하지 아니한 자
10. 제64조제3항을 위반하여 확인을 받지 아니하고 자가전기통신설비를 사용한 자
11. 제82조제1항에 따른 검사를 거부·방해 또는 기피한 자
12. 제82조제1항에 따른 보고를 하지 아니하거나 거짓으로 보고한 자
13. 제83조제5항을 위반하여 관련 자료를 갖추어 두지 아니하거나 거짓으로 기재하여 갖추어 둔 자
14. 제83조제7항을 위반하여 중앙행정기관의 장에게 통신이용자정보 제공 사실 등이 기재된 대장의 내용을 알리지 아니한 자
15. 제84조의2제4항에 따른 자료의 열람·제출 및 검사 요구에 따르지 아니하거나 거짓으로 자료제출을 한 자
16. 제88조에 따른 보고 또는 자료 제출을 하지 아니하거나 거짓으로 보고 또는 자료 제출을 한 자
17. 제92조제1항부터 제3항까지에 따른 시정명령 등을 이행하지 아니한 자

⑥ 제2항부터 제5항까지의 규정에 따른 과태료는 대통령령으로 정하는 바에 따라 과학기술정보통신부장관이 부과·징수한다. 다만, 제1항제1호부터 제5호까지 및 제7호, 제3항제1호, 제1호의 2, 제5항제2호의2·제4호의2·제8호에 따른 과태료는 방송통신위원회가 부과·징수하고, 제5항제10호에 따른 과태료는 시·도지사가 부과·징수하며, 같은 항 제17호에 따른 과태료는 과학기술정보통신부장관 또는 방송통신위원회가 각각 소관 업무에 따라 부과·징수한다.

Chapter 02 통신선로관련기술 기준

제1절 접지설비·구내통신설비·선로설비 및 통신공동구 등에 대한 기술기준

1 총칙

[1] 목적

이 고시는 방송통신설비의 기술기준에 관한 규정(이하 "규정"이라 한다)에서 규정된 방송통신설비의 보호기 및 접지설비, 건축물 구내에 설치하는 통신설비, 사업자가 설치하는 선로설비 및 통신공동구 등에 대한 세부기술기준을 정함으로써 이의 원활한 설치·운영 또는 관리에 기여함을 목적으로 한다.

[2] 적용 범위

이 고시는 다음 각 호의 설비에 대하여 적용한다.
1. 규정 제7조 규정에 의한 방송통신설비의 보호기 및 접지설비
2. 규정 제8조 규정에 의한 전송설비 및 선로설비
3. 규정 제10조 규정에 의한 전원설비
4. 규정 제17조·제17조의 2 및 주택건설기준 등에 관한 규정 제32조·제32조의2·제42조의 규정에 의한 건축물에 설치하는 구내통신선로설비·구내용 이동통신설비 및 방송공동수신설비·홈네트워크설비
5. 전기통신사업법 제69조의2의 규정에 의한 도시철도시설에 설치하는 구내통신선로설비·구내용 이동통신설비

6. 규정 제25조 규정에 의한 통신공동구·관로·맨홀 등의 설비

[3] 용어의 정의

1. "통신선"이라 함은 절연물로 피복한 전기도체 또는 절연물로 피복한 위를 보호피복으로 보호한 전기도체 및 광섬유 등으로써 통신용으로 사용하는 선을 말한다.
2. "이격거리"라 함은 통신선과 타물체(통신선을 포함한다)가 기상조건에 의한 위치의 변화에 의하여 가장 접근한 경우의 거리를 말한다.
3. "강전류절연전선"이라 함은 절연물만으로 피복되어 있는 강전류전선을 말한다.
4. "강전류케이블"이라 함은 절연물 및 보호물로 피복되어 있는 강전류전선을 말한다.
5. "강풍지역"이라 함은 벌판, 도서 또는 해안에 인접한 지역 등으로서 바람의 영향을 많이 받는 곳을 말한다.
6. "회선"이라 함은 전기통신의 전송이 이루어지는 유형 또는 무형의 계통적 전기통신로를 말하며, 그 용도에 따라 국선 및 구내선 등으로 구분한다.
7. "기타건축물"이라 함은 업무용 건축물 및 주거용 건축물을 제외한 건축물을 말한다.
8. "이용자"라 함은 구내통신설비를 소유하거나 사용하는 자를 말한다.
9. "사업자"라 함은 방송통신서비스를 제공하는 방송통신사업자를 말한다.
10. "구내간선케이블"이라 함은 구내에 두 개 이상의 건물이 있는 경우 국선단자함에서 각 건물의 동단자함 또는 동단자함에서 동단자함까지의 건물 간 구간을 연결하는 통신케이블을 말한다.

10의2. "건물"은 지상부가 외형적으로 분리된 경우를 말하며, 2개 이상 건물의 지하층 또는 지상층 일부가 주차장이나 통로 등으로 연결된 경우에도 각각의 건물로 본다. 다만, 국선단자함이 설치되는 공간(집중구내통신실 등)은 별도 건물로 적용할 수 있다.

11. "건물간선케이블"이라 함은 동일 건물 내의 국선단자함이나 동단자함에서 층단자함까지 또는 층단자함에서 층단자함까지의 구간을 연결하는 통신케이블을 말한다.
12. "수평배선케이블"이라 함은 층단자함에서 통신인출구까지를 연결하는 통신케이블을 말한다.
13. "동단자함"이라 함은 구내간선케이블 및 건물간선케이블을 종단하여 상호 연결하는 통신용 분배함을 말한다.
14. "층단자함"이라 함은 건물간선케이블 및 수평배선케이블을 종단하여 상호 연결하는 통신용 분배함을 말한다.

15. "세대단자함"이라 함은 세대 내에 인입되는 통신선로, 방송공동수신설비 또는 홈네트워크설비 등의 배선을 효율적으로 분배·접속하기 위하여 이용자의 주거전용면적에 포함되는 실내공간에 설치되는 분배함을 말한다.
16. "세대 내 성형배선"(이하 "성형배선"이라 한다)이라 함은 세대단자함 또는 이와 동등한 기능이 있는 단자함에서 각 인출구로 직접 배선되는 방식을 말한다.
17. "급전선"이라 함은 전파에너지를 전송하기 위하여 송신장치나 수신장치와 안테나 사이를 연결하는 선을 말한다.
18. "중계장치"라 함은 선로의 도달이 어려운 지역을 해소하기 위해 사용하는 증폭장치 등을 말한다.
19. "홈네트워크 주장치(홈게이트웨이, 월패드, 홈서버 등을 포함)"라 함은 세대 내에서 사용되는 홈네트워크 기기들을 유·무선 네트워크 기반으로 연결하고 홈네트워크 서비스를 제공하는 기기를 말한다.
20. "저압"이란 직류에서는 1500볼트 이하의 전압을 말하고, 교류에서는 1000볼트 이하의 전압을 말한다.
21. "고압"이란 1500볼트를 초과학 7천 볼트 이하인 전압을 말하고, 교류에서는 1000볼트를 초과하고 7천 볼트 이하인 전압을 말한다.
22. "특고압"이란 7천 볼트를 초과하는 전압을 말한다.

2 보호기 성능 및 접지설비 설치방법

[1] 보호기 성능

① 보호기의 기본회로도는 별표 1과 같으며, 보호기의 성능은 제2항 내지 제4항의 조건을 만족하여야 한다.

② 보호기의 과전압 성능은 다음 각 호와 같아야 한다.

1. 보호기는 직류 100V/sec의 상승전압을 L1-E, L2-E간에 인가할 때 184V 이상 280V 이하에서 접지를 통하여 방전이 개시되어야 한다.
2. 보호기는 100V/μs의 상승전압을 L1-E, L2-E간에 인가할 때 180V 이상 600V 이하에서 접지를 통하여 방전되어야 한다.

3. 보호기는 1000V/μs의 상승전압을 L1-E, L2-E간에 인가할 때 180V 이상 700V 이하에서 접지를 통하여 방전되어야 한다.

③ 보호기의 과전류 성능은 다음 각 호와 같아야 한다.
1. 보호기는 L1-T1, L2-T2간에 교류 110V 250mA를 인가할 때 1분 이내, 교류 110V 1A를 인가할 때 2초 이내에 동작하여 부동작 전류 이하로 전류를 제한하고, 과전류가 제거되면 자기 복구되어야 한다.
2. 보호기는 L1-T1, L2-T2간에 직류 150mA를 3시간 인가할 때 과전류 제한소자는 동작하지 않아야 한다.

④ 보호기의 발화방지 성능은 다음 각 호와 같아야 한다.
1. 보호기는 L1-E, L2-E간에 60Hz, 5A를 15분간 인가할 때 과전압 방전소자의 발화방지 장치가 동작하여 보호기의 발화 및 변형이 없어야 한다.
2. 보호기는 과전압 방전소자가 삽입되지 않은 상태에서 L1-T1, L2-T2간에 교류 220V, 3A을 15분간 인가할 때 과전류 제한소자가 손상되지 않아야 하며, 보호기의 발화 및 변형이 없어야 한다.

[2] 접지저항 등

① 교환설비·전송설비 및 통신케이블과 금속으로 된 단자함(구내통신단자함, 옥외분배함 등)·장치함 및 지지물 등이 사람이나 방송통신설비에 피해를 줄 우려가 있을 때에는 접지단자를 설치하여 접지하여야 한다.

② 통신관련시설의 접지저항은 10Ω 이하를 기준으로 한다. 다만, 다음 각 호의 경우는 100Ω 이하로 할 수 있다.
1. 선로설비 중 선조·케이블에 대하여 일정 간격으로 시설하는 접지(단, 차폐케이블은 제외)
2. 국선 수용 회선이 100회선 이하인 주배선반
3. 보호기를 설치하지 않는 구내통신단자함
4. 구내통신선로설비에 있어서 전송 또는 제어신호용 케이블의 쉴드 접지
5. 철탑 이외 전주 등에 시설하는 이동통신용 중계기
6. 암반 지역 또는 산악지역에서의 암반 지층을 포함하는 경우 등 특수 지형에의 시설이 불가피한 경우로서 기준 저항값 10Ω을 얻기 곤란한 경우

7. 기타 설비 및 장치의 특성에 따라 시설 및 인명 안전에 영향을 미치지 않는 경우

③ 통신회선 이용자의 건축물, 전주 또는 맨홀 등의 시설에 설치된 통신설비로서 통신용 접지시공이 곤란한 경우에는 그 시설물의 접지를 이용할 수 있으며, 이 경우 접지저항은 해당 시설물의 접지기준에 따른다. 다만, 전파법시행령 제25조의 규정에 의하여 신고하지 아니하고 시설할 수 있는 소출력중계기 또는 무선국의 경우, 설치된 시설물의 접지를 이용할 수 없을 시 접지하지 아니할 수 있다.

④ 접지선은 접지저항값이 10Ω 이하인 경우에는 2.6mm 이상, 접지저항값이 100Ω 이하인 경우에는 지름 1.6mm 이상의 피브이씨(PVC) 피복 동선 또는 그 이상의 절연효과가 있는 전선을 사용하고 접지극은 부식이나 토양오염 방지를 고려한 도전성 재료를 사용한다. 단, 외부에 노출되지 않는 접지선의 경우에는 피복을 아니할 수 있다.

⑤ 접지체는 가스, 산 등에 의한 부식의 우려가 없는 곳에 매설하여야 하며, 접지체 상단이 지표로부터 수직 깊이 75cm 이상되도록 매설하되 동결심도보다 깊도록 하여야 한다.

⑥ 사업용방송통신설비와 전기통신사업법 제64조의 규정에 의한 자가전기통신설비 설치자는 접지저항을 정해진 기준치를 유지하도록 관리하여야 한다.

⑦ 다음 각 호에 해당하는 방송통신관련 설비의 경우에는 접지를 아니할 수 있다.
　1. 전도성이 없는 인장선을 사용하는 광섬유케이블의 경우
　2. 금속성 함체이나 광섬유 접속등과 같이 내부에 전기적 접속이 없는 경우

3 선로설비 설치방법

[1] 사용 가능한 통신선의 종류

방송통신설비에 사용하는 통신선은 절연전선 또는 케이블이어야 한다. 다만, 절연전선이나 케이블을 사용하기가 곤란한 경우에 있어서 타인이 설치한 방송통신설비에 방해를 줄 염려가 없고 인체 또는 물건에 손상을 줄 염려가 없는 경우에는 예외로 할 수 있다.

[2] 가공통신선의 지지물과 가공강전류전선간의 이격거리

① 가공통신선의 지지물은 가공강전류전선 사이에 끼우거나 통과하여서는 아니 된다. 다만, 인체 또는 물건에 손상을 줄 우려가 없을 경우에는 예외로 할 수 있다.

② 가공통신선의 지지물과 가공강전류전선간의 이격거리는 다음 각 호와 같다.

1. 가공강전류전선의 사용전압이 저압 또는 고압일 경우의 이격거리는 다음 표와 같다.

가공강전류전선의 사용전압 및 종별		이격거리
저압		30cm 이상
고압	강전류 케이블	30cm 이상
	기타 강전류전선	60cm 이상

2. 가공강전류전선의 사용전압이 특고압일 경우의 이격거리는 다음 표와 같다.

가공강전류전선의 사용전압 및 종별		이격거리
35,000V 이하의 것	강전류 케이블	50cm 이상
	특고압 강전류절연전선	1m 이상
	기타 강전류전선	2m 이상
35,000V를 초과하고 60,000V 이하의 것		2m 이상
60,000V를 초과하는 것		2m에 사용전압이 60,000V를 초과하는 10,000V마다 12cm를 더한 값 이상

[3] 전주의 안전계수

① 전주의 안전계수는 다음 표와 같다. 다만, 철근콘크리트주 및 철주는 표 제1호, 제2호, 제3호의 경우 1.0 이상으로 하고, 제4호의 경우 1.5 이상으로 할 수 있다.

전주의 구별	안전계수
1. 도로상 또는 도로로부터 전주 높이의 1.2배에 상당하는 거리 내의 장소에 설치하는 전주	1.2
2. 다음에 해당하는 가공통신선을 가설하는 전주 　가. 구조물로부터 그 전주의 높이에 상당하는 거리 내에 접근하는 가공통신선 　나. 타인의 가공통신선 또는 가공강전류전선과 교차되거나 그 전주의 높이에 상당하는 거리 내에 접근하는 가공통신선 　다. 철도 또는 궤도로부터 그 전주의 높이에 상당하는 거리 내에 접근하거나 도로, 철도 또는 궤도를 횡단하는 가공통신선	1.2
3. 가공통신선과 저압 또는 고압의 가공강전류전선을 공가하는 전주	1.5
4. 가공통신선과 특고압의 가공강전류전선을 공가하는 전주	2.0

② 전주에 지선 또는 지주를 설치하는 경우에는 그 전체의 안전계수를 전주의 안전계수

로 보고 제1항의 규정을 적용한다.

③ 전주의 안전계수는 그 전주에 개설하는 시설물의 인장하중, 제9조의 규정에 의한 풍압하중 및 그 시설장소에서 통상 예상되는 기상의 변화 등 기타 외부 환경의 영향이 가하여진 것으로 하여 이를 계산한다.

[4] 풍압하중

① 옥외통신설비에 대한 기본풍압하중은 아래의 표와 같다.

풍압을 받는 시설물			시설물의 수직투영면적 $1m^2$에 대한 풍압
전주류	목주 또는 철근콘크리트주		80kg
	철주	원통주	80kg
		삼각주 또는 사각주	190kg
		각주(강관에 의하여 구성된 것에 한한다)	150kg
		기타의 것	240kg
무선 시설류	철탑	강관에 의하여 구성된 것	170kg
		기타의 것	290kg
	철탑에 부착 시설되는 안테나류		200kg
	마이크로웨이브안테나		200kg
기타	통신선 또는 보조선		100kg
	완철류 또는 함류		160kg

주) 설계풍속 40[m/s]를 적용한 것임

② 강풍지역 외 시가지에서는 전주 및 기타 시설류에 대하여 제1항에 의한 풍압하중의 1/2배를 적용할 수 있다.

③ 강풍지역에서는 과거 기상자료를 바탕으로 하여 제1항의 풍압하중 이상을 적용한다.

④ 무선시설류는 제1항에 의한 풍압하중의 2배 이상을 적용한다. 다만, 건물 옥상에 시설하는 철탑의 경우 제1항의 풍압하중을 적용하고 철탑 붕괴 시 인명 및 재산 피해를 방지할 수 있도록 지선설치 등의 보강조치를 하여야 한다.

⑤ 다설지역에서는 제1항의 풍압하중 또는 통신선 또는 보조선에 비중 0.9의 빙설을 6mm의 두께로 부착한 경우에 제1항 규정에 의한 풍압하중의 1/2배를 적용한 하중

중 큰 것을 적용한다.
⑥ 통신선 및 보조선을 고정하는 클램프 등의 자재는 통신선에 대한 제1항의 풍압하중 인가 시 설계 장력을 유지할 수 있어야 한다. 단, 이 기준 이외의 다른 기준에 의한 전주류에 설치되는 통신선의 경우에는 해당 기준에 의한 풍압하중을 적용한다.

[5] 가공통신선 지지물의 등주방지

가공통신선의 지지물에는 취급자가 오르내리는데 사용하는 발디딤쇠 등을 지표상으로부터 1.8m 이상의 높이에 부착하여야 한다. 다만, 다음과 같은 경우에는 예외로 할 수 있다.
1. 발디딤쇠 등이 지지물의 내부로 들어가는 구조인 경우
2. 지지물 주위에 취급자 이외의 자가 들어갈 수 없도록 시설하는 경우
3. 지지물을 사람이 쉽게 접근할 수 없는 장소에 설치한 경우

[6] 가공통신선의 높이

① 설치 장소 여건에 따른 가공통신선의 높이는 다음 각 호와 같다.
1. 도로상에 설치되는 경우에는 노면으로부터 4.5m 이상으로 한다. 다만, 교통에 지장을 줄 우려가 없고 시공상 불가피할 경우 보도와 차도의 구별이 있는 도로의 보도상에서는 3m 이상으로 한다.
2. 철도 또는 궤도를 횡단하는 경우에는 그 철도 또는 궤조면으로부터 6.5m 이상으로 한다. 다만, 차량의 통행에 지장을 줄 우려가 없는 경우에는 그러하지 아니하다.
3. 7000V를 초과하는 전압의 가공강전류전선용 전주에 가설되는 경우에는 노면으로부터 5m 이상으로 한다.
4. 제1호 내지 제3호 및 제2항 이외의 기타 지역은 지표상으로부터 4.5m 이상으로 한다. 다만, 교통에 지장을 줄 염려가 없고 시공상 불가피한 경우에는 지표상으로부터 3m 이상으로 할 수 있다.

② 가공선로설비가 하천 등을 횡단하는 경우에는 선박 등의 운행에 지장을 줄 우려가 없는 높이로 설치하여야 하며, 헬리콥터 등의 안전운항에 지장이 없도록 안전표지(항공표지 등)가 설치되어야 한다.

[7] 전주의 안전계수와 가공통신선의 지지물에 대한 예외

비상사태하에 있어서 재해의 예방과 구조, 교통, 통신, 전력의 공급과 확보 또는 질서의 유지에 필요한 통신을 행하기 위하여 설치하는 선로에 관하여는 절연전선 또는 케이블을 사용하는 것에 한하여 그 설치한 날로부터 1월 내에는 제8조의 규정을 적용하지 아니한다.

[8] 보호망

① 가공통신선이 가공강전류전선과 교차하거나 가공강전류전선과의 수평거리가 그 가공통신선 또는 가공강전류전선의 지지물 중 높은 것에 해당하는 거리 이하로 접근할 경우에 설치하는 보호망의 종류 및 구성은 다음과 같다.
  1. 제1종 보호망
     가. 특별보안접지공사(접지저항이 10Ω 이하가 되도록 하는 접지공사를 말한다. 이하 같다)를 한 금속선을 망상으로 할 것
     나. 보호망의 바깥둘레를 구성하는 금속선은 지름 3.5mm 이상의 동복강선 또는 지름 5mm의 경동선이나 이와 동등 이상의 강도의 것을 사용하고, 기타의 부분을 구성하는 금속선은 지름 3.5mm 이상의 동복강선 또는 지름 4mm의 경동선이나 이와 동등 이상의 강도의 것을 사용할 것
     다. 병행하는 금속선 상호간의 거리는 각각 1.5m 이하로 할 것
  2. 제2종 보호망
     가. 보안접지공사(접지저항이 100Ω 이하가 되도록 하는 접지공사를 말한다. 이하 같다)를 한 금속선을 망상으로 할 것
     나. 세로선은 지름 3.5mm 이상의 동복강선 또는 지름 4mm의 경동선이나 이와 동등 이상의 강도를 가진 것을 사용할 것
     다. 가로선은 지름 2.6mm의 경동선이나 이와 동등 이상의 강도를 가진 것을 사용할 것
     라. 병행하는 금속선 상호 간의 거리는 각각 1.5m 이하로 할 것
② 제1항의 규정에 의한 보호망의 설치는 다음과 같이 한다.
  1. 보호망과 가공통신선 및 가공강전류전선간의 수직이격거리는 각각 60cm 이상으로 한다. 다만, 제2종 보호망에 있어서 공사상 부득이한 경우에는 그 수직거리를 30cm 이상으로 할 수 있다.
  2. 보호망이 가공통신선 및 가공강전류전선의 밖으로 펼쳐지는 폭은 보호망과 가공통

신선간의 수직거리의 1/2에 상당하는 길이(그 길이가 30cm 미만이 되는 경우는 30cm) 이상으로 한다.
3. 제2종 보호망은 제1종 보호망으로 대체할 수 있으나 제1종 보호망은 제2종 보호망으로 대체할 수 없다.

[9] 보호선

① 가공통신선이 가공강전류전선과 교차하거나 가공강전류전선과의 수평거리가 그 가공통신선 또는 가공강전류전선의 지지물 중 높은 것에 해당하는 거리 이하로 접근할 경우에 설치하는 보호선의 종류 및 구성은 다음과 같다.
1. 제1종 보호선
    가. 지름 3.5mm 이상의 동복강선 또는 지름 5mm의 경동선이나 이와 동등 이상의 강도를 가진 것을 2조 이상으로 구성하고, 보안접지공사를 할 것
    나. 보호선의 금속선 상호간의 간격은 75cm 이하로 할 것
2. 제2종 보호선
    가. 지름 3.5mm 이상의 동복강선 또는 지름 4mm의 경동선이나 이와 동등 이상의 강도를 가진 것을 2조 이상으로 구성하고, 보안접지공사를 할 것

② 제1항의 규정에 의한 보호선의 설치는 다음 각 호와 같이 하여야 한다.
1. 가공통신선과 45°를 넘는 각도로 교차하여야 한다.
2. 보호선과 가공통신선간의 수직이격거리는 60cm 이상으로 한다.
3. 보호선이 가공통신선의 밖으로 펼쳐지는 길이는 보호선과 가공통신선간 수직거리의 1/2에 상당하는 길이(그 길이가 30cm 미만일 경우에는 30cm) 이상으로 한다.
4. 제2종 보호선은 제1종 보호선으로 대체할 수 있으나, 제1종 보호선은 제2종 보호선으로 대체할 수 없다.

[10] 가공통신선과 저압 또는 고압의 가공강전류전선과의 접근 또는 교차

① 가공통신선이 저압 또는 고압의 가공강전류전선과 교차하거나 가공강전류전선과의 수평거리가 그 가공통신선 또는 가공강전류전선의 지지물 중 높은 것에 해당하는 거리 이하로 접근할 경우의 이격거리는 다음 표와 같다. 다만, 가공통신선은 가공강전류전선 아래에 설치하여야 한다.

가공강전류전선의 사용전압 및 종별		이격거리
저압	고압 강전류절연전선, 특고압 강전류절연전선 또는 케이블	30cm 이상(강전류전선설치자의 승낙을 얻었을 경우에는 15cm 이상)
	강전류절연전선	60cm 이상(강전류전선설치자의 승낙을 얻었을 경우에는 30cm 이상)
고압	강전류케이블	40cm 이상
	고압 강전류절연전선, 특고압 강전류절연전선	80cm 이상

② 가공통신선이 저압 또는 고압의 가공강전류전선과의 수평거리가 그 가공통신선 또는 가공강전류전선의 지지물 중 높은 것에 해당하는 거리 이하로 접근할 경우, 다음과 같은 규정에 의해 가공통신선을 가공강전류전선 위에 설치할 수 있다.

1. 공사상 부득이 하고, 가공통신선의 지지물이 다음의 규정에 의해 설치될 경우
   가. 가공통신선과 가공강전류전선간의 이격거리가 제1항의 규정에 의할 경우
   나. 목주의 경우에는 말구경이 12cm 이상이며 안전계수가 1.3 이상일 경우
   다. 가공통신선이 5° 이하의 수평각도를 이루는 직선부분을 지지하는 지지물 간의 거리차가 크거나 5° 이상의 수평각도를 이루는 개소 또는 전주의 안전계수가 1.2 미만인 경우, 이를 보강할 수 있는 지선 또는 지주를 설치할 경우
2. 가공통신선과 가공강전류전선간의 수평거리가 2.5m 이상이고, 가공통신선 지지물이 넘어지거나 무너졌을 때에 가공강전류전선과 접촉할 우려가 없는 경우

[11] 가공통신선과 특고압의 가공강전류전선과의 접근

① 가공통신선이 특고압의 가공강전류전선과의 수평거리가 그 가공통신선 또는 가공강전류전선의 지지물 중 높은 것에 해당하는 거리 이하로 접근할 경우에 다음과 같은 규정에 의해 가공통신선을 가공강전류전선 아래에 설치하여야 한다.

1. 가공통신선과 가공강전류전선과의 수평거리가 3m 이상인 경우의 이격거리는 제7조제2항제2호의 규정에 의하여 설치하여야 한다.
2. 가공통신선과 가공강전류전선과의 수평거리가 3m 미만인 경우에는 다음의 규정에 의하여 설치하여야 한다.
   가. 가공통신선과 가공강전류전선과의 이격거리는 제7조제2항제2호의 규정에 의하여야 한다.
   나. 가공통신선과 가공강전류전선과의 수평이격거리는 2m 이상으로 한다. 다만,

다음의 규정에 의할 경우에는 예외로 할 수 있다.
(1) 가공통신선이 지름 5mm의 경동선이나 이와 동등 이상의 강도를 가진 절연 전선 또는 케이블일 경우
(2) 가공통신선을 지름 4mm의 아연도금 철선이나 이와 동등 이상의 강도의 것으로 조가하여 설치한 경우
(3) 가공통신선이 15m 이하의 인입선일 경우
(4) 가공통신선과 가공강전류전선과의 수직거리가 6m 이상인 경우
(5) 가공통신선과 가공강전류전선 사이에 제2종 보호선을 설치하는 경우. 다만, 가공강전류전선이 제2종 특별보안공사(전기사업법 제67조 규정에 의하여 고시된 기술기준에 의한다. 이하 같다)를 하지 않은 경우에 제1종 보호망을 설치하는 경우
(6) 가공강전류전선이 특고압 강전류절연전선 또는 강전류케이블이며, 그 사용 전압이 35,000V 이하인 경우
3. 가공통신선과 가공강전류전선과의 수평거리가 3m 미만이 되는 길이가 연속하여 50m 이하로 설치되어야 한다.
4. 가공강전류전선의 전주와 전주 사이에서 가공통신선과 가공강전류전선과의 수평거리가 3m 미만으로 되는 부분의 길이의 합계가 50m 이하로 설치하여야 한다.
5. 제3호, 제4호 규정에도 불구하고 다음과 같은 경우에는 50m를 초과하여 설치할 수 있다.
가. 가공강전류전선의 전압이 35000V 이하이고 제2종 특별보안공사에 의해 설치된 경우
나. 가공강전류전선의 전압이 35000V를 초과하고 제1종 특별보안공사(전기사업법 제67조 규정에 의하여 고시된 기술기준에 의한다. 이하 같다)에 의해 설치된 경우
6. 제2호의 제2종 보호선 또는 제1종 보호망과 특고압의 가공강전류전선과의 수직이격거리는 제7조제2항제2호의 규정에 의한다.

② 가공통신선과 가공강전류전선간의 수평거리가 3m 이상이고, 가공통신선의 지지물이 넘어지거나 무너졌을 때에 가공강전류전선과 접촉할 우려가 없거나 다음과 같은 규정에 의할 경우에는 가공통신선을 위에 설치할 수 있다.
1. 가공통신선과 가공강전류전선의 이격거리를 제7조제2항제2호에 의할 경우
2. 가공통신선과 그 지지물이 다음과 같은 규정에 의해 설치되는 경우. 다만, 가공강전

류전선이 케이블이고, 그 사용전압이 35,000V 이하인 경우에는 포함되지 아니한다.
  가. 가공통신선이 케이블 또는 지름 5mm의 연동선이나 이와 동등 이상의 강도를 가진 절연전선인 경우
  나. 목주는 말구경이 12cm 이상이며 안전계수가 1.5 이상인 경우
  다. 가공강전류전선과 접근하는 반대쪽에 지선을 설치한 경우
  라. 가공통신선이 5° 이하의 수평각도를 이루는 직선부분을 지지하는 지지물 간의 거리차가 크거나, 5° 이상의 수평각도를 이루는 개소 또는 전주의 안전계수가 1.5 미만인 경우에는 이를 보강할 수 있는 지선 또는 지주를 설치하는 경우

[12] 가공통신선과 특고압의 가공강전류전선과의 교차

① 가공통신선이 특고압의 가공강전류전선과 교차하는 경우에는 다음의 규정에 의해 가공강전류전선의 아래에 설치하여야 한다.
  1. 가공통신선과 가공강전류전선의 이격거리는 제7조제2항제2호의 규정에 의한다.
  2. 가공강전류전선에 제2종 특별보안공사가 되어 있는 경우에는 가공통신선과 가공강전류전선 사이에 제2종 보호선을 설치하여야 한다. 다만, 다음과 같은 경우에는 제2종 보호선을 설치하지 아니하여도 된다.
    가. 가공통신선(2 이상의 통신선이 수직으로 있는 경우에는 맨 위의 것)이 케이블이거나 3.5mm의 동복강선, 지름 5mm의 경동선이거나 이와 동등 이상의 강도를 가진 것으로 조가하는 것일 경우
    나. 가공통신선이 전주로부터 15m 이하의 인입선일 경우
    다. 가공통신선과 가공강전류전선과의 수직거리가 6m 이상일 경우
    라. 가공통신선과 가공강전류전선 사이에 제1종 보호망을 설치할 경우
    마. 가공강전류전선이 강전류케이블 또는 특고압 강전류절연전선이며, 그 사용전압이 35000V 이하인 것일 경우
  3. 가공강전류전선에 제2종 특별보안공사가 되어 있지 않은 경우에는 가공통신선과 가공강전류전선 사이에 제2종 보호망을 설치하여야 한다.
  4. 가공통신선 중 가공강전류전선과의 수평거리가 3m 미만으로 설치되는 부분의 길이가 연속하여 50m 이하로 설치되어야 한다. 다만, 다음과 같은 경우에는 예외로 할 수 있다.
    가. 가공강전류전선의 전압이 35000V 이하이고, 제2종 특별보안공사가 되어 있는 경우

나. 가공강전류전선의 전압이 35000V를 초과하고, 제1종 특별보안공사가 되어 있는 경우

② 제1항제1호 내지 제2호 및 다음과 같은 규정에 의할 때는 가공통신선은 가공강전류전선의 위에 설치할 수 있다.
1. 가공강전류전선이 강전류케이블이고, 그 사용전압이 35000V 이하인 경우
2. 가공강전류전선에 견고한 방호장치를 하며, 그 금속에 보안접지공사를 하고, 그 사용전압이 35000V 이하인 경우

[13] 가공통신선과 전차선과의 접근 또는 교차

① 가공통신선이 저압 또는 고압의 가공직류전차선 또는 이와 전기적으로 접속하는 조가용선(이하 "전차선 등"이라고 한다)과의 수평거리가 그 가공통신선 또는 전차선 등의 지지물 중 높은 것에 해당하는 거리 이하로 접근 또는 교차할 경우에는 다음의 규정에 의하여야 한다.
1. 가공통신선과 전차선 등과의 수평이격거리는 전차선이 저압일 경우는 60cm 이상, 고압일 경우에는 1.2m 이상으로 한다. 다만, 전차선 등의 설치자의 승낙을 얻는 경우에는 예외로 할 수 있다.
2. 가공통신선이 고압의 전차선 등과 45° 이하의 수평각도로 교차하거나 고압의 전차선 등과의 수평거리가 2.5m 이하인 경우에는 가공통신선과 전차선 등 사이에 제2종 보호망을 설치하여야 한다. 다만, 다음과 같은 경우에는 제2종 보호망을 설치하지 아니하여도 된다.
   가. 가공통신선과 고압의 전차선 등과의 수평거리가 1.2m 이상이고, 수직거리가 그 수평거리의 1.5배 이하인 경우
   나. 가공통신선과 전차선 등과의 수직거리가 6m 이상이고, 가공통신선이 케이블 또는 지름 5mm의 경동선이나 이와 동등 이상의 강도를 가진 절연전선인 경우
3. 가공통신선이 전차선 등과 45°를 초과하는 수평각도로 교차하는 경우에는 그 사이에 제1종 보호선을 설치하여야 한다. 다만, 전차선 등의 설치자의 승낙을 얻는 경우에는 예외로 할 수 있다.
4. 전차선 등과 보호선 또는 보호망과의 수직이격거리는 60cm 이상으로 한다. 다만, 전차선 등의 관리책임자의 승낙을 얻었을 때에는 30cm까지 할 수 있다.

② 가공통신선과 교류전차선의 수평거리가 그 가공통신선과 교류전차선의 지지물 중 높

은 것에 해당하는 거리 이하로 접근할 경우에는 다음의 규정에 의하여야 한다.
1. 가공통신선과 교류전차선이 접근하는 경우에 수평거리는 3m 이상으로 하여야 하며, 가공통신선 또는 교류전차선의 절단이나 이들의 지지물이 넘어지거나 무너졌을 때에는 접촉되지 않도록 설치하여야 한다.
2. 가공통신선과 교류전차선이 교차하는 경우에는 다음과 같이 설치하여야 한다.
   가. 가공통신선 또는 그 지지물과 교류전차선과의 이격거리는 2m 이상일 것
   나. 가공통신선은 케이블을 사용하고, 단면적이 38mm^2 이상의 아연도금강연선으로서 인장하중이 3000kg 이상인 것을 설치할 것
3. 목주는 말구경이 12cm 이상으로서 안전계수가 2.0 이상이여야 한다.
4. 전주(철탑은 제외)에는 통신선방향으로 교차하는 측의 반대측 및 통신선과 직각의 방향으로 그 양측에 지선을 설치한다.
5. 가공통신선이 5° 이하의 수평각도를 이루는 직선부분을 지지하는 지지물 간의 거리차가 크거나, 5° 이상의 수평각도를 이루는 개소 또는 전주의 안전계수가 1.5 미만인 경우에는 이를 보강할 수 있는 지선 또는 지주를 설치하는 경우

[14] 가공강전류전선과 동일의 지지물에 가설하는 가공통신선

① 가공통신선을 저압 또는 고압의 가공강전류전선과 2 이상 동일의 지지물에 연속하여 가설할 경우에는 다음과 같이 하여야 한다.
1. 가공통신선을 가공강전류전선 아래에 설치하여야 하고, 가공강전류전선의 완철과는 별도의 완철류에 설치하여야 한다. 다만, 가공강전류전선이 저압으로서 고압 강전류절연전선, 특고압 강전류절연전선, 강전류케이블이거나 가공통신선의 도체가 가공강전류전선에 내장 또는 외접하여 설치하는 광섬유인 때는 예외로 할 수 있다.
2. 가공통신선과 가공강전류전선의 이격거리는 다음 표와 같다.

가공강전류전선의 사용전압 및 종별		이격거리
저압	고압 강전류절연전선, 특고압 강전류절연전선 또는 강전류 케이블	30cm 이상
	강전류절연전선	75cm 이상(설치자의 승낙을 얻었을 경우에는 60cm 이상)
고압	강전류 케이블	50cm 이상(설치자의 승낙을 얻었을 경우에는 30cm 이상)
	기타 강전류전선	1.5m 이상(설치자의 승낙을 얻었을 경우에는 1m 이상)

② 가공통신선을 저압 또는 고압의 가공강전류전선과 1의 동일의 지지물에 한하여 가설하는 경우의 이격거리는 제15조제1항의 규정에 의하여야 한다. 다만, 가공강전류전선 설치자의 승낙을 얻고, 그 사용전압이 고압으로서 케이블인 경우에는 30cm 이상, 고압강전류절연전선 또는 고압강전류절연전선인 경우에는 60cm 이상으로 할 수 있다.

③ 가공통신선을 저압 또는 고압 강전류전선과 동일의 지지물에 설치하는 경우, 가공통신선의 수직배선(지지물의 길이방향으로 설치되는 통신선, 강전류전선 및 그 부속물을 말한다. 이하 같다)은 가공강전류전선의 수직배선과 지지물을 사이에 두고 설치하여야 한다. 다만, 가공통신선의 수직배선이 가공강전류전선의 수직배선으로부터 1m 이상 떨어져 있거나 가공통신선의 수직배선이 케이블이고 가공강전류전선의 수직배선이 강전류케이블인 경우에 그들이 직접 접촉할 염려가 없도록 지지물에 견고하게 설치할 때에는 지지물과 같은 방향으로 설치할 수 있다.

④ 가공통신선[전력보안용(전기사업법 제67조 규정에 의하여 고시된 기술기준을 준용한다) 및 전기철도의 전용부지 내에 설치하는 전기철도인 것은 제외한다. 이하 이 항에서는 같다]은 특고압 가공강전류전선과 동일의 지지물에 설치하여서는 아니 된다. 다만, 다음 각 호의 1에 해당하는 경우에는 그러하지 아니할 수 있다.

  1. 다음의 조건을 모두 만족하는 것일 것
    가. 가공강전류전선의 사용전압이 35000V 이하일 것
    나. 가공강전류전선은 케이블 또는 단면적이 55mm^{2}의 경동연선이나 이와 동등 이상의 강도를 가진 연선을 사용할 것
    다. 가공강전류전선 아래에 별도의 완철류에 설치할 것
    라. 가공통신선과 가공강전류전선과의 이격거리는 2m 이상으로 할 것
  2. 가공통신선의 도체가 가공강전류전선에 내장 또는 외접하여 설치하는 광섬유일 것

[15] 강전류전선에 중첩하는 전기통신회선의 보안

강전류전선에 중첩하는 전기통신회선은 다음 그림과 같은 보안장치이거나 이와 동등한 보안기능을 가지는 장치로 한다.

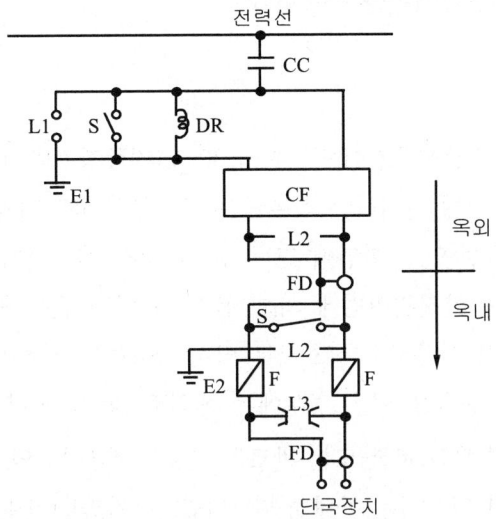

주) CC : 결합콘덴서(결합안테나를 포함한다)
　　CF : 결합필터
　　L_1 : 동작개시전압이 교류 2,000V 이상 3,000V 이하로 조정된 구상방전캡
　　L_2 : 동작개시전압이 교류 1,300V 이상 1,600V 이하로 조정된 구상방전캡
　　L_3 : 교류 300V 이하에서 동작하는 피뢰기
　　F : 정격전류 10A 이하의 포장 퓨즈
　　S : 접지용 개폐기
　　DR : 전류용량 2A 이상의 배류선륜
　　FD : 동축케이블
　　E_1 및 E_2 : 각각 단독의 접지

[15-2] 전력선에 접속하는 통신장치의 위해방지 조건

① 교류 600V 이하의 전력선을 이용하는 전력선통신장치 및 그 외부에 구성되어 있는 전력선과의 결합부품 또는 결합장치는 국제전기기술위원회 규격(IEC 60950-1)에서 정하는 전기안전기준을 준용한다.

② 교류 600V 초과의 전력선을 이용하는 전력선통신장치는 [15]의 그림과 같은 보안장치 또는 이와 동등한 보안기능을 가지는 장치를 통하여 전력선에 접속되어야 하며, 이 보안장치에 접속되는 전력선통신장치는 국제전기기술위원회 규격(IEC 60950-1)

에서 정하는 전기안전기준을 준용한다.

[16] 지중통신선

① 지중통신선을 지중강전류전선으로부터 30cm(지중강전류전선이 특고압일 경우에는 60cm) 이내의 거리에 설치하는 경우에는 지중통신선과 지중강전류전선 간에는 설치장소에서 발생할 수 있는 화염에 견딜 수 있는 격벽을 설치하여야 한다. 다만, 전기용품 및 생활용품 안전관리법에 의한 전기용품안전기준 중 수직트레이 불꽃시험에 적합한 보호피복을 사용하고 상호 접촉되지 아니하도록 설치하는 경우로서 지중강전류전선 설치자의 승낙을 얻은 경우에는 예외로 할 수 있다.

② 지중통신선의 금속체의 피복 또는 관로는 지중강전류전선의 금속체의 피복 또는 관로와 전기적 접촉이 있어서는 아니 된다. 다만, 전기철도 또는 전기궤도의 귀선으로부터 누출되는 직류전선에 의한 부식 또는 강전류 설비로부터 방송통신설비에 유입되는 위험전류를 방지하거나 제한하기 위하여 퓨즈·개폐기 또는 이와 유사한 보안장치를 통하여 접속하는 경우에는 예외로 할 수 있다.

[17] 해저통신선

해저통신선은 해저 강전류전선으로부터 500m 이내의 거리에 접근하여 설치하여서는 아니 된다. 다만, 인체 또는 물건에 대한 위해방지설비를 하는 경우에는 예외로 할 수 있다.

[18] 옥내통신선 이격거리

① 옥내통신선은 300V 초과 전선과의 이격거리는 15cm 이상, 300V 이하 전선과의 이격거리는 6cm 이상(애자사용 전기공사시 전선과 이격거리는 10cm 이상)으로 하고 도시가스배관과는 접촉되지 않도록 한다.

② 제1항의 규정에도 불구하고 전선과 통신선 간 신호간섭 및 화재전이의 우려가 없는 경우로서 다음 각 호의 어느 하나에 해당하는 경우에는 그러하지 아니할 수 있다.
   1. 옥내통신선이 절연선 또는 케이블이거나 광섬유케이블(전도성 인장선이 없는 것)일 경우(전선 또는 전선관과 접촉이 되지 아니하여야 함)
   2. 전선이 케이블(캡타이어 케이블을 포함)일 경우(옥내통신선과 접촉되지 아니하여야 함)

3. 57V(30W) 이하의 직류 전원을 공급하는 경우
4. 전선(300V 이하로서 케이블이 아닌 경우)과 옥내통신선 간에 절연성의 격벽을 설치할 때 또는 전선을 전선관(절연성·난연성 및 내수성을 갖춘 것)에 수용하여 설치한 경우
5. 통신선과 전선을 별도의 배관에 수용하여 설치하는 경우

③ 옥내통신선과 전선을 동일의 관·덕트(선로 설치 통로)·트레이·함 또는 인출구(이하 "관 등"이라 한다)에 수용할 경우에는 그 관 등의 내부에 옥내통신선과 전선을 분리하기 위하여 견고한 격벽(난연성을 갖춘 것)을 설치하여야 하고, 그 관 등의 금속제의 부분에는 제5조 규정에 준하여 접지를 한다.

[19] 지하관로 공수

① 사업자가 설치하는 지하관로의 공수는 "수용케이블조수+예비관공수"로 적용한다.
② 제1항의 규정에 의한 수용케이블조수는 "계획케이블조수×환경배율"로 적용한다.
  1. 계획케이블 조수

종류	조수산출(단위 : 조)	비고

시내 케이블	1. 종국용량 1,000회선 이하 국소=1
	2. 종국용량 10,000회선 미만 국소
	  = 종국용량×휘더케이블공급배율÷1200
	3. 종국용량 10,000회선 이상 국소
	 가. 특별시, 광역시, 인구과밀지역
	  =종국용량×휘더케이블공급배율÷2700
	 나. 인구과밀지역을 제외한 중소도시
	  =종국용량×휘더케이블공급배율÷2400
	 다. 군 이하 지역
	  =종국용량×휘더케이블공급배율÷1500
		1. 종국용량은 15년 후의 예상수요수로 한다.
		2. 신규 서비스 계획 또는 선로유지보수 등에 필요한 관로의 수요발생은 계획 케이블 조수 산출 시에 추가 반영한다.
		3. 휘더케이블 공급배율은 일반적으로 1.43을 적용한다.

중계 및 시외 케이블과 기타 수요	장기계획에 의해 적용	

2. 환경배율

적용구간	배율
사유지, 수요변동이 적은 외딴섬, 벽지 등	1
일반도로, 보도구간	1.3
고속도로, 유료도로, 고급 보도블럭도로 및 철근으로 보강 또는 동상방지된 도로로서 재굴착이 극히 어려운 도로	2
교량첨가, 터널, 궤도횡단, 간선도로횡단, 지하철, 지하상가, 지하에 설치하는 주차장 및 공동구로 지정된 구간으로서 영구시설물 등 때문에 장래 증설이 극히 어려운 구간	2

③ 제1항의 규정에 의한 예비관 공수는 다음 표와 같이 산출한다.

수용 케이블 조수	예비관 공수
1 이상 10 이하	1
11 이상 20 이하	2
21 이상	3

[20] 지하관로의 관경

사업자가 설치하는 지하관로의 관경은 다음과 같이 사용한다. 다만, 지하관로를 사용하지 않고 직접 매설할 수 있는 광섬유케이블 보호관의 관로 관경은 예외로 할 수 있다.

용도	지하관로 적용 관경
주관로, 배선관로	100mm 이상
인상분선관로(인수공과 전주 간)	36mm 내지 80mm

4 구내통신설비 설치방법

[1] 구내통신선로설비

(1) 국선의 인입

① 국선인입을 위한 관로, 맨홀, 수공(hand hole) 및 전주 등 구내통신선로설비는 사

업자의 맨홀, 수공 또는 인입주로부터 건축물의 최초 접속점까지의 인입거리가 가능한 최단거리가 되도록 설치하여야 한다.

② 국선을 지하로 인입하는 경우에는 배관, 맨홀 및 수공 등을 별표2제1호에 준하여 설치하여야 한다. 다만, 다음 각 호의 하나에 해당하는 경우에는 구내의 맨홀 또는 수공을 설치하지 아니하고 별표2제2호에 준하여 설치할 수 있다.

  1. 인입선로의 길이가 246m 미만이고 인입선로상에서 분기되지 않는 경우

  2. 5회선 미만의 국선을 인입하는 경우

③ 건축주가 5회선 미만의 국선을 지하로 인입시키기 위해 사업자가 이용하는 인입맨홀·수공 또는 인입주까지 지하배관을 설치하는 경우에는 별표2의1 표준도에 준하여 설치하여야 한다.

④ 국선을 가공으로 인입하는 경우에는 별표 3의 표준도에 준하여 설치하며, 사업자는 국선을 인입배관으로 인입하고 이용자가 서비스 이용계약을 해지한 후 30일 이내에 인입선로를 철거하여야 한다.

⑤ 규정 제24조제5항 단서에서 과학기술정보통신부장관이 정하여 고시하는 바에 따른 건축물이란 방송통신설비의 안전성·신뢰성 및 통신규약에 대한 기술기준 별표 1 제1장제1절제2호에 따라 다른 지리적 경로에 의한 복수 전송로를 갖는 건축물을 말한다.

⑥ 종합유선방송설비의 인입을 위한 배관의 공수는 1공 이상으로 하며, 인입관로상 맨홀 및 수공 등은 구내통신선로설비의 맨홀 및 수공 등과 공용으로 사용할 수 있다.

(2) **국선의 인입배관**

국선의 인입배관은 국선의 수용 및 교체, 증설이 용이하게 시공될 수 있는 구조로서 다음 각 호와 같이 설치되어야 한다.

  1. 배관의 내경은 선로외경(다조인 경우에는 그 전체의 외경)의 2배 이상이 되어야 하며, 주거용 건축물 중 공동주택 및 규정 제3조제1항제16호에 따른 준주택오피스텔(이하 "준주택오피스텔"이라 한다)의 인입배관의 내경은 다음 각 목의 기준을 만족하여야 한다.

    가. 20세대 이상 : 최소 54mm 이상

    나. 20세대 미만 : 최소 36mm 이상

  2. 국선 인입배관의 공수는 주거용 및 기타 건축물의 경우에는 1공 이상의 예비공을 포함하여 2공 이상, 업무용 건축물의 경우에는 2공 이상의 예비공을 포함하여 3공

이상으로 설치하여야 한다. 다만, 통신구 또는 트레이 등의 설비를 설치할 경우에는 향후 증설을 고려하여 여유공간을 확보한다.

(3) 구내배관 등

① 구내에 설치되는 건물의 옥내·외에는 선로를 용이하게 설치하거나 철거할 수 있도록 한국산업표준 규격의 배관, 덕트 또는 트레이 등의 시설을 설치하여야 하고 주택에 홈네트워크설비를 설치하는 경우 세대단자함과 홈네트워크 주장치 간에는 홈네트워크용 배관을 1공 이상 설치하여야 한다. 다만 제5항제2호의 규정보다 통신용 배관에 여유가 있는 경우에는 공동으로 사용할 수 있으며 통신소통에 지장이 없도록 하여야 한다.

② 구내간선계 및 건물간선계의 배관 공수는 동등 이상 내경을 가진 예비공 1공 이상을 포함하여 2공 이상을 설치하여야 한다. 다만, 트레이 및 덕트 등을 설치할 경우에는 향후 증설을 고려하여 여유 공간을 확보한다.

③ 수평배선계의 배관은 성형 구조 또는 성형 배선이 가능한 구조이어야 한다.

④ 업무용 건축물로서 구내선이 7.5m를 넘는 실내(고정된 벽 등으로 반영구적으로 구분된 장소)에는 다음 각 호와 같이 바닥덕트 또는 배관을 설치하여야 한다.

　1. 바닥덕트 또는 배관은 실내의 용도와 규모를 고려하여 성형 또는 망형(그물형) 등으로 설치하여야 한다.

　2. 바닥덕트 또는 배관의 매구간 교차점 또는 완곡부에는 각 1개씩의 실내접속함을 설치하여야 하며 실내접속함의 간격은 7.5m 이내가 되도록 하여야 한다. 다만, 직선관로로서 선로작업에 지장이 없는 경우에는 간격을 12.5m 이내로 할 수 있다.

　3. 접속함 및 인출구는 상면에 돌출되거나 침수되지 않도록 설치하여야 한다.

⑤ 구내에 설치되는 옥내·외 배관의 요건은 다음 각 호와 같다.

　1. 배관은 외부의 압력 또는 충격 등으로부터 선로를 보호할 수 있는 기계적 강도를 가진 내부식성 금속관 또는 한국산업표준 KS C 8454(지하에 매설되는 배관의 경우에는 KS C 8455) 동등 규격 이상의 합성수지제 전선관을 사용하여야 한다.

　2. 배관의 내경은 배관에 수용되는 케이블 단면적의 총합계가 배관 단면적의 32% 이하가 되도록 하여야 한다.

　3. 배관의 굴곡은 가능한 한 완만하게 처리하여야 하되, 곡률반경은 배관내경의 6배 이상으로 한다. 이 경우 엘보(구부러진 관) 등 부가장치를 사용하여서는 아니 된다.

4. 배관의 1구간에 있어서 굴곡개소는 3개소 이내이어야 하며, 1개소의 굴곡 각도는 90° 이내로 하며 3개소의 합계는 180° 이내이어야 한다.

⑥ 옥내에 설치하는 덕트의 요건은 다음 각 호와 같다.
　1. 덕트는 선로를 용이하게 수용할 수 있는 구조와 유지·보수를 위한 충분한 공간을 갖추어야 하며, 수직으로 설치된 덕트의 주변에는 선로의 포설, 유지 및 보수의 작업을 용이하게 할 수 있는 디딤대 등을 설치하여야 한다.
　2. 덕트의 내부에는 선로의 포설에 필요한 선로 받침대를 60cm 내지 150cm의 간격으로 설치하여야 한다. 다만, 선로용 배관을 따로 설치하는 경우에는 그러하지 아니하다.
　3. 덕트의 내부에는 유지·보수 작업용 조명 또는 전기콘센트가 설치되어야 한다. 다만, 바닥 덕트의 경우에는 그러하지 아니하다.

(4) 국선수용 및 국선단자함 등

① 구내로 인입된 국선은 구내선과의 분계점에 설치된 주단자함 또는 주배선반(이하 "국선단자함"이라 한다)에 수용하여야 한다.

② 국선단자함은 다음 각 호와 같이 구분하여 설치하여야 한다. 다만, 구내교환기를 설치하는 경우에는 주배선반에 수용하여야 한다.
　1. 광섬유케이블 또는 300회선 미만의 동케이블을 수용하는 경우 : 주단자함 또는 주배선반
　2. 300회선 이상의 동케이블을 수용하는 경우 : 주배선반

③ 국선단자함은 다음 각 호와 같이 설치 및 관리를 하여야 한다.
　1. 이용자는 국선단자함 및 구내케이블을 수용하기 위한 단자를 설치하고 운영·관리를 하여야 한다.
　2. 사업자는 국선을 수용하기 위한 단자 및 보호기를 국선단자함에 설치하여야 한다. 다만, 국선이 광케이블인 경우는 보호기를 설치하지 아니할 수 있다.
　3. 사업자는 보호기를 설치하는 경우 국선단자함에서 보호기를 통하여 국선과 이용자 구내케이블 간의 회선접속을 하여야 하며, 이용자가 회선접속 정보를 요구할 경우에는 관련 정보를 제공하여야 한다.

④ 국선단자함은 다음 각 호의 요건을 갖추어야 하며 세부사항은 별표 4와 같다.
　1. 국선단자함은 국선수용 단자, 단자반 및 보호기를 설치할 수 있는 충분한 공간 및 구조를 갖추어야 하며 관로의 분계점과 가장 가까운 곳에 설치하여야 한다.
　2. 국선단자함은 실내에 설치하고 다음 각 목의 장소에 설치하여서는 아니되며, 선

로를 수용할 단자함의 하부는 바닥으로부터 30cm 이상에 시설되어야 한다.
   가. 세면실, 화장실, 보일러실, 발전기계실
   나. 분진·유해가스 및 부식증기를 접하는 장소
   다. 소화 호수시설을 갖춘 벽장 내
  3. 다수의 이용자가 공용하는 국선단자함은 계단, 복도, 구내통신실 등 공용부분에 설치하여야 한다. 다만, 실내에 공용부분이 없는 경우에는 제2호의 규정에도 불구하고 국선단자함은 실외의 공용부분에 설치할 수 있으며, 벼락, 침수, 강우, 분진으로부터 보호되고 습도, 온도 조절을 고려한 환기 기능을 갖추어야 한다.
⑤ 공동주택, 준주택오피스텔 및 업무용 건축물을 제외한 연면적 합계 5천제곱미터 미만의 건축물에는 종합유성방송 신호의 분배를 위한 증폭기와 분배기, 보호기 등을 국선단자함에 설치할 수 있다. 다만, 집중구내통신실을 설치한 경우에는 그러하지 아니하다.
⑥ 제5항에 따른 국선단자함은 제1항부터 제4항 및 다음 각 호의 기준에 맞도록 설치해야 한다.
  1. 국선단자함 내부에는 절연보조장치와 통풍구 등을 설치할 것
  2. 용도별 회선설비와의 접속 및 선로설비의 수용을 원활하게 수행할 수 있도록 격벽을 설치하고 충분한 공간을 확보할 것
  3. 용도별 설비의 설치 시 타 설비에 피해를 주지 않아야 하며, 설비 상호 간 기능에 장해를 주지 아니할 것

(5) 중간단자함 및 세대단자함 등
① 선로를 용이하게 수용하기 위한 접속함(선로 간을 직접 연결하기 위한 함) 또는 중간단자함(국선단자함과 세대단자함의 사이에 설치하는 단자함) 등은 국선단자함으로부터 세대단자함까지의 구간 중에서 다음 각 호의 하나에 해당하는 장소에 설치되어야 한다.
  1. 제28조제5항제4호의 규정에 부적합한 배관의 굴곡점
  2. 선로의 분기 및 접속을 위하여 필요한 곳
② 주거용 건축물 중 공동주택 및 준주택오피스텔의 경우에는 세대별로 배선의 인입 및 분기가 용이하도록 세대단자함을 설치하여야 한다. 단, 세대 내에서 분기가 없는 기숙사 및 주택법시행령 제10조제1항제1호에서 규정하는 원룸형 주택의 모든 요건을 갖춘 주택, 준주택오피스텔은 제외한다.
③ 제1항 및 제2항의 규정에 의한 중간단자함 및 세대단자함, 제31조제2항에 따른 실단

자함의 요건은 다음 표와 같다.

구분		중간단자함, 세대단자함, 실단자함	
		꼬임케이블	광섬유케이블
케이블의 전기적 특성	절연저항	50MΩ 이상	-
	접속저항	0.01Ω 이하	-
단자함의 구성 요건	보호 및 지지물	함체 또는 지지대	
	단자 또는 접속 어댑터	배선 케이블 등급과 동등 이상의 성능	삽입손실 0.5dB 이하(주5)
	회선표시물	각인 또는 표시판	
	개폐장치	문(주6)	
	보호장치	접지 기능(주7)	접지 기능
	전원시설	AC 전원 단자(주8)	AC 전원 단자

주) 1. 절연저항 측정조건 : 상온 및 상습상태에서 보호·지지물과 접속자 간 및 접속자 상호 간
2. 접속저항 측정조건 : 정상배선 연결 시 접속자와 배선 간
3. 함체의 크기는 필요한 용량을 충분히 수용할 수 있고 작업에 지장이 없을 것
4. 보호장치의 접지기능은 함체가 금속으로 된 경우에 한한다.
5. 삽입손실은 단자함 내의 광섬유케이블 접속에 대한 손실임
6. 중단단자함은 잠금장치를 구비할 것
7. 세대단자함의 보호장치는 홈네트워크설비를 설치하는 경우에 한 한다.
8. 중간단자함과 세대단자함의 전원시설은 홈네트워크설비를 설치하는 경우에 한 한다.

(6) 회선종단장치

① 주거용 건축물의 통신용 인출구는 모듈러잭이나 동축커넥터 또는 광인출구 등으로 종단하여야 한다. 다만, 인출구가 보이지 않도록 단말장치를 설치하는 경우에는 그러하지 아니하다.

② 업무용 및 기타건축물의 경우에는 각 실별(고정된 벽 등으로 반영구적으로 구분된 장소) 단위로 제1항의 통신용 인출구 또는 통신용 단자함으로 종단하여야 한다.

③ 인출구의 효율적인 사용을 위하여 통신용 선로, 방송공동수신설비, 홈네트워크설비 등을 하나의 인출구로 종단할 경우에는 선로상호간 누화로 인한 통신소통에 지장이 없도록 하여야 한다.

(7) 구내 통신선의 배선

① 구내 통신선은 다음 각 호와 같은 선로로 설치하여야 한다.

1. 구내간선케이블, 건물간선케이블 및 수평배선케이블은 100MHz 이상의 전송대역을 갖는 꼬임케이블, 광섬유케이블 또는 동축케이블을 사용하여야 한다. 이 경우 사업용 방송통신설비와의 접속을 위한 광섬유케이블은 단일모드 광섬유케이블을 사용하여야 한다.
2. 구내간선케이블은 옥외용 케이블을 사용하여야 한다. 다만, 공동구, 지하주차장 등 외부 환경에 영향이 적은 지하에 설치되는 경우에는 옥내용 케이블을 사용할 수 있다.

② 제1항에도 불구하고 국선단자함에서 동단자함까지 단일모드 광섬유케이블 12코어 이상을 설치한 경우 구내간선케이블은 16MHz 이상의 전송대역을 갖는 꼬임케이블을 설치할 수 있으며, 건물간선케이블 및 수평배선케이블과 상호 접속될 수 있어야 한다.

(8) 구내배선 요건

① 주거용 건축물에 설치하는 구내배선은 다음 각 호의 기준에 적합하게 설치되어야 한다.

1. 한 개의 공동주택 및 준주택오피스텔인 경우에는 별표 11의 제1호 표준도에 준하여야 한다.
2. 두 개 이상의 공동주택이 및 준주택오피스텔이 하나의 단지를 형성할 때는 별표 11의제2호 표준도에 준하여야 하며, 국선단자함이 설치된 공동주택 및 준주택 오피스텔별로 구내간선케이블을 설치하여 동단자함에 배선하여야 한다.
3. 세대단자함에서 각 인출구까지는 성형배선 방식으로 하여야 한다.
4. 국선단자함에서 세대 내 인출구까지 꼬임케이블을 배선할 경우에 구내배선설비의 링크 성능은 해당 케이블의 전송대역 이상의 전송 특성이 유지되도록 하여야 한다. 다만, 동단자함이 설치된 경우에는 링크성능 구간은 동단자함에서 세대 내 인출구까지로 한다.
5. 홈네트워크설비를 설치하는 경우에는 홈네트워크 주장치와 홈네트워크 기기 간에 꼬임케이블, 신호전송용 케이블 등을 사용하여 통신소통에 지장이 없도록 하

여야 한다.
6. 제30조제1항의 각 호에 해당하지 아니하여 국선단자함 또는 동단자함에서 세대단자함 또는 세대 내 인출구까지 직접 배선하는 경우는 수평배선계의 케이블을 설치한 것으로 본다.

② 업무용 및 기타건축물에 설치하는 구내배선은 다음 각 호의 기준에 적합하게 설치되어야 한다.
1. 한 개의 건축물인 경우에는 별표 12의 제1호 표준도에 준하여야 한다.
2. 하나의 부지에 두 개 이상의 건축물이 있는 경우에는 별표 12의 제2호 표준도에 준하여야 하며, 국선단자함이 설치된 건축물에서 각 건축물별로 구내간선케이블을 설치하여 동단자함에 배선하여야 한다.
3. 층단자함에서 각 인출구까지는 성형배선 방식으로 하여야 한다.
4. 국선단자함에서 인출구까지 꼬임케이블을 배선할 경우에 구내배선설비의 링크성능은 해당 케이블의 전송대역 이상의 전송특성이 유지되도록 하여야 한다. 다만, 동단자함이 설치된 경우에는 링크성능 구간은 동단자함에서 인출구까지로 한다.
5. 제30조제1항의 각 호에 해당하지 아니하여 국선단자함 또는 동단자함에서 인출구까지 직접 배선하는 경우는 수평배선계의 케이블을 설치한 것으로 본다.

③ 구내배선의 링크성능 기준은 별표 6과 같다.
④ 통신용 선로, 방송공동수신설비, 홈네트워크설비 등을 동일 배관에 함께 수용할 경우에는 선로상호간 누화로 인하여 통신소통에 지장이 없도록 하여야 한다.
⑤ 구내배선에 사용하는 접속자재는 배선케이블 등급과 동등 이상의 제품을 사용하여야 한다.

(9) 폐쇄회로텔레비전 장치의 설치

공동주택 및 준주택오피스텔의 구내에 폐쇄회로텔레비전 장치를 설치하는 경우에는 배관은 제28호제5항, 구내선의 배선은 제23조 및 제32조의 규정을 준용하여 설치하여야 한다.

(10) 예비전원 설치

사업용 방송통신설비 외의 방송통신설비에 대한 예비전원설비의 설치 기준은 다음 각 호와 같다.
1. 국선 수용 용량이 10회선 이상인 구내교환설비의 경우에는 상용전원이 정지된 경우 최대부하전류를 공급할 수 있는 축전지 또는 발전기 등의 예비전원설비를

갖추어야 한다. 다만, 정전이 되어도 국선으로부터의 호출에 대하여 응답이 가능한 경우에는 예외로 한다.
2. 재난 및 안전관리기본법 제3조제5호 및 제7호의 규정에 의한 재난관리책임기관과 긴급구조기관의 장이 설치 또는 운용하는 국선수용용량 10회선 이상인 교환설비 및 광전송설비의 경우에는 상용전원이 정지된 경우 최대부하전류를 3시간 이상 공급할 수 있는 축전지 또는 발전기 등의 예비전원설비를 갖추어야 한다.

[2] 구내용 이동통신설비

(1) 급전선의 인입 배관 등

규정 제17조의2 및 제17조의3에 따른 대상 시설에 급전선 또는 광케이블을 인입하기 위한 배관 등은 별표 7의 제1호부터 제3호의 표준도에 준하여 다음 각 호와 같이 설치하여야 한다.

1. 옥외 안테나(옥상 또는 지상에 설치하는 안테나를 말하며 이하 같다.)에서 기지국의 송수신장치 또는 중계장치(이하 "중계장치 등"이라 한다)까지 급전선 또는 광케이블을 설치하기 위한 시설은 배관, 덕트 또는 트레이로 설치한다.
2. 옥외 안테나에서 중계장치 등까지 설치하는 배관은 다음 각 목에 적합하여야 하며, 건물 내 통신배관실을 이용하여 설치하는 경우에는 그러하지 아니하다.
   가. 급전선을 수용하는 배관의 내경은 36mm 이상 또는 급전선 외경(다조인 경우에는 그 전체의 외경)의 2배 이상이 되어야 하며, 3공 이상을 설치하여야 한다.
   나. 광케이블을 수용하는 배관의 내경은 22mm 이상이어야 하며, 예비공 1공 이상을 포함하여 2공 이상을 설치하여야 한다.
3. 제1호 및 제2호의 규정에도 불구하고 도시철도시설에서 배관의 설치 구간은 관로의 분계점에 가까운 맨홀에서 중계장치 등까지로 한다.
4. 배관 및 덕트는 제28조제4항제1호, 제5항 및 제6항의 규정을 준용하여 설치해야 하며, 중계장치 등에서 옥내 안테나까지 배관 등을 설치하고자 하는 경우에도 이와 같다. 다만, 구내통신선로설비의 배관이 제28조제5항제2호의 요건을 만족하고 상호 소통에 지장이 없는 경우에는 공동으로 사용할 수 있다.
5. 중계장치 등에서 옥내 안테나(또는 종단장치)까지의 급전선은 화재예방, 소방시설 설치·유지 및 안전관리에 관한 법률 제2조제1항제1호의 소방시설 중 무선통신보조설비와 상호 기능에 지장이 없는 경우 공용 할 수 있다.

(2) 접속함

급전선 또는 광케이블의 포설 및 철거가 용이하도록 다음 각 호의 하나에 해당하는 경우에는 아래에 적합한 접속함을 설치하여야 한다.

구 분	함 체
절연저항	50[MΩ] 이상
개폐장치	여닫이식
재질조건	두께 1.5mm 이상의 연강판 또는 동등 이상

1. 배관의 길이가 40m를 초과할 경우
2. 제28조제5항제4호의 규정에 부적합한 배관의 굴곡점

(3) 접지시설

접지시설은 제5조의 규정 및 별표 7의 제1호부터 제3호의 표준도에 준하여 다음 각 호에 적합하게 하여야 한다.

1. 접지단자는 중계장치 등이 설치되는 각 층에 중계장치 등으로부터 최단거리에 설치하여야 한다.
2. 전파법 제11조에 따라 대가에 의한 주파수를 할당받는 기간통신사업자(이하 본 절에서 "기간통신사업자"라 한다)는 접지단자로부터 중계장치 등까지 접지선을 설치하여야 한다.

(4) 전원시설

① 중계장치 등의 상용전원은 용량이 4kW 이상으로서 교류 220V 전원단자가 3개 이상이어야 하며, 별표 7의 제1호부터 제3호의 표준도에 준하여 다음 각 호에 적합하게 하여야 한다.

1. 전원단자는 중계장치 등이 설치되는 각 층에 중계장치 등으로부터 최단거리에 설치하여야 한다.
2. 기간통신사업자는 전원단자로부터 중계장치 등까지 전원선을 설치하여야 한다.

② 전기통신사업법 제69조의2제2항에 따른 비상전원단자에 연결하는 전원선은 KS C IEC 60332 시리즈 규격 중 전원선의 설치방법에 부합된 해당 시험조건(이하 "전원선 시험조건"이라 한다)에 적합한 난연성 이상을 갖춘 것을 사용하여야 한다. 다만, 전원선 시험조건에 적합한 난연성 이상을 규정하는 다른 규격이 있는 경우 이 규격에 적합한 전원선도 사용할 수 있다.

(5) 장소 확보 등

① 규정 제17조의2 및 제17조의3에 따른 대상 시설에는 송수신용 안테나, 중계장치 등의 설치 또는 운영을 위하여 다음 각 호의 기준에 적합한 장소를 확보하여야 한다.

1. 옥외 안테나의 설치를 위하여 전파의 송수신이 가장 양호한 곳으로서 각각 $4m^2$ 이상의 면적을 갖는 1개소 이상의 설치장소. 다만, 분계점에 가까운 맨홀에서 중계장치 등까지 광케이블을 통해 신호를 전달하는 경우에는 그러하지 아니하다.
2. 중계장치 등의 설치를 위하여 분진이나 유해가스로부터 격리된 각각 $2m^2$ 이상의 면적(높이 2m 이상)을 갖는 1개소 이상의 설치장소
3. 설치장소는 옥외안테나 또는 중계장치 등의 설치 및 유지·보수를 위한 작업 등에 지장이 없어야 한다.

② 기간통신사업자는 제1항에 따라 확보된 장소에 송수신용 안테나 또는 중계장치 등을 별표 7의 제1호부터 제3호의 표준도에 준하여 설치하여야 한다.

③ 규정 제24조의2제2항에 의한 협의대표는 건축허가 또는 사업계획승인이 지연되지 않도록 건축주 등의 요청 후 10일(공휴일 및 토요일 제외) 이내에 이동통신구내중계설비의 설치장소 및 설치방법, 설치시기 등의 협의를 완료하여야 하며, 이동통신구내중계설비의 설치 및 철거 시에는 건축주 등과 협의하여 원활한 설비 운용이 될 수 있도록 하여야 한다.

5 통신공동구 · 관로 및 맨홀 등의 설치방법

[1] 통신공동구의 설치 기준

① 통신공동구는 통신케이블의 수용에 필요한 공간과 통신케이블의 설치 및 유지·보수 등의 작업 시 필요한 공간을 충분히 확보할 수 있는 구조로 설계하여야 한다.
② 통신공동구를 설치하는 때에는 조명·배수·소방·환기 및 접지시설 등 통신케이블의 유지·관리에 필요한 부대설비를 설치하여야 한다.
③ 통신공동구와 관로가 접속되는 지점에는 통신케이블의 분기를 위한 분기구를 설치하여야 하며, 한 지점에서 여러 개의 관로로 분기될 경우에는 작업이 용이하도록 분기 구간에는 일정거리 이상의 간격을 유지하여야 한다.

[2] 관로 등의 매설기준

① 관로에 사용하는 관은 외부하중과 토압에 견딜 수 있는 충분한 강도와 내구성을 가져야 한다.

② 지면에서 관로상단까지의 거리는 다음 각 호의 기준에 의한다. 다만, 시설관리기관과 협의하여 관로보호조치를 하는 경우에는 다음 각 호의 기준에 의하지 아니할 수 있다.
  1. 도로법 제2조에 의한 도로 등에 설치하는 경우에는 도로법 시행령 별표 2 제1호마목의 기준에 따른다.
  2. 철도·고속도로 횡단구간 등 특수한 구간의 경우에는 1.5m 이상으로 한다.

③ 관로 상단부와 지면 사이에는 관로보호용 경고테이프를 관로 매설경로에 따라 매설하여야 한다.

④ 관로는 가스 등 다른 매설물과 50cm 이상 떨어져 매설하여야 한다. 다만, 부득이한 사유로 인하여 50cm 이상의 간격을 유지할 수 없는 경우에는 보호벽의 설치 등 관로를 보호하기 위한 조치를 하여야 한다.

⑤ 맨홀 또는 수공 간에 매설하는 관로는 케이블 견인에 지장을 주지 아니하는 곡률을 유지하는 등 직선성을 유지하여야 한다.

[3] 맨홀 또는 수공의 설치 기준

① 맨홀 또는 수공은 케이블의 설치 및 유지·보수 등의 작업 시 필요한 공간을 확보할 수 있는 구조로 설계하여야 한다.

② 맨홀 또는 수공은 케이블의 설치 및 유지·보수 등을 위한 차량출입과 작업이 용이한 위치에 설치하여야 한다.

③ 맨홀 또는 수공에는 주변 실수요자용 통신케이블을 분기할 수 있는 인입 관로 및 접지시설 등을 설치하여야 한다.

④ 맨홀 또는 수공 간의 거리는 246m 이내로 하여야 한다. 다만, 교량·터널 등 특수구간의 경우와 광케이블 등 특수한 통신케이블만 수용하는 경우에는 그러하지 아니할 수 있다.

제2절 (국토교통부) 지능형 홈네트워크 설비 설치 및 기술기준

1 총칙

[1] 목적

이 기준은 주택법(이하 "법"이라 한다) 제2조제13호와 주택건설기준 등에 관한 규정(이하 "주택건설기준"이라 한다) 제32조의2에 따라 지능형 홈네트워크(이하 "홈네트워크"라 한다) 설비의 설치 및 기술적 사항에 관하여 위임된 사항과 그 시행에 관하여 필요한 사항을 규정함을 목적으로 한다.

[2] 적용범위

이 기준은 법 및 주택건설기준에 따라 홈네트워크 설비를 설치하고자 하는 경우에 적용한다.

[3] 용어의 정의

1. "홈네트워크 설비"란 주택의 성능과 주거의 질 향상을 위하여 세대 또는 주택단지 내 지능형 정보통신 및 가전기기 등의 상호 연계를 통하여 통합된 주거서비스를 제공하는 설비로 홈네트워크망, 홈네트워크장비, 홈네트워크사용기기로 구분한다.
2. "홈네트워크망"이란 홈네트워크장비 및 홈네트워크사용기기를 연결하는 것을 말하며 다음 각 목으로 구분한다.
   가. 단지망 : 집중구내통신실에서 세대까지를 연결하는 망
   나. 세대망 : 전유부분(각 세대 내)을 연결하는 망
3. "홈네트워크장비"란 홈네트워크망을 통해 접속하는 장치를 말하며 다음 각 목으로 구분한다.
   가. 홈게이트웨이 : 전유부분에 설치되어 세대 내에서 사용되는 홈네트워크사용기기들을 유무선 네트워크로 연결하고 세대망과 단지망 혹은 통신사의 기간망을 상호 접속하는 장치
   나. 세대단말기 : 세대 및 공용부의 다양한 설비의 기능 및 성능을 제어하고 확인할

수 있는 기기로 사용자인터페이스를 제공하는 장치

다. 단지네트워크장비 : 세대 내 홈게이트웨이와 단지서버간의 통신 및 보안을 수행하는 장비로서, 백본(back-bone), 방화벽(Fire Wall), 워크그룹스위치 등 단지망을 구성하는 장비

라. 단지서버 : 홈네트워크 설비를 총괄적으로 관리하며, 이로부터 발생하는 각종 데이터의 저장·관리·서비스를 제공하는 장비

4. "홈네트워크사용기기"란 홈네트워크 망에 접속하여 사용하는 다음과 같은 장비를 말한다.

가. 원격제어기기 : 주택내부 및 외부에서 가스, 조명, 전기 및 난방, 출입 등을 원격으로 제어할 수 있는 기기

나. 원격검침시스템 : 주택내부 및 외부에서 전력, 가스, 난방, 온수, 수도 등의 사용량 정보를 원격으로 검침하는 시스템

다. 감지기 : 화재, 가스누설, 주거침입 등 세대 내의 상황을 감지하는데 필요한 기기

라. 전자출입시스템 : 비밀번호나 출입카드 등 전자매체를 활용하여 주동출입 및 지하주차장 출입을 관리하는 시스템

마. 차량출입시스템 : 단지에 출입하는 차량의 등록여부를 확인하고 출입을 관리하는 시스템

바. 무인택배시스템 : 물품배송자와 입주자 간 직접대면 없이 택배화물, 등기우편물 등 배달물품을 주고받을 수 있는 시스템

사. 그 밖에 영상정보처리기기, 전자경비시스템 등 홈네트워크 망에 접속하여 설치되는 시스템 또는 장비

5. "홈네트워크 설비 설치공간"이란 홈네트워크 설비가 위치하는 곳을 말하며, 다음 각 목으로 구분한다.

가. 세대단자함 : 세대 내에 인입되는 통신선로, 방송공동수신설비 또는 홈네트워크 설비 등의 배선을 효율적으로 분배·접속하기 위하여 이용자의 전유부분에 포함되어 실내공간에 설치되는 분배함

나. 통신배관실(TPS실) : 통신용 파이프 샤프트 및 통신단자함을 설치하기 위한 공간

다. 집중구내통신실(MDF실) : 국선·국선단자함 또는 국선배선반과 초고속통신망장비, 이동통신망장비 등 각종 구내통신선로설비 및 구내용 이동통신설비를 설치하기 위한 공간

라. 그 밖에 방재실, 단지서버실, 단지네트워크센터 등 단지 내 홈네트워크 설비를 설

치하기 위한 공간

[4] 홈네트워크 필수 설비

① 공동주택이 다음 각 호의 설비를 모두 갖추는 경우에는 홈네트워크 설비를 갖춘 것으로 본다.
1. 홈네트워크망
   가. 단지망
   나. 세대망
2. 홈네트워크장비
   가. 홈게이트웨이(단, 세대단말기가 홈게이트웨이 기능을 포함하는 경우는 세대단말기로 대체 가능)
   나. 세대단말기
   다. 단지네트워크장비
   라. 단지서버(제9조④항에 따른 클라우드컴퓨팅 서비스로 대체 가능)

② 홈네트워크 필수 설비는 상시전원에 의한 동작이 가능하고, 정전 시 예비전원이 공급될 수 있도록 하여야 한다. 단, 세대단말기 중 이동형 기기(무선망을 이용할 수 있는 휴대용 기기)는 제외한다.

2 홈네트워크 설비의 설치 기준

[1] 홈네트워크망

홈네트워크망의 배관·배선 등은 방송통신설비의 기술기준에 관한 규정 및 접지설비·구내통신설비·선로설비 및 통신공동구 등에 대한 기술기준에 따라 설치하여야 한다.

[2] 홈게이트웨이

① 홈게이트웨이는 세대단자함에 설치하거나 세대단말기에 포함하여 설치할 수 있다.
② 홈게이트웨이는 이상전원 발생 시 제품을 보호할 수 있는 기능을 내장하여야 하며, 동작상태와 케이블의 연결상태를 쉽게 확인할 수 있는 구조로 설치하여야 한다.

[3] 세대단말기

세대 내의 홈네트워크사용기기들과 단지서버 간의 상호 연동이 가능한 기능을 갖추어 세대 및 공용부의 다양한 기기를 제어하고 확인할 수 있어야 한다.

[4] 단지네트워크장비

① 단지네트워크장비는 집중구내통신실 또는 통신배관실에 설치하여야 한다.
② 단지네트워크장비는 홈게이트웨이와 단지서버 간 통신 및 보안을 수행할 수 있도록 설치하여야 한다.
③ 단지네트워크장비는 외부인으로부터 직접적인 접촉이 되지 않도록 별도의 함체나 랙(rack)으로 설치하며, 함체나 랙에는 외부인의 조작을 막기 위한 잠금장치를 하여야 한다.

[5] 단지서버

① 단지서버는 집중구내통신실 또는 방재실에 설치할 수 있다. 다만 단지서버가 설치되는 공간에는 보안을 고려하여 영상정보처리기기 등을 설치하되 관리자가 확인할 수 있도록 하여야 한다.
② 단지서버는 외부인의 조작을 막기 위한 잠금장치를 하여야 한다.
③ 단지서버는 상온・상습인 곳에 설치하여야 한다.
④ 제1항부터 제3항까지의 규정에도 불구하고 국토교통부장관과 사전에 협의하고, 국가균형발전 특별법 제22조에 따른 지역발전위원회에서 선정한 단지서버 설치 규제특례지역의 경우에는 클라우드컴퓨팅 발전 및 이용자 보호에 관한 법률 제2조제3호에 따른 클라우드컴퓨팅서비스를 이용하는 것으로 할 수 있으며, 다음 각 목의 사항이 발생하지 않도록 하여야 한다.
   가. 정보통신 보안 문제
   나. 통신망 이상발생에 따른 홈네트워크사용기기 운영 불안정 문제

[6] 홈네트워크사용기기

홈네트워크사용기기를 설치할 경우, 다음 각 호의 기준에 따라 설치하여야 한다.

1. 원격제어기기는 전원공급, 통신 등 이상상황에 대비하여 수동으로 조작할 수 있어야 한다.
2. 원격검침시스템은 각 세대별 원격검침장치가 정전 등 운용시스템의 동작 불능 시에도 계량이 가능해야 하며 데이터 값을 보존할 수 있도록 구성하여야 한다.
3. 감지기
    가. 가스감지기는 LNG인 경우에는 천장 쪽에, LPG인 경우에는 바닥 쪽에 설치하여야 한다.
    나. 동체감지기는 유효감지반경을 고려하여 설치하여야 한다.
    다. 감지기에서 수집된 상황정보는 단지서버에 전송하여야 한다.
4. 전자출입시스템
    가. 지상의 주동 현관 및 지하주차장과 주동을 연결하는 출입구에 설치하여야 한다.
    나. 화재발생 등 비상시, 소방시스템과 연동되어 주동현관과 지하주차장의 출입문을 수동으로 여닫을 수 있게 하여야 한다.
    다. 강우를 고려하여 설계하거나 강우에 대비한 차단설비(날개벽, 차양 등)를 설치하여야 한다.
    라. 접지단자는 프레임 내부에 설치하여야 한다.
5. 차량출입시스템
    가. 차량출입시스템은 단지 주출입구에 설치하되 차량의 진·출입에 지장이 없도록 하여야 한다.
    나. 관리자와 통화할 수 있도록 영상정보처리기기와 인터폰 등을 설치하여야 한다.
6. 무인택배시스템
    가. 무인택배시스템은 휴대폰·이메일을 통한 문자서비스(SMS) 또는 세대단말기를 통한 알림서비스를 제공하는 제어부와 무인택배함으로 구성하여야 한다.
    나. 무인택배함의 설치 수량은 소형주택의 경우 세대수의 약 10~15%, 중형주택 이상은 세대수의 15~20%로 정도 설치할 것을 권장한다.
7. 영상정보처리기기
    가. 영상정보처리기기의 영상은 필요시 거주자에게 제공될 수 있도록 관련 설비를 설치하여야 한다.
    나. 렌즈를 포함한 영상정보처리기기장비는 결로되거나 빗물이 스며들지 않도록 설치하여야 한다.

[7] 홈네트워크 설비 설치공간

홈네트워크 설비가 다음 공간에 설치 될 경우, 다음 각 호의 기준에 따라 설치하여야 한다.

1. 세대단자함
   가. 접지설비・구내통신설비・선로설비 및 통신공동구 등에 대한 기술기준 제30조에 따라 설치하여야 한다.
   나. 세대단자함은 별도의 구획된 장소나 노출된 장소로서 침수 및 결로 발생의 우려가 없는 장소에 설치하여야 한다.
   다. 세대단자함은 500mm×400mm×80mm(깊이) 크기로 설치할 것을 권장한다.

2. 통신배관실
   가. 통신배관실은 유지관리를 용이하게 할 수 있도록 하여야 하며 통신배관을 위한 공간을 확보하여야 한다.
   나. 통신배관실 내의 트레이(tray) 또는 배관, 덕트 등의 설치용 개구부는 화재 시 층간 확대를 방지하도록 방화처리제를 사용하여야 한다.
   다. 통신배관실의 출입문은 폭 0.7미터, 높이 1.8미터 이상(문틀의 내측치수)이어야 하며, 잠금장치를 설치하고, 관계자 외 출입통제 표시를 부착하여야 한다.
   라. 통신배관실은 외부의 청소 등에 의한 먼지, 물 등이 들어오지 않도록 50밀리미터 이상의 문턱을 설치하여야 한다. 다만 차수판 또는 차수막을 설치하는 때에는 그러하지 아니하다.

3. 집중구내통신실
   가. 집중구내통신실은 방송통신설비의 기술기준에 관한 규정 제19조에 따라 설치하되, 단지네트워크장비 또는 단지서버를 집중구내통신실에 수용하는 경우에는 설치 면적을 추가로 확보하여야 한다.
   나. 집중구내통신실은 독립적인 출입구와 보안을 위한 잠금장치를 설치하여야 한다.
   다. 집중구내통신실은 적정온도의 유지를 위한 냉방시설 또는 흡배기용 환풍기를 설치하여야 한다.

3 홈네트워크 설비의 기술 기준 및 홈네트워크 보안

[1] 연동 및 호환성 등

① 홈게이트웨이는 단지서버와 상호 연동할 수 있어야 한다.
② 홈네트워크사용기기는 홈게이트웨이와 상호 연동할 수 있어야 하며, 각 기기 간 호환성을 고려하여 설치하여야 한다.
③ 홈네트워크 설비는 타 설비와 간섭이 없도록 설치하여야 하며, 유지보수가 용이하도록 설치하여야 한다.

[2] 기기인증 등

① 홈네트워크사용기기는 산업통상자원부와 과학기술정보통신부의 인증규정에 따른 기기인증을 받은 제품이거나 이와 동등한 성능의 적합성 평가 또는 시험성적서를 받은 제품을 설치하여야 한다.
② 기기인증 관련 기술기준이 없는 기기의 경우 인증 및 시험을 위한 규격은 산업표준화법에 따른 한국산업표준(KS)을 우선 적용하며, 필요에 따라 정보통신단체표준 등과 같은 관련 단체 표준을 따른다.

[3] 유지·관리 등

① 홈네트워크 설비를 설치한 자는 홈네트워크 설비의 유지·관리 매뉴얼을 관리주체 및 입주자대표회의에 제공하여야 한다.
② 홈네트워크사용기기는 하자담보기간과 내구연한을 표기할 수 있다.
③ 홈네트워크사용기기의 예비부품은 5% 이상 5년간 확보할 것을 권장하며, 이 경우 제1항의 규정에 따른 내구연한을 고려하여야 한다.

[4] 홈네트워크 보안

① 단지서버와 세대별 홈게이트웨이 사이의 망은 전송되는 데이터의 노출, 탈취 등을 방지하기 위하여 물리적 방법으로 분리하거나, 소프트웨어를 이용한 가상사설통신망, 가상근거리통신망, 암호화기술 등을 활용하여 논리적 방법으로 분리하여 구성하여야

한다.

② 홈네트워크장비는 보안성 확보를 위하여 다음 표에 따른 보안요구사항을 충족하여야 한다. 다만, 정보통신망 이용촉진 및 정보보호 등에 관한 법률 제48조의6에 따라 정보보호인증을 받은 세대단말기는 다음 표 보안요구사항을 충족한 것으로 인정한다.

구분	보안요구사항
1. 데이터 기밀성	이용자 식별정보, 인증정보, 개인정보 등에 대해 암호 알고리즘, 암호키 생성·관리 등 암호화 기술과 민감한 데이터의 접근제어 관리기술 적용으로 기밀성을 구현 ※ 데이터의 처리(생성, 읽기, 쓰기, 변경, 삭제, 저장 등)가 아닌 단순 전송 등을 담당하는 워크그룹 스위치 등은 적용 제외
2. 데이터 무결성	이용자 식별정보, 인증정보, 개인정보 등에 대해 해쉬 함수, 전자서명 등 기술 적용으로 위·변조 여부 확인 및 방지 조치 ※ 데이터의 처리(생성, 읽기, 쓰기, 변경, 삭제, 저장 등)가 아닌 단순 전송 등을 담당하는 워크그룹 스위치 등은 적용 제외
3. 인증	사용자 확인을 위하여 전자서명, 아이디/비밀번호, 일회용 비밀번호(OTP) 등을 통해 신원확인 및 인증 기능을 구현
4. 접근통제	자산·사용자 식별, IP 관리, 단말인증 등 기술을 적용하여 사용자 유형 분류, 접근권한 부여·제한 기능 구현을 통해 인가된 사용자 이외에 비인가된 접근을 통제
5. 전송데이터 보안	승인된 홈네트워크장비 간에 전송되는 데이터가 유출 또는 탈취되거나 흐름의 전환 등이 발생하지 않도록 전송데이터 보안 기능을 구현

③ 홈네트워크사용기기 및 세대단말기는 정보통신망 이용촉진 및 정보보호 등에 관한 법률 제48조의6에 따라 정보보호 인증을 받은 기기로 설치할 수 있다.

[5] 규제의 재검토

국토교통부장관은 행정규제기본법 제8조 및 훈령·예규 등의 발령 및 관리에 관한 규정(대통령훈령 제248호)에 따라 이 고시에 대하여 2017년 1월 1일을 기준으로 매 3년이 되는 시점(매 3년째의 12월 31일까지를 말한다)마다 그 타당성을 검토하여 개선 등의 조치를 하여야 한다.

제3절 방송통신설비의 안전성·신뢰성 및 통신규약에 대한 기술기준

[1] 목적

이 고시는 「방송통신설비의 기술기준에 관한 규정」 제22조(안전성 및 신뢰성 등) 및 제27조(통신규약)에 대한 기준을 정함으로써 이용자에게 안정적이며 신뢰성 있는 방송통신서비스 제공에 기여함을 목적으로 한다.

[2] 적용범위

이 고시는 다음 각 호의 어느 하나에 해당하는 방송통신설비에 대하여 적용한다.

1. 「방송통신설비의 기술 기준에 관한 규정」 제3조제1호의 규정에 의한 사업용 방송통신설비(기간통신설비, 부가통신설비 및 전송망설비)
2. 「방송통신발전기본법」 제37조제1항의 규정에 의한 자가방송통신설비(이하 "자가통신설비"라 한다)

[3] 정의

① 이 고시에서 사용하는 용어는 다음 각 호와 같다.
   1. "중요한 통신설비"라 함은 전기통신사업법 제62조제2항의 규정에 의하여 고시된 방송통신설비 및 교환기로서 그 설비의 고장 등으로 방송통신망의 기능에 중대한 지장을 초래하는 설비를 말한다.
   2. "통신국사"라 함은 방송통신설비를 안전하게 설치·운영·관리하기 위한 건축물로서 제10호에 따른 주요시설 중 어느 하나 이상으로 구성되며 특히 중요한 방송통신설비를 수용하는 경우에는 중요통신국사라 한다.
   3. "옥외설비"라 함은 중계케이블이나 안테나 설비 등 옥외에 설치되는 통신설비를 말한다.
   4. "통신기계실"이라 함은 교환설비나 전송설비, 전산설비 등이 설치되는 장소를 말한다.
   5. "중요 데이터"라 함은 시스템 데이터나 국 데이터 등 해당 데이터의 파괴 및 소실 등으로 통신망 기능에 중대한 지장을 주는 데이터를 말한다.

6. "응답스펙트럼"이라 함은 지진 운동의 진동주파수에 대한 지진가속도의 변화 특성을 말한다.
7. "지반응답스펙트럼"이라 함은 지반 자체의 응답스펙트럼을 말한다.
8. "층응답스펙트럼"이라 함은 건물의 층에 대한 응답스펙트럼을 말한다.
9. "통신규약"이라 함은 정보통신망에서 각 정보 전달 개체 간의 망 접속과 전송 및 전달 정보에 대한 인식을 이루기 위하여 모든 통신 기능상에 미리 규격화되어 정해진 방법을 말한다.
10. "주요시설"이라 함은 통신기계실, 통신망관리실, 중앙감시실, 방재센터, 전력감시실 또는 전원설비를 말한다.
11. "통신망관리실"이라 함은 통신망을 구성하는 장비를 집중하여 관리하는 장소를 말한다.
12. "중앙감시실"이라 함은 주요 시설물의 작동상황을 파악할 수 있는 시설로서, 경보장치, 화재감지센서, CCTV 등 통신국사시설을 보호하기 위한 장비의 작동상황을 통합적으로 감시하고 제어하는 장소를 말한다.
13. "방재센터"라 함은 화재의 발생에 대비하여 이를 감시하기 위하여 필요한 장비가 설치된 장소를 말하며, 중앙감시실과 통합하여 운용될 수 있다.
14. "전력감시실"이라 함은 각종 전력의 작동상황을 감시·제어하기 위하여 필요한 장비가 설치된 장소를 말하며, 중앙감시실과 통합하여 운용될 수 있다.
15. "전원설비"라 함은 수변전장치, 정류기, 축전지, 전원반, 예비용 발전기 및 배선 등 방송통신용 전원을 공급하기 위한 설비를 말한다.
16. "면진장치"라 함은 지진 가속도 응답을 줄이기 위하여 설치하는 수평적으로 유연한 구조 요소를 말한다.
17. "설계스펙트럼가속도(SDS)"라 함은 설계지진에 대한 단주기 응답스펙트럼가속도를 말한다.
18. "수용변위한계"라 함은 면진장치가 지진 시 안정적인 작동을 보장할 수 있는 수평방향 최대 변위의 한계를 말한다.

② 제1항에서 사용하는 용어의 정의를 제외하고는 「방송통신설비의 기술 기준에 관한 규정」 및 건축법령에 의한 「건축구조기준」에서 정하는 바에 의한다.

[4] 안전성·신뢰성 기준

방송통신서비스에 사용되는 방송통신설비가 갖추어야 할 안전성 및 신뢰성에 관한 기준은 별표 1과 같다.(※ 별표 1은 daum 카페 통신선로기능사 필기 방 자료 참고 요망)

[5] 지진대책 등

① 지진대책 대상 방송통신설비의 지진대책 기준은 별표 2와 같다.(※ 별표 2는 daum 카페 통신선로기능사 필기 방 자료 참고 요망. 일부 중요 표 항목만 올림)

[지진대책을 하여야 하는 방송통신설비의 범위]

구분			세부 항목
수용건물		통신국사	• 건축법시행령 제32조에 의한 내진대상 통신국사 • 통신장비를 수용하기 위하여 건축하는 통신국사
통신설비	통신장비류	통신장비	• 교환기, 전송단국장치, 중계장치(단순중계기는 제외), 다중화장치, 분배장치 • 기지국 송수신장치 • 고객정보 저장장치, 단문메시지 저장장치
		전원설비	• 통신장비의 운용을 위하여 설치하는 수변전장치, 정류기, 예비 전원설비(축전지, 비상용 발전기)
		부대설비	• 지진대책 대상 통신장비를 설치하기 위하여 시설하는 바닥시설
	옥외설비	철탑시설	• 대지에 직접 시설하는 철탑(강관 등에 의하여 구성된 것) 및 철주(원통, 삼각 및 사각주, 강관에 의한 각주 등) • 옥상에 시설되는 철탑 및 건축법시행령 제118조 규정에 의해 신고하는 철주
		선로구조물	• 통신구, 관로, 맨홀, 통신용 전주

[통신설비에 대한 성능 목표]
1. 통신장비류의 기능유지는 통신국사 등 수용 구조물의 붕괴 방지 상태에서 이용자 간 단말서비스 통신이 계속 유지되는 상태를 말한다.
2. 통신장비류의 시설 위치를 아는 경우 내진등급 및 재현주기는 수용 건물의 조건을 적용할 수 있다.
3. 붕괴 방지는 설계지진하중 작용 시 매우 큰 손상이 발생할 수 있으나 붕괴로 인한 대규모 피해를 방지하는 수준이다.
4. 장기 복구는 설계지진하중 작용 시 큰 손상이 발생할 수 있지만, 장기간의 복구를 통하여 기능 회복이 가능한 수준이다.

구분		성능수준	내진등급	재현주기
통신 장비류	통신장비	기능 유지	특등급	2400년
	전원설비			
	부대설비			
옥외설비	철탑시설	장기 복구	특등급	1000년
		붕괴 방지		2400년
	선로구조물	장기 복구	1등급	500년
		붕괴 방지		1000년

② 국립전파연구원장은 제1항에 따라 방송통신설비의 지진대책 적용을 위한 시험 및 확인 방법 등에 관한 세부사항을 정하여 공고할 수 있다.

[6] 통신규약의 공개

방송통신설비와 이에 연결되는 다른 방송통신설비 또는 이용자설비와의 사이에 정보의 상호전달을 위하여 통신사업자가 공개해야 하는 통신규약의 종류 및 범위는 다음 각 호와 같다.

1. 사업자가 공개하여야 하는 통신규약의 종류

    가. 방송통신 설비 간의 물리적 또는 전기적 접속 규약

    나. 링크된 통신 설비 간 정보의 송수신 방법에 관한 규약

    다. 통신망 간 경로 설정에 관한 규약

2. 사업자가 공개하여야 하는 통신규약의 범위

    가. 유선 방송통신 교환망에 있어서 설비 구성 항목

        1) 회선종단장치와 단말장치 간의 접속 규격

        2) 정보 송수신 교환기(회선 및 패킷교환 포함) 간의 접속 규격

        3) 교환기와 회선종단장치 또는 단말장치 간의 접속 규격

    나. 이동통신망에 있어서 설비 구성 항목

        1) 교환기와 유선 교환망 간 접속 규격

        2) 기지국과 단말기 간의 접속 규격

[7] 재검토기한

행정규제기본법 및 훈령·예규 등의 발령 및 관리에 관한 규정에 따라 이 고시에 대하여 2020년 1월 1일을 기준으로 매 3년이 되는 시점(매 3년째의 12월 31일까지를 말한다)마다 그 타당성을 검토하여 개선 등의 조치를 하여야 한다.

부록(과년도출제문제) 05

- 방송통신발전 기본법(2025년 02월 14일 시행)
- 정보통신공사업법(2024년 07월 19일 시행)
- 전기통신사업법(2024년 07월 31일 시행)
- 접지설비·구내통신설비·선로설비 및 통신공동구 등에 대한 기술기준(2024년 07월 19일)
- (국토교통부)지능형 홈네트워크 설비 설치 및 기술기준(2022년 07월 01일 시행)
- 방송통신설비의 안전성·신뢰성 및 통신규약에 대한 기술기준(2024년 06월 28일 시행)

위 법의 시행에 의해 기존 출제되었던 법규관련 문제에 변화가 있을 수 있습니다.
본 수험서에 있는 2022년 이전에 출제된 선로설비기준에 있는 문제는 수험생들의 설비기준에 대한 경향파악에 도움을 드리기 위해 남겨놓기는 했지만, 4장 부분을 검토하여 정답을 체크하시길 부탁드립니다.
수험생들의 많은 양해를 구합니다.

2017년 1회 시행 과년도출제문제

01 직류전압 100[V]인 전원에 저항 R_1, R_2, R_3가 직렬로 연결된 회로의 각 저항 양단의 전압 V_1, V_2, V_3에 대하여 바르게 표시한 것은? (단, 저항값은 $R_1=200[\Omega]$, $R_2=300[\Omega]$, $R_3=500[\Omega]$)
① $V_1 < V_2 < V_3$ ② $V_3 < V_2 < V_1$
③ $V_1 < V_3 < V_2$ ④ $V_2 < V_3 < V_1$

02 다음 중 전력 P를 나타낸 것으로 잘못된 것은?
① $P = I^2 R$ ② $P = IV$
③ $P = R^2 V$ ④ $P = \frac{1}{R}V^2$

03 보통 가정에서 사용하는 상용전원은 AC 220[V], 60[Hz]이다. 이 전압의 최대값은?
① 약 141[V] ② 약 282[V]
③ 약 311[V] ④ 약 156[V]

04 교류회로에서 주기를 T[sec], 주파수를 f[Hz], 각속도를 ω [rad/sec]라 할 때 주파수를 구하는 식은?
① $f = 2\omega T [Hz]$
② $f = \frac{T}{\omega}[Hz]$
③ $f = \frac{1}{T}[Hz]$
④ $f = 2\pi T[Hz]$

05 다음 중 자력선의 성질에 대한 설명으로 알맞지 않은 것은?
① 한 점의 자력선 밀도는 그 점에서의 자장의 세기에 반비례한다.
② 자력선에 그은 접선의 방향은 그 점의 자장의 방향과 같다.
③ 자력선은 N극에서 나와 S극으로 들어간다.
④ 자력선은 서로 교차하지 않는다.

06 다음 중 MSI(Medium Scale Integration)의 설명으로 바른 것은?
① SSI(Small Scale Integration)의 반대인 것이다.
② LSI(Large Scale Integration)와 같은 것이다.
③ 한 IC(Integrated Circuit) 중 1,000소자 이상인 것이다.
④ 한 IC(Integrated Circuit) 중 100~1,000소자를 포함한 것이다.

07 콘덴서 필터의 평활회로에서 $R_L=10[k\Omega]$이고, $C=0.0047[\mu F]$일 때, 시정수( )는 얼마인가?
① $37.5 \times 10^{-6}[sec]$
② $47 \times 10^{-6}[sec]$
③ $57.5 \times 10^{-6}6[sec]$
④ $67 \times 10^{-6}[sec]$

08 B급 전력증폭회로에서 효율 η 는 얼마인가?
① 78.5[%] 이상
② 78.5[%]
③ 80[%]
④ 100[%]

09 다음 중 D급 증폭기의 설명으로 알맞지 않은 것은?
① 연속적인 입력값의 범위를 넘어 선형 동작
② MOSFET을 사용
③ 출력 트랜지스터는 스위치로 작동
④ 오디오 응용 시 90[%] 이상의 높은 효율

10 다음과 같은 발진회로에서 발진이 일어나기 위한 조건은?

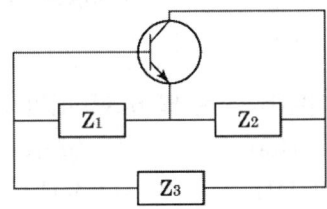

① Z_1 : 유도성, Z_2 : 유도성, Z_3 : 유도성
② Z_1 : 용량성, Z_2 : 용량성, Z_3 : 유도성
③ Z_1 : 용량성, Z_2 : 유도성, Z_3 : 용량성
④ Z_1 : 용량성, Z_2 : 유도성, Z_3 : 유도성

11 다음 회로의 명칭은 무엇인가?

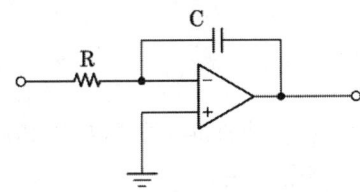

① 미분기
② 가산기
③ 적분기
④ 비반전 증폭기

12 다음 중 진폭변조에 대한 설명으로 알맞은 것은?
① 신호파에 따라 반송파의 진폭을 변화시키는 방법
② 신호파에 따라 반송파의 주파수를 변화시키는 방법
③ 진폭은 일정하고 반송파의 위상을 변화시키는 방법
④ 진폭은 일정하고 반송파의 주파수를 변화시키는 방법

13 다음 디지털 변조방식 중 진폭과 위상을 동시에 변화시키는 변조방식은?
① ASK
② FSK
③ PSK
④ APK

14 입력 신호가 기준레벨 이상이 되면 출력신호의 레벨을 일정한 값으로 유지시켜주는 회로는?
① 리미터
② 슬라이서
③ 클램퍼
④ 클리퍼

15 항공기를 유도하려고 한다면 어떤 컴퓨터를 이용해야 하는가?
① 범용 컴퓨터
② 특수용 컴퓨터
③ 하이브리드 컴퓨터
④ 아날로그 컴퓨터

16 다음 중 주소지정방식이 아닌 것은?
① 임시(Temporary) 주소방식
② 직접(Direct) 주소방식

③ 간접(Indirect) 주소방식
④ 임플라이드(Implied) 주소방식

17 다음 보조기억장치 중 순차적 접근 방식을 가진 기억장치는?
① 자기테이프　② 광 디스크
③ 하드 디스크　④ 자기 드럼

18 다음 중 수의 체계를 설명한 것으로 알맞지 않은 것은?
① 16진법 : 밑수를 16으로 하고, 0에서 16까지의 수를 사용하여 표현하는 방법
② 10진법 : 밑수를 10으로 하고, 0에서 9까지의 수를 사용하여 표현하는 방법
③ 8진법 : 밑수를 8로 하고, 0에서 7까지의 수를 사용하여 표현하는 방법
④ 2진법 : 밑수를 2로 하고, 0과 1의 수를 사용하여 표현하는 방법

19 10진수 1984에 해당되는 BCD 코드로 표현된 것은?
① 1000 1001 1000 0100
② 0001 1001 1000 0100
③ 0001 0110 1000 0100
④ 0001 1001 1000 0010

20 A, B를 입력으로 하는 NOR 게이트를 나타낸 것은?

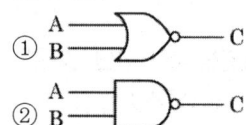

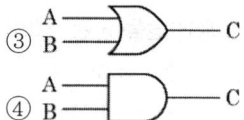

21 다음 중 구조적 프로그래밍의 기본 구조가 아닌 것은?
① 순차구조　② 일괄구조
③ 선택구조　④ 반복구조

22 2,048바이트[byte]는 몇 킬로바이트[kbyte]인가?
① 1[kbyte]　② 2[kbyte]
③ 3[kbyte]　④ 4[kbyte]

23 1바이트[byte]는 몇 비트[bit]인가?
① 2,048[bit]　② 1,024[bit]
③ 16[bit]　④ 8[bit]

24 다음 중 스마트폰에 사용되는 운영체제의 종류가 아닌 것은?
① Window Mobile
② iOS
③ Android
④ Linux

25 다음 중 엑셀(Excel)의 주요 기능이라고 보기 어려운 것은?
① 숫자와 함수를 이용하여 자동으로 계산할 수 있다.
② 필터기능을 이용하여 데이터를 분류할 수 있다.

③ 데이터의 추세선을 그려볼 수 있다.
④ 애니메이션을 자유자재로 그려 넣을 수 있다.

26 다음 중 통신선로의 임피던스를 정합시키는 이유는?
① 송신기에 반사파를 최대로 공급하기 위하여
② 투과계수를 0으로 하기 위하여
③ 반사계수를 1로 하기 위하여
④ 반사파가 발생하지 않도록 하기 위하여

27 다음 중 사람의 눈으로 볼 수 있는 빛의 파장은?
① 1~10[mm]
② 0.01~0.37[μm]
③ 0.38~0.68[μm]
④ 0.69~1.5[μm]

28 전송로의 끝 지점을 개방하였을 때 임피던스가 225[Ω]이고, 끝 지점을 단락하였을 때 임피던스가 100[Ω]이면, 이 전송선로의 특성임피던스는 몇 [Ω]인가?
① 100[Ω]   ② 150[Ω]
③ 182[Ω]   ④ 225[Ω]

29 다음 중 전송부호의 요구조건으로 적합하지 않은 것은?
① 신호에 직류성분이 있는 부호
② 주파수 대역을 감소시킬 수 있는 부호
③ 에러 검출 및 정정이 용이한 부호
④ 동기화가 용이한 부호

30 다음 중 펄스부호화의 장점으로 틀린 것은?
① 잡음에 강하다.
② 논리회로 집적화에 강하다.
③ 시분할다중화를 적용하여 분기와 삽입이 쉽다.
④ 양자화잡음이 없다.

31 수백[Gbps] 이상의 정보를 전송하는 데 필요한 WDM 광전송시스템에서 여러 개의 입력광원을 하나의 광섬유로 묶어서 전송하는 파장다중화를 위한 광소자는 무엇인가?
① AWG   ② Splitter
③ Circulator   ④ Isolator

32 다음 중 4.4[mm] 세심 동축케이블을 이용한 P-4M 방식에 대한 설명으로 틀린 것은?
① 무인중계소 표준간격이 3.8[km]이다.
② 동축케이블 1회선에 수용할 수 있는 통화로 수는 960[ch]이다.
③ 표준 유인중계소의 감시국 간격은 1~140[km]이다.
④ 차단주파수는 60[MHz]이다.

33 다음 중 케이블 중간을 금속체로 분리하여 두 개의 케이블 효과를 얻을 수 있는 것은?
① 동축 케이블   ② 폼스킨 케이블
③ 스크린 케이블   ④ 광섬유 케이블

34 다음 중 동축케이블에서 최소 감쇠량 조건

을 위한 최적비는?

① $\dfrac{외부도체외경}{내부도체내경}$ ② $\dfrac{외부도체내경}{내부도체외경}$

③ $\dfrac{내부도체외경}{외부도체외경}$ ④ $\dfrac{내부도체외경}{외부도체내경}$

35 다음 중 광섬유의 기계식 접속부, 커넥터 접속부 및 광섬유의 종단 등에서 빛의 프레넬 반사에 의하여 입사단측으로 되돌아오는 광 손실은?
① 반사손실   ② 접속손실
③ 삽입손실   ④ 결합손실

36 광섬유 코어의 굴절률이 1.45이면, 광섬유에서 빛의 속도는 얼마인가?
① $2.069 \times 10^8 [m/s]$
② $1.0345 \times 10^8 [m/s]$
③ $2.069 \times 10^6 [m/s]$
④ $3.0 \times 10^8 [m/s]$

37 1[mW]의 광 전력 출력을 갖는 레이저 다이오드를 20[dB] 증폭시켰을 경우 출력은 몇 [dBm]인가?
① 10[dBm]   ② 20[dBm]
③ 30[dBm]   ④ 40[dBm]

38 다음 WDM 용어 중 채널간격이 20[nm] 정도로 파장 다중화하는 방법은?
① CWDM(Coarse-WDM)
② DWDM(Dense-WDM)
③ NWDM(Narrow-WDM)
④ WDM

39 광섬유는 재료나 제조방법에 따라 분류하는 방법이 다양하다. 다음 중 재료에 따른 분류가 아닌 것은?
① 석영계
② 플라스틱계
③ 다성분계
④ 레이저 다성분계

40 다음 중 내면이 매끈해서 케이블의 인입 포설 작업이 가장 용이한 관은?
① 흄관   ② 경질 PVC관
③ 콘크리트관 ④ 철관 및 강관

41 CATV의 선로시설 용어 정의 중 다음은 무엇에 관한 설명인가?

> 종합유선방송국시설과 전송선로시설, 전송선로시설과 구내전송시설 간의 접속점을 말한다.

① 분계점   ② 분배센터
③ 초간선   ④ 인입단자

42 다음 중 현장조립형 광커넥터의 공법이 아닌 것은?
① 페롤 내에 광섬유 심선을 삽입하여 페롤 단면을 연마하는 방법
② 페롤 내에 광섬유 심선을 기계적으로 접속하는 공법
③ 페롤 없이 광섬유 심선을 삽입 연마하는 공법
④ 페롤 없이 광섬유 심선을 광섬유 융착접속기로 접속하는 방법

43 다음 중 통신선로의 차폐계수로 옳은 것은?(단, K는 차폐계수를 말한다.)
① 2<K<3   ② 3<K<4
③ 0<K<1   ④ 1<K<2

44 다음 중 L3 시험기로 측정할 수 없는 것은?
① 루프 저항 측정
② 시험접속 위치 측정
③ 단선고장 위치 측정
④ 혼선고장 위치 측정

45 다음 중 선로시설의 설계기준에 해당되지 않는 것은?
① 중간기 설계
② 종국기 설계
③ 단기 지하 선로 계획
④ 장기 지하 선로 계획

46 다음 중 방송통신설비 용어의 정의로 알맞은 것은?
① 방송통신에 필요한 미디어 영상 등을 말한다.
② 방송통신설비를 타인에게 제공하는 것을 말한다.
③ 방송통신을 하기 위한 기계·기구·선로 등을 말한다.
④ 방송통신을 통하여 시청자와 이용자의 편익을 증대한다.

47 정보통신공사업의 등록기준이 알맞게 연결된 것은?

① 자본금 개인 1억5천만원 이상 – 기술계 3명 이상 – 필요한 장비를 갖출 수 있는 사무실
② 자본금 법인 1억원 이상 – 기술계 3명 이상 – 사무실 15[m^2] 이상
③ 자본금 개인 2억원 이상 – 기능계 3명 이상 – 사무실 15[m^2] 이상
④ 자본금 법인 1억원 이상 – 기술계 3명 이상 – 사무실 33[m^2] 이상

48 정보통신공사업자 간의 협동조직을 통하여 자율적인 경제활동을 도모하고 공사업의 경영에 필요한 각종 보증과 자금융자 등을 하기 위해 설립된 것은?
① 방송통신발전기금
② 정보통신공사협회
③ 정보통신공제조합
④ 방송통신통신진흥협회

49 다음 용어의 정의에 해당하는 것은?

> 전기통신을 하기 위한 기계·기구·선로 또는 그 밖에 전기통신에 필요한 설비를 말한다.

① 전기통신   ② 전기통신역무
③ 전기통신설비 ④ 기간통신역무

50 다음 용어의 정의에 해당하는 것은?

> 유선·무선·광선 또는 그 밖의 전자적 방식으로 부호·문언·음향 또는 영상을 송신하거나 수신하는 것

① 무선통신   ② 전기통신

③ 전기통신사업 ④ 전기통신역무

51 전기통신사업법에서 사용하는 용어 중 전기통신회선설비에 포함되지 않는 것은?
① 전송설비   ② 선로설비
③ 반송설비   ④ 교환설비

52 다음 중 과학기술정보통신부장관이 기간통신사업자 허가를 함에 있어서 심사기준에 해당하지 않은 것은?
① 기간통신역무 제공계획의 이행에 필요한 재정적 능력
② 기간통신역무 제공계획의 이행에 필요한 기술적 능력
③ 이용자보호계획의 적정성
④ 업무수행에 필요한 건물시설 및 가입자 수

53 가공통신선의 높이에서 도로상에 설치하는 경우에는 노면으로부터 얼마이어야 하는가?
① 3.5[m] 이상   ② 4[m] 이상
③ 4.5[m] 이상   ④ 5[m] 이상

54 다음 중 가공강전류전선의 사용전압 및 종별에 따른 가공통신선의 지지물과의 이격거리를 잘못 표시한 것은?
① 저압인 경우 : 30[cm] 이상
② 35,000[V] 이하인 특고압 강전류절연전선인 경우 : 1[m] 이상
③ 35,000[V] 이하인 강전류케이블인 경우 : 2[m] 이상
④ 고압으로 기타 강전류전선인 경우 : 60[cm] 이상

55 다음 중 마이크로웨이브안테나의 풍압하중으로 옳은 것은? (단, 풍속이 40[m/s]일 때 시설물의 수직투영면적 1[m^2]에 대한 풍압을 말함)
① 180[kg]   ② 200[kg]
③ 230[kg]   ④ 250[kg]

56 특별히 위해방지설비를 하지 않은 상태에서의 해저통신선은 해저강전류전선으로부터 몇 미터 이내의 거리에 접근하여 설치할 수 없는가?
① 500[m]   ② 550[m]
③ 600[m]   ④ 650[m]

57 다음은 단지네트워크장비에 대한 정의이다. 괄호 안에 들어갈 말을 바르게 나열한 것은?

> 단지네트워크장비란 세대 내 홈게이트웨이와 단지서버 간의 통신 및 보안을 수행하는 장비로서, ( ), ( ), ( ) 등을 말한다.

① 홈서버, 월패드, 단지망
② 월패드, 세대망, 워크그룹스위치
③ 백본, 방화벽, 워크그룹스위치
④ 홈서버, 방화벽, 세대망

58 전유부분 홈네트워크 설비의 설치기준에서 세대단자함의 크기는 얼마이어야 하는가?
① 500[mm]×500[mm]×70[mm](깊이)
② 500[mm]×400[mm]×80[mm](깊이)
③ 700[mm]×500[mm]×90[mm](깊이)

④ 700[mm]×400[mm]×100[mm](깊이)

59 다음 중 '단지서버실' 설치 등에 관한 사항으로 잘못된 것은?
① 전유부분 시설이므로 크기를 2제곱미터 정도로 한다.
② 바닥은 이중바닥방식으로 하고, 성능 유지를 위한 항온·항습장치를 설치한다.
③ 출입문은 폭 0.9[m], 높이 2[m]의 이상의 크기로 하고 잠금장치를 한다.
④ 보안유지를 위하여 관계자 이외의 출입통제 표시를 부착한다.

60 교환망의 경우 두 개의 중요통신국사 간을 연결하는 접속계통의 고장 등에 대비하여 이를 대체할 수 있는 다른 통신국사를 경유하는 대책은 무엇인가?
① 대체접속계통의 설정
② 회선분산수용의 설정
③ 우회전송로의 설정
④ 교환전송로의 설정

2017년 2회 시행 과년도출제문제

01 12[V], 10[AH]인 축전지 10개를 병렬 접속하여 12[V]용 120[W] 전구를 연결하였다. 이 전구가 불을 밝힐 수 있는 최대시간은 얼마인가?
① 2시간   ② 5시간
③ 10시간 ④ 20시간

02 다음 중 옴의 법칙(Ohm's Law)과 직접적인 관계가 없는 것은?
① 전압(V)   ② 전류(I)
③ 콘덴서(C) ④ 저항(R)

03 어떤 회로의 500[Ω] 저항에 흐르는 전류가 2[A]이면, 그 저항 양단의 전압은 얼마인가?
① 250[V]   ② 1,000[V]
③ 4[mV]   ④ 2[kV]

04 정전용량이 C[F]인 회로에 $v = V_m \sin\omega t$의 정현파 전압을 인가할 때 전압과 전류에 대한 위상의 설명으로 맞는 것은?
① 전류가 전압보다 위상이 90° 늦다.
② 전압이 전류보다 위상이 90° 늦다.
③ 전류가 전압보다 위상이 180° 늦다.
④ 전압과 전류의 위상이 같다.

05 다음 중 반도체의 성질에 대한 설명으로 잘못된 것은?
① PN정합은 현저한 정류 작용이 있다.
② 홀(Hall) 효과가 크다.
③ 역기전력이 크다.
④ 저항 온도 계수는 음(-)이므로 온도가 상승하면 과잉 전자와 전공이 많아진다.

06 다음 중 콘덴서 입력형 평활회로에 대한 설명으로 틀린 것은?
① 용량 C가 클수록 정류기에 흐르는 전류의 크기가 증가한다.
② 용량 C가 클수록, 정류소자에 흐르는 전류의 기간이 짧을수록 전류의 크기는 감소한다.
③ 용량 C가 클수록 출력전압의 맥동률은 작아진다.
④ 정류기(다이오드)에 흐르는 전류는 펄스형이다.

07 다음 중 이상적인 연산증폭기의 설계 시 고려하여야 할 사항으로 맞는 것은?
① 전압이득 A_v=0
② 입력저항 R_i=1
③ 출력저항 R_o=0
④ 입력 바이어스 전류 I_B=∞

08 다음 트랜지스터의 바이어스 안정계수(S) 중 가장 불안정한 것은?
① 1   ② 1.5
③ 2   ④ 2.5

09 다음 중 위상검출기, 저역통과필터, VCO로 구성된 전압 궤환회로로서 입력신호를 잠그

거나 동기시킬 수 있는 회로는?
① 비안정 멀티바이브레이터
② PLL
③ 위상 제어기
④ 비정현파 발진기

10 하틀리 발진회로가 되기 위한 컬렉터와 이미터 사이의 리액턴스는?
① 유도성   ② 공진상태
③ 저항성   ④ 용량성

11 다음 중 구형파를 발생하는 발진기는?
① 콜피츠발진기
② 수정발진기
③ 멀티바이브레이터
④ 하틀리발진기

12 다음 중 펄스 진폭변조(PAM)된 신호를 복조할 때 사용되는 회로는?
① 미분회로   ② 적분회로
③ 가산회로   ④ 감산회로

13 다음 중 펄스 변조에서 아날로그 펄스 변조 방식이 아닌 것은?
① PAM   ② PCM
③ PWM   ④ PPM

14 다음 회로에서 전압(V_s)을 인가할 때 제1시정수를 나타내는 콘덴서(C)의 전압은 몇 [%]인가?

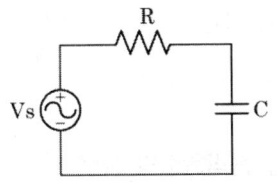

① 0[%]   ② 36.2[%]
③ 63.2[%]   ④ 95.2[%]

15 다음 중 데이터 처리 과정으로 올바른 것은?
① 데이터 분석과 처리 → 데이터 수집과 기록 → 데이터 발생 → 정보 저장 및 활용
② 데이터 발생 → 데이터 수집과 기록 → 데이터의 분석과 처리 → 정보 발생, 저장 및 활용
③ 정보 발생 → 데이터 수집과 기록 → 데이터 분석과 처리 → 데이터 발생, 저장 및 활용
④ 데이터 수집과 기록 → 데이터 분석과 처리 → 데이터 발생 → 정보 저장 및 활용

16 다음 중 제어장치의 구성 요소가 아닌 것은?
① 명령레지스터(Instruction Register)
② 명령해독기(Instruction Decoder)
③ 프로그램 계수기(Program Counter)
④ 일괄처리(Batch Processing)

17 다음 중 누산기, 상태레지스터, 가산기, 데이터 레지스터 등과 관계있는 장치는 어느 것인가?
① 연산장치   ② 출력장치
③ 기억장치   ④ 제어장치

18 다음 중에서 값이 가장 큰 수는?

① $(1111)_2$　② $(14)_8$
③ $(12)_{10}$　④ $(C)_{16}$

19 다음 논리회로의 출력 Y는?

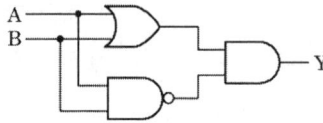

① $Y = \overline{A+B} \cdot \overline{AB}$
② $Y = \overline{A+B} \cdot A$
③ $Y = (A+B) \cdot \overline{AB}$
④ $Y = (A+B) \cdot A$

20 다음 불 대수식 중 옳지 않은 것은?
① $A + (B \cdot C) = (A+B)(A+C)$
② $A + \overline{A} = 1$
③ $A \cdot \overline{A} = 0$
④ $\overline{A} + A \cdot B = A + B$

21 다음 중 프로그래밍 언어의 번역과 처리과정에서 링키지 에디터(Linkage Editor)에 의해 실행 가능한 모듈 상태의 프로그램은?
① 로드 모듈(Load Module)
② 목적 프로그램(Object Program)
③ 원시 프로그램(Source Program)
④ 번역 프로그램(Translation Program)

22 컴퓨터로 처리해야 할 작업과정을 약속된 기호를 사용하여 순서대로 일괄성 있게 그림으로 나타낸 것은?
① 도형　② 클래스
③ 순서도　④ 변수

23 다음 중 운영체제(Operating System)의 사용 목적이라고 볼 수 없는 것은?
① 신뢰도의 향상
② 처리능력의 향상
③ 계산기의 응답시간 단축
④ 모델의 다양성

24 다음 중 워드 프로세서에서 지원되는 주요 기능이 아닌 것은?
① 폰트 크기 조절
② 폰트 색상 변경
③ 내용 잘라내기
④ 비디오 파일에 자막 삽입

25 대역폭이 1.75[kHz]이고 신호전력이 62[W], 잡음전력이 2[W]일 때 채널용량은?
① 4,500[bps]　② 8,750[bps]
③ 9,600[bps]　④ 12,000[bps]

26 다음 중 100BaseTx에 대한 케이블의 설명으로 틀린 것은?
① 카테고리 5 UTP 케이블이다.
② 전송거리는 100[m] 이내이다.
③ 전송속도는 100[Mbps] 이내이다.
④ 심선외피에 차폐가 되어 있어 전자파에 강하다.

27 어느 전송선로의 입력측 전압이 1[V], 출력측 전압이 0.01[V]였다면 선로의 감쇠량은 몇 [dB]인가?
① −1[dB]　② −10[dB]
③ −20[dB]　④ −40[dB]

28 전압 반사계수가 0.3일 경우 전압 투과계수는?
① 0.3 ② 0.7
③ 1.3 ④ 1.6

29 200[mW] 크기의 신호가 전송매체를 통과한 후 2[mW] 크기의 신호로 측정되었다면 전송 감쇠값은?
① −10[dB] ② −18[dB]
③ −20[dB] ④ −30[dB]

30 다음 중 광섬유(Fiber Optic) 전송방식의 신호 변환과정으로 옳은 것은?
① 음성 − 전기펄스 − 광펄스 − 전기펄스 − 음성
② 음성 − PAM펄스 − PCM펄스 − 음성
③ 음성 − PAM펄스 − PCM펄스 − PAM펄스 − 음성
④ 음성 − 광펄스 − 전기펄스 − 광펄스 − 음성

31 다음 다중화방식 중 각기 다른 파장을 갖는 여러 개의 광원을 묶어서 보낸 후 다시 역다중화하는 방식은 무엇인가?
① TDM ② FDM
③ WDM ④ CDMA

32 다음 중 광전송 시스템에서 구조가 가장 간단하고 스펙트럼 효율이 좋아서 가장 일반적으로 사용되는 신호변조방식은 어느 것인가?
① RZ 변조방식
② NRZ 변조방식
③ 광듀오바이너리 변조방식
④ CSRZ 변조방식

33 다음 중 STP 케이블에 대한 설명으로 옳지 않은 것은?
① 차폐 케이블이다.
② UTP 케이블에 비하여 전자파에 강하다.
③ 컴퓨터와 연결하기 위하여 T 커넥터를 사용한다.
④ 케이블 심선색상은 UTP 케이블과 동일하다.

34 UTP 케이블에 8Pin Data용 커넥터를 연결하고자 할 때 모듈러 잭과 플러그의 규격은?
① RJ−11 ② RJ−45
③ RJ−63 ④ RJ−100

35 다음 중 동축 케이블의 특징이 아닌 것은?
① 장거리 다중화 전송이 가능하다.
② 저주파대 누화 특성이 좋지 않다.
③ 평형 폐쇄 선로이다.
④ 고주파에서 차폐성이 양호하다.

36 SDH(동기식 다중화 계위)의 프레임 구조에서 STM-4의 전송속도는 얼마인가?
① 155.52[Mbps]
② 466.52[Mbps]
③ 622.08[Mbps]
④ 933.12[Mbps]

37 다음 중 광통신의 전송시스템에서 주로 이용하는 다중화 방식은?
① 주파수분할방식
② 시간분할방식
③ 파장분할방식

④ 코드분할방식

38 다음 중 광통신에서 사용되는 수광 소자에 해당되는 것은?
① LED(Light Emitting Diode)
② SCR(Silicon Controlled Rectifier)
③ APD(Avalanche Photo Diode)
④ FET(Field Effect Transistor)

39 다음 중 ADSL에서 음성과 데이터를 분리하는 것은?
① 스플리터(Splitter)
② 부호화기
③ 복호화기
④ 표본화기

40 CATV용 케이블에서 입력신호 에너지를 2개 이상으로 균등하게 분배하는 장치는?
① 분기기   ② 등화기
③ 분배기   ④ 증폭기

41 CATV 채널 중 미국 유료 TV방식의 하나로 가입자가 매월 일정액의 요금을 지불하는 방식을 무엇이라 하는가?
① 로우 채널   ② 페이 퍼 채널
③ 하이 채널   ④ 페이 퍼 뷰 채널

42 다음 그림과 같이 AB의 저항이 균일한 도선에서 검류계의 한 단자가 AC : CB = 3 : 2 되는 점 C에 접촉되었을 때, 검류계의 눈금이 0을 가리켰다면 X의 저항 값은?

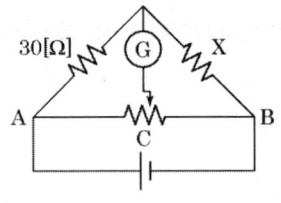

① 80[Ω]   ② 60[Ω]
③ 40[Ω]   ④ 20[Ω]

43 전송선로상에서 2차 정수를 분류한 것으로 올바른 것은?
① 전파정수(γ), 특성임피던스(Z_0)
② 전기저항(R), 전파정수(γ)
③ 정전용량(C), 위상정수(β)
④ 누설컨덕턴스(G), 특성임피던스(Z_0)

44 선로의 대지 잡음전압(E_p)이 800[mV]이고, 선간 잡음전압(e_p)이 600[mV]일 때, 통신회선의 평형도는 약 얼마인가?
① 2.5[dB]   ② 3.0[dB]
③ 3.5[dB]   ④ 4.0[dB]

45 가공선로에서 전선의 단위 길이당 하중이 2[kg/m], 전주 간 거리가 40[m], 전선의 장력이 2,000[kg]일 때 이 선로의 이도(D)는?
① 10[cm]   ② 20[cm]
③ 30[cm]   ④ 40[cm]

46 유선·무선·광선(光線) 또는 그 밖의 전자적 방식에 의하여 방송통신콘텐츠를 송신(공중에게 송신하는 것을 포함한다)하거나 수신하는 것과 이에 수반하는 일련의 활동을 무엇이라 하는가?
① 방송통신

② 방송통신콘텐츠
③ 방송통신사업자
④ 방송통신기자재

47 다음 중 정보통신공사업법의 법령 제정의 목적이 아닌 것은?
① 정보통신공사의 기본적 사항(조사, 설계, 시공, 감리, 유지관리, 기술관리)을 규정
② 정보통신공사업의 규정(등록 및 도급)
③ 정보통신공사의 적절한 시공을 도모
④ 정보통신공사업의 공공복리 증진 이바지

48 다음 중 정보통신공사에 해당되지 않는 것은?
① 전기통신관계법령 및 전파관계법령에 따른 통신설비공사
② 방송법 등 방송관계법령에 따른 방송설비공사
③ 정보통신관계법령에 따라 정보통신설비를 이용하여 정보를 제어·저장 및 처리하는 정보설비공사
④ 수전설비를 포함한 정보통신전용 전기시설설비공사 등 기타설비공사

49 다음 중 방송통신 발전에 필요한 방송통신 전문인력을 양성하기 위하여 계획을 수립·시행해야 하는 것에 포함되지 않는 것은?
① 방송통신기술 및 방송통신서비스와 관련된 전문인력 수요 실태 및 중·장기 수급 전망 파악
② 전문인력 양성사업의 지원
③ 전문인력 양성기관의 지원
④ 방송통신기술 전문인력 취업 지원

50 다음 중 통신기술의 진흥과 정부의 시책이 아닌 것은?
① 개인의 이익과 안전을 위한 것
② 공공복리의 증진과 방송통신 발전을 위한 것
③ 방송통신에 참여하고 방송통신을 통하여 다양한 문화를 추구할 수 있기 위한 것
④ 국민이 보편적이고 기본적인 방송통신 서비스를 제공받을 수 있기 위한 것

51 정보통신공사협회는 누구의 인가를 받아 설립할 수 있는가?
① 대통령
② 국무총리
③ 특별자치도지사
④ 과학기술정보통신부장관

52 다음 용어의 정의에 해당하는 것은?

방송통신을 행하기 위하여 계통적·유기적으로 연결·구성된 방송통신설비의 집합체를 말한다.

① 방송통신망
② 전력선통신
③ 국선접속설비
④ 사업용방송통신설비

53 차도에 매설하는 관로의 경우 지면에서부터 관로 상단까지의 거리는 얼마 이상이어야 하는가?
① 0.7[m] ② 0.8[m]
③ 0.9[m] ④ 1.0[m]

54 해저통신선과 해저 강전류전선의 최소 이격 거리(상호 근접하여 설치하여서는 안 되는 거리)는?
① 500[m]   ② 600[m]
③ 700[m]   ④ 800[m]

55 다음 중 골조공사 시 세대단자함의 재질 및 보강방법 등을 고려하여 설치하는 주된 이유는?
① 변형이 생기지 않도록 하기 위하여
② 세대 간의 층간소음을 줄이기 위하여
③ 예비전원을 쉽게 가설하기 위하여
④ 단지서버를 쉽게 설치하기 위하여

56 다음 중 전주의 안전계수를 결정하는 요인으로 볼 수 없는 것은?
① 인장하중   ② 풍압하중
③ 기상변화   ④ 세대수

57 다음은 주거용 건축물 중 공동주택에 사용되는 선로를 용이하게 수용하기 위해 설치하는 단자함에 관한 사항이다. 괄호 안에 들어갈 용어로 알맞은 것은?

> 주거용 공동주택의 경우 세대별로 배선의 인입 및 분기가 용이하도록 (   )을 설치하여야 한다.

① 세대단자함   ② 회선단자함
③ 구간단자함   ④ 공동단자함

58 다음 중 법령에서 통신관련 시설 접지저항의 기준은 얼마인가?
① 10[Ω] 이하   ② 50[Ω] 이하
③ 150[Ω] 이하   ④ 200[Ω] 이하

59 다음 중 방재실의 주된 목적은 무엇인가?
① 집중구내통신실에서 세대까지 연결하는 설비를 설치하기 위함
② 단지 내의 홈네트워크 설비를 총괄적으로 유지보수하기 위함
③ 세대 내 전력, 가스, 난방, 수도 등의 사용량을 확인하기 위함
④ 단지 내 방범, 방재, 안전 등을 위한 설비를 설치하기 위함

60 다음 중 구내전송선로설비에 사용되는 주요 설비가 아닌 것은?
① 분기기 및 분배기
② 동축케이블
③ 증폭기
④ 병렬단자

2017년 4회 시행 과년도출제문제

01 "단위전하가 임의의 두 점 사이를 이동할 때 얻거나 잃는 에너지의 크기"를 무엇이라고 하는가?
① 전압 ② 전류
③ 저항 ④ 임피던스

02 1.5[V] 건전지 4개가 직렬로 연결된 전원에 부하저항이 30[Ω]인 전구 2개가 병렬 연결되었을 때 전구 한 개에 흐르는 전류의 값은 얼마인가?
① 0.1[A] ② 0.2[A]
③ 0.4[A] ④ 0.5[A]

03 220[V]의 정현파 교류전원에 연결된 R, L 직렬회로의 합성 임피던스는?
① $220\sqrt{R+\omega L}$ ② $\dfrac{220}{\sqrt{R^2+\omega L^2}}$
③ $\sqrt{R^2+(\omega L)^2}$ ④ $\dfrac{1}{\sqrt{R^2+(\omega L)^2}}$

04 220[V], 60[Hz]의 사인파 교류전원에 L과 C를 병렬로 접속한 회로에서 X_L=20[Ω]이고, X_C=22[Ω]이면 L에 흐르는 전류는 얼마인가?
① 1[A] ② 10[A]
③ 11[A] ④ 21[A]

05 다음 중 자력선의 성질에 대한 설명으로 알맞지 않은 것은?
① 한 점의 자력선 밀도는 그 점에서의 자장의 세기를 나타낸다.
② 자력은 거리에 제곱에 비례한다.
③ 자력선은 N극에서 나와 S극으로 들어간다.
④ 자력선은 서로 교차하지 않는다.

06 PN 접합 다이오드에 순방향 전류가 정격보다 과대한 전류가 발생했을 때 파괴되는데, 이때 파괴되는 원인은 무엇인가?
① 제너 전류 ② 충격 전류
③ 줄(Joule) 열 ④ 전자 사태

07 단상 전파 정류회로의 이론상 최대 정류 효율은 몇 %인가?
① 40.6[%] ② 48.2[%]
③ 1.2[%] ④ 81.2[%]

08 콘덴서형 평활회로에서 전파정류를 기준으로 C가 20[μF]이고, R_L이 100[Ω]일 때 맥동률은 약 몇 %가 되는가? (단, 전압은 220[V], 60[Hz]이다.)
① 1.0[%] ② 1.1[%]
③ 1.2[%] ④ 1.3[%]

09 다음 중 왜곡이 거의 없이 저주파 증폭기와 완충증폭기에 사용되는 전력증폭회로는?
① A급 전력증폭회로
② B급 전력증폭회로
③ AB급 전력증폭회로

④ C급 전력증폭회로

10 다음 중 DEPP(Double-Ended Push-Pull) 회로의 구성을 바르게 설명한 것은?
① 트랜지스터 부하에 대해서는 병렬로 연결되고, 전원에 대해서는 직렬로 연결된다.
② 트랜지스터 부하에 대해서는 직렬로 연결되고, 전원에 대해서는 직렬로 연결된다.
③ 트랜지스터 부하에 대해서는 병렬로 연결되고, 전원에 대해서는 병렬로 연결된다.
④ 트랜지스터 부하에 대해서는 직렬로 연결되고, 전원에 대해서는 병렬로 연결된다.

11 다음 중 이상 발진기에 대한 설명으로 옳지 않은 것은?
① RC 이상회로로 구성되어 있다.
② 정궤환회로를 이용한다.
③ 저주파대역 발진에 사용된다.
④ 이상회로의 RC 값을 크게 변화시켜 고주파 대역에 사용한다.

12 그림과 같은 발진회로에서 발진 주파수는? (단, $C_1 = 100[pF]$, $C_2 = 200[pF]$, $L = 10[mH]$)

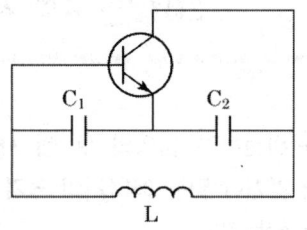

① 195[kHz]   ② 295[kHz]
③ 395[kHz]   ④ 535[kHz]

13 다음 중 복조에 대한 설명으로 알맞은 것은?
① 변조된 반송파에 포함된 원래의 신호파를 재생하는 과정
② 통신하고자 하는 저주파 신호를 고주파인 반송파에 포함시키는 과정
③ 고주파의 교류 파형을 만들어 내는 것
④ 한 개의 전송로를 통해 여러 개의 신호를 동시에 보내는 것

14 펄스 변조방식 중 연속레벨 변조가 아닌 것은?
① PAM   ② PCM
③ PPM   ④ PWM

15 구형파 폭이 좁은 트리거(Trigger) 펄스를 만드는 데 사용되는 회로는?
① 미분회로   ② 적분회로
③ 클램핑회로   ④ 클리퍼회로

16 컴퓨터 한 대에 2개 이상의 CPU를 설치하여 병렬처리하는 방식은?
① 멀티 프로그래밍
② 멀티 버퍼링
③ 멀티 프로세싱
④ 멀티 태스킹

17 다음 중 중앙처리장치(CPU)와 관계가 먼 것은?
① 제어장치
② 정보의 산술 및 논리 연산장치
③ 주기억장치
④ 출력장치

18 다음 중 소프트웨어 우선 순위의 폴링(Polling)에 대한 설명으로 옳지 않은 것은?
① 인터럽트 응답속도가 빠르다.
② 유연성이 있다.
③ 모든 인터럽트를 위한 공통의 서비스 프로그램을 가지고 있다.
④ 프로그램에 인터럽트가 발생하였을 경우 가장 우선 순위가 높은 소스부터 검색한다.

19 전자계산기에서 보수(Complement)를 사용하는 이유를 바르게 설명한 것은?
① 덧셈으로 인한 자리올림을 처리하기 위해서 사용한다.
② 뺄셈을 덧셈으로 처리하기 위해서 사용한다.
③ 곱셈을 덧셈으로 처리하기 위해서 사용한다.
④ 나눗셈을 뺄셈으로 처리하기 위해서 사용한다.

20 다음 중 휘발성(Volatile) 기억장치는?
① ROM   ② PROM
③ EPROM ④ RAM

21 회로의 진리표에서 틀리게 표기된 항은?

	입력 A B	출력 Y
①	0 0	0
②	0 1	1
③	1 0	1
④	1 1	1

① A=0, B=0, Y=0
② A=0, B=1, Y=1
③ A=1, B=0, Y=1
④ A=1, B=1, Y=1

22 C언어에 대한 설명으로 옳지 않은 것은?
① 이식성이 높은 언어이다.
② 시스템 소프트웨어를 작성하기에 편리하다.
③ 컴파일러에 의해 번역되어야 실행 가능하다.
④ 기계어에 해당한다.

23 다음 중 순서도의 역할이 아닌 것은?
① 프로그램 작성의 직접적인 자료가 된다.
② 업무의 내용과 프로그램을 쉽게 이해할 수 있고, 다른 사람에게 전달이 쉽다.
③ 프로그램의 정확성 여부를 판단하는 자료가 된다.
④ 개별 프로그래밍 언어에 종속되어 다르게 만들어진다.

24 다음의 운영체제 프로그램 중에서 성격이 다른 것은?
① Service Program

② Supervisor Program
③ Data Management Program
④ Job Control Program

25 파워포인트의 주요 기능이 아닌 것은?
① 계산을 여러 가지 형태로 함수를 이용하여 수행할 수 있다.
② 프레젠테이션으로 적당하다.
③ 멀티미디어 Animation 기능이 편리하다.
④ 화면 슬라이드 기능이 있다.

26 주파수가 3[kHz]인 음성이 광속도로 전파한다면 파장은 몇 [km]인가?
① 0.1[km] ② 1[km]
③ 10[km]   ④ 100[km]

27 유한길이의 고주파 선로에서 무손실 선로의 조건을 분포회로 정수로 표현한 것은? (R : 저항, L : 인덕턴스, C : 정전용량, G : 컨덕턴스)
① R=G=0   ② L=C=1
③ RC=LG   ④ RL=GC

28 다음 중 100 Base Tx에 대한 케이블 설명으로 틀린 것은?
① 카테고리 5 UTP 케이블이다.
② 전송거리는 100[m] 이내이다.
③ 전송속도는 100[Mbps] 이내이다.
④ 브로드밴드 방식에 사용된다.

29 600[Ω]의 전송선로에서 0[dBm]에 관한 설명으로 거리가 먼 것은?
① 전송로의 부하에 1[mW]의 전력을 공급한다.
② 전송로에 약 1.29[mA]의 전력을 공급한다.
③ 전원의 전압은 10[V]이다.
④ 전송로의 부하에 약 0.775[V]의 전압강하가 일어난다.

30 다음 중 PCM 통신방식의 특성과 거리가 먼 것은?
① 전송로에 의한 레벨변동이 크게 없다.
② 점유주파수 대역이 넓다.
③ 신호대 잡음비(S/N)가 양호하다.
④ 단국장치에 고급여파기가 필요하다.

31 샤논의 정리에 근거하여 전송용량을 증가시키기 위한 방법으로 틀린 것은?
① 전송대역폭을 넓힌다.
② 신호의 크기를 높인다.
③ 잡음의 크기를 줄인다.
④ 신호대잡음비를 줄인다.

32 특정한 디지털 전송시스템에서 NRZ 방식의 전송데이터율이 38.2[Mb/s]이다. 다른 조건이 같다면 RZ 방식의 전송데이터율을 계산하면 얼마인가?
① 68.4[Mb/s]   ② 38.2[Mb/s]
③ 19.1[Mb/s]   ④ 5.488[Mb/s]

33 LAN 장비에 이용되는 RJ-45 Modular Plug의 접속핀의 수는?
① 4개   ② 6개

③ 8개 ④ 10개

34 광케이블의 곡률 반경(Redius of Curvature)은 통상 외경(직경)의 몇 배 이상으로 하는가?
① 5배 ② 10배
③ 15배 ④ 20배

35 다음 중 광섬유 케이블의 특징으로 알맞지 않은 것은?
① 저손실성
② 전도성
③ 광대역성
④ 코어의 세심 경량성

36 광통신에서 가장 구조가 간단하여 보편적으로 사용하는 광변복조 방식은?
① 강도변조-직접검파
② ASK – 헤테로다인검파
③ FSK – 호모다인검파
④ AM – 포락선검파

37 다음 그림은 광섬유의 굴절률과 입사각의 관계를 나타낸 것이다. 관계식으로 옳게 나타낸 것은?

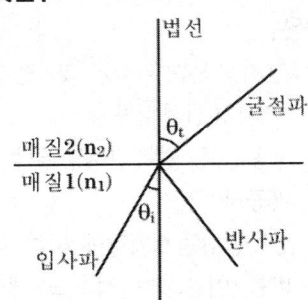

① $n_1 \cos\theta_i = n_2 \cos\theta_t$
② $n_1 \sin\theta_t = n_2 \cos\theta_i$
③ $n_1 \cos\theta_t = n_2 \sin\theta_i$
④ $n_1 \sin\theta_i = n_2 \sin\theta_t$

38 광신호 전력을 두 개 이상의 출력으로 전력을 분배하는 기능을 하는 것은?
① 광 결합기
② 파장 다중화기
③ 서큘레이터
④ 아이솔레이터

39 광가입자망에서 가입자 댁내에까지 광통신망을 연결하는 방식은?
① FTTO ② FTTB
③ FTTC ④ FTTH

40 국내 선로 시설 중 지역에 따라 사용할 수 있는 고정 배선법을 바르게 나타낸 것은?
① 단독 배선법과 인접 중복 배선법
② 단독 배선법과 중복 배선법
③ 이중 배선법과 다중 배선법
④ 이중 배선법과 혼합 배선법

41 DID(Direct Inward Dialing)란 무엇을 말하는가?
① 구내자동착신회선
② 구내자동발신회선
③ 구내단말기
④ 구내교환기

42 다음 중 지하케이블의 포설 작업 시 케이블의

비틀어짐을 방지하기 위해 사용되는 것은?
① 포설용 도관
② 케이블 인망
③ 나팔형 보호관
④ 케이블 연반철

43 다음 중 맨홀 내에 들어가 작업 시 준수해야 할 사항으로 틀린 것은?
① 가스탐지기로 가연성 또는 유독성 잔류 가스 유무를 측정한다.
② 맨홀 바닥에 물이 고여 있으면 물을 퍼낸 후 들어간다.
③ 야간작업 시는 경적(소리)장치를 반드시 설치한다.
④ 작업안내 및 위험 표지판을 설치한다.

44 전화국 A의 광 단국 장치의 광 출력은 20[dBm], 광 재생 중계기의 접속손실은 5[dBm], 광 재생 중계기의 수신감도는 −5[dBm], 광섬유케이블의 광파 손실은 0.8[dB/km], 시스템의 마진은 15[dB]일 때, 광 재생 중계기의 설치 간격은 약 얼마인가?
① 6.15[km] ② 6.25[km]
③ 6.35[km] ④ 6.45[km]

45 전송선로에 펄스 시험기로 송출한 펄스가 4[μs] 후에 수신되었다. 이 전송선로의 펄스 반사지점까지의 거리는? (단, 전파 속도는 250[m/μs])
① 200[m] ② 300[m]
③ 400[m] ④ 500[m]

46 정보통신공사의 용역업자는 해당 공사의 규모 및 공사의 종류에 적합하다고 인정되는 자로서 해당 공사 전반에 관한 감리업무를 총괄하는 자를 감리원으로 현장에 상주시키는데 총공사금액 100억원 이상 공사에 배치해야 할 감리원은?
① 기술사   ② 특급감리원
③ 고급감리원 ④ 중급감리원

47 감리원과 정보통신기술자의 위반행위에 따른 업무정지처분기준에 해당되지 않는 항목은?
① 업무정지 3월 ② 업무정지 6월
③ 업무정지 9월 ④ 업무정지 11월

48 정보통신공사업법 벌칙 규정 중 1년 이하의 징역 또는 1000만원 이하의 벌금에 해당하는 사항이 아닌 것은?
① 공사 착공 전 설계도의 기술기준 적합여부를 확인받지 않고 공사에 착공한 자
② 감리원이 아닌 자에게 감리하게 한 자
③ 다른 사람의 경력수첩을 빌려서 사용한 자
④ 기술기준에 위반하여 설계 또는 감리한 자

49 다음 중 정보통신공사의 범위에 들지 않는 것은?
① 전기통신관계법령 및 전파관계법령에 따른 통신설비공사
② 방송법 등 방송관계법령에 의한 방송설비공사
③ 정보통신관계법령에 의하여 정보통신설비를 이용하여 정보를 제어·저장 및 처리하는 정보설비공사

④ 수전설비를 포함한 정보통신전용 전기시설설비공사 등 기타 설비공사

50 정보통신공사업자는 상호, 명칭 또는 그 밖에 대통령령이 정하는 사항을 변경한 경우에는 대통령령으로 정하는 바에 따라 이를 시·도지사에게 신고하여야 한다. 다음 중 공사업의 폐업을 신고하여야 하는 사항이 아닌 것은?
① 공사업자가 파산한 경우에는 그 파산관재인
② 법인이 합병 또는 파산의 사유로 해산한 경우에는 그 청산인
③ 공사업자가 사망하였으나 상속인이 그 공사업을 상속하지 아니하는 경우에는 그 상속인
④ 영업정지처분에 위반하거나 최근 5년간 3회 이상 영업정지처분을 받은 때

51 방송통신사업자는 그 소관 방송통신사에 관하여 방송통신재난이 발생했을 경우 그 현황, 원인, 응급조치 내용을 지체 없이 누구에게 보고해야 하는가?
① 지방단체장
② 국무총리
③ 산업통상자원부장관
④ 과학기술정보통신부장관

52 다음은 무엇에 대한 정의인가?

> 유선·무선·광선 그 밖의 전자적 방식으로 부호·문자·음향 또는 영상 등의 정보를 저장·제어·처리하거나 송·수신하기 위한 기계·기구·선로 및 그 밖에 필요한 설비를 말한다.

① 정보통신설비
② 정보통신공사
③ 정보통신공사업
④ 정보통신공사업자

53 가공강전류전선의 사용전압이 특고압일 경우 가공통신선의 지지물과 가공강전류 전선 간의 이격거리는 얼마 이상인가?
(단, 35,000[V] 이하일 때)
① 30[cm]   ② 50[cm]
③ 100[cm] ④ 200[cm]

54 홈네트워크 설비인 홈게이트웨이에 관한 사항으로 적합하지 않은 것은?
① 필요한 경우 통신배관실(TPS실) 또는 방재실에 설치할 수 있다.
② 이상전원 발생 시 제품을 보호할 수 있는 기능을 내장해야 한다.
③ 동작상태 및 케이블 연결상태를 쉽게 확인할 수 있는 구조로 설치한다.
④ 세대단자함에 설치되는 경우 벽에 부착할 수 있도록 한다.

55 철도, 고속도로 횡단구간 등 특수한 구간에서 관로의 매설기준으로 지면에서 관로상단까지의 거리는 몇 m 이상이어야 하는가?
① 1[m]   ② 1.5[m]
③ 2[m]   ④ 2.5[m]

56 방송통신설비가 갖추어야 할 안전성 및 신뢰성에 관한 기준 중 건축물, 시설 등에 염분으로 인한 장해를 입을 우려가 있는 곳에 방송통신 옥외설비를 설치하는 경우 마련하여야 하는 대책은?
① 동결대책
② 다습도 대책
③ 염해대책
④ 수해대책

57 다음은 무엇에 대한 정의인가?

> 동단자함에서 층단자함까지 또는 층단자함에서 다른 층의 층단자함까지(건물 내 수직구간)를 연결하는 통신케이블

① 구내간선케이블
② 건물간선케이블
③ 층간선케이블
④ 수평배선케이블

58 다음 중 교환망의 경우 두 개의 중요통신국사 간을 연결하는 접속계통의 고장 등에 대비하여 이를 대체할 수 있는 다른 통신국사를 경유한 우회 접속계통을 마련하도록 의무화된 방송통신설비는?
① 별정통신사업설비
② 기간통신사업설비로 주파수를 할당받아 제공하는 역무설비
③ 전송망설비 및 부가통신사업설비
④ 자가통신설비

59 도로상 또는 도로로부터 전주높이의 1.2배에 상당하는 거리 내의 장소에 설치하는 전주의 안전계수는?
① 1.1
② 1.2
③ 1.5
④ 1.6

60 다음 중 통신국사 및 통신기계실 구축 시의 고려사항으로 옳지 않은 것은?
① 풍수해로부터 영향을 많이 받지 않는 곳에 구축한다.
② 강력한 전자파장해가 발생하고 있는 곳으로 선정한다.
③ 사전에 방풍, 방수 등의 대책 또는 조치를 강구한다.
④ 주변지역의 영향으로 인한 진동발생이 적은 곳이 좋다.

2018년 1회 시행 과년도출제문제

01 직류전원에 연결된 저항 R_1, R_2, R_3, R_4의 직렬회로에 전류가 흐를 때 다음의 설명 중 맞는 것은?
① 저항값이 클수록 그 저항 양단의 전압 크기가 작다.
② 저항값이 클수록 그 저항 양단의 전압 크기가 크다.
③ 저항값이 작을수록 그 저항에 흐르는 전류는 크다.
④ 저항값이 클수록 그 저항에 흐르는 전류는 크다.

02 12[V] 직류전원에 전구를 연결하였을 때 흐르는 전류가 0.2[A]이라면 전구의 저항은 얼마인가?
① 60[Ω] ② 48[Ω]
③ 24[Ω] ④ 12.2[Ω]

03 보통 가정에서 사용하는 상용전원은 AC 220[V], 60[Hz]이다. 이 전압의 최댓값은?
① 약 141[V] ② 약 282[V]
③ 약 311[V] ④ 약 156[V]

04 교류전류가 2[A]인 R, L 직렬회로에서 R이 10[Ω]이고, X_L이 10[Ω]일 때, R-L회로 양단에 인가된 전압이 크기는 얼마인가?
① 14.14[V] ② 20[V]
③ 28.28[V] ④ 40[V]

05 코일을 지나는 자속이 시간에 따라 변화할 때 유도 기전력은 자속의 증감을 방해하는 방향으로 발생하게 되는 법칙은?
① 플레밍(Fleming)의 왼손법칙
② 앙페르(Ampere)의 법칙
③ 플레밍(Fleming)의 오른손법칙
④ 렌츠(Lenz)의 법칙

06 트랜지스터에 정상적으로 바이어스를 가하게 되면 이미터에 어떤 현상이 일어나는가?
① 이미터는 다수 캐리어를 베이스 영역으로 주입시킨다.
② 이미터는 접합의 저항이 높아진다.
③ 이미터의 저항이 낮아진다.
④ 이미터는 베이스에 대하여 항상 양(+) 바이어스이다.

07 다음 중 콘덴서 입력형 평활회로에 대한 설명으로 틀린 것은?
① 용량 C가 클수록 정류기에 흐르는 전류의 크기가 증가한다.
② 용량 C가 클수록, 정류소자에 흐르는 전류의 기간이 짧을수록 전류의 크기는 감소한다.
③ 용량 C가 클수록 출력전압의 맥동률은 작아진다.
④ 정류기(다이오드)에 흐르는 전류는 펄스형이다.

08 전압증폭도 A가 5이고 궤환계수 β 가 0.1인 궤환증폭회로의 전압증폭도는 얼마인가? (단, A는 궤환이 없을 때의 전압증폭도임)
① 1 ② 5
③ 10 ④ 15

09 임의의 증폭회로에 0.1[mW]를 공급했을 때 출력으로 100[mW]를 얻었다면 이때의 증폭기 이득(gain)은 얼마인가?
① 10[dB] ② 20[dB]
③ 30[dB] ④ 40[dB]

10 아래 그림과 같은 트랜지스터 회로는 어떤 바이어스 회로인가?

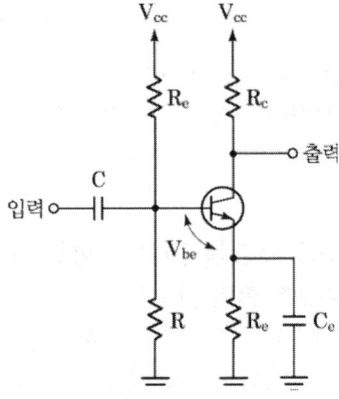

① 고정 바이어스
② 전류궤환 바이어스
③ 전압궤환 바이어스
④ 혼합 바이어스

11 PLL 회로에서 위상 검출기에 검출된 주파수의 합과 차가 각각 18[kHz]와 2[kHz]일 때, 입력주파수 f_i와 VCO 주파수 f_o는?
① f_i=8[kHz], f_o=12[kHz]
② f_i=10[kHz], f_o=8[kHz]
③ f_i=9[kHz], f_o=11[kHz]
④ f_i=12[kHz], f_o=10[kHz]

12 다음과 같은 이상형 병렬 R형 발진기의 발진주파수는?

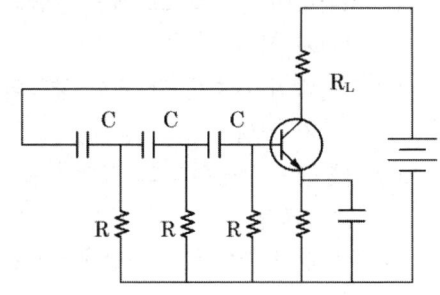

① $f = \dfrac{1}{2\pi\sqrt{6}RC}$ ② $f = \dfrac{\sqrt{6}}{2\pi RC}$
③ $f = \dfrac{\sqrt{6}}{2\pi\sqrt{RC}}$ ④ $f = \dfrac{1}{2\pi RC}$

13 다음 중 신호의 레벨에 따라 펄스 폭을 변화시키는 변조방식은?
① PAM ② PPM
③ PWM ④ PFM

14 다음 중에서 변조에 대한 개념을 설명하는 것은?
① 통신하고자 하는 저주파 신호를 고주파인 반송파에 포함시키는 것
② 변조된 반송파에서 원래의 신호파를 재생하는 것
③ 저주파의 교류 파형을 만들어 내는 것
④ 한 개의 전송로를 통해 여러 개의 신호를 동시에 보내는 것

15 펄스의 주파수가 1[Hz]이고, 펄스 폭이 0.5[sec]일 때 듀티 사이클비(D)는?
① 0.5 ② 1
③ 1.5 ④ 2

16 컴퓨터의 기능 중 프로그램을 해독하고 필요한 장치에 보내어 검사, 통제 역할을 하는 기능은?
① 연산기능 ② 기억기능
③ 제어기능 ④ 출력기능

17 데이터의 입출력 전송이 중앙처리장치(CPU) 레지스터를 거치지 않고 직접 메모리장치와 입출력장치 사이에 이루어지는 입출력 제어 방식은?
① DMA(Direct Memory Access) 방식
② 중앙처리장치 제어 방식
③ 셀렉터 채널 제어 방식
④ 멀티 플렉서 제어 방식

18 명령어의 연산자 코드가 4비트, 오퍼랜드(Operand)가 5비트일 때, 이 명령어로 몇 가지 연산을 수행할 수 있는가?
① 4   ② 16
③ 20 ④ 32

19 2진수 1100을 2의 보수(2's complement) 방식으로 표현한 것은?
① 0011 ② 1111
③ 0100 ④ 1101

20 논리식 $A \cdot (\overline{A} + \overline{B} + \overline{C})$를 간략히 표현한 것은?
① $A \cdot B \cdot C$ ② $A \cdot \overline{B} \cdot \overline{C}$
③ $A \cdot B \cdot \overline{C}$ ④ $A \cdot (B+C)$

21 T(Toggle)형 플립플롭 2개를 종속 연결하여 만든 비동기형 4진 계수기로 계수할 수 있는 가장 큰 수는?
① 6 ② 5
③ 4 ④ 3

22 다음 중 "컴퓨터에서 처리되는 산술/논리 연산을 처리하기 위한 명령어나 데이터 집단"을 의미하는 용어로 가장 알맞은 것은?
① 바인딩   ② 디버깅
③ 프로그램 ④ 프로세스

23 프로그램 개발 과정에서 컴퓨터 프로그램이나 하드웨어장치에서 논리적 오류를 발견하고 수정하는 작업은?
① 로딩(Loading)
② 링킹(Linking)
③ 디버깅(Debugging)
④ 컴파일(Compile)

24 다음 중 엑셀 프로그램에서 "=SUM(A:G)"의 함수가 갖는 의미는?
① A셀부터 G셀까지의 숫자를 더한다.
② A셀과 G셀의 숫자만을 더한다.
③ B셀부터 F셀까지의 숫자를 더한다.
④ B셀과 F셀의 숫자만을 더한다.

25 여러 개의 CPU를 가지고 구성되어 있는 운영체제를 의미하는 것은?
① Multi Programming
② Multi Processing
③ Multi Tasking
④ Multi Accessing

26 다음 중 아날로그 변조 신호의 종류가 아닌 것은?
① 진폭변조 ② 주파수변조
③ 위상변조 ④ 펄스부호변조

27 다음 중 4선식 전송회선의 특징으로 옳은 것은?
① 반이중 방식으로 운용
② 왕복전송로가 동일
③ 사용주파수가 동일
④ 방향여파기가 필요

28 다음 중 펄스 변조 방식이 디지털인 것은?
① 펄스진폭변조 ② 펄스폭변조
③ 펄스수변조 ④ 펄스위상변조

29 수백[Gbps] 이상의 정보를 전송하는 데 필요한 WDM 광전송시스템에서 여러 개의 입력광원을 하나의 광섬유로 묶어서 전송하는 파장다중화를 위한 광소자는 무엇인가?
① AWG ② Splitter
③ Circulator ④ Isolator

30 다음 중 전송부호의 요구 조건으로 적합하지 않은 것은?
① 신호에 직류성분이 있는 부호
② 주파수 대역을 감소시킬 수 있는 부호
③ 에러 검출 및 정정이 용이한 부호
④ 동기화가 용이한 부호

31 T1회선과 E1회선의 전송 속도로 알맞은 것은?
① T1 : 1.544[Mbps], E1 : 2.048[Mbps]
② T1 : 3.488[Mbps], E1 : 5.422[Mbps]
③ T1 : 51.84[Mbps], E1 : 44.736[Mbps]
④ T1 : 155.520[Mbps], E1 : 622.080[Mbps]

32 다음 중 동축케이블의 일반적인 특징으로 옳지 않은 것은?
① 고속의 데이터 전송이 가능하고 누화가 적다.
② 케이블 간의 혼선이 적다.
③ 주파수 대역폭이 좁다.
④ 전화선보다 신호의 감쇠가 적다.

33 동축케이블의 주파수(f)에 대한 감쇠 특성은?
① f에 비례한다.
② $\sqrt{f}$에 비례한다.
③ $\frac{1}{\sqrt{f}}$에 비례한다.
④ $\frac{1}{f}$에 비례한다.

34 10 Base 2에 대한 설명으로 적합한 것은?
① 전송속도는 10[Mbps]이다.
② 비차폐(UTP) 케이블이다.
③ 최대 세그먼트 거리는 500[m]이다.

④ RJ-45 커넥터를 사용한다.

35 다음 광섬유 중에서 1,550[nm] 파장에서 분산이 '0'인 광섬유는 무엇인가?
① 표준 단일모드광섬유(SMF)
② 분산천이광섬유(DSF)
③ 분산평탄광섬유(DFF)
④ 편광분산광섬유(PMF)

36 광케이블을 가정의 정보통신기기까지 연결하여 초고속통신에 이용되는 광가입자망은?
① ISDN   ② VDSL
③ WiBro ④ FTTH

37 광케이블의 심선번호는 피복이나 심선의 색깔로 번호를 구분한다. 다음 중 심선번호 세 번째(3번)에 해당되는 색깔은?
① 갈색   ② 등색
③ 녹색   ④ 청색

38 광케이블 접속방식 중 브이 그루브(V-groove) 내 홈에 외피를 벗긴 두 광섬유를 인입하여 축을 맞춘 후 고정하여 접속하는 방법은?
① 융착접속   ② 기계식 접속
③ 커넥터 접속 ④ 외피접속

39 다중모드 광섬유와 비교할 때 단일모드 광섬유의 특징이 아닌 것은?
① 광원과의 결합효율이 높다.
② 광섬유를 제조하기 어렵다.
③ 대역폭이 넓다.
④ 장거리 대용량 및 장파장 시스템용으로 많이 사용된다.

40 국내 선로시설의 케이블은 동선 위에 무엇을 절연한 것인가?
① 구리   ② 게르마늄
③ 실리콘 ④ PVC

41 다음 중 CATV용 동축케이블의 특성 임피던스는?
① 30[Ω]   ② 75[Ω]
③ 90[Ω]   ④ 135[Ω]

42 다음 중 내면이 매끈해서 케이블의 인입 포설 작업이 가장 용이한 관은?
① 흄관   ② 경질 PVC관
③ 콘크리트관 ④ 철관 및 강관

43 선로용 맨홀로 사용하지 않는 것은?
① 분기 L형   ② 분기 T형
③ 분기 +형   ④ 분기 V형

44 다음 중 광케이블 측정과 관련된 장비가 아닌 것은?
① OTDR   ② 안정화 광원
③ 오실로스코프 ④ 광력계

45 광섬유 케이블에서 코어의 굴절률 $n_1=20$이고, 클래드의 굴절률 $n_2=19$일 때, 비 굴절률의 차는?
① 0[%]   ② 1[%]
③ 5[%]   ④ 5.2[%]

46 과학기술정보통신부장관은 방송통신기술의 진흥을 통한 방송통신서비스 발전을 위하여 여러 가지 시책을 수립·시행하여야 한다. 다음 중 해당사항이 없는 것은?
① 방송통신과 관련된 기술수준의 조사, 기술의 연구개발, 개발기술의 평가 및 활용에 관한 사항
② 방송통신 기술협력, 기술지도 및 기술이전에 관한 사항
③ 방송통신기술의 표준화 및 새로운 방송통신기술의 도입 등에 관한 사항
④ 방송통신 기술정보의 통제를 위한 사항

47 정보통신공사업법에 의한 설계도서에 해당되지 않는 것은?
① 기술용역서 ② 설계도면
③ 시방서   ④ 공사비명세서

48 다음 용어의 정의에 해당하는 것은?

전기통신설비를 이용하여 타인의 통신을 매개하거나 전기통신설비를 타인의 통신용으로 제공하는 것

① 수급인   ② 전기통신
③ 전기통신사업 ④ 전기통신역무

49 우리나라의 방송통신에 관한 기본계획의 수립은 누가하는가?
① 방송국
② 국무총리
③ 방송통신사업자
④ 과학기술정보통신부장관과 방송통신위원회

50 정보통신공사를 설계한 용역업자는 작성한 실시설계도서를 얼마 동안 보관하여야 하는가?
① 해당 공사가 발주된 후 5년간
② 해당 공사가 준공된 후 5년간
③ 해당 공사가 완공된 후 10년간
④ 해당 공사가 착공된 후 10년간

51 다음 중 1년 이내의 기간을 정하여 정보통신공사업에 종사하는 정보통신 기술자의 업무정지를 명할 수 있는 경우가 아닌 것은?
① 국가기술자격이 취소된 경우
② 동시에 2개 이상의 공사업체에 종사한 경우
③ 다른 사람에게 자기의 성명을 사용하여 용역을 수행한 경우
④ 다른 사람에게 경력수첩을 대여한 경우

52 정보통신공사업을 양도(공사업자인 법인이 분할 또는 분할합병되어 설립되거나 존속하는 법인에게 공사업을 양도하는 경우를 포함)하고자 하는 경우 누구에게 신고하여야 하는가?
① 시·도지사   ② 방송통신위원회
③ 국무총리   ④ 대통령

53 다음은 가공통신선의 높이에 대한 설명이다. 괄호 안에 들어갈 알맞은 것은?

도로상에 설치된 경우에는 노면으로부터 (①)으로 한다. 다만, 교통에 지장을 줄 우려가 없고 시공상 불가피할 경우 보도와 차도의 구별이 있는 도로의 보도상에는 (②)으로 한다.

① 4.5[m] 이상, 3[m] 이상
② 4.5[m] 이상, 4.5[m] 이상
③ 3[m] 이상, 3[m] 이상
④ 3[m] 이상, 4.5[m] 이상

54 세대 내의 홈네트워크 시스템을 제어할 수 있는 기기를 무엇이라 하는가?
① 게이트웨이 ② 월패드
③ 감지기 ④ 제어검침기

55 풍속이 40[m/s]일 때 원통주에 적용되는 시설물의 수직투영면적 1[m^2]에 대한 풍압은 얼마인가?
① 70[kg] ② 80[kg]
③ 90[kg] ④ 100[kg]

56 옥내통신선은 300[V]를 초과하는 전선과는 얼마 이상으로 이격하여야 하는가?
① 5[cm] ② 8[cm]
③ 12[cm] ④ 15[cm]

57 가공통신선의 지지물에는 취급자가 오르내리는 데 사용하는 발디딤쇠 등을 지표상으로부터 몇 [m] 이상의 높이에 부착하여야 하는가?
① 0.8[cm] 이상 ② 1.8[cm] 이상
③ 2.0[cm] 이상 ④ 2.8[cm] 이상

58 가공통신선은 특고압 가공강전류전선과 동일의 지지물에 설치하여서는 아니 된다. 다만, 조건을 만족할 경우에는 예외가 될 수 있는데 해당사항이 아닌 것은?

① 가공강전류전선의 사용전압이 35,000[V] 이하일 것
② 가공강전류전선은 케이블 또는 단면적이 55[mm^2]의 경동연선이나 이와 동등 이상의 강도를 가진 연선을 사용할 것
③ 가공강전류전선 아래에 별도의 와철류에 설치할 것
④ 가공통신선과 가공강전류전선과의 이격거리는 6[m] 이상으로 할 것

59 다음 중 옥내에 설치하는 통신선용 케이블로 적당하지 않은 것은?
① 광섬유케이블 ② RGB케이블
③ 꼬임케이블 ④ 동축케이블

60 세대 내의 전력, 가스, 난방, 온수, 수도 등의 사용량 정보를 네트워크 등을 통해 사용자에게 알려주는 시스템을 무엇이라 하는가?
① 네트워크알림시스템
② 네트워크감지시스템
③ 원격정보시스템
④ 원격검침시스템

2018년 2회 시행 과년도출제문제

01 220[V]용 100[W]의 전구를 220[V], 60[Hz] 전원에 연결하여 30분간 사용하였다면 소모 전력은 얼마인가?
① 220[Wh] ② 100[Wh]
③ 50[Wh]   ④ 22[Wh]

02 2[V] 전지 20개가 있다. 최대 전압을 얻을 수 있는 접속방법은 어느 것인가?
① 2개씩 병렬 접속하여 각각의 쌍을 직렬 접속한다.
② 20개를 직렬 접속한다.
③ 20개를 병렬 접속한다.
④ 10개씩 병렬 접속하여 각각을 직렬 접속한다.

03 220[V], 50[Hz]인 교류전원에 100[mH]인 코일을 부하로 연결하였을 경우, 이 부하의 리액턴스 값은 약 얼마인가?
① 31.4[Ω] ② 66.2[Ω]
③ 100[Ω]   ④ 220[Ω]

04 220[V], 60[Hz]의 사인파 교류전원에 L과 C를 병렬로 접속한 회로에서, $X_L=20[\Omega]$이고 $X_C=22[\Omega]$이면 L에 흐르는 전류의 크기는 얼마인가?
① 1[A]   ② 10[A]
③ 11[A] ④ 21[A]

05 다음 중 자석의 자기현상에 대한 설명으로 틀린 것은?
① 철심이 있으면 자속 발생이 어렵다.
② 자력선은 N극에서 나와서 S극으로 들어간다.
③ 서로 다른 극 사이에는 흡인력이 작용한다.
④ 자력은 거리의 제곱에 반비례한다.

06 다음 중 FET 설명으로 틀린 것은?
① MOS형은 입력 저항이 높고 입력 전압에 의한 제어 작용으로 증폭한다.
② MOS형과 접합형의 2가지가 실용되고 있다.
③ 소수 캐리어에 의해 증폭 작용을 한다.
④ 주파수 한계가 높아서 마이크로파가 사용 가능하다.

07 정류회로의 직류 전압이 400[V]이고 리플 전압이 4[V]일 때, 회로의 리플률은 얼마인가?
① 1[%] ② 2[%]
③ 3[%] ④ 5[%]

08 단상 전파 정류회로의 이론상 최대 정류 효율은 얼마인가?
① 40.6[%] ② 48.2[%]
③ 60.3[%] ④ 81.2[%]

09 다음 중 연산증폭기에 대한 설명으로 틀린 것은?
① 차동증폭기가 주축을 이룬다.
② IC화된 연산증폭기는 고신뢰도, 고안정

도, 회로의 소형화 등 장점이 있다.
③ 이상적인 연산증폭기의 경우 입력저항은 0, 출력저항은 ∞, 대역폭은 ∞를 갖는다.
④ 가상접지는 전압증폭도를 구하는 데 필요하다.

10 연산증폭기의 두 입력전류 I_{B1}, I_{B2}가 각각 5[A]라고 할 때, 입력 바이어스(Bias) 전류 값은? (단, 출력전압 V_o는 0[V]임)
① 0[A]　　　② 5[A]
③ 10[A]　　④ 25[A]

11 다음과 같은 발진회로에서 발진이 일어나기 위한 조건은?

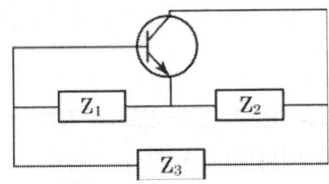

① Z_1 : 유도성, Z_2 : 유도성, Z_3 : 유도성
② Z_1 : 용량성, Z_2 : 용량성, Z_3 : 유도성
③ Z_1 : 용량성, Z_2 : 유도성, Z_3 : 용량성
④ Z_1 : 용량성, Z_2 : 유도성, Z_3 : 유도성

12 발진회로에서 발진 주파수가 변동하는 원인과 관계가 적은 것은?
① 부하의 변동
② 주위온도의 변화
③ 기생 진동
④ 전원 전압의 변동

13 다음 중 펄스 변조방식은?
① PAM　　　② ASK
③ FSK　　　④ PSK

14 진폭변조에 대한 설명으로 옳은 것은?
① 신호파에 따라 반송파의 진폭을 변화시키는 방법
② 신호파에 따라 반송파의 주파수를 변화시키는 방법
③ 진폭은 일정하고 반송파의 위상을 변화시키는 방법
④ 진폭은 일정하고 반송파의 주파수를 변화시키는 방법

15 RS형 플립플롭에서 R=S=1인 경우 발생하는 불확정한 상태를 방지하기 위하여 Q를 R로 $\overline{Q}$를 S로 되먹임시켜 불확실한 상태가 없도록 한 플립플롭 회로는?
① D형 플립플롭
② T형 플립플롭
③ JK형 플립플롭
④ 마스터-슬레이브형 RS플립플롭

16 컴퓨터의 기능 중 다른 장치를 총괄 조작하는 기능은?
① 입력기능　　② 기억기능
③ 연산기능　　④ 제어기능

17 다음 중 1번지 명령어가 아닌 것은?
① LOAD B　　② ADD C
③ PUSH B　　④ STORE Z

18 다음 중 기억장치의 특성을 결정하는 요소

가 아닌 것은?
① 최대 시간(Max Time)
② 액세스 시간(Access Time)
③ 사이클 시간(Cycle Time)
④ 대역폭(Bandwidth)

19 다음 보기에 제시된 자료의 구성 단위 중에서 가장 큰 것은?
① 비트(Bit)　② 바이트(Byte)
③ 문자(Character)　④ 워드(Word)

20 다음 카르노 맵(Karnaugh Map)을 불 대수를 이용하여 간소화했을 때 결과 값은?

C\AB	00	01	11	10
0	0	0	1	1
1	0	0	1	1

① A+B　② A+C
③ A　④ B

21 T(Toggle)형 플립플롭과 입력되는 구형파가 다음과 같은 경우 출력 Y의 형태는? (단, T형 플립플롭은 입력신호가 높은 상태에서 낮은 상태로 바뀔 때 응답하는 것으로 가정한다.)

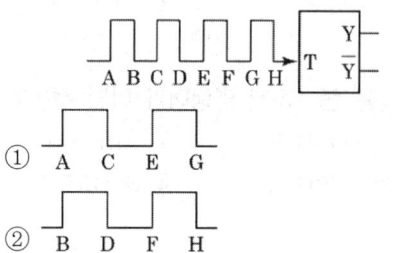

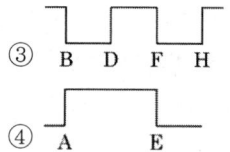

22 다음 중 하나 이상의 유사한 객체들을 묶어 놓은 변수의 집합체는 무엇인가?
① 클래스　② 추상화
③ 메시지　④ 객체지향

23 다음 중 기계어에 대한 설명으로 거리가 먼 것은?
① 프로그램의 유지보수가 용이하다.
② 호환성이 없고 기계마다 언어가 다르다.
③ 프로그램의 실행속도가 빠르다.
④ 2진수를 사용하여 데이터를 표현한다.

24 다음 중 파워 포인트의 기능이 아닌 것은?
① 애니메이션 기능이 없다.
② 멀티미디어 자료를 삽입할 수 있다.
③ 자동으로 슬라이드를 넘길 수 있다.
④ 폰트의 크기 조절이 가능하다.

25 다음 중 자료 작성을 위한 소프트웨어 패키지로 만들어진 파일의 확장자 종류가 아닌 것은?
① .doc　② .hwp
③ .ppt　④ .tiff

26 균일한 전송선로에서 파장이 2[km]인 경우 위상정수는 얼마인가?
① 0.2π[rad/km]　② 0.5π[rad/km]

③ 1π[rad/km] ④ 2π[rad/km]

27 다음 중 통신선로의 임피던스를 정합시키는 이유는?
① 송신기에 반사파를 최대로 공급하기 위하여
② 전압정재파비를 0으로 하기 위하여
③ 반사계수를 1로 하기 위하여
④ 반사파가 발생하지 않도록 하기 위하여

28 다음 중 채널의 전송용량을 증가시키는 방법이 아닌 것은?
① 잡음세력(전력)을 작게 한다.
② 신호세력(전력)을 작게 한다.
③ 대역폭을 넓게 한다.
④ 신호 대 잡음비를 크게 한다.

29 다음의 그림과 같이 전송로의 임피던스가 각각 300[Ω], 75[Ω]인 전송로를 접속하였을 때 전압 반사계수는?

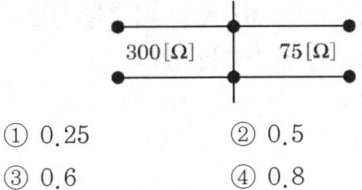

① 0.25 ② 0.5
③ 0.6   ④ 0.8

30 PCM 통신방식에서 Analog 신호를 Digital 신호로 변환하는 3단계 과정이 아닌 것은?
① 표본화(Sampling)
② 부호화(Encoding)
③ 비선형화(Nonlinear)
④ 양자화(Quantizing)

31 다음 중 펄스부호화의 장점이 아닌 것은?
① 잡음에 강하다.
② 논리회로 집적화에 강하다.
③ 시분할다중화를 적용하여 분기와 삽입이 쉽다.
④ 양자화 잡음이 없다.

32 데이터 비트가 1일 때만 차례로 펄스가 (+)전압과 (-)전압을 교대로 적용하고 데이터 비트가 0일 때는 0전위를 유지하는 전송방식은?
① RZ 방식   ② CMI 방식
③ NRZ 방식 ④ AMI 방식

33 다음 중 진폭변조 방식이 아닌 것은?
① DSB-LC ② FSK
③ SSB   ④ VSB

34 UTP Cable에서 전화신호용으로 이용되는 청색 심선 Pair(첫 번째 Pair#1)는 RJ-45 Modular Plug/Jack의 몇 번 핀과 몇 번 핀에 연결 접속되는가?
① 1번과 2번 ② 4번과 5번
③ 3번과 6번 ④ 7번과 8번

35 25회선 F/S 케이블의 심선번호가 틀린 것은?
① 8번 : 적(L1), 녹(L2)
② 12번 : 흑(L1), 등(L2)
③ 16번 : 황(L1), 청(L2)
④ 23번 : 자(L1), 갈(L2)

36 광섬유 전파모드에 의한 광섬유 케이블의 종류에 해당하지 않는 것은?
① 계단형 다중모드 광섬유(SI형 MMF)
② 언덕형 다중모드 광섬유(GI형 MMF)
③ 계단형 단일모드 광섬유(SI형 SMF)
④ 언덕형 단일모드 광섬유(GI형 SMF)

37 광케이블의 상태를 실시간으로 측정하는 OTDR(Optical Time Domain Reflectometer) 장비의 원리로 사용하는 산란기법은?
① Rayleigh 산란 ② Mie 산란
③ Brillouin 산란 ④ Raman 산란

38 다음 중 다중모드 광섬유에서만 발생하는 분산은 어느 것인가?
① 색 분산   ② 재료 분산
③ 구조 분산 ④ 모드 분산

39 다음 중 광통신시스템에서 SDH(동기식 다중화 계위)에 대한 설명으로 틀린 것은?
① 동기식 다중화 방식으로 비동기식 대비 효율적 구성이 가능하다.
② 통신망의 유연성을 제공한다.
③ 단일의 전기통신망 구축이 가능하다.
④ 나라마다 각 계층 레벨의 전송속도가 다르다.

40 광케이블을 접속할 때 광섬유를 아크(Arc) 방전으로 녹여 접속하는 방식은?
① 적외선접속   ② 융착접속
③ 기계식 접속 ④ 커넥터 접속

41 해저 통신은 일반적으로 강전류 전선으로부터 몇 [m] 이내의 거리에 접근하여 설치해서는 안 되는가? (단, 인체 또는 물건에 대한 위해 방지설비를 하는 경우는 제외)
① 500[m]   ② 600[m]
③ 700[m]   ④ 800[m]

42 다음 중 지하선로의 매설방법이 아닌 것은?
① 직매식   ② 관로식
③ 통신구식   ④ 통신 선로식

43 CATV의 선로시설 용어 정의 중, 다음은 무엇에 관한 설명인가?

> 종합유선방송국시설과 전송선로시설, 전송선로시설과 구내전송시설 간의 접속점을 말한다.

① 분계점   ② 분배센터
③ 초간선   ④ 인입단자

44 전송선로의 송단측 전류가 100[mA]이고 수단측 전류가 1[mA]일 때 전송선로의 통화감쇠량은 몇 [dB]인가?
① 10   ② 20
③ 30   ④ 40

45 다음 중 통신선로 전력유도 방지책으로 틀린 것은?
① 양 선로의 상호 거리를 멀리한다.
② 양 선로를 최대한 평행하게 한다.
③ 금속 차폐된 선로를 사용한다.
④ 대지평형도를 개선한다.

46 광케이블 접속 후 측정법에 관한 설명으로 틀린 것은?
① OTDR의 접속 손실은 상부측, 하부측 양방향으로 측정하여 평균치로 구한다.
② 접속손실 측정 시 단차 현상이 발생한다.
③ 접속손실 측정은 컷백법을 이용하여 측정한다.
④ 총 손실 측정은 입력광과 출력광의 상대 레벨 값으로 표시한다.

47 방송통신기술과 진흥을 통한 방송통신서비스 발전을 위한 시책이 아닌 것은?
① 방송통신 기술협력, 기술지도
② 방송통신사업자의 영업이익 분석
③ 방송통신과 관련된 기술수준의 조사, 기술의 연구개발
④ 방송통신기술의 표준화 및 새로운 방송통신기술의 도입

48 다음 중 정보통신공사업법에서 정하는 정보통신공사에 해당되지 않는 것은?
① 전기통신관계법령 및 전파관계법령에 따른 통신설비공사
② 방송법 등 방송관계법령에 따른 방송설비공사
③ 정보통신관계법령에 따라 정보통신설비를 이용하여 정보를 제어·저장 및 처리하는 정보설비공사
④ 수전설비를 포함한 정보통신전용 전기시설설비공사 등 기타 설비공사

49 정보통신공사업법에 따라 정보통신공사 감리원은 무엇에 적합하도록 공사를 감리하여야 하는가?
① 품질기준 및 안전기준
② 시험기준 및 설계기준
③ 공사시방서 및 내역서
④ 설계도서 및 관련규정

50 다음 중 전기통신사업법에서 정하는 전기통신사업의 정의로 알맞은 것은?
① 전기통신설비를 제조하는 사업
② 전기통신업무를 대행하는 사업
③ 전기통신공사를 수행하는 사업
④ 전기통신역무를 제공하는 사업

51 다음 중 과학기술정보통신부장관이 기간통신사업자 허가를 함에 있어서 심사기준에 해당하지 않는 것은?
① 기간통신역무 제공계획의 이행에 필요한 재정적 능력
② 기간통신역무 제공계획의 이행에 필요한 기술적 능력
③ 이용자보호계획의 적정성
④ 업무수행에 필요한 건물시설 및 가입자수

52 개인정보를 보호하기 위하여 필요할 경우 전기통신사업자의 번호안내 서비스 제공을 제한할 수 있는 자는?
① 국립전파연구원장
② 산업통상자원부장관
③ 전기통신사업자
④ 과학기술정보통신부장관

53 다음은 무엇에 대한 용어의 정의인가?

> 구내간선케이블 및 건물간선케이블을 종단하여 상호 연결하는 통신용 분배함

① 국선단자함   ② 동단자함
③ 층단자함   ④ 세대단자함

54 다음 중 가공통신선 지지물의 등주방지에서 예외 규정이라고 볼 수 없는 것은?
① 발디딤쇠 등이 지지물의 내부로 들어가는 구조인 경우
② 지지물 주위에 취급자 이외의 자가 들어갈 수 없도록 시설하는 경우
③ 지지물을 사람이 쉽게 접근할 수 없는 장소에 설치한 경우
④ 발디딤쇠는 지표상으로부터 높이와 관계없이 설치한 경우

55 다음 중 통신공동구의 설치 기준으로 틀린 것은?
① 통신공동구는 통신케이블의 수용에 필요한 공간과 통신케이블의 설치 및 유지·보수 등의 작업 시 필요한 공간을 충분히 확보할 수 있는 구조로 설계하여야 한다.
② 통신공동구를 설치하는 때에는 조명·배수·소방·환기 및 접지시설 등 통신케이블의 유지·관리에 필요한 부대설비를 설치하여야 한다.
③ 통신공동구와 관로가 접속되는 지점에는 통신케이블의 분기를 위한 분기구를 설치하여야 한다.
④ 한 지점에서 여러 개의 관로로 분기될 경우에는 작업공간 없이 일정거리 이하의 간격을 유지하여야 한다.

56 국선의 인입배관은 국선의 수용 및 교체, 증설이 용이하게 시공될 수 있는 구조로 배관의 내경은 선로 외경(다조인 경우에는 그 전체의 외경)의 몇 배 이상이 되어야 하는가?
① 1   ② 2
③ 4   ④ 10

57 접지공사시 접지 저항값이 10[Ω] 이하인 경우 접지선의 최소 규격으로 적합한 것은?
① 직경 1.6[mm]
② 직경 2.6[mm]
③ 직경 3.6[mm]
④ 직경 5.6[mm]

58 아래 회로도는 방송통신설비 보호기의 기본 회로이다. L1-T1, L2-T2 간에 직류 150[mA]를 몇 시간 인가할 때 과전류 제한소자 C1, C2가 동작하지 않아야 하는가? (단, A는 과전압 방전소자이다.)

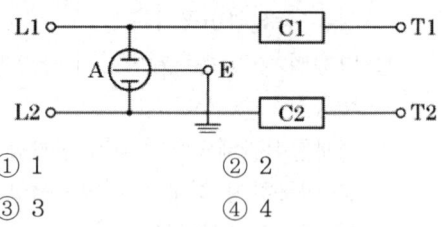

① 1   ② 2
③ 3   ④ 4

59 동단자함에서 층단자함까지 또는 건물 내 수직 구간인 층단자함에서 다른 층의 층단자함까지를 연결하는 통신케이블을 무엇이라 하는가?

① 구내간선케이블
② 건물간선케이블
③ 층간간선케이블
④ 세대간선케이블

60 다음 중 세대단자함의 크기로 가장 적합한 것은?

① 500[mm]×500[mm]×70[mm](깊이)
② 500[mm]×400[mm]×80[mm](깊이)
③ 700[mm]×500[mm]×90[mm](깊이)
④ 700[mm]×400[mm]×100[mm](깊이)

2018년 4회 시행 과년도출제문제

01 전력 P를 나타낸 것으로 잘못된 것은?
① $P=I^2R$
② $P=IV$
③ $P=R^2V$
④ $P=V^2/R$

02 연축전지 내부의 전해액이 부족할 때의 조치방법으로 적절한 것은?
① 축전지를 냉각시킨다.
② 과충전한다.
③ 완전 방전시킨다.
④ 증류수를 보충한다.

03 순시 전압(V)은 $220\sin(400\pi t+30°)$일 때 주파수는 얼마인가?
① 400[Hz]
② 220[Hz]
③ 200[Hz]
④ 30[Hz]

04 금속의 열전자 방출에 대한 설명으로 틀린 것은?
① 전자 방출은 금속의 종류에 따라 달라진다.
② 전기장의 영향에 따라 전자 방출량이 달라진다.
③ 금속의 표면상태에 따라 달라진다.
④ 일 함수가 큰 재료는 저온에서도 전자 방출이 크다.

05 집적회로(IC)의 장점이 아닌 것은?
① 대량 생산이 가능하며, 제조 단가가 저렴하다.
② 크기가 작고 가볍다.
③ 기능이 향상되고 신뢰도가 낮다.
④ 동일한 회로가 대규모로 반복되는 디지털회로에 적합하다.

06 콘덴서 필터의 평활회로에서 $R_L=10[k\Omega]$이고, $C=0.0047[\mu F]$일 때, 시정수(τ)는 얼마인가?
① $37.5\times10^{-6}[sec]$
② $47\times10^{-6}[sec]$
③ $57.5\times10^{-6}[sec]$
④ $67\times10^{-6}[sec]$

07 트랜지스터에서 입력 전압의 과대, 동작점의 부적당에 의해 동작 범위가 특성 곡선의 비직선 부분을 포함함으로써 발생하는 일그러짐은 무엇인가?
① 주파수 일그러짐
② 위상 일그러짐
③ 진폭 일그러짐
④ 혼합 일그러짐

08 트랜지스터 증폭회로의 설명으로 틀린 것은?
① 증폭도는 출력신호에 대한 입력신호의 비로 [dB]로 표시하며, 이를 대수화한 것이 이득이다.
② 증폭기의 특성에 맞는 적절한 압력을 가하는 것을 바이어스(Bias)라 한다.
③ 이상적인 증폭기의 입력임피던스는 0이고 출력임피던스는 무한대(∞)이다.
④ 트랜지스터의 특성영역 중 활성영역에서 정상적으로 증폭작용을 한다.

09 A급 전력증폭기의 특징이 아닌 것은?
① 회로가 비교적 간단하다.
② 수[W] 이하의 소전력 증폭기에 사용된다.
③ 출력파형이 일그러지는 크로스오버 왜곡이 발생한다.
④ 온도의 영향을 작게 받는다.

10 증폭기의 증폭도를 A라 하고, 궤환율을 β라 할 때, 궤환 발진기의 바크하우젠의 발진 조건을 나타내는 식은?
① $A\beta = 0$　　② $A\beta = 1$
③ $A\beta \leq 1$　　④ $A\beta \geq 1$

11 발진주파수의 변동 원인과 대책으로 잘못된 것은?
① 주위온도의 변화 : 온도계수가 작은 부품을 사용한다.
② 부하의 변동 : 완충증폭기를 이용한다.
③ 전원 전압의 변동 : 정전압회로를 사용한다.
④ 전계강도 변동 : 전자파를 차폐한다.

12 펄스 진폭변조(PAM)된 신호를 복조할 때 사용되는 회로는?
① 미분회로　　② 적분회로
③ 가산회로　　④ 감산회로

13 변조되기 전의 반송파 크기가 100[V]이고, 변조된 신호의 최대 크기가 180[V]이면 변조지수 m은 얼마인가?
① 1　　② 1.2
③ 0.8　　④ 2

14 펄스파형 중 상승시간(Rise Time)의 정의 중 올바른 것은?
① 진폭전압(V)의 0[%]에서 90[%]까지 상승하는 데 걸리는 시간
② 진폭전압(V)의 10[%]에서 90[%]까지 상승하는 데 걸리는 시간
③ 진폭전압(V)의 0[%]에서 100[%]까지 상승하는 데 걸리는 시간
④ 진폭전압(V)의 10[%]에서 100[%]까지 상승하는 데 걸리는 시간

15 아날로그 컴퓨터의 입력과 관계가 없는 것은?
① 전압　　② 압력
③ 펄스　　④ 길이

16 2진수(101011)의 2의 보수는?
① 010101　　② 101010
③ 010111　　④ 101100

17 입출력 채널(I/O Channel) 종류가 아닌 것은?
① 회선 채널
② 셀렉터 채널
③ 바이트 멀티플렉서 채널
④ 블록 멀티플렉서 채널

18 자료의 형태에 따라 분류한 자료의 구조가 아닌 것은?
① 단순구조　　② 선형 구조
③ 비선형 구조　　④ 복합구조

19 기억요소(Memory Element)로 사용되지 않는 것은?
① 플립플롭(Flip-Flop)
② 인터페이스(Interface)
③ 레지스터(Register)
④ RAM

20 올바른 순서도 작성 방법은?
① 통일되지 않는 기호를 사용한다.
② 처리되는 과정은 모두 표현하지 않는다.
③ 전체의 흐름을 명확히 알아볼 수 없도록 작성한다.
④ 간단하고 명료하게 표현한다.

21 다음 중 컴퓨터로 처리되는 부분에 중점을 두어 작성하는 순서도는?
① 프로그램 순서도 ② 시스템 순서도
③ 일반 순서도   ④ 상세 순서도

22 다음 중 스마트폰에 사용되는 운영체제의 종류가 아닌 것은?
① Window Mobile ② iOS
③ Android   ④ Linux

23 엑셀(Excel)의 함수가 아닌 것은?
① SUM   ② DIVIDE
③ COUNTIF ④ LOOKUP

24 전송선로의 미소길이를 기술하는 데 사용되는 변수들의 단위가 틀린 것은?
① R(단위길이당 저항) : Ω/m
② L(단위길이당 인덕턴스) : H/m
③ G(단위길이당 컨덕턴스) : K/m
④ C(단위길이당 커패시턴스) : F/m

25 광섬유를 이용한 통신은 빛의 어떤 전파현상을 이용하는가?
① 굴절   ② 회절
③ 전반사   ④ 간섭

26 광통신의 장점에 해당되지 않는 것은?
① 광대역성   ② 저손실성
③ 공중파성   ④ 무유도성

27 전송선로의 특성 임피던스와 부하 임피던스가 정합 시 나타나는 현상은?
① 반사계수가 1이다.
② 전압정재파비가 1이다.
③ 투과계수가 0이다.
④ 부하전력이 최소이다.

28 다음 중 아날로그 전송 방식에 비해 디지털 전송 방식이 갖는 장점은?
① 신호의 복원, 재생이 용이하다.
② 증폭기를 이용 시 잡음과 왜곡은 감소된다.
③ 주파수 대역폭이 좁다.
④ 고품질 선로에서만 전송이 가능하다.

29 200[mW] 크기의 신호가 전송매체를 통과한 후 2[mW] 크기의 신호로 측정되었다면 전송 감쇠값은?
① $-10[dB]$ ② $-18[dB]$
③ $-20[dB]$ ④ $-30[dB]$

30 광통신방식에서 사용하고 있는 다이오드에 대한 설명으로 틀린 것은?
① 발광 다이오드는 발광소자로만 사용한다.
② 포토 다이오드는 수광소자로만 사용한다.
③ 레이저 다이오드는 발광소자와 수광소자에 모두 사용한다.
④ 레이저 다이오드는 발광소자로만 사용한다.

31 폼스킨(Foam Skin) 케이블에 대한 설명으로 틀린 것은?
① 폼(Foam) 절연과 스킨(Skin) 절연으로 2중 절연되어 있다.
② 주로 구내용 케이블로 사용된다.
③ 내측의 폼(Foam) 절연은 통화품질을 향상시키기 위한 것이다.
④ 외측의 스킨(Skin) 절연은 색깔 표시를 하기 위한 것이다.

32 다음 중 폼스킨 케이블에서 3번 심선의 L1과 L2의 색은?
① 백녹   ② 적녹
③ 흑녹   ④ 황녹

33 동축 케이블의 특징이 아닌 것은?
① 장거리 다중화 전송이 가능하다.
② 저주파대 누화 특성이 좋지 않다.
③ 평형 폐쇄 선로이다.
④ 고주파에서 차폐성이 양호하다.

34 표준직경 50[μm]의 광섬유케이블에서 광심선 코어가 다음 그림과 같이 찌그러져 최대직경 max가 51.7[μm]이고 최소직경 min가 48.8[μm]이라면 이 광섬유 코어의 비원율은 몇 [%]인가?

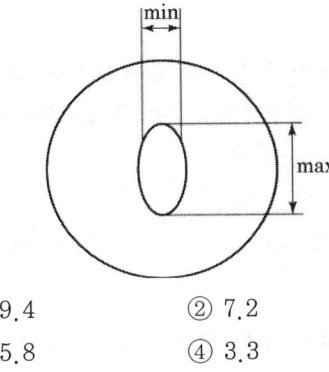

① 9.4   ② 7.2
③ 5.8   ④ 3.3

35 표준 단일모드 광섬유의 손실과 분산 특성이 옳은 것은?
① 최저 손실 : 1,550[nm], 파장 영 분산 파장 : 1,310[nm]
② 최저 손실 : 1,310[nm], 파장 영 분산 파장 : 1,550[nm]
③ 최저 손실 : 1,550[nm], 파장 영 분산 파장 : 1,550[nm]
④ 최저 손실 : 850[nm], 파장 영 분산 파장 : 1,310[nm]

36 광통신용 발광소자의 발광면에서 나오는 광다발의 위상과 주파수가 일치하고 집속성이 좋은 것은?
① 코히어런트(Coherent) 광
② 인코히어런트(Incoherent) 광
③ 반사광
④ 편광

37 P-N 구조 사이에 고유층을 가진 P-N 포토 다이오드로 낮은 전압으로 구동되며 광중계기 등에 많이 사용되는 광검파기는?
① PNPN   ② PIN Diode
③ APD   ④ PNT

38 1[mW]의 광 전력 출력을 갖는 레이저 다이오드를 20[dB] 증폭시켰을 경우 출력은 몇 [dBm]인가?
① 10[dBm]   ② 20[dBm]
③ 30[dBm]   ④ 40[dBm]

39 관로 공수를 구하는 공식으로 옳은 것은?
① (시내케이블 조수+중계 및 시외케이블 조수+기타)-환경배율+동축케이블 및 직매케이블 조수+예비관
② (시내케이블 조수+중계 및 시외케이블 조수+기타)+환경배율+동축케이블 및 직매케이블 조수+예비관
③ (시내케이블 조수+중계 및 시외케이블 조수+기타)×환경배율+동축케이블 및 직매케이블 조수+예비관
④ (시내케이블 조수+중계 및 시외케이블 조수+기타)÷환경배율+동축케이블 및 직매케이블 조수+예비관

40 현장조립형 광커넥터의 공법이 아닌 것은?
① 페룰 내에 광섬유 심선을 삽입하여 페룰 단면을 연마하는 방법
② 페룰 내에 광섬유 심선을 기계적으로 접속하는 공법
③ 페룰 없이 광섬유 심선을 삽입 연마하는 공법
④ 페룰 없이 광섬유 심선을 광섬유 융착접속기로 접속하는 방법

41 광케이블의 루트 선정 시 조건으로 틀린 것은?
① 최단거리 및 인입거리가 짧은 구간
② 교통이 편리하고 유지보수가 쉬운 구간
③ 풍수해 등 재해의 염려가 없는 구간
④ 중계소 등 기설시설과 관계없는 구간

42 선로의 대지 잡음전압(E_p)이 800[mV]이고, 선간 잡음전압(e_p)이 600[mV]일 때, 통신회선의 평형도는 약 얼마인가?
① 2.5[dB]   ② 3.0[dB]
③ 3.5[dB]   ④ 4.0[dB]

43 광섬유 케이블 포설 완료 후 케이블의 이상 유무나 케이블 접속 후 접속 상태를 확인하는 데 사용되는 장비는?
① 주파수측정기
② 광 증폭기
③ UTP 케이블 분석기
④ OTDR

44 접지 설치의 목적으로 맞지 않는 것은?
① 낙뢰, 과도전압으로부터 인명 및 시스템을 보호한다.
② 정전기로부터 시스템을 보호한다.
③ 비정상 서지에 대한 방전로를 제공한다.
④ 보호용 접지는 평상시에도 전류가 흐르도록 한다.

45 전주의 구비 조건으로 적합하지 않은 것은?
① 기계적 강도가 강할 것
② 유지보수가 용이할 것
③ 중량이 무거울 것
④ 곧고 길어야 할 것

46 방송통신 발전에 필요한 방송통신 전문인력을 양성하기 위하여 계획을 수립·시행해야 하는 것에 포함되지 않는 것은?
① 방송통신기술 및 방송통신서비스와 관련된 전문인력 수요 실태 및 중·장기 수급 전망 파악
② 전문인력 양성사업의 지원
③ 전문인력 양성기관의 지원
④ 방송통신기술 전문인력 취업 지원

47 과학기술정보통신부장관 또는 시·도지사는 다음에 해당하는 처분을 하고자 하는 경우에는 청문을 실시하여야 한다. 다음 중 해당되지 않는 것은?
① 감리원의 인정취소
② 영업정지와 등록취소
③ 정보통신기술자의 인정취소
④ 정보통신공사업의 하도급의 취소

48 다음 용어의 정의에 해당하는 것은?

"발주자로부터 공사를 도급받은 공사업자"

① 도급　　② 하도급
③ 수급인　④ 하수급인

49 정보통신공사업법에서 공사업자의 상속인 또는 청산인 등이 시·도지사에게 폐업 신고를 하지 않아도 되는 경우는?
① 하자담보책임기간 중인 경우
② 공사업자가 파산한 경우
③ 법인이 합병 또는 파산 외의 사유로 해산한 경우
④ 공사업자가 사망하였으나 상속인이 그 공사업을 상속하지 아니하는 경우

50 정보통신공사업자의 영업정지나 등록취소 사항에 해당되지 않는 것은?
① 2곳 이상의 공사업체에 종사한 경우
② 부정한 방법으로 공사업의 등록을 한 경우
③ 타인에게 등록증을 빌려준 경우
④ 영업정지처분을 위반하거나 최근 5년간 3회 이상 영업정지처분을 받은 경우

51 모든 전기통신사업자는 보편적 역무를 제공하거나 그 제공에 따른 손실을 보전할 의무가 있다. 다음 중 보편적 역무를 제공하기 위해 고려할 사항이 아닌 것은?
① 정보통신기술의 발전 정도
② 전기통신역무의 보급 정도
③ 개인의 이익과 안전
④ 사회복지 증진

52 기간통신사업자가 전기통신서비스 요금 감면 대상이 아닌 것은?
① 시중은행　② 재난구조
③ 사회복지　④ 국가안전보장

53 구내간선케이블 및 건물간선케이블을 종단하여 상호 연결하는 통신용 분배함을 무엇이라 하는가?
① 동단자함 ② 층단자함
③ 국선단자함 ④ 세대단자함

54 특별히 위해방지설비를 하지 않은 상태에서의 해저통신선은 해저강전류전선으로부터 몇 미터 이내의 거리에 접근하여 설치할 수 없는가?
① 500[m] ② 550[m]
③ 600[m] ④ 650[m]

55 맨홀 또는 핸드홀 간의 설치 기준에 맞는 것은?
① 236[m] 이내 ② 246[m] 이내
③ 256[m] 이내 ④ 264[m] 이내

56 다음 중 통신공동구의 설치 기준에 관한 사항으로 옳지 않는 것은?
① 통신공동구는 통신케이블을 수용할 수 있는 최소한의 공간으로 설계하여야 한다.
② 통신공동구는 조명, 배수, 소방, 환기, 접지시설 등의 부대설비를 설치하여야 한다.
③ 통신공동구와 관로가 접속되는 지점에는 통신케이블 분기를 위한 분기구를 설치하여야 한다.
④ 한 지점에서 여러 개의 관로로 분기될 경우 분기구간에는 일정거리 이상의 간격을 유지하여야 한다.

57 가공통신선을 7,000[V]를 초과하는 전압의 가공강전류전선용 전주에 가설하는 경우에는 노면으로부터 몇 [m] 이상의 높이에 설치하여야 하는가?
① 3.5[m] ② 4.0[m]
③ 4.5[m] ④ 5.0[m]

58 기술기준에서 요구하는 옥내통신선의 이격거리에서 300[V] 초과 전선과의 최소 이격거리는?
① 10[cm] ② 15[cm]
③ 20[cm] ④ 25[cm]

59 홈네트워크설비의 기술 기준에 관한 사항으로 적합하지 않은 것은?
① 홈네트워크 기기는 산업통상자원부와 과학기술정보통신부의 인증 규정에 따른 기기인증을 받은 제품을 설치하여야 한다.
② 홈게이트웨이는 세대 내의 홈네트워크 기기들 및 단지서버 간의 상호 연동이 가능한 기능을 갖추어야 한다.
③ 홈네트워크 기기는 하자담보기간과 내구연한을 표시하여야 한다.
④ 홈네트워크 기기의 예비부품은 3[%] 이상 2년간 확보할 것을 권장한다.

60 소형 주택의 경우 무인택배함의 설치 권장 수량으로 적당한 것은?
① 세대수의 약 5~10[%]
② 세대수의 약 10~15[%]
③ 세대수의 약 15~20[%]
④ 세대수의 약 20~25[%]

2019년 1회 시행 과년도 출제문제

01 12[V], 10[AH]인 축전지 10개를 병렬 접속하여 12[V]용 120[W] 전구를 연결하였다. 이 전구가 불을 밝힐 수 있는 최대시간은 얼마인가?
① 2시간 ② 5시간
③ 10시간 ④ 20시간

02 1.5[V] 건전지 4개가 직렬로 연결된 전원에 부하저항이 30[Ω]인 전구 2개가 병렬 연결되었을 때 전구 한 개에 흐르는 전류의 값은 얼마인가?
① 0.1[A] ② 0.2[A]
③ 0.4[A] ④ 0.5[A]

03 220[V]의 정현파 교류전원에 연결된 R, L 직렬회로의 합성 임피던스는?
① $220\sqrt{R+\omega L}$ 최솟값
② $\dfrac{220}{\sqrt{R^2+\omega L^2}}$
③ $\sqrt{R^2+(\omega L)^2}$
④ $\dfrac{1}{\sqrt{R^2+(\omega L)^2}}$

04 다음 중 사인파 교류에 해당하는 파형은?
① 삼각파 ② 정현파
③ 톱니파 ④ 구형파

05 다음 중 자력선의 성질에 대한 설명으로 틀린 것은?
① 한 점의 자력선 밀도는 그 점에서의 자장의 세기를 나타낸다.
② 자력은 거리 제곱에 비례한다.
③ 자력선은 N극에서 나와 S극으로 들어간다.
④ 자력선은 서로 교차하지 않는다.

06 전원전압의 최댓값이 100[V]인 경우, 반파 정류회로에서의 최대 역전압(PIV)은 얼마인가?
① 400[V] ② 300[V]
③ 200[V] ④ 100[V]

07 전파 정류회로의 이론적인 최대 효율[%]은?
① 51.2 ② 61.2
③ 71.2 ④ 81.2

08 달링턴(Darlington) 증폭회로에 대한 설명으로 옳은 것은?
① 출력저항이 작다.
② 입력저항이 작다.
③ 전압이득이 매우 크다.
④ 전류이득이 매우 작다.

09 FET 증폭기 중 공통 콜렉터 BJT 증폭기와 유사하며 소스 폴로워라고 불리는 것은?
① 공통 소스 증폭기
② D급 증폭기
③ 공통 게이트 증폭기
④ 공통 드레인 증폭기

부록 ···47

10 전압증폭도 A가 5이고 궤환계수 β가 0.1인 궤환증폭회로의 전압증폭도는 얼마인가? (단, A는 궤환이 없을 때의 전압증폭도임)
① 1　　　② 5
③ 10　　　④ 15

11 휴대 전화에 사용되며 GHz대의 주파수를 만들어 내는 회로는?
① 슈미트 트리거
② 주파수 신디사이저
③ 수정 발진회로
④ 클랩 발진회로

12 다음 중에서 RC 발진회로는?
① 하틀리　　② BE 피어스
③ 이미터 동조　　④ 빈 브리지

13 아래 그림의 디지털 변조 방식은?

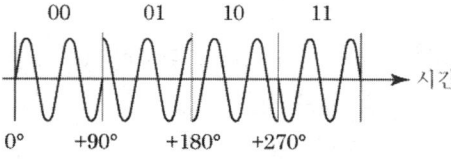

① 직교 진폭 변조
② 진폭 편이 변조
③ 주파수 편이 변조
④ 위상 편이 변조

14 펄스 부호 변조(PCM)로부터 얻은 디지털 신호를 다시 아날로그 신호로 변환하고자 할 때 사용하는 복조회로는?
① 표본기(Sampler)
② 복호기(Decoder)
③ 부호기(Encoder)
④ 양자화(Quantizer)

15 다음 그림에서 시정수는 얼마인가?

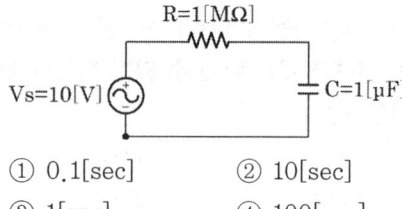

① 0.1[sec]　　② 10[sec]
③ 1[sec]　　④ 100[sec]

16 컴퓨터의 기능 중 연산 기능을 설명한 것은?
① 외부로부터 처리하고자 하는 프로그램이나 데이터를 컴퓨터 본체에 전달해 주는 기능
② 입력장치를 통하여 받아들인 데이터와 프로그램 또는 데이터 처리 과정에서 얻어진 중간 결과 및 최종 결과를 기억하는 기능
③ 기억장치에 기억되어 있는 프로그램과 데이터를 이용하여 제어장치의 통제하에 산술 연산 및 비교, 판단 등의 논리 연산을 행하는 기능
④ 입력, 출력, 기억, 연산 등 4가지 기능이 유기적으로 작동하도록 명령하고 감독, 통제하는 기능

17 다음 중 연산장치(ALU)에 대하여 바르게 설명한 것은?
① 제어장치의 지시에 따라 순서대로 연산하는 장치
② 입출력을 제어하는 장치
③ 명령을 실행하기 위한 적합한 신호로 변

환하는 장치
④ 데이터를 용이하게 처리하도록 일시적으로 데이터를 저장하는 장치

18 다음 설명과 같은 레지스터는?

- 컴퓨터에서 다음에 수행할 명령어의 주소를 기억하는 레지스터이다.
- 현재의 명령어 실행될 때마다 그 레지스터의 내용이 하나씩 자동적으로 증가한다.

① 명령어 해독기(Instruction Decoder)
② 프로그램 카운터(Program Counter)
③ 명령어 레지스터(Instruction Register)
④ 기억장치 버퍼 레지스터(Memory Buffer Register)

19 1킬로바이트(kB)는 몇 비트(bit)인지 바르게 계산한 것은?
① 8,192 ② 8,000
③ 7,000 ④ 7,168

20 4비트 2진수를 저장하려면 레지스터는 몇 개의 플립플롭으로 구성해야 하는가?
① 2개   ② 4개
③ 8개   ④ 16개

21 10진수를 2진 부호(BCD)로 변환하는 조합 논리회로는?
① 인코더   ② 디코더
③ 반가산기 ④ 전가산기

22 다음 중 웹 개발용 프로그래밍 언어로 틀린 것은?

① C#   ② ASP
③ HTML   ④ JAVA Script

23 다음 중 순서도에 개념에 대한 설명으로 틀린 것은?
① 알고리즘 단계에서 주로 사용된다.
② 사용 프로그램 언어를 제시해 준다.
③ 문제를 분석하여 처리하는 과정을 표현한 것이다.
④ 논리적인 흐름에 따라 시각적인 기호로 표현한 것이다.

24 다음 중 운영체제(Operating System)의 사용 목적이 아닌 것은?
① 신뢰도의 향상
② 처리 능력의 향상
③ 계산기의 응답시간 단축
④ 모델의 다양성

25 다음 중 운영체제(OS)에 대한 설명으로 틀린 것은?
① 컴퓨터의 각 장치들 간에 인터페이스를 제공한다.
② 한정된 컴퓨터 시스템의 각종 자원들을 효율적으로 관리한다.
③ 컴퓨터 시스템의 성능을 최대한 발휘하기 위한 시스템 소프트웨어이다.
④ 컴퓨터가 응용 프로그램을 불러들여 처리할 수 있도록 해주는 프로그램의 집합체이다.

26 주파수가 3[kHz]인 음성이 광속도로 전파

한다면 파장은 몇 [km]인가?
① 0.1[km] ② 1[km]
③ 10[km] ④ 100[km]

27 전송선로에서 0[dBm]의 기준 전력은?
① 1[pW] ② 1[nW]
③ 1[μW] ④ 1[mW]

28 광통신 파장 1,550[nm]에 해당하는 주파수는?
① 203.533[THz] ② 195.376[GHz]
③ 193.548[THz] ④ 622.548[MHz]

29 대역폭이 1.75[kHz]이고 신호전력이 62[W], 잡음전력이 2[W]일 때 채널용량은?
① 4,500[bps] ② 8,750[bps]
③ 9,600[bps] ④ 12,000[bps]

30 다음 중 아스키(ASCII) 코드에 대한 설명으로 틀린 것은?
① 미국국립표준연구소(ANSI)에서 개발되었다.
② 3비트의 존(Zone)과 4비트의 숫자(Digit)로 구성되어 있다.
③ 패리티 비트를 추가하여 8비트 코드로 많이 사용되고 있다.
④ 4비트의 숫자(Digit)는 영문자, 숫자, 특수문자 등을 구분할 수 있다.

31 다음 중 광전송에서 송수신하는 빛의 파장을 다르게 함으로써 한 가닥의 광섬유를 이용하여 여러 신호를 다중화하여 송수신하는 방식은?
① FDM ② CDM
③ WDM ④ TDM

32 PCM의 신호 변환 과정 중 아날로그 신호의 진폭을 일정한 시간 간격으로 추출하는 과정은?
① 표본화 ② 양자화
③ 부호화 ④ 역부호화

33 QAM에 대한 설명으로 옳은 것은?
① ASK와 PSK를 혼합한 변조 방식이다.
② ASK와 FSK를 혼합한 변조 방식이다.
③ PSK와 FSK를 혼합한 변조 방식이다.
④ ASK, FSK, PSK를 혼합한 변조 방식이다.

34 다음 중 케이블 중간을 금속체로 분리하여 두 개의 케이블 효과를 얻을 수 있는 것은?
① 동축 케이블
② 폼스킨 케이블
③ 스크린 케이블
④ 광섬유 케이블

35 LAN 장비에 이용되는 RJ-45 Modular Plug의 접속핀의 수는?
① 4개 ② 6개
③ 8개 ④ 10개

36 다음 WDM 용어 중 채널간격이 20[nm] 정도로 파장 다중화하는 방법은?
① CWDM(Coarse-WDM)
② DWDM(Dense-WDM)

③ NWDM(Narrow-WDM)
④ WDM

37 다음 중 광가입자망 시스템(OLT)과 사용되는 광수동소자(RN)가 바르게 연결된 것은?
① WDM PON - 광 스플리터
② WDM PON - AWG(배열 도파로 격자)
③ Ethernet PON - 광 서큘레이터
④ Ethernet PON - 아이솔레이터

38 광가입자망에서 가입자 댁내에까지 광통신망을 연결하는 방식은?
① FTTO   ② FTTB
③ FTTC   ④ FTTH

39 광통신을 구성하는 3가지 핵심요소로 적합하지 않은 것은?
① 광원(레이저 다이오드)
② 광섬유
③ 광점퍼코드
④ 광검파기

40 통신용 전주를 세울 때 지선 및 지주의 각도는?
① 지선 : 30°, 지주 : 30°
② 지선 : 30°, 지주 : 45°
③ 지선 : 45°, 지주 : 30°
④ 지선 : 45°, 지주 : 45°

41 FTTH 중 AON 방식의 특징으로 옳은 것은?
① 전원이 불필요하다.
② 수동 광소자가 필요하다.
③ L2 스위치를 사용한다.
④ 전용 대역폭으로 품질이 보장된다.

42 xDSL의 종류별 특징으로 틀린 것은?
① ADSL : 비대칭형이며 전화선을 사용한다.
② SDSL : 비대칭형이며 전화선을 사용한다.
③ VDSL : 전송거리가 짧으며 백본랜 등에 활용한다.
④ HDSL : 대칭형이며 4선식 회선으로 구성되어 있다.

43 dBr에 대한 설명으로 옳은 것은?
① 전송계의 기준점과 비교점의 전력비를 상대 레벨로 표시한다.
② 0 상대레벨점을 기준점으로 할 때의 절대 전력량을 표시한다.
③ 표준 잡음 평가회로를 통하여 측정된 잡음의 평가 레벨을 표시한다.
④ 1[mW]를 기준으로 이것을 0[dBm]으로 하였을 때의 절대 절력량을 표시한다.

44 다음 중 선로용 맨홀로 사용하지 않는 것은?
① 분기 L형   ② 분기 T형
③ 분기 +형   ④ 분기 C형

45 어떤 케이블의 고장위치를 측정하니 650[m]가 되었다. 이때 L3 시험기의 $R_1=160[\Omega]$, $R_2=260[\Omega]$, $R_3=360[\Omega]$이었다면, 케이블의 총 길이는?
① 1500[m]   ② 1300[m]

③ 1000[m]   ④ 700[m]

46 다음 중 과학기술정보통신부장관이 방송통신기술의 진흥을 위해 수립해야 할 시책이 아닌 것은?
① 방송통신 개발기술의 평가 및 활용
② 방송통신 기술의 연구개발
③ 방송통신 기술의 국제협력
④ 방송통신 기술의 경쟁관리

47 다음 용어의 정의에 해당하는 것은?

> 고속철도나 도시철도 등 전기를 이용하는 철도시설 또는 전기공작물 등이 그 주위에 있는 방송통신설비에 정전유도나 전자유도 등으로 인한 전압이 발생되도록 하는 현상을 말한다.

① 전송설비   ② 선로설비
③ 전력유도   ④ 전원설비

48 통신구설비, 통신관로설비, 통신케이블 등의 공사는 어느 공사에 해당되는가?
① 교환설비공사
② 전송설비공사
③ 방송국설비공사
④ 통신선로설비공사

49 다음 용어의 정의에 해당하는 것은?

> 유선·무선·광선 및 기타의 전자적 방식에 의하여 모든 종류의 부호·문언·음향 또는 영상을 송신하거나 수신하는 것

① 무선통신   ② 전기통신
③ 전기통신설비   ④ 전기통신역무

50 공사를 감리한 용역업자는 공사의 준공설계도서를 얼마나 보관하여야 하는가?
① 당해 공사를 감리한 후 5년간
② 하자담보책임기간이 종료될 때까지
③ 당해 공사가 발주된 후 10년간
④ 당해 공사가 설계된 후 10년간

51 정보통신설비의 설치 및 유지·보수에 관한 공사와 이에 따르는 부대공사를 무엇이라 하는가?
① 정보화기반공사
② 정보설비공사
③ 방송통신공사
④ 정보통신공사

52 다음 중 정보통신공사업의 시공능력에 대한 평가사항이 아닌 것은?
① 공사실적
② 자본금
③ 공사시공 공법에 관한 방법
④ 공사품질의 신뢰도 및 품질 관리 수준

53 국선·국선단자함 또는 초고속통신망장비 등 각종 구내통신용 설비를 설치하기 위한 공간은?
① 국선관리실   ② 집중구내통신실
③ 통신배관실   ④ 통신국사

54 다음 중 방송통신설비에 대한 용어의 정의가 잘못된 것은?
① 옥외설비 : 중계케이블이나 안테나 설비 등 옥외에 설치되는 통신설비

② 통신기계실 : 교환설비나 전송설비, 전산설비 등이 설치되는 장소
③ 중요데이터 : 시스템 데이터나 국 데이터 등 해당 데이터의 파괴, 소실 등으로 통신망 기능에 중대한 지장을 주는 데이터
④ 응답스펙트럼 : 방송통신설비가 가지고 있는 고유 진동에 대한 주파수 응답 특성

55 집중구내통신실에서 세대까지 연결하는 홈네트워크망을 무엇이라 하는가?
① 급전망   ② 세대망
③ 단지망   ④ 국선망

56 다음 중 '강전류케이블'에 대한 용어의 정의를 바르게 나타낸 것은?
① 절연물만으로 피복되어 있는 강전류전선을 말한다.
② 절연물 및 보호물로 피복되어 있는 강전류전선을 말한다.
③ 절연물로 피복한 전기도체로서 통신용으로 사용하는 선을 말한다.
④ 보호피복으로 보호한 광섬유 선로설비로서 강전류가 흐르는 선을 말한다.

57 다음 중 공용부분 홈네트워크설비의 설치 기준에 관한 사항으로 틀린 것은?
① 단지네트워크장비는 공용으로 누구나 쉽게 조작할 수 있는 곳에 설치하여야 한다.
② 단지네트워크장비에는 전원 공급을 위한 배관 및 배선을 설치하여야 한다.
③ 단지서버는 상온·상습인 곳에 설치하

여야 한다.
④ 단지서버는 외부인의 조작을 막기 위한 잠금장치를 하여야 한다.

58 가공통신선과 고압 전차선과의 수평이격거리는 몇 [m] 이상인가?
① 0.5   ② 0.8
③ 1.0   ④ 1.2

59 다음 중 마이크로웨이브안테나의 풍압하중으로 옳은 것은? (단, 풍속이 40[m/s]일 때 시설물의 수직투영면적 1[m^2]에 대한 풍압을 말함)
① 180[kg]   ② 200[kg]
③ 230[kg]   ④ 250[kg]

60 다음 중 가공강전류전선의 사용전압 및 종별에 따른 가공통신선의 지지물과의 이격거리를 잘못 표시한 것은?
① 저압인 경우 : 30[cm] 이상
② 35,000[V] 이하인 특고압 강전류절연전선인 경우 : 1[m] 이상
③ 35,000[V] 이하인 강전류케이블인 경우 : 2[m] 이상
④ 고압으로 기타 강전류전선인 경우 : 60[cm] 이상

2019년 2회 시행 과년도출제문제

01 그림과 같은 회로에서 A-B 양단의 컨덕턴스(G)는?

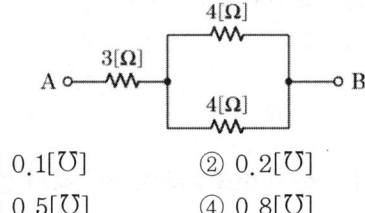

① 0.1[℧] ② 0.2[℧]
③ 0.5[℧] ④ 0.8[℧]

02 전력량의 단위는 무엇인가?
① Wh   ② W
③ VA   ④ Joule

03 교류의 주파수(f)가 50[Hz]일 때 주기(T)는?
① 0.02[s]   ② 0.2[s]
③ 0.05[s]   ④ 0.5[s]

04 220[V], 60[Hz]의 사인파 교류전원에 L과 C를 병렬로 접속한 회로에서, $X_L=20[\Omega]$이고 $X_C=22[\Omega]$이면 L에 흐르는 전류의 크기는 얼마인가?
① 1[A]   ② 10[A]
③ 11[A] ④ 21[A]

05 코일을 지나는 자속이 시간에 따라 변화할 때 유도기전력은 자속의 증감을 방해하는 방향으로 발생하게 되는 법칙은 무엇인가?
① 플레밍(Fleming)의 왼손법칙
② 앙페르(Ampere)의 법칙
③ 플레밍(Fleming)의 오른손법칙
④ 렌츠(Lenz)의 법칙

06 P형 반도체를 만들 때 도핑하는 불순물로 올바른 것은?
① 붕소(B), 인듐(In)
② 갈륨(Ga), 비소(As)
③ 안티모니(Sb), 비소(As)
④ 안티모니(Sb), 알루미늄(Al)

07 정류회로의 출력에 있는 맥류파형을 평탄한 직류로 만드는 회로는?
① 증폭회로
② 평활회로
③ 바이어스 회로
④ 정전압 안정화 회로

08 전원전압의 최대값이 100[V]인 경우, 반파 정류회로에서의 최대 역전압(PIV)은 얼마인가?
① 400[V]   ② 300[V]
③ 200[V]   ④ 100[V]

09 증폭회로에 사용되는 트랜지스터의 구조와 동작에 대한 설명으로 틀린 것은?
① PNP형과 NPN형이 있다.
② 트랜지스터에는 다수캐리어만 존재한다.
③ 트랜지스터가 활성영역에서 정상적으로 증폭 동작을 하게 된다.
④ 트랜지스터의 단자는 도핑 농도가 다른

3개의 단자로 구성되어 있다.

10 트랜지스터 증폭 바이어스 회로 중에서 온도에 대해 안정성이 우수한 회로는?
① 베이스 바이어스
② 이미터 바이어스
③ 컬렉터 피드백 바이어스
④ 전압 분배 바이어스

11 다음과 같은 이상형 병렬 R형 발진기의 발진주파수는?

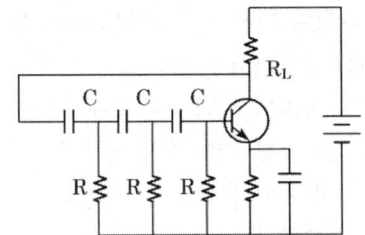

① $f = \dfrac{1}{2\pi\sqrt{6}\,RC}$
② $f = \dfrac{\sqrt{6}}{2\pi RC}$
③ $f = \dfrac{\sqrt{6}}{2\pi\sqrt{RC}}$
④ $f = \dfrac{1}{2\pi RC}$

12 주파수 안정도가 매우 높아 이동통신기기, 무선전화기 등에 사용되는 발진회로는?
① 클랩 발진회로
② 하틀리 발진회로
③ 콜피츠 발진회로
④ 수정 발진회로

13 다음 디지털 변조방식 중 진폭과 주파수가 모두 일정한 반송파의 위상을 전송하려는 부호에 대응시켜 변화시키는 변조 방식은?
① ASK
② FSK
③ PSK
④ APK

14 진폭 변조방식에서 상·하 양측파대 전력은 반송파 전력의 몇 배인가? (단, 변조도 (m)=1)
① 5
② 1
③ 0.5
④ 0.25

15 플립플롭을 사용하여 만들 수 있는 논리회로는?
① 가산기 회로
② 감산기 회로
③ 계수기 회로
④ 비교기 회로

16 다음 중 EDPS(Electronic Data Processing System)의 일반적 특징이 아닌 것은?
① 대량 데이터의 기억
② 결과에 대한 신뢰성
③ 다수 이용자의 동시 사용 가능
④ 계산 기능만 발휘하는 하나의 장치로 구성

17 명령어 형식은 명령코드와 번지부로 구성된다. ADD A, B, C 명령어의 경우 A와 B의 내용을 더한 후 C위치에 저장하는 명령은? (예 : A+B=C)
① 0번지명령
② 1번지명령
③ 2번지명령
④ 3번지명령

18 다음 중 주기억장치에 대한 설명으로 잘못된 것은?
① 대표적인 주기억장치로 USB 메모리를 사용한다.
② 중앙처리장치가 처리할 프로그램과 데이터를 기억하는 장치이다.
③ 주기억장치 소자로는 직접회로 또는 반도체 IC가 주로 사용한다.
④ 실행 프로그램은 반드시 주기억장치에 기억되어야 실행할 수 있다.

19 전자계산기에서 보수(Complement)를 사용하는 이유를 바르게 설명한 것은?
① 덧셈으로 인한 자리올림을 처리하기 위해서 사용한다.
② 뺄셈을 덧셈으로 처리하기 위해서 사용한다.
③ 곱셈을 덧셈으로 처리하기 위해서 사용한다.
④ 나눗셈을 뺄셈으로 처리하기 위해서 사용한다.

20 $Y = A\overline{B} + \overline{A}B + AB$를 간소화한 식은?
① $A + B$ ② $\overline{A} + B$
③ $A + \overline{B}$ ④ $\overline{A} + \overline{B}$

21 다음 표는 RS 플립플롭 순서 논리회로의 진리표이다. (가), (나)에 들어갈 내용으로 알맞은 것은?

입력		출력
S	R	Q_{n+1}
0	0	(가)
0	1	0(reset, clear)
1	0	1(set)
1	1	(나)

① (가) : 현상태 유지, (나) : 사용 금지
② (가) : 사용 금지, (나) : 현상태 유지
③ (가) : 1(set), (나) : 0(reset, clear)
④ (가) : 1(set), (나) : 1(set)

22 순서도 작성 시 고려사항으로 틀린 것은?
① 간단하고 명료하게 표현한다.
② 처리되는 과정을 모두 표현한다.
③ 편리한 기호를 선택하여 사용한다.
④ 전체의 흐름을 명확히 알 수 있도록 작성한다.

23 인터프리터 방식의 번역기를 사용하는 언어는?
① C언어 ② BASIC
③ COBOL ④ FORTRAN

24 여러 개의 CPU를 가지고 구성되어 있는 운영체제를 의미하는 것은?
① Multi Programming
② Multi Processing
③ Multi Tasking
④ Multi Accessing

25 엑셀(Excel)의 기능 중 주된 장점은?
① 계산식과 관련된 작업을 원활하게 할 수

있다.
② 그림을 자유자재로 그릴 수 있다.
③ 프레젠테이션 자료로 적합하다.
④ 제안서 등의 표제를 작성하는 데 최적의 프로그램이다.

26 광통신 파장 1,550[nm]에 해당하는 주파수는?
① 203.533[THz]   ② 195.376[GHz]
③ 193.548[THz]   ④ 622.548[MHz]

27 다음 중 측정 항목에 따른 단위로 알맞지 않은 것은?
① 절연저항 : [MΩ]
② 누화 : [dB]
③ 신호대잡음비(S/N) : [dB]
④ 시간주기 : [Hz]

28 특성 임피던스가 100[Ω]과 60[Ω]인 2개의 전송선로를 접속했을 때 반사계수는 얼마인가?
① 0.1   ② 0.25
③ 0.33   ④ 0.5

29 다음 중 전송 선로정수의 1차 정수에 해당하지 않는 것은?
① 저항(R)
② 인덕턴스(L)
③ 누설 컨덕턴스(G)
④ 특성 임피던스(Z_o)

30 BCD 코드에 대한 설명으로 옳은 것은?
① 10진수 21을 변환하면 0010 0100이다.
② 1001이 십진수의 한자리를 표현하는 가장 큰 수이다.
③ 0001이 십진수의 한자리를 표현하는 가장 작은 수이다.
④ 10진수 숫자를 나타내기 위해 3비트로 구성이 되어 있다.

31 아스키(ASCII) 코드에 대한 설명으로 틀린 것은?
① 미국국립표준협회(ANSI)에서 개발되었다.
② 3비트의 존(Zone)과 4비트의 숫자(Digit)로 구성되어 있다.
③ 패리티 비트를 추가하여 8비트 코드로 많이 사용하고 있다.
④ 4비트의 숫자(Digit)는 영문자, 숫자, 특수문자 등을 구분할 수 있다.

32 선로의 다중화에 따른 전송방식에서 시분할 다중방식(TDM)의 아날로그 변조방식이 아닌 것은?
① 펄스진폭변조(PAM) 방식
② 펄스위상변조(PPM) 방식
③ 펄스주파수변조(PFM) 방식
④ 펄스수변조(PNM) 방식

33 T1회선과 E1회선의 전송속도로 알맞은 것은?
① T1 : 1.544[Mbps], E1 : 2.048[Mbps]
② T1 : 3.488[Mbps], E1 : 5.422[Mbps]
③ T1 : 51.84[Mbps], E1 : 44.736[Mbps]
④ T1 : 155.520[Mbps], E1 : 622.080[Mbps]

34 전송선로의 심선 꼬임 방법 중 2개의 심선을 꼬는 방법은 무엇인가?
① 성형 쿼드 ② DM 쿼드
③ 유닛 ④ 쌍연

35 다음 중 동축케이블의 주 용도로 적합한 것은?
① CATV용 ② 옥외 전화선
③ 옥내 전화선 ④ PC 인입선

36 다음 중 광섬유의 기계식 접속부, 커넥터 접속부 및 광섬유의 종단 등에서 빛의 프레넬(Fresnel) 반사에 의하여 입사단측으로 되돌아오는 광손실은?
① 반사손실 ② 접속손실
③ 삽입손실 ④ 결합손실

37 다음 중 단일모드 광섬유의 색분산에 해당되는 것은?
① 흡수분산 ② 재료분산
③ 모드분산 ④ 편광분산

38 플라스틱 광섬유(POF)의 특징으로 틀린 것은?
① 결합 효율이 높다.
② 광섬유 직경이 크다.
③ 광전송 손실이 낮다.
④ 구부림에 대한 특성이 좋다.

39 광섬유에 대한 설명으로 틀린 것은?
① 코어의 재료로 석영을 사용한다.
② 코어는 클래드보다 굴절률이 작다.
③ 코어는 광신호가 전파되는 부분이다.
④ 클래드는 광을 코어 내에 가두고 기계적인 강도를 확보한다.

40 국내 선로시설의 통신 케이블은 동선 위에 무엇으로 절연한 것인가?
① 구리 ② 게르마늄
③ 실리콘 ④ PVC

41 FTTH 중 AON 방식의 특징으로 옳은 것은?
① 전원이 불필요하다.
② 수동 광소자가 필요하다.
③ L2 스위치를 사용한다.
④ 전용 대역폭으로 품질이 보장된다.

42 광케이블 포설공법 중에서 압축공기를 이용하여 포설속도가 빠르고 케이블의 손상이 적은 공법은?
① 인력에 의한 견인 포설공법
② 공압 포설공법
③ 양방향 포설공법
④ 포설차를 이용한 견인 포설공법

43 광섬유케이블에서 코어의 굴절률 n_1=1.5이고, 클래드의 굴절률 n_2=1.2일 때, 비굴절률의 차는?
① 5[%] ② 10[%]
③ 15[%] ④ 20[%]

44 광섬유케이블에서 입력측의 레벨이 -3.5[dBm], 출력측의 레벨이 -13.8[dBm]일 경우 이 광섬유케이블의 전송손실은?

① 3.5[dB] ② 6.8[dB]
③ 10.3[dB] ④ 17.3[dB]

45 주로 통신실의 Rack에 장착하여 케이블의 이동이나 회선변동 등을 용이하도록 하고, 케이블 간의 수직수평 교차 접속을 위한 도구로서 패치 코드를 연결할 수 있도록 설계된 장치는?
① 블랭크 판넬(Blank Panel)
② 패치 판넬(Patch Panel)
③ 중간단자함(MDF)
④ 110블록(Block)

46 다음 중 '방송통신설비'에 대한 용어 정의로 알맞은 것은?
① 방송통신에 필요한 미디어 영상 등을 말한다.
② 방송통신설비를 타인에게 제공하는 것을 말한다.
③ 방송통신을 하기 위한 기계·기구·선로 등을 말한다.
④ 방송통신을 통하여 시청자와 이용자의 편익을 증대한다.

47 다음 중 과학기술정보통신부장관이 방송통신기술의 진흥을 위해 수립해야 할 시책이 아닌 것은?
① 방송통신개발기술의 평가 및 활용
② 방송통신기술의 연구개발
③ 방송통신기술의 국제협력
④ 방송통신기술의 경쟁관리

48 다음 용어의 정의에 해당하는 것은?

다른 사람의 위탁을 받아 공사에 관한 조사, 설계, 감리, 사업관리 및 유지관리 등의 역무를 하는 것을 말한다.

① 용역업 ② 용역
③ 용역업자 ④ 감리

49 정보통신설비의 설치 및 유지·보수에 관한 공사와 이에 따르는 부대 공사를 무엇이라 하는가?
① 정보화기반공사
② 정보설비공사
③ 방송통신공사
④ 정보통신공사

50 공사를 감리한 용역업자는 공사의 준공설계도서를 얼마나 보관하여야 하는가?
① 당해 공사를 감리한 후 5년간
② 하자담보책임기간이 종료될 때까지
③ 당해 공사가 발주한 후 10년간
④ 당해 공사가 설계된 후 10년간

51 다음 중 정보통신공사업법 시행령에서 정한 공사의 종류로 통신설비공사에 해당하지 않는 것은?
① 통신선로설비공사
② 정보매체설비공사
③ 교환설비공사
④ 전송설비공사

52 다음 중 정보통신공사의 감리 활동에 해당되지 않는 것은?

① 품질관리　② 시공관리
③ 안전관리　④ 재정관리

53 해저통신선과 해저 강전류전선의 최소 이격 거리(상호 근접하여 설치하여서는 안 되는 거리)는?
① 500[m]　② 600[m]
③ 700[m]　④ 800[m]

54 다음 중 접지저항에 관한 규정으로 옳지 않은 것은?
① 교환설비·전송설비 및 통신케이블 등이 사람이나 방송통신설비에 피해를 줄 우려가 있을 때는 접지단자를 설치하여 접지하여야 한다.
② 보호기를 설치하지 않는 구내통신단자함의 접지저항은 100[Ω] 이하로 할 수 있다.
③ 철탑 이외 전주 등에 시설하는 이동통신용 중계기는 반드시 10[Ω] 이하로 하여야 한다.
④ 전도성이 없는 인장선을 사용하는 광섬유케이블의 경우 접지를 하지 않을 수 있다.

55 가공통신선과 고압 전차선과의 수평이격거리는 몇 [m] 이상인가?
① 0.5　② 0.8
③ 1.0　④ 1.2

56 다음 중 '강전류케이블'에 대한 용어의 정의로 옳은 것은?

① 절연물만으로 피복되어 있는 강전류전선
② 절연물 및 보호물로 피복되어 있는 강전류전선
③ 절연물로 피복한 전기도체로서 통신용으로 사용하는 선
④ 보호피복으로 보호한 광섬유 선로설비로서 강전류가 흐르는 선

57 다음은 관로의 매설기준에 관한 사항이다. 괄호 안에 들어갈 용어로 알맞은 것은?

> 맨홀 또는 핸드홀 간에 매설하는 관로는 케이블 견인에 지장을 주지 아니하는 곡률을 유지하는 등 (　)을 유지하여야 한다.

① 직선성　② 직각성
③ 곡선성　④ 반사성

58 홈네트워크망으로서 집중구내통신실에서 세대까지를 연결하는 망을 무엇이라 하는가?
① 단지망　② 세대망
③ 집중망　④ 방재망

59 다음 중 전유부분 홈네트워크 설비(시설)로만 바르게 나열한 것은?
① 단지서버 - 홈게이트웨이 - 원격제어기기 - 폐쇄회로텔레비전장비
② 세대통합관리반 - 원격검침시스템 - 차량출입시스템 - 집중구내통신실
③ 홈게이트웨이 - 월패드 - 원격제어기기 - 감지기
④ 주동출입시스템 - 무인택배시스템 - 세대단자함 - 방재실

60 다음 중 '단지서버실' 설치 등에 관한 사항으로 잘못된 것은?

① 전유부분 시설이므로 크기를 2제곱미터 정도로 한다.
② 바닥은 이중바닥방식으로 하고, 성능 유지를 위한 항온·항습장치를 설치한다.
③ 출입문은 폭 0.9[m], 높이 2[m] 이상의 크기로 하고 잠금장치를 한다.
④ 보안유지를 위하여 관계자 이외의 출입통제 표시를 부착한다.

2019년 4회 시행 과년도출제문제

01 직류회로에 R_1, R_2가 병렬로 연결되어 있고 R_1, R_2의 저항값이 같은 경우 그 합성저항 R_t는?

① $R_t = R_1 = R_2$
② $R_t = R_1 + R_2$
③ $R_t = \dfrac{R_1 + R_2}{R_1 \times R_2}$
④ $R_t = \dfrac{1}{2}R_1$

02 전력 P[W]를 나타내는 식으로 틀린 것은?

① $P = VI$
② $P = I^2 R$
③ $P = \dfrac{V^2}{R}$
④ $P = \dfrac{R}{I^2}$

03 순시 전압[V = 220sin($400\pi t + 30°$)]일 때 주파수는 얼마인가?

① 400[Hz]
② 220[Hz]
③ 200[Hz]
④ 30[Hz]

04 순시 전류(i)=100sin200π t일 때의 주기(T)는?

① 100[ms]
② 10[ms]
③ 50[ms]
④ 5[ms]

05 다음 중 자석의 자기현상에 대한 설명으로 틀린 것은?

① 철심이 있으면 자속 발생이 어렵다.
② 자력선은 N극에서 나와서 S극으로 들어간다.
③ 서로 다른 극 사이에는 흡인력이 작용한다.
④ 자력은 거리의 제곱에 반비례한다.

06 반도체의 도전성에 대한 정리로 틀린 것은?

① 진성 반도체의 반송자는 전자로만 구성되어 있다.
② N형 반도체의 반송자는 대부분 전자이고, 정공은 소수이다.
③ P형 반도체의 반송자는 대부분 정공이고, 전자는 소수이다.
④ 전자의 정공 중에서 많은 편의 반송자를 다수 반송자, 적은 편의 반송자를 소수 반송자라고 한다.

07 정류회로의 직류 전압이 400[V]이고 리플 전압이 4[V]일 때, 회로의 리플률은 얼마인가?

① 1[%]
② 2[%]
③ 3[%]
④ 5[%]

08 다음 중 콘덴서 입력형 평활회로에 대한 설명으로 틀린 것은?

① 용량 C가 클수록 정류기에 흐르는 전류의 크기가 증가한다.
② 용량 C가 클수록, 정류소자에 흐르는 전류의 기간은 짧을수록 전류의 크기는 감소한다.
③ 용량 C가 클수록 출력전압의 맥동률은 작아진다.
④ 정류기(다이오드)에 흐르는 전류는 펄스형이다.

09 직렬전류 궤환 증폭회로에 대한 설명으로 틀린 것은?
① 출력 임피던스가 감소한다.
② 입력 임피던스가 증가한다.
③ 주파수 대역폭이 증가한다.
④ 비직선 일그러짐이 감소한다.

10 이상적인 연산 증폭기에서 동상신호 제거비 (CMRR)는 얼마인가?
① 0   ② 1
③ 100   ④ 무한대

11 다음과 같은 발진회로에서 발진이 일어나기 위한 조건은?

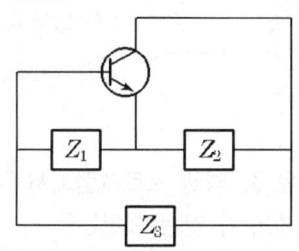

① Z_1 유도성, Z_2 유도성, Z_3 유도성
② Z_1 용량성, Z_2 용량성, Z_3 유도성
③ Z_1 용량성, Z_2 유도성, Z_3 용량성
④ Z_1 유도성, Z_2 용량성, Z_3 용량성

12 다음 중에서 비사인파 발진회로는?
① LC 발진회로
② RC 발진회로
③ 블로킹 발진회로
④ 수정 발진회로

13 다음 중 디지털 변조방식 중 2비트의 부호를 동시에 전송하기 위해 사용하는 변조 방식은?
① QPSK   ② 8PSK
③ PSK   ④ 8QAM

14 주파수 변조에 대한 설명으로 가장 적합한 것은?
① 신호파에 따라 반송파 진폭을 변화시키는 것
② 신호파에 따라 반송파의 주파수를 변화시키는 것
③ 진폭은 일정하고 반송파의 위상을 변화시키는 것
④ 주파수는 일정하고 반송파의 위상을 변화시키는 것

15 다음 중 플립플롭에 대한 설명으로 틀린 것은?
① T 플립플롭의 출력 Q는 입력 클록 신호에 의해 반전된다.
② RS 플립플롭의 입력 신호 R의 S가 동시에 1인 경우는 금지되어 있다.
③ D 플립플롭의 D 입력이 0이고 클록 신호가 가해지면 출력은 전상태가 유지된다.
④ JK 플립플롭의 입력 신호 J와 K가 동시에 1로 클록 신호가 가해지면 출력은 전상태가 반전된다.

16 데이터 속도 중 1[Mbps]는 몇 [cps]인가? (단, Mbps는 10^6으로 하며, [cps]는 Character Per Second이다.)
① 125,000[cps]
② 250,000[cps]

③ 1,000,000[cps]
④ 8,000,000[cps]

17 전기적 방법을 이용하여 기록된 내용을 여러 번 수정하거나 새로운 내용을 기록할 수 있는 ROM은?
① PROM   ② EPROM
③ EEPROM   ④ Mask ROM

18 컴퓨터 입력장치 중에서 자성체를 띤 특수 잉크로 기록된 자료를 읽을 수 있는 장치는?
① OCR   ② CRT
③ OMR   ④ MICR

19 10진수 1984에 해당되는 BCD 코드로 표현된 것은?
① 1000 1001 1000 0100
② 0001 1001 1000 0100
③ 0001 0110 1000 0100
④ 0001 1001 1000 0010

20 다음 중 2개의 입력값이 일치하였을 경우에만 출력이 "1"이 되는 논리회로는?
① 일치회로
② 반일치회로
③ XOR(Exclusive-OR)
④ 멀티플렉서

21 T(Toggle)형 플립플롭 2개를 종속 연결하여 만든 비동기식 4진 계수기로 계수할 수 있는 가장 큰 수는?
① 6   ② 5

③ 4   ④ 3

22 처음에 가전제품을 위한 소프트웨어 개발을 목적으로 개발되었으며 웹 브라우저상에서 실행될 수 있는 객체지향형 프로그래밍 언어는?
① C++   ② JAVA
③ COBOL   ④ BASIC

23 순서도에 사용되는 기호와 이름이 틀리게 연결된 것은?
① □ : 처리(Process)
② ▱ : 입출력(Input/Output)
③ ◇ : 표시(Display)
④ ▭ : 터미널(Terminal)

24 다음 중 엑셀 프로그램에서 "=SUM(A:G)"의 함수가 갖는 의미는?
① A셀부터 G셀까지의 숫자를 더한다.
② A셀과 G셀의 숫자만을 더한다.
③ B셀부터 F셀까지의 숫자를 더한다.
④ B셀과 F셀의 숫자만을 더한다.

25 유닉스(UNIX) 운영체제에 대한 설명으로 틀린 것은?
① 다중처리가 가능하다.
② 성능과 안정성이 우수하다.
③ 프로그램 개발이 용이하다.
④ 미국의 애플사에서 개발하였다.

26 균일한 전송선로에서 파장이 2[km]인 경우 위상정수는 얼마인가?
① 0.2π[rad/km]
② 0.5π[rad/km]
③ π[rad/km]
④ 2π[rad/km]

27 충격 잡음에 대한 설명으로 옳은 것은?
① 외부로부터 유도에 의해 통신로에 침입하는 잡음
② 발생 간격 및 진폭이 다 같이 불규칙하게 발생하는 잡음
③ 외부로부터 안테나 또는 전원 등을 거쳐서 수신기의 내부로 들어오는 잡음
④ 어느 주파수 대역 내에서 주파수에 대한 전력 밀도 스펙트럼이 거의 평탄한 잡음

28 외부 잡음으로 바르게 연결된 것은?
① 저항 잡음, 자연 잡음
② 자연 잡음, 인공 잡음
③ 인공 잡음, 반도체 잡음
④ 전자적 잡음, 반도체 잡음

29 통신회선에서 잡음의 주원인이 되는 누화 중 누설된 전류가 피유도 회선의 송신측으로 나타나는 것은?
① 근단누화 ② 원단누화
③ 직접누화 ④ 간접누화

30 PCM-24 방식에서 표본화 주파수가 8[kHz]라고 하면 표본화 주기 T는 몇 [μs]인가?
① 62.5[μs] ② 125[μs]
③ 250[μs] ④ 500[μs]

31 데이터 비트가 1일 때만 차례로 펄스가 (+)전압과 (-)전압을 교대로 적용하고 데이터 비트가 0일 때는 0전위를 유지하는 전송방식은?
① RZ 방식   ② CMI 방식
③ NRZ 방식   ④ AMI 방식

32 광통신의 특징으로 옳은 것은?
① 전도성 유전체로 구성된 케이블을 사용한다.
② 빛을 전송하기 때문에 매우 좁은 대역폭을 갖는다.
③ 광섬유를 사용하여 심선 간에 누화를 일으키지 않는다.
④ 기존 동선케이블 등에 비하여 많은 손실 특성을 갖는다.

33 직렬 전송방식과 병렬 전송방식 중에서 직렬 전송방식에 대한 설명으로 옳은 것은?
① 전송 속도가 빠르다.
② 오류가 많이 발생한다.
③ 원거리 전송에 적합하다.
④ 통신회선 설치 비용이 비싸다.

34 통신선로의 종류별 특징으로 틀린 것은?
① 가공 선로 : 전주에 의하여 지상에 가설한 시설로 시내 단자함 등이 있다.
② 가입자 선로 : 교환국의 주배선반으로 가입자 단말기까지를 연결하는 선로이다.
③ 시외 중계선로 : 시내 교환국과 시외 교

환국을 연결하는 회선으로 시외 통화를 할 때 사용한다.
④ 중계 선로 : 부식 방지용 콜타르를 도포한 철선으로 외장하며 해저의 깊이에 따라 외장 방식이 다르다.

35 다음 케이블 중 비차폐 케이블에 해당되는 것은?
① Coaxial 케이블
② STP 케이블
③ FTP 케이블
④ UTP 케이블

36 다음 중 광통신시스템의 구성 요소가 아닌 것은?
① 광송신기
② 광섬유
③ 광대역 안테나
④ 광수신기

37 다음 중 광통신 시스템에서 SDH(동기식 다중화 계위)에 대한 설명으로 틀린 것은?
① 동기식 다중화 방식으로 비동기식 대비 효율적 구성이 가능하다.
② 통신망의 유연성을 제공한다.
③ 단일의 전기통신망 구축이 가능하다.
④ 나라마다 각 계층 레벨이 전송속도가 다르다.

38 통신수요가 많은 대형 빌딩까지 광통신망으로 연결하고, 빌딩 내에서는 기존의 동선 또는 근거리통신망에 사용되는 방식은?

① FTTC   ② FTTO
③ FTTH   ④ FTTZ

39 다음 그림은 광섬유의 굴절률과 입사각의 관계를 나타낸 것이다. 관계식으로 옳게 나타낸 것은?

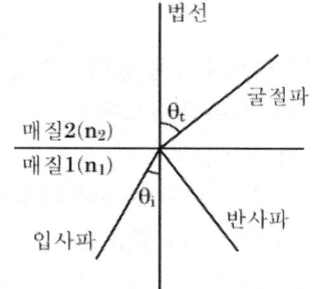

① $n_1\cos\theta_i = n_2\cos\theta_t$
② $n_1\sin\theta_t = n_2\cos\theta_i$
③ $n_1\cos\theta_t = n_2\sin\theta_i$
④ $n_1\sin\theta_i = n_2\sin\theta_t$

40 다음 중 지하케이블의 포설 작업 시 케이블의 비틀어짐을 방지하기 위해 사용되는 것은?
① 포설용 도관
② 케이블 인망
③ 나팔형 보호관
④ 케이블 연반철

41 다음 중 가공선로시설에 통신케이블의 구비 조건으로 틀린 것은?
① 전기적으로 완전 부도체일 것
② 항장력 등 기계적 강도가 강할 것
③ 가설 및 작업에 대한 시공이 용이할 것
④ 유효 수명이 길고 가격이 저렴할 것

42 다음 중 "방송통신설비의 기술기준에 관한 규정"에서 구내 통신선로 설비의 일반적인 조건이 아닌 것은?
① 절연저항은 10[MΩ] 이상이어야 한다.
② 회선 상호간 누화 감쇠량은 68[dB] 이상이어야 한다.
③ 상시 유도위험종전압은 60[V]로 유지하여야 한다.
④ 회선 당 잡음전압은 3[V] 이하이다.

43 다음 중 맨홀의 종류에 해당되지 않는 것은?
① 직선형 ② 분기 L형
③ 직선 십자형 ④ 분기 V형

44 어떤 선로에서 근단 누화가 발생하였다. 피유도회선 자체의 송신전력이 8[μW]이고, 피유도회선 송신단에 전달받은 전력은 3[μW]이며, 유도회선 송신전력은 10[μW]이다. 이때 근단누화 감쇠량은 약 몇[dB]인가?
① 5.229[dB] ② 4.259[dB]
③ 3.285[dB] ④ 2.666[dB]

45 다음 중 전송량의 이득 단위로 옳은 것은?
① 볼트[V] ② 암페어[A]
③ 데시벨[dB] ④ 옴[Ω]

46 정보통신공사업법 벌칙 규정 중 1년 이하의 징역 또는 1,000만원 이하의 벌금에 해당하는 사항이 아닌 것은?
① 착공 전 확인을 받지 아니하고 공사를 시작한 자
② 감리원이 아닌 자에게 감리하게 한 자
③ 다른 사람의 경력수첩을 빌려서 사용한 자
④ 기술기준에 위반하여 설계 또는 감리한 자

47 다음 용어의 정의에 해당하는 것은?

사업자 이용자에게 제공하는 국선을 수용하기 위하여 설치하는 국선수용단자반 및 이상전압전류에 대한 보호장치 등을 말한다.

① 방송통신망
② 전력선통신
③ 국선접속설비
④ 사업용방송통신설비

48 다음 용어의 정의에 해당하는 것은?

정보통신공사업법에 의한 공사의 감리에 관한 기술 또는 기능을 가진 사람으로서 과학기술정보통신부장관의 인정을 받은 사람을 말한다.

① 감리 ② 감리원
③ 용역업 ④ 공사자

49 다음 용어의 정의에 해당하는 것은?

다른 사람의 위탁을 받아 공사에 관한 조사·설계·감리·사업관리 및 유지관리 등의 역무를 수행하는 것

① 용역 ② 용역업
③ 용역업자 ④ 용역설계사

50 정보통신공사업자 간의 협동조직을 통하여 자율적인 경제활동을 도모하고 공사업의 경영에 필요한 각종 보증과 자금융자 등을 하

기 위해 설립된 것은?
① 방송토인발전기금
② 정보통신공사협회
③ 정보통신공제조합
④ 한국정보통신진흥협회

51 방송통신발전을 위한 기금은 과학기술정보통신부장관과 방송통신위원회가 관리·운용한다. 다음 중 기금의 관리 및 운용에 관한 내용으로 틀린 것은?
① 기금의 공정하고 효율적인 관리·운용을 위하여 방송통신발전기금운용심의회를 둔다.
② 방송통신발전기금운용심의회의 위원은 10명 이내로 하되, 방송통신위원회와 협의를 거쳐 과학기술정보통신부장관이 임명한다.
③ 방송통신발전기금운용심의회의 구성과 운영에 관하여 필요한 사항은 대통령령으로 정한다.
④ 기금의 운용 및 관리에 필요한 구체적인 사항은 과학기술정보통신부장관이 정한다.

52 정보통신공사업법의 목적이 아닌 것은?
① 정보통신공사업의 적절한 시공과 공사업의 건전한 발전을 도모한다.
② 정보통신공사업의 등록 및 정보통신공사의 도급에 필요한 사항을 규정한다.
③ 정보통신공사의 조사·설계·시공·감리·유지관리·기술관리 등에 관한 사항을 규정한다.
④ 전기통신사업의 적절한 운영과 전기통신의 효율적 관리와 발전을 이바지한다.

53 가공강전류전선의 사용전압이 특고압일 경우의 이격거리에서 60,000[V]를 초과하는 것의 설명으로 옳은 것은?
① 2[m]에 사용전압이 60,000[V]를 초과하는 10,000[V]마다 12[cm]를 더한 값 이상
② 2[m]에 사용전압이 60,000[V]를 초과하는 10,000[V]마다 24[cm]를 더한 값 이상
③ 2[m]에 사용전압이 60,000[V]를 초과하는 20,000[V]마다 12[cm]를 더한 값 이상
④ 2[m]에 사용전압이 60,000[V]를 초과하는 20,000[V]마다 24[cm]를 더한 값 이상

54 다음 중 전주의 안전계수를 결정하는 요인으로 볼 수 없는 것은?
① 인장하중   ② 풍압하중
③ 기상변화   ④ 세대수

55 통신관련시설의 접지체는 가스, 산 등에 의한 부식의 우려가 없는 곳에 매설하도록 하고 있는데, 그 깊이는 지표로부터 수직으로 몇 [cm] 이상이 되도록 요구되는가?
① 50[cm]   ② 55[cm]
③ 70[cm]   ④ 75[cm]

56 다음 중 구내용 이동통신설비에 관한 규정으로 잘못된 것은?

① 옥외안테나에서 기지국의 송수신장치까지 급전선 또는 광케이블을 설치하기 위한 시설은 배관, 덕트 또는 트레이로 설치한다.
② 배관의 길이가 40[cm]를 초과할 경우는 급전선의 포설 및 철거가 용이하도록 접속함을 설치한다.
③ 옥외안테나 설치장소는 전파의 송수신이 가장 양호한 곳으로 선정한다.
④ 중계장치의 전원은 용량이 1[kW] 이상으로서 교류 220[V] 전원단자가 2개 이상이어야 한다.

57 가공통신선의 높이에서 도로상에 설치하는 경우에는 노면으로부터 얼마이어야 하는가? (단, 예외사항 제외)
① 3.5[m] 이상
② 4[m] 이상
③ 4.5[m] 이상
④ 5[m] 이상

58 방송통신설비를 안전하게 설치·운영·관리하기 위해 통신기계실 등으로 구성한 건축물은 무엇인가?
① 통신국사
② 통신기지국
③ 통신설비실
④ 통신관리실

59 전파에너지를 전송하기 위하여 송신장치 및 수신장치와 안테나 사이를 연결하는 선은?
① 중계선
② 급전선
③ 인입선
④ 배전선

60 다음 옥외통신설비 중 철근콘크리트 전주의 기본 풍압하중은 얼마인가? (단, 시설물의 수직투영면적 1[m^2]에 대한 풍압, 설계풍속 40[m/s] 적용)
① 290[kg]
② 200[kg]
③ 80[kg]
④ 40[kg]

2020년 1회 시행 과년도출제문제

01 전류의 세기를 나타내는 단위는?
① Watt[W] ② Volt[V]
③ Ohm[Ω] ④ Ampere[A]

02 다음 중 키르히호프의 법칙의 설명으로 틀린 것은?
① 회로 내의 임의의 접합점에 유입하는 전류와 유출하는 전류의 대수합은 0이다.
② 2개 이상의 소자가 연결되는 임의의 한 접합점에서의 입력전류의 총합은 출력전류의 총합과 같다.
③ 임의의 폐회로(Closed loop)를 한 방향으로 일주하면서 취한 전압의 대수합은 0이다.
④ 임의의 폐회로(Closed loop)에서 한쪽 방향으로 일주하면서 취한 전압상승의 대수합과 전압강하의 대수합은 0이다.

03 정전용량이 C[F]인 회로에 $v = V_m \sin\omega t$의 정현파 전압을 인가할 때 전압과 전류에 대한 위상의 설명으로 맞는 것은?
① 전류가 전압보다 위상이 90° 늦다.
② 전압이 전류보다 위상이 90° 늦다.
③ 전류가 전압보다 위상이 180° 늦다.
④ 전압과 전류의 위상이 같다.

04 인덕턴스 L이 0.5[H]인 코일과 정전용량 C가 0.5[μF]인 커패시터를 직렬 접속한 회로의 공진 주파수는 약 얼마인가?

① 127.4[Hz] ② 265.4[Hz]
③ 318.5[Hz] ④ 530.8[Hz]

05 전자의 회전 운동에 의해 자석과 같이 한쪽은 N극, 반대쪽은 S극을 갖는 원자는?
① 자기 쌍극자 ② 회전 쌍극자
③ 원자 쌍극자 ④ 자극 쌍극자

06 다음 중 MSI(Medium Scale Integration)의 설명으로 바른 것은?
① SSI(Small Scale Integration)의 반대인 것이다.
② LSI(Large Scale Integration)와 같은 것이다.
③ 한 IC(Integrated Circuit) 중 1,000소자 이상인 것이다.
④ 한 IC(Integrated Circuit) 중 100~1000 소자를 포함한 것이다.

07 단상 전파 정류회로의 이론상 최대 정류 효율은 얼마인가?
① 40.6[%] ② 48.2[%]
③ 60.3[%] ④ 81.2[%]

08 리니어 방식에 비해 스위칭 정전압회로에 대한 설명으로 틀린 것은?
① 전력 효율이 높다.
② 스위칭으로 인한 전원 잡음이 문제가 된다.
③ 입력 전압보다 출력이 높은 전압을 얻을

수 있다.
④ 정류회로용 변압기가 필요하므로 부피와 무게가 커진다.

09 직렬 전압 궤환회로의 특징으로 틀린 것은?
① 주파수 대역폭이 증가한다.
② 출력 임피던스가 감소한다.
③ 입력 임피던스가 증가한다.
④ 비직선 일그러짐이 증가한다.

10 다음 중 부궤환(Negative Feedback) 증폭기를 바르게 설명한 것은?
① 궤환되는 신호가 입력신호와 반대인 위상을 갖는 회로
② 궤환되는 신호가 입력신호와 반대인 주파수를 갖는 회로
③ 궤환되는 신호가 입력신호와 반대인 진폭을 갖는 회로
④ 궤환되는 신호가 입력신호와 반대인 전압을 갖는 회로

11 다음 중 LC 발진기가 아닌 것은?
① 이상 발진기   ② 클랩 발진기
③ 콜피츠 발진기 ④ 하틀리 발진기

12 다음 그림과 같은 발진회로에서 발진 주파수는?

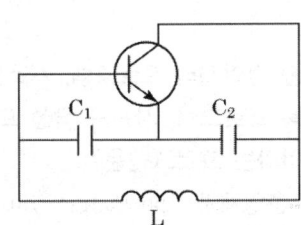

① $\dfrac{1}{2\pi\sqrt{L\left(\dfrac{C_1 \times C_2}{C_1 + C_2}\right)}}$

② $\dfrac{1}{2\pi\sqrt{(L_1 + L_2)\dfrac{1}{C}}}$

③ $\dfrac{1}{2\pi\sqrt{\left(\dfrac{1}{L_1} + \dfrac{1}{L_2}\right)C}}$

④ $\dfrac{1}{2\pi\sqrt{(L_1 + L_2)C}}$

13 아날로그 신호를 디지털 신호로 변화하는 과정을 순서대로 나타내면?
① 표본화 → 양자화 → 부호화
② 부호화 → 양자화 → 표본화
③ 양자화 → 표본화 → 부호화
④ 표본화 → 부호화 → 양자화

14 펄스 변조방식 중 연속레벨 변조가 아닌 것은?
① PAM   ② PCM
③ PPM   ④ PWM

15 다음 중 아래 RC 직렬회로의 펄스 응답 특성에 대한 설명으로 틀린 것은?

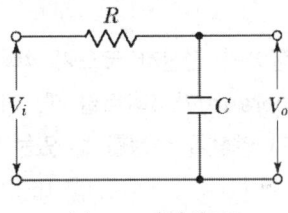

(a) RC 직렬회로

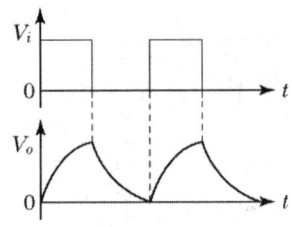

(b) 입출력 파형

① 위 회로의 시상수는 RC초이다.
② 시상수가 클수록 출력 파형의 기울기가 크다.
③ 시상수가 클수록 커패시터는 서서히 충·방전한다.
④ 시상수가 작을수록 출력 파형이 안정된 값에 빨리 도달한다.

16 시분할 시스템(TSS : Time Sharing System)을 실현한 것은 몇 세대인가?
① 제1세대 ② 제2세대
③ 제3세대 ④ 제4세대

17 다음 중 주소지정방식이 아닌 것은?
① 임시(Temporary) 주소지정방식
② 직접(Direct) 주소지정방식
③ 간접(Indirect) 주소지정방식
④ 임플라이드(Implied) 주소지정방식

18 명령어의 연산자 코드가 4비트, 오퍼랜드(Operand)가 5비트일 때, 이 명령어로 몇 가지 연산을 수행할 수 있는가?
① 4   ② 16
③ 20 ④ 32

19 8진수 65를 16진수로 변환하면 얼마인가?

① $(35)_{16}$ ② $(53)_{16}$
③ $(56)_{16}$ ④ $(C5)_{16}$

20 논리식 $A \cdot (\overline{A} + \overline{B} + \overline{C})$를 간략히 표현한 것은?
① $A \cdot B \cdot C$ ② $A \cdot \overline{B} \cdot \overline{C}$
③ $A \cdot B \cdot \overline{C}$ ④ $A \cdot (B + C)$

21 4비트 2진수를 저장하려면 레지스터는 몇 개의 플립플롭으로 구성해야 하는가?
① 2개   ② 4개
③ 8개   ④ 16개

22 다음 중 '컴퓨터 프로그램'의 정의로 옳은 것은?
① 컴퓨터 프로그램을 작성하는 일련의 과정
② 컴퓨터 프로그램을 작성하는 데 사용되는 언어
③ 컴퓨터 내에서 수행되는 일련의 과정을 처리하기 위한 명령문의 집합
④ 컴퓨터 프로그램을 작성하는 사람

23 2,048바이트[byte]는 몇 킬로바이트[kbyte]인가?
① 1[kbyte]   ② 2[kbyte]
③ 3[kbyte]   ④ 4[kbyte]

24 각종 언어처리 프로그램, 시스템 프로그램, 응용 프로그램, 사용자 작성 프로그램 등을 제어하는 프로그램은?
① 운영체제(Operating System)

② 유틸리티 프로그램
③ 검사 시스템
④ 응용 프로그램

25 파워포인트의 주요 기능이 아닌 것은?
① 계산을 여러 가지 형태로 함수를 이용하여 수행할 수 있다.
② 프레젠테이션으로 적당하다.
③ 멀티미디어 Animation 기능이 편리하다.
④ 화면 슬라이드 기능이 있다.

26 대역폭이 1.75[kHz]이고 신호전력이 62[W], 잡음전력이 2[W]일 때 채널용량은?
① 4,500[bps] ② 8,750[bps]
③ 9,600[bps] ④ 12,000[bps]

27 다음 중 통신선로의 임피던스를 정합시키는 이유는?
① 송신기에 반사파를 최대로 공급하기 위하여
② 전압정재파비를 0으로 하기 위하여
③ 반사계수를 1로 하기 위하여
④ 반사파가 발생하지 않도록 하기 위하여

28 첨단 인프라인 BcN을 무엇이라 하는가?
① 초고속정보통신망
② 광대역통합망
③ 종합정보통신망
④ 광가입자통신망

29 전송선로의 단락 임피던스가 400[Ω]이고 개방 임피던스가 900[Ω]이라면, 이 전송선로의 특성임피던스는?
① 600[Ω] ② 700[Ω]
③ 800[Ω] ④ 900[Ω]

30 특정한 디지털 전송시스템에서 NRZ 방식의 전송 데이터율이 38.2[Mb/s]이다. 다른 조건이 같다면 RZ 방식의 전송 데이터율을 계산하면 얼마인가?
① 68.4[Mb/s] ② 38.2[Mb/s]
③ 19.1[Mb/s] ④ 5.488[Mb/s]

31 다음 중 광섬유(Optical Fiber) 전송방식의 신호 변환과정으로 옳은 것은?
① 음성 - 전기펄스 - 광펄스 - 전기펄스 - 음성
② 음성 - PAM펄스 - PCM펄스 - 음성
③ 음성 - PAM펄스 - PCM펄스 - PAM펄스 - 음성
④ 음성 - 광펄스 - 전기펄스 - 광펄스 - 음성

32 다음 중 펄스부호화의 장점이 아닌 것은?
① 잡음에 강하다.
② 논리회로 집적화에 강하다.
③ 시분할다중화를 적용하여 분기와 삽입이 쉽다.
④ 양자화잡음이 없다.

33 다음 중 샤논의 정리에 근거하여 전송용량을 증가시키기 위한 방법으로 틀린 것은?
① 전송대역폭을 넓힌다.
② 신호의 크기를 높인다.

③ 잡음의 크기를 줄인다.
④ 신호대잡음비를 줄인다.

34 케이블 선로의 시설 형식에 따른 분류가 아닌 것은?
① 가공 선로   ② 지하 선로
③ 수저 선로   ④ 시내 선로

35 UTP 케이블에 대한 설명으로 틀린 것은?
① 케이블의 가격이 저렴하다.
② 절연된 구리선이 두 가닥씩 서로 꼬아져 있다.
③ 디지털과 아날로그 전송에 모두 사용될 수 있다.
④ 외부잡음이나 간섭에 강하도록 알루미늄 호일로 차폐를 시킨 케이블이다.

36 50/125[μm] 광섬유에서 코어 굴절률이 1.49이고 비굴절률(Δ)이 1.5[%]일 때, 최대 수광각은?
① 12.85도   ② 14.96도
③ 17.45도   ④ 28.34도

37 광섬유 코어의 굴절률이 1.45이면, 광섬유에서 빛의 속도는 얼마인가?
① 2.069×10^8[m/s]
② 1.0345×10^8[m/s]
③ 2.069×10^6[m/s]
④ 3.0×10^8[m/s]

38 다음 중 광 수신기의 잡음을 표현한 것으로 옳은 것은?
① 열잡음+산탄(Shot) 잡음
② 열잡음+백색(White) 잡음
③ 산탄잡음+백색잡음
④ 증폭기 잡음+백색잡음

39 광통신에서 가장 구조가 간단하여 보편적으로 사용하는 광변복조 방식은?
① 강도변조-직접검파
② ASK-헤테로다인검파
③ FSK-호모다인검파
④ AM-포락선검파

40 국내 선로 시설 중 지역에 따라 사용할 수 있는 고정 배선법을 바르게 나타낸 것은?
① 단독 배선법과 인접 중복 배선법
② 단독 배선법과 중복 배선법
③ 이중 배선법과 다중 배선법
④ 이중 배선법과 혼합 배선법

41 다음 중 내면이 매끈해서 케이블의 인입 포설 작업이 가장 용이한 관은?
① 흄관
② 경질 PVC관
③ 콘크리트관
④ 철관 및 강관

42 xDSL의 종류별 특징으로 틀린 것은?
① ADSL : 비대칭형이며 전화선을 사용한다.
② SDSL : 비대칭형이며 전화선을 사용한다.
③ VDSL : 전송거리가 짧으며 백본랜 등에 활용한다.

④ HDSL : 대칭형이며 4선식 회선으로 구성되어 있다.

43 다음 그림은 케이블의 무엇을 측정하기 위한 구성인가?

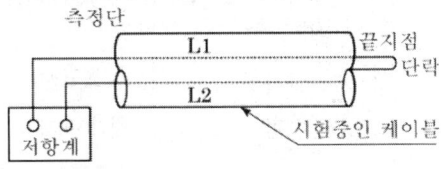

① 절연저항의 측정
② 루프저항의 측정
③ 접지저항의 측정
④ 차폐율 측정

44 다음 중 광선로 상태 감시를 하는 OTDR의 기능이 아닌 것은?
① 광섬유 단선지점 표시
② 광커넥터 및 광 융착접속 지점 표시
③ 광섬유 총 거리 측정
④ 광섬유 편광특성 측정

45 광섬유 케이블에서 입력측의 전력이 0.1[mW], 출력측의 전력이 0.001[mW]일 경우 케이블의 전송손실[dB]은?
① 10[dB]   ② 20[dB]
③ 30[dB]   ④ 100[dB]

46 다음 용어의 정의에 해당하는 것은?

> 유선·무선·광선 또는 그 밖의 전자적 방식에 의하여 송신되거나 수신되는 부호·문자·음성·음향 및 영상을 말한다.

① 방송통신
② 방송통신설비
③ 방송통신콘텐츠
④ 방송통신서비스

47 다음 중 정보통신공사의 범위에 들지 않는 것은?
① 전기통신관계법령 및 전파관계법령에 따른 통신설비공사
② 방송법 등 방송관계법령에 의한 방송설비공사
③ 정보통신관계법령에 따라 정보통신설비를 이용하여 정보를 제어·저장 및 처리하는 정보설비공사
④ 수전설비를 포함한 정보통신전용 전기시설설비공사 등 기타 설비공사

48 감리원의 배치기준 중 100억 이상의 공사에 배치할 수 있는 자는?
① 기술사   ② 특급감리원
③ 고급감리원   ④ 중급감리원

49 정보통신공사업자는 상호, 명칭 또는 그 밖에 대통령령이 정하는 사항을 변경한 경우에는 대통령령으로 정하는 바에 따라 이를 시·도지사에게 신고하여야 한다. 다음 중 공사업의 폐업을 신고하여야 하는 사항이 아닌 것은?
① 공사업자가 파산한 경우에는 그 파산관재인
② 법인이 합병 또는 파산 외의 사유로 해산한 경우에는 그 청산인
③ 공사업자가 사망하였으나 상속인이 그 공사업을 상속하지 아니하는 경우에는

그 상속인
④ 영업정지처분에 위반하거나 최근 5년간 3회 이상 영업정지처분을 받은 때

50 정보통신공사협회는 누구의 인가를 받아 설립할 수 있는가?
① 대통령
② 국무총리
③ 특별자치도지사
④ 과학기술정보통신부장관

51 전기통신을 하기 위한 선로·기계·기구 또는 그 밖에 전기통신에 필요한 설비를 무엇이라 하는가?
① 전자통신설비
② 정보통신설비
③ 전기통신설비
④ 전파통신설비

52 기간통신사업자가 전기통신서비스 요금 감면 대상이 아닌 것은?
① 시중은행
② 재난구조
③ 사회복지
④ 국가안전보장

53 맨홀 또는 핸드홀 간의 설치기준에 맞는 것은? (단, 교량·터널 등 특수구간의 경우와 광케이블 등 특수한 통신케이블만 수용하는 경우는 제외)
① 236[m] 이내
② 246[m] 이내
③ 256[m] 이내
④ 264[m] 이내

54 다음은 무엇에 대한 용어의 정의인가?

구내간선케이블 및 건물간선케이블을 종단하여 상호 연결하는 통신용 분배함

① 국선단자함
② 동단자함
③ 층단자함
④ 세대단자함

55 특별히 위해방지설비를 하지 않은 상태에서의 해저통신선은 해저 강전류전선으로부터 몇 미터 이내의 거리에 접근하여 설치할 수 없는가?
① 500[m]
② 550[m]
③ 600[m]
④ 650[m]

56 다음 중 골조공사 시 세대단자함의 재질 및 보강방법 등을 고려하여 설치하는 주된 이유는?
① 변형이 생기지 않도록 하기 위하여
② 세대 간의 층간소음을 줄이기 위하여
③ 예비전원을 쉽게 가설하기 위하여
④ 단지서버를 쉽게 설치하기 위하여

57 다음 괄호 안에 들어갈 용어로 맞게 짝지어진 것은?

( )라 함은 방송통신설비를 안전하게 설치·운영·관리하기 위한 건축물로서 ( ) 등으로 구성되며, 특히 중요한 방송통신설비를 수용하는 경우에는 ( )라 한다.

① 방송사 - 방송기계실 - 중요방송사
② 방송실 - 통신실 - 핵심방송실

③ 통신국사 - 통신기계실 - 중요통신국사
④ 통신실 - 방송실 - 핵심통신실

58 다음 중 방송통신설비에 대한 용어의 정의가 잘못된 것은?
① 옥외설비 : 중계케이블이나 안테나 설비 등 옥외에 설치되는 통신설비
② 통신기계실 : 교환설비나 전송설비, 전산설비 등이 설치되는 장소
③ 중요데이터 : 시스템 데이터나 국 데이터 등 해당 데이터의 파괴, 소실 등으로 통신망 기능에 중대한 지장을 주는 데이터
④ 응답스펙트럼 : 방송통신설비가 가지고 있는 고유 진동에 대한 주파수 응답 특성

59 다음 중 '방송통신설비의 안전성 및 신뢰성 등에 관한 기술기준'에서 정의하는 사업용 방송통신설비가 아닌 것은?
① 독립통신설비　② 기간통신설비
③ 전송망설비　　④ 부가통신설비

60 다음 중 방송통신 옥외설비의 안정성을 확보하기 위하여 요구되는 대책이 아닌 것은?
① 풍해대책　　② 동결대책
③ 낙뢰대책　　④ 자외선대책

2020년 2회 시행 과년도출제문제

01 "단위전하가 임의의 두 점 사이를 이동할 때 얻거나 잃는 에너지의 크기"를 무엇이라고 하는가?
① 전압 ② 전류
③ 저항 ④ 임피던스

02 2[kWh]의 전력량을 줄[J]로 나타내면?
① 3.6×10^5[J] ② 7.2×10^5[J]
③ 3.6×10^6[J] ④ 7.2×10^6[J]

03 교류전류가 2[A]인 R, L 직렬회로에서 R이 10[Ω]이고, X_L이 10[Ω]일 때, R-L회로 양단에 인가된 전압의 크기는 약 얼마인가?
① 14.14[V] ② 20[V]
③ 28.28[V] ④ 40[V]

04 R-L-C 직렬회로에서 직렬 공진이 일어난 경우, 전압과 전류의 위상은?
① 전류가 전압보다 90° 빠르다.
② 전류가 전압보다 180° 느리다.
③ 전류가 전압보다 45° 빠르다.
④ 전류와 전압은 동상이다.

05 전류에 의한 자장의 크기 및 방향을 구하는 법칙으로 맞게 이루어진 것은?
① 앙페르의 오른 나사 법칙, 렌츠의 법칙
② 비오-사바르의 법칙, 앙페르의 오른 나사 법칙
③ 플레밍의 오른 나사 법칙, 비오-사바르의 법칙
④ 비오-사바르의 법칙, 렌츠의 법칙

06 다음 중 SCR에 대한 설명으로 옳은 것은?
① 순방향 부성저항을 갖는다.
② 허용전류는 수십[mA]이다.
③ 내압은 20[kV]~30[kV]이다.
④ OFF 상태의 저항은 매우 낮다.

07 다음 중 인덕터 평활회로에 대한 설명으로 틀린 것은?
① 미분회로가 구성된다.
② 맥동률은 L값이 클수록 작아진다.
③ 맥동률은 부하가 클수록 작아진다.
④ 전류의 급격한 변화를 막을 수 있다.

08 정전압 전원회로의 리니어 방식과 스위칭 방식의 비교설명으로 옳은 것은?
① 리니어 방식은 스위칭 방식에 비해 중량이 가볍다.
② 리니어 방식은 스위칭 방식에 비해 전원 잡음이 크다.
③ 리니어 방식은 스위칭 방식에 비해 전압 변환효율이 나쁘다.
④ 리니어 방식은 스위칭 방식에 비해 복수 전원 구성이 간단하다.

09 연산증폭기의 두 입력전류 I_{B1}, I_{B2}가 각각

5[A]라고 할 때, 입력 바이어스(Bias) 전류 값은? (단 출력전압 V_o는 0[V]임)
① 0[A] ② 5[A]
③ 10[A] ④ 25[A]

10 다음 중 DEPP(Double-Ended Push-Pull) 회로의 구성을 바르게 설명한 것은?
① 트랜지스터가 부하에 대해서는 병렬로 연결되고, 전원에 대해서는 직렬로 연결된다.
② 트랜지스터가 부하에 대해서는 직렬로 연결되고, 전원에 대해서는 직렬로 연결된다.
③ 트랜지스터가 부하에 대해서는 병렬로 연결되고, 전원에 대해서는 병렬로 연결된다.
④ 트랜지스터가 부하에 대해서는 직렬로 연결되고, 전원에 대해서는 병렬로 연결된다.

11 다음 중 정현파 발진기의 종류가 아닌 것은?
① 수정 발진회로
② 하틀리 발진회로
③ 콜피츠 발진회로
④ 블로킹 발진회로

12 PLL은 위상 검출기, 저역통과필터, 전압제어발진기(VCO)로 구성된 전압 궤환 회로이다. 다음 PLL 구성도에서 빈칸 안에 들어갈 알맞은 단어로 짝지어진 것은?

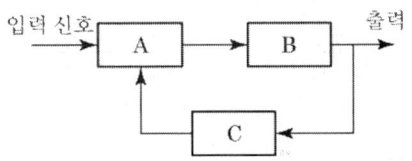

① A : 위상검출기, B : 전압제어발진기, C : 저역통과필터
② A : 위상검출기, B : 저역통과필터, C : 전압제어발진기
③ A : 저역통과필터, B : 전압제어발진기, C : 위상검출기
④ A : 전압제어발진기, B : 위상검출기, C : 저역통과필터

13 디지털 펄스 변조 방식 중 아날로그 신호 파형을 샘플링하고 양자화(Quantizing)시킨 신호로 펄스를 변조하거나 부호화하는 방식은?
① PCM ② PAM
③ PWM ④ PFM

14 음성신호와 같은 연속신호의 표본화 이후 만들어지는 파형은?
① PAM ② PPM
③ PWM ④ PCM

15 다음 회로의 입력신호(구형파)에 대한 출력신호로 적합한 파형은?

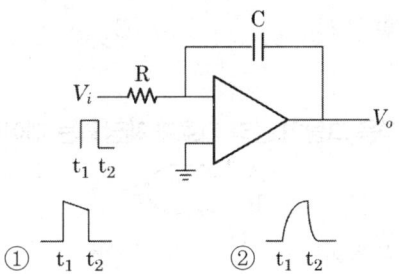

③ ┌┐ t₁ t₂　　④ ╱╲ t₁ t₂

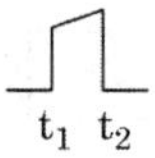

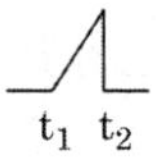

16 다음과 같은 컴퓨터의 기능은?

> 지시된 명령을 해석하고 실행하며 각 장치를 통제하는 기능으로서 인간의 뇌의 행동을 생각하고 통제하는 기능과 같다.

① 제어 기능　② 연산 기능
③ 기억 기능　④ 출력 기능

17 다음 중 누산기, 상태 레지스터, 가산기, 데이터 레지스터 등과 관계있는 장치는 어느 것인가?

① 연산장치　② 출력장치
③ 기억장치　④ 제어장치

18 컴퓨터 기억장치의 성능에 직접적인 관계가 없는 것은?

① 기억 용량(Capacity)
② 데이터 보안(Security)
③ 접근 시간(Access Time)
④ 기억 사이클 시간(Memory Cycle Time)

19 다음 중에서 값이 가장 큰 수는?

① $(1111)_2$　② $(14)_8$
③ $(12)_{10}$　④ $(C)_{16}$

20 다음 그림의 논리 기호에 해당되는 게이트는?

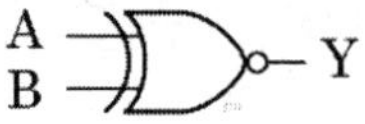

① XOR　② NOR
③ NAND　④ XNOR

21 카르노맵(Karnaugh Map)의 변수 개수에 따른 최소항의 개수가 바르게 나열된 것은?

① 2변수-4개, 3변수-8개, 4변수-16개
② 2변수-4개, 3변수-8개, 4변수-32개
③ 2변수-8개, 3변수-16개, 4변수-32개
④ 2변수-4개, 3변수-16개, 4변수-32개

22 다음 중 순서도의 장점이 아닌 것은?

① 프로그램 흐름을 단순화하여 분석이 명료해진다.
② 논리적인 오류를 쉽게 파악할 수 없다.
③ 도식화된 기호를 이용하므로 다른 사람이 쉽게 이해할 수 있다.
④ 원시 프로그램의 작성을 용이하게 하여 코딩작업이 간단해진다.

23 1바이트(byte)는 몇 비트(bit)인가?

① 2,048[bit]　② 1,024[bit]
③ 16[bit]　④ 8[bit]

24 운영체제에서 단위 시간 내에 처리할 수 있는 작업의 양을 무엇이라고 하는가?

① 신뢰도(Reliability)
② 처리 능력(Throughput)
③ 사용 가능도(Availability)
④ 응답 시간(Turnaround Time)

25 운영체제(OS)의 제어 프로그램 중 주기억장치에 상주하며 각종 처리 프로그램 실행을 감독하는 프로그램은?

① 감시 프로그램
② 작업관리 프로그램
③ 자료관리 프로그램
④ 유틸리티 프로그램

26 다음 중 아날로그 변조 신호의 종류가 아닌 것은?
① AM　　　② FM
③ PM　　　④ PCM

27 주파수가 3[kHz]인 사인파의 파장은 몇 [km]인가?
① 0.1[km]　　② 1[km]
③ 10[km]　　④ 100[km]

28 다음 중 전송선로의 2차 정수가 아닌 것은?
① 감쇠정수　　② 위상정수
③ 누설 콘덕턴스　④ 특성 임피던스

29 다음 중 누화의 원인으로 틀린 것은?
① 정전결합
② 전자결합
③ 절연저항 평형
④ 도체저항 불평형

30 다음 중 아날로그 전송 방식에 비해 디지털 전송 방식이 갖는 장점은?
① 신호의 복원, 재생이 용이하다.
② 증폭기를 이용 시 잡음과 왜곡은 증가된다.
③ 주파수 대역폭이 좁다.
④ 고품질 선로에서만 전송이 가능하다.

31 PCM의 신호 변환 과정 중 아날로그 신호의 진폭을 일정한 시간 간격으로 추출하는 과정은?
① 표본화　　② 양자화
③ 부호화　　④ 역부호화

32 QAM에 대한 설명으로 옳은 것은?
① ASK와 PSK를 혼합한 변조 방식이다.
② ASK와 FSK를 혼합한 변조 방식이다.
③ PSK와 FSK를 혼합한 변조 방식이다.
④ ASK, FSK, PSK를 혼합한 변조 방식이다.

33 다음 중 광전송에서 송수신하는 빛의 파장을 다르게 함으로써 한 가닥의 광섬유를 이용하여 여러 신호를 다중화하여 송수신하는 방식은?
① FDM　　② CDM
③ WDM　　④ TDM

34 다음 중 100[MHz] 정도에서 카테고리 CAT5e급 UTP 케이블의 특성 임피던스로 가장 적합한 것은?
① 75[Ω]　　② 100[Ω]
③ 150[Ω]　　④ 300[Ω]

35 UTP 케이블 규격 중 CAT5의 대역폭으로 옳은 것은?
① 10[MHz]　　② 16[MHz]
③ 20[MHz]　　④ 100[MHz]

36 50/125[μm] 광섬유에서 코어 굴절률이 1.49이고 비굴절률(Δ)이 1.5[%]일 때 개구수는?

① 0.126 　　② 0.187
③ 0.258 　　④ 0.577

37 광케이블에서 클래드의 최대 직경이 127[μm], 최소 직경이 123[μm], 표준 직경이 125[μm]일 때, 비원율은?
① 1.6[%] 　　② 2.0[%]
③ 3.2[%] 　　④ 4.0[%]

38 하나의 광신호 전력을 두 개 이상의 출력으로 전력을 분배하는 기능을 하는 것은?
① 광 결합기 　　② 파장 다중화기
③ 서큘레이터 　　④ 아이솔레이터

39 1[mW]의 광 전력 출력을 갖는 레이저 다이오드를 20[dB] 증폭시켰을 경우 출력은 몇 [dBm]인가?
① 10[dBm] 　　② 20[dBm]
③ 30[dBm] 　　④ 40[dBm]

40 지하케이블 작업 시 안전사항으로 틀린 것은?
① 작업 후 작업 개소를 깨끗이 청소한다.
② 1분 정도 환기를 시키고 맨홀에 들어가야 한다.
③ 다른 케이블에 손상을 주지 않도록 작업해야 한다.
④ 차도 케이블 공사 시 주의 표지판 등을 반드시 설치한 후 작업한다.

41 광 튜브 케이블을 배관 내 또는 통신용 트레이에 설치하고 비어 있는 광 튜브 케이블 내로 압축공기를 불어넣어 집합심선을 포설하는 공법은?
① 견인 포설방식
② 양방향 포설방식
③ 공기압 포설방식
④ 연속 포설방식

42 해저 케이블통신과 위성통신의 차이점에 관한 설명으로 옳지 않은 것은?
① 해저 케이블통신은 해상을 대상으로 하나 위성통신은 우주가 대상이 된다.
② 해저 케이블통신은 유선통신에 해당되나 위성통신은 무선통신이다.
③ 해저 케이블통신은 위성통신에 비해 기후의 영향을 더 받는다.
④ 해저 케이블통신과 위성통신은 모두 고주파를 이용한다.

43 회로정수의 단위 길이당 값의 표현이 틀린 것은?
① R[Ω/km] 　　② L[H/km]
③ G[Ω/km] 　　④ C[F/km]

44 1[dB]는 약 몇 [Neper]인가?
① 0.114 　　② 0.115
③ 0.116 　　④ 0.117

45 전주의 지선 근개 각도는 몇 도인가?
① 10도 　　② 45도
③ 60도 　　④ 90도

46 다음 중 정보통신공사업의 용역업무와 거리

가 먼 것은?
① 조사   ② 설계
③ 감리   ④ 시공

47 다음은 무엇에 대한 정의인가?

> 유선·무선·광선 그 밖의 전자적 방식으로 부호·문자·음향 또는 영상 등의 정보를 저장·제어·처리하거나 송·수신하기 위한 기계·기구·선로 및 그 밖에 필요한 설비를 말한다.

① 정보통신설비
② 정보통신공사
③ 정보통신공사업
④ 정보통신공사업자

48 다음 용어의 정의에 해당하는 것은?

> 발주자로부터 공사를 도급받은 공사업자

① 도급   ② 하도급
③ 수급인 ④ 하수급인

49 정보통신공사업을 양도(공사업자인 법인이 분할 또는 분할합병되어 설립되거나 존속하는 법인에게 공사업을 양도하는 경우를 포함)하고자 하는 경우 누구에게 신고하여야 하는가?
① 시·도지사   ② 방송통신위원회
③ 국무총리   ④ 대통령

50 전기통신사업법의 통신비밀보호에 관한 내용이다. 다음 중 괄호에 가장 적합한 말은?

> 전기통신업무에 종사하는 자 또는 ( )는 그 재직 중에 통신에 관하여 알게 된 타인의 비밀을 누설하여서는 아니 된다.

① 허가자
② 종사하였던 자
③ 전기통신사업자
④ 전기통신사업 승인자

51 다음 중 기간통신사업 허가를 받을 수 있는 것은?
① 국내 기업체   ② 지방자치단체
③ 외국 법인   ④ 외국 정부

52 모든 전기통신사업자는 보편적 역무를 제공하거나 그 제공에 따른 손실을 보전할 의무가 있다. 다음 중 보편적 역무를 제공하기 위해 고려할 사항이 아닌 것은?
① 정보통신기술의 발전 정도
② 전기통신역무의 보급 정도
③ 개인의 이익과 안전
④ 사회복지 증진

53 관로가 가스 등 다른 매설물과 같이 매설될 경우 상호 이격거리는 몇 [cm] 이상이어야 하는가? (단, 부득이한 사유는 제외)
① 30[cm]   ② 50[cm]
③ 60[cm]   ④ 80[cm]

54 가공통신선의 지지물에는 취급자가 오르내리는 데 사용하는 발디딤쇠 등을 지표상으로부터 몇 [m] 이상의 높이에 부착하여야 하는가? (단, 예외사항은 제외)

① 0.8[m] 이상 ② 1.8[m] 이상
③ 2.0[m] 이상 ④ 2.8[m] 이상

55 다음 중 구내전송선로설비에 사용되는 주요 설비가 아닌 것은?
① 분기기 및 분배기
② 동축케이블
③ 증폭기
④ 병렬단자

56 다음 중 접지설비·구내통신설비·선로설비 및 통신공동구 등에 대한 기술기준에 따른 구내에 설치되는 옥내·외 배관 요건으로 틀린 것은?
① 배관은 외부의 압력 또는 충격 등으로부터 선로를 보호할 수 있는 기계식 강도를 가진 내부식성 금속관을 사용하여야 한다.
② 배관의 내경은 배관에 수용되는 케이블 단면적의 총 합계가 배관 단면적의 35[%] 이하가 되도록 하여야 한다.
③ 배관의 굴곡은 가능하면 완만하게 처리하여야 하고, 곡률반경은 배관내경의 6배 이상으로 한다.
④ 배관의 1구간에 있어서 굴곡개소는 3개소 이내이어야 한다.

57 가공통신선을 7,000[V]를 초과하는 전압의 가공강전류전선용 전주에 가설하는 경우에는 노면으로부터 몇 [m] 이상의 높이에 설치하여야 하는가?
① 3.5[m] ② 4.0[m]
③ 4.5[m] ④ 5.0[m]

58 구내간선케이블 및 건물간선케이블을 종단하여 상호 연결하는 통신용 분배함을 무엇이라 하는가?
① 동단자함   ② 층단자함
③ 국선단자함 ④ 세대단자함

59 다음 중 교환망의 경우 두 개의 중요통신국사 간을 연결하는 접속계통의 고장 등에 대비하여 이를 대체할 수 있는 다른 통신국사를 경유한 우회 접속계통을 마련하도록 의무화된 방송통신설비는?
① 전송망설비
② 기간통신사업설비로 주파수를 할당받아 제공하는 역무설비
③ 부가통신사업설비
④ 자가통신설비

60 다음 중 방송통신설비의 안전성 및 신뢰성에 대한 기술기준에서 정의하는 '응답스펙트럼'을 바르게 나타낸 것은?
① 지진이 건물 층간에 미치는 지진 세기의 변화 특성
② 지진 운동의 진동주파수에 대한 지진가속도의 변화 특성
③ 지진운동이 지반 자체에 나타나는 지진의 강도 특성
④ 지진에 의한 중요데이터의 파괴 및 소실 정도를 나타내는 특성

2020년 4회 시행 과년도출제문제

01 다음 직·병렬 저항회로에서 R_1=300[ohm], R_2=200[ohm], R_3=500[ohm], R_4=100[ohm], R_5=50[ohm]일 때 합성저항 R_T는?

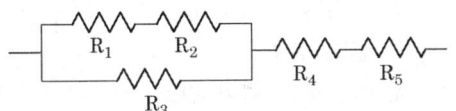

① 250[Ω]　② 300[Ω]
③ 600[Ω]　④ 400[Ω]

02 다음 회로 중 접속점 O에서 흘러나가는 전류(I)는?

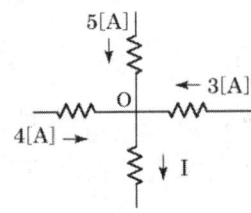

① 7[A]　② 9[A]
③ 12[A]　④ 15[A]

03 $\dfrac{\pi}{2}$[rad]의 각도는 몇 도인가?

① 0°　② 45°
③ 90°　④ 180°

04 R-L-C 직렬회로에서 공진이 일어나기 위한 조건은?

① $\omega L > \dfrac{1}{\omega C}$　② $\omega L < \dfrac{1}{\omega C}$
③ $\omega L = \dfrac{1}{\omega C}$　④ $\dfrac{1}{\omega L} = \omega C$

05 다음 중 자기력선의 특징이 아닌 것은?
① 자기력선은 끊어지지 않는다.
② 자기력선이 촘촘한 곳은 자기장의 세기가 강하다.
③ N극에서 나온 자기력선은 반드시 S극에서 끝난다.
④ 자기력선은 다른 자기력선과 교차한다.

06 FET에서 I_D(드레인 전류)가 거의 흐르지 않는 V_{GS}(게이트 전압)을 무엇이라 하는가?
① Pinch-Off 전압　② 소스 전압
③ 상호 전압　④ Cut-Off 전압

07 전파 정류회로의 이론적인 최대 효율[%]은?
① 51.2　② 61.2
③ 71.2　④ 81.2

08 배전압 정류회로는 직류 출력 전압이 교류 입력 전압의 최대값에 약 몇 배가 되는 출력 전압을 얻을 수 있는가?
① 2　② 3
③ 4　④ 5

09 A급 전력증폭기의 특징이 아닌 것은?
① 회로가 비교적 간단하다.
② 수[W] 이하의 소전력 증폭기에 사용된다.

③ 출력파형이 일그러지는 크로스오버 왜곡이 발생한다.
④ 온도의 영향을 작게 받는다.

10 B급 전력증폭회로에서 효율 η는 얼마인가?
① 78.5[%] 이상
② 78.5[%]
③ 80[%]
④ 100[%]

11 다음과 같은 이상형 병렬 R형 발진기의 발진 주파수는?

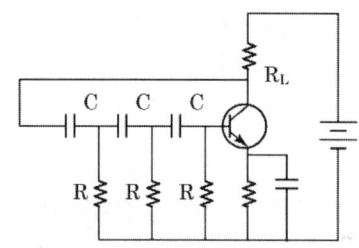

① $f = \dfrac{1}{2\pi\sqrt{6}RC}$
② $f = \dfrac{\sqrt{6}}{2\pi RC}$
③ $f = \dfrac{\sqrt{6}}{2\pi\sqrt{RC}}$
④ $f = \dfrac{1}{2\pi RC}$

12 PLL회로에서 위상 검출기에 검출된 주파수의 합과 차가 각각 18[kHz]와 2[kHz]일 때, 입력주파수 f_i와 VCO 주파수 f_o는?
① f_i=8[kHz], f_o=12[kHz]
② f_i=10[kHz], f_o=8[kHz]
③ f_i=9[kHz], f_o=11[kHz]
④ f_i=12[kHz], f_o=10[kHz]

13 신호주파수가 3[kHz], 최대 주파수 편이가 15[kHz]일 때 변조지수는 얼마인가?
① 18
② 10
③ 5
④ 45

14 무선 모뎀에 사용하는 변조는?
① 아날로그 변조
② 디지털 변조
③ 펄스 변조
④ 아날로그 편이 변조

15 아래 파형에서 실제적인 펄스 파형의 '②' 부분을 나타내는 파형의 명칭은?

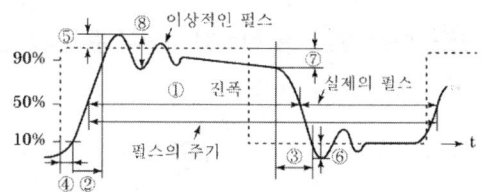

① 상승 시간
② 하강 시간
③ 지연 시간
④ 언더 슈트

16 다음 중 데이터 처리 과정으로 올바른 것은?
① 데이터 분석과 처리→데이터 수집과 기록→데이터 발생→정보 저장 및 활용
② 데이터 발생→데이터 수집과 기록→데이터의 분석과 처리→정보 발생, 저장 및 활용
③ 정보 발생→데이터 수집과 기록→데이터 분석과 처리→데이터 발생, 저장 및 활용
④ 데이터 수집과 기록→데이터 분석과 처리→데이터 발생→정보 저장 및 활용

17 다음 중 컴퓨터의 제어장치를 구성하는 요소가 아닌 것은?
① 상태 레지스터(Status Register)
② 프로그램 카운터(Program Counter)
③ 명령어 레지스터(Instruction Register)
④ 기억 장치 주소 레지스터(Memory Address Register)

18 다음 중 즉시 주소지정방식(Immediate Addressing Mode)에 대한 설명으로 틀린 것은?
① 주기억장치의 참조가 없으므로 속도가 빠르다.
② 명령어 주소 부분이 있는 값 자체가 실제의 데이터이다.
③ 주소부 길이의 제약 때문에 모든 데이터의 표현이 어렵다.
④ 명령어의 주소 부분으로 지정된 기억 장소의 내용이 실제 데이터가 있는 주소로 사용된다.

19 1킬로바이트[kB]는 몇 비트[bit]인지 바르게 계산한 것은?
① 8,192   ② 8,000
③ 7,000   ④ 7,168

20 다음 불 대수식 중 옳지 않은 것은?
① $A+(B \cdot C) = (A+B)(A+C)$
② $A + \overline{A} = 1$
③ $A \cdot \overline{A} = 0$
④ $\overline{A} + A \cdot B = A + B$

21 $A \cdot (B+C) = (A \cdot B)+(A \cdot C)$식에 해당하는 불 대수 기본 원칙은?
① 교환 법칙
② 결합 법칙
③ 분배 법칙
④ 드모르간의 법칙

22 다음 순서도에서 "PRINT A"에 출력되는 값으로 올바른 것은?

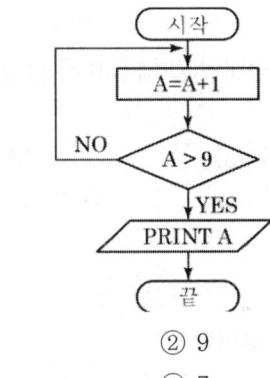

① 10   ② 9
③ 8   ④ 7

23 자료의 흐름을 중심으로 하여 시스템 전체의 작업 내용을 총괄적으로 나타낸 순서도는?
① 상세 순서도
② 개략 순서도
③ 시스템 순서도
④ 프로그램 순서도

24 다음 중 다중처리(Mutiprocessing) 시스템에 대한 설명으로 틀린 것은?
① CPU가 2개 이상이다.
② 제어기능이 복잡하다.
③ 여러 작업이 동시에 수행될 수 있다.

④ CPU가 1개이다.

25 단말기로부터 발생한 데이터를 전송 즉시 처리하여 결과를 출력해주는 운영체제(OS) 기법은?
① 일괄 처리 방식
② 시분할 처리 방식
③ 실시간 처리 방식
④ 다중 프로세싱 시스템

26 전력이 10[W]일 때 [dBm] 변환값은 얼마인가?
① 0[dBm]　　② 10[dBm]
③ 20[dBm]　　④ 40[dBm]

27 광통신 파장 1,550[nm]에 해당하는 주파수는 약 얼마인가?
① 203.533[THz]　② 195.376[GHz]
③ 193.548[THz]　④ 622.548[MHz]

28 전송로의 끝 지점을 개방하였을 때 임피던스가 225[Ω]이고, 끝 지점을 단락하였을 때 임피던스가 100[Ω]이면, 이 전송선로의 특성임피던스는 몇 [Ω]인가?
① 100[Ω]　　② 150[Ω]
③ 182[Ω]　　④ 225[Ω]

29 선로 분포정수에서 1차 정수 요소와 단위가 틀린 것은?
① 저항(R), [Ω/m]
② 인덕턴스(L), [H/m]
③ 정전용량(C), [F/m]
④ 누설 컨덕턴스(G), [L/km]

30 다음 중 전송부호의 요구 조건으로 틀린 것은?
① 신호에 직류성분이 있는 부호
② 주파수 대역을 감소시킬 수 있는 부호
③ 에러 검출 및 정정이 용이한 부호
④ 동기화가 용이한 부호

31 다음 중 아날로그 신호를 아날로그 신호로 변조하는 방법이 아닌 것은?
① AM　　　　② FM
③ PM　　　　④ PCM

32 4위상 편이 변조(4-PSK)에서는 몇 도[°]로 위상을 등분하여 할당하는가?
① 30°　　　　② 45°
③ 90°　　　　④ 180°

33 빛의 전반사에 대한 설명으로 옳은 것은?
① 매질의 굴절률에 관계없이 항상 일어나는 현상이다.
② 코어의 굴절률이 클래드의 굴절률보다 낮아야 되는 현상이다.
③ 굴절률이 동일한 매질로 빛이 진행할 때에만 일어나는 현상이다.
④ 높은 굴절률의 매질에서 낮은 굴절률의 매질로 빛이 진행할 때에만 일어나는 현상이다.

34 광케이블의 곡률 반경(Redius of Curvature)은 통상 외경(직경)의 몇 배 이상으로 하는가?

① 5배　　② 10배
③ 15배　　④ 20배

35 동축케이블의 주파수(f)에 대한 감쇠 특성은?
① f에 비례한다.
② $\sqrt{f}$에 비례한다.
③ $\frac{1}{\sqrt{f}}$에 비례한다.
④ $\frac{1}{f}$에 비례한다.

36 다음 중 광섬유에서 발생하는 분산의 종류가 아닌 것은?
① 색 분산　　② 재료 분산
③ 회절 분산　　④ 모드 분산

37 다음 중 레이저 다이오드에서 발생하는 잡음의 종류가 아닌 것은?
① 상대감도잡음(RIN)
② 모드(Mode) 잡음
③ 열(Thermal) 잡음
④ Parition 잡음

38 다음 WDM 용어 중 채널간격이 20[nm] 정도로 파장 다중화하는 방법은?
① CWDM(Coarse-WDM)
② DWDM(Dense-WDM)
③ NWDM(Narrow-WDM)
④ WDM

39 광통신을 구성하는 3가지 핵심 요소로 적합하지 않은 것은?
① 광원(레이저 다이오드)
② 광섬유
③ 광점퍼 코드
④ 광검파기

40 해저통신선과 해저 강전류전선의 최소 이격 거리(상호 근접하여 설치하여서는 안 되는 거리)는?
① 500[m]　　② 600[m]
③ 700[m]　　④ 800[m]

41 다음이 설명하고 있는 초고속통신망은 무엇인가?

> 비싼 메인 프레임이나 대용량의 기억 장치 사이에서 고속 정보 전송을 하며 동축케이블 버스 형태를 갖는다.

① LAN(Local Area Network)
② HSLN(High Speed Local Network)
③ HDLN(High Data Local Network)
④ HWAN(High Wide Area Network)

42 광케이블 포설공법 중에서 압축공기를 이용하여 포설속도가 빠르고 케이블의 손상이 적은 공법은?
① 인력에 의한 견인 포설공법
② 공압 포설공법
③ 양방향 포설공법
④ 포설차를 이용한 견인 포설공법

43 전송선로의 송단측 전류가 100[mA]이고 수단측 전류가 1[mA]일 때 전송선로의 통화 감쇠량은 몇 [dB]인가?

① 10 ② 20
③ 30 ④ 40

44 다음 중 맨홀 내에 들어가 작업 시 준수해야 할 사항으로 틀린 것은?
① 가스탐지기로 가연성 또는 유독성 잔류가스 유무를 측정한다.
② 맨홀 바닥에 물이 고여 있으면 물을 퍼낸 후 들어간다.
③ 야간작업 시는 경적(소리)장치를 반드시 설치한다.
④ 작업안내 및 위험 표지판을 설치한다.

45 광케이블 접속 후 측정법에 관한 설명으로 틀린 것은?
① OTDR의 접속손실은 상부측, 하부측 양 방향으로 측정하여 평균치로 구한다.
② 접속손실 측정 시 단차 현상이 발생한다.
③ 접속손실 측정은 컷백법을 이용하여 측정한다.
④ 총 손실 측정은 입력광과 출력광의 상대 레벨 값으로 표시한다.

46 방송통신의 원활한 발전을 위하여 새로운 방송통신방식 등을 채택하는 경우 이를 누가 고시하여야 하는가?
① 방송통신위원장
② 과학기술정보통신부장관
③ 국가기술표준원장
④ 한국표준협회장

47 우리나라의 방송통신에 관한 기본계획의 수립은 누가 하는가?
① 방송국
② 국무총리
③ 방송통신사업자
④ 과학기술정보통신부장관과 방송통신위원회

48 정보통신설비의 설치 및 유지·보수에 관한 공사와 이에 따르는 부대 공사를 무엇이라 하는가?
① 정보화기반공사 ② 정보설비공사
③ 방송통신공사 ④ 정보통신공사

49 다음 중 정보통신공사업법의 법령 제정의 목적이 아닌 것은?
① 정보통신공사의 기본적 사항(조사, 설계, 시공, 감리, 유지관리, 기술관리)을 규정
② 정보통신공사업의 규정(등록 및 도급)
③ 정보통신공사의 적절한 시공을 도모
④ 정보통신공사업의 공공복리 증진 이바지

50 공사를 발주한 자는 해당 공사를 시작하기 전에 시장, 군수, 구청장에게 확인받아야 할 것은 무엇인가?
① 설계도 ② 도급 계약서
③ 공정도 ④ 공사업 등록증

51 정보통신공사의 수급인은 발주자에 대해 공사를 완공일로부터 몇 년 이내에 하자가 발생했을 때 담보책임이 있는가?
① 3년 ② 4년

③ 5년   ④ 10년

52 다음 용어의 정의에 해당하는 것은?

> 유선·무선·광선 또는 그 밖의 전자적 방식으로 부호·문언·음향 또는 영상을 송신하거나 수신하는 것

① 무선통신   ② 전기통신
③ 전기통신사업   ④ 전기통신역무

53 철도, 고속도로 횡단구간 등 특수한 구간에서 관로의 매설 기준으로 지면에서 관로 상단까지의 거리는 몇 [m] 이상이어야 하는가?

① 1[m]   ② 1.5[m]
③ 2[m]   ④ 2.5[m]

54 교통에 지장을 줄 우려가 없고 시공상 불가피할 경우 보도와 차도의 구별이 있는 도로의 보도상을 제외한 도로상에 설치되는 가공통신선은 노면으로부터 몇 [m] 이상이어야 하는가?

① 0.8   ② 1.0
③ 1.2   ④ 4.5

55 다음 중 가공통신선이 가공강전류전선과 교차하거나 수평거리가 일정거리 이하로 접근할 경우 설치하는 제2종 보호망에 관한 설명으로 틀린 것은?

① 가로선은 직경 2.6[mm]의 경동선을 사용한다.
② 병행하는 금속선 상호간의 거리는 1.5[m] 이하로 한다.
③ 접지저항 10[Ω] 이하가 되도록 접지공사를 한 금속선을 망상으로 한다.
④ 고압으로 기타 강전류전선인 경우 : 60[cm] 이상

56 다음 중 가공강전류전선의 사용전압 및 종별에 따른 가공통신선의 지지물과의 이격거리를 잘못 표시한 것은?

① 저압인 경우 : 30[cm] 이상
② 35,000[V] 이하인 특고압 강전류 절연전선인 경우 : 1[m] 이상
③ 35,000[V] 이하인 강전류케이블인 경우 : 2[m] 이상
④ 고압으로 기타 강전류전선인 경우 : 60[cm] 이상

57 다음 중 도로상에 설치하는 철주 또는 철근콘크리트주의 안전계수로 적합하지 않은 것은?

① 0.8   ② 1.0
③ 1.2   ④ 1.5

58 다음 중 월패드에 관한 설명으로 틀린 것은?

① 이상전원 발생 시 제품을 보호할 수 있는 기능을 내장하여야 한다.
② 사용자의 조작을 고려한 위치 및 높이에 설치하여야 한다.
③ 원격 제어되는 기기에는 수동 조작스위치를 설치하여야 한다.
④ 단지 내의 공용부분 홈네트워크 시스템을 제어하는 역할을 한다.

59 홈네트워크망으로서 집중구내통신실에서 세

대까지를 연결하는 망을 무엇이라 하는가?
① 단지망 ② 세대망
③ 집중망 ④ 방재망

60 방송통신설비가 갖추어야 할 안전성 및 신뢰성에 관한 기준 중 건축물, 시설 등에 염분으로 인한 장해를 입을 우려가 있는 곳에 방송통신 옥외설비를 설치하는 경우 마련하여야 하는 대책은?
① 동결대책 ② 다습도 대책
③ 염해대책 ④ 수해대책

2021년 1회 시행 과년도출제문제

01 어떤 회로의 500[Ω] 저항에 흐르는 전류가 2[A]이면, 그 저항 양단의 전압은 얼마인가?
① 250[V] ② 1000[V]
③ 4[mV] ④ 2[kV]

02 직류회로에 R_1, R_2가 병렬로 연결되어 있고, R_1, R_2의 저항값이 같은 경우 그 합성저항 R_t는?
① $R_t = R_1 = R_2$
② $R_t = R_1 + R_2$
③ $R_t = \dfrac{R_1 + R_2}{R_1 \times R_2}$
④ $R_t = \dfrac{1}{2} R_2$

03 2[Ω]의 저항에 1.8[kW]의 전력을 소비시키려면 얼마의 전류가 흘러야 하는가?
① 10[A] ② 20[A]
③ 30[A] ④ 40[A]

04 교류 전기를 발생시키는 발진기의 원리를 나타내는 법칙은?
① 패러데이의 법칙
② 줄의 법칙
③ 플레밍의 오른손법칙
④ 플레밍의 왼손법칙

05 실효값이 200[V]인 사인파 교류 전압의 최댓값은?
① 141.4[V] ② 202.6[V]
③ 282.8[V] ④ 343.2[V]

06 220[V], 50[Hz]인 교류전원에 100[mH]인 코일을 부하로 연결하였을 경우, 이 부하의 리액턴스 값은 약 얼마인가?
① 31.4[Ω] ② 66.2[Ω]
③ 100[Ω] ④ 220[Ω]

07 다음 중 자석의 자기현상에 대한 설명으로 틀린 것은?
① 철심이 있으면 자속 발생이 어렵다.
② 자력선은 N극에서 나와서 S극으로 들어간다.
③ 서로 다른 극 사이에는 흡인력이 작동한다.
④ 자력은 거리의 제곱에 반비례한다.

08 코일을 지나는 자속이 시간에 따라 변화할 때 유도기전력은 자속의 증감을 방해하는 방향으로 발생하게 되는 법칙은 무엇인가?
① 플레밍(Fleming)의 왼손법칙
② 앙페르(Ampere)의 법칙
③ 플레밍(Fleming)의 오른손법칙
④ 렌츠(Lenz)의 법칙

09 집적회로를 만들기 위한 조건으로 옳지 않은 것은?
① L 및 C가 거의 필요 없다.
② 저항값이 큰 회로이다.
③ 전력 출력이 작아도 되는 회로이다.

④ 신뢰성이 중요시 되어 소형 경량을 필요로 하는 회로이다.

10 전원전압의 최댓값이 100[V]인 경우, 정류회로에서의 최대역전압(PIV)은 얼마인가?
① 400[V]   ② 300[V]
③ 200[V]   ④ 100[V]

11 다음 중 고정 바이어스 회로의 특징이 아닌 것은?
① 동작점의 온도에 따라 변동된다.
② 안정도가 나쁘다.
③ 회로의 구성이 간단하다.
④ 온도 변화에 무관한 고정적인 안정도를 갖는다.

12 트랜지스터 증폭 바이어스 회로 중에서 온도에 대해 안정성이 우수한 회로는?
① 베이스 바이어스
② 이미터 바이어스
③ 컬렉터 피드백 바이어스
④ 전압 분배 바이어스

13 증폭기의 증폭도를 A 라 하고, 궤환률을 β 라 할 때, 궤환 발진기의 바크하우젠의 발진 조건을 나타내는 식은?
① $A\beta=0$ ② $A\beta=1$
③ $A\beta\leq1$ ④ $A\beta\geq1$

14 RC 발진회로의 발진 원리는?
① 자기 일그러짐 현상 이용
② 부성 저항 특성 이용
③ 압전효과 이용
④ RC 정궤환회로 이용

15 다음 디지털 변조 방식 중 2비트의 부호를 동시에 전송하기 위해 사용하는 변조 방식은?
① QPSK   ② 8PSK
③ PSK   ④ 8QAM

16 그림과 같은 출력 신호를 나타내는 복조 회로는?

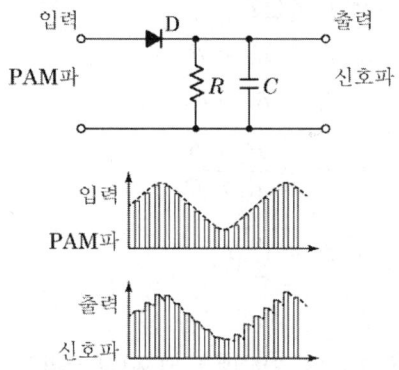

① 펄스 진폭 복조 회로
② 펄스 위상 복조 회로
③ 펄스 부호 복조 회로
④ 펄스 주파수 복조 회로

17 클럭 펄스가 가해질 때마다 출력상태가 반전하는 토글(Toggle) 또는 스위칭 작용을 하여 계수기에 사용되는 플립플롭은?
① RS형 플립플롭
② JK형 플립플롭
③ D형 플립플롭
④ T형 플립플롭

18 다음 중 컴퓨터의 연산 기능에 바르게 설명한 것은?
① 외부로부터 처리하고자 하는 프로그램이나 데이터를 컴퓨터 본체에 전달해 주는 기능
② 입력장치를 통하여 받아들인 데이터와 프로그램 또는 데이터 처리 과정에서 얻어진 중간 결과 및 최종 결과를 기억하는 기능
③ 기억장치에 기억되어 있는 프로그램과 데이터를 이용하여 제어장치를 통제하여 산술 연산 및 비교, 판단 등의 논리 연산을 행하는 기능
④ 입력, 출력, 기억, 연산 등 4가지 기능이 유기적으로 작동하도록 명령하고 감독, 통제하는 기능

19 사용 목적에 따른 분류로써 사무처리용, 과학기술용, 교육용으로 사용하는 컴퓨터는?
① 특수용 컴퓨터 ② 범용 컴퓨터
③ 개인용 컴퓨터 ④ 슈퍼 컴퓨터

20 다음 중 컴퓨터의 연산장치를 구성하는 요소가 아닌 것은?
① 가산기(Adder)
② 누산기(Accumulator)
③ 보수기(Complementer)
④ 프로그램 카운터(Program Counter)

21 다음 중 컴퓨터 입력장치로만 구성된 것은?
① OMR, 바코드 판독기
② 레이저 프린터, OMR
③ 스캐너, LCD 모니터
④ 플로터, 스피커

22 자료의 구성 단위에 대한 설명으로 틀린 것은?
① 비트(bit)는 정보 표현의 최소 단위로 0 또는 1로 표시한다.
② 바이트(byte)는 8개의 비트로 구성되며, 1바이트로 표시할 수 있는 정보의 수는 256개이다.
③ 문자(charactor)는 문자, 숫자, 특수문자를 말하며, 보통 6~7개의 바이트로 구성된다.
④ 워드(word)는 전자계산기에서 처리하는 기본 단위로 여러 개의 바이트로 구성된다.

23 2개의 입력값이 일치하였을 경우에만 출력이 '1'이 되는 논리회로는?
① 일치회로
② 반일치회로
③ XOR(Exclusive-OR)
④ 멀티플렉서

24 TTL과 CMOS IC에 대한 설명으로 틀린 것은?
① CMOS가 TTL IC보다 팬 아웃이 많다.
② CMOS가 TTL IC보다 문턱 전압이 높다.
③ TTL이 CMOS IC보다 전달 시간이 짧다.
④ TTL이 CMOS IC보다 동작 전압이 높다.

25 다음 중 기계어와 가장 유사한 언어는?
① 어셈블리(Assembly)

② C
③ 파스칼(Pascal)
④ 포트란(Fortran)

26 다음 중 프로그래밍 언어의 실행 과정으로 옳은 것은?
① 컴파일러-링커-로더
② 로더-링커-컴파일러
③ 링커-로더-컴파일러
④ 컴파일러-로더-링커

27 Excel 프로그램에서 내장함수 'COUNTIF'가 갖는 기능은?
① 주어진 조건을 만족하는 셀의 개수를 구하는 함수
② 주어진 셀 내의 숫자를 모두 합하는 함수
③ 주어진 셀 내의 숫자를 모두 빼는 함수
④ 주어진 셀 내의 숫자를 모두 나누는 함수

28 일러스트레이터 프로그램에서 사용하는 확장자는?
① *.ai
② *.hwp
③ *.exe
④ *.zip

29 유선 전송 측정에서 디지털 측정 항목별 약어를 설명한 것 중 틀린 것은?
① 비트 오율 : Bit Error Rate
② 블록 오율 : Block Error Rate
③ 오류 초율 : Error Free Seconds
④ 과오류 초율 : Severely Error Seconds

30 다음 중 측정항목에 따른 단위로 알맞지 않은 것은?
① 절연저항 : [MΩ]
② 누화 : [dB]
③ 신호대잡음비 : [dB]
④ 시간 주기 : [Hz]

31 다음 중 4선식 전송회선의 특징으로 옳은 것은?
① 반이중 방식으로 운용
② 왕복전송로가 동일
③ 사용주파수가 동일
④ 방향여파기가 필요

32 어느 전송선로의 입력측 전압이 1[V], 출력측 전압이 0.01[V]였다면 선로의 감쇠량은 몇 [dB]인가?
① −1[dB]
② −10[dB]
③ −20[dB]
④ −40[dB]

33 샤논의 정리에서 정의하고 있는 내용과 틀린 것은?
① 통신용량(C)= 대역폭 $\times \log_2(1+$신호전력/잡음전력$)$
② 신호 대 잡음비(S/N)는 주로 [dB]를 단위로 한다.
③ 통신용량의 단위는 [Baud]이다.
④ 통신채널의 통신용량은 대역폭과 신호의 전력, 채널의 잡음에 관련된다.

34 다음 부호화 방법 중 '0'이면 위에서 아래로, '1'이면 아래에서 위로 신호가 한 비트 기간 내에 변화하는 방식은?

① 맨체스터 부호화
② 차동 맨체스터 부호화
③ 복류 NRZ
④ Return to Bias 방식

35 어떤 신호가 3400[Hz]의 최대 주파수를 가질 때 나이키스트의 표본화 정리에 의해서 원래의 신호로 완전하게 복원시키는데 필요한 최소 표본화 주파수는?
① 1700[Hz]   ② 3400[Hz]
③ 6800[Hz]   ④ 8000[Hz]

36 다음 중 광통신의 특징으로 옳은 것은?
① 전도성 유전체로 구성된 케이블을 사용한다.
② 빛을 전송하기 때문에 매우 좁은 대역폭을 갖는다.
③ 광섬유를 사용하여 심선 간에 누화를 일으키지 않는다.
④ 기존 동축 케이블에 비하여 많은 손실 특성을 갖는다.

37 LAN 장비에 이용되는 RJ-45 Modular Plug의 접속 핀 수는?
① 4개   ② 6개
③ 8개   ④ 10개

38 외부도체 직경이 4.4[mm]로 경제성이 대단히 높고 광대역 전송이 가능한 동축 케이블은 어느 것인가?
① 표준 동축 케이블
② 세심 동축 케이블
③ 해저 동축 케이블
④ 장하 동축 케이블

39 다음 중 광섬유 케이블의 특징으로 알맞지 않은 것은?
① 저손실성
② 전도성
③ 광대역성
④ 코어의 세심 경량성

40 다음 중 전송능력이 가장 큰 광섬유 종류와 손실값이 가장 작은 파장은 어느 것인가?
① 다중 모드 광섬유(MMF) - 1500[nm]
② 다중 모드 광섬유(MMF) - 1310[nm]
③ 단일 모드 광섬유(MMF) - 1310[nm]
④ 단일 모드 광섬유(MMF) - 1500[nm]

41 광섬유의 영구접속(Splicing)으로 융착접속 방법을 많이 사용한다. 수동과 자동 융착접속기의 융착접속 단계로 옳은 것은?
① 광섬유 정렬-본방전-예비방전-접속점 보강
② 광섬유 정렬-접속점 보강-예비방전-본방전
③ 광섬유 정렬-예비방전-본방전-접속점 보강
④ 예방방전-본방전-광섬유 정렬-접속점 보강

42 광통신의 시스템 구성은 크게 송신기, 전송매체, 수신기로 구성되는데 광송신기의 발광소자로 볼 수 없는 것은?

① 반도체 레이저(LD)
② 발광 다이오드(LED)
③ 애벌런치 포토 다이오드(APD)
④ 고체 레이저(루비)

43 광케이블을 접속할 때 광섬유를 아크(Arc) 방전으로 녹여 접속하는 방식은?
① 적외선 접속　② 융착 접속
③ 기계식 접속　④ 커넥터 접속

44 통신용 전주를 세울 때 지선 및 지주의 각도는?
① 지선 : 30°, 지주 : 30°
② 지선 : 30°, 지주 : 45°
③ 지선 : 45°, 지주 : 30°
④ 지선 : 45°, 지주 : 45°

45 다음 중 가공 시설의 올바른 접지 방법은?
① 보안 접지는 100[Ω] 이하로 한다.
② 차폐 보조 접지는 20[Ω] 이하로 한다.
③ 차폐 접지는 차폐 케이블 한쪽에 설치한다.
④ 차폐 구간은 약 500~800[m]마다 설치한다.

46 전화국 A의 광 단국 장치의 광출력은 20[dBm], 광 접속 손실은 5[dBm], 광 재생 중계기의 수신감도는 -5[dBm], 광섬유 케이블의 광파 손실은 0.8[dB/km], 시스템의 마진은 15[dB]일 때, 광 재생 중계기의 설치 간격은 약 얼마인가?
① 6.15[km]　② 6.25[km]
③ 6.35[km]　④ 6.45[km]

47 다음 중 L3 시험기로 측정할 수 없는 것은?
① 루프 저항
② 유도전압
③ 접지고장의 위치
④ 혼선고장의 위치

48 다음 중 전송량의 이득 단위로 옳은 것은?
① 볼트[V]　② 암페어[A]
③ 데시벨[dB]　④ 옴[Ω]

49 다음 용어의 정의에 해당하는 것은?

> 정보통신공사업법에 의한 공사의 감리에 관한 기술 또는 기능을 가진 사람으로서 과학기술정보통신부장관의 인정을 받은 사람을 말한다.

① 감리　② 감리원
③ 용역업　④ 공사자

50 정보통신공사를 설계한 용역업자는 작성한 실시설계도서를 얼마 동안 보관하여야 하는가?
① 해당 공사가 발주된 후 5년간
② 해당 공사가 준공된 후 5년간
③ 해당 공사가 완공된 후 10년간
④ 해당 공사가 착공된 후 10년간

51 정보통신공사업법 벌칙 규정 중 1년 이하의 징역 또는 1000만원 이하의 벌금에 해당하는 사항이 아닌 것은?
① 착공 전 확인을 받지 아니하고 공사를 시작한 자
② 감리원이 아닌 자에게 감리하게 한 자
③ 다른 사람의 경력수첩을 빌려서 사용한 자
④ 기술기준에 위반하여 설계 또는 감리한 자

52 정보통신산업 중 정보통신서비스업에 해당하지 않는 것은?
① 기간통신서비스
② 별정통신서비스
③ 부가통신서비스
④ 컴퓨터 및 정보통신기기와 관련한 산업

53 정보통신공사업법 시행령에서 감리원의 업무범위가 아닌 것은?
① 공사계획 및 공정표의 검토
② 경미한 공사의 범위에 해당되는 공사
③ 재해예방대책 및 안전관리의 확인
④ 사용자재의 규격 및 적합성에 관한 검토·확인

54 다음 용어의 정의에 해당하는 것은?

> 전기통신을 하기 위한 기계·기구·선로 또는 그 밖에 전기통신에 필요한 설비를 말한다.

① 전기통신
② 전기통신역무
③ 전기통신설비
④ 기간통신역무

55 다음은 무엇에 대한 정의인가?

> 동단자함에서 층단자함까지 또는 층단자함에서 층단자함까지의 구간을 연결하는 통신케이블

① 구내간선케이블
② 건물간선케이블
③ 층간선케이블
④ 수평배선케이블

56 통신관련 시설의 접지체는 가스, 산 등에 의한 부식의 우려가 없는 곳에 매설하도록 하고 있는데, 그 깊이는 지표로부터 수직으로 몇 [cm] 이상이 되도록 요구되는가?
① 50[cm]
② 55[cm]
③ 70[cm]
④ 75[cm]

57 다음은 관로의 매설기준에 관한 사항이다. 괄호 안에 들어갈 용어로 알맞은 것은?

> 맨홀 또는 핸드홀 간에 매설하는 관로는 케이블 견인에 지장을 주지 아니하는 곡률을 유지하는 등 ( )을 유지하여야 한다.

① 직선성
② 직각성
③ 곡선성
④ 반사성

58 다음 중 공용부분 홈네트워크 설비의 설치기준에 관한 사항으로 틀린 것은?
① 단지네트워크장비는 공용으로 누구나 쉽게 조작할 수 있는 곳에 설치하여야 한다.
② 단지네트워크장비에는 전원 공급을 위한 배관 및 배선을 설치하여야 한다.
③ 단지 서버는 상온·상습인 곳에 설치하여야 한다.
④ 단지 서버는 외부인의 조작을 막기 위한 잠금장치를 하여야 한다.

59 세대 내의 전력, 가스, 난방, 온수, 수도 등의 사용량 정보를 네트워크 등을 통해 사용자에게 알려주는 시스템을 무엇이라 하는가?
① 네트워크 알림 시스템
② 네트워크 감지 시스템
③ 원격정보시스템
④ 원격검침시스템

60 다음 중 세대단자함의 크기로 가장 적합한 것은?

① 500[mm]×500[mm]×70[mm] (깊이)
② 500[mm]×400[mm]×80[mm] (깊이)
③ 700[mm]×500[mm]×90[mm] (깊이)
④ 700[mm]×400[mm]×100[mm] (깊이)

2021년 2회 시행 과년도출제문제

01 전기회로에 전압을 가하여 50[C]의 전하량이 이동하면서 300[J]의 일을 하였다. 이때 가해준 전압은?
① 2[V]   ② 4[V]
③ 6[V]   ④ 8[V]

02 전류의 세기를 나타내는 단위는?
① Watt[W]   ② Volt[V]
③ Ohm[Ω]   ④ Ampere[A]

03 시간의 변화에 따라 크기와 방향이 주기적으로 변화하는 전류는?
① 교류전류   ② 직류전류
③ 누설전류   ④ 암전류

04 우리나라 가정용 교류 전원의 주파수는?
① 50[Hz]   ② 60[Hz]
③ 70[Hz]   ④ 80[Hz]

05 자석 사이에 작용하는 힘인 자극의 세기(자속)을 나타내는 단위는?
① [N]   ② [HP]
③ [Wb]   ④ [W]

06 절연물 기판에 도체, 저항체, 유전체 재료를 부착시켜 저항, 커패시터 등의 소자를 만들고, 이것을 얇은 도체로 접속하여 회로를 구성한 것은?
① 선형 IC
② 반도체 IC
③ 박막(Thin Film) IC
④ 모놀리식 IC

07 LC 조합 평활회로에서 콘덴서 입력형(π형)과 초크 입력형(L형)을 비교하여 설명한 것으로 옳은 것은?
① 콘덴서 입력형 평활회로의 역전압이 낮다.
② 콘덴서 입력형 평활회로의 맥동률이 크다.
③ 콘덴서 입력형 평활회로의 전압변동율이 크다.
④ 콘덴서 입력형 평활회로의 직류 출력 전압이 낮다.

08 정류회로의 직류 전압이 400[V]이고, 리플 전압이 4[V]일 때, 회로의 리플률은 얼마인가?
① 1[%]   ② 2[%]
③ 3[%]   ④ 5[%]

09 FET의 잡음 중에서 표면 효과에 의한 잡음은?
① $\frac{1}{f}$ 잡음   ② 열 잡음
③ 분배 잡음   ④ 산탄 잡음

10 다음 중 정궤환(Positive Feedback) 증폭기를 바르게 설명한 것은?
① 궤환되는 신호가 출력신호와 같은 위상을 갖는 궤환회로
② 궤환되는 신호가 입력신호와 같은 위상을 갖는 궤환회로

③ 궤환되는 신호가 출력신호와 반대인 위상을 갖는 궤환회로
④ 궤환되는 신호가 입력신호와 반대인 위상을 갖는 궤환회로

11 다음 중에서 RC 발진회로는?
① 하틀리 ② BE 피어스
③ 이미터 동조 ④ 빈 브리지

12 수정발진기에서 수정결정편의 두께가 두꺼워질수록 발진 주파수는?
① 낮아진다.
② 높아진다.
③ 변화가 없다.
④ 높아지다가 낮아진다.

13 다음 중 신호레벨을 일정한 계단파에 근사화시켜 레벨이 커질 때는 양(+) 펄스로, 작아져 갈 때는 음(-) 펄스로 대응시키는 변조방식은?
① PAM ② PWM
③ PPM ④ 델타변조

14 다음 중 펄스 변조에서 아날로그 펄스 변조 방식이 아닌 것은?
① PAM ② PCM
③ PWM ④ PPM

15 다음 RL 직렬회로의 펄스 응답 특성에 대한 설명으로 틀린 것은?

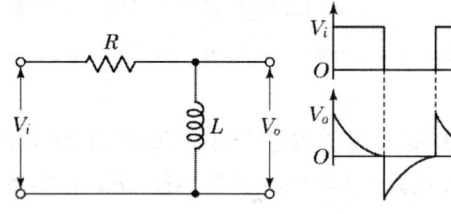

(a) RL 직렬회로   (b) 입출력 파형

① 위 회로의 시상수는 $\frac{L}{R}$[초]이다.
② 인덕터의 용량이 클수록 시상수가 크다.
③ 저항기의 용량이 작을수록 시상수는 크다.
④ 인덕터의 용량이 클수록 출력 파형이 안정된 값에 빨리 도달한다.

16 컴퓨터의 기능 중 프로그램을 해독하고 필요한 장치에 보내며 검사, 통제 역할을 하는 기능은?
① 연산기능 ② 기억기능
③ 제어기능 ④ 출력기능

17 다음과 같은 특징을 가지는 입출력 제어 방식은?

- CPU의 간섭 없이 주기억장치와 입출력장치에서 직접 데이터 전송이 이루어진다.
- 고속의 데이터 전송이 가능하나 하나의 명령에 대하여 하나의 Block만을 입출력 처리한다.

① 채널 I/O 방식
② 인터럽트 I/O 방식
③ 프로그램 I/O 방식
④ DMA(Direct Memory Access) I/O 방식

18 다음 중 주소지정방식이 아닌 것은?
① 임시(Temporary) 주소방식
② 직접(Direct) 주소방식

③ 간접(Indirect) 주소방식
④ 임플라이드(Implied) 주소방식

19 오류의 발생이 적고 자료의 연속적인 변환이 가능하여 아날로그 및 디지털 변환기에 응용되는 코드는?
① 해밍 코드   ② 3초과 코드
③ 그레이 코드   ④ 아스키 코드

20 논리식 $A \cdot (\overline{A} + \overline{B+C})$를 간략히 표현한 것은?
① $A \cdot B \cdot C$ ② $A \cdot \overline{B} \cdot \overline{C}$
③ $A \cdot B \cdot \overline{C}$ ④ $A \cdot (B+C)$

21 집적회로 소자가 가장 작은 것부터 큰 것 순으로 바르게 나열한 것은?
① LSI → MSI → SSI → ULSI → VLSI
② MSI → SSI → ULSI → VLSI → LSI
③ SSI → MSI → LSI → VLSI → ULSI
④ ULSI → VLSI → LSI → MSI → SSI

22 순서도의 기본 유형 중 주어진 조건을 만족할 때까지 일정한 내용을 반복 수행하는 형태는?
① 직선형   ② 반복형
③ 분기형   ④ 혼합형

23 처음에 가전제품을 위한 소프트웨어 개발을 목적으로 개발되었으며 웹 브라우저 상에서 실행될 수 있는 객체지향형 프로그래밍 언어는?
① C++   ② JAVA
③ COBOL   ④ BASIC

24 당신은 워드를 이용하여 서류를 작성하고 있다. 바로 전에 입력한 내용을 수정하기 위하여 사용하여야 할 단축키는?
① Ctrl+C   ② Crtl+V
③ Ctrl+Z   ④ Ctrl+B

25 다음 중 운영체제의 개념 및 목적과 부합하지 않는 것은?
① 사용자에게 편의 제공
② 구동 프로세스의 자원 분배
③ 프로세스의 조성 및 제공
④ 프로그램의 작성

26 다음 중 전송선로 등가회로에서 1차 정수에 해당하지 않는 것은?
① 저항(R)
② 인덕턴스(L)
③ 누설 컨덕턴스(G)
④ 특성 임피던스(Zo)

27 전송선로에서 0[dBm]의 기준 전력은?
① 1[pW]   ② 1[nW]
③ 1[μW]   ④ 1[mW]

28 대역폭이 1.75[kHz]이고 신호전력이 62[W], 잡음전력이 2[W]일 때 채널용량은?
① 4500[bps]   ② 8750[bps]
③ 9600[bps]   ④ 12000[bps]

29 전파의 파장과 주파수와의 관계식으로 옳은 것은? (단, λ : 파장, f : 주파수, C : 빛의 속도)
① $\lambda = f$
② $\lambda = fC$
③ $\lambda = f/C$
④ $\lambda = C/f$

30 단방향 통신 방식을 사용하는 기기로 옳은 것은?
① 무전기
② 라디오
③ 유선전화
④ 스마트폰

31 다음 중 광전송시스템에서 구조가 가장 간단하고 스펙트럼 효율이 좋아서 가장 일반적으로 사용되는 신호변조방식은?
① RZ 변조방식
② NRZ 변조방식
③ 광듀오바이너리 변조방식
④ CSRZ 변조방식

32 PCM-24 방식에서 표본화 주파수가 8[kHz]라고 하면 표본화 주기 T는 몇 [μs]인가?
① 62.5[μs]
② 125[μs]
③ 250[μs]
④ 500[μs]

33 다음 중 샤논의 정리에 근거하여 전송용량을 증가시키기 위한 방법으로 틀린 것은?
① 전송대역폭을 넓힌다.
② 신호의 크기를 높인다.
③ 잡음의 크기를 줄인다.
④ 신호 대 잡음비를 줄인다.

34 케이블 심선경 중 한국방식[mm]과 미국방식[AWG]의 심선경으로 틀린 것은?

① 0.4[mm] = 26[AWG]
② 0.5[mm] = 24[AWG]
③ 0.65[mm] = 22[AWG]
④ 0.9[mm] = 20[AWG]

35 UTP 케이블에 8Pin Data용 커넥터를 연결하고자 할 때 모듈러 잭과 플러그의 규격은?
① RJ-11
② RJ-45
③ RJ-63
④ RJ-100

36 광통신에서 가장 구조가 간단하여 보편적으로 사용하는 광변복조 방식은?
① 강도 변조 - 직접 검파
② ASK - 헤테로다인 검파
③ FSK - 호모다인 검파
④ AM - 포락선 검파

37 광가입자망에서 가입자 댁내에까지 광통신망을 연결하는 방식은?
① FTTO
② FTTB
③ FTTC
④ FTTH

38 다음 그림은 광섬유의 굴절률과 입사각의 관계를 나타낸 것이다. 관계식으로 옳게 나타낸 것은?

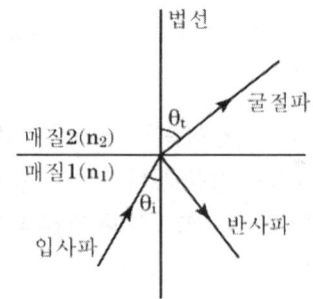

① $n_1\cos\theta_i = n_2\cos\theta_t$
② $n_1\sin\theta_t = n_2\cos\theta_i$
③ $n_1\cos\theta_t = n_2\sin\theta_i$
④ $n_1\sin\theta_i = n_2\sin\theta_t$

39 표준직경 50[μm]의 광섬유 케이블에서 광심선 코어가 다음 그림과 같이 찌그러져 최대 직경 max가 51.7[μm]이고, 최소 직경 min가 48.8[μm]이라면 이 광섬유 코어의 비원율은 몇 [%]인가?

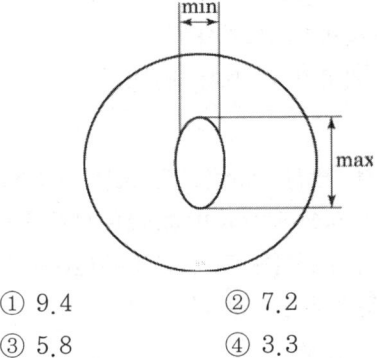

① 9.4　　② 7.2
③ 5.8　　④ 3.3

40 다음 중 구내 통신 설비 중 옥내 관로의 조건으로 틀린 것은?
① 선조의 수용 및 고정시키는 지지물이 필요하다.
② 두께가 1.2[mm] 이상의 배관용 금속관이 필요하다.
③ 관로의 곡률 반경은 관로 외경의 10배 이상으로 한다.
④ 1구간의 관로 완곡개소는 3개소 이내로 각의 합계는 180° 이내이어야 한다.

41 다음 중 지하선로의 매설방법이 아닌 것은?
① 직매식　　② 관로식
③ 통신구식　　④ 통신선로식

42 사업장 및 시설, 장비 등의 안전표지 중 인화성 물질, 유해물질, 낙하물, 고압전기 등 위험물 또는 위험한 지역을 알려 주의를 환기시킬 필요가 있는 곳에 설치하는 안전표지는?
① 금지표지　　② 경고표지
③ 지시표지　　④ 안내표지

43 [dBr]에 대한 설명으로 옳은 것은?
① 전송계의 기준점과 비교점의 전력비를 상대 레벨로 표시한다.
② 0 상대레벨점을 기준점으로 할 때의 절대 전력량을 표시한다.
③ 표준 잡음 평가회로를 통하여 측정된 잡음의 평가 레벨을 표시한다.
④ 1[mW]를 기준으로 이것을 0[dBm]으로 하였을 때의 절대 전력량을 표시한다.

44 가공선로에서 전선의 단위 길이당 하중이 2[kg/m], 전주 간 거리가 40[m], 전선의 장력이 2000[kg]일 때 이 선로의 이도(D)는?
① 10[cm]　　② 20[cm]
③ 30[cm]　　④ 40[cm]

45 다음 중 펄스 시험기로 측정할 수 없는 것은?
① 케이블의 임피던스 불균등 측정
② 케이블의 고장점 거리 측정
③ 케이블의 특성 임피던스 측정
④ 케이블의 단선, 단락 고장 측정

46 다음 중 1년 이내의 기간을 정하여 정보통신공사업에 종사하는 정보통신기술자의 업무정지를 명할 수 있는 경우가 아닌 것은?
① 국가기술자격이 취소된 경우
② 동시에 두 곳 이상의 공사업체에 종사한 경우
③ 다른 사람에게 자기의 성명을 사용하여 용역 또는 공사를 하게 한 경우
④ 다른 사람에게 경력수첩을 빌려준 경우

47 방송통신발전을 위한 기금은 과학기술정보통신부장관과 방송통신위원회가 관리·운용한다. 다음 중 기금의 관리 및 운용에 관한 내용으로 틀린 것은?
① 기금의 공정하고 효율적인 관리·운용을 위하여 방송통신발전기금 운용심의회를 둔다.
② 방송통신발전기금운용심의회의 위원은 10명 이내로 하되, 방송통신위원회와 협의를 거쳐 과학기술정보통신부장관이 임명한다.
③ 방송통신발전기금운용심의회의 구성과 운영에 관하여 필요한 사항은 대통령령으로 정한다.
④ 기금의 운용 및 관리에 필요한 구체적인 사항은 과학기술정보통신부장관이 정한다.

48 다음 중 정보통신공사업법의 목적으로 잘못 나타낸 것은?
① 정보통신공사의 적절한 시공과 공사업의 건전한 발전을 도모한다.
② 정보통신공사업의 등록 및 정보통신공사의 도급에 필요한 사항을 규정한다.
③ 정보통신공사의 조사·설계·시공·감리·유지관리·기술관리 등의 기본적인 사항을 규정한다.
④ 전기통신사업의 적절한 운영과 전기통신의 효율적 관리와 발전을 이바지한다.

49 정보통신공사협회는 누구의 인가를 받아 설립할 수 있는가?
① 대통령
② 국무총리
③ 특별자치도지사
④ 과학기술정보통신부장관

50 유선·무선·광선(光線) 또는 그 밖의 전자적 방식에 의하여 방송통신콘텐츠를 송신하거나 수신하는 것과 이에 수반하는 일련의 활동을 무엇이라 하는가?
① 방송통신
② 방송통신콘텐츠
③ 방송통신사업자
④ 방송통신기자재

51 다음 중 방송통신기술과 진흥을 통한 방송통신서비스 발전을 위한 시책으로 볼 수 없는 것은?
① 방송통신 기술협력, 기술지도
② 방송통신사업자의 영업이익 분석
③ 방송통신과 관련된 기술수준의 조사, 기술의 연구개발
④ 방송통신기술의 표준화 및 새로운 방송통신기술의 도입

52 사업자가 이용자에게 제공하는 국선을 수용하기 위하여 설치하는 국선수용단자반 및 이상전압전류에 대한 보호장치 등을 무엇이라 하는가?
① 방송통신망
② 전력선통신
③ 국선접속설비
④ 사업용 방송통신설비

53 해저통신선과 해저 강전류전선의 최소 이격거리는? (상호 근접하여 설치하여서는 안 되는 거리)
① 500[m] ② 600[m]
③ 700[m] ④ 800[m]

54 도로상 또는 도로로부터 전주높이의 1.2배에 상당하는 거리 내의 장소에 설치하는 전주의 안전계수는?
① 1.1 ② 1.2
③ 1.5 ④ 1.6

55 일반적으로 가공통신선의 지지물에 사용하는 발디딤쇠는 지표상으로부터 몇 [m] 이상의 높이에 부착하여야 하는가?
① 1.2[m] ② 1.8[m]
③ 2.5[m] ④ 3.2[m]

56 다음 중 통신공동구의 설치 기준으로 틀린 것은?
① 통신공동구는 통신케이블의 수용에 필요한 공간과 통신케이블의 설치 및 유지·보수 등의 작업 시 필요한 공간을 충분히 확보할 수 있는 구조로 설계하여야 한다.
② 통신공동구를 설치하는 때에는 조명·배수·소방·환기 및 접지시설 등 통신케이블의 유지·관리에 필요한 부대설비를 설치하여야 한다.
③ 통신공동구와 관로가 접속되는 지점에는 통신케이블의 분기를 위한 분기구를 설치하여야 한다.
④ 한 지점에서 여러 개의 관로로 분기될 경우에는 작업공간 없이 일정거리 이하의 간격을 유지하여야 한다.

57 다음 중 접지저항에 관한 규정으로 옳지 않는 것은?
① 교환설비·전송설비 및 통신케이블 등이 사람이나 방송통신설비에 피해를 줄 우려가 있을 때는 접지단자를 설치하여 접지하여야 한다.
② 보호기를 설치하지 않는 구내통신단자함의 접지저항은 100[Ω] 이하로 할 수 있다.
③ 철탑 이외 전주 등에 시설하는 이동통신용 중계기는 반드시 10[Ω] 이하로 하여야 한다.
④ 전도성이 없는 인장선을 사용하는 광섬유케이블의 경우 접지를 하지 않을 수 있다.

58 가공통신선과 고압 전차선과의 수평이격거리는 몇 [m] 이상인가?
① 0.5 ② 0.8
③ 1.0 ④ 1.2

59 다음은 홈네트워크설비 중 어떤 시스템에 관한 설명인가?

- 지하주차장과 주동을 연결하는 출입구에 설치하여야 한다.
- 화재발생 등 비상시 소방시스템과 연동되어야 한다.
- 강우에 대비한 차단설비를 설치하여야 한다.

① 무인택배시스템
② 전자출입시스템
③ 원격검침시스템
④ 차량출입시스템

60 국선·국선단자함 또는 국선배선반과 초고속통신망장비 등 각종 구내통신용설비를 설치하기 위한 공간을 무엇이라 하는가?

① 국선서버실
② 통신배관실
③ 집중구내통신실
④ 구내네트워크센터

2021년 4회 시행 과년도출제문제

01 다음 회로 소자 중에서 수동 소자가 아닌 것은?
① 저항   ② 콘덴서
③ 코일   ④ 트랜지스터

02 직류전압 12[V]에 연결된 R_1, R_2, R_3 병렬 회로에 흐르는 전류가 각각 I_1, I_2, I_3이면 이 회로에 흐르는 총 전류 I_T의 값은? (단, $R_1 = R_2 = R_3$)
① $\dfrac{12}{3 \times I_1}$[A]
② $3I_2$[A]
③ $\dfrac{12}{R_1 + R_1 + R_1}$[A]
④ $3R_1$[A]

03 R, L, C 각 병렬로 연결된 교류회로에 정현파가 인가될 때 전압과 전류의 위상이 같은 것은?
① R만의 회로   ② L만의 회로
③ C만의 회로   ④ R, L, C 회로

04 정전용량이 C[F]인 회로에 $v = V_m \cdot \sin \omega t$ 의 정현파 전압을 인가할 때 전압과 전류에 대한 위상의 설명으로 맞는 것은?
① 전류가 전압보다 위상이 90° 늦다.
② 전압이 전류보다 위상이 90° 늦다.
③ 전류가 전압보다 위상이 180° 늦다.
④ 전압과 전류의 위상이 같다.

05 다음 중 자력선의 성질에 대한 설명으로 틀린 것은?
① 한 점의 자력선 밀도는 그 점에서의 자장의 세기를 나타낸다.
② 자력은 거리의 제곱에 비례한다.
③ 자력선은 N극에서 나와 S극으로 들어간다.
④ 자력선은 서로 교차하지 않는다.

06 반도체의 도전성에 대한 정리로 틀린 것은?
① 진성 반도체의 반송자는 전자로만 구성되어야 있다.
② N형 반도체의 반송자는 대부분 전자이고, 정공은 소수이다.
③ P형 반도체의 반송자는 대부분 정공이고, 전자는 소수이다.
④ 전자의 정공 중에서 많은 편의 반송자를 다수 반송자, 적은 편의 반송자를 소수 반송자라고 한다.

07 배전압 정류회로는 직류 출력 전압이 교류 입력 전압의 최댓값에 약 몇 배가 되는 출력 전압을 얻을 수 있는가?
① 2   ② 3
③ 4   ④ 5

08 콘덴서형 평활회로에서 전파정류를 기준으로 C가 20[μF]이고, R_L이 100[Ω]일 때 맥동률은 약 몇 [%]가 되는가? (단, 전압은 220[V], 60[Hz]이다.)
① 1.0   ② 1.1

③ 1.2   ④ 1.3

09 트랜지스터가 정상적으로 증폭작용을 하는 영역은?
① 활성영역   ② 항복영역
③ 차단영역   ④ 포화영역

10 다음 중 이상적인 연산증폭기의 설계 시 고려하여야 할 사항으로 맞는 것은?
① 전압이득 $A_v=0$
② 입력저항 $R_i=1$
③ 출력저항 $R_o=0$
④ 입력 바이어스 전류 $I_B=\infty$

11 하틀리 발진회로가 되기 위한 컬렉터와 이미터 사이의 리액턴스는?
① 유도성   ② 공진상태
③ 저항성   ④ 용량성

12 다음 그림과 같은 발진회로에서 발진 주파수는?

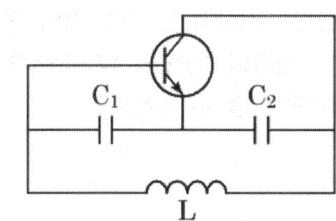

① $\dfrac{1}{2\pi\sqrt{L(\dfrac{C_1 \times C_2}{C_1 + C_2})}}$

② $\dfrac{1}{2\pi\sqrt{(L_1+L_2)\dfrac{1}{C}}}$

③ $\dfrac{1}{2\pi\sqrt{(\dfrac{1}{L_1}+\dfrac{1}{L_2})C}}$

④ $\dfrac{1}{2\pi\sqrt{(L_1+L_2)C}}$

13 펄스변조방식 중 펄스의 폭이나 진폭은 일정하게 하고 신호파의 크기에 따라서 펄스의 반복 주파수를 바꾸어 변조하는 방식은?
① PCM   ② PAM
③ PWM   ④ PFM

14 전송하려고 하는 음성신호를 표본화한 다음 양자화하고 부호화하여 송신하는 변조방식은?
① FM   ② PAM
③ PPM   ④ PCM

15 펄스 파형 중 상승시간(Rise Time)의 정의 중 올바른 것은?
① 진폭전압(V)의 0[%]에서 90[%]까지 상승하는데 걸리는 시간
② 진폭전압(V)의 10[%]에서 90[%]까지 상승하는데 걸리는 시간
③ 진폭전압(V)의 0[%]에서 100[%]까지 상승하는데 걸리는 시간
④ 진폭전압(V)의 10[%]에서 100[%]까지 상승하는데 걸리는 시간

16 다음 중 전자계산기로 데이터를 처리할 때 데이터 표현하는 단위로서 가장 큰 것은?
① Bit   ② Byte
③ Word   ④ Nibble

17 다음 중 중앙처리장치의 구성 요소가 아닌 것은?
① 레지스터   ② 제어장치
③ 연산장치   ④ 캐시메모리

18 전기적 방법을 이용하여 기록된 내용을 여러 번 수정하거나 새로운 내용을 기록할 수 있는 ROM은?
① PROM   ② EPROM
③ EEPROM ④ Mask ROM

19 8진수 65를 16진수로 변환하면 얼마인가?
① $(35)_{16}$ ② $(53)_{16}$
③ $(56)_{16}$ ④ $(C5)_{16}$

20 10진수를 2진 부호(BCD)로 변환하는 조합 논리회로는?
① 인코더   ② 디코더
③ 반가산기 ④ 전가산기

21 T(Toggle)형 플립플롭 2개를 종속 연결하여 만든 비동기식 4진 계수기로 계수할 수 있는 가장 큰 수는?
① 6   ② 5
③ 4   ④ 3

22 컴퓨터로 처리해야 할 작업과정을 약속된 기호를 사용하여 순서대로 일관성있게 그림으로 나타낸 것은?
① 도형   ② 클래스
③ 순서도 ④ 변수

23 1바이트(byte)는 몇 비트(bit)인가?
① 2,048[bit]   ② 1,024[bit]
③ 16[bit]   ④ 8[bit]

24 다음 중 운영체제(Operating System)의 사용 목적이 아닌 것은?
① 신뢰도의 향상
② 처리 능력의 향상
③ 계산기의 응답 시간 단축
④ 모델의 다양성

25 다음 중 엑셀 프로그램에서 "=SUM(A:G)"의 함수가 갖는 의미는?
① A셀부터 G셀까지의 숫자를 더한다.
② A셀과 G셀의 숫자만을 더한다.
③ B셀부터 F셀까지의 숫자를 더한다.
④ B셀과 F셀의 숫자만을 더한다.

26 다음 중 펄스변조방식이 디지털인 것은?
① 펄스진폭변조   ② 펄스폭변조
③ 펄스수변조   ④ 펄스위상변조

27 다음 그림과 같이 전송로를 접속하였을 때 전압 반사계수는? (단, $Z_{in}=300[\Omega]$, $Z_L=75[\Omega]$)

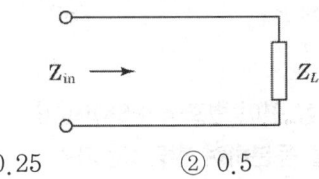

① 0.25   ② 0.5
③ 0.6   ④ 0.8

28 전송선로의 특성 임피던스와 부하 임피던스가 정합 시 나타나는 현상은?
① 반사계수가 1이다.
② 전압 정재파비가 1이다.
③ 투과계수가 0이다.
④ 부하전력이 최소이다.

29 600[Ω]의 전송선로에서 0[dBm]에 관한 설명으로 거리가 먼 것은?
① 전송로의 부하에 1[mW]의 전력을 공급한다.
② 전송로에 약 1.29[mA]의 전력을 공급한다.
③ 전원의 전압은 10[V]이다.
④ 전송로의 부하에 약 0.775[V]의 전압강하가 일어난다.

30 다음 중 시분할 다중화 방식에서 아날로그 변조에 해당되지 않는 것은?
① 펄스위상변조(PPM)
② 펄스진폭변조(PAM)
③ 펄스폭변조(PWM)
④ 펄스부호변조(PCM)

31 다음 중 진폭변조방식이 아닌 것은?
① DSB-LC   ② FSK
③ SSB   ④ VSB

32 4위상 편이 변조(4-PSK)에서는 몇 도로 위상을 등분하여 할당하는가?
① 30°   ② 45°
③ 90°   ④ 180°

33 다음 중 광전송에서 송수신하는 빛의 파장을 다르게 함으로써 한 가닥의 광섬유를 이용하여 여러 신호를 다중화하여 송수신하는 방식은?
① FDM   ② CDM
③ WDM   ④ TDM

34 초고속 통신에 관한 설명으로 틀린 것은?
① ADSL은 비대칭형 서비스로 상향속도와 하향속도가 다르다.
② ADSL의 변조방식은 CAP, QAM, DMT 방식 등이 있다.
③ ADSL에서 스플리터를 이용하여 음성신호의 데이터 신호를 분리한다.
④ ADSL 기술은 기존의 통신선로를 그대로 사용할 수 없다.

35 UTP 케이블에 대한 설명으로 틀린 것은?
① 케이블의 가격이 저렴하다.
② 절연된 구리선이 두가닥씩 서로 꼬아져 있다.
③ 디지털과 아날로그 전송에 모두 사용될 수 있다.
④ 외부잡음이나 간섭에 강하도록 알루미늄 호일로 차폐를 시킨 케이블이다.

36 50/125[μm] 광섬유에서 코어 굴절률이 1.49이고 비굴절률(Δ)이 1.5[%]일 때, 개구수는?
① 0.126   ② 0.187
③ 0.258   ④ 0.577

37 단일모드 광섬유(SMF)의 특징으로 옳은 것은?
① 전송 가능한 전파모드의 수가 하나뿐이다.
② 일정 구간마다 분산 보상 소자를 사용해야 한다.
③ 사용 파장 대역에서 분산값이 무한대(∞) 또는 최대가 된다.
④ 광섬유 코어구조를 변화시켜 원하는 파장대에서 분산값이 0 또는 최소가 되도록 설계하였다.

38 매우 좁은 채널 간격으로 여러 개의 파장을 다중화하거나 역다중화하는 광통신장치는?
① 광 결합기
② 광섬유증폭기
③ 배열 도파로 격자(AWG)
④ 레이저 다이오드

39 광케이블 접속방식 중 브이-그루브(V-groove) 내 홈에 외피를 벗긴 두 광섬유를 인입하여 축을 맞춘 후 고정하여 접속하는 방법은?
① 융착 접속 ② 기계식 접속
③ 커넥터 접속 ④ 외피 접속

40 다음 중 전주에 설치하는 지선의 종류가 아닌 것은?
① 인지지선 ② 편지선
③ V지선 ④ 0지선

41 구내통신설치 기준에 부적합할 경우 받게 되는 조치로 틀린 것은?
① 신규 가입 전화에 대한 승낙은 제한받지 않는다.
② 시정 명령이나 필요한 조치를 관한 전화국에서 받게 된다.
③ 가입전화의 설치 장소 변경 시 전화가설 제한을 받게 된다.
④ 시정 명령에 불응 시 가입계약 해제, 통화 정지를 당하게 된다.

42 광케이블 포설공법 중에서 압축공기를 이용하여 포설속도가 빠르고 케이블의 손상이 적은 공법은?
① 인력에 의한 견인 포설공법
② 공압 포설공법
③ 양방향 포설공법
④ 포설차를 이용한 견인 포설공법

43 어떤 케이블의 고장위치를 측정하니 650[m]가 되었다. 이때 L_3 시험기의 R_1=160[Ω], R_2=260[Ω], R_3=360[Ω]이었다면, 케이블의 총 길이는?
① 1500[m] ② 1300[m]
③ 1000[m] ④ 700[m]

44 전송 선로 상에서 2차 정수를 분류한 것으로 올바른 것은?
① 전파정수(γ), 특성 임피던스(Z_0)
② 전기저항(R), 전파정수(γ)
③ 정전용량(C), 위상정수(β)
④ 누설 콘덕턴스(G), 특성 임피던스(Z_0)

45 다음 중 이득(dB)의 종류가 아닌 것은?
① 전력이득 ② 전압이득
③ 전류이득 ④ 전체이득

46 방송통신사업자는 그 소관 방송통신사에 관하여 방송통신재난이 발생했을 경우 그 현황, 원인, 응급조치 내용을 지체 없이 누구에게 보고해야 하는가?
① 지방단체장
② 국무총리
③ 산업통상자원부장관
④ 과학기술정보통신부장관

47 특별한 사유 없이 재난방송 또는 민방위경보방송을 하지 아니한 자에게는 얼마의 과태료가 부과하는가?
① 2천만 이하의 과태료가 부과된다.
② 2천만 이상의 과태료가 부과된다.
③ 3천만 이하의 과태료가 부과된다.
④ 3천만 이상의 과태료가 부과된다.

48 다음 중 정보통신공사업의 용역 업무와 거리가 먼 것은?
① 조사   ② 설계
③ 감리   ④ 시공

49 다음 용어의 정의에 해당하는 것은?

> 다른 사람의 위탁을 받아 공사에 관한 조사, 설계, 감리, 사업관리 및 유지관리 등의 역무를 수행하는 것

① 용역   ② 용역업
③ 용역업자   ④ 용역설계사

50 다음 중 전기통신사업법에서 정하는 전기통신사업의 정의로 알맞은 것은?
① 전기통신설비를 제조하는 사업
② 전기통신업무를 대행하는 사업
③ 전기통신공사를 수행하는 사업
④ 전기통신역무를 제공하는 사업

51 전기통신사업법에서 사용하는 용어 중 전기통신회선설비에 포함되지 않는 것은?
① 전송설비   ② 선로설비
③ 반송설비   ④ 교환설비

52 전기통신사업법의 통신비밀보호에 관한 내용이다. 다음 중 괄호에 가장 적합한 말은?

> 전기통신업무에 종사하는 자 또는 ( )는 그 재직 중에 통신에 관하여 알게 된 타인의 비밀을 누설하여서는 아니 된다.

① 허가자
② 종사하였던 자
③ 전기통신사업자
④ 전기통신사업 승인자

53 관로가 가스 등 다른 매설물과 같이 매설될 경우 상호 이격거리는 몇 [cm] 이상이어야 하는가? (단, 부득이한 사유는 제외)
① 30[cm]   ② 50[cm]
③ 60[cm]   ④ 80[cm]

54 풍속이 40[m/s]일 때 원통주에 적용되는 시설물의 수직투영면적 1[m^2]에 대한 풍압은 얼마인가?
① 70[kg]   ② 80[kg]
③ 90[kg]   ④ 100[kg]

55 다음 중 마이크로웨이브 안테나의 풍압하중으로 옳은 것은? (단, 풍속이 40[m/s]일 때 시설물의 수직투영면적 1[m²]에 대한 풍압을 말함)
① 180[kg]　　② 200[kg]
③ 230[kg]　　④ 250[kg]

56 다음 중 옥내에 설치하는 통신선용 케이블로 적당하지 않은 것은?
① 광섬유 케이블　② RGB 케이블
③ 꼬임 케이블　　④ 동축 케이블

57 다음은 사업용 방송통신설비와의 방송통신설비에 대한 예비전원설비의 설치 기준에 관한 사항이다. 괄호 안에 들어갈 적당한 말은?

> 재난관리책임기관과 긴급구조기관의 장이 설치 또는 운용하는 국선수용용량 10회선 이상인 교환설비 및 광전송설비의 경우에는 상용전원이 정지된 경우 최대부하전류를 (　) 이상 공급할 수 있는 축전지 또는 발전기 등의 예비전원설비를 갖추어야 한다.

① 1시간　　② 2시간
③ 3시간　　④ 4시간

58 다음 중 통신배관실 출입문의 크기로 적당한 것은? (단, 문틀의 외측 치수 기준)
① 최소 폭 0.7미터, 높이 1.8미터 이상
② 최소 폭 0.5미터, 높이 1.5미터 이상
③ 최대 폭 1.5미터, 높이 2.3미터 이상
④ 최대 폭 1.0미터, 높이 2.0미터 이상

59 '방송통신설비의 안전성 및 신뢰성 등에 관한 기술기준'에서 정의하는 사업용 방송통신설비가 아닌 것은?
① 독립통신설비　② 기간통신설비
③ 전송망설비　　④ 부가통신설비

60 다음 중 지진에 대비한 대책을 구비해야 하는 방송통신설비가 아닌 것은?
① 통신국사　　② 통신장비
③ 전원설비　　④ 차량설비

2022년 1회 시행 과년도출제문제

01 직류전압 100[V]인 전원에 저항 R_1, R_2, R_3가 직렬로 연결된 회로의 각 저항 양단의 전압 V_1, V_2, V_3에 대하여 바르게 표시한 것은? (단, 저항값은 R_1=200[Ω], R_2=300[Ω], R_3=500[Ω])
① $V_1 < V_2 < V_3$　② $V_3 < V_2 < V_1$
③ $V_1 < V_3 < V_2$　④ $V_2 < V_3 < V_1$

02 제베크 효과(Seebeck Effect)를 이용하여 만든 것은?
① 냉온 정수기
② 자동차용 냉장고
③ 열전 온도계
④ 납축전지

03 보통 가정에서 사용하는 상용전원은 AC 220[V], 60[Hz]이다. 이 전압의 최댓값은?
① 약 141[V]　② 약 282[V]
③ 약 311[V]　④ 약 156[V]

04 220[V], 60[Hz]의 사인파 교류전원에 L과 C를 병렬로 접속한 회로에서, X_L=20[Ω]이고 X_C=22[Ω]이면 L에 흐르는 전류의 크기는 얼마인가?
① 1[A]　② 10[A]
③ 11[A]　④ 21[A]

05 자기력선의 특징이 아닌 것은?
① 자기력선은 끊어지지 않는다.
② 자기력선이 촘촘한 곳은 자기장의 세기가 강하다.
③ N극에서 나온 자기력선은 반드시 S극에서 끝난다.
④ 자기력선은 다른 자기력선과 교차한다.

06 다음 중 MSI(Medium Scale Integration/중규모 집적회로)의 설명으로 맞는 것은?
① SSI(Small Scale Integration)의 반대인 것이다.
② LSI(Large Scale Integration)와 같은 것이다.
③ 한 IC(Integrated Circuit)중 1,000 소자 이상인 것이다.
④ 한 IC(Integrated Circuit)중 100~1,000 소자를 포함한 것이다.

07 반파 정류회로의 최대 정류 효율은?
① 10.6%　② 20.6%
③ 30.6%　④ 40.6%

08 콘덴서 필터의 평활회로 R_L=10[kΩ]이고, C=0.0047[μF]일 때, 시정수(τ)는 얼마인가?
① 37.5×10^{-6}[sec]
② 47×10^{-6}[sec]
③ 57.5×10^{-6}[sec]
④ 67×10^{-6}[sec]

09 트랜지스터의 베이스 접지 전류 증폭률이

0.98이면 이미터 접지 전류 증폭률은?
① 46 ② 47
③ 48 ④ 49

10 다음 중 연산증폭기의 구성이 아닌 것은?
① (-) 전원 단자
② 반전 입력 단자
③ 비반전 입력 단자
④ GND 단자

11 발진회로 설계에서 가장 중요한 사항은?
① 충실성 ② 선택도
③ 안정도 ④ 범용성

12 PLL 회로 중에서 위상 비교기의 펄스 출력을 평활하여 직류 전압으로 바꾸는 것은?
① 기준 신호원 ② 차지 펌프
③ 파형 발생기 ④ 루프 필터

13 펄스 변조에서 디지털 펄스 변조방식이 아닌 것은?
① DM ② PCM
③ DPCM ④ PPM

14 포락선 검파회로라고도 하는 진폭 복조회로는?
① 직선 복조회로
② 제곱 복조회로
③ 하틀리 복조회로
④ 평형 복조회로

15 펄스의 주파수가 1[Hz]이고, 펄스폭이 0.5[sec]일 때 듀티사이클 비(D)는?
① 0.5 ② 1
③ 1.5 ④ 2

16 다음과 같은 사례를 나타내는 컴퓨터의 특징은?

• 우리 가정에 있는 컴퓨터의 처리 속도가 너무 느려 CPU를 교체하였다.
• 우리 회사 직원의 급여를 컴퓨터로 계산하는데 매우 짧은 시간에 처리하였다.

① 범용성 ② 신속성
③ 대량성 ④ 호환성

17 다음 중 컴퓨터 입출력 시스템을 구성하는 요소가 아닌 것은?
① 입출력 버스
② 입출력 제어기
③ 마이크로프로그램
④ 입출력 인터페이스

18 다음 중 인터럽트(Interrupt)에 대한 설명으로 맞는 것은?
① 컴퓨터가 명령어 수행 중으로 예기치 않는 사태가 발생했을 때 일어난다.
② 프로그램에 의한 에러가 발생하였을 경우 인터럽트가 걸리지 않는다.
③ 명령어의 실행 순서대로 처리한다.
④ 입출력 기억 연산장치의 동작을 모두 제어한다.

19 다음 중에서 값이 가장 큰 수는?

① $(1111)_2$ ② $(14)_8$
③ $(12)_{10}$ ④ $(C)_{16}$

20 다음 부울 대수식 중 옳지 않은 것은?
① $A+(B \cdot C) = (A+B)(A+C)$
② $A+\overline{A}=1$
③ $A \cdot \overline{A}=0$
④ $\overline{A}+A \cdot B = A+B$

21 XOR(Exclusive-OR) 회로의 진리표에서 틀리게 표기된 항은?

	입력		출력
	A	B	Y
①	0	0	0
②	0	1	1
③	1	0	1
④	1	1	1

① A=0, B=0, Y=0
② A=0, B=1, Y=1
③ A=1, B=0, Y=1
④ A=1, B=1, Y=1

22 프로그램 설계에 대한 설명으로 틀린 것은?
① 사용자 인터페이스 구조를 설계한다.
② 프로그램의 전체적인 구조를 설계한다.
③ 모듈 내부를 처리하는 알고리즘을 설계한다.
④ 객체 중심 설계에서 기능 중심 설계로 변화하고 있다.

23 C언어에 대한 설명으로 옳지 않은 것은?
① 이식성이 높은 언어이다.
② 시스템 소프트웨어를 작성하기에 편리하다.
③ 컴파일러에 의해 번역되어야 실행 가능하다.
④ 기계어에 해당한다.

24 다음 중 운영체제(Operating System)의 사용 목적이 아닌 것은?
① 신뢰도의 향상
② 처리능력의 향상
③ 계산기의 응답시간 단축
④ 모델의 다양성

25 운영체제(Operating System) 등의 프로그램들이 들어 있는 '프로그램을 재사용하기 위한 자료집'을 무엇이라 하는가?
① 작업용 파일
② 프로그램 라이브러리
③ 프로그램 인터럽트
④ 프로그램 유틸리티

26 다음 중 채널의 전송용량을 증가시키는 방법이 아닌 것은?
① 잡음세력(전력)을 작게 한다.
② 신호세력(전력)을 작게 한다.
③ 대역폭을 넓게 한다.
④ 신호대 잡음비를 크게 한다.

27 분포 정수회로에서 전송로 상호간에 발생하는 2차 정수로 옳은 것은?

① 도체 저항(R)　② 인덕턴스(L)
③ 정전 용량(C)　④ 감쇠 정수(α)

28 600[Ω]의 전송선로에서 0[dBm]에 관한 설명과 거리가 먼 것은?
① 전송로의 부하에 1[mW]의 전력을 공급한다.
② 전송로에 약 1.29[mA]의 전류를 공급한다.
③ 전원의 전압은 10[V]이다.
④ 전송로의 부하에 약 0.775[V]의 전압강하가 일어난다.

29 샤논의 정리에서 정의하고 있는 내용과 틀린 것은?
① 통신용량(C)=대역폭×$\log_2$(1+신호전력/잡음전력)이다.
② 신호대 잡음비(S/N)는 주로 [dB]를 단위로 한다.
③ 통신용량의 단위는 [Baud]이다.
④ 통신채널의 통신용량은 대역폭과 신호의 전력, 채널의 잡음에 관련된다.

30 PCM 통신방식에서 Analog 신호를 Digital 신호로 변환하는 3단계 과정이 아닌 것은?
① 표본화(Sampling)
② 부호화(Encoding)
③ 비선형화(Nonlinear)
④ 양자화(Quantizing)

31 다음 중 광섬유(Optical Fiber) 전송방식의 신호 변환과정으로 옳은 것은?

① 음성 – 전기펄스 – 광펄스 – 전기펄스 – 음성
② 음성 – PAM 펄스 – PCM 펄스 – 음성
③ 음성 – PAM 펄스 – PCM 펄스 – PAM 펄스 – 음성
④ 음성 – 광펄스 – 전기펄스 – 광펄스 – 음성

32 다음 중 시분할 다중화 방식에서 아날로그 변조에 해당되지 않는 것은?
① 펄스위상변조(PPM)
② 펄스진폭변조(PAM)
③ 펄스폭변조(PWM)
④ 펄스부호변조(PCM)

33 200[mW] 크기의 신호가 전송매체를 통과한 후 2[mW] 크기의 신호로 측정되었다면 전송 감쇠값은?
① −10[dB]　② −18[dB]
③ −20[dB]　④ −30[dB]

34 전송선로의 심선 꼬임 방법 중 2개의 심선을 꼬는 방법은 무엇인가?
① 성형 쿼드　② DM 쿼드
③ 유닛　　　④ 쌍연

35 다음 케이블 중 비차폐 케이블에 해당되는 것은?
① Coaxial 케이블
② STP 케이블
③ FTP 케이블
④ UTP 케이블

36 다음 중 광섬유에서 발생하는 손실이 아닌 것은?
① 흡수손실 ② 산란손실
③ 접속손실 ④ 산탄손실

37 다음 중 광섬유의 코어와 클래드에 대한 설명으로 옳은 것은?
① 코어의 굴절률은 클래드의 굴절률보다 높다.
② 코어의 굴절률과 클래드의 굴절률은 서로 같다.
③ 클래드의 굴절률이 코어의 굴절률보다 약간 높다.
④ 광섬유 케이블에 따라 서로 다르다.

38 다음 중 광 수신기의 잡음을 표현한 것으로 옳은 것은?
① 열잡음+산탄(Shot)잡음
② 열잡음+백색(White)잡음
③ 산탄잡음+백색잡음
④ 증폭기 잡음+백색잡음

39 다음 광통신에 사용하고 있는 파장 중 손실이 가장 적은 것은?
① 0.65[μm] ② 0.85[μm]
③ 1.3[μm] ④ 1.55[μm]

40 다음 중 지면에서 관로 상단까지 거리의 기준(관로 등의 매설기준)이 잘못 연결된 것은?
① 차도 : 1.0미터 이상
② 보도 : 0.3미터 이상
③ 자전거도로 : 0.6미터 이상
④ 철도 : 1.5미터 이상

41 광케이블 포설공법 중에서 압축공기를 이용하여 포설속도가 빠르고 케이블의 손상이 적은 공법은?
① 인력에 의한 견인 포설공법
② 공압 포설공법
③ 양방향 포설공법
④ 포설차를 이용한 견인 포설공법

42 주거용 건물의 배선 원칙으로 틀린 것은?
① 침실이 하나인 경우에도 최소 1구 이상의 인출구를 설치한다.
② 단독주택의 경우에는 분계점에 주단자함 대신 세대단자함을 설치한다.
③ 세대단자함은 접근 용이한 위치에 설치하며 세대 내 모든 배선을 관리한다.
④ 배관의 굴곡점이나 선로의 분기 및 접속을 위하여 필요한 곳에는 접속함을 설치한다.

43 다음 중 접지 설치의 목적으로 맞지 않는 것은?
① 낙뢰, 과도전압으로부터 인명 및 시스템을 보호한다.
② 정전기로부터 시스템을 보호한다.
③ 비정상 서지에 대한 방전로를 제공한다.
④ 보호용 접지는 평상시에도 전류가 흐르도록 한다.

44 공통 접지의 장점으로 틀린 것은?
① 접지 배선 및 구조가 단순하여 보수 점

검이 쉽다.
② 시공 접지봉 수를 줄일 수 있어 접지 공사비가 경제적이다.
③ 각 접지 전극이 직렬로 연결되므로 합성 저항을 낮추기 쉽다.
④ 건축의 철골 구조체를 연결하여 접지 성능을 향상시킬 수 있다.

45 접지봉 및 접지선 매설에 대한 설명으로 틀린 것은?
① 장애물이 있는 경우 접지선은 지표면과 10[cm] 이상 매설한다.
② 접지봉 간격은 접지봉 길이의 최소 5배 이상 이격하여 설치한다.
③ 접지봉은 지하 75[cm] 이상 깊이로 매설하며 지역별 동결심도를 고려한다.
④ 통신용 접지시설과 피뢰접지의 지중 매설도체는 최소 5[m] 이상 이격하여 설치한다.

46 다음 용어의 정의에 해당하는 것은?

> 과학기술정보통신부장관 또는 방송통신위원회에 신고・등록・승인・허가 및 이에 준하는 절차를 거쳐 방송통신서비스를 제공하는 자를 말한다.

① 기간통신사업자
② 방송통신기자재
③ 방송통신사업자
④ 방송통신서비스

47 다음 중 통신기술의 진흥과 정부의 시책이 아닌 것은?
① 개인의 이익과 안전을 위한 것

② 공공복리의 증진과 방송통신 발전을 위한 것
③ 방송통신에 참여하고 방송통신을 통하여 다양한 문화를 추구할 수 있기 위한 것
④ 국민이 보편적이고 기본적인 방송통신 서비스를 제공받을 수 있기 위한 것

48 우리나라의 방송통신에 관한 기본계획의 수립은 누가하는가?
① 방송국
② 국무총리
③ 방송통신사업자
④ 과학기술정보통신부장관과 방송통신위원회

49 정보통신공사업의 운영(경영)에 관한 설명으로 맞는 것은?
① 정보통신공사업은 방송통신위원회의 허가를 받아야 한다.
② 정보통신공사업의 등록은 특별시장, 광역시장 또는 도지사에게 한다.
③ 정보통신공사업의 등록증은 체신청장으로부터 발급받는다.
④ 한국정보통신공사협회장은 등록수첩을 교부한다.

50 정보통신공사업법에 의한 공사 발주자의 위탁을 받은 용역업자가 공사지도 등에 관한 권한을 대행하는 것을 '감리'라고 한다. 다음 중 감리업무에 포함되지 않는 것은?
① 안전관리   ② 유지관리
③ 시공관리   ④ 품질관리

51 공사 감리원이 업무를 성실히 수행하지 아니하여 공사가 부실하게 될 우려가 있을 때에 누가 시정지시 등 필요한 조치를 취할 수 있는가?
① 공사업자   ② 공사발주자
③ 공사용역업자 ④ 공사설계자

52 전기통신사업이라고 구분할 수 없는 것은?
① 기간통신사업 ② 별정통신사업
③ 부가통신사업 ④ 자가통신사업

53 다음 중 통신케이블의 유지·관리에 필요한 부대설비에 해당되는 항목은?
① 조명·배관·소방·전력 및 접지시설 등
② 조명·배관·소방·환기 및 접지시설 등
③ 조명·배수·소방·환기 및 피뢰시설 등
④ 조명·배수·소방·환기 및 접지시설 등

54 상용전원이 정지된 경우 최대부하전류를 공급할 수 있는 축전지 또는 발전기 등의 예비전원을 갖추어야 하는 구내교환설비는 국선 수용 용량이 몇 회선 이상인 경우에 요구되는가?
① 10회선   ② 20회선
③ 30회선   ④ 40회선

55 방송통신서비스를 제공하는 사업자가 설치하는 지하관로 중 주관로의 관경은 얼마가 적당한가?
① 100[mm] 미만
② 100[mm] 이상
③ 36[mm] 내지 80[mm]
④ 55[mm] 내지 100[mm]

56 아래 회로도는 방송통신설비 보호기의 기본 회로이다. L1-T1, L2-T2 간에 직류 150[mA]를 몇 시간 인가할 때 과전류제한소자 C1, C2가 동작하지 않아야 하는가? (단, A는 과전압방전소자이다.)

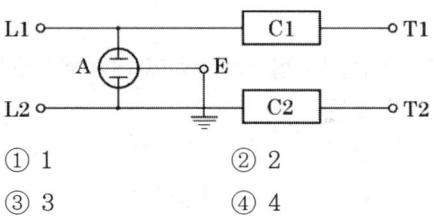

① 1   ② 2
③ 3   ④ 4

57 가공통신선을 7,000[V]를 초과하는 전압의 가공강전류전선용 전주에 가설하는 경우에는 노면으로부터 몇 [m] 이상의 높이에 설치하여야하는가?
① 3.5[m]   ② 4.0[m]
③ 4.5[m]   ④ 5.0[m]

58 다음 중 '강전류 케이블'에 대한 용어의 정의로 옳은 것은?
① 절연물만으로 피복되어 있는 강전류전선
② 절연물 및 보호물로 피복되어 있는 강전류전선
③ 절연물로 피복한 전기도체로써 통신용으로 사용하는 선
④ 보호피복으로 보호한 광섬유 선로설비로써 강전류가 흐르는 선

59 다음 중 '방송통신설비의 안전성 및 신뢰성

등에 관한 기술기준'에서 정의하는 사업용 방송통신설비가 아닌 것은?
① 독립통신설비 ② 기간통신설비
③ 전송망설비   ④ 부가통신설비

60 방송통신설비를 안전하게 설치·운영·관리하기 위해 통신기계실 등으로 구성한 건축물은 무엇인가?
① 통신국사   ② 통신기지국
③ 통신설비실   ④ 통신관리실

2022년 2회 시행 과년도 출제문제

01 다음 중 전지의 방전 이후에 충전하여 다시 사용할 수 있는 전지가 아닌 것은?
① 납축전지　② 알카리축전지
③ 1차 전지　④ 2차 전지

02 2[V] 전지 20개가 있다. 최대 전압을 얻을 수 있는 접속방법은?
① 2개씩 병렬 접속하여 각각의 쌍을 직렬 접속한다.
② 20개를 직렬 접속한다.
③ 20개를 병렬 접속한다.
④ 10개씩 병렬 접속하여 각각을 직렬 접속한다.

03 순서 전류(i)=100sin200πt일 때 주기(T)는?
① 100[ms]　② 10[ms]
③ 50[ms]　④ 5[ms]

04 커패시터 C만의 회로에 사인파 교류 전압을 가했을 때 전류와 전압의 위상 관계는 어떻게 되는가?
① 전류가 전압보다 90° 앞선다.
② 전류가 전압보다 90° 뒤진다.
③ 전류가 전압보다 180° 앞선다.
④ 전류가 전압보다 180° 뒤진다.

05 코일을 지나는 자속이 시간에 따라 변화할 때 유도기전력은 자속의 증감을 방해하는 방향으로 발생하게 되는 법칙은 무엇인가?
① 플레밍(Fleming)의 왼손법칙
② 앙페르(Ampere)의 법칙
③ 플레밍(Fleming)의 오른손법칙
④ 렌츠(Lenz)의 법칙

06 n형 반도체에 대한 설명으로 틀린 것은?
① 양(+) 이온을 갖는다.
② 다수 캐리어는 자유전자이다.
③ Doner로 5족 원소를 사용한다.
④ 페르미 준위는 온도와 관계없이 금지대 중앙에 있다.

07 정류회로의 직류 전압이 400[V]이고 리플 전압이 4[V]일 때, 회로의 리플률은 얼마인가?
① 1[%]　② 2[%]
③ 3[%]　④ 5[%]

08 전원전압의 최댓값이 100[V]인 경우, 반파 정류회로에서의 최대 역전압(PIV)은 얼마인가?
① 400[V]　② 300[V]
③ 200[V]　④ 100[V]

09 다음 중 부궤한(Negative Feedback) 증폭회로의 특성으로 잘못된 것은?
① 증폭기 이득 감소
② 주파수 특성 개선
③ 출력단 잡음 감소
④ 주파수 대역폭 감소

10 다음 중 이상적인 연산증폭기의 특성이 아닌 것은?
① Zi(입력 임피던스)=∞
② Zo(출력 임피던스)=∞
③ BW(주파수 대역폭)=∞
④ CMRR(동상신호제거비)=∞

11 증폭기의 증폭도를 A라 하고, 궤환률을 β라 할 때, 궤환발진기의 바크하우젠의 발진조건을 나타내는 식은?
① $A\beta = 0$ ② $A\beta = 1$
③ $A\beta \leq 1$ ④ $A\beta \geq 1$

12 부하의 변동이 발진회로에 영향을 끼치지 않도록 주파수의 변동을 억제하기 위해 사용하는 증폭기는?
① 주파수 체배기 ② 완충 증폭기
③ C급 증폭기 ④ B급 증폭기

13 주파수 변조에 대한 설명으로 올바른 것은?
① 신호파에 따라 반송파의 진폭을 변화시키는 방법
② 신호파에 따라 반송파의 주파수를 변화시키는 방법
③ 진폭은 일정하고 반송파의 위상을 변화시키는 방법
④ 주파수는 일정하고 반송파의 위상을 변화시키는 방법

14 피변조파에서 원래의 신호를 검출하는 과정을 무엇이라 하는가?
① 변조 ② 발진
③ 복조 ④ 디코더

15 R=5[MΩ], C=10[μF]인 RC 직렬회로 양단에 10[V]의 입력을 인가시켰을 때 시정수는 얼마인가?
① 5 ② 10
③ 50 ④ 100

16 컴퓨터는 사용 목적에 따라 어떻게 분류되는가?
① 범용 컴퓨터와 디지털 컴퓨터
② 범용 컴퓨터와 특수용 컴퓨터
③ 디지털 컴퓨터와 아날로그 컴퓨터
④ 초대형, 대형, 중형, 소형 컴퓨터

17 다음 중 기억장치의 특성을 결정하는 요소가 아닌 것은?
① 최대 시간(Max Time)
② 엑세스 시간(Access Time)
③ 사이클 시간(Cycle Time)
④ 대역폭(Bandwidth)

18 다음 중 출력장치에 해당하지 않은 것은?
① 디지타이저 ② 플로터
③ LCD 모니터 ④ 레이저프린터

19 자료의 구성 중 논리적 단위로 옳은 것은?
① 비트 ② 워드
③ 바이트 ④ 레코드

20 다음 논리기호에 해당되는 게이트는?

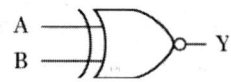

① XOR　　② NOR
③ NAND　　④ XNOR

21 다음 카르노맵(Karnaugh Map)을 부울대수를 이용하여 간소화했을 때 결과값은?

C\AB	00	01	11	10
0	0	0	1	1
1	0	0	1	1

① A+B　　② A+C
③ A　　　④ B

22 다음 중 하나 이상의 유사한 객체들을 묶어 놓은 변수의 집합체는 무엇인가?
① 클래스　　② 추상화
③ 메시지　　④ 객체지향

23 다음 중 프로그래밍 언어의 처리과정에서 링키지 에디터(Linkage Editor)에 의해 실행 가능한 모듈 상태의 프로그램은?
① 로드 모듈(Load Module)
② 목적 프로그램(Object Program)
③ 원시 프로그램(Source Program)
④ 번역 프로그램(Translation Program)

24 하드웨어와 어플리케이션 패키지 사이에서 하드웨어를 운영하는 것은?
① 사용자 소프트웨어
② 오퍼레이팅 시스템
③ 오퍼레이터
④ 응용 소프트웨어

25 운영체제(OS)의 제어 프로그램 중 주기억장치에 상주하며 각종 처리 프로그램 실행을 감독하는 프로그램은?
① 감시 프로그램
② 작업관리 프로그램
③ 자료관리 프로그램
④ 유틸리티 프로그램

26 다음 중 100BaseTx에 대한 케이블의 설명으로 틀린 것은?
① 카테고리 5 UTP 케이블이다.
② 전송거리는 100[m] 이내이다.
③ 전송속도는 100[Mbps] 이내이다.
④ 브로드밴드 방식에 사용한다.

27 통신회선에서 잡음의 주원인이 되는 누화 중 누설된 신호 전류가 피유도회선의 송신측으로 나타나는 것은?
① 근단 누화　　② 원단 누화
③ 직접 누화　　④ 간접 누화

28 광통신에서 광원의 광세기를 나타낸 단위로 적합한 것은?
① [m/s]　　② [bps]
③ [dBm]　　④ [A]

29 전압 반사계수가 0.3일 경우 전압 투과계수는?
① 0.3　　② 0.7
③ 1.3　　④ 1.6

30 부호화 방법 중 '0'이면 위에서 아래로, '1'이면 아래에서 위로 신호가 한 비트 기간 내에 변화하는 방식은?
① 맨체스터 부호화
② 차동맨체스터 부호화
③ 복류 NRZ
④ Return to Bias 방식

31 아스키(ASCII) 코드에 대한 설명으로 틀린 것은?
① 미국국립표준협회(ANSI)에서 개발되었다.
② 3비트의 존(Zone)과 4비트의 숫자(Digit)로 구성되어 있다.
③ 패리티 비트를 추가하여 8비트 코드로 많이 사용하고 있다.
④ 4비트의 숫자(Digit)는 영문자, 숫자, 특수문자 등을 구분할 수 있다.

32 다음 중 펄스 부호화의 장점이 아닌 것은?
① 잡음에 강하다.
② 논리회로 집적화에 강하다.
③ 시분할 다중화를 적용하여 분기와 삽입이 쉽다.
④ 양자화 잡음이 없다.

33 어떤 신호가 3400[Hz]의 최대 주파수를 가질 때 나이키스트의 표본화 정리에 의해서 원래의 신호로 완전하게 복원시키는데 필요한 최소 표본화 주파수는?
① 1,700[Hz]   ② 3,400[Hz]
③ 6,800[Hz]   ④ 8,500[Hz]

34 광케이블의 곡률 반경(Radius of Curvature)은 표준단일모드 광섬유 기준으로 통상 외경(직경)의 몇 배 이상으로 하는가?
① 5배   ② 8배
③ 10배   ④ 20배

35 가공선로에 대한 설명으로 옳은 것은?
① 전주에 의하여 지상에 가설한 시설로 시내 단자함 등이 있다.
② 지하에 설치하는 선로로 홈관, PVC관, 강관 등의 관로와 부대설비인 인공, 수공이 있다.
③ 부식방지용 콜타르를 도료한 철선으로 외장하며, 해저의 깊이에 따라 외장방식이 다르다.
④ 국간 신호를 중계하기 위해 자국 교환기와 타국 교환기를 연결시키는 선로로 통화로의 일부를 구성하여 이의 감시제어를 행한다.

36 광섬유의 손실 특성에서 광섬유의 재료에 의한 산란 손실이 아닌 것은?
① 레일리 산란
② 브라운 산란
③ 유도 브릴루앙 산란
④ 미 산란

37 다음 중 레이저 다이오드에서 발생하는 잡음의 종류가 아닌 것은?
① 상대강도잡음(RIN)
② 모드(Mode) 잡음
③ 열(Thermal) 잡음

④ Partition 잡음

38 광통신의 시스템 구성은 크게 송신기, 전송매체, 수신기로 구성되는데 광송신기의 발광소자로 볼 수 없는 것은?
① 반도체 레이저(LD)
② 발광 다이오드(LED)
③ 애벌런치 포토 다이오드(APD)
④ 고체 레이저(루비)

39 P-N 구조 사이에 고유층을 가진 P-N 포토 다이오드로 낮은 접압으로 구동되며 광중계기 등에 많이 사용되는 광검파기는?
① PNPN　　② PIN Diode
③ APD　　　④ PNT

40 다음 중 관로 공수를 구하는 공식으로 옳은 것은?
① (시내케이블 조수+중계 및 시외케이블 조수+기타)-환경배율+동축케이블 및 직매케이블 조수+예비관
② (시내케이블 조수+중계 및 시외케이블 조수+기타)+환경배율+동축케이블 및 직매케이블 조수+예비관
③ (시내케이블 조수+중계 및 시외케이블 조수+기타)×환경배율+동축케이블 및 직매케이블 조수+예비관
④ (시내케이블 조수+중계 및 시외케이블 조수+기타)÷환경배율+동축케이블 및 직매케이블 조수+예비관

41 FTTH 중 AON 방식의 특징으로 옳은 것은?

① 전원이 불필요하다.
② 수동 광소자가 필요하다.
③ L2 스위치를 사용한다.
④ 전용 대역폭으로 품질이 보장된다.

42 CATV용 동축케이블의 특성 임피던스는?
① 30[Ω]　　② 75[Ω]
③ 90[Ω]　　④ 135[Ω]

43 전송선로에 펄스 시험기로 송출한 펄스가 4[μs] 후에 수신되었다. 이 전송선로의 펄스 반사지점까지의 거리는? (단, 전파 속도는 3×10^8[m/s])
① 200[m]　　② 300[m]
③ 400[m]　　④ 600[m]

44 1[dB]는 약 몇 [Neper]인가?
① 0.114　　② 0.115
③ 0.116　　④ 0.117

45 다음 중 선로용 맨홀로 사용하지 않는 것은?
① 분기 L형　　② 분기 T형
③ 분기 십자(+)형　④ 분기 C형

46 다음 문장의 정의로 옳은 것은?

> 유선·무선·광선 또는 그 밖의 전자적 방식에 의하여 송신되거나 수신되는 부호·문자·음성·음향 및 영상을 말한다.

① 방송통신
② 방송통신설비
③ 방송통신콘텐츠
④ 방송통신서비스

47 다음 중 과학기술정보통신부에서 방송통신기자재에 대해 행하는 기술지도의 대상 및 내용이 아닌 것은?
① 방송통신기자재 기술표준의 적용에 관한 사항
② 방송통신기자재의 생산기술 효율화에 관한 사항
③ 방송통신기자재의 시공현장 확보에 관한 사항
④ 방송통신기자재의 기능 및 특성의 개선에 관한 사항

48 방송통신의 발전을 위해 기본계획과 효율적인 추진·집행을 위해 전담기관 지정대상과 지정절차 등에 관한 구체적인 사항은 어떻게 정하는가?
① 대통령령으로 정한다.
② 정보통신 기본법으로 정한다.
③ 정보통신공사업법으로 정한다.
④ 정보통신공사업법 시행령으로 정한다.

49 다음 중 정보통신공사업법의 법령 제정의 목적이 아닌 것은?
① 정보통신공사의 기본적 사항(조사, 설계, 시공, 감리, 유지관리, 기술관리)을 규정
② 정보통신공사업의 등록 및 정보통신공사 도급 규정
③ 정보통신공사의 적절한 시공을 도모
④ 정보통신공사업의 공공복리 증진 이바지

50 과학기술정보통신부장관 또는 시·도지사는 다음에 해당하는 처분을 하고자 하는 경우에는 청문을 실시하여야 한다. 해당되지 않는 것은?
① 감리원의 인정취소
② 공사업자의 영업정지와 등록취소
③ 정보통신기술자의 인정취소
④ 정보통신공사업의 하도급의 취소

51 다음 중 정보통신공사업법에서 정하는 정보통신공사에 해당되지 않는 것은?
① 전기통신관계법령 및 전파관계법령에 따른 통신설비공사
② 방송법 등 방송관계법령에 따른 방송설비공사
③ 정보통신관계법령에 따라 정보통신설비를 이용하여 정보를 제어·저장 및 처리하는 정보설비공사
④ 수전설비를 포함한 정보통신전용 전기시설설비공사 등 기타 설비공사

52 다음 중 기간통신사업 허가를 받을 수 있는 사람(단체·기관)은?
① 국내 기업체 ② 지방자치단체
③ 외국 법인   ④ 외국 정부

53 국선 수용 회선이 100회선 이하인 주배선반의 접지저항은 몇 [Ω] 이하로 할 수 있는가?
① 20[Ω]   ② 30[Ω]
③ 70[Ω]   ④ 100[Ω]

54 다음은 주거용 건축물 중 공동주택에 사용

되는 선로를 용이하게 수용하기 위해 설치하는 단자함에 관한 사항이다. 괄호 안에 들어갈 용어로 알맞은 것은?

> 주거용 공동주택의 경우 세대별로 배선의 인입 및 분기가 용이하도록 ( )을 설치하여야 한다.

① 세대단자함 ② 회선단자함
③ 구간단자함 ④ 공동단자함

55 다음은 지중통신선에 관한 규정이다. 괄호 안에 들어갈 적당한 말은?

> 지중통신선을 지중강전류전선으로부터 30[cm] 이내의 거리에 설치하는 경우에는 지중통신선과 지중강전류전선간에는 화염에 견딜 수 있는 ( )을(를) 설치하여야 한다.

① 분배기 ② 단자함
③ 격벽   ④ 필터

56 소형주택의 경우 무인택배함의 설치 권장 수량으로 적당한 것은?
① 세대수의 약 5~10%
② 세대수의 약 10~15%
③ 세대수의 약 15~20%
④ 세대수의 약 20~25%

57 다음 중 홈네트워크 설비인 홈게이트웨이에 관한 사항으로 틀린 것은?
① 필요한 경우 통신배관실(TPS실) 또는 방재실에 설치할 수 있다.
② 이상전원 발생 시 제품을 보호할 수 있는 기능을 내장해야 한다.
③ 동작상태 및 케이블 연결상태를 쉽게 확인할 수 있는 구조로 설치한다.

④ 세대단자함에 설치되는 경우 벽에 부착할 수 있도록 한다.

58 홈네트워크망으로서 집중구내통신실에서 세대까지를 연결하는 망을 무엇이라 하는가?
① 단지망   ② 세대망
③ 집중망   ④ 방재망

59 국선·국선단자함 또는 초고속통신망장비 등 각종 구내통신선로설비 및 구내용 이동통신설비를 설치하기 위한 공간은?
① 국선관리실
② 집중구내통신실
③ 통신배관실
④ 통신국사

60 다음 중 통신망의 비밀보호 및 신뢰성 제고를 위하여 정당한 이용자임을 식별할 수 있도록 등록 및 인증기능 등의 구비가 의무사항이 아닌 설비는?
① 전화·인터넷 접속회선 임대 역무설비
② 주파수를 할당받아 제공하는 역무설비
③ 자가통신설비
④ 부가통신사업설비

2022년 4회 시행 과년도출제문제

01 그림과 같은 회로에 2[A]의 전류가 흐를 때 전압[V]은?

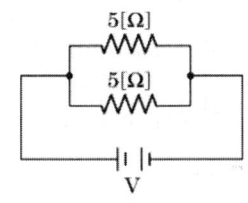

① 2[V] ② 5[V]
③ 10[V] ④ 20[V]

02 다음 전지 중 2차 전지가 아닌 것은?
① 산화은전지
② 리튬·이온 전지
③ 납축전지
④ 니켈·카드뮴 전지

03 교류의 주파수(f)가 50[Hz]일 때 주기(T)는?
① 0.02[s] ② 0.2[s]
③ 0.05[s] ④ 0.5[s]

04 자체 인덕턴스 L이 1[H]인 인덕터에 200[V], 50[Hz]의 사인파 전압을 가할 때 흐르는 전류는 약 몇 [A]인가?
① 0.32 ② 0.64
③ 0.96 ④ 1.28

05 전자기력의 크기에 대한 설명으로 틀린 것은?
① 전류(I)의 크기에 비례한다.
② 자기력선속 밀도(B)에 반비례한다.
③ 단위는 뉴튼(N)을 사용한다.
④ 도체의 길이(ℓ)에 비례한다.

06 다음 중 다이액(DIAC) 소자에 대한 설명으로 옳지 않은 것은?
① 양방향으로 전류를 흘릴 수 있는 2단자 소자이다.
② 전류가 유지전류 이하로 떨어질 때 꺼진다.
③ 애노드 단자 1개로 구성되어 있다.
④ 브레이크 오버 전압 이상에 도달되면 도통된다.

07 정류회로의 직류 전압이 400[V]이고 리플 전압이 4[V]일 때, 회로의 리플률은 얼마인가?
① 1% ② 2%
③ 3% ④ 5%

08 정류회로의 출력에 있는 맥류 파형을 평탄한 직류로 만드는 회로는?
① 증폭회로
② 평활회로
③ 바이어스 회로
④ 정전압 안정화 회로

09 임의의 증폭회로에 0.1[mW]를 공급하여 출력으로 100[mW]가 얻었다면 이때의 증폭기 이득(gain)은 얼마인가?
① 10[dB] ② 20[dB]
③ 30[dB] ④ 40[dB]

10 반도체 기호에서 FET 기호는?

①    ②

③   ④ ┤├

11 하틀리 발진기의 주파수 안정화 리엑턴스는?
① 저항성   ② 용량성
③ 유도성   ④ 안정성

12 수정발진기의 발진주파수가 안정된 이유는?
① 수정 진동자의 Q값이 높기 때문에
② 온도계수가 적기 때문에
③ 리액턴스 특성상 유도성 주파수 범위가 넓기 때문에
④ 압전기 현상을 갖기 때문에

13 신호 파형의 값이 0일 때는 낮은 주파수를 전송하고, 1일 때에는 높은 주파수를 전송하는 디지털 변조방식은?
① 진폭 편이 변조
② 주파수 편이 변조
③ 위상 편이 변조
④ 직교 복조 변조

14 펄스 진폭 변조(PAM)에서 표시된 펄스 진폭의 크기를 디지털 양으로 변환하는 것은?
① 표본화   ② 양자화
③ 부호화   ④ 복호화

15 그림과 같은 펄스회로에서의 펄스 점유 비율(D)을 바르게 나타낸 것은? (단, A : 펄스의 진폭, τ : 펄스 폭, T : 주기)

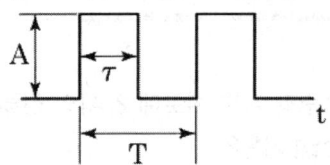

① $D = \dfrac{A}{T} \times 100[\%]$ ② $D = \dfrac{\tau}{A} \times 100[\%]$

③ $D = \dfrac{A}{\tau} \times 100[\%]$ ④ $D = \dfrac{\tau}{T} \times 100[\%]$

16 다음 중 중앙처리장치(CPU)와 관계가 먼 것은?
① 제어장치
② 정보의 산술 및 논리연산장치
③ 주기억장치
④ 출력장치

17 다음과 같은 특징을 가지는 컴퓨터 시스템 상태는?

> 둘 이상의 프로세스가 서로가 가진 한정된 자원을 요청하는 경우 발생하는 것으로, 프로세스가 진전되지 못하고 모든 프로세스가 정지 상태가 되는 상황을 말한다.

① Lock   ② Block
③ Unlock   ④ Deadlock

18 2진수 $(10111)_2$을 8진수로 표현하면?
① $(25)_8$ ② $(26)_8$
③ $(27)_8$ ④ $(28)_8$

19 2진수 $(110110)_2$을 그레이 코드로 변환하면?
① $(101001)_2$ ② $(101010)_2$
③ $(101111)_2$ ④ $(101101)_2$

20 '1·0=0'과 같은 결과식을 갖는 논리 게이트는?
① OR ② AND
③ NOT ④ XOR

21 다음 중 전원이 인가되지 않으면 데이터가 지워지는 휘발성(Volatile) 기억장치는?
① ROM ② PROM
③ EPROM ④ RAM

22 프로그래밍 언어로 틀린 것은?
① C++ ② JAVA
③ LINUX ④ COBOL

23 2048바이트[byte]는 몇 킬로바이트[kbyte]인가?
① 1[kbyte] ② 2[kbyte]
③ 3[kbyte] ④ 4[kbyte]

24 컴파일러에 대한 설명으로 틀린 것은?
① 기억 장소가 필요하지만 실행 속도가 빠르다.
② 사용하는 언어에는 BASIC, LISP, JAVA가 있다.
③ 전체 프로그램을 한 번에 실행하여 목적 프로그램을 생성하는 번역기이다.
④ 한번 번역에 두면 목적 프로그램이 생성되므로 재차 실행 시 다시 번역할 필요가 없다.

25 다음의 운영체제 프로그램 중에서 성격이 다른 것은?
① Service Program
② Supervisor Program
③ Data Management Program
④ Job Control Program

26 엑세스 프로그램에 대한 설명으로 옳은 것은?
① 프리젠테이션을 위한 프로그램
② 문서의 작성과 편집을 위한 프로그램
③ 단순한 표 계산부터, 회계, 재무관리를 위한 프로그램
④ 대량의 정보를 정리하여 그 정보를 검색하고 추출하는 데이터베이스 프로그램

27 균일한 전송선로에서 파장이 2[km]인 경우 위상정수는 얼마인가?
① 0.2π[rad/km] ② 0.5π[rad/km]
③ π[rad/km] ④ 2π[rad/km]

28 내부저항이 600[Ω]인 회로에서 절대레벨 0[dBm]일 때 틀린 것은?
① 회로 전류 1.291[mA]
② 부하 양단 전압 0.274[V]
③ 부하 양단 전압 0.775[V]
④ 회로 전력 1[mW]

29 광통신에서 광원의 광세기를 나타낸 단위로 적합한 것은?
① [m/s] ② [bps]
③ [dBm] ④ [A]

30 무한장 선로에서 반사계수가 1이면 어떤 반사를 의미하는가?

① 완전반사 ② 무반사
③ 조건반사 ④ 완전투과

31 PCM-24 방식에서 표본화 주파수가 8[kHz]라고 하면 표본화 주기 T는 몇 [μs]인가?
① 62.5[μs] ② 125[μs]
③ 250[μs] ④ 500[μs]

32 전송표준의 동기식 디지털 계위에서 STM-1의 기본 전송속도는 얼마인가?
① 6.312[Mbps] ② 51.840[Mbps]
③ 155.520[Mbps] ④ 622.080[Mbps]

33 어떤 신호가 3400[Hz]의 최대 주파수를 가질 때 나이키스트의 표본화 정리에 의해서 원래의 신호로 완전하게 복원시키는데 필요한 최소 표본화 주파수는?
① 1700[Hz] ② 3400[Hz]
③ 6800[Hz] ④ 8500[Hz]

34 수백[Gbps] 이상의 정보를 전송하는데 필요한 WDM 광전송시스템에서 여러 개의 입력광원을 하나의 광섬유로 묶어서 전송하는 파장 다중화를 위한 광소자는 무엇인가?
① AWG ② Splitter
③ Circulator ④ Isolator

35 다음 중 케이블 중간을 금속체로 분리하여 두 개의 케이블 효과를 얻을 수 있는 것은?
① 동축 케이블 ② 폼스킨 케이블
③ 스크린 케이블 ④ 광섬유 케이블

36 UTP 케이블의 배선 및 성단 시 Cat.5 케이블의 페어 풀림 길이를 몇 [mm] 이하로 하여야 하는가?
① 12[mm] 이하 ② 25[mm] 이하
③ 40[mm] 이하 ④ 60[mm] 이하

37 표준직경 50[μm]의 광섬유 케이블에서 광심선 코어가 다음 그림과 같이 찌그러져 최대직경 max가 51.7[μm]이고, 최소직경 min가 48.8[μm]이라면 이 광섬유 코어의 비원율은 몇 [%]인가?

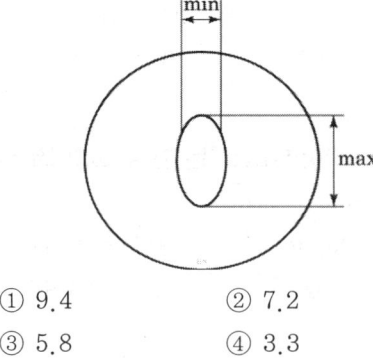

① 9.4 ② 7.2
③ 5.8 ④ 3.3

38 리본형 광섬유 케이블의 특징으로 틀린 것은?
① 분기 접속이 용이하다.
② 다심 일괄 동시접속이 가능하다.
③ 심선을 고밀도로 실장하기 어렵다.
④ 지하 관로 설비의 활용성을 높일 수 있다.

39 플라스틱 광섬유(POF)의 특징으로 틀린 것은?
① 결합 효율이 높다
② 광섬유 직경이 크다.
③ 광전송 손실이 낮다.

④ 구부림에 대한 특성이 좋다.

40 다음 중 다중모드 광섬유에서만 발생하는 분산은 어느 것인가?
① 모드분산 ② 구조분산
③ 색분산 ④ 파장분산

41 가공 케이블 루트로 옳은 것은?
① 가입자의 인입에 유리한 루트를 선정한다.
② 케이블이 역배선 되거나 이중 루트가 되도록 해야 한다.
③ 전력선과의 이격거리가 유지되지 않는 루트를 선정한다.
④ 농작물에 피해가 많은 농로 또는 도로변으로 루트를 선정한다.

42 광 튜브 케이블을 배관 내 또는 통신용 트레이에 설치하고 비어 있는 광 튜브 케이블 내로 압축공기를 불어넣어 집합 심선을 포설하는 공법은?
① 견인 포설방식
② 양방향 포설방식
③ 공기압 포설방식
④ 연속 포설방식

43 선로의 대지 잡음전압(E_p)이 800[mV]이고, 선간 잡음전압(e_{pp})이 600[mV]일 때, 통신회선의 평형도는 약 얼마인가?
① 2.5[dB] ② 3.0[dB]
③ 3.5[dB] ④ 1.5[dB]

44 광섬유 케이블에서 입력측의 레벨이 -3.5[dBm], 출력측의 레벨이 -13.8[dBm]일 경우 이 광섬유 케이블의 전송손실은?
① 3.5[dB] ② 6.8[dB]
③ 10.3[dB] ④ 17.3[dB]

45 전주의 구비 조건으로 적합하지 않은 것은?
① 기계적 강도가 강할 것
② 유지보수가 용이할 것
③ 중량이 무거울 것
④ 곧고 길어야 할 것

46 다음 용어의 정의에 해당하는 것은?

사업자 이용자에게 제공하는 국선을 수용하기 위하여 설치하는 국선수용단자반 및 이상전압전류에 대한 보호장치 등을 말한다.

① 방송통신망
② 전력선통신
③ 국선접속설비
④ 사업용방송통신설비

47 다음 용어의 정의에 해당하는 것은?

고속철도나 도시철도 등 전기를 이용하는 철도시설 또는 전기공작물 등이 그 주위에 있는 방송통신설비에 정전유도나 전자유도 등으로 인한 전압이 발생되도록 하는 현상을 말한다.

① 누화 ② 산란
③ 전력유도 ④ 전파지연

48 다음 용어의 정의에 해당하는 것은?

> 유선·무선·광선 또는 그 밖의 전자적 방식에 의하여 방송통신 콘텐츠를 송신하거나 수신하는 것과 이에 수반하는 일련의 활동

① 방송통신
② 방송통신설비
③ 방송통신기자재
④ 인터넷멀티미디어

49 공사를 발주한 자는 해당 공사를 시작하기 전에 시장, 군수, 구청장에게 확인받아야 할 것은 무엇인가?
① 설계도　　② 도급 계약서
③ 공정도　　④ 공사업 등록증

50 다음 중 전기통신사업법의 제정 목적에 해당하지 않는 것은?
① 전기통신사업자의 경영 혁신
② 전기통신의 효율적 관리
③ 전기통신사업의 건전한 발전
④ 전기통신사업의 적절한 운영

51 다음 중 기간통신사업자의 전기통신 역무가 아닌 것은?
① 인터넷접속 역무
② 전화 역무
③ 전기통신회선설비를 임대하는 역무
④ 특수한 유형의 부가통신 역무

52 모든 전기통신사업자는 보편적 역무를 제공하거나 그 제공에 따른 손실을 보전할 의무가 있다. 다음 중 보편적 역무를 제공하기 위해 고려할 사항이 아닌 것은?

① 정보통신기술의 발전 정도
② 전기통신역무의 보급 정도
③ 개인의 이익과 안전
④ 사회복지 증진

53 가공강전류전선의 사용전압이 특별고압일 경우의 이격거리에서 60,000[V]를 초과하는 것의 설명에서 맞는 항목은?
① 2[m]에 사용전압이 60,000[V]를 초과하는 10,000[V]마다 12[cm]를 더한 값 이상
② 2[m]에 사용전압이 60,000[V]를 초과하는 10,000[V]마다 24[cm]를 더한 값 이상
③ 2[m]에 사용전압이 60,000[V]를 초과하는 20,000[V]마다 12[cm]를 더한 값 이상
④ 2[m]에 사용전압이 60,000[V]를 초과하는 20,000[V]마다 24[cm]를 더한 값 이상

54 국선의 인입배관은 국선의 수용 및 교체, 증설이 용이하게 시공될 수 있는 구조로 배관의 내경은 선로외경(다조인 경우에는 그 전체의 외경)의 몇 배 이상이 되어야 하는가?
① 1　　② 2
③ 4　　④ 10

55 일반적으로 가공통신선의 지지물에 사용하는 발디딤쇠는 지표상으로부터 몇 [m] 이상의 높이에 부착하여야 하는가?
① 1.2[m]　　② 1.8[m]
③ 2.5[m]　　④ 3.2[m]

56 옥내통신선은 300[V]를 초과하는 전선과의 얼마 이상으로 이격하여야 하는가?
① 5[cm]　　② 8[cm]
③ 12[cm]　　④ 15[cm]

57 다음은 지중통신선에 관한 규정이다. 괄호 안에 들어갈 적당한 말은?

> 지중통신선을 지중강전류전선으로부터 30[cm] 이내의 거리에 설치하는 경우에는 지중통신선과 지중강전류전선간에는 화염에 견딜 수 있는 (　)을 (를) 설치하여야 한다.

① 분배기　　② 단자함
③ 격벽　　　④ 필터

58 다음 중 세대단자함의 크기로 가장 적합한 것은?
① 500[mm]×500[mm]×70[mm](깊이)
② 500[mm]×400[mm]×80[mm](깊이)
③ 700[mm]×500[mm]×90[mm](깊이)
④ 700[mm]×400[mm]×100[mm](깊이)

59 다음 중 홈네트워크 장비인 '단지서버'를 설치할 수 있는 장소는?
① 통신배관실(TPS실)
② 세대통합관리반
③ 세대단자함
④ 집중구내 통신실 또는 방재실

60 다음 중 방송통신 옥외설비의 안정성을 확보하기 위하여 요구되는 대책이 아닌 것은?
① 풍해대책　　② 동결대책
③ 낙뢰대책　　④ 자외선대책

2023년 1회 시행 과년도출제문제

01 저항 100[kΩ]의 허용전력이 400[kW]라고 할 때, 허용전류는?
① 1[A]　　② 2[A]
③ 3[A]　　④ 4[A]

02 교류에 대한 설명으로 틀린 것은?
① 저장이 안 된다.
② 전류의 방향이 없다.
③ 사인파의 파형을 가지는 전류 및 전압이다.
④ 시간의 변화에 대해 전류의 크기와 흐르는 방향이 일정하다.

03 전기의 종류에 대한 설명으로 틀린 것은?
① 시간의 변화와 함께 (+), (-)가 변화하는 전기는 교류이다.
② 직류 전기는 sine 함수를 나타내는 형태의 파형을 가진다.
③ 시간이 변화하여도 크기가 일정한 전기는 직류이다.
④ 직류를 DC라 하고, 교류를 AC라 한다.

04 다음에서 설명하는 전기의 종류는?

- 전자기 유도현상을 이용해서 쉽게 전압(V)을 변환할 수 있어서 멀리까지 전력을 보낼 수 있어 편리한 전기
- Motor를 바로 돌리거나 전열기가 포함된 제품에서 전원을 바로 사용이 가능한 전기

① 직류　　② 맥류
③ 교류　　④ 배터리 전류

05 전류가 흐르는 전선에 의해 자기침이 수직으로 배열되는 현상을 외르스테드가 발견한 시기는?
① 1810년　　② 1820년
③ 1830년　　④ 1840년

06 전계효과 트랜지스터에 대한 설명으로 옳은 것은?
① 소스(S)는 전류 공급원이다.
② 드레인(D)은 전류 통로이다.
③ 채널은 전류 배출구이다.
④ 쌍극성 접합 트랜지스터이다.

07 평활회로에서 콘덴서와 인덕터의 역할로 옳은 것은?
① 콘덴서와 인덕터 모두 교류 성분을 차단한다.
② 콘덴서와 인덕터 모두 직류 성분을 차단한다.
③ 콘덴서는 직류 성분, 인덕터는 교류 성분을 차단한다.
④ 콘덴서는 교류 성분, 인덕터는 직류 성분을 차단한다.

08 다음에서 설명하는 소자의 명칭은?

필터회로에서 커패시터를 방전시키기 위해 사용하는 필터 커패시터와 병렬 연결하는 소자이며, 어떤 회로에서는 이 소자를 사용하는 주된 목적은 안전이다.

① 초크 코일 　② 트랜지스터
③ 블리더 저항 　④ 정전압 다이오드

09 전압증폭도가 각각 1000, 10인 증폭기를 2단 직렬로 접속한 경우, 종합 이득은 얼마인가?
① 40[dB]　② 60[dB]
③ 80[dB]　④ 100[dB]

10 마이크로파 발진기에서 사용하는 주파수는?
① 수[Hz]~수[MHz]
② 100[Hz]~수백[MHz]
③ 수백[MHz]~수[GHz]
④ 수백[GHz]

11 RC 결합 증폭회로의 주파수 특성에 대한 설명으로 틀린 것은?
① 증폭회로의 대역폭이란 중역이득보다 5[dB] 적은 두 주파수 범위의 대역
② 중역주파수대역이란 각종 콘덴서의 영향을 받지 않아 이득이 일정한 대역
③ 저역주파수대역이란 결합콘덴서와 바이패스 콘덴서의 영향 때문에 이득이 감소하는 대역
④ 고역주파수대역이란 트랜지스터의 극간 용량과 배선의 분포 용량 때문에 이득이 감소하는 영역

12 아래 그림은 어떤 회로인가?

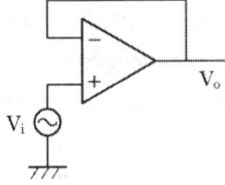

① 미분기
② 적분기
③ 전압 폴로어(follower)
④ 부호 변환기

13 위성방송의 음성신호전송이나, 위성통신분야에 널리 사용하는 디지털 변조 방식은?
① ASK　② FSK
③ PSK　④ QAM

14 FM 변조 및 복조의 특징이 틀린 것은?
① 고전력 변조를 하여 소비전력이 AM보다는 큼
② 진폭변조(AM)에 비해 이득, 선택도, 감도가 우수
③ 리미터, 주파수 변별기, 스켈치 회로 등을 사용
④ 페이딩이 영향이 적어 혼신이나 잡음이 적음

15 부트스트랩(Boot-Strip)을 사용하여 만들 수 있는 파형의 회로는?
① 계단파 발생회로
② 클리퍼 회로
③ 톱니파 발생회로
④ 구형파

16 다음 중 RAM(Random Access Memory)에 대한 설명으로 틀린 것은?
① 빠른 속도로 읽을 수 있지만 다시 기록할 수 없는 메모리다.
② 정보를 임의의 장소에 기억시키거나 읽

어낼 수 있는 기억매체이다.
③ 전원이 가해지고 있는 동안에도 회로를 반복적으로 재충전해주어야 하는 DRAM 과 재충전이 필요 없는 SRAM이 있다.
④ DRAM과 동일한 구조와 동작원리를 갖고 있으면서도 전원이 없어도 기억된 정보가 소명되지 않는 비휘발성 기억매체를 NVRAM(Non-Volatile RAM)이라고 한다.

17 데이터 속도 중 1[Mbps]는 몇 [cps]인가? (단, Mega는 10^6으로 하며, [cps]는 Character Per Second이다.)
① 125,000[cps]
② 250,000[cps]
③ 1,000,000[cps]
④ 8,000,000[cps]

18 컴퓨터의 이용 분야에 옳지 않은 것은?
① 영화 예매 업무
② 단순 반복되는 대량 업무 처리
③ 정확한 과학 기술 계산
④ 감정·감성적인 사고

19 두 개의 2진수 1110과 0110을 더한 후 10진수로 표시하면 얼마인가?
① 21   ② 20
③ 19   ④ 18

20 A·(B+C)=(A·B)+(A·C) 식에 해당하는 불(Boolean) 대수 기본 법칙은?
① 교환 법칙
② 결합 법칙
③ 분배 법칙
④ 드모르간의 법칙

21 다음 불(Boolean) 대수 연산으로 올바른 것은?
① 1·0=1   ② 0+1=0
③ (1·1)+0=0   ④ (1·0)+1=1

22 프로그램에 대한 설명으로 틀린 것은?
① 프로그램과 데이터를 동시에 입력하여 처리한다.
② 컴퓨터가 수행해야 할 명령문들을 순차적으로 나열한 것이다.
③ 소스 프로그램, 목적 프로그램, 실행 프로그램으로 구분할 수 있다.
④ 문제 해결을 목적으로 컴퓨터가 이해할 수 있는 언어로 작성된 명령문의 집합이다.

23 순서도 작성 방법에 대한 설명으로 틀린 것은?
① 흐름선은 여러 개로 나눌 수 없다.
② 흐름선은 여러 개가 모여 하나로 합쳐질 수 있다.
③ 흐름선을 이용하여 논리적인 작업 순서를 표현한다.
④ 처리 순서는 위에서 아래로 화살표를 사용하여 표시한다.

24 엑셀 프로그램의 [셀 서식-맞춤] 탭에서 지원하지 않는 기능은?
① 텍스트 맞춤   ② 텍스트 조정
③ 텍스트 방향   ④ 텍스트 색상

25 파워포인트에 삽입할 수 있는 멀티미디어의 종류가 아닌 것은?
① 동영상   ② 사진
③ 음악   ④ 인코더

26 집중 정수 회로 모델의 특징이 아닌 것은?
① 선로의 어느 한 부분에 회로 정수가 집중
② 회로 내의 전압, 전류가 동시 변화
③ R, L, G, C 회로 정수 사용
④ 공간적, 시간적 개념 적용

27 광통신에서 사용하는 저손실 파장대역이 아닌 것은?
① 850[nm]   ② 1310[nm]
③ 1550[nm]   ④ 1830[nm]

28 다음에서 펄스 변조 방식이 아닌 것은?
① PPM   ② PWM
③ PCM   ④ PSK

29 광통신 파장 1,550[nm]에 해당하는 주파수는?
① 203.533[THz]   ② 195.376[THz]
③ 193.548[THz]   ④ 622.548[THz]

30 분포 정수회로에서 전송로 상호 간에 발생하는 2차 정수를 바르게 연결된 것은?
① 도체 저항(R), 감쇠 정수(α)
② 감쇠 정수(α), 위상 정수(β)
③ 인덕턴스(L), 누설 컨덕턴스(G)
④ 정전용량(C), 특성 임피던스(Z_0)

31 분포 정수회로에서 전송로 상호 간에 발생하는 1차 정수로 옳은 것은?
① 도체 저항(R)   ② 감쇠 정수(α)
③ 위상 정수(β)   ④ 특성 임피던스(Z_0)

32 부하 종단에서 단락 시 전압 정재파비(VSWR) 값은?
① -1 ② 0
③ 1   ④ ∞

33 신호 중 '1'의 신호가 들어왔을 때 '1' 레벨을 유지한 후에 곧바로 '0' 신호로 복귀하는 신호방식은?
① RZ   ② NRZ
③ AMI   ④ 2B1Q

34 동축케이블의 감쇠 특성에 대한 설명으로 옳은 것은?
① 전송되는 주파수에 반비례한다.
② 전송되는 주파수에 비례한다.
③ 전송되는 주파수의 제곱에 비례한다.
④ 전송되는 주파수의 제곱근에 비례한다.

35 폼스킨(F/S) 케이블의 특징으로 옳지 않은 것은?
① 외부 유도에 강하다.
② 누화특성이 우수하다.
③ 전기적 특성이 우수하다.
④ 잡음에 약하고 경제적이지 못하다.

36 50/125[μm] 광섬유에서 코어 굴절률이 1.49이고, 비굴절률(Δ)이 1.5[%]일 때 최대 수광

각은?
① 12.85도 ② 14.96도
③ 17.45도 ④ 28.34도

37 다음 중 광케이블의 구조에 따른 종류가 아닌 것은?
① 루즈튜브형 ② 슬롯형
③ 리본형 ④ 나비형

38 다음 [보기]에서 다중모드 광섬유 특징으로 옳은 내용을 모두 선택한 것은?

[보기]
ㄱ. 전송거리가 길다.
ㄴ. 빛의 산란이 심하다.
ㄷ. 단거리 전송에 적합하다.

① ㄱ ② ㄱ, ㄷ
③ ㄴ, ㄷ ④ ㄱ, ㄴ, ㄷ

39 광송신기의 광원으로 LED가 레이저 다이오드에 비해 장점은?
① 출력전력이 크다.
② 비용이 비싸다.
③ 전력 소모가 적다.
④ 광섬유에 광신호를 입력하기 어렵다.

40 다음 그림에서 (가)에 해당하는 전주는?

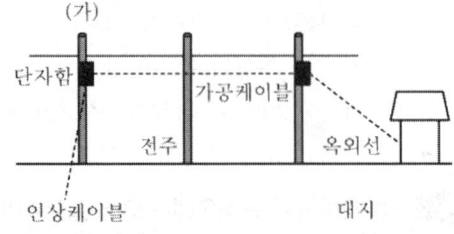

① 인입주 ② 인상주

③ 종단주 ④ 중간주

41 옥내통신선 300[V] 초과 전선과의 이격거리는?
① 10[cm] 이상 ② 15[cm] 이상
③ 20[cm] 이상 ④ 30[cm] 이상

42 통신구설비, 통신관로설비, 통신케이블 등의 공사는 어느 공사에 해당되는가?
① 교환설비공사
② 전송설비공사
③ 방송국설비공사
④ 통신선로설비공사

43 다음 중 '도급받은 공사에 일부에 대하여 수급인이 제3자의 체결하는 계약'을 무엇이라 하는가?
① 도급 ② 하도급
③ 수급인 ④ 하수급인

44 다음 중 '전기통신사업에 제공하기 위한 전기통신설비'를 무엇이라 하는가?
① 전기통신설비
② 사업용전기통신설비
③ 자가전기통신설비
④ 전기통신회선설비

45 다음 중 정보통신공사에 대하여 감리원이 지도해야 할 역할이 아닌 것은?
① 품질관리 ② 시공관리
③ 안전관리 ④ 정보관리

46 다음 용어의 정의에 해당하는 것은?

> 방송통신설비를 이용하여 직접 방송통신을 하거나 타인이 방송통신을 할 수 있도록 하는 것

① 방송통신　　② 방송통신설비
③ 방송통신서비스　④ 방송통신사업자

47 다음 중 방송통신발전 기본법의 목적이 아닌 것은?
① 방송통신의 공익성·공공성을 보장
② 방송통신의 진흥 등에 관한 사항을 권장
③ 방송통신의 기술기준·재난관리 등에 관한 사항을 정함
④ 개인복리의 증진과 방송통신 발전에 이바지함을 목적

48 다음 중 방송통신발전에 필요한 방송통신 전문인력을 양성하기 위하여 계획을 수립·시행해야 하는 것에 포함되지 않는 것은?
① 방송통신기술 및 방송통신서비스와 관련된 전문인력 수요 실태 및 중·장기 수급 전망 파악
② 전문인력 양성사업의 지원
③ 전문인력 양성기관이 지원
④ 방송통신기술 전문인력 취업 지원

49 [dB]와 [Nep]의 관계로 옳은 것은?
① 1[dB]≒0.115[Nep]
② 1[dB]≒0.24[Nep]
③ 1[dB]≒1[Nep]
④ 1[dB]≒8.686[Nep]

50 다음 설명에 해당하는 것은 무엇인가?

> 방송통신서비스를 제공받기 위하여 이용자가 관리·사용하는 구내통신선로설비, 이동통신구내선로설비, 방송공동수신설비, 단말장치 및 전송설비 등을 말한다.

① 사업용방송통신설비
② 이용자방송통신설비
③ 국선
④ 국선접속설비

51 다음 설명에 해당하는 것은 무엇인가?

> 주택의 성능과 주거의 질 향상을 위하여 세대 또는 주택단지 내 지능형 정보통신 및 가전기기 등의 상호 연계를 통하여 통합된 주거서비스를 제공하는 설비

① 홈네트워크설비
② 홈네트워크망
③ 홈네트워크장비
④ 세대단자함

52 다음 중 '홈네트워크망을 통해 접속하는 장치'를 무엇이라 하는가?
① 홈네트워크설비
② 홈네트워크망
③ 홈네트워크장비
④ 홈네트워크기기

53 다음 중 '교환설비나 전송설비, 전산설비 등이 설치되는 장소'를 무엇이라 하는가?
① 옥외설비　　② 통신기계실
③ 중요데이터　④ 통신국사

54 가공통신선의 높이에서 도로상에 설치하는 경우에는 노면으로부터 얼마여야 하는가? (단, 예외사항 제외)
① 3.5[m] 이상 ② 4[m] 이상
③ 4.5[m] 이상 ④ 5[m] 이상

55 다음 중 '통신기계실, 통신망관리실, 중앙감시실, 방재센터, 전력감시실 또는 전원설비'에 해당하는 것은?
① 통신규약 ② 중요데이터
③ 주요시설 ④ 통신망관리실

56 다음 중 '화재의 발생에 대비하여 이를 감시하기 위해 필요한 장비가 설치된 장소를 말하며, 중앙감시실과 통합하여 운용되는 곳'에 해당하는 것은?
① 통신망관리실 ② 중앙감시실
③ 방재센터 ④ 전력감시실

57 '동단자함에서 층단자함까지' 또는 건물 내 수직 구간인 '층단자함에서 다른 층의 층단자함까지'를 연결하는 통신케이블을 무엇이라 하는가?
① 구내간선케이블
② 건물간선케이블
③ 층간간선케이블
④ 세대간선케이블

58 다음 그림과 같이 AB의 저항이 균일한 도선에서 검류계의 한 단자가 AC : CB=3 : 2가 되는 점 C에 접촉되었을 때, 검류계의 눈금이 0을 가리켰다면 X의 저항값은?

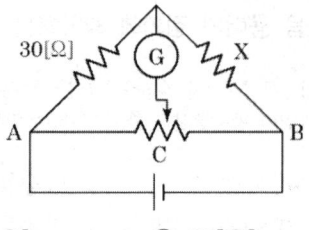

① 80[Ω] ② 60[Ω]
③ 40[Ω] ④ 20[Ω]

59 가입자망에서 상/하향 전송속도가 다른 것은?
① IDSL ② HDSL
③ SDSL ④ ADSL

60 구내통신선로에서 배선계를 옥외에서 댁내 방향으로 순서대로 나열한 것은?
① 주배선반 - 중간배선반 - 층단자함 - 세대단자함
② 중간배선반 - 주배선반 - 층단자함 - 세대단자함
③ 층단자함 - 세대단자함 - 주배선반 - 중간배선반
④ 세대단자함 - 층단자함 - 주배선반 - 중간배선반

부록 (과년도문제 해설) 06

2017년 3월 4일 시행 과년도출제문제 해설

01	02	03	04	05	06	07	08	09	10	11	12	13	14	15
①	③	③	③	①	④	②	②	①	②	③	①	④	①	②
16	17	18	19	20	21	22	23	24	25	26	27	28	29	30
①	①	①	②	①	②	②	④	①	④	④	①	②	①	④
31	32	33	34	35	36	37	38	39	40	41	42	43	44	45
①	④	③	②	①	①	②	①	④	②	①	④	③	②	③
46	47	48	49	50	51	52	53	54	55	56	57	58	59	60
③	①	③	③	②	③	④	③	③	②	①	③	②	①	①

01

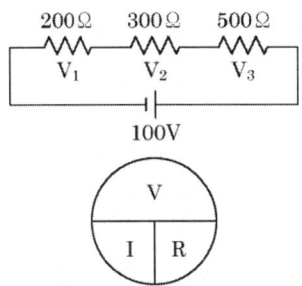

직렬합성저항 $R = R_1 + R_2 + R_3 = 200 + 300 + 500$
$= 1000[\Omega]$

전류 $I = \dfrac{\text{전압} V}{\text{저항} R} = \dfrac{100}{1000} = 0.1[A]$

$V_1 = I \cdot R_1 = 0.1 \times 200 = 20[V]$
$V_2 = I \cdot R_2 = 0.1 \times 300 = 30[V]$
$V_3 = I \cdot R_3 = 0.1 \times 500 = 50[V]$

따라서 $V_1 < V_2 < V_3$

02 전압＝전류×저항
전력＝전압×전류
 ＝전류×전압×전류 ＝ 전류² × 전압
 ＝전압 × $\dfrac{\text{전압}}{\text{저항}} = \dfrac{\text{전압}^2}{\text{저항}}$

03 상용전원값은 실효값이므로

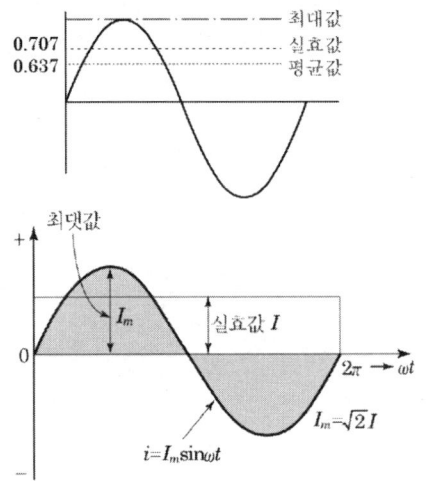

a. 전압의 최대값
 ＝ $\sqrt{2}$ · 실효값 ＝ $1.4141 \times 220[V] ≒ 311[V]$
b. 전압의 평균값
 ＝ 0.9배 · 실효값 ≒ 0.9배 × 220[V] ≒ 198[V]

04

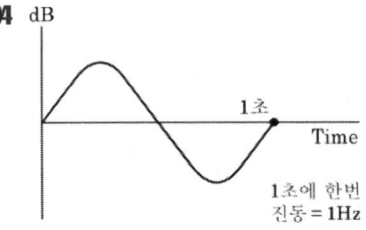

1초에 한번
진동 ＝ 1Hz

주파수 $f = \dfrac{1}{\text{주기 T}}[Hz]$, 주기 $T = \dfrac{1}{\text{주파수 f}}[sec]$

[단어] 주파수 : frequency, 주기 : Time

[참조] ω(오메가) : 1초 동안에 회전한 각도(°/sec, 초속)

$$속도 = \frac{거리}{시간}, \quad 각속도(\omega) = \frac{각도(\theta)}{시간(T)}$$

05 자력선 : 자기장에서, 자기력이 작용하는 방향을 나타내는 선
(자기장 : 자석의 주위나 전류가 지나는 도선 주위에 생기는, 자기력이 작용하는 공간)

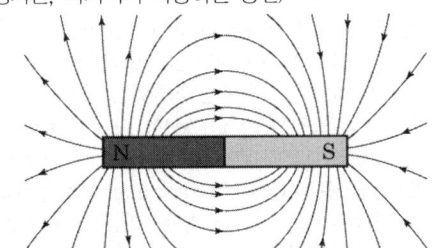

- 자력선의 성질
  a. 자기장의 방향은 공간에서 임의 점에서 자력선에 접선이다.
  b. 자기장의 세기는 자력선의 밀도에 비례한다. 즉 자력선에 수직인 단위 면적당 자력선의 수에 비례한다.
  c. 자력선은 서로 교차할 수 없으며 임의 점에서 자기장은 유일하다는 것을 의미
  d. 자력선은 연속이고, 시작도 끝도 없는 폐루프를 형성한다. N에서 나와서 S극으로 이동한다.

06 MSI(Medium Scale Integration) : 한 IC(Integrated Circuit) 중 100~1,000소자를 포함한 것이다.

07 시정수(time constant) : 전기회로에 갑자기 전압을 가했을 경우 전류는 점차 증가하여 마침내 일정한 값에 도달한다. 이때의 증가의 비율을 나타내는 것으로, 정상값의 63.2%에 달할 때까지의 시간을 초로 표시한다. 전압을 제거했을 때도 이 반대가 성립된다.

시정수(τ) = RC
  = 유도리액턴스 × 용량 = $10[k\Omega] \times 0.0047[\mu F]$
  = $(10 \times 1000[\Omega]) \times (47 \times \frac{1}{10000}[\mu F])$
  = 47×10^{-6}

08 증폭회로
- 증폭 : 미약한 입력 신호의 주파수를 변화시키지 않고 진폭만을 확대시키는 것

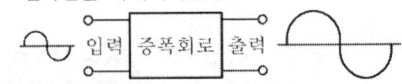

분류	증폭기
회로구성	비동조, 동조 궤환
신호 주파수	직류, 저주파, 광대역 초고주파
동작점	A, AB, B, C급
사용목적	전압, 전류, 전력

- 전력 증폭회로 : 증폭회로는 신호의 입력으로 전력을 필요로 하는데 이때 부하에 큰 신호 전력을 공급하는 목적으로 하는 증폭기를 전력 증폭기라 한다.

	A급 증폭기	B급 증폭기	C급 증폭기
동작점	특성의 직선부	동특성 차단부	차단점 이하
효율	50%	78.5% 정도	100%
유통각	360°	180°	180°
일그러짐	최소	A급과 C급 사이	최대
이용	저주파 증폭	저주파 전력 증폭	고주파 증폭

$$\eta = \frac{P_{DC}}{P_{dc}} \times 100 = 50[\%]$$

- 정류회로 : 교류로부터 직류를 얻어내는 회로
- 평활회로 : 완전한 직류를 얻기 위해 사용된다.
- 정전압안정회로 : 출력 전압을 정해진 전압으로 일정하게 유지해 준다.

09 D급 증폭기 : 부하선(load line)의 직선 영역에서 트랜지스터를 각기 차단 또는 포화 모드로 동작시켜 트랜지스터 바이어스를 하는 대신에 On 또는 Off의 스위치로 동작시킨다.
[특징]
- 스위치로 동작
- 출력 펄스가 증폭기 입력 신호의 진폭 레벨에 비례하는 폭을 갖는 펄스 폭 변조(PWM)에 이용
- 기본 D급 오디오 증폭기
- 비교기의 입력은 통상적으로 매우 작은 전압(mV 범위)이며, 비교기의 출력은 입력 전원 전압의 최대값인 rail-to-rail이다.
- 이득은 입력 신호전압에 의존
- 가장 낮은 고조파가 입력 신호 주파수의 범위에 들기 위해 삼각파 주파수는 가장 높은 입력 주파수보

다 더 커야 한다.
- 상보형 MOSFET 구성
  A. 상보적인 공통소스로 구성하여 전력 이득 제공
  B. 효율은 이론적으로는 100[%]이나 실제적으로 그 이하이다.
- 저역 통과 필터
- 신호 흐름
- 고효율, 저소비 전력을 위해 사용한다.
- 각 모드에서 전력 소모가 극히 적다.

10 발진회로 발진이 일어나기 위한 조건(콜피츠)

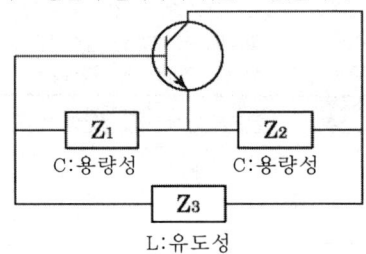

11

적분회로의 출력신호의 파형

12 진폭변조 : 반송파의 진폭을 신호파에 의해 변화시키고, 반송파를 변조하는 방식

13
- ASK(진폭편이변조, Amplitude Shift Keying)
- FSK(주파수편이변조, Frequency Shift Keying)
- PSK(위상편이변조, Phase Shift Keying)
- APK(진폭위상변조, Amplitude Phase Keying)

14 클리퍼(Clipper) : 파형의 어느 부분을 끊어내는 작업을 클리핑(Clipping)이라 하며 이러한 회로를 클리핑 회로 또는 클리퍼라고 한다.

15 컴퓨터 종류

a. 범용컴퓨터 : 컴퓨터의 사용 목적에 따른 분류로서 사무 처리용, 과학 기술용으로 사용하는 컴퓨터
b. 슈퍼컴퓨터
   - 대용량의 과학계산을 효과적으로 처리
   - 응용분야 : 우주개발, 원자력 계산
c. 전용컴퓨터 : 특수목적을 수행하기 위해 개발
   - 응용분야 : 미사일 유도체제, 핵반응시설 제어 등

16 접근 방식에 의한 주소지정 방식
1. 묵시적 주소지정방식(implied addressing mode) : 오퍼랜드를 사용하지 않는 방식으로 명령어 자체 내에 오퍼랜드가 포함되어 있는 방식
2. 즉각 주소지정방식(immediate addressing mode) : 명령문 속에 데이터가 존재하는 주소지정방식
3. 직접 주소지정방식(direct addressing mode) : 명령어의 오퍼랜드에 실제 데이터가 들어 있는 주소를 직접 갖고 있는 방식
4. 상대 주소지정방식(relative addressing mode) : 상태 레지스터 등의 내용을 점검하여 조건에 따라 프로그램의 처리를 변경하고자 하는 명령에만 사용되는 주소지정방식
5. 인덱스 주소지정방식(indexed addressing mode) : 인덱스 레지스터에 데이터가 스토어되어 있는 어드레스를 로드해 놓고 각 명령에서 이 어드레스 방식을 사용하면 인덱스 레지스터에 로드되어 있는 어드레스가 대상이 되는 주소지정방식
6. 간접 주소지정방식(indirect addressing mode) : 오퍼랜드가 존재하는 기억 장치 주소를 내용으로 가지고 있는 기억 장소의 주소를 명령 속에 포함시켜 지정하는 주소지정방식

17 직접접근기억장치(DASD) : 광 디스크, 하드디스크, 자기드럼

18 16진법 : 밑수를 16으로 하고, 0에서 15까지의 수를 사용하여 표현하는 방법

19

BCD	10진수
1000 1001 1000 0100	8984
0001 1001 1000 0100	1984
0001 0110 1000 0100	1582
0001 1001 1000 0010	1982

20

	회로 기호
NAND 게이트	A, B → C (NAND)
OR 게이트	A, B → C (OR)
AND 게이트	A, B → C (AND)

21 구조적 프로그래밍의 3가지 형태의 구조
1. 순차(Concatenation) : 구문 순서에 따라서 순서 대호 수행
2. 선택(Selection) : 프로그램의 상태에 따라서 여러 구분들 중에서 하나를 수행
3. 반복(Repetition) : 프로그램이 특정 상태에 도달할 때까지 구분을 반복하여 수행

22 $2^{10}[\text{byte}] = 1024[\text{byte}] = 1[\text{Kbyte}]$
$2^{20}[\text{byte}] = 1024 \times 1[\text{Kbyte}] = 1[\text{Mbyte}]$
$2^{30}[\text{byte}] = 1024 \times 1[\text{Mbyte}] = 1[\text{Gbyte}]$

23 $1[\text{byte}] = 8[\text{bit}]$

24 발전 정도 : Android(스마트폰 OS) ← Linux(PC OS) ← Unix(군사용 시스템 OS)
- Window Mobile : 마이크로소프트사의 윈도우 폰
- iOS : 애플사의 T-phone
- Android : 구글
- Linux : GUN Sever O/S

25 엑셀은 미국 MS사의 IBM PC 및 매킨토시 컴퓨터용 스프레드시트 프로그램으로 많은 스프레드시트를 연결하고 통합하여 다양한 도형과 차트 등의 설명 자료를 작성하는 기능을 제공한다.
[엑셀의 특징]
① 3차원 구조의 워크시트(Work Sheet)를 갖는다.
② 윈도즈의 특징인 WYSIWYG(What You See Is What You Get) 형태
③ 마우스 중심의 편리한 작업을 갖는다.
④ 편리한 수식 계산 및 다양한 차트를 지원한다.
⑤ 다양한 개체 삽입 기능(그림, 클립아트 등)
⑥ 독자적인 Application 작성 기능(Visual Basic, 매크로)
⑦ 인터넷 데이터베이스 연결 기능

[참조] 3MAX, 플래시의 주요 기능 : 애니메이션을 자유자재로 그려 넣을 수 있다.

26 통신선로의 임피던스를 정합시키는 이유는 반사파가 발생하지 않도록 하기 위하여

27 가시광선(빛의 파장) : 0.38~0.68[μm]

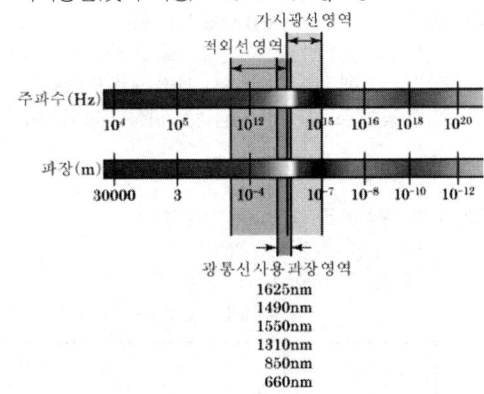

28 특성임피던스 $= \sqrt{\text{개방임피던스} \times \text{단락임피던스}}$
$= \sqrt{225 \times 100} = \sqrt{225000} = \sqrt{150^2}$
$= 150[\Omega]$

29 전송부호의 요구 조건
① 직류성분이 작거나 없어야 함 - 직류차단의 영향을 받지 않도록 할 것 등
② 작은 대역폭 소요 - 소요되는 주파수 대역폭이 작아야 함
③ 전력스펙트럼 특성이 전송로 특성에 맞을 것
④ 전력효율이 좋을 것 - 작은 전송전력으로도 가능할 것
⑤ 부호의 길이가 작아야 함
⑥ 수신단에서 동기 재생이 용이 - 비트동기, 심벌동기에 적절한 타이밍 정보 제공
⑦ 오류검출이 용이 - 굳이 오류검출 비트를 추가하지 않고도 오류검출 가능 등
⑧ 오류에 강인함 - 잡음의 영향을 덜 받도록 할 것
⑨ 구현 용이성 - 구현될 하드웨어가 단순(회로구성이 간단)

30 PCM(펄스부호변조) 방식의 장점
a. 잡음과 간섭에 강하다.
b. 전송 중 코딩된 신호를 효과적으로 재생
c. 신호대잡음비를 개선하기 위한 채널대역폭의 증가

를 효과적으로 변경할 수 있다.
  d. 동일한 포맷으로 공통된 네트워크에서 다른 디지털 데이터와 결합할 수 있다.
  e. TDMA(시분할다중화) 시스템에서 신호를 제거하거나 추가하기 쉽다.
  f. 특수한 변조법, 암호화를 쉽게 적용할 수 있다.

31 배열 도파로 격자(Arrayed Waveguide Grating : AWG) : 수백[Gbps] 이상의 정보를 전송하는 데 필요한 WDM 광전송시스템에서 여러 개의 입력광원을 하나의 광섬유로 묶어서 전송하는 파장다중화를 위한 광소자

32 동축 케이블을 사용하는 반송 방식
- 9.4[mm] 표준 동축 케이블
  - 다중화 방식에 많이 사용
  - 표준 동축 반송주파수 : 60[MHz·km]

방식	C-12M	C-60M
전송용량	2,700ch	10,800ch

- 4.4[mm] 세심 동축 케이블
  - 장거리 광대역 전송용으로 많이 사용, 경제성이 매우 높음
  - 세심 동축 반송주파수 : 12[MHz·km]

방식	P-4M	P-12M
전송용량	960ch	2,700ch

- 반송전화 : 다중화되어 전송로의 경비를 경감하고 동시에 일그러짐 및 잡음이 매우 적은 양질의 통화를 확보

33 스크린(SCREEN) 케이블 : 한 케이블 안에 쌍방향 전송효과를 얻을 수 있도록 가운데가 금속체로 분리되어 있어 전자적 차폐역할을 하도록 되어 있는 케이블

34 동축케이블에서 최소 감쇠량 조건을 위한 최적비
$$\frac{외부도체내경}{내부도체외경}$$

35 반사손실은 후방산란법으로 한다.

36 코어의 굴절률 = $\dfrac{빛의\ 속도}{광섬유에서\ 빛의\ 속도}$

$1.45 = \dfrac{3\times10^8 [m/s]}{광섬유에서\ 빛의\ 속도}$

광섬유에서 빛의 속도 $= \dfrac{3\times10^8 [m/s]}{1.45}$
$= 2.069\times10^8 [m/s]$

37 절대레벨 단위[dBm]
전력절대레벨 $= 10\log_{10}\dfrac{P[W]}{1[mW]}$

38 ① 저밀도파장분할다중화(CWDM, Coarse Wavelength Division Multiplexing)
  - 파장 간격이 20~40[nm](보통 20[nm])
  - 사용 파장의 수가 적음(8개 정도, 4~16개)
  - 가격이 저렴한 편이고 단거리용(50[km] 이하)
  - 허용오차가 약 ±3[nm] 정도의 무냉각 상태의 레이저 다이오드(광원)를 사용
② 고밀도파장분할다중화(DWDM, Dense Wavelength Division Multiplex) : 일정 파장대역에 걸쳐 수십, 수백 개의 파장의 광 신호를 동시에 변조시켜서 하나의 광섬유를 통해 전송하는 WDM의 발전된 기술로 CWDM보다 다수 개의 파장 사이 간격을 더욱 세밀하게 사용하여, 신호의 속도는 그대로 유지하여 사용하며 파장의 수를 증가시키므로 광섬유당 총 전송용량을 증가시키는 방식으로 기존 여러 개의 광섬유를 하나의 광섬유로 전송이 가능하다.
③ 파장분할 다중화방식(WDM, Wavelength Division Multiplexing) : 광섬유 저손실 파장대역(1550nm)을 여러 좁은 채널 파장대역으로 분할하여 각 입력 채널마다 다른 각각의 파장대역을 할당하고 입력 채널 신호들을 각기 할당된 채널 파장대역으로 동시에 전송하는 광 다중화 방식

39 광섬유는 재료나 제조방법에 따라 분류
  - 석영계
  - 플라스틱계
  - 다성분계

40 케이블 : 전기적/광학적 파동을 전파(도파)하는 것
① 원심력철근콘크리트관(흄관) : 발명자의 이름을 따서 흄(Hume)관이라고도 한다. 재질은 철근콘크리트관과 유사하며 원심력에 의해 굳혀 강도가 뛰어나므로 하수관거용으로 가장 많이 사용되고 있다. 흄관의 규격은 KS에서 그 사용 조건에 따라 보통

관과 압력관으로 구별하고 있다. 적합한 규격 및 형태는 매설장소의 하중조건 등에 따라 신중하게 결정해야 한다.

② 경질염화비닐관(KS M 3404) : 경질염화비닐관은 가볍고 시공성이 우수하지만 연성관이기 때문에 내경의 5[%] 정도를 허용변형률로 하고 있다. 일반적으로 가벼워서 다루기 쉽고 연결이 쉬워서 공기를 단축할 수 있으며 내면이 매끈하여 조도가 작다. 수명이 길고 값도 싼 편에 속해 국내외에서 사용량이 크게 늘고 있는 추세이지만 시공방법 및 재질상 파열과 처짐 등의 문제점을 가지고 있으므로 경질염화비닐관의 제조업체가 제시한 시공순서 및 방법에 따라 신중히 시공하여야 한다.

㉠ 장점
- 내식성이 뛰어나다.
- 중량이 가볍고 시공성이 좋다.
- 가공성이 좋다.
- 내면조도가 변화하지 않는다.

㉡ 단점
- 저온 시에 내충격성이 저하한다.
- 특정 유기용제 및 열, 자외선에 약하다.
- 장기적 강도, 피로강도, 클리닝 강도에 주의를 요한다.
- 표면에 상처가 생기면 강도가 저하한다.
- 이형관 보호공을 필요로 한다.
- 접착이음은 강도, 수밀성에 주의를 요한다.

③ 덕타일주철관

㉠ 장점
- 강도가 크고 내구성이 뛰어나다.
- 강인성이 뛰어나고 충격에 강하다.
- 이음에 신축 휨성이 있고 관이 지반의 변동에 유연하다.
- 시공성이 좋다.
- 이음의 종류가 풍부하다.

㉡ 단점
- 중량이 비교적 무겁다.
- 이음의 종류에 따라서는 이형관 보호공을 필요로 한다.
- 내외의 방식면에 손상을 입히면 부식되기 쉽다.

④ 강관 : 원통형으로 성형 가공된 강재로 이음이 없는 것과 용접 또는 단접으로 된 것도 있다.

㉠ 장점
- 강도가 크고 내구성이 있다.
- 강인성이 뛰어나고 충격에 강하다.
- 용접이음에 의해 일체화가 가능, 지반의 변동에는 장대한 파이프라인으로 유연하다.
- 가공성이 좋다.
- 라이닝의 종류가 풍부하다.

㉡ 단점
- 용접이음은 숙련공이나 특수한 공구를 필요로 한다.
- 전식에 대한 배려가 필요하다.
- 내외의 방식면에 손상을 입히면 부식되기 쉽다.

41 분계점 : 종합유선방송국시설과 전송선로시설, 전송선로시설과 구내전송시설 간의 접속점을 말한다.

42 현장조립형 광커넥터 공법
① 페롤 내에 광섬유 심선을 삽입하여 페롤 단면을 연마하는 방법
② 페롤 내에 광섬유 심선을 기계적으로 접속하는 공법
③ 페롤 없이 광섬유 심선을 삽입 연마하는 공법
[보충] 광섬유 융착접속 공법 : 페롤 없이 광섬유 심선을 광섬유 융착접속기로 접속하는 방법

43 통신선로의 차폐계수 : 통신선로와 대지 사이에 폐회로를 구성하는 전선이 있으면, 유도로 인해 차폐회로의 자속이 약해지는 방향으로 전류가 흘러 통신선의 유도전압을 감소시키는데, 감소효과의 크기를 나타내는 계수이다.

44 선로용 측정기인 L3 시험기로써
- 루프 저항 측정
- 단선고장위치 측정
- 혼선고장위치 측정

45
- 장기지하 선로 계획 : 전기통신설비는 투자비 규모가 크고 자본회수기간이 길어 경제적인 설비 계획 주기를 결정하여 단계별로 공급하여야 하는데, 이때 수요 수의 연간 증가율과 단위당 설비비 및 금리 등이 함께 고려되어야 하는바, 대체로 5년 후, 15년 후 수요 충족과 같이 매 5년 주기의 공급이 일반적으로 5~10년의 주기를 중기, 15년 이상의 주기를 장기로 구분하며 이 15년 후의 계획을 종국기 계획이라 한다.
- 중간기 설계 : 선로시설의 설계에 있어서 서비스를 개시한 연도에서 5년 후의 변화 및 예상소요시설을 만족시킬 수 있는 정도를 목표로 행해지는 설계

- 종국기 설계 : 선로시설의 설계에 있어서 서비스를 개시한 연도에서 15년 후의 변화 및 예상소요시설을 만족시킬 수 있는 정도를 목표로 행해지는 설계

46
- 방송통신 : 유선·무선·광선(光線) 또는 그 밖의 전자적 방식에 의하여 방송통신콘텐츠를 송신(공중에게 송신하는 것을 포함한다.)하거나 수신하는 것과 이에 수반하는 일련의 활동
- 방송통신콘텐츠 : 유선·무선·광선 또는 그 밖의 전자적 방식에 의하여 송신되거나 수신되는 부호·문자·음성·음향 및 영상을 말한다.
- 방송통신기자재 : 방송통신설비에 사용하는 장치·기기·부품 또는 선조 등을 말한다.
- 방송통신사업자 : 관련 법령에 따라 방송통신위원회에 신고·등록·승인·허가 및 이에 준하는 절차를 거쳐 방송통신서비스를 제공하는 자를 말한다.

47 정보통신공사업의 등록기준 변경 내용
- 자본금 개인 2억원 이상 → 법인과 동일하게 1억5천만원 이상
- 기술계 3명 이상
- 사무실 15[m^2] 이상 → 정보통신기술자 등이 항상 이용 가능하고 필요한 사무 장비를 갖출 수 있는 공간이 확보된 사무실

48 정보통신공사업법 제45조(정보통신공제조합의 설립)
① 공사업자는 공사업 간의 협동조직을 통하여 자율적인 경제활동을 도모하고 공사업의 경영에 필요한 각종 보증과 자금융자 등을 하기 위하여 과학기술정보통신부장관의 인가를 받아 정보통신공제조합(이하 "조합"이라 한다)를 설립할 수 있다.
② 조합은 법인으로 한다.
③ 조합의 설립 및 감독 등에 필요한 사항은 대통령령으로 정한다.

49 전기통신사업법 제2조(정의) 이 법에서 사용하는 용어의 뜻은 다음과 같다.
1. "전기통신"이란 유선·무선·광선 또는 그 밖의 전자적 방식으로 부호·문언·음향 또는 영상을 송신하거나 수신하는 것을 말한다.
2. "전기통신설비"란 전기통신을 하기 위한 기계·기구·선로 또는 그 밖에 전기통신에 필요한 설비를 말한다.
3. "전기통신회선설비"란 전기통신설비 중 전기통신을 행하기 위한 송신·수신 장소 간의 통신로 구성설비로서 전송설비·선로설비 및 이것과 일체로 설치되는 교환설비와 이들의 부속설비를 말한다.
4. "사업용전기통신설비"란 전기통신사업에 제공하기 위한 전기통신설비를 말한다.
5. "자가전기통신설비"란 사업용전기통신설비 외의 것으로서 특정인이 자신의 전기통신에 이용하기 위하여 설치한 전기통신설비를 말한다.
6. "전기통신역무"란 전기통신설비를 이용하여 타인의 통신을 매개하거나 전기통신설비를 타인의 통신용으로 제공하는 것을 말한다.
7. "전기통신사업"이란 전기통신역무를 제공하는 사업을 말한다.

50 전기통신사업법 제2조(정의) 이 법에서 사용하는 용어의 뜻은 다음과 같다.
1. "전기통신"이란 유선·무선·광선 또는 그 밖의 전자적 방식으로 부호·문언·음향 또는 영상을 송신하거나 수신하는 것을 말한다.

51 전기통신회선설비 : 전기통신설비 중 전기통신을 행하기 위한 송·수신 장소 간의 통신로 구설설비로서 전송설비, 선로설비 및 이것과 일체로 설치되는 교환설비 및 이들의 부속설비를 말한다.

52 과학기술정보통신부장관이 기간통신사업자 허가를 함에 있어서 심사기준 : 기간통신역무 제공계획의 이행에 필요한 재정적 능력, 기술적 능력, 이용자보호계획의 적정성

53 가공통신선의 높이
- 도로상에는 노면으로부터 4.5[m] 이상. 다만, 교통에 지장을 줄 우려가 없고 시공상 불가피할 경우 보도와 차도의 구별이 있는 도로의 보도상에서는 3[m] 이상
- 철도 또는 궤도를 횡단하는 경우에는 철도 또는 궤조면으로 부터 6.5[m] 이상
- 7,000[V]를 초과하는 전압의 가공강전류전선용 전주에 가설되는 경우에는 노면으로부터 5[m] 이상

54
- 가공강전류전선의 사용전압이 저압 또는 고압일 경우의 이격거리

가공강전류전선의 사용전압 및 종별		이격거리
저 압		30㎝ 이상
고 압	강전류케이블	30㎝ 이상
	기타 강전류전선	60㎝ 이상

- 가공강전류전선의 사용전압이 특고압일 경우의 이격거리

가공강전류전선의 사용전압 및 종별		이격거리
35,000V 이하의 것	강전류케이블	50㎝ 이상
	특고압 강전류절연전선	1m 이상
	기타 강전류전선	2m 이상
35,000V를 초과하고 60,000V 이하의 것		2m 이상
60,000V를 초과하는 것		2m에 사용전압이 60,000V를 초과하는 10,000V마다 12㎝를 더한 값 이상

55 전파연구소 고시 제2011-1호
제3장 선로설비 설치방법
무선시설류에서 풍압을 받는 시설물(시설물의 수직투영면적 1[m^2]에 대한 풍압)
- 철탑에 부착 시설되는 안테나류 : 200[kg]
- 마이크로웨이브안테나 : 200[kg]

56 해저통신선은 해저강전류전선으로부터 500[m] 이내의 거리에 접근하여 설치할 수 없다.

57 "단지네트워크장비"란 세대 내 홈게이트웨이(단, 월패드가 홈게이트웨이 기능을 포함하는 경우는 월패드로 대체 가능)와 단지서버 간의 통신 및 보안을 수행하는 장비로서, 백본(back-bone), 방화벽(Fire Wall), 워크그룹스위치 등을 말한다.

58 제2장 전유부분 홈네트워크 설비의 설치기준
제9조(세대단자함)
① 세대단자함은 골조공사 시 변형이 생기지 않도록 세대단자함의 재질 및 보강방법을 고려하여 설치하여야 한다.
② 세대단자함에는 전원 공급용 배관 및 배선을 설치하여야 하고, 내부발열 및 기기소음에 대한 사항을 고려하여야 한다.
③ 세대단자함은 유지보수를 고려한 위치에 설치하여야 한다.
④ 세대단자함은 500[mm]×400[mm]×80[mm](깊이) 크기로 설치할 것을 권장한다.

59 제3장 공용부분 홈네트워크설비의 설치기준
제22조(단지서버실)
① 단지서버실은 3제곱미터 이상으로 한다.
② 단지서버실의 바닥은 이중바닥방식으로 설치하여야 한다.
③ 단지서버실은 단지서버의 성능을 위한 항온·항습장치를 설치하여야 한다.
④ 출입문은 폭 0.9미터, 높이 2미터 이상(문틀의 외측치수)의 잠금장치가 있는 출입문으로 설치하며, 관계자 외 출입통제 표시를 부착하여야 한다.

60 전기통신설비의 안전성 및 신뢰성에 대한 기술기준
제1장 설비기준
제1절 일반기준
1. 대체접속계통의 설정 : 교환망의 경우 두 개의 중요통신국사 간을 연결하는 접속계통의 고장 등에 대비하여 이를 대체할 수 있는 다른 통신국사를 경유한 접속계통을 마련한다.
2. 우회전송로의 구성 : 중요통신국사 간을 연결하는 전송로설비(전송설비 및 선로설비가 일체로 설치된 전기통신설비)는 고장 및 장애에 대비하여 다른 전송매체 또는 다른 지리적 경로에 의한 우회전송로를 구성한다. 다만, 다른 소통수단이 확보된 경우에는 그러하지 아니한다.
3. 회선분산수용의 수용 : 중요통신국사 간을 연결하는 전기통신회선은 복수의 전송로설비로 분산 수용한다.
4. 전송로설비의 동작 감시 : 중요한 전송로설비의 동작상황을 감시하고 설비고장 또는 품질 저하 시 이를 신속하게 검출 통보하는 감시기능을 구비한다. 다만, 이에 준하는 기능을 보유한 경우에는 그러하지 아니한다.

2017년 2회 과년도출제문제 해설

01	02	03	04	05	06	07	08	09	10	11	12	13	14	15
③	③	②	②	②	③	②	④	②	④	①	②	②	④	②
16	17	18	19	20	21	22	23	24	25	26	27	28	29	30
④	①	①	①	④	①	④	②	④	②	②	③	③	③	①
31	32	33	34	35	36	37	38	39	40	41	42	43	44	45
③	②	③	②	③	③	③	③	①	③	②	④	①	①	②
46	47	48	49	50	51	52	53	54	55	56	57	58	59	60
①	④	④	④	①	④	①	④	①	①	④	①	①	④	④

01 12[V]용 120[W]일 경우 전류는 10[A]이고 10개를 병렬 접속하면 100[A]이다. 따라서
$\frac{100[A]}{10[AH]} = 10[Hours]$

[알아보기] 전류용량(Ah)=방전전류×시간
10[AH]=10[Ampere]×1[Hours]

02

옴(Ohm)의 법칙
V = I · R
 V : 전압(voltage)
 I : 전류의 세기(intensity of current)
   intensity의 뜻은 강도, 강렬함, 중요성, 집중
 R : 저항(resistance)의 약자이다.
[Tip] 옴은 독일사람, 1827년 옴의 법칙 발견
 V(전압)은 이탈리아 과학자 볼타가 발견

03 전압=전류×저항, V = I · R
 = 2[A] × 500[Ω]
 = 1000[V]

04 1. 콘덴서 C[F]가 연결된 교류회로($v = V_m \sin \omega t$의 정현파 전압을 인가할 때)에서의 전압은 전류에 대한 위상이 90° 늦다.
 2. 인덕턴스(유도코일) L이 연결된 교류회로에서의 전류는 전압보다 위상이 90° 늦다.
[간단요약]
 - 유도(코일) L : 전압 위상이 앞선다.
 - 용량 C : 전류 위상이 앞선다.

05 반도체의 성질
(1) 반도체 : 반도체 물질에서 전기를 나르는 물질에는 자유전자(Free Electron)와 홀(Hole, 구멍, 전자가 빠진 자리라는 뜻)이 있다. 도핑(Doping, 불순물 주입)에 의해 전도도를 조절할 수 있다.

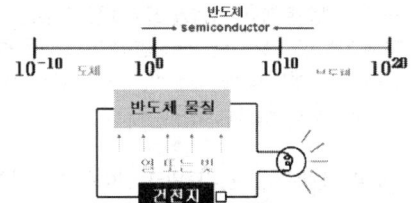

도체는 저항률이 매우 작으며(대략 $10^4[\Omega \cdot m]$ 이하) 은이나 구리와 같은 금속류에 포함하고, 절연체는 이와 반대로 저항률이 매우 큰(대략 $10^4[\Omega \cdot m]$ 이상) 베이클라이트나 석영, 유리 등을 말한다. 일반적으로, 반도체는 저항률이 도체보다는 크고 절연체보다는 작은 $10^{-4} \sim 10^4[\Omega \cdot m]$이다. 또, 반도체는 금속이나 절연체와는 다른 다음과 같은 몇 가지 독특한 특성을 가지고 있으므로, 이런 특별한 특성이 있는지의 여부로 반도체인지 아닌지를 판단한다.
① 온도계수 저항률이 금속의 경우와는 반대로 온도의 상승과 더불어 감소한다. 즉, 음의 온도 계수를 가진다.

② 불순물의 양에 따른 저항률 변화. 극소량의 불순물이 첨가되어도 저항률이 변화하며, 불순물 증가와 더불어 감소한다.
③ 정류 특성. 금속과 반도체, 또는 서로 다른 반도체를 접촉시키면 접촉면에서 정류 현상이 나타난다.
④ 광전 효과. 반도체 결정에 빛을 쪼이면 저항이 감소하여 도전성이 증가하며, 광기전력이 발생하고, 광전 효과를 나타낸다.
⑤ 자기 효과. 자기장에 의한 저항률 변화가 크고, 또 홀(hall) 효과가 있다.

06 정류기의 출력 전압 중에 포함되는 맥류분을 감소시키기 위하여 사용되는 저역 필터
[용어설명]
1. 저역 통과 여파기(LPF, Low Pass Filter) : 저주파 발진기의 출력 파형을 정현파에 가깝게 하기 위해 일반적으로 사용하는 회로
2. 정현파[正弦波] : 전파, 음파 따위의 파동이 삼각함수의 사인 곡선으로 나타나는 파

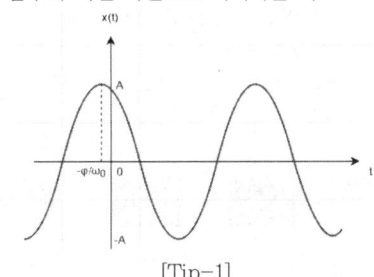

[Tip-1]

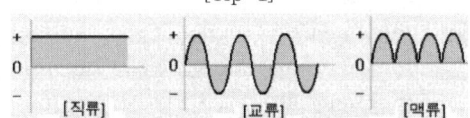

1. 직류(DC, Direct Current) : 시간이 변화하여도 전류의 방향과 크기(전자량)가 항상 일정한 전류
   (예) 건전지, 축전지, 정류기 등
2. 교류(AC : Alternating Current) : 시간이 변화함에 따라 전류의 흐름 방향과 크기가 주기적으로 변화하는 전류. 주파수가 60[Hz](유럽은 50[Hz])인 Sine곡선을 그리며 변하는 전류
   (예) 가정용 전압
3. 맥류(PC, Pulsating Current) : 시간이 변화함에 따라 전류의 방향은 일정하고 크기는 변화하는 전류
   (예) 전화기의 음성
[Tip-2]

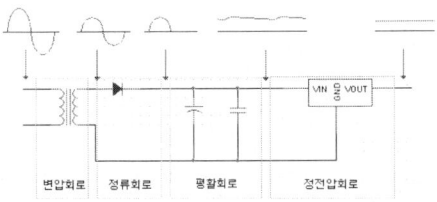

1. 변압회로
   - 변압기는 1차측과 2차측의 코일 권선비를 조정하여 2차측 교류 전압을 만들어 내는 전자 기기이다.
   - 또 다른 역할 : 1차측 전원과 2차측 전원을 전기적으로 절연(isolation)하는 역할(감전과 외부의 전기적 충격으로부터 막아줌)
2. 정류회로
   - 정류기(rectifier)는 (+), (−) 전압으로 바꿔주면서 변하는 교류 전압을 (+) 또는 (−)의 한쪽의 전압만을 흐르게 하는 회로이다.
   - 정류기에는 전류를 한쪽으로만 흐르게 하는 특성을 가진 다이오드를 사용한다.
3. 평활회로
   - 정류기의 출력은 직류와 교류 성분이 섞여 있는 전압이다.
   - 평활 회로는 이 전압(맥류라 함)에 남아 있는 교류 전압을 제거하는 평활한 직류 성분만을 출력하는 회로이다.
   - 일반적으로 L, C의 소자를 이용한 저주파필터를 사용하여 평활회로를 구성
   - 완벽한 교류 성분 제거는 불가능하다. 약간의 교류성분이 남게 된다. 이것을 리플 잡음(ripple noise)이라 한다.
4. 전압 안정화 회로
   - 평활회로를 거친 직류 전압은 부하조건이나 입력 교류전원의 전압 변동에 따라 변하므로 아직 불안한 전원이다.
   - 전압안정화회로(regulator)는 외부 조건에 관계없이 항상 출력 전압을 안정화하는 역할을 한다.
   - 전압을 안정화하는 방식에는 크게 리니어(linear) 레귤레이터와 스위칭(switching) 레귤레이터 2가지 방식이 있다.

07 이상적인 연산증폭기의 특성
a. 오픈 루프 전압이득, 입력(임피던스)저항, 주파수 대역폭=∞
b. 출력(임피던스)저항, 오프셋(Offset) 전류, 지연응

답=0
c. 특성의 변동, 잡음이 없다.
d. 동상신호제거비

$$CMRR = P = \left| \frac{A_d(차등이득)}{A_c(동상이득)} \right|$$

연산증폭기는 정확도를 높이기 위하여 큰 증폭도와 높은 안정도가 필요

08 바이어스 회로의 안정화 정도로 S가 작을수록 안정도가 좋다.
[참조] 고정 바이어스일 경우

안정계수 $S = \frac{\Delta I_c}{\Delta I_{co}} = 1 + \beta$

09 전압 제어 발진기(VCO, voltage controlled oscillator)
제어 전압으로 발진 주파수를 변화시킬 수 있는 발진기
1. PLL(Phase Locked Loop, 위상고정회로)
   • 주기 신호의 위상에 동기시켜 원하는 정확한 위상고정점을 잡기 위한 위상동기회로
     - 주파수 변조된 신호로부터 베이스밴드 신호의 안정적 추출에 사용
   • 궤환시스템(Feedback System)의 일종
2. 주요 기능 및 용도
   • 기능 : 위상의 제어, 주파수 가변, 주파수 편이 최소화(안정화), 동기화 등
     - 기준 발진기의 위상을 정교하게 추적 등
   • 용도 : Clock Recovery, 주파수합성기, Modulator/Demodulator, Clock Generator 등
3. 구성 및 동작 원리
   • PLL의 구성
     - 위상비교기(Phase comparator, 또는 위상검출기 Phase Detector) : 수신되는 입력 신호의 위상과 국부적으로 발생시킨 복사본 위상과의 위상차를 측정하며, 이 위상차(에러)에 비례하는 전압을 출력함
     - 저역통과필터(Low Pass Filter, 또는 루프필터 Loop filter) : 위상검출기로부터 나오

는 두 신호 간 위상차의 고주파 성분을 제거하고, VCO 및 입력 신호 간 위상차를 줄이는 쪽으로 VCO 주파수를 변화시키게 되는 제어 전압을 VCO에 인가
     - 전압제어발진기(VCO) : 제어 전압에 따라 제어되는 주파수를 발생시키는 발진기
   • PLL의 동작 원리
     - 위상비교기에서 검출된 위상차는 저역통과필터를 거쳐 DC 전압으로 변환된 후 VCO에 입력된다.
     - VCO에서는 바랙터(Varator)를 포함한 발진 회로가 있어서 그 위상차에 대응되는 DC 전압이 입력될 때 바랙터의 커패시터(Capacitor)의 용량이 변하여 LC 공진회로에 의한 발진 주파수 변화를 일으키므로,
     - 결국, 입력기준주파수의 위상에 고정된 출력 주파수를 발생시키게 된다.
4. 구분
   • Analog PLL : 초고주파 회로에서 주로 많이 사용
   • Digital PLL
   • DP-PLL(Digital Processing PLL)
5. 주요 특성 파라미터
   • Settling time : 새로운 주파수에 고정(Locked)되는 데 필요한 시간

위상비교기 루프필터 전압제어발진기(VCO)
입력신호 → PD → LF → ◯

10 • 콜피츠 발진회로 : 이미터와 베이스, 이미터와 컬렉터 사이가 용량성, 베이스와 컬렉터 사이가 유도성으로 동작하는 회로
• 하틀리 발진회로 : 이미터와 베이스, 이미터와 컬렉터 사이가 유도성, 베이스와 컬렉터 사이가 용량성으로 동작하는 회로

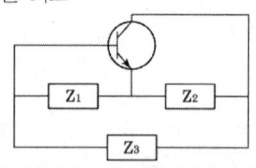

Z_1	Z_2	Z_3	발진회로
용량성	용량성	유도성	콜피츠 발진회로
유도성	유도성	용량성	하틀리 발진회로

11 구형파(직사각형파, square wave)
전압 또는 전류의 시간적인 변화가 직사각형 또는 그 반복 도형이 되는 특수 파형
Rising or Leading Edge와 Falling or Trailing Edge의 간격을 주기라 하고, 한 주기 내의 Positive Half와 Negative Half의 비를 Duty Cycle(사용률)이라 한다.
1. 구형파의 종류
   ① 대칭 구형파 : Duty Cycle이 50[%]인 구형파
   ② 비대칭 구형파 : 그 외의 구형파
2. 펄스회로
   ① 미적분회로
      - 미분회로(고역통과 회로) : 구형파로부터 폭이 대단히 좁은 트리거 펄스를 얻는 데 사용
      - 적분회로(저역통과 회로) : 톱날파의 신호를 얻거나 신호를 지연시키는 회로에 사용
   ② 클리퍼
      - 피크 클리퍼 : 윗부분을 잘라내어 버리는 회로
      - 베이스 클리퍼 : 파형의 아랫부분을 잘라내어 버리는 회로
   ③ 클램퍼
      - plus clamper : 파형이 plus에 나타나는 회로
      - minus clamper : 파형이 minus에 나타나는 회로

12 적분회로
진폭변조(PAM)된 신호를 복조할 때 사용되는 회로

13 아날로그 펄스 변조방식
① PAM(Pulse Amplitude Modulation, 펄스 진폭 변조)
② PPM(Pulse Phase Modulation, 펄스 위상 변조)
③ PWM(Pulse Width Modulation, 펄스폭변조) : 신호의 레벨에 따라 펄스폭을 변화시키는 변조방식
[Tip] PFM(Pulse Frequency Modulation, 펄스 주파수 변조)
[꼭 알아두기] PCM에서 송신의 순서
표본화 → 양자화 → 부호화

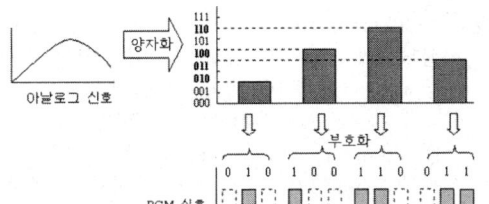

14 시정수(T)
100[%]를 기준으로 전류, 전파, 그 외의 것이 될 수 있는 63.2[%]의 힘에 도달할 때까지 걸리는 시간.
T=C·R

15 데이터 처리 과정
데이터 발생 → 데이터 수집과 기록 → 데이터의 분석과 처리 → 정보 발생, 저장 및 활용

16 제어장치의 구성 요소
① 명령레지스터(Instruction Register)
② 명령해독기(Instruction Decoder)
③ 프로그램 계수기(Program Counter)

17 연산장치
누산기, 상태레지스터, 가산기, 데이터 레지스터 등과 관계있는 장치

18

	풀이
① $(1111)_2$	$1\times2^3+1\times2^2+1\times2^1+1\times2^0=15$
② $(14)_8$	$1\times8^1+4\times8^0=12$
③ $(12)_{10}$	12
④ $(C)_{16}$	$12\times16^0=12$

19

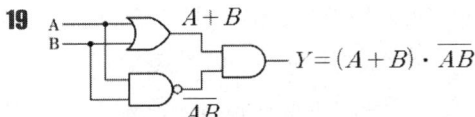

$Y=(A+B)\cdot\overline{AB}$

[Tip]

	회로 기호
NAND 게이트	A, B → C
OR 게이트	A, B → C
AND 게이트	A, B → C

20
$\overline{A}+A\cdot B=(\overline{A}+A)(\overline{A}+B)=\overline{A}+B$

21 로드 모듈(Load Module)

22 순서도
  컴퓨터로 처리해야 할 작업과정을 약속된 기호를 사용하여 순서대로 일괄성 있게 그린 그림

23 운영체제(Operating System)의 사용 목적
  ① 신뢰도의 향상
  ② 처리능력의 향상
  ③ 계산기의 응답시간 단축
  ④ 가용성(사용 가능도)

24 워드 프로세서에서 지원되는 주요 기능
  ① 폰트 크기 조절
  ② 폰트 색상 변경
  ③ 내용 잘라내기
  [Check] 비디오 파일에 자막 삽입은 동영상 편집 프로그램의 주요 기능이다.

25 Shannon의 채널용량(Channel Capacity)
  정해진 오류 발생률 내에서 채널을 통해 최대로 전송할 수 있는 정보량. 측정 단위는 초당 전송되는 비트수가 된다.
  – 샤논의 채널 용량 공식
  $C[\text{bps}] = BW \cdot \log_2(1 + \frac{S}{N})$ 로 주어진다.
  BW : 대역폭, S/N : 신호 대 잡음비
  $C[\text{bps}] = 1.75[\text{kHz}] \cdot \log_2(1 + \frac{60[\text{W}]}{2[\text{W}]})$
  $= 1750[\text{Hz}] \cdot \log_2 32$
  $= 1750 \cdot 5$
  $= 8,750[\text{bps}]$

26 100BaseTx 케이블
  ① 카테고리 5 UTP 케이블이다.
  ② 전송거리는 100[m] 이내이다.
  ③ 전송속도는 100[Mbps] 이내이다.
  ④ 심선외피에 비차폐가 되어 있어 전자파에 약하다.

27 전송 감쇠량
  $20 \cdot \log_{10} \frac{출력 전압값}{입력 전압값} = 20 \cdot \log_{10} \frac{0.01[\text{V}]}{1[\text{V}]}$

프로그래밍 언어의 번역과 처리과정에서 링키지 에디터(Linkage Editor)에 의해 실행 가능한 모듈 상태의 프로그램

$= 20 \cdot \log_{10} \frac{1}{10^2}$
$= 20 \cdot \log_{10} 10^{-2}$
$= 20 \cdot (-2)$
$= -40[\text{dB}]$

[Tip] log(로그) : 큰수를 편리하게 계산하기 위해 영국 수학자 네이피어가 1614년 발명

28 전압 투과계수=1-|전압 반사계수|
  [보충설명] 전압반사계수(voltage reflection coefficient) : 두 개의 서로 다른 매질의 경계면에 파동이 수직으로 입사하면 일부는 반사하고 나머지는 투과한다. 반사계수는 입사파의 진폭과 반사파의 진폭과의 비이다.
  시내 케이블 부하가 특성 임피던스로 종단되었을 경우 전송선로의 반사계수 m=0
  전송선로의 종단이 단락되었을 경우 전압 반사계수 m=-1

29 전송 감쇠값
  $10 \cdot \log_{10} \frac{출력 전력값}{입력 전력값} = 10 \cdot \log_{10} \frac{2[\text{mW}]}{200[\text{mW}]}$
  $= 10 \cdot \log_{10} \frac{1}{100}$
  $= 10 \cdot \log_{10} \frac{1}{10^2}$
  $= 10 \cdot \log_{10} 10^{-2}$
  $= 10 \cdot (-2)$
  $= -20$

30 광섬유(Fiber Optic) 전송방식의 신호 변환과정
  음성 – 전기펄스 – 광펄스 – 전기펄스 – 음성
  　　　　(전광변환)　(광전변환)

31 WDM(Wavelength Division Multiplexing, 파장분할 다중화)
  광 다중화 방식으로 여러 파장대역을 동시에 전송한다.

32 • NRZ(Non Retun to Zero) : mark, space에 따라 상태 변화가 일어난다. mark 때는 상태에 변화가 일어나서 zero로 돌아오지 않으며 space일 경우 +, 0, – 중 하나를 계속 유지하게 되는 현상
  • RZ(Return to Zero) : 각 bit가 전송될 때마다 매번 상태의 변화가 있는 현상. 매 bit의 반시간 만큼 (+), (-) 상태를 유지하고, 그 뒤에 바로 Zero 상태로 돌

아오게 되는 현상

33 STP(Shielded Twist Pair, 차폐연선) 케이블
① 차폐 케이블
② UTP(Unshielded Twist Pair, 차폐연선) 케이블에 비하여 전자파에 강하다.
③ 케이블 심선색상은 UTP 케이블과 동일색상 : 흰주황, 주황, 흰녹색, 파랑, 흰파랑, 녹색, 흰갈색, 갈색
④ 케이블 겉에 외부 피복, 또는 차폐재가 추가, 외부의 잡음을 차단, 전기적 신호의 간섭을 대폭 감소
⑤ 컴퓨터와 연결하기 위하여 RJ45 커넥터를 사용
[Check] 동축케이블에서는 컴퓨터와 연결하기 위하여 T 커넥터를 사용

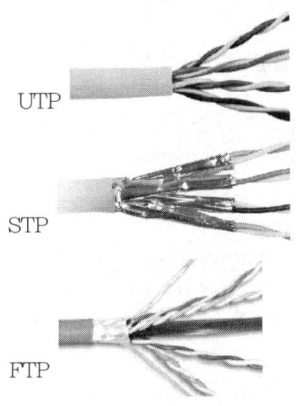

UTP
STP
FTP

34 RJ-45
UTP 케이블에 8Pin Data용 커넥터를 연결하고자 할 때 모듈러 잭과 플러그의 규격

35 동축 케이블의 특징
① 장거리 다중화 전송이 가능
② 저주파대 누화 특성이 좋지 않다. 즉 고주파 특성을 가짐
③ 불평형 폐쇄 선로
④ 고주파에서 차폐성이 양호

36 동기식(SDH, Synchronous Digital hierarchy) 전송기술
비동기식 전송 구조의 단계별 다중화로 인한 단점을 보완하기 위하여 1단계 다중화로 표준화한 것이 "동기식 디지털 계위(SDH)"이며, 이는 E1, T1, DS3 및 기타 저속 신호를 고속의 STM-N(N=1, 4, 16, 64, 256) 광신호로 TDM(Time Division Multiplex)을 기본으로 다중화하여 전송하는 방식이다.

계위	비트레이트(kbit/s)
STM-1	155,520
STM-4	622,080
STM-16	2,488,320
STM-64	9,953,280
STM-256	39,813,120

[Tip] STM(동기식 전송 방식, Synchronous Transfer Mode) 특징
① 동기화를 위해서 발신자와 수신자가 같은 클록 신호를 사용해야 하기 때문에 1채널당 최대 통신 속도가 일정하여야 하는 제약이 있다.
② 통신 속도가 달라지거나 변화하는 다양한 정보를 전송하는 경우에는 하나의 호에 대하여 최대 통신 속도에 맞추어서 복수의 채널을 할당할 필요가 있다.
③ 그러므로 유휴 채널(idle channel)이 많아지고 회선 사용 효율이 떨어지는데, 그것은 송신하지 않더라도 시간 슬롯이 분할되기 때문이다.

37 현재 광통신하기 위해서는 파장 1310[nm], 1550[nm]이다.

38 수광소자
① PD(Photo Diode, 포토 다이오드)
② APD(Avalanche Photo Diode)

39 ADSL에서 음성과 데이터를 분리하는 것 : 스플리터(Splitter)

40 선로설비기준 용어 정의
① 증폭기 : 동축케이블・광케이블・분배기 및 분기기 등으로 인하여 발생한 신호의 손실을 회복하기 위하여 사용하는 장치
② 분배기 : 입력신호 에너지를 2개 이상으로 분배하는 장치
③ 분기기 : 입력신호 에너지를 간선에서 지선으로 나누는 장치

41 페이 퍼 뷰(PPV, Pay Per View)
케이블 TV 가입자가 보고 싶은 낱개의 프로그램을 선택하여 시청한 뒤 해당하는 금액만 지불하는 방식. 전자 대여 시스템(Electronic rental system)이라고 한다. 미국의 페이 퍼 뷰 서비스 전문 채널로는

Viewer's Choice(영화 및 스포츠 이벤트), Request Television(영화 및 스페셜 이벤트), Spice(성인 영화) 등이 있다.

42 AC : CB = 3 : 2에서 AC=30[Ω]일 경우
30[Ω] : CB = 3 : 2
3×CB=30[Ω]×2
CB=20[Ω]

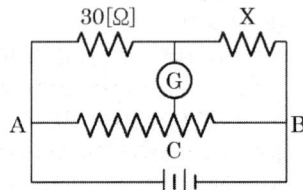

43
- 1차 정수 ; 저항(R), 인덕턴스(L), 정전용량(C), 누설 컨덕턴스(G)
- 2차 정수 : 감쇠정수(α), 위상정수(β), 전파정수(γ), 특성 임피던스(Z_0)

44 평형도(감쇠 비율)
통신회선의 중성점과 대지와의 사이에 발생되는 전압과 이로 인한 통신회선의 단자 간에 발생되는 전압의 대수 비율

- 평형도 $= 20 \cdot \log_{10} \dfrac{E_p}{e_p}$

$\quad\quad\quad = 20 \cdot \log_{10} \dfrac{800[\text{mV}]}{600[\text{mV}]}$

$\quad\quad\quad = 20 \cdot \log_{10} \dfrac{4}{3} = 2.5[\text{dB}]$

[Tip] log1.00=0, log1.01=0.0043
log1.10=0.0414, log1.11=0.0453
log1.20=0.0792, log1.21=0.0828

45 $D(\text{이도}) = \dfrac{WS^2}{8T_0}[\text{m}] = \dfrac{2 \cdot 40^2}{8 \cdot 2000}[\text{m}]$
$\quad\quad\quad\quad = 0.2[\text{m}] = 20[\text{cm}]$

46 방송통신
유선·무선·광선(光線) 또는 그 밖의 전자적 방식에 의하여 방송통신콘텐츠를 송신(공중에게 송신하는 것을 포함한다.)하거나 수신하는 것과 이에 수반하는 일련의 활동
- 방송통신콘텐츠 : 유선·무선·광선 또는 그 밖의 전자적 방식에 의하여 송신되거나 수신되는 부호·문자·음성·음향 및 영상을 말한다.
- 방송통신기자재 : 방송통신설비에 사용하는 장치·기기·부품 또는 선조 등을 말한다.
- 방송통신사업자 : 관련 법령에 따라 방송통신위원회에 신고·등록·승인·허가 및 이에 준하는 절차를 거쳐 방송통신서비스를 제공하는 자를 말한다.

47 정보통신공사업법의 법령 제정의 목적
① 정보통신공사의 기본적 사항(조사, 설계, 시공, 감리, 유지관리, 기술관리)을 규정
② 정보통신공사업의 규정(등록 및 도급)
③ 정보통신공사의 적절한 시공을 도모

48 정보통신공사의 종류
① 정보설비공사
② 방송설비공사
③ 통신설비공사

49 방송통신발전 기본법
제21조(방송통신 전문인력의 양성 등)
1. 방송통신기술 및 방송통신서비스와 관련된 전문인력(이하 이 조에서 "전문인력"이라 한다) 수요 실태 및 중·장기 수급 전망 파악
2. 전문인력 양성사업의 지원
3. 전문인력 양성기관의 지원
4. 전문인력 양성 교육프로그램의 개발 및 보급 지원
5. 방송통신기술 자격제도의 정착 및 전문인력 수급 지원
6. 각급 학교 및 그 밖의 교육기관에서 시행하는 방송통신기술 및 방송통신서비스 관련 교육의 지원
7. 일반국민에 대한 방송통신기술 및 방송통신서비스 관련 교육의 확대
8. 그 밖에 전문인력 양성에 필요한 사항

50 방송통신발전 기본법
제1조(목적) 이 법은 방송과 통신이 융합되는 새로운 커뮤니케이션 환경에 대응하여 방송통신의 공익성·공공성을 보장하고, 방송통신의 진흥 및 방송통신의 기술기준·재난관리 등에 관한 사항을 정함으로써 공공복리의 증진과 방송통신 발전에 이바지함을 목적으로 한다.

51 정보통신공사협회는 과학기술정보통신부장관의 인가를 받아 설립할 수 있다.

52 전기통신사업법 제2조(정의)
이 법에서 사용하는 용어의 뜻은 다음과 같다.
1. "전기통신"이란 유선·무선·광선 또는 그 밖의 전자적 방식으로 부호·문언·음향 또는 영상을 송신하거나 수신하는 것을 말한다.
2. "전기통신설비"란 전기통신을 하기 위한 기계·기구·선로 또는 그 밖에 전기통신에 필요한 설비를 말한다.
3. "전기통신회선설비"란 전기통신설비 중 전기통신을 행하기 위한 송신·수신 장소 간의 통신로 구성설비로서 전송설비·선로설비 및 이것과 일체로 설치되는 교환설비와 이들의 부속설비를 말한다.
4. "사업용전기통신설비"란 전기통신사업에 제공하기 위한 전기통신설비를 말한다.
5. "자가전기통신설비"란 사업용전기통신설비 외의 것으로서 특정인이 자신의 전기통신에 이용하기 위하여 설치한 전기통신설비를 말한다.
6. "전기통신역무"란 전기통신설비를 이용하여 타인의 통신을 매개하거나 전기통신설비를 타인의 통신용으로 제공하는 것을 말한다.
7. "전기통신사업"이란 전기통신역무를 제공하는 사업을 말한다.

53 접지설비·구내통신설비·선로설비 및 통신공동구 등에 대한 기술기준(전파연구소고시)
제47조(관로 등의 매설기준)
① 관로에 사용하는 관은 외부하중과 토압에 견딜 수 있는 충분한 강도와 내구성을 가져야 한다.
② 지면에서 관로 상단까지의 거리는 다음 각 호의 기준에 의한다. 다만, 시설관리 기관과 협의하여 관로 보호조치를 하는 경우에는 다음 각 호의 기준에 의하지 아니할 수 있다.
  1. 차도 : 1.0[m] 이상
  2. 보도 및 자전거도로 : 0.6[m] 이상
  3. 철도·고속도로 횡단구간 등 특수한 구간 : 1.5[m] 이상
③ 관로 상단부와 지면 사이에는 관로보호용 경고테이프를 관로 매설경로에 따라 매설하여야 한다.
④ 관로는 가스 등 다른 매설물과 50[cm] 이상 떨어져 매설하여야 한다. 다만, 부득이한 사유로 인하여 50[cm] 이상의 간격을 유지할 수 없는 경우에는 보호벽의 설치 등 관로를 보호하기 위한 조치를 하여야 한다.
⑤ 맨홀 또는 핸드홀 간에 매설하는 관로는 케이블 견인에 지장을 주지 아니하는 곡률을 유지하는 등 직선성을 유지하여야 한다.

54 특별히 위해방지설비를 하지 않은 상태에서의 해저통신선은 해저강전류전선으로부터 500[m] 이내의 거리에 접근하여 설치할 수 없다.

55 골조공사 시 세대단자함의 재질 및 보강방법 등을 변형이 생기지 않도록 하기 위함이다.

56 전주의 안전계수를 결정하는 요인
① 인장하중, ② 풍압하중, ③ 기상변화
[Tip] 도로상 또는 도로로부터 전주높이의 1.2배에 상당하는 거리 내의 장소에 설치하는 전주의 안전계수 1.2이다.

57 주거용 공동주택의 경우 세대별로 배선의 인입 및 분기가 용이하도록 세대단자함을 설치하여야 한다.

58 통신관련시설의 접지저항은 10[Ω] 이하를 기준으로 한다. 단, 다음 각 호의 경우는 100[Ω] 이하로 할 수 있다.
1. 선로설비 중 선조, 케이블에 대하여 일정 간격으로 시설하는 접지(단, 차폐케이블은 제외)
2. 국선 수용회선이 100회선 이하인 주배선반
3. 보호기를 설치하지 않는 구내통신단자함
4. 국내통신선로설비에 있어서 전송 또는 제어신호용 케이블의 쉴드 접지
5. 철탑 이외 전주 등에 시설하는 이동통신용 중계기
6. 암반 지역 또는 산악지역에서의 암반 지층을 포함하는 경우 등 특수 지형에의 시설이 불가피한 경우로서 기준 저항값 10[Ω]을 얻기 곤란한 경우
7. 기타 설비 및 장치의 특성에 따라 시설 및 인명 안전에 영향을 미치지 않는 경우

59 방재실의 주된 목적
단지 내 방범, 방재, 안전 등을 위한 설비를 설치하기 위함

60 종합유선방송 구내전송선로설비
제24조(사용되는 설비 및 기술기준)

① 구내전송선로설비에 사용되는 설비는 다음 각 호와 같다.
 1. 분기기 및 분배기
 2. 동축케이블
 3. 증폭기
 4. 보호기
 5. 직렬단자

2017년 4회 과년도출제문제 해설

01	02	03	04	05	06	07	08	09	10	11	12	13	14	15
①	②	③	③	②	③	④	③	①	④	④	①	①	②	①
16	17	18	19	20	21	22	23	24	25	26	27	28	29	30
③	④	①	②	④	④	④	④	①	①	④	①	④	③	④
31	32	33	34	35	36	37	38	39	40	41	42	43	44	45
④	③	③	④	②	①	④	①	④	①	①	④	③	②	④
46	47	48	49	50	51	52	53	54	55	56	57	58	59	60
①	④	④	④	④	④	①	③	①	②	③	②	②	②	②

01
- 임피던스(옴저항, impedance, 교류 저항) : 주파수에 따라 달라지는 저항값, 교류 회로에 가해진 전압와 전류의 비. 단위는 옴(Ω)으로 표시
- 저항 : 전류의 흐름을 방해하는 작용

02
- 1단계 : 전체 전류 구하기

$$\text{전류} = \frac{\text{전압}}{\text{저항}} = \frac{6[V]}{15[\Omega]} = 0.4[A]$$

(저항 $= \frac{30}{2} = 15[\Omega]$)

- 2단계 : 전구 한 개에 흐르는 전류

$$\text{전류} = \frac{\text{전압}}{\text{저항}} = \frac{6[V]}{30[\Omega]} = 0.2[A]$$

03 R, L 직렬회로의 합성 임피던스

$= \sqrt{R^2 + (\omega L)^2}$

(R : 저항, L : 인덕턴스, ω : 각속도)

04
$Z = \dfrac{X_C \times X_L}{X_C + X_L}$

$= \dfrac{22 \times 20}{22 + 20} = \dfrac{440}{42} \fallingdotseq 10.476[\Omega]$

$I = \dfrac{V}{Z} = \dfrac{220}{10.476} \fallingdotseq 21[A]$

$I_L = \dfrac{V}{X_L} = \dfrac{220}{20} = 11[A]$

$I_C = \dfrac{V}{X_C} = \dfrac{220}{22} = 10[A]$

05 자력선

자기장에서 자기력이 작용하는 방향을 나타내는 선(자기장 : 자석의 주위나 전류가 지나는 도선 주위에 생기는, 자기력이 작용하는 공간)

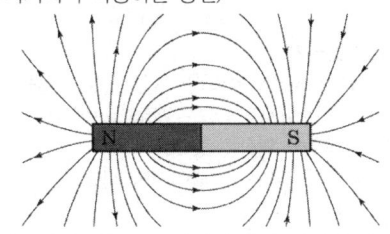

① 자기장의 방향은 공간에서 임의 점에서 자력선에 접선이다.
② 자기장의 세기는 자력선의 밀도에 비례한다. 즉 자력선에 수직인 단위 면적당 자력선의 수에 비례한다.
③ 자력선은 서로 교차할 수 없으며 임의 점에서 자기장은 유일하다는 것을 의미
④ 자력선은 연속이고, 시작도 끝도 없는 페루프를 형성한다. N에서 나와서 S극으로 이동한다.

06 P형 반도체와 N형 반도체를 접합시키면 접합면의 다수 캐리어들어 서로 결합하여 열에너지를 방출하게 된다.

07 단상 전파 정류회로의 최대 정류 효율 81.2[%]
단상 반파 정류회로의 최대 정류 효율 40.6[%]

08 맥동률(ripple factor)

$$r = \frac{V_r}{V_{DC}} \times 100[\%]$$

$$V_r = \frac{V_{AC}}{2\sqrt{2}}$$

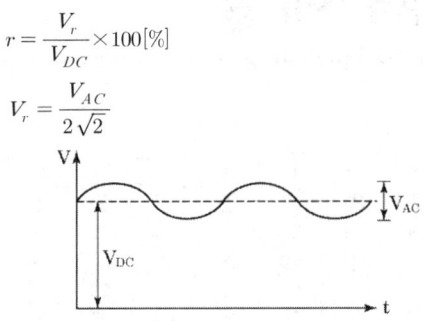

09 A급 전력증폭회로
왜곡이 거의 없이 저주파 증폭기와 완충증폭기에 사용되는 전력증폭회로

10 DEPP(Double-Ended Push-Pull) 회로
트랜지스터 부하에 대해서는 직렬로 연결, 전원에 대해서는 병렬로 연결

11 이상 발진기
① RC 적분회로에 의한 위상지연을 이용한 발진
② RC 회로를 여러 단으로 연결하고 위상을 순서대로 변경
③ 전체적인 위상은 180도
④ 주파수 정밀도는 좋아지며 비교적 저주파 발진에 사용

12 콜피츠 발진회로의 발진주파수

$$\frac{1}{2\pi\sqrt{L(\frac{C_1 \times C_2}{C_1 + C_2})}}$$

$$= \frac{1}{2\pi\sqrt{(10\times10^{-3})\times\frac{(100\times10^{-12})\times(200\times10^{-12})}{(100\times10^{-12})+(200\times10^{-12})}}}$$

$$= \frac{1}{2\pi\sqrt{(10\times10^{-3})\times\frac{(20000\times10^{-24})}{(300\times10^{-12})}}}$$

$$= \frac{1}{2\pi\sqrt{\frac{(2\times10^{-12})}{(3)}}}$$

$$\fallingdotseq \frac{1}{2\pi \times 8.16497\times10^{-7}}$$

$$\fallingdotseq \frac{1}{5.1276\times10^{-6}}$$

$$\fallingdotseq 195023[\text{Hz}] = 195.023[\text{kHz}]$$

13 복조
데이터 통신에서 수신된 신호를 원래의 신호로 재생하는 조작

14 펄스파의 조작 방법에 따른 분류
1. 연속 레벨 변조
   ① 펄스진폭변조(PAM)
   ② 펄스폭변조(PWM)
   ③ 펄스위상변조(PPM)
   ④ 펄스주파수변조(PFM)
2. 불연속 레벨 변조
   ① 펄스수변조(PNM)
   ② 펄스부호변조(PCM)
   ③ 델타변조(ΔM)

15 구형파(직사각형파, square wave)
전압 또는 전류의 시간적인 변화가 직사각형 또는 그 반복 도형이 되는 특수 파형이다.

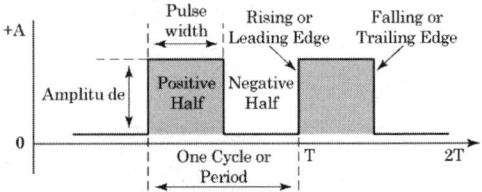

Rising or Leading Edge와 Falling or Trailing Edge의 간격을 주기라고 하고 한 주기 내의 Positive Half와 Negative Half의 비를 Duty Cycle(사용률)이라고 한다.
구형파의 종류로는 대칭 구형파와 비대칭 구형파가 있는데 Duty Cycle이 50[%]인 구형파를 대칭 구형파라고 하고, 그 외의 구형파는 비대칭 구형파라고 한다.

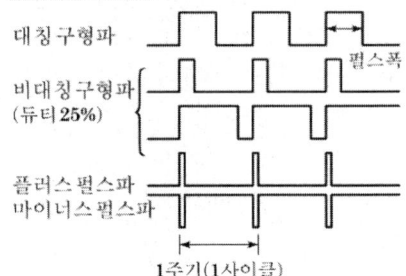

☞ 펄스회로
  a. 미적분회로
    – 미분회로(고역통과 회로) : 구형파로부터 폭이 대단히 좁은 트리거 펄스를 얻는 데 사용

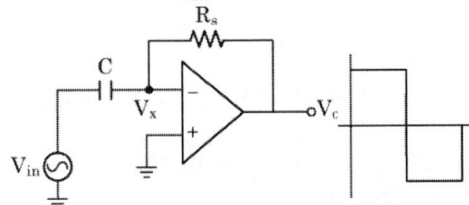

    – 적분회로(저역통과 회로) : 톱날파의 신호를 얻거나 신호를 지연시키는 회로에 사용

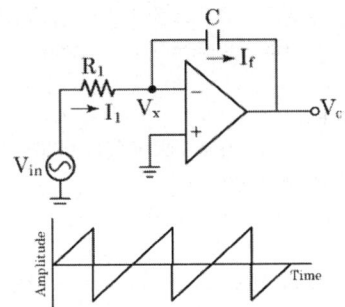

  b. 클리퍼
    – 피크 클리퍼 : 윗부분을 잘라내어 버리는 회로
    – 베이스 클리퍼 : 파형의 아랫부분을 잘라내어 버리는 회로
  c. 클램퍼
    – plus clamper : 파형이 plus에 나타나는 회로
    – minus clamper : 파형이 minus에 나타나는 회로

16 • 멀티 프로세싱 : 컴퓨터 한 대에 2개 이상의 CPU를 설치하여 병렬처리하는 방식
• 멀티 프로그래밍 : 2개 이상의 프로그램을 주기억장치에 저장시키고 CPU를 번갈아 사용하면서 처리하여 컴퓨터 시스템 자원 활용률을 극대화하기 위한 프로그래밍 기법

17 중앙처리장치(CPU) 구성
① 제어장치
② 정보의 산술 및 논리 연산장치
③ 주기억장치

18 소프트웨어 우선순위 방식(폴링(Polling) 방식)
인터럽트 발생 시 프로그램에 의해 가장 우선 순위가 높은 장치로부터 플래그 상태를 차례로 검사하여 인터럽트 발생 장치를 찾는 방식
① 인터럽트 반응속도가 느림
② 융통성이 있다.
③ 경제적이다.

19 전자계산기에서 보수(complement)를 사용하는 이유
뺄셈을 덧셈으로 처리하기 위해서

10진수	5 − 4 1
2진수	0101 − 0100 0001로 계산할 수 없음
1의 보수(2진수 반대값)	0101 + 1011 ①0000 + ① 0001
2의 보수=1의 보수+1	0101 + 1011 0000 + 1 0001

20 1) RAM(Random Access Memory) : 기억내용을 임의로 읽거나 변경할 수 있는 기억소자로서 전원을 차단하면 기억내용이 사라지므로 휘발성 기억소자라 한다.
  ① SRAM(Static Random Memory : 정적 RAM) : 전원공급을 계속하는 한 저장된 내용을 기억하는 메모리로서 플립플롭으로 구성된다.
  ② DRAM(Dynamic Random Access Memory : 동적 RAM) : 전원공급이 계속되더라도 주기적으로 재기억(refresh)을 해야 기억되는 메모리로서 반도체의 극간 정전용량에 의해 메모리가 구성된다.
2) ROM(Read Only Memory) : 읽어내기 전용으로, 사용자가 기억된 내용을 바꾸어 넣을 수 없는 기억소자로서 전원을 차단하여도 기억 내용을 보존한다.
  ① Mask ROM : 제조과정에서 프로그램 등을 기억시킨 것으로 전용 자동제어에 사용한다.
  ② PROM : 사용자가 프로그램 등을 1회에 한하여 써넣을 수 있는 기억소자이다.

③ EPROM : 사용자가 프로그램 등을 여러 번 지우고 써넣을 수 있는 기억소자로서, 자외선이나 특정전압 전류로써 내용을 지우고 다시 기록할 수 있다.
④ EEPROM(Electrical Erasable Programmable ROM) : 기록 내용을 전기신호에 의하여 삭제할 수 있으며, 롬 라이터로 새로운 내용을 써넣을 수도 있는 기억소자이다.

21 XOR(Exclusive-OR , 배타적 OR)
논리식 $A \oplus B = A\overline{B} + \overline{A}B$

A	B	XOR
0	0	0
0	1	1
1	0	1
1	1	0

22
- 고급언어 : C언어
- 저급언어 : 기계어, 어셈블리어

23 개별 프로그래밍 언어의 순서도는 모두 동일한 순서도 기호로 나타낸다.

24 job control program
운영체제의 제어 프로그램 중 작업의 연속 처리를 위한 스케줄 및 시스템 자원 할당을 담당
[참조]
1. 제어 프로그램
   ① 감시(Supervisor) 프로그램
   ② 작업 관리(Job Management) 프로그램
   ③ 데이터 관리(Data Management) 프로그램
   ④ 통신 관리(Communication Management) 프로그램
2. 처리 프로그램
   ① 언어 번역 프로그램(language translator program)
   ② 서비스 프로그램
   ③ 문제 프로그램

25 파워포인트 특징
① 하나의 기본 서식을 만들어 놓으면 추가되는 페이지도 동일하게 포맷이 자동으로 구성되는 기능
② 애니메이션을 하는 기능
③ 글자 모양을 변경하는 기능

26 주파수=3[kHz]=3×10^3[Hz]
광속=3×10^8[m/s]
파장[λ] = $\dfrac{광속[C]}{주파수[f]} = \dfrac{3 \times 10^8}{3 \times 10^3}$
= 100000[m] = 100[km]

27
- 무손실 전송
  ① 손실이 없는 전송, 전압 및 전류가 항상 일정한 회로
  ② 무손실 전송의 조건 R=G=0
- 무왜곡 전송
  ① 송신측에서 보낸 정현파 입력이 수전단에 일그러짐이 없이 도달되는 회로
  ② 무왜곡 선로의 조건 LG=RC, 전파정수, 특성임피던스, 전파속도가 모두 주파수에 무관

28 100 Base Tx
① 심선외피에 차폐가 되어 있어 전자파에 약하다. 즉 비차폐케이블이다.
② 베이스밴드 방식에 사용

29 600[Ω]의 전송선로에서 0[dBm]에 관한 설명
dB = $10 \cdot \log_{10} \dfrac{P[W]}{1[mA]}$
① 회로 전류 1.291[mA]
② 회로 전력 1[mW]
③ 부하 양단 전압 0.775[V]=내부저항 600[Ω]×회로 전류 1.291[mA]
[Tip] 상대레벨 단위 : [dB]
절대레벨 단위 : [dBm]

30 PCM 통신방식의 특성
① 전송로에 의한 레벨변동이 크게 없다.
② 점유주파수 대역이 넓다.
③ 신호대 잡음비(S/N)가 양호하다.

31 채널의 용량 $C = B \cdot \log_2 (1 + \dfrac{S}{N})$
(신호대잡음비 $\dfrac{S}{N}$)를 높인다.

32 NRZ 방식의 전송데이터율 38.2[Mb/s]일 경우 RZ 방식의 전송데이터율

$$= \frac{\text{NRZ 방식의 전송데이터율}}{2}$$
$$= \frac{38.2[\text{Mb/s}]}{2}$$
$$= 19.1[\text{Mb/s}]$$

33 RJ-45(Registered Jack-45) Modular Plug의 접속핀의 수는 8개이다.

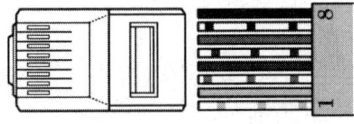

34
- 광케이블 포설 시 허용 곡률 반경은 케이블 외경의 20배 이상
- 시내케이블 포설 시 허용 곡률 반경은 케이블 외경의 6배 이상

35 광섬유의 케이블의 특징
① 넓은 전송대역폭과 큰 전송용량 : 광섬유는 G비트/sec 이상 매우 폭 넓은 주파수 대역 신호를 전송할 수 있다.
② 코어의 세심 경량성 : 한 가닥의 광섬유는 보강피복을 합해도 직경은 0.4[mm]로서 동축 케이블의 약 30분의 1 굵기로 가늘고 가벼우면서 잘 구부러진다.
③ 저손실성 : 광섬유는 빛의 감쇠량이 적어 장거리 전송 시에도 중계기를 적게 설치해도 되는 장점이 있다.
④ 광섬유 통신은 누화 현상이 낮아서 통화에 대한 보안성이 높다.
⑤ 경제성 : 구리선보다 값이 저렴하고, 좁은 공간에서 많은 선을 설치할 수 있다.
⑥ 긴 수명 : 구리선보다 수명이 더 길다.

36 강도변조-직접검파
광통신에서 가장 구조가 간단하여 보편적으로 사용하는 광변복조 방식

37 광섬유의 굴절률과 입사각의 관계
$$\frac{n_1}{n_2} = \frac{\sin\theta_t}{\sin\theta_i}$$

38 배열도파로 격자(AWG)
매우 좁은 채널 간격으로 여러 개의 파장을 다중화하거나 역다중화하는 광통신장치

39 FTTH(Fiber To The Home)
광케이블을 가정의 정보통신기기까지 연결하여 초고속통신에 이용되는 광가입자망

40 고정 배선법(multiple-teeing system)
배선 케이블에 종이 절연 연피(鉛被) 케이블을 썼을 때의 배선법의 일종으로 인접한 단자함 상호간을 다중선만으로 융통성을 줄 수 있는 배선법이다.

41 DID(Direct Inward Dialing, 직접 내선 다이얼)
전화교환시스템 용어. 국에 직접 다이얼되는 외선으로부터의 호출을 허용하는 구내자동교환기와 센트렉스(centrex) 서비스의 형태

42 케이블 연반철
지하케이블의 포설 작업 시 케이블의 비틀어짐을 방지하기 위해 사용

43 야간작업 시 준수사항
각종 안전표지판, 칼라콘, 사인보드, 안전펜스, 경광등, 신호수, 맨홀안전가이드, 가스측정기, 야간안전모, 야광반사안전조끼 등을 착용한 작업자는 차량, 오토바이, 행인 등의 접근을 막아야 한다.

44 광 재생중계기 설치 간격
$$l = \frac{(P_1 - P_2) - (C+M)}{A}$$
$$= \frac{(20-(-5))-(5+15)}{0.8}$$
$$= \frac{5}{0.8} = 6.25[\text{km}]$$

P_1 : 광 재생중계기의 광출력레벨
P_2 : 광 재생중계기의 광수신레벨
C : 광섬유케이블과 접속 손실
M : 약 25년 사용 후의 시스템 마진
A : 광섬유케이블의 광파 손실

45 선로의 펄스 반사지점 거리
$$\frac{(250 \times 10^{-6})(4 \times 10^{-6})}{2} = \frac{1000}{2} = 500[\text{m}]$$

46 정보통신공사의 감리는 정보통신공사업법 제8조의 규정에 따라 발주자가 용역업자에게 발주하여야 하며,

상주시켜야 하는 감리원인원은 발주자와 용역업자가 협의하여 적정인원을 배치
- 기술사 : 총공사금액 100억원 이상인 공사
- 특급감리원 : 총공사금액 70억원 이상 100억원 미만인 공사
- 고급감리원 이상의 감리원 : 총공사금액 30억원 이상 70억원 미만의 공사
- 중급감리원 이상의 감리원 : 총공사금액 5억원 이상 30억원 미만의 공사
- 초급감리원 이상의 감리원 : 총공사금액 5억원 미만의 공사

47 감리원과 정보통신기술자의 업무정지처분기준(제49조 제1항)
1. 감리원이 법 제8조제6항을 위반하여 다른 사람에게 자기의 성명을 사용하여 감리업무를 하게 하거나 자격증을 빌려 준 경우
2. 정보통신기술자가 법 제40조제1항을 위반하여 동시에 두 곳 이상의 공사업체에 종사한 경우
3. 정보통신기술자가 법 제40조제2항을 위반하여 다른 사람에게 자기의 성명을 사용하여 용역 또는 공사를 하게 하거나 경력수첩을 빌려 준 경우

위의 3가지 위반행위는 기간에 따라 업무정지 3개월, 6개월, 9개월, 1년으로 구분할 수 있다.

48 기술기준에 위반하여 설계 또는 감리한 자는 해당사항이 없다.

49 정보통신공사의 범위
① 통신설비공사
② 방송설비공사
③ 정보설비공사

50 공사업자의 신고의무
1. 공사업자가 파산한 경우에는 그 파산관재인(破産管財人)
2. 법인이 합병 또는 파산 외의 사유로 해산(解散)한 경우에는 그 청산인(淸算人)
3. 공사업자가 사망하였으나 상속인이 그 공사업을 상속하지 아니하는 경우에는 그 상속인
4. 제1호부터 제3호까지의 사유 외의 사유로 공사업을 폐업한 경우에는 그 공사업자였던 개인 또는 법인의 대표자

[보충설명] 영업정지와 등록취소 : 영업정지처분에 위반하거나 최근 5년간 3회 이상 영업정지처분을 받은 때

51 방송통신사업자는 그 소관 방송통신사에 관하여 방송통신재난이 발생했을 경우 그 현황, 원인, 응급조치 내용을 지체 없이 과학기술정보통신부장관에게 보고
[특이사항] 2017년 정부조직으로 인한 미래창조과학부가 과학기술정보통신부로 변경

52 정보통신공사업법 제2조(정의) 이 법에서 사용하는 용어의 뜻은 다음과 같다.
1. "정보통신설비"란 유선, 무선, 광선, 그 밖의 전자적 방식으로 부호·문자·음향 또는 영상 등의 정보를 저장·제어·처리하거나 송수신하기 위한 기계·기구(器具)·선로(線路) 및 그 밖에 필요한 설비를 말한다.
2. "정보통신공사"란 정보통신설비의 설치 및 유지·보수에 관한 공사와 이에 따르는 부대공사(附帶工事)로서 대통령령으로 정하는 공사를 말한다.
3. "정보통신공사업"이란 도급이나 그 밖에 명칭이 무엇이든 이 법을 적용받는 정보통신공사(이하 "공사"라 한다)를 업(業)으로 하는 것을 말한다.
4. "정보통신공사업자"란 이 법에 따른 정보통신공사업(이하 "공사업"이라 한다)의 등록을 하고 공사업을 경영하는 자를 말한다.

53

가공강전류전선의 사용전압 및 종별		이격거리
35,000[V] 이하의 것	강전류케이블	50[cm] 이상
	특고압 강전류절연전선	1[m] 이상
	기타 강전류전선	2[m] 이상
35,000[V]를 초과하고 60,000[V] 이하의 것		2[m] 이상
60,000[V]를 초과하는 것		2[m]에 사용전압이 60,000[V]를 초과하는 10,000[V]마다 12[cm]를 더한 값 이상

54 전유부분 홈네트워크 설비의 설치 기준
제5조(홈게이트웨이)
① 홈게이트웨이는 세대단자함 또는 세대통합관리반에 설치할 수 있다.
② 세대단자함 또는 세대통합관리반에 설치되는 홈게이트웨이는 벽에 부착할 수 있어야 하며 동작

에 필요한 전원이 공급되어야 한다.
③ 홈게이트웨이는 이상전원 발생 시 제품을 보호할 수 있는 기능을 내장하여야 하며, 동작상태와 케이블의 연결상태를 쉽게 확인할 수 있는 구조로 설치하여야 한다.

제6조(월패드)
① 월패드에는 조작을 위한 전원이 공급되어야 하며, 이상전원 발생 시 제품을 보호할 수 있는 기능을 내장하여야 한다.
② 월패드는 사용자의 조작을 고려한 위치 및 높이에 설치하여야 한다.
③ 월패드에서 원격제어 되는 조명제어기, 난방제어기 등 모든 원격제어기기에는 수동으로 조작하는 스위치를 설치하여야 한다.

제7조(원격제어기기)
① 취사용 가스밸브는 원격제어가 가능한 가스밸브 제어기를 설치하여야 한다. 단 취사용 가스밸브 제어기가 여러 개인 경우에는 이를 통합 제어할 수 있어야 한다.
② 원격제어가 가능한 조명제어기를 세대 안에 1구 이상 설치하여야 한다.
③ 디지털도어락은 월패드와 유선 또는 무선으로 연동시켜 설치하여야 한다. 이 때 유선인 경우는 배관 · 배선으로 하여야 한다.

제8조(감지기)
① 감지기에는 동작에 필요한 전원이 공급되어야 한다.
② 가스감지기는 사용하는 가스가 LNG인 경우에는 천장 쪽에, LPG인 경우에는 바닥 쪽에 설치하여야 한다.
③ 개폐감지는 현관출입문 상단에 설치하며 단독배선하여야 한다
④ 동체감지기는 유효감지반경을 고려하여 설치하여야 한다.

제9조(세대단자함)
① 세대단자함은 골조공사 시 변형이 생기지 않도록 세대단자함의 재질 및 보강방법을 고려하여 설치하여야 한다.
② 세대단자함에는 전원공급용 배관 및 배선을 설치하여야 하고, 내부발열 및 기기소음에 대한 사항을 고려하여야 한다.
③ 세대단자함은 유지보수를 고려한 위치에 설치하여야 한다.
④ 세대단자함은 500mm×400mm×80mm(깊이) 크기로 설치할 것을 권장한다.

제10조(세대통합관리반)
① 세대통합관리반은 실 형태나 캐비넷 형태로 설치하고, 실 형태로 설치하는 경우에는 유지관리를 고려한 위치에 설치하여야 한다.
② 세대통합관리반에는 전원을 공급하여야 하며, 내부발열 및 기기소음에 대한 사항을 고려하여야 한다.

제11조(예비전원장치)
① 세대 내 홈네트워크설비에는 정전 시 예비전원이 공급될 수 있도록 하여야 한다.
② 예비전원장치는 진동 및 발열로 인한 성능저하 등을 고려하여 설치하여야 한다.

55 접지설비 · 구내통신설비 · 선로설비 및 통신공동구 등에 대한 기술기준(전파연구소고시)

제47조(관로 등의 매설기준)
① 관로에 사용하는 관은 외부하중과 토압에 견딜 수 있는 충분한 강도와 내구성을 가져야 한다.
② 지면에서 관로 상단까지의 거리는 다음 각 호의 기준에 의한다. 다만, 시설관리 기관과 협의하여 관로보호조치를 하는 경우에는 다음 각 호의 기준에 의하지 아니할 수 있다.
  1. 차도 : 1.0[m] 이상
  2. 보도 및 자전거도로 : 0.6[m] 이상
  3. 철도·고속도로 횡단구간 등 특수한 구간 : 1.5[m] 이상
③ 관로 상단부와 지면 사이에는 관로보호용 경고테이프를 관로 매설경로에 따라 매설하여야 한다.
④ 관로는 가스 등 다른 매설물과 50[cm] 이상 떨어져 매설하여야 한다. 다만, 부득이한 사유로 인하여 50[cm] 이상의 간격을 유지할 수 없는 경우에는 보호벽의 설치 등 관로를 보호하기 위한 조치를 하여야 한다.
⑤ 맨홀 또는 핸드홀 간에 매설하는 관로는 케이블 견인에 지장을 주지 아니하는 곡률을 유지하는 등 직선성을 유지하여야 한다.

56 염해대책

건축물, 시설 등에 염분으로 인한 장해를 입을 우려가 있는 곳에 방송통신 옥외설비를 설치하는 경우 마련하여야 하는 대책

57 국립전파연구원고시 제2017-4호 제3조(용어의 정의)

• 구내간선케이블 : 구내에 두 개 이상의 건물이 있는

경우 국선단자함에서 각 건물의 동단자함 또는 동단자함에서 동단자함까지의 건물 간 구간을 연결하는 통신케이블을 말한다.
- 수평배선케이블 : 층단자함에서 통신인출구까지를 연결하는 통신케이블을 말한다.

58 **기간통신사업설비로 주파수를 할당받아 제공하는 역무설비**
교환망의 경우 두 개의 중요통신국사 간을 연결하는 접속계통의 고장 등에 대비하여 이를 대체할 수 있는 다른 통신국사를 경유한 우회 접속계통을 마련하도록 의무화된 방송통신설비이다.

59 도로상 또는 도로로부터 전주높이의 1.2배에 상당하는 거리 내의 장소에 설치하는 전주의 안전계수 1.2이다.
[식] 전주의 안전계수=전주 높이×배수

60 중요한 통신설비의 설치를 위한 통신국사 및 통신기계실은 다음 사항을 고려하여 구축하거나 선정한다.
① 풍수해로부터 영향을 많이 받지 않는 곳, 다만, 부득이한 경우로서 방풍, 방수 등의 조치를 강구하는 경우에는 그러하지 아니한다.
② 강력한 전자파장해의 우려가 없는 곳, 다만 전자차폐 등의 조치를 강구하는 경우에는 그러하지 아니한다.
③ 주변지역의 영향으로 인한 진동발생이 적은 장소

2018년 1회 시행 과년도출제문제 해설

01	02	03	04	05	06	07	08	09	10	11	12	13	14	15
②	①	③	③	④	①	②	③	③	②	②	①	③	①	①
16	17	18	19	20	21	22	23	24	25	26	27	28	29	30
③	①	②	③	②	④	③	③	①	②	④	③	③	①	①
31	32	33	34	35	36	37	38	39	40	41	42	43	44	45
①	③	②	①	②	④	③	②	①	④	②	④	③	③	③
46	47	48	49	50	51	52	53	54	55	56	57	58	59	60
④	①	④	④	②	①	①	①	②	②	④	②	④	②	④

01 직렬회로에는 전류는 일정하게 흐를 때
 ① 저항값이 클수록 그 저항 양단의 전압 크기가 크다.
 ② 저항값이 적을수록 그 저항 양단의 전압 크기가 작다.

02

옴(Ohm)의 법칙
 V = I · R
 V : 전압(voltage)
 I : 전류의 세기(intensity of current)
   intensity의 뜻은 강도, 강렬함, 중요성, 집중
 R : 저항(resistance)의 약자이다.
 12[V]=0.2[A] · 저항
 ∴ 저항[Ω]= $\frac{12}{0.2}$ = 60

03 상용전원값(실효값)

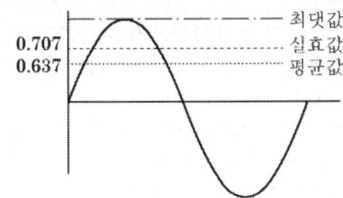

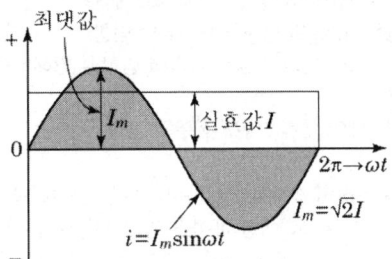

① 전압의 최댓값
  = $\sqrt{2}$ · 실효값 = 1.4141 × 220[V] ≒ 311[V]
② 전압의 평균값
  = 0.9배 · 실효값 ≒ 0.9배 × 220[V] ≒ 198[V]

04 전압 [V] = $I \times \sqrt{R^2 + X_L^2}$
  = $2 \times \sqrt{10^2 + 10^2}$
  = $2 \times \sqrt{200}$
  = $2 \times \sqrt{2 \times 10^2}$
  = 20 × 1.414
  = 28.28[V]

05 렌츠(Lenz)의 법칙
자계를 시간적으로 변화시키면 전자유도 작용에 의해 폐회로에 발생되는 유도 전류는 항상 유도 작용을 일으키는 원인을 저지하려는 방향으로 흐른다.
[보충설명]
 1. 앙페르(Ampere)의 법칙(오른나사 법칙) : 전류에 의한 자기장의 자력선 방향을 결정하게 되는 법칙
 2. 플레밍(Fleming)의 왼손법칙(전동기의 원리)

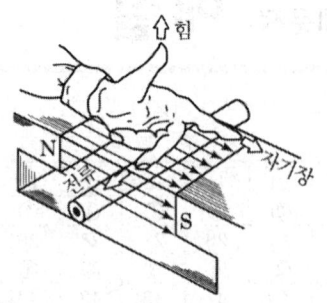

① 전기에너지가 운동에너지로 변환
② 전류가 흐르고 있는 도선에 대해 자기장이 미치는 힘의 작용방향을 정하는 법칙
3. 플레밍(Fleming)의 오른손법칙(변압기 원리)
① 전류 방향과 자기장 방향의 관계
② 운동에너지를 전기에너지로 변환
4. 렌츠(Lenz)의 법칙(유도전류의 방향) : 유도기전력과 유도전류의 방향은 자속의 증감을 방해하는 방향이다.
5. 패러데이 법칙 : 유도전류의 크기

06 트랜지스터에 정상적으로 바이어스를 가하게 되면 이미터는 다수 캐리어를 베이스 영역으로 주입시킨다.
[보충설명] 바이어스(Bias) : 어떤 일정한 직류전압

07 평활회로 : 정류기의 출력 전압 중에 포함되는 맥류분을 감소시키기 위하여 사용되는 저역 필터
[용어]
1. 저역 통과 여파기(LPF, Low Pass Filter) : 저주파 발진기의 출력 파형을 정현파에 가깝게 하기 위해 일반적으로 사용하는 회로
2. 정현파[正弦波] : 전파, 음파 따위의 파동이 삼각함수의 사인 곡선으로 나타나는 파

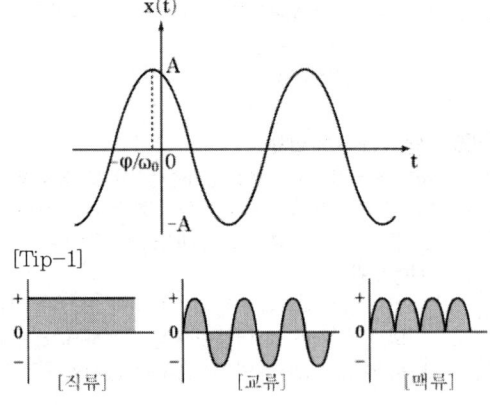

[Tip-1]

1. 직류(DC, Direct Current) : 시간이 변화하여도 전류의 방향과 크기(전자량)가 항상 일정한 전류
ex) 건전지, 축전지, 정류기 등
2. 교류(AC : Alternating Current) : 시간이 변화함에 따라 전류의 흐름 방향과 크기가 주기적으로 변화하는 전류. 주파수가 60Hz(유럽은 50Hz)인 Sine곡선을 그리며 변하는 전류
ex) 가정용 전압
3. 맥류(PC, Pulsating Current) : 시간이 변화함에 따라 전류의 방향은 일정하고 크기는 변화하는 전류
ex) 전화기의 음성

[Tip-2]

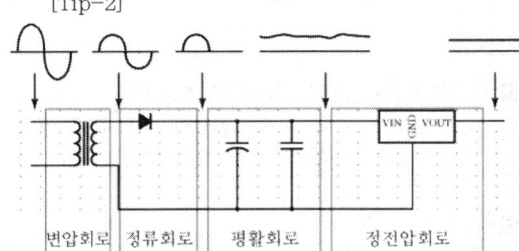

1. 변압회로
- 변압기는 1차측과 2차측의 코일 권선비를 조정하여 2차측 교류 전압을 만들어 내는 전자기기이다.
- 또 다른 역할 : 1차측 전원과 2차측 전원을 전기적으로 절연(isolation)하는 역할(감전과 외부의 전기적 충격으로부터 막아줌)
2. 정류회로
- 정류기(rectifier)는 (+), (−) 전압으로 바뀌주면서 변하는 교류 전압을 (+) 또는 (−)의 한쪽의 전압만을 흐르게 하는 회로이다.
- 정류기에는 전류를 한쪽으로만 흐르게 하는 특성을 가진 다이오드를 사용한다.
3. 평활회로
- 정류기의 출력은 직류와 교류 성분이 섞여 있는 전압이다.
- 평활회로는 이 전압(맥류라 함)에 남아 있는 교류 전압을 제거하는 평활한 직류 성분만을 출력하는 회로이다.
- 일반적으로 L, C의 소자를 이용한 저주파필터를 사용하여 평활회로를 구성
- 완벽한 교류 성분 제거는 불가능하다. 약간의 교류 성분이 남게 된다. 이것을 리플 잡음(ripple noise)이라 한다.

4. 전압안정화 회로
   - 평활회로를 거친 직류 전압은 부하조건이나 입력 교류전원의 전압 변동에 따라 변하므로 아직 불안한 전원이다.
   - 전압안정화 회로(regulator)는 외부 조건에 관계없이 항상 출력 전압을 안정화(regulating)하는 역할을 한다.
   - 전압을 안정화하는 방식에는 크게 리니어(linear) 레귤레이터와 스위칭(switching) 레귤레이터 2가지 방식이 있다.

08 전압증폭도= $\dfrac{A}{1-A\beta} = \dfrac{5}{1-(5\times 0.1)} = \dfrac{5}{0.5} = 10$

09 증폭기 이득(gain) $= 10 \cdot \log_{10} \dfrac{출력 전력}{입력 전력}$
$= 10 \cdot \log_{10} \dfrac{100[\mathrm{mW}]}{0.1[\mathrm{mW}]}$
$= 10 \cdot \log_{10} 1000$
$= 10 \cdot \log_{10} 10^3$
$= 30[\mathrm{dB}]$

10 전류궤환 바이어스(이미터 바이어스)
[Tip] 전압 궤환 바이어스 회로 : 온도 상승으로 인한 컬렉터의 전류증가를 상쇄시키기 위하여 컬렉터와 베이스 사이에 저항을 접속한 트랜지스터 회로

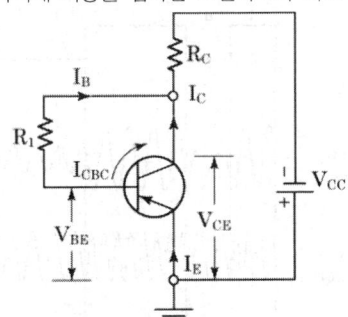

11 · 주파수의 합 18[kHz]
  = 입력주파수 f_i + VCO 주파수 f_o
· 주파수의 차 2[kHz]
  = 입력주파수 f_i − VCO 주파수 f_o
∴ f_i = 10[kHz], f_o = 8[kHz]

12 이상형 병렬 R형 발진기의 발진주파수 $f = \dfrac{1}{2\pi\sqrt{6}\,RC}$

13 변조방식
① PWM(펄스 폭 변조, Pulse Width Modulation)
② PAM(펄스 진폭 변조, Pulse Amplitude Modulation)
③ PPM(펄스 위상 변조, Pulse Phase Modulation)
④ PFM(펄스 주파수 변조, Pulse Frequency Modulation)

14 복조 : 변조된 반송파에서 원래의 신호파를 재생하는 것

15 듀티 사이클비(D) = 펄스의 주파수 × 펄스 폭
  = 1[Hz] × 0.5[sec]
  = 0.5

16 제어기능
프로그램을 해독하고 필요한 장치에 보내어 검사, 통제역할을 하는 기능

17 DMA(Direct Memory Access) 방식
데이터의 입출력 전송이 중앙처리장치(CPU) 레지스터를 거치지 않고 직접 메모리 장치와 입출력장치 사이에 이루어지는 입출력 제어방식

18 명령어로 연산을 수행하는 코드는 연산자 코드이다. 연산자 코드가 4비트일 경우 2^4개, 즉 명령어 16가지를 수행할 수 있다.

19

2진수	1100
1의 보수	0011
2의 보수=1의 보수+1	0100

20 $A \cdot (\overline{A} + \overline{B+C}) = A\overline{A} + A(\overline{B+C}) = A\overline{B}\,\overline{C}$

21 플립플롭 2개를 연결한 비동기형 4진 계수

4진계수기	계수
0 0	0
0 1	1
1 0	2
1 1	3

22 [용어]
① 프로그램(Program) : 컴퓨터에서 처리되는 산술/논리 연산을 처리하기 위한 명령어나 데이터 집단
② 디버깅(Debugging) : 프로그램 개발 과정에서 컴퓨터 프로그램이나 하드웨어 장치에서 논리적 오류를 발견하고 수정하는 작업

23 컴파일(Compile)
고급언어로 작성된 프로그램을 기계어로 번역하는 것

24 함수
"=SUM(A:G)" : A셀부터 G셀까지의 숫자를 더한다.
"=SUM(B:F)" : B셀부터 F셀까지의 숫자를 더한다.

25 멀티프로세싱(Multi Processing)
컴퓨터 1대에 2개 이상의 CPU를 설치하여 병렬처리하는 방식

26 아날로그 변조
① Analog to Analog 변조
② 아날로그 데이터의 진폭에 따라 반송파의 진폭, 주파수, 위상을 변화시키는 방식
③ 통신에서 전통적으로 사용하던 방식으로 잡음과 신호의 분리가 어려우나 구현이 간단
④ 종류
  • AM(Amplitude Modulation, 진폭변조) : 기저대 신호에 따라 반송신호의 진폭을 변화시키는 변조
  • FM(Frequency Modulation, 주파수변조) : 기저대신호에 따라 반송신호의 주파수를 변화시키는 변조
  • PM(Phase Modulation, 위상변조) : 기저대신호에 따라 반송신호의 위상을 변화시키는 변조

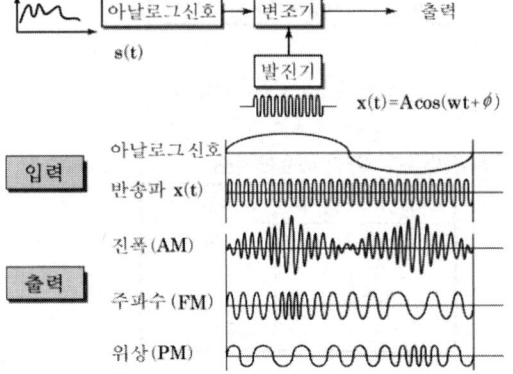

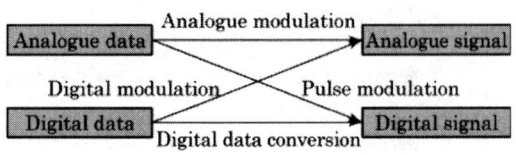

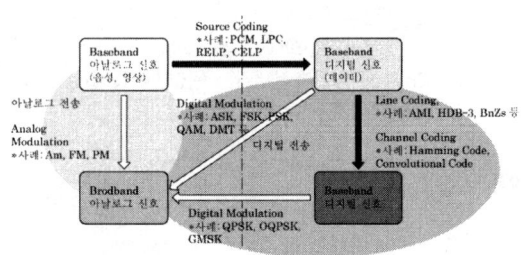

[보충설명]
1. 디지털 변조
  ① Digital to Analog 변조
  ② 디지털 신호 0,1을 기반으로 하는 정보를 아날로그 특성을 갖는 정보로 바꾸는 과정
  ③ 예를 들어 한 컴퓨터에서 다른 컴퓨터로 전송 시 데이터는 디지털이지만 전화선은 아날로그 신호만 전송할 수 있으므로 데이터를 변환시켜야 함
  ④ 디지털 데이터에 따라 반송파의 진폭, 주파수, 위상을 변화시키거나 진폭과 위상을 동시에 변화시키는 방식

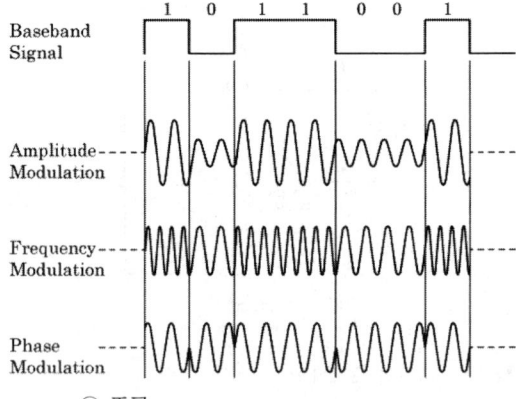

  ⑤ 종류
    • ASK(Amplitude Shift Keying)
    • FSK(Frequency Shift Keying)
    • PSK(Phase Shift Keying)
    • QAM(Quadrature Amplitude Modulation)

2. 펄스 변조
   ① 아날로그 데이터를 디지털화시킬 경우 사용하는 것
   ② 아날로그 대 디지털(Analog to Digital) 변환이라 함
   ③ 잡음, 누화, 왜곡 등에 강하고 장거리 전송이 가능하다.
   ④ PCM 고유의 잡음 발생, 점유 대역이 높아 광대역 전송로 요구

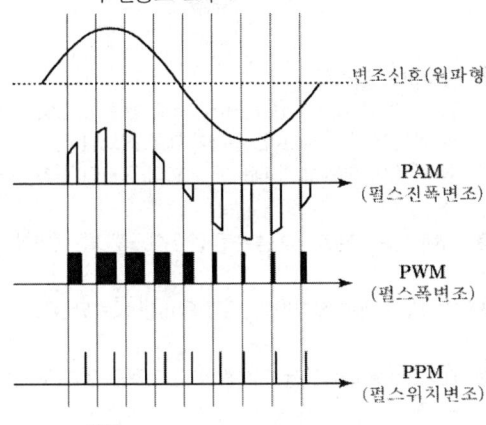

   - 종류
     - PCM(Pulse Code Modulation)
     - PWM(Pulse Width Modulation)
     - PPM(Pulse Position Modulation)

3. 디지털 변환
   ① 디지털 데이터에서 디지털 신호로 변환시키는 방식
   ② 디지털 대 디지털 부호화(Digital to Digital conversion)라 함
   ③ 예를 들어 컴퓨터로부터 프린터로 데이터를 전송할 때 2진수 1과 0은 전선을 통해 전달될 수 있는 일련의 전압펄스로 변환됨
   ④ 종류 : 2진 NRZ, 3진 NRZ(AMI, BnZs, HDBn)
   ⑤ 장치: DSU, CSU

27 접속 형식
   ① 2선식 회선 : 데이터의 송·수신을 교대로 진행하는 회선(반이중 통신). 동시에 송신과 수신이 불가능하기 때문에 저속 통신에 사용
   ② 4선식 회선 : 동시에 수신과 송신이 가능한 회선(전이중 통신) 주로 고속 통신에 사용

28
   - 펄스진폭변조 : PAM
   - 펄스폭변조 : PWM
   - 펄스수변조 : PNM
   - 펄스위상변조 : PPM

   [보충설명]
   ① 디지털 데이터 : 이산적인 데이터 예) 0/1 Yes/No
   ② 아날로그 데이터 : 연속적인 데이터 예) 전압, 전류

29 배열 도파로 격자(Arrayed Waveguide Grating : AWG) : 수백[Gbps] 이상의 정보를 전송하는 데 필요한 WDM 광전송시스템에서 여러 개의 입력광원을 하나의 광섬유로 묶어서 전송하는 파장다중화를 위한 광소자

30 전송부호의 요구 조건
   ① 직류성분이 작거나 없어야 함
   ② 작은 대역폭 소요
   ③ 전력스펙트럼 특성이 전송로 특성에 맞을 것
   ④ 전력효율이 좋을 것
   ⑤ 부호의 길이가 작아야 함
   ⑥ 수신단에서 동기 재생이 용이
   ⑦ 오류검출이 용이
   ⑧ 오류에 강인함
   ⑨ 구현 용이성

31
   - 북미방식 T1 : 1.544[Mbps]
   - 유럽방식 E1 : 2.048[Mbps]

32 동축케이블의 일반적인 특징
   ① 고주파 누화 특성이 매우 좋다.
   ② 전력전송이 용이하다.
   ③ 불평형 폐쇄 선로이다.
   ④ 고주파에서 차폐성이 양호하다.
   ⑤ 주파수 대역폭이 넓다.

33 $\sqrt{f}$ 에 비례한다라고 하는 것은 주파수는 제곱근에 비례한다는 뜻이다.

34 10 Base-2 특징
   ① 전송속도는 10[Mbps]이다.
   ② 불평형 케이블이다.
   ③ 최대 세그먼트 거리는 200[m]이다.
   ④ 5C형 커넥터를 사용한다.

35 1. 분산천이광섬유(Dispersion Shift Fiber) : 일반 단일모드광섬유의 분산이 0이 되는 파장이 1.3[μm] 근처인 데 비해, 분산이 0이 되는 파장이 1.55[μm] 근처로 이동된 광섬유이며, 초고속 10[G] 이상 전송로에 사용된다.
2. 분산보상 광섬유(Dispersion Compensation Fiber) : 분산이 일반 단일모드광섬유와는 다른 부호를 갖게 하여 분산을 보상해주는 광섬유

36 FTTH(Fiber To The Home)
광케이블을 가정의 정보통신기기까지 연결하여 초고속통신에 이용되는 광가입자망

37 루즈 튜브형 광케이블 심선의 컬러 구분

순서	1	2	3	4	5	6	7	8	9	10	11	12
Color	청색	등색	녹색	적색	황색	자색	갈색	흑색	백색	회색	연청	연등

• 광점퍼 코드 색깔
① 싱글모드 자켓 컬러 : 노랑
② 멀티모드 자켓 컬러 : 주황 또는 회색

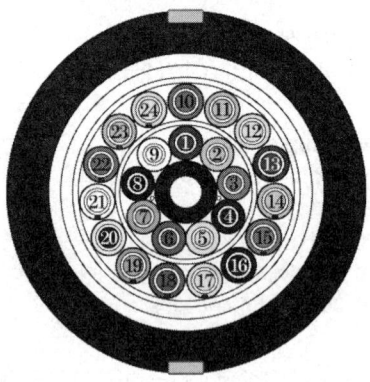

38 브이 그루브(V-groove) 기계식 접속장치 : 광케이블 양 끝단을 수평 조절하고 접속하기 쉬우며 접속 손실은 싱글 모드에서 통상 0.5[dB] 이하이다.

39 단일모드 광섬유
광섬유는 코어가 10[μm] 미만으로 매우 작고 빛의 전파 형태가 한 가지이며, 손실이 매우 적으며 신호의 변형(왜곡)이 거의 없기 때문에 신호의 장거리 전송 가능

40 국내 선로시설의 케이블은 동선 위에 PVC를 절연한다.

41 CATV용 동축케이블의 특성 임피던스는 75[Ω]

42 케이블(Cable) : 전기적/광학적 파동을 전파(도파)하는 것
① 원심력 철근콘크리트관(흄관) : 발명자의 이름을 따서 흄(Hume)관이라고도 한다. 재질은 철근콘크리트관과 유사하며 원심력에 의해 굳혀 강도가 뛰어나므로 하수관거용으로 가장 많이 사용되고 있다. 흄관의 규격은 KS에서 그 사용 조건에 따라 보통관과 압력관으로 구별하고 있다. 적합한 규격 및 형태는 매설장소의 하중조건 등에 따라 신중하게 결정해야 한다.
② 경질염화비닐관(KS M 3404) : 경질염화비닐관은 가볍고 시공성이 우수하지만 연성관이기 때문에 내경의 5[%] 정도를 허용변형률로 하고 있다. 일반적으로 가벼워서 다루기 쉽고 연결이 쉬워서 공기를 단축할 수 있으며 내면이 매끈하여 조도가 작다. 수명이 길고 값도 싼 편에 속해 국내외에서 사용량이 크게 늘고 있는 추세이지만 시공방법 및 재질상 파열과 처짐 등의 문제점을 가지고 있으므로 경질염화비닐관의 제조업체가 제시한 시공순서 및 방법에 따라 신중히 시공하여야 한다.
㉠ 장점
• 내식성이 뛰어나다.
• 중량이 가볍고 시공성이 좋다.
• 가공성이 좋다.
• 내면 조도가 변화하지 않는다.

ⓒ 단점
- 저온 시에 내충격성이 저하한다.
- 특정 유기용제 및 열, 자외선에 약하다.
- 장기적 강도, 피로강도, 클리닝 강도에 주의를 요한다.
- 표면에 상처가 생기면 강도가 저하한다.
- 이형관 보호공을 필요로 한다.
- 접착이음은 강도, 수밀성에 주의를 요한다.

③ 덕타일주철관
 ㉠ 장점
- 강도가 크고 내구성이 뛰어나다.
- 강인성이 뛰어나고 충격에 강하다.
- 이음에 신축 휨성이 있고 관이 지반의 변동에 유연하다.
- 시공성이 좋다.
- 이음의 종류가 풍부하다.

 ㉡ 단점
- 중량이 비교적 무겁다.
- 이음의 종류에 따라서는 이형관 보호공을 필요로 한다.
- 내외의 방식면에 손상을 입히면 부식되기 쉽다.

④ 강관 : 원통형으로 성형 가공된 강재로 이음이 없는 것과 용접 또는 단접으로 된 것도 있다.
 ㉠ 장점
- 강도가 크고 내구성이 있다.
- 강인성이 뛰어나고 충격에 강하다.
- 용접이음에 의해 일체화가 가능, 지반의 변동에는 장대한 파이프라인으로 유연하다.
- 가공성이 좋다.
- 라이닝의 종류가 풍부하다.

 ㉡ 단점
- 용접이음은 숙련공이나 특수한 공구를 필요로 한다.
- 전식에 대한 배려가 필요하다.
- 내외의 방식면에 손상을 입히면 부식되기 쉽다.

43

① 인공/맨홀(Manhole) : 통신케이블의 인입·접속 작업, 관로 및 케이블의 점검 등을 목적으로 지하에 설치하여 그 안에서 사람이 작업할 수 있도록 한 지하구조물

② 맨홀(Manhole)의 종류
 ㉠ 직선형 맨홀 : 도로의 직선구간에 구축
 ㉡ 분기 L형 맨홀 : 도로가 L자형으로 만곡된 개소에 구축
 ㉢ 분기 T형 맨홀 : 도로가 T자형으로 갈라진 3거리에 구축
 ㉣ 분기 십자형 맨홀 : 도로가 열십자형으로 갈라진 네거리에 구축
 ㉤ 단차형 맨홀 : 도로의 경사진 곳에 구축
 ㉥ 규격 외 맨홀 : 지형 또는 도로의 모양에 따라 변형하여 구축

44 광케이블 측정과 관련된 장비 : OTDR, 안정화 광원, 광력계

45 $\dfrac{\text{코어의 굴절률} - \text{클래드의 굴절률}}{\text{코어의 굴절률}} \times 100[\%]$
$= \dfrac{20 - 19}{20} \times 100[\%]$
$= 5[\%]$

46 제3장 방송통신의 진흥
제16조 (방송통신기술의 진흥 등)
과학기술정보통신부장관은 방송통신기술의 진흥을 통한 방송통신서비스 발전을 위하여 다음 각 호의 시책을 수립·시행하여야 한다. [개정 2013.3.23 제11690호(정부조직법)]
1. 방송통신과 관련된 기술수준의 조사, 기술의 연구개발, 개발기술의 평가 및 활용에 관한 사항
2. 방송통신 기술협력, 기술지도 및 기술이전에 관한 사항
3. 방송통신기술의 표준화 및 새로운 방송통신기술의 도입 등에 관한 사항
4. 방송통신 기술정보의 원활한 유통을 위한 사항
5. 방송통신기술의 국제협력에 관한 사항
6. 그 밖에 방송통신기술의 진흥에 관한 사항

47 **정보통신공사법**
[일부개정 2005.12.30. 법률 제7817호]
제2조(정의)
2. "설계"란 공사에 관한 설계서, 설계도면, 시방서, 공사비내역서, 기술계산서 및 이와 관련된 서류(이하 "설계도서"라 한다.)를 작성하는 행위를 말한다.

48 전기통신역무
전기통신설비를 이용하여 타인의 통신을 매개하거나 전기통신설비를 타인의 통신용으로 제공하는 것

49 방송통신에 관한 기본계획의 수립은 과학기술정보통신부장관과 방송통신위원회가 한다.

50 정보통신공사를 설계한 용역업자는 작성한 실시설계도서를 해당 공사가 준공된 후 5년간 보관

51 제40조(정보통신기술자의 겸직 등의 금지)
① 정보통신기술자는 동시에 두 곳 이상의 공사업체에 종사할 수 없다.
② 정보통신기술자는 타인에게 자기의 성명을 사용하여 용역 또는 공사를 하게 하거나 경력수첩을 빌려주어서는 아니 된다.

52 정보통신공사업법
제17조(공사업의 양도 등)
① 공사업자는 다음 각 호의 1에 해당하는 경우에는 대통령령이 정하는 바에 의하여 시·도지사에게 신고를 하여야 한다. 〈개정 1999.2.5, 2001.1.16, 2004.1.29〉
  1. 공사업을 양도(공사업자인 법인이 분할 또는 분할합병되어 설립되거나 존속하는 법인에게 공사업을 양도하는 경우를 포함한다. 이하 같다)하고자 하는 경우
  2. 공사업자인 법인 간에 합병을 하고자 하는 경우 또는 공사업자인 법인과 공사업자가 아닌 법인이 합병하고자 하는 경우
② 제1항의 규정에 의한 공사업 양도의 신고가 있은 때에는 공사업을 양수한 자는 공사업을 양도한 자의 공사업자로서의 지위를 승계하며, 법인의 합병신고가 있은 때에는 합병에 의하여 설립되거나 존속하는 법인이 합병에 의하여 소멸되는 법인의 공사업자로서의 지위를 승계한다. 〈개정 1999.2.5〉
③ 제15조 및 제16조의 규정은 제1항의 규정에 의한 신고에 관하여 이를 준용한다. 〈개정 1999.2.5.〉

53 접지설비·구내통신설비·선로설비 및 통신공동구 등에 대한 기술기준
제11조(가공통신선의 높이)
① 설치 장소 여건에 따른 가공통신선의 높이는 다음 각 호와 같다.
  1. 도로상에 설치되는 경우에는 노면으로부터 4.5[m] 이상으로 한다. 다만, 교통에 지장을 줄 우려가 없고 시공상 불가피할 경우 보도와 차도의 구별이 있는 도로의 보도상에서는 3[m] 이상으로 한다.
  2. 철도 또는 궤도를 횡단하는 경우에는 그 철도 또는 궤조면으로부터 6.5[m] 이상으로 한다. 다만, 차량의 통행에 지장을 줄 우려가 없는 경우에는 그러하지 아니하다.
  3. 7,000[V]를 초과하는 전압의 가공강전류전선용 전주에 가설되는 경우에는 노면으로부터 5[m] 이상으로 한다.
  4. 제1호 내지 제3호 및 제3항 이외의 기타 지역은 지표상으로부터 4.5[m] 이상으로 한다. 다만, 교통에 지장을 줄 염려가 없고 시공상 불가피한 경우에는 지표상으로부터 3[m] 이상으로 할 수 있다.

54 제6조(월패드)
① 월패드에는 조작을 위한 전원이 공급되어야 하며, 이상전원 발생 시 제품을 보호할 수 있는 기능을 내장하여야 한다.
② 월패드는 사용자의 조작을 고려한 위치 및 높이에 설치하여야 한다.
③ 월패드에서 원격제어되는 조명제어기, 난방제어기 등 모든 원격제어기기에는 수동으로 조작하는 스위치를 설치하여야 한다.
[보충설명] 제3조(용어정의) 이 기준에서 사용하는 용어의 뜻은 다음과 같다.
1. "홈네트워크망"이란 홈네트워크 설비를 연결하는 것을 말하며 다음 각 목으로 구분한다.
  가. 단지망 : 집중구내통신실에서 세대까지를 연결하는 망
  나. 세대망 : 전유부분(각 세대 내)을 연결하는 망
2. "홈게이트웨이(홈서버를 포함한다. 이하 같다)"란 세대망과 단지망을 상호 접속하는 장치로서, 세대 내에서 사용되는 홈네트워크 기기들을 유무선 네트워크 기반으로 연결하고 홈네트워크 서비스를 제공하는 기기를 말한다.
3. "월패드"란 세대 내의 홈네트워크 시스템을 제어할 수 있는 기기를 말한다.
4. "단지네트워크장비"란 세대 내 홈게이트웨이(단, 월패드가 홈게이트웨이 기능을 포함하는 경우는 월패드로 대체 가능)와 단지서버 간의 통신 및 보안을 수행하는 장비로서, 백본(back-bone), 방화벽

(Fire Wall), 워크그룹스위치 등을 말한다.
5. "단지서버"란 단지 내 설치되어 홈네트워크 설비를 총괄적으로 관리하며, 각종 데이터 저장, 단지 공용시스템 및 세대 내 홈게이트웨이와 연동하여 단지 정보 및 서비스를 제공해 주는 기기를 말한다.
6. "예비 전원장치"란 전원 공급이 중단될 경우 무정전 전원장치 또는 발전기 등에 의한 비상전원을 공급하는 홈네트워크 설비 등을 보호하기 위한 장치를 말한다.
7. "원격제어기기"란 주택 내부 및 외부에서 원격으로 제어할 수 있는 기기로서 가스밸브제어기, 조명제어기, 난방제어기 등을 말한다.
8. "감지기"란 가스누설이나 주거침입 상황 등 세대 내의 상황을 감지하는 데 필요한 기기로서 화재감지기(화재수신반 연동), 가스감지기, 개폐감지기, 동체감지기, 환경감지기(VOC, 온·습도, CO_2 감지) 등을 말한다.
9. "주동출입시스템"이란 비밀번호나 출입카드 등으로 출입문을 개폐할 수 있고, 관리실 또는 세대와 통신하여 방문자의 출입 인가 여부를 결정할 수 있도록 주동출입구 및 지하주차장 출입구에 설치하는 시스템을 말한다.
10. "원격검침시스템"이란 세대 내의 전력, 가스, 난방, 온수, 수도 등의 사용량 정보를 네트워크 등을 통하여 사용자에게 알려주는 시스템을 말한다.
11. "차량출입시스템"이란 단지에 출입하는 차량의 등록여부를 확인하고 출입을 관리하는 시스템을 말한다.
12. "전자경비시스템"이란 세대 내에 침입자나 화재 등 비상사태가 발생할 경우 이를 자동으로 감지하여 신호를 경비실 또는 관리실 등에 자동으로 통보하는 시스템을 말한다.
13. "무인택배시스템"이란 택배화물, 등기우편물 등 배달물품을 서비스 제공자와 공동주택 입주자 사이에 직접적인 대면 없이 안전하게 주고받을 수 있는 시스템을 말한다.
14. "세대단자함"이란 세대 내에 들어가는 통신선로, 종합유선방송설비 또는 홈네트워크 설비 등의 배선을 효율적으로 분배·접속하기 위하여 이용자의 전용공간에 설치되는 분배함을 말한다.
15. "세대통합관리반"이란 세대단자함의 기능을 포함하고 홈게이트웨이와 홈네트워크시스템의 중앙장치가 추가된 캐비넷이나 실 형태로 전유부분에 설치하는 공간을 말한다.
16. "통신배관실"(TPS실)이란 통신용 파이프 샤프트 및 통신단자함을 설치하기 위한 공간을 말한다.
17. "집중구내통신실"(MDF실)이란 국선·국선단자함 또는 국선배선반과 초고속통신망장비 등 각종 구내통신용 설비를 설치하기 위한 공간을 말한다.
18. "방재실"이란 단지 내 방범, 방재, 안전 등을 위한 설비를 설치하기 위한 공간을 말한다.
19. "단지서버실"이란 단지서버를 설치하기 위한 공간을 말한다.
20. "단지네트워크센터"란 집중구내통신실과 방재실, 단지서버실을 동일건물에 통합 설치하기 위한 공간을 말한다.

55 풍속이 40[m/s]일 때 원통주에 적용되는 시설물의 수직투영면적 $1[m^2]$에 대한 풍압은 80[kg]이다.
[Tip] 전파연구소 고시 제2011-1호
  제3장 선로설비 설치방법
  무선시설류에서 풍압을 받는 시설물
  (시설물의 수직투영면적 $1[m^2]$에 대한 풍압)
  – 철탑에 부착 시설되는 안테나류 : 200[kg]
  – 마이크로웨이브안테나 : 200[kg]

56 접지설비·구내통신설비·선로설비 및 통신공동구 등에 대한 기술기준
제23조(옥내통신선 이격거리)
① 옥내통신선은 다음 각 호의 규정과 같이 옥내전선과의 이격거리를 유지하여야 한다.
  1. 300[V] 초과 전선과의 이격거리는 15[cm](벽 내 또는 용이하게 보이지 아니하는 기타의 장소에 설치하는 경우에는 30[cm]) 이상으로 한다.
  2. 300[V] 이하 전선과의 이격거리는 6[cm](벽 내 또는 용이하게 보이지 아니하는 기타의 장소에 설치하는 경우에는 12[cm]) 이상으로 한다.

57 접지설비·구내통신설비·선로설비 및 통신공동구 등에 대한 기술기준
제10조(가공통신선 지지물의 등주 방지) 가공통신선의 지지물에는 취급자가 오르내리는 데 사용하는 발디딤쇠 등을 지표상으로부터 1.8[m] 이상의 높이에 부착하여야 한다. 다만, 다음과 같은 경우에는 예외로 할 수 있다.
1. 발디딤쇠 등이 지지물의 내부로 들어가는 구조인 경우
2. 지지물 주위에 취급자 이외의 자가 들어갈 수 없도

록 시설하는 경우
3. 지지물을 사람이 쉽게 접근할 수 없는 장소에 설치한 경우

58 제16조(가공통신선과 특고압의 가공강전류전선과의 접근)
① 가공통신선이 특고압의 가공강전류전선과의 수평거리가 그 가공통신선 또는 가공강전류전선의 지지물 중 높은 것에 해당하는 거리 이하로 접근할 경우에 다음과 같은 규정에 의해 가공통신선을 가공강전류전선 아래에 설치하여야 한다.
1. 가공통신선과 가공강전류전선과의 수평거리가 3[m] 이상인 경우의 이격거리는 제7조제2항제2호의 규정에 의하여 설치하여야 한다.
2. 가공통신선과 가공강전류전선과의 수평거리가 3[m] 미만인 경우에는 다음의 규정에 의하여 설치하여야 한다. 가공통신선과 가공강전류전선과의 수평이격거리는 2[m] 이상으로 한다. 다만, 다음의 규정에 의할 경우에는 예외로 할 수 있다.
   가. 가공통신선과 가공강전류전선과의 이격거리는 제7조제2항제2호의 규정에 의하여야 한다.
   나. (1) 가공통신선이 직경 5[mm]의 경동선이나 이와 동등 이상의 강도를 가진 절연전선 또는 케이블일 경우
   (2) 가공통신선을 직경 4[mm]의 아연도금 철선이나 이와 동등 이상의 강도의 것으로 조가하여 설치한 경우
   (3) 가공통신선이 15[m] 이하의 인입선일 경우
   (4) 가공통신선과 가공강전류전선과의 수직거리가 6[m] 이상인 경우
   (5) 가공통신선과 가공강전류전선 사이에 제2종 보호선을 설치하는 경우. 다만, 가공강전류전선이 제2종 특별보안공사(전기사업법 제67조 규정에 의하여 고시된 기술기준에 의한다. 이하 같다)를 하지 않은 경우에 제1종 보호망을 설치하는 경우
   (6) 가공강전류전선이 특고압 강전류절연전선 또는 강전류케이블이며, 그 사용전압이 35,000[V] 이하인 경우
3. 가공통신선과 가공강전류전선과의 수평거리가 3[m] 미만이 되는 길이가 연속하여 50[m] 이하로 설치되어야 한다.
4. 가공강전류전선의 전주와 전주 사이에서 가공통신선과 가공강전류전선과의 수평거리가 3[m] 미만으로 되는 부분의 길이의 합계가 50[m] 이하로 설치하여야 한다.
5. 제3호, 제4호 규정에도 불구하고 다음과 같은 경우에는 50[m]를 초과하여 설치할 수 있다.
   가. 가공강전류전선의 전압이 35,000[V] 이하이고 제2종 특별보안공사에 의해 설치된 경우
   나. 가공강전류전선의 전압이 35,000[V]를 초과하고 제1종 특별보안공사(전기사업법 제67조 규정에 의하여 고시된 기술기준에 의한다. 이하 같다)에 의해 설치된 경우
6. 제2호의 제2종 보호선 또는 제1종 보호망과 특고압의 가공강전류전선과의 수직이격거리는 제7조제2항제2호의 규정에 의한다.

59 옥내에 설치하는 통신선용 케이블
① 광섬유케이블
② 동축케이블
③ 꼬임케이블
[보충설명] RGB 케이블 : 정지영상출력을 하기 위해 본체, 모니터와 연결하는 15핀 케이블. D-Sub 케이블이라고 한다.

60 지능형 홈네트워크 설비 설치 및 기술기준
제17조(원격검침시스템)
① 각 세대별 원격검침장치는 운용시스템의 동작 불능 시에도 계속 동작이 가능하도록 하여야 한다.
② 세대별 원격검침장치의 전원은 정전 시에도 동작이 가능하게 구성하여야 하고, 그렇지 못한 경우를 대비하여 정전 시 각 세대별 원격검침장치는 데이터 값을 저장 및 기억할 수 있도록 하여야 한다.

2018년 2회 시행 과년도출제문제 해설

01	02	03	04	05	06	07	08	09	10	11	12	13	14	15
③	②	①	③	①	③	①	④	③	②	②	③	①	①	③
16	17	18	19	20	21	22	23	24	25	26	27	28	29	30
④	③	①	④	③	②	①	①	①	④	③	④	②	③	③
31	32	33	34	35	36	37	38	39	40	41	42	43	44	45
④	④	②	④	④	④	①	④	④	②	①	④	①	④	②
46	47	48	49	50	51	52	53	54	55	56	57	58	59	60
③	②	④	④	④	④	④	②	④	④	②	②	③	②	②

01 전력(P)=전압(V)×전류(I)
100=220×전류(I)
전류(I)=$\frac{100}{220}$

전력량[Wh]=Pt=$220 \times \frac{100}{220} \times (\frac{30}{60})$=50[Wh]

02 전압의 크기 차이
20개 직렬접속 > 10개 이상 직렬접속과 10개 미만 병렬접속 > 10개 미만 직렬접속과 10개 이상 병렬접속 > 20개 병렬접속

03 L=100[mH]
$X_L = 2\pi fL = 2 \times 3.14 \times 50 \times 100 \times 10^{-3} ≒ 31[\Omega]$

04 $Z = \frac{X_C \times X_L}{X_C + X_L} = \frac{22 \times 20}{22 + 20} = \frac{440}{42} ≒ 10.476[\Omega]$

$I = \frac{V}{Z} = \frac{220}{10.476} ≒ 21[A]$

$I_L = \frac{V}{X_L} = \frac{220}{20} = 11[A]$

$I_C = \frac{V}{X_C} = \frac{220}{22} = 10[A]$

05 철심이 있으면 자속 발생이 쉽다.

06 FET 증폭회로의 특성
① BJT에 비해 거의 모든 스위칭 동작 우수
② 입력 임피던스가 높다.
③ 다수 캐리어에 의해 전류가 흐른다.
④ BJT에 비해서 잡음이 적다.
⑤ 진공관의 원리와 유사
⑥ BJT, FET는 3층 구조이다.

07
• 리플률 = $\frac{리플전압(맥류분의 실효값)}{직류전압(직류분의 평균값)} \times 100[\%]$
= $\frac{4}{400} \times 100[\%]$
= 1[%]

• 리플 백분율(맥동률)
$\Upsilon = \frac{V}{V_D} \times 100 = \frac{I}{I_D} \times 100[\%]$ 는 정류회로 등의 출력 파형에 얼마만큼 맥류분이 포함되어 있는가를 나타내고, 맥동률 Υ는 반파 정류회로에서는 121[%]이나 전파 정류회로에서는 48[%] 정도이다.

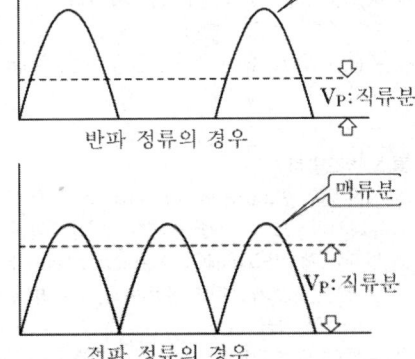

08 단상 전파 정류회로의 최대 정류 효율 81.2[%]
단상 반파 정류회로의 최대 정류 효율 40.6[%]

09 이상적인 연산증폭기의 특성
① 오픈 루프 전압이득, 입력(임피던스)저항, 주파수 대역폭=∞
② 출력(임피던스)저항, 오프셋(Off set) 전류, 지연응답=0
③ 특성의 변동, 잡음이 없다.
④ 동상신호제거비 CMRR=P=$\left|\dfrac{A_d(차등이득)}{A_c(동상이득)}\right|$
・연산증폭기는 정확도를 높이기 위하여 큰 증폭도와 높은 안정도가 필요

10 바이어스 전류(연산증폭기)
=$\dfrac{입력전류항}{2}=\dfrac{I_{B1}+I_{B2}}{2}=\dfrac{5+5}{2}=5[A]$

11 발진회로 발진이 일어나기 위한 조건(콜피츠)

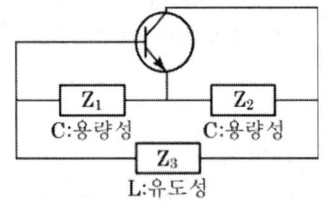

12 발진회로의 주파수 변동 원인과 대책
① 부하의 변동-완충증폭기 사용
② 주위온도 변화-항온조 사용
③ 전원 전압변동-정전압회로 사용
④ 동조점의 불안정 : 발진 강도가 최고 강한 점보다 약간 약한 점으로 한다.
⑤ 부품의 불량 : 높은 수정 공진자 사용, 양질의 부품 사용

13 펄스 변조방식
① 진폭 편이 변조(ASK : Amplitude Shift Keying) : 디지털신호가 1이면 출력을 송신, 0이면 off
② 주파수 편이 변조(FSK : Frequency Shift Keying) : 디지털신호가 1이면 주파수로, 0이면 주파수로 주파수를 바꿈
③ 위상 편이 변조(PSK : Phase Shift Keying) : 디지털신호의 0, 1에 따라 2종류의 위상을 갖는 변조 방식이다.
[보충설명] 펄스 진폭 변조(PAM : Pulse Amplifier Modulation) : 신호 레벨(높낮이)에 따라 펄스의 진폭을 변화시킨다.

14 진폭변조 : 반송파의 진폭을 신호파에 의해 변화시키고, 반송파를 변조하는 방식

15 T형 플립플롭
클록 펄스가 가해질 때마다 출력상태가 반전하는 토글(toggle) 또는 스위칭 작용을 하여 계수기에 사용되는 플립플롭

16 제어기능 : 프로그램을 해독하고 필요한 장치에 보내어 검사, 통제 역할을 하는 기능
[TIP] 제어장치의 역할
① 명령어를 번역한다.
② 제어 및 타이밍 신호를 연속적으로 발생시킨다.
③ 명령어의 순서를 결정한다.

17 1번지 명령어
① 형식 : OP code+Operand
② 누산기(ACC) 이용
③ 수행순서는 LOAD B → ADD C → STORE Z

18 기억장치의 특성을 결정하는 요소
① 액세스 시간(Access Time) = 탐색시간+대기시간+전송시간
② 사이클 시간(Cycle Time)
③ 대역폭(Bandwidth) : 기억장치의 자료 처리 속도를 나타내는 단위

19 자료의 구성
① 비트(Bit) : 0과 1로 표현되는 데이터(정보)의 최소 단위이다.
② 바이트(Byte) : 8bit로 구성, 1개의 문자나 수를 기억하는 데이터 단위
③ 워드(Word) : 몇 개의 데이터가 모인 데이터 단위
 - 하프 워드(Half Word) : 2바이트로 구성
 - 풀 워드(Full Word) : 4바이트로 구성
 - 더블 워드(Double Word) : 8바이트로 구성
④ 필드(Field) : 특정문자의 의미를 나타내는 논리적 데이터의 최소 단위
⑤ 레코드(Record) : 필드의 집합(하나의 작업처리 단

위)
⑥ 논리레코드 : 데이터 처리의 기본 단위
⑦ 물리레코드 : 보조기억장치와의 입출력을 위한 데이터 처리 단위로, 하나 이상의 논리레코드가 모여 물리레코드를 이룬다.
⑧ 파일(File) : 레코드의 집합
⑨ 데이터베이스(Database) : 파일들의 집합
[TIP] 정보의 단위 비교
비트<바이트<워드<필드<레코드<파일<데이터베이스

20 관계식 : $AB\overline{C} + A\overline{B}C + ABC + \overline{A}BC$

C\AB	00	01	11	10
0	0	0	1	1
1	0	0	1	1

22 • 클래스(Class) : 유사한 객체들을 묶어서 하나의 공통된 특성
• 메시지(Message) : 구체적인 연산을 일으키는 외부의 요구사항

23 기계어는 프로그램의 유지 보수가 어렵다.

24 파워 포인트는 애니메이션 기능이 있다.

25 • 문서파일 형식 : .doc .hwp .ppt
• 그림파일 형식 : .tiff((Tagged Image File Format), .GIF, .JPG, .BMP
[TIP] 파일의 확장자는 파일형식이라고 한다.

26 위상정수[rad/km]=β
$\lambda(파장) = \frac{2\pi}{\beta}[km]$이므로 $2 = \frac{2\pi}{\beta}$
$\therefore \beta = 1\pi$

27 통신선로의 임피던스를 정합(Matching)시키는 이유는 반사파가 발생하지 않도록 하기 위하여
[사전]
1. 반사파(reflected wave) : 매질 속 진행하는 파동이 다른 매질과의 경계면에 부딪쳐 방향을 바꾸어 나아가는 파동
2. 정재파(standing wave) : 진행파가 어떤 경계면을 기준으로 반사되어 돌아온 파와 합쳐지면서 발생한 정지된 파동
• 정재파비(standing wave ratio) : 선로상에 생기는 정재파의 크기, 정재파의 최댓값과 최솟값의 비
• SWR의 최댓값은 무한대(반사계수가 1인 경우 반사가 있는 회로), 최솟값은 1(반사계수가 0인 경우 반사가 전혀 없는 회로)

28 샤논의 채널 용량 공식
$C[bps] = BW \cdot \log_2(1 + \frac{S}{N})$로 주어진다.
여기서, BW : 대역폭, S/N : 신호 대 잡음비

29 반사된 전압 V-
입사된 전압 V-

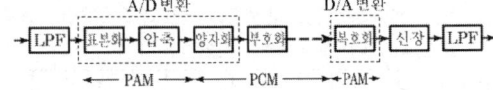

전압반사계수 $\tau = \frac{V-}{V+} = \frac{|Z_l - Z_0|}{|Z_l + Z_0|}$
$= \frac{|75 - 300|}{|75 + 300|}$
$= \frac{225}{375} = 0.6$

전압반사계수(VSWR, Return Loss, Γ : 감마)

30 Analog 신호를 Digital 신호로 변환하는 PCM 3단계 과정
표본화(Sampling) → 양자화(Quantizing) → 부호화(Encoding)

→LPF→표본화→압축→양자화→부호화┈┈복호화→신장→LPF→
　　└─── A/D 변환 ───┘　　└─ D/A 변환 ─┘
　　←─ PAM ─→←─ PCM ─→←─ PAM ─→

[표본화]

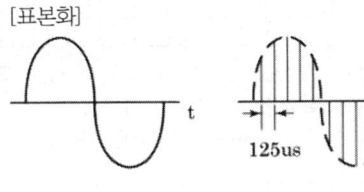

300~3,400Hz　　　125us 주기로
음성신호　　　음성 진폭 표본 추출

[양자화]

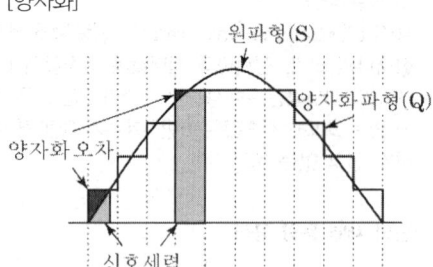

[부호화]

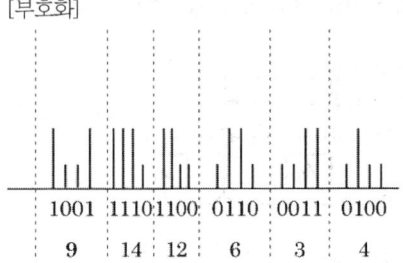

31 펄스 부호화의 장점
① 잡음에 강하다.
② 논리회로 집적화에 강하다.
③ 시분할다중화를 적용하여 분기와 삽입이 쉽다.
④ 양자화 잡음이 있다.

32
1. AMI(Alternate Mark Inversion, 교환부호반전)
  : 바이폴러방식(Bipolar, 양극형)이며, 디지털 신호 0비트가 올 때는 0[V]를 보내고 1비트가 올 때는 +[V]와 -[V]를 바꾸어 가면서 보내는 3진 부호(+, 0, -)이지만, 정보량은 2진 부호와 동일하고, 신호는 고속 디지털망에서 사용된다.

Data	0	1	0	1	0	0	1	1	1	0	0	1	0
AMI													

2. CMI(Carrier Mark Inversion) : 폴러(Polar, 극형),
  0 : 펄스폭의 중앙에서 0에서 1로 천이
  1 : 이전 1이 1이면 0으로 0이면 1로 천이

33 진폭(AM, Amplitude Modulation) 변조 : 고주파 신호의 크기를 정보신호의 특성에 따라 연속적으로 변화시키는 변조방식. 신호의 일반적인 특성 중 크기를 변환

① 단측대역방식(SSB, Single Side Band) : DSB 방식의 상측대역과 하측대역 중 한쪽만을 전송하는 방식
② 양측대역반송파억압방식(DSB-LC, Double Side Band-Large Carrier) : 스펙트럼상에 상측파대(USB)와 하측파대(LSB)를 동시에 전송하는 방식
③ 잔류측 대역방식(VSB, Vestigial Side Band) : 한쪽 측파대의 대부분과 다른 쪽 측파대의 일부(Vestigial)을 송신하여 재생하는 방법

34 UTP Cable의 TIA/EIA 568공법

공법	1	2	3	4	5	6	7	8
568 A	흰녹색	녹색	흰주황	청색	흰청색	주황	흰갈색	갈색
568 B	흰주황	주황	흰녹색	청색	흰청색	녹색	흰갈색	갈색

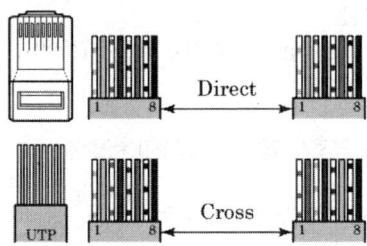

35 F/S 케이블

L1	백색	적색	흑색	황색	자색
L2	청색	등색	녹색	갈색	회색

36

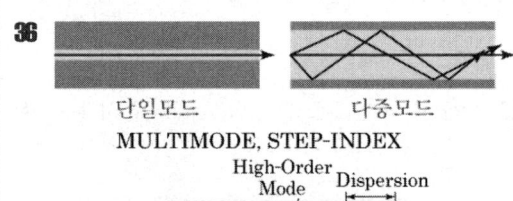

단일모드   다중모드
MULTIMODE, STEP-INDEX

MULTIMODE, GRADED-INDEX

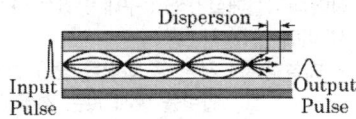

37 1. 레일리(Rayleigh) 산란
① 굴절률 변화가 사용하는 빛의 파장보다 작은 영역에서 존재
② 산란 정도 : 파장 4승에 반비례로 1.0[μm] 이하 파장 영역에서 가장 큰 손실이 발생
2. 유도 부릴루앙(Brillouin) 산란, 유도 라만(Ramman) 산란
① 광섬유를 통과하는 광전력이 임계치 이상일 때
② 산란된 빛의 파장이 원래의 파장과 다른 경우
③ 장거리 통신을 위한 광증폭기 사용으로 문제가 발생되는 원인

38 1. 모드 분산(Mode Dispersion) : 다중모드형 광섬유에서 발생
① 원인 : 각 모드의 전파 경로가 달라져 출사단까지의 도달시간이 달라짐
② 예
  - 계단형 굴절률 다중 모드 광섬유 : 전반사하는 횟수가 많은 고차 모드일수록 전파거리와 시간이 길어짐
    → 입사할 때 시간 폭이 짧은 펄스도 모드별 도달 시간의 차이로 인해 출사단측에서는 시간적으로 퍼지는 현상 발생
③ 영향 : 계단형 굴절률 광섬유에 많은 영향을 미쳐 전송대역폭을 제한함
④ 개선 방안
  - 굴절률 분포를 서서히 증가시키는 언덕형 굴절률 광섬유 사용
    → 전차 모드의 경우 속도를 줄여 고차 모드와 전차 모드의 도달 시간 줄임
2. 색분산(Chromatics Dispersion)
① 재료분산(Material Dispersion) : 광섬유의 재료인 유리의 굴절률이 전파하는 빛의 파장에 따라 다른 값을 가지므로 파형이 퍼지기 때문
② 구조분산(Waveguide Dispersion)
  - 도파로 분산. 코어와 클래드의 굴절률 차가 작은 경우, 경계면에서 빛의 일부가 클래드 부분으로 누설되는 것처럼 일어남

- 펄스파형이 시간적으로 퍼지는 현상

39 동기식 디지털 계위(SDH)
① 동기식 다중화 방식으로 비동기식 대비 효율적 구성이 가능하다.
② 통신망의 유연성을 제공한다.
③ 단일의 전기통신망 구축이 가능하다.
④ 각 계층 레벨의 전송속도 표준화 : E1, T1, DS3 및 기타 저속 신호를 고속의 STM-N(N=1, 4, 16, 64, 256) 광신호로 TDM(Time Division Multiplex)을 기본으로 다중화하여 전송하는 방식

계위	비트레이트(kbit/s)
STM-1	155,520
STM-4	622,080
STM-16	2,488,320
STM-64	9,953,280
STM-256	39,813,120

- STM(동기식 전송 방식, synchronous transfer mode) : 전송로상에서 신호 정보를 일정 주기의 프레임(frame)으로 구획짓고, 프레임을 시간 슬롯(time slot)으로 분할해서 전송하는 시분할 다중 방식. ITU-T(구 CCITT)에서 1986년 광대역 종합 정보 통신망(B-ISDN)의 전송 방식을 검토할 때에 비동기 전송 방식(ATM)과 함께 용어를 결정했다. 회선 교환 방식과 같이 하나의 호를 위하여 하나의 채널을 발·착신 단말 사이에 점유시키지 않고 다중화하는 이점이 있으나, 동기화를 위해서 발신자와 수신자가 같은 클록 신호를 사용해야 하기 때문에 1채널당 최대 통신 속도가 일정해야 하는 제약이 있다. 통신 속도가 달라지거나 변화하는 다양한 정보를 전송하는 경우에는 하나의 호에 대하여 최대 통신 속도에 맞추어서 복수의 채널을 할당할 필요가 있다. 그러므로 유휴 채널(idle channel)이 많아지고 회선 사용 효율이 떨어지는데, 그것은 송신하지 않더라도 시간 슬롯이 분할되기 때문이다.

40 융착 접속 : 광케이블을 접속할 때 광섬유를 아크(Arc) 방전시켜 고열로 녹여 접속하는 방식

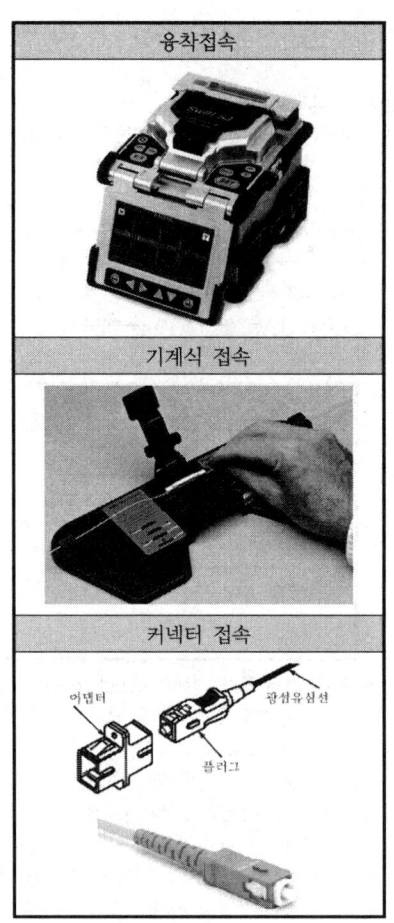

[보충설명] 브이 그루브(V-groove) 기계식 접속장치 : 광케이블 양 끝단을 수평 조절하고 접속하기 쉬우며 접속 손실은 싱글 모드에서 통상 0.5[dB] 이하이다.

41 해저 통신 : 일반적으로 강전류 전선으로부터 500[m] 이내의 거리에 접근하여 설치해서는 안 된다.

42 매설방법
① 직매식(직접매설방식) : 구내 인입선 → 2회선(정전 시 피해 경감)
  - 매설깊이 : 차량 등 압력을 받을 경우 1.0[m] 압력을 받지 않는 경우 0.6[m]
② 관로식(맨홀방식) : 시가지 배전선로
  - 강관, 파형 PE관을 묻는 방법
  - 맨홀 : 246[m](경우에 따라 150~250[m]) 간격으로 설치(케이블 중간 접속 및 점검개소)
③ 암거식(공동 부설식, 통신구식)
  - 많은 가닥수를 시공할 때 시가지 고전압 대용량 간선부근, 공사비가 비싸다.

43 분계점 : 종합유선방송국시설과 전송선로시설, 전송선로시설과 구내전송시설 간의 접속점을 말한다.

44
$$통화감쇠량 = 20\log_{10}\frac{수단측\ 전류}{송단측\ 전류}$$
$$= 20\log_{10}\frac{1[mA]}{100[mA]}$$
$$= 20\log_{10}10^{-2}$$
$$= -40[dB]$$

45 통신선로 전력유도 방지책
① 양 선로의 상호 거리를 멀리한다.
② 금속 차폐된 선로를 사용한다.
③ 대지평형도를 개선한다.

46 1. OTDR(Optical Time Domain Reflectometer)
  - 광섬유의 상대손실과 접속손실을 평가할 수 있는 광펄스시험기
  - 포설 후 광케이블을 절단하지 않고 손실을 측정하는 장비
    측정법 : 후방산란법
2. 광원(Light source)
  - 광손실을 측정하기 위해 광전력을 발생시키는 장비
    측정법 : 투과법(컷백법, 삽입법)
3. 광검출기(Power meter)
  - 광전력의 세기정도를 측정하는 장비
    측정법 : 투과법(컷백법, 삽입법)

47 제3장 방송통신의 진흥
제16조 (방송통신기술의 진흥 등)
과학기술정보통신부장관은 방송통신기술의 진흥을 통한 방송통신서비스 발전을 위하여 다음 각 호의 시책을 수립·시행하여야 한다.
1. 방송통신과 관련된 기술수준의 조사, 기술의 연구개발, 개발기술의 평가 및 활용에 관한 사항
2. 방송통신 기술협력, 기술지도 및 기술이전에 관한 사항
3. 방송통신기술의 표준화 및 새로운 방송통신기술의 도입 등에 관한 사항
4. 방송통신 기술정보의 원활한 유통을 위한 사항
5. 방송통신기술의 국제협력에 관한 사항
6. 그 밖에 방송통신기술의 진흥에 관한 사항

48 정보통신공사업법 관련 공사의 구분
- 전기통신관계법령 및 전파관계법령에 의한 통신설비공사
- 방송법 등 방송관계법령에 의한 방송설비공사
- 정보통신관계법령에 의한 정보를 제어·저장 및 처리하는 정보설비공사

49 정보통신공사 감리원
설계도서 및 관련규정에 적합하도록 공사를 감리하여야 한다.

50 전기통신사업의 정의 : 전기통신역무를 제공하는 사업

51 과학기술정보통신부장관이 기간통신사업자 허가를 함에 있어서 심사기준 : 기간통신역무 제공계획의 이행에 필요한 재정적 능력, 기술적 능력, 이용자보호계획의 적정성

52 개인정보를 보호하기 위하여 필요할 경우 전기통신사업자의 번호 안내서비스 제공을 과학기술정보통신부장관이 제한할 수 있다.

53 접지설비·구내통신설비·선로설비 및 통신공동구 등에 대한 기술기준(전파연구소 고시)
제3조(용어의 정의)
① 이 고시에서 사용하는 용어의 정의는 다음과 같다.
15. "동단자함"이라 함은 구내간선케이블 및 건물간선케이블을 종단하여 상호 연결하는 통신용 분배함을 말한다.
16. "층단자함"이라 함은 건물간선케이블 및 수평배선케이블을 종단하여 상호 연결하는 통신용 분배함을 말한다.
17. "세대단자함"이라 함은 세대 내에 인입되는 통신선로, 방송공동수신설비 또는 홈 네트워크설비 등의 배선을 효율적으로 분배·접속하기 위하여 이용자의 주거전용면적에 포함되는 실내공간에 설치되는 분배함을 말한다.

54 접지설비, 구내통신설비, 선로설비 및 통신공동구 등에 대한 기술 기준
제3장 선로설비 설치방법
제10조(가공통신선 지지물의 등주방지) 가공통신선의 지지물에는 취급자가 오르내리는 데 사용하는 발디딤쇠 등을 지표상으로부터 1.8[m] 이상의 높이에 부착하여야 한다. 다만 다음과 같은 경우에는 예외로 할 수 있다.
1. 발디딤쇠 등이 지지물의 내부로 들어가는 구조인 경우
2. 지지물 주위에 취급자 이외의 자가 들어갈 수 없도록 시설하는 경우
3. 지지물을 사람이 쉽게 접근할 수 없는 장소에 설치한 경우

55 통신공동구의 설치 기준
① 통신공동구는 조명, 배수, 소방, 환기, 접지시설 등의 부대설비를 설치하여야 한다.
② 통신공동구와 관로가 접속되는 지점에는 통신케이블 분기를 위한 분기구를 설치하여야 한다.
③ 여러 개의 관로로 분기될 경우 분기구간에는 일정 거리 이상의 간격을 유지하여야 한다.

56 국선의 인입배관
국선의 수용 및 교체, 증설이 용이하게 시공될 수 있는 구조로 배관의 내경은 선로 외경의 2배 이상이 되어야 한다.

57 접지선은 접지 저항값이 10[Ω] 이하인 경우에는 2.6[mm] 이상, 접지 저항값이 100[Ω] 이하인 경우에는 직경 1.6[mm] 이상의 피 브이 시 피복 동선 또는 그 이상의 절연효과가 있는 전선을 사용하고 접지극은 부식이나 토양오염 방지를 고려한 도전성 재료를 사용한다. 단, 외부에 노출되지 않는 접지선의 경우에는 피복을 아니할 수 있다.

58 제2장 보호기성능 및 접지설비 설치방법
제4조(보호기 성능)
① 보호기의 기본회로도는 별표1과 같으며, 보호기의 성능은 제2항 내지 제4항의 조건을 만족하여야 한다.
② 보호기의 과전압 성능은 다음 각 호와 같아야 한다.
 1. 보호기는 직류 100[V/sec]의 상승전압을 L1-E, L2-E 간에 인가할 때 180[V] 이상 300[V] 이하에서 접지를 통하여 방전이 개시되어야 한다.
 2. 보호기는 100[V/㎲]의 상승전압을 L1-E, L2-E 간에 인가할 때 180[V] 이상 700[V] 이하에서 접지를 통하여 방전되어야 한다.
 3. 보호기는 1000[V/㎲]의 상승전압을 L1-E, L2-E 간에 인가할 때 180[V] 이상 900[V] 이하에서 접지를 통하여 방전되어야 한다.
③ 보호기의 과전류 성능은 다음 각 호와 같아야 한다.
 1. 보호기는 L1-T1, L2-T2 간에 교류 110[V] 250[mA]를 인가할 때 1분 이내, 교류 110[V] 1[A]를 인가할 때 2초 이내에 동작하여 부동작 전류 이하로 전류를 제한하고, 과전류가 제거되면 자기 복구되어야 한다.
 2. 보호기는 L1-T1, L2-T2 간에 직류 150[mA]를 3시간 인가할 때 과전류 제한소자는 동작하지 않아야 한다.
④ 보호기의 발화방지 성능은 다음 각 호와 같아야 한다.
 1. 보호기는 L1-E, L2-E 간에 60[Hz], 5[A]를 15분간 인가할 때 과전압 방전소자의 발화방지 장치가 동작하여 보호기의 발화 및 변형이 없어야 한다.
 2. 보호기는 과전압 방전소자가 삽입되지 않은 상태에서 L1-T1, L2-T2 간에 교류 220[V], 3[A]을 15분간 인가할 때 과전류 제한소자가 손상되지 않아야 하며, 보호기의 발화 및 변형이 없어야 한다.

제5조(접지저항 등)
① 교환설비·전송설비 및 통신케이블과 금속으로 된 단자함(구내통신단자함, 옥외분배함 등)·장치함 및 지지물 등이 사람이나 전기통신시설에 피해를 줄 우려가 있을 때에는 다음 각 호와 같이 접지가 되어야 한다.
 1. 교환설비·전송설비 및 통신케이블의 접지저항
 2. 금속으로 된 단자함(구내통신단자함, 옥외분배함 등)·장치함 및 지지물의 접지저항
② 접지선은 직경 1.6[mm] 이상의 피·브이·시 피복 동선 또는 그 이상의 절연효과가 있는 전선을 사용하고 접지극은 부식이나 토양오염 방지를 고려한 도전성 재료를 사용하여 지하의 안전한 깊이에 매설한다.

59 접지설비·구내통신설비·선로설비 및 통신공동구 등에 대한 기술기준
제3조(용어의 정의) ① 이 고시에서 사용하는 용어의 정의는 다음과 같다. 〈개정 2015. 9. 24〉
 11. "구내간선케이블"이라 함은 구내에 두 개 이상의 건물이 있는 경우 국선단자함에서 각 건물의 동단자함 또는 동단자함에서 동단자함까지의 건물 간 구간을 연결하는 통신케이블을 말한다. 〈개정 2017. 5. 11〉
 12. "건물간선케이블"이라 함은 동일 건물 내의 국선단자함이나 동단자함에서 층단자함까지 또는 층단자함에서 층단자함까지의 구간을 연결하는 통신케이블을 말한다. 〈개정 2017. 5. 11〉
 13. "수평배선케이블"이라 함은 층단자함에서 통신인출구까지를 연결하는 통신케이블을 말한다. 〈개정 2017. 5. 11〉
 15. "동단자함"이라 함은 구내간선케이블 및 건물간선케이블을 종단하여 상호 연결하는 통신용 분배함을 말한다.
 16. "층단자함"이라 함은 건물간선케이블 및 수평배선케이블을 종단하여 상호 연결하는 통신용 분배함을 말한다.
 17. "세대단자함"이라 함은 세대 내에 인입되는 통신선로, 방송공동수신설비 또는 홈네트워크설비 등의 배선을 효율적으로 분배·접속하기 위하여 이용자의 주거전용면적에 포함되는 실내공간에 설치되는 분배함을 말한다.

60 제2장 전유부분 홈네트워크 설비의 설치 기준
제9조(세대단자함)
① 세대단자함은 골조공사 시 변형이 생기지 않도록 세대단자함의 재질 및 보강방법을 고려하여 설치하여야 한다.
② 세대단자함에는 전원 공급용 배관 및 배선을 설치하여야 하고, 내부발열 및 기기소음에 대한 사항을 고려하여야 한다.
③ 세대단자함은 유지보수를 고려한 위치에 설치하여야 한다.
④ 세대단자함은 500[mm]×400[mm]×80[mm](깊

이) 크기로 설치할 것을 권장한다.

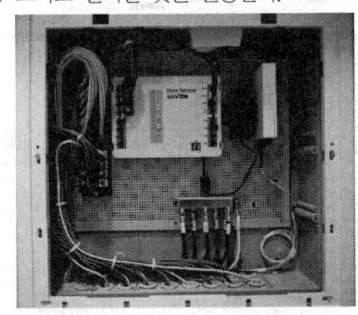

2018년 4회 시행 과년도출제문제 해설

01	02	03	04	05	06	07	08	09	10	11	12	13	14	15
③	④	③	④	③	②	③	③	③	②	④	②	③	②	③
16	17	18	19	20	21	22	23	24	25	26	27	28	29	30
①	①	④	②	④	①	④	②	③	③	③	①	③	②	③
31	32	33	34	35	36	37	38	39	40	41	42	43	44	45
②	①	③	③	①	①	②	③	②	④	④	①	④	②	③
46	47	48	49	50	51	52	53	54	55	56	57	58	59	60
④	④	③	①	④	③	①	①	①	②	①	③	②	④	②

01 전압=전류×저항
전력=전압×전류
　　=전류×전압×전류 = 전류² × 전압
　　=전압 × $\dfrac{전압}{저항}$ = $\dfrac{전압^2}{저항}$

02 연(납)축전지

일반 터미널

자동차에 가장 많이 사용되는 축전지의 하나. 양극(陽極)에는 과산화납, 음극(陰極)에는 납을 넣고, 전해액(電解液)으로는 묽은 황산을 넣어서 만든다. 출력 전압은 대략 2[V]로 충전이 가능

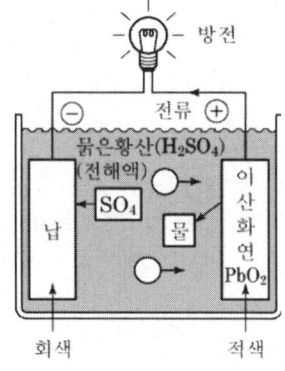

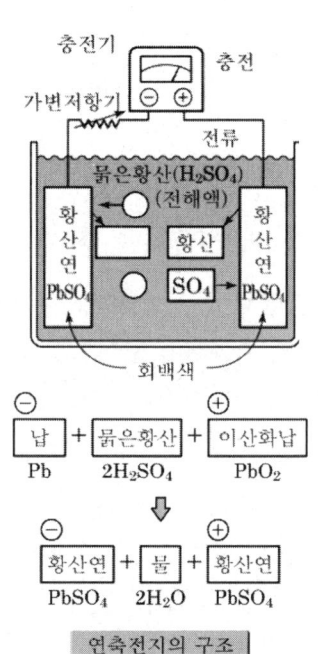

연축전지의 구조

03 순시 전압의 주파수 $f = \dfrac{\omega}{2\pi}$ (ω : 각속도)

$f = \dfrac{400\pi}{2\pi} = 200[\text{Hz}]$

04 열전자 방출

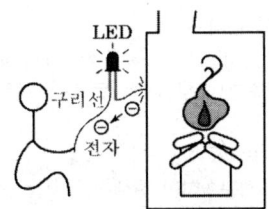

① 열전자 방출 : 금속을 고온으로 가열하면 전도 전자의 운동 에너지가 커져 그 중 탈출 준위를 넘어 금속체 밖으로 튀어나가는 현상
② 열전자류를 크게 하려면 : 일함수가 작은 재료 사용, 융점이 높은 텅스텐 사용, 절대 온도를 높인다.

05 집적회로(Integrated Circuit)의 장점
① 대량 생산이 가능하며, 제조 단가가 저렴
② 기능이 향상되고 신뢰도 우수
③ 회로가 초소형(크기가 작고)이고 경량
④ 동일한 회로가 대규모로 반복되는 디지털회로에 적합

06 시정수(time constant)
전기회로에 갑자기 전압을 가했을 경우 전류는 점차 증가하여 마침내 일정한 값에 도달한다. 이때의 증가의 비율을 나타내는 것으로, 정상값의 63.2[%]에 도달할 때까지의 시간을 초로 표시한다. 전압을 제거했을 때도 이 반대가 성립된다.

시정수(τ)=RC
$\quad$ =유도리액턴스$\times$용량
$\quad$ =$10[k\Omega] \times 0.0047[\mu F]$
$\quad$ =$(10 \times 1000[\Omega]) \times (47 \times \frac{1}{10000}[\mu F])$
$\quad$ =47×10^{-6}

07 일그러짐(Distortion) 또는 왜곡
기본 파형이나 다양한 주파수 요소들 간의 상호관계를 변하게 하는 신호의 어떤 변화를 일컫는 말
① 주파수 일그러짐 : 증폭회로에서 L, C에 의해 생기는 일그러짐
② 위상 일그러짐 : 신호를 다시 만들어낼 때 다양한 위상관계를 원래 그대로 만들어내지 않는 것
③ 진폭 일그러짐 : 신호의 다양한 주파수 요소들을 서로 같은 크기만큼 증폭 혹은 감쇠하지 않는 것. 비선형 일그러짐(Nonlinear distortion)이라고도 한다.

08 이상적인 연산증폭기의 특성
① 전압이득 A_v가 무한대($A_v = \infty$)
② 입력저항 R_i가 무한대($R_i = \infty$)
③ 출력저항 R_o가 0이다($R_o = 0$)
④ 대역폭이 무한대이고(BW $= \infty$) 지연응답(response delay)=0이다.
⑤ 오프셋(offset)이 0이다.
⑥ 특성의 변동, 잡음이 없다.
연산증폭기는 정확도를 높이기 위하여 큰 증폭도와 높은 안정도가 필요하다.

09 A급 전력증폭기
① 회로가 비교적 간단하다.
② 수[W] 이하의 소전력 증폭기에 사용된다.
③ 온도의 영향을 작게 받는다.

10 바크하우젠의 조건 : $A\beta = 1$

11 발진주파수 변동의 원인과 대책
① 주위 온도의 변화
 • 수정진동자, 트랜지스터 등의 부품은 온도계수가 작은 것을 사용
 • 온도의 변화에 민감한 부품은 수정진동자와 함께 항온조에 넣어 사용
② 부하의 변동
 • 다음 단과의 사이에 완충 증폭기를 추가
 • 다음 단과의 결합은 가능한 한 소결합으로 결합
③ 전원 전압의 변동
 • 정전압 전원을 사용하여 전압의 안정 유지
④ 습도에 의한 영향
 • 방습을 위하여 타 회로와 차단하여, 습기와 격리

12 적분회로
진폭변조(PAM)된 신호를 복조할 때 사용되는 회로

13 변조지수$=\dfrac{\text{최대 주파수 편이}}{\text{신호주파수}}$
$\quad =\dfrac{\text{변조된 신호의 최대크기}}{\text{변조되기 전의 반송파크기}}$
$\quad =\dfrac{180-100}{100}=0.8$

14 상승시간(Rise Time)
어떤 펄스회로에서 상승시간은 펄스 높이의 10[%]에서 90[%]까지 상승하는 데 걸리는 시간

15 데이터 입력 형태에 따른 구분
① 아날로그 컴퓨터 : 전압, 압력, 길이
② 디지털 컴퓨터 : 펄스

16 2의 보수 변환

2진수	101011
1의 보수(2진수 반대값)	010100
2의 보수=1의 보수+1	010101

17 입출력 채널의 종류
① 선택(selector) 채널 : 하나의 주변 장치만을 선택하여 연결하여 처리하고 주로 디스크나 드럼과 같이 고속인 장치들을 연결
② 멀티플렉서(multiplexer) 채널 : 동시에 여러 장치들을 연결하여 처리하고 주로 터미널, 카드 판독기, 프린터 같은 저속의 장치들을 연결
③ 블록 멀티플렉서(block multiplexor) 채널 : 블록 단위로 입출력하는 테이프와 같은 장치와 연결하여 처리하고, 다수의 주변장치들을 멀티플렉싱하며 동시에 처리

18 자료의 형태에 따라 분류
① 선형 구조 : 트리구조
② 비선형 구조 : 그래프구조

19 기억요소(Memory Element)
① 플립플롭(Flip Flop)
② RAM
③ 레지스터(Register)

20 순서도의 역할
① 프로그램 작성의 직접적인 자료가 된다.
② 업무의 내용과 프로그램을 쉽게 이해할 수 있고, 다른 사람에게 전달이 쉽다.
③ 프로그램의 정확성 여부를 판단하는 자료가 된다.
④ 개별 프로그래밍 언어에 동일하게 만들어진다.

21 프로그램 순서도
① 개략 순서도 : 전체적인 처리 과정을 파악하기 위하여 중요한 부분을 하나로 묶어 간략하게 표시한 순서도
② 상세 순서도 : 개략순서도를 기본으로 각 처리 단계마다 세분화하여 자세히 표시한 순서도

22 운영체제 발전 정도
Android(스마트폰 OS) ← Linux(PC OS) ← Unix(군사용 시스템 OS)
① Window Mobile : 마이크로소프트사의 윈도우 폰
② iOS : 애플사의 T-phone
③ Android(안드로이드) : 구글
④ Linux(리눅스) : GUN Sever O/S

23 엑셀(Excel)의 함수
① SUM : 인수들의 합을 구한다.
=SUM(number1, number2, …)
② COUNTIF : 지정한 범위 내에서 조건에 맞는 셀의 개수를 구한다.
=COUNTIF(range, criteria)
③ LOOKUP : 배열이나 한 행 또는 한 열 범위에서 값을 찾는다. 이전 버전과의 호환성을 위해 제공한다.
=LOOKUP(…)

24 G(단위길이당 컨덕턴스)의 단위 : ℧/m

25 광섬유를 이용한 통신은 빛의 전반사를 이용

26 광통신 방식의 장단점
1. 장점
   ① 저손실
   ② 광대역성
   ③ 전송로의 소형화
   ④ 누화방지 및 전력유도의 영향이 없다.
   ⑤ 자원이 풍부
2. 단점
   ① 급격한 휨에 약하다.
   ② 전력전송이 어렵다.
   ③ 중계급 전선이 필요
   ④ 접속이 어렵다.

27 정재파비(SWR, Standing Wave Ratio)
정재파를 갖는 선로, 또는 도파관 내의 인접한 파절 및 파복에서 측정한 전류, 전압의 비, 전자계의 최대 진폭과 최소 진폭의 비, 정재파의 최대 진폭부분과 최소 진폭부분의 비로 나타낸다.

[낱말설명]
- 정재 : 변하지 않는
- 정합 : 가지런히 맞음

[용어설명]
- 임피던스 정합(Impedance Matching) : 결국 임피던스가 다름으로 인한 반사손실을 최소화하기 위해 중간에 양쪽 임피던스를 중재할 수 있는 무언가를 넣는 것

28 디지털 전송 방식의 장점

항목	내용
저가격화	LSI, VLSI로 이어지는 기술의 진보로 아날로그에 비해 가격이 저렴
데이터 무결성의 보장	중계기에 의해 전송매체상의 잡음이나 손상이 제거되므로, 장거리 전송이나 저품질 전송로상에서도 데이터의 무결성이 보장
전송용량의 이용 확대	아날로그 전송방식에 비해 보다 저렴하고 용이하게 넓은 대역의 전송로를 구축
데이터 안전성 증대	디지털 신호변환에 의해 아날로그나 디지털 정보의 암호화를 쉽게 구현
정보의 종합	음성, 영상, 데이터 정보 등 모든 형태의 정보를 수용 가능

29 전송 감쇠값=

$$10 \cdot \log_{10} \frac{\text{출력 전력값}}{\text{입력 전력값}} = 10 \cdot \log_{10} \frac{2[mW]}{200[mW]}$$
$$= 10 \cdot \log_{10} \frac{1}{100}$$
$$= 10 \cdot \log_{10} \frac{1}{10^2}$$
$$= 10 \cdot \log_{10} 10^{-2}$$
$$= 10 \cdot (-2)$$
$$= -20$$

30 광통신 소자
① 발광소자(전광소자, 전기신호→광신호) : LED(발광 다이오드 : 자연발광), LD(레이저 다이오드 : 유도발광)
② 수광소자(광전소자, 광신호 → 전기신호) : PD(포토 다이오드), APD

31 폼스킨 케이블 : 절연체로 종이를 대신해 플라스틱을 사용한 케이블

32 폼스킨(Foam Skin) 케이블 배선 순서

	1번	2번	3번	4번	5번
Tip선	백	적	흑	황	자
Ring선	청	등	녹	갈	회

- UTP 배선 규격
  568A 흰녹, 녹색, 흰주, 청색, 흰청, 주황, 흰갈, 갈색
  568B 흰주, 주황, 희녹, 청색, 흰청, 녹색, 흰갈, 갈색

33 동축 케이블의 특징
① 내압 특성이 우수하다.
② 고주파 특성은 차폐작용이 우수하여 양호하다.
③ 구조는 불평형 케이블(불평형 폐쇄 선로)이다.
④ 감쇠량은 주파수의 평방근에 비례한다.

34
$$\text{비원율} = \frac{\text{최대직경} - \text{최소직경}}{\text{표준직경}} \times 100[\%]$$
$$= \frac{51.7 - 48.8}{50} \times 100[\%]$$
$$= \frac{2.9}{50} \times 100[\%]$$
$$= 5.8[\%]$$

35
1. 광통신 파장대역 구분
   ㉠ 광통신 주요 파장대 : 780, 850, 1310, 1383, 1550, 1610, 1625[nm] 등
   ㉡ 이들 파장대(근적외선)에서 광섬유 손실이 낮기 때문
   ㉢ 광통신의 주파수대역 : 1014~1015[Hz]
   ㉣ 일반적 구분
     - 단(短)파장대 : 850[nm](단거리, 저속전송)
     - 장(長)파장대 : 1310[nm](중거리, 고속전송), 1550[nm](해저케이블 등 장거리)

2. 파장대별 손실 특징
   ㉠ 780[nm]대 : 가장 큰 손실을 보임
   ㉡ 1550[nm]대 : 가장 낮은 손실을 보임

36 1. 코히어런트(coherent, 응집성, 결맞음성)
- 단일 주파수 스펙트럼을 가지며, 위상이 일치된, 균일한 정현파를 말함
- 가(可) 간섭성이라고도 한다.
2. 코히어런트(Coherent) 및 비코히런트(Incoherent) 광의 특성 비교
  ① 코히어런트(Coherent, 가간섭성, 결 맞는)
  - 단일 주파수 스펙트럼을 가지며, 위상이 일치되고(phase-locked), 균일한 정현파
    [용어] 코히어런트한 빛 : 보통의 빛과 달리 전파 통신에서와 같이 주파수와 위상이 갖추어져 있고 장거리에서도 간섭이 가능한 빛
  - 완전한 코히어런트한 광은 단일 파장의 광파, 즉 단색광(Monochromatic Light)
    예) 레이저, 형광등처럼 열이 나지 않는 광 등
  ② 비코히어런트(Incoherent, 비간섭성, 결 안 맞는)
  - 다양한 주파수 및 진폭을 가지며, 위상이 일치하지 않는 광파
  - 태양, 전구 등과 같이 열을 발생시키는 자연계에서 많이 보여지는 광

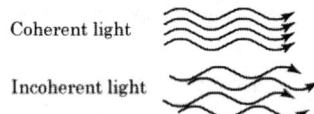

Coherent light
Incoherent light

37 PIN Diode
P-N 구조 사이에 고유층을 가진 P-N 포토 다이오드로 낮은 전압으로 구동되며 광중계기 등에 많이 사용되는 광검파기

38 절대레벨 단위[dBm]

$20[dB] = 10 \cdot \log_{10} \dfrac{P[W]}{1mW}$

$20[dB] = 10 \cdot \dfrac{\log_{10}P[W]}{\log_{10}1[mW]}$

$\log_{10}P[W] = \dfrac{20[dB] \cdot \log_{10}1[mW]}{10}$

$P[W] = \dfrac{20[dB] \cdot \log_{10}1[mW]}{10 \cdot \log_{10}1}$

$P[W] = 20[dB \cdot mW]$ 또는 $20[dB \cdot m]$

39 지하관로의 공수를 산출하는 공식
=수용케이블 조수+예비관 공수
=계획케이블조수×환경배율+예비관공수+직매케이블 조수
• 수용케이블 조수=계획케이블 조수×환경배율

예비관공수	수용케이블 조수
1	1~10
2	11~20
3	21 이상

• 관로 공수=(시내케이블 조수+중계 및 시외케이블 조수+기타)×환경배율+동축케이블 및 직매케이블 조수+예비관

40 광섬유 융착접속
페룰 없이 광섬유 심선을 광섬유 융착접속기로 접속하는 방법

41 중계소 등 기설시설과 관계있는 구간

42 평형도 $= 20 \cdot \log_{10}\dfrac{E_p}{e_p} = 20 \cdot \log_{10}\dfrac{800}{600}$
$= 20 \cdot \log_{10}\dfrac{4}{3}$
$≒ 20 \cdot 0.124938$
$= 2.4987\dots[dB]$

43 1. OTDR(Optical Time Domain Reflectometer)
- 광섬유의 상대손실과 접속손실을 평가할 수 있는 광펄스시험기. 포설 후 광케이블을 절단하지 않고 손실을 측정하는 장비
  측정법 : 후방산란법
- 펄스시험기로 측정할 수 있는 것
  1. 케이블의 임피던스 불균등 측정
  2. 케이블의 고장점 거리 측정
  3. 케이블의 단선, 단락 고장 측정
2. 광원(Light source)
- 광손실을 측정하기 위해 광전력을 발생시키는 장비
  측정법 : 투과법(컷백법, 삽입법)
3. 광검출기(Power meter)
- 광전력의 세기 정도를 측정하는 장비
  측정법 : 투과법(컷백법, 삽입법)

44 접지 설치의 목적
① 낙뢰, 과도전압과 과도전류, 역류 등으로부터 인명

및 시스템을 보호
② 전자기의 간섭 감소 및 정전기로부터 시스템을 보호
③ 대지에 대한 회로 전위의 안정화
④ 랙(rack) 및 함체 내에서의 고주파 전위를 제거 또는 감소
⑤ 고주파 전류의 평형 및 안정을 위한 전도체 제공
⑥ 낙뢰 및 전원시설에서 발생되는 surge에 대한 방전로 제공

45 전주의 구비 조건
① 기계적 강도가 강할 것
② 유지보수가 용이할 것
③ 중량이 가벼울 것
④ 곧고 길어야 할 것

46 방송통신발전 기본법
제21조(방송통신 전문인력의 양성 등)
1. 방송통신기술 및 방송통신서비스와 관련된 전문인력(이하 이 조에서 "전문인력"이라 한다) 수요 실태 및 중·장기 수급 전망 파악
2. 전문인력 양성사업의 지원
3. 전문인력 양성기관의 지원
4. 전문인력 양성 교육프로그램의 개발 및 보급 지원
5. 방송통신기술 자격제도의 정착 및 전문인력 수급 지원
6. 각급 학교 및 그 밖의 교육기관에서 시행하는 방송통신기술 및 방송통신서비스 관련 교육의 지원
7. 일반국민에 대한 방송통신기술 및 방송통신서비스 관련 교육의 확대
8. 그 밖에 전문인력 양성에 필요한 사항

47 과학기술정보통신부장관 또는 시·도지사는 다음 각 호의 1에 해당하는 처분을 하고자 하는 경우에는 청문을 실시하여야 한다.
1. 제64조의2의 규정에 의한 감리원의 인정취소
2. 제66조의 규정에 의한 등록의 취소
3. 제68조의2의 규정에 의한 정보통신기술자의 인정 취소

48 정보통신공사업법 제2조(정의) 이 법에서 사용하는 용어의 뜻은 다음과 같다.
5. "용역"이란 다른 사람의 위탁을 받아 공사에 관한 조사, 설계, 감리, 사업관리 및 유지관리 등의 역무를 하는 것을 말한다.

11. "발주자"란 공사(용역을 포함한다. 이하 이 조에서 같다)를 공사업자(용역업자를 포함한다. 이하 이 조에서 같다)에게 도급하는 자를 말한다. 다만, 수급인(受給人)으로서 도급받은 공사를 하도급(下都給)하는 자는 제외한다.
12. "도급"이란 원도급(原都給), 하도급, 위탁, 그 밖에 명칭이 무엇이든 공사를 완공할 것을 약정하고, 발주자가 그 일의 결과에 대하여 대가를 지급할 것을 약정하는 계약을 말한다.
13. "하도급"이란 도급받은 공사의 일부에 대하여 수급인이 제3자와 체결하는 계약을 말한다.
14. "수급인"이란 발주자로부터 공사를 도급받은 공사업자를 말한다.
15. "하수급인"이란 수급인으로부터 공사를 하도급 받은 공사업자를 말한다.

49 정보통신공사업법에서 공사업자의 상속인 또는 청산인 등이 시.도지사에게 폐업 신고 하는 경우
① 공사업자가 파산한 경우
② 법인이 합병 또는 파산 외의 사유로 해산한 경우
③ 공사업자가 사망하였으나 상속인이 그 공사업을 상속하지 아니하는 경우

50 제1호·제2호·제5호·제7호·제13호에 해당하는 경우에는 등록취소
1. 부정한 방법으로 제14조제1항에 따른 공사업의 등록을 한 경우
2. 제14조제2항에 따른 등록기준에 관한 사항을 거짓으로 신고한 경우
5. 공사업자가 제16조 각 호의 어느 하나에 해당하게 된 경우
다만, 같은 조 제7호에 해당하는 법인의 경우에는 그 사유가 있음을 안 날부터 3개월 이내에 그 임원을 바꾸어 선임한 경우와 제21조제1항에 따른 상속인이 상속을 받은 날부터 3개월 이내에 해당 공사업을 타인에게 양도한 경우에는 그러하지 아니하다.
7. 제24조를 위반하여 타인에게 등록증이나 등록수첩을 빌려 주거나 타인의 등록증이나 등록수첩을 빌려서 사용한 경우
13. 영업정지처분을 위반하거나 최근 5년간 3회 이상 영업정지처분을 받은 경우

51 제4조(보편적 역무의 제공 등)
① 모든 전기통신사업자는 보편적 역무를 제공하거나

그 제공에 따른 손실을 보전(補塡)할 의무가 있다.
② 과학기술정보통신부장관은 제1항에도 불구하고 다음 각 호의 어느 하나에 해당하는 전기통신사업자에 대하여는 그 의무를 면제할 수 있다.
  1. 전기통신역무의 특성상 제1항에 따른 의무 부여가 적절하지 아니하다고 인정되는 전기통신사업자로서 대통령령으로 정하는 전기통신사업자
  2. 전기통신역무의 매출액이 전체 전기통신사업자의 전기통신역무 총매출액의 100분의 1의 범위에서 대통령령으로 정하는 금액 이하인 전기통신사업자
③ 보편적 역무의 구체적 내용은 다음 각 호의 사항을 고려하여 대통령령으로 정한다.
  1. 정보통신기술의 발전 정도
  2. 전기통신역무의 보급 정도
  3. 공공의 이익과 안전
  4. 사회복지 증진
  5. 정보화 촉진
④ 과학기술정보통신부장관은 보편적 역무를 효율적이고 안정적으로 제공하기 위하여 보편적 역무의 사업규모·품질 및 요금수준과 전기통신사업자의 기술적 능력 등을 고려하여 대통령령으로 정하는 기준과 절차에 따라 보편적 역무를 제공하는 전기통신사업자를 지정할 수 있다.
⑤ 과학기술정보통신부장관은 보편적 역무의 제공에 따른 손실에 대하여 대통령령으로 정하는 방법과 절차에 따라 전기통신사업자에게 그 매출액을 기준으로 분담시킬 수 있다.

52 기간통신사업자가 전기통신서비스 요금 감면 대상
① 국가안전보장
② 재난구조
③ 사회복지

53 동단자함
구내간선케이블 및 건물간선케이블을 종단하여 상호 연결하는 통신용 분배함

54 해저통신선과 해저 강전류전선의 최소 이격거리
500[m](상호 근접하여 설치하여서는 안 되는 거리)

55 접지설비·구내통신설비·선로설비 및 통신공동구 등에 대한 기술기준에서 맨홀 또는 핸드홀 간의 설치기준은 246[m] 이내이다.

56 통신공동구의 설치 기준
① 통신공동구는 통신케이블의 수용에 필요한 공간과 통신케이블의 설치 및 유지·보수 등의 작업 시 필요한 공간을 충분히 확보할 수 있는 구조로 설계하여야 한다.
② 통신공동구를 설치하는 때에는 조명·배수·소방·환기 및 접지시설 등 통신케이블의 유지·관리에 필요한 부대설비를 설치하여야 한다.
③ 통신공동구와 관로가 접속되는 지점에는 통신케이블의 분기를 위한 분기구를 설치하여야 한다.
④ 한 지점에서 여러 개의 관로로 분기될 경우에는 작업공간을 넓게 하도록 한다.

57 접지설비·구내통신설비·선로설비 및 통신공동구 등에 대한 기술 기준
제11조(가공통신선의 높이)
① 설치 장소 여건에 따른 가공통신선의 높이는 다음 각 호와 같다.
  1. 도로상에 설치되는 경우에는 노면으로부터 4.5[m] 이상으로 한다. 다만, 교통에 지장을 줄 우려가 없고 시공상 불가피할 경우 보도와 차도의 구별이 있는 도로의 보도상에서는 3[m] 이상으로 한다.
  2. 철도 또는 궤도를 횡단하는 경우에는 그 철도 또는 궤조면으로 부터 6.5[m] 이상으로 한다. 다만, 차량의 통행에 지장을 줄 우려가 없는 경우에는 그러하지 아니하다.
  3. 7,000[V]를 초과하는 전압의 가공강전류전선용 전주에 가설되는 경우에는 노면으로부터 5[m] 이상으로 한다.
  4. 제1호 내지 제3호 및 제3항 이외의 기타 지역은 지표상으로부터 4.5[m] 이상으로 한다. 다만, 교통에 지장을 줄 염려가 없고 시공상 불가피한 경우에는 지표상으로부터 3[m] 이상으로 할 수 있다.

58 접지설비·구내통신설비·선로설비 및 통신공동구 등에 대한 기술 기준
제23조(옥내통신선 이격거리)
① 옥내통신선은 다음 각 호의 규정과 같이 옥내전선과의 이격거리를 유지하여야 한다.
  1. 300[V] 초과 전선과의 이격거리는 15[cm](벽내 또는 용이하게 보이지 아니하는 기타의 장소에 설치하는 경우에는 30[cm]) 이상으로 한다.

2. 300[V] 이하 전선과의 이격거리는 6[cm](벽내 또는 용이하게 보이지 아니하는 기타의 장소에 설치하는 경우에는 12[cm]) 이상으로 한다.

59 **홈네트워크설비의 기술 기준**
① 홈네트워크 기기는 산업통상자원부와 과학기술정보통신부의 인증규정에 따른 기기인증을 받은 제품을 사용한다.
② 홈게이트웨이는 세대 내의 홈네트워크 기기들 및 단지서버 간의 상호 연동이 가능한 기능을 갖추어야 한다.
③ 홈네트워크 기기는 하자담보기간과 내구연한을 표시하여야 한다.
④ 홈네트워크기기의 예비부품은 5[%] 이상 5년간 확보할 것을 권장하며, 이 경우 제2항의 규정에 따른 내구연한을 고려하여야 한다.

60 지적경제부고시 제2-11-39호 지능형 홈네트워크 설비설치 및 기술기준에 의하면 가구수 대비 소형 주택은 10~15[%], 중형 주택은 15~20[%]로 권고

2019년 1회 시행 과년도출제문제 해설

01	02	03	04	05	06	07	08	09	10	11	12	13	14	15
③	②	③	②	②	④	④	①	④	③	②	④	①	②	③
16	17	18	19	20	21	22	23	24	25	26	27	28	29	30
③	①	②	①	②	①	①	②	④	①	④	④	③	②	④
31	32	33	34	35	36	37	38	39	40	41	42	43	44	45
③	①	①	③	③	①	②	④	③	④	③	②	①	④	②
46	47	48	49	50	51	52	53	54	55	56	57	58	59	60
④	③	④	④	②	④	③	②	④	③	②	①	④	②	③

01 12[V]용 120[W]일 경우 전류는 10[A]이고 10개를 병렬 접속하면 100[A]이다. 따라서
$\frac{100[A]}{10[AH]} = 10[\text{Hours}]$

[알아보기] 전류용량(Ah) = 방전전류 × 시간
$10[AH] = 10[\text{Ampere}] \times 1[\text{Hours}]$

02 • 1단계 : 전체 전류 구하기
전류 = $\frac{\text{전압}}{\text{저항}} = \frac{6V}{15\Omega} = 0.4A$
(저항 = $\frac{30}{2} = 15\Omega$)

• 2단계 : 전구 한 개에 흐르는 전류
전류 = $\frac{\text{전압}}{\text{저항}} = \frac{6V}{30\Omega} = 0.2A$

03 R, L 직렬회로의 합성 임피던스 = $\sqrt{R^2 + (\omega L)^2}$
(R : 저항, L : 인덕턴스, ω : 각속도)

04 사인파 교류의 기본 파형은 정현파이다.

[정현파]   [구형파]   [톱니파]

05 자력은 거리 제곱에 반비례한다.
• 자력선 : 자기장에서, 자기력이 작용하는 방향을 나타내는 선
(자기장 : 자석의 주위나 전류가 지나는 도선 주위에 생기는, 자기력이 작용하는 공간)

06 최대역전압(PIV) : 다이오드에 걸리는 역방향 전압의 최댓값(V_m)
• 반파 정류회로 PIV = V_m = 100
• 전파 정류회로 PIV = $2V_m$ = $2 \times 100 = 200$

07 • 전파 정류회로의 최대 정류 효율 : 81.2[%]
• 반파 정류회로의 최대 정류 효율 : 40.6[%]

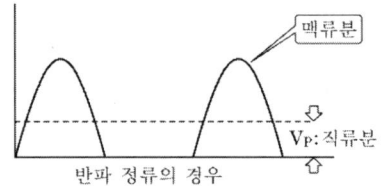

반파 정류의 경우

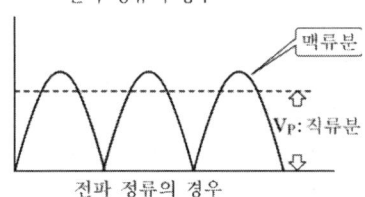

전파 정류의 경우

08 • 달링턴(Darlington) 증폭회로

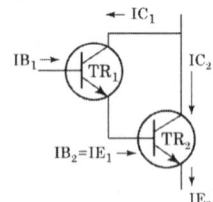

2개의 트랜지스터를 직접 접속한 회로. 하나의 트랜

지스터로 비교할 경우, 매우 높은 공통 이미터 전류 증폭률을 얻을 수 있고, 입출력 직선성도 좋아지므로 큰 신호 증폭기로 이용할 수 있다.

10 전압증폭도 $= \dfrac{A}{1-A\beta} = \dfrac{5}{1-(5\times 0.1)} = \dfrac{5}{0.5} = 10$

[참조] 발진회로 : 궤환(Feedback)회로에서 β가 양수이면 정궤환(+), 음수이면 부궤환(-)이 된다.

$$A_{vf} = \dfrac{V_o}{V_i} = \dfrac{A}{1-A\beta}$$

여기서 $A\beta = 1$이면 A_{vf}가 무한대가 되어 발진한다. 이러한 발진조건을 바크하우젠(Barkhausen) 발진조건이라 한다.

즉 $|1-A\beta| > 1$일 때는 부궤환(증폭회로에 적용)
$|1-A\beta| \leq 1$일 때는 정궤환(발진회로에 적용)

- 정궤환 : 궤환된 전압, 전류가 신호전압과 동상(입력신호가 증가)

$$\dfrac{A}{1-A\beta} > A \text{ 발진조건} : A\beta = 1$$

- 부궤환 : 궤환된 전압, 전류가 신호전압과 역위상(입력신호가 감소)

$$\dfrac{A}{1+A\beta} < A \text{ 발진조건} : A\beta = -1$$

11 • 주파수 합성기(frequency synthesizer) : 1개 또는 복수개의 일정 주파수원에서 분주, 배주, 혼합 등의 처리에 의하여 희망주파수의 사인파를 합성하는 장치

• 콜피츠 발진기 회로 : 1[MHz]의 주파수를 만들어내는 회로

[참조]
① 기술명 : 지상디지털 TV방송 수신용의 주파수 신디사이저의 소형화에 성공
② 기술 요지
- 지상디지털 TV방송 수신용의 주파수 신디사이저의 소형화에 성공함으로써 휴대전화용 소형 더블 튜너의 실현에 한 걸음 전진
- 지상디지털 TV방송 수신 튜너용의 주파수 신디사이저에 대해서 지상디지털 TV방송용으로 회로를 궁리하는 것에 의해서 회로 자신의 면적을 종래에 비해 3분의 1로 소형화하여 외부부착 부품을 불요로 하는 것에 성공했음
- 이번 개발한 기술에 의해 지상디지털 TV방송 수신 튜너의 소형화와 소비 전력 삭감이 가능하게 됨. 장래적으로는 이 기술을 살려 소형인 더블 튜너를 실현하는 것이 기대됨
- 아울러 이번 기술의 상세한 것은 2월 7일부터 샌프란시스코에서 개최된 반도체의 국제회의 ISSCC2010(International Solid-State Circuits Conference 2010)에서 발표했음

12 1. 정현파 발진기의 종류
① LC 발진회로
- 하틀리(Hartley) 발진회로
- 콜피츠(Colpitts) 발진회로
- 동조형 반결합 회로(컬렉터 동조, 이미터 동조, 베이스 동조)
② RC 발진회로
- 이상형(Phase shift) 발진회로
- 빈 브리지(Wien bridge) 발진회로
③ 수정발진회로
- 피어스(Pierce) B-E 발진회로
- 피어스 B-C 발진회로
- 무조정 발진회로
④ 부성 저항 발진회로
- 터널 다이오드 발진회로
- 단일접합 트랜지스터 발진회로
2. 비정현파 발진기의 종류
멀티바이브레이터, 블로킹 발진기, 톱날파 발진기

[사전] 피어스(Pierce) : 꿰찌르다, 꿰뚫다, 관통하다.

13 1. 진폭 편이 변조

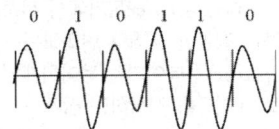

2. 주파수 편이 변조

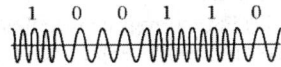

3. 위상 편이 변조

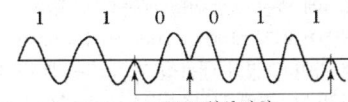

- 직교 진폭 변조(Quadrature Amplitude Modulation, QAM) : 독립된 2개의 반송파인 동상(in-phase) 반송파와 직각 위상(quadrature) 반송파의 진폭과 위상을 변환·조정하여 데이터를 전송하는 변조 방식. 이 2개의 반송파(보통은 사인 곡선)는 90°만큼씩 서로 직각 위상(in quadrature)이 된다. 진폭 변조(ASK)와 위상 변조(PSK)의 조합인 진폭 위상 변조(APSK)의 한 종류이다.

14
- A/D 변환 PCM(Plus Code Modulation) 과정 : 표본화(Sampling) → 양자화(Quantizing) → 부호화(Encoding)
- D/A 변환 : 복호기(Decoder)

15 $R_L=1[M\Omega]$이고, $C=1[\mu F]$
시정수 $\tau = 1[M\Omega] \times 1[\mu F] = (1 \times 10^6) \times (1 \times 10^{-6})$
$= 1[sec]$

16
- 입력기능 : 외부로부터 처리하고자 하는 프로그램이나 데이터를 컴퓨터 본체에 전달해 주는 기능
- 기억기능 : 입력장치를 통하여 받아들인 데이터와 프로그램 또는 데이터 처리과정에서 얻어진 중간 결과 및 최종 결과를 기억하는 기능
- 연산기능 : 기억장치에 기억되어 있는 프로그램과 데이터를 이용하여 제어장치의 통제하에 산술 연산 및 비교, 판단 등의 논리 연산을 행하는 기능
- 제어기능 : 입력, 출력, 기억, 연산 등 4가지 기능이 유기적으로 작동하도록 명령하고 감독, 통제하는 기능

17
- 제어장치(Control Unit) : 입출력을 제어하는 장치
- 부호기(Encoder) : 해독기에서 전송되어 온 명령을 실행하기 적합한 신호로 변화하는 회로
- 버퍼(buffer) : 데이터를 용이하게 처리하도록 일시적으로 데이터를 저장하는 장치

18 제어장치 구성
- 프로그램 카운터(Program Counter) : 다음에 실행할 명령어의 주소를 저장하는 기억 장소
- 명령어 해독기(Instruction Decoder) : 명령 레지스터에 있는 명령어를 해독하는 회로
- 명령어 레지스터(Instruction Register) : 현재 수행 중인 명령의 내용을 기억하는 레지스터
- 기억장치 버퍼 레지스터(Memory Buffer Register) : 기억장치에 출입하는 자료를 기억하는 레지스터

19 $1[kB] = 2^{10}[byte] = 1024[byte] = 1024 \times 8[bit]$
$= 8,192[bit]$ $(1[byte] = 8[bit])$

20 플립플롭은 하나는 1[bit]를 기억할 수 있는 순서 논리 회로의 소자이다. 따라서 4비트 2진수를 저장하려면 플립플롭은 4개가 필요하다.

21
- 디코더(해독기, Decoder) : n개의 신호를 입력받아 2^N 개의 출력신호를 얻는 회로
2진 부호(BCD)를 10진수로 변환
- 인코더(부호기, Encoder) : n개의 입력이 n개의 출력으로 나타남
10진수를 2진 부호(BCD)로 변환

22
- C# : 닷넷 프로그램이 동작하는 닷넷 플랫폼을 가장 직접적으로 반영하고, 또한 닷넷 플랫폼에 강하게 의존하는 프로그래밍 언어
- ASP(Active Server Page) : 다이내믹하고 인터랙티브한 웹페이지를 구축하기 위해 서버용 프로그램인 IIS가 지원하는 서버측 스크립트이다.
- HTML(HyperText Markup Language) : 웹 문서를 만드는 데에 이용되는 문서 형식으로, 웹 문서에서 문자나 영상, 음향 등의 정보를 연결해 주는 하이퍼텍스트를 만들 수 있도록 해 준다.
- JAVA Script : 정적인 HTML 문서와 달리 동적인 화면을 웹페이지에 구현하기 위해 사용하는 스크립트 언어

23 순서도의 역할
- 프로그램 작성의 직접적인 자료가 된다.
- 업무의 내용과 프로그램을 쉽게 이해할 수 있고, 다른 사람에게 전달이 쉽다.
- 프로그램의 정확성 여부의 판단하는 자료가 된다.
- 개별 프로그래밍 언어의 순서도는 모두 동일한 순서도 기호로 나타낸다.

24 운영체제(Operating System)의 목적
- 처리 능력의 향상
- 신뢰도의 향상
- 응답처리 시간의 단축
- 가용도(사용 가능도)

25 운영체제(OS)

시스템의 하드웨어적인 자원과 소프트웨어적인 자원을 효율적으로 운영 관리함으로써 사용자가 시스템을 이용하는 데 편리함을 제공하는 시스템 소프트웨어이다.

26 $\lambda = \dfrac{C}{f}$ (파장 = $\dfrac{광속}{주파수}$, 광속 : $3\times10^8[m]$)

$\lambda = \dfrac{3\times10^8[m]}{3,000[Hz]} = 100,000[m] = 100[km]$

27 0[dBm]의 기준 전력은 $1[mW] = \dfrac{1}{1000}[W]$

[Tip] dBm : 데시벨 밀리와트(절대레벨)

28 $\lambda = \dfrac{C}{f}$ (파장 = $\dfrac{광속}{주파수}$, 광속 : $3\times10^8[m]$)

$1550[nm] = \dfrac{3\times10^8[m]}{주파수}$

주파수 $= \dfrac{3\times10^8}{1550\times10^{-6}} = 193.548\times10^{15}[Hz]$
$= 193.548[THz]$

29 Shannon의 채널용량(Channel Capacity)
정해진 오류 발생률 내에서 채널을 통해 최대로 전송할 수 있는 정보량. 측정 단위는 초당 전송되는 비트수가 된다.
- 샤논의 채널 용량 공식

$C[bps] = BW \cdot \log_2(1+\dfrac{S}{N})$ 로 주어진다.

(BW : 대역폭, S/N : 신호 대 잡음비)

$C[bps] = 1.75kHz \cdot \log_2(1+\dfrac{62W}{2W})$
$= 1750Hz \cdot \log_2 32 = 1750 \cdot 5 = 8,750[bps]$

30 아스키(ASCII) 코드
- 통신의 시작과 종료 및 제어 조작의 표시가 가능하여 데이터 통신에 널리 이용
- 3비트의 존(Zone)은 영문자, 숫자, 특수문자 등을 구분
- 4비트의 숫자(Digit)는 구분의 0~9번째를 표시

31 WDM(Wavelength Division Multiplexing, 파장분할 다중화)
각기 다른 파장을 갖는 여러 개의 광원을 묶어서 보낸 후 다시 역다중화하는 방식

32 PCM(Pulse Code Modulation)
- 음성 정보와 같은 아날로그 정보를 디지털 신호로 변환하는 방식
- 입력 아날로그 데이터를 일정한 주기마다 표본화하여 PAM(Pulse Amplitude Modulation) 펄스로 만든다.
- 300~3400[Hz] 범위에 대부분의 주파수 성분을 가지는 음성 정보의 경우, 표본화 주파수를 8000[Hz]로 하면 원래의 음성 정보를 손실 없이 유지할 수 있다.

[Tip] PCM(펄스코드변조)

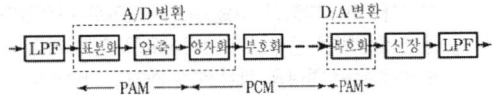

33
- 직교 진폭 변조(Quadrature Amplitude Modulation, QAM) = PSK+ASK
 독립된 2개의 반송파인 동상(in-phase) 반송파와 직각 위상(quadrature) 반송파의 진폭과 위상을 변환·조정하여 데이터를 전송하는 변조 방식
- 디지털 변조 방식
 ① 진폭편이변조(ASK, Amplitude Shift Keying) : 디지털 신호가 1이면 출력을 송신, 0이면 off
 ② 주파수편이변조(FSK, Frequency Shift Keying) : 디지털 신호가 1이면 mark 주파수로, 0이면 space 주파수라 불린다.
 ③ 위상편이변조(PSK, Phase Shift Keying) : 디지털 신호의 0, 1에 따라 2종류의 위상을 갖는 변조 방식

34
- 스크린(SCREEN) 케이블 : 한 케이블 안에 쌍방향 전송효과를 얻을 수 있도록 가운데 금속체로 분리되어 있어 전자적 차폐역할을 하도록 되어 있는 케이블

35 RJ-45(Registered Jack-45) Modular Plug의 접속핀의 수는 8개이다.

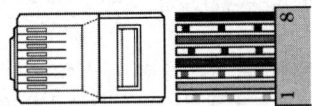

36 파장분할다중화
① 저밀도파장분할다중화(CWDM, Coarse Wavelength Division Multiplexing)

- 파장 간격이 20~40[nm](보통 20[nm])
- 사용 파장의 수가 적음(8개 정도, 4~16개)
- 가격이 저렴한 편이고 단거리용(50[km] 이하)
- 허용오차가 약 ±3[nm] 정도의 무냉각 상태의 레이저 다이오드(광원)를 사용

② 고밀도파장분할다중화(DWDM, Dense Wavelength Division Multiplex) : 일정 파장대역에 걸쳐 수십, 수백 개의 파장의 광 신호를 동시에 변조시켜서 하나의 광섬유를 통해 전송하는 WDM의 발전된 기술로 CWDM보다 다수 개의 파장 사이 간격을 더욱 세밀하게 사용하여, 신호의 속도는 그대로 유지하여 사용하며 파장의 수를 증가시키므로 광섬유당 총 전송용량을 증가시키는 방식으로 기존 여러 개의 광섬유를 하나의 광섬유로 전송이 가능하다.

③ 파장분할 다중화방식(WDM, Wavelength Division Multiplexing) : 광섬유 저손실 파장대역(1550nm)을 여러 좁은 채널 파장대역으로 분할하여 각 입력 채널마다 다른 각각의 파장대역을 할당하고 입력 채널 신호들을 각기 할당된 채널 파장대역으로 동시에 전송하는 광 다중화 방식

37
- PON(Passive Optical Network, 수동 광가입자망) : 별도의 전원공급이 불필요한 광수동소자만으로 구성된 가입자 구간용 광통신망 즉 광가입자망이다.
- Ethernet PON(이더넷 수동광가입자망) : 스플리터와 같은 수동소자만을 사용하여 광케이블 하나를 다수의 가입자 ONU가 공유하도록 하는 이더넷 기반의 수동광가입자망 기술

38
- FTTH(Fiber To The Home) : 광케이블을 가정의 정보통신기기까지 연결하여 초고속통신에 이용되는 광가입자망

39 광섬유 케이블의 광파 손실을 cut back법에 의해서 측정하는 장비
① 광검출기(Power Meter)
② 안정화 광원(Light Source)

40
- 통신용 전주를 세울 때 지선 45° 및 지주 30°이다.
- 지선은 장력의 반대측, 지주는 장력측에 취부한다.

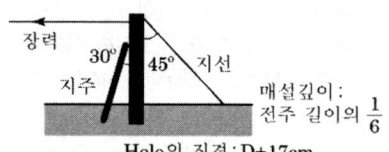

41
- PON(Passive Optical Network, 수동) : 별도의 전원공급이 불필요한 광수동소자만으로 구성된 가입자 구간용 광통신망

42
- SDSL : 대칭형이며 전화선을 사용한다.

43 dBr(상대 dB, relative deciBel)
- 중계기, 단국 장치 등으로 구성된 전송로에서는 신호의 감쇠나 이득이 연속적으로 분포
- 전송계에서 상대적인 전력 레벨의 표시
- 전송로에 기준점을 정하고, 그 점과 임의 점의 전력비를 표시

44

[일자형]   [T자형]   [+자형]

① 인공/맨홀(Manhole) : 통신케이블의 인입·접속작업, 관로 및 케이블의 점검 등을 목적으로 지하에 설치하여 그 안에서 사람이 작업할 수 있도록 한 지하구조물
② 맨홀(Manhole)의 종류
- 직선형 맨홀 : 도로의 직선구간에 구축
- 분기 L형 맨홀 : 도로가 L자형으로 만곡된 개소에 구축
- 분기 T형 맨홀 : 도로가 T자형으로 갈라진 3거리에 구축
- 분기 십자형 맨홀 : 도로가 열십자형으로 갈라진 네거리에 구축
- 단차형 맨홀 : 도로의 경사진 곳에 구축
- 규격 외 맨홀 : 지형 또는 도로의 모양에 따라 변형하여 구축

45
- 고장위치=케이블의 총길이 $\times (\dfrac{R_3 - R_2}{R_3 - R_1})$

- 650=케이블의 총길이×($\frac{360-260}{360-160}$)
- 650=케이블의 총길이×($\frac{1}{2}$)
- 케이블의 총길이=1300[m]

46 방송통신발전 기본법
제3장 방송통신의 진흥
- 제16조(방송통신기술의 진흥 등) 방송통신위원회는 방송통신의 진흥을 통한 방송통신서비스 발전을 위하여 다음 각 호의 시책을 수립, 시행하여야 한다.
  1. 방송통신과 관련된 기술수준의 조사, 기술의 연구개발, 개발기술의 평가 및 활용에 관한 사항
  2. 방송통신 기술협력, 기술지도 및 기술이전에 관한 사항
  3. 방송통신기술의 표준화 및 새로운 방송통신기술의 도입 등에 관한 사항
  4. 방송통신 기술정보의 원활한 유통을 위한 사항
  5. 방송통신기술의 국제협력에 관한 사항
  6. 그 밖에 방송통신기술의 진흥에 관한 사항

47
- 전송설비 : 교환설비·단말장치 등으로부터 수신된 방송통신콘텐츠를 변환·재생 또는 증폭하여 유선 또는 무선으로 송신하거나 수신하는 설비로서 전송단국장치·중계장치·다중화장치·분배장치 등과 그 부대설비를 말한다.
- 선로설비 : 일정한 형태의 방송통신콘텐츠를 전송하기 위하여 사용하는 동선·광섬유 등의 전송매체로 제작된 선조·케이블 등과 이를 수용 또는 접속하기 위하여 제작된 전주·관로·통신터널·배관·맨홀(manhole)·핸드홀(handhole)·배선반 등과 그 부대설비를 말한다.
- 전력유도 : 「철도건설법」에 따른 고속철도나 「도시철도법」에 따른 도시철도 등 전기를 이용하는 철도시설(이하 "전철시설"이라 한다) 또는 전기공작물 등이 그 주위에 있는 방송통신설비에 정전유도나 전자유도 등으로 인한 전압이 발생되도록 하는 현상을 말한다.
- 전원설비 : 수변전장치, 정류기, 축전지, 전원반, 예비용 발전기 및 배선 등 방송통신용 전원을 공급하기 위한 설비를 말한다.

48 통신설비공사
① 통신선로설비공사 : 통신구설비, 통신관로설비, 통신케이블(광섬유 및 동축케이블·전주·지지철물·케이블방재·철탑·배관·단자함 등을 포함한다) 설비 등의 공사
② 교환설비공사 : 전자식 교환(ISDN 및 전전자를 포함한다) 설비, 자동식 교환설비, 비동기식 교환(ATM) 설비, 가입자선로집중운용보전시스템설비, 집단전화교환설비, 자동호분배장치설비, 중앙과금장치설비, 신호망설비, 지능망설비, 통신처리장치설비, 사설교환(PBX·CBX) 설비 등의 공사
③ 전송설비공사 : 전송단국(FLC·PCM·PDH·SDH·DACS·SONET·WDM) 설비, 송·수신설비, 중계설비, 다중화 설비, 분배설비, 전력선반송설비, 종합유선방송(CATV) 전송설비 등의 공사
④ 구내통신설비공사 : 구내통신선로·이동통신구내선로·방송공동수신설비, 전화설비, 방범설비, 방송설비, 방재설비 중 정보통신설비, 수직·수평배관 및 배선설비, 주장비실설비, 층장비실설비, 장애자용 음향통신설비, 키폰전화설비 등의 공사
⑤ 이동통신설비공사 : 개인이동통신(PCS) 설비, 휴대용 이동전화(셀룰라) 설비, 주파수공용통신(TRS) 설비, 무선데이터통신설비, 무선호출설비, IMT-2000 설비, 위성이동휴대전화(GMPCS) 설비, 시티폰 설비 등의 공사
⑥ 위성통신설비공사 : 위성송·수신국 설비, 위성체설비, 지상관제소설비, 발사체설비, 위성측위시스템(GPS) 설비, 소형 위성지구국(VSAT) 설비, 위성뉴스중계(SNG) 설비 등의 공사
⑦ 고정무선통신설비공사 : 무선 CATV(MMDS·LMDS) 설비, 방송통신융합시스템(LMCS) 설비, 무선가입자망(WLL) 설비, 마이크로웨이브(M/W) 설비, 무선적외선설비 등의 공사

49 전기통신역무
전기통신기본법에 의한 유선·무선·광선 및 기타의 전자적 방식에 의하여 모든 종류의 부호·문언·음향 또는 영상을 송신하거나 수신하는 것

50 공사를 감리한 용역업자는 공사의 준공설계도서를 하자담보책임기간이 종료될 때까지 보관하여야 한다.

53 네트워크 설비 설치공간의 단지서버실을 위하여 독립된 공간을 확보할 수 없을 때에는 별도로 단지서버실을 설치하지 않고, 단지서버를 집중구내통신실이나 방재실 내에 설치할 수 있다.

56 강전류케이블
절연물 및 보호물로 피복되어 있는 강전류전선을 말한다.

59 제3장 선로설비 설치방법
무선시설류에서 풍압을 받는 시설물(시설물의 수직투영면적 1[m²]에 대한 풍압)
• 철탑에 부착 시설되는 안테나류 : 200[kg]
• 마이크로웨이브안테나 : 200[kg]

60
• 가공강전류전선의 사용전압이 저압 또는 고압일 경우의 이격거리

가공강전류전선의 사용전압 및 종별		이격거리
저압		30cm 이상
고압	강전류케이블	30cm 이상
	기타 강전류전선	60cm 이상

• 가공강전류전선의 사용전압이 특고압일 경우의 이격거리

가공강전류전선의 사용전압 및 종별		이격거리
35,000V 이하의 것	강전류케이블	50cm 이상
	특고압 강전류절연전선	1m 이상
	기타 강전류전선	2m 이상
35,000V를 초과하고 60,000V 이하의 것		2m 이상
60,000V를 초과하는 것		2m에 사용전압이 60,000V를 초과하는 10,000V마다 12cm를 더한 값 이상

2019년 2회 시행 과년도출제문제 해설

01	02	03	04	05	06	07	08	09	10	11	12	13	14	15
②	①	①	③	④	①	②	④	②	④	①	②	③	③	③
16	17	18	19	20	21	22	23	24	25	26	27	28	29	30
④	④	①	②	①	①	③	②	②	①	③	④	②	④	②
31	32	33	34	35	36	37	38	39	40	41	42	43	44	45
④	④	①	④	①	①	②	③	②	④	②	④	③	②	③
46	47	48	49	50	51	52	53	54	55	56	57	58	59	60
③	④	②	④	②	②	④	①	③	④	②	①	①	③	①

01 직·병렬 합성저항$[\Omega] = 3 + \dfrac{4 \times 4}{4 + 4} = 5[\Omega]$

누설 컨덕턴스$[\mho] = \dfrac{1}{저항} = \dfrac{1}{5} = 0.2[\mho]$

02
- W : 전력의 단위(전압×전류)
- Wh : 전력량의 단위(전력×시간)
- VA, kVA : 피상전력의 단위
- Joule(줄, J) : 1N의 힘을 가한 점이 힘의 방향으로 1[m]의 거리를 이동하는 동안에 되는 일
- 피상전력 : 실 부하 교류의 부하 또는 전원의 용량을 표시하는 전력

[단어] 피상(皮相, appearance : 출현) : 어떤 일이나 현상이 겉으로 나타나 보이는 모양 또는 그런 현상. 피상전력

03 주기$(T) = \dfrac{1}{주파수(f)} = \dfrac{1}{50} = 0.02[s]$

04 임피던스(Z)

$= \dfrac{용량리엑턴스 \times 유도리엑턴스}{용량리엑턴스 + 유도리엑턴스} = \dfrac{X_C \times X_L}{X_C + X_L}$

$= \dfrac{22 \times 20}{22 + 20} = \dfrac{440}{42} ≒ 10.476[\Omega]$

$I = \dfrac{V}{Z} = \dfrac{220}{10.476} ≒ 21[A]$

$I_L = \dfrac{V}{X_L} = \dfrac{220}{20} = 11[A]$

$I_C = \dfrac{V}{X_C} = \dfrac{220}{22} = 10[A]$

05
- 렌츠(Lenz)의 법칙 : 자계를 시간적으로 변화시키면 전자유도 작용에 의해 폐회로에 발생되는 유도 전류는 항상 유도 작용을 일으키는 원인을 저지하려는 방향으로 흐른다.

[보충설명]
1. 앙페르(Ampere)의 법칙(오른나사 법칙) : 전류에 의한 자기장의 자력선 방향을 결정하게 되는 법칙
2. 플레밍(Fleming)의 왼손법칙(전동기의 원리)

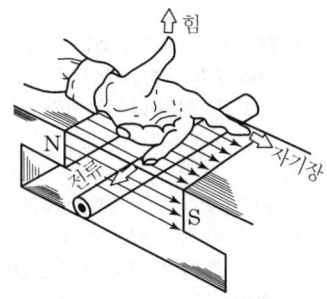

① 전기에너지가 운동에너지로 변환
② 전류가 흐르고 있는 도선에 대해 자기장이 미치는 힘의 작용방향을 정하는 법칙
3. 플레밍(Fleming)의 오른손법칙(변압기 원리)
① 전류 방향과 자기장 방향의 관계
② 운동에너지를 전기에너지로 변환
4. 렌츠(Lenz)의 법칙(유도전류의 방향) : 유도기전력과 유도전류의 방향은 자속의 증감을 방해하는 방향이다.
5. 패러데이의 법칙 : 유도전류의 크기

06

구분	불순물
P형 반도체	4개의 전자를 갖는 진성 반도체에 원자가 3가인 불순물 갈륨(Ga)31, 인듐(In)49, 붕소(B), 알루미늄(Al)13의 억셉터(Accepter)를 혼입하면 1개의 전자가 부족하게 되며, 이는 1개의 정공이 남는 상태
N형 반도체	4개의 전자를 갖는 진성 반도체에 원자가 5가인 불순물 비소(As), 인(P), 안티몬(Sb)을 혼입하면 공유 결합을 이루고 1개의 전자가 남는 것을 과잉전자 또는 도너(donor)라 한다.

07

입력 → 변압 회로 → 정류 회로 → 평활 회로 → 정전압 회로 → 출력

1. 변압기 회로
   ① 전자 제품을 상용 전원에 연결 1차측 전원회로에 100~240[V]의 입력 AC 전압이 입력
   ② 2차측에 권선비에 따라 2차측에 AC 전압이 만들어진다.
   ③ 전원회로에서 변압기의 역할은 1차측 전원과 2차측 전원을 전기적으로 분리(절연)하는 역할

2. 정류기 회로
   ① 변압기의 2차측 교류전압을 받아 양(+), 또는 음(-)의 한쪽 방향의 DC 전압으로 바꾼다.
   ② 다이오드를 사용(전기를 한쪽으로만 흐르게 하는 특성을 이용)

3. 평활회로
   ① 정류기의 출력은 DC 전압이지만 맥동률이 높은 AC 성분이 남아 있는 전압
   ② 맥류인 AC 전압을 제거하고 평활한 DC 성분만을 선별
   ③ DC는 0[Hz]이므로 저주파 필터 형태의 인덕턴스(L)와 커패시터(C)를 사용하여 평활회로를 구성

4. 전압 안정화 회로
   ① 전원회로의 모든 출력 전압은 부하 조건과 입력전원의 전압 변동에 관계없이 일정한 출력 전압을 유지 → 장비의 오동작 원인
   ② 전원회로의 핵심부품으로 시스템 성능을 좌우. 리니어 레귤레이터와 스위칭 레귤레이터 2가지 방식이 있다.

08
- 반파 정류회로 PIV = V_m = 100[V]
- 전파 정류회로 PIV = $2V_m$ = 2×100 = 200[V]
  (V_m : 전원전압의 최댓값)

[참조] 리플 백분율(맥동률)

$$리플률 = \frac{리플전압(맥류분의 실효값)}{직류전압(직류분의 평균값)} \times 100[\%]$$

$$= \frac{V}{V_D} \times 100[\%]$$

: $\gamma = \frac{V}{V_D} \times 100 = \frac{I}{I_D} \times 100[\%]$ 은 정류회로 등의 출력 파형에 얼마만큼 맥류분이 포함되어 있는가를 나타내고, 맥동률 γ는 반파 정류회로에서는 121[%]이나 전파 정류회로에서는 48[%] 정도이다.

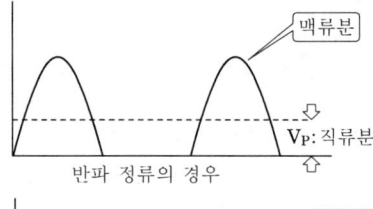

반파 정류의 경우

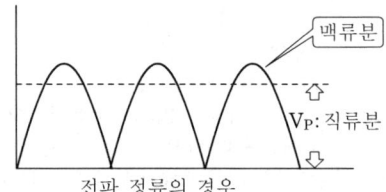

전파 정류의 경우

09

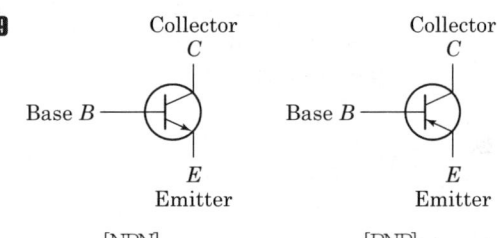

[NPN]   [PNP]

- 디지털회로 : 스위치로 사용하는 회로
- 선형회로 : 전류원으로 사용하는 회로
  - 트랜지스터 전원을 가지고 LED 동작
  - 신호의 크기를 증가시키는 증폭기
- 회로가 선형상태를 유지하기 위해서는
  - 이미터 다이오드는 순방향이어야 한다.
  - 컬렉터 다이오드는 역방향 바이러스 상태이어야 한다.
  - 파동은 트랜지스터를 차단시키거나 포화시킬 정도로 크지 않도록 한다.

10 • 전압 분배 바이어스 : 선형 트랜지스터에서 가장 안정된 회로로서 가장 많이 사용되는 회로이다.

11 이상형 병렬 R형 발진기의 발진주파수
$$f = \frac{1}{2\pi\sqrt{6}\,RC}$$

12 수정 발진회로
수정판의 압전 효과를 이용한 발진회로. 수정의 결정을 적당하게 절단하면 치수에 의해 규칙적으로 진동이 발생하고 고유 주파수로 유지되므로 정확한 주파수를 유지하는 회로이다. 초고주파의 발진은 되지 않으며, 온도 변화에 위한 주파수 변화는 항온조를 사용하여 최소화한다.

13 PSK(phase-shift keying) 방식
변조신호에 의하여 반송파의 순시위상에 미리 정해진 이산적인 값을 대응시키는 위상변조방식

14 양측파대 진폭변조 방식(Conventional AM)
• 반송파, 상·하 측파대(Side Band) 3가지 신호를 동시에 전송하는 변조방식

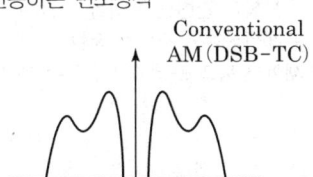
Conventional AM(DSB-TC)

- 반송파를 함께 송출함에 따라, 송출전력이 커지는 등 효율이 좋지 않으나
- 수신기를 간단히 구현할 수 있어 AM 방송에 이용
※ '양측파대 전송 반송파 진폭변조' 등으로 불리움
(DSB-TC, Transmitted Carrier ; DSB-LC, Large Carrier)

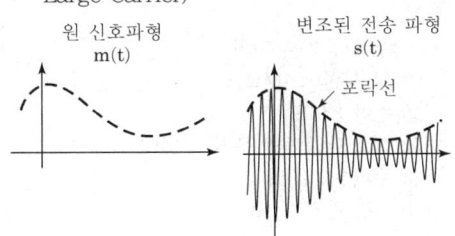
원 신호파형 m(t)   변조된 전송 파형 s(t) 포락선

15 계수기 회로(Counter circuit) 예

• 링 카운터(계수기) : 임의의 시간에 한 개의 플립플롭만이 1, 나머지 플립플롭은 0으로 동작 그리고 펄스에 따라 1의 신호가 한쪽 방향으로 순환되는 계수기 (counter)

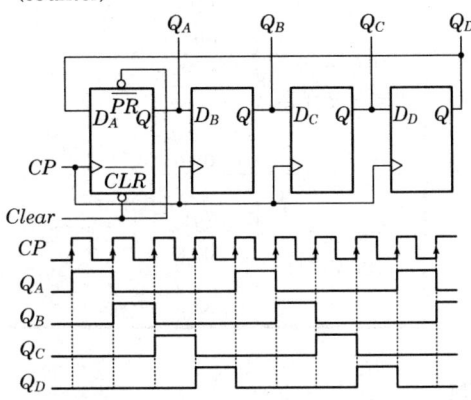

16 1. EDPS(Electronic Data Processing System, 컴퓨터, 전자계산기) : 입력된 자료를 프로그램이라는 명령 순서에 따라 처리하여 그 결과를 사람이 알아볼 수 있도록 출력하는 시스템
2. EDPS의 특징
① 정확성   ② 대용량성
③ 신속성   ④ 범용성
⑤ 호환성

17 • 3번지 명령 : 번지부에 Operand가 3개의 부분으로 구성

명령코드 (OP Code)	Operand-1	Operand-2	Operand-3
ADD	A	B	C

18 대표적인 주기억장치는 RAM, ROM을 사용한다.
[참조] USB(범용직렬버스, Universal Serial Bus) 메모리 : 보조기억장치 중 휴대성 및 plug-in play를 지원하는 저장장치

19 • 전자계산기에서 보수(complement)를 사용하는 이유 : 뺄셈을 덧셈으로 처리하기 위해서

10진수	5-4=1
2진수	0101-0100=0001로 계산할 수 없음
1의 보수 (2진수 반대값)	0101 + 1011 ①0000 ↘ + ① 0001
2의 보수 =1의 보수+1	0101 + 1011 0000 + 1 0001

20 $Y = A\bar{B} + \bar{A}B + AB$
　　$= A\bar{B} + AB + \bar{A}B$
　　$= A(\bar{B}+B) + \bar{A}B$ ← $\bar{B}+B=1$
　　$= A + \bar{A}B$
　　$= (A+\bar{A})(A+B)$ ← $A+\bar{A}=1$
　　$= A + B$

21 JK 플립플롭은 RS 플립플롭의 단점을 보완

입력		출력	입력		출력
S	R	Q_{n+1}	J	K	Q_{n+1}
0	0	현상태 유지	0	0	현상태 유지
0	1	0(reset, clear)	0	1	0(reset, clear)
1	0	1(set)	1	0	1(set)
1	1	사용 금지	1	1	부정 or 반전

22 • 순서도의 역할
　① 프로그램 작성의 직접적인 자료가 된다.
　② 업무의 내용과 프로그램을 쉽게 이해할 수 있고, 다른 사람에게 전달이 쉽다.
　③ 프로그램의 정확성 여부를 판단하는 자료가 된다.
　④ 개별 프로그래밍 언어에 동일하게 만들어진다.

23 • 인터프리터 : BASIC 언어에서 번역기로 사용한다.
　① 원시 프로그램을 한 줄씩 번역, 실행한다.
　② 문법오류를 쉽게 수정할 수 있다.
　③ 일부가 수정되어도 프로그램 전체를 수정할 필요가 없다.
[Tip] 번역기 종류

1. 컴파일러(Compiler) : FORTRAN, COBOL, ALGOL, C와 같은 고급 언어(인간이 이해하기 쉬운 언어, 대부분의 프로그래밍 언어가 고급 언어)로 작성된 프로그램을 번역하는 프로그램이다.
2. 어셈블러(Assembler) : 저급 언어(컴퓨터 언어에 가까운 언어로서 직접적으로 명령어와 명령이 1 : 1로 대응, 어셈블리어로 작성된 원시 프로그램을 기계어로 번역하는 프로그램이다.
3. 인터프리터(Interpreter) : BASIC, LISP, APL, SNOBOL 등의 언어로 작성된 원시 프로그램을 번역하는 프로그램이다.

[프로그래밍 언어]
① COBOL(코볼) : 사무처리용 언어. 일반 영어에 가까운 형식으로 사무처리나 대량의 Data 처리에 적합한 언어
② FORTRAN(포트란) : 과학기술계산용 언어

24 • 멀티프로세싱(Multi Processing) : 컴퓨터 1대에 2개 이상의 CPU를 설치하여 병렬처리하는 방식

25 • 엑셀(Excel)의 기능
　① 계산식과 관련된 작업을 원활하게 할 수 있다.
　② 프레젠테이션 자료로 적합
　③ 제안서 등의 표제를 작성하는 데 최적의 프로그램

26 $\lambda = \dfrac{C}{f}$ (파장 = $\dfrac{광속}{주파수}$, 광속 : 3×10^8[m])

$1550[\text{nm}] = \dfrac{3 \times 10^8 [\text{m}]}{주파수}$

주파수 $= \dfrac{3 \times 10^8}{1550 \times 10^{-6}} = 193.548 \times 10^{15}$[Hz]
　　　$= 193.548$[THz]

27 • 측정항목에 따른 단위
　① 절연저항 : [MΩ]
　② 누화 : [dB]
　③ 신호 대 잡음비(S/N) : [dB]
　④ 주파수 : [Hz]
　⑤ 시간 주기 : [sec]

28 반사계수 $\Gamma = \dfrac{Z_L - Z_0}{Z_L + Z_0} = \dfrac{100-60}{100+60} = \dfrac{40}{160} = 0.25$

29 1. 전송 선로정수의 1차 정수
① 도체저항(R)
② 자기 인덕턴스(L) : 주위온도가 높아지면 그 값이 감소되는 것
③ 정전용량(C)
④ 누설 컨덕턴스(G)

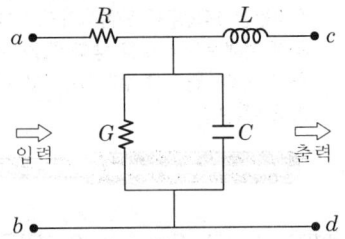

2. 전송 선로정수의 2차 정수(1차 정수로부터 유도된 양)
① 감쇠정수 $\alpha = \sqrt{RG}$
② 위상정수 $\beta = \omega\sqrt{LC}$
③ 전파정수 $\gamma = \sqrt{(R+j\omega L)(G+j\omega C)}$
④ 특성 임피던스 $Z_o = \sqrt{\dfrac{R+j\omega L}{G+j\omega C}}$

30 10진수 21을 변환하면 0010 0001
0000~1001이 십진수의 한자리를 표현할 수 있는 범위의 수이다.
10진수 숫자를 나타내기 위해 4비트로 구성
[참조] 문자표현코드
① BCD : 6BIT로 구성, 64가지의 문자 표현

10진수	2	1
BCD	0010	0001

② ASCII : 7BIT로 구성
128가지의 문자표현
PC에 사용 코드, 데이터통신용 코드
③ EBCDIC : 8BIT 구성, 256가지의 문자표현

31 • 아스키(ASCII) 코드
① 통신의 시작과 종료 및 제어 조작의 표시가 가능하여 데이터 통신에 널리 이용
② 3비트의 존(Zone)은 영문자, 숫자, 특수문자 등을 구분
③ 4비트의 숫자(Digit)는 구분의 0~9번째를 표시

32 • 아날로그 펄스 변조방식
① PAM(펄스 진폭 변조, Pulse Amplifier Modulation)

② PPM(펄스 위상 변조, Pulse Phase Modulation)
③ PWM(펄스폭변조, Pulse Width Modulation) : 신호의 레벨에 따라 펄스폭을 변화시키는 변조방식
④ PFM(펄스 주파수 변조, Pulse Frequency Modulation)
[꼭 알아두기] PCM에서 송신의 순서 : 표본화 → 양자화 → 부호화

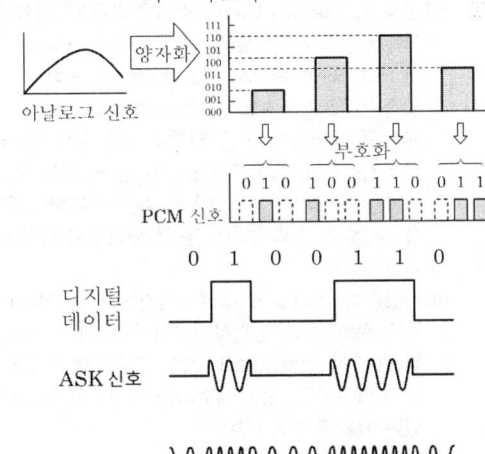

33 • 북미방식 T1 : 1.544[Mbps]
• 유럽방식 E1 : 2.048[Mbps]

34 • 쌍(pair) : 2개의 심선을 꼬아 놓은 것
• Quad : 4개의 심선을 꼬아 놓은 것

35 • CATV : Cable Television
[참조] 동축케이블의 특징
① 고주파 누화 특성이 매우 좋다.
② 전력전송이 용이하다.
③ 불평형 폐쇄 선로이다.
④ 고주파에서 차폐성이 양호하다.
⑤ 주파수 대역폭이 넓다.
[참조] 5C 동축케이블(Coaxial Cable)
① 간선 분배망, 댁내 인입선용으로 사용
② 유도장애를 방지하기 위해 전파가 누설되지 않도록 만든 케이블
③ 특성 임피던스 : 75±3[Ω]
[참조] 임피던스(Impedance, 교류저항) : 주파수에 따라 달라지는 저항값이며, 교류회

로에 가해진 전압 V와 전류 I와의 비, 단위는 Ω, 특성 임피던스
$Z_0 = \sqrt{Z_f \cdot Z_s}$
④ 커패시턴스 : 55pF/m

36 ① 반사손실(Return loss) : 광섬유의 기계식 접속부, 커넥터 접속부, 광섬유의 종단 등에서 프레넬 반사에 의해 입사단측으로 되돌아오는 광 전력
② 접속손실(Splice loss) : 광섬유의 접속부(융착, 기계식 등)에서의 입사 광 전력에 대한 출사 광 전력의 비(比)로서, 광섬유에 입사된 광 펄스의 후방산란광을 측정하여 접속점에서 후방산란파형의 단차를 양방향에서 측정하여 평균산술값으로 평가하는 손실
③ 삽입손실(Insertion loss) : 광커넥터, 광커플러 등 각종 광소자들의 결합부에서의 입사 광 전력에 대한 출사 광 전력의 비(比)로서, 결합부에서 입사된 광 전력이 어느 정도 유효하게 출사단으로 전달되었는가를 평가하는 손실

37 • 광섬유의 분산
① 모드 간 분산 : 다중모드광섬유
② 모드 내 분산 : 단일모드광섬유
– 색분산=재료분산+구조분산
– 편광모드분산

38 • POF(Plastic Optical Fiber) 특징
① 결합 효율이 높다.
② 광섬유 직경이 크다.
③ 광전송 손실이 높다.
④ 구부림에 대한 특성이 좋다.

39 • 광섬유에 대한 설명
① 코어의 재료로 석영을 사용한다.
② 코어는 클래드보다 굴절률이 크다.
③ 코어는 광신호가 전파되는 부분이다.
④ 클래드는 광을 코어 내에 가두고 기계적인 강도를 확보한다.

40 • 절연전선(絕緣電線) : 고무, 비닐, 에나멜 따위 절연 재료로 둘러싸서 전류가 새어 나가지 않게 한 전선
[참조] PVC 케이블(폴리염화비닐, polyvinyl chloride) : 이 수지를 가소제·안정제·안료와 섞은 후에 광내기·성형·압출 같은 방법으로 비옷, 샤워 커튼, 포장용 필름 같은 유연한 제품을 만든다. 수도 배관, 연관 자재, 축음기 관처럼 단단한 제품을 만드는 데 쓰일 때는 가소화시키지 않는다. PVC는 보통 적은 비율의 질긴 합성 중합체와 혼합해 관이나 충격에 매우 강한 구조용 패널을 만든다. PVC보다 훨씬 쉽게 가소화되는 수지들은 혼합물을 중합시키기 전에 다양한 비율의 아세트산 비닐을 염화비닐에 첨가하여 만들 수 있다. 단단한 수지들은 PVC를 염소로 처리해 만든다.

41 1. FTTH(Fiber To The Home)의 제공을 위한 망 구성 방식
① Home Run : CO(Central Office)에서 가입자까지 점대점으로 한가닥의 광섬유를 연결하는 것(32 Home)

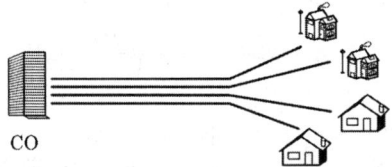

② AON(Active Optical Network) : 가입자의 적절한 위치에 능동 소자를 수용한 RN(Remote Node)를 배치하여 이곳에서 각 가입자들에게 광케이블을 통해 연결하는 방식

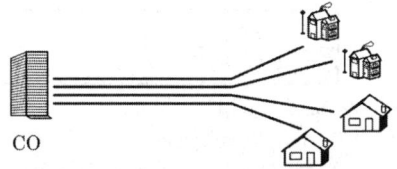

③ PON(Passive Optical Network) : 광케이블망을 통해 최종 사용자에게 신호를 전달하는 시스템(FTTC, FTTB, FTTH) 신호가 네트워크를 통해 지나가기 시작하면 활성 전자부품이 더 이상 필요하지 않음

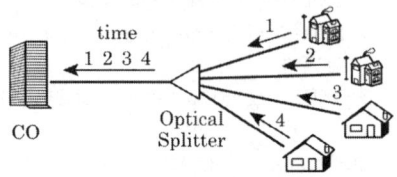

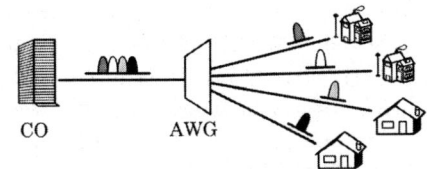

2. AON(Active Optical Network)의 특징
   - 전원 : 이더넷 스위치 전원공급 필요
   - 제공대역 : 1기가를 10 가입자 공유 시 100메가 사용
   - 운용유지보수 : Active 장비 옥외설치로 이들에 대한 관리 필요
3. PON(Passive Optical Network)의 특징
   ① TDM PON(Time Devision Modulation : 시분할 방식)
      - 기술방식 : B-PON, G-PON, GE-PON
      - 암호화 필요 : Fiber를 공유하고 있어 암호화 필요
   ② WDM-PON(Wave Devision Modulation : 파장분할 방식)
      - PTP 통신으로 Dedicated하게 대역 제공
      - 가입자 간의 통신보안이 보장
      - 통신용량 확대를 용이하게 수용 가능
      - DWDM, CWDM 방식으로 발전 예상

42 포설공법

포설공법	견인 포설공법			공압 포설공법	양방향 포설공법
	선단 견인	선단 중간견인	인력 견인		
최대 포설속도 [m/분]	30	20	10	50	적용된 공법의 포설속도

43 $\Delta = \dfrac{n_1 - n_2}{n_1}$

비굴절률차
$= \dfrac{\text{코어의 굴절률} - \text{클래딩의 굴절률}}{\text{코어의 굴절률}} \times 100\%$
$= \dfrac{1.5 - 1.2}{1.5} \times 100\% = 20\%$

44 • 광섬유 케이블의 전송 손실[dB]
$= |-3.5[dBmW] - (-13.8[dBmW])| = 10.3[dB]$

45 • 주배선반(Main Distribution Frame, MDF) : 구내교환기 뿐만 아니라 외부사업자 설비 및 내부 이용자설비 배선을 통합 수용하는 배선반을 말한다.

46 본문 선로설비기준 중 **방송통신발전기본법 중 통신선로에 관한 사항 내 용어의 정의** 참고바랍니다.
"방송통신설비"란 방송통신을 하기 위한 기계·기구·선로(線路) 또는 그 밖에 방송통신에 필요한 설비를 말한다.

47 과학기술정보통신부장관은 정보통신기술의 진흥을 위하여 정보통신산업 진흥계획에 따라 다음의 사항이 포함된 정보통신기술진흥 시행계획을 매년 수립·시행해야 한다. (「정보통신산업 진흥법」 제7조제1항).
- 정보통신기술 수준의 조사, 개발된 정보통신기술의 평가 및 활용에 관한 사항
- 정보통신기술 관련 정보의 원활한 유통에 관한 사항
- 정보통신기술의 연구개발 및 다른 기술과의 결합 및 융합 촉진에 관한 사항
- 정보통신기술의 협력, 지도 및 이전에 관한 사항
- 정보통신기술에 관한 산학협동 촉진에 관한 사항
- 전문인력의 양성 및 수급에 관한 사항
- 정보통신기술의 표준화 및 새로운 정보통신기술의 채택에 관한 사항
- 정보통신기술을 연구하는 기관 또는 단체의 육성에 관한 사항
- 정보통신기술의 국제협력에 관한 사항
- 그 밖에 정보통신기술의 진흥을 위하여 필요한 사항

48 본문 선로설비기준 중 **정보통신공사업법 중 통신선로에 관한 사항 내 용어의 정의** 참고바랍니다.
5. "용역"이란 다른 사람의 위탁을 받아 공사에 관한 조사, 설계, 감리, 사업관리 및 유지관리 등의 역무를 하는 것을 말한다.

49 제2조 (공사의 범위)
① 「정보통신공사업법」(이라 "법" 이라 한다) 제2조제2호에 따른 정보통신설비의 설치 및 유지·보수에 관한 공사와 이에 따른 공사와 이에 따른 부대공사는 다음 각 호와 같다.
  1. 전기통신관계법령 및 전파관계법령에 따른 통신설비공사
  2. 「방송법」 등 방송관계법령에 따른 통신설비공사
  3. 정보통신관계법령에 따라 정보통신설비를 이용하여 정보를 제어·저장 및 처리하는 정보설비

공사
4. 수정설비를 제외한 정보통신전용 전기시설비공사 등 그 밖의 설비공사
5. 제1호부터 제4호까지의 규정에 따른 공사의 부대공사
6. 제1호부터 제5호까지의 규정에 따른 공사의 유지·보수공사

50 공사를 감리한 용역업자는 공사의 준공설계도서를 하자담보책임기간이 종료될 때까지 보관하여야 한다.

51 통신설비공사(2019년 1회 48번 해설 참고 요망)
① 통신선로설비공사
② 교환설비공사
③ 전송설비공사
④ 구내통신설비공사
⑤ 이동통신설비공사
⑥ 위성통신설비공사
⑦ 고정무선통신설비공사

52 • 정보통신공사의 감리 활동
① 품질관리, ② 시공관리, ③ 안전관리

53 해저통신선과 해저 강전류전선의 최소 이격거리는 500[m]이다.

54 접지공사의 종류
① 제1종 접지공사 : 접지저항값 10[Ω]
② 제2종 접지공사 : 변압기의 고압측 또는 특고압측의 전로의 1선 지락전류의 암페어 수로 150(변압기의 고압측 전로 또는 사용전압이 35[kV] 이하의 특고압측 전로가 저압측 전로와 혼촉하여 저압측 전로의 대지전압이 150[V]를 초과하는 경우에, 1초를 초과하고 2초 이내에 자동적으로 고압전로 또는 사용전압이 35[kV] 이하의 특고압 전로를 차단하는 장치를 설치할 때는 300, 1초 이내에 자동적으로 고압전로 또는 사용전압 35[kV] 이하의 특고압 전로를 차단하는 장치를 설치할 때는 600)을 나눈 값과 같은 Ω수
③ 제3종 접지공사 : 접지저항값 100[Ω]
④ 특별 제3종 접지공사 : 접지저항값 10[Ω]

55 접지설비·구내통신설비·선로설비 및 통신공동구 등에 대한 기술기준

① 가공통신선이 저압 또는 고압의 가공직류전차선 또는 이와 전기적으로 접속하는 조가용선(이하 "전차선 등"이라고 한다)과의 수평거리가 그 가공통신선 또는 전차선 등의 지지물 중 높은 것에 해당하는 거리 이하로 접근 또는 교차할 경우에는 다음의 규정에 의하여야 한다.
1. 가공통신선과 전차선 등과의 수평이격거리는 전차선이 저압일 경우는 60cm 이상, 고압일 경우에는 1.2m 이상으로 한다. 다만, 전차선 등의 설치자의 승낙을 얻는 경우에는 예외로 할 수 있다.
2. 가공통신선이 고압의 전차선 등과 45° 이하의 수평각도로 교차하거나 고압의 전차선 등과의 수평거리가 2.5m 이하인 경우에는 가공통신선과 전차선 등 사이에 제2종 보호망을 설치하여야 한다. 다만, 다음과 같은 경우에는 제2종 보호망을 설치하지 아니하여도 된다.
가. 가공통신선과 고압의 전차선 등과의 수평거리가 1.2m 이상이고, 수직거리가 그 수평거리의 1.5배 이하인 경우
나. 가공통신선과 전차선 등과의 수직거리가 6m 이상이고, 가공통신선이 케이블 또는 직경 5mm의 경동선이나 이와 동등 이상의 강도를 가진 절연전선인 경우
3. 가공통신선이 전차선 등과 45°를 초과하는 수평각도로 교차하는 경우에는 그 사이에 제1종 보호선을 설치하여야 한다. 다만, 전차선 등의 설치자의 승낙을 얻는 경우에는 예외로 할 수 있다.
4. 전차선 등과 보호선 또는 보호망과의 수직이격거리는 60cm 이상으로 한다. 다만, 전차선 등의 관리책임자의 승낙을 얻었을 때에는 30cm까지 할 수 있다.

56 본문 선로설비기준 중 접지설비·구내통신설비·선로설비 및 통신공동구 등에 대한 기술기준 내 용어의 정의 참고바랍니다.
5. "강전류케이블"이라 함은 절연물 및 보호물로 피복되어 있는 강전류전선을 말한다.

57 통신맨홀 설치 기준
맨홀 또는 핸드홀 간에 매설하는 관로는 케이블 견인에 지장을 주지 아니하는 곡률을 유지하는 등 직선성을 유지하여야 한다.

58 • 단지망 : 집중구내통신실에서 세대까지를 연결하

는 망
- 세대망 : 전유부분(각 세대 내)을 연결하는 망

59 본문 선로설비기준 중 <u>지능형 홈네트워크 설비 설치 및 기술기준</u> 내 <u>전유부분 홈네트워크 설비의 설치기준</u> 참고 바랍니다.
① 홈게이트웨이
② 월패드
③ 원격제어기기
④ 감지기
⑤ 세대단자함
⑥ 세대통합관리반
⑦ 예비전원장치

60 지능형 홈네트워크 설비 설치 및 기술기준
제22조 (단지서버실)
① 단지서버실은 3제곱미터 이상으로 한다.
② 단지서버실의 바닥은 이중바닥방식으로 설치하여야 한다.
③ 단지서버실은 단지서버의 성능을 위한 항온·항습 장치를 설치하여야 한다.
④ 출입문은 폭 0.9[m], 높이 2[m] 이상(문틀의 외측 치수)의 잠금장치가 있는 출입문으로 설치하며, 관계자 외의 출입통제 표시를 부착하여야 한다.

2019년 4회 시행 과년도출제문제 해설

01	02	03	04	05	06	07	08	09	10	11	12	13	14	15
④	④	③	②	①	①	①	②	①	④	②	③	①	②	③
16	17	18	19	20	21	22	23	24	25	26	27	28	29	30
①	③	④	②	①	④	②	③	①	④	③	②	②	①	②
31	32	33	34	35	36	37	38	39	40	41	42	43	44	45
③	③	③	④	④	③	④	②	④	④	①	④	③	①	③
46	47	48	49	50	51	52	53	54	55	56	57	58	59	60
④	③	②	①	③	④	④	①	④	④	④	③	①	②	③

01

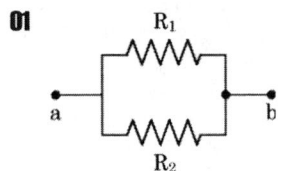

R_1, R_2의 저항값이 같은 경우

$R_t = \frac{1}{2}R_1$ 와 $R_t = \frac{1}{2}R_2$ 는 같다.

$R_t = \dfrac{1}{\dfrac{1}{R_1} + \dfrac{1}{R_2}} = \dfrac{1}{2R}$

02
- 전압 = 전류 × 저항
- 전력 = 전압 × 전류
  = 전류 × 전압 × 전류 = 전류^2 × 전압
  = 전압 × $\dfrac{전압}{저항}$ = $\dfrac{전압^2}{저항}$

  (R : 저항, V : 전압, I : 전류, P : 전력)

03 $\omega t = 2\pi ft = 400\pi t$ 일 경우 주파수는 $2\pi f = 400\pi$ 이므로 $f = \dfrac{400\pi}{2\pi} = 200[\text{Hz}]$ (ω : 각속도 또는 회전속도)

04
- 전류의 최댓값 100[A]

  $\omega = 2\pi f = 200\pi$ 이므로 $f = \dfrac{200\pi}{2\pi} = 100[\text{Hz}]$

  주기(T) = $\dfrac{1}{f} = \dfrac{1}{100} = 0.01[\text{s}]$

따라서 $10[\text{ms}] = \dfrac{10}{1000} = \dfrac{1}{100}[\text{s}]$

05 철심이 있으면 자속 발생이 쉽다.

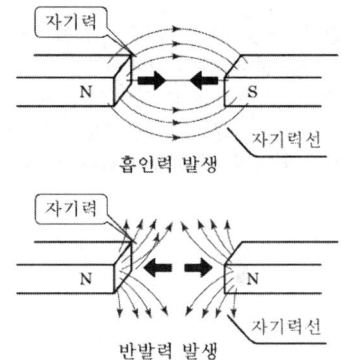

06
- 반도체의 도전성
  ① 진성 반도체의 반송자는 정공과 전자로 구성되어 있다.
  ② N형 반도체의 반송자는 대부분 전자이고, 정공은 소수이다.
  ③ P형 반도체의 반송자는 대부분 정공이고, 전자는 소수이다.
  ④ 전자와 정공 중에서 많은 편의 반송자를 다수 반송자, 적은 편의 반송자를 소수 반송자라고 한다.

07 리플률 = $\dfrac{리플전압(맥류분의\ 실효값)}{직류전압(직류분의\ 평균값)} \times 100[\%]$

$$= \frac{4}{400} \times 100[\%] = 1[\%]$$

[참고] 리플 백분율(맥동률)

$$\gamma = \frac{V}{V_D} \times 100 = \frac{I}{I_D} \times 100[\%]$$ 은 정류회로 등의 출력 파형에 얼마만큼 맥류분이 포함되어 있는가를 나타내고, 맥동률 γ는 반파 정류회로에서는 121[%]이나 전파 정류회로에서는 48[%] 정도이다.

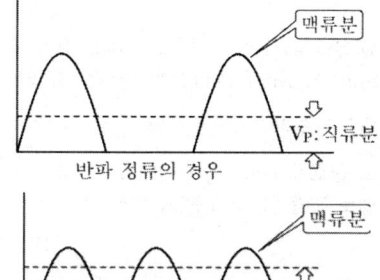

반파 정류의 경우

전파 정류의 경우

08 • 평활회로 : 정류기의 출력 전압 중에 포함되는 맥류분을 감소시키기 위하여 사용되는 저역 필터

[용어]
1. 저역 통과 여파기(LPF, Low Pass Filter) : 저주파 발진기의 출력 파형을 정현파에 가깝게 하기 위해 일반적으로 사용하는 회로
2. 정현파[正弦波] : 전파, 음파 따위의 파동이 삼각함수의 사인 곡선으로 나타나는 파

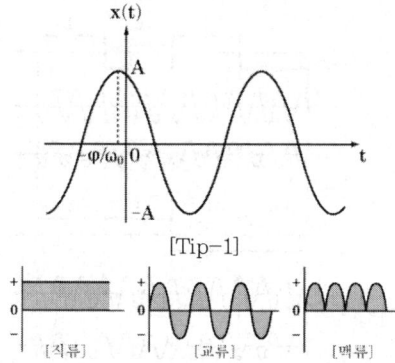

[Tip-1]

1. 직류(DC, Direct Current) : 시간이 변화하여도 전류의 방향과 크기(전자량)가 항상 일정한 전류
(예) 건전지, 축전지, 정류기 등
2. 교류(AC, Alternating Current) : 시간이 변화함에 따라 전류의 흐름 방향과 크기가 주기적으로 변화하는 전류, 주파수가 60[Hz](유럽은 50[Hz])인 Sine 곡선을 그리며 변하는 전류
(예) 가정용 전압
3. 맥류(PC, Pulsating Current) : 시간이 변화함에 따라 전류의 방향은 일정하고 크기는 변화하는 전류
(예) 전화기의 음성

[Tip-2]

1. 변압회로
   - 변압기는 1차측과 2차측의 코일 권선비를 조정하여 2차측 교류 전압을 만들어 내는 전자기기이다.
   - 또 다른 역할 : 1차측 전원과 2차측 전원을 전기적으로 절연(isolation)하는 역할(감전과 외부의 전기적 충격으로 부터 막아줌)
2. 정류회로
   - 정류기(rectifier)는 (+), (−) 전압으로 바꿔주면서 변하는 교류 전압을 (+) 또는 (−)의 한쪽의 전압만을 흐르게 하는 회로이다.
   - 정류기에는 전류를 한쪽으로만 흐르게 하는 특성을 가진 다이오드를 사용한다.
3. 평활회로
   - 정류기의 출력은 직류와 교류 성분이 섞여 있는 전압이다.
   - 평활회로는 이 전압(맥류라 함)에 남아 있는 교류 전압을 제거하는 평활한 직류 성분만을 출력하는 회로이다.
   - 일반적으로 L, C의 소자를 이용한 저주파 필터를 사용하여 평활회로를 구성
   - 완벽한 교류 성분 제거는 불가능하다. 약간의 교류 성분이 남게 된다. 이것을 리플 잡음(ripple noise)이라 한다.
4. 전압 안정화 회로
   - 평활회로를 거친 직류 전압은 부하조건이나 입력 교류전원의 전압 변동에 따라 변하므로 아직 불안한 전원이다.
   - 전압 안정화 회로(regulator)는 외부 조건에

관계없이 항상 출력 전압을 안정화(regulating)하는 역할을 한다.
- 전압을 안정화하는 방식에는 크게 리니어(linear) 레귤레이터와 스위칭(switching) 레귤레이터 2가지 방식이 있다.

09 • 직렬 전류 궤환 증폭회로

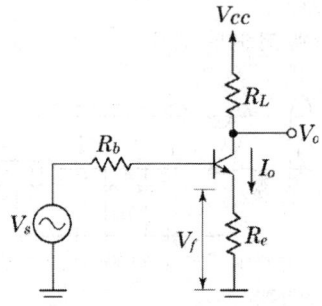

• 직류 전류 궤환회로 : 출력전압 V_o는 궤환 전압에 의해 출력 전류가 비례하여 전류 부궤환이며, 궤환회로와 출력 부하회로가 직렬이므로 직렬 전류 궤환회로로 되어 입력 임피던스와 출력 임피던스가 모두 커진다.

10 • 이상적인 연산 증폭기 CMRR(동상제거비)
$$= \frac{A_d(\text{차동 이득})}{A_c(\text{동상 이득})} = \infty$$

11 • 콜피츠 발진회로에서는 BC : 용량성, EC : 용량성, BE : 유도성
• 하틀리 발진회로에서는 Z_1 : 유도성, Z_2 : 유도성, Z_3 : 용량성

12 1. 정현파(사인파) 발진기의 종류
① LC 발진회로
- 하틀리(Hartley) 발진회로
- 콜피츠(Colpitts) 발진회로
- 동조형 반결합회로(컬렉터 동조, 이미터 동조, 베이스 동조)
② RC 발진회로
- 이상형(Phase shift) 발진회로
- 빈 브리지(Wien bridge) 발진회로
③ 수정 발진회로
- 피어스(Pierce) B-E 발진회로
- 피어스 B-C 발진회로

- 무조정 발진회로
④ 부성 저항 발진회로
- 터널 다이오드 발진회로
- 단일접합 트랜지스터 발진회로
2. 비정현파(비사인파) 발진기의 종류
① 멀티바이브레이터
② 블로킹 발진기
③ 톱날파 발진기
[사전] 피어스(Pierce) : 꿰찌르다, 꿰뚫다, 관통하다.

13 • QPSK(직교위상편이변조, Quadrature Phase Shift Keying) : 2진 PSK(BPSK) 방식과는 달리 입력신호에 따라 위상변화를 $\frac{n}{2}(90°)$씩 위상차로 2비트 신호를 변조하는 방식으로 4개 종류의 디지털 심벌로 전송하는 4진 PSK 방식

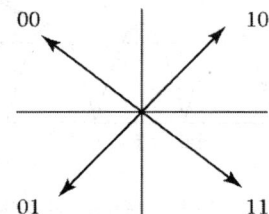

• QPSK 특징
① 위상 잡음 등 잡음 환경에 우수함
② 다중경로 페이딩 왜곡 및 잡음에 대한 강한 면역성을 가지고 있다.
③ 포락선이 일정하고 주로 고속의 전송에 사용되는 변조방식

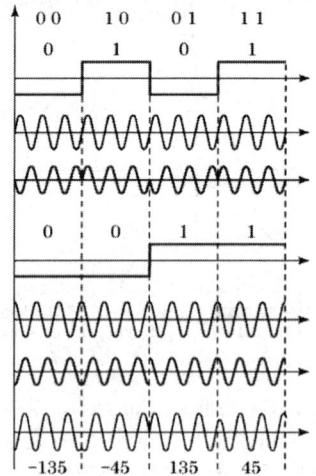

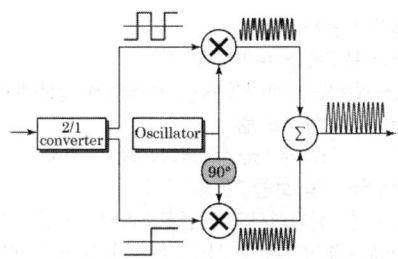

14 • 주파수 변조(FM) : 신호파에 따라 반송파의 주파수를 변화시키는 것
- 진폭변조(AM) : 신호파에 따라 반송파 진폭을 변화시키는 것
- 위상변조(PM) : 신호파에 따라 반송파의 위상을 변화시키는 것

15 • D 플립플롭

클럭	현재 입력	현재 상태	다음 출력
Clock	$D_{(t)}$	$Q_{(t)}$	$Q_{(t+1)}$
ON	0	0	0
ON	0	1	0
ON	1	0	1
ON	1	1	1

D 플립플롭의 D 입력이 0이고 클록 신호가 가해지면 (ON) 출력은 0

16 • 8bit=1byte=1Character
• bps는 bit per second의 약어
1[Mbps]=1,000[Kbps]=1,000,000[bps]일 경우
$$\frac{1,000,000[\text{bps}]}{8[\text{bit}]} = 125,000[\text{cps}]$$

17 ROM의 종류
① MASK ROM : 제조사에 마스크를 이용하여 내용을 영구적으로 기록한 것이다. 한번 기록된 내용은 다시 기록할 수 없으므로 한 번만 사용할 수 있으나 집적도가 높아 대량 생산에 유리
② PROM(Programmable ROM) : ROM Writer 등으로 내용을 한 번 저장할 수 있으며 저장한 후에는 재사용이 불가능하다.
③ EPROM(Eraseble PROM) : 강한 자외선을 쬐거나 전기적으로 내용을 소거할 수 있으며 여러 번 삭제 후 다시 사용할 수 있다.
④ UV-EPROM(Ultraviolet EPROM) : 칩 위에 투명한 유리창이 달려 있어 여기를 통해 자외선을 쬐

면 저장된 정보를 지울 수 있으며 EPROM과 동일한 역할을 한다.
⑤ EEPROM(Electronically EPROM) : 전기적으로 일정한 전압을 가하면 저장된 정보를 지울 수 있고 쓸 수도 있는 EPROM이다.

18 1. 판독기의 종류
① OMR(광학 마크 판독기, Optical Mark Reader) : 특수한 연필이나 사인펜으로 표시한 카드에 빛을 이용해 표시 여부를 확인하는 것
② OCR(광학 문자 판독기, Optical Character Reader) : 손으로 쓴 글씨나 인쇄된 문자를 광학적으로 판독하여 입력하는 것
예) 지로용지, 공공요금 청구서 등
③ MICR(자기 잉크 문자 판독기, Magnetic Ink Character Reader) : 자성을 띤 잉크로 인쇄된 문자를 자기적으로 판독하여 입력하는 것
예) 수표, 어음 등
2. CRT(음극선관, Cathode Ray Tube) : 전자 빔을 이용하여 전기 현상을 미터에 의하지 않고 파형으로 묘사하여 직접 관찰하는 전자관

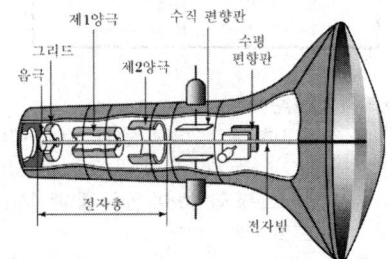

19 • BCD 코드(2진화 10진 코드)
① Zone 2bit, Digit 4bit(8421code)로 구성
② 10진수 4자리 값을 4개의 BCD code로 표현하는데 이때 Zone 2bit는 00으로 표현할 수 있으나 일반적으로 생략할 수 있으며, Digit 4bit(8421 code)로만 나타낸다.

10진수 → BCD
1000 1001 1000 0100
8   9   8   4
0001 1001 1000 0100
1   9   8   4
0001 0110 1000 0010
1   5   8   2
0001 1001 1000 0010
1   9   8   2

20 • 일치회로(coincidence circuit) : 두 개 또는 그 이상의 신호가 동시에 들어오는 경우에만 출력이 나오도록 한 회로

입력 A B	XOR 반일치회로	XNOR 일치회로
0 0	0	1
0 1	1	0
1 0	1	0
1 1	0	1

※ 반일치회로
  XOR= $A\bar{B}+\bar{A}B = A \oplus B$
※ 일치회로
  XNOR= $\overline{AB}+AB = A \otimes B$

21 • 플립플롭 2개를 연결한 비동기형 4진 계수기

T_1	T_2	계수
0	0	0
0	1	1
1	0	2
1	1	3

22 • 자바(JAVA)
  ① 객체 지향 프로그래밍 언어 자바 서버 페이지(JSP, Java Server Pages) : HTML 문서에 자바 코드를 삽입하여 동적 웹 페이지를 생성하는 프로그래밍 언어
  ② 자바스크립트(Javascript) : 웹 브라우저에서 사용하는 스크립트 언어
  ③ 자바 애플릿(Java Applet) : 자바 바이트 코드 형태로 배포되는 애플릿

23 ⟨ ⟩ : 표시 ⟨ ⟩ : 준비

24 • 함수
  =SUM(A:G) : A셀부터 G셀까지의 숫자를 더한다.
  =SUM(B:F) : B셀부터 F셀까지의 숫자를 더한다.

25 유닉스(UNIX) 운영체제
  ① 주로 C언어로 작성되어 단순하고, 강력한 명령어를 제공
  ② 사용자의 명령으로 시스템이 수행
  ③ 다중 사용자 시스템
  ④ 다중 프로세스 운영체제
  ⑤ 하드웨어와 무관하게 작동, 이식성과 확장성이 뛰어난 개방형 시스템
  ⑥ 파일 시스템이 Tree 형태의 계층적 구조
  ⑦ 네트워크 및 보안 기능이 우수
  ※ 미국전신전화회사의 벨연구소에서 1960년대 후반에 시분할 컴퓨터 시스템을 만들기 위해 개발됨

26 위상정수[rad/km]=β
  λ(파장) = $\frac{2\pi}{\beta}$[km]이므로 $2 = \frac{2\pi}{\beta}$
  ∴ $\beta = 1\pi$

27 • 충격 잡음(Shot Noise) : 채널상에서 규정된 한계 레벨을 초과하는 순간 충격 잡음 파형
  [특징]
    ① 비연속적이고 불규칙적인 진폭을 가지며 어느 정도 큰 세기로 발생하는 잡음
    ② 디지털 데이터 전송 시에 주요 잡음 발생 요인
    ③ 이러한 잡음의 원인으로는 반도체 PN 접합 상에 흐르는 전류 등에 의해 일어나는 원인

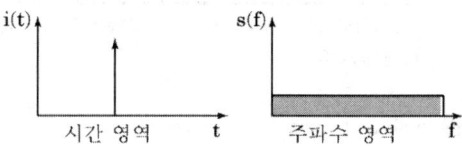

28 송신 안테나에서 복사된 전파가 수신 안테나에 도달할 때 필요한 전파 외에 다른 전파가 들어오는 신호를 전파의 잡음이라 한다.
  1. 발생 원인에 따라
    ① 자연 잡음(natural noise) : 대기 잡음 등 지구 내 잡음(terrestrial noise)과 태양 잡음, 우주 잡음 등 지구 외 잡음(extra-terrestrial noise)
    ② 인공 잡음(man-made noise) : 전기 전자 제품, 고주파 이용 설비, 무선 통신 및 방송 시스템, 디지털 정보 기기, 전력 설비 및 자동차 등의 잡음
  2. 잡음의 성질에 따라
    ① 충격성
    ② 연속성
    ③ 주기잡음

29 근단누화
① 누설된 전류가 피유도 회선의 송신측으로 나타나는 누화
② 음성주파수 회선에서 가장 많이 나타나는 누화
③ 유도회선의 송단측에 나타나는 피유도회선의 누화

30
표본화 주기 $T = \dfrac{1}{\text{표본화 주파수}}$ 이므로

$\dfrac{1}{f} = \dfrac{1}{8 \times 10^3} = \dfrac{1}{8000} = 125[\mu s]$

31
- AMI(Alternate Mark Inversion, 교환부호반전) : 바이폴러 방식은 AMI 방식이라고도 하며, 디지털 신호 0비트가 올 때는 0[V]를 보내고 1비트가 올 때는 +[V]와 -[V]를 바꾸어 가면서 보내는 3진 부호(+, 0, -)이지만, 정보량은 2진 부호화 동일하여, 바이폴러 신호는 고속 디지털망에서 사용된다.

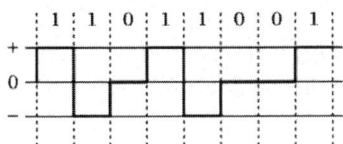

32 광통신 특징
① 광섬유를 전송로로 이용한다.
② 원료가 풍부하여 경제성이 매우 높다.
③ 유리섬유이므로 화재 등의 재해로부터 보호된다.
④ 전송 대역폭이 넓어 광대역 통신망에 이용된다.
⑤ 전자유도에 의한 잡음 간섭이 없다.

33 직렬 전송방식과 병렬 전송방식
1. 직렬 전송방식
   ① 한 번에 한 비트씩 순서대로 데이터를 전송
   ② 병렬 전송방식보다 전송 비용 감소
   ③ 장(원)거리 전송이 가능
   ④ 병렬 전송방식보다 저속
2. 병렬 전송방식
   ① 여러 개의 비트를 한꺼번에 전송
   ② 컴퓨터와 주변기기 사이의 데이터를 전송
   ③ 전송속도가 빠르고 인터페이스 구성이 단순
   ④ 거리가 멀수록 전송 비용이 증가
   ⑤ 다수의 전선이 필요

34
- 중계 선로 : 회선망 구성에서 일정한 규칙성을 가지게 하는 호의 중계 방법에 의한 중계 경로

35
1. Coaxial 케이블(동축 케이블)

2. STP(Shielded Twisted Pair) 케이블
   =신호선+호일+실드+피복

3. FTP(Foiled Twisted Pair) 케이블
   =신호선+호일+피복

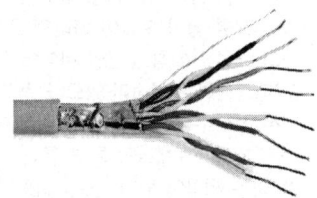

4. UTP(Unshielded Twisted Pair) 케이블
   =신호선+피복

36 광통신 시스템의 구성 요소
광송신기, 광섬유, 광수신기

37 동기식 디지털 계위(SDH)
① 동기식 다중화 방식으로 비동기식 대비 효율적 구성이 가능하다.
② 통신망의 유연성을 제공한다.
③ 단일의 전기통신망 구축이 가능하다.
④ 각 계층 레벨의 전송속도 표준화 : E1, T1, DS3 및 기타 저속 신호를 고속의 STM-N(N=1, 4, 16, 64, 256) 광신호로 TDM(Time Division Multiplex)을 기본으로 다중화하여 전송하는 방식

계위	비트레이트(kbit/s)
STM-1	155,520
STM-4	622,080
STM-16	2,488,320
STM-64	9,953,280
STM-256	39,813,120

- STM(동기식 전송 방식, synchronous transfer mode) : 전송 선로상에서 신호 정보를 일정 주기의 프레임(frame) 시간 슬롯(time slot)으로 분할하여 전송하는 시분할 다중 방식. ITU-T (구 CCITT)에서 1986년 광대역 종합 정보 통신망(B-ISDN)의 전송 방식을 검토할 때에 비동기 전송 방식(ATM)과 함께 용어를 결정했다. 회선 교환 방식과 같이 하나의 호를 위하여 하나의 채널을 발착신 단말 사이에 점유시키지 않고 다중화하는 이점이 있으나, 동기화를 위해서 발신자와 수신자가 같은 클록 신호를 사용해야 하기 때문에 1채널당 최대 통신 속도가 일정해야 하는 제약이 있다. 통신 속도가 달라지거나 변화하는 다양한 정보를 전송하는 경우에는 하나의 호에 대하여 최대 통신 속도에 맞추어서 복수의 채널을 할당할 필요가 있다. 그러므로 유휴 채널(idle channel)이 많아지고 회선 사용 효율이 떨어지는데, 그것은 송신하지 않더라도 시간 슬롯이 분할되기 때문이다.

38 1. FTTH(Fiber To The Home)
  ① 광가입자망에서 가입자 댁내에까지 광통신망을 연결하는 방식
  ② 광전 변환 회로를 포함하는 광망 종단장치(ONU)를 각 가정에 개별적으로 설치하여야 하는 등 경제성이 떨어진다.
  2. FTTC(fiber-to-the curb)
  ① FTTH의 단점을 보완하기 위한 광섬유의 복수 가입자 공동 이용 방식
  ② FTTC의 'Curb'는 도로의 연석(緣石)이라는 의미인데, 주택 앞 도로의 연석과 같이 박스를 설치하고 주택까지 동선으로 연결된 광섬유를 가정마다 공용하면 경제성을 높일 수 있다.
  ③ 동선 거리가 짧으면 광대역 신호도 전송할 수 있는 장점

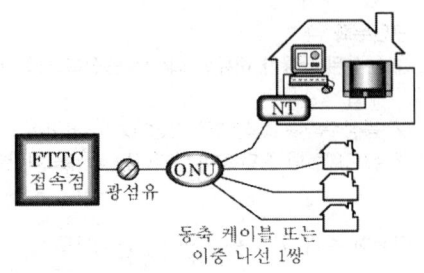

동축 케이블 또는 이중 나선 1쌍

[사전] curb [kə: rb] n
① (말의) 재갈, 고삐
② 구속, 억제, 제어《on》
③ (밖・둘레에서 죄는) 틀; (보도(步道)의) 연석(緣石)(《영국》 kerb)

39 광섬유의 굴절률과 입사각의 관계
$$\frac{n_1}{n_2} = \frac{\sin\theta_t}{\sin\theta_i}$$ 또는 $n_1\sin\theta_i = n_2\sin\theta_t$

40 • 케이블 연반철 : 지하케이블의 포설 작업 시 케이블의 비틀어짐을 방지하기 위해 사용

41 통신케이블의 구비 조건
① 전기적으로 도체이며, 도전율이 우수할 것
② 항장력 등 기계적 강도가 강할 것
③ 가설 및 작업에 대한 시공이 용이할 것
④ 유효 수명이 길고 가격이 저렴할 것
⑤ 진동 및 비틀림 등에 견딜 수 있는 강도가 강하여야 한다.
⑥ 내산성, 내염성, 내알칼리성 등이 강하여야 한다.

42 1. DC(직류) 500[V]의 절연저항계 측정치 기준일 경우 옥내전화선과 대지 간의 절연저항 한계치는 최저 10[MΩ] 이상
2. 구내 통신선로 설비의 회선 상호간의 누화 감쇠량은 68[dB] 이상
3. 전기통신설비 이상 시 유도 위험전압제한기준 650[V] 이하
전기통신설비 상시 유도 위험전압제한기준 60[V] 이하
선로설비 기기 오작동 유도 종전압 제한기준 15[V] 이하
선로설비 회선당 평가잡음전압 제한기준 1.5[mV] 이하

43 맨홀공사

1. 표준 맨홀 종류
   ① A형 : 직선구간에 적용
   ② B형 : 90도, 굴곡구간에 적용
   ③ C형 : 굴곡구간에 적용
   ④ D형 : 1방향 분기지점에 적용
      - 1D : 분기선로가 장긍장인 경우
      - 2D : 분기선로가 단긍장인 경우
   ⑤ E형
      - 1E : T형 분기지점에 적용
      - 2E : 4방 분기지점에 적용

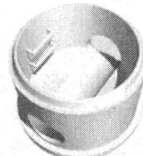  

[일자형]   [T자형]   [+자형]

2. 인공/맨홀(Manhole) : 통신케이블의 인입·접속 작업, 관로 및 케이블의 점검 등을 목적으로 지하에 설치하여 그 안에서 사람이 작업할 수 있도록 한 지하구조물

3. 맨홀(Manhole)의 종류
   ① 직선형 맨홀 : 도로의 직선구간에 구축
   ② 분기 L형 맨홀 : 도로가 L자형으로 만곡된 개소에 구축
   ③ 분기 T형 맨홀 : 도로가 T자형으로 갈라진 3거리에 구축
   ④ 분기 십자형 맨홀 : 도로가 열십자형으로 갈라진 네거리에 구축
   ⑤ 단차형 맨홀 : 도로의 경사진 곳에 구축
   ⑥ 규격 외 맨홀 : 지형 또는 도로의 모양에 따라 변형하여 구축

44

- 근단 누화비 = $10 \cdot \log_{10} \frac{A}{B}$ [dB]

  (A : 피유도회선 자체의 송신전력값
   B : 피유도회선 송신단에 전달받은 전력값)

- 근단 누화 감쇠량 = $10 \cdot \log_{10} \frac{C}{D}$ [dB]

  (C : 유도회선 송신전력값
   D : 피유도회선 송신단에 전달받은 전력값)
  = $10 \cdot \log_{10} \frac{10}{3} ≒ 10 \times 0.52287... ≒ 5.228...$ [dB]

45 이득(dB)의 종류

① 전력이득 = $10 \log_{10} \frac{출력전력}{기준전력}$

② 전압이득 = $20 \log_{10} \frac{출력전압}{기준전압}$

③ 전류이득 = $20 \log_{10} \frac{출력전류}{기준전류}$

46

- 정보통신공사업법 제75조(벌칙) 다음 각 호의 1에 해당하는 자는 1년 이하의 징역 또는 1천만원 이하의 벌금에 처한다.

  1. 제8조제2항의 규정에 위반하여 감리원이 아닌 자에게 감리를 하게 한 자
  1의2. 제8조제6항의 규정을 위반하여 다른 사람에게 자기의 성명을 사용하여 감리업무를 수행하게 하거나 자격증을 대여한 자 또는 다른 사람의 성명을 사용하여 감리업무를 수행하거나 다른 사람의 자격증을 대여받아 이를 사용한 자
  2. 제31조제1항 또는 제2항의 규정을 위반하여 하도급을 한 자
  3. 제36조의 제1항의 규정에 따른 착공 전 확인을 받지 아니하고 공사에 착수하거나 사용전검사를 받지 아니하고 사용한 자
  4. 제40조제1항의 규정에 위반하여 겸직을 한 자
  5. 제40조제2항의 규정에 위반하여 경력수첩을 대여한 자 또는 타인의 경력수첩을 대여받아 이를 사용한 자

47

① 방송통신망 : 방송통신을 행하기 위하여 계통적·유기적으로 연결·구성된 방송통신설비의 집합체

② 전력선 통신(PLC, power line communication) : 전력을 공급하는 전력선을 매개체로 음성과 데이터를 고주파 신호에 실어 통신하는 기술

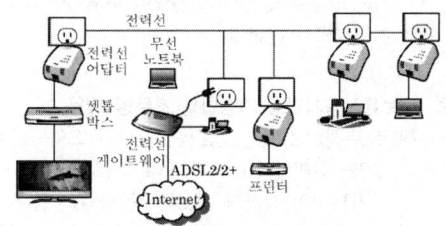

48

- 정보통신공사 감리원 : 설계도서 및 관련규정에 적합하도록 공사를 감리하여야 한다.

49 본문 선로설비기준 중 <u>정보통신공사업법 중 통신선로에 관한 사항</u> 내 용어의 정의 참고바랍니다.
　5. "용역"이란 다른 사람의 위탁을 받아 공사에 관한 조사, 설계, 감리, 사업관리 및 유지관리 등의 역무를 하는 것을 말한다.

50 정보통신공사업법
　제45조(정보통신공제조합의 설립)
　① 공사업자는 공사업 간의 협동조직을 통하여 자율적인 경제활동을 도모하고 공사업의 경영에 필요한 각종 보증과 자금융자 등을 하기 위하여 미래창조과학부장관의 인가를 받아 정보통신공제조합(이하 "조합"이라 한다)를 설립할 수 있다.
　② 조합은 법인으로 한다.
　③ 조합의 설립 및 감독 등에 필요한 사항은 대통령령으로 정한다.

51 방송통신발전 기본법
　제27조(기금의 관리·운용)
　① 기금은 과학기술정보통신부장관과 방송통신위원회가 관리·운용한다.
　② 기금의 공정하고 효율적인 관리·운용을 위하여 방송통신발전기금운용심의회를 둔다.
　③ 방송통신발전기금운용심의회의 위원은 10명 이내로 하며, 방송통신위원회와 협의를 거쳐 과학기술정보통신부장관이 임명한다.
　④ 방송통신발전기금운용심의회의 구성과 운영에 관하여 필요한 사항은 대통령령으로 정한다.
　⑤ 과학기술정보통신부장관과 방송통신위원회는 대통령령으로 정하는 바에 따라 기금의 징수·운용·관리에 관한 사무의 일부를 방송통신 업무와 관련된 기관 또는 단체에 위탁할 수 있다.
　⑥ 기금의 운용 및 관리에 필요한 구체적인 사항은 대통령령으로 정한다.

52 정보통신공사업법 개정법률 조문별 내용
　제1조(목적) 이 법은 정보통신공사의 조사·설계·시공·감리(監理)·유지관리·기술관리 등에 관한 기본적인 사항과 정보통신공사업의 등록 및 정보통신공사의 도급(都給) 등에 필요한 사항을 규정함으로써 정보통신공사의 적절한 시공과 공사업의 건전한 발전을 도모함을 목적으로 한다.

가공강전류전선의 사용전압 및 종별		이격거리
35,000V 이하의 것	강전류케이블	50cm 이상
	특고압 강전류절연전선	1m 이상
	기타 강전류전선	2m 이상
35,000V를 초과하고 60,000V 이하의 것		2m 이상
60,000V를 초과하는 것		2m에 사용전압이 60,000V를 초과하는 10,000V마다 12cm를 더한 값 이상

54 • 전주의 안전계수 : 그 전주에 개설하는 시설물의 인장하중, 기술기준 제9조의 규정에 의한 풍압하중 및 그 시설장소에서 통상 예상되는 기상의 변화 등 기타 외부 환경의 영향이 가하여진 것으로 하여 이를 계산한다.
　① 도로상 또는 도로로부터 전주 높이의 1.2배에 상당하는 거리 내의 장소에 설치하는 전주(안전계수 1.2)
　② 가공통신선과 저압 또는 고압의 가공강전류전선을 공가하는 전주(안전계수 1.5)
　③ 가공통신선과 특고압의 가공강전류전선을 공가하는 전주(안전계수 2.0)

55 • 통신관련시설의 접지체는 가스, 산 등에 의한 부식의 우려가 없는 곳에 매설하기 위해서 지표로부터 수직으로 75[cm] 이상의 깊이로 한다.

56 • 구내용 이동통신설비 : 이동통신구내선로설비와 이동통신구내중계설비로 구분하고 선로설비는 중계설비 연결을 위한 관로, 배관, 전원단자, 통신용 접지설비 및 그 부대시설을 말하며, 중계설비는 사업자 통신서비스를 위한 중계장치, 급전선, 안테나 및 그 부대시설을 말한다.

57 [접지설비·구내통신설비·선로설비 및 통신공동구 등에 대한 기술기준]
　제11조(가공통신선의 높이)
　① 설치 장소 여건에 따른 가공통신선의 높이는 다음 각 호와 같다.
　　1. 도로상에 설치되는 경우에는 노면으로부터 4.5m 이상으로 한다. 다만, 교통에 지장을 줄 우려가 없고 시공상 불가피할 경우 보도와 차도의 구별

이 있는 도로의 보도상에서는 3m 이상으로 한다.
2. 철도 또는 궤도를 횡단하는 경우에는 그 철도 또는 궤조면으로 부터 6.5m 이상으로 한다. 다만, 차량의 통행에 지장을 줄 우려가 없는 경우에는 그러하지 아니하다.
3. 7,000V를 초과하는 전압의 가공강전류전선용 전주에 가설되는 경우에는 노면으로부터 5m 이상으로 한다.

58 본문 선로설비기준 중 **방송통신설비의 안전성 및 신뢰성에 대한 기술기준** 내 **용어의 정의** 참고바랍니다.
2. "통신국사"라 함은 방송통신설비를 안전하게 설치·운영·관리하기 위한 건축물로서 통신기계실 등으로 구성되며 특히 중요한 방송통신설비를 수용하는 경우에는 중요통신국사라 한다.

59 급전선(給電線)
전파에너지를 전송하기 위하여 송신장치 및 수신장치와 안테나 사이를 연결하는 선을 말한다. 이 경우 "수신장치"란 전파를 받는 장치와 이에 부가하는 장치로서 수신 안테나와 급전선을 제외한 장치를 말한다.

60 풍속이 40[m/s]일 때 원통주(전주)에 적용되는 시설물의 수직투영면적 $1[m^2]$에 대한 풍압은 80[kg]이다.
[Tip] 전파연구소 고시 제2011-1호
  제3장 선로설비 설치방법
    무선시설류에서 풍압을 받는 시설물(시설물의 수직투영면적 $1[m^2]$에 대한 풍압)
    - 철탑에 부착 시설되는 안테나류 : 200[kg]
    - 마이크로웨이브안테나 : 200[kg]

2020년 1회 시행 과년도출제문제 해설

01	02	03	04	05	06	07	08	09	10	11	12	13	14	15
④	④	②	③	①	④	④	④	④	①	①	①	①	②	②
16	17	18	19	20	21	22	23	24	25	26	27	28	29	30
③	①	②	①	②	②	③	②	①	①	②	④	②	①	③
31	32	33	34	35	36	37	38	39	40	41	42	43	44	45
①	④	④	④	④	②	①	①	①	①	②	②	②	④	②
46	47	48	49	50	51	52	53	54	55	56	57	58	59	60
③	④	①	④	④	③	①	②	②	①	①	③	④	①	④

01
- Ampere[A] 전류 : 도체 내를 전도하는 전기의 흐름
- Watt[W] : 전력의 단위 (전압×전류)
- Volt[V] : 전압은 단위전하가 임의의 두 점 사이를 이동할 때 얻거나 잃는 에너지의 크기
- Ohm[Ω] : 저항은 전류의 흐름을 방해하는 작용

02 키르히호프의 법칙

a. 제1의 법칙(전류)

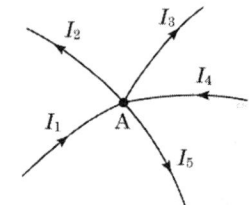

b. 제2의 법칙(전압)

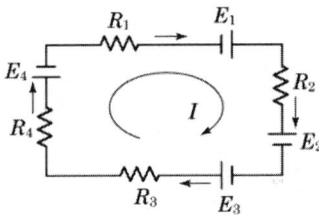

03
- $v = V_m \cdot \sin \omega t$ 일 경우 전압이 전류보다 위상이 90° 늦다.
- $i = I_m \cdot \sin \omega t$ 일 경우 전류가 전압보다 위상이 90° 늦다.
- 정현파 : 사인파 교류의 기본 파형

04 직렬 접속한 회로의 공진 주파수

$$= \frac{1}{2\pi\sqrt{LC}} = \frac{1}{2 \times 3.14 \times \sqrt{0.5 \times \frac{0.5}{1,000,000}}}$$

$$= \frac{1}{2 \times 3.14 \times \frac{0.5}{1,000}}$$

$$= \frac{1,000}{3.14}$$

05
1. 자기 쌍극자(Magnetic Dipole) : 원자핵 주위를 회전하는 전자

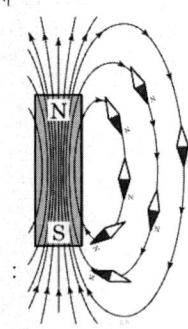

2. 원자 쌍극자(Atomic Dipole) : 원자가 전자가 외부 전기장 때문에 한쪽으로 쏠리는 형상

06 MSI(Medium Scale Integration)
한 IC(Integrated Circuit) 중 100~1,000소자를 포

함한 것이다.

07 단상 전파 정류회로의 최대 정류 효율 81.2[%]
단상 반파 정류회로의 최대 정류 효율 40.6[%]

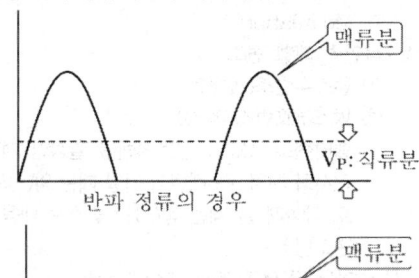
반파 정류의 경우

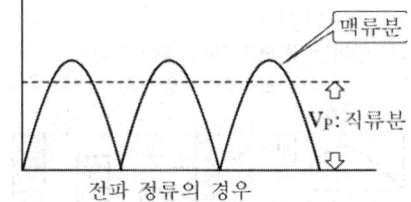
전파 정류의 경우

08 1. 리니어(정전류) 방식 : 가장 간단한 방법으로 높은 전압의 전원에 저항을 연결해서 부하(전력을 소비하는 기구)측에 공급되는 전력을 제어하는 방식

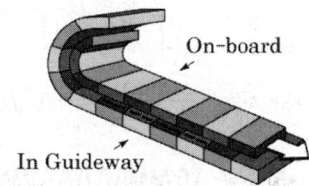

예) 부상식 차량에 리니어 모터가 사용
2. 스위칭(정전압) 방식 : 높은 전압의 전원을 고속으로 ON/OFF시켜서 부하에 공급되는 전력을 조절하는 방식

09 궤환증폭회로
1. 궤환(Feeback) : 증폭기 자체의 출력 일부를 입력측으로 되돌려 보내고, 외부신호와 합쳐서 증폭기의 입력에 가해주는 과정
2. 부궤환 증폭기의 종류 : 직렬전압 궤환, 직렬전류 궤환, 병렬전압 궤환, 병렬전류 궤환
   ① 직렬전압 궤환회로
      - 주파수 대역폭이 증가
      - 출력 임피던스가 감소
      - 입력 임피던스가 증가
      - 비직선 일그러짐이 감소

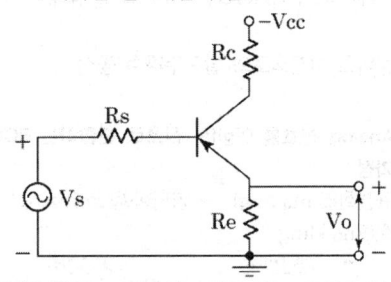

   ② 병렬전류 궤환회로
      - 출력 임피던스가 증가
      - 입력 임피던스가 감소

10 궤환의 특성
   a. 부궤환(negative feedback)
      - 동작 상태를 안정화시키는 쪽으로 동작
      - 증폭기에서 채택
        ① 증폭기 이득 감소
        ② 주파수 특성 개선
        ③ 출력단 잡음 감소
   b. 정궤환(positive feedback)
      - 동작 상태를 불안정하게 하는 쪽으로 동작
      - 발진기에서 채택

11 • 정현파(사인파) 발진기의 종류
   ① LC 발진회로
      - 하틀리(Hartley) 발진회로
      - 콜피츠(Colpitts) 발진회로
      - 동조형 반결합 회로(컬렉터 동조, 이미터 동조, 베이스 동조)
   ② RC 발진회로
      - 이상형(Phase shift) 발진회로
      - 빈 브리지(Wien bridge) 발진회로
   ③ 수정 발진회로
      - 피어스(Pierce) B-E 발진회로
      - 피어스 B-C 발진회로
      - 무조정 발진회로
   ④ 부성 저항 발진회로
      - 터널 다이오드 발진회로
      - 단일접합 트랜지스터 발진회로
• 비정현파(비사인파) 발진기의 종류
   ① 멀티바이브레이터
   ② 블로킹 발진기
   ③ 톱날파 발진기

[사전] 피어스(Pierce) : 꿰찌르다, 꿰뚫다, 관통하다.

12 콜피츠 발진회로의 발진주파수 공식

13 Analog 신호를 Digital 신호로 변환하는 PCM 3단계 과정
표본화(Sampling) → 양자화(Quantizing) → 부호화(Encoding)

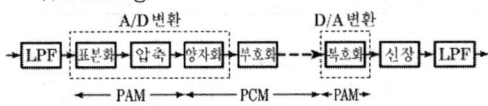

[표본화]

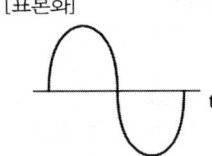 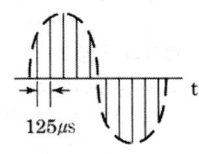

300~3,400Hz 125μs 주기로
음성신호   음성 진폭 표본 추출

[양자화]

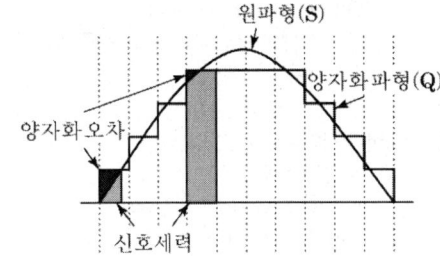

[부호화]

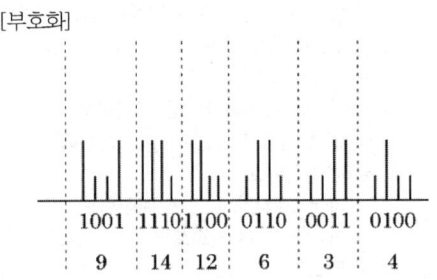

14 펄스파의 조작 방법에 따른 분류
1. 연속 레벨 변조
   ① PAM(펄스진폭변조, Pulse Amplifier Modulation)
   ② PPM(펄스 위상 변조, Pulse Amplifier Modulation)
   ③ PWM(펄스폭변조, Pulse Width Modulation) : 신호의 레벨에 따라 펄스폭을 변화시키는 변조방식
   ④ PFM(펄스 주파수 변조, Pulse Frequency Modulation)
2. 불연속 레벨 변조
   ① 펄스수변조(PNM)
   ② 펄스부호변조(PCM)
   ③ 델타변조(ΔM) : 신호레벨을 일정한 계단파에 근사화 시켜, 즉 레벨이 커질 때는 양(+)의 펄스로 작아져 갈 때는 음(-)의 펄스로 대응시키는 변조방식

[꼭 알아두기] PCM에서 송신의 순서
표본화 → 양자화 → 부호화

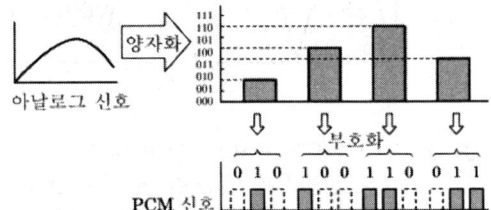

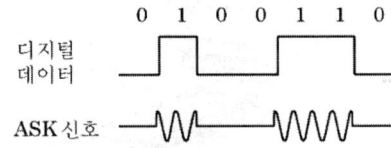

15 시정수(time constant)
전기 회로에 갑자기 전압을 가했을 경우 전류는 점차 증가하여 마침내 일정한 값에 달한다. 이때의 증가의 비율을 나타내는 것으로, 정상 값의 63.2%에 달할 때까지의 시간을 초로 표시한다. 전압을 제거했을 때도 이 반대가 성립된다.

시정수(τ)=RC= 유도 리액턴스×용량
$= 10[k\Omega] \times 0.0047[\mu F]$
$= (10 \times 1000[\Omega]) \times (47 \times \frac{1}{10000}[\mu F])$
$= 47 \times 10^{-6}$

16 전자계산기의 세대 구분(세대별 특징)
① 제1세대
- 논리소자 : 진공관(Tube)
- 속도 : ms(10^{-3})
- 기억소자 : 자기드럼
- 사용언어 : 기계어, 어셈블리어
- 이용분야 : 과학기술 계산 및 통계 계산

② 제2세대 : 소프트웨어개발중심, 운영체제 도입, 다중프로그래밍
- 기법 : 온라인 실시간 처리의 실용화
- 논리소자 : 트랜지스터(TR)
- 속도 : μs(10^{-6})
- 기억소자 : 자기코어
- 보조기억장치 : 자기드럼, 자기 디스크
- 사용언어 : COBOL, FORTRAN, ALGOL 등 고급언어
- 이용분야 : 과학기술계산, 통계, 생산원가계산관리

③ 제3세대 : 다중처리, 시분할방식 실현, MIS 개념의 확립, 집적회로로 소형화
- 논리소자 : 집적회로(IC)
- 속도 : ns(10^{-9})
- 기억소자 : 자기코어 IC
- 사용언어 : PL/1, PASCAL, BASIC, LISP 등 구조화언어
- 이용분야 : 예측의사결정, 사무자동화

④ 제4세대 : 시뮬레이션 기술의 확립, 개인용 컴퓨터 등장, 가상기억장치, 네트워크의 발전
- 논리소자 : 고밀도집적회로(LSI)
- 속도 : ps(10^{-12})
- 기억소자 : IC, LSI
- 사용언어 : C, ADA, 문제 지향적 언어
- 이용분야 : 경영정보예측

⑤ 제5세대 : 인공지능개념 등장, OA, FA, HA, 전문가 시스템
- FUZZY 이론 패턴인식 등장
- 논리소자 : 초고밀도집적회로(VLSI)
- 속도 : fs(10^{-15})
- 기억소자 : LSI, VLSI
- 사용언어 : 객체지향언어
- 이용분야 : 로봇, 시뮬레이션, 인공지능(AI)

17 접근 방식에 의한 주소지정 방식
① 묵시적 주소지정방식(implied addressing mode) : 오퍼랜드를 사용하지 않는 방식으로 명령어 자체 내에 오퍼랜드가 포함되어 있는 방식
② 즉각 주소지정방식(immediate addressing mode) : 명령문 속에 데이터가 존재하는 주소지정방식
③ 직접 주소지정방식(direct addressing mode) : 명령어의 오퍼랜드에 실제 데이터가 들어 있는 주소를 직접 갖고 있는 방식
④ 상대 주소지정방식(relative addressing mode) : 상태 레지스터 등의 내용을 점검하여 조건에 따라 프로그램의 처리를 변경하고자 하는 명령에만 사용되는 주소지정방식
⑤ 인덱스 주소지정방식(indexed addressing mode) : 인덱스 레지스터에 데이터가 스토어되어 있는 어드레스를 로드해 놓고 각 명령에서 이 어드레스 방식을 사용하면 인덱스 레지스터에 로드되어 있는 어드레스가 대상이 되는 주소지정방식
⑥ 간접 주소지정방식(indirect addressing mode) : 오퍼랜드가 존재하는 기억 장치 주소를 내용으로 가지고 있는 기억 장소의 주소를 명령 속에 포함시켜 지정하는 주소지정방식

18 명령어 구성=OP Code(연산자)+오퍼랜드(Operand)
① 명령어 가지수 : OP Code(연산자) 4비트일 경우 $2^4=16$가지
② 주소(Address) 크기 : Operand 5비트일 경우 $2^5=32$개 공간번지

19 $(65)_8 \rightarrow (110101)_2 \rightarrow (35)_{16}$

20 $A \cdot (\overline{A+B+C}) = A\overline{A} + A(\overline{B+C})$
$= A\overline{A} + A(\overline{BC}) = A \cdot \overline{B} \cdot \overline{C}$

21 플립플롭
순서 논리회로의 종류로 1비트의 결과값을 기억하는 기능을 가지고 있는 회로. 따라서 4비트 2진수를 저장하려면 레지스터는 4개의 플립플롭으로 구성

22 ① 프로그래밍 : 컴퓨터 프로그램을 작성하는 일련의 과정
② 프로그램 언어 : 컴퓨터 프로그램을 작성하는 데 사용되는 언어
③ 프로그램 : 컴퓨터에서 처리되는 산술/논리 연산을 처리하기 위한 명령이나 데이터 집단을 의미
④ 프로그래머 : 컴퓨터 프로그램을 작성하는 사람

23 2^{10}byte = 1024byte = 1Kbyte
2^{20}byte = 1024 × 1Kbyte = 1Mbyte
2^{30}byte = 1024 × 1Mbyte = 1Gbyte

24 운영체제(Operating System, OS)
컴퓨터의 하드웨어 시스템을 효율적으로 운영하기 위한 소프트웨어
1. 제어 프로그램
   ① 감시(Supervisor) 프로그램
   ② 작업 관리(Job Management) 프로그램
   ③ 데이터 관리(Data Management) 프로그램
   ④ 통신 관리(Communication Management) 프로그램
2. 처리 프로그램
   ① 언어 번역 프로그램(language translator program)
   ② 서비스 프로그램
   ③ 문제 프로그램

25 1. 파워포인트(Powerpoint) 특징
   ① 하나의 기본 서식을 만들어 놓으면 추가되는 페이지도 동일하게 포맷이 자동으로 구성되는 기능
   ② 애니메이션을 하는 기능
   ③ 글자 모양을 변경하는 기능
2. 엑셀의 주요 기능
   ① 계산을 여러 가지 형태로 함수를 이용하여 수행할 수 있다.
   ② 애니메이션을 하는 기능
   ③ 글자 모양을 변경하는 기능

26 샤논(Shannon)의 채널용량(Channel Capacity)
정해진 오류 발생률 내에서 채널을 통해 최대로 전송할 수 있는 정보량. 측정 단위는 초당 전송되는 비트수가 된다.
- 샤논의 채널 용량 공식

$C[bps] = BW \cdot \log_2(1 + \frac{S}{N})$로 주어진다.

(BW : 대역폭, S/N : 신호 대 잡음비)

$C[bps] = 1.75[kHz] \cdot \log_2(1 + \frac{60[W]}{2[W]})$
$= 1750[Hz] \cdot \log_2 32 = 1750 \cdot 5$
$= 8,750[bps]$

27 통신선로의 임피던스를 정합(Matching)시키는 이유는 반사파가 발생하지 않도록 하기 위하여
1. PCM(펄스부호변조) 방식의 장점
   ① 잡음과 간섭에 강하다.
   ② 전송 중 코딩된 신호를 효과적으로 재생
   ③ 신호대잡음비를 개선하기 위한 채널대역폭의 증가를 효과적으로 변경할 수 있다.
   ④ TDMA(시분할다중화) 시스템에서 신호를 제거하거나 추가하기 쉽다.
   ⑤ 특수한 변조법, 암호화를 쉽게 적용할 수 있다.
[사전]
1. 반사파(reflected wave) : 매질 속을 진행하는 파동이 다른 매질과의 경계면에 부딪쳐 방향을 바꾸어 나아가는 파동
2. 정재파(standing wave) : 진행파가 어떤 경계면을 기준으로 반사되어 돌아온 파와 합쳐지면서 발생한 정지된 파동
   • 정재파비(standing wave ratio) : 선로상에 생기는 정재파의 크기, 정재파의 최댓값과 최솟값의 비
   • SWR의 최댓값은 무한대(반사계수가 1인 경우 반사가 있는 회로), 최솟값은 1(반사계수가 0인 경우 반사가 전혀 없는 회로)
[낱말설명]
   • 정재 : 변하지 않는
   • 정합 : 가지런히 맞음

28 첨단 인프라인 BcN
통신, 방송, 인터넷이 융합된 품질보장형 광대역 멀티미디어 서비스로, 언제 어디서나 끊김없이 안전하게 이용할 수 있는 차세대 네트워크
[사전] BcN : Broadband Convergence Networks

29 전송선로의 특성 임피던스
$= \sqrt{단락 임피던스 \times 개방 임피던스}$
$= \sqrt{400 \times 900} = \sqrt{3600} = 600[ohm]$

30 • NRZ(Non Retun to Zero) : mark, space에 따라 상태 변화가 일어난다. mark 때는 상태 변화가 일어나서 zero로 돌아오지 않으며 space일 경우 +, 0, - 중 하나가 계속 유지하게 되는 현상
   - NRZ 방식의 전송 데이터율 : 38.2[Mb/s]일 경우
• RZ(Return to Zero) : 각 bit가 전송할 때마다 매번 상태의 변화가 있는 현상. 매 bit의 반시간만큼 (+), (-) 상태를 유지하고, 그 뒤에 바로 Zero 상태로 돌

아오게 되는 현상
- RZ 방식의 전송 데이터율
$= \dfrac{\text{NRZ 방식의 전송데이터율}}{2}$
$= \dfrac{38.2[\text{Mb/s}]}{2} = 19.1[\text{Mb/s}]$

[참조]
1. 단류 NRZ(Non-Return Zero)
   ① 0 : 0[V], 1 : + 혹은 - 전압으로 전송한다.
   ② 가장 간단하며, 전송로 방해(잡음)에 약하다.

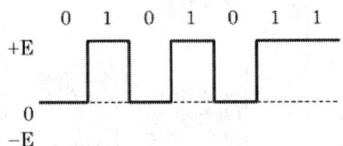

2. 복류 NRZ(Non-Return Zero)
   ① 0, 1 판정의 기준치를 0[V]로 설정한다.
   ② -E[V], +E[V], 수신 전위변화에 강하다.

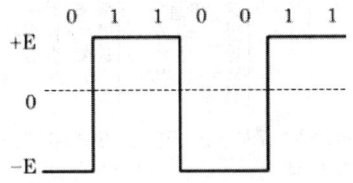

3. 단류 RZ(Return to Zero) : 펄스의 길이가 신호의 길이보다 짧고 필히 0[V]로 복귀 후 변화한다.

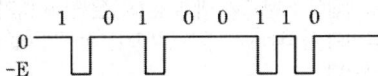

4. 복류 RZ(Return to Zero) : 0에서 1로, 혹은 1에서 0으로 비트 변환 시 항상 0[V]를 일정 간격 유지한다.

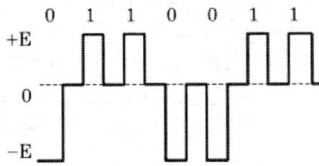

31 광섬유(Optical Fiber) 전송방식의 신호 변환과정
음성 - 전기펄스 - 광펄스 - 전기펄스 - 음성

32 펄스부호화의 장점
① 잡음에 강하다.
② 논리회로 집적화에 강하다.
③ 시분할다중화를 적용하여 분기와 삽입이 쉽다.
④ 양자화잡음이 있다.

33 채널(전송)용량을 증가시키기 위한 방법
샤논의 정리

채널용량[C] = 대역폭 $\times \log_2 (1 + \dfrac{\text{신호전력}}{\text{잡음전력}})$

① 전송대역폭을 넓힌다.
② 신호의 크기를 높인다.
③ 잡음의 크기를 줄인다.
④ 신호대잡음비를 높인다.

34 통신 선로 시설의 구분
① 가공케이블, 지하케이블, 해저케이블, 수저케이블 등 광케이블 및 동케이블류
② 지지물 : 전주, 스트랜드, 케이블받침대
③ 보장물 : 보호망, 통신구, 맨홀, 지하 관로, 가입자 보호기 등수저선로
④ 부대설비 : 중계기, 단자함, 전송로 집선장치 등

35
1. Coaxial 케이블(동축 케이블)

2. STP(Shielded Twisted Pair) 케이블=신호선+호일+쉴드+피복

① 차폐 케이블
② UTP(Unshielded Twist Pair, 차폐연선) 케이블에 비하여 전자파에 강하다.
③ 케이블 심선색상은 UTP 케이블과 동일
   (색상 : 흰주황, 주황, 흰녹색, 파랑, 흰파랑, 녹색, 흰갈색, 갈색)
④ 케이블 겉에 외부 피복, 또는 차폐재가 추가, 외부의 잡음을 차단, 전기적 신호의 간섭을 대폭 감소
⑤ 컴퓨터와 연결하기 위하여 RJ45 커넥터를 사용
3. FTP(Foiled Twisted Pair) 케이블=신호선+호일+피복

4. UTP(Unshielded Twisted Pair) 케이블=신호선 +피복

36 수광각(Acceptance Angle) : 코어에 빛을 전반사시 킬 수 있는 각

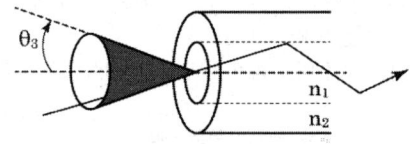

$$e_A = 2e_a = \sin^{-1}(n_1^2 - n_2^2)^{\frac{1}{2}}$$
$$= \sin^{-1}(NA) \quad (NA는 개구수)$$
$$= \sin^{-1}(0.254) = 14.77$$

[추가 설명]
- 개구수 (numeracal aperture) : 빛을 광섬유 내에 수광시킬 수 있는 능력
$$NA = \sqrt{n_1^2 - n_2^2} = \sqrt{1.49^2 - 1.468^2}$$
$$= \sqrt{2.22 - 2.155} = \sqrt{0.065} = 0.254957....$$

- 비굴절률(Δ)차 : 광 코어(n_1) 및 클래딩(n_2)의 굴절 률 차이의 정도
  - 코어 굴절율과 클래딩 굴절률 차이를 코어 굴절률 로 나눈 값
$$비굴절률(\Delta) = \frac{n_1 - n_2}{n_1} \times 100[\%]$$
$$1.5[\%] = \frac{1.49 - n_2}{1.49} \times 100[\%]$$
$$\therefore n_2 = 1.46765...$$

37 코어의 굴절률 = $\frac{광속}{광섬유 빛의 속도}$ 에서

광섬유 빛의 속도 = $\frac{광속}{코어의 굴절률}$
$$= \frac{3 \times 10^8}{1.45} = 2.069 \times 10^8 [m/s]$$
(광속 = $3 \times 10^8 [m]$)

38

```
      ┌ 내부  ┌ AWGN
      │ 잡음 ┤ 열잡음
      │       │ 산탄잡음
      │       │ 플리커 잡음
      │       └ 전류잡음
      │
      │                      ┌ 우주잡음
      │       ┌ 자연잡음    ┌│(지구 외 ┌ 태양잡음
잡 ─┤        │(자연적 현  ─┤│ 잡음)  └ 은하잡음
음   │       │ 상에 의해   ││ 공전 잡음
      │       │ 발생)        └(지구 내 잡음)
      └ 외부 ┤
        잡음 │ ┌ 인공잡음
             │ │ (인공적으
             │ │ 로 만들어  ┌ 백색 잡음
             └─┤ 진 잡음.  ─┤ 코로나 잡음
               │ 불꽃 방전, └ 불꽃 잡음
               │ 코로나 방
               └ 전 등)
```

- 열잡음 : 도체 내의 전자가 불규칙하게 움직임에 따라 발생
- 산탄잡음 : 반도체 소자에서 불규칙적으로 방출되는 전자에 의한 잡음
- 백색잡음 : 전도체 내부 전자들은 열에 따라 불전자 장비와 규칙적으로 움직임. 모든 형태의 매체에서 나타난다.

[보충설명]
- 외부잡음 : 송신 안테나에서 복사된 전파가 수신 안 테나에 도달할 때 필요한 전파 외에 다른 전파가 들어오는 신호를 전파의 잡음
  1. 발생 원인에 따라
     ① 자연 잡음(natural noise) : 대기 잡음 등 지구 내 잡음(terrestrial noise)과 태양 잡음, 우주 잡음 등 지구 외 잡음(extra-terrestrial noise)
     ② 인공 잡음(man-made noise) : 전기 전자 제품, 고주파 이용 설비, 무선 통신 및 방송 시스템, 디지털 정보 기기, 전력 설비 및 자동차 등의 잡음
  2. 잡음의 성질에 따라
     ① 충격성
     ② 연속성

③ 주기잡음

39 강도변조-직접검파
광통신에서 가장 구조가 간단하여 보편적으로 사용하는 광변복조 방식

40 고정 배선법(multiple-teeing system)
배선 케이블에 종이 절연 연피(鉛被) 케이블을 썼을 때의 배선법의 일종으로 인접한 단자함 상호간을 다중선만으로 융통성을 줄 수 있는 배선법이다.

41 케이블(Cable)
전기적/광학적 파동을 전파(도파)하는 것
① 흄관(원심력철근콘크리트관) : 발명자의 이름을 따서 흄(Hume)관이라고도 한다. 재질은 철근콘크리트관과 유사하며 원심력에 의해 굳혀 강도가 뛰어나므로 하수관거용으로 가장 많이 사용되고 있다. 흄관의 규격은 KS에서 그 사용 조건에 따라 보통관과 압력관으로 구별하고 있다. 적합한 규격 및 형태는 매설장소의 하중조건 등에 따라 신중하게 결정해야 한다.
② 경질염화비닐관(KS M 3404) : 가볍고 시공성이 우수하지만 연성관이기 때문에 내경의 5[%] 정도를 허용변형률로 하고 있다. 일반적으로 가벼워서 다루기 쉽고 연결이 쉬워서 공기를 단축할 수 있으며 내면이 매끈하여 조도가 작다. 수명이 길고 값도 싼 편에 속해 국내외에서 사용량이 크게 늘고 있는 추세이지만 시공방법 및 재질상 파열과 처짐 등의 문제점을 가지고 있으므로 경질염화비닐관의 제조업체가 제시한 시공순서 및 방법에 따라 신중히 시공하여야 한다.
  ㉠ 장점
    • 내식성이 뛰어나다.
    • 중량이 가볍고 시공성이 좋다.
    • 가공성이 좋다.
    • 내면조도가 변화하지 않는다.
  ㉡ 단점
    • 저온 시에 내충격성이 저하한다.
    • 특정 유기용제 및 열, 자외선에 약하다.
    • 장기적 강도, 피로강도, 클리닝 강도에 주의를 요한다.
    • 표면에 상처가 생기면 강도가 저하한다.
    • 이형관 보호공을 필요로 한다.
    • 접착이음은 강도, 수밀성에 주의를 요한다.

③ 덕타일주철관
  ㉠ 장점
    • 강도가 크고 내구성이 뛰어나다.
    • 강인성이 뛰어나고 충격에 강하다.
    • 이음에 신축 휨성이 있고 관이 지반의 변동에 유연하다.
    • 시공성이 좋다.
    • 이음의 종류가 풍부하다.
  ㉡ 단점
    • 중량이 비교적 무겁다.
    • 이음의 종류에 따라서는 이형관 보호공을 필요로 한다.
    • 내외의 방식면에 손상을 입히면 부식되기 쉽다.
④ 강관 : 원통형으로 성형 가공된 강재로 이음이 없는 것과 용접 또는 단접으로 된 것도 있다.
  ㉠ 장점
    • 강도가 크고 내구성이 있다.
    • 강인성이 뛰어나고 충격에 강하다.
    • 용접이음에 의해 일체화가 가능, 지반의 변동에는 장대한 파이프라인으로 유연하다.
    • 가공성이 좋다.
    • 라이닝의 종류가 풍부하다.
  ㉡ 단점
    • 용접이음은 숙련공이나 특수한 공구를 필요로 한다.
    • 전식에 대한 배려가 필요하다.
    • 내외의 방식면에 손상을 입히면 부식되기 쉽다.

42 SDSL(Sychronous Digital Subscripter Line, 대칭형 디지털가입자회선) : 대칭형이며 전화선을 사용한다.

43 루프저항이 중요한 이유
전원중첩방식의 경우 케이블의 루프저항(회선 직류저항)값에 따라 전원전송거리에 영향을 끼치므로 전원중첩 시스템 적용 시 사전에 케이블 종류와 등급확인이 필요하다.

44 1. OTDR(Optical Time Domain Reflectormeter) : 광섬유 케이블 포설 완료 후 케이블의 이상 유무나 케이블 접속 후 접속 상태를 확인하는데 사용되는 장비
  - 측정법 : 후방산란법

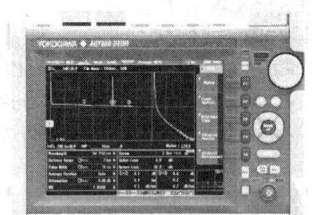

- 펄스시험기로 측정할 수 있는 것
  - 케이블의 임피던스 불균등 측정
  - 케이블의 고장점 거리 측정
  - 케이블의 단선, 단락 고장 측정
2. 광원(Light source)
   - 광손실을 측정하기 위해 광전력을 발생시키는 장비
   - 측정법 : 투과법(컷백법, 삽입법)
3. 광검출기(Power meter)
   - 광전력의 세기정도를 측정하는 장비
   - 측정법 : 투과법(컷백법, 삽입법)

45 케이블 전송손실[dB]$= 10 \times \log_{10}(\frac{입력 전력}{출력 전력})$
$= 10 \times \log_{10}(\frac{0.1\text{mW}}{0.001\text{mW}})$
$= 10 \times 2 = 20[\text{dB}]$

46 유선·무선·광선(光線) 또는 그 밖의 전자적 방식에 의하여 방송통신콘텐츠를 송신(공중에게 송신하는 것을 포함한다.)하거나 수신하는 것과 이에 수반하는 일련의 활동
- 방송통신콘텐츠 : 유선·무선·광선 또는 그 밖의 전자적 방식에 의하여 송신되거나 수신되는 부호·문자·음성·음향 및 영상을 말한다.
- 방송통신기자재 : 방송통신설비에 사용하는 장치·기기·부품 또는 선조 등을 말한다.
- 방송통신사업자 : 관련 법령에 따라 방송통신위원회에 신고·등록·승인·허가 및 이에 준하는 절차를 거쳐 방송통신서비스를 제공하는 자를 말한다.

47 공사의 종류(제2조제2항 관련)
1. 통신설비공사
   - 통신선로설비공사
   - 교환설비공사
   - 전송설비공사
   - 구내통신설비공사
   - 이동통신설비공사
   - 위성통신설비공사
   - 고정무선통신설비공사
2. 방송설비공사
   - 방송국설비공사
   - 방송전송·선로설비공사
3. 정보설비공사
   - 정보제어·보안설비공사
   - 정보망설비공사
   - 정보매체설비공사
   - 항공·항만통신설비공사
   - 선박의 통신·항해·어로설비공사
   - 철도통신·신호설비공사
4. 기타 설비공사
   - 정보통신전용전기시설설비공사

48 정보통신공사의 감리는 「정보통신공사업법」 제8조의 규정에 따라 발주자가 용역업자에게 발주하여야 하며, 상주시켜야 하는 감리원인원은 발주자와 용역업자가 협의하여 적정인원을 배치
- 기술사 : 총공사금액 100억원 이상인 공사
- 특급감리원 : 총공사금액 70억원 이상 100억원 미만인 공사
- 고급감리원 이상의 감리원 : 총공사금액 30억원 이상 70억원 미만의 공사
- 중급감리원 이상의 감리원 : 총공사금액 5억원 이상 30억원 미만의 공사
- 초급감리원 이상의 감리원 : 총공사금액 5억원 미만의 공사

49 공사업자의 신고의무
1. 공사업자가 파산한 경우에는 그 파산관재인(破産管財人)
2. 법인이 합병 또는 파산 외의 사유로 해산(解散)한 경우에는 그 청산인(淸算人)
3. 공사업자가 사망하였으나 상속인이 그 공사업을 상속하지 아니하는 경우에는 그 상속인
4. 제1호부터 제3호까지의 사유 외의 사유로 공사업을 폐업한 경우에는 그 공사업자였던 개인 또는 법인의 대표자

[보충설명] 영업정지와 등록취소 : 영업정지처분에 위반하거나 최근 5년간 3회 이상 영업정지처분을 받은 때

50 정보통신공사협회는 과학기술정보통신부장관의 인가를 받아 설립할 수 있다.

51
1. "전기통신"이란 유선·무선·광선 또는 그 밖의 전자적 방식으로 부호·문언·음향 또는 영상을 송신하거나 수신하는 것을 말한다.
2. "전기통신설비"란 전기통신을 하기 위한 기계·기구·선로 또는 그 밖에 전기통신에 필요한 설비를 말한다.
3. "전기통신회선설비"란 전기통신설비 중 전기통신을 행하기 위한 송신·수신 장소 간의 통신로 구성설비로서 전송설비·선로설비 및 이것과 일체로 설치되는 교환설비와 이들의 부속설비를 말한다.
4. "사업용전기통신설비"란 전기통신사업에 제공하기 위한 전기통신설비를 말한다.
5. "자가전기통신설비"란 사업용전기통신설비 외의 것으로서 특정인이 자신의 전기통신에 이용하기 위하여 설치한 전기통신설비를 말한다.
6. "전기통신역무"란 전기통신설비를 이용하여 타인의 통신을 매개하거나 전기통신설비를 타인의 통신용으로 제공하는 것을 말한다.
7. "전기통신사업"이란 전기통신역무를 제공하는 사업을 말한다.

52 기간통신사업자가 전기통신서비스 요금 감면 대상
① 국가안전보장
② 재난구조
③ 사회복지

53 접지설비·구내통신설비·선로설비 및 통신공동구 등에 대한 기술기준에서 맨홀 또는 핸드홀 간의 설치 기준은 246[m] 이내이다.

54 접지설비·구내통신설비·선로설비 및 통신공동구 등에 대한 기술기준
제3조 용어의 정의
1. "장치함"이라 함은 증폭기, 분배기, 분기기 및 보호기를 수용하며, 동축케이블을 종단하여 상호 연결하는 함을 말한다.
2. "통신선"이라 함은 절연물로 피복한 전기도체 또는 절연물로 피복한 위를 보호피복으로 보호한 전기도체 등으로서 통신용으로 사용하는 선을 말한다.
3. "이격거리"라 함은 통신선과 타물체(통신선을 포함한다)가 기상조건에 의한 위치의 변화에 의하여 가장 접근한 경우의 거리를 말한다.
4. "강전류절연전선"이라 함은 절연물만으로 피복되어 있는 강전류전선을 말한다.
5. "강전류케이블"이라 함은 절연물 및 보호물로 피복되어 있는 강전류전선을 말한다.
6. "저압"이라 함은 직류는 750V 이하, 교류는 600V 이하의 전압을 말한다.
7. "고압"이라 함은 직류는 750V, 교류는 600V를 초과하고 7,000V 이하의 전압을 말한다.
8. "특별고압"이라 함은 7,000V를 초과하는 전압을 말한다.
9. "회선"이라 함은 전기통신의 전송이 이루어지는 유형 또는 무형의 계통적 전기통신로를 말하며, 그 용도에 따라 국선 및 구내선 등으로 구분한다.
10. "기타건축물"이라 함은 업무용 건축물 및 주거용 건축물을 제외한 건축물을 말한다.
11. "이용자"라 함은 구내통신선로설비를 소유하거나 사용하는 자를 말한다.
12. "사업자"라 함은 전기통신역무를 제공하는 통신사업자를 말한다.
13. "국선"이라 함은 사업자의 사업용전기통신설비로부터 이용자전기통신설비의 최초 단자에 이르기까지의 사이에 구성되는 회선을 말한다.
14. "구내간선케이블"이라 함은 국선단자함에서 동단자함 또는 동단자함에서 동단자함까지(건물간 구간)를 연결하는 통신케이블을 말한다.
15. "건물간선케이블"이라 함은 동단자함에서 층단자함까지 또는 층단자함에서 다른 층의 층단자함까지(건물 내 수직 구간)를 연결하는 통신케이블을 말한다.
16. "수평배선케이블"이라 함은 층단자함에서 통신인출구까지(건물 내 수평 구간)를 연결하는 통신케이블을 말한다.
17. "국선단자함"이라 함은 국선 및 구내간선케이블 또는 구내케이블을 종단하여 상호 연결하는 통신용 분배함을 말한다.
18. "동단자함"이라 함은 구내간선케이블 및 건물간선케이블을 종단하여 상호 연결하는 통신용 분배함을 말한다.
19. "층단자함"이라 함은 건물간선케이블 및 수평배선케이블을 종단하여 상호 연결하는 통신용 분배함을 말한다.
20. "세대단자함"이라 함은 세대 내에 인입되는 통신선로 또는 종합유선방송설비 등의 배선을 효

율적으로 분배·접속하기 위하여 이용자의 전용 공간에 설치되는 분배함을 말한다.
21. "세대 내 성형배선"(이하 "성형배선"이라 한다)이라 함은 세대단자함 또는 이와 동등한 기능이 있는 단자함에서 각 인출구로 직접 배선되는 방식을 말한다.
22. "급전선"이라 함은 이동전화역무 또는 무선호출역무 등에 사용되는 무선송수신기와 안테나 간에 연결하는 선로를 말한다.
23. "중계장치"라 함은 선로의 도달이 어려운 지역을 해소하기 위해 사용하는 증폭장치 등을 말한다.

55 해저통신선과 해저 강전류전선의 최소 이격거리(상호 근접하여 설치하여서는 안 되는 거리)는 500[m]이다.

56 골조공사 시 세대단자함의 재질 및 보강방법 등을 변형이 생기지 않도록 하기 위함이다.

57 통신국사
방송통신설비를 안전하게 설치·운영·관리하기 위해 통신기계실 등으로 구성한 건축물

58 응답스펙트럼
지진 운동의 진동주파수에 대한 지진가속도의 변화 특성을 말한다.

59 방송통신설비의 안전성 및 신뢰성 등에 관한 기술기준
제2조(적용범위) 이 고시는 다음 각호의 해당하는 방송통신설비에 대하여 적용한다.
규정 제3조제1호의 규정에 의한 사업용방송통신설비(기간통신설비, 별정통신설비, 부가통신설비 및 전송망설비)
"방송통신발전기본법"제37조제1항의 규정에 의한 자가방송통신설비(이하 "자가통신설비"라 한다.)

60 자연재해로 인한 옥외설비 피해
방송통신설비가 자연재해에 의해 피해를 받는 사례는 주로 옥외설비에서 나타났으며, 수해, 폭설(동결), 풍해, 화재, 낙뢰 등의 재해가 발생한다.

2020년 2회 시행 과년도출제문제 해설

01	02	03	04	05	06	07	08	09	10	11	12	13	14	15
①	④	③	④	②	①	①	③	②	④	④	②	①	①	②
16	17	18	19	20	21	22	23	24	25	26	27	28	29	30
①	①	②	①	④	①	②	④	②	①	④	④	③	③	①
31	32	33	34	35	36	37	38	39	40	41	42	43	44	45
①	①	③	②	④	③	③	①	②	②	③	③	③	③	②
46	47	48	49	50	51	52	53	54	55	56	57	58	59	60
④	①	③	①	②	①	③	②	②	④	③	④	①	②	②

01 1. 임피던스(온저항, impedance, 교류 저항) : 주파수에 따라 달라지는 저항값, 교류회로에 가해진 전압과 전류의 비. 단위는 옴(Ω)으로 표시
2. 저항 : 전류의 흐름을 방해하는 작용

02 전력량에서는 시(Hour) 단위로 표현을 하였으나 줄에서는 초단위로 표현
$2[kWh] = 2 \times 1000 \times (60 \times 60)$
$\qquad = 7200000[J]$
$\qquad = 7.2 \times 10^6 [J]$

03 전압$[V] = I \times \sqrt{R^2 + X_L^2}$
$\qquad = 2 \times \sqrt{10^2 + 10^2}$
$\qquad = 2 \times \sqrt{200}$
$\qquad = 2 \times \sqrt{2 \times 10^2}$
$\qquad = 20 \times 1.414$
$\qquad = 28.28[V]$

04
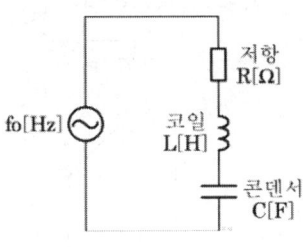
[RLC 직렬회로]

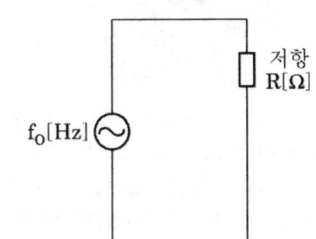
[RLC 직렬공진회로]

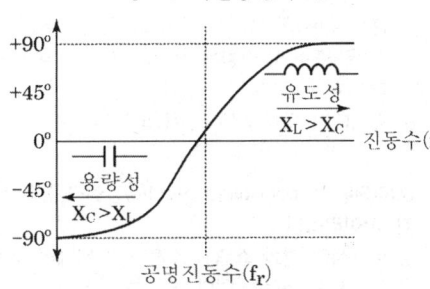

05 1. 비오-사바르의 법칙 : 전류에 의해 만들어진 자계(자기장)의 크기를 구할 때 사용하는 법칙

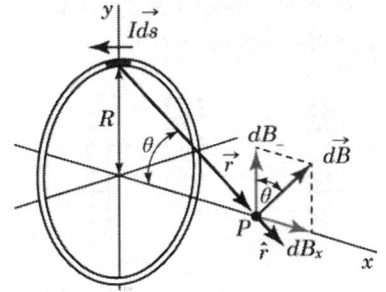

2. 앙페르(Ampere)의 법칙(오른나사 법칙) : 전류에 의한 자기장의 자력선 방향을 결정하게 되는 법칙

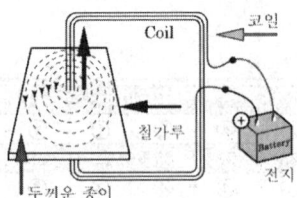

3. 플레밍(Fleming)의 왼손법칙(전동기의 원리)

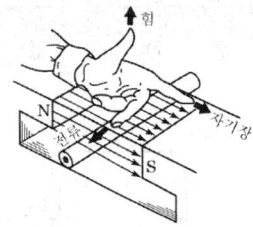

① 전기에너지가 운동에너지로 변환
② 전류가 흐르고 있는 도선에 대해 자기장이 미치는 힘의 작용 방향을 정하는 법칙

4. 플레밍(Fleming)의 오른손법칙(변압기 원리)
① 전류 방향과 자기장 방향의 관계
② 운동에너지를 전기에너지로 변환

5. 렌츠(Lenz)의 법칙(유도전류의 방향) : 유도 기전력과 유도전류의 방향은 자속의 증가를 방해하는 방향이다.

6. 패러데이 법칙 : 유도전류의 크기

06 SCR(Silicon controlled rectifier, 실리콘 제어 정류기, 사이리스터)

① 내구성이 강한 스위치 소자(예 : 카메라 strobe)
② 부성저항 특성이 없다.
③ 동작 최고온도가 가장 높다.(200도)
④ 정류기능의 단일 방향성 3단자 소자
⑤ 게이트의 작용 : 통과 전류 제어 작용
⑥ 위상제어, 인버터, 초퍼 등에 사용
⑦ 역방향 내전압이 가장 크다.

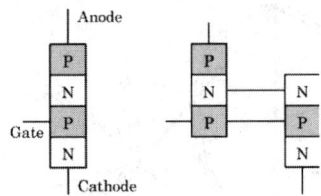

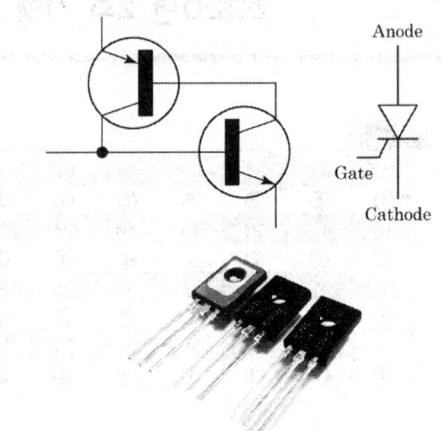

[용어설명] 부성저항(Negative resistance) : 전압을 높이면 저항값이 증가하며 전류가 떨어지는 현상

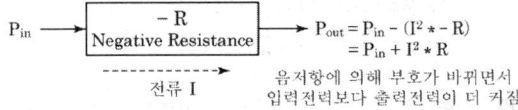

음저항에 의해 부호가 바뀌면서 입력전력보다 출력전력이 더 커짐

07 1. 미분회로 : 입력 신호를 시간에 대해서 미분하여 출력신호를 내보내는 회로

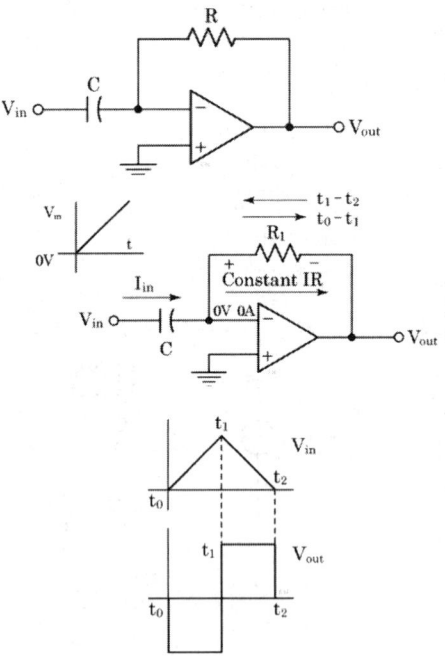

2. 인덕터(Inductance, 자기유도계수, 코일)

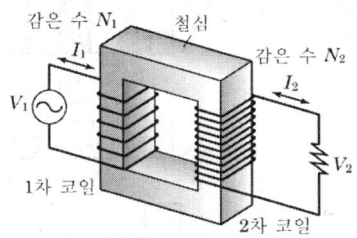

3. 평활회로
   ① 정류기의 출력은 직류와 교류 성분이 섞여 있는 전압이다.
   ② 평활회로는 이 전압(맥류라 함)에 남아 있는 교류 전압을 제거하는 평활한 직류 성분만을 출력하는 회로
   ③ 일반적으로 L, C의 소자를 이용한 저주파 필터를 사용하여 평활회로를 구성
   ④ 완벽한 교류 성분 제거는 불가능하다. 약간의 교류 성분이 남게 된다. 이것을 리플 잡음(ripple noise)이라 한다.
4. 맥동율(ripple factor)

$$r = \frac{V_r}{V_{DC}} \times 100[\%] \qquad V_r = \frac{V_{AC}}{2\sqrt{2}}$$

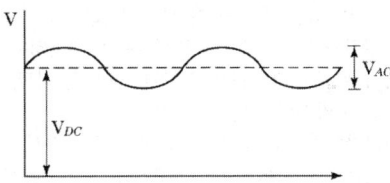

08 전압 안정화 회로
평활회로를 거친 직류 전압은 부하조건이나 입력 교류 전원의 전압 변동에 따라 변하므로 아직 불안한 전원

	Linear 방식	Switching 방식
전환 변환 효율	낮다(50% 미만)	좋다(약 85%)
중량	무겁다	가볍다
형상	대형	소형
복수 전원 구성	불편	간단
전압 정밀도	좋다.	나쁘다(노이즈)
회로 구성	간단	복잡

① 리니어(정전류) 방식 : 가장 간단한 방법으로 높은 전압의 전원에 저항을 연결해서 부하(전력을 소비하는 기구)측에 공급되는 전력을 제어하는 방식
② 스위칭(정전압) 방식 : 높은 전압의 전원을 고속으로 ON/OFF시켜서 부하에 공급되는 전력을 조절하는 방식

09 바이어스 전류(연산증폭기)
$$= \frac{\text{입력전류항}}{2} = \frac{I_{B1} + I_{B2}}{2} = \frac{5+5}{2} = 5[A]$$

10 DEPP(Double-Ended Push-Pull) 회로
① TR의 출력단에 접지에 대해서 2개가 있는 B급 Push-Pull 증폭회로
② 직류적으로 전원과 병렬 접속된 한 쌍의 TR Q_1, Q_2의 각 컬렉터점이 출력점이 되고, 부하와 직렬로 접속이 되어 있다.

C : 컬렉터단자(변조입력)
B : 베이스단자 (반송파)
E : 이미터단자

11 콘덴서(C, 정전용량)
1. 정현파 발진기의 종류
   ① LC 발진회로
      - 하틀리(Hartley) 발진회로
      - 콜피츠(Colpitts) 발진회로
      - 동조형 반결합 회로(컬렉터 동조, 이미터 동조, 베이스 동조)
   ② RC 발진회로
      - 이상형(Phase shift) 발진회로
      - 빈 브리지(Wien bridge) 발진회로
   ③ 수정 발진회로

- 피어스(Pierce) B-E 발진회로
- 피어스 B-C 발진회로
- 무조정 발진회로
④ 부성 저항 발진회로
- 터널 다이오드 발진회로
- 단일접합 트랜지스터 발진회로
2. 비정현파 발진기의 종류
① 멀티바이브레이터
② 블로킹 발진기
③ 톱날파 발진기

[사전] 피어스(Pierce) : 꿰찌르다, 꿰뚫다, 관통하다.

12 PLL(Phase Locked Loop, 위상고정회로)
위상검출기, 저역통과필터, VCO로 구성된 전압 궤환 회로로서 입력신호를 잠그거나 동기시킬 수 있는 회로

1. 위상비교기(Phase comparator, 또는 위상검출기 Phase Detector) : 수신되는 입력 신호의 위상과 국부적으로 발생시킨 복사본 위상과의 위상차를 측정하며, 이 위상차(에러)에 비례하는 전압을 출력함
2. 저역통과필터(Low Pass Filter, 또는 루프 필터 Loop filter) : 위상검출기로부터 나오는 두 신호 간 위상차의 고주파 성분을 제거하고, VCO 및 입력 신호 간 위상차를 줄이는 쪽으로 VCO 주파수를 변화시키게 되는 제어 전압을 VCO에 인가
3. 전압제어발진기(VCO) : 제어 전압에 따라 제어되는 주파수를 발생시키는 발진기

위상검출기 or 위상비교기 저역통과필터 or 루프필터
입력 → PC or PD → LPF or LF → 출력
           ↑   ↓
           ← VCO 전압제어발진기 ←

13 아날로그 펄스 변조방식
① PAM(펄스 진폭 변조, Pulse Amplifier Modulation)
② PPM(펄스 위상 변조, Pulse Amplifier Modulation)
③ PWM(펄스폭변조, Pulse Width Modulation) : 신호의 레벨에 따라 펄스폭을 변화시키는 변조방식
[Tip] PFM(펄스 주파수 변조, Pulse Frequency Modulation)
[꼭 알아두기] PCM에서 송신의 순서 : 표본화 → 양자화 → 부호화

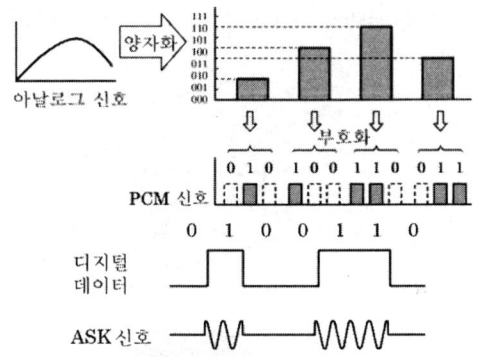

14 펄스 진폭 변조(PAM : Pulse Amplifier Modulation)
신호 레벨(높낮이)에 따라 펄스의 진폭을 변화시킨다.

15
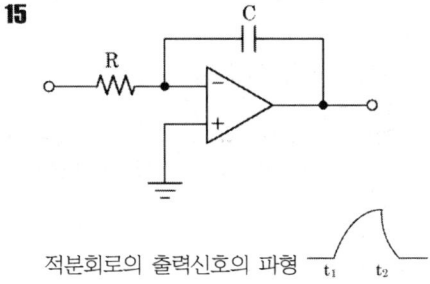

적분회로의 출력신호의 파형 t_1 t_2

16 컴퓨터의 기능
① 입력기능 : 외부로부터 처리하고자 하는 프로그램이나 데이터를 컴퓨터 본체에 전달해 주는 기능
② 기억기능 : 입력장치를 통하여 받아들인 데이터와 프로그램 또는 데이터 처리 과정에서 얻어진 중간 결과 및 최종 결과를 기억하는 기능
③ 연산기능 : 기억장치의 프로그램과 데이터를 이용하여 제어장치의 통제에 산술 연산 및 비교, 판단 등의 논리연산을 행하는 기능
④ 제어기능 : 입력, 출력, 기억, 연산 등 4가지 기능이 유기적으로 작동하도록 명령하고 감독, 통제하는 기능

17
1. 연산장치(ALU) : 제어장치의 지시에 따라 순서대

로 연산하는 장치
2. 가산기(Adder, 덧셈기) : 신호들에 대한 덧셈 연산을 회로적으로 수행하는 연산회로
(종류) 논리가산기(곱셈), 전가산기, 반가산기

18 기억 장치의 성능
① 기억 용량(Capacity)
② 접근 시간(Access Time)
③ 기억 사이클 시간(Memory Cycle Time)

19 ① $(1111)_2 \rightarrow (15)_{10}$
② $(14)_8 \rightarrow (1100)_2 \rightarrow (12)_{10}$
③ $(12)_{10}$
④ $(C)_{16} \rightarrow (12)_{10}$

20

	회로 기호
NAND 게이트	A, B → C (NAND)
OR 게이트	A, B → C (OR)
AND 게이트	A, B → C (AND)

21 카르노맵(Karnaugh map)의 변수 개수에 따른 최소항의 개수
① 2변수 : 4개(00, 01, 10, 11)
② 3변수 : 8개(000, 001, 010, 011, 100, 101, 110, 111)
③ 4변수 : 16개(0000, 0001, 0010 ~ 1101, 1110, 1111)

22 순서도(Flowchart, 흐름도)의 특징
① 간단하고 명료하게 표현한다.
② 처리되는 과정을 모두 표현한다.
③ 전체의 흐름을 명확히 알 수 있도록 작성한다.

23 1바이트(byte)=8비트(bit)
1024바이트=1킬로바이트(1KB)
2^{10}byte = 1024byte = 1Kbyte
2^{20}byte = 1024×1Kbyte = 1Mbyte
2^{30}byte = 1024×1Mbyte = 1Gbyte

24 운영체제(OS, Operating System)의 목적
① 신뢰도   ② 처리 능력
③ 사용 가능도   ④ 응답 시간

25 운영체제(Operating System, OS)
컴퓨터의 하드웨어 시스템을 효율적으로 운영하기 위한 소프트웨어
① 제어 프로그램
 • 감시(Supervisor) 프로그램
 • 작업 관리(Job Management) 프로그램
 • 데이터 관리(Data Management) 프로그램
 • 통신 관리(Communication Management) 프로그램
② 처리 프로그램
 • 언어 번역(language translator) 프로그램
 • 서비스 프로그램
 • 문제 프로그램

26 PCM(펄스부호변조)
전송하려고 하는 음성신호를 표본화한 다음 양자화하고 부호화하여 송신하는 변조방식(음성신호 → 표본화 → 양자화 → 부호화)

27 $\lambda = \dfrac{C}{f}$ (파장 = $\dfrac{광속}{주파수}$, 광속 : 3×10^8m)

$\lambda = \dfrac{3\times10^8 \text{m}}{3,000\text{Hz}} = 100,000\text{m} = 100\text{km}$

28 1. 전송선로 정수의 1차 정수
① 도체저항(R)
② 자기 인덕턴스(L) : 주위온도가 높아지면 그 값이 감소되는 것
③ 정전용량(C)
④ 누설 컨덕턴스(G)

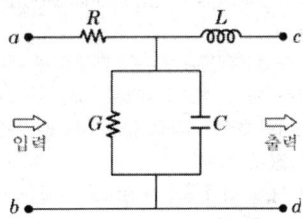

2. 전송선로 정수의 2차 정수(1차 정수로부터 유도된 양)
① 감쇠정수 $\alpha = \sqrt{RG}$

② 위상정수 $\beta = \omega\sqrt{LC}$
③ 전파정수 $\gamma = \sqrt{(R+j\omega L)(G+j\omega C)}$
④ 특성 임피던스 $Z_o = \sqrt{\dfrac{R+j\omega L}{G+j\omega C}}$

29 절연저항 평형
도체 사이에 절연체를 끼우거나 도체 사이를 연락하는 도선을 끊어 전기나 열이 통하지 못하게 하는 것으로 누화가 발생하지 않도록 한다.
[참조] 누화 원인의 종류
    a. 비요해성 누화   b. 직접누화
    c. 간접누화   d. 근단누화
    e. 원단누화

30 디지털 전송 방식의 장점

항목	내용
저가격화	LSI, VLSI로 이어지는 기술의 진보로 아날로그에 비해 가격이 저렴
데이터 무결성의 보장	중계기에 의해 전송매체상의 잡음이나 손상이 제거되므로, 장거리 전송이나 저품질 전송로상에서도 데이터의 무결성이 보장
전송용량의 이용 확대	아날로그 전송방식에 비해 보다 저렴하고 용이하게 넓은 대역의 전송로를 구축
데이터 안전성 증대	디지털 신호변환에 의해 아날로그나 디지털 정보의 암호화를 쉽게 구현
정보의 종합	음성, 영상, 데이터 정보 등 모든 형태의 정보를 수용 가능

31 PCM(Pulse Code Modulation, 펄스코드변조)
① 음성 정보와 같은 아날로그 정보를 디지털 신호로 변환하는 방식
② 입력 아날로그 데이터를 일정한 주기마다 표본화하여 PAM(Pulse Amplitude Modulation) 펄스로 만든다.
③ 300~3400[Hz] 범위에 대부분의 주파수 성분을 가지는 음성 정보의 경우, 표본화 주파수를 8000[Hz]로 하면 원래의 음성 정보를 손실 없이 유지할 수 있다.
[Tip] Analog 신호를 Digital 신호로 변환하는 PCM 3단계 과정
    표본화(Sampling) → 부호화(Encoding) → 양자화(Quantizing)

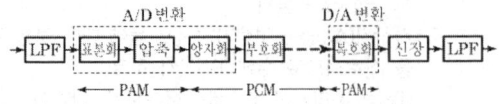

32
1. 직교 진폭 변조(QAM, Quadrature Amplitude Modu- lation)=PSK+ASK : 독립된 2개의 반송파인 동상(in-phase) 반송파와 직각 위상(quadrature) 반송파의 진폭과 위상을 변환·조정하여 데이터를 전송하는 변조 방식
2. 디지털 변조 방식
① 진폭편이변조(ASK, Amplitude Shift Keying) : 디지털 신호가 1이면 출력을 송신, 0이면 off
② 주파수편이변조(FSK, Frequency Shift Keying) : 디지털 신호가 1이면 mark 주파수로, 0이면 space 주파수라 불린다.
③ 위상편이변조(PSK, Phase Shift Keying) : 디지털 신호의 0, 1에 따라 2종류의 위상을 갖는 변조 방식

33 WDM(Wavelength Division Multiplexing, 파장분할 다중화)
다른 파장을 갖는 여러 개의 광원을 묶어서 보낸 후 다시 역다중화하는 방식

34 동축(Coaxial) 케이블의 특성 임피던스는 75[Ω]이다.

35
CAT4의 대역폭은 16[MHz]
CAT6의 대역폭은 250[MHz]
UTP(Unshielded Twisted Pair) 케이블=신호선+피복

36
1. 비굴절률(Δ)차 : 광 코어(n_1) 및 클래딩(n_2)의 굴절률 차이의 정도
   - 코어 굴절률과 클래딩 굴절률 차이를 코어 굴절

률로 나눈 값

$$비굴절률(\Delta) = \frac{n_1 - n_2}{n_1} \times 100[\%]$$

$$1.5[\%] = \frac{1.49 - n_2}{1.49} \times 100[\%]$$

$$n_2 = 1.46765...$$

2. 개구수(numeracal aperture) : 빛을 광섬유 내에 수광시킬 수 있는 능력

$$NA = \sqrt{n_1^2 - n_2^2} = \sqrt{1.49^2 - 1.468^2}$$
$$= \sqrt{2.22 - 2.155} = \sqrt{0.065} = 0.254957....$$

3. 수광각(Acceptance Angle) : 코어에 빛을 전반사 시킬 수 있는 각

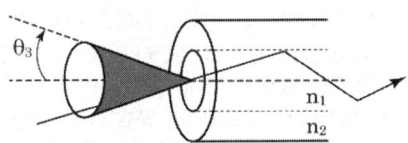

37 비원율 = $\frac{최대\ 직경 - 최소\ 직경}{표준\ 직경} \times 100$

$$= \frac{127 - 123}{125} \times 100$$

$$= \frac{4}{125} \times 100 = 3.2[\%]$$

38 광 결합기

하나의 광신호 전력을 두 개 이상의 출력으로 전력을 분배하는 기능을 하는 것

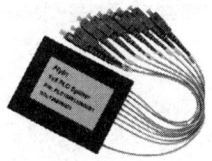

[광 스플리터]

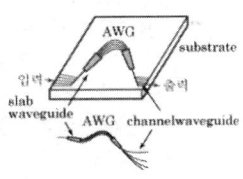

[광 서큘레이터]

AWG[배열 도파로 격자]

39 케이블 전송손실[dB] = $10 \times \log_{10}(\frac{출력}{입력})$

$$20[dB] = 10 \times \log_{10}(\frac{100mW}{1mW})$$

따라서 출력 100[mW]이면

$$10 \cdot \log_{10}\frac{100mW}{1mW} = 10 \cdot \log_{10}100 = 20dBm$$

① dB : 어떤 값의 차이를 Log로 나타낸 스케일의 한 종류(상대값)

$$1mW = 0.001W = 10 \cdot \log_{10}0.001 = -30dB$$

② dBm : mW 단위의 전력을 dB 스케일로 나타낸 단위(절대값)

$$1mW = 10^0 mW$$
$$= 10 \cdot \log_{10}\frac{1mW}{1mW} = 10 \cdot \log_{10}1 = 0dBm$$

$$10mW = 10^1 mW$$
$$= 10 \cdot \log_{10}\frac{10mW}{1mW} = 10 \cdot \log_{10}10$$
$$= 10dBm$$

$$100mW = 10^2 mW$$
$$= 10 \cdot \log_{10}\frac{100mW}{1mW} = 10 \cdot \log_{10}100$$
$$= 20dBm$$

$$1000mW = 1W = 10^3 mW$$
$$= 10 \cdot \log_{10}\frac{1000mW}{1mW} = 10 \cdot \log_{10}1000$$
$$= 30dBm = 0dB(W)$$

40 맨홀은 밀폐된 공간에서는 유해가스가 지속으로 발생할 수 있으므로 환기를 충분히 시키고 맨홀에 들어가거나 작업을 한다.

41 포설공법

포설공법	견인 포설공법			공압 포설공법	양방향 포설공법
	선단 견인	선단 중간 견인	인력 견인		
최대 포설속도 [m/분]	30	20	10	50	적용된 공법의 포설속도

[케이블 포설 공법 분류]
① 견인포설공법(Pulling method) : 케이블의 선단이나 중간을 견인하여 지하 관로 내에 포설하는 공법으로 견인방법에 따라 선단견인방식, 선단 중간견인방식, 인력견인방식 등으로 구분된다.
② 공압포설공법((Blowing method) : 케이블을

내관 내 공기 압력으로 불어 넣어 포설하는 공법이다.
③ 양방향포설공법((Bidirection method) : 케이블의 양단을 각각의 시단으로 하여 포설구간의 중간지점에서 케이블을 양방향으로 포설하는 공법으로서 견인이나 공압포설공법으로 시행한다.

42 해저 케이블통신은 위성통신에 비해 기후의 영향을 거의 받지 않는다.

43 1차 정수 요소
① 저항(R), [Ω/km]
② 인덕턴스(L), [H/km]
③ 정전용량(C), [F/km]
④ 누설 컨덕턴스(G, Leakage Conductance), [℧/km]

44 $1[dB] = \dfrac{1}{8.686} = 0.115[Neper]$

45 통신용 전주를 세울 때 지선 45° 및 지주 30°이다. 지선은 장력의 반대측, 지주는 장력측에 취부한다.

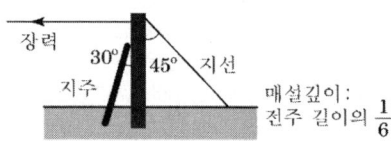

46 1. 감리 : 공사[건축사법] 제4종에 따른 건축물의 건축 등은 제외한다.)에 대하여 발주자의 위탁을 받은 용역업자가 설계도서 및 관련 규정의 내용대로 시공되는지를 감독하고, 품질관리, 시공관리 및 안전관리에 대한 지도 등에 관한 발주자의 권한을 대행하는 것을 말한다.
2. 설계 : 공사[건축사법] 제4종에 따른 건축물의 건축 등은 제외한다.)에 관한 계획서, 설계도면, 시방서, 공사비명세서, 기술계산서 및 이와 관련된 서류(이하 "설계도서"라 한다.)를 작성하는 행위를 말한다.

47 1. "정보통신설비"란 유선, 무선, 광선, 그 밖의 전자적 방식으로 부호·문자·음향 또는 영상 등의 정보를 저장·제어·처리하거나 송수신하기 위한 기계·기구(器具)·선로(線路) 및 그 밖에 필요한 설비를 말한다.
2. "정보통신공사"란 정보통신설비의 설치 및 유지·보수에 관한 공사와 이에 따르는 부대공사(附帶工事)로서 대통령령으로 정하는 공사를 말한다.
3. "정보통신공사업"이란 도급이나 그 밖에 명칭이 무엇이든 이 법을 적용받는 정보통신공사(이하 "공사"라 한다)를 업(業)으로 하는 것을 말한다.
4. "정보통신공사업자"란 이 법에 따른 정보통신공사업(이하 "공사업"이라 한다)의 등록을 하고 공사업을 경영하는 자를 말한다.

48 정보통신공사업법 제2조(정의) 이 법에서 사용하는 용어의 뜻은 다음과 같다.
5. "용역"이란 다른 사람의 위탁을 받아 공사에 관한 조사, 설계, 감리, 사업관리 및 유지관리 등의 역무를 하는 것을 말한다.
11. "발주자"란 공사(용역을 포함한다. 이하 이 조에서 같다)를 공사업자(용역업자를 포함한다. 이하 이 조에서 같다)에게 도급하는 자를 말한다. 다만, 수급인(受給人)으로서 도급받은 공사를 하도급(下都給)하는 자는 제외한다.
12. "도급"이란 원도급(原都給), 하도급, 위탁, 그 밖에 명칭이 무엇이든 공사를 완공할 것을 약정하고, 발주자가 그 일의 결과에 대하여 대가를 지급할 것을 약정하는 계약을 말한다.
13. "하도급"이란 도급받은 공사의 일부에 대하여 수급인이 제3자와 체결하는 계약을 말한다.
14. "수급인"이란 발주자로부터 공사를 도급받은 공사업자를 말한다.
15. "하수급인"이란 수급인으로부터 공사를 하도급 받은 공사업자를 말한다.

49 정보통신공사업법
제17조 (공사업의 양도 등)
① 공사업자는 다음 각 호의 어느 하나에 해당하면 대통령령으로 정하는 바에 따라 시·도지사에게 신고를 하여야 한다. 다만, 제3호의 경우에는 공사업자의 상속인이 시·도지사에게 신고를 하여야 한다.
1. 공사업을 양도하려는(공사업자인 법인이 분할 또는 분할합병되어 설립되거나 존속하는 법인에 공사업을 양도하는 경우를 포함한다. 이하 같다) 경우
2. 공사업자인 법인 간에 합병하려는 경우 또는 공사업자인 법인과 공사업자가 아닌 법인이 합병하려는 경우

3. 공사업자의 사망으로 공사업을 상속받는 경우
② 제1항에 따른 공사업 양도의 신고가 수리된 경우에는 공사업을 양수한 자는 공사업을 양도한 자의 공사업자로서의 지위를 승계하며, 법인의 합병신고가 수리된 경우에는 합병으로 설립되거나 존속하는 법인이 합병으로 소멸되는 법인의 공사업자로서의 지위를 승계하고, 상속 신고가 수리된 경우에는 그 상속인이 사망한 사람의 공사업자로서의 지위를 승계한다.
③ 상속인이 제1항 각 호 외의 부분 단서에 따른 신고를 한 경우에는 피상속인이 사망한 때부터 신고가 수리될 때까지의 기간 동안은 상속인이 공사업자로 등록된 것으로 본다.
④ 제1항에 따른 신고에 관하여는 제15조 및 제16조를 준용한다.

50 전기통신업무에 종사하는 자 또는 종사하였던 자는 그 재직 중에 통신에 관하여 알게 된 타인의 비밀을 누설하여서는 아니 된다.

51 기간통신사업자(KT, SKT, LG U+ 등)는 국내 기업체에서만 허가

52 전기통신사업법 제4조(보편적 역무의 제공 등)
① 모든 전기통신사업자는 보편적 역무를 제공하거나 그 제공에 따른 손실을 보전(補塡)할 의무가 있다.
② 과학기술정보통신부장관은 제1항에도 불구하고 다음 각 호의 어느 하나에 해당하는 전기통신사업자에 대하여는 그 의무를 면제할 수 있다.
 1. 전기통신역무의 특성상 제1항에 따른 의무 부여가 적절하지 아니하다고 인정되는 전기통신사업자로서 대통령령으로 정하는 전기통신사업자
 2. 전기통신역무의 매출액이 전체 전기통신사업자의 전기통신역무 총매출액의 100분의 1의 범위에서 대통령령으로 정하는 금액 이하인 전기통신사업자
③ 보편적 역무의 구체적 내용은 다음 각 호의 사항을 고려하여 대통령령으로 정한다.
 1. 정보통신기술의 발전 정도
 2. 전기통신역무의 보급 정도
 3. 공공의 이익과 안전
 4. 사회복지 증진
 5. 정보화 촉진
④ 과학기술정보통신부장관은 보편적 역무를 효율적이고 안정적으로 제공하기 위하여 보편적 역무의 사업규모·품질 및 요금수준과 전기통신사업자의 기술적 능력 등을 고려하여 대통령령으로 정하는 기준과 절차에 따라 보편적 역무를 제공하는 전기통신사업자를 지정할 수 있다.
⑤ 과학기술정보통신부장관은 보편적 역무의 제공에 따른 손실에 대하여 대통령령으로 정하는 방법과 절차에 따라 전기통신사업자에게 그 매출액을 기준으로 분담시킬 수 있다.

53 관로가 가스 등 다른 매설물과 같이 매설될 경우 상호 이격거리는 50[cm] 이상이어야 한다.

54 접지설비·구내통신설비·선로설비 및 통신공동구 등에 대한 기술기준
제10조(가공통신선 지지물의 등주방지)
가공통신선의 지지물에는 취급자가 오르내리는 데 사용하는 발디딤쇠 등을 지표상으로부터 1.8m 이상의 높이에 부착하여야 한다. 다만, 다음과 같은 경우에는 예외로 할 수 있다.
 1. 발디딤쇠 등이 지지물의 내부로 들어가는 구조인 경우
 2. 지지물 주위에 취급자 이외의 자가 들어갈 수 없도록 시설하는 경우
 3. 지지물을 사람이 쉽게 접근할 수 없는 장소에 설치한 경우

55 사용설비 및 기술기준
 a. 수신안테나
 b. 레벨조정기
 c. 주파수변환기
 d. 증폭기
 e. 분배기 및 분기기
 f. 신호처리기
 g. 직렬단자
 h. 동축케이블 또는 광케이블

56 제6조(옥내배관 등)
⑤ 옥내에 설치하는 배관의 요건은 다음 각호와 같다.
 2. 배관의 내경은 배관에 수용되는 케이블 단면적의 총합계가 배관 단면적의 32% 이하가 되도록 하여야 한다.
 5. 배관의 1구간에 있어서 굴곡개소는 3개소 이내이어야 하며, 1개소의 굴곡 각도는 90도 이내로

하며 3개소의 합계는 180도 이내이어야 한다. 다만, 옥내전화선(한 조로 된 선로)을 수용하는 경우에는 굴곡개소를 5개소 이내로 하고 그 굴곡각도의 합계는 270도 이내로 한다.

57 접지설비·구내통신설비·선로설비 및 통신공동구 등에 대한 기술기준]
제11조(가공통신선의 높이)
① 설치장소 여건에 따른 가공통신선의 높이는 다음 각 호와 같다.
1. 도로상에 설치되는 경우에는 노면으로부터 4.5m 이상으로 한다. 다만, 교통에 지장을 줄 우려가 없고 시공상 불가피할 경우 보도와 차도의 구별이 있는 도로의 보도 상에서는 3m 이상으로 한다.
2. 철도 또는 궤도를 횡단하는 경우에는 그 철도 또는 궤조면으로부터 6.5m 이상으로 한다. 다만, 차량의 통행에 지장을 줄 우려가 없는 경우에는 그러하지 아니하다.
3. 7,000V를 초과하는 전압의 가공강전류전선용 전주에 가설되는 경우에는 노면으로부터 5m 이상으로 한다.
4. 제1호 내지 제3호 및 제3항 이외의 기타 지역은 지표상으로부터 4.5m 이상으로 한다. 다만, 교통에 지장을 줄 염려가 없고 시공상 불가피한 경우에는 지표상으로부터 3m 이상으로 할 수 있다.

58
1. 제3조 (용어의 정의)
    ① 구내간선케이블 : 구내에 두 개 이상의 건물이 있는 경우 국선단자함에서 각 건물의 동단자함 또는 동단자함에서 동단자함까지의 건물 간 구간을 연결하는 통신케이블을 말한다.
    ② 건물간선케이블 : 동단자함에서 층단자함까지 또는 층단자함에서 다른 층의 층단자함까지(건물 내 수직구간)를 연결하는 통신케이블
2. 접지설비·구내통신설비·선로설비 및 통신공동구 등에 대한 기술기준
    15. "동단자함"이라 함은 구내간선케이블 및 건물간선케이블을 종단하여 상호 연결하는 통신용 분배함을 말한다.
    16. "층단자함"이라 함은 건물간선케이블 및 수평 배선케이블을 종단하여 상호 연결하는 통신용 분배함을 말한다.
    17. "세대단자함"이라 함은 세대 내에 인입되는 통신선로, 방송공동수신설비 또는 홈 네트워크설비 등의 배선을 효율적으로 분배·접속하기 위하여 이용자의 주거전용면적에 포함되는 실내공간에 설치되는 분배함을 말한다.
3. 전유부분 홈네트워크 설비의 설치 기준
    제9조(세대단자함)
    ① 세대단자함은 골조공사 시 변형이 생기지 않도록 세대단자함의 재질 및 보강방법을 고려하여 설치하여야 한다.
    ② 세대단자함에는 전원공급용 배관 및 배선을 설치하여야 하고, 내부 발열 및 기기소음에 대한 사항을 고려하여야 한다.
    ③ 세대단자함은 유지보수를 고려한 위치에 설치하여야 한다.
    ④ 세대단자함은 500mm×400mm×80mm(깊이) 크기로 설치할 것을 권장한다.

59 기간통신사업설비로 주파수를 할당받아 제공하는 역무 설비
교환망의 경우 두 개의 중요통신국사 간을 연결하는 접속계통의 고장 등에 대비하여 이를 대체할 수 있는 다른 통신국사를 경유한 우회 접속계통을 마련하도록 의무화된 방송통신설비이다.

60 방송통신설비 용어
6. "응답스펙트럼"이라 함은 지진 운동의 진동주파수에 대한 지진가속도의 변화 특성을 말한다.
7. "지반응답스펙트럼"이라 함은 지반 자체의 응답스펙트럼을 말한다.
8. "층응답스펙트럼"이라 함은 건물의 층에 대한 응답스펙트럼을 말한다.

2020년 4회 시행 과년도출제문제 해설

01	02	03	04	05	06	07	08	09	10	11	12	13	14	15
④	③	③	③	④	①	④	①	③	②	①	②	③	②	①
16	17	18	19	20	21	22	23	24	25	26	27	28	29	30
②	①	④	①	④	③	①	③	④	③	④	③	②	③	①
31	32	33	34	35	36	37	38	39	40	41	42	43	44	45
④	③	④	④	②	③	③	①	③	①	②	②	④	③	③
46	47	48	49	50	51	52	53	54	55	56	57	58	59	60
②	④	④	④	①	③	②	②	④	③	③	①	④	①	③

01
$$R_T = \frac{(R_1+R_2) \cdot R_3}{(R_1+R_2)+R_3} + R_4 + R_5$$
$$= \frac{(300+200) \cdot 500}{(300+200)+500} + 100 + 50$$
$$= \frac{250000}{1000} + 100 + 50$$
$$= 250 + 100 + 50$$
$$= 400$$

02 키르히호프의 법칙
- 제1법칙-분기점의 법칙(전류 법칙) : 회로 내의 임의의 점에서 그 점으로 유입되는 전류의 합은 유출되는 전류의 합과 같다.

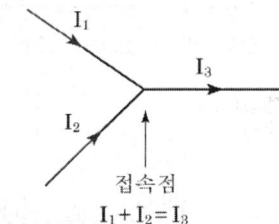

접속점
$I_1 + I_2 = I_3$

03 라디안(radian)
- 원둘레 위에서 반지름과 같은 길이를 갖는 호에 대응하는 중심각의 크기의 단위
- 약 57도 17분 44.8초이며, 기호는 rad이다.

04 단자전압이 전류와 동상이 되기 위한 조건
X_L과 X_C의 값이 같아야 하므로

$X_L = X_C$일 경우 $\frac{X_L}{X_C} = 1$이다.

$\frac{\omega L}{\frac{1}{\omega C}} = 1$에서 $\omega^2 LC = 1$

05 자력선
자기장에서, 자기력이 작용하는 방향을 나타내는 선
(자기장 : 자석의 주위나 전류가 지나는 도선 주위에 생기는, 자기력이 작용하는 공간)

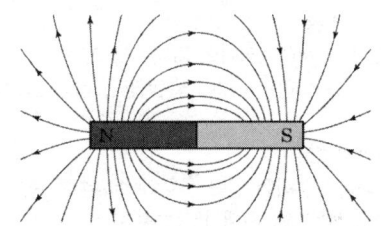

① 자기장의 방향은 공간에서 임의 점에서 자력선에 접선이다.
② 자기장의 세기는 자력선의 밀도에 비례한다. 즉 자력선에 수직인 단위 면적당 자력선의 수에 비례한다.
③ 자력선은 서로 교차할 수 없으며 임의 점에서 자기장은 유일하다는 것을 의미
④ 자력선은 연속이고, 시작도 끝도 없는 폐루프를 형성한다. N에서 나와서 S극으로 이동한다.

06 핀치 오프 전압(pinch-off) 전압
드레인 전류가 0일 때의 게이트-소스 간의 전압

07
- 전파 정류회로의 최대 정류 효율 81.2[%]
- 반파 정류회로의 최대 정류 효율 40.6[%]

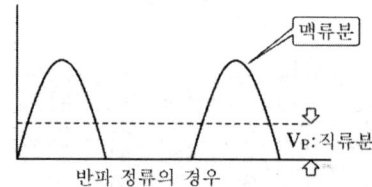
반파 정류의 경우

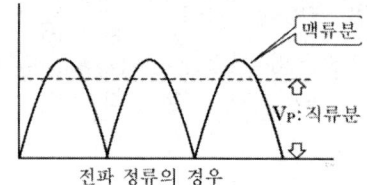
전파 정류의 경우

08 배전압 정류 방식
정류와 콘덴서를 사용하여 교류전압의 배에 가까운 정류 출력을 얻는 방식

09
1. A급 전력증폭기
   ① 회로가 비교적 간단하다.
   ② 수[W] 이하의 소전력 증폭기에 사용된다.
   ③ 온도의 영향을 작게 받는다.
   ④ 왜곡이 거의 없이 저주파 증폭기와 완충증폭기에 사용
2. B급 전력증폭기의 특징 : 출력파형이 일그러지는 크로스오버 왜곡이 발생한다. 음성시스템에 이용

10
- 증폭회로
  증폭 : 미약한 입력 신호의 주파수를 변화시키지 않고 진폭만을 확대시키는 것

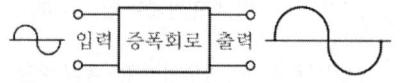

분류	증폭기
회로 구성	비동조, 동조 궤환
신호 주파수	직류, 저주파, 광대역 초고주파
동작점	A, AB, B, C급
사용 목적	전압, 전류, 전력

- 전력 증폭회로 : 증폭회로는 신호의 입력으로 전력을 필요로 하는데 이때 부하에 큰 신호 전력을 공급하는 목적으로 하는 증폭기를 전력 증폭기라 한다.

	A급 증폭기	B급 증폭기	C급 증폭기
동작점	특성의 직선부	동특성 차단부	차단점 이하
효율	50%	78.5% 정도	100%
유통각	360°	180°	180°
일그러짐	최소	A급과 C급 사이	최대
이용	저주파 증폭	저주파 전력 증폭	고주파 증폭

- 정류회로 : 교류로부터 직류를 얻어내는 회로
- 평활회로 : 완전한 직류를 얻기 위해 사용된다.
- 정전압안정회로 : 출력 전압을 정해진 전압으로 일정하게 유지해 준다.

11
- 이상형 병렬 R형 발진기의 발진주파수
$$f = \frac{1}{2\pi\sqrt{6}RC}$$

12
- 주파수의 합 18[kHz]
  = 입력주파수 f_i + VCO 주파수 f_o
- 주파수의 차 2[kHz]
  = 입력주파수 f_i - VCO 주파수 f_o
∴ $f_i = 10[kHz]$, $f_o = 8[kHz]$

13
- 변조지수 = $\frac{\text{최대 주파수 편이}}{\text{신호주파수}} = \frac{15}{3} = 5$

14 디지털 변조
무선통신의 필수 요소. 디지털 베이스밴드(저주파) 신호를 패스밴드(고주파) 신호로 변환하는 변조 방식

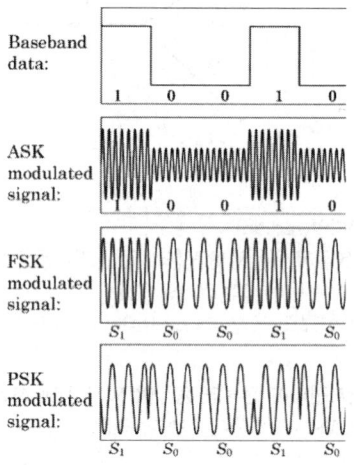

15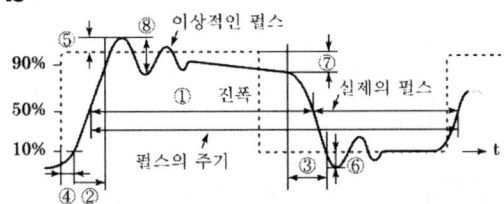

① t_w(펄스폭, width time) : 펄스 파형이 상승 및 하강의 진폭 전압의 50%가 되는 구간의 시간
② t_r(상승시간, rising time) : 실제의 펄스가 이상적 펄스의 진폭 전압의 10%~90%까지 상승하는 데 걸리는 시간
③ t_f(하강시간, falling time) : 실제의 펄스가 이상적 펄스의 진폭 전압의 90%~10%까지 내려가는 데 걸리는 시간
④ t_d(지연시간, delay time) : 이상적 펄스의 상승 시각으로부터 진폭 전압의 10%까지 이르는 실제의 파형
⑤ t_{on}(턴온시간) : 이상적 펄스의 상승 시각에서 전압의 90%까지 상승하는 시간
⑥ t_{off}(턴오프시간) : 이상적 펄스의 하강 시각에서 전압의 10%까지 하강하는 데 걸리는 시간
⑦ t_u(언더슈트) : 하강 파형에서 이상적 펄스파의 기준 레벨보다 아랫부분의 높이
⑧ t_o(오버슈트) : 상승파형에서 이상적 펄스파의 진폭 전압보다 높은 부분의 파형
[용어설명] 펄스 : 짧은 시간에 전압 또는 전류의 진폭이 사인파와는 다르게 급격히 변화하는 파형으로 직사각형

16 데이터 처리 과정
데이터 발생 → 데이터 수집과 기록 → 데이터의 분석과 처리 → 정보 발생, 저장 및 활용

17 제어장치의 구성 요소
① 명령 레지스터(Instruction Register)
② 명령 해독기(Instruction Decoder)
③ 프로그램 계수기(Program Counter)
④ 기억 장치 주소 레지스터(Memory Address Register)

18 즉시 주소지정방식(Immediate Addressing Mode)
오퍼랜드값 자체가 실제 데이터값을 지정하는 방식

① 장점 : 메모리 참조가 없으므로 처리 속도가 가장 빠름
② 단점 : 오퍼랜드의 크기, 즉 자료의 길이에 제한

19 1킬로바이트[kB] = 1024byte = 1024 × 8bit
= 8,192bit (1byte=8bit)

20 $\overline{A} + A \cdot B = (\overline{A}+A)(\overline{A}+B) = \overline{A}+B$

21

교환 법칙	A+B=B+A	A·B=B·A
결합 법칙	(A+B)+C=A+(B+C)	(A·B)·C=A·(B·C)
분배 법칙	A·(B+C)=AB+AC	A+BC=(A+B)·(A+C)
동일 법칙	A+A=1	A·A=1
흡수 법칙	A+(A·B)=A $(A+\overline{B}) \cdot B = AB$	A·(A+B)=A $A\overline{B}+B = A+B$
항등 법칙	1+A=A, 0+A=0	1·A=A, 0·A=0
보원 법칙	$A + \overline{A} = 1$	$A \cdot \overline{B} = 0$
다중 부정	$\overline{\overline{A}} = A$	
드모르간의 정리	$\overline{(A+B)} = \overline{A} \cdot \overline{B}$	$\overline{A \cdot B} = \overline{A} + \overline{B}$

22 A>9이면 PRINT A에서는 10으로 출력된다.

23 ① 시스템 순서도 : 자료의 흐름을 중심으로 하여 시스템 전체의 작업 내용을 총괄적으로 나타낸 순서도
② 개략 순서도 : 전체적인 처리 과정을 파악하기 위하여 중요한 부분을 하나로 묶어 간략하게 표시한 순서도
③ 상세 순서도 : 개략 순서도를 기본으로 각 처리 단계마다 세분화하여 자세히 표시한 순서도

24 다중처리(Mutiprocessing)
컴퓨터 한 대에 2개 이상의 CPU를 설치하여 병렬처리하는 방식

25 • TSS(Time-sharing system, 시분할 시스템) : 대형 컴퓨터에 많은 단말장치를 접속해 몇 가지 일을 동시에 처리하게 된 시스템
• Batch processing(일괄 처리) : 데이터를 일정 기간 또는 일정량을 기준으로 묶어서 한꺼번에 처리하는 방식

26 • 600[Ω]계에서 절대레벨[dBm] 값

$$dBm = 10 \cdot \log_{10} \frac{P[W]}{1[mW]} = 10 \cdot \log_{10} \frac{10[W]}{1[mW]}$$
$$= 10 \cdot \log_{10} \frac{10000[mW]}{1[mW]}$$
$$= 40[dBm]$$

[참조] 절대 레벨(absolute level : dBm) : 내부 저항 600[Ω]인 회로에 전류가 1.291[mA] 흐르고 600[Ω] 부하 양단에 전압 0.775[V]가 걸리면 전력은 1[mW]가 되어서 0레벨이 된다. 단위는 [dBm]이다.

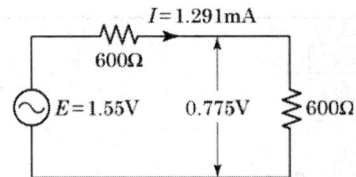

27 $\lambda = \dfrac{C}{f}$ (파장= $\dfrac{광속}{주파수}$, 광속 : 3×10^8m)

$$1550[nm] = \frac{3 \times 10^8 [m]}{주파수}$$

$$주파수 = \frac{3 \times 10^8}{1550 \times 10^{-6}}$$
$$= 193.548 \times 10^{15}[Hz] = 193.548[THz]$$

28 • 특성 임피던스
$$= \sqrt{개방\ 임피던스 \times 단락\ 임피던스}$$
$$= \sqrt{225 \times 100} = \sqrt{225000} = \sqrt{150^2}$$
$$= 150[ohm]$$

29 ① R(단위길이당 저항) : Ω/m
② L(단위길이당 인덕턴스) : H/m
③ G(단위길이당 컨덕턴스)의 단위 : ℧/m
④ C(단위길이당 커패시턴스) : F/m

30 전송부호의 요구 조건
① 직류성분이 작거나 없어야 한다.
② 작은 대역폭 소요
③ 전력스펙트럼 특성이 전송로 특성에 맞을 것
④ 전력효율이 좋을 것
⑤ 부호의 길이가 작아야 함
⑥ 수신단에서 동기 재생이 용이
⑦ 오류검출이 용이
⑧ 오류에 강인함
⑨ 구현될 하드웨어가 단순(회로구성이 간단)

31 • Analog 신호를 Digital 신호로 변환하는 PCM 3단계 과정
표본화 → 양자화 → 부호화

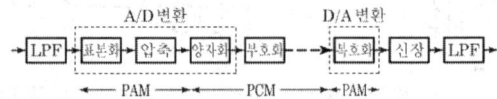

32 QPSK(직교위상편이변조, Quadrature Phase Shift Keying)
입력신호에 따라 위상변화를 90°씩 위상차로 2비트 신호를 변조하는 방식으로 4개 종류의 디지털 심벌로 전송하는 4위상 편이 변조(4-PSK)방식

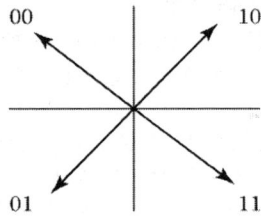

33 전반사
빛이 굴절률이 큰 매질(밀한, 속도가 느린)에서 굴절률이 작은 매질(소한, 속도가 빠른)로 진행할 때, 빛이 모두 반사하게 되는 현상

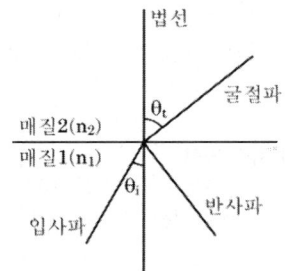

$$\frac{n_1}{n_2} = \frac{\sin\theta_t}{\sin\theta_i} \quad \therefore n_1\sin\theta_i = n_2\sin\theta_t$$

34 • 광케이블 포설 시 허용 곡률 반경은 케이블 외경의 20배 이상
• 시내케이블 포설 시 허용 곡률 반경은 케이블 외경의 6배 이상

35

$\sqrt{f}$에 비례한다라고 하는 것은 주파수는 제곱근(평방근)에 비례한다.

36 광섬유에서 발생하는 분산의 종류
- 색 분산 : 구조 분산, 재료 분산
- 모드 분산

37
- 상대감도잡음(RIN, Relative Intensity Noise) : 레이저상에서 온도 변화 및 빛의 자연방출에 의한 레이저의 강도 변화로 발생되는 불규칙한 변동성 잡음
- 열(Thermal) 잡음 : 도체 내의 전자가 불규칙하게 움직임에 따라 발생

38 ① 저밀도파장분할다중화(CWDM, Coarse Wavelength Division Multiplexing)
- 파장 간격이 20~40[nm](보통 20[nm])
- 사용 파장의 수가 적음(8개 정도, 4~16개)
- 가격이 저렴한 편이고 단거리용(50[km] 이하)
- 허용오차가 약 ±3[nm] 정도의 무냉각 상태의 레이저 다이오드(광원)를 사용

② 고밀도파장분할다중화(DWDM, Dense Wavelength Division Multiplexing) : 일정 파장대역에 걸쳐 수십, 수백 개의 파장의 광 신호를 동시에 변조시켜서 하나의 광섬유를 통해 전송하는 WDM의 발전된 기술로 CWDM보다 다수 개의 파장 사이 간격을 더욱 세밀하게 사용하여, 신호의 속도는 그대로 유지하여 사용하며 파장의 수를 증가시키므로 광섬유당 총 전송용량을 증가시키는 방식으로 기존 여러 개의 광섬유를 하나의 광섬유로 전송이 가능하다.

③ 파장분할 다중화방식(WDM, Wavelength Division Multiplexing) : 광섬유 저손실 파장대역(1550nm)을 여러 좁은 채널 파장대역으로 분할하여 각 입력 채널마다 다른 각각의 파장대역을 할당하고 입력 채널 신호들을 각기 할당된 채널 파장대역으로 동시에 전송하는 광 다중화 방식

39 광섬유 케이블을 광파 손실을 cut back법에 의해서 측정하는 장비
① 광검출기(Power Meter)
② 안정화 광원(Light Source)

40 특별히 위해방지설비를 하지 않은 상태에서의 해저통신선은 해저강전류전선으로부터 500[m] 이내의 거리에 접근하여 설치할 수 없다.

41 HSLN(High Speed Local Network, 고속구내통신망)
고가의 고속 입출력장치를 연결하여 높은 처리율을 얻기 위해 설계된 고속의 지역망

42 포설공법

포설공법	견인 포설공법			공압 포설공법	양방향 포설공법
	선단 견인	선단 중간견인	인력 견인		
최대 포설속도 [m/분]	30	20	10	50	적용된 공법의 포설속도

43 통화감쇠량 = $20\log_{10} \dfrac{\text{수단측 전류}}{\text{송단측 전류}}$

$= 20\log_{10} \dfrac{1[\text{mA}]}{100[\text{mA}]}$

$= 20\log_{10} 10^{-2} = -40[\text{dB}]$

44 야간작업 시 준수사항
각종 안전표지판, 칼라콘, 사인보드, 안전펜스, 경광등, 신호수, 맨홀안전가이드, 가스측정기, 야간안전모, 야광반사안전조끼 등은 차량, 오토바이, 행인 등으로부터의 접근을 막아야 한다.

45 1. OTDR(Optical Time Domain Reflectormeter)
① 광섬유의 상대손실과 접속손실을 평가할 수 있는 광펄스시험기
② 포설 후 광케이블을 절단하지 않고 손실을 측정하는 장비
③ 측정법 : 후방산란법

2. 광원(Light source)
① 광손실을 측정하기 위해 광전력을 발생시키는 장비
② 측정법 : 투과법(컷백법, 삽입법)

3. 광검출기(Power meter)
① 광전력의 세기 정도를 측정하는 장비
② 측정법 : 투과법(컷백법, 삽입법)

46 제3장 방송통신의 진흥
새로운 방송통신 방식 등의 채택
① 과학기술정보통신부장관은 방송통신의 원활한 발전을 위하여 새로운 방송통신 방식 등을 채택할 수 있다.
② 과학기술정보통신부장관은 제1항에 따라 새로운

방송통신 방식 등을 채택한 때에는 이를 고시하여야 한다.

47 제8조(방송통신기본계획의 수립)
① 과학기술정보통신부장관과 방송통신위원회는 방송통신을 통한 국민의 복리 향상과 방송통신의 원활한 발전을 위하여 방송통신기본계획(이하 "기본계획"이라 한다)을 수립하고 이를 공고하여야 한다.
② 기본계획에는 다음 각 호의 사항이 포함되어야 한다.
  1. 방송통신서비스에 관한 사항
  2. 방송통신콘텐츠에 관한 사항
  3. 방송통신설비 및 방송통신에 이용되는 유·무선망에 관한 사항
  4. 방송통신광고에 관한 사항
  5. 방송통신기술의 진흥에 관한 사항
  6. 방송통신의 보편적 서비스 제공 및 공공성 확보에 관한 사항
  7. 방송통신의 남북협력 및 국제협력에 관한 사항
  8. 그 밖에 방송통신에 관한 기본적인 사항
③ 제2항제2호 및 제4호의 구체적 범위에 관하여는 과학기술정보통신부장관과 문화체육관광부장관 및 방송통신위원회의 협의를 거쳐 대통령령으로 정한다.

48 정보통신공사업법 시행령 제2조 (공사의 범위)
① 「정보통신공사업법」(이라 "법" 이라 한다) 제2조제2호에 따른 정보통신설비의 설치 및 유지·보수에 관한 공사와 이에 따른 공사와 이에 따른 부대공사는 다음 각 호와 같다.
  1. 전기통신관계법령 및 전파관계법령에 따른 통신설비공사
  2. 「방송법」 등 방송관계법령에 따른 통신설비공사
  3. 정보통신관계법령에 따라 정보통신설비를 이용하여 정보를 제어·저장 및 처리하는 정보설비공사
  4. 수정설비를 제외한 정보통신전용 전기시설공사 등 그 밖의 설비공사
  5. 제1호부터 제4호까지의 규정에 따른 공사의 부대공사
  6. 제1호부터 제5호까지의 규정에 따른 공사의 유지·보수공사

49 정보통신공사업법의 법령 제정의 목적
① 정보통신공사의 기본적 사항(조사, 설계, 시공, 감리, 유지관리, 기술관리)을 규정
② 정보통신공사업의 규정(등록 및 도급)
③ 정보통신공사의 적절한 시공을 도모

50 설계도
공사를 발주한 자는 해당 공사를 시작하기 전에 시장, 군수, 구청장에게 확인받아야 한다.

51 • 공사를 감리한 용역업자는 공사의 준공설계도서를 하자담보책임기간이 종료될 때까지 보관하여야 한다.
• 정보통신공사의 수급인은 발주자에 대해 공사를 완공일로부터 5년 이내에 하자가 발생하였을 때 담보책임이 있다.

52 • 전기통신사업법 제2조(정의)
  1. "전기통신"이란 유선·무선·광선 또는 그 밖의 전자적 방식으로 부호·문언·음향 또는 영상을 송신하거나 수신하는 것을 말한다.

53 • 접지설비·구내통신설비·선로설비 및 통신공동구 등에 대한 기술기준
제47조(관로 등의 매설기준)
① 관로에 사용하는 관은 외부하중과 토압에 견딜 수 있는 충분한 강도와 내구성을 가져야 한다.
② 지면에서 관로 상단까지의 거리는 다음 각 호의 기준에 의한다. 다만, 시설관리 기관과 협의하여 관로 보호조치를 하는 경우에는 다음 각 호의 기준에 의하지 아니할 수 있다.
  1. 도로법 제2조에 의한 도로 등에 설치하는 경우에는 도로법 시행령 별표 2 제1호마목의 기준에 따른다.
  2. 철도·고속도로 횡단구간 등 특수한 구간의 경우에는 1.5[m] 이상으로 한다.
③ 관로 상단부와 지면 사이에는 관로보호용 경고테이프를 관로 매설경로에 따라 매설하여야 한다.
④ 관로는 가스 등 다른 매설물과 50[cm] 이상 떨어져 매설하여야 한다. 다만, 부득이한 사유로 인하여 50[cm] 이상의 간격을 유지할 수 없는 경우에는 보호벽의 설치 등 관로를 보호하기 위한 조치를 하여야 한다.
⑤ 맨홀 또는 핸드홀 간에 매설하는 관로는 케이블 견인에 지장을 주지 아니하는 곡률을 유지하는 등 직선성을 유지하여야 한다.

54 접지설비·구내통신설비·선로설비 및 통신공동구 등

에 대한 기술기준
제11조(가공통신선의 높이)
① 설치장소 여건에 따른 가공통신선의 높이는 다음 각 호와 같다.
  1. 도로상에 설치되는 경우에는 노면으로부터 4.5m 이상으로 한다. 다만, 교통에 지장을 줄 우려가 없고 시공상 불가피할 경우 보도와 차도의 구별이 있는 도로의 보도상에서는 3m 이상으로 한다.
  2. 철도 또는 궤도를 횡단하는 경우에는 그 철도 또는 궤조면으로부터 6.5m 이상으로 한다. 다만, 차량의 통행에 지장을 줄 우려가 없는 경우에는 그러하지 아니하다.
  3. 7,000V를 초과하는 전압의 가공강전류전선용 전주에 가설되는 경우에는 노면으로부터 5m 이상으로 한다.
  4. 제1호 내지 제3호 및 제3항 이외의 기타 지역은 지표상으로부터 4.5m 이상으로 한다. 다만, 교통에 지장을 줄 염려가 없고 시공상 불가피한 경우에는 지표상으로부터 3m 이상으로 할 수 있다.

55 접지선은 접지 저항값이 10[Ω] 이하인 경우에는 2.6[mm] 이상, 접지 저항값이 100[Ω] 이하인 경우에는 직경 1.6[mm] 이상의 PVC 피복 동선 또는 그 이상의 절연효과가 있는 전선을 사용하고 접지극은 부식이나 토양오염 방지를 고려한 도전성 재료를 사용한다. 단, 외부에 노출되지 않는 접지선의 경우에는 피복을 아니할 수 있다.

56 가공강전류전선의 사용전압이 저압 또는 고압일 경우의 이격거리

가공강전류전선의 사용전압 및 종별		이격거리
저 압		30cm 이상
고 압	강전류케이블	30cm 이상
	기타 강전류전선	60cm 이상
35,000V 이하의 것	강전류 케이블	50cm 이상
	특고압 강전류 절연전선	1m 이상
	기타 강전류전선	2m 이상
35,000V를 초과하고 60,000V 이하의 것		2m 이상

가공강전류전선의 사용전압 및 종별	이격거리
60,000V를 초과하는 것	2m에 사용전압이 60,000V를 초과하는 10,000V마다 12cm를 더한 값 이상

57 접지설비·구내통신설비·선로설비 및 통신공동구 등에 대한 기술기준
제3장 선로설비 설치방법
  제8조(전주의 안전계수)
  ① 전주의 안전계수는 다음 표와 같다. 다만, 철근콘크리트주 및 철주는 표 제1호, 제2호, 제3호의 경우 1.0 이상으로 하고, 제4호의 경우 1.5 이상으로 할 수 있다.

전주의 구별	안전계수
1. 도로상 또는 도로로부터 전주 높이의 1.2배에 상당하는 거리 내의 장소에 설치하는 전주	1.2
2. 다음에 해당하는 가공통신선을 가설하는 전주 가. 구조물로부터 그 전주의 높이에 상당하는 거리 내에 접근하는 가공통신선 나. 타인의 가공통신선 또는 가공강전류전선과 교차되거나 그 전주의 높이에 상당하는 거리 내에 접근하는 가공통신선 다. 철도 또는 궤도로부터 그 전주의 높이에 상당하는 거리 내에 접근하거나 도로, 철도 또는 궤도를 횡단하는 가공통신선	1.2
3. 가공통신선과 저압 또는 고압의 가공강전류전선을 공가하는 전주	1.5
4. 가공통신선과 특고압의 가공강전류전선을 공가하는 전주	2.0

② 전주에 지선 또는 지주를 설치하는 경우에는 그 전체의 안전계수를 전주의 안전계수로 보고 제1항의 규정을 적용한다.
③ 전주의 안전계수는 그 전주에 개설하는 시설물의 인장하중, 제9조의 규정에 의한 풍압하중 및 그 시설장소에서 통상 예상되는 기상의 변화 등 기타 외부 환경의 영향이 가하여진 것으로 하여 이를 계산한다.

58 전유부분 홈네트워크 설비의 설치 기준
제6조(월패드)
① 월패드에는 조작을 위한 전원이 공급되어야 하며, 이상전원 발생 시 제품을 보호할 수 있는 기능을

내장하여야 한다.
　② 월패드는 사용자의 조작을 고려한 위치 및 높이에 설치하여야 한다.
　③ 월패드에서 원격제어되는 조명제어기, 난방제어기 등 모든 원격제어기기에는 수동으로 조작하는 스위치를 설치하여야 한다.
[용어설명] 월패드 : 세대 내의 홈네트워크 시스템을 제어할 수 있는 기기

59 • 단지망 : 집중구내통신실에서 세대까지를 연결하는 망
　　• 세대망 : 전유부분(각 세대내)을 연결하는 망

60 염해대책
건축물, 시설 등에 염분으로 인한 장해를 입을 우려가 있는 곳에 방송통신 옥외설비를 설치하는 경우 마련하여야 하는 대책

2021년 1회 과년도출제문제 해설

01	02	03	04	05	06	07	08	09	10	11	12	13	14	15
②	④	③	③	③	①	①	④	②	④	④	④	②	④	①
16	17	18	19	20	21	22	23	24	25	26	27	28	29	30
①	④	③	②	④	①	③	①	②	①	①	①	①	②	④
31	32	33	34	35	36	37	38	39	40	41	42	43	44	45
③	④	③	①	③	①	③	②	②	④	③	③	②	③	①
46	47	48	49	50	51	52	53	54	55	56	57	58	59	60
②	②	③	②	②	④	④	③	②	③	①	①	③	③	②

01 전압 = 전류 × 저항
$V = IR$
= 2[A] × 500[Ω]
= 1000[V]
[참고] 옴(Ohm)의 법칙 : V = I · R
　　　V : 전압(voltage)
　　　I : 전류의 세기
　　　R : 저항(resistance)

02 $R_t = \dfrac{R_1 \cdot R_2}{R_1 + R_2}$

∴ $R_1 = R_2$인 경우

$R_t = \dfrac{R_1}{2} = R_1\dfrac{1}{2}$ 또는 $R_t = \dfrac{R_2}{2} = R_2\dfrac{1}{2}$

03 전류(I) = $\dfrac{전력(P)}{전압(V)} = \dfrac{전력}{전류 \times 저항}$

전류² = $\dfrac{전력}{저항}$ 이므로

전류 = $\sqrt{\dfrac{전력}{저항}} = \sqrt{\dfrac{1800}{2}} = \sqrt{900} = 30$[A]

04 ① 플레밍(Fleming)의 왼손법칙(전동기의 원리)
　㉠ 전기에너지가 운동에너지로 변환
　㉡ 전류가 흐르고 있는 도선에 대해 자기장이 미치는 힘의 작용 방향을 정하는 법칙
② 플레밍(Fleming)의 오른손법칙(변압기 원리)
　㉠ 전류 방향과 자기장 방향의 관계
　㉡ 운동에너지를 전기에너지로 변환

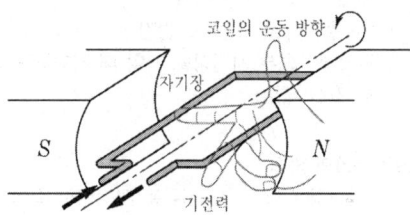

③ 렌츠(Lenz)의 법칙(유도전류의 방향) : 유도기전력과 유도전류의 방향은 자속의 증감을 방해하는 방향이다.
④ 패러데이 법칙 : 유도전류의 크기

05 최댓값 = 실효값 × 1.414배 = 200 × 1.414
= 282.8[V]
[참고]

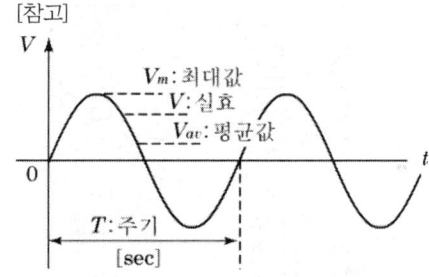

전압의 크기 : 최댓값 > 실효값 > 평균값
① 최댓값 = 실효값 × 1.414배 = 실효값 × $\sqrt{2}$
② 실효값 = 평균값 × 1.11배 = 최댓값 × 0.707
③ 평균값 = 최댓값 × 0.637

06 $X_L = \omega L = 2\pi f L = 2\pi \cdot 50[Hz] \cdot 100[mH] = 31.4[\Omega]$

07 철심이 있으면 자속 발생이 쉽다.

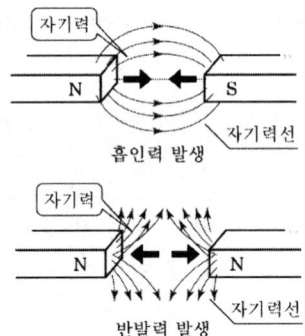

[참고]
① 강자성체 : 자기 유동에 의해 강하게 자화되어 쉽게 자석이 되는 물질
  예) 철, 니켈, 코발트, 망간
② 자성체 : 외부 자기장을 가할 때 자화되는 성질을 가진 물질

08 렌츠(Lenz)의 법칙
① 유도기전력에 의한 유도전류는 자기력선 속의 시간적 변화를 억제하려는 방향으로 흐른다는 법칙
② 자기유도현상이 일어날 때 그 유도되는 전류의 방향은 자속이 변화하는 방향의 반대 방향으로 유도전류의 방향이 형성된다.

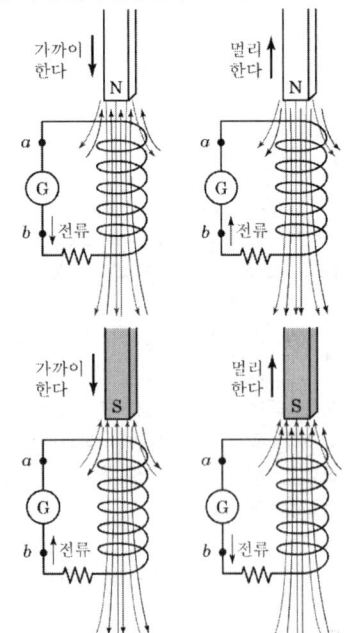

[참고]
① 앙페르(Ampere)의 법칙(오른나사법칙) : 전류에 의한 자기장의 자력선 방향을 결정하게 되는 법칙
② 플레밍(Fleming)의 왼손법칙(전동기의 원리)

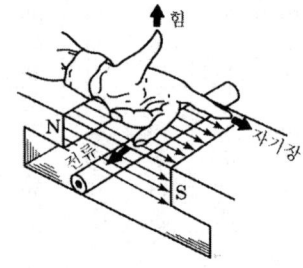

㉠ 전기에너지가 운동에너지로 변환
㉡ 전류가 흐르고 있는 도선에 대해 자기장이 미치는 힘의 작용방향을 정하는 법칙

09 집적회로(IC)의 저항은 빛 또는 열에 의한 차이로 저항값을 나타내는 회로이다.

10 최대역전압(Peak Inverse Voltage, PIV)
다이오드에 걸리는 역방향 전압의 최댓값
① 반파 정류회로, 브리지 전파 정류회로의 PIV=Vm
② 전파 정류회로의 PIV=2Vm

11 고정 바이어스(fixed bias) 회로의 특징
① 전원 전압 변동, 온도 변동에 따라 바이어스 전류도 변동한다.
② 미리 고정된 바이어스 전원으로 직류 전류(전압)을 가해주는 방식이다.
③ 주 전원의 저항을 통해 바이어스 전류가 흐르도록 구성한다.

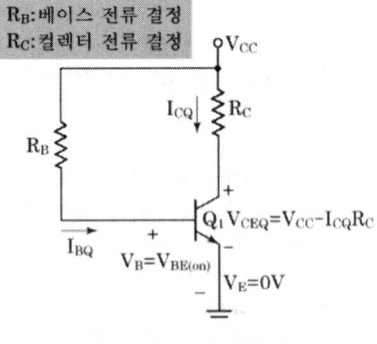

[고정 바이어스 회로]

12 전압 분배 바이어스
선형 트랜지스터에서 가장 많이 쓰이는 사용되는 방식

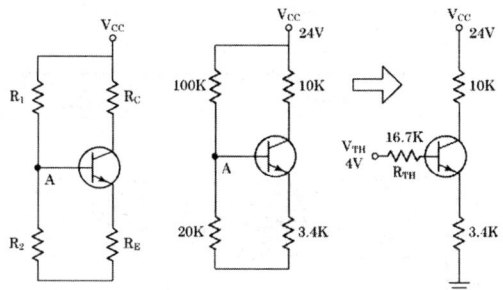

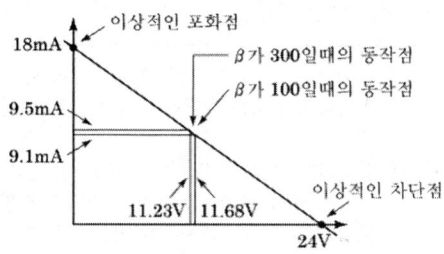

위 그림과 같이 β의 값이 100에서 300으로 3배 뛰었는데 동작점의 이동은 거의 미비하다. 따라서 전압 분배 바이어스 회로는 β의 영향을 거의 안 받는 가장 안정된 회로로써 가장 많이 사용되는 회로이다.

13 발진 조건
① 위상 조건 : 입력 V_i와 출력 V_f가 동위상
② 이득 조건
   ㉠ 증폭도 : $A_f = \dfrac{A}{1-\beta A}$
   ㉡ 바크하우젠(Barkhausen)의 발진 조건(발진 안정) : $|A\beta|=1$
       ⓐ 발진의 성장 조건 : $|A\beta| \geq 1$
       ⓑ 발진의 소멸 조건 : $|A\beta| \leq 1$

14
① 기본 원리 : 커패시터(C)와 저항기(R)를 이용한 충전, 방전 회로의 충방전 주기 조절로서 주기적인 정현파를 만듦
② 구현 원리 : RC 위상편이회로 및 증폭기회로 구성을 통한 정궤환 효과를 이용하여 정현파 발진을 도모

15 QPSK(Quadrature Phase Shift Keying, 직교위상편이변조)

위상 변화를 $\dfrac{\pi}{2}$(90°)만큼 4개의 디지털 심벌로 전송하는 4진 PSK 방식

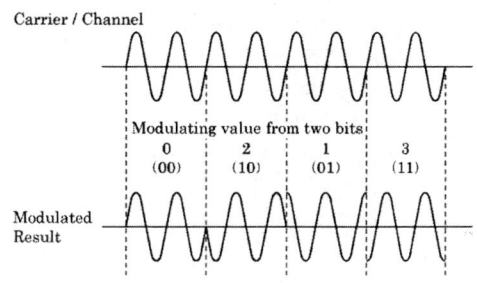

16 PAM(Pluse Amplitude Modulation, 펄스 진폭 변조)

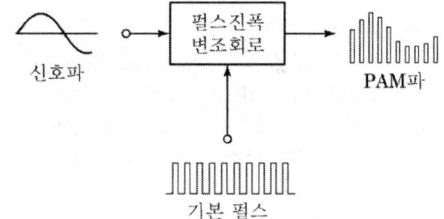

17 T형 플립플롭
① JK 플립플롭의 J와 K 입력을 묶어서 하나의 입력 신호 T로 동작시키는 플립플롭
② JK 플립플롭의 동작 중에서 입력이 모두 0이거나 1인 경우만을 이용하는 플립플롭
③ T 플립플롭의 입력 T=0이면, T 플립플롭은 J=0, K=0인 JK 플립플롭과 같이 동작하므로 출력은 변하지 않는다. 입력 T=1이면, J=1, K=1인 JK 플립플롭과 같이 동작하므로 출력은 보수가 된다.

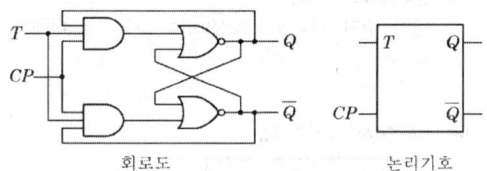

[참고] 토글(Toggle) : 디지털 신호가 0 또는 1을 반복 되풀이하는 상태

18
① : 입력(전달) 기능
② : 기억 기능
④ : 제어 기능

19 ① 데이터 취급 방법에 따른 분류
　　㉠ 디지털 컴퓨터
　　㉡ 아날로그 컴퓨터
　　㉢ 하이브리드 컴퓨터
② 사용 목적에 따른 분류
　　㉠ 범용 컴퓨터
　　㉡ 전용 컴퓨터
③ 저장능력, 처리속도에 따른 분류
　　㉠ 개인용 컴퓨터
　　㉡ 대형 컴퓨터
　　㉢ 슈퍼 컴퓨터

20 ① 연산장치(ALU)의 구성 요소 : 산술 연산장치, 논리 연산장치, 보수기, 시프트 레지스터, 상태 레지스터
② 제어장치의 구성 요소
　　㉠ 명령 레지스터(Instruction Register)
　　㉡ 명령 해독기(Instruction Decoder)
　　㉢ 프로그램 계수기(Program Counter)
　　㉣ 기억장치 주소 레지스터(Memory Address Register)
③ 프로그램 카운터(Program Counter)
　　㉠ 컴퓨터에서 다음에 수행할 명령어의 주소를 기억하는 레지스터이다.
　　㉡ 현재의 명령어가 실행될 때마다 그 레지스터의 내용이 하나씩 자동적으로 증가한다.

21 ① 입력장치 : OMR, 바코드 판독기, 스캐너
② 출력장치 : 레이저 프린터, LCD 모니터, 플로터, 스피커

22 문자(charactor)
문자, 숫자, 특수문자를 말하며, 보통 1~2개의 바이트로 구성된다.

23 EX-NOR(일치회로)

Inputs		Output
A	B	Y
0	0	1
0	1	0
1	0	0
1	1	1

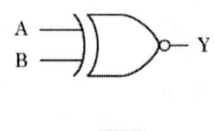

$Y = \overline{A \oplus B}$

24 ① TTL(Transistor-Transistor Logic)
② CMOS(Complemnetary Metal-Oxide-Semiconductor) : 마이크로프로세서나 SRAM 등의 디지털 회로를 구성하는데 널리 사용

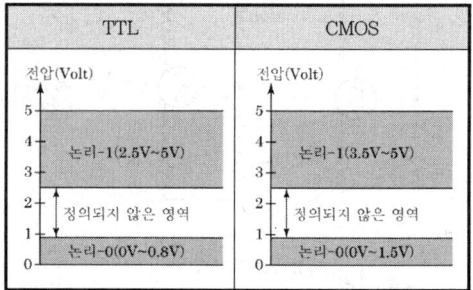

[참고] 팬아웃(fan out) : 1개의 회로나 장치 출력단에 접속하여 신호를 추출할 수 있는 최대 허용 출력 수
① 입력신호 제한 : TTL이나 CMOS 등 논리소자는 1개 출력신호에 접속 가능 입력수 제한
② 고속회로 구성 : 팬아웃이 많을수록 고속회로 구성 쉽고, 안정성이 높음. 단 소자 비용 소요
③ 입출력 소요 전력 : 1개 출력으로 구동되는 장치 수량은 다음 단 입력소요 전력에 의해 결정

25
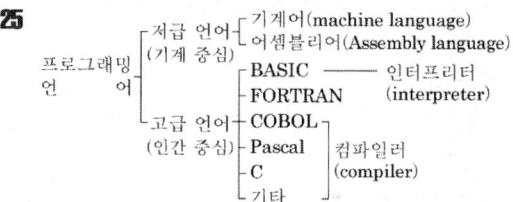

26
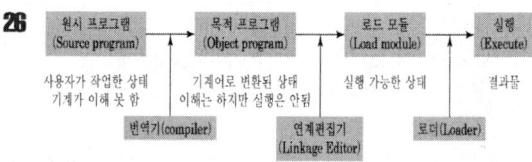

27 ② SUM( )
③ SUBTRACT( )
④ AVERAGE( )

28 ② 한글문서파일 확장자 : *.hwp
③ 실행파일 확장자 : *.exe
④ 압축파일 확장자 : *.zip

29 ① 비트 오율(Bit Error Rate) : 송신된 총 비트수에 대한 잘못 수신된 비트의 비율
③ 오류 초율(Errored Seconds) : 전체 측정시간에서 비가용 시간을 제외한 시간에 대한 에러가 발생한 초수의 비율을 백분율로 표시
※ Error Free Seconds : 1초 간 오류가 하나도 발생하지 않는 초수
④ 과오류 초율(Severely Error Seconds) : 전체 측정시간에서 비가용 시간을 제외한 시간 중 1초마다 측정한 비트 오율이 1×10^{-3}을 초과하는 초수의 비율을 백분율로 표시

30 측정항목에 따른 단위
① 주파수 : [Hz] ② 시간 주기 : [sec]

31

구분	단일(단방향)	반이중	전이중
방향	한쪽은 송신만, 다른 한쪽은 수신만 가능	양방향 통신 가능 하나 동시에 송수신은 불가능	동시에 양방향 송수신 가능
선로	2선식	2선식	4선식
사용 예	라디오, TV	전신, 텔렉스, 팩스	전화

※ 접속 형식
① 2선식 회선 : 데이터의 송·수신을 교대로 진행하는 회선(반이중 통신). 동시에 송신과 수신이 불가능하기 때문에 저속 통신에 사용
② 4선식 회선 : 동시에 수신과 송신이 가능한 회선(전이중 통신). 주로 고속 통신에 사용

32 전압 감쇠량
$= 20 \cdot \log_{10} \dfrac{\text{출력측 전압}}{\text{입력측 전압}}$
$= 20 \cdot \log_{10} \dfrac{0.01}{1} = 20 \cdot -2 = -40[\text{dB}]$

33 샤논의 채널 용량 공식
$C[\text{bps}] = BW \cdot \log_2 (1 + \dfrac{S}{N})$로 주어진다.
여기서, BW : 대역폭, S/N : 신호 대 잡음비
[참고] Baud : 초당 펄스 수 또는 초당 심볼 수

34 맨체스터 부호화(Manchester Code)
수신측 동기화의 용이성을 강조하도록 비트 중간에 극성 변화가 있게 한 선로부호 방식

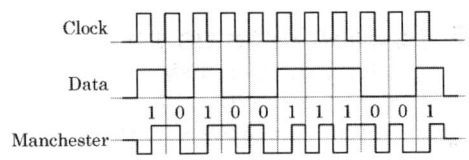

35 나이키스트의 표본화 주파수
$f_s = 2f_m = 2 \times 3400 = 6800[\text{Hz}]$
여기서, f_s : 표본화 주파수
f_m : 신호주파수

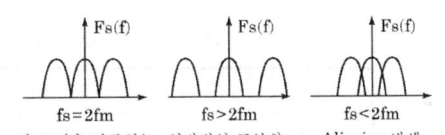

36 광통신의 특징
① 코어, 클래드로 구성된 케이블을 사용한다.
② 빛을 전송하기 때문에 매우 넓은 대역폭을 갖는다.
③ 광섬유를 사용하여 심선 간에 누화를 일으키지 않는다.
④ 기존 동축 케이블에 비하여 매우 적은 손실 특성을 갖는다.

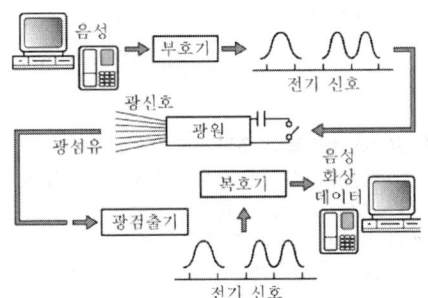

37

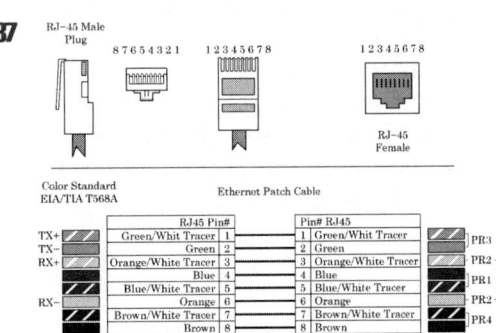

38 동축 케이블을 사용하는 반송 방식

① 9.4[mm] 표준 동축 케이블
  ㉠ 다중화 방식에 많이 사용
  ㉡ 표준 동축 반송주파수 : 60[MHz·km]

방식	C-12M	C-60M
전송용량	2,700ch	10,800ch

② 4.4[mm] 세심 동축 케이블
  ㉠ 장거리 광대역 전송용으로 많이 사용, 경제성이 매우 높음
  ㉡ 세심 동축 반송주파수 : 12[MHz·km]

방식	P-4M	P-12M
전송용량	960ch	2,700ch

[참고] 반송 전화 : 다중화되어 전송로의 경비를 경감하고 동시에 일그러짐 및 잡음이 매우 적은 양질의 통화를 확보

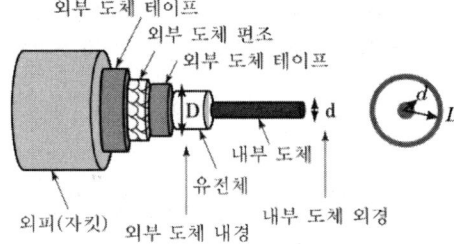

39 광섬유 케이블의 특징

① 저손실 광대역으로 장거리 통신에 적합하며 광대역 신호 송신이나 디지털 신호를 고속으로 전송
② 심선이 가늘며 경량이며 경제적이다.
③ 외부 자계의 영향이 없으므로 악조건에서도 통신효과가 크다.
④ 가요성이 있으므로 부설이 용이하나 설치 가공은 어렵다.
⑤ 화학적 부식에 강하다.
⑥ 장력 강화 요소가 들어 있는 구조로 한다.
⑦ 용도에 따라 싱글 모드, 멀티 모드, 복합형으로 구분하고, 장소에 따라 옥외용(지중관로, 가공, 직매)과 옥내용으로 구분

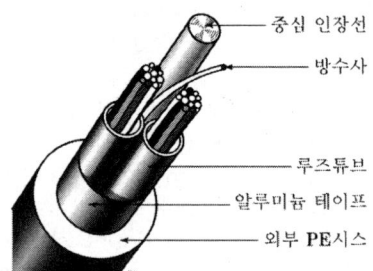

40 최저 손실

1,550[nm], 파장 영 분산 파장 : 1,310[nm]

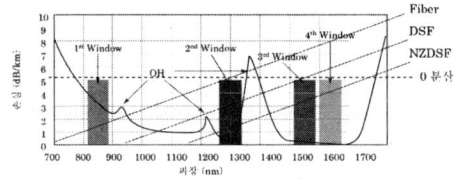

41 광섬유 융착접속 과정

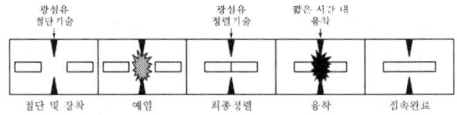

42 애벌런치 포토 다이오드

수신기. 고속에서 동작하는 고감도 포토 다이오드 중 하나

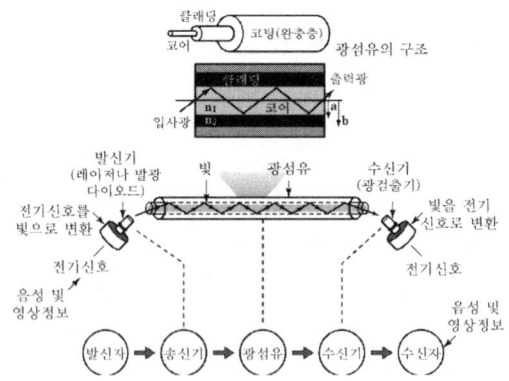

43 광섬유(심선) 접속

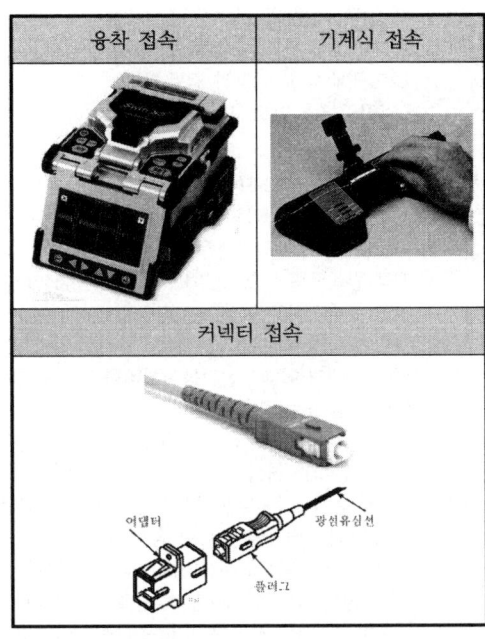

[참고] 광섬유 접속 순서
① Stripping : 스트리퍼를 이용해 광섬유 코팅 제거
② Cleaning : 알코올로 광섬유 표면 닦아내기
③ Cleaving(절단) : 광섬유 절단기로 광섬유의 좌우측 절단
④ Splicing(장착과 접속) : 융착접속기의 좌우측 광섬유 장착 후 접속 실행
⑤ Protection(보호) : 접속 후 수축 튜브를 장착한 후 히터로 가열

44 통신용 전주를 세울 때 지선 45° 및 지주 30°이다. 지선은 장력의 반대측, 지주는 장력측에 취부한다.

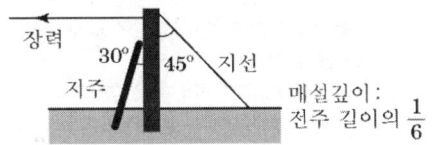

매설깊이 : 전주 길이의 $\frac{1}{6}$
Hole의 직경 : D+17cm

45 케이블 차폐물의 접지
① 자기장 차폐를 극대화를 위해 양끝에서 접지
② 다중 차폐물 케이블에서 모든 차폐물의 양쪽을 접지
③ 차폐 보조 접지는 차폐 케이블 10[Ω] 이하, 차폐선 100[Ω] 이하
④ 보안 접지는 기기 외함 접지 등 100[Ω] 이하

46 광 재생 중계기 설치 간격
$$l = \frac{(P_1 - P_2) - (C + M)}{A}$$
$$= \frac{(20 - (-5)) - (5 + 15)}{0.8} = \frac{5}{0.8} = 6.25 [km]$$

여기서, P_1 : 광 재생 중계기의 광 출력 레벨
P_2 : 광 재생 중계기의 광 수신 레벨
C : 광 섬유 케이블과 접속 손실
M : 약 25년 사용 후의 시스템 마진
A : 광섬유 케이블의 광파 손실

47 선로용 측정기인 L3 시험기로써
① 루프 저항
② 단선고장의 위치
③ 혼선고장의 위치
④ 접지고장의 위치

[참조] 루프 저항 : 전원중첩방식의 경우 케이블의 루프 저항(회선 직류저항)값에 따라 전원전송거리에 영향을 끼치므로 전원중첩 시스템 적용 시 사전에 케이블 종류와 등급 확인이 필요하다.

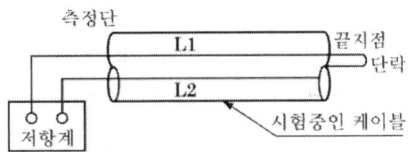

48 이득(dB)의 종류
① 전력이득 = $10 \log_{10} \frac{출력전력}{기준전력}$
② 전압이득 = $20 \log_{10} \frac{출력전압}{기준전압}$
③ 전류이득 = $20 \log_{10} \frac{출력전류}{기준전류}$

49 정보통신공사 감리원
설계도서 및 관련규정에 적합하도록 공사를 감리하여야 한다.

50 설계도서의 보관의무
법 제7조제3항에 따라 공사의 설계도서는 다음 각 호의 기준에 따라 보관하여야 한다.
1. 공사의 목적물의 소유자는 공사에 대한 실시 · 준공 설계도서를 공사의 목적물이 폐지될 때까지 보관할 것. 다만, 소유자가 보관하기 어려운 사유가 있을

때에는 관리주체가 보관하여야 하며, 시설교체 등으로 실시·준공설계도서가 변경된 경우에는 변경된 후의 실시·준공설계도서를 보관하여야 한다.
2. 공사를 설계한 용역업자는 그가 작성 또는 제공한 실시설계도서를 해당 공사가 준공된 후 5년간 보관할 것
3. 공사를 감리한 용역업자는 그가 감리한 공사의 준공설계도서를 하자담보책임기간이 종료될 때까지 보관할 것

51 정보통신공사업법
다음 각 호의 1에 해당하는 자는 1년 이하의 징역 또는 1천만원 이하의 벌금에 처한다.
1. 제8조제2항의 규정에 위반하여 감리원이 아닌 자에게 감리를 하게 한 자
   1의 2. 제8조6항의 규정을 위반하여 다른 사람에게 자기의 성명을 사용하여 감리업무를 수행하게 하거나 자격증을 대여한 자 또는 다른 사람의 성명을 사용하여 감리업무를 수행하거나 다른 사람의 자격증을 대여받아 이를 사용한 자
2. 제31조제1항 또는 제2항의 규정을 위반하여 하도급을 한 자
3. 제36조의 제1항의 규정에 따른 착공 전 확인을 받지 아니하고 공사에 착수하거나 사용 전 검사를 받지 아니하고 사용한 자
4. 제40조제1항의 규정에 위반하여 겸직을 한 자
5. 제40조제2항의 규정에 위반하여 경력수첩을 대여한 자 또는 타인의 경력수첩을 대여받아 이를 사용한 자

52 정보통신서비스업
기간통신서비스, 별정통신서비스, 부가통신서비스

53 감리원의 업무범위
법 제8조제2항 후단에 따른 감리원의 업무범위는 다음 각 호와 같다.
1. 공사계획 및 공정표의 검토
2. 공사업자가 작성한 시공상세도면의 검토·확인
3. 설계도서와 시공도면의 내용이 현장조건에 적합한지 여부와 시공가능성 등에 관한 사전검토
4. 공사가 설계도서 및 관련규정에 적합하게 행해지고 있는지에 대한 확인
5. 공사 진척부분에 대한 조사 및 검사
6. 사용자재의 규격 및 적합성에 관한 검토·확인
7. 재해예방대책 및 안전관리의 확인
8. 설계변경에 관한 사항의 검토·확인
9. 하도급에 대한 타당성 검토
10. 준공도서의 검토 및 준공 확인

54 전기통신사업법 제2조(정의)
이 법에서 사용하는 용어의 뜻은 다음과 같다.
1. "전기통신"이란 유선·무선·광선 또는 그 밖의 전자적 방식으로 부호·문언·음향 또는 영상을 송신하거나 수신하는 것을 말한다.
6. "전기통신역무"란 전기통신설비를 이용하여 타인의 통신을 매개하거나 전기통신설비를 타인의 통신용으로 제공하는 것을 말한다.
11. "기간통신역무"란 전화·인터넷접속 등과 같이 음성·데이터·영상 등을 그 내용이나 형태의 변경 없이 송신 또는 수신하게 하는 전기통신역무 및 음성·데이터·영상 등의 송신 또는 수신이 가능하도록 전기통신회선설비를 임대하는 전기통신역무를 말한다. 다만, 과학기술정보통신부장관이 정하여 고시하는 전기통신서비스(제6호의 전기통신역무의 세부적인 개별 서비스를 말한다. 이하 같다)는 제외한다.

55 접지설비·구내통신설비·선로설비 및 통신공동구 등에 대한 기술기준
제3조 용어의 정의
11. "구내간선케이블"이라 함은 구내에 두 개 이상의 건물이 있는 경우 국선단자함에서 각 건물의 동단자함 또는 동단자함에서 동단자함까지의 건물 간 구간을 연결하는 통신케이블을 말한다.
12. "건물간선케이블"이라 함은 동일 건물 내의 국선단자함이나 동단자함에서 층단자함까지 또는 층단자함에서 층단자함까지의 구간을 연결하는 통신케이블을 말한다.
13. "수평배선케이블"이라 함은 층단자함에서 통신인출구까지를 연결하는 통신케이블을 말한다.

56 관로는 가스 등 다른 매설물과 50[cm] 이상 떨어져 매설하여야 한다. 다만, 부득이한 사유로 인하여 50[cm] 이상의 간격을 유지할 수 없는 경우에는 보호벽의 설치 등 관로를 보호하기 위한 조치를 하여야 한다.
※ 지표로부터 관로의 깊이에 대한 자료가 없어 명확한 해설자료가 없습니다. 이해 바랍니다.

57 통신 맨홀 설치 기준
제37조의3(관로의 매설기준)
⑤ 맨홀 또는 핸드홀 간에 매설하는 관로는 케이블 견인에 지장을 주지 아니하는 곡률을 유지하는 등 직선성을 유지하여야 한다.

58 공용부분 홈네트워크 설비의 단지 서버 설치 기준(제3장 제13조)
① 단지서버는 단지서버실에 설치할 것을 권장하나 집중구내통신실 또는 방재실에 설치할 수 있다. 다만 집중구내 통신실에 설치하는 때에는 보안을 고려하여 폐쇄회로 텔레비전 등을 설치하여야 한다.
② 단지서버는 랙 시스템의 보관장치에 설치하는 것을 권장한다.
③ 단지서버는 외부인의 조작을 막기 위한 잠금장치를 하여야 한다.
④ 단지서버는 상온·상습인 곳에 설치하여야 한다.

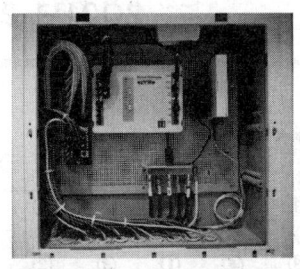

59 4. "홈네트워크사용기기"란 홈네트워크 망에 접속하여 사용하는 다음과 같은 장비를 말한다.
가. 원격제어기기 : 주택내부 및 외부에서 가스, 조명, 전기 및 난방, 출입 등을 원격으로 제어할 수 있는 기기
나. 원격검침시스템 : 주택내부 및 외부에서 전력, 가스, 난방, 온수, 수도 등의 사용량 정보를 원격으로 검침하는 시스템

60 제9조 세대단자함
① 세대단자함은 골조 공사 시 변형이 생기지 않도록 세대단자함의 재질 및 보강방법을 고려하여 설치하여야 한다.
② 세대단자함에는 전원공급용 배관 및 배선을 설치하여야 하고, 내부 발열 및 기기소음에 대한 사항을 고려하여야 한다.
③ 세대단자함은 유지보수를 고려한 위치에 설치하여야 한다.
④ 세대단자함은 500[mm]×400[mm]×80[mm] (깊이) 크기로 설치할 것을 권장한다.

2021년 2회 과년도출제문제 해설

01	02	03	04	05	06	07	08	09	10	11	12	13	14	15
③	④	①	②	③	③	③	①	①	②	④	①	④	②	④
16	17	18	19	20	21	22	23	24	25	26	27	28	29	30
③	④	①	③	②	③	②	②	③	④	④	④	②	④	②
31	32	33	34	35	36	37	38	39	40	41	42	43	44	45
②	②	④	④	②	①	④	④	③	③	②	①	②	②	③
46	47	48	49	50	51	52	53	54	55	56	57	58	59	60
①	④	④	④	①	②	③	①	②	②	④	③	④	②	③

01 ① 전하량 = 전류 × 시간(초) = 50[C]
② 주울[J] = 전력 × 시간(초) = 전압 × 전류 × 시간(초)
300[J] = 전압 × 50[C]
∴ 전압 = $\dfrac{주울[J]}{전하량[C]} = \dfrac{300}{50} = 6[V]$

[참고] 1[J] : 1[N]의 힘을 작용하여 물체를 힘의 방향으로 1[m] 이동시켰을 때 한 일의 양

02 단위
① Ampere[A] : 전류, 도체 내를 전도하는 전기의 흐름
② Watt[W] : 전력의 단위(전압 × 전류)
③ Volt[V] : 전압은 단위전하가 임의의 두 점 사이를 이동할 때 얻거나 잃는 에너지의 크기
④ Ohm[Ω] : 저항은 전류의 흐름을 방해하는 작용

03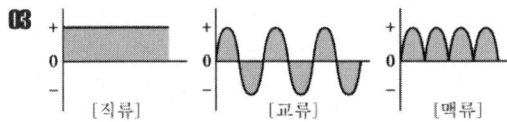

① 직류(DC, Direct Current) : 시간이 변화하여도 전류의 방향과 크기(전자량)가 항상 일정한 전류
예) 건전지, 축전지, 정류기 등
② 교류(AC : Alternating Current) : 시간이 변화함에 따라 전류의 흐름 방향과 크기가 주기적으로 변화하는 전류, 주파수가 60[Hz](유럽은 50[Hz])인 Sine곡선을 그리며 변하는 전류
예) 가정용 전압
③ 맥류(PC, Pulsating Current) : 시간이 변화함에 따라 전류의 방향은 일정하고 크기는 변화하는 전류
예) 전화기의 음성

④ 누설전류(LC, leakage leakage) : 전로 이외의 경로로 흐르는 전류 또는 전로의 절연체의 내부 또는 표면과 공간을 통하여 선간 또는 대지 사이에 흐르는 전류
⑤ 암전류 : 차량이 시동을 꺼도 배터리의 전원을 이용하여 동작하는 장치들의 공급이 되는 전류
예) 라디오, ECU 등

[참고] ECU(electrical control unit) : 자동차의 엔진, 자동변속기, ABS 등의 상태를 컴퓨터로 제어하는 장치

04 가정용 교류 전원의 주파수
① 우리나라 : 60[Hz]
② 유럽 : 50[Hz]

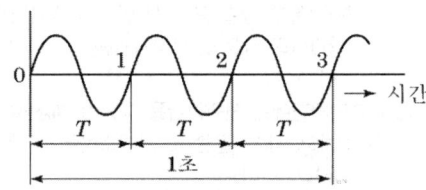

주파수가 3[Hz]인 교류

05 단위
① N(뉴턴) : 힘, $1N = 1kg \cdot m/s^2$
1N ≒ 102g의 질량을 가진 물체의 무게에 해당
1[kg]의 질량 : 지구 표면에서 9.80665[N]의 무게를 갖는다.
② HP(Horse Power) : 75[kg]의 물체를 1초당 1[m] 움직이는 일률을 1마력으로 정의

③ Wb(Weber) : 자기력선의 수(자속)
④ W(Watt, 와트) : 전력

06 ① 후막(Thick film) IC : 절연물 기판에 도체, 저항체, 유전체 재료를 부착시켜 저항, 커패시터 등의 소자를 만들고, 이것을 굵은 도체로 접속하여 회로를 구성
② 모놀리식(Monolithic) IC : 반도체 IC, 하나의 실리콘 기판에 모든 회로 소자를 반도체 기술로 형성된 반도체 집적회로

07 1. LC 조합 평활회로
① 평활회로 : 잡음 제거회로, Smoothing Circuit
② L(인덕턴스, 인덕터, 자기유도계수) : 평활회로는 주기가 짧은 고주파 성분은 통과하지 못하고 저주파 성분만 통과
③ C(캐패시터, 정전용량) : 평활회로는 저주파 성분은 통과하지 못하고 고주파 성분만 통과
2. 파이(π)형 필터
① 평활회로 중 가장 성능이 우수한 파이형 필터
② 인덕터 입력형 LC회로+커패시턴스 입력형 CL 회로
③ 회로의 전원 입력단에 전원 잡음 제거용으로 가장 많이 사용
④ CLC 필터는 효율이 좋지만, 가격 면에서 CRC 필터보다 비싸다.
∴ 교류의 전압을 전압변동을 안정적 직류 전압으로 바꿔주는 평활회로에 문제가 생긴다면 전압이 불안정해지고 잡음이 생길 수 있다.

08 리플률(맥동률)
$= \dfrac{리플전압(맥류분의\ 실효값)}{직류전압(직류분의\ 평균값)} \times 100[\%]$
$= \dfrac{4}{400} \times 100[\%] = 1[\%]$
[참고] 리플 백분율(맥동률)
: $\gamma = \dfrac{V}{V_D} \times 100 = \dfrac{I}{I_D} \times 100[\%]$은 정류회로 등의 출력 파형에 얼마만큼 맥류분이 포함되어 있는가를 나타내고, 맥동률 γ는 반파 정류회로에서는 121[%]이나 전파 정류회로에서는 48[%] 정도이다.

09 FET(전계효과트랜지스터, Field Effect Transister)
일반적인 트랜지스터가 전류를 증폭시키는데 비해, FET은 전압을 증폭시키는 특징을 갖고 있다.
① 전계효과 : 트랜지스터에 인가되는 전압에 의해 전계가 형성되고, 전계의 세기에 의해 전류가 제어됨을 의미
② FET : 입력전압에 의해서 트랜지스터의 두 단자 사이에 흐르는 전류가 조절되는 소자
[참고]
① Pink Noise(핑크 잡음, 플리커 잡음=깜박이 잡음, $\dfrac{1}{f}$ 잡음) : Active device가 갖고 있는 고유의 잡음으로서, 주파수에 반비례하기 때문에 1/f 이라고 한다.
㉠ 낮은 주파수일수록 큼
㉡ 그 크기가 주파수에 반비례
② 산탄 잡음(shot Noise, 충격 잡음, 임펄스 잡음) : 채널 상에서 규정 한계 레벨을 초과하는 순간의 충격 잡음 파형을 말함

10 정궤환(양의 피드백, Positive Feedback)
① 입력신호에 궤환 신호가 합쳐지도록 한 것
② 극성이 같음
③ 발진회로, 슈미트 트리거, 멀티바이브레이터 등에 이용
[참고]
① 궤환(Feedback) : 출력 신호의 일부가 입력 신호로 다시 되돌아가 사용하는 것을 의미
② 입력신호로 되돌아가 그 입력신호의 강도를 증가시킨다면 정궤환(Positive Feedback)이라 하고, 신호의 강도를 감소시킨다면 부궤환(Negative Feedback)이라 한다.

11 정현파 발진기의 종류
① LC 발진회로
㉠ 하틀리(Hartley) 발진회로
㉡ 콜피츠(Colpitts) 발진회로
㉢ 동조형 반결합회로(컬렉터 동조, 이미터 동조, 베이스 동조)
② RC 발진회로
㉠ 이상형(Phase shift) 발진회로
㉡ 빈 브리지(Wien bridge) 발진회로
③ 수정 발진회로
㉠ 피어스(Pierce) B-E 발진회로
㉡ 피어스 B-C 발진회로

ⓒ 무조정 발진회로
④ 부성 저항 발진회로
　　㉠ 터널 다이오드 발진회로
　　ⓒ 단일 접합 트랜지스터 발진회로
[참고] 비정현파 발진기의 종류 : 멀티바이브레이터, 블로킹 발진기, 톱날파 발진기

12 수정발진기(세라믹 발진회로)의 공진 주파수 출력은 재료의 크기, 모양, 탄성 및 소리 속도에 따라 다르다. 수정발진기의 출력 특성은 진동 모드와 공진기에서 수정이 절단되는 각도에 따라 주로 두께가 중요하다. 잘라낸 수정판은 치수에 따라 정해지는 일정한 압전 진동을 일으키며, 우수한 안정도를 얻을 수 있다.

13 델타변조
① 펄스 부호 변조 방식 중 하나이지만, 통상적인 PCM과는 다르다.
② 파형이 계단형으로 된다.
③ 진폭을 미세한 일정값의 양자화 진폭만큼 증감시킬 때에 양 또는 음의 펄스를 발생하는 원리에 따라 연속 변화하는 데이터 신호, 영상 신호 따위를 간단하게 펄스 부호화하는 방법이다.

14 아날로그 펄스 변조방식
① PAM(펄스 진폭 변조, Pulse Amplifier Modulation)
② PPM(펄스 위상 변조, Pulse Amplifier Modulation)
③ PWM(펄스 폭 변조, Pulse Width Modulation) : 신호의 레벨에 따라 펄스 폭을 변화시키는 변조방식

15 RL 직렬회로
각 소자(저항과 인덕터)에서의 전압과 회로에 흐르는 전류가 공급전압 V_s와 위상관계
① RC 직렬회로에 대해서는 t=RC이다.
　㉠ 저항이 크다면 회로에 흐르는 전류가 작아지고 캐패시터에 충전되는 전하량이 줄어든다. 즉, 오래 걸린다.
　ⓒ 캐패시턴스 자체가 크면 또한 충전되는 전하가 많이 필요하다. 즉, 오래 걸린다.
② RL 직렬회로에 대해서 t=L/R이다.
　㉠ 저항이 작다면 회로에 흐르는 전류가 많아지고 따라서 인덕터에 흐르는 전류가 많아지기 때문에 유도기전력이 크게 발생한다. 즉, 오래 걸린다.
　ⓒ 인덕턴스 자체가 크면 또한 발생하는 유도기전력이 크다. 즉, 저항하는 힘 때문에 정상 상태값

의 63.2[%]에 도달하는 시간이 오래 걸린다.

16 제어기능
프로그램을 해독하고 필요한 장치를 보내며 검사, 통제역할을 하는 기능

17 DMA(Direct Memory Access) 방식
데이터의 입출력 전송이 중앙처리장치(CPU) 레지스터를 거치지 않고 직접 메모리장치와 입출력장치 사이에 이루어지는 입출력 제어방식

18 접근 방식에 의한 주소지정방식
① 묵시적 주소지정방식(implied addressing mode) : 오퍼랜드를 사용하지 않는 방식으로 명령어 자체 내에 오퍼랜드가 포함되어 있는 방식
② 즉각 주소지정방식(immediate addressing mode) : 명령문 속에 데이터가 존재하는 주소지정방식
③ 직접 주소지정방식(direct addressing mode) : 명령어의 오퍼랜드에 실제 데이터가 들어 있는 주소를 직접 갖고 있는 방식
④ 간접 주소지정방식(indirect addressing mode) : 오퍼랜드가 존재하는 기억장치 주소를 내용으로 가지고 있는 기억 장소의 주소를 명령 속에 포함시켜 지정하는 주소지정방식
⑤ 상대 주소지정방식(relative addressing mode) : 상태 레지스터 등의 내용을 점검하여 조건에 따라 프로그램의 처리를 변경하고자 하는 명령에만 사용되는 주소지정방식
⑥ 인덱스 주소지정방식(indexed addressing mode) : 인덱스 레지스터에 데이터가 스토어되어 있는 어드레스를 로드해 놓고 각 명령에서 이 어드레스 방식을 사용하면 인덱스 레지스터에 로드되어 있는 어드레스가 대상이 되는 주소지정방식

19 그레이 코드
① 수의 연산에는 부적합하다.
② 아날로그-디지털 컨버터나 입출력장치 코드로 주로 사용
③ 입력 코드로 사용하면 오차가 적다.

20 $A \cdot (\overline{A} + \overline{B+C}) = A\overline{A} + A(\overline{B+C})$
$\qquad = A\overline{A} + A(\overline{BC}) = A \cdot \overline{B} \cdot \overline{C}$

21 집적회로 소자 게이트 수에 따라
  ① 소규모 집적회로(SSI)
    ㉠ NAND, NOR, AND, OR 게이트, 인버터 등
    ㉡ 1~10개 정도의 게이트, 인버터, 1~2개의 플립 플롭 등
  ② 중규모 집적회로(MSI)
    ㉠ 덧셈기, 레지스터, 카운터, 멀티플렉서 등
    ㉡ 10~100개 정도의 게이트 포함
  ③ 대규모 집적회로(LSI)
    ㉠ 마이크로프로세서 등
    ㉡ 100~수천 개 이상의 소자 포함
  ④ 초대규모 집적회로(VLSI) : 만~백만 개 정도의 소자
  ⑤ 극대규모 집적회로(ULSI) : 백만 개 이상의 소자를 포함

22 순서도의 기본 모형
  ① 직선형 : 시작부터 종료까지 단계적으로 진행되는 형태
  ② 분기형 : 조건에 따라 실행 순서나 내용이 바뀌는 형태
  ③ 반복형 : 조건을 만족할 때까지 일정 내용을 반복 수행하는 형태

23 자바(JAVA)
  ① 객체지향 프로그래밍 언어 자바 서버 페이지(JSP) : HTML 문서에 자바 코드를 삽입하여 동적 웹 페이지를 생성하는 프로그래밍 언어
  ② 자바 스크립트(Javascript) : 웹 브라우저에서 사용하는 스크립트 언어
  ③ 자바 애플릿(Java Applet) : 자바 바이트 코드 형태로 배포되는 애플릿
  [참고] 웹 개발용 프로그래밍 언어의 종류 : ASP, HTML, JAVA Script

24 ① Ctrl+C : 텍스트 복사하기
  ② Crtl+V : 텍스트 붙여넣기
  ③ Ctrl+Z : 이전 단계로 돌아가기
  ④ Ctrl+X : 잘라내기
  ⑤ Crtl+A : 전체 영역 선택하기
  ⑥ Crtl+F : 텍스트 찾기
  ⑦ Crtl+S : 저장하기

25 OS(운영체제)의 목적
  ① 사용자의 편의성 제공
  ② 시스템의 효율성 향상
  ③ 사용자 인터페이스 제공
  ④ 자원 관리, 프로세스 관리, 기억장치 관리, 입출력 장치 관리, 파일 관리, 네트워크 관리
  ⑤ 사용자에게 편의성을 제공

26 ① 전송선로 정수의 1차 정수
    ㉠ 도체 저항(R) : Ω/m
    ㉡ 자기 인덕턴스(L) : H/m, 주위온도가 높아지면 그 값이 감소되는 것
    ㉢ 정전용량(C) : F/m
    ㉣ 누설 컨덕턴스(G) : $\mho/m$
  ② 전송선로 정수의 2차 정수(1차 정수로부터 유도된 양)
    ㉠ 감쇠정수 $\alpha = \sqrt{RG}$
    ㉡ 위상정수 $\beta = \omega\sqrt{LC}$
    ㉢ 전파정수 $\gamma = \sqrt{(R+j\omega L)(G+j\omega C)}$
    ㉣ 특성 임피던스 $Z_o = \sqrt{\dfrac{R+j\omega L}{G+j\omega C}}$

27 0[dBm]의 기준 전력
  $1[mW] = 0.001[W] = 10^{-3}[W] = \dfrac{1}{1000}[W]$
  [참고] dBm : 데시벨 밀리와트(절대 레벨)

28 ① 샤논(Shannon)의 채널용량(Channel Capacity) : 정해진 오류 발생률 내에서 채널을 통해 최대로 전송할 수 있는 정보량. 측정 단위는 초당 전송되는 비트수가 된다.
  ② 샤논의 채널 용량 공식
    $C[bps] = BW \cdot \log_2\left(1 + \dfrac{S}{N}\right)$
    여기서, BW : 대역폭, S/N : 신호 대 잡음비
    $C[bps] = 1.75kHz \cdot \log_2\left(1 + \dfrac{62W}{2W}\right)$
    $= 1750Hz \cdot \log_2 32 = 1750 \cdot 5$
    $= 8,750[bps]$

29 $\lambda = \dfrac{C}{f}$ (파장 = $\dfrac{광속}{주파수}$, 광속 : $3 \times 10^8 m$)
  $1550[nm] = \dfrac{3 \times 10^8 m}{주파수}$
  주파수 $= \dfrac{3 \times 10^8}{1550 \times 10^{-6}} = 193.548 \times 10^{15}[Hz]$
  $= 193.548[THz]$

30 단방향 통신방식

송신자는 데이터를 보내기만 하고, 수신자는 받기만 하는 데이터가 한 방향으로만 이루어지는 것을 말한다. 상업용 TV나 라디오가 대표적이다.
[참고]
① 반이중 통신 방식 : 양방향 모두 데이터를 주고받을 수 있지만, 동시에는 불가한 방식. 팩스, 휴대용 무전기 등
② 전이중 통신 방식 : 각 단말 사이에 송신과 수신이 동시에 이루어지는 방식. 가정용 전화기, 휴대폰 등

31 NRZ(Non Retun to Zero)

mark, space에 따라 상태 변화가 일어난다. mark 때는 상태 변화가 일어나서 zero로 돌아오지 않으며, space일 경우 +, 0, - 중 하나가 계속 유지하게 되는 현상

NRZ 방식의 전송 데이터율 : 38.2[Mb/s]일 경우
[참고 1]
1. 단류 NRZ
   ① 0 : 0[V], 1 : + 혹은 - 전압으로 전송한다.
   ② 가장 간단하며, 전송로 방해(잡음)에 약하다.

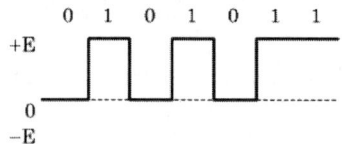

2. 복류 NRZ
   ① 0, 1 판정의 기준치를 0[V]로 설정한다.
   ② -E[V], +E[V], 수신 전위변화에 강하다.

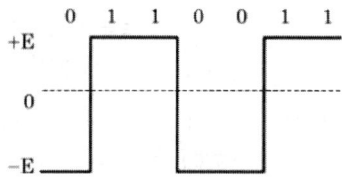

[참고 2] RZ(Return to Zero) : 각 bit를 전송할 때마다 매번 상태의 변화가 있는 현상. 매 bit의 반시간 만큼 (+), (-) 상태를 유지하고, 그 뒤에 바로 Zero 상태로 돌아오게 되는 현상
1. 단류 RZ(Return to Zero) : 펄스의 길이가 신호의 길이보다 짧고 필히 0[V]로 복귀 후 변화한다.

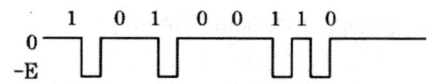

2. 복류 RZ : 0에서 1로, 혹은 1에서 0으로 비트 변환 시 항상 0[V]를 일정 간격 유지한다.

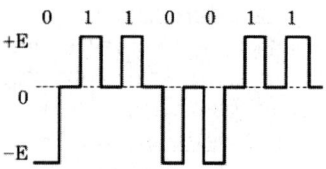

32
$$T = \frac{1}{f} = \frac{1}{8000[\text{Hz}]} = 0.000125 = 125[\mu s]$$
T : 표본화 주기
f : 표본화 주파수

33 샤논의 채널 용량 공식 중 채널(전송) 용량을 증가시키는 방법
① 전송대역폭을 넓힌다.
② 신호의 크기를 높인다.
③ 잡음의 크기를 줄인다.
④ 신호 대 잡음비를 높인다.

34 AWG(American Wire Gauge, 미국전선규격)
① 분야별
   ㉠ RS-232 : 22[AWG], 24[AWG]
   ㉡ 전화선 : 22[AWG], 24[AWG], 26[AWG]
   ㉢ Thin Ethernet : 12[AWG]
   ㉣ Thick Ehernet : 20[AWG]
   ㉤ UTP 케이블 : 23[AWG], 24[AWG]
   ㉥ STP 케이블 : 22[AWG]
② 가입자 선로에 사용되는 전화선류 직경(mm)
   ㉠ AWG 19 : 0.912
   ㉡ AWG 22 : 0.643
   ㉢ AWG 23 : 0.574
   ㉣ AWG 24 : 0.511
   ㉤ AWG 26 : 0.404

35 RJ-45
UTP 케이블에 8Pin Data용 커넥터를 연결하고자 할 때 모듈러 잭과 플러그의 규격

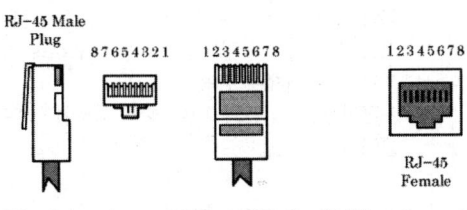

[참고] UTP(Unshielded, 비차폐) 케이블

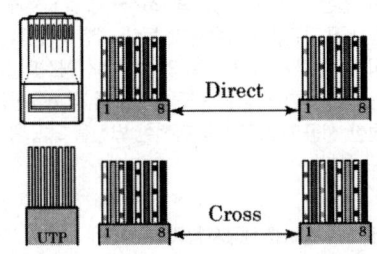

36 ① 강도 변조(IMDD : Intensity Modulation Direct Detection)
  ㉠ 입력전류에 따라 광의 강도를 변화시켜 전송하는 방식 : 1과 0을 광의 On, Off의 상태로 대응
  ㉡ 단지 광의 세기만을 사용하는 것으로 진폭변조와 유사
  ㉢ 구성이 간단하고 회로가 간단하여 대부분의 광전송 시스템에 적용
  ㉣ 발광소자들 자체가 강도 변조의 기능을 수행함
 ② 직접 검파
  ㉠ 광의 세기에 비례하는 전기신호를 추출하는 방식
  ㉡ 수광 소자들이 이 기능을 수행
  ㉢ 강도 변조된 광신호의 전기 신호 검파에 사용되며 Coherent 변조된 광은 검파하지 못함
  ㉣ 구조가 간단하여 대부분의 광전송 시스템에 적용

37 ① FTTH(Fiber To The Home)
  ㉠ 광가입자망에서 가입자 댁내까지 광통신망을 연결하는 방식
  ㉡ 광전 변환회로를 포함하는 광망 종단장치(ONU)를 각 가정에 개별적으로 설치하여야 하는 등 경제성이 떨어진다.
 ② FTTC(fiber-to-the curb)
  ㉠ FTTH의 단점을 보완하기 위한 광섬유의 복수 가입자 공동 이용 방식
  ㉡ FTTC의 Curb는 도로의 연석이라는 의미인데, 주택 앞 도로의 연석과 같이 박스를 설치하고 주택까지 동선으로 연결된 광섬유를 가정마다 공

용하면 경제성을 높일 수 있다.
  ㉢ 동선 거리가 짧으면 광대역 신호도 전송할 수 있다.

38 전반사
빛의 굴절률이 큰 매질(밀한, 속도가 느린)에서 굴절률이 작은 매질(소한, 속도가 빠른)로 진행할 때, 빛이 모두 반사하게 되는 현상

$$\frac{n_1}{n_2} = \frac{\sin\theta_t}{\sin\theta_i}$$
$$\therefore n_1\sin\theta_i = n_2\sin\theta_t$$

39 비원율 $= \dfrac{\text{최대직경} - \text{최소직경}}{\text{표준직경}} \times 100[\%]$
$= \dfrac{51.7 - 48.8}{50} \times 100[\%]$
$= \dfrac{2.9}{50} \times 100[\%]$
$= 5.8[\%]$

40 ① 관로의 곡률 반경은 관로 외경의 6배 이상으로 한다.
 ② 광케이블 포설 시 허용 곡률 반경은 케이블 외경의 20배 이상
 ③ 시내케이블 포설 시 허용 곡률 반경은 케이블 외경의 6배 이상

41 지하선로의 매설방법
 ① 직매식(직접매설방식)
  ㉠ 구내 인입선 → 2회선(정전 시 피해 경감)
  ㉡ 매설 깊이 : 차량 등 압력을 받을 경우 1.0m, 압력을 받지 않는 경우 0.6m
 ② 관로식(맨홀 방식) : 시가지 배전선로
  ㉠ 강관, 파형 PE관을 묻는 방법
  ㉡ 맨홀 : 246[m](경우에 따라 150~250[m]) 간격으로 설치(케이블 중간 접속 및 점검개소)
 ③ 암거식(공동 부설식, 통신구식) : 많은 가닥수를 시공할 때 시가지 고전압 대용량 간선부근, 공사비가 비싸다.

42 ① 금지표지 : 출입금지, 보행금지, 차량통행금지, 사용금지, 금연, 화기금지 등
 ② 경고표지 : 인화성 물질 경고, 산화성 물질 경고, 폭발성 물질 경고, 부식성 물질 경고, 고압전기 경고, 낙하물 경고, 고온(저온) 경고, 낙하물 경고 등
 ③ 지시표지 : 보안경 착용, 방독마스크 착용, 방진마

스크 착용, 보안면 착용, 안전모 착용 등
④ 안내표지 : 녹십자 표지, 응급구호 표지, 비상구 등

43 dBr(상대 dB, relative deciBel)
① 중계기, 단국장치 등으로 구성된 전송로에서는 신호의 감쇠나 이득이 연속적으로 분포
② 전송계에서 상대적인 전력 레벨의 표시
③ 전송로에 기준점을 정하고, 그 점과 임의 점의 전력비를 표시

44 $D(이도) = \dfrac{WS^2}{8T_0}[m] = \dfrac{2 \cdot 40^2}{8 \cdot 2000}[m]$
$= 0.2[m] = 20[cm]$
여기서, W : 전선의 무게
S : 경간
T_0 : 수평장력

45 펄스 시험기 측정
① 동축 케이블의 임피던스 불균형 측정
② 케이블의 불량점까지의 거리 측정
③ 반사파의 형상, 크기에 다른 장해의 종류 측정

46 정보통신기술자의 업무정지
과학기술정보통신부장관은 정보통신기술자가 다음 각 호의 어느 하나에 해당하게 되면 1년 이내의 기간을 정하여 그 업무의 정지를 명할 수 있다.
1. 제40조제1항을 위반하여 동시에 두 곳 이상의 공사업체에 종사한 경우
2. 제40조제2항을 위반하여 다른 사람에게 자기의 성명을 사용하여 용역 또는 공사를 하게 하거나 경력수첩을 빌려준 경우

47 방송통신발전 기본법 제27조(기금의 관리 · 운용)
① 기금은 과학기술정보통신부장관과 방송통신위원회가 관리 · 운용한다.
② 기금의 공정하고 효율적인 관리 · 운용을 위하여 방송통신발전기금운용심의회를 둔다.
③ 방송통신발전기금운용심의회의 위원은 10명 이내로 하며, 방송통신위원회와 협의를 거쳐 과학기술정보통신부장관이 임명한다.
④ 방송통신발전기금운용심의회의 구성과 운영에 관하여 필요한 사항은 대통령령으로 정한다.
⑤ 과학기술정보통신부장관과 방송통신위원회는 대통령령으로 정하는 바에 따라 기금의 징수 · 운용 · 관리에 관한 사무의 일부를 방송통신 업무와 관련된 기관 또는 단체에 위탁할 수 있다.
⑥ 기금의 운용 및 관리에 필요한 구체적인 사항은 대통령령으로 정한다.

48 정보통신공사업법 제1조(목적)
이 법은 정보통신공사의 조사 · 설계 · 시공 · 감리(監理) · 유지관리 · 기술관리 등에 관한 기본적인 사항과 정보통신공사업의 등록 및 정보통신공사의 도급(都給) 등에 필요한 사항을 규정함으로써 정보통신공사의 적절한 시공과 공사업의 건전한 발전을 도모함을 목적으로 한다.

49 제41조 정보통신공사협회의 설립
① 공사업자는 품위 유지, 기술 향상, 공사시공방법 개량, 그 밖에 공사업의 건전한 발전을 위하여 과학기술정보통신부장관의 인가를 받아 정보통신공사협회(이하 "협회"라 한다)를 설립할 수 있다.
② 협회는 법인으로 한다.
③ 협회의 설립 및 감독 등에 필요한 사항은 대통령령으로 정한다.

50 방송통신발전 기본법 제2조 (정의)
1. "방송통신"이란 유선 · 무선 · 광선(光線) 또는 그 밖의 전자적 방식에 의하여 방송통신콘텐츠를 송신(공중에게 송신하는 것을 포함한다)하거나 수신하는 것과 이에 수반하는 일련의 활동을 말하며, 다음 각 목의 것을 포함한다.
   가. 방송법 제2조에 따른 방송
   나. 인터넷 멀티미디어 방송사업법 제2조에 따른 인터넷 멀티미디어 방송
   다. 전기통신기본법 제2조에 따른 전기통신

51 제16조 방송통신기술의 진흥 등
과학기술정보통신부장관은 방송통신기술의 진흥을 통한 방송통신서비스 발전을 위하여 다음 각 호의 시책을 수립 · 시행하여야 한다.
1. 방송통신과 관련된 기술수준의 조사, 기술의 연구개발, 개발기술의 평가 및 활용에 관한 사항
2. 방송통신 기술협력, 기술지도 및 기술이전에 관한 사항
3. 방송통신기술의 표준화 및 새로운 방송통신기술의 도입 등에 관한 사항

4. 방송통신 기술정보의 원활한 유통을 위한 사항
5. 방송통신기술의 국제협력에 관한 사항
6. 그 밖에 방송통신기술의 진흥에 관한 사항

52 ① 사업용 방송통신설비 : 방송통신서비스를 제공하기 위한 방송통신설비
② 이용자 방송통신설비 : 방송통신서비스를 제공받기 위하여 이용자가 관리/사용하는 구내통신선로설비, 이동통신구내선로설비, 방송공동수신설비, 단말장치 및 전송설비
③ 국선 : 사업자의 교환설비로부터 이용자 방송통신설비의 최초 단자에 이르기까지의 사이에 구성되는 회선
④ 국선접속설비 : 사업자가 이용자에게 제공하는 국선을 수용하기 위하여 설치하는 국선수용단자반 및 이상전압전류에 대한 보호장치 등
⑤ 방송통신망 : 방송통신을 행하기 위하여 계통적·유기적으로 연결·구성된 방송통신설비의 집합체

53 선로설비 설치방법 제22조 해저통신선
해저통신선은 해저 강전류전선으로부터 500[m] 이내의 거리에 접근하여 설치하여서는 아니된다. 다만, 인체 또는 물건에 대한 위해방지설비를 하는 경우에는 예외로 할 수 있다.

54 전주의 구별 및 안전계수

전주의 구별	안전계수
1. 도로상 또는 도로로부터 전주 높이의 1.2배에 상당하는 거리내의 장소에 설치하는 전주	1.2
2. 다음에 해당하는 가공통신선을 가설하는 전주 가. 구조물로부터 그 전주의 높이에 상당하는 거리 내에 접근하는 가공통신선 나. 타인의 가공통신선 또는 가공강전류전선과 교차하거나 그 전주의 높이에 상당하는 거리내에 접근하는 가공통신선 다. 철도 또는 궤도로부터 그 전주의 높이에 상당하는 거리내에 접근하거나 도로, 철도 또는 궤도를 횡단하는 가공통신선	1.2
3. 가공통신선과 저압 또는 고압의 가공강전류전선을 공가하는 전주	1.5
4. 가공통신선과 특고압의 가공강전류전선을 공가하는 전주	2.0

55 제10조 가공통신선 지지물의 등주방지
가공통신선의 지지물에는 취급자가 오르내리는데 사용하는 발디딤쇠 등을 지표상으로부터 1.8[m] 이상의 높이에 부착하여야 한다. 다만, 다음과 같은 경우에는 예외로 할 수 있다.
1. 발디딤쇠 등이 지지물의 내부로 들어가는 구조인 경우
2. 지지물 주위에 취급자 이외의 자가 들어갈 수 없도록 시설하는 경우
3. 지지물을 사람이 쉽게 접근할 수 없는 장소에 설치한 경우

56 통신공동구의 설치 기준
① 통신공동구는 통신케이블의 수용에 필요한 공간과 통신케이블의 설치 및 유지·보수 등의 작업 시 필요한 공간을 충분히 확보할 수 있는 구조로 설계하여야 한다.
② 통신공동구를 설치하는 때에는 조명·배수·소방·환기 및 접지시설 등 통신케이블의 유지·관리에 필요한 부대설비를 설치하여야 한다.
③ 통신공동구와 관로가 접속되는 지점에는 통신케이블의 분기를 위한 분기구를 설치하여야 한다.
④ 한 지점에서 여러 개의 관로로 분기될 경우에는 작업공간을 넓게 하도록 한다.

57 접지저항 등
① 교환설비·전송설비 및 통신케이블과 금속으로 된 단자함(구내통신단자함, 옥외분배함 등)·장치함 및 지지물 등이 사람이나 방송통신설비에 피해를 줄 우려가 있을 때에는 접지단자를 설치하여 접지하여야 한다.
② 통신관련시설의 접지저항은 10[Ω] 이하를 기준으로 한다. 다만, 다음 각 호의 경우는 100[Ω] 이하로 할 수 있다.
1. 선로설비 중 선조·케이블에 대하여 일정 간격으로 시설하는 접지(단, 차폐케이블은 제외)
2. 국선 수용 회선이 100회선 이하인 주배선반
3. 보호기를 설치하지 않는 구내통신단자함
4. 구내통신선로설비에 있어서 전송 또는 제어신호용 케이블의 쉴드 접지
5. 철탑 이외 전주 등에 시설하는 이동통신용 중계기
6. 암반 지역 또는 산악지역에서의 암반 지층을 포함하는 경우 등 특수 지형에의 시설이 불가피한 경우로서 기준 저항값 10[Ω]을 얻기 곤란한 경우
7. 기타 설비 및 장치의 특성에 따라 시설 및 인명안전에 영향을 미치지 않는 경우

③ 통신회선 이용자의 건축물, 전주 또는 맨홀 등의 시설에 설치된 통신설비로서 통신용 접지시공이 곤란한 경우에는 그 시설물의 접지를 이용할 수 있으며, 이 경우 접지저항은 해당 시설물의 접지기준에 따른다. 다만, 전파법시행령 제24조의 규정에 의하여 신고하지 아니하고 시설할 수 있는 소출력중계기 또는 무선국의 경우, 설치된 시설물의 접지를 이용할 수 없을 시 접지하지 아니할 수 있다.
④ 접지선은 접지저항값이 10[Ω] 이하인 경우에는 2.6[mm] 이상, 접지저항값이 100[Ω] 이하인 경우에는 직경 1.6[mm] 이상의 피브이씨 피복 동선 또는 그 이상의 절연효과가 있는 전선을 사용하고 접지극은 부식이나 토양오염 방지를 고려한 도전성 재료를 사용한다. 단, 외부에 노출되지 않는 접지선의 경우에는 피복을 아니할 수 있다.
⑤ 접지체는 가스, 산 등에 의한 부식의 우려가 없는 곳에 매설하여야 하며, 접지체 상단이 지표로부터 수직 깊이 75[cm] 이상되도록 매설하되 동결심도 보다 깊도록 하여야 한다.
⑥ 사업용방송통신설비와 전기통신사업법 제64조의 규정에 의한 자가전기통신설비 설치자는 접지저항을 정해진 기준치를 유지하도록 관리하여야 한다.
⑦ 다음 각 호에 해당하는 방송통신관련 설비의 경우에는 접지를 아니할 수 있다.
  1. 전도성이 없는 인장선을 사용하는 광섬유케이블의 경우
  2. 금속성 함체나 광섬유 접속등과 같이 내부에 전기적 접속이 없는 경우

58

고압 가공전선 등 또는 그 지지물의 구분	이격거리
고압 가공전선	80cm, 고압 가공전선이 케이블인 경우 40cm
고압 전차선	1.2m
고압 가공전선 등의 지지물	30cm

59 4. 전자출입시스템
  가. 지상의 주동 현관 및 지하주차장과 주동을 연결하는 출입구에 설치하여야 한다.
  나. 화재발생 등 비상시, 소방시스템과 연동되어 주동현관과 지하주차장의 출입문을 수동으로 여닫을 수 있게 하여야 한다.
  다. 강우를 고려하여 설계하거나 강우에 대비한 차단설비(날개벽, 차양 등)를 설치하여야 한다.
  라. 접지단자는 프레임 내부에 설치하여야 한다.
[참고]
  2. 원격검침시스템은 각 세대별 원격검침장치가 정전 등 운용시스템의 동작 불능 시에도 계량이 가능해야 하며 데이터 값을 보존할 수 있도록 구성하여야 한다.
  5. 차량출입시스템
    가. 차량출입시스템은 단지 주출입구에 설치하되 차량의 진·출입에 지장이 없도록 하여야 한다.
    나. 관리자와 통화할 수 있도록 영상정보처리기기와 인터폰 등을 설치하여야 한다.
  6. 무인택배시스템
    가. 무인택배시스템은 휴대폰·이메일을 통한 문자서비스(SMS) 또는 세대단말기를 통한 알림서비스를 제공하는 제어부와 무인택배함으로 구성하여야 한다.
    나. 무인택배함의 설치수량은 소형주택의 경우 세대수의 약 10~15%, 중형주택 이상은 세대수의 15~20%로 정도 설치할 것을 권장한다.

60 5. "홈네트워크 설비 설치공간"이란 홈네트워크 설비가 위치하는 곳을 말하며, 다음 각 목으로 구분한다.
  가. 세대단자함 : 세대 내에 인입되는 통신선로, 방송공동수신설비 또는 홈네트워크 설비 등의 배선을 효율적으로 분배·접속하기 위하여 이용자의 전유부분에 포함되어 실내공간에 설치되는 분배함
  나. 통신배관실(TPS실) : 통신용 파이프 샤프트 및 통신단자함을 설치하기 위한 공간
  다. 집중구내통신실(MDF실) : 국선·국선단자함 또는 국선배선반과 초고속통신망장비, 이동통신망장비 등 각종 구내통신선로설비 및 구내용 이동통신설비를 설치하기 위한 공간
  라. 그 밖에 방재실, 단지서버실, 단지네트워크센터 등 단지 내 홈네트워크 설비를 설치하기 위한 공간

2021년 4회 과년도출제문제 해설

01	02	03	04	05	06	07	08	09	10	11	12	13	14	15
④	②	①	②	②	①	①	③	①	③	①	①	④	④	②
16	17	18	19	20	21	22	23	24	25	26	27	28	29	30
③	④	③	①	①	④	③	④	②	①	③	③	②	③	④
31	32	33	34	35	36	37	38	39	40	41	42	43	44	45
②	③	③	④	③	①	③	③	②	④	①	②	②	①	④
46	47	48	49	50	51	52	53	54	55	56	57	58	59	60
④	③	④	①	④	③	②	②	②	②	③	③	①	③	④

01 회로 소자
1. 수동 소자(passive element, RLC 회로) : 공급된 전력을 소비(R)하거나 축적(C), 방출(L)하는 소자
   ① 저항(Resistor, R)
   ② 코일(Inductor, L, 자기유도계수)
   ③ 콘덴서(Capacitor, C, 정전용량)
   ④ 트랜스
   ⑤ 릴레이 등
2. 능동 소자(active element) : 증폭이나 발진, 정류와 같은 기능을 수행하는 에너지 변환을 하는 소자
   ① 연산 증폭기(op-amp)
   ② 트랜지스터
   ③ 진공관

02
① 병렬회로에서 $R_1 = R_2 = R_3$ 일 경우 전류의 합
$I_T = I_1 + I_2 + I_3$ 또는 $I_T = I_2 + I_2 + I_2$
② 직렬회로에서 $R_1 = R_2 = R_3$ 일 경우 전류의 합
$I_T = I_1 + I_2 + I_3$ 또는 $\dfrac{V}{R_1 + R_2 + R_3}$[A]

03

R만의 회로	교류회로에 정현파가 인가될 때 전압과 전류의 위상이 같다.
L만의 회로	$\dfrac{\pi}{2}$[rad]는 90°만큼 위상이 앞선다. (전압은 전류보다)
C만의 회로	$\dfrac{\pi}{2}$[rad]는 90°만큼 위상이 앞선다. (전류는 전압보다)

04
$v = V_m \cdot \sin \omega t$ 일 경우 전압이 전류보다 위상이 90° 늦다.
$i = I_m \cdot \sin \omega t$ 일 경우 전류가 전압보다 위상이 90° 늦다.

05 자력선(자기력선)
자기장에서 자기력이 작용하는 방향을 나타내는 선

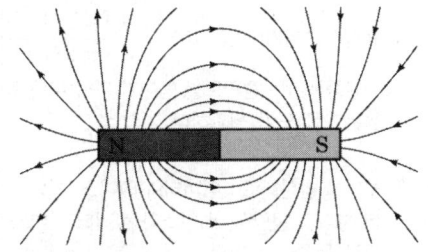

① 자기장의 방향은 공간에서 임의 점에서 자력선에 접선이다.
② 자기장의 세기는 자력선의 밀도에 비례한다. 즉 자력선에 수직인 단위 면적당 자력선의 수에 비례한다.
③ 자력선은 서로 교차할 수 없으며 임의 점에서 자기장은 유일하다.
④ 자력선은 연속이고, 시작도 끝도 없는 폐루프를 형성한다. N에서 나와서 S극으로 이동한다.
⑤ 자력은 거리 제곱에 반비례한다.

06
진성 반도체의 반송자는 정공과 전자로 구성되어 있다.

07 배전압 정류 방식
정류와 콘덴서를 사용하여 교류전압의 배에 가까운 정류 출력을 얻는 방식

08 맥동률(ripple factor)

$$r = \frac{V_r}{V_{DC}} \times 100[\%] \quad V_r = \frac{V_{AC}}{2\sqrt{2}}$$

09
트랜지스터의 활성영역은 통전상태로 트랜지스터의 증폭 시 사용
- 이미터와 베이스(VEB) : 순방향 바이어스
- 컬렉터와 베이스(VCB) : 역방향 바이어스

10 이상적인 연산증폭기의 특성
① 오픈 루프 전압이득, 입력(임피던스) 저항, 주파수 대역폭=∞
② 출력(임피던스) 저항, 오프셋(Off set) 전류, 지연 응답=0
③ 특성의 변동, 잡음이 없다.
④ 동상신호제거비(CMRR) = $\left| \frac{A_d(차등이득)}{A_c(동상이득)} \right|$

연산증폭기는 정확도를 높이기 위하여 큰 증폭도와 높은 안정도가 필요하다.

11
① 콜피츠 발진회로 : 이미터와 베이스, 이미터와 컬렉터 사이가 용량성, 베이스와 컬렉터 사이가 유도성으로 동작하는 회로
② 하틀리 발진회로 : 이미터와 베이스, 이미터와 컬렉터 사이가 유도성, 베이스와 컬렉터 사이가 용량성으로 동작하는 회로

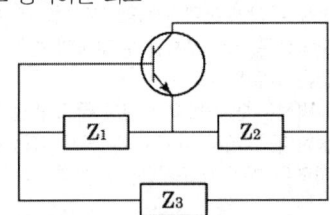

Z_1	Z_2	Z_3	발진회로
용량성	용량성	유도성	콜피츠 발진회로
유도성	유도성	용량성	하틀리 발진회로

12 콜피츠 발진회로의 발진주파수

$$\frac{1}{2\pi \sqrt{L\left(\frac{C_1 \times C_2}{C_1 + C_2}\right)}}$$

13 PFM(펄스 주파수 변조, Pulse Frequency Modulation)
신호파의 크기에 따라 펄스의 주파수를 바꾸는 변조 방식
[참고]
① PCM : 아날로그 신호를 디지털 신호로 전송하기 위한 변조 방식
② PAM : 펄스 폭 및 주기를 일정하게 하고, 진폭만을 신호파에 따라 변화시키는 변조 방식
③ PWM : 펄스 변조 신호의 크기에 따라서 펄스 폭을 변조하는 방식

14 펄스부호변조(PCM) 방식
아날로그 형태의 정보(신호)를 디지털 형태의 정보(신호)로 변경하는 방식으로, 변조회로의 기본 구성은 표본화, 양자화, 부호화의 부분으로 구성된다.

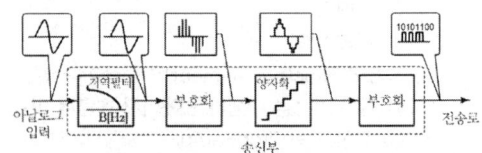

15

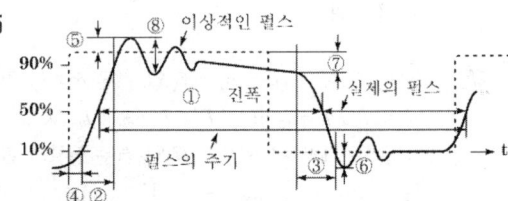

① t_w(펄스폭, width time) : 펄스 파형이 상승 및 하강의 진폭 전압의 50%가 되는 구간의 시간
② t_r(상승시간, rising time) : 실제의 펄스가 이상적 펄스의 진폭 전압의 10%~90%까지 상승하는 데 걸리는 시간
③ t_f(하강시간, falling time) : 실제의 펄스가 이상적 펄스의 진폭 전압의 90%~10%까지 내려가는 데 걸리는 시간
④ t_d(지연시간, delay time) : 이상적 펄스의 상승 시각으로부터 진폭 전압의 10%까지 이르는 실제의

파형
⑤ t_{on}(턴온시간) : 이상적 펄스의 상승 시각에서 전압의 90%까지 상승하는 시간
⑥ t_{off}(턴오프시간) : 이상적 펄스의 하강 시각에서 전압의 10%까지 하강하는 데 걸리는 시간
⑦ t_u(언더슈트) : 하강 파형에서 이상적 펄스파의 기준 레벨보다 아랫부분의 높이
⑧ t_o(오버슈트) : 상승파형에서 이상적 펄스파의 진폭 전압보다 높은 부분의 파형

16 데이터 표현 단위
① 비트(Bit) : 0과 1로 표현되는 데이터(정보)의 최소 단위이다.
② 바이트(Byte) : 8bit로 구성, 1개의 문자나 수를 기억하는 데이터 단위
③ 워드(Word) : 몇 개의 데이터가 모인 데이터 단위
  ㉠ 하프 워드(Half Word) : 2byte로 구성
  ㉡ 풀 워드(Full Word) : 4byte로 구성
  ㉢ 더블 워드(Double Word) : 8byte로 구성
④ 니블(Nibble) : 1byte의 절반, 즉 4bit

17 중앙처리장치(CPU)
제어장치, 연산장치, 레지스터

18 ROM의 종류
① PROM : ROM Writer 등으로 내용을 한번 저장할 수 있으며, 저장한 후에는 재사용이 불가능하다.
② EPROM : 강한 자외선을 쬐거나 전기적으로 내용을 소거할 수 있으며 여러 번 삭제 후 다시 사용할 수 있다.
③ EEPROM : 전기적으로 일정한 전압을 가하면 저장된 정보를 지울 수 있고 쓸 수도 있는 EPROM이다.
④ Mask ROM : 제조사에 마스크를 이용하여 내용을 영구적으로 기록한 것이다. 한번 기록된 내용은 다시 기록할 수 없으므로 한번만 사용할 수 있으나 집적도가 높아 대량 생산에 유리
⑤ UV-EPROM : 칩 위에 투명한 유리창이 달려 있어 여기를 통해 자외선을 쬐면 저장된 정보를 지울 수 있으며 EPROM과 동일한 역할을 한다.

19 $(65)_8 \rightarrow (110101)_2 \rightarrow (35)_{16}$

20 ① 디코더(해독기, Decoder)
  ㉠ n개의 신호를 입력받아 2^n 개의 출력신호를 얻는 회로
  ㉡ 2진 부호(BCD)를 10진수로 변환
② 인코더(부호기, Encoder)
  ㉠ n개의 입력이 n개의 출력으로 나타남
  ㉡ 10진수를 2진 부호(BCD)로 변환

21 플립플롭 2개를 연결한 비동기형 4진 계수기

T_1	T_2	계수
0	0	0
0	1	1
1	0	2
1	1	3

22 순서도(Flowchart)의 특징
① 프로그램 흐름을 단순화하여 분석이 명료해진다.
② 논리적인 오류를 쉽게 파악할 수 있다.
③ 도식화된 기호를 이용하므로 다른 사람이 쉽게 이해할 수 있다.
④ 원시 프로그램의 작성을 용이하게 하여 코딩작업이 간단해진다.
⑤ 처리되는 과정을 모두 표현한다.
⑥ 전체의 흐름을 명확히 알 수 있도록 작성한다.
[참고] 클래스(Class) : 유사한 객체들을 묶어서 하나의 공통된 특성

23 1byte=8bit
1024byte=1KB
2^{10}byte = 1024byte = 1Kbyte
2^{20}byte = 1024×1Kbyte = 1Mbyte
2^{30}byte = 1024×1Mbyte = 1Gbyte

24 운영체제(OS)의 목적
① 신뢰도(Reliability)
② 처리 능력(Throughput)
③ 사용 가능도(Availability)
④ 응답 시간(Turnaround Time)

25 함수
"=SUM(A:G)" : A셀부터 G셀까지의 숫자를 더한다.
"=SUM(B:F)" : B셀부터 F셀까지의 숫자를 더한다.

26 펄스변조방식
① 아날로그 펄스 변조
  ㉠ PAM(펄스진폭변조)
  ㉡ PWM(펄스폭변조)
  ㉢ PPM(펄스위상변조)
② 디지털 변조
  ㉠ PCM(펄스부호변조, 펄스코드변조)
  ㉡ PNM(펄스수변조)

27 전압반사계수(VSWR, γ)

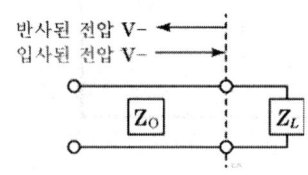

$$\gamma = \frac{V-}{V+} = \frac{|Z_l - Z_0|}{|Z_l + Z_0|} = \frac{|75-300|}{|75+300|} = \frac{225}{375} = 0.6$$

28 정재파비(SWR, Standing Wave Ratio)
① 정재파를 갖는 선로 또는 도파관 내의 인접한 파절 및 파복에서 측정한 전류/전압의 비
② 전자계의 최대 진폭과 최소 진폭의 비
③ 정재파의 최대 진폭부분과 최소 진폭 부분의 비로 나타낸다.
[참고]
  ① 정재 : 변하지 않는
  ② 정합 : 가지런히 맞음
  ③ 임피던스 정합(Impedance Matching) : 결국 임피던스가 다름으로 인한 반사손실을 최소화하기 위해 중간에 양쪽 임피던스를 중재할 수 있는 그 무언가를 넣는 것

29 600[Ω]의 전송선로에서 0[dBm]에 관한 설명
$$dB = 10 \cdot \log_{10} \frac{P[W]}{1[mA]}$$
① 회로 전류 1.291[mA]
② 회로 전력 1[mW]
③ 부하 양단 전압 0.775[V]=내부저항 600[Ω]×회로 전류 1.291[mA]
[Tip] 상대레벨 단위 : [dB]
       절대레벨 단위 : [dBm]

30 펄스변조방식
① 아날로그 펄스 변조
  ㉠ PAM(펄스진폭변조)
  ㉡ PWM(펄스폭변조)
  ㉢ PPM(펄스위상변조)
② 디지털 변조
  ㉠ PCM(펄스부호변조, 펄스코드변조)
  ㉡ PNM(펄스수변조)

31 진폭(AM, Amplitude Modulation) 변조
고주파 신호의 크기를 정보신호의 특성에 따라 연속적으로 변화시키는 변조방식 신호의 일반적인 특성 중 크기를 변환
① 단측대역방식(SSB, Single Side Band) : DSB 방식의 상측대역과 하측대역 중 한쪽만을 전송하는 방식
② 양측대역 반송파 억압방식(DSB-LC, Double Side Band-Large Carrier) : 스펙트럼상에 상측파대(USB)와 하측파대(LSB)를 동시에 전송하는 방식
③ 잔류측 대역방식(VSB, Vestigial Side Band) : 한쪽 측대파의 대부분과 다른 쪽 측대파의 일부(Vestigial)을 송신하여 재생하는 방법

32 QPSK(직교위상편이변조, Quadrature Phase Shift Keying)
2진 PSK(BPSK) 방식과는 달리 입력신호에 따라 위상변화를 $\frac{n}{2}$(90°)씩 위상차로 2비트 신호를 변조하는 방식으로 4개 종류의 디지털 심벌로 전송하는 4진 PSK 방식

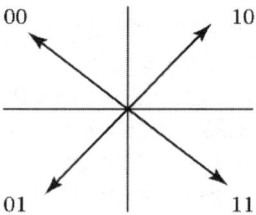

33 WDM(Wavelength Division Multiplexing, 파장분할다중화)
각기 다른 파장을 갖는 여러 개의 광원을 묶어서 보낸 후 다시 역다중화하는 방식

34 ① ADSL : 비대칭형이며 전화선을 사용한다.

② SDSL : 대칭형이며 전화선을 사용한다.
③ VDSL : 전송거리가 짧으며 백본랜 등에 활용한다.
④ HDSL : 대칭형이며 4선식 회선으로 구성되어 있다.
⑤ 스플리터(Splitter) : ADSL에서 음성과 데이터를 분리하는 것
※ ADSL(비대칭가입자망) 기술 : 기존의 동선선로를 그대로 사용할 수 있다.

35 UTP 케이블
① Unshielded Twisted Pair Cable의 약어
② 절연체로 감싸여 있지 않은 두가닥씩 꼬여 있다는 의미
③ 비차폐형 꼬임케이블
[참고]
1. Coaxial 케이블(동축 케이블)

2. STP(Shielded Twisted Pair) 케이블=신호선+호일+쉴드+피복

3. FTP(Foiled Twisted Pair) 케이블=신호선+호일+피복

4. UTP(Unshielded Twisted Pair) 케이블=신호선+피복

36 1. 비굴절률(Δ)차 : 광 코어(n_1) 및 클래딩(n_2)의 굴절률 차이의 정도
- 코어 굴절률과 클래딩 굴절률 차이를 코어 굴절률로 나눈 값

$$비굴절률(\Delta) = \frac{n_1 - n_2}{n_1} \times 100[\%]$$

$$1.5[\%] = \frac{1.49 - n_2}{1.49} \times 100[\%]$$

$$n_2 = 1.46765...$$

2. 개구수(numeracal aperture) : 빛을 광섬유 내에 수광시킬 수 있는 능력

$$NA = \sqrt{n_1^2 - n_2^2} = \sqrt{1.49^2 - 1.468^2}$$
$$= \sqrt{2.22 - 2.155} = \sqrt{0.065} = 0.254957....$$

37 전송 가능한 전파모드의 수는 여러 개이다.

38 ① 광 결합기 : 하나의 광신호 전력을 두 개 이상의 출력으로 전력을 분배하는 기능을 하는 것
② 레이저 다이오드 : 발광소자, 유도방출
③ 배열 도파로 격자(Arrayed Waveguide Grating : AWG)
㉠ 수백[Gbps] 이상의 정보를 전송하는데 필요한 WDM 광전송시스템에서 여러 개의 입력광원을 하나의 광섬유로 묶어서 전송하는 파장 다중화를 위한 광소자
㉡ 광섬유가 가장 작은 손실을 보이는 C Band 영역인 1530~1565nm에서 광 신호들을 집중화시켜 많은 파장을 싣도록 한다.

39 브이-그루브 기계식 접속장치
광케이블 양끝단을 수평 조절하고 접속하기 쉬우며 접속 손실은 싱글모드에서 통상 0.5[dB] 이하이다.

융착접속

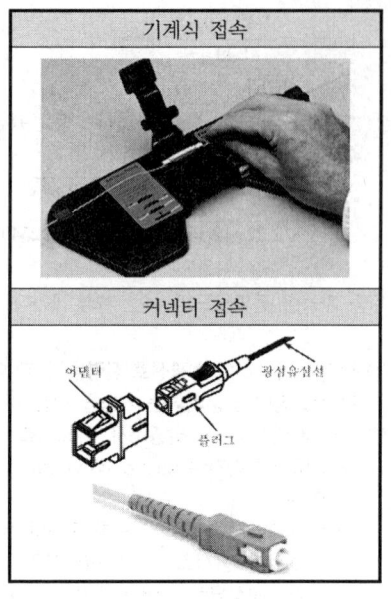

40 지선의 구조, 형상별에 따른 분류
a. 단지선(보통지선) : 일반적이며 기본적인 지선이다.

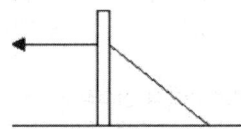

b. V형 지선 : 전차선 인류용으로 많이 사용, 전차선로용 지선의 대표적인 것

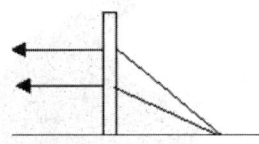

c. 2단 지선 : 단지선 또는 V형 지선을 평행(상, 하 방향)으로 2개 시설하는 지선을 말하며, 큰 장력이나 수평장력이 가해지는 헤비 심플 카테너리 가선방식의 인류용으로 사용되고 있다.

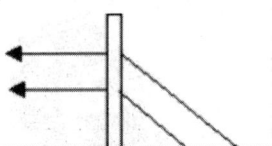

d. 수평 지선 : 직접 지선을 시설하기 불가능한 경우 별도로 적당한 위치에 전용의 지선주를 세우거나 인접전주에 수평으로 전주 간에 지선을 가선한 것

을 말한다. 교통에 지장이 없도록 도로를 횡단해서 시설하는 경우 또는 건축물의 출입구 등을 피해서 지장이 없도록 시설하는 경우 등에 사용한다.

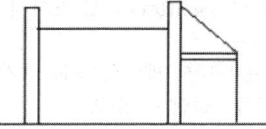

e. 궁형 지선 : 전주의 근원 부근에 근가를 시설, 궁형으로 취부하는 특수한 지선을 말하며, 지선을 취부할 수 없는 경우 등 특별한 경우에만 사용된다.

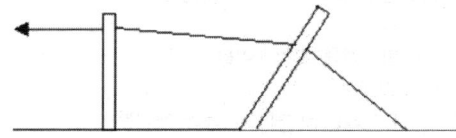

41 신규 가입 전화에 대한 승낙은 제한받는다.
방송통신위원회와 한국인터넷진흥원은 음성 스팸을 전송하는 자를 통신서비스 가입 단계에서부터 차단하기 위하여 한국정보통신진흥협회(KAIT) 및 유선통신사업자와 협력하여 「유선통신사업자 간에 불법스팸 전송자의 이용제한 이력정보 공유를 통한 서비스 신규가입 제한방안」을 마련하였다.

42 케이블 포설 공법 분류
① 견인 포설공법(Pulling method) : 케이블의 선단이나 중간을 견인하여 지하 관로 내에 포설하는 공법으로 견인방법에 따라 선단견인방식, 선단 중간 견인방식, 인력견인방식 등으로 구분된다.
② 공압 포설공법((Blowing method) : 케이블을 내관 내 공기 압력으로 불어 넣어 포설하는 공법이다.
③ 양방향 포설공법((Bidirection method) : 케이블의 양단을 각각의 시단으로 하여 포설구간의 중간지점에서 케이블을 양방향으로 포설하는 공법으로서 견인이나 공압 포설공법으로 시행한다.

포설 공법	견인 포설공법			공압 포설공법	양방향 포설공법
	선단 견인	선단 중간견인	인력 견인		
최대 포설속도 [m/분]	30	20	10	50	적용된 공법의 포설속도

43 고장위치

고장위치=케이블의 총 길이$\times(\dfrac{R_3-R_2}{R_3-R_1})$

650=케이블의 총 길이$\times(\dfrac{360-260}{360-160})$

650=케이블의 총 길이$\times(\dfrac{1}{2})$

∴ 케이블의 총 길이=1300[m]

44 전송 선로정수의 2차 정수(1차 정수로부터 유도된 양)
① 감쇠정수 $\alpha = \sqrt{RG}$
② 위상정수 $\beta = \omega\sqrt{LC}$
③ 전파정수 $\gamma = \sqrt{(R+j\omega L)(G+j\omega C)}$
④ 특성 임피던스 $Z_o = \sqrt{\dfrac{R+j\omega L}{G+j\omega C}}$

45 이득(dB)의 종류
① 전력이득$= 10\log_{10}\dfrac{\text{출력전력}}{\text{기준전력}}$
② 전압이득$= 20\log_{10}\dfrac{\text{출력전압}}{\text{기준전압}}$
③ 전류이득$= 20\log_{10}\dfrac{\text{출력전류}}{\text{기준전류}}$

46 제38조 방송통신재난의 보고
① 주요방송통신사업자는 그 소관 방송통신서비스에 관하여 방송통신재난이 발생하였을 때에는 그 현황, 원인, 응급조치 내용 및 복구대책 등을 지체 없이 과학기술정보통신부장관에게 보고하여야 한다.
② 제35조제1항제2호 및 제3호에 따른 주요방송통신사업자는 그 소관 방송통신서비스에 관하여 방송통신재난이 발생하였을 때에는 그 현황, 원인, 응급조치 내용 및 복구대책 등을 지체 없이 방송통신위원회에도 보고하여야 한다.

47 방송통신발전 기본법
제40조 재난방송
① 방송법에 따른 지상파방송사업자 및 종합편성 또는 보도에 관한 전문편성을 행하는 방송채널사용사업자는 자연재해대책법제2조에 따른 재해 또는 재난 및 안전관리기본법 제3조에 따른 재난이 발생하거나 발생할 우려가 있는 경우에는 그 발생을 예방하거나 그 피해를 줄일 수 있는 재난방송을 하여야 한다.
③ 방송통신위원회는 방송법에 따라 설립된 한국방송공사를 재난방송의 주관기관으로 지정할 수 있다.
제48조 과태료
① 제40조제2항을 위반하여 특별한 사유 없이 재난방송을 하지 아니한 자에게는 3천만원 이하의 과태료를 부과한다고 규정하고 있다.

48 1. 감리 : 공사(건축사법 제4종에 따른 건축물의 건축 등은 제외한다.)에 대하여 발주자의 위탁을 받은 용역업자가 설계도서 및 관련 규정의 내용대로 시공되는지를 감독하고, 품질관리, 시공관리 및 안전관리에 대한 지도 등에 관한 발주자의 권한을 대행하는 것을 말한다.
2. 설계 : 공사(건축사법 제4종에 따른 건축물의 건축 등은 제외한다.)에 관한 계획서, 설계도면, 시방서, 공사비 명세서, 기술계산서 및 이와 관련된 서류를 작성하는 행위를 말한다.
3. 용역 : 다른 사람의 위탁을 받아 공사에 관한 조사, 설계, 감리, 사업관리 및 유지관리 등의 역무를 하는 것을 말한다.

49 정보통신공사업법 중 용어
5. "용역"이란 다른 사람의 위탁을 받아 공사에 관한 조사, 설계, 감리, 사업관리 및 유지관리 등의 역무를 하는 것을 말한다.
6. "용역업"이란 용역을 영업으로 하는 것을 말한다.
7. "용역업자"란 엔지니어링산업 진흥법 제21조제1항에 따라 엔지니어링 사업자로 신고하거나 기술사법 제6조에 따라 기술사사무소의 개설자로 등록한 자로서 통신·전자·정보처리 등 대통령령으로 정하는 정보통신 관련 분야의 자격을 보유하고 용역업을 경영하는 자를 말한다.

50 전기통신사업의 정의
6. "전기통신역무"란 전기통신설비를 이용하여 타인의 통신을 매개하거나 전기통신설비를 타인의 통신용으로 제공하는 것을 말한다.
7. "전기통신사업"이란 전기통신역무를 제공하는 사업을 말한다.

51 3. "전기통신회선설비"란 전기통신설비 중 전기통신을 행하기 위한 송신·수신 장소 간의 통신로 구성 설비로서 전송설비·선로설비 및 이것과 일체로 설치되는 교환설비와 이들의 부속설비를 말한다.

52 통신비밀의 보호
① 누구든지 전기통신사업자가 취급 중에 있는 통신의 비밀을 침해하거나 누설하여서는 아니 된다.
② 전기통신업무에 종사하는 자 또는 종사하였던 자는 그 재직 중에 통신에 관하여 알게 된 타인의 비밀을 누설하여서는 아니 된다.

53
① 관로가 가스 등 다른 매설물과 같이 매설될 경우 상호 이격거리는 50[cm] 이상이어야 한다.
② 통신관련 시설의 접지체는 가스, 산 등에 의한 부식의 우려가 없는 곳에 매설하도록 하고 있는데, 그 깊이는 지표로부터 수직으로 몇 75[cm] 이상이 되도록 한다.

54
풍속이 40[m/s]일 때 원통주에 적용되는 시설물의 수직투영면적 1[m^2]에 대한 풍압은 80[kg]이다.
[참고] 제3장 선로설비 설치방법 : 무선시설류에서 풍압을 받는 시설물(시설물의 수직투영면적 1[m^2]에 대한 풍압)
- 철탑에 부착 시설되는 안테나류 : 200[kg]
- 마이크로웨이브 안테나 : 200[kg]

55 무선시설류에서 풍압을 받는 시설물(시설물의 수직투영면적 1[m^2]에 대한 풍압)
- 철탑에 부착 시설되는 안테나류 : 200[kg]
- 마이크로웨이브 안테나 : 200[kg]

56 옥내에 설치하는 통신선용 케이블
① 광섬유 케이블
② 동축 케이블
③ 꼬임 케이블
[참고] RGB 케이블 : 정지영상출력을 하기 위해 본체, 모니터와 연결하는 15핀 케이블. D-Sub 케이블이라고 한다.

57 제34조 예비전원 설치
2. 재난 및 안전관리기본법 제3조제5호 및 제7호의 규정에 의한 재난관리책임기관과 긴급구조기관의 장이 설치 또는 운용하는 국선수용용량 10회선 이상인 교환설비 및 광전송설비의 경우에는 상용전원이 정지된 경우 최대부하전류를 3시간 이상 공급할 수 있는 축전지 또는 발전기 등의 예비전원설비를 갖추어야 한다.

58 전유부분 홈네트워크 설비의 설치 기준 제20조 통신배관실
① 통신배관실은 유지관리를 용이하게 할 수 있도록 하여야 하며 통신배관을 위한 공간을 확보하여야 한다.
② 통신배관실 내의 트레이(tray) 설치용 개구부는 화재 시 층간 확대를 방지하도록 방화처리제를 사용하여야 한다.
③ 통신배관실은 외부인으로부터의 보안을 위하여 출입문은 최소 폭 0.7미터, 높이 1.8미터 이상(문틀의 외측 치수)의 잠금장치가 있는 출입문으로 설치하여야 하며, 관계자 외 출입통제 표시를 부착하여야 한다.
④ 통신배관실은 외부의 청소 등에 의한 먼지, 물 등이 들어오지 않도록 50밀리미터 이상의 문턱을 설치하여야 한다. 다만 차수판 또는 차수막을 설치하는 때에는 그러하지 아니하다.

59 방송통신설비의 안전성 및 신뢰성 등에 관한 기술기준 제2조 적용범위
이 고시는 다음 각 호의 해당하는 방송통신설비에 대하여 적용한다.
규정 제3조제1호의 규정에 의한 사업용 방송통신설비(기간통신설비, 별정통신설비, 부가통신설비 및 전송망설비)
"방송통신발전기본법" 제37조제1항의 규정에 의한 자가방송통신설비(이하 "자가통신설비"라 한다.)

60 지진대책을 하여야 하는 방송통신설비의 범위

구분	세부 항목
통신국사	① 건축법시행령 제32조에 의한 내진대상 통신국사 ② 통신장비를 수용하기 위하여 건축하는 통신국사
통신장비	① 교환기, 전송단국장치, 중계장치(단순 중계기는 제외), 다중화장치, 분배장치 ② 기지국 송수신장치 ③ 고객정보 저장장치, 단문메시지 저장장치
전원설비	통신장비의 운용을 위하여 설치하는 수변전장치, 정류기, 예비전원설비(축전지, 비상용 발전기)
부대설비	지진대책 대상 통신장비를 설치하기 위하여 시설하는 바닥시설

2022년 1회 과년도출제문제 해설

01	02	03	04	05	06	07	08	09	10	11	12	13	14	15
①	③	③	③	④	④	④	②	④	④	③	④	④	①	①
16	17	18	19	20	21	22	23	24	25	26	27	28	29	30
②	③	①	①	④	④	④	④	④	②	④	④	④	④	④
31	32	33	34	35	36	37	38	39	40	41	42	43	44	45
④	④	③	④	④	④	①	④	②	④	②	④	③	③	④
46	47	48	49	50	51	52	53	54	55	56	57	58	59	60
③	①	④	②	②	②	④	④	①	③	④	④	②	①	①

01 직렬합성저항

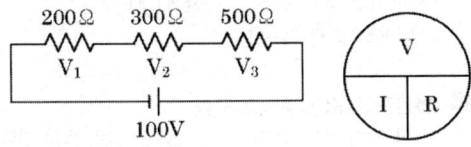

R=R₁+R₂+R₃=200+300+500=1000[Ω]

전류$(I) = \frac{전압(V)}{저항(R)} = \frac{100}{1000} = 0.1$[A]

$V_1 = I \cdot R_1 = 0.1 \times 200 = 20$[V]
$V_2 = I \cdot R_2 = 0.1 \times 300 = 30$[V]
$V_3 = I \cdot R_3 = 0.1 \times 500 = 50$[V]

∴ 따라서 $V_1 < V_2 < V_3$

02 제베크 효과(Seebeck Effect)

① 두 종류의 금속을 접속하여 폐회로를 만들고, 두 접속점에 온도의 차이를 주면 기전력이 발생하여 전류가 흐른다.
② 열기전력의 크기와 방향을 두 금속점의 온도차에 따라서 정해진다.
③ 열전쌍(열전대)은 두 종류의 금속을 조합한 장치이다.

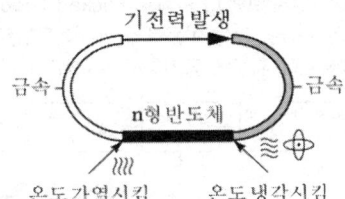

[참고]
㉠ 열전 온도계 : 서로 다른 두 종류의 금속 또는 반도체의 접합점이 온도차에 의하여 열전대 중에 발생하는 기전력을 이용한 온도계
㉡ 펠티어 효과 : 두 금속을 접속부에 전류를 흘리면 전류의 방향에 따라 줄열 이외의 열의 흡수 또는 발생이 일어나는 현상. 예) 전자 냉동기, 전자 온풍기

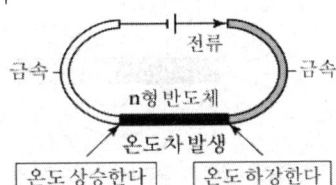

03 상용전원(실효값) AC 220[V]

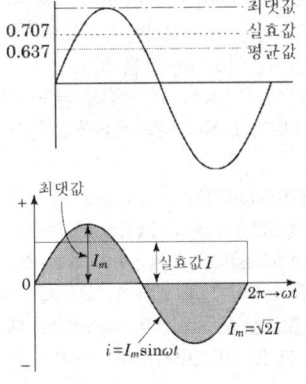

① 전압의 최댓값
 = $\sqrt{2}$ · 실효값 = 1.4141×220[V] ≒ 311[V]

② 전압의 평균값
= 0.9배 · 실효값 ≒ 0.9배 × 220[V] ≒ 198V]

04 임피던스(Z)

$$Z = \frac{용량\ 리액턴스 \times 유도\ 리액턴스}{용량\ 리액턴스 + 유도\ 리액턴스} = \frac{X_C \times X_L}{X_C + X_L}$$

$$= \frac{22 \times 20}{22 + 20} = \frac{440}{42} ≒ 10.476[\Omega]$$

$$I = \frac{V}{Z} = \frac{220}{10.476} ≒ 21[A]$$

$$I_L = \frac{V}{X_L} = \frac{220}{20} = 11[A],\ I_c = \frac{V}{X_C} = \frac{220}{22} = 10[A]$$

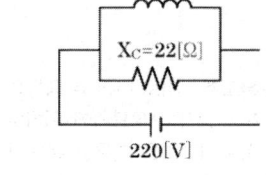

05 자기력선의 특징

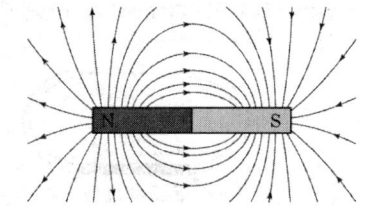

① 자기장의 방향은 공간에서 임의점에서 자력선에 접선이다.
② 자기장의 세기는 자력선의 밀도에 비례한다. 즉 자력선에 수직인 단위 면적당 자력선의 수에 비례한다.
③ 자력선은 서로 교차할 수 없으며, 임의점에서 자기장은 유일하다는 것을 의미
④ 자력선은 연속이고, 시작도 끝도 없는 페루프를 형성한다. N에서 나와서 S극으로 이동한다.

06
㉠ SSI(Small Scale Integration, 소규모 집적회로)
 : 한 IC(Integrated Circuit) 중 100 소자 미만인 것
㉡ MSI(Medium Scale Integration, 중규모 집적회로) : 한 IC 중 100~1,000 소자를 포함한 것
㉢ LSI(Large Scale Integration, 대규모 집적회로)
 : 한 IC 중 1,000 소자 이상인 것

07
㉠ 전파 정류회로의 최대 정류 효율 : 81.2%

㉡ 반파 정류회로의 최대 정류 효율 : 40.6%

08 시정수(τ)
$\tau = RC$
= 유도 리액턴스 × 용량 = 10[kohm] × 0.0047[μF]
$= (10 \times 1000[ohm]) \times (47 \times \frac{1}{10000}[\mu F]) = 47 \times 10^{-6}$

[참고] 시정수(time constant) : 전기회로에 갑자기 전압을 가했을 경우 전류는 점차 증가하여 마침내 일정한 값에 도달한다. 정상값의 63.2%에 도달할 때까지의 시간을 초로 표시하고, 전압을 제거했을 때도 이 반대가 성립된다.

09 이미터 접지 전류 증폭률
= (베이스 접지 전류 증폭률 × 100)/2
= (0.98 × 100)/2 = 49

10 연산증폭기(Op Amp) 구성
반전 입력(역상 입력) 단자, 비반전 입력(정상 입력) 단자, 전원 단자(±단자)

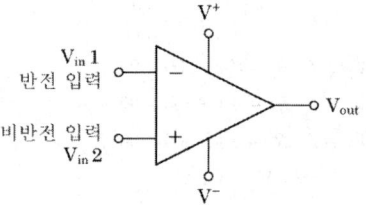

11 발진회로 설계 시 기본적인 검토 사항
① 출력파형 : 정현파, 구형파, 삼각파, 왜율
② 발진주파수 : 저주파 or 고주파, 고정형 or 가변형, 정밀도, 안정도
③ 신뢰성 : 온도특성이나 이상발진

12 위상고정회로(PLL, Phase Locked Loop)
진폭이 아닌 위상 변동을 줄여가며, 평균적으로 입력 주파수 및 위상에 동기화시키는 회로

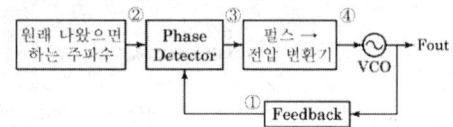

① 차지 펌프(Charge pump)
  ㉠ 양의 pulse가 들어오면 Charge pump에서 펄스폭에서 해당하는 전하량만큼 밀어내어 Loop filter의 capacitor에 전하를 증가시켜 출력전압을 상승
  ㉡ 음의 pulse가 들어오면 Charge pump에서 펄스폭에서 해당하는 전하량만큼 끌어당겨서 Loop filter의 capacitor에 전하를 감소시켜 출력전압을 하강
② 루프 필터
  ㉠ 위상 비교기의 펄스 출력을 평활하여 직류 전압으로 바꾸는 것
  ㉡ 위상검출기로부터 나오는 두 신호 간 위상차의 고주파 성분을 제거

13 디지털 펄스 변조
① PCM(pulse coded modulation) : 양자화 값을 부호화
② DPCM(differential pulse coded modulation) : 현재값에서 앞에 값(이전 값)을 뺀 신호값 차이를 부호화
③ DM(Delta modulation) : 차동신호에 대하여 표본당 1비트만을 사용하는 DPCM의 특별한 경우 (차동신호가 +인 경우 1, -인 경우 0)

14 진폭 복조회로
① 포락선 복조회로(직선 복조회로) : 다이오드의 전압 전류 특성의 직선 부분을 이용하도록 입력 전압을 충분히 크게 하여 복조하는 방식
② 제곱 복조회로(자승 검파회로) : 비직선 소자의 제곱 특성을 이용한 복조 방식
[참고] 진폭 변조회로
  ① 컬렉터 변조회로(직선 변조회로) : C급 증폭으로 동작하며 직선성에 대한 우수
  ② 베이스 변조회로(제곱 변조회로) : C급 증폭으로 동작하여 컬렉터 변조에 비해 일그러짐이 크고, 효율도 떨어지며 훨씬 작은 변조 신호 전력이 요구
  ③ 링 변조회로 : 피변조파대에서 반송파를 제거하고 상측대파와 하측대파만을 얻는 회로
  ④ 평형 변조회로 : 반송파 제거통신방식이나 단측파대 통신방식의 변조회로로 쓰이는 회로
[용어 설명] : 포락선 : 개개의 파형이 합쳐지거나 무리 지어진 합선선군이 이루는 곡선. 개개의 파형들의 바깥을 감싸듯이 나타나는 형상을 갖음

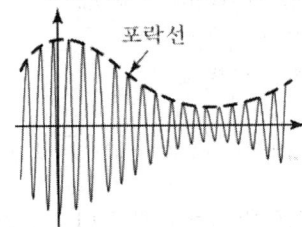

15 듀티사이클 비(D)
D=펄스의 주파수×펄스폭
 =1[Hz]×0.5[sec]=0.5
[참고] 듀티사이클(Duty Cycle) 비 : 펄스의 주기(반복 부하의 패턴)에 대한 펄스폭의 비율을 나타내는 주기

16 컴퓨터의 특징
① 정확성 : 컴퓨터 처리 결과의 정확함
② 대용량성 : 대량의 자료처리 및 보관
③ 신속성 : 컴퓨터의 처리 속도의 빠름
④ 범용성 : 다목적으로 사용
⑤ 호환성 : 서로 다른 컴퓨터 간에도 프로그래이나 자료의 공유 가능

17 입출력 시스템의 구성 요소
① 입출력장치(I/O device) : 사용자와 컴퓨터 시스템의 인터페이스
② 입출력장치 제어기(I/O device controller) : 입출력장치를 구동시키는 작업을 수행하는 기기
③ 입출력장치 인터페이스(I/O interface) : 컴퓨터 내부장치의 입출력장치의 여러 가지 차이점을 해결하는 위한 장치
④ 입출력 버스(I/O bus) : 입출력장치 인터페이스와 컴퓨터 시스템 사이의 데이터 전달 통로

18 인터럽트(Interrupt)
• 프로그램을 실행하는 중 예기치 않은 상황으로 현재 실행 중인 작업을 중단하고, 발생된 상황을 처리한 후 다시 실행 중인 작업으로 복귀하는 것을 말한다.
• 인터럽트가 일어나는 예로는 갑작스러운 정전, 컴퓨터 고장, 데이터 처리 시 컴퓨터 자원의 부족, 입출력 오류, 프로그램 오류 등이 있다.

19 ① $(1111)_2 \rightarrow (15)_{10}$
② $(14)_8 \rightarrow (1100)_2 \rightarrow (12)_{10}$
③ $(12)_{10}$
④ $(C)_{16} \rightarrow (12)_{10}$

20 $\overline{A} + A \cdot B = (\overline{A} + A)(\overline{A} + B) = \overline{A} + B$

21 XOR 회로에서 입력 A=1, B=1일 때 출력 Y=0이다.

22 프로그램 설계
① 데이터 설계 : 요구사항 분석 단계에서 생성된 정보를 소프트웨어로 구현하는데 필요한 자료구조로 변환
② 아키텍처 설계 : 소프트웨어를 구성하는 모듈 간의 관계와 프로그램 구조를 정의
③ 인터페이스 설계 : 소프트웨어와 상호 작용하는 시스템, 사용자 등과 연결하는지 기술
④ 절차 설계 : 모듈이 수행할 기능을 절차적 기술로 바꾸는 것
[참고] 객체지향 방법(object-oriented approach) : 프로세스 지향 방법과 데이터 지향 방법의 문제점을 해결하기 위해 고안된 것으로 소프트웨어 개발 기법의 하나이다.

23 C언어는 저급언어(기계어)가 아닌 고급언어에 해당

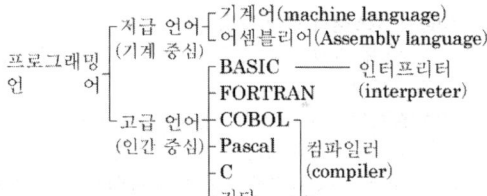

24 운영체제의 사용 목적
① 신뢰도(Reliability)의 향상
② 처리능력(Throughput)의 향상
③ 계산기의 응답시간(Turnaround Time) 단축
④ 사용 가능도(Availability)
[참고] 운영체제 : 하드웨어와 어플리케이션 패키지 사이에서 하드웨어를 운영하는 것

25 운영체제(Operating System)
각종 언어처리 프로그램, 시스템 프로그램, 응용 프로그램, 사용자 작성 프로그램 등을 제어하는 프로그램

① 작업용 파일 : 처리 단계에 작업용으로 사용하는 보조기억장치 상의 파일
② 프로그램 라이브러리 : 컴퓨터 프로그램의 조직화된 집합으로, 컴퓨터를 동작시키기 위한 목적으로 각종 프로그램을 모아 정비한 것
③ 프로그램 인터럽트 : 프로그램 실행 중 어떤 상황이 발생하면 현재 실행 중인 작업을 중단하고, 발생 상황을 처리한 후 다시 실행 중인 작업으로 복귀하는 것
④ 프로그램 유틸리티 : 사용자가 컴퓨터를 쉽고 편리하게 사용할 수 있도록 도와주기 위하여 사용되는 프로그램

26 채널 전송용량을 증가시키기 위한 방법
① 전송대역폭을 넓힌다.
② 신호의 크기를 높인다.
③ 잡음의 크기를 줄인다.
④ 신호대 잡음비를 높인다.

27 1. 전송선로 정수의 1차 정수
① 도체 저항(R) : Ω/m
② 자기 인덕턴스(L) : H/m : 주위온도가 높아지면 그 값이 감소
③ 정전 용량(C) : F/m
④ 누설 컨덕턴스(G) : ℧/m
2. 전송선로 정수의 2차 정수(1차 정수로부터 유도된 양)
① 감쇠 정수$(\alpha) = \sqrt{RG}$
② 위상 정수$(\beta) = \omega\sqrt{LC}$
③ 전파 정수$(\gamma) = \sqrt{(R+j\omega L)(G+j\omega C)}$
④ 특성 임피던스$(Z_o) = \sqrt{\dfrac{R+j\omega L}{G+j\omega C}}$

28 600[Ω]의 전송선로에서 0[dBm]에 관한 설명
$dB = 10 \cdot \log_{10} \dfrac{P[W]}{1[mA]}$
① 회로 전류 : 1.291[mA]
② 회로 전력 : 1[mW]
③ 부하 양단 전압 : 내부저항 600[Ω]×회로 전류 1.291[mA]=0.775[V]

29 샤논의 채널 용량 공식

$C[\text{bps}] = BW \cdot \log_2(1 + \frac{S}{N})$로 주어진다.

(BW : 대역폭, S/N : 신호대 잡음비, 용량은 bps 단위의 채널 용량)

30 Analog 신호를 Digital 신호로 변환하는 PCM 3단계 과정

표본화(Sampling) → 양자화(Quantizing) → 부호화(Encoding)

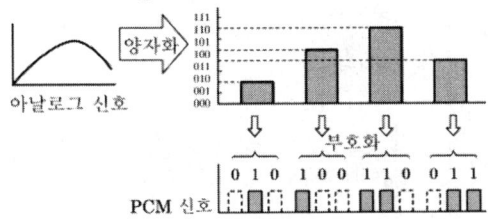

31 광섬유 전송방식의 신호 변환과정

음성신호 → 전기신호 → 광신호 → 전기신호 → 음성신호

32 아날로그 펄스 변조방식

① PAM(펄스 진폭 변조, Pulse Amplifier Modulation)
② PPM(펄스 위상 변조, Pulse Amplifier Modulation)
③ PWM(펄스폭변조, Pulse Width Modulation) : 신호의 레벨에 따라 펄스폭을 변화시키는 변조 방식
④ PFM(펄스 주파수 변조, Pulse Frequency Modulation)
[참고] PCM(펄스 부호 변조, Pulse Code Modulation) : 음성이나 영상 등의 아날로그 신호를 디지털 신호로 변조하여 전송

33 전송 감쇠량

$10 \times \log_{10} \frac{\text{수단측 전력}}{\text{송단측 전력}} = 10 \times \log_{10} \frac{2[\text{mW}]}{200[\text{mW}]}$

$= 10 \times \log_{10} 10^{-2}$

$= 10 \times -2 = -20[\text{dB}]$

34
㉠ 성형 쿼드(star quad) : 4가닥의 심선을 대각선상으로 꼬아 만든 케이블 심선
㉡ DM 쿼드 : 4개의 심선 중 2쌍을 꼬아 합친 것으로 각 쌍이 실회선을 형성
㉢ 쌍연 : 2개의 심선을 꼬은 것

35 UTP(Unshielded Twisted Pair, 비차폐 연선) 케이블

① 케이블의 가격이 저렴하다.
② 절연된 2개의 구리선을 서로 꼬아 만든 여러 개의 쌍 케이블 외부를 플라스틱 피복으로 절연시킨 선이다.
③ 디지털과 아날로그 전송에 모두 사용될 수 있다.
④ 일반 전화선이나 LAN(근거리통신망)에서 주로 사용된다.
⑤ UTP는 가정용, 사무실용으로 많이 사용

[참고]
1. Coaxial 케이블(동축 케이블)
   ① 1가닥의 중심도선과 그를 에워싼 원통형 외부 도체로 구성되어 있는 고주파 전류용 전선
   ② 신호전류가 외부에 누설되지 않고 외부의 방해도 적음

2. STP(Shielded Twisted Pair) 케이블=신호선+호일+쉴드+피복
   ① 차폐 케이블
   ② UTP 케이블에 비하여 전자파에 강하다.
   ③ 케이블 심선 색상은 UTP 케이블과 동일(색상 : 흰주황, 주황, 흰녹색, 파랑, 흰파랑, 녹색, 흰갈색, 갈색)
   ④ 케이블 겉에 외부 피복, 또는 차폐재가 추가, 외부의 잡음을 차단, 전기적 신호의 간섭을 대폭 감소
   ⑤ 컴퓨터와 연결하기 위하여 RJ45 커넥터를 사용

3. FTP(Foiled Twisted Pair) 케이블
   =신호선+호일+피복
   ① 알루미늄 외장 속에 여러 가닥의 구리 실선이 들어 있는 케이블
   ② 절연 특성이 강하여 인접 혼신이 심한 환경이나 건물의 배선 작업 시 사용

③ 접지와 비차폐 연선(UTP) 연결 시 임피던스 정합에 유의
④ FTP는 공장용으로 많이 사용

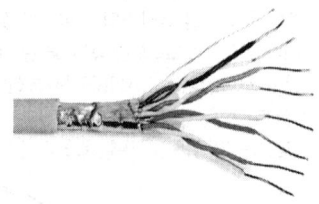

36 광케이블의 전송 손실
1. 재료 손실(내적 요인, Intrinsic factors)
   ① 흡수 손실 : 광섬유 케이블에서 불순물 이온에 의한 손실
   ② 산란 손실 : 레일리 산란, 미 산란, 유도 라만 산란
2. 부가적 손실(외적 요인, Extrinsic factors)
   ① 소자와의 결합 손실 : 일부 빛이 클래드로 진행하여 손실 발생
   ② 구부러짐 손실
   ③ 접속 손실 : 파이버 접속, 소자 접속, 경사, 간격 발생으로 손실 발생

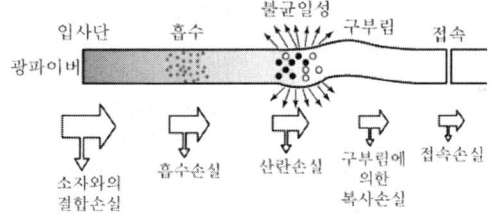

37 광섬유 케이블에서 코어(core)와 클래드(clad)의 굴절률은 코어의 굴절률>클래드 굴절률이다.
n_1 : 코어의 굴절률 > n_2 : 클래드의 굴절률
$\sin\theta_1 \cdot n_1 = \sin\theta_2 \cdot n_2$

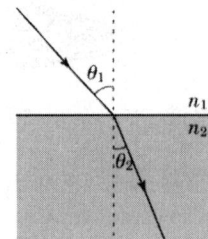

$$\frac{\sin\theta_1}{\sin\theta_2} = \frac{v_1}{v_2} = \frac{n_2}{n_1} = n$$

38 ㉠ 열잡음 : 도체 내의 전자가 불규칙하게 움직임에 따라 발생
㉡ 산탄잡음 : 반도체 소자에서 불규칙적으로 방출되는 전자에 의한 잡음
㉢ 백색잡음 : 전도체 내부 전자들은 열에 따라 불규칙하게 움직임. 모든 형태의 전자장비와 매체에서 나타난다.

잡음			
내부잡음	AWGN 열잡음, 산탄잡음, 플리커 잡음, 전류잡음		
외부잡음	자연잡음 (자연적 현상에 의해 발생)	우주잡음 (지구 외 잡음)	태양잡음, 은하잡음
		공전잡음 (지구 내 잡음)	
	인공잡음 (인공적으로 만들어진 잡음-불꽃 방전, 코로나 방전 등)	백색잡음, 코로나 잡음, 불꽃 잡음	

39 광통신의 파장
1. 광통신 파장대역 구분
   ㉠ 광통신 주요 파장대 : 780, 850, 1310, 1383, 1550, 1610, 1625[nm] 등
   ㉡ 이들 파장대(근적외선)에서 광섬유 손실이 낮기 때문
   ㉢ 광통신의 주파수대역 : 1014~1015[Hz]
   ㉣ 일반적 구분
   • 단(短) 파장대 : 850[nm](단거리, 저속전송)
   • 장(長) 파장대 :
     – 1310[nm](중거리, 고속전송)
     – 1550[nm](해저케이블 등 장거리)
2. 파장대별 손실 특징
   ㉠ 780[nm]대 : 가장 큰 손실을 보임
   ㉡ 1550[nm]대 : 가장 낮은 손실을 보임
   ※ $1nm = 10^{-9}m = 10^{-3}\mu m = 10 Å$
   1nm은 $1\mu m$의 1/1000에 상당하는 길이의 단위
3. ITU-T 광 파장 대역 구분

파장 대역	파장	비고
O Band (Original)	1260~1360nm	
E Band (Extended)	1360~1460nm	
S Band (Short)	1460~1530nm	새로 전송대역으로 확장 사용
C Band (Conventional)	1530~1565nm	중장거리 전송 (저손실대역)
L Band (Long)	1565~1625nm	중장거리 전송
U Band (Ultra-long)	1625~1675nm	

40 접지설비·구내통신설비·선로설비 및 통신공동구 등에 대한 기술기준

제47조 관로 등의 매설기준

① 관로에 사용하는 관은 외부하중과 토압에 견딜 수 있는 충분한 강도와 내구성을 가져야 한다.
② 지면에서 관로 상단까지의 거리는 다음 각 호의 기준에 의한다. 다만, 시설관리 기관과 협의하여 관로 보호조치를 하는 경우에는 다음 각 호의 기준에 의하지 아니할 수 있다.
  1. 차도 : 1.0[m] 이상
  2. 보도 및 자전거도로 : 0.6[m] 이상
  3. 철도·고속도로 횡단구간 등 특수한 구간 : 1.5[m] 이상
③ 관로 상단부와 지면 사이에는 관로보호용 경고테이프를 관로 매설경로에 따라 매설하여야 한다.
④ 관로는 가스 등 다른 매설물과 50[cm] 이상 떨어져 매설하여야 한다. 다만, 부득이한 사유로 인하여 50[cm] 이상의 간격을 유지할 수 없는 경우에는 보호벽의 설치 등 관로를 보호하기 위한 조치를 하여야 한다.
⑤ 맨홀 또는 핸드홀 간에 매설하는 관로는 케이블 견인에 지장을 주지 아니하는 곡률을 유지하는 등 직선성을 유지하여야 한다.

41 포설공법

포설공법	견인 포설공법			공압 포설공법	양방향 포설공법
	선단 견인	선단 중간 견인	인력 견인		
최대 포설 속도[m/분]	30	20	10	50	적용된 공법의 포설속도

42 주거용 건물의 일반적인 배선 구성

1) 공동주택의 경우에는 각 이용자의 전용공간에 각 세대별로 세대단자함을 설치하거나 세대단자함의 기능을 갖는 접속점을 둔다.
2) 단독주택의 경우에는 분계점에 주단자함 대신 세대단자함을 설치한다.
3) 배관의 굴곡점이나 선로의 분기 및 접속을 위하여 필요한 곳에는 접속함(중간단자함)을 설치한다.
4) 세대단자함은 접근 용이한 위치에 설치하며 세대 내 모든 배선관리는 여기서 수행한다.
5) 세대단자함으로부터 각 실별로 최소 1구 이상의 인출구를 설치하여야 하며 세대단자함으로부터 각 인출구까지 UTP 4페어 이상 또는 동등 이상의 성형배선방식을 원칙으로 한다. 다만 음성전용 서비스용으로 설치되는 경우는 예외로 한다.
6) 침실(방)이 하나인 경우(원룸주택 포함)에도 최소 2구 이상의 인출구를 설치한다.
7) 각 세대별 인입회선은 최소 UTP 4페어 이상으로 인입하며 8페어 이상을 권장한다.
8) 다습한 실내공간 및 실외공간에 인출구를 설치할 경우에는 덮개가 있는 방우용 인출구를 사용한다.
9) 각 인출구에는 8핀 모듈러잭 또는 광케이블용 커넥터를 사용한다.
10) 2개층 이상의 공간으로 구성된 경우에도 그 이용자에 대하여 모든 인출구는 하나의 동일한 세대단자함으로부터 모두 배선된다.
11) 건물의 구내배선은 선행배선으로서 건물의 내구년한까지 다양한 정보통신서비스를 원활히 수용할 수 있도록 건축설계 시에 충분히 고려하여 건축 중에 구내통신선로를 설치해야 한다.

43 접지공사의 목적

① 낙뢰 또는 기타 서지(Surge)에 의하여 전선로에 발생될 수 있는 과전압을 억제한다.
② 정상운전 시 발생되는 전력계통의 최대 대지전압을 억제한다.

③ 지락사고 발생 시, 사고전류를 원활히 흐르게 하여 과전류 보호장치를 신속 정확하게 동작시킴으로써 전기설비의 손상을 예방한다.
④ 인체의 혼촉에 의한 감전방지를 한다.
⑤ 이상전압이 발생하였을 경우 전위상승을 억제하고 기기를 보호한다.
[참고] 보호접지 : 평상시 전류가 흐르지 않는 전기설비 또는 전기기계·기구의 금속제 외함을 접지하는 것이다. 보호접지는 전력계통의 접지 방법에 관계없이 인체를 보호하기 위한 것이므로 전선관, 설비의 외함, 전등갓 등의 모든 금속제를 접지 및 본딩하여야 한다.

44 공통 접지
① 접지선이 짧아지고, 접지 배선 및 구조가 단순해져 보수 점검이 쉽다.
② 각 접지 전극이 병렬로 연결되므로 합성저항을 낮추기가 쉽고, 건축의 철골 구조체를 연결하여 접지 성능을 향상시키고 보조 효과를 높인다.
③ 여러 접지 전극을 연결하므로 서지나 노이즈(잡음) 전류 방전이 용이하다.
④ 여러 설비가 공통의 접지 전극에 연결되므로 등전위가 구성되어 장비 간의 전위차가 발생되지 않는다.
⑤ 시공 접지봉 수를 줄일 수 있어 접지 공사비를 줄일 수 있다.

45 일반 접지봉의 시공 방법
① 시공 위치를 폭 40cm, 깊이 75cm 이상으로 터를 판다.
② 터 판 위치에 일반봉을 해머로 박는다.
③ 접지봉 간의 간격은 최소 2배 이상 이격하여 설치한다.
④ 봉과 봉을 나동선을 이용하여 압착 슬리브로 접속한다.
⑤ 외부 접지선을 나동선과 접속한다.
⑥ 시공 위치를 되메우고 마무리한다.
⑦ 접지저항을 측정 기록한다.

46 방송통신발전 기본법
제2조 정의
1. "방송통신"이란 유선·무선·광선 또는 그 밖의 전자적 방식에 의하여 방송통신콘텐츠를 송신(공중에게 송신하는 것을 포함한다.)하거나 수신하는 것과 이에 수반하는 일련의 활동 등을 말하며, 다음 각 목의 것을 포함한다.
2. "방송통신콘텐츠"란 유선·무선·광선 또는 그 밖의 전자적 방식에 의하여 송신되거나 수신되는 부호·문자·음성·음향 및 영상을 말한다.
3. "방송통신설비"란 방송통신을 하기 위한 기계·기구·선로 또는 그 밖에 방송통신에 필요한 설비를 말한다.
4. "방송통신기자재"란 방송통신설비에 사용하는 장치·기기·부품 또는 선조 등을 말한다.
5. "방송통신서비스"란 방송통신설비를 이용하여 직접 방송통신을 하거나 타인이 방송통신을 할 수 있도록 하는 것 또는 이를 위하여 방송통신설비를 타인에게 제공하는 것을 말한다.
6. "방송통신사업자"란 관련 법령에 따라 과학기술정보통신부장관 또는 방송통신위원회에 신고·등록·승인·허가 및 이에 준하는 절차를 거쳐 방송통신서비스를 제공하는 자를 말한다.

47 방송통신발전 기본법
제2장 방송통신의 발전 및 공공복리의 증진
제7조 방송통신의 발전을 위한 시책 수립
① 과학기술정보통신부장관 또는 방송통신위원회는 공공복리의 증진과 방송통신의 발전을 위하여 필요한 기본적이고 종합적인 국가의 시책을 마련하여야 한다.
② 과학기술정보통신부장관 또는 방송통신위원회는 경제적, 지리적, 신체적 차이 등에 따른 소수자 또는 사회적 약자가 방송통신에서 불이익을 받거나 소외되지 아니하도록 구체적인 지원 방안을 수립·시행하여야 한다.
③ 과학기술정보통신부장관 또는 방송통신위원회는 국민이 방송통신에 참여하고, 방송통신을 통하여 다양한 문화를 추구할 수 있도록 필요한 시책을 수립·시행하여야 한다.
④ 과학기술정보통신부장관 또는 방송통신위원회는 국민이 보편적이고 기본적인 방송통신서비스를 제공받을 수 있도록 필요한 시책을 수립·시행하여야 한다.
⑤ 과학기술정보통신부장관 또는 방송통신위원회는 방송통신을 통한 국민의 명예 훼손과 권리 침해를 방지하고 정보보호를 위하여 필요한 시책을 수립·시행하여야 한다.
⑥ 과학기술정보통신부장관 또는 방송통신위원회는 모든 국민이 방송통신서비스를 효율적이고

안전하게 이용할 수 있도록 관련 서비스의 품질 평가, 교육 및 홍보 활동 등에 관한 시책을 수립·시행하여야 한다.

48 제8조 방송통신 기본계획의 수립
① 과학기술정보통신부장관과 방송통신위원회는 방송통신을 통한 국민의 복리 향상과 방송통신의 원활한 발전을 위하여 방송통신 기본계획(이하 "기본계획"이라 한다)을 수립하고 이를 공고하여야 한다.
② 기본계획에는 다음 각 호의 사항이 포함되어야 한다.
  1. 방송통신서비스에 관한 사항
  2. 방송통신콘텐츠에 관한 사항
  3. 방송통신설비 및 방송통신에 이용되는 유·무선망에 관한 사항
  4. 방송통신광고에 관한 사항
  5. 방송통신기술의 진흥에 관한 사항
  6. 방송통신의 보편적 서비스 제공 및 공공성 확보에 관한 사항
  7. 방송통신의 남북협력 및 국제협력에 관한 사항
  8. 그 밖에 방송통신에 관한 기본적인 사항
③ 제2항제2호 및 제4호의 구체적 범위에 관하여는 과학기술정보통신부장관과 문화체육관광부장관 및 방송통신위원회의 협의를 거쳐 대통령령으로 정한다.

49 정보통신공사업을 경영하려는 자는 특별시장, 광역시장, 도지사 또는 특별자치도지사에게 등록해야 한다. 정보통신공사업을 등록한 자는 등록기준에 관한 사항을 3년 이내의 범위에서 등록한 시도지사에게 신고해야 한다.

50 정보통신공사업법 제2조 정의
9. "감리"란 공사(건축사법 제4조에 따른 건축물의 건축 등은 제외한다)에 대하여 발주자의 위탁을 받은 용역업자가 설계도서 및 관련 규정의 내용대로 시공되는지를 감독하고, 품질관리·시공관리 및 안전관리에 대한 지도 등에 관한 발주자의 권한을 대행하는 것을 말한다.

51 정보통신공사업법 제10조 감리원에 대한 시정조치
발주자는 감리원이 업무를 성실하게 수행하지 아니하여 공사가 부실하게 될 우려가 있을 때에는 대통령령으로 정하는 바에 따라 그 감리원에 대하여 시정지시 등 필요한 조치를 할 수 있다.

52 전기통신사업 구분
① 기간통신사업
② 별정통신사업
③ 부가통신사업

53 통신공동구를 설치하는 때에는 조명·배수·소방·환기 및 접지시설 등 통신케이블의 유지·관리에 필요한 부대설비를 설치하여야 한다.

54 접지설비·구내통신설비·선로설비 및 통신공동구 등에 대한 기술기준
제4장제1절제34조 예비전원 설치
사업용방송통신설비 외의 방송통신설비에 대한 예비전원설비의 설치 기준은 다음 각 호와 같다.
국선 수용 용량이 10회선 이상인 구내교환설비의 경우에는 상용전원이 정지된 경우 최대부하전류를 공급할 수 있는 축전지 또는 발전기 등의 예비전원설비를 갖추어야 한다. 다만 정전이 되어도 국선으로부터의 호출에 대하여 응답이 가능한 경우에는 예외로 한다.

55 접지설비·구내통신설비·선로설비 및 통신공동구 등에 대한 기술기준
제3장 선로설비 설치방법
제25조 지하관로의 관경
사업자가 설치하는 지하관로의 관경은 다음과 같이 사용한다. 다만, 지하관로를 사용하지 않고 직접 매설할 수 있는 광섬유 케이블 보호관의 관로 관경은 예외로 할 수 있다.

용도	지하관로 적용관경
주관로, 배선관로	100mm 이상
인상분선관로 (인수공과 전주간)	36mm 내지 80mm

56 접지설비·구내통신설비·선로설비 및 통신공동구 등에 대한 기술기준
제2장 보호기 성능 및 접지설비 설치 방법
제4조 보호기 성능
③ 보호기의 과전류 성능은 다음 각 호와 같아야 한다.
  1. 보호기는 L1-T1, L2-T2 간에 교육 110V 250mA를 인가할 때 1분 이내, 교류 110V 1A를 인가할 때 2초 이내에 동작하여 부동작 전류 이하로 전류를 제한하고, 과전류가 제거되면 자기 복구되어야 한다.

2. 보호기는 L1-T1, L2-T2 간에 직류 150mA를 3시간 인가할 때 과전류 제한소자는 동작하지 않아야 한다.

57 접지설비·구내통신설비·선로설비 및 통신공동구 등에 대한 기술기준
제11조 가공통신선의 높이
① 설치 장소 여건에 따른 가공통신선의 높이는 다음 각 호와 같다.
1. 도로상에 설치되는 경우에는 노면으로부터 4.5m 이상으로 한다. 다만, 교통에 지장을 줄 우려가 없고 시공상 불가피할 경우 보도와 차도의 구별이 있는 도로의 보도 상에서는 3m 이상으로 한다.
2. 철도 또는 궤도를 횡단하는 경우에는 그 철도 또는 궤조면으로부터 6.5m 이상으로 한다. 다만, 차량의 통행에 지장을 줄 우려가 없는 경우에는 그러하지 아니하다.
3. 7000V를 초과하는 전압의 가공강전류전선용 전주에 가설되는 경우에는 노면으로부터 5m 이상으로 한다.
4. 제1호 내지 제3호 및 제3항 이외의 기타 지역은 지표상으로부터 4.5m 이상으로 한다. 다만, 교통에 지장을 줄 염려가 없고 시공상 불가피한 경우에는 지표상으로부터 3m 이상으로 할 수 있다.

58 접지설비·구내통신설비·선로설비 및 통신공동구 등에 대한 기술기준
제3조 용어의 정의
① 이 고시에서 사용하는 용어의 정의는 다음과 같다.
1. "장치함"이라 함은 증폭기, 분배기, 분기기 및 보호기를 수용하며, 동축케이블을 종단하여 상호 연결하는 함을 말한다.
2. "통신선"이라 함은 절연물로 피복한 전기도체 또는 절연물로 피복한 위를 보호피복으로 보호한 전기도체 등으로써 통신용으로 사용하는 선을 말한다.
3. "이격거리"라 함은 통신선과 타물체(통신선을 포함한다)가 기상 조건에 의한 위치의 변화에 의하여 가장 접근한 경우의 거리를 말한다.
4. "강전류절연전선"이라 함은 절연물만으로 피복되어 있는 강전류전선을 말한다.
5. "강전류케이블"이라 함은 절연물 및 보호물로 피복되어 있는 강전류전선을 말한다.

59 방송통신설비의 안전성 및 신뢰성 등에 관한 기술기준
제2조 적용범위
1. 방송통신설비의 기술 기준에 관한 규정 제3조제1호의 규정에 의한 사업용방송통신설비(기간통신설비, 별정통신설비, 부가통신설비 및 전송망설비)
2. 방송통신발전기본법 제37조제1항의 규정에 의한 자가방송통신설비(이하 "자가통신설비"라 한다.)

60 통신국사
방송통신설비를 안전하게 설치, 운영, 관리하기 위한 건축물로서, 통신기계실 등으로 구성되며, 특히 중요한 방송통신설비를 수용하는 경우에는 중요통신국사라 한다.

2022년 2회 과년도출제문제 해설

01	02	03	04	05	06	07	08	09	10	11	12	13	14	15
③	②	②	①	④	④	①	④	④	②	②	②	②	③	③
16	17	18	19	20	21	22	23	24	25	26	27	28	29	30
②	①	①	④	④	③	①	①	②	①	④	④	③	③	①
31	32	33	34	35	36	37	38	39	40	41	42	43	44	45
④	④	③	④	①	②	③	③	④	③	②	④	②	②	④
46	47	48	49	50	51	52	53	54	55	56	57	58	59	60
③	③	①	④	④	②	①	④	④	③	②	①	①	④	④

01 2차 전지
전지의 방전 이후 충전하여 다시 사용할 수 있는 전지로서, 종류로는 납축전지, 니켈전지, 이온전지, 리튬·이온 전지, 폴리머 전지, 리튬폴리머 전지, 리튬설파 전지, 니켈·카드뮴(알칼리) 전지 등이 있다.
[참고] 1차 전지 : 일반 건전지(충전 불가)

02
㉠ 직렬 접속일 경우
  최대 전압=2[V] ×20개=40[V]
㉡ 병렬 접속일 경우
  최소 전압=2[V] (병렬로 20개 접속해도 전압은 변함이 없다.)

03 순시 전압의 주파수
$f = \dfrac{\omega}{2\pi}$ (여기서, ω : 각속도)

$f = \dfrac{200\pi}{2\pi} = 100[\text{Hz}]$

∴ 주기 $T = \dfrac{1}{f} = \dfrac{1}{100} = 0.01[s] = 10[\text{ms}]$

[참고]

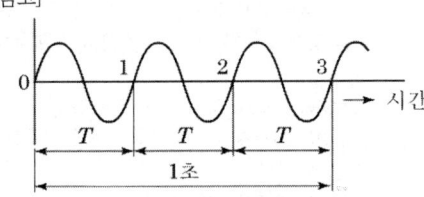

주파수가 3[Hz]인 교류

$f = \dfrac{1}{T}[\text{Hz}]$ $T = \dfrac{1}{f}[\text{sec}]$

04
정전용량이 c[F]인 회로에 $v = V_m \cdot \sin\omega t$의 정현파 교류 전압을 가하면 전류의 위상은 전압에 대해 90° 진행된(앞선) 위상이다.
$v = V_m \sin(\omega t - 90°)$, $i = I_m \sin\omega t$이므로 i는 v보다 90° 빠르다.

[참고]
  ㉠ 정현파 : 사인파 교류의 기본 파형
  ㉡ 교류(AC) : 시간이 변화함에 따라 전류의 흐름 방향과 크기가 주기적으로 변화하는 전류. 주파수가 60Hz(유럽은 50Hz)인 Sine곡선을 그리며 변하는 전류
  ㉢ 직류(DC) : 시간이 변화하여도 전류의 방향과 크기(전자량)가 항상 일정한 전류
  ㉣ 전압(V, Voltage) : 단위전하가 임의의 두 점 사이를 이동할 때 얻거나 잃는 에너지의 크기
  ㉤ 전류(I, Intensity of current) : 단위 시간 동안 어떤 단면적을 통과한 전하의 양

05 렌츠(Lenz)의 법칙(유도전류의 방향)
① 유도기전력에 의한 유도전류는 자기력선 속의 시간적 변화를 억제하려는 방향으로 흐른다는 법칙
② 자기유도현상이 일어날 때 그 유도되는 전류의 방향은 자속이 변화하는 방향의 반대방향으로 유도전류의 방향이 형성된다.

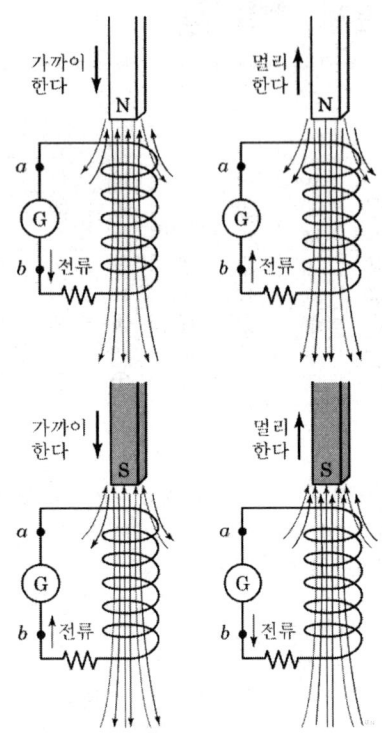

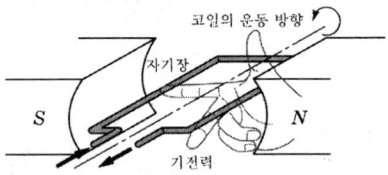

③ 앙페르(Ampere)의 법칙(오른나사법칙) : 전류에 의한 자기장의 자력선 방향을 결정하게 되는 법칙
④ 패러데이 법칙 : 유도전류의 크기

06 N형 반도체

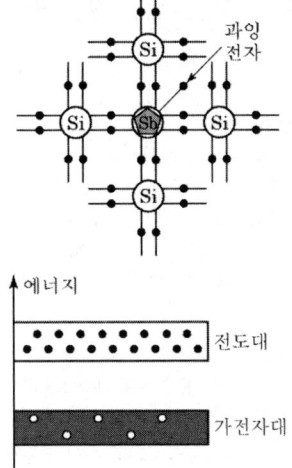

4개의 전자를 갖는 진성 반도체에 원자가 5가인 불순물 원자(비소[As], 인[P], 안티몬[Sb])를 혼입하면 공유결합을 이루고, 1개의 전자가 남는다. 이를 과잉전자 또는 도너(donor)라 한다. N형 반도체에서의 페르미 에너지 준위는 전도대 최하단에 가깝게 위치한다.

[참고] P형 반도체 : 4개의 전자를 갖는 진성 반도체에 원자가 3가인 불순물 원자(인듐[In], 붕소[B], 알루미늄[Al], 갈륨[Ga])의 억셉터를 혼입하면 1개의 전자가 부족하게 되며, 이는 1개의 정공이 남는 상태이다.

① 불순물의 최외각 전자가 9개이며, 정공 1개가 생긴다.
② 반송자(carrier)로서는 정공이 있다.
③ 페르미 에너지 준위는 낮다(가전자대 최상단에 가깝게 위치).
④ 에너지 밴드값은 높다.

[참고]
① 플레밍(Fleming)의 왼손법칙(전동기의 원리)
  ㉠ 전기에너지가 운동에너지로 변환
  ㉡ 전류가 흐르고 있는 도선에 대해 자기장이 미치는 힘의 작용 방향을 정하는 법칙

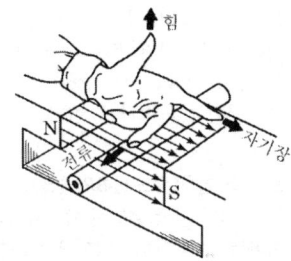

② 플레밍(Fleming)의 오른손법칙(변압기 원리)
  ㉠ 전류 방향과 자기장 방향의 관계
  ㉡ 운동에너지를 전기에너지로 변환
  ㉢ 교류 전기를 발생시키는 발전기의 원리를 나타내는 법칙

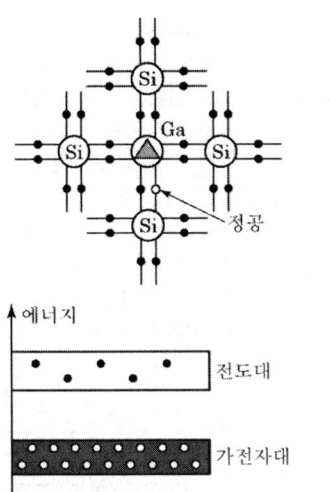

※ 페르미 준위가 중앙에 존재하는 것은 진성반도체 이다.

07 리플률

$$\Upsilon = \frac{리플전압(맥류분의\ 실효값,\ V)}{직류전압(직류분의\ 평균값,\ V_D)} \times 100[\%]$$

$$= \frac{4}{400} \times 100[\%] = 1[\%]$$

리플 백분율(맥동률)은 정류회로 등의 출력 파형에 얼마만큼 맥류분이 포함되어 있는가를 나타내고, 맥동률는 반파 정류회로에서는 121[%]이나 전파 정류회로에서는 48[%] 정도이다.

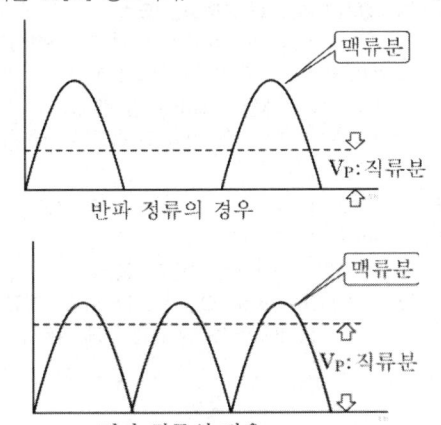

08 최대 역전압((Peak Inverse Voltage, PIV)
다이오드에 걸리는 역방향 전압의 최댓값(Vm, Voltage Maxium)

※ 반파 정류회로, 브리지 전파 정류회로
 PIV=Vm=100
※ 전파 정류회로 PIV=2Vm=2×100=200
[참고]
 ① 단상 전파 정류회로의 최대 정류 효율 : 81.2%
 ② 단상 반파 정류회로의 최대 정류 효율 : 40.6%

09 궤환(Feedback)
출력 신호의 일부가 입력 신호로 다시 되돌아가 사용하는 것

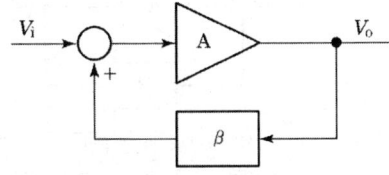

① 부궤환(negative feedback)
 ㉠ 궤환되는 신호가 입력신호와 반대인 위상을 갖는 회로
 ㉡ 동작상태를 안정화시키는 쪽으로 동작
 ㉢ 증폭기에서 채택
  - 증폭기 이득 감소
  - 주파수 특성 개선
  - 출력단 잡음 감소
 ㉣ 궤환된 전압, 전류가 신호전압과 역위상(입력신호가 감소)
  $$\frac{A}{1+A\beta} < A \quad (발진조건 : A\beta = -1)$$
② 정궤환(positive feedback)
 ㉠ 동작상태를 불안정하게 하는 쪽으로 동작
 ㉡ 발진기에서 채택
 ㉢ 궤환된 전압, 전류가 신호전압과 동상(입력신호가 증가)
  $$\frac{A}{1-A\beta} > A \quad (발진조건 : A\beta = 1)$$

10 이상적인 연산증폭기의 특성
① 오픈 루프 전압이득, 입력(임피던스) 저항, 주파수 대역폭=∞
② 출력(임피던스) 저항, 오프셋(Off set) 전류, 지연 응답=0
③ 특성의 변동, 잡음이 없다.

④ 동상신호제거비 CMRR=$\left|\dfrac{A_d(\text{차등이득})}{A_c(\text{동상이득})}\right|=\infty$

⑤ 연산증폭기는 정확도를 높이기 위하여 큰 증폭도와 높은 안정도가 필요

11 발진회로
궤환(Feedback)회로에서 β가 양수이면 정궤환(+), 음수이면 부궤환(-)이 된다.

$A_{vf}=\dfrac{V_o}{V_i}=\dfrac{A}{1-A\beta}$

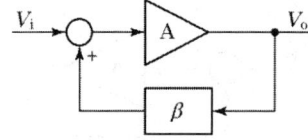

여기서, $A\beta=1$이면 A_{vf}가 무한대가 되어 발진한다. 이 조건을 바크하우젠(Barkhausen) 발진 조건이라 한다.
즉, |1-Aβ|>1일 때는 부궤환(증폭회로에 적용)
|1-Aβ|≤1일 때는 정궤환(발진회로에 적용)

12 완충증폭기
두 회로 사이에서 회로끼리 영향을 끼치는 것을 방지하며 신호의 브리지 역할을 하는 증폭기. 출력이 큰 증폭기를 직접 발진기의 출력회로에 접속시키면 주파수의 변동 때마다 발진기의 부하 임피던스가 크게 변하기 때문에 발진주파수가 변화하여 송신하는 주파수가 시시각각 변하게 된다. 그래서 송신기에서는 완충증폭기로 조금씩 전력 레벨을 증가시켜 발진주파수 등의 변동을 억제하도록 한다.

13 ① 진폭 변조 : 반송파의 진폭을 신호파에 의해 변화시키고, 반송파를 변조하는 방식
② 주파수 변조 : 신호파에 따라 반송파의 주파수를 변화시키는 방법

14 ① 변조 : 통신하고자 하는 저주파 신호를 고주파인 반송파에 포함시키는 것
② 발진 : 전기적 진동을 만들어내는 것
③ 복조 : 변조된 반송파에 포함된 원래의 신호파를 재생하는 과정
④ 디코더 : 입력된 부호에 대응하는 출력을 발생시키는 전자회로

15 시정수(time constant)
전기회로에 갑자기 전압을 가했을 경우 전류는 점차 증가하여 마침내 일정한 값에 도달한다. 이때의 증가의 비율을 나타내는 것으로, 정상값의 63.2%에 도달할 때까지의 시간을 초로 표시한다. 전압을 제거했을 때도 이 반대가 성립된다.

시정수$(\tau)=RC$
$=$ 유도 리액턴스$\times$용량
$=5[\text{Mohm}]\times10[\mu F]$
$=(5\times1,000,000[\text{ohm}])$
$\quad\times\left(10\times\dfrac{1}{1,000,000}[\text{F}]\right)$
$=50$

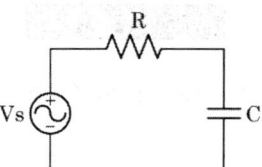

16 컴퓨터의 분류
① 데이터 취급 방법에 따른 분류 : 디지털 컴퓨터, 아날로그 컴퓨터, 하이브리드 컴퓨터
② 사용 목적에 따른 분류 : 범용 컴퓨터, 전용 컴퓨터
③ 저장능력, 처리속도에 따른 분류 : 개인용 컴퓨터, 대형 컴퓨터, 슈퍼 컴퓨터

17 기억장치의 특성을 결정하는 요소
① 엑세스 시간 : 탐색시간+대기시간+전송시간
② 사이클 시간 : 주기억이 반복해서 받을 수 있는 데이터 기록·재생의 최소 시간 간격
③ 대역폭 : 기억장치의 자료처리 속도를 나타내는 단위

18 ① 입력장치 : 키보드, 마우스, 스캐너, OCR, OMR, MICR, 디지타이저
② 출력장치 : 모니터, 프린터, XY플로터
[참고] : LCD(Liquid Crystal Display, 액정영상표현장치) : 액정을 이용해 얇게 만든 영상 표현 장치

19 자료 구성의 논리적 단위 크기
필드<레코드<파일<데이터베이스
[참고] 자료의 구성
① 비트(Bit) : 0과 1로 표현되는 데이터(정보)의 최

소 단위이다.
② 바이트(Byte) : 8bit로 구성, 1개의 문자나 수를 기억하는 데이터 단위
③ 워드(Word) : 몇 개의 데이터가 모인 데이터 단위
 - 하프 워드(Half Word) : 2바이트로 구성
 - 풀 워드(Full Word) : 4바이트로 구성
 - 더블 워드(Double Word) : 8바이트로 구성
④ 필드(Field) : 특정문자의 의미를 나타내는 논리적 데이터의 최소 단위
⑤ 레코드(Record) : 필드의 집합(하나의 작업처리 단위)
⑥ 논리 레코드 : 데이터 처리의 기본 단위
⑦ 물리 레코드 : 보조기억장치와의 입출력을 위한 데이터 처리 단위로, 하나 이상의 논리 레코드가 모여 물리 레코드를 이룬다.
⑧ 파일(File) : 레코드의 집합
⑨ 데이터베이스(Database) : 파일들의 집합

20 EX-NOR(일치회로)

Inputs		Output
A	B	Y
0	0	1
0	1	0
1	0	0
1	1	1

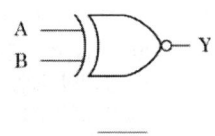

$Y=\overline{A \oplus B}$

21 관계식 : ABC+ABC+ABC+ABC

C\AB	00	01	11	10
0	0	0	1	1
1	0	0	1	1

22 클래스(Class)
유사한 객체들을 묶어 놓은 하나의 공통된 특성
[참고] 메시지(Message) : 구체적인 연산을 일으키는 외부의 요구사항

23 로드 모듈(Load Module)
링키지 에디터에 의해 실행 가능한 모듈 상태의 프로그램

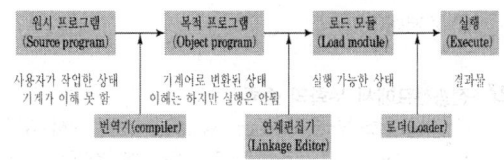

24 운영체제(Operating System)
① 컴퓨터의 하드웨어를 관리하고, 시스템을 쉽고 효율적으로 운영하기 위한 소프트웨어
② 컴퓨터를 작동시키고 시스템 전체를 감시
③ 데이터의 관리와 작업 계획을 조정하는 여러 프로그램들로 구성
④ 프로그램을 수행 관리
⑤ 어플리케이션 프로그램과 하드웨어 사이에 위치하여 사용자가 하드웨어로 접근하기 쉽도록 함

25 운영체제(OS)의 구성
① 제어 프로그램(Control program) : 컴퓨터 전체의 동작 상태를 감시, 제어하는 기능을 수행하는 프로그램
 ㉠ 감시 프로그램 : 제어 프로그램의 중심으로, 각종 처리 프로그램의 실행 과정과 시스템 전체 작동상태를 감독하는 프로그램
 ㉡ 작업관리 프로그램 : 입력된 작업의 시작, 실행, 종료의 흐름을 계획하고 제어하는 프로그램
 ㉢ 데이터관리 프로그램 : 여러 파일과 데이터가 표준적인 방법으로 처리되도록 관리하는 프로그램
② 처리 프로그램(Process program) : 제어 프로그램의 감시 하에 특정 문제를 해결하기 위한 데이터 처리를 담당하는 프로그램
 ㉠ 언어번역 프로그램 : 언어의 내용을 유지하면서 다른 컴퓨터 언어로 변환시키는 프로그램
 ㉡ 서비스 프로그램 : 컴퓨터 제조회사에서 응용 프로그램의 작성이나 실행, 시스템 운영과 관리를 쉽게 하도록 제공하는 프로그램
 ㉢ 사용자 프로그램 : 컴퓨터 시스템 중 사용자 모드에서 실행되며, 특별한 기능이 요구되면 제어 프로그램에 의뢰하는 프로그램

26 100Base-Tx
① 전송속도는 100[Mbps]이다.
② UTP 케이블이다.
③ 전송거리 및 최대 세그먼트 거리는 100[m]이다.

④ 기저대역 방식

27 전송선로에서 누화의 종류
① 근단 누화(Near end crosstalk, 송단측에서 나타난 누화) : 전송선로의 유도회선의 송단측에서 피유도회선의 송단측에 누화가 발생하는 현상
② 원단 누화(Far end crosstalk, 수단측에서 나타난 누화) : 송신된 신호가 수신측 유도회선으로부터 수신측 다른 피유도회선에 영향을 준다. 즉, 수신단측에서 피유도회선 상에 발생하는 누화
③ 직접 누화 : 양회선 사이에 정전결합, 전자결합에 의해서 1차적으로 직접 생기는 누화
④ 간접 누화 : 정전결합, 전자결합에 의해서 직접 생기지 않고 2차적으로 생기는 누화

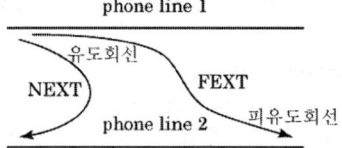

[참고] 누화(Crosstalk) : 한 회선의 신호가 다른 회선으로 새어나가는 현상(단위 : dB)

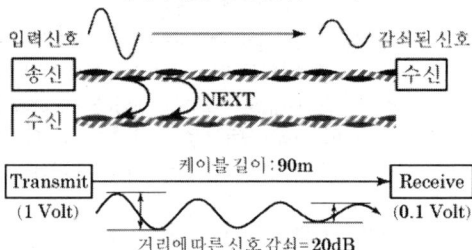

28
- [m/s] : 전파속도
- [bps] : 채널용량, 전송용량, 전송속도
- [dBm] : 절대레벨, 절대적인 전력값
- [dB] 데시벨 : 전송량의 이득, 평형도의 단위, 상대레벨
- [A] : 전류의 세기

29 전압 투과계수=1+전압 반사계수
=1+0.3=1.3

30 맨체스터 부호화(Manchester Code)
수신측 동기화의 용이성을 강조하도록 비트 중간에 극성 변화가 있게 한 선로 부호 방식

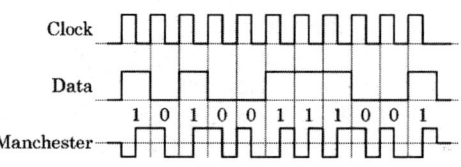

[참고]
㉠ NRZ(Non Retun to Zero) : mark, space에 따라 상태 변화가 일어난다. mark 때는 상태 변화가 일어나서 zero로 돌아오지 않으며, space 일 경우 +, 0, − 중 하나가 계속 유지하게 되는 현상
㉡ RZ(Return to Zero) : 각 bit가 전송할 때마다 매번 상태의 변화가 있는 현상. 매 bit의 반시간만큼 (+), (−) 상태를 유지하고, 그 뒤에 바로 Zero 상태로 돌아오게 되는 현상

31 3비트의 존(Zone)은 영문자, 숫자, 특수문자 등을 구분할 수 있다.

32 펄스 부호화(PCM)
① 장점
㉠ 잡음 및 누화에 강하다.
㉡ LSI화에 적합하다.
㉢ 분기와 삽입이 쉽다.
㉣ 가공처리가 쉽다.
㉤ 정비주기가 길다.
㉥ 보안성을 확보할 수 있다.
② 단점
㉠ 채널당 소요되는 대역폭이 증가된다.
㉡ PCM고유의 잡음인 양자화 잡음(quantizing noise)이 발생한다.
㉢ 동기(synchronization)가 유지되어야 한다.
㉣ 지리적으로 분산된 신호의 다중화에 어려움이 있다.
㉤ A/D, D/A 변환과정이 증가된다.
㉥ 기존 아날로그 네트워크와의 정합에 소요되는 비용 부담이 크다.

33 나이키스트의 표본화 주파수
표본화 주파수=2·신호주파수
$f_s = 2f_m = 2 \cdot 3400 = 6800[Hz]$

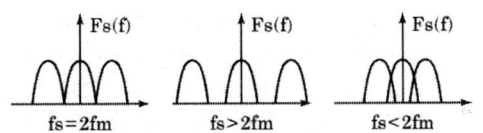

34
㉠ 관로의 곡률 반경은 관로 외경의 6배 이상으로 한다.
㉡ 광케이블 포설 시 허용 곡률 반경은 케이블 외경의 20배 이상으로 한다.
㉢ 시내케이블 포설 시 허용 곡률 반경은 케이블 외경의 6배 이상으로 한다.

35 가공선로(공중에 설치한 전선로)
전력이나 통신신호를 보내고 받을 수 있도록 공중에 가로질러 설치한 선로
[참고] 특징
- 전력공급에 한계가 있다.
- 지중선로에 비해 건설비용은 저렴하다.
- 공사기간은 짧고, 증설이 용이하다.
- 전력선 접촉이나 기상 조건에 따라 정전의 빈도가 잦다.
- 고장점 발견과 복구가 용이하다.
- 설비의 보안 유지가 곤란하다.

36 산란
① 산란의 원인
  ㉠ 광 또는 매질의 비선형 효과에 의한 영향
  ㉡ 평면과 파장에 비해 부분적인 밀도의 흔들림에 의한 영향
② 산란의 종류
  ㉠ 레일리 산란 : 전파하는 평면파 파장의 길이에 비해 매우 작은 물질의 굴절률 변화로 인하여 생기는 빛의 산란
  ㉡ 브릴루앙 산란 : 초음파로 인하여 광주파수가 기준에서 조금 벗어나 산란되는 비탄성 산란 현상
  ㉢ 라만 산란 : 물질에 일정한 주파수의 빛을 조사한 경우 분자에 고유한 진동이나 회전에너지 또는 결정의 격자 진동에너지만큼 벗어난 주파수의 빛이 산란되는 현상
  ㉣ 미 산란 : 빛의 파장과 거의 같은 크기의 입자에 의한 빛의 산란 현상
  ㉤ 브라운 산란 : 광섬유 내에서 광전력이 약해지는 현상으로 광섬유가 갖는 자체 손실과 소자와의 결합에 의한 외적(접속) 손실

37 레이저 다이오드(Laser Diode)
레이저 다이오드는 발광 다이오드(LED)와 유사한 반도체 장치이다. PN 접합을 사용하여 모든 파동이 동일한 주파수 및 위상에 있는 코히어런트광을 방출한다. 이 코히어런트광은 LASER로 약칭되는 "복사유도 방출에 의한 광증폭"이라고 불리는 공정을 사용하여 레이저 다이오드에 의해 생성된다. PN 접합이 레이저 광을 생성하는데 사용되므로 이 장치를 레이저 다이오드라고 한다.
레이저 다이오드는 모든 광선이 유사한 파장을 가지며, 피크가 일렬로 정렬된 상태로 함께 이동하는 좁은 레이저 빔을 생성한다. 레이저 빔이 매우 밝고, 매우 작은 지점에 초점을 맞출 수 있는 이유이다. 레이저 광을 생성하는 모든 장치 중에서 레이저 다이오드 또는 반도체 레이저가 가장 효율적이며 더 작은 패키지로 제공된다. 레이저 프린터, 바코드 리더, 보안 시스템, 자율주행차의 LIDAR, 광섬유 통신 등과 같은 다양한 장치에 널리 사용된다.
[참고]
  ㉠ 열 잡음(존슨 잡음. 나이퀴스트 잡음) : 열 에너지에 의해 발생하는 잡음으로 온도가 높을수록 잡음 전압은 커진다. 주로 저항성 소자에서 전자의 열적 불규칙 운동에 의해 발생한다.
  ㉡ 코히어런트광(coherent light) : 위상차가 일정해서 간섭을 일으킬 수 있는 빛

38 광통신용 발광소자
발광 다이오드(LED : Light Emitting Diode), 반도체 레이저(LD : Laser Diode), 고체 레이저(Solid Laser)가 있다.
[참고] 광통신의 특징
① 코어, 클래드로 구성된 케이블을 사용한다.
② 빛을 전송하기 때문에 매우 넓은 대역폭을 갖는다.
③ 광섬유를 사용하여 심선 간에 누화를 일으키지 않는다.
④ 기존 동축케이블에 비하여 매우 적은 손실 특성을 갖는다.

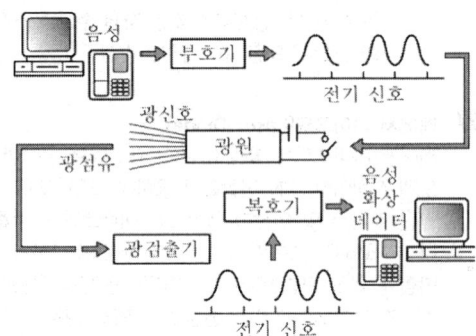

※ 애벌런치 포토 다이오드는 내부에 광전류의 증폭기 구를 가진 포토 다이오드로서, 광전송에서 광검파기로 널리 사용된다.

39 PIN Diode(Positive Intrinsic Negative)
불순물이 많이 첨가된 P형 반도체 영역과 N형 반도체 영역 사이에 진성 반도체 영역이 있는 다이오드

40 관로 공수
(시내케이블 조수+중계 및 시외케이블 조수+기타)×환경배율+동축케이블 및 직매케이블 조수+예비관
[참고] 지하관로의 공수를 산출하는 공식
=수용케이블 조수+예비관 공수
=계획케이블 조수×환경배율+예비관 공수+직매케이블 조수
㉠ 수용케이블 조수=계획케이블 조수×환경배율

예비관 공수	수용케이블 조수
1	1~10
2	11~20
3	21 이상

41 AON(Active Optical Network)
- 광신호 분리 장비에 전기가 필요한 스위치와 같은 장비가 사용
- AON은 가입자 지역 내의 적절한 위치에 이더넷 스위칭 기능을 수행하는 능동소자를 수용한 RN(Remote Node)를 배치하고, 이곳으로부터 각 가입자들에게 광케이블을 통해 연결하는 구조이다. AON은 Home Run에 비해 RN까지의 연결 구간을 단일 광케이블을 통해 연결하기 때문에 가입자망 환경에서 광간선 구간 및 인입 구간 내 광케이블을 줄일 수 있다는 장점이 있다. 또한 기존의 이더넷 기술을 채용, FTTH만의 고유한 MAC(media access control) 기술이

필요치 않아 비교적 경제적이다. 이같은 장점을 바탕으로 그동안 초고속정보통신 건물 인증 제도를 이끌어 오기도 했다. 하지만 AON은 외부환경에 RN이 설치돼 있기 때문에 장애 고장 시 비효율적이며, RN에 전원을 공급해야 하고, RN 설치를 위한 상면을 확보해야 하는 문제가 있다.
[참고]
㉠ L1 HUB(Layer1 HUB) : 허브는 모든 랜선에 꽂힌 포트에 동일한 정보를 보내는 장비
㉡ L2 Switch : MAC을 기반으로 이더넷 영역에서 동작하며 연결되는 장비들의 IP를 알 수 없다.
㉢ L3 switch : L2 스위치 모든 기능을 사용할 수 있으며 L3 스위치는 IP를 기반으로 네트워크 패킷의 라우팅이 가능
㉣ L4 switch : TCP/IP 및 세션을 기반으로 네트워크 패킷의 라우팅 및 로드밸런싱이 가능
㉤ L7 switch : TCP/IP와 URL을 포함하고 전 계층의 기능을 모두 사용할 수 있는 네트워크 스위치. 불필요한 트래픽을 차단, 네트워크 침입에 대한 부분에 한하여 설정 가능

42 동축 케이블이 RF에 사용될 때는 특성 임피던스가 50[Ω]인 것을 많이 사용하고, 비디오 신호에 사용될 때는 특성 임피던스가 75[Ω]인 것을 많이 사용한다.
[참고] 동축 케이블의 특징
① 고속의 데이터 전송이 가능하고 누화가 적다.
② 케이블 간의 혼선이 적다.
③ 주파수 대역폭이 넓다.
④ 전화선보다 신호의 감쇠가 적다.
⑤ 내압특성이 우수하다.
⑥ 고주파 특성은 차폐작용이 우수하여 양호하다.
⑦ 구조는 불평형 케이블이다.
⑧ 감쇠량은 주파수의 평방근에 비례한다.

43 $\dfrac{(3\times 10^8)}{2}\times (4\times 10^{-6})=\dfrac{1200}{2}=600[m]$

44 $1[dB]=\dfrac{1}{8.686}=0.115$
[참고] 1Np(Naper)=8.686[dB], 1[dB]=0.1151[Np]

45 맨홀(Manhole)의 종류
㉠ 직선형 맨홀 : 도로의 직선구간에 구축

ⓒ 분기 L형 맨홀 : 도로가 L자형으로 만곡된 개소에 구축
　　ⓒ 분기 T형 맨홀 : 도로가 T자형으로 갈라진 3거리에 구축
　　ⓔ 분기 십자형 맨홀 : 도로가 열십자형으로 갈라진 네 거리에 구축
　　ⓜ 단차형 맨홀 : 도로의 경사진 곳에 구축
　　ⓗ 규격 외 맨홀 : 지형 또는 도로의 모양에 따라 변형하여 구축

46 1. "방송통신"이란 유선·무선·광선(光線) 또는 그 밖의 전자적 방식에 의하여 방송통신콘텐츠를 송신(공중에게 송신하는 것을 포함한다)하거나 수신하는 것과 이에 수반하는 일련의 활동을 말하며, 다음 각 목의 것을 포함한다.
　가. 방송법 제2조에 따른 방송
　나. 인터넷 멀티미디어 방송사업법 제2조에 따른 인터넷 멀티미디어 방송
　다. 전기통신기본법 제2조에 따른 전기통신
2. "방송통신콘텐츠"란 유선·무선·광선 또는 그 밖의 전자적 방식에 의하여 송신되거나 수신되는 부호·문자·음성·음향 및 영상을 말한다.
3. "방송통신설비"란 방송통신을 하기 위한 기계·기구·선로(線路) 또는 그 밖에 방송통신에 필요한 설비를 말한다.
4. "방송통신기자재"란 방송통신설비에 사용하는 장치·기기·부품 또는 선조(線條) 등을 말한다.
5. "방송통신서비스"란 방송통신설비를 이용하여 직접 방송통신을 하거나 타인이 방송통신을 할 수 있도록 하는 것 또는 이를 위하여 방송통신설비를 타인에게 제공하는 것을 말한다.

47 방송통신발전 기본법 시행령
제8조 기술지도의 대상 및 방법
① 법 제20조제2항에 따른 기술지도의 대상은 다음 각 호와 같다.
　1. 방송통신기자재에 대한 기술표준의 적용
　2. 방송통신기자재에 대한 생산기술의 효율화
　3. 방송통신기자재의 기능 및 특성의 개선
　4. 방송통신기자재의 설치 및 운영에 적용하는 표준공법
　5. 방송통신기자재의 품질보증
　6. 새로운 방송통신기술의 채택·응용 및 개발
② 과학기술정보통신부장관은 다음 각 호의 방법에 따라 기술지도를 할 수 있다.
　1. 기술정보의 제공
　2. 기술훈련 및 기술전수
　3. 국내외 기술협력의 지원
③ 제1항 및 제2항에서 규정한 사항 외에 기술지도의 절차·방법 및 관리 등에 필요한 사항은 과학기술정보통신부장관이 정하여 고시한다.

48 방송통신발전 기본법
제9조 전담기관의 지정
① 과학기술정보통신부장관과 방송통신위원회는 기본계획의 효율적인 추진·집행을 위하여 필요한 때에는 해당 업무를 전담할 기관(이하 "전담기관"이라 한다)을 분야별로 지정할 수 있으며 이에 소요되는 비용을 지원할 수 있다.
② 전담기관의 지정대상과 지정절차 등에 관한 구체적 사항은 대통령령으로 정한다.

49 정보통신공사업법 개정법률 조문별 내용
제1조 목적
　이 법은 정보통신공사의 조사·설계·시공·감리(監理)·유지관리·기술관리 등에 관한 기본적인 사항과 정보통신공사업의 등록 및 정보통신공사의 도급(都給) 등에 필요한 사항을 규정함으로써 정보통신공사의 적절한 시공과 공사업의 건전한 발전을 도모함을 목적으로 한다.
[참고] 방송통신발전 기본법 타법개정
제1조 목적
　이 법은 방송과 통신이 융합되는 새로운 커뮤니케이션 환경에 대응하여 방송통신의 공익성·공공성을 보장하고, 방송통신의 진흥 및 방송통신의 기술기준·재난관리 등에 관한 사항을 정함으로써 공공복리의 증진과 방송통신 발전에 이바지함을 목적으로 한다.

50 정보통신공사업법
제68조의3 청문
과학기술정보통신부장관 또는 시·도지사는 다음 각 호의 어느 하나에 해당하는 처분을 하려면 청문을 하여야 한다.
1. 제64조의2에 따른 감리원의 인정취소
2. 제66조제1항(제15호는 제외한다)에 따른 영업정지와 등록취소
3. 제68조의2에 따른 정보통신기술자의 인정취소

51 정보통신공사업법 시행령 제2조 공사의 범위
① 정보통신공사업법(이라 "법"이라 한다) 제2조제2호에 따른 정보통신설비의 설치 및 유지·보수에 관한 공사와 이에 따른 공사와 이에 따른 부대공사는 다음 각 호와 같다.
  1. 전기통신관계법령 및 전파관계법령에 따른 통신설비공사
  2. 방송법 등 방송관계법령에 따른 통신설비공사
  3. 정보통신관계법령에 따라 정보통신설비를 이용하여 정보를 제어·저장 및 처리하는 정보설비공사
  4. 수전설비를 제외한 정보통신전용 전기시설비공사 등 그 밖의 설비공사
  5. 제1호부터 제4호까지의 규정에 따른 공사의 부대공사
  6. 제1호부터 제5호까지의 규정에 따른 공사의 유지·보수공사

52 전기통신사업법 제7조 등록의 결격사유
전기통신회선설비의 종류와 설치 영역 등이 대통령령으로 정하는 기준에 해당하는 기간통신사업을 경영하려는 자가 다음 각 호의 어느 하나에 해당하는 경우에는 제6조제1항에 따른 기간통신사업의 등록을 할 수 없다.
  1. 국가 또는 지방자치단체
  2. 외국정부 또는 외국법인
  3. 외국정부 또는 외국인이 제8조제1항에 따른 주식소유 제한을 초과하여 주식을 소유하고 있는 법인

53 통신관련시설의 접지저항은 10Ω 이하를 기준으로 한다. 단, 다음 각 호의 경우는 100Ω 이하로 할 수 있다.
  1. 선로설비 중 선조, 케이블에 대하여 일정 간격으로 시설하는 접지(단, 차폐케이블은 제외)
  2. 국선 수용회선이 100회선 이하인 주배선반
  3. 보호기를 설치하지 않는 구내통신단자함
  4. 국내통신선로설비에 있어서 전송 또는 제어신호용 케이블의 쉴드 접지
  5. 철탑 이외 전주 등에 시설하는 이동통신용 중계기
  6. 암반지역 또는 산악지역에서의 암반 지층을 포함하는 경우 등 특수지형에의 시설이 불가피한 경우로서 기준 저항값 10Ω을 얻기 곤란한 경우
  7. 기타 설비 및 장치의 특성에 따라 시설 및 인명 안전에 영향을 미치지 않는 경우

54 접지설비·구내통신설비·선로설비 및 통신공동구등에 대한 기술기준
제30조 중간단자함 및 세대단자함 등
① 선로를 용이하게 수용하기 위한 접속함(선로간을 직접 연결하기 위한 함) 또는 중간단자함(국선단자함과 세대단자함의 사이에 설치하는 단자함) 등은 국선단자함으로부터 세대단자함까지의 구간 중에서 다음 각 호의 하나에 해당하는 장소에 설치되어야 한다.
  1. 제28조제5항제4호의 규정에 부적합한 배관의 굴곡점
  2. 선로의 분기 및 접속을 위하여 필요한 곳
② 주거용 건축물 중 공동주택의 경우에는 세대별로 배선의 인입 및 분기가 용이하도록 세대단자함을 설치하여야 한다. 단, 세대 내에서 분기가 없는 기숙사 및 주택법시행령 제10조제1항제1호에서 규정하는 원룸형 주택의 모든 요건을 갖춘 주택은 제외한다.

55 접지설비·구내통신설비·선로설비 및 통신공동구등에 대한 기술기준
제21조 지중통신선
① 지중통신선을 지중강전류전선으로부터 30cm(지중강전류전선이 특고압일 경우에는 60cm) 이내의 거리에 설치하는 경우에는 지중통신선과 지중강전류전선 간에는 설치 장소에서 발생할 수 있는 화염에 견딜 수 있는 격벽을 설치하여야 한다. 다만, 전기용품 및 생활용품 안전관리법에 의한 전기용품안전기준 중 수직트레이 불꽃시험에 적합한 보호피복을 사용하고 상호 접촉되지 아니하도록 설치하는 경우로서 지중강전류전선 설치자의 승낙을 얻은 경우에는 예외로 할 수 있다.

56 지능형 홈네트워크 설비 설치 및 기술기준
제10조 홈네트워크사용기기
6. 무인택배시스템
  가. 무인택배시스템은 휴대폰·이메일을 통한 문자서비스(SMS) 또는 세대단말기를 통한 알림서비스를 제공하는 제어부와 무인택배함으로 구성하여야 한다.
  나. 무인택배함의 설치 수량은 소형주택의 경우 세대수의 약 10~15%, 중형주택 이상은 세대수의 15~20%로 정도 설치할 것을 권장한다.

57 전유부분 홈네트워크 설비의 설치기준
제5조 홈게이트웨이
① 홈게이트웨이는 세대단자함 또는 세대통합관리반에 설치할 수 있다.
② 세대단자함 또는 세대통합관리반에 설치되는 홈게이트웨이는 벽에 부착할 수 있어야 하며 동작에 필요한 전원이 공급되어야 한다.
③ 홈게이트웨이는 이상전원 발생 시 제품을 보호할 수 있는 기능을 내장하여야 하며, 동작상태와 케이블의 연결상태를 쉽게 확인할 수 있는 구조로 설치하여야 한다.

58 지능형 홈네트워크 설비 설치 및 기술기준
"홈네트워크망"이란 홈네트워크장비 및 홈네트워크사용기기를 연결하는 것을 말하며 다음 각 목으로 구분한다.
가. 단지망 : 집중구내통신실에서 세대까지를 연결하는 망
나. 세대망 : 전유부분(각 세대 내)을 연결하는 망

59 지능형 홈네트워크 설비 설치 및 기술기준
5. "홈네트워크 설비 설치공간"이란 홈네트워크 설비가 위치하는 곳을 말하며, 다음 각 목으로 구분한다.
　가. 세대단자함 : 세대 내에 인입되는 통신선로, 방송공동수신설비 또는 홈네트워크 설비 등의 배선을 효율적으로 분배·접속하기 위하여 이용자의 전유부분에 포함되어 실내공간에 설치되는 분배함
　나. 통신배관실(TPS실) : 통신용 파이프 샤프트 및 통신단자함을 설치하기 위한 공간
　다. 집중구내통신실(MDF실) : 국선·국선단자함 또는 국선배선반과 초고속통신망장비, 이동통신망장비 등 각종 구내통신선로설비 및 구내용 이동통신설비를 설치하기 위한 공간
　라. 그 밖에 방재실, 단지서버실, 단지네트워크센터 등 단지 내 홈네트워크 설비를 설치하기 위한 공간
[참고] 통신국사 : 방송통신설비를 안전하게 설치·운영·관리하기 위해 통신기계실 등으로 구성한 건축물

60 전기통신설비의 안전성 및 신뢰성에 대한 기술기준 개정
8. 통신망의 비밀보호 및 신뢰성 제고 등
　이용자의 식별 확인을 필요로 하는 통신을 취급하는 전기통신망에는 정당한 이용자임을 식별 확인할 수 있도록 등록 및 인증 기능 등을 구비하여야 한다.
[설치 기준]
　㉠ 전화역무회선임대 역무설비, 주파수를 할당받아 제공하는 역무설비, 별정통신설비, 전송망설비, 부가통신설비
　㉡ 자가통신설비 : 해당사항 없음

2022년 4회 과년도출제문제 해설

01	02	03	04	05	06	07	08	09	10	11	12	13	14	15
②	①	①	②	②	③	①	②	③	④	③	①	②	②	④
16	17	18	19	20	21	22	23	24	25	26	27	28	29	30
④	④	③	④	②	④	③	②	②	③	④	②	②	③	①
31	32	33	34	35	36	37	38	39	40	41	42	43	44	45
②	③	③	②	②	①	③	③	③	②	①	③	①	③	③
46	47	48	49	50	51	52	53	54	55	56	57	58	59	60
③	②	①	①	③	①	④	①	②	②	③	①	②	④	④

01 전압=전류×저항=$2[A] \times \dfrac{5[ohm]}{2} = 5[V]$

02 2차 전지
전지의 방전 이후 충전하여 다시 사용할 수 있는 전지로서, 종류로는 납축전지, 니켈전지, 이온전지, 리튬·이온 전지, 폴리머 전지, 리튬폴리머 전지, 리튬설파 전지, 니켈·카드뮴 전지 등이 있다.
[참고] 1차 전지 : 일반 건전지

03 주기(T)= $\dfrac{1}{주파수(f)} = \dfrac{1}{50} = 0.02[s]$

04 $X_L = \omega L = 2\pi f L$
$= 2 \times 3.14 \times 50 \times 1 = 314[\Omega]$
∴ 전류= $\dfrac{전압}{저항} = \dfrac{200}{314} ≒ 0.636$

05 전자기력(Electromagnetic force)
다른 전하를 띤 핵(+)과 전자(-)를 묶어주는 힘(거리 제곱에 반비례)

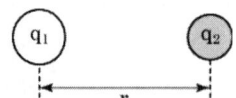

$F = k\dfrac{q_1 \cdot q_2}{r^2}$

[참고]

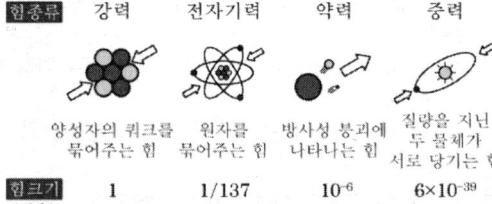

06 다이액 소자(Diac)
쌍방향성이며 두 개의 단자 사이에 일정 전압 이상을 걸면 도통되어 전류가 흐르는 2단자 소자이다.

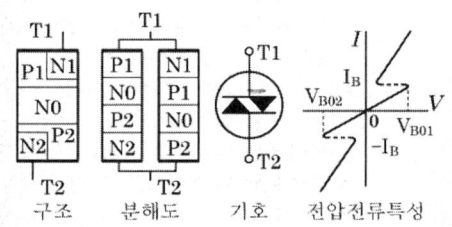

① 구조 : SCR을 2개 역병렬로 접속한 형태
② 작용
  ㉠ 양방향으로 전류를 흐를 수 있는 2단자 쌍방향 Thyristor이다.
  ㉡ 쌍방향 trigger diode라고도 한다.
  ㉢ 두 단자 간의 전압이 break-over 전압 VB에 도달하면 도통(T1, T2 양방향에서 통전)
  ㉣ 흐르는 전류가 유지전류 I_B 이하로 떨어지면 차단된다.
  ㉤ SCR : 순방향으로 작용
  ㉥ 다이액 : 양방향으로 작용(교류제어)

③ 용도
　㉠ 과전압 보호용
　㉡ 트리거 소자

07 리플률 = $\dfrac{\text{리플전압(맥류분의 실효값)}}{\text{직류전압(직류분의 평균값)}} \times 100[\%]$
$= \dfrac{4}{400} \times 100[\%] = 1[\%]$

[참고] 리플 백분율(맥동률)
$\Upsilon = \dfrac{V}{V_D} \times 100 = \dfrac{I}{I_D} \times 100[\%]$은 정류회로 등의 출력 파형에 얼마만큼 맥류분이 포함되어 있는가를 나타내고, 맥동률 Υ는 반파정류회로에서는 121%이나 전파정류회로에서는 48% 정도이다.

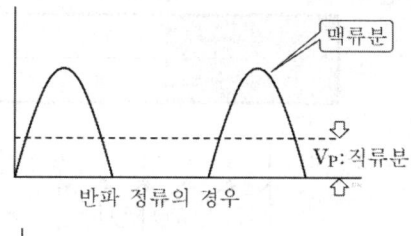
반파 정류의 경우

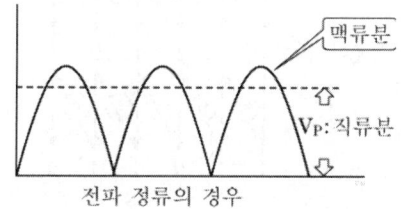
전파 정류의 경우

08 평활회로
교류(AC)를 직류(DC)로 바꾸는 여러 과정 가운데 맥류를 완전한 직류로 바꾸어주는 전원공급장치

09 증폭기 이득(gain)
$= 10 \cdot \log_{10} \dfrac{\text{출력 전력}}{\text{입력 전력}} = 10 \cdot \log_{10} \dfrac{100[\text{mW}]}{0.1[\text{mW}]}$
$= 10 \cdot \log_{10} 1000 = 10 \cdot \log_{10} 10^3 = 30[\text{dB}]$

10

부품명칭	기호	기호	용도
정류 다이오드 검파 다이오드	─▷├─ A　K	D	정류회로
가변용량 다이오드	─▷├├─	Diode	FM 변조회로 AFC 동조회로
제너 다이오드 터널 다이오드	─▷├─ A　K	ZD	정전압회로
발광 다이오드 (LED)	─▷├─↗↗ A　K	LED	표시등
수광 다이오드	─▷├─↙↙ A　K	Diode	빛 센서
브리지 다이오드	(브리지 회로)	Bridge Diode	전파정류회로

트랜지스터(PNP)

Collector C
Base B
Emitter E

11 이미터와 베이스, 이미터와 컬렉터 사이가 용량성, 베이스와 컬렉터 사이가 유도성으로 동작하는 회로가 콜피츠 발진회로이고, 이미터와 베이스, 이미터와 컬렉터 사이가 유도성, 베이스와 컬렉터 사이가 용량성으로 동작하는 회로가 하틀리 발진회로이다.

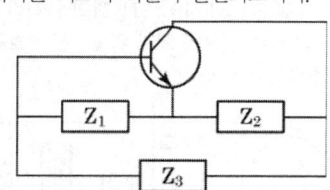

Z_1	Z_2	Z_3	발진회로
용량성	용량성	유도성	콜피츠 발진회로
유도성	유도성	용량성	하틀리 발진회로

12 수정발진회로(수정발진기)의 특징
수정판의 압전 효과를 이용한 발진회로, 수정의 결정을 적당하게 절단하면 치수로 규칙적으로 진동이 발생하고 고유 주파수로 유지되므로 정확한 주파수를 유지

하는 회로이다. 초고주파의 발진은 되지 않으며, 온도 변화에 의한 주파수 변화는 항온조를 사용하여 최소화한다.
① 발진주파수 변경 시 수정 자체를 바꾸어야 하는 단점이 있다.
② 수정 편의에 항온도 등을 이용하므로 주위온도의 영향이 적다.
③ 수정 진동자의 Q(Quality factor)가 $10^{-4} \sim 10^6$ 높아서 주파수 안정도가 높다.
④ 초단파 이상의 발진은 곤란하다.

13 ① 진폭 편이 변조(ASK) : 디지털 클록이 1일 때는 높은 진폭을, 디지털 클록이 0일 때는 낮은 진폭을 보내는 AM 디지털 전송 방식
② 주파수 편이 변조(FSK) : 디지털 클록이 0일 때는 낮은 주파수를, 1일 때는 높은 주파수를 보내는 FM 디지털 전송 방식
③ 위상 편이 변조(PSK) : 반송파의 위상을 각각 다르게 하여 디지털 데이터를 전송하는 방식

14 PCM(Pulse Code Modulation) 통신방식
표본화 → 양자화 → 부호화를 거쳐 아날로그 신호를 디지털 신호로 변환하는 ADC(Analog Digital Converter) 기술
㉠ 표본화(Sampling) : 아날로그 신호를 일정 간격으로 표본화하여 PAM 신호를 얻는다.
㉡ 양자화(Quantizing) : 데이터의 진폭을 결정하는 과정이다.
㉢ 부호화(Encoding) : 표본화와 양자화 과정을 거친 값을 실제 전송이 되기 위해 2진 부호로 바꾸는 과정이다.

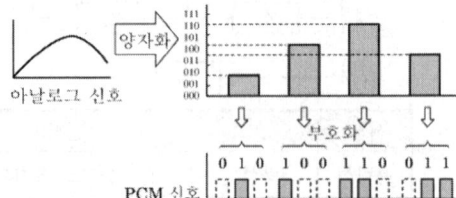

15 펄스 점유율
펄스 폭(τ)과 펄스 반복 주기(T)의 비로서 $\dfrac{\tau}{T}$ 이다.

16 중앙처리장치(CPU)의 구성
① 데이터의 산술 및 논리연산을 수행한다. → 연산장치
② 주기억장치에 저장된 명령이나 데이터를 가져온다.
③ 명령 코드를 해독하여 필요한 제어신호를 발생시킨다. → 제어장치

17 ① Lock(잠금) : 기기장치의 동작이나 상태를 고정하거나 금지하는 것
② Block : 프로그램을 구성하는 하나의 단위
④ 교착상태(Deadlock) : 한정된 자원을 여러 곳에서 사용하려고 할 때 모두 작업수행을 할 수 없이 대기 상태에 놓이는 상태로서 변동이나 전진없이 머물러 있는 상태를 말한다.

18 2진수를 3자리씩 묶은 값은 8진수 1자릿값으로 나타낼 수 있다.

2진수	10	111
8진수	2	7

19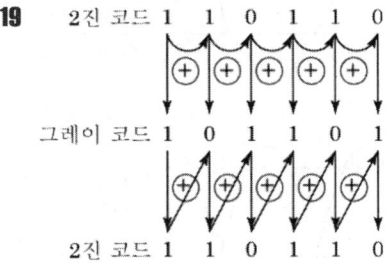

20 논리 게이트

AND

A B	A·B
0 0	0
0 1	0
1 0	0
1 1	1

OR

A B	A+B
0 0	0
0 1	1
1 0	1
1 1	1

XOR	
A B	A⊕B
0 0	0
0 1	1
1 0	1
1 1	0

21 ㉠ RAM(Random Access Memory) : 기억내용을 임의로 읽거나 변경할 수 있는 기억소자로서 전원을 차단하면 기억내용이 사라지므로 휘발성 기억소자라 한다.
㉡ ROM(Read Only Memory) : 읽어내기 전용으로, 사용자가 기억된 내용을 바꾸어 넣을 수 없는 기억소자로서 전원을 차단하여도 기억 내용을 보존한다.
㉢ PROM : 사용자가 프로그램 등을 1회에 한하여 써 넣을 수 있는 기억소자이다.
㉣ EPROM : 사용자가 프로그램 등을 여러 번 지우고 써넣을 수 있는 기억소자로서, 자외선이나 특정 전류로써 내용을 지우고 다시 기록할 수 있다.
㉤ EEPROM(Electrical Erasable Programmable ROM) : 기록 내용을 전기신호에 의하여 삭제할 수 있으며, 롬 라이터로 새로운 내용을 써넣을 수도 있는 기억소자이다.

22 리눅스
대형 기종에서만 작동하던 운영 체계인 유닉스를 개인용 컴퓨터(PC)에서도 작동할 수 있게 만든 운영 체계
[참고] 운영체계(OS) 발전 정도 : Android(스마트폰 OS) ← Linux(PC OS) ← Unix(군사용 시스템 OS)
① Window Mobile : 마이크로소프트사의 윈도우 폰
② iOS : 애플사의 T-phone
③ Android(안드로이드) : 구글
④ Linux(리눅스) : GUN Server O/S

23 2^{10}byte = 1024byte = 1Kbyte
2^{20}byte = 1024×1Kbyte = 1Mbyte
2^{30}byte = 1024×1Mbyte = 1Gbyte

24 컴파일러(Compiler)
㉠ FORTRAN, COBOL, ALGOL, C언어, JAVA와 같은 고급 언어로 작성된 프로그램을 번역하는 프로그램이다.
㉡ 기계 외부에서 사람이 사용하는 프로그램 언어와 기계 내부적으로 기계만이 알 수 있는 기계어 사이에 이들을 연결시켜 주는 번역 프로그램
㉢ 실행 속도가 빠르며, 목적 프로그램을 생성한다.
㉣ 원시 프로그램 전체를 한 번에 번역한 후 실행한다.
[참고] 인터프리터(BASIC, LISP)
 ㉠ 목적 프로그램을 생성하지 않는다.
 ㉡ 줄(행) 단위로 번역한 후 바로 실행한다.
 ㉢ 실행 속도가 느리며, 목적 프로그램을 생성하지 않는다.

25 제어 프로그램
① 감시(Supervisor) 프로그램
② 작업관리(Job Management) 프로그램 또는 Job Control Program : 운영체제의 제어 프로그램 중 작업의 연속 처리를 위한 스케줄 및 시스템 자원 할당을 담당
③ 데이터관리(Data Management) 프로그램
④ 통신관리(Communication Management) 프로그램
[참고] 처리 프로그램
 ① 언어 번역 프로그램(language translator program)
 ② 서비스 프로그램
 ③ 문제 프로그램

26 ① 프리젠테이션을 위한 프로그램 → 파워포인트
② 문서의 작성과 편집을 위한 프로그램 → 워드프로세서
③ 단순한 표 계산부터, 회계, 재무관리를 위한 프로그램 → 엑셀

27 위상정수[rad/km]=β
λ(파장)=$\frac{2\pi}{\beta}$ [rad/km]이므로
$2=\frac{2\pi}{\beta} \to \beta = 1\pi$[rad/km]

28 600[Ω]의 전송선로에서 0[dBm]에 관한 설명
$dB = 10 \cdot \log_{10} \frac{P[W]}{1[mA]}$
① 회로 전류 : 1.291[mA]
② 회로 전력 : 1[mW]
③ 부하 양단 전압 : 내부저항이 600[Ω]×회로 전류 1.291[mA]=0.775[V]

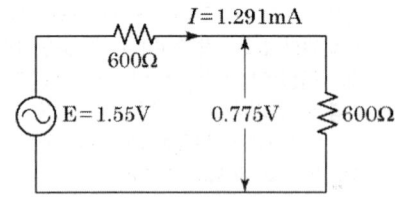

[참고] • 상대 레벨 단위 : [dB]
　　　• 절대 레벨 단위 : [dBm]

29 • [m/s] : 전파속도
　　 • [bps] : 채널용량, 전송용량, 전송속도
　　 • [dBm] : 절대레벨, 절대적인 전력값
　　 • [dB] : 전송량의 이득, 평형도의 단위, 상대레벨
　　 • [A] : 전류의 세기

30 ① 완전반사 : 물체의 표면에 부딪힌 빛이 온전히 유지되는 반사. 반사계수는 1이다.
　　 ② 무반사 : 반사가 없는 성질
　　 ③ 완전투과 : 빛이 투과체를 통과한 후 모든 방향으로 분포하며 퍼지는 확산 현상. 반사계수는 0이다.

31 표본화 주기(T)
$$T = \frac{1}{f} = \frac{1}{8000[\text{Hz}]} = 0.000125 = 125[\mu s]$$
여기서, f : 표본화 주파수

32 동기식 디지털 계위(SDH)
① 동기식 다중화 방식으로 비동기식 대비 효율적 구성이 가능하다.
② 통신망의 유연성을 제공한다.
③ 단일의 전기통신망 구축이 가능하다.
④ 각 계층 레벨의 전송속도 표준화 : E1, T1, DS3 및 기타 저속 신호를 고속의 STM-N(N=1, 4, 16, 64, 256) 광신호로 TDM(Time Division Multiplex)을 기본으로 다중화하여 전송하는 방식

계위	비트레이트(kbit/s)
STM-1	155,520
STM-4	622,080
STM-16	2,488,320
STM-64	9,953,280
STM-256	39,813,120

[참고] STM(동기식 전송 방식, synchronous transfer mode) : 전송로상에서 신호 정보를 일정 주기의 프레임(frame)으로 구획짓고, 프레임을 시간 슬롯(time slot)으로 분할해서 전송하는 시분할 다중 방식. ITU-T(구 CCITT)에서 1986년 광대역 종합 정보 통신망(B-ISDN)의 전송 방식을 검토할 때에 비동기 전송 방식(ATM)과 함께 용어를 결정했다. 회선 교환 방식과 같이 하나의 호를 위하여 하나의 채널을 발착신 단말 사이에 점유시키지 않고 다중화하는 이점이 있으나, 동기화를 위해서 발신자와 수신자가 같은 클록 신호를 사용해야 하기 때문에 1채널당 최대 통신 속도가 일정해야 하는 제약이 있다. 통신 속도가 달라지거나 변화하는 다양한 정보를 전송하는 경우에는 하나의 호에 대하여 최대 통신 속도에 맞추어서 복수의 채널을 할당할 필요가 있다. 그러므로 유휴 채널(idle channel)이 많아지고 회선 사용 효율이 떨어지는데, 이유는 송신하지 않더라도 시간 슬롯이 분할되기 때문이다.

33 나이키스트의 표본화 주파수
표본화 주파수=2・신호주파수
$f_s = 2f_m = 2 \cdot 3400 = 6800[\text{Hz}]$

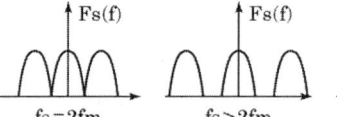

　fs=2fm　　　　fs>2fm　　　　fs<2fm
이 조건을 만족하는　일반적인 표본화　Aliasing 발생
필터설계 어려움　　　주파수　　　(신호간 중첩으로 왜곡발생)

34 광 파장 분배기(AWG, Arrayed Waveguide Grating)
하나의 광섬유를 이용하여 가입자의 주변까지 연결한 후 분배기를 이용하여 다수의 가입자까지 연결하는 FTTH망으로 파장 분할을 이용해 각 가입자에게 1[Gbps] 이상의 접속 속도를 제공할 수 있다. 광섬유가 가장 작은 손실을 보이는 C-Band 영역인 1530~1565nm에서 광신호들을 집중화시켜 많은 파장을 실도록 한다.

35 스크린(SCREEN) 케이블
한 케이블 안에 쌍방향 전송 효과를 얻을 수 있도록 가운데가 금속체로 분리되어 있어 전자적 차폐 역할을 하는 케이블이다.

[참고]
① 동축 케이블 : 중심의 구리 심선을 폴리에틸렌의 절연체로 감싸고, 밖은 그물형태의 외선으로 외피를 씌운 다음 전체 피복을 입힌 고주파 전송용 케이블
② 폼스킨 케이블 : 절연체로 종이를 대신해 플라스틱을 사용한 케이블
③ 광섬유 케이블 : 광학적 섬유 소선을 용도에 따라 사용할 수 있게 만든 케이블

36 UTP(Unshielded, 비차폐) Cat.5 케이블의 페어 풀림 길이

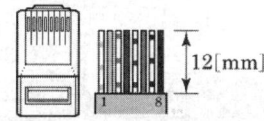

37 비원율 $= \dfrac{\text{최대직경} - \text{최소직경}}{\text{표준직경}} \times 100[\%]$
$= \dfrac{51.7 - 48.8}{50} \times 100[\%] = \dfrac{2.9}{50} \times 100[\%]$
$= 5.8[\%]$

38 리본형 광섬유 케이블은 1024개의 광섬유를 수용할 수 있어 기존의 통신관로 공간을 효율적으로 활용할 수 있다.

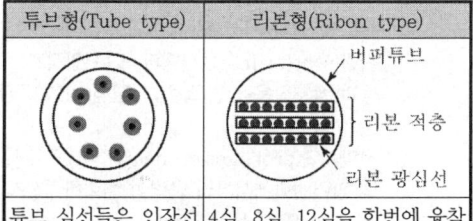

39 플라스틱 광섬유(POF)
① 장점
  ㉠ 경량, 코어 직경이 크고 가공성이 우수하다.
  ㉡ 유연하고 충격에 강하며 유지보수 비용이 저렴하다.
  ㉢ 다른 POF와의 접속이 용이하다.
② 단점
  ㉠ 광 손실이 크므로 전송거리가 짧은 소규모 통신망이나 영상전송용으로 사용한다.

  ㉡ 열적 안정성이 떨어진다.

40 모드분산(Mode Dispersion) : 다중모드형 광섬유에서 발생
  ㉠ 원인 : 각 모드의 전파 경로가 달라져 출사단까지의 도달시간이 달라짐
  ㉡ 계단형 굴절률 다중모드 광섬유 : 전반사하는 횟수가 많은 고차모드일수록 전파거리와 시간이 길어짐
    → 입사할 때 시간폭이 짧은 펄스도 모드별 도달시간의 차이로 인해 출사단 측에서는 시간적으로 퍼지는 현상 발생
  ㉢ 영향 : 계단형 굴절률 광섬유에 많은 영향을 미쳐 전송대역폭을 제한함
  ㉣ 개선 방안
    - 굴절률 분포를 서서히 증가시키는 언덕형 굴절률 광섬유 사용
      → 전차모드의 경우 속도를 줄여 고차모드와 전차모드의 도달시간 줄임
[참고] 색분산(Chromatics Dispersion)
  ㉠ 재료분산(Material Dispersion) : 광섬유의 재료인 유리의 굴절률이 전파하는 빛의 파장에 따라 다른 값을 가지므로 파형이 퍼지기 때문
  ㉡ 구조분산(Waveguide Dispersion)
    - 도파로 분산. 코어와 클래드의 굴절률 차가 적은 경우, 경계면에서 빛에 일부가 클래드 부분으로 누설되는 것처럼 일어남
    - 펄스파형이 시간적으로 퍼지는 현상

41 가공선로의 루트(Route) 선정 조건
① 가입자의 배선 또는 인입 등이 유리한 루트 선정
② 선로가 가급적 직선인 루트 선정
③ 도시계획 등에 의한 폐도의 염려가 없는 루트 선정

42 케이블 포설공법 분류
① 견인 포설공법(Pulling method) : 케이블의 선단이나 중간을 견인하여 지하관로 내에 포설하는 공법으로 견인방법에 따라 선단 견인방식, 선단 중간 견인방식, 인력 견인방식 등으로 구분된다.
② 공기압 포설공법((Blowing method) : 케이블을 배관 내 압력공기를 불어 넣어 포설하는 공법이다.
③ 양방향 포설공법((Bidirection method) : 케이블의 양단을 각각의 시단으로 하여 포설구간의 중간 지점에서 케이블을 양방향으로 포설하는 공법으로서 견인이나 공압 포설공법으로 시행한다.

[참고] 포설공법

포설공법	견인 포설공법			공압 포설공법	양방향 포설공법
	선단 견인	선단 중간 견인	인력 견인		
최대 포설 속도[m/분]	30	20	10	50	적용된 공법의 포설속도

43 평형도

통신회선의 중성점과 대지와의 사이에 발생되는 전압과 이로 인한 통신회선의 단자 간에 발생되는 전압의 대수 비율

평형도 $= 20 \cdot \log \dfrac{E_p}{e_p} = 20 \cdot \log \dfrac{800[\text{mV}]}{600[\text{mV}]}$
$= 20 \cdot \log \dfrac{4}{3} = 2.5[\text{dB}]$

[참고] log1.00=0　　　log1.01=0.0043
　　　log1.10=0.0414　log1.11=0.0453
　　　log1.20=0.0792　log1.21=0.0828

44 전송손실[dB]

전송손실 = 출력측의 레벨 − 입력측의 레벨
$= (-13.8) - (-3.5) = 10.3[\text{dB}]$

45 전주의 구비 조건
① 기계적 강도가 강할 것
② 유지보수가 용이할 것
③ 중량이 가벼울 것
④ 곧고 길어야 할 것

46 ① 방송통신망 : 방송통신을 행하기 위하여 계통적·유기적으로 연결·구성된 방송통신설비의 집합체
② 전력선통신(PLC, power line communication) : 전력을 공급하는 전력선을 매개체로 음성과 데이터를 고주파 신호에 실어 통신하는 기술

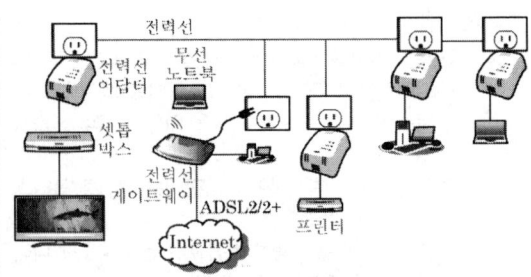

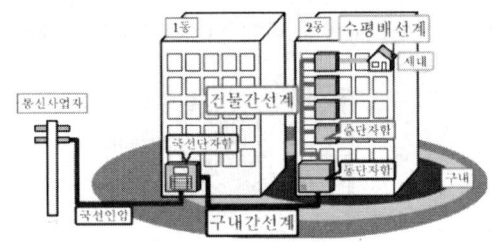

47 ③ 전력유도 : 철도건설법」에 따른 고속철도나 도시철도법에 따른 도시철도 등 전기를 이용하는 철도시설(이하 "전철시설"이라 한다) 또는 전기공작물 등이 그 주위에 있는 방송통신설비에 정전유도나 전자유도 등으로 인한 전압이 발생되도록 하는 현상을 말한다.

[참고]
① 누화(Crosstalk) : 한 접속로의 신호가 다른 접속로에 전자기적으로 결합되면서 미치는 영향
② 산란(scattering) : 진행파 또는 입자가 장애물 등과 상호작용을 일으켜 그 진행 방향이 굽혀지는 현상
④ 전파지연(propagation delay) : 회로에서 펄스의 입력변화에서부터 출력이 변화하기까지 걸리는 시간 또는 시간 간격

48 방송통신발전 기본법
1. "방송통신"이란 유선·무선·광선(光線) 또는 그 밖의 전자적 방식에 의하여 방송통신콘텐츠를 송신(공중에게 송신하는 것을 포함한다)하거나 수신하는 것과 이에 수반하는 일련의 활동 등을 말하며, 다음 각 목의 것을 포함한다.
　가. 방송법 제2조에 따른 방송
　나. 인터넷 멀티미디어 방송사업법 제2조에 따른 인터넷 멀티미디어 방송
　다. 전기통신기본법 제2조에 따른 전기통신

2. "방송통신콘텐츠"란 유선·무선·광선 또는 그 밖의 전자적 방식에 의하여 송신되거나 수신되는 부호·문자·음성·음향 및 영상을 말한다.
3. "방송통신설비"란 방송통신을 하기 위한 기계·기구·선로(線路) 또는 그 밖에 방송통신에 필요한 설비를 말한다.
4. "방송통신기자재"란 방송통신설비에 사용하는 장치·기기·부품 또는 선조(線條) 등을 말한다.
5. "방송통신서비스"란 방송통신설비를 이용하여 직접 방송통신을 하거나 타인이 방송통신을 할 수 있도록 하는 것 또는 이를 위하여 방송통신설비를 타인에게 제공하는 것을 말한다.
6. "방송통신사업자"란 관련 법령에 따라 과학기술정보통신부장관 또는 방송통신위원회에 신고·등록·승인·허가 및 이에 준하는 절차를 거쳐 방송통신서비스를 제공하는 자를 말한다.
[참고] 1. "정보통신설비"란 유선, 무선, 광선, 그 밖의 전자적 방식으로 부호·문자·음향 또는 영상 등의 정보를 저장·제어·처리하거나 송수신하기 위한 기계·기구(器具)·선로(線路) 및 그 밖에 필요한 설비를 말한다.

49 제36조 공사의 사용 전 검사 등
① 대통령령으로 정하는 공사를 발주한 자(자신의 공사를 스스로 시공한 공사업자 및 제3조제2호에 따라 자신의 공사를 스스로 시공한 자를 포함하며, 이하 이 조에서 "발주자 등"이라 한다)는 해당 공사를 시작하기 전에 설계도를 특별자치시장·특별자치도지사·시장·군수·구청장(자치구의 구청장을 말한다. 이하 같다)에게 제출하여 제6조에 따른 기술기준에 적합한지를 확인받아야 하며, 그 공사를 끝냈을 때에는 특별자치시장·특별자치도지사·시장·군수·구청장의 사용전검사를 받고 정보통신설비를 사용하여야 한다.

50 전기통신사업법 제1장 총칙 제1조 목적
이 법은 전기통신사업의 적절한 운영과 전기통신의 효율적 관리를 통하여 전기통신사업의 건전한 발전과 이용자의 편의를 도모함으로써 공공복리의 증진에 이바지함을 목적으로 한다.

51 기간통신사업자의 기간통신 역무
전화, 인터넷접속 등과 같이 음성, 데이터, 영상 등을 그 내용이나 형태의 변경 없이 송신 또는 수신하게 하는 전기통신역무 및 음성, 데이터, 영상 등의 송신 또는 수신이 가능하도록 전기통신회선설비를 임대하는 전기통신역무를 말한다. 다만, 과학기술정보통신부장관이 정하여 고시하는 전기통신서비스(제6호의 전기통신역무의 세부적인 개별 서비스를 말한다. 이하 같다)는 제외한다.

52 전기통신사업법 제4조(보편적 역무의 제공 등)
③ 보편적 역무의 구체적 내용은 다음 각 호의 사항을 고려하여 대통령령으로 정한다.
 1. 정보통신기술의 발전 정도
 2. 전기통신역무의 보급 정도
 3. 공공의 이익과 안전
 4. 사회복지 증진
 5. 정보화 촉진

53 가공강전류전선의 사용전압이 특고압일 경우의 이격거리

가공강전류전선의 사용전압 및 종별		이격거리
35000V 이하의 것	강전류케이블	50cm 이상
	특고압 강전류절연전선	1m 이상
	기타 강전류전선	2m 이상
35000V를 초과하고 60000V 이하의 것		2m 이상
60000V를 초과하는 것		2m에 사용전압이 60000V를 초과하는 10000V마다 12cm를 더한 값 이상

54 국선의 인입배관
국선의 수용 및 교체, 증설이 용이하게 시공될 수 있는 구조로 배관의 내경은 선로외경의 2배 이상이 되어야 한다.
$\dfrac{D}{d}$=배관 2배

55 가공통신선 지지물의 등주방지
가공통신선의 지지물에는 취급자가 오르내리는데 사용하는 발디딤쇠 등을 지표상으로부터 1.8m 이상의 높이에 부착하여야 한다. 다만, 다음과 같은 경우에는 예외로 할 수 있다.
 1. 발디딤쇠 등이 지지물의 내부로 들어가는 구조인 경우

2. 지지물 주위에 취급자 이외의 자가 들어갈 수 없도록 시설하는 경우
3. 지지물을 사람이 쉽게 접근할 수 없는 장소에 설치한 경우

56 옥내통신선 이격거리
① 옥내통신선은 다음 각 호의 규정과 같이 옥내전선과의 이격거리를 유지하여야 한다.
1. 300V 초과 전선과의 이격거리는 15cm(벽내 또는 용이하게 보이지 아니하는 기타의 장소에 설치하는 경우에는 30cm) 이상으로 한다.
2. 300V 이하 전선과의 이격거리는 6cm(벽내 또는 용이하게 보이지 아니하는 기타의 장소에 설치하는 경우에는 12cm) 이상으로 한다.

57 지중통신선
지중통신선을 지중강전류전선으로부터 30cm(지중강전류전선이 특고압일 경우에는 60cm) 이내의 거리에 설치하는 경우에는 지중통신선과 지중강전류전선간에는 설치 장소에서 발생할 수 있는 화염에 견딜 수 있는 격벽을 설치하여야 한다. 다만, 전기용품 및 생활용품 안전관리법에 의한 전기용품안전기준 중 수직트레이 불꽃시험에 적합한 보호피복을 사용하고 상호 접촉되지 아니하도록 설치하는 경우로서 지중강전류전선 설치자의 승낙을 얻은 경우에는 예외로 할 수 있다.
[참고] 강전류전선 : 전기도체, 절연물로 싼 전기도체 또는 절연물로 싼 것의 위를 보호피막으로 보호한 전기도체 등으로서 300볼트 이상의 전력을 송전하거나 배전하는 전선

58 세대단자함
① 세대단자함은 골조 공사 시 변형이 생기지 않도록 세대단자함의 재질 및 보강방법을 고려하여 설치하여야 한다.
② 세대단자함에는 전원공급용 배관 및 배선을 설치하여야 하고, 내부 발열 및 기기 소음에 대한 사항을 고려하여야 한다.
③ 세대단자함은 유지보수를 고려한 위치에 설치하여야 한다.
④ 세대단자함은 500mm×400mm×80mm(깊이) 크기로 설치할 것을 권장한다.

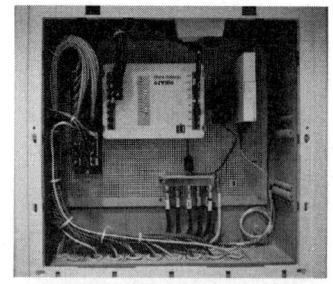
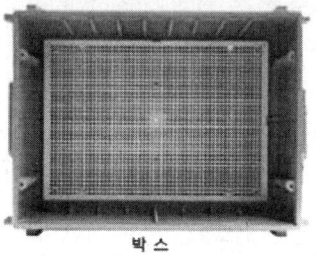
박 스

59 지능형 홈네트워크 설비 설치 및 기술기준
제1장 제9조(단지서버)
① 단지서버는 집중구내통신실 또는 방재실에 설치할 수 있다. 다만 단지서버가 설치되는 공간에는 보안을 고려하여 영상정보처리기기 등을 설치하되 관리자가 확인할 수 있도록 하여야 한다.
[참고] 공용부분 홈네트워크설비의 설치 기준
제22조 단지서버실
① 단지서버실은 3제곱미터 이상으로 한다.
② 단지서버실의 바닥은 이중바닥방식으로 설치하여야 한다.
③ 단지서버실은 단지서버의 성능을 위한 항온항습장치를 설치하여야 한다.
④ 출입문은 폭 0.9미터, 높이 2미터 이상(문틀의 외측치수)의 잠금장치가 있는 출입문으로 설치하며, 관계자 외 출입통제 표시를 부착하여야 한다.

60 방송통신설비에서 옥외설비의 안전성 및 신뢰성 확보를 위한 항목
① 풍해대책
② 동결대책
③ 낙뢰대책
[참고] "옥외설비"라 함은 중계케이블이나 안테나 설비 등 옥외에 설치되는 통신설비를 말한다.

2023년 1회 과년도출제문제 해설

01	02	03	04	05	06	07	08	09	10	11	12	13	14	15
②	④	②	③	②	①	③	③	③	③	①	③	③	①	③
16	17	18	19	20	21	22	23	24	25	26	27	28	29	30
①	①	④	②	③	④	①	③	④	④	④	④	④	③	②
31	32	33	34	35	36	37	38	39	40	41	42	43	44	45
④	④	④	④	④	②	④	④	③	④	②	④	②	②	④
46	47	48	49	50	51	52	53	54	55	56	57	58	59	60
③	④	④	①	②	①	③	②	③	③	④	②	④	④	①

01 전력

단위시간(1s) 동안 전기장치에 공급되는 전기에너지
(기호 : P, 단위 : W)
$P = I^2 \cdot R$ 이므로 $400 = I^2 \cdot 100$
$I^2 = \dfrac{400}{100}$
∴ $I = 2[A]$

02 직류(DC)와 교류(AC)의 차이점

① 직류(DC)
  ㉠ 주파수가 없다.
  ㉡ 저장이 가능하다.
  ㉢ +, − 전극이 있다.
  ㉣ 전류의 방향이 일정하다.
  ㉤ 전압의 변경이 용이하지 않다.
  ㉥ 전동기의 속도 변경이 용이하다.
  ㉦ 많은 용량의 전기를 사용할 수 없다.
② 교류(AC) : 시간이 변화함에 따라 전류의 흐름 방향과 크기가 주기적으로 변화하는 전류
  ㉠ 주파수가 있다.
  ㉡ 저장이 안된다(저장(축적)이 불가능하다).
  ㉢ +, − 전극이 없다.
  ㉣ 전류의 방향이 없다.
  ㉤ 전압의 변경이 용이하다.
  ㉥ 전동기의 속도 변경이 용이하지 않다.
  ㉦ 많은 양의 전기를 사용할 수 있다.

03 교류(AC)

시간이 변화함에 따라 전류의 흐름 방향과 크기가 주기적으로 변화하는 전류. 주파수가 60[Hz](유럽은 50[Hz])인 Sine 곡선을 그리며 변하는 전류
(예) 가정용 전압

04 ① 직류(DC, Direct Current) : 시간이 변화하여도 전류의 방향과 크기(전자량)가 항상 일정한 전류
(예) 건전지, 축전지, 정류기 등
② 교류(AC : Alternating Current) : 시간이 변화함에 따라 전류의 흐름 방향과 크기가 주기적으로 변화하는 전류. 전자기 유도현상을 이용해 쉽게 전압을 변환할 수 있어 멀리까지 전력을 보낼 수 있어 직류보다 더 편리하다.
(예) 가정용 전압
③ 맥류(PC, Pulsating Current) : 시간이 변화함에 따라 전류의 방향은 일정하고 크기는 변화하는 전류
(예) 전화기의 음성

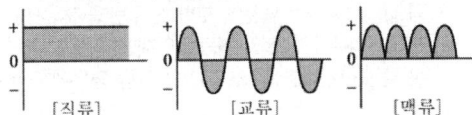

[직류] [교류] [맥류]

05 외르스테드 효과

1820년 덴마크의 코펜하겐 대학 물리학 교수 외르스테드가 발견한 전자기 효과이다. 전류에 의해 자침이 움직이는 것을 발견함으로써, 그동안 별개의 현상으로 취급되어 오던 전기와 자기 사이의 연관이 드러나게 되었으며, 이로 인해 전자기학이라는 새로운 분야가 생겨나게 되었다.

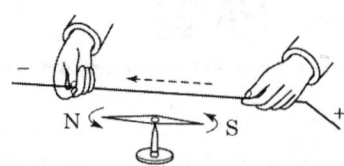

06 FET(전계효과 트랜지스터, Field Effect Transister)
일반적인 트랜지스터가 전류를 증폭시키는데 비해, FET은 전압을 증폭시키는 특징을 갖고 있다.
① 전계효과 : 트랜지스터에 인가되는 전압에 의해 전계가 형성되고, 전계의 세기에 의해 전류가 제어됨을 의미
② FET : 입력전압에 의해서 트랜지스터의 두 단자 사이에 흐르는 전류가 조절되는 소자

07 평활회로(잡음제거회로, Smoothing Circuit)
㉠ L(인덕턴스, 인덕터, 자기유도계수) : 평활회로는 주기가 짧은 고주파 성분은 통과하지 못하고 저주파 성분만 통과
㉡ C(커패시터, 정전용량) : 평활회로는 저주파 성분은 통과하지 못하고 고주파 성분만 통과
※ 콘덴서는 구조상 직류는 통과하지 못하고 교류는 통과시키지만, 주파수가 낮아지는 것에 반비례하여 저항값이 높아지는 특성이 있다. 인덕터는 교류 전류의 흐름을 방해한다.

08 블리더 저항(bleeder resistance)
부하전류 변화에 의해서 전압 변동을 일으키는 것을 방지하기 위하여 부하의 여하를 불문하고 항상 일정한 전류를 통하게 하는 저항을 이른다. 이 저항은 부하에 병렬로 접속하기 때문에 부하 전류는 증가하지만 부하 전류 변화에 의한 전압 변동을 억제한다. 또한 출력 전압은 분압(分壓)해서 소요 전압을 얻는 경우에 사용된다.

09 종합 이득
$(20 \cdot \log_{10}1000) + (20 \cdot \log_{10}10) = 60 + 20 = 80[dB]$

10
㉠ 마이크로파 발진기 주파수
 : 915[MHz]~2.45[GHz]
㉡ 초단파 VHF(Very High Frequency)
 : 30~300[MHz] (FM 88~108[MHz])
㉢ 극초단파 UHF(Ultral High Frequency)
 : 0.3~3[GHz]

11 대역폭
증폭기의 이득이 가장 높을 때에서 -3[dB]만큼 낮아진 수준까지의 주파수 범위를 의미

12 전압 폴로어(Voltage Follower, Unit Follower)
입력 전압의 크기 및 위상이 그대로 출력 전압에 전달되는 회로
- 폐루프 전압 이득 : ACL=1
㉠ Op Amp에 의한 전압 폴로어 회로 구현
- 부궤환 전부가 반전 입력단자(-)에 걸리게 하는 구조

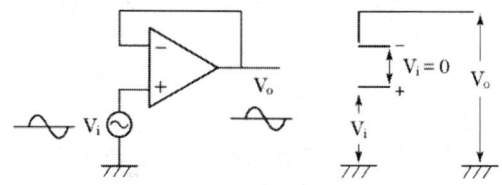

- 궤환저항 =0으로, 출력 전부를 입력에 그대로 전달
㉡ 전압 폴로어의 용도
- 높은 임피던스 전원 및 낮은 임피던스 부하 사이에 완충 증폭기 역할
- 다소 높은 임피던스를 갖는 전원을, 낮은 임피던스 전원으로 변환시키는 임피던스 변환을 위한 인터페이스 회로로 많이 사용

13 디지털 변조 방식
① 진폭 편이 변조(ASK) : 디지털 클록이 1일 때는 높은 진폭을, 디지털 클록이 0일 때는 낮은 진폭을 보내는 AM 디지털 전송 방식
② 주파수 편이 변조(FSK) : 디지털 클록이 0일 때는 낮은 주파수를, 1일 때는 높은 주파수를 보내는 FM 디지털 전송 방식
③ 위상 편이 변조(PSK) : 반송파의 위상을 각각 다르게 하여 디지털 데이터를 전송하는 방식
㉠ 2진 위상 편이 방식(BPSK) : 전송하고자 하는 두 값(0 또는 1)의 디지털 신호를 반송파의 0위상과 π위상의 2위상에 대응시켜 전송하는 방식
㉡ 직교 위상 편이 방식(QPSK) : 두 값의 디지털 신호(0과 1)의 2비트를 모아 반송파의 4위상에 대응시켜 전송하는 방식으로, 같은 주파수 대역에서 2배의 정보를 전송할 수 있으며, 위성방송의 음성신호전송이나 위성통신분야에서 널리 사용된다.

④ 직교진폭변조(QAM, Quadrature Amplitude Modulation) : PSK+ASK이다. 독립된 2개의 반송파인 동상(in-phase) 반송파와 직각 위상(quadrature) 반송파의 진폭과 위상을 변환·조정하여 데이터를 전송하는 변조 방식

14 AM에서는 대개 고전력 변조를 사용하므로 변조기 소비전력이 크지만 FM은 적다.
[참고] 고전력 변조(high power modulation) : 무선 송신기의 종단 전력증폭기에서 변조를 행하는 방식. 변조 시 높은 전력을 필요로 하지만 효율이 좋고 일그러짐이 비교적 적으므로 대출력 송신기에 사용된다. 변조 회로는 B급 양극 변조회로가 주로 사용된다.

15 부트스트랩(Boot-Strap) 회로
부트스트랩 회로는 기존의 사각파를 받아서 이를 LPF 충방전을 통해 고역이득을 줄려 파형을 느슨히 증가시키도록 유도해 톱니파로 변형하는 회로이다.

16 ① RAM(Random Access Memory) : 기억 내용을 임의로 읽거나 변경할 수 있는 기억소자로서 전원을 차단하면 기억내용이 사라지므로 휘발성 기억소자라 한다.
㉠ SRAM(Static Random Memory, 정적 RAM) : 전원공급을 계속하는 한 저장된 내용을 기억하는 메모리로서 플립플롭으로 구성된다.
㉡ DRAM(Dynamic Random Access Memory, 동적 RAM) : 전원공급이 계속되더라도 주기적으로 재기억(refresh)을 해야 기억되는 메모리로서 반도체의 극간 정전용량에 의해 메모리가 구성된다.
② ROM(Read Only Memory) : 읽어내기 전용으로, 사용자가 기억된 내용을 바꾸어 넣을 수 없는 기억소자로서 전원을 차단하여도 기억 내용을 보존한다.

17 8[bit]=1[byte]=1[Character]
bps는 bit per second
1[Mbps]=1,000[Kbps]=1,000,000[bps]이므로
$\therefore \dfrac{1,000,000[\text{bps}]}{8[\text{bit}]} = 125,000[\text{cps}]$

18 컴퓨터의 사용 목적에 따른 분류
① 특수용 컴퓨터 : 특정 분야의 문제해결이나 제한된 범위의 문제를 처리하기 위해 제작된 컴퓨터
㉠ 군사용 : 미사일이나 항공기의 궤도를 추적
㉡ 산업용 : 핵반응 시설의 제어, 공장에서 생산 공정을 제어
㉢ 업무용 : 지하철의 운행이나 개찰, 의료 단층 촬영 등에 이용
㉣ 기타 : 항공기 및 선박의 자동조정장치 등의 이용
② 범용 컴퓨터 : 일반적인 자료처리, 일반 기업체나 공공기관에서 사무처리
㉠ 과학기술에 필요한 수치 계산
㉡ 수치 해석 분야, 선형 계획 프로그래밍, 모의 실험 등의 기술 계산용
㉢ 자동차나 항공기의 설계, 제조, 관리
㉣ 생산, 판매, 재고, 급여, 인사, 회계 등의 기업 업무나 행정, 금융 업무 등의 사무 처리 분야
③ 개인용 컴퓨터

19 $1110+0110=10100_{(2)} \rightarrow 20$

20 불 대수 법칙

교환 법칙	A+B=B+A	A·B=B·A
결합 법칙	(A+B)+C =A+(B+C)	(A·B)·C =A·(B·C)
분배 법칙	A·(B+C) =AB+AC	A+BC =(A+B)·(A+C)
동일 법칙	A+A=1	A·A=1
흡수 법칙	A+(A·B)=A (A+$\overline{B}$)·B=AB	A·(A+B)=A (A$\overline{B}$)+B=A+B
항등 법칙	1+A=A, 0+A=0	1·A=A, 0·A=0
보원 법칙	A+$\overline{A}$=1	A·$\overline{B}$=0
다중 부정	$\overline{\overline{A}}$=A	
드모르간 법칙	$\overline{A+B}=\overline{A}\cdot\overline{B}$	$\overline{A\cdot B}=\overline{A}+\overline{B}$

21 ① 1·0=0 ← AND 조건
② 0+1=1 ← OR 조건
③ (1·1)+0=1

22 로드 모듈(Load Module)
링키지 에디터에 의해 실행 가능한 모듈 상태의 프로그램

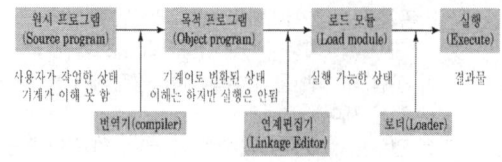

23 순서도(Flowchart, 흐름도)
컴퓨터로 처리해야 할 작업과정을 약속된 기호를 사용하여 순서대로 일관성 있게 그린 그림
① 프로그램 흐름을 단순화하여 분석이 명료해진다.
② 논리적인 오류를 쉽게 파악할 수 있다.
③ 도식화된 기호를 이용하므로 다른 사람이 쉽게 이해할 수 있다.
④ 원시 프로그램의 작성을 용이하게 하여 코딩작업이 간단해진다.
⑤ 처리되는 과정을 모두 표현한다.
⑥ 전체의 흐름을 명확히 알 수 있도록 작성한다.
⑦ 문제 해결을 위한 논리적인 절차와 흐름의 방향을 기호를 이용하여 표현한다.

24
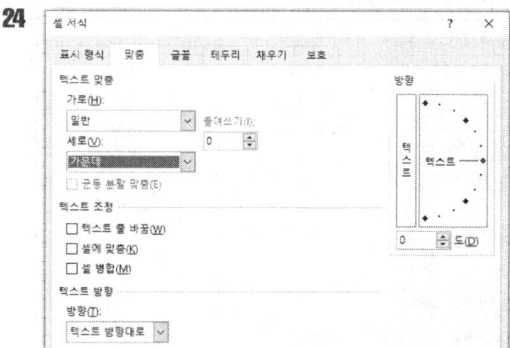

25 인코더(부호기, Encoder)
㉠ n개의 입력이 n개의 출력으로 나타남
㉡ 10진수를 2진 부호(BCD)로 변환

26 집중 정수 회로 모델(Lumped Constant Circuit)
㉠ 유한 개 요소만으로 시스템 방정식이 표현
㉡ 선로 길이가 전송 신호 파장에 비하여 무시할 수 있다면 선로의 전기 저항(R), 인덕턴스(L), 정전용량(C) 등 회로 정수들이 전선(선로, 회로)의 어느 한 부분에 집중되어 있는 것으로 간주하는 모델
㉢ 회로 내 전압, 전류가 모두 동시적인 변화를 함
㉣ 공간적인 개념 없이, 시간적인 변화만 관심 있음

27
① 광통신 파장대역 구분
㉠ 광통신 주요 파장대 : 780, 850, 1310, 1383, 1550, 1610, 1625[nm] 등
㉡ 이들 파장대(근적외선)에서 광섬유 손실이 낮기 때문
㉢ 광통신의 주파수대역 : 1014~1015[Hz]
㉣ 일반적 구분
　ⓐ 단(短)파장대 : 850[nm](단거리, 저속전송)
　ⓑ 장(長)파장대 : 1310[nm](중거리, 고속전송), 1550[nm](해저케이블 등 장거리)
② 파장대별 손실 특징
㉠ 780[nm]대 : 가장 큰 손실을 보임
㉡ 1550[nm]대 : 가장 낮은 손실을 보임

28
① PPM(펄스 위치 변조) : 펄스의 시간적 위치를 변화시키는 변조 방식
② PWM(펄스 폭 변조) : 펄스 폭 제어에 의한 듀티사이클의 변조 방식
③ PCM(Pulse Code Modulation) 통신방식 : 표본화→양자화→부호화를 거쳐 아날로그 신호를 디지털 신호로 변환하는 ADC(Analog Digital Converter) 기술
④ PAM(펄스 진폭 변조) : 표본치 진폭 크기에 1 : 1 대응관계를 갖는 가장 많이 사용되는 방식
[참고] 위상 편이 변조(PSK) : 반송파의 위상을 각각 다르게 하여 디지털 데이터를 전송하는 방식

29
$$\lambda = \frac{C}{f} \quad (\text{파장} = \frac{\text{광속}}{\text{주파수}}, \text{광속} : 3 \times 10^8 \text{m})$$

$$1550[\text{nm}] = \frac{3 \times 10^8 \text{m}}{\text{주파수}}$$

$$\text{주파수} = \frac{3 \times 10^8}{1550 \times 10^{-6}} = 193.548 \times 10^{15} [\text{Hz}]$$
$$= 193.548 [\text{THz}]$$

30 전송선로 정수의 2차 정수(1차 정수로부터 유도된 양)
① 감쇠 정수 $\alpha = \sqrt{RG}$
② 위상 정수 $\beta = \omega\sqrt{LC}$
③ 전파 정수 $\gamma = \sqrt{(R+j\omega L)(G+j\omega C)}$
④ 특성 임피던스 $Z_o = \sqrt{\dfrac{R+j\omega L}{G+j\omega C}}$

31 전송선로 정수의 1차 정수
① 도체 저항(R) : Ω/m
② 자기 인덕턴스(L) : H/m(주위온도가 높아지면 그 값이 감소)
③ 정전용량(C) : F/m
④ 누설 컨덕턴스(G) : $\mho/m$

32 ① 정재파(standing wave) : 진행파가 어떤 경계면을 기준으로 반사되어 돌아온 파와 합쳐지면서 발생한 정지된 파동
② 정재파비(standing wave ratio) : 정재파를 갖는 선로 또는 도파관 내의 인접한 파절 및 파복에서 측정한 전류, 전압의 비, 전자계의 최대 진폭과 최소 진폭의 비, 정재파의 최대 진폭부분과 최소 진폭 부분의 비로 나타낸다.
③ 종단 형태에 따른 구분
㉠ 종단 임피던스 정합 시 : VSWR=1
㉡ 종단 단락 시 : VSWR=∞

33 RZ(Return to Zero)
각 bit가 전송할 때마다 매번 상태의 변화가 있는 현상. 매 bit의 반시간만큼 +, − 상태를 유지하고, 그 뒤에 바로 Zero 상태로 돌아오게 되는 현상
[참고]
① 단류 RZ(Return to Zero) : 펄스의 길이가 신호의 길이보다 짧고 필히 0[V]로 복귀 후 변화한다.

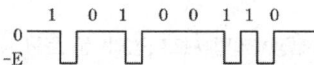

② 복류 RZ(Return to Zero) : 0에서 1로, 혹은 1에서 0으로 비트 변환 시 항상 0[V]를 일정 간격 유지한다.

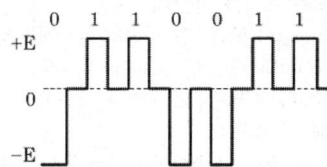

③ AMI(Alternate Mark Inversion, 교환부호반전) : 데이터 비트가 1일 때만 차례로 펄스가 +전압과 −전압을 교대로 적용하고 데이터 비트가 0일 때는 0전위를 유지하는 전송방식

34 Coaxial(동축) 케이블
① 특성 임피던스는 75[Ω]이다.
② 특성상 외부 간섭에 대한 저항력이 뛰어나고, 신호 감쇠가 적다.
③ 장거리 신호 전송에 유리하다.
④ 내부 동선과 외부 도체 사이에 절연체가 있어 전기적인 안전성이 보장된다.
⑤ 일반 전선에 비해 비용이 높고 설치가 어렵다.
⑥ 감쇠 특성은 주파수의 제곱근(평방근)에 비례한다. ($\sqrt{f}$에 비례).

35 폼스킨 케이블의 특징
㉠ 절연체를 플라스틱을 사용한 케이블
㉡ 종전의 케이블에 비해 절연두께를 얇게 해 중량을 감소
㉢ 전기적 물리적 특성도 종이 절연물보다 우수
㉣ 전송품질이 우수(고속 데이터급 전송)
㉤ 심선의 다대화가 가능(관로공수 및 전화회선 당 가격 절감)
㉥ 심선 식별이 용이하고, 외피가 알루미늄 박막구조로 침수방지

36 ㉠ 비굴절률(Δ)차 : 광 코어(n_1) 및 클래딩(n_2)의 굴절률 차이의 정도

$$비굴절률(\Delta) = \frac{n_1 - n_2}{n_1} \times 100[\%]$$

$$1.5[\%] = \frac{1.49 - n_2}{1.49} \times 100[\%]$$

$$n_2 = 1.46765...$$

㉡ 개구수 : 빛을 광섬유 내에 수광시킬 수 있는 능력
$$NA = \sqrt{n_1^2 - n_2^2} = \sqrt{1.49^2 - 1.468^2}$$
$$= \sqrt{2.22 - 2.155} = \sqrt{0.065} = 0.254957....$$

㉢ 수광각 : 코어에 빛을 전반사시킬 수 있는 각
$$e_A = 2e_a = \sin^{-1}(n_1^2 - n_2^2)^{\frac{1}{2}}$$
$$= \sin^{-1}(NA) = \sin^{-1}(0.254) = 14.77$$

37 광섬유 케이블의 구조별 종류
표준형, 리본형, 슬롯형, 리본슬롯형, 루즈튜브(Loose Tube)형 등

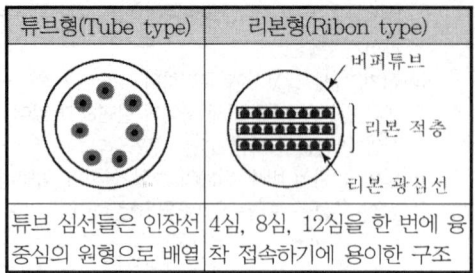

38 다중모드 광섬유의 특징
① 신호가 왜곡되기 쉬워 신호의 전송거리가 단거리 통신에 주로 사용한다.
② 전송 가능한 전파모드의 수가 여러 개이다.
③ 빛의 전파 형태가 여러 가지이기에 손실이 큰 편이다.
④ 신호원이 여러 형태인 경우에도 사용 가능하고, 접속이나 제작이 쉽다.

39 LED(발광 다이오드)의 장점
㉠ 에너지 비용이 절감되고 탄소배출량이 감소한다.
㉡ 동일한 양의 빛을 생산하는데 있어 적은 양의 전기를 사용한다.
㉢ 긴 수명을 가지고 있어 유지 관리 비용을 절약할 수 있다.
㉣ 최대 밝기에 도달하는 시간이 짧다.
㉤ 견고하고 내구성이 뛰어나다.
㉥ 열이 거의 발생하지 않아 화상 위험을 줄인다.
※ LED는 자연방출, LD(레이저 다이오드)는 유도방출 방식

40
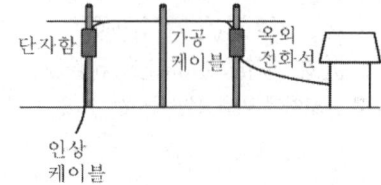

41 접지설비·구내통신설비·선로설비 및 통신공동구등에 대한 기술기준 제23조(옥내통신선 이격거리)
① 옥내통신선은 다음 각 호의 규정과 같이 옥내전선과의 이격거리를 유지하여야 한다.
  1. 300V 초과 전선과의 이격거리는 15cm(벽내 또는 용이하게 보이지 아니하는 기타의 장소에 설치하는 경우에는 30cm) 이상으로 한다.
  2. 300V 이하 전선과의 이격거리는 6cm(벽내 또는 용이하게 보이지 아니하는 기타의 장소에 설치하는 경우에는 12cm) 이상으로 한다.

42 정보통신공사업법 제2조제2항 공사의 종류
공사의 종류에 대한 전체 내용은 엔플북스 카페(https://cafe.daum.net/enplebook) 내 통신선로기능사 필기 방에 자료를 올려놓았습니다. 참고 바랍니다.
① 교환설비공사 : 전자식 교환(ISDN 및 전전자를 포함)설비, 자동식 교환설비, 비동기식 교환(ATM)설비, 가입자선로집중운용보전시스템설비, 집단전화교환설비, 자동호분배장치설비, 중앙과금장치설비, 신호망설비, 지능망설비, 통신처리장치설비, 사설교환(PBX·CBX)설비 등의 공사
② 전송설비공사 : 전송단국(FLC·PCM·PDH·SDH·DACS·SONET·WDM)설비, 송·수신설비, 중계설비, 다중화설비, 분배설비, 전력선반송설비, 종합유선방송(CATV)전송설비 등의 공사
③ 방송국설비공사 : 영상·음향설비, 송출설비, 방송관리시스템설비 등의 공사
④ 통신선로설비공사 : 통신구설비, 통신관로설비, 통신케이블(광섬유 및 동축케이블·전주·지지철물·케이블 방재·철탑·배관·단자함 등을 포함)설비 등의 공사

43 정보통신공사업법 제2조(정의) 중 문항 내용 발췌
① 도급 : 원도급(原都給), 하도급, 위탁, 그 밖에 명칭이 무엇이든 공사를 완공할 것을 약정하고, 발주자가 그 일의 결과에 대하여 대가를 지급할 것을 약정하는 계약을 말한다.
② 하도급 : 도급받은 공사의 일부에 대하여 수급인이 제3자와 체결하는 계약을 말한다.
③ 수급인 : 발주자로부터 공사를 도급받은 공사업자를 말한다.
④ 하수급인 : 수급인으로부터 공사를 하도급받은 공사업자를 말한다.

44 전기통신사업법 제2조(용어의 정의) 중 문항 내용 발췌
① 전기통신설비 : 전기통신을 하기 위한 기계·기구·선로 또는 그 밖에 전기통신에 필요한 설비를 말한다.
② 사업용전기통신설비 : 전기통신사업에 제공하기 위

한 전기통신설비를 말한다.
③ 자가전기통신설비 : 사업용전기통신설비 외의 것으로서 특정인이 자신의 전기통신에 이용하기 위하여 설치한 전기통신설비를 말한다.
④ 전기통신회선설비 : 전기통신설비 중 전기통신을 행하기 위한 송신·수신 장소 간의 통신로 구성설비로서 전송설비·선로설비 및 이것과 일체로 설치되는 교환설비와 이들의 부속설비를 말한다.

45 정보통신공사업법 제2조(정의) 중 내용 발췌
9. "감리"란 공사에 대하여 발주자의 위탁을 받은 용역업자가 설계도서 및 관련 규정의 내용대로 시공되는지를 감독하고, 품질관리·시공관리 및 안전관리에 대한 지도 등에 관한 발주자의 권한을 대행하는 것을 말한다.

46 방송통신발전 기본법 제2조(정의) 중 문항 내용 발췌
① 방송통신 : 유선·무선·광선(光線) 또는 그 밖의 전자적 방식에 의하여 방송통신콘텐츠를 송신(공중에게 송신하는 것을 포함)하거나 수신하는 것과 이에 수반하는 일련의 활동을 말하며, 다음 각 목의 것을 포함한다.
② 방송통신설비 : 방송통신을 하기 위한 기계·기구·선로(線路) 또는 그 밖에 방송통신에 필요한 설비를 말한다.
③ 방송통신서비스 : 방송통신설비를 이용하여 직접 방송통신을 하거나 타인이 방송통신을 할 수 있도록 하는 것 또는 이를 위하여 방송통신설비를 타인에게 제공하는 것을 말한다.
④ 방송통신사업자 : 관련 법령에 따라 과학기술정보통신부장관 또는 방송통신위원회에 신고·등록·승인·허가 및 이에 준하는 절차를 거쳐 방송통신서비스를 제공하는 자를 말한다.

47 방송통신발전기본법의 목적
이 법은 방송과 통신이 융합되는 새로운 커뮤니케이션 환경에 대응하여 방송통신의 공익성·공공성을 보장하고, 방송통신의 진흥 및 방송통신의 기술기준·재난관리 등에 관한 사항을 정함으로써 공공복리의 증진과 방송통신 발전에 이바지함을 목적으로 한다.

48 방송통신발전 기본법 제21조(방송통신 전문인력의 양성 등)
1. 방송통신기술 및 방송통신서비스와 관련된 전문인력(이하 이 조에서 "전문인력"이라 한다) 수요 실태 및 중·장기 수급 전망 파악
2. 전문인력 양성사업의 지원
3. 전문인력 양성기관의 지원
4. 전문인력 양성 교육프로그램의 개발 및 보급 지원
5. 방송통신기술 자격제도의 정착 및 전문인력 수급 지원
6. 각급 학교 및 그 밖의 교육기관에서 시행하는 방송통신기술 및 방송통신서비스 관련 교육의 지원
7. 일반국민에 대한 방송통신기술 및 방송통신서비스 관련 교육의 확대
8. 그 밖에 전문인력 양성에 필요한 사항

49 $1[dB] = \dfrac{1}{8.686} = 0.115[Nep]$

50 방송통신설비의 기술기준에 관한 규정 제3조 중 문항 내용 발췌
① 사업용방송통신설비 : 방송통신서비스를 제공하기 위한 방송통신설비로서 다음 각 목의 설비를 말한다.
② 이용자방송통신설비 : 방송통신서비스를 제공받기 위하여 이용자가 관리·사용하는 구내통신선로설비, 이동통신구내선로설비, 방송공동수신설비, 단말장치 및 전송설비 등을 말한다.
③ 국선 : 사업자의 교환설비로부터 이용자방송통신설비의 최초 단자에 이르기까지의 사이에 구성되는 회선을 말한다.
④ 국선접속설비 : 사업자가 이용자에게 제공하는 국선을 수용하기 위하여 설치하는 국선수용단자반 및 이상전압전류에 대한 보호장치 등을 말한다.

51 지능형 홈네트워크 설비 설치 및 기술기준 제3조 용어의 정의 중 문항 내용 발췌
① 홈네트워크설비 : 주택의 성능과 주거의 질 향상을 위하여 세대 또는 주택단지 내 지능형 정보통신 및 가전기기 등의 상호 연계를 통하여 통합된 주거서비스를 제공하는 설비로 홈네트워크망, 홈네트워크장비, 홈네트워크사용기기로 구분한다.
② 홈네트워크망 : 홈네트워크장비 및 홈네트워크사용기기를 연결하는 것을 말하며 다음 각 목으로 구분한다.
③ 홈네트워크장비 : 홈네트워크망을 통해 접속하는 장치를 말하며 다음 각 목으로 구분한다.
④ 세대단자함 : 세대 내에 인입되는 통신선로, 방송공

동수신설비 또는 홈네트워크 설비 등의 배선을 효율적으로 분배·접속하기 위하여 이용자의 전유부분에 포함되어 실내공간에 설치되는 분배함

52 51번 문제 해설 참고 요망
④ 홈네트워크사용기기 : 홈네트워크 망에 접속하여 사용하는 원격제어기기, 원격검침시스템, 감지기, 전자출입시스템, 차량출입시스템, 무인택배시스템, 영상정보처리기기, 전자경비시스템 등 시스템 또는 장비

53 방송통신설비의 안전성·신뢰성 및 통신규약에 대한 기술기준 제3조 용어의 정의 중 문항 내용 발췌
① 옥외설비 : 중계케이블이나 안테나 설비 등 옥외에 설치되는 통신설비를 말한다.
② 통신기계실 : 교환설비나 전송설비, 전산설비 등이 설치되는 장소를 말한다.
③ 중요데이터 : 시스템 데이터나 국 데이터 등 해당 데이터의 파괴 및 소실 등으로 통신망 기능에 중대한 지장을 주는 데이터를 말한다.
④ 통신국사 : 방송통신설비를 안전하게 설치·운영·관리하기 위한 건축물로서 제10호에 따른 주요시설 중 어느 하나 이상으로 구성되며 특히 중요한 방송통신설비를 수용하는 경우에는 중요통신국사라 한다.

54 접지설비·구내통신설비·선로설비 및 통신공동구등에 대한 기술기준 제11조(가공통신선의 높이)
① 설치 장소 여건에 따른 가공통신선의 높이는 다음 각 호와 같다.
 1. 도로상에 설치되는 경우에는 노면으로부터 4.5m 이상으로 한다. 다만, 교통에 지장을 줄 우려가 없고 시공상 불가피할 경우 보도와 차도의 구별이 있는 도로의 보도 상에서는 3m 이상으로 한다.
 2. 철도 또는 궤도를 횡단하는 경우에는 그 철도 또는 궤조면으로부터 6.5m 이상으로 한다. 다만, 차량의 통행에 지장을 줄 우려가 없는 경우에는 그러하지 아니하다.
 3. 7,000V를 초과하는 전압의 가공강전류전선용 전주에 가설되는 경우에는 노면으로부터 5m 이상으로 한다.
 4. 제1호 내지 제3호 및 제3항 이외의 기타 지역은 지표상으로부터 4.5m 이상으로 한다. 다만, 교통에 지장을 줄 염려가 없고 시공상 불가피한 경우에는 지표상으로부터 3m 이상으로 할 수 있다.

55 방송통신설비의 안전성·신뢰성 및 통신규약에 대한 기술기준 제3조 용어의 정의 중 문항 내용 발췌
① 통신규약 : 정보통신망에서 각 정보 전달 개체 간의 망 접속과 전송 및 전달 정보에 대한 인식을 이루기 위하여 모든 통신 기능상에 미리 규격화되어 정해진 방법을 말한다.
② 중요데이터 : 시스템 데이터나 국 데이터 등 해당 데이터의 파괴 및 소실 등으로 통신망 기능에 중대한 지장을 주는 데이터를 말한다.
③ 주요시설 : 통신기계실, 통신망관리실, 중앙감시실, 방재센터, 전력감시실 또는 전원설비를 말한다.
④ 통신망관리실 : 통신망을 구성하는 장비를 집중하여 관리하는 장소를 말한다.

56 방송통신설비의 안전성·신뢰성 및 통신규약에 대한 기술기준 제3조 용어의 정의 중 문항 내용 발췌
① 통신망관리실 : 통신망을 구성하는 장비를 집중하여 관리하는 장소를 말한다.
② 중앙감시실 : 주요 시설물의 작동상황을 파악할 수 있는 시설로서, 경보장치, 화재감지센서, CCTV 등 통신국사시설을 보호하기 위한 장비의 작동상황을 통합적으로 감시하고 제어하는 장소를 말한다.
③ 방재센터 : 화재의 발생에 대비하여 이를 감시하기 위하여 필요한 장비가 설치된 장소를 말하며, 중앙감시실과 통합하여 운용될 수 있다.
④ 전력감시실 : 각종 전력의 작동상황을 감시·제어하기 위하여 필요한 장비가 설치된 장소를 말하며, 중앙감시실과 통합하여 운용될 수 있다.

57 접지설비·구내통신설비·선로설비 및 통신공동구 등에 대한 기술기준 제3조 용어의 정의 중 문항 내용 발췌
① 구내간선케이블 : 구내에 두 개 이상의 건물이 있는 경우 국선단자함에서 각 건물의 동단자함 또는 동단자함에서 동단자함까지의 건물 간 구간을 연결하는 통신케이블을 말한다.
② 건물간선케이블 : 동일 건물 내의 국선단자함이나 동단자함에서 층단자함까지 또는 층단자함에서 층단자함까지의 구간을 연결하는 통신케이블을 말한다.

58 AC : CB=3 : 2에서 AC=30[Ω]일 경우 30[Ω] : CB=3 : 2이므로

$3 \times CB = 30[\Omega] \times 2$
$\therefore CB = 20[\Omega]$

59 ㉠ xDSL(Digial Subcriber Line) : 구리 전화선을 통하여 가정이나 소규모 기업에 고속으로 정보를 전달하기 위한 기술
㉡ HDSL : 대칭형이며 4선식 회선으로 구성되어 있다.
㉢ SDSL(Sychronous Digital Subscripter Line, 대칭형 디지털 가입자 회선) : 대칭형이며 전화선을 사용한다.
㉣ ADSL(Asymmetric DSL, 비대칭 DSL)
　ⓐ 비대칭형 서비스로 상향속도와 하향속도가 다르다.
　ⓑ 변조방식은 CAP, QAM, DMT 방식 등이 있다.
　ⓒ 스플리터를 이용하여 음성신호의 데이터 신호를 분리한다.
㉤ VDSL(Very High Data Rate DSL) : 전송거리가 짧으며 백본랜 등에 활용한다.
　ⓐ 가까운 거리에서 빠른 속도를 냄
　ⓑ 300[m] 길이에서 55[Mbps] 정도
　ⓒ VDSL2 속도 : 100[Mbps]

60 구내통신선로의 배선계 순서
주배선반 → 중간배선반 → 층단자함 → 세대단자함
① 주배선반 : 옥외 외선을 옥내장치로 인입하는 곳에 설치
② 중간배선반 : 장비 시설계 상호 간 접속하는 분계점으로 중간 조정을 주목적으로 설치
③ 층단자함 : 배선 케이블과 피복선을 접속하는 곳에 장치하는 접속용 상자
④ 세대단자함 : 세대 내에 인입되는 통신선로, 방송공동수신설비 또는 홈네트워크설비 등의 배선을 효율적으로 분배·접속하기 위하여 이용자의 주거전용 면적에 포함되는 실내공간에 설치되는 분배함

memo

통신선로기능사 필기

1판	1쇄	발행	2010년 3월 15일		1판	2쇄	발행	2011년 1월 5일
1판	3쇄	발행	2012년 1월 5일		2판	1쇄	발행	2012년 8월 15일
2판	2쇄	발행	2013년 6월 30일		2판	3쇄	발행	2015년 1월 5일
3판	1쇄	발행	2016년 2월 10일		4판	1쇄	발행	2017년 1월 31일
5판	1쇄	발행	2018년 1월 5일		6판	1쇄	발행	2019년 1월 5일
7판	1쇄	발행	2020년 1월 5일		8판	1쇄	발행	2021년 1월 5일
9판	1쇄	발행	2022년 3월 1일		10판	1쇄	발행	2024년 1월 5일
10판	2쇄	발행	2025년 1월 20일					

지은이 선로기술자격연구회
펴낸이 김 주 성
펴낸곳 도서출판 엔플북스
주 소 경기도 구리시 체육관로 113번길 45. 114-204(교문동, 두산)
전 화 (031)554-9334
F A X (031)554-9335

등 록 2009. 6. 16 제398-2009-000006호

정가 **29,000원**
ISBN 978 - 89 - 6813 - 398 - 5 13560

※ 파손된 책은 교환하여 드립니다.
   본 도서의 내용 문의 및 궁금한 점은 저희 카페에 오셔서 글을 남겨주시면 성의껏 답변해 드리겠습니다.
   http://cafe.daum.net/enplebooks